Nr. 32
S. 11437–11796

1962
8. August

Chemisches Zentralblatt

Vollständiges Repertorium für alle Zweige der reinen und angewandten Chemie

1830 gegründet. 1897—1945 von der Deutschen Chemischen Gesellschaft fortgeführt. Im Auftrage der Deutschen Akademie der Wissenschaften zu Berlin, der Chemischen Gesellschaft in der DDR, der Akademie der Wissenschaften zu Göttingen und der Gesellschaft Deutscher Chemiker (in der BRD)

herausgegeben von Prof. Dr. Heinrich Bertsch und Prof. Dr. Dr. h. c. Wilhelm Klemm

133. Jahrgang
1962

Chefredakteure: Dr. Eugen Klever und Dr. Willi Barz

Akademie-Verlag GmbH., Berlin — Verlag Chemie, GmbH., Weinheim/Bergstr.

Inhalt

Redaktionsstab des Chemischen Zentralblattes

Chefredakteure: Dr. phil. Eugen Klever und Dr. phil. Willi Barz

Redakteure für:

Teil A: Dr. Eugen Klever, Dr. Armand Blaschette, Dipl.-Ing. Ruth Mattner, Dipl.-Phys. Herbert Weber, Dr.-Ing. Christian Weiske. Wissenschaftliche Redaktionsmitglieder: Prof. Dr.-Ing. Bertold Reuter, Dr. Gerhard Schmidt.

Teil B: Dr. Eugen Herr, Dr.-Ing. Günter Poetzscher, Dr.-Ing. Wolfgang Schramm. Wissenschaftliches Redaktionsmitglied: Prof. Dr.-Ing. Günther Kresze.

Teil C: Dr. Eugen Herr, Dipl.-Chem. Peter Golinske, Dr. rer. nat. Margaretha Mengelberg, Dipl.-Ing. Gerhard Reisner, Dr.-Ing. Ilse Spaeth.

Teil D: Dr. Eugen Herr.

Teil E: Dr. Paul Loch, Dr. Willi Barz, Dr. Else Brandt, Dr. Irmtraut Hahn, Dipl.-Ing. Heinz Kockert, Dipl.-Biol. Margot Metze.

Teil F: Dr. Willi Barz, Dipl.-Ing. Frigga Thomas.

Teil G: Dr. Eugen Klever, Dr. Helene Fröhlich.

Teil H: Dr. Gerd Bauer, Dr.-Ing. habil. Paul Eckert, Dr. Mechthilde Gehlen-Keller, Dipl.-Ing. Frigga Thomas, Dr. Michael Winiker. Auswärtiger wissenschaftlicher Mitarbeiter: Dr.-Ing. Rudolf Karl Müller.

Slawische Sprachen: Dr. Helene Fröhlich, Dr. Georg Froelich, Dr. Eugen Klever, Dipl.-Ing. Otto Lebtag, Prof. Dr. Max Ulmann, Dr.-Ing. Christian Weiske.

Fernöstliche Sprachen (Chinesisch, Japanisch u.a.): Dr. Walther Metzener. Auswärtige wissenschaftliche Mitarbeiter: Prof. Dr.-Ing. Eturô Maekawa, Prof. Dr. Leonhard Schuler.

Patente: Dr. Julius Gante. Auswärtige wissenschaftliche Mitarbeiter: Dr.-Ing. Hermann Bräucker, Dr. Hanns Donle, Dr. Walther Ganzlin, Dr.-Ing. Helmut Högel, Dr.-Ing. Josef Mühlcisen, Dr.-Ing. Hans Jürgen Nitzschke.

Register: Dr. Else Arnold und Dr. Walther Schicke unter Mitarbeit von Dr. Else Brandt, Dr. Helene Fröhlich, Dr. Margret Hänel, Dipl.-Chem. Ursula Krüger, Dr. Gerda von Krueger, Dr.-Ing. Ruth Levi, Dr.-Ing. Günter Poetzscher, Dipl.-Chem. Wolfgang Räck, Dipl.-Ing. Elfriede Rosdorff, Dr.-Ing. Wolfgang Schramm, Dr.-Ing. Klaus Ullmann, Dr. Maria Winter.

Wissenschaftliche Mitarbeiter: Dr. Christa Bahr, Dipl.-Ing. Inge Buchta, Dipl.-Chem. Sigrid Dehmlow, Dipl.-Ing. Ingeborg Geibler, Dipl.-Chem. Gertraut Herper, Dipl.-Ing. Werner Hoffmann, Dipl.-Ing. Eva Hunger, Gertrud Klesse, Dipl.-Ing. Steffi Mohrmann, Dipl.-Ing. Marietta Moldenschardt, Dr. Martin Negwer, Dipl.-Chem. Sigrid Oelsner, Dipl.-Chem. Rosemarie Pankow, Dipl.-Chem. Asta Reisner, Dipl.-Ing. Erika Repp, Margret Rodegast, Dr. Ingeborg Störig, Dipl.-Phys. Herbert Weber, Dipl.-Chem. Irmela Wendlandt, Dipl.-Chem. Rosemarie Werner, Dr. Irma Wilke.

Technische Redaktion einschl. Referentenbetreuung: Alice Hawelek, Berlin N 4, Schiffbauerdamm 19

Sprachenbezeichnung in den Referaten des Chemischen Zentralblattes

(Abkürzungen laut DIN-Normblatt 1502 Beiblatt 1)

Albanisch	= Alb.	Lateinisch	= Lat.
Bulgarisch	= Bulg.	Litauisch	= Litau.
Chinesisch	= Chin.	Norwegisch	= Norw.
Dänisch	= Dän.	Persisch	= Pers.
Deutsch	= Dt.	Polnisch	= Pol.
Englisch	= Engl.	Portugiesisch	= Port.
Estnisch	= Estn.	Rumänisch	= Rum.
Finnisch	= Finn.	Russisch	= Russ.
Flämisch	= Fläm.	Schwedisch	= Schwed.
Französisch	= Franz.	Serbokroatisch	= Serbokroat.
Griechisch	= Griech.	Slowakisch	= Slowak.
Holländisch	= Holl.	Slowenisch	= Slowen.
Irisch	= Ir.	Spanisch	= Span.
Italienisch	= Ital.	Tschechisch	= Tschech.
Japanisch	= Jap.	Türkisch	= Türk.
		Ukrainisch	= Ukrain.
		Ungarisch	= Ung.

CHEMISCHES ZENTRALBLATT

VOLLSTÄNDIGES REPERTORIUM FÜR ALLE ZWEIGE DER REINEN UND ANGEWANDTEN CHEMIE

1830 gegründet
1897—1945 von der Deutschen Chemischen Gesellschaft fortgeführt

Im Auftrage der Deutschen Akademie der Wissenschaften zu Berlin,
der Chemischen Gesellschaft in der DDR,
der Akademie der Wissenschaften zu Göttingen
und der Gesellschaft Deutscher Chemiker (in der BRD)
herausgegeben von

Prof. Dr. **Heinrich Bertsch** und Prof. Dr. Dr. h. c. **Wilhelm Klemm**

133. JAHRGANG

1962

SEITE 10337—11796

Chefredakteure: Dr. Eugen Klever und Dr. Willi Barz

1962

AKADEMIE-VERLAG GMBH · BERLIN
VERLAG CHEMIE · GMBH · WEINHEIM/BERGSTR.

Heft-Nr.	Seitenzahl	Ausgabedatum
29	10337—10716	18. Juli 1962
30	10717—11072	25. Juli 1962
31	11073—11436	1. August 1962
32	11437—11796	8. August 1962

Herausgeber: Prof. Dr. Heinrich Bertsch, Berlin, u. Prof. Dr. Dr. h. c. Wilhelm Klemm, Münster. Chefredakteure und verantwortlich für den Inhalt: Dr. Eugen Klever, Berlin W 30, Geisbergstr. 39, Fernsprecher: 24 95 41, und Dr. Willi Barz, Berlin N 4, Schiffbauerdamm 19, Fernsprecher: 42 55 71.

©

Verlag: Akademie-Verlag GmbH, Berlin W 8, Leipziger Str. 3—4 (Fernsprecher: 22 04 41, Telex-Nr. 011 773, Postscheckkonto Berlin 350 21), und Verlag Chemie, GmbH, Weinheim/Bergstr. (Fernsprecher: Weinheim 3635 [Sammelnummer]; Fernschreiber: 0465516 chemieverl wnh; Postscheckkonten: Frankfurt/M. 145314 u. Berlin [West] 7430). Bestellnummer: 1007/133. Das Chemische Zentralblatt erscheint wöchentlich. Preis des Jahrganges einschl. Autoren-, Patent-, Sach- u. Formelregister: DM 1200,—; einseitig bedruckte Ausgabe: DM 1350,—. Abgabe der Zeitschrift nur mit sämtlichen Registern.
Abbestellungen nur bis spätestens 6 Wochen vor Ablauf des Kalenderjahres.

Satz und Druck: VEB Leipziger Druckhaus, Leipzig, III/18/203. 7/62.
Veröffentlicht unter der Lizenznummer ZLN 5002 des Ministeriums für Kultur, Hauptverwaltung Verlagswesen.
Printed in Germany.

Abkürzungsverzeichnis

A	Ampère
A.	Äthylalkohol
Å	Ångström
a	Jahr (nur für Dimensionen)
Abb.	Abbildung(en)
abs.	absolut(e)
Ae.	Diäthyläther
akt.	aktiv(e)
allg.	allgemein(e)
App.	Apparat(e), Apparatur(en)
asymm.	asymmetrisch(e)
at	Atmosphäre, technisch
atm	Atmosphäre, physikalisch
Atomgew.	Atomgewicht
ausg.	ausgegeben
AZ.	Acetylzahl
bar	Bar
bes.	besonders, besondere, insbesondere
Best.	Bestimmung(en)
Bibl.	Bibliographie(n)
bin.	binär
Bldg.	Bildung(en)
bzgl.	bezüglich
Bzl.	Benzol
Bzn.	Benzin
bzw.	beziehungsweise
C.	Chem. Zentralblatt (nur bei Zitaten)
c	Curie
ca.	zirka
cal	Calorie (Grammcalorie)
Chlf.	Chloroform
const	constans
cP	Centipoise
cSt	Centistokes
$D._4^{20}$	Dichte (bei 20° gemessen u. bezogen auf Wasser von 4°)
D	Debye
d	Tag (nur für Dimensionen)
DAB.	Deutsches Arzneibuch
dad. gek.	dadurch gekennzeichnet
Darst.	Darstellung(en)
Deriv.	Derivat
Derivv.	Derivate
Dest.	Destillation(en)
dest.	destillieren, destilliert(e)
d. h.	das heißt
DK	Dielektrizitätskonstante
DL	Dosis letalis
DTA	Differentielle Thermoanalyse
$E^{1\%}_{1\,cm}$	Extinktion (1%ige Lsg.; 1 cm Schichtdicke)
Eig.	Eigenschaft
Eigg.	Eigenschaften
Einfl.	Einfluß, Einflüsse
Einw.	Einwirkung(en)
EMK	Elektromotorische Kraft
Entw.	Entwicklung(en)
Ep.	Erstarrungspunkt
Epp.	Erstarrungspunkte
eV	Elektronenvolt
evtl.	eventuell
EZ.	Esterzahl
°F	Grad Fahrenheit
F.	Schmelzpunkt
FF.	Schmelzpunkte
Fl.	Flüssigkeit
Fll.	Flüssigkeiten
fl.	flüssig(e)
g	Gramm
Geh.	Gehalt(e)
gek.	gekennzeichnet(e)
gesätt.	gesättigt(e)
Geschw.	Geschwindigkeit(en)
Gew.	Gewicht(e)
ggf.	gegebenenfalls
Ggw.	Gegenwart
h	Stunde (nur für Dimensionen)
Herst.	Herstellung(en)
Hz	Hertz
I.E.	Internationale Einheit
i.m.	intramuskulär(e)
inakt.	inaktiv(e)
I.P.	Isoelektrischer Punkt
IR	Infrarot (Ultrarot)
i.v.	intravenös(e)
J	Joule
JZ.	Jodzahl
°K	Grad Kelvin
kcal	Kilogrammcalorie
Koeff.	Koeffizient(en)
Koll.	Kolloid(e)
koll.	kolloid(e), kolloidal(e)
Kondens.	Kondensation(en)
Konst.	Konstante(n)
konst.	konstant(e)
Konstit.	Konstitution(en)
Konz.	Konzentration
Konzz.	Konzentrationen
konz.	konzentriert(e)
korr.	korrigiert(e)
Kp.	Siedepunkt
Kpp.	Siedepunkte
krist.	kristallisiert(e)
KW-Stoff	Kohlenwasserstoff
KW-Stoffe	Kohlenwasserstoffe
Labor.	Laboratorium, Laboratorien
l. c.	loco citato
Leg.	Legierung
Legg.	Legierungen
lösl.	löslich(e)
log	Logarithmus (allgemein)
Lsg.	Lösung
Lsgg.	Lösungen
Lsgm.	Lösungsmittel (Ein- u. Mehrzahl)
m	Meter
m	molar (Konzentrationsangabe)
Meth.	Methode(n)
Min.	Minute(n) (allgemein)
min	Minute (nur für Dimensionen)
Mitt.	Mitteilung(en)
mkr.	mikroskopisch(e)
ml	Milliliter
mμ	Millimikron
Mol	Grammolekül(e)
Mol.	Molekül
Moll.	Moleküle
mol.	molekular(e)
Molgew.	Molekulargewicht(e)
Mol.-Refr.	Molekularrefraktion(en)
n	normal (Konzentrationsangabe)
n-	normal (Isomerieangabe)
n_D^{20}	Brechungsindex (bei 20° u. D-Linie)
nachst.	nachstehend(e)
Nachw.	Nachweis(e)
Nd.	Niederschlag
Ndd.	Niederschläge
Oe	Oerstedt
opt.-akt.	optisch-aktiv(e)
p	Pond
PAe.	Petroläther
pH	Wasserstoffionenkonzentration (negativer dekad. Logarithmus)
pK	Dissoziationskonstante (negativer Logarithmus)
ppm	parts per million
Präp.	Präparat
Präpp.	Präparate
prim.	primär(e)
Prior.	Priorität(en), Unionspriorität(en)
Prod.	Produkt
Prodd.	Produkte
qual.	qualitativ(e)
quant.	quantitativ(e)

art.	quartär(e)(Bindigkeit)
quatern.	quaternär(e)
°R	Grad Réaumur
r	Internationale Röntgeneinheit
rac.	racemisch(e)
rad	Einheit der absorbierten Strahlendosis
°Rank.	Grad Rankine
Red.	Reduktion
Redd.	Reduktionen
red.	reduziert(e)
Ref.	Referat
Reff.	Referate
rem	roentgen-equivalent-men
rep	roentgen-equivalent-physical
R_F	Retentionsfaktor (anteilmäßige Steighöhe)
RhZ.	Rhodanzahl
Rk.	Reaktion
Rkk.	Reaktionen
S	Sedimentationskonstante
s	Sekunde (nur für Dimensionen)
s.	siehe
schm.	schmelzend(e)
sd.	siedend(e)
Sek.	Sekunde(n), allgemein
sek.	sekundär(e)
sog.	sogenannt(e)
Spezif. Gew.	Spezifisches Gewicht
Std.	Stunde(n) (allgemein)
std.	stündig(e)
symm.	symmetrisch(e)
Synth.	Synthese(n)
Syst.	System(e)
SZ.	Säurezahl
t	Tonne, metrisch
Temp.	Temperatur(en)
tern.	ternär(e)
tert.	tertiär(e)
u.	und
u. a.	und andere, unter anderem
u. dgl.	und dergleichen
U/min	Umdrehungen pro Minute
ungesätt.	ungesättigt(e)
unlösl.	unlöslich(e)
unsymm.	unsymmetrisch(e)
Unters.	Untersuchung
Unterss.	Untersuchungen
USP.	United States Pharmacopeia
usw.	und so weiter
UV	Ultraviolett
V	Volt
Val	Grammäquivalent
Verb.	Verbindung
Verbb.	Verbindungen
verd.	verdünnt(e)
Verf.	Verfahren (Einzahl)
Verff.	Verfahren (Mehrzahl)
Verh.	Verhalten
Vers.	Versuch
Verss.	Versuche
Verw.	Verwendung(en)
Vf.	Verfasser(in) (Einzahl)
Vff.	Verfasser(innen) (Mehrzahl)
Vgl.	Vergleich(e)
vgl.	vergleiche
Vol.	Volumen, Volumina
Vork.	Vorkommen (Ein- u. Mehrzahl)
vorl. Mitt.	vorläufige Mitteilung(en)
Vorr.	Vorrichtung(en)
vorst.	vorstehend(e)
VZ.	Verseifungszahl
W	Watt
W.	Wasser
Wrkg.	Wirkung(en)
wss.	wässerig(e)
X	X-Einheit
z. B.	zum Beispiel
Zers.	Zersetzung(en)
z. T.	zum Teil
Zus.	Zusammensetzung(en)
♂	männlich (im biolog. Sinne)
♀	weiblich (im biolog. Sinne)
°	Grad Celsius
%ig.	prozentig
‰ig.	promillig
~	angenähert, etwa gleich mit, rund
$\geqq$	gleich oder größer als
$\leqq$	gleich oder kleiner als
$>$	größer als
$<$	kleiner als
$\triangleq$	entspricht
∞	unendlich
∅	Durchmesser

Griech. Abkürzungen

$[\alpha]_D^{20}$	Opt. Drehung, spezifische (gemessen mit D-Linie bei 20°)
λ	Wellenlänge
λ_{max}	maximale Wellenlänge
λ_{min}	minimale Wellenlänge
μ	Mikrometer (auch Mikron genannt)
μg	Mikrogramm (auch Gamma genannt)
Ω	Ohm

Kurzzeichen der Vorsätze für Einheiten

T	Tera-	10^{12}	Einheiten
G	Giga-	10^{9}	Einheiten
M	Mega-	10^{6}	Einheiten
k	Kilo-	10^{3}	Einheiten
h	Hekto-	10^{2}	Einheiten
da	Deka-	10^{1}	Einheiten
d	Dezi-	10^{-1}	Einheiten
c	Zenti-	10^{-2}	Einheiten
m	Milli-	10^{-3}	Einheiten
μ	Mikro-	10^{-6}	Einheiten
n	Nano-	10^{-9}	Einheiten
p	Pico-	10^{-12}	Einheiten

Patent-Abkürzungen

D.A.S.	Deutsche Auslegeschrift
D.B.P.	Deutsches Bundes-Pat.
D.P. [DDR]	Deutsches [DDR] Patent
D.R.P.	Deutsches Reichs-Pat.
A.P.	Amerikanisches Patent
Aust.P.	Australisches Patent
Belg.P.	Belgisches Patent
Can.P.	Canadisches Patent
Dän.P.	Dänisches Patent
E.P.	Englisches Patent
Finn.P.	Finnisches Patent
F.P.	Französisches Patent
Holl.P.	Holländisches Patent
Ind.P.	Indisches Patent
It.P.	Italienisches Patent
Jap.A.S.	Japan. Auslegeschrift
Jug.P.	Jugoslawisches Patent
Norw.P.	Norwegisches Patent
Oe.P.	Österreichisch. Patent
Poln.P.	Polnisches Patent
Schwed.P.	Schwedisches Patent
Schwz.P.	Schweizer Patent
Tschech.P.	Tschechoslowakisches Patent
UdSSR.P.	Sowjetisches Patent
Ung.P.	Ungarisches Patent

Für die fachliche Rechtschreibung in den Referaten und Registern des Chemischen Zentralblattes ist die 2. Auflage (Verlag Chemie GmbH Weinheim/Bergstr. u. VDI-Verlag GmbH Düsseldorf; 1959) der „Rechtschreibung der technischen und chemischen Fremdwörter" von Jansen-Mackensen bestimmend.

Dr. Eugen Klever und Dr. Willi Barz, Chefredakteure

Chemisches Zentralblatt

Neue Bücher

A. Allgemeine, physikalische und anorganische Chemie

G. Alexits und **I. Fenyö**, Mathematik für Chemiker. Leipzig: Akademische Verlagsgesellschaft Geest & Portig. 1962. (Etwa 420 S.) 8⁰. DM 33,—.

Bernard William Varney Hawes and **Noel Hugh Davies**, Calculations in physical chemistry. London: English Universities P. 1962. (XIV + 206 S. m. Tab.) 21 s.

Walter Wittenberger, Rechnen in der Chemie. Eine Einführung. Erster Teil: Grundoperationen. Stöchiometrie. Fünfte verb. Aufl. Wien: Springer-Verl. 1961. (IX + 330 S. m. 78 Abb.) 8⁰. DM 19,80.

A_4. Thermodynamik. Thermochemie

W. Macke, Thermodynamik und Statistik. Ein Lehrbuch der theoretischen Physik. Leipzig: Akademische Verlagsgesellschaft Geest & Portig. 1962. (XI + 336 S. m. 106 Abb.) 8⁰. DM 29,50.

Joseph F. Masi and **Donald H. Tsai**, eds., Progress in international research on thermodynamic and transport properties. New York: Academic. 1962. (762 S. m. Abb.) $ 24.—.

A_5. Kolloidchemie. Grenzschichtforschung

Bruno Jirgensons and **Martin Edward Straumanis**, A short textbook of colloid chemistry. 2nd revised edit. Oxford, London: Pergamon. 1962. (XVI + 500 S. m. Abb., Tab. u. Diagr.) 65 s.

A_6. Strukturforschung

Alexander Smakula, Einkristalle. Wachstum, Herstellung und Anwendung. Berlin, Göttingen, Heidelberg: Springer; München: Bergmann. 1962. (VIII + 431 S. m. 240 Abb.) 8⁰ = Technische Physik in Einzeldarstellungen. Bd. 14. DM 76,—.

S. Flügge, Hrsg., Struktur und Eigenschaften der Materie in Einzeldarstellungen. XXIV. Band: Quantentheorie der Ionenrealkristalle. Von **Harald Stumpf**. Berlin, Göttingen, Heidelberg: Springer. 1961. (VIII + 278 S. m. 22 Abb.) 8⁰. DM 58,—.

A_8. Präparative anorganische Chemie. Komplexverbindungen Metallorganische Verbindungen

Gerhard Albert Cook, Argon, helium, and the rare gases; the elements of the helium group. Vol. 2. New York: Wiley. 1961. (818 S. m. Abb.) $ 17.50.

Michael Dub, ed., Organometallic Compounds. Literature Survey 1937—1958. Vol. I: Organic Compounds of Transition Metals. Berlin, Göttingen, Heidelberg: Springer-Verl. 1962. (X + 307 S.) 4⁰. DM 56,—.

P. Pascal, Nouveau traité de chimie minérale Tome V: Zinc. Cadmium. Mercure. Paris: Masson. 1962. (966 S. m. 73 Abb.) 182 NF.

A_9. Mineralogische und geologische Chemie

Ralph Early Grim, Applied clay mineralogy. New York: McGraw-Hill. 1962. (422 S. m. Abb.) $ 12.50.

G. Analyse. Laboratorium

Klaus Doerffel, Beurteilung von Analysenverfahren und -ergebnissen. Berlin, Göttingen, Heidelberg: Springer-Verl. 1962. (IV + 98 S. m. 25 Abb.) 8⁰. DM 14,80.

P. P. Korosstelew, Vorbereitung von Lösungen für chemisch analytische Arbeiten. Moskau: Verl. der Akad. der Wiss. der UdSSR. 1962. (311 S. m. Abb.) 1 Rbl. 48 Kop. [Russ.]

Rudolf Přibil, Komplexone in der chemischen Analyse. Berlin: Deutscher Verl. der Wissenschaften. 1961. (XXII + 474 S.) 8⁰. DM 56,—.

Ja. P. Stradyn, Polarographie organischer Nitroverbindungen. Riga: Verl. der Akad. der Wiss. der Lett-SSR. 1961. (165 S. m. Abb.) 80 Kop. [Russ.]

László Erdey. *A kémiai analízis sulyszerinti módszerei*. I. *A sulyszerinti analízis elméte és müveletei*. II. *A fémes elemek meghatározása*. III. *A nem-fémes elemek meghatározása*. Budapest: Akadémiai Kiadó. 1960. (Bd. I 346 S., 85.— Ft., Bd. II 739 S., 180.— Ft. Bd. III 383 S., 90.— Ft.).
Das Werk „Die gravimetr. Verff. der chem. Analyse“ umfaßt 3 Bände: I. Die Theorie des gravimetr. Verf. u. Arbeitsweisen; II. Best. der Metalle; III. Best. der Nichtmetalle. — Unter Berücksichtigung bisher erzielter Ergebnisse in der physikal. Chemie, der Kolloidchemie, der präparativen anorgan. u. organ. Chemie erfolgte die Bearbeitung der für die Praxis wichtig u. grundlegend erscheinenden

Meth. der gravimetr. Analyse, der durch die Entw. der Kernchemie als mikropräparativer Chemie u. Trennungswissenschaft erhöhte Bedeutung zukommt. Die krit. Auswahl der einzelnen Verff. geschah an Hand von über 4000 Verss., die teils vom Vf. (Professor an der Universität Budapest), teils von 27 Wissenschaftlern seines Fachgebietes ausgeführt wurden. Die letzteren Verss. waren Vergl.-Verss., bei denen voneinander abweichende Meth. u. Vorr. zur Anwendung kamen, u. die vom prakt. Chemiker leicht wiederholt werden können. Die meisten Fällungen wurden mit Hilfe der im Institut des Vf. entwickelten Derivativ-Thermogravimetrie-Verff. u. Derivatrographie-Verff. untersucht, um die thermogravimetr. Untersuchungsergebnisse von CL. DUVAL nachzuprüfen u. die das Fällen beeinflussenden Umstände zu ergründen. — Zahlreiche Literaturhinweise. H. OLBRICH

H. I. Allgemeine chemische Technologie

W. N. Ushow, Reinigung von Industriegasen mit Elektrofiltern. Moskau: Gosschimisdat. 1962. (299 S. m. Abb.; 2 Bl. Zeichng.) 99 Kop. [Russ.]

II. Betriebsschutz. Feuerschutz

Ss. N. Ardaschnikow, Ss. M. Goldin, A. W. Nikolajew u. a., Der Schutz gegen radioaktive Strahlen. Lehrbuch für Hochschulen. Moskau: Metallurgisdat. 1961. (421 S.) 1 Rbl. 07 Kop. [Russ.]

VI. Silicatchemie. Baustoffe

T. M. Barbarina, M. P. Ssuchow und N. A. Scheludjakow, Glasfaserige Baumaterialien. Moskau: Gosstroiisdat. 1961. (168 S. m. Abb.; 1 Bl. Zeichng.) 45 Kop. [Russ.]

I. W. Krawtschenko, Tonerdehaltiger Zement. Moskau: Gosstroiisdat. 1961. (175 S. m. Abb.) 54 Kop. [Russ.]

VII. Agrikulturchemie. Schädlingsbekämpfung

Advances in Pest Control Research. Vol. IV. Herausgeg. von **R. L. Metcalf.** New York and London: Interscience Publishers Inc., 1961. (VI + 347 S.) $ 12.50.

In dem vorliegenden 4. Band der Reihe „Advances in Pest Control Research" werden behandelt: Einige grundlegende Aspekte der angewandten Insektenpathologie (**Irwin M. Hall**); synthet. pyrethrumartige Verbb. (**W. F. Barthel**); die selektive Toxizität von Insekticiden (**R. D. O'Brien**); die Potenzierung der Toxizität von organ. Phosphor-Verbb. (**Kenneth P. DuBois**); die chem. Bekämpfung von Schadinsekten bei Haustieren (**William M. Rogoff**); Rückstands-Best. durch Ermittlung der Cholinesterasehemmung (**J. C. Gage**); Grundlagen der Bekämpfung von Wasserpflanzen (**T. F. Hall**); ein Überblick über die verfügbaren Angaben über Malathion (**D. Spiller**). Gesondertes Literaturverzeichnis für jeden Beitrag; gemeinsames Sachregister für den ganzen Band. M. WINIKER

VIII. Metallurgie. Korrosion

M. F. Alexejenko, Struktur und Eigenschaften wärmebeständiger Kontruktions- und nichtrostender Stähle. Moskau: Oborongis. 1962. (216 S. m. Abb.) 1 Rbl. 8 Kop. [Russ.]

Ss. I. Kusmin, Schmelzen und Gießen feuerfester Legierungen und Stähle im Vakuum. Moskau: Maschgis. 1962. (127 S. m. Abb.) 42 Kop. [Russ.]

A. A. Wagin, Hüttenwesen. Moskau: Metallurgisdat. 1962. (136 S. m. Abb.) 28 Kop. [Russ.]

N. F. Wjasnikow, Thermische Behandlung der Stähle. Moskau: Metallurgisdat. 1961. (349 S. m. Abb.) 82 Kop. [Russ.]

Ss. G. Woinow und A. G. Schalimow, Kugellagerstahl. Moskau: Metallurgisdat. 1962. (480 S. m. Abb.; 1 Bl. Skizzen) 1 Rbl. 70 Kop. [Russ.]

—, Die Stähle mit geringem Nickelgehalt. Nachschlagewerk. Moskau: Metallurgisdat. 1961. (200 S.) 62 Kop. [Russ.]

X. Färberei. Organische Farbstoffe

Adolf Gebhardt, Wie färbe ich Polyacrylnitril- und Polyesterfaser? München: Eder. 1962. (XXVII + 271 S. m. Abb.) 8°. DM 22,—.

XI. b) Plaste (Kunstharze. Plastische Massen)

W. Ss. Fadejewa, Formierungsvermögen plastisch disperser Massen. Moskau: Gosstroiisdat. 1961. (128 S. m. Abb.) 49 Kop. [Russ.]

XII. Kautschuk

—, Methoden zur Kontrolle der Produkte bei der Herstellung von synthetischem Kautschuk. Moskau: Gosschimisdat. 1960. (144 S. m. Abb.) 40 Kop. [Russ.]

—, *Kautschuk-Handbuch.* Zweiter Band. Herausgegeben von **Siegfried Boström.** Mit 361 Abbildungen. Stuttgart: Berliner Union 1960. (568 S.). Subskriptionspreis des Gesamtwerkes 360,— DM, Bd. II DM. 140,—. Die Subskription erlischt bei Erscheinen des letzten Bandes. Gesamtwerk mindestens DM 450,—.

Der vorliegende 2. Band des „Kautschuk-Handbuchs" umfaßt folgende Kapitel: Polysulfid-Polymere (**Ferdinand Kirchhof**); Siliconkautschuk (**Julius Peter**); Polyurethan-Elastomere (**Cornelius Mühlhausen**); Polyvinylchlorid (**Heinrich Berger**); Regenerat (**Herbert Günther**); allg. Technologie des Naturkautschuks (**Siegfried Boström**); die Technologie der Butadien-Styrol-Polymerisate (**Siegfried Boström**); Butadien-Actylnitril-Mischpolymerisate (**Werner Hofmann**); die Technologie des Butylkautschuks (**Siegfried Boström**); Füllstoffe (**Siegfried Boström**); Weichmacher u. sonstige Zusatzstoffe (**Siegfried Boström**); Färbemittel für Gummi (**Bruno Hirsekorn**); Hilfsmittel für die Fabrikation (**Siegfried Boström**); Textilien (**Ernst Pieper**); Mischaggreagate, Kalander, Spritzmaschinen u. Lösungskneter (**Alfred Romanowski**); sonstige Maschinen (**Hans Eichstädt**).

M. WINIKER.

XVI. Nahrungs-, Genuß- und Futtermittel

M. L. Nepomnjaschtschaja, L. Ju. Medwinskaja und **L. A. Liberman,** Die Bakteriophagen von Milchsäure-Streptokokken und ihre Bekämpfung in der Milchindutrie. Kiew: Verl. der Akad. der Wiss. der UkrainSSR. 1961. (152 S. m. Abb.) 51 Kop. [Russ.]

—, 4e Symposium sur les substances étrangères dans les aliments. Influence des agents de conversation sur la qualité des aliments, propriétés organoleptiques, valeur nutritive et hygiénique, Paris, 14—19 juillet 1958. Paris: Commission internationale des industries agricoles; Bureau international permanent de chimie analytique. 1960. (XVIII + 402 S.) 8°.

XVIII. a) Holz. Cellulose. Zellstoff. Papier. Papierdruck. Celluloid. Linoleum

K. D. Martynenko, Prozesse, Apparate und Ausrüstung der Hydrolysen- und holzchemischen Betriebe. Moskau—Leningrad: Gosslessbumisdat. 1961. (445 S. m. Abb.) 1 Rbl. 7 Kop. [Russ.]

N. I. Nikitin, Chemie von Holzstoff und Cellulose. Moskau—Leningrad: Verl. der Akad. der Wiss. der UdSSR. 1962. (711 S. m. Abb.) 4 Rbl. 77 Kop. [Russ.]

Giles B. Cooke, *Cork and the Cork Tree.* International Series of Monographs on Pure and Applied Biology. Botany Division, Vol. 4. Oxford, London, New York, Paris: Pergamon Press. 1961. (136 S.) 50 s. net. Kurzgefaßte Monographie über die wichtigsten Eigg. des Korks u. seine techn. u. wirtschaftliche Bedeutung sowie über den Anbau des Korkbaums, unter besonderer Berücksichtigung der Gegebenheiten in den USA. Der Stoff ist in die folgenden 15 Kapitel gegliedert: Einführung u. Geschichte; der Korkbaum; Struktur u. physikal. Eigg.; chem. Zus.; Herst. von Artikeln aus Naturkork; Korkschrot; Isolierplatten aus Kork; verschiedene Artikel aus Kork; Angaben über Produktion u. Handel; Korkbaumplantagen in den USA; das MCMANUS-Korkprojekt; Erfolge des MCMANUS-Korkprojekts; mögliche Korkbaumanbaugebiete in den USA; die Verbreitung von Korkbäumen; Zukunftsaussichten. Literatur-, Sach- u. Namenverzeichnis. M. WINIKER.

XVIII. b) Textilfasern

Carl-Heinz Fischer-Bobsien, Lexikon Textilveredelung und Grenzgebiete. 2., völlig neu bearb. u. erw. Aufl. Dülmen-Daldrup: Selbstverl. 1960. (2386 Sp., 135 Abb. u. 481 Tab.) 4°. DM 115,—.

XIX. Brennstoffe. Erdöl. Mineralöle

W. Ss. Alijew, N. M. Indjukow, Ss. A. Jefimowa u. a., Untersuchungen auf dem Gebiet des katalytischen Crackens von Erdöl mit Anwendung der Technik der siedenden Schicht. Baku: Verl. der Akad. der Wiss. der AserbaidshanSSR. 1962. (312 S. m. Abb.) 1 Rbl. 80 Kop. [Russ.]

A. A. Gurejew, Automobilbenzine. Moskau: Gosstoptechisdat. 1961. (160 S. m. Abb.) 67 Kop. [Russ.]

M. Ss. Litwinenko und **I. M. Nossalewitsch,** Chemische Verkokungsprodukte zur Herstellung von Polymermaterialien. Charkow: Metallurgisdat. 1962. (428 S. m. Zeichng.) 1 Rbl. 46 Kop. [Russ.]

Ausgewertete Bibliographie-Fachzeitschriften

Belgien	Bibliographie de Belgique — Belgische Bibliographie
ČSSR	Bulletin — Die Neuesten Forschungsergebnisse der Tschechoslowakischen Wissenschaft
	Nové Knihy (Neue Bücher)
	Novinky (Neuheiten)
Dänemark	Danske Bogmarked
Deutschland	Börsenblatt für den Deutschen Buchhandel — Frankfurter Ausgabe
	Börsenblatt für den Deutschen Buchhandel — Leipziger Ausgabe
	Deutsche Bibliographie. Wöchentliches Verzeichnis. Ausgabe II. [Frankfurt/Main]
	Deutsche Nationalbibliographie. Reihe A: Neuerscheinungen des Buchhandels [Leipzig]
England	British Books (Incorporating the Publishers Circular & Booksellers Record)
	British National Bibliography
Frankreich	Bibliographie de la France
Holland	Nieuwsblad voor de Boekhandel
Italien	Bibliografia Nazionale Italiana
Japan	Nōhon Shūhō (Current Publications)
Österreich	Österreichische Bibliographie
Schweiz	Schweizer Buch. Serie A und Serie B
UdSSR	Bücherverzeichnis des Jahres (Книжная летопись)
	Neue Bücher (Новые книги)
USA	Publishers' Weekly

Namenregister

Patentregister

Englische Patente (E.P.)

Finnische Patente (Finn.P.)

Französische Patente (F.P.)

Holländische Patente (Holl.P.)

Indische Patente (Ind.P.)

Chemisches Zentralblatt

1962 Nr. 32 8. August

A. Allgemeine, physikalische und anorganische Chemie

Einige Betrachtungen zum analytischen Verhalten für das Vielfermionenproblem. J. S. Langer. (Physic. Rev. [2] **124.** 997—1003. 15/11. 1961. Pittsburgh, Pa., Carnegie Inst. of Technol.) (Engl.)

Es werden analyt. Eigg. von FEYNMAN-Amplituden beim Vielfermionenproblem mittels neuer feldtheoret. Meth. untersucht. Es wird eine Vorschrift gegeben zur Berechnung von Unstetigkeiten an Schnitten. Diese Vorschrift führt zu einer Neuformulierung der Theorie mit Quasiteilchen, jedoch sind Unitaritätsbetrachtungen nun nicht mehr so einfach wie in Feldtheorien mit stabilen Teilchen. Es zeigt sich, daß diese analyt. Meth. gut bei elektron. Transportproblemen verwendet werden können. H. LAUE. 10□

G. Alexits und I. Fenyö, Mathematik für Chemiker. Leipzig: Akademische Verlagsgesellschaft Geest & Portig. 1962. (Etwa 420 S.) 8⁰. DM 33,—.

Bernard William Varney Hawes and Noel Hugh Davies, Calculations in physical chemistry. London: English Universities P. 1962. (XIV + 206 S. m. Tab.) 21 s.

Walter Wittenberger, Rechnen in der Chemie. Eine Einführung. Erster Teil: Grundoperationen. Stöchiometrie. Fünfte verb. Aufl. Wien: Springer-Verl. 1961. (IX + 330 S. m. 78 Abb.) 8⁰. DM 19,80.

A_1. Kernphysik und Kernchemie

Elastische Streuung von Myonen in Kernemulsionen. P. L. Connolly, J. G. McEwen und J. Orear. (Physic. Rev. Letters **6.** 554—56. 15/5. 1961. Ithaca, N.Y., Cornell Univ., Labor. of Nucl. Stud.) (Engl.)

Vff. führten μ^+- u. μ^--Streuexperimente durch. Bei den μ^+-Verss. wurden die Myonen von 14—40 MeV bei Winkeln zwischen 80 u. 180⁰ gemessen. Die Zahl der beobachteten Ereignisse mit Impulsübertragung $> q$ wurde gegen q graph. aufgetragen u. mit der auf Grund der elast. Wrkg.-Querschnitte nach RAWITSCHER (C. **1959.** 10457) berechneten Zahl der Ereignisse verglichen. Die gemessenen differentiellen Wrkg.-Querschnitte der elast. Streuung von 27-MeV-μ^+ an Ag u. Br in Abhängigkeit von q wurde ebenfalls mit den nach RAWITSCHER berechneten Werten verglichen. In beiden Fällen konnte gute Übereinstimmung festgestellt werden. H. SCHROEDER. 90□

Der Prozeß $\pi + d \rightleftharpoons 2N$ nach der Methode der eingekleideten Teilchen. M. A. Braun. (Журнал Экспериментальной и Теоретической Физики [J. exp. theoret. Physik] **40.** 1179—84. April 1961. Leningrad, Univ.) (Russ.; Auszug: Engl.)

Vom Standpunkt der nichtrelativist. Theorie der Pion–Nucleon-Wechselwrkg. im P-Zustand wird der Prozeß $\pi + d \rightleftharpoons 2N$ behandelt. Die Amplitude wird durch die Kopplungs-Konst. u. die P-Phasenverschiebungen ausgedrückt, dazu wird die Technik der eingekleideten Teilchen (mit Feld) angewandt. Die Abhängigkeit des Wrkg.-Querschnitts von Energie u. Winkel stimmt qual. mit den Experimenten überein, quant. ergeben sich Abweichungen. M. WIEDEMANN. 90□

Messungen über die π^--He-Wirkungsquerschnitte bei hoher Energie. G. Brautti, L. Chersovani, C. Franzinetti, M. Sedmak-Furlan und R. Tosi-Torelli. (Nuovo Cimento [10] **19.** 1270—74. 16/3. 1961. Trieste, Univ., Ist. di Fis., Ist. Naz. di Fis. Nucl.) (Engl.)

Die Wechselwrkg. von 0,97-, 1,67- u. 2,26-GeV-π^- mit He-Kernen wurden in einer mit fl. He gefüllten Blasenkammer, teilweise im Magnetfeld von 14,3 kGauß, untersucht. Die Gesamtwrkg.-Querschnitte betrugen 167,4 ± 5,4, 140,7 ± 8,1 u. 104,7 ± 1,5 mbarn; die differentiellen für elast. Streuung zeigten eine Bevorzugung kleiner Winkel. Für die Bldg. von $\Lambda^0 + \Sigma^0$ wurden folgende Wrkg.-Querschnitte erhalten: 0,62 ± 0,44, 0,74 ± 0,43 u. 0,64 ± 0,45 mbarn u. für die von K^0 1,76 ± 0,88, 0,35 ± 0,35 u. 1,82 ± 0,91 mbarn. M. WIEDEMANN. 90□

Vorschlag für die Messung des Spins des K′-Mesons. M. Schwartz. (Physic. Rev. Letters **6.** 556—57. 15/5. 1961. Upton, N.Y., Brookhaven Nat. Labor.; New York, N.Y., Columbia Univ.) (Engl.)

Das K'-Meson mit einer Masse um 880 MeV u. dem Isospin 1/2 zerfällt nach $K' \to K + \pi$. Ob der Spin 0 oder 1 ist, würde sich aus dem Auftreten bzw. Fehlen der Rk. $K' \to K + \gamma$ ergeben. Hierüber dürfte auch der Antiprotoneneinfang in Ruhe nach $\bar{p} + p \to K^0 + \bar{K}^{0'}$ bzw. $K^{0'} + \bar{K}^0$ Aufschluß geben, der hinsichtlich der Zerfallsmodi sowie der Winkelverteilung untersucht werden sollte. M. Wiedemann. 90□

Über die Konstruktion der S-Matrix für eingekleidete Teilchen. Yu. Novozhilov. (Nuclear Physics [Amsterdam] **15.** 469—79. März 1960. Leningrad, State Univ., Physic. Inst.) (Engl.)

Das Problem der Aufstellung der S-Matrix wird durch Darst. der ungestörten Zustände der eingekleideten Teilchen mit Hilfe von asymptot. Zuständen u. durch Annahme einer exponentiellen Struktur des Vakuumzustandes betrachtet.
J.-M. Spaeth. 90□

Innere Konversion mit Paarbildung am polarisierten Kern. Ss. M. Darbinjan. (Известия Академии Наук Армянской ССР, Серия Физико-Математических Наук [Nachr. Akad. Wiss. ArmenSSR, Ser. physik.-math. Wiss.] **14.** Nr. 2. 91—102. 1961. Physikal. Inst. der Akad. der Wiss. der ArmenSSR.) (Russ.; Auszug: Armen.)

Die innere Konversion mit Bldg. eines Elektron–Positron-Paares am polarisierten Kern wird behandelt. Der Konversions-Koeff. sowie der Polarisationsgrad von Elektron u. Positron werden ermittelt. M. Wiedemann. 90□

Der Hemmeffekt in der Ionisation durch schnelle Elektronenpaare. G. H. Burkhardt. (Nuovo Cimento [10] **9.** 375—99. 1/8. 1958. Birmingham, Univ., Dep. of Math. Phys.) (Engl.)

In der Nähe des Ursprungs hochenerget. Elektronenpaare (10^{11} eV) ist ihr Ionisationsvermögen red., da ihre Felder sich gegenseitig teilweise aufheben. Eine quantenmechan. Berechnung des Effekts gibt kaum Unterschiede gegenüber der halbklassischen. Das Phänomen kann zur Best. der Energie des Paares dienen. M. Wiedemann. 90□

Über die Nucleon–Antinucleon-Wechselwirkungen. M. Gourdin, B. Jancovici und L. Verlet. (Nuovo Cimento [10] **8.** 485—96. 1/5. 1958. Paris, Univ., Labor. de Phys. de l'Ecole Normale Super.) (Engl.)

Mittels zweier verschiedener Modelle mit komplexer Potentialmulde werden die Nucleon–Antinucleon-Wrkg.-Querschnitte für 167 MeV berechnet. Um die experimentellen Befunde wiederzugeben, müssen ein schwaches reelles Potential u. ein imaginäres von einer Reichweite mindestens gleich der der Kernkräfte angenommen werden. Die Mesonentheorie der festen Quelle erklärt nicht die experimentellen Daten.
M. Wiedemann. 90□

Notiz über den Pionenpropagator in der zusammengesetzten Theorie. Takeshi Kanki. (Progr. theoret. Physics [Kyoto] **25.** 156—58. Jan. 1961. Toyonaka, Osaka Univ., Coll. of Gen. Educat., Inst. of Phys.) (Engl.)

Am Beispiel der Neutron–Proton-Streuung wird gezeigt, daß in der zusammengesetzten Theorie, die das Pion als aus Nucleonen u. Antinucleonen zusammengesetzt auffaßt, der Beitrag des Pionenpropagators vernachlässigt werden kann, auch wenn die Trennung der beiden Nucleonen nur gering ist. M. Wiedemann. 90□

Kopplungskonstanten beim β-Zerfall und Nucleonenstruktur. Masami Nakagawa. (Progr. theoret. Physics [Kyoto] **22.** 725—35. Nov. 1959. Nagoya, Nagoya Univ., Inst. for Theor. Phys.) (Engl.)

Zur Unters. des inneren Bereichs (Core) der Nucleonenstruktur wird ein einfaches Modell vorgeschlagen, das eine Pionenwolke im äußeren Bereich u. ein N–$\bar{N}$-Syst. im Core annimmt. Es wird untersucht, welche N–$\bar{N}$-Konfigurationen eine Erhöhung der axial-vektoriellen Kopplungs-Konst. (etwa beim β-Zerfall) bewirken können.
M. Wiedemann. 90□

Amplituden–Zeit-Auswahl von Impulsen für die Untersuchung der Wechselwirkung von Neutronen aus der Reaktion D (t, n)⁴He mit Atomkernen. W. W. Bobir, L. Ja. Grona und W. I. Strishak. (Український Фізичний Журнал [Ukrain. physik. J.] **5.** 591—96. Sept./Okt. 1960. Inst. für Phys. der Akad. der UkrainSSR.) (Ukrain.; Auszug: Engl.)

Nach der Rk. $D(t, n)^4He$ wurden schnelle Neutronen (14,5 MeV) erzeugt u. mittels einer Amplituden–Zeit-Auswahl der Impulse ihre Wechselwrkg. mit Atomkernen untersucht. Als Neutronendetektoren u. als Detektoren für α-Teilchen wurden Stilbenkristalle mit Photomultipliern benutzt. Die Auflösung der Zeit betrug 1 ns, die der Energie 7%. Es wurden die differentiellen Wrkg.-Querschnitte der elast. Streuung dieser Neutronen an Bi im Bereich 20—115° gemessen, ihre Größe nimmt stark mit zunehmendem Winkel ab, doch zeigt die Kurve 3 Maxima u. 3 Minima. Sie kann durch das opt. Modell bei geeigneter Wahl der Parameter wiedergegeben werden. M. Wiedemann. 90□

Unelastische Querschnitte für Neutronen des Spaltungsspektrums. 3. Mitt. H. A. Bethe, J. R. Beyster und R. E. Carter. (J. nuclear Energy **4.** 3—25. Jan. 1957. Univ. of California, Los Alamos Sci. Labor.) (Engl.) — 2. vgl. J. nuclear Energy **3.** [1956.] 273; 1. vgl. C. **1962.** 11078.

Es wurden drei Neutronenschwellendetektoren verwendet: ^{237}Np, ^{238}U als Spaltdetektoren u. die Rk. ^{27}Al(n, p)^{27}Mg als Aktivierungsdetektor. Die Theorie des Verh. von Neutronen mit kontinuierlichem Spektrum in Materie wird als Gruppenformalismus entwickelt. M. WIEDEMANN. 90☐

Unelastische Querschnitte für Neutronen des Spaltungsspektrums. 4. Mitt. H. A. Bethe, J. R. Beyster und R. E. Carter. (J. nuclear Energy **4.** 147—63. Febr. 1957.) (Engl.) — 3. vgl. vorst. Referat.

Für eine Reihe von Elementen zwischen Al u. Bi wurden die unelast. Wrkg.-Querschnitte nach verschiedenen Formeln ermittelt u. mit verschiedenen Detektoren mit ^{238}U-Schwelle, mit ^{237}Np-Schwelle u. mit der ^{27}Al(n, p)^{27}Mg-Schwelle nachgewiesen. Ferner wurden die experimentellen Daten nach der Zweigruppen-Meth. analysiert. Die Wrkg.-Querschnitte steigen mit Erhöhung der Schwelle stark an, bei Fe betragen sie z. B. 0,28, 0,69 u. 1,2 barn. Bei niedrigen Energien sind sie geringer als die geometr. Querschnitte. Die mag. Kerne haben niedrigere Wrkg.-Querschnitte als die benachbarten. M. WIEDEMANN. 90☐

Räumliche Verteilung schneller Spaltneutronen in Eisen. W. P. Maschkowitsch und Ss. G. Zypin. (Атомная Энергия [Atomenergie] **11.** 251—55. Sept. 1961.) (Russ.)

Das Spektrum der Spaltneutronen wurde aus 2500 Spuren von Rückstoßprotonen auf photograph. Emulsionen ermittelt. Die Verteilung in einem aus mehreren Schichten zusammengesetzten Stapel aus Fe mit 7,86 g/cm³ Dichte u. Beimengungen von insgesamt 0,6% wurde mittels Aktivierung von Folien von 35 mm ⌀ nach ^{32}S(n, p)^{32}P u. ^{27}Al(n, α)^{24}Na bestimmt. Hieraus wurden die Schwächungsfunktionen aufgestellt. Ferner wurde die Verteilung mittels einer ^{232}Th-Spaltkammer u. nach ^{24}Mg(n, p)^{24}Na bestimmt u. hieraus Relaxationslängen wie asymptot. Querschnitte berechnet. M. WIEDEMANN. 90☐

Alter der Spaltneutronen bis zur Indiumresonanz in Wasser. R. C. Doerner, R. J. Armani, W. E. Zagotta und F. H. Martens. (Nuclear Sci. Engng. **9.** 221—40. Febr. 1961. Argonne, Ill., Argonne Nat. Labor.) (Engl.)

Es wird eine Literaturübersicht über frühere Berechnungen u. Messungen des Spaltneutronenalters in W. gegeben. Vff. beschreiben Verss. mit einer ebenen Quellengeometrie. Die erhaltenen Werte ergaben ein Spaltneutronenalter von 27,86 ± 0,10 cm². Vers.-Durchführung u. apparative Ausrüstung sind eingehend dargestellt. H. SCHROEDER. 90☐

Neutronenresonanzeinfang in nichtschweren Absorbern. W. Rothenstein und J. Chernick. (Nuclear Sci. Engng. **7.** 454—57. Mai 1960. Upton, N.Y., Brookhaven Nat. Labor.) (Engl.)

Die Berechnung eines schwachen Resonanzeinfangs wird angegeben u. mit Monte-Carlo-Berechnungen des Einfanganteils in Bi–C-Gittern verglichen. Die Werte sind tabelliert. H. SCHROEDER. 90☐

Flußstörungen durch Detektoren für thermische Neutronen. G. Ronald Dalton und Richard K. Osborn. (Nuclear Sci. Engng. **9.** 198—210. Febr. 1961. Ann Arbor, Mich., Univ. of Michigan, Dep. of Nucl. Engng.) (Engl.)

Die Transportgleichung zur Beschreibung der Vermehrung der therm. Neutronen im u. um den Neutronendetektor wurde in eine iterative Integralgleichung umgewandelt, die mittels eines Digitalrechners für eine große Anzahl von Fällen gelöst wurde. H. SCHROEDER. 90☐

Statistische Zeitmomente und eine asymptotische Formel für die Zeit–Energie-Verteilung verlangsamter Neutronen. Karl-Erik Eriksson. (Ark. Fysik **16.** Nr. 1. 1—14. 1959. Uppsala, Univ., Inst. for Theor. Phys.) (Engl.)

Ausgehend von der exakten Lösung des Problems der Verlangsamung von Neutronen durch elast. Stöße mit freien Atomen in einem unendlichen homogenen u. isotropen Moderator werden die Zeitmomente abgeleitet. Anschließend wird eine asymptot. Formel der Energie–Zeit-Verteilung aufgestellt, die für große Werte der Stoßzahl multipliziert mit der seit dem Eintritt der Neutronen verstrichenen Zeit gilt. Die numer. Resultate für D u. C werden in Diagrammen wiedergegeben. M. WIEDEMANN. 90☐

Die effektive Nucleonenmasse und das statistische Kernmodell. E. Clementel und C. Villi. (Nuovo Cimento [10] **9.** 950—89. 16/9. 1958. Ferrara, Univ., Ist. di Fis.; Padova, Ist. Naz. di Fis. Nucl.; Trieste, Univ., Ist. di Fis., Ist. Naz. di Fis. Nucl.) (Engl.)

Die Abhängigkeit des reellen Teils des Nucleon–Kern-Potentials vom Impuls wird berücksichtigt u. das statist. Modell des Kerns verbessert. Die effektive Nucleonenmasse wird bestimmt, dabei wird der Wert der Symmetrieenergie u. der Kernniveaudichte, wie sie beim Einfang langsamer Neutronen beobachtet wird, berücksichtigt. M. Wiedemann. 95□

Kollektive, mit den Quadrupolschwingungen der Kernoberfläche übereinstimmende Anregung. A. Ss. Dawydow. (Вестник Московского Университета, Серия III [Nachr. Moskauer Univ., Ser. III] **16.** Nr. 1. 56—66. Jan./Febr. 1961. Lehrstuhl für Elektrodynamik u. Quantentheorie.) (Russ.)

Das Gleichungs-Syst., das die Rotations–Schwingungs-Spektren beschreibt, wird für sphär., für nichtsphär. u. nichtaxiale Kerne sowie für nichtsphär. u. axial-symm. Kerne gelöst. Es wird gezeigt, daß der Schwingungszustand beim Spin 0 den β- sowie den γ-Schwingungen der Kernoberfläche zugeteilt werden kann. M. Wiedemann. 95□

Vereinheitlichtes Modell für die Erscheinungen der nuclearen Photozertrümmerung bei 20 MeV. Georges Monsonego. (J. Physique Radium **21.** 765—70. Nov. 1960. Orsay, Fac. des Sci., Labor. de Phys. Nucl.) (Franz.)

Vf. entwickelt ein vereinheitlichtes Modell zur Unters. der Riesenresonanz unter Berücksichtigung des individuellen u. kollektiven Charakters dieses Phänomens. Die nach einer neuen Hamiltonschen durchgeführten Berechnungen der Energie, Breite u. des Querschnitts der Riesenresonanz stimmen mit den experimentellen Daten überein. Gerhard Schmidt. 103□

Photozertrümmerung von ^{9}Be. J. S. Blair. (Physic. Rev. [2] **123.** 2151—53. 15/9. 1961. Seattle, Wash., Univ. of Washington.) (Engl.)

Vf. diskutiert die Rk. ^{9}Be(γ, n)^{8}Be für jene Übergänge, bei denen das ungerade Neutron von einem ursprünglichen p-Zustand zu einem s-Zustand im Kontinuum übergeht. Hierbei wird angenommen, daß der p-Zustand stark mit einem deformierten ^{8}Be-Core gekoppelt ist. Die Beziehung zwischen diesem Modell starker Kopplung u. den Einzelnucleonenberechnungen von Francis u. Mitarbeitern (C. **1961.** 8909) wird wiedergegeben. Das Modell erklärt die beobachtete Zunahme im Querschnitt bei einer Anregungsenergie von 4,6 MeV, die isotrope Verteilung der mit diesem Anstieg assoziierten Neutronen u. das Verhältnis des integrierten Querschnitts für diesen Anstieg zu dem für den Schwellenwertpeak. Gerhard Schmidt. 103□

Photozertrümmerung von ^{27}Al. 1. Mitt. **Photoneutronenquerschnitt.** J. E. E. Baglin, M. N. Thompson und B. M. Spicer. (Nuclear Physics [Amsterdam] **22.** 207—15. Jan. 1961. Melbourne, Univ., Phys. Dep.) (Engl.)

Das Al-Target besteht aus spektroskop. reinem Al mit 0,01% Cu als größter Verunreinigung in Form eines Zylinders von 3,85 cm ∅ u. 13,5 cm Länge. Unter Verw. des 19-MeV-Synchrotrons wird die Ausbeute an Photoneutronen aus dem Target für Bremsstrahlung mit Spitzenenergien bestimmt, die sich von 11,6—18,6 MeV erstrecken. Die Neutronen werden mit in ^{10}B angereicherten BF_3-Zählern in einer Paraffineinbettung nachgewiesen. Der Querschnitt der Rk. ^{27}Al(γ, n) wird bis zu 18,5 MeV mit guter Auflösung beobachtet. Der Querschnitt enthält ein Plateau bei 14 MeV u. einen Höcker bei 16 MeV, er ist mit neueren Messungen hoher Auflösung des totalen Absorptionsquerschnitts im Einklang. Gerhard Schmidt. 103□

Photozertrümmerung von ^{27}Al. 2. Mitt. **Theoretisches.** J. E. E. Baglin, M. N. Thompson und B. M. Spicer. (Nuclear Physics [Amsterdam] **22.** 216—25. Jan. 1961.) (Engl.)

Zur Berechnung des photonuclearen El-Absorptionsquerschnitts von ^{27}Al wird das für einen deformierten Kern berechnete intrinsike Niveauschema in Verbindung mit einem Einzelteilchenanregungsmodell verwendet. Die sich ergebende Kurve zeigt Peaks bei 16, 18,5 u. 21 MeV. Die berechnete Energieverteilung der Photoneutronen enthält in Übereinstimmung mit dem Experiment energiereiche Gruppen direkter Emission. Die berechneten Winkelverteilungen stimmen ebenfalls mit den experimentellen Ergebnissen überein. Ein neuer kleiner Querschnittspeak wird nahe 26 MeV vorausgesagt. Gerhard Schmidt. 103□

Das β^{+}-Spektrum von ^{27}Si. Ss. Ss. Wassiljew und L. Ja. Schawtwalow. (Журнал Экспериментальной и Теоретической Физики [J. exp. theoret. Physik] **39.** 1221—23. Nov. 1960. Moskau, Univ., Inst. für Kernphys.) (Russ.; Auszug: Engl.)

Mit einem Magnetlinsen-β-Spektrometer wird das Spektrum von ^{27}Si untersucht, das durch Beschuß eines rotierenden Al-Targets mit 6,7-MeV-Protonen erhalten wurde. Das rotierende Target erlaubt die Messung der Aktivität im Zeitintervall von 10^{-2} bis 1 Sek. nach der Bestrahlung. Zwei β^{+}-Komponenten mit den maximalen Energien $3,65 \pm 0,05$ MeV (90%) u. $1,45 \pm 0,1$ MeV (10%) werden beobachtet. Die Halbwertszeit wird zu $4,1 \pm 0,4$ Sek. gemessen. K.-E. Seyb. 103□

Untersuchung der Neutroneneinfang-γ-Strahlen aus Titan, Eisen und Silicium. B. P. Adyasevich, L. V. Groshev und A. M. Demidov. (J. nuclear Energy **3.** 258—72. Okt. 1956.) (Engl.)

Durch Messung der COMPTON-Elektronen in einem magnet. β-Spektrometer wurden die beim Einfang therm. Neutronen in Ti, Fe u. Si emittierten γ-Strahlen nachgewiesen. Energie u. Intensität wurden im Bereich von 0,25—12 MeV bestimmt, die Spektren sind wiedergegeben. Teilweise war eine Zuordnung zu den einzelnen Isotopen möglich. Für ^{49}Ti, ^{57}Fe u. ^{29}Si werden Termschemata vorgeschlagen. M. WIEDEMANN. 103□

Unelastische Streuung von Photonen an ^{103}Rh-Kernen. O. W. Bogdankewitsch, L. Je. Lasarewa und A. M. Moissejew. (Журнал Экспериментальной и Теоретической Физики [J. exp. theoret. Physik] **39.** 1224—28. Nov. 1960. Physikal. Lebedew-Inst. der Akad. der Wiss. der UdSSR.) (Russ.; Auszug: Engl.)

Ein Rh-Target wird mit Bremsstrahlung von 5,9—25,5 MeV maximaler Energie beschossen. Die unelast. Streuung der Photonen wird durch die Ausbeute des 56-Min.-Isomers von ^{103}Rh mit einem Scintillationszähler gemessen. Die Anregungsfunktion zeigt 2 Maxima bei $E_\gamma = 9{,}3$ [Schwelle der (γ, n)-Rk.] u. 20 MeV von 4,8 bzw. ca. 2,5 mbarn. K.-E. SEYB. 103□

Spallation des Antimonkernes mit schnellen Protonen. A. K. Lawruchina, E. Je. Rakowski, Chun-gui Ssu und Ss. Choinatzki. (Доклады Академии Наук СССР [Ber. Akad. Wiss. UdSSR] **137.** 826—29. 1/4. 1961. Vernadsky-Inst. für Geochem. u. analyt. Chem. der Akad. der Wiss. der UdSSR.) (Russ.)

Sb, dessen Reinheit spektrograph. u. durch Neutronenaktivierung geprüft wurde, wurde mit 660-MeV-Protonen beschossen. Der Spallationsquerschnitt betrug 0,25 mbarn, die Zahl der wegfliegenden Protonen u. Neutronen 7 bzw. 16. Die Querschnitte für die Bldg. von ^{38}S, $^{38,39}Cl$, ^{43}K, ^{47}Ca, ^{48}V, ^{45}Ti, ^{48}Cr, ^{56}Mn, ^{59}Fe, $^{58m,61}Co$ u. $^{65,66}Ni$, deren Halbwertszeiten u. Zerfallsmodi angegeben sind, wurden ermittelt (Größenordnung 10^{-30} cm^2). Das Verhältnis der Fragmente mit Neutronendefizit zu den stabilen u. denen mit Neutronenüberschuß ergab sich zu 20 : 35 : 45. M. WIEDEMANN. 103□

Reaktionen von α-Teilchen mit Zinn-124. R. L. Hahn und J. M. Miller. (Physic. Rev. [2] **124.** 1879—87. 15/12. 1961. New York, N.Y., Columbia Univ., Chem. Dep.; Upton, N.Y., Brookhaven Nat. Labor., Chem. Dep.) (Engl.)

Vff. bestimmen die Anregungsfunktionen für die (α, n)-, (α, p)-, (α, p n)-, (α, 2 p n)-, (α, 3 n)- u. (α, α n)-Rkk. von ^{124}Sn mit α-Teilchen von 13—42 MeV Energie aus dem 60-in.-Cyclotron. Die Querschnitte für die Erzeugung der Isomere von ^{127}Te, ^{126}Sb, ^{125}Sn u. ^{123}Sn werden ebenfalls wiedergegeben. Die maximalen Querschnitte für (α, n)- u. (α, 3 n)-Rkk. (metastabiler Zustand) sind 0,161 barn bei 18 MeV Anregung bzw. 1,18 barn bei 36 MeV Anregung. Die (α, p)-Rk. hat ihr Maximum von 0,017 barn bei 28 MeV, während der größte Querschnitt, der für die (α, α n)-Rk. erhalten worden ist, 0,056 barn bei 42 MeV ist. Die Ergebnisse werden nach der statist. Theorie von Kern-Rkk. diskutiert. Eine befriedigende Anpassung an (α, n)- u. (α, p)-Daten wird für $r_0 = 1{,}7$ fermi u. $a = 1{,}6$ MeV^{-1} erhalten. Eine Verdampfungsberechnung mit $a = 1{,}6$ MeV^{-1} liefert Querschnitte in der für die (α, α n)-Rk. spezif. Größe, der Verlauf der experimentellen Kurve spricht jedoch nicht für Compoundkernprozesse.
GERHARD SCHMIDT. 103□

Untersuchung des Spektrums der Konversionselektronen von Lutetiumisotopen mit Neutronendefizit. A. A. Abdurasakow, F. M. Abdurasakowa, K. Ja. Gromow, B. Ss. Dshelepow und G. Ja. Umarow. (Известия Академии Наук УзССР, Серия Физико-Математических Наук [Nachr. Akad. Wiss. UsbekSSR, Ser. physik.-math. Wiss.] **1961.** Nr. 3. 53—60. Mittelasiat. polytechn. Inst.; Verein. Inst. für Kernforsch.) (Russ.; Auszug: Usbek.)

Durch Bestrahlung von Ta mit 660-MeV-Protonen über 2 Std., Fällung der Seltenen Erden zusammen mit La u. chromatograph. Trennung wurden die Lu-Isotope in Ammoniumlactat gewonnen. Es wurden dünne Quellen hergestellt u. die Konversionselektronen mit Energien von 42—900 keV mittels β-Spektrometer mit konst. gleichförmigem Magnetfeld u. photograph. Platten untersucht. Die Linien u. ihre Identifizierung sind für ^{172}Lu, ^{171}Lu $\rightarrow$ ^{171}Yb, ^{170}Lu, ^{169}Lu $\rightarrow$ ^{169}Yb, ^{169}Yb, ^{167}Lu $\rightarrow$ ^{167}Yb, ^{167}Yb $\rightarrow$ ^{167}Tm u. ^{167}Tm $\rightarrow$ ^{167}Er zusammengestellt. M. WIEDEMANN. 103□

Hochenergetische γ-Strahlen und Positronen aus dem 5.3-h-^{198}Tl. R. K. Gupta, J. Svedberg und G. Andersson. (Ark. Fysik **18.** 443—48. 1961. Uppsala, Gustaf Werner Inst. for Nucl. Chem.) (Engl.)

Die beim Zerfall von (massenspektrograph. abgetrenntem) ^{198}Tl gemessenen γ-Spektren werden beschrieben. Es wurden Niveaus bei 2,01, 2,45 u. 2,78 MeV u. (unsicher) andere bei 1,6, 1,8 u. 2,2 MeV beobachtet, die ^{189}Hg zugeschrieben wurden. An Hand

von γ–γ-Koinzidenzmessungen wurde ein vorläufiges Zerfallsschema diskutiert. Als β^+-Endpunktsenergie wurde ein Wert von $2{,}44 \pm 0{,}08$ MeV gefunden.
H. Schroeder. 103□

Spektroskopie der γ-Strahlung aus ^{144}Nd, ^{88}Sr und ^{207}Pb. J. E. Monahan, S. Raboy und C. C. Trail. (Physic. Rev. [2] **123.** 1373–81. 15/8. 1961. Argonne, Ill., Argonne Nat. Labor.) (Engl.) — Vgl. Trail u. Raboy, Rev. sci. Instruments **30.** [1959.] 425.

Unter Verw. von Spektrometern in Antikoinzidenzschaltung bestimmen Vff. die Energien der Kaskaden-γ-Strahlen in ^{144}Nd zu $1487{,}0 \pm 1{,}1$ u. $696{,}7 \pm 0{,}6$ keV, die gemessene Energie des crossover-Übergangs ist $2186{,}0 \pm 2{,}2$ keV. Die Übereinstimmung dieser Ergebnisse rechtfertigt den Anspruch auf 0,1% Genauigkeit für die gewählte Anordnung (l. c.) bei Messungen von γ-Energien im Intervall von 0,5 bis ca. 3,0 MeV. Eine Energie von $570{,}8 \pm 0{,}5$ keV wird für die Strahlung niedriger Energie aus ^{207}Pb erhalten u. Energien von $1836{,}2 \pm 1{,}7$ u. $898{,}7 \pm 0{,}8$ keV werden für zwei ^{88}Sr-γ-Strahlen mitgeteilt. Außerdem werden Daten angeführt für die relativen Intensitäten der 2,18-, 1,48- u. 0,696-MeV-γ-Strahlen von ^{144}Nd, die relativen Intensitäten der 1,8- u. 0,898-MeV-Übergänge in ^{88}Sr u. für die relativen Intensitäten der 1,06- u. 0,57-MeV-Übergänge in ^{207}Pb.
Gerhard Schmidt. 103□

Die γ-Strahlung von ^{212}Po(ThC′). F. C. Flack und J. E. Johnson. (Proc. physic. Soc. **79.** 10–13. 1/1. 1962. Exeter, Univ., Washington Singer Labor.) (Engl.)

Vff. untersuchten den Zerfall von ^{212}Bi in ^{212}Po u. die γ-Strahlung von ^{212}Po. Für das Verzweigungsverhältnis $\alpha/\alpha + \beta$ von ^{212}Bi wurde der bekannte Wert von $0{,}36 \pm 0{,}01$ bestätigt, ebenso die Halbwertszeit des Grundzustandes von ^{212}Po, $(3{,}05 \pm 0{,}25) \cdot 10^{-7}$ s. Diese Messung erfolgt mit Hilfe der Koinzidenztechnik mit einer Koinzidenzauflösungszeit von $8 \cdot 10^{-8}$ s. Es wurden die 8,8-MeV-α-Strahlung u. die β-Strahlung für die Messung mit Hilfe zweier Plastephosphore herangezogen. Nach Austausch des β-Zählers gegen einen NaJ-Kristall erfolgte die α–γ-Koinzidenzmessung von ^{212}Po. Das erhaltene γ-Spektrum ist dargestellt. Es stimmt im allg. mit Messungen anderer Autoren überein. Der bisher umstrittene Wert von 2,20 MeV wurde bestätigt. Eine Tabelle enthält die ermittelten γ-Energien, ihre Intensitäten, die dazugehörigen inneren Konversions-Koeff. α_K u. die wahrscheinlichen Multipolordnungen einiger γ-Strahlen.
E. Schiewer. 103□

Die Variation des α von ^{235}U mit der Energie im mittleren Energiebereich. Sophie Oleksa. (J. nuclear Energy **5.** 16–31. 1957. Brookhaven Nat. Labor.) (Engl.)

Aus experimentellen Daten wird das Verhältnis des Strahlungseinfangquerschnitts zum Spaltquerschnitt, α, für ^{235}U im Bereich 100–10000 eV berechnet. Es ändert sich nur langsam mit der Neutronenenergie. Die experimentellen Daten können durch die Wigner-Theorie wiedergegeben werden. Diese Theorie kann auch auf anderes spaltbares Material angewandt werden.
M. Wiedemann. 103□

Der Einfangquerschnitt für thermische Neutronen und das Resonanzeinfangintegral von ^{236}U. M. J. Cabell, T. A. Eastwood und P. J. Campion. (J. nuclear Energy **7.** 81–87. Aug. 1958. Chalk River, Ontario, Canada, Atom. Energy of Canada Ltd., Res. Chem. and Nucl. Phys. Branch.) (Engl.) — Vgl. C. **1960.** 3107.

Vff. bestimmen nach der Aktivierungs-Meth. den Einfangquerschnitt für therm. Neutronen u. das Resonanzeinfangintegral von ^{236}U. Die Bestrahlungen erfolgen im NRX-Reaktor von μg-Mengen von nahezu reinem ^{236}U, u. zwar unabgeschirmt u. mit 0,025 in. Cd abgeschirmt. Unter der Annahme von 36,5 barn für den Einfangquerschnitt von ^{59}Co für therm. Neutronen wird ein Wert von $\sigma_{2200} = 5{,}5 \pm 0{,}3$ barn für ^{236}U erhalten. Das Resonanzeinfangintegral von 0,5 eV bis ∞ ergibt sich zu 257 ± 22 barn relativ zu 48,6 barn für ^{59}Co. Die Halbwertszeit von ^{237}U wird zu $162{,}04 \pm 0{,}05$ Std. bestimmt.
Gerhard Schmidt 103□

Die absolute Ausbeute von ^{137}Cs bei der Spaltung des ^{235}U und des ^{239}Pu mit schnellen Neutronen. P. Kafalas und C. E. Crouthamel. (J. inorg. nuclear Chem. **4.** 239–44. Erratum: **5.** 92. 1957. Lemont, Ill., Argonne Nat. Labor.) (Engl.)

Vff. bestimmten die abs. Spaltausbeute des ^{137}Cs bei der Spaltung des ^{235}U u. ^{239}Pu mit schnellen Neutronen. Die Zahl der Spaltungen wurden durch quant. Messung der Spaltbruchstücke festgestellt. Die Meßanordnung wird eingehend beschrieben. ^{137}Cs wurde durch β-Messung mit einem Endfensterproportionalzähler bestimmt. Die zuerst angegebenen Werte von 6,87% für ^{235}U u. 7,45% für ^{239}Pu wurden nachträglich berichtigt, da die trägerfreie ^{137}Cs-Lsg. infolge Adsorption des ^{137}Cs an den Gefäßwänden instabil war. Diese Schwierigkeit wurde durch Verw. einer Cs-Träger-Lsg. (1 μg Cs/ml) umgangen. Die endgültigen Werte sind: $6{,}81 \pm 0{,}20$% für ^{239}Pu u. $6{,}30 \pm 0{,}17$% für ^{235}U. Die Werte wurden auf der Grundlage einer Halbwertszeit von 32,6 Jahren errechnet.
H. Schroeder. 103□

Gewinnung von Konzentraten radioaktiven Caesiums durch Ausnutzung von Glaukonit-Ionenaustauschkolonnen. Ss. S. Roginski, O. W. Altschuler, M. I. Janowski, Je. I. Malinina und A. Je. Morochowetz. (Радиохимия [Radiochemie] 2. 431—37. 1960.) (Russ.)

Zur Adsorption von Cs(^{137}Cs) aus Lsgg. mit vielen Fremdionen eignen sich Säulen aus Glaukonit, 25—60 mesh. Die Adsorption des Cs^+ hängt im Bereich 2,7—13 nicht vom pH ab. Zur Desorption wird $(NH_4)_2CO_3$ in Lsgg. von 1—10% verwendet. Insgesamt wird so eine Konz. des Cs um den Faktor 10000—20000 erreicht. Die Adsorption nimmt in der Reihe Cs^+, K^+, NH_4^+, La^{3+}, Na^+, Sr^{2+}, Ca^{2+}, Mg^{2+} ab, sie ist also antibat zu Ionenradius u. Hydratationswärme. M. WIEDEMANN. 104□

Gewinnung von Konzentraten radioaktiver Caesiumisotope an Schwermetallcyanoferraten aus Lösungen mit hohem Fremdsalzgehalt. Ss. S. Roginski, Je. W. Malinina, M. I. Janowski, O. W. Altschuler und A. Je. Morochowetz. (Радиохимия [Radiochemie] 2. 438—45. 1960.) (Russ.) — Vgl. vorst. Referat.

Zur weiteren Anreicherung von Cs^+, bes. aus Na^+- u. K^+-haltigen Lsgg., eignet sich vor allem unter dynam. Bedingungen eine Säule aus Cyanoferraten(II) von Schwermetallen, z. B. $Ni_2Fe(CN)_6$. Günstig ist auch ein Cyanoferrat(II)-Zement, dessen Herst. ausprobiert wurde. Die Verteilungs-Koeff. liegen bei 10^4—10^5. Der Einfl. des pH wurde geprüft. Er ist wie der anderer äußerer Bedingungen in weiten Bereichen nur gering. M. WIEDEMANN. 104□

Anwendung von Ionenaustauschsubstanzen zur Herstellung von Strahlungsquellen geringer Aktivität. B. A. Saitzew, A. I. Griwkowa und M. P. Glasunow. (Атомная Энергия [Atomenergie] 11. 431—34. Nov. 1961.) (Russ.)

Durch Verw. eines Sulfophenolformaldehydkationits oder einer Ionenaustauschermembran können β- sowie γ-Quellen geringer Aktivität hergestellt werden. Das Verf. wurde für eine ^{137}Cs-Quelle ausgearbeitet. Es ließen sich spezif. Aktivitäten von 5 g Ra-Äquivalent/g erzielen. Da das Material gegenüber der Strahlung nur beschränkt stabil ist, wird empfohlen, entstandene Gase durch Erhitzen auszutreiben bzw. bei spezif. Aktivitäten $>1{,}2$ c/g durch Absorption an Pd zu binden. M. WIEDEMANN. 104□

Trennung von radioaktiven Isotopen durch Ionenaustauschermembranen. 1. Mitt. **Konzentrieren von ^{90}Y aus Lösungen von ^{90}Sr und ^{90}Y.** Hidehiro Gotô, Shin Suzuki und Makoto Saito. (J. chem. Soc. Japan, pure Chem. Sect. [Nippon Kagaku Zasshi] 81. 578—82. April 1960. Sendai, Tôhoku-Daigaku Kinzoku-Zairyô-Kenkyûzyo.) (Jap.; Auszug: Engl. S. A41.)

Trägerfreies $^{90}Y^{2+}$ kann in 99%ig. Reinheit von $^{90}Sr^{2+}$ an Ionenaustauschermembranen Amberplex C-1 u. A 1) getrennt werden. Aus einer mit NH_4Cl auf pH = 3 abgepufferten salzsauren Lsg. der beiden Nuclide wandert nur das $^{90}Y^{2+}$ zur Kathode der elektrolyt. Zelle. Die Wanderungs-Geschw. der radioakt. Ionen hängt vom Elektrolytstrom ab, der der Konz. der Elektrolyte proportional ist. In Ggw. von anderen Ionen nimmt die Ausbeute ab. E. MAEKAWA. 104□

Die Gewinnung von Silber-111 aus neutronenbestrahltem Palladium. W. I. Lewin, N. G. Sserebrjakow und I. W. Meschtscherowa. (Радиохимия [Radiochemie] 8. 120—26. 1960.) (Russ.)

Vff. überprüften 2 Darst.-Meth. von ^{111}Ag nach der Rk. $^{110}Pd(n, \gamma)\ ^{111}Pd \xrightarrow[22\ min]{\beta} {}^{111}Ag$(HWZ 7,6 d). 1. Abtrennung von ^{111}Ag aus Pd durch Fällung von zugefügtem Ag als AgCl. — 99,9%ig reines Pd wurde 25 Tage bei ca. $10^{13}n/cm^2 \cdot s$ im Reaktor bestrahlt, anschließend in Königswasser gelöst, mit HCl 3mal abgeraucht. Sodann wurde AgCl, in konz. HCl als Komplex gelöst, zugefügt, bei 95—100° gerührt u. mit W. bis 0,1 n HCl verdünnt. Der Nd. wurde nach 8—12 Std. abgetrennt, in konz. HCl gelöst u. mit HCl wiederum gefällt. 2. Abtrennung von ^{111}Ag durch Isotopenaustausch. — Diese bessere Meth. ist dad. gek., daß 5 g Pd bei ca. $10^{13}n/cm^2 \cdot s$ im Reaktor 23—25 Tage bestrahlt u. anschließend bei 95—100° in 30—50 ml Königswasser gelöst wurde. Sodann wurde mit W. bis 3 n verd., 30 mg krist. AgCl zugefügt u. 15 Min. bei 95—100° gerührt. AgCl wurde in konz. NH_3 gelöst, 3mal mit HCl gefällt u. wieder in NH_3 gelöst. AgCl wurde mit Hydrazin zu metall. Ag red., Ag in 5—10 ml HNO_3 gelöst, diese Lsg. eingedampft u. der Rückstand mit W. aufgenommen. Ausbeute 300 mc ^{111}Ag. Pd kann als ^{103}Pd verwendet werden. Ausbeute ^{103}Pd 150 bis 200 mc (HWZ 17 d). Pd kann auch mit HCHO red. u. das metall. Pd erneut bestrahlt werden. Die radiochem. Reinheit wurde durch Best. der HWZ u. durch Unters. des γ-Spektrums geprüft. In beiden Fällen enthält ^{111}Ag 0,05% radioakt. Verunreinigungen, die auch nach 2—5 Umkristallisationen nicht abgetrennt wurden. Aus dem γ-Spektrum ergab sich ^{110}Ag (Linie 660 keV). Da auch nach Abtrennung des Ag erneut bestrahltes Pd die gleiche Menge Verunreinigung ergab, könnten folgende Rkk. zur Bldg. von ^{110}Ag führen: $^{108}Pd(n, \gamma)\ ^{109}Pd \xrightarrow[14,3\,d]{\beta} {}^{109}Ag(n, \gamma)$ ^{110}Ag u. $^{110}Pd(n, \gamma)\ ^{111}Pd \xrightarrow[26\,min]{\beta} {}^{111}Ag(n, 2n)\ ^{110}Ag$. ^{111}Ag enthält kein ^{103}Pd u. ^{109}Pd.

G. Ewald. 104□

Eine schnelle wirksame Methode zur Reduktion von Oxiden bestimmter Metallisotope. Philip S. Baker. (J. chem. Educat. **38**. 117. März 1961. Oak Ridge, Tenn., Oak Ridge Nat. Labor.) (Engl.)

Es wird eine einfache Meth. der Reindarst. von Metallisotopen aus den Oxiden beschrieben, wie sie für Targets in Cyclotrons, van de Graaff-Beschleunigern u. Reaktoren benötigt werden. Spektrograph. Kohle wird ausgehöhlt, mit dem Metalloxid, z. B. Bleioxid oder Zinnoxid, gefüllt u. zur Red. entweder angezündet oder in einen H_2-Red.-Ofen gebracht. Das Metall wird auf diese Weise nahezu quant. frei von Verunreinigungen in Form einer kleinen Kugel gewonnen. D. Hoene. 104□

Über den Begriff der molekularen Radioaktivität bei der Synthese von mit radioaktiven Isotopen markierten Substanzen. L. B. Daschkewitsch. (Радиохимия [Radiochemie] **2**. 129. 1960.) (Russ.)

Vf. schlägt vor, an Stelle der spezif. Aktivität oder der „radioakt. Ausbeute" — Verhältnis der Radioaktivität der erhaltenen Verb. zur Aktivität der Ausgangs-Verb. — bei mit radioakt. Isotopen markierten Verbb. den Begriff Curie/Mol einzuführen. Zweckmäßig erscheint dies für langlebige Isotope, die nicht einem Isotopenaustausch unterliegen, z. B. für ^{14}C. G. Ewald. 104□

Gegenwärtige Tendenzen für Kernbrennstoffe. C. Bella. (Energia nucleare **8**. 135—48. Febr. 1961. Livorno, C.A.M.E.N.) (Ital.)

Vf. führt aus, daß nicht legiertes U als Kerntrennstoff nicht mehr für Reaktoren verwendet werden kann, in denen die Temp. höher sind als sie jetzt verwendet werden. Für Reaktoren mit so hohen Temp. eignen sich bes. UO_2, UC, U_3Si oder UN.

C. Gottfried. 110

Volumenzunahme von spaltbaren Stoffen bei Neutronenbestrahlung. G. W. Greenwood. (J. Inst. Metals **89**. 308—16. April 1961.) (Engl.)

Diskussion zu der C. **1960** 13591 referierten Arbeit. M. Gehlen-Keller. 110□

Flüssige Metalle. J. W. Evans. (Nuclear Engng. **4**. 59—63. Febr. 1959. U.K.A.E. A.I.G., Culcheth Labor.) (Engl.)

Für die Verwendbarkeit fl. Metalle als Kühlmittel im Reaktorbau ist die Prandtl-Zahl maßgebend, sie ist bes. klein bei Hg, Bi, Na, K, KNa (78/22). Für diese Fll. werden besprochen die kerntechn. Eigg., der F., der Dampfdruck, die Vol.-Änderungen bei der Verfestigung, die Oberflächenspannung, die Viscosität sowie die therm. u. elektr. Leitfähigkeit. Ferner wird die Verträglichkeit der fl. Metalle mit den Reaktorbaustoffen Graphit, verschiedenen Stählen, Ti, Zr, V, Cr, Nb, Ta, Mo, W u. Keramik behandelt. Bi u. seine Legg. werden für die Fälle diskutiert, in denen der Spaltstoff im Kühlmittel gelöst werden kann. W. Reusse. 110□

Probleme der Korrosion von Konstruktionsmaterialien durch flüssige Metalle. Alois Dvořák. (Jaderná Energie **6**. 155—62. 1960. Praha, Státní výzk. úst. ochrany mat. G. V. Aktimova.) (Tschech.; Auszug: Engl.)

Nach einem Überblick über die verschiedenen Formen der Korrosion von Stahl u. dgl. durch die bei Kernreaktoren verwendeten fl. Metalle werden in einer Tabelle die Korrosionsfestigkeiten verschiedener Werkstoffe gegenüber fl. *Na*, *K*, K–Na-Leg., *Li*, *Hg*, *Sn*, *Pb*, *Bi* u. Pb–Bi-Leg. (55,5% Bi) bei 300, 600 u. 800° angegeben. Durchweg beständig sind Mo, Nb, Ta u. W, bei 300 u. 600° beständig sind Cr u. reines Fe.

R. K. Müller. 110□

Magnetischer Flußmesser für Reaktorkreisläufe mit flüssigem Natrium. C. G. Pfister und R. J. Dunham, (Nucleonics **15**. Nr. 10. 122—24. Okt. 1957. Schenectady, N.Y., Gen. Electr. Co., Knolls Atom. Power Labor., Gen. Engng. Labor.) (Engl.)

Es wird ein Gerät für die Messung des Flusses von fl. Na bei hohen Temp. in U-Boot-Reaktoren beschrieben, das bei Temp. $> 1000°$F u. Beschleunigungen > 35 g arbeitet u. genaue Messungen bei einem Fluß > 3000 g/Min. zuläßt. Das magnet. Feld wird durch 2 Magneten geliefert, die während der Messungen auf einer Temp. $< 300°$F gehalten werden. W. Karcher. 110□

Bor und borhaltige Werkstoffe. H. C. Cowen. (Nuclear Engng. **4**. 11—17. Jan. 1959. U.K.A.E.A., Culcheth Labor.) (Engl.)

Es werden die physikal., chem., mechan. u. kernchem. Eigg. von B sowie die Herst. von bearbeitbaren B-Werkstoffen u. Legg. u. die Anreicherung an ^{10}B im Hinblick auf eine Verw. in der Reaktortechnik beschrieben. — 46 Literaturhinweise.

W. Karcher. 110□

Dispersion von Bor in Eisen in der Verkleidung aus rostfreiem Stahl für Druckwasserreaktoren. C. F. Leitten jun., R. J. Beaver und A. E. Richt. (J. nuclear Mater. [Amsterdam] **1.** 136—44. 1959. Oak Ridge, Tenn., Oak Ridge Nat. Labor., Metallurg. Div. and Solid State Div.) (Engl.)

Für den Army Package Power Reactor (APPR–1) wurde ein Regelstab entwickelt, der aus einem geschweißten rechtwinkligen Parallelpiped besteht, dessen mit austenit. rostfreiem Stahl verkleidete Seitenplatten 3 Gew.-% B in Fe enthalten. Das zu 90% mit ^{10}B angereicherte B wurde dem Fe-Pulver in elementarer Form zugesetzt u. die Mischung zu hoher Dichte gesintert. Eine leichte Schwellung erscheint bei einem Verlust von 10% u. nach einem Verbrauch von 30% an ^{10}B ist die Strahlenschädigung sehr stark. Im APPR–1 arbeiteten die Kontrollstäbe 9 MWa fehlerfrei bei einer geschätzten Lebensdauer von 15 MWa. W. KARCHER. 110☐

Berylliumoxid und seine Verwendung. J. Elston. (Nuclear Power **5.** Nr. 48. 131—33. April 1960. Saclay, C.E.A., Metallurg. Dep.) (Engl.)

Es wurde die Veränderung der physikal. u. mechan. Eigg. von BeO nach Neutronenbestrahlungen verschiedener Intensität im Hinblick auf eine Verw. als Moderator- bzw. Reflektormaterial untersucht. Unterhalb 1100° sind Gew.-Verluste infolge einer Verflüchtigung vernachlässigbar; $>$ 1150° nehmen die Gew.-Verluste in feuchter Luft linear zu u. erreichen bei 1500° ein beträchtliches Ausmaß. Bei der Bestrahlung mit schnellen Elektronen bei Flüssen von $5-7\cdot10^{19}$ bzw. $2-3\cdot10^{20}$ wurde mit Hilfe von DEBYE-SCHERRER-Aufnahmen festgestellt, daß der c-Parameter ca. 10mal mehr als der a-Parameter zunimmt. Der für Proben mit einer Dichte von 2,7—3,0 bei 150° gemessene Koeff. der Wärmeleitfähigkeit (0,3—0,45 cal/cm·s·Grad) zeigt nach der Bestrahlung eine merkliche Abnahme. Auch der Elastizitätsmodul, der nach einer akust. Meth. für BeO-Proben mit einer Dichte von 2,6—3,0 zu $2{,}48-3{,}79\cdot10^6$ kg/cm² bei 20° bestimmt wurde, nimmt bei der Bestrahlung je nach dem Fluß um 14—80% ab. Die Bruchbelastung bei 20°, die für eine Dichte von ca. 2,65 bei 600—860 kg/cm² liegt, erhöht sich für sehr dichte Proben bis auf annähernd 1250 kg/cm²; nach einem therm. bzw. schnellen Neutronenfluß von $5{,}5\cdot10^{20}-1\cdot10^{21}$ bzw. $5-7\cdot10^{19}$ fällt sie für Dichten von 2,6—2,7 auf 112 kg/cm². W. KARCHER. 110☐

Eine Auswertung der Berylliumoxid-Wasserdampf-Reaktion in einem luftgekühlten Reaktor mit offenem Kreislauf. R. L. McKisson. (J. nuclear Mater. [Amsterdam] **1.** 196—202. 1959. Canoga Park, Calif., North Amer. Aviat. Inc., Atom. Internat.) (Engl.)

Es wurde eine Gleichung für die Korrosionsgeschw. (r) einer BeO-Oberfläche in strömender, feuchter Luft abgeleitet u. durch Verss. bestätigt. Die Ergebnisse stützen die Annahme, daß r durch die Diffusion des entstehenden gasförmigen $Be(OH)_2$ durch die laminare Grenzschicht an der BeO-Oberfläche gemäß der Gleichung $r = 3{,}19\cdot10^{-7}$ $D(K\cdot p_w - p_b)/T_f\cdot t$ mm/Jahr bestimmt wird; wobei D = Diffusionskoeff. von $Be(OH)_2$ in Luft (cm²/s), T_f = mittlere Temp. der Grenzschicht in °K, t = Dicke der Grenzschicht (cm), K = Gleichgew.-Konst. u. p_w bzw. p_b = Dampfdruck des W. bzw. $Be(OH)_2$ in der Gasstr ömung (at). Die Betriebsfähigkeit eines mit BeO moderierten Reaktors wird nach dieser Gleichung erst eingeschränkt, wenn die Oberflächentemp. des BeO 800° übersteigt. W. KARCHER. 110☐

Untersuchung der Bahnen in stark fokussierenden Beschleunigern mit konstantem Magnetfeld. W. K. Grischin. (Вестник Московского Университета, Серия III [Nachr. Moskauer Univ., Ser. III] **15.** Nr. 5. 6—10. Sept./Okt. 1960.) (Russ.)

Für den Typ der Teilchenbeschleuniger mit radialen Sektoren werden bei starker Fokussierung die Bahnen berechnet. Es ergibt sich eine Beziehung zwischen den Parametern des magnet. Feldes u. den dynam. Charakteristika des Beschleunigers. M. WIEDEMANN. 112☐

Analytisches Näherungsverfahren zur Berechnung azimutal periodischer Magnetfelder in Kreisbeschleunigern. H. Neu und H. Werner. (Nuclear Instruments Methods [Amsterdam] **10.** 333—38. April 1961. Frankfurt/M., AEG-Forschungsinst.) (Dt.)

Für die Auslegung neuer Teilchenbeschleuniger (isochrome u. FAG-Cyclotrons) mit in azimutaler Richtung period. schwankenden Magnetfeldern werden entsprechende Magnetfeldberechnungen durchgeführt, wobei zweidimensionale rechteckförmige Polanordnungen der Rechnung zu Grunde gelegt werden. Bei der Ableitung der Formeln wird das wirksame Magnetfeld durch eine Stufenfunktion ersetzt. Für die Pol-Oberfläche wird ein konst. magnet. Potential angenommen. H. FAHLENBRACH. 112☐

Beschleunigung von ^{3}He bis zu Energien von 35 MeV in dem 1,5-m-Cyclotron. N. I. Wenikow, G. N. Golowanow, W. P. Konjajew, N. W. Starosstin und N. I. Tschumakow. (Атомная Энергия [Atomenergie] **11.** 213—16. Sept. 1961.) (Russ.)

$^3He^{2+}$ wurden im 1,5-m-Cyclotron bis auf 35 MeV beschleunigt, am Target im Abstand von 12 m wurde eine Stromstärke von 30 μA erzielt mit einer Energieschwankung von $\pm$ 0,3%. Durch Konstruktion eines Gasrückführungssyst. wurde der Gasverlust von ca. 0,5 Liter/h auf 5 cm³/h herabgedrückt. Die Abhängigkeit der Stromstärke von dem Beschleunigungsradius, der Spannung an den Dees u. der Ablenkspannung wurde bestimmt. Die Anordnung mit den verschiedenen Pumpen ist skizziert.

M. Wiedemann. 112 □

Massenmonochromator mit Doppelfokussierung im Sektor des Magnetfeldes. W. A. Moltschanow und W. G. Telkowski. (Вестник Московского Университета, Серия III [Nachr. Moskauer Univ., Ser. III] **16.** Nr. 1. 22—28. Jan./Febr. 1961. Lehrstuhl für Atomphysik.) (Russ.)

Mittels doppelter Fokussierung in einem magnet. Sektorfeld konnte bei relativ kleinem Gew. des Magneten (unter 2 Tonnen) eine Dispersion von 1 cm je 1% relative Massendifferenz, eine Ionendichte nahe dem Fokus von 2—3 mA/cm² u. eine Beschleunigung von 35 kV erzielt werden. Der magnet. Massenmonochromator, das Vakuum-Syst., die Ionenquelle mit magnet. Längsfeld werden beschrieben.

M. Wiedemann. 112 □

Eine Bemerkung über beschleunigende Komponenten in Teilchenspektrometern. H. Mendlowitz. (Rev. sci. Instruments **29.** 701—03. Aug. 1958. Washington, D. C., Nat. Bur. of Stand., Electron Phys. Sect.) (Engl.)

Diskussion der Messung von Teilchenenergien in Spektrometern, in welchen der Bahnverlauf nicht nur von der anfänglichen Energie eines Teilchens, sondern im allg. von seinem Ausgangsort u. von jeder seiner Impulskomponenten abhängt. Bes. wird die Verzerrung der Energieverteilung einer Elektronenströmung beim Durchgang durch verzögernde u. beschleunigende Elemente behandelt, wie sie in hochauflösenden Energieanalysatoren verwandt werden. Die dadurch verursachte Verfälschung des Ergebnisses bei Messungen der Energieverteilung läßt sich dadurch klein halten, daß man das Elektronenbündel möglichst parallel in Achsenrichtung des verzögernden Elements eintreten läßt u. die Krümmung der Äquipotentialflächen in dem vom Elektronenbündel durchlaufenen paraxialen Raum möglichst gering macht. F. Lenz. 112 □

Die schnelle Ionisationskammer bei der Untersuchung der α-Radioaktivität in Luft. U. Facchini und A. Malvicini. (Proc. int. Conf. peaceful Uses Atomic Energy **9.** 761—63. 1956. Milano, Labor. CISE. — C. **1957.** 3172.) (Engl.)

H. Liepack. 112 □

Zur Frage der Qualität von handelsüblichen Geiger-Müller-Zählern Milada Kotíková. (Českoslov. Časopis Fysiku **9.** 593—95. 1959. Praha, ČSAV, Úst. techn. fys.) (Tschech.)

Auf Grund einer vergleichenden Unters. der Charakteristiken von 7 Geiger-Müller-Zählern wird auf die Notwendigkeit einer weitergehenden Standardisierung hingewiesen. R. K. Müller. 112 □

Kinetik der Dissoziation von Äthylhalogeniden in selbstlöschenden Geiger-Müller-Zählrohren. I. Zlotowski und H. Wincel. (Nature [London] **192.** 550—51. 11/11. 1961. Univ. of Warsaw, School of Chem., Dep. of Nucl. Chem.) (Engl.)

Während der ersten 10^7 bis 10^8 Impulse erfolgt eine sehr schnelle Abnahme der Moll. von C_2H_5X (X = Cl, Br, J). Der Verlust beträgt beim Jodid 98%, beim Bromid u. Chlorid zwischen 50 u. 85%. Er beruht sicherlich auf starker Adsorption an den Elektroden- u. Gasoberflächen. Nur sehr wenige unzerfallene Moll. werden die Zählrohrwände erreichen. Dann folgt ein langsamer Zerfallsprozeß, der im wesentlichen 1. Ordnung ist. Die Zerfalls-Konst. für langsamen u. schnellen Zerfall wurden von den Vff. berechnet. U. Siggel. 112 □

Sekundäres absolutes Meßsystem für β-strahlende Radionuclide. J. P. Galvão, A. M. Baptista und F. Sequeira. (Rev. Fac. Ci. Lisboa, 2.ª Sér., Secç. B **6.** 29—36. 1957/58. Lisboa, Centros de Estud. de Energia Nucl., Labor. de Fis. (Engl.)

Beschreibung einer Messanordnung, die aus einer Koinzidenzschaltung von 2 Endfenster-Geiger-Müller-Zählrohren besteht, zwischen denen die Probe angebracht ist. Der Wirkungsgrad für eine Anzahl von Radionucliden wird durch Vgl. mit einer Absolutmessung mit 4-π-Geometrie berechnet. B. Koehler. 112 □

Scintillationszähler. R. B. Owen. (Nuclear Power **5.** Nr. 54. 82—86. Okt. 1960. Harwell, AERE.) (Engl.)

Überblick über die von der Industrie beziehbaren Ausrüstungen. H. Hauswald. 112 □

Formunterschied der Scintillationsimpulse, die von γ-Strahlen und Neutronen herrühren. Francis Cambou und Georges Ambrosino. (C. R. hebd. Séances Acad. Sci. **250.** 1034—36. 8/2. 1960.) (Franz.)

Beschreibung einer einfachen Meth. um deutlich die Formunterschiede der Impulse zu zeigen, die von γ-Strahlen u. Neutronen herrühren; im Falle der Neutronen ist die Intensität der beobachteten langsamen Komponente 2,4mal größer als im Fall der γ-Strahlen. J. M. SPAETH. 112□

4π-Zinksulfidzählung von α-Strahlung. N. Irving Sax und David Rosi. (Analytic. Chem. **32.** 1900. Dez. 1960. Albany, N.Y., New York State Dep. of Health, Div. of Labor. and Res.) (Engl.)

Zur 4π-Best. von α-Strahlung von $\geq 10^{-14}$ g ^{226}Ra verteilt man den $RaSO_4$-Nd. u. $\leq$50 mg $BaSO_4$ als Trägersubstanz mit Hilfe von 95%ig. A. u. einer Pipette in 6—7 Anteilen gleichmäßig auf der 40 cm² großen Oberfläche eines mit ZnS behandelten Films u. trocknet jeweils mit einer IR-Lampe an. Man zählt die Strahlung mit Hilfe eines Scintillationsspektrometers. Nach einem anderen Verf. werden Ag-aktiviertes ZnS u. die Sulfate des Ba u. Ra mit 95%ig. A. vermengt, auf das Innere eines Zählrohres gestrichen u. angetrocknet. H. PLUSKAL. 112□

Messung von großen Strahlendosen. Anonym. (Tekn. Tidskr. **90.** 989—93. 14/10. 1960.) (Schwed.)

Zusammenfassende Übersicht über die Meßmöglichkeiten von großen Strahlendosen nach verschiedenen Methoden. E. FRITZSCHE. 112□

Über die Bestimmung der Tiefendosis. Mirjana Mihailović. (Sloven. Acad. Sci. Arts, „J. Stefan" Inst. Physics, Rep. **3.** 233—35. Okt. 1956. Ljubljana, Med. Fac., Inst. of Phys.) (Engl.)

An einem Phantom aus Plexiglas wurden Ionisationsmessungen unter Verw. des 31-MeV-Betatrons durchgeführt, um die Ionisations-Wrkg. einer bestimmten Dosis in der Tiefe zu ermitteln. Die Konst. der Formel wurden erhalten. M. WIEDEMANN. 112□

Schwankungen von Bahnspurparametern in Kernemulsionen. B. J. O'Brien. (Nuovo Cimento [10] **7.** 147—62. 16./1. 1958. Sydney, Univ., School of Phys., Falkiner Nucl. Res. and Adolph Basser Comput. Labor.) (Engl.)

An langen Bahnspuren schwerer relativist. Teilchen in Ilford-G 5-Emulsion mit niedriger minimaler Korndichte wurden die Kornhaufendichte u. die integrale Lückenlänge gemessen. Die Ergebnisse waren in Übereinstimmung mit der BLATTschen-Schwankungstheorie. H.-J. EICHHOFF. 112□

Eine Methode zur Bestimmung der Ladung von in Kernemulsionen endenden Teilchen. Tage Johansson. (Ark. Fysik **13.** Nr. 12. 129—44. 1958. Lund, Univ., Dep. of Phys.) (Engl.)

Beschreibung eines Photometers zur Auswertung von Teilchenbahnspuren in Kernemulsionen. Unter Ausmessung der letzten 100—200 μ der Bahnspur in Schritten von 10 μ ist es in 95% der Fälle möglich, einfach u. doppelt geladene Teilchen ohne subjektive Fehler zu unterscheiden. Höhere Ladungen bis zu 5 u. wahrscheinlich bis zu 10 lassen sich noch schärfer unterscheiden. Die Messungen sind auch bei erhöhtem Background möglich, da dieser in die Auswertung einbezogen wird. H.-J. EICHHOFF. 112□

Ursprung des radioaktiven Fallout in der nördlichen Hemisphäre nach dem Frühlingsmaximum 1959. J. F. Bleichrodt, Joh. Blok und E. R. van Abkoude. (J. geophys. Res. **66.** 2183—87. Juli 1961. Rijswijk, Med. Biolog. Labor. of the Nat. Defence Organiz.) (Engl.)

1959 u. 1960 wurden folgende radioakt. Nuclide in den Ndd. bestimmt: ^{90}Sr, ^{144}Ce, ^{185}W. Es wird geschlossen, daß nur ein geringer Teil der Spaltfragmente in der unteren Stratosphäre gegen Ende 1959 von den sowjet. Testexplosionen im Oktober 1958 herrührt u. der Nd. 1960 im wesentlichen auf Injektionen in die trop. Stratosphäre im Laufe des Jahres 1958 beruht. M. WIEDEMANN. 112□

Passage einer Kernspaltprodukt-Schwade in der Höhe ohne Bodenberührung. R. Reiter. (Naturwissenschaften **48.** 375. 1. Mai-H. 1961. München, Univ., Inst. für Gesteinskunde.) (Dt.)

Auf der Bergstation (Wank-Gipfel) wurde am 13. u. 14./1. 1961 der Durchzug einer Schwade von Kernspalt-Prodd. beobachtet. Auf der Talstation wurde keine Erhöhung gemessen, der Grund hierfür ist eine Dunstinversion bei 1600 m u. eine Bodeninversion bei 1000 m. Die maximale Aktivität wurde 17 Tage nach der dritten Kernexplosion in der Sahara erreicht, woraus sich eine Strömungsgeschw. entlang des 40. Breitengrads von 80 km/h ergibt. M. WIEDEMANN. 112□

Über den Einfluß des Staubs von Rauchfängern auf die Menge des radioaktiven Fallout. P. N. Jagowoi. (Атомная Энергия [Atomenergie] **11.** 459—61. Nov. 1961.) (Russ.)

Es wurde festgestellt, daß Schnee, der Staub des Rauchfängers eines Wärmekraftwerks aufgenommen hatte u. geschwärzt war, eine höhere Radioaktivität zeigte als normaler Schnee (Februar—April 1958). Die Aktivität der im Kraftwerk verwendeten

Steinkohle wurde ebenfalls bestimmt. Danach dürfte die erhöhte Aktivität weniger auf dem Staub selbst als auf der Adsorption radioakt. Teilchen an ihm aus der Luft beruhen. Nach 6 Monaten war die Aktivität der Schneeproben stark abgefallen, auf ca. 50%.
M. WIEDEMANN. 112□

A_2. Optisches Verhalten der Materie

Bahnen chromosphärischer Scheibenfackeln. J. M. Malville und G. E. Moreton. (Nature [London] **190.** 995. 10/6. 1961. Boulder, Colo., Univ., Dep. of Astro-Geophys., High Altitude Observ.; Burbank, Calif., Lockheed Aircraft Corp., Lockheed Solar Observ.) (Engl.)

Vff. untersuchten während der Jahre 1959 u. 1960 mit Hilfe von $H\alpha$-Kinematographie eine große Anzahl von Fackeln. Neben den „klass.“ Scheibenfackeln wurde eine neue Klasse von Fackeln identifiziert, die extrem verwickelte Strukturen besaßen u. als irreguläre dunkle Flecken (Granulation) erschienen. Die komplizierten Bahnen lassen sich vielleicht durch Magnetfelder in der groben Granulation erklären. Der kinet. Druck des Fackelmaterials, das sich mit einer Geschw. von 100 km/s mit einer Dichte von 10^{11} Protonen pro cm^3 bewegt, wurde durch den magnet. Druck eines Feldes von etwa 20 Gauß ausgeglichen.
C. GOTTFRIED. 113

Absorptionsspektren und Elektronenstrukturen einiger tetraedrischer Mangan(II)-Komplexe. F. Albert Cotton, David M. L. Goodgame und Margaret Goodgame. (J. Amer. chem. Soc. **84.** 167—72. 20/1. 1962. Cambridge, Mass., MIT., Dep. of Chem.) (Engl.)

Die Absorptionsspektren, im sichtbaren u. nahen UV-Gebiet, von $(PyH)_2[MnCl_4]$ (Py = Pyridin), $[CH_3(C_6H_5)_3P]_2[MnCl_4]$(I), $[(CH_3)_4N]_2[MnCl_4]$, $[(C_2H_5)_4N]_2[MnBr_4]$(**II**) u. $[(n\text{-}C_4H_9)_4N]_2[MnJ_4]$ wurden im festen Zustand u. in verschiedenen Lsgm. bei ca. 25° gemessen u. diskutiert. Es wurde beobachtet, daß alle Verbb. grüne Fluorescenz unter UV-Licht ausstrahlen, ihre Lsgg. aber nicht. **I** u. **II** sind triboluminescent. Die Empfindlichkeit der komplexen Anionen gegen Solvolyse wurde festgestellt. Die Solvolyse konnte beim Zugeben eines Überschusses der RX-Verb., passend zu $R_2[MnX_4]$, rückgängig gemacht werden. Die Spektralwerte stimmen qual. mit Voraussagen der Ligandenfeldtheorie überein.

Versuche: *Tetra-n-butylammoniumtetrajodomanganat(II)*, $C_{32}H_{72}J_4MnN_2$, F. 148°, durch Zugabe von 3,69 g fein gepulvertem Tetra-n-butylammoniumjodid zu einer Lsg. von 1,55 g MnJ_2 u. Äthylacetat, Erwärmen, Zugabe von 6 ml abs. A., Filtrieren, Abkühlen, Abfiltrieren der hellgrünen Nadeln u. Waschen mit Äthylacetat; 60%.
G. HELLER. 118□

Eine spektrophotometrische Untersuchung am System Thorium-β-Hydronaphthazarindisulfonat. R. S. Bottei und P. L. Gerace. (J. inorg. nuclear Chem. 21. 265—77. Dez. 1961. Notre Dame, Ind., Univ. of Notre Dame, Dep. of Chem.) (Engl.)

Vff. untersuchen mit Hilfe spektrophotometr. Meth. das Verh. des *Dinatrium-1.2.3.4-tetrahydro-5.8-dihydroxy-1.4-diketonaphthalin-2.6-disulfonats* (β-HND) in Wasser. Die ursprünglich blaßgelbe Lsg. verfärbt sich beim Stehen nach Rot. Die Absorption im Bereich 405 mμ nimmt ab; im Bereich 480—560 mμ ist eine starke Zunahme der Absorption zu beobachten. Die Verfärbung nach Rot kann durch Erhitzen bzw. künstliche Alterung in alkal. Lsg. beschleunigt werden. $Na_2S_2O_5$ (0,1 g/100 ml) verhindert eine Farbänderung. Vff. erklären die Änderung in der Absorption durch eine langsame Luftoxydation des β-HND zu Naphthazarindisulfonat (ND). Im Syst. β-HND-Thorium zeigt das Absorptionsspektrum Maxima bei 570, 460 u. 610 mμ. Dabei tritt Komplex-Bld. ein, grün mit β-HND, blau mit ND. Der β-HND-Thoriumkomplex wird im Molverhältnis 1:1, Maximum bei 460 mμ, der ND-Thoriumkomplex im Molverhältnis 1:2, Maxima bei 610 u. 570 mμ, gebildet. Ein Vgl. mit dem verwandten Syst. Thorium-β-Hydronaphthazarin zeigt, daß die Komplex-Bldg. nur dann eintritt, wenn der Ligand zum Naphthazarin oxydiert werden kann.
K.-H. BIRR. 118□

Optische Absorption und Fluorescenz von Sauerstoff in Alkalihalogenidkristallen. J. Rolfe, F. R. Lipsett und W. J. King. (Physic. Rev. [2] **122.** 447—54. 15/7. 1961. Ottawa, Canada, Nat. Res. Council, Radio and Engng. Div.) (Engl.)

Von *NaCl*-, *KCl*- u. *KBr*-Einkristallen, die unter O_2-Atmosphäre aus der Schmelze gezogen waren, wurden die opt. Absorption u. die Fluorescenzanregungs- u. -emissionsspektren bei 300°K, 77°K u. 4,2°K gemessen. Die durch O_2 hervorgerufene schwache Absorptionsbande ist temperaturunabhängig u. bei allen drei Kristallarten gleich. Sie hat ein Maximum bei 5,0 eV u. eine Halbbreite von 1,0 eV. Sämtliche Fluorescenzanregungsspektren enthalten eine mit dieser Absorptionsbande ident. Komponente, woraus auf ein Störzentrum für beide Effekte geschlossen wurde. Die hellste Fluorescenz u. stärkste Absorption haben mit 0,1 Mol-% KCN dotierte Kristalle. Die Fluorescenzemissionsspektren bestehen aus einer Reihe von Spitzen im Wellenlängenbereich von 4000—10000 Å mit etwa gleicher Energieverteilung. Bei 300° K erscheinen 12—15 Spitzen, bei 4,2° K lassen sie ,in je 4—6 Komponenten aufgespalten, einen großen Teil der Feinstrukturen erkennen. Anregung mit polarisiertem Licht längs [100] u. [110] führte zu keinen Polarisationserscheinungen der Fluorescenz. Aus diesen opt. Daten u. weiteren paramagnet. Resonanzmessungen wird geschlossen, daß Absorption u. Fluorescenz von O_2-Mol.-Ionen auf Anionplätzen der Kristallgitter herrühren. W. Sobieski. 119□

Polarisierte sichtbare Spektren von kristallinen Tris-[oxalato]-metallaten. T. S. Piper und Richard L. Carlin. (J. chem. Physics **35.** 1809—15. Nov. 1961. Urbana, Ill., Univ., William Albert Noyes Labor. of Chem.) (Engl.) — Vgl. C. **1961.** 6386.

Die Absorption von polarisiertem Licht durch Einkristalle von hexagonalem $Na \cdot MgAl(C_2O_4)_3 \cdot 9\,H_2O$, bei dem ein Teil des Al durch dreiwertige *Ti*-, *V*-, *Cr*-, *Mn*-, *Fe*- u. *Co*-Ionen ersetzt ist, wird angegeben. Die Polarisationen zeigen, daß sowohl spin-erlaubte als auch spin-verbotene Übergänge elektr. dipolar sind. Sie können durch das stat. asymm. Liganden-Feld, nicht aber durch Schwingungskopplung, entstehen. Die trigonale Feldstärke wurde in Abhängigkeit des Parameters K, der im Bereich von —350 bis 500 cm^{-1} gefunden wird, bestimmt. Die Darst. der Verbb. u. die Meßdaten bei 25°C u. 77° K sind angegeben. Ernst Schulte. 119□

Berechnung reflexionsvermindernder Doppelschichten. H. Vonarburg. (Optik **17.** 426—33 Aug. 1960. Aarau, Firma Kern u. Co. AG.) (Dt.)

Wird zwischen zwei Materialien verschiedenen Brechungsindexes eine Doppelschicht geeigneter Dicke u. richtig gewählter Brechungsindices gebracht, so ergeben sich zwei Nullstellen der Reflexion. Unter Vernachlässigung der Absorption u. bei senkrechtem Einfall werden mit Hilfsmitteln aus der elektr. Übertragungstechnik Formeln für die Brechungsindices u. Dicken der beiden Interferenzschichten abgeleitet. Als Anwendungsbeispiel ist der Übergang Luft/Glas berechnet worden. H. Lindberg. 119□

Über die optischen und elektrischen Eigenschaften von halbdurchlässigen Cu-Filmen. R. S. Adhav. (Canad. J. Physics **38.** 1570—76. Dez. 1960. Ahmedabad, India, Gujarat Coll., Phys. Dep.) (Engl.)

Es wurden die opt. Konst. n u. k, das Reflexionsvermögen R, die Durchlässigkeit T u. die Gleichstromleitfähigkeit von halbdurchlässigen Cu-Filmen, die im Vakuum auf Quarz aufgedampft wurden, gleichzeitig gemessen. n u. k wurden bei 435, 546 u. 630 mμ mittels Ellipsometer u. Photovervielfacher bestimmt, R wurde daraus berechnet, T mittels Unicam-Spektrometer u. in Kohlrausch-Brücke gemessen. Diese Messungen wurden über einen Filmdickenbereich von 60—455 Å durchgeführt. Das Nichtübereinstimmen mit den Theorien nach Garnett u. nach Fuchs (1938) wird diskutiert. Es wird auf Struktur u. den Porösitätsgrad geschlossen. H. Lindberg. 119□

Infrarotspektren von synthetischen Diamanten. J. J. Charette. (J. chem. Physics **35.** 1906—07. Nov. 1961. Leopoldville, Congo, Univ. Lovanium, Dep. of Phys.) (Engl.)

Von 8 synth. Diamanten der Adamant Res. Labor. of Johannesburg, mehr oder weniger kub., gelb mit schwarzen Einschlüssen von 0,2—0,3 mm Größe, wurden IR-Spektren aufgenommen. Die auch in natürlichen Diamanten vorkommenden Banden sind alle schwach, mit Ausnahme der bei 1126 u. 1343 cm^{-1}, die mäßig stark sind u. in natürlichen Diamanten nicht gefunden werden. Sie entsprechen symm. u. antisymm. Schwingungen von $=SO_2$-Gruppen. Die Raman-Frequenz ist 1333 cm^{-1}.

Ernst Schulte. 120□

Über die relative Intensität der Banden der α- und γ-Systeme des ZrO-Moleküls. F. Ss. Ortenberg. (Астрономический Журнал [Astronom. J.] **38.** 776. Juli/Aug. 1961. Inst. für Wärmephys. der Akad. der Wiss. der UdSSR.) (Russ.)

Die Intensitäten des α- u. γ-Banden-Ssyt. der ZrO-Mol. werden mit neuen Werten der zwischenatomaren Abstände berechnet. Die experimentellen Messungen reichen nicht aus, um eine Entscheidung zu treffen, doch scheinen die früheren Berechnungen besser zu sein. M. Wiedemann. 120□

Infrarotspektroskopischer Beweis für die Rotation des NH_3-Moleküls in festem Argon und Stickstoff. Dolphus E. Milligan, Robert M. Hexter und Kurt Dressler. (J. chem. Physics **34.** 1009—12. März 1961. Pittsburgh, Pa., Mellon Inst.; Princeton, N.J., Univ., Observ.) (Engl.)

Es wurden IR-Spektren hoher Auflösung von NH_3 gewonnen, das in großer Verdünnung in festem Ar oder N_2 gelöst war. Unter Bedingungen, unter denen wenig oder keine Absorption durch Polymere zu erwarten war, wurden zwischen 950 u. 1040 cm^{-1}

mehr als ein halbes Dutzend außerordentlich scharfer Banden beobachtet. Die Frequenzaufspaltung der Banden sowie ihre Temp.-Abhängigkeit u. ihre Schärfe scheinen gut vereinbar mit einem Modell, in welchem NH_3-Moll. in diesen Feststoffen gequantelte Rotationen ausführen. M. Vogelmann. 120□

Infrarotabsorptionsmessungen an Nitrosyltricarbonylferraten(-I). Wolfgang Beck. (Chem. Ber. **94.** 1214—17. 18/5. 1961. München, TH, Anorg.-Chem. Labor.) (Dt.)

In Übereinstimmung mit der tetraedr. Konfiguration (C_{3v}) des $[Fe(CO)_3NO]^-$-Anions zeigen die IR-Spektren der Lsgg. der Salze $Na[Fe(CO)_3NO]$·Dioxan, $[Ni(o\text{-}phen)_3]\cdot[Fe(CO)_3NO]_2$, $[Fe(o\text{-}phen)_3][Fe(CO)_3NO]_2$ u. $[N(CH_3)_4][Fe(CO)_3NO]$ (o-phen = 1.10-Phenanthrolin) in Diäthylenglykoldimethyläther bzw. Aceton jeweils zwei CO-Valenzfrequenzen bei 1983—1985 u. 1878—1881 cm^{-1} (A_1 + E) u. eine intensive Bande bei 1650 cm^{-1}, die der NO-Valenzschwingung (A_1) zuzuordnen ist. Bei den in KBr oder Nujol aufgenommenen Spektren der Festsubstanzen tritt die längerwellige CO-Frequenz entweder sehr breit auf oder ist in zwei Banden aufgespalten, auch die NO-Bande ist deutlich in bis zu vier Einzelbanden aufgespalten. Die CO- u. NO-Valenzfrequenzen von $Co(CO)_3NO$ u. $[Fe(CO)_3NO]^-$ sowie zum Vgl. die ν_{C-O} der isosteren Verbb. $Ni(CO)_4$, $[Co(CO)_4]^-$, $[Fe(CO)_4]^{2-}$, $C_5H_5Mn(CO)_3$, $[C_5H_5Cr\cdot(CO)_3]^-$ u. $[C_5H_5V(CO)_3]^{2-}$ werden tabellar. zusammengestellt. Aus näherungsweise berechneten bzw. in der Literatur mitgeteilten Kraft-Konst. wird der CO- u. NO-Bindungsgrad abgeschätzt. Nach den Ergebnissen ist für die CO-Gruppe in $Co(CO)_3NO$ u. $Ni(CO)_4$ eine $2^1/_2$fach-Bindung anzunehmen. Mit steigender, formal negativer Aufladung des Metallatoms werden verstärkte dative π-Bindungen vom Metall zum CO wirksam, wie das Absinken des CO-Bindungsgrades bestätigt. Aus der Erniedrigung des NO-Bindungsgrades beim $[Fe(CO)_3NO]^-$ geht hervor, daß zur Entlastung des Metallatoms auch die NO-Gruppe negative Ladung in antibindende π-Orbitals übernehmen kann. Gerhard Schulze. 120□

Untersuchungen der Infrarot- und Raman-Spektren von Nitratlösungen in flüssigem Fluorwasserstoff. F. P. Del Greco und J. W. Gryder. (J. physic. Chem. **65.** 922—25. Juni 1961. Baltimore, Md., Johns Hopkins Univ., Dep. of Chem.) (Engl.)

Vff. untersuchen die IR- u. Raman-Spektren der HF-Lsgg. von HNO_3, N_2O_5, KNO_3, KF u. H_2O u. schließen durch Vgl. mit Spektren anderer Syst., daß NO_3^- mit wasserfreiem HF unter Bldg. von NO_2^+, HNO_3, H_3O^+ u. solvatisiertem F^- reagiert. Auf die Bldg. von $H_2NO_3^+$, das auf Grund kryoskop. u. elektr. Messungen postuliert worden ist, werden keine Hinweise erhalten. J. Kraetsch. 120□

Raman- und Infrarotspektren von Phosphornitrilhalogeniden. E. Steger und G. Mildner. (Z. Naturforsch. **16 b.** 836—37. Dez. 1961. Dresden, TH, Inst. für anorg. u. anorg.-techn. Chem.) (Dt.)

Die IR-Spektren der Lsgg. von $(PNCl_2)_5$ (**I**), $(PNCl_2)_6$ (**II**), $(PNF_2)_5$ (**III**) u. $(PNF_2)_6$ (**IV**) in CCl_4 u. CS_2 sowie die Raman-Spektren von festem **I** u. **II** werden tabellar. mitgeteilt u. diskutiert. Nachst. Mol.-Symmetrien sind möglich: C_{5v}(?) für **I**; D_{6h}, C_{6v} oder D_{3d} für **II** u. **IV**; D_{5h} oder C_{5v} für **III**. — **I** u. **II** wurden durch therm. Depolymerisation des Hochpolymeren u. Isolierung der entsprechenden Fraktion erhalten, **III** bzw. **IV** aus **I** bzw. **II** nach dem für $(PNF_2)_3$ u. $(PNF_2)_4$ beschriebenen Verf. (Seel u. Langer, C. **1957.** 53). A. Blaschette. 120□

Dicyclopentadienylzinn und -blei. H. P. Fritz und E. O. Fischer. (J. chem. Soc. [London] **1961.** 547—51. Febr. München, Univ., Anorg.-chem. Inst.) (Engl.)

Die IR-Spektren von $Sn(C_5H_5)_2$ (**I**) u. $Pb(C_5H_5)_2$ (**II**) in Nujol u. Hostaflon werden für den Bereich 2—40 μ mitgeteilt u. diskutiert. Im Gegensatz zu den von Dave, Evans u. Wilkinson (C. **1961.** 14559) an Lsgg. dieser Verbb. in C_2Cl_4 u. CS_2 erhaltenen Spektren zeigen die von Vff. mitgeteilten Spektren von **I** u. **II** ziemlich ausgeprägte Unterschiede, bes. im Bereich der CH-Deformationsschwingungen. Für beide Verbb. ist eine Sandwichstruktur mit gegeneinander geneigten C_5H_5-Ringen wahrscheinlich; der Winkel zwischen den auf den Ringen senkrecht stehenden Achsen beträgt ca. 108°. A. Blaschette. 120□

Mikrowellenspektroskopie. W. Maier. (Pure appl. Chem. **4.** 157—74. 1962. Freiburg/Br., Univ., Inst. für Phys. Chem.) (Engl.)

Fortschrittsbericht für die Jahre 1959—1961. Vers.-Technik, Angabe der in dieser Zeit untersuchten Verbindungen. — 239 Literaturangaben. Ch. Weiske. 121□

Detektoren für Mikrowellenspektrometer. Maurice W. Long. (Rev. sci. Instruments **31.** 1286—89. Dez. 1960. Atlanta, Ga., Georgia Inst. of Technol., Engng. Exper. Stat.) (Engl.)

Es wird die Empfindlichkeit von Detektoren, die im modulierten Mikrowellenspektrometer benutzt werden, untersucht. Die Charakteristiken von Kristalldioden u. Barrettern werden als Funktion der Mikrowellenleistung mit einem idealen, bei Zimmer-

Temp. zu benutzenden Detektor verglichen. Der zur Messung der $CFCl_3$-Linie (berechneter Absorptions-Koeff. $3,9 \cdot 10^{-11}$ cm^{-1}) benutzte modifizierte STARK-Spektrograph wird beschrieben. Die Absorption der schwächsten mit dem Spektrometer gemessenen $CFCl_3$-Linie wurde bei einem Signal-Rausch-Verhältnis von 1 mit $4,5 \cdot 10^{-11}$ cm^{-1} in guter Übereinstimmung mit der berechneten gefunden. H. LINDBERG. 121□

Eine einfache Methode zur Abstimmung eines Molekülgenerators. G. P. Ljubimow, G. M. Strachowski und I. W. Tscheremisskin. (Вестник Московского Университета, Серия III [Nachr. Moskauer Univ., Ser. III] **16.** Nr. 1. 79—81. Jan./Febr. 1961. Lehrstuhl für Atomphys.) (Russ.)

Der Mol.-Generator arbeitet auf der Linie I = 3, K = 3 von $^{14}NH_3$. Zur Formierung des Mol.-Strahls dienen Gitter aus Cu-Folien oder ein Kanal von 10 mm Länge u. verschiedenem Durchmesser. Die Abstimmung erfolgt mittels eines Resonators auf der Absorptionslinie. Das Blockschema ist wiedergegeben, ebenso die Oscillogramme. M. WIEDEMANN. 121□

Bemerkung zu den Hamilton-Gleichungen für den Rubin-Maser-Typ. Paul M. Parker. (J. chem. Physics **34.** 1459—60. April 1961. East Lansing, Mich., State Univ., Dep. of Phys.) (Engl.)

Für die Energieeigenwerte der in der Literatur viel diskutierten Spin-HAMILTON-Gleichung $H_s = g_{||} \cdot \beta H_z S_z + g_{\perp} \beta (H_x S_x + H_y S_y) + D[S_z^2 - 1/3\, S(S+1)]$ mit der Spinquantenzahl S = 3/2 wird gezeigt, daß einfache Beziehungen zwischen ihnen u. den physikal. Konst. der Gleichung bestehen. H. FAHLENBRACH. 121□

Mikrowellen-Faraday-Effekt bei schwach magnetischen Gasen. Martin L. Sage. (J. chem. Physics **35.** 969—73. Sept. 1961. Cambridge, Mass., Harvard Univ., Mallinckrodt Chem. Labor.) (Engl.)

Zur Messung der magnet. Rotationsmomente von Gasen wird der Mikrowellen-FARADAY-Effekt vorgeschlagen. Mit Hilfe der Meth. von KARPLUS u. SCHWINGER wird die Theorie des FARADAY-Effektes entwickelt, wobei die Erscheinung bes. in der Nähe der Mikrowellenabsorptionsfrequenz berechnet wird. Dabei zeigt sich, daß sich der FARADAY-Effekt vor allem zur Messung kleiner Kernmomente (<0,1 Kernmagnetonen) besser als der ZEEMAN-Effekt eignet. Da es sich bei der Messung des FARADAY-Effekts mehr um eine Intensitäts- als um eine Frequenzmessung handelt, ist sie schwieriger als die des ZEEMAN-Effektes zu handhaben. H. FAHLENBRACH. 121□

Mikrowellen-Zeeman-Spektrum von atomarem Fluor. H. E. Radford, V. W. Hughes und V. Beltran-Lopez. (Physic. Rev. [2] **123.** 153—60. 1/7. 1961. New Haven, Conn., Yale Univ., Gibbs Phys. Labor.) (Engl.)

Bei den Prodd. hochfrequenter elektrodenloser elektr. Entladung in F_2-Gas wurden paramagnet. Resonanzabsorptionsspektren beobachtet, die aus 8 über den weiten magnet. Feldbereich von 2000—6000 Gauß verbreiteten Linien bestehen u. durch $\Delta M_F = \pm 1$-Übergänge in den $^2P_{3/2}$-Zustand der ^{19}F-Atome identifiziert werden können. Die Analyse des Spektrums gibt: $-g_J(F;\ ^2P_{3/2})g_p = 438{,}4839 \pm 0{,}0003$; $\Delta\nu(F;\ ^2P_{3/2}) = 4020{,}01 \pm 0{,}02$ MHz u. $-a'''(F;\ ^2P)/h = 446 \pm 10$ MHz, worin a''' die Kopplungs-Konst. der Hyperfein-Wechselwrkg. im ^2P-Term u. g_p der g-Faktor von Protonen in einer zylindr. Probe von Mineralöl ist. W. SOBIESKI. 121□

Mikrowellen-Zeeman-Spektrum von atomarem Chlor. V. Beltran-Lopez und H. G. Robinson. (Physic. Rev. [2] **123.** 161—66. 1/7. 1961.) (Engl.) — Vgl. vorst. Referat.

In den Prodd. hochfrequenter elektr. Entladungen in atomarem Cl_2 wurden bei 9190 MHz Mikrowellenspektren aufgenommen u. von den pro Isotop zulässigen 12 Übergängen $\Delta M_I = 0$, $\Delta M = \pm 1$ fünf von ^{35}Cl u. zwei von ^{37}Cl gemessen. Die Analyse der Werte gibt: $-g_J(Cl;\ ^2P_{3/2})/g_p = 438{,}50415 \pm 0{,}00063$, worin g_p das gyromagnet. Verhältnis von Protonen in einer zylindr. Probe Mineralöls ist. Umformung führt zu $g_J(Cl;\ ^2P_{3/2})/g_J(D) = 0{,}666201 \pm 0{,}000002$ u. eine Berechnung des g_J(Cl)-Isotopeneffekts zeigt, daß er in den angesetzten Verss. nicht sichtbar sein kann. Messungen der Linienbreite u. -intensität führen zu Abschätzungen der Atom–Atom- u. Atom–Mol.-Stoßquerschnitte. W. SOBIESKI. 121□

Mikrowellenspektrum, Struktur und Kernquadrupolkopplungskoeffizienten von Nitrosylchlorid. D. J. Millen und J. Pannell. (J. chem. Soc. [London] **1961.** 1322—28. März. London, Univ. Coll., W. Ramsey and R. Forster Labor.) (Engl.)

Es wurde mit ^{18}O angereichertes Nitrosylchlorid dargestellt u. die Rotations-Konst. aus seinem Mikrowellenspektrum berechnet. Diese wurden mit den Rotations-Konst. der ^{35}Cl- u. ^{37}Cl-Verbb. in Beziehung gesetzt u. ergaben die Atomabstände $\gamma_{N-Cl} = 1{,}975$ Å, $\gamma_{N-O} = 1{,}139$ Å u. den Winkel ONCl = 113°20′. Aus der Hyperfeinstruktur der Spektren wurden die Quadrupolkopplungsparameter des Cl berechnet. $eQ\partial^2V/\partial a^2$

$= -48{,}7$, $eQ\partial^2V/\partial b^2 = 29{,}4$ u. $eQ\partial^2V/\partial c^2 = 19{,}3$ MHz wurden für $N^{16}O^{35}Cl$ erhalten u. $eQ\partial^2V/\partial a^2 = -38{,}4$, $eQ\partial^2V/\partial b^2 = 23{,}2$ u. $eQ\partial^2V/\partial c^2 = 15{,}2$ MHz für $N^{16}O^{37}Cl$. Ein Vgl. mit Nitrylchlorid zeigte, daß die N–Cl-Bindung in NOCl nicht nur im Sinne von NO^+Cl^- stärker ionogen zu sein scheint, sondern auch einen stärkeren Doppelbindungscharakter besitzt. Es wird eine Elektrolyse-App. zur Gewinnung von mit ^{18}O angereichertem Sauerstoff aus ca. 0,6 ml W. beschrieben. M. VOGELMANN. 121□

Elektronenübergänge an Farbzentren. Fritz Lüty. (Halbleiterprobleme **6.** 238—78. 1961. Stuttgart, TH, II. Phys. Inst.) (Dt.)

Zusammenfassende Übersicht über die Elektronenübergänge an einem einfachen Modellphosphor mit einer einzigen Störstellenart; Absorptions- u. Emissionsspektrum des F-Zentrums; Übergänge des angeregten Elektrons im Leitungsband u. in Haftstellen; Rückkehr des Elektrons aus der Haftstelle (F′-Zentrum) zum ionisierten F-Zentrum; Rk.-Kinetik der F- u. F′-Zentren; die F-Emission als Fluorescenz- u. Phosphorescenzstrahlung; Wechselwrkg. zwischen den Zentren; Einfl. hoher elektr. Felder auf die Elektronenübergänge. — 59 Literaturangaben. P. FRENZEL. 125□

Elektrolyse als Methode zur Aktivierung von Elektroluminophoren. I. Ss. Andrejew, L. W. Syrina und G. B. Arsumanjan. (Известия Академии Наук УзССР, Серия Физико-Математических Наук [Nachr. Akad. Wiss. UsbekSSR, Ser. physik.-math. Wiss.] **1961.** Nr. 4. 83—87. Taschkent, Lenin-Univ.) (Russ.; Auszug: Usbek.)

Die Elektrolyse eignete sich gut zur Aktivierung von *ZnS*, z. B. mit *Ag*. Zum Nachw. der Aktivierung diente ein radioakt. Indicator. Bestimmt wurde die Aktivität auf Anode, Kathode u. den verschiedenen Teilen des Phosphors. M. WIEDEMANN. 125□

Über die Thermoluminescenz von gefälltem Calciumfluorid. Carlo Bettinali. (Atti Accad. naz. Lincei, Rend., Cl. Sci. fisiche, mat. natur. [8] **26.** 777—81. Juni 1959. Roma, Univ., Ist. di Chim. gen. ed inorg.) (Ital.)

Bei gefälltem $CaCO_3$, $CaSO_4$ u. $MnSO_4$ ist auch ohne Vorbestrahlung Thermoluminescenz (TL) nachgewiesen. Vf. zeigt, daß auch aus HF gefälltes CaF_2 TL aufweist. Die Temp., bei der die maximale TL auftritt, hängt dabei von der HF-Konz. ab, sie beträgt bei HF-Konz. 4% 315°, 20% 308°, 0,04% 280° (jeweils $\pm 5°$). Dieselben Temp. maximaler TL zeigen auch CaF_2-Präpp. mit 2% La oder 2% Mn. Die Bestrahlung des CaF_2–La-Präp. bewirkt keine Änderung der TL-Eigg., beim CaF_2–Mn-Präp. bewirkt sie das Auftreten eines 2. Maximums bei 50°. In allen Fällen führt Erhitzen auf 400° u. Bestrahlung zum Verschwinden des Maximums bei 315° u. Auftreten eines Maximums bei 65°; dazu kommt bei dem CaF_2–Mn(CaF_2–La)-Präp. ein weiteres Maximum bei 105° (200°). Die Intensität des bei der TL emittierten Lichtes beträgt ca. 0,1—1% derjenigen des einfallenden Lichtes. R. K. MÜLLER. 125□

A_3. Elektrizität. Magnetismus. Elektrochemie

Eine Untersuchung über Plasmen in äußeren Magnetfeldern. 1. Mitt. **Stationärer Zustand.** G. Schmidt. (Nuovo Cimento [10] **10.** 55—67. 1/10. 1958. Haifa, Israel, Inst. of Technol.) (Engl.)

Der stationäre Zustand eines magnet. beschränkten neutralen Plasmas wird berechnet. Für ein Plasma ohne Teilchenzusammenstöße wird eine Berechnungs-Meth. entwickelt, die aus einer vollständigen Reihe von Plasmagleichungen besteht. Die Grundlage besteht in Lsgg. von MAXWELL-Gleichungen u. Gleichungen der Partikelbewegungen. Die Meth. wird bei der Ableitung der Gleichungen für das Druckgleichgewicht in allgemeiner Form verwendet. Das Druckgleichgewicht ohne Teilchenzusammenstöße wird ferner auch mit der BOLTZMANN-Statistik berechnet. Als Beispiel werden die Plasmagleichungen für ein Problem benutzt, bei dem die normale Theorie unter Berücksichtigung der Glieder erster Ordnung versagt. H. FAHLENBRACH. 131□

Eine Untersuchung über Plasmen in äußeren Magnetfeldern. 2. Mitt. **Veränderliche Felder.** G. Schmidt. (Nuovo Cimento [10] **10.** 659—74. 16/11. 1958.) (Engl.) — 1. vgl. vorst. Referat.

Unter Betrachtung der beiden Grenzfälle: 1. idealer hydromagnet. Fall, Leitfähigkeit $\rightarrow \infty$ u. 2. ohne Teilchenzusammenstöße wird das Plasma-Verh. in einem veränderlichen äußeren Magnetfeld berechnet. Bei Beschränkung auf Zylindergeometrien u. quasistationäre Prozesse konnten für beide Grenzfälle die Plasmagleichungen vollständig abgeleitet werden. Diese Gleichungen gestatten Aussagen über das Verh. jeder makroskop. Plasma-Eig. in Abhängigkeit von der Stärke des äußeren Magnetfeldes. Die Anwendung der Theorie auf nicht quasistationäre Prozesse wird angedeutet. Diese Ausdehnung führt zu Ergebnissen, die zu neuen Wegen für die Realisierung höherer Plasma-Temp. anregen. H. FAHLENBRACH. 131□

Eine Theorie der sukzessiven Bildung beweglicher Schichtungen im Plasma von Edelgasen. Luděk Pekárek. (Czechoslov. J. Physics **7**. 533—56. 1957. Prag, Tschechoslovak. Akad. der Wiss., Physikal. Inst.) (Engl.)

Entw. einer Theorie der beweglichen Schichten auf Grund veröffentlichter experimenteller Ergebnisse. Die Schichten werden als sukzessive Bldg. von Bereichen mit abwechselnd positiver u. negativer Raumladung gedeutet, d. h. als die Bldg. einer makroskop. period. Polarisation des Plasmas. Die grundlegende Annahme der Theorie besteht in der gegenseitigen Unabhängigkeit der Prozesse innerhalb jedes hellen oder dunklen Bereichs in den Schichten, so daß die Wechselwrkg. der Schichten miteinander nur durch das Feld der Raumladungen vermittelt wird. Ein Gleichungs-Syst. für den zeitlichen Verlauf der Prozesse, d. h. des Aufbaus der Raumladung in jedem einzelnen Bereich u. der Wechselwrkg. zwischen den Bereichen, wird aufgestellt. Die Übereinstimmung zwischen den Lösungen dieses Gleichungs-Syst. u. den experimentellen Daten ist noch lückenhaft. F. LENZ. 131□

Zustands- und Transportgrößen von Argon-Plasma. Klaus Penski. (Chemie-Ing.-Techn. **34**. 84—87. Febr. 1962. Stuttgart, TH, Inst. für Thermodynamik der Flugtriebwerke.) (Dt.)

Im Hinblick auf die steigende Bedeutung von extrem hohen Temp. in der Technik werden für Ar-Plasma die Temp.-Abhängigkeiten folgender Zustands- u. Transportgrößen von 0 bis maximal 100000° K u. bei 1 bar graph. wiedergegeben: PRANDTL-Zahl, dynam. u. kinemat. Zähigkeit, Temp.-Leitzahl, Wärmeleitfähigkeit, elektr. Leitfähigkeit, Entropie, Enthalpie, innere Energie, spezif. Wärme u. spezif. Volumen. G. GATTOW. 131□

Die Elektronenverteilungsfunktion nach der Energie in positiven Entladungssäulen in Neon. Ju. M. Kagan und R. I. Ljaguschtschenko. (Журнал Технической Физики [J. techn. Physik] **31**. 445—49. April 1961. Leningrad, Shdanow-Univ.) (Russ.)

Die Verteilungsfunktion der Elektronen nach der Energie in der positiven Entladungssäule in Ne wird nach einer Näherungs-Meth. berechnet. Dabei werden die elast. u. unelast. Stöße zwischen Elektronen u. Atomen u. die Wechselwrkg. zwischen den Elektronen beachtet. Die Gültigkeit der Näherung wird diskutiert. M. WIEDEMANN. 131□

Der Feldeffekt der Raumladung bei pulsierender Glimmentladung in Wasserstoff. Herman Ritow. (J. Electronics and Control **4**. 111—24. Febr. 1958. Highland Park, Ill.) (Engl.)

GILL, MITRA u. CLARK fanden, daß die effektive Röhrenkapazität während der pulsierenden Glimmentladung um einige Ordnungen größer ist als für die Geometrie der Röhre u. Elektroden berechnet werden konnte. Es wird eine Meth. entwickelt zur Messung der Ladung auf den Elektroden im Augenblick der Zündung. Sie ergibt sich experimentell zu näherungsweise 10^{-7} Coulomb pro cm² der kleineren der beiden Elektroden, d. h., das elektrostat. Feld ist von der Ordnung 10^6 V/cm. Da das Emissionsfeld des Elektrodenmetalls von der gleichen Größenordnung ist, besteht die Möglichkeit, daß Feldemission zusammen mit Photoionisation u. exponentieller Lawinen-Bldg. bei der Zündung von Bedeutung ist. J.-M. SPAETH. 131□

Theorie der Diffusionswellen. 2. Mitt. **Amplifikationsbedingungen in Niederdruckentladungen.** H. Rother. (Ann. Physik [7] **5**. 252—67. 1960. Berlin, Physikal.-techn. Inst. der Dt. Akad. der Wiss.) (Dt.) — 1. vgl. Ann. Physik [7] **4**. [1959.] 373.

Im Rahmen einer früher entwickelten Theorie wird gezeigt, daß diffusionsbestimmte Amplifikationsprozesse (laufende Schichten) in Gasentladungen nur in Strombereichen auftreten, in denen Trägererzeugung oder Wandverluste nicht mehr proportional zur Elektronen-Konz. zunehmen. Derartige Abweichungen sind dann möglich, wenn Stufenionisation einen merklichen Anteil der Trägerbilanz ausmacht u. noch keine Sättigung der Konz. angeregter Atome eingetreten ist. In Übereinstimmung mit dem experimentellen Befund kommen hierfür je nach Gasdruck u. -art Stromstärkebereiche zwischen ca. 1 mA u. 10 A in Frage. Bei sehr kleinen Stromstärken (< 1 mA) treten laufende Schichten auf, sobald die subnormale Entladungsform $n_e \lesssim \eta$ realisiert ist. Eine nähere Diskussion von Dispersionskurve, Resonanzkurve u. Existenzgrenze ermöglicht Aussagen über eine Reihe von experimentell bisher nur schwer zugänglichen Best.-Stücken des Plasmas. Bei hohen Drücken existieren keine diffusionsbestimmten Amplifikationsprozesse, wenn ausschließlich Elektronen u. positive Ionen für die Trägerbilanz eine Rolle spielen. W. Betcke. 131 □

Die gasionisierende Strahlung einer Entladung in N_2-O_2-Gemischen. (Quantitativer Nachweis kleiner O_2-Konzentrationen in N_2.) A. Przybylski. (Z. Naturforsch. **16a**. 1232—37. Nov. 1961. Hamburg, Univ., Inst. für Angew. Physik.) (Dt.)

Vf. beschreibt eine Meth. zur quant. Best. von Spuren von O_2 (Konzz. bis zu 10^{-5}) in N_2—O_2-Gemischen. Die Meth. beruht auf der Ionisierung von O_2-Moll. in einer elektr. Entladungsstrecke durch Strahlung, die von N_2-Moll. mit Ionisierungspotentialen $U_{O_2} < U_{N_2}$ u. Strahlungsenergien zwischen U_{O_2} u. U_{N_2} emittiert wird. Absorptions-Koeff. u. Intensitäten der ionisierenden Strahlung werden in Abhängigkeit von der O_2-Konz. mitgeteilt. Die Vers.-Anordnung besteht aus einer koaxial zylindr. angeordneten Entladungsstrecke u. einer Ionisationskammer in Form eines Rotationsellipsoids. Seitlich wird UV-Licht eines Hg-Brenners eingestrahlt. Die Meßanordnung wird mit Gasgemischen bekannter Konz. geeicht. Die Meßwerte sind bei einheitlicher Spannung an der Entladungsstrecke u. bei gleichem Gesamtdruck (40 Torr) aufzunehmen. Zwischen der O_2-Konz. u. dem Wert $(\Sigma I_i)/I_e$ (ΣI_i Gesamtstrom in der Ionisationskammer, I_e Entladungsstrom) besteht bis zu sehr kleinen O_2-Geh. ein linearer Zusammenhang. Gasbeimischungen, die eine kleinere Ionisierungsenergie als N_2 u. einen hinreichend großen Absorptions-Koeff. gegenüber der N_2-Strahlung haben, stören. Im Anhang wird der lineare Zusammenhang zwischen $(\Sigma I_i)/I_e$ u. dem Partialdruck des O_2 für verschiedene Fälle von Photoionisierungsprozessen zwischen O_2 u. N_2 theoret. untersucht. P. Frenzel. 131 □

Messungen der Ionisationswirkungsquerschnitte für Elektronenstoß. 1. Mitt. **Technik und Daten für Methan.** B. A. Tozer. (J. Electronics and Control [1] **4**. 149—59. Febr. 1958. Liverpool, Univ., Dep. of Electr. Engng.) (Engl.)

Es werden einige der bei der Anpassung einer Ionisationskammer des Lozier-Typs für Messungen der Wrkg.-Querschnitte auftretenden Schwierigkeiten beschrieben u. Meth. zu ihrer Überwindung vorgeschlagen. Bes. werden die Fehler, die von der elast. Elektronenstreuung u. dem folgenden Anwachsen der effektiven Elektronenweglänge u. von der verschiedenen Sammelwirksamkeit für positive u. negative Ionen kommen, mitgeteilt. Schließlich werden einige Wrkg.-Querschnittmessungen in Methan beschrieben. J.-M. Spaeth. 131 □

Reflexion von Edelgasionen an Festkörperoberflächen. Homer D. Hagstrum. (Physic. Rev. [2] **123**. 758—65. 1/8. 1961. Murray Hill, N.J., Bell Telephone Labor., Inc.) (Engl.)

Vff. entwickeln eine Meth. zur Best. der Reflexion von Ionen an Festkörperoberflächen als Ionen oder metastabile Atome. Die Ergebnisse für He^+, Ne^+ u. Ar^+ auf sauberen *W*-, *Mo*-, *Si* (1 0 0)- u. verunreinigten W-, *Hf*-, *Ge* (1 1 1)-Oberflächen werden gegeben. Der Reflexions-Koeff. R_{ii} von Ion an Ion ist sehr klein (0,0004—0,002) u. unabhängig von der Energie der einfallenden Ionen, der Reflexions-Koeff. R_{im} von Ionen an metastabilen Atomen ist etwa gleich R_{ii} bei 10 eV u. 0,04 bei 1000 eV. Die Ergebnisse werden auf Grund der bekannten Resonanz- u. Auger-Übergänge diskutiert, die bei Ionen mit genügend großer Ionisierungsenergie in der Nähe von Festkörperoberflächen auftreten können. Vff. zeigen, daß die Berechnungen nur möglich sind, wenn die Ionen sehr nahe der Oberfläche in metastabile Atome übergeführt werden, u. geben einen möglichen Mechanismus für diesen Prozeß an. W. Sobieski. 131 □

Physikalische und dielektrische Eigenschaften des Systems Metall–Siliciumdioxid–Silicium. J. L. Sprague, J. A. Minahan und O. J. Wied. (J. electrochem. Soc. **109**. 94—98. Febr. 1962. North Adams, Mass., Sprague Electric Co., Res. Labor.) (Engl.)

Vff. stellen durch therm. Oxydation von Si bei 950° SiO_2-Kondensatoren her u. bestimmen Schichtdicke u. Brechungsindex der Filme sowie die Kapazität C u. die Frequenzabhängigkeit von C u. des Verlustwinkels der Systeme. Die gebildeten Oxidfilme bestehen aus hochreinem, amorphem SiO_2. Die dielektr. Eigg. der Syst. sind stark vom spezif. Widerstand ϱ u. vom Leitungstyp des Si abhängig. Vff. führen diese Abhängigkeit auf die Ausbildung einer Raumladungsschicht an der Oberfläche des Si unter der Oxidschicht zurück. Für Si mit niedrigem ϱ (n-leitend mit 0,1 bzw. p-leitend $< 0{,}1\ \Omega\cdot$cm) entsprechen die dielektr. Eigg. der Syst. denen des reinen SiO_2-Films. Die aus diesem Material hergestellten Kondensatoren sind bzgl. ihrer dielektr. Eigg. unabhängig von Gleichstromvorspannung u. Frequenz des Wechselstroms, weisen einen hohen Isolationswiderstand, hohen Leistungsfaktor u. niedrigen Temp.-Koeff. auf, sind sehr stabil u. beständig gegenüber Bestrahlung. Nimmt dagegen ϱ des verwendeten Si zu, so erhöht sich der dielektr. Beitrag, der auf den Raumladungsbereich im Si zurückzuführen ist. Bei Si mit $\varrho = 100\ \Omega\cdot$cm werden beträchtliche Änderungen von C mit Frequenz u. Vorspannung festgestellt. P. FRENZEL. 132□

Auswirkung von zweidimensionalem mechanischem Druck auf die dielektrischen Eigenschaften von polarisiertem keramischem Bariumtitanat und Bleizirkonattitanat. R. F. Brown. (Canad. J. Physics **39.** 741—53. Mai 1961. Dartmouth, Nova Scotia, Defence Res. Board, Naval Res. Establishm.) (Engl.)

Es wird das dielektr. Verh. von verschiedenen ferroelektr. Materialien [$BaTiO_3$ (I) + 4 Gew.-% $PbTiO_3$, +2 Gew.-% $CaTiO_3$; (I) + 5 Gew.-% $CaTiO_3$ u. + $^3/_4$ Gew.-% $CoTiO_3$ sowie handelsüblichem Pb–Zirkonat-Titanat: PZT-4 u. PZT-5] untersucht, wenn ein 2dimensionaler Druck (Drucksumme von 0—5000 kg/cm^2) normal zur Polarisationsachse ausgeübt wird. Mit wachsendem Druck nehmen die dielektr. Verluste zu u. die DK wird kleiner. Dabei ist ein Teil der Veränderung irreversibel u. ein Teil reversibel. Die DK ändert sich beim Druck-Einfl. nicht sofort, sondern nimmt linear mit dem log der Zeit ab. Für die beobachteten Effekte wird eine Deutung vorgeschlagen. Die Druck-Auswrkg. an zylindr. u. kugelförmigen Proben werden verglichen. Alterungserscheinungen werden diskutiert. H. SCHIBILLA. 132□

Dielektrische Eigenschaften von $BaTiO_3$-Einkristallen im paraelektrischen Zustand von 1 kHz bis 2000 MHz. E. Stern und Allen Lurio. (Physic. Rev. [2] **123.** 117—25. 1/7. 1961. New York, N.Y., Columbia Univ., IBM Watson Labor.) (Engl.)

Die DK von *$BaTiO_3$*-Einkristallen wurde oberhalb des CURIE-Punktes (120°) im Frequenzbereich von 1 kHz bis 2000 MHz, der Koeff. B aus der DEVONSHIRE-Gleichung bei 500 MHz untersucht u. die relativen DKK als Funktion der Temp. angegeben. Bei 500 MHz sind die Kristalle vollständig gespannt, so daß der Koeff. des P^4-Gliedes positiv wird u. mit dem erwarteten experimentellen Ergebnis von $B_F^C = 2{,}23\cdot 10^{-23}$ cgs-Einheiten übereinstimmt. W. SOBIESKI. 132□

Ferroelektrische Zweiphasen-Systeme. 1. Mitt. **Bariumtitanat–Metall.** Karoline Leibler und Wojciech Brański. (Acta physica polon. **20.** 447—53. 1961. Warsaw, Polytechn. High School, Chair B of Gen. Phys.) (Engl.)

Bei der Unters. der dielektr. Eigg. eines Zweiphasen-Syst. (Ferroelektrikum–Metall: *$BaTiO_3$–Ag, Ni*) stellt sich heraus, daß die DK beträchtlich anwächst, wenn die Konz. des hinzugefügten Metalls größer wird. Der Verlauf der DK-Anstiegskurve hängt von der Art der Beimengung u. ihrer Korngröße ab. Die CURIE-Temp. ändert sich dabei nicht. Jedoch können Veränderungen der CURIE-WEISS-Temp. u. der CURIE-WEISS-Konst. festgestellt werden, u. zwar an einer Änderung des Kurvenverlaufes $1/\varepsilon_w$ im paraelektr. Teil. H. SCHIBILLA. 133□

Reflexion langsamer Elektronen von Wolframeinkristallen, rein und mit adsorbierten Monoschichten. P. Kisliuk. (Physic. Rev. [2] **122.** 405—11. 15/4. 1961. Murray Hill, N.J., Bell Telephone Labor., Inc.) (Engl.)

Vf. untersuchte mit einer modifizierten Anordnung nach SHELTON (C. **1958.** 2634) die Reflexion von Elektronen mit kinet. Energien bis zu einigen eV von sauberen u. mit *N*- u. *O*-Monoschichten bedeckten W-Einkristallflächen. Bei senkrechtem Auftreffen der Elektronen auf (3 1 0) werden im Kollektorstrom in Abhängigkeit von der Kollektorspannung Minima gefunden, die unter Annahme eines inneren Potentials von 11 V Reflexionen von (1 1 0)-, (1 0 0)- u. (2 1 1)-Ebenen zugeordnet werden. Die Temp.-Abhängigkeit der Austrittsarbeit der reinen (3 1 0) wurde zu $d\varphi/dT = 4\cdot 10^{-5}$ V/grad bestimmt. Diese Ergebnisse sind im Widerspruch zum NOTTINGHAMschen empir. Reflexionskoeffizienten. Bei Änderung der Austrittsarbeit φ durch Sauerstoffadsorption bleiben die Minima im Kollektorstrom bei denselben Spannungen liegen. Die Änderungen von φ von (3 1 0) während der Adsorption wurden in Abhängigkeit von der adsorbierten Menge untersucht. Das Dipolmoment pro Mol. bleibt von $^1/_4$ Monoschicht bis zu einer vollen Monoschicht konstant. Es liegt zwischen 0,085 u. 0,12 Debye, entsprechend einem Abstand eines einfach geladenen Ions von der Äquipotentialfläche von 0,02 Å. Für Sauerstoff wird auf (3 1 0) ein $\Delta\varphi$ von 1,7 V beobachtet. H. LIEPACK. 134□

Zur Frage der Exoelektronenemission von gepulverten KCl-Einkristallen, die vorerst unterschiedlich verfärbt wurden. B. Sujak und A. Szaynok. (Acta physica polon. **20.** 425—32. 1961. Wroclaw, TH, Physikal. Inst.) (Dt.)

Die photo- u. therm. erregte Exoelektronenemission (E) von gepulverten KCl-Einkristallen wird untersucht. Die Kristalle wurden vor der Pulverisierung durch Diffusion von K-Dampf oder durch Bestrahlung mit längerwelligen Röntgen- oder β-Strahlen verfärbt. Die E ist nach den verschiedenen Verfärbungs-Meth. unterschiedlich. Unterschiede zwischen der photoerregten u. therm. erregten E werden auf die Vorgeschichte der Kristalle zurückgeführt. Mit β-Strahlung gefärbte Kristallpulver weisen eine nur geringe Photoemission auf. Dieser Effekt ist stark zeitabhängig, er wird auf die negative Ladung, die durch die β-Strahlung in den Pulverkernen erzeugt worden ist, zurückgeführt. Dagegen ist die Photoemission bei mit K-Dampf gefärbten Kristallen ziemlich zeitunabhängig. Die therm. erregte E aus Kristallen, die mit Röntgen- oder β-Strahlung verfärbt wurden, weist bis zu 350° schwächere Intensitäten auf als bei mit K-Dampf gefärbten Kristallen. H. SCHIBILLA. 134□

Photoerregte Exoelektronen-Emission aus der Oberflächenschicht von amphoteren Metallen, die mit NaOH und KOH reagieren. B. Sujak und J. Wawrzyniak. (Acta physica polon. **20.** 463—69. 1961. Wroclaw, Chair of Exp. Phys. of Univ.; Pol. Acad. of Sci., Inst. of Phys.) (Engl.)

Die amphoteren Metalle *Al, Zn, Sn* u. *Pb* senden bei der Rk. mit einer dünnen Hydroxidschicht, die auf ihre Oberfläche gesprüht wird, negative Ladungsträger in die Luftatmosphäre aus, sobald die reagierende Oberfläche mit Licht ($\lambda_{min} = 3600$ Å) bestrahlt wird. Der Intensitätsverlauf der Emission in Abhängigkeit von der Zeit zeigt ein Anwachsen im ersten Teil u. dann einen fast exponentiellen Abfall. Die beobachtete Emission hängt von der momentanen Verschiebung der effektiven Langwellengrenze des Photoeffektes während der Rk. ab, wobei die Wellenlänge des auffallenden Lichtes konst. gehalten wird. Bei der Unters.-Reihe von Al über Zn u. Sn zu Pb vers hiebt sich die Langwellengrenze zu kürzeren Wellenlängen; die Affinität der amphoteren Metalle gegenüber dem Hydroxid nimmt dabei ab. Die photoerregte Chemoemission der Exoelektronen wird mit Hilfe eines Spitzenzählers mit Gittersteuerung in atmosphär. Luft gemessen. H. SCHIBILLA. 134□

Positiver Photoeffekt von Selenphotoelementen mit Thalliumfilm. I. L. Dmitrijenko. (Известия Академии Наук УзССР, Серия Физико-Математических Наук [Nachr. Akad. Wiss. UsbekSSR, Ser. physik.-math. Wiss.] **1961.** Nr. 4. 78—82. Physik.-techn. Inst. der Akad. der UsbekSSR.) (Russ.; Auszug: Usbek.)

Se-Photoelemente mit einem Tl-Film auf Fe wurden hergestellt u. ihre spektrale Empfindlichkeit sowie die Änderung dieser Empfindlichkeit u. der Photo-EMK mit der Zeit untersucht. Ferner wurde das Vorzeichen des Photoeffekts geprüft. Dieses hängt von der Natur der Elektrode u. der Symmetrie der Leitfähigkeit ab, bei Au ist es z. B. positiv. M. WIEDEMANN. 134□

Über die Frage des Verunreinigungszustandes in Halbleitern. P. F. Kromer. (Известия Академии Наук УзССР, Серия Физико-Математических Наук [Nachr. Akad. Wiss. UsbekSSR, Ser. physik.-math. Wiss.] **1961.** Nr. 4. 98—100. Taschkent, Univ.) (Russ.)

Es wird eine Interpolationsformel für die Abhängigkeit der Ionisationsenergie der Donatoratome der Verunreinigung von der Konz. der Leitfähigkeitselektronen gegeben. Die Abhängigkeit dieser Energie von der Temp. wird ebenfalls ermittelt.

M. WIEDEMANN. 135□

Austauschterme im Formalismus der effektiven Masse. James C. Phillips. (Physics Chem. Solids **7.** 52—54. Okt. 1958. Murray Hill, N.J., Bell Telephone Labor., Inc.) (Engl.)

Vff. zeigen, daß durch Kombination von Cyclotronmasse u. opt. Daten mit Ergebnissen der Berechnung von Bändern mit orthogonalisierten ebenen Wellen eine quant. Abschätzung für nichtlokale Korrekturen bei *Si* u. *Ge* möglich ist, die durch $[r^{\mu}, H] = (1 + \varepsilon)(i\hbar p^{\mu})/m$ ausgedrückt werden kann. ε ist der Wert der nichtlokalen Korrekturen u. beträgt bei Si $\varepsilon = 0{,}29 \pm 0{,}10$ u. für Ge $\varepsilon = 0{,}26 \pm 0{,}10$. W. SOBIESKI. 135□

Experimentelle Methoden zur Bestimmung effektiver Massen in Metallen und Halbleitern. G. A. Busch. (Halbleiterprobleme **6.** 1—20. 1961.) (Dt.)

Übersicht über experimentelle Meth. zur Best. effektiver Massen; Cyclotronresonanz u. magneto-opt. Absorption; magnet. Susceptibilität u. DE HAAS-VAN ALPHEN-Effekt; Transporterscheinungen u. Ultraschallcyclotronresonanz. — 44 Literaturangaben.

P. FRENZEL. 135□

Thermische Leitfähigkeit in Halbleitern. J. A. Krumhansl. (Physics Chem. Solids **8.** 343—45. Jan. 1959. Cleveland, Ohio, Nat. Carbon Co., Res. Labor.) (Engl.)

Zusammenfassende Behandlung der therm. Leitfähigkeit in Festkörpern, bes. Halbleitern. Vf. unterscheidet im Bereich niedriger Anregungsenergie: klass. Gas in porösen Festkörpern (entsprechend Elektronen in Halbleitern), Elektronengas (in Metallen), elast. Phononen (in allen Festkörpern), elektromagnet. Photonen (kontinuierliche Spektren) u. Spinwellenquanten; im Bereich hoher Anregungsenergie: mol. Dissoziation, Excitonen in Festkörpern, Elektronen–Löcher-Paare in Halbleitern sowie Plasmaschwingungen in Metallen. Neben theoret. Behandlung der therm. Prozesse bei tiefen Temp. wird bes. auf den bei höheren Temp. bedeutsamen Strahlungstransport eingegangen. Als prakt. Beispiel wird die therm. Leitfähigkeit im *PbTe* erörtert.

G. RUBAN. 135□

Experimentelle Untersuchungen über die thermische Leitfähigkeit in Halbleitern. Y. Kanai und R. Nii. (Physics Chem. Solids **8.** 338—39. Jan. 1959. Tokyo, Electr. Communicat. Labor.) (Engl.)

Vff. bestimmen nach der (verbesserten) Ångström-Meth. die therm. Leitfähigkeit von Bi_2Te_3, *PbTe* u. *InSb* zwischen 100 u. ca. 650°K. Zum Vgl. werden die Resultate anderer Autoren diskutiert. G. Ruban. 135□

Thermische Leitfähigkeit von Germanium im Temperaturbereich 300—1080° K. B. Abeles. (Physics Chem. Solids **8.** 340—43. Jan. 1959. Princeton, N.J., RCA Labor.) (Engl.)

Vf. bestimmt die therm. Leitfähigkeit ($\varkappa$) von n-Ge als Funktion der Temp. an 4 Ge-Proben mit den Widerständen 3; 0,05; 0,03 u. 0,001 Ω cm bei Zimmertemperatur. In allen 4 Fällen zeigt $\varkappa$ erst oberhalb ca. 500°K Abweichungen von der Linearität. Diese Abweichungen werden diskutiert, begründet u. rechner. erfaßt. Die Ergebnisse werden mit denen von Joffé u. Kettel verglichen. G. Ruban. 135□

Thermischer Widerstand auf Grund von Isotopen und anderen Punktdefekten. P. G. Klemens. (Physics Chem. Solids **8.** 345—47. Jan. 1959. Sydney, C.S.I.R.O., Div. of Phys.) (Engl.) — Vgl. C. **1959.** 6379 u. C. **1961.** 2197.

Während Verunreinigungen u. Leerstellen einen therm. Widerstand W_t proportional zur Temp. hervorrufen, kann auch die natürliche Isotopen-Zus. einiger Festkörper für einen merklichen Punktfehlerwiderstand verantwortlich gemacht werden. In solchen Kristallen zeigt W_t nicht eine exponentielle Temp.-Charakteristik wie bei tiefen Temp., sondern fällt nicht stärker als linear mit der Temp. ab. Der exponentielle Temp.-Verlauf ist in einigen Kristallen, z. B. *Si, Ge, KCl* u. *Diamant*, nicht festzustellen, was mit größeren Massenunterschieden der Isotope erklärt wird. G. Ruban. 135□

Absorptionskante in β-Siliciumcarbid. Richard Dalven. (Physics Chem. Solids **13.** 163—64. Mai 1960. Waltham, Mass., Raytheon Comp. Res. Div.) (Engl.)

Die opt. Absorption eines β-SiC-Kristalles wird bei 20° in dem Energiegebiet von 2,3—2,9 eV gemessen. Der Kristall ist rein kubisch. Der Wert für den opt. Bandabstand E_g wird durch Extrapolation der Absorptionskurve für K (Absorptions-Koeff.) = 0 abgeschätzt. Es wird $E_g = (2{,}2 \pm 0{,}1)$ eV gefunden. Dieser Wert stimmt mit den in anderen Verss. gefundenen ziemlich gut überein. H. Schibilla. 135

Gitterabsorptionsbanden in SiC. Lyle Patrick und W. J. Choyke. (Physic. Rev. [2] **123.** 813—15. 1/8. 1961. Pittsburgh, Pa., Westinghouse Res. Labor.) (Engl.)

An SiC-Einkristallen der Polytypen 6 H u. 15 R wurden unter Ansatz der 4 Phononenenergien TA = 0,045 eV, LA = 0,067 eV, TO = 0,0955 eV u. LO = 0,1055 eV die 10 Absorptionsbanden im Energiebereich von 0,130—0,300 eV bei Zimmer-Temp. ermittelt, die alle Summenbanden sind u. in 3 Gruppen verschiedener Energie fallen. W. Sobieski. 135□

Lichtempfindliche Ultraschalleigenschaften von Cadmiumsulfid. Harmon D. Nine und Rohn Truell. (Physic. Rev. [2] **123.** 799—803. 1/8. 1961. Warren, Mich., Gen. Motors Res. Labor.; Providence, R. I., Brown Univ.) (Engl.)

Vff. finden bei CdS-Einkristallen eine Schwächung von Ultraschall als Funktion der Lichtbestrahlung in zwei verschiedenen Verhaltenstypen (A, B). Einige Kristalle (A) zeigen eine Abnahme der Schwächung bei Bestrahlung mit weißem Licht, andere (B) eine Zunahme, wobei die Ultraschallschwächung u. das Leitvermögen der Kristalle als Funktion der Temp. (2—300°K) gemessen wurden. Magnetfelder bis zu 15000 Gauß hatten bei Zimmer-Temp. keinen Einfl. auf das Ultraschallverhalten. Eine sehr gute Wechselbeziehung zwischen der Leitfähigkeit- u. der Ultraschallschwächung existiert für Kristalle des Typs B, eine solche zwischen der Schwächung u. gerichtet piezoelektr. Eigg. gilt für beide Typen. Als vorherrschender Mechanismus für die lichtabhängige Ultraschallschwächung in CdS vom Typ B wird eine Wechselwrkg. zwischen Leitungselektronen u. Spannungswellen (gekoppelt durch die piezoelektr. Eig. von CdS) angegeben. Für das verschiedene Verh. der Kristalle vom Typ A werden zwei oder mehr überlagerte Effekte verantwortlich gemacht. W. Sobieski. 135□

Eine CdS-Analog-Triode. W. Ruppel. (Helv. physica Acta **32.** 655—67. 31/12. 1959. Zürich, RCA Labor.) (Engl.)

Vf. berichtet über eine CdS-Analogtriode mit einer In-Kathode u. einer Te-Anode u. Te-Gitter, die die Modulation eines raumladungsbegrenzten Stromes durch einen Isolator analog der Modulation in einer Vakuumtriode ausnutzt. G. M. Neumann. 135□

Erkennbarmachen von Übergängen in GaSb durch verschiedene Geschwindigkeit des chemischen Ätzens. S. J. Silverman. (J. electrochem. Soc. **109.** 166—68. Febr. 1962. Schenectady, N.Y., General Electr. Co., Res. Labor.) (Engl.)

Vf. untersucht das Syst. HF–HNO_3–H_2O bzgl. seiner Verw. zur Darst. von pn-Übergängen in Te-dotiertem GaSb. Es wird gezeigt, daß ein Übergang in einer Lsg. mit

15 (Vol.-%) HF, 35 HNO_3 u. 50 H_2O (hohe Ätz-Geschw.) durch 2 Min. lange Behandlung deutlich sichtbar zu machen ist, da der p-leitende Bereich schneller angeätzt wird als der n-leitende. Der Unterschied der Abtragung beträgt ca. 10 μ. In einer Lsg. der Zus. 12 HF–25 HNO_3–63 H_2O, die eine niedrigere Ätz-Geschw. aufweist, läßt sich der Übergang im reflektierten Licht nachweisen. Die verschiedene Orientierung von Kristallkörnern in polykristallinen Proben kann mit dieser Meth. ebenfalls sichtbar gemacht werden. P. FRENZEL. 135□

Lawinenvervielfachung und Elektronenbeweglichkeit in Indiumantimonid bei hohen elektrischen Feldern. A. C. Prior. (J. Electronics and Control [1] **4.** 165—69. Febr. 1958. Great Malvern, Worcs, Royal Radar Establ.) (Engl.)

Die Strom–Spannungs-Charakteristik von elektrischen InSb wurde bis zu 800 V/cm gemessen. Lawinenmultiplikation wurde bei Feldern über 150 V/cm gefunden, jedoch keine Veränderung der Elektronenbeweglichkeit bis zu den höchsten angewandten Feldern. J.-M. SPAETH. 135□

Messung des elektrischen Widerstandes von Metallkörpern. J. E. Zimmerman. (Rev. sci. Instruments **32.** 402—05. April 1961. Dearborn, Mich., Ford Motor Comp., Sci. Labor.) (Engl.)

Es wird beschrieben, wie mit Hilfe einer Wechselstrom–Induktions-Meth. elektr. Widerstände gemessen werden können, ohne daß direkte Kontakte notwendig sind. Für eine Kugel u. einen unendlichen kreisförmigen Zylinder bei gleichförmigem angelegtem Wechselstromfeld werden die theoret. Ausdrücke zusammengestellt. Außerdem wird eine experimentelle Meth. angegeben, die für jede geometr. Form u. jede Konfiguration des angelegten Feldes gilt. H. SCHIBILLA. 136□

Die Temperaturabhängigkeit der Koeffizienten der Widerstandsänderung im Magnetfeld beim Silicium-Eisen. Hitoyasu Kimura und Eiji Tatsumoto. (J. Sci. Hiroshima Univ., Ser. A **23.** 113—22. April 1959. Kokura, Kokura School, Fukuoka Liberal Arts Coll., Hiroshima, Hiroshima Univ., Fac. of Sci., Dep. of Phys.) (Engl.)

Als Teil von Unterss. an *Fe*, *Si–Fe* u. *Al–Fe* wird hier über Messungen an Einkristallen (0,4·4·50 mm) der Zus. 3,83% Si, 0,31% C, 0,25% Mn, 0,014% S, 0,31% Cu berichtet. Die Koeff. (k_1 u. k_2) der Widerstandsänderung im Magnetfeld wurden von der Temp. der fl. Luft bis zum CURIE-Punkt gemessen. Kleine Si-Beimengungen im Fe kehren das Vorzeichen von k_1 u. k_2 bei niedriger Temp. um u. bewirken, daß das Minimum der k_1-Temp.-Funktion (bei ca. 500°) verschwindet. Eine mögliche Erklärung hierfür wäre ein Übertritt von Valenzelektronen des Si in das Fe (weitere Deformation der FERMI-Kugel). K. REICHEL. 136□

Leitfähigkeit und Hall-Konstante. 13. Mitt. **α-Kupfer–Aluminium-Legierungen.** Werner Köster und Hans-Peter Rave. (Z. Metallkunde **52.** 158—61. März 1961. Stuttgart, MPI für Metallforsch.) (Dt.) — 12. vgl. C. **1961.** 14545.

Messungen zeigten, daß die HALL-Konst. mit steigendem Al-Geh. in α-Cu–Al-Legg. abnimmt. Unterhalb 400° tritt bei langsamem Abkühlen der Legg. eine Zustandsänderung auf, zugleich mit einer Abnahme des Widerstandes, der HALL-Konst. u. der Beweglichkeit u. mit einer Zunahme der Trägerdichte. Es wird die Bldg. einer Nahordnung angenommen, da die Zustandsänderung zu einem verstärkten Einfl. des Leg.-Zusatzes auf die HALL-Konst. führt. Der elektr. Widerstand wird durch Kaltverformung stark erhöht, die HALL-Konst. leicht erniedrigt. Beim Anlassen erreicht der Widerstand in 2 Stufen den Mischkristallwert. Bei der 2. Stufe zwischen 300 u. 400° tritt Entfestigung durch Rekristallisation auf. Eine ausgeprägte Widerstandsabnahme unter 200° wird auf die Ausheilung von Stapelfehlern zurückgeführt. F. VIER. 136□

Leitfähigkeit und Hall-Konstante. 14. Mitt. **α-Kupfer–Mangan- und α-Silber–Mangan-Legierungen.** Werner Köster und Hans-Peter Rave. (Z. Metallkunde **52.** 161—67. März 1961.) (Dt.) — 13. vgl. vorst. Referat.

In α-Cu–Mn- u. α-Ag–Mn-Legg. nimmt die HALL-Konst. mit wachsendem Mn-Geh. ab. Bei langsamem Abkühlen der Cu-Legg. unter 500° tritt eine einphasige Zustandsänderung auf, zugleich mit einer Abnahme des Widerstandes, der HALL-Konst., der Beweglichkeit u. einer Zunahme der Trägerdichte. Beim Anlassen von abgeschreckten, übersätt. Ag-Legg. wurden mit steigender Anlaß-Temp. nacheinander 2 Zustandsänderungen beobachtet mit Erniedrigung von Widerstand u. Trägerdichte u. Erhöhung von HALL-Konst. u. Beweglichkeit. Bei höheren Temp. tritt eine heterogene Ausscheidung auf, unter 200° eine einphasige Atomumordnung. Im Syst. Cu–Mn wirken die Zustandsänderungen auf die HALL-Konst. im Sinne einer vermehrten, im Syst. Ag–Mn im Sinne einer verminderten Leg.-Bildung. Im Cu-Syst. stellen sie eine Nahordnung, im Ag-Syst. eine Nahentmischung dar. F. VIER. 136□

Tieftemperaturerholung des spezifischen Widerstands in elektronenbestrahltem Gold. J. B. Ward und J. W. Kauffman. (Physic. Rev. [2] **123.** 90—96. 1/7. 1961. Evanston, Ill., Northwestern Univ.) (Engl.)

Die Erholung des spezif. elektr. Widerstandes nach Elektronenbeschuß bei 13 u. 19,5° K u. Tempern von dünnem 99,999% ig. Au-Draht wurde gemessen. Die Temperung erfolgte erst in Schritten von 1—2° von der niedrigsten Temp. bis 65° K, dann mit 1 std. Dauer auf 125, 170, 225 u. 260° K, wobei jeder Schritt einen Erholungseffekt zeigte. Isochrone Temperkurven werden gegeben, die Erholungsspitzen aufweisen u. 2 Temperstadien erkennen lassen: von 10—45° K (I) sind 28,5% des Widerstandsinkrements ausgetempert (von 45—65° K wird kein definierter Prozeß beobachtet) u. von 45—250° K (II) tempern 36% aus. Unter Benutzung eines geeigneten Frequenzfaktors $K_0 = 10^{10}$ bzw. 10^{13} cm^{-1} aus der Änderung des Widerstandsinkrements mit der Zeit $d(\Delta p)/dt = -(\Delta p) K_0 \exp[-\varepsilon/kT]$ u. der Annahme, daß der Prozeß erster Ordnung ist (Rekombination von Fehlstellen-Zwischengitterplatz-Paaren), konnten die Aktivierungsenergien $\varepsilon = 0{,}037$—$0{,}045$ eV für die erste Spitze u. $\varepsilon = 0{,}11$—$0{,}13$ eV für die fünfte Spitze berechnet werden. Vff. geben eine Erklärung für die Unterschiede im Temper-Verh. von Au u. Cu. W. SOBIESKI. 136□

Übergangstemperatur der Supraleitung von hochreinem Tantalmetall. J. G. C. Milne. (Physic. Rev. [2] **122.** 387—88. 15/4. 1961. Sheffield, Univ., Dep. of Phys.) (Engl.)

Aus dem MEISSNER-Effekt wurde die Übergangs-Temp. für hochreines Ta bestimmt u. für das Feld 0 auf (4,457 ± 0,003)° K extrapoliert. Das Verhältnis vom Widerstand bei Zimmer-Temp. ϱ_{295} zum Restwiderstand $\varrho_{4,2}$, das ein Maß für die Reinheit des Metalls ist, betrug 250. In der Nähe der Übergangs-Temp. beim Feld 0 war $(dH_c/dT) = -358$ Oe/° K. H. LIEPACK. 136□

Die Volumenänderung von Thallium und Tantal bei Zerstörung der Supraleitung. H. Rohrer. (Helv. physica Acta **29.** 426—27. 15/12. 1956. Zürich, ETH, Inst. für kalor. App. u. Kältetechn.) (Dt.)

Die Längenänderung l_s–l_n (l_s = Länge im supraleitenden u. l_n = Länge im normalen Zustand) supraleitender Ta-Stäbe ist bei <3,7° K negativ u. zwischen 3,7° u. der krit. Temp. positiv. Bei Tl hängt die Längenänderung von der durchschnittlichen Kristallorientierung ab. G. KIRSCHSTEIN. 136□

Bemerkungen über Druckeffekte in Supraleitern. J. L. Olsen. (Helv. physica Acta **29.** 427. 15/12. 1956. Zürich, ETH, Inst. für kalor. App. u. Kältetechn.) (Dt.)

Vf. führt die Konst. $h = (V/H_0)\cdot(\partial H_0/\partial V)$ u. $g = (V/\gamma)\cdot(\partial\gamma/\partial V)$ ein, wobei H_0 die krit. Feldstärke u. γ der Elektronenanteil der spezif. Wärmekapazität ist. Für *Sn*, *In*, *Pb* u. *Hg* sind h u. g positiv (zwischen 2 u. 7), für *Tl* ist h = 0, g = 4,5, für *Ta* h = −14, g = −39, für *Al* ist 2h − g = 24. G. KIRSCHSTEIN. 136□

Vorübergehende Anregung der Kerne ferromagnetischer Metalle. M. Weger, E. L. Hahn und A. M. Portis. (J. appl. Physics, Suppl. zu **32.** Nr. 3. 124 S—125 S. März 1961. Berkeley, Calif., Univ. of California.) (Engl.)

Im feinverteilten Fe, Co u. Ni, jedoch im Zustande der Multi-Elementarbereiche pro Kern, wurden freie Kreiselsignale u. Spinechos von den Kernen des ^{57}Fe, ^{59}Co u. ^{61}Ni beobachtet. Untersucht wurden ferner bei allen 3 Metallen die Spin-Gitter-Relaxationen bei Temp. zwischen 4 u. 300° K. Dabei war die Geschw. der Erholung der Magnetisierung proportional zur abs. Temperatur. Außerdem wurde die Spin–Spin-Relaxation bei natürlichem Co, bei natürlichem u. angereichertem Fe u. Ni untersucht. Wegen des sehr großen Kernmoments von ^{59}Co ist die Spin–Spin-Wechselwrkg. bei Co sehr viel stärker als bei Fe u. Ni. Bei 4,2 u. bei 77° K wurde mit der Echotechnik die Spindiffusion bei Co gemessen. Die Ergebnisse werden mit der Theorie einer eindimensionalen Diffusion gut beschrieben. Für alle 3 Metalle ermöglicht die Spin-Echo-Technik Aussagen über den Einfl. der BLOCH-Wand-Bewegung auf die Kernresonanz. Damit ergibt sich ein Zusammenhang zwischen der Linienverbreiterung u. den BLOCH-Wand-Prozessen. Bei Co wird in starken Magnetfeldern ein schwaches Signal, von einer freien Kreiselbewegung herrührend, beobachtet, das mit Drehprozessen zusammenhängt. H. FAHLENBRACH. 137□

Über den Beitrag des Fermischen Kontaktterms zum Magnetfeld am Kern. R. E. Watson und A. J. Freeman. (J. appl. Physics, Suppl. zu **32.** Nr. 3. 118 S—119 S. März 1961. Cambridge, Mass., MIT, Solid State and Mol. Theorie Groop; Watertown, Mass., Ordnance Materials Res. Office.) (Engl.)

Der Hauptanteil des effektiven Magnetfeldes am Atomkern kommt vom Beitrag des FERMI-Kontaktes der s-Elektronen. Dieser Beitrag wird nach HARTREE-FOCK über

die Austausch-Wechselwrkg. des Spins für die Atome u. Ionen der Übergangselemente berechnet. Die Rechnungen erfolgten für freie Atome u. für den Einfl. der Kristallfelder. Der Einfl. der 3s-Elektronen auf das 3d-Verh. führt zu großen Unterschieden bei der Berechnung der effektiven Magnetfelder. Diese Unterschiede in den Kernpolarisationen bei Metallen u. Ionen werden für metall. *Fe* erörtert. Die Ergebnisse stimmen gut mit denen der Neutronenbeugung u. der Energiebandvorstellung überein. Die resultierende Abnahme des effektiven Magnetfeldes ist jedoch nicht groß genug, um die positiven Beiträge von den Außenelektronen auszugleichen u. sich im MÖSSBAUER-Effekt bemerkbar zu machen. Parallel dazu wird das Modell von GOODINGS u. HEINE diskutiert, das aber zu den Neutronenbeugungs-Verss. u. den Energiebandberechnungen im Widerspruch steht.
H. FAHLENBRACH. 137□

Berechnung und Messung des inneren Entmagnetisierungsfaktors. G. Vogler. (Ann. Physik [7] 7. 268—79. 1961. Jena, Inst. für magnet. Werkstoffe der Dtsch. Akad. der Wiss. zu Berlin.) (Dt.)

Für eine Vielheit kleiner, ferromagnet. Teilchen, die in einem Vol. verteilt sind, werden die magnetostat. Energie u. der pauschale innere Entmagnetisierungsfaktor berechnet. Dabei werden Fälle betrachtet, wo die ferromagnet. Teilchen homogen magnetisierte Rotationsellipsoide sind, deren große Achsen parallel zur Magnetisierungsrichtung verlaufen. Dafür werden Verteilungs-Konst. sowohl für kub. als auch für tetragonale Gitter berechnet. Die Berechnungen werden für den Fall kugeliger, ferromagnet. Teilchen durch Messungen an Gummi–Eisenpulver-Gemischen verschiedener Konz. erhärtet. Allerdings kann bei höheren Konzz. das verwendete kugelige Carbonyleisenpulver plättchenförmig verformt sein. H. FAHLENBRACH. 137□

Über die Längenänderung von Ferromagnetikum-Trägerstoff-Gemischen im Magnetfeld. G. Vogler. (Ann. Physik [7] 7. 387—96. 1961.) (Dt.) — Vgl. vorst. Referat.

Zur Erklärung der abnorm großen Längenänderungen von Gemischen aus ferromagnet. u. plast. Stoffen im Magnetfeld, „Längsstreufeldstriktion" genannt, werden Extremalbetrachtungen angestellt. Um das Ergebnis dieser Überlegungen zu prüfen, erfolgten Messungen an Gummi–Carbonyleisen-Gemischen. Dabei wurde die Längsstreufeldstriktion an Zylindern verschiedenen Dimensionsverhältnisses u. verschiedener Fe-Konz. bestimmt. Die Ergebnisse stimmen qual. recht gut mit den Rechnungen an Ellipsoiden überein. Die prakt. Bedeutung solcher Stoffe mit hoher Längsstreufeldstriktion wird erörtert. H. FAHLENBRACH. 137□

Magnetische Eigenschaften von Sintereisen. Hermann Dietrich. (Z. Metallkunde 52. 232—35. April 1961. Krefeld, Deutsche Edelstahlwerke AG.) (Dt.)

Die magnet. Eigg. von handelsüblichem, unlegiertem Sintereisen werden mitgeteilt. Die magnet. Kennwerte sind je nach der Herst.-Weise etwas verschieden. Eine Wärmebehandlung verbessert im allg. die magnet. Eigenschaften. Am vorteilhaftesten ist eine 2std. Glühung bei 1200° in H_2 mit anschließender Ofenabkühlung. Die Koerzitivfeldstärke beträgt dann $\leqq$ 2 Oe, die Anfangspermeabilität $\geqq$ 300 u. die Maximalpermeabilität $\geqq$ 2000. Die magnet. Alterung liegt unter 5%. H. HOCHSTEIN. 137□

Glühverhalten und Temperatur-Abhängigkeit der magnetischen Eigenschaften dünner Permalloy-Schichten. Armin Segmüller. (J. appl. Physics, Suppl. zu 32. Nr. 3. 89 S—90 S. März 1961. Zürich, Schweiz, IBM Corp., Forschungs-Labor.) (Engl.)

In Ggw. eines Magnetfeldes werden dünne Permalloyschichten mit einachsiger Anisotropie durch Verdampfung im Vakuum von 10^{-5} mm Hg hergestellt. Auch die Glühbehandlungen u. die magnet. Messungen erfolgten im Hochvakuum von 10^{-8} bis 10^{-7} mm Hg, um Oxidierungen der Schichten auszuschließen. Bei Schichten, die nach der Aufdampfung nicht wärmebehandelt wurden, war die Temp.-Abhängigkeit der einachsigen Anisotropie stärker als beim kompakten Permalloy. Eine Magnetfeldbehandlung ändert diese Anisotropie, selbst wenn sie bei Temp. unterhalb 350° durchgeführt wird. Diese Anisotropieänderungen hängen sehr vom Winkel ab, den das Magnetfeld mit der Richtung der schwersten Magnetisierbarkeit bei der Abkühlung bildet. Durch Glühungen bei Temp. oberhalb 400° nimmt die Koerzitivkraft zu. Anschließende Magnetfeldbehandlungen lösen Erscheinungen aus, die denen am kompakten Werkstoff ähnlich sind.
H. FAHLENBRACH. 137□

Magnetfeld-Wärmebehandlung von „Ticonal"-G-Magnetstahl. H. Zijlstra. (J. appl. Physics, Suppl. zu 32. Nr. 3. 194 S—196 S. März 1961. Eindhoven, N. V. Philips' Gloeilampenfabrieken, Metallurg. Labor.) (Engl.)

Ticonal G entspricht dem in Deutschland genormten u. handelsüblichen Alnico 400-Dauermagnet-Werkstoff [24 (%) Co, 15 Ni, 8 Al, 3 Cu, Rest Fe]. Untersucht wird die magnet. Anisotropie u. der Teilchenabstand des Zweiphasengefüges nach Wärmebehandlungen im Magnetfeld. Die Ergebnisse stimmen mit Rechnungen nach einem Modell überein, bei dem die ausgeschiedenen Teilchen bei der Wärmebehandlung als verlängerte Sphäroide angesehen werden, deren freie Oberflächenenergie durch Vergröberung abnimmt u. deren freie magnetostat. Energie durch Teilchenverlängerung ebenfalls abnimmt. Daraus wird geschlossen, daß der Einfl. einer thermomagnet. Behandlung um so stärker ist, je größer bei diesen ausgeschiedenen Teilchen das Verhältnis von magnetostat. zur Oberflächenenergie ist. Beim Alnico 400 (Ticonal G), das bes. gut auf eine Magnetfeldwärmebehandlung anspricht, ist die Oberflächenspannung mit 1 erg·cm^{-2} bei der Behandlungs-Temp. bes. klein. H. Fahlenbrach. 137□

Die ferromagnetische Resonanz von Nickel–Kupfer-Legierungen. D. M. S. Bagguley und M. Heath. (Proc. physic. Soc. **77.** 913—16. 1/4. 1961. Oxford, Clarendon Labor.) (Engl.)

An bin. Ni–Cu-Legg. mit Cu-Geh. von 50, 55 u. 58% wurden bei Wellenlängen von 3,19 u. 8,8 mm u. bei Temp. zwischen 10 u. 170° K die ferromagnet. Resonanzabsorptionen gemessen. Bei den 3 Legg. sind mit zunehmendem Cu-Geh. die Curie-Temp. nacheinander 100, 40 u. 25° K, so daß die Resonanzmessungen das Gebiet um die Curie-Punkte jeweils einschlossen. Dabei wurden sowohl im ferromagnet. als auch im paramagnet. Temp.-Gebiet Absorptionslinien beobachtet, deren Linienbreite jeweils am Curie-Punkt maximal groß war. Bei der Wellenlänge von 8,8 mm war die Linienbreite etwa doppelt so groß wie bei 3,19 mm. Für die ferromagnet. Phasen aller 3 Legg. wurde derselbe g-Faktor von $2{,}22 \pm 0{,}02$ bestimmt. H. Fahlenbrach. 137□

Über die leichter zu magnetisierende [1 1 1]-Achse des Fe_3O_4-Kristalls. S. Yamaguchi. (Naturwissenschaften **48.** 519. 1. Aug.-H. 1961. Tokio, Inst. für Phys. u. Chem.) (Dt.)

Durch Elektronenbeugungs-Unterss. an dünnen Schichten aus Fe_3O_4-Einkristallen bei 40 u. bei 300° wird gezeigt, daß eine Aufspaltung der Beugungsflecke unter dem Einfl. der Temp. auftritt, die nach dem Lorentzschen Gesetz als eine Orientierung der Induktion B im Kristallgitter gedeutet wird. Da die Orientierung von B mit der [1 1 1]-Richtung übereinstimmt, wird geschlossen, daß [1 1 1] eine Richtung leichter Magnetisierbarkeit ist. H. Fahlenbrach. 137□

Magnetische Eigenschaften von festen Lösungen aus Fe_3O_4 und $FeAl_2O_4$. J. S. Pickart und A. C. Turnock. (Physics Chem. Solids **10.** 242—44. Juli 1959. White Oak, Md., U. S. Naval Ordn. Labor.; Washington, D. C., Johns Hopkins Univ., Carnegie Inst., Geophys. Labor.) (Engl.)

An Spinellen der Zus. $Fe_{3-x}Al_xO_4$, wobei x zwischen 0 u. 2 variiert wurde, wird die Magnetisierung bei einem Felde von 6300 Oe u. bei Temp. zwischen 0° K u. den Curie-Punkten gemessen. Dabei zeigten die Kurven für x zwischen 0,73 u. 1,14 eine anomale Zunahme der Sättigungsmagnetisierung mit der Temp. in Zwischentemp.-Gebieten an, die durch einen Ferrimagnetismus vom Néel-P-Typ zu erklären ist. Der Néel-N-Typ-Ferrimagnetismus zeigte sich bei dem Spinell mit $x = 1{,}51$ dadurch an, daß die Sättigungs-Temp.-Kurve in einem Zwischentemp.-Gebiet ein Minimum besitzt. Die Mol.-Momente in Bohrschen Magnetonen (μ_B) nehmen bis $x = 0{,}6$ linear mit x nach der Beziehung: $\mu_B = 4-3x$ ab. Oberhalb ca. $x = 1{,}5$ wird μ_B nahe gleich 0 (Antiferromagnetismus). Die Curie-Punkte nehmen mit zunehmendem x ab. Mit den Ergebnissen wird eine Zuordnung der Fe- u. Al-Ionen auf die Tetraeder- ( )- u. Oktaeder- [ ]-Stellen des Spinellgitters erreicht. Für $x \leqq 1$ sollen gelten: $(Fe^{3+}_{1-x}Fe^{2+}_x)\,[Fe^{2+}_{1-x}Fe^{3+}Al^{3+}_x]O_4$, für $1 < x \leqq 2$: $(Fe^{2+})\,[Fe^{3+}_{2-x}Al^{3+}_x]O_4$. H. Fahlenbrach. 137□

Ferrimagnetische Resonanz einer Einkristallscheibe aus Yttrium–Eisen-Granat. Archibald W. Smith und Akira Watanabe. (J. appl. Physics, Suppl. zu **32.** Nr. 3. 155 S—156 S. März 1961. Ottawa, Defense Res. Telecommun. Establ.) (Engl.) — Vgl. C. **1961.** 14185.

Die Einkristallscheiben waren 0,0085 cm dick u. hatten 0,157 cm Durchmesser. Das Gleichfeld wurde senkrecht zur Scheibenebene angelegt. Die Frequenz betrug 1080 MHz. Gemessen wurde die Linienbreite der ferrimagnet. Resonanz zu $(0{,}78 \pm 0{,}05)$ Oe. Die Form der Resonanzlinie entsprach der Lorentz-Form. Aus der Sättigungskurve für die Resonanz entnimmt man durch Extrapolation ein krit. Feld von $(5{,}2 \pm 0{,}3)\,10^{-3}$ Oe. Die resultierende Linienbreite der instabilen Spinwelle in z-Richtung beträgt 0,08 Oe. Dieser Wert ist nur $^1/_{20}$ des Wertes, der bei 6200 MHz an kugelförmigen Proben aus Y–Fe-Granat ermittelt wurde (vgl. auch C. **1960.** 1187). H. Fahlenbrach. 137□

Über die Hochtemperatur-Susceptibilität ferrimagnetischer und antiferromagnetischer Stoffe. Bogdan Fechner. (Acta physica polon. **20.** 89—91. 1961. Poznań, A. Mickiewicz Univ., Inst. of Theoret. Phys.) (Engl.)

Die Nullfeldsusceptibilität pro Atom ist durch $\chi = (kT/N)(\partial^2 \log Z/\partial H^2)$ zu definieren, wobei schon KRAMERS mit Näherungs-Meth. log Z als Potenzreihe von 1/T (T = Temp.) entwickelt hat. Diese Theorie wird jetzt zur Berechnung der Temp.-Abhängigkeit der Susceptibilität ferrimagnet. u. antiferromagnet. Stoffe mit willkürlichem Atommoment bei hohen Temp. angewendet. H. FAHLENBRACH. 137□

Messungen langzeitlicher magnetischer Nachwirkungen der Remanenz an Ferriten. F. Pliquett. (Ann. Physik [7] **7.** 216—19. 1961. Leipzig, Karl-Marx-Univ., Phys. Inst., Abt. Techn. Phys.) (Dt.)

Es wird eine Magnetometerbank beschrieben, mit der langzeitliche magnet. Nachwrkg. an Ferriten beobachtet werden sollen. Bisher wurden zwischen —70 u. +90° Ferrite der Zus. $Ni_{0,5}Zn_{0,5}Fe_2O_3$ u. Abwandlungen mit Über- u. Unterschüssen an Fe_2O_3 untersucht. Die Nachwrkg.-Messungen der Remanenz erfolgten zwischen 3 Sek. u. mehreren Std. nach Abschalten des Magnetfeldes. Es wurde gezeigt, daß der Nachwrkg.-Vorgang bei konst. magnet. Bedingungen (Feldstärke, Magnetisierungsdauer) von der Zus., der Sinter-Temp. u. der Meßtemp. abhängt. H. FAHLENBRACH. 137□

Linienbreite der ferromagnetischen Resonanz bei kobaltsubstituierten Ferriten. C. Warren Haas und Herbert B. Callen. (J. appl. Physics, Suppl. zu **32.** Nr. **3.** 157 S—158 S. März 1961. Philadelphia, Pa., Univ. of Pennsylvania, Dep. of Phys.) (Engl.)

Ausführliche Darst. vgl. C. **1961.** 15293. H. FAHLENBRACH. 137□

Einige experimentelle Ergebnisse über die Relaxationserscheinungen in Ni–Zn-Ferriten. André Marais und Thérèse Merceron. (C. R. hebd. Séances Acad. Sci. **252.** 3553—55. 5/6. 1961. Bellevue, Seine-et-Oise, Labor. de Magnétisme et de Phys. du Solide.) (Franz.)

Durch Sintern der Oxidgemische in N_2, O_2 u. N_2–O_2-Gemischen bei 1150—1350° werden Ni–Zn-Ferrite $(Ni, Zn, Fe)_3O_4$ mit Fe_2O_3/MO (M = Ni + Zn; Ni ca. 8,3 Atom-%) = 1,17, 1,27 u. 1,32 hergestellt u. die relativen Änderungen der magnet. Permeabilität $\Delta\mu/\mu$ zwischen 0 u. 500° bestimmt. Die magnet. Relaxation bei Raum-Temp. tritt nur auf, wenn gleichzeitig Fe^{2+} u. Leerstellen vorhanden sind. Bei hoher Temp. hat die Ionendiffusion mit u. ohne Ggw. von Leerstellen 2 Relaxationserscheinungen zur Folge, jedoch steht die Energie für die Diffusion ohne Leerstellen erst bei höheren Temp. zur Verfügung. HERBERT MÜLLER. 137□

Die mittlere magnetische Susceptibilität des Kobaltoxids CoO sowie der festen Lösungen 90 CoO–10 NiO und 91,7 CoO–8,3 CuO. Henri Bizette und Belling Tsai. (C. R. hebd. Séances Acad. Sci. **240.** 2213—15. 6/6. 1955.) (Franz.) — Vgl. C **1956.** 7714.

Die Temp.-Abhängigkeit der spezif. Wärme der nachst. Zus. hat ein scharfes Maximum bei der Temp. T_λ: CoO (T_λ = 290°K), 90 CoO—10 NiO (T_λ = 311°K) u. 91,7 CoO — 8,3 CuO (T_λ = 285°K). Vff. haben die Temp.-Abhängigkeit der magnet. Susceptibilität während der Abkühlung von einer Temp. oberhalb T_λ im konst. Magnetfeld von 24500 G einerseits u. bei Abkühlung ohne Magnetfeld mit Anlegen des Magnetfeldes bei der Meß-Temp. T_m ($T_m < T_\lambda$) andererseits aufgenommen. Während beim Vers. mit ständig eingeschaltetem Magnetfeld die Susceptibilität bis herab zu 20°K etwa konst. blieb, wurde im zweiten Falle eine mit abfallender Temp. zunehmende Susceptibilitätsverminderung beobachtet. Dieses Verh. wird durch die Existenz zweier antiferromagnet. Richtungen gedeutet. K. REICHEL. 137□

Antiferromagnetische Resonanz von Mangan(II)-chlorid. David H. Douglass jun. und M. W. P. Strandberg. (Physica [Utrecht] **27.** 1—17. Jan. 1961. Cambridge, Mass., U.S.A., M.I.T., Dep. of Phys. and Res. Labor. of Electron.) (Engl.)

Untersucht wird die magnet. Resonanzabsorption von $MnCl_2$ bei den Frequenzen von 9,0 u. 35,0·10⁹ Hz bei Temp. zwischen 1,5 u. 50°K u. bei verschiedenen Orientierungen des magnet. Gleichfeldes zur kristallograph. c-Achse. Dabei wurden erhebliche Abmagnetisierungs-Einfl. beobachtet. Im antiferromagnet. Zustand unterhalb 1,8°K ergab sich ein auf 0°K extrapoliertes Anisotropiefeld von 5000 Oe. Mit zunehmender Frequenz wurde sowohl in den beiden antiferromagnet. Zuständen (bei Temp. unterhalb 1,81°K u. zwischen 1,81° u. 1,96°K) als auch im paramagnet. Zustand bei höheren Temp. eine deutliche Verkleinerung der Linienbreite der Resonanz für den paramagnet. Zustand, also ein 10/3-Effekt, beobachtet. Die paramagnet. Linienbreite ändert sich mit der Temp. T wie exp(A/T). Beim Antiferromagnetismus wird die TOWNES-Theorie bestätigt. H. FAHLENBRACH. 137□

Die Konstruktion eines Curie-Punkt-Meßgerätes. A. Larochelle. (Canada, Dep. Mines techn. Surv., geol. Surv. Canada, Bull. **69.** 1—18. 1961.) (Engl.)

Es wird ein Gerät zur Best. der CURIE-Temp. von ferrimagnet. Gesteinsproben beschrieben. Das Gerät ist als Torsionswaage mit photoelektr. Anzeige gebaut. An Gesteinsproben der Zus. $x\cdot(FeO\cdot TiO_2)\cdot(1-x)\cdot Fe_2O_3$ bzw. $y\ (2\,FeO\cdot TiO_2)\cdot(1-y)\cdot Fe_3O_4$, also bei Titanit–Hämatit- bzw. bei Titanit–Magnetit-Gemischen verschiedener

Zus. wird mit dem beschriebenen Gerät vergeblich nach dem Auftreten zweier CURIE-Temp. gesucht. Die Oxid-Syst. sind also ineinander lückenlos löslich.

H. FAHLENBRACH. 137□

Über eine Methode zur Berechnung der magnetischen Susceptibilität und der magnetischen Abschirmungskonstante des Wasserstoffmoleküls. Françoise Cabaret, Jean-René Didry und Jean Guy. (Bull. Soc. chim. France **1961.** 2071—73. Nov. Paris, Fac. de Pharm., Labor. de Phys. mol.; École Polytechn., Groupe de Chim. théor.) (Franz.)

Im Rahmen der M.O.-L.C.A.O.-Theorie lassen sich die durch ein äußeres Magnetfeld hervorgerufenen Störungen erfassen, indem zuerst die Einw. auf die nicht miteinander in Wechselwrkg. stehenden Atome ermittelt, sodann die erhaltenen Atomeigenfunktionen linear kombiniert werden. Für H_2 ist die numer. Berechnung auf einfache Weise möglich; sie führt zu befriedigenden Werten für die mittlere mol. Susceptibilität ($\bar{\chi}$ = $-3{,}89 \cdot 10^{-6}$ elektromagnet. Einheiten) u. die magnet. Abschirmungs-Konst. ($\sigma = 2{,}72 \cdot 10^{-5}$). A. BLASCHETTE. 137□

Über die magnetischen Eigenschaften und die chemische Bindung von Tris-[dipyridyl]-Komplexen einiger Übergangsmetalle der Eisenreihe. 1. Mitt. Allgemeine Ligandenfeldtheorie. G. Weber. (Z. physik. Chem. **218.** 204—16. 1961. Jena, Univ., Theoret. Phys. Inst.) (Dt.)

Es wird die Ligandenfeldtheorie für stark kovalent gebundene Tris-[dipyridyl]-Komplexe von Übergangsmetallen der Eisenreihe mit 5 Elektronen in einer verallgemeinerten d_ε-Unterschale entwickelt. Mittels Störungsrechnung werden die auf Grund von Spin-Bahn-Kopplung u. Wechselwrkg. mit einem homogenen Magnetfeld sich ergebenden Energieniveaus bestimmt, deren Kenntnis zur Aufklärung der magnet. Eigg. u. der chem. Bindung der Komplexe notwendig ist. CH. WEISKE. 137□

Über die magnetischen Eigenschaften und die chemische Bindung von Tris-[dipyridyl]-Komplexen einiger Übergangsmetalle der Eisenreihe. 2. Mitt. Auswertung von Elektronenresonanzexperimenten und Messungen der effektiven magnetischen Momente. G. Weber. (Z. physik. Chem. **218.** 217—32. 1961.) (Dt.) — 1. vgl. vorst. Referat.

Für einige Tris [dipyridyl]-Komplexe mit Übergangsmetallen in niederen Oxydationsstufen [Cr(I), V(0) u. Ti(I)] werden auf der Grundlage der Ligandenfeldtheorie die spektroskop. Aufspaltungsfaktoren u. die effektiven magnet. Momente berechnet. Außerdem wird eine Erläuterung der Hyperfeinstruktur u. der Halbwertsbreiten der Elektronenresonanz gegeben. CH. WEISKE. 137□

^{53}Cr-Hyperfeinstruktur der Elektronen-Spin-Resonanz des Dibenzolchromjodids. K. H. Hausser. (Naturwissenschaften **48.** 666. 1. Nov.-H. 1961. Heidelberg, MPI für Medizin. Forsch., Inst. für Chem.) (Dt.) — Vgl. C. **1962.** 2267.

Das Elektronen-Spin-Resonanzspektrum von Dibenzolchromjodid (I) zeigt bei sehr hoher Verstärkung (I in A., Konz. 10^{-3} Mol/Liter, bei 9400 MHz) bei -80^0 vor der Hauptgruppe der Absorptionslinien eine Gruppe von Absorptionslinien viel geringer Intensität, die ^{53}Cr zugeschrieben wird u. der Quantenzahl m_I + 3/2 entspricht. Auf der Hochfeldseite wird keine Absorptionslinie beobachtet. Bei -10^0 taucht jedoch auf der Hochfeldseite symm. zur Hauptgruppe eine Liniengruppe vergleichbarer Auflösung auf, die die Zuordnung zu ^{53}Cr bestätigt. Die Gesamtaufspaltung beträgt 51 Gauß u. die Hyperfeinstruktur-Kopplungs-Konst. unter Berücksichtigung von J = 3/2 17 ± 0,3 Gauß.

CH. WEISKE. 137□

Die elektrischen Widerstände und magnetischen Susceptibilitäten einiger stabiler und metastabiler Uran-Molybdän-Legierungen. L. F. Bates und R. D. Barnard. (Proc. physic. Soc. **77.** 691—93. 1/3. 1961. Nottingham, Univ., Dep. of Phys.) (Engl.)

An U-Mo-Legg. mit Mo-Geh. bis zu 30 Atom-% werden die magnet. Susceptibilitäten bei Temp. zwischen 293 u. 1200⁰K u. die spezif. elektr. Widerstände bei Temp. zwischen 90 u. 1200⁰K gemessen. Vor der Messung wurden die Proben von 1000⁰ in Wasser abgeschreckt. Metallograph. u. röntgenograph. Unterss. zeigten, daß danach eine kub. raumzentrierte γ-Phase vorlag. Bei Mo-Gehh. von 25 Atom-% u. weniger wurde im metastabilen γ-Bereich unterhalb 200⁰ ein kleiner negativer Temp.-Koeff. des elektr. Widerstandes, oberhalb 200⁰ im stabilen γ-Bereich ein positiver Temp.-Koeff. beobachtet. Die Susceptibilitätswerte mit einem kleinen, positiven Temp.-Koeff. zeigen einen schwachen PAULI-Spin-Paramagnetismus an, dem ein Austauschbetrag überlagert ist, der zwischen 15 u. 30 Atom% Mo unabhängig von der Konz. ist. Die Ergebnisse gestatten Aussagen über die Elektronenstruktur der untersuchten γ-Legierungen.

H. FAHLENBRACH. 137□

Spektrale Diffusion in Elektronenresonanzlinien. W. B. Mims, K. Nassau und J. D. McGee. (Physic. Rev. [2] **123**. 2059—69. 15/9. 1961. Murray Hill, N.J., Bell Telephone Labor.) (Engl.)

Vff. untersuchen die spektrale Diffusion durch die inhomogenen Resonanzlinien von Ce^{3+} u. Er^{3+} in $CaWO_4$-Einkristallen mit magnet. Konzz. von 10^{18} Spins/cm³ bei 1,6 bis 4,2°K; die Zus. der Kristalle kann mit $Ca_{(1-3x-3y)}Ce_{2x}Er_{2y}WO_4$ ($0 \leq x, y \leq 2{,}7 \cdot 10^{-4}$) beschrieben werden u. entspricht einer Gesamt-Konz. paramagnet. Ionen von $3{,}3 \cdot 10^{17}$ bis $3{,}4 \cdot 10^{18}$ cm⁻³. Da die Diffusion relativ langsam erfolgt, können Spin-Echo-Meth. mit Impulsen der Frequenz 6,76 GHz u. der Dauer 1 μs zur Messung benutzt werden. Die Ausbreitung der Anregung durch die Resonanzlinien kann angenähert mit einem Diffusionskern beschrieben werden, dessen Form einer Lorentz-Funktion mit zeitlich linearer Breite folgt. Prim. Grund der Diffusion sind örtliche Feldschwankungen, die auf Spin–Spin- u. Spin-Gitter-Sprünge zurückzuführen sind. Unterhalb 4,2°K herrschen im (Ca, Ce)·WO_4 Spin–Spin-Sprünge vor; damit wird die Diffusions-Geschw. temperaturunabhängig. In (Ca, Er)WO_4 wird eine raschere Gitterrelaxation beobachtet. Da in den Wirtskristallen ^{183}W vorhanden ist (relative Häufigkeit 14%, magnet. Moment 0,116 Kernmagnetonen), wird eine Modulation in der Einhüllenden der Spin–Echo-Signale beobachtet, jedoch sind die örtlichen Feldschwankungen kleiner als die aus dem Elektronenspin im untersuchten Konz.-Bereich. Herbert Müller. 137□

Das adiabatische Schnellübergang-Experiment bei der magnetischen Resonanz. J. G. Powles. (Proc. physic. Soc. **71**. 497—500. 1/3. 1958. London, Queen Mary Coll.) (Engl.)

Zur Best. z. B. der Spin–Gitter-Relaxationszeit wird oftmals die Resonanz durch eine Feldstärke- oder Frequenzänderung schnell durchlaufen u. danach die makroskop. Magnetisierung unter bestimmten Bedingungen zum Vorzeichenwechsel gebracht. Der Effekt ist zwar mathemat. ausreichend erklärt worden. Vf. gibt dazu aber eine mehr physikal. Deutung. H. Fahlenbrach. 137□

Protonenresonanz von $Na_2CO_3 \cdot 1\,H_2O$. Maurice Van Meerssche, Jean-Marie Dereppe und Pedro W. Lobo. (Bull. Soc. chim. France **1961**. 2217—18. Dez. Louvain, Univ., Labor. de Chim.-Phys.) (Franz.)

Das Protonenresonanzspektrum eines Einkristalls von $Na_2CO_3 \cdot H_2O$ wurde nach der Meth. von Pake (J. chem. Physics **16**. [1948.] 327) gedeutet, wobei zwei p–p-Richtungen nachgewiesen wurden. Für beide Richtungen ist der Abstand p–p 1,55 Å; mit den kristallograph. Achsen bilden sie die Winkel $\alpha = 81°$, $\beta = 163°$, $\gamma = 76°$; $\alpha' = \alpha$, $\beta' = \pi - \beta$, $\gamma' = \gamma$, in Übereinstimmung mit der Kristallsymmetrie. Die Wasser-Moll. bewirken den Zusammenhalt der koplanaren CO_3^{2-}-Ionen durch leicht gekrümmte Wasserstoffbindungen. A. Blaschette. 137□

Gültigkeit der Darstellung von Effekten der magnetischen Kernresonanz durch ein elektrisches Modell. Georges Bonnet. (J. Physique Radium **22**. 204—14. April 1961. Grenoble, Centre d'Études Nucl.) (Franz.)

In einer theoret. Unters. wurde gezeigt, daß das Verh. eines magnet. Resonanz-Leiters, der aus einem elektr. Netz u. einem Satz von Kernspins besteht, durch ein elektr. Modell beschrieben werden kann, das für den Übergangs- u. auch für den permanenten Zustand anwendbar ist. Ferner wurde ein Linearitätskriterium der Blochschen Gleichungen im Übergangszustand vorgeschlagen, das eine Ausdehnung der Nichtsättigungsbedingung im stationären Zustand darstellt. — 20 Literaturzitate. G. Winkhaus. 137□

Die kernmagnetische Resonanz von Fluor in Fluorsilanen. Erhard Schnell und Eugene G. Rochow. (J. inorg. nuclear Chem. **6**. 303—07. Juli 1958. Mallinckrodt Labor. of Chem.) (Engl.)

Die kernmagnet. Resonanz von ^{19}F in CH_3SiF_3, $(CH_3)_2SiF_2$, $(CH_3)_3SiF$, $C_2H_5SiF_3$ u. $(C_2H_5)_3SiF$ im Vgl. zu $(C_2H_5)_2SiF_2$ wurden in Substanz u. in CCl_4-Lsg. wechselnder Konz. gemessen. Die Verschiebung des F-Signals wird als Resultat zweier Effekte betrachtet: Si–F-Bindungen können d_π–p_π-Bindungsanteile enthalten. Andererseits existiert ein induktiver Effekt, der mit wachsender Zahl u. Größe der Alkylgruppen zunimmt. Zusätzlich wurden die Protonenresonanzen (bzgl. W.) der Methyl- u. Äthyl–Fluor- u. Chlorsilane aufgenommen. Eine Auflösung der Resonanzlinien von CH_3- oder $-CH_2$-Gruppen konnte nicht erhalten werden. P. Sartori. 137□

Kernmagnetische Resonanz in Alkalilegierungssystemen, NaK und NaRb. L. Rimai und N. Bloembergen. (Physics Chem. Solids **13**. 257—70. Juni 1960. Cambridge, Mass., Harvard Univ., Gordon McKay Labor.) (Engl.)

Vff. untersuchten die Resonanzfrequenzverschiebung, die sogenannte Knightsche Verschiebung, von ^{23}Na in NaK-Legg. (I) in Abhängigkeit von der Konz. bei 25° u. bei 0° sowie die Knightschen Verschiebungen von ^{23}Na u. ^{87}Rb in NaRb-Legg. (II) bei

29 u. 52°. Bei I tritt eine fl. Phase auf für K-Konzz. von 30—85%. Die KNIGHTsche Verschiebung ist eine lineare Funktion der Konzentration. Extrapoliert man diese Gerade auf reines Na, dann entspricht der Schnittpunkt der Geraden mit der Frequenzachse in guter Näherung dem Frequenzunterschied der Resonanzen in reinem festen u. fl. Na. Für K-Konzz. <30% existiert ein Zweiphasengebiet mit 2 Resonanzen, deren Intensitäten proportional den relativen Konzz. der 2 Phasen in dem Syst. sind. Die Resonanz in der festen Phase fällt nicht mit der des reinen festen Na zusammen. Dies deutet auf eine feste Lsg. von K in Na hin, die sich zu 2,5 ± 0,5% K in Na bei Zimmer-Temp. ergab. In II ist das Verh. von ^{23}Na ähnlich wie in I. Die Resonanzfrequenzen von ^{85}Rb u. ^{87}Rb nehmen linear mit abnehmender Na-Konz. zu. Die Rb-Resonanzen sind niedriger als in reinem Rb. Außerdem tritt hier eine deutliche Temp.-Abhängigkeit der Verschiebung bei einer gegebenen Temp. auf. Auch in diesem Fall wurde feste Lsg. des Rb in Na festgestellt; sie beträgt (3,0 ± 0,5)% bei 29° u. (2,0 ± 0,5) % bei 47°. In II sind die Linienbreiten der ^{23}Na- u. ^{87}Rb-Resonanzen keine lineare Funktion der Konzentration. Sie sind in den Rb-reichen Legg. um einen Faktor ca. 5 größer als an dem Na-reichen Ende. Dies kann durch die elektronengekoppelte Spinaustausch-Wrkg. zwischen verschiedenen Kernen erklärt werden. Die bemerkenswerte Tatsache, daß diese Spin–Spin-Wechselwrkg. im Durchschnitt nicht zu einem kleinen Wert in den fl. Metallen führen, führt zu dem Postulat eines Fernwrkg.-Charakters für die elektronengekoppelte Wechselwirkung.

C. GOTTFRIED. 137

Kernmagnetische Resonanz-Untersuchung der Borkoordination in Kaliumboratgläsern. S.-E. Svanson, E. Forslind und J. Krogh-Moe. (J. physic. Chem. **66.** 174—75. Jan. 1962. Stockholm, Roy. Inst. of Technol., Div. of Phys. Chem., Res. Group for NMR; Gothenburg, Swedish Inst. of Silicate Res.) (Engl.)

Vff. berichten über kernmagnet. Resonanzmessungen an kristallinen u. glasartigen B-Verbindungen .Es zeigt sich dabei, daß die Spektren von kristallinem u. von glasigem B-Oxid eine große Ähnlichkeit aufweisen, d. h. daß eine enge Verwandtschaft zwischen beiden Zuständen in bezug auf die Koordination des B-Atoms vorliegen muß. Weitere Unterss. an K-Boratgläsern verschiedener Zus. zeigen, daß die Koordinationsverhältnisse des B mit O-Atomen mit der $N_4 = S/(1 - S)$-Regel (N_4 Bruchteil der 4fach koordinierten B-Atome, S molare Konz. an K_2O) durchaus übereinstimmen.

G. M. NEUMANN. 137□

Kernmagnetischer Resonanz-Versuch an festem Hexamethyldisilan. Teruo Yukitoshi, Hirosi Suga, Syuzo Seki und Junkichi Itoh. (J. physic. Soc. Japan **12.** 506—15. Mai 1957. Osaka, Osaka Univ., Dep. of Phys. and Dep. of Chem.) (Engl.)

Die Linienbreite der KMR-Linie von festem Hexamethyldisilan u. die Spin–Gitter-Relaxationszeit T_1 wurden zwischen der Temp. der fl. Luft u. Zimmer-Temp. bestimmt, um Bewegungen der Atome u. des Mol. zu studieren. Die Ergebnisse wurden mit bekannten therm. u. kristallograph. Resultaten verglichen. Es ergab sich, daß selbst bei der Temp. der fl. Luft jede CH_3-Gruppe so schnell um ihre 3zählige Symmetrieachse rotiert, daß die Linienbreite infolge 3-Protonen-Wechselwrkg. verkleinert wird (Aktivierungsenergie 2,6 kcal/Mol); bei ca. −120° tritt infolge schneller Reorientierungen der CH_3-Gruppen um die Si–Si-Achse weitere Verschmälerung auf (Aktivierungsenergie 5,7 kcal/Mol). T_1 ändert sich qual. entsprechend diesen Atombewegungen. Bei −51,3° ändern die Kristalle die Struktur u. infolge schneller Reorientierung der Mol.-Achse erfolgt diskontinuierliche Abnahme der Linienbreite u. diskontinuierlicher Anstieg von T_1. Oberhalb dieser Temp. nimmt die Linienbreite infolge Selbstdiffusion des gesamten Mol. (Aktivierungsenergie 10 kcal/Mol) graduell bis 0 ab. Beim F. wurde keine Änderung der Linienbreite beobachtet.

G. WINKHAUS. 137□

Übergangspotentiale an der Grenzfläche Quecksilber/wässerige Lösung. Carl D. Spear, Melvin A. Cook und Milton E. Wadsworth. (J. electrochem. Soc. **109.** 161—65. Febr. 1962. Salt Lake City, Utah, Univ. of Utah, Dep. of Metallurgy, Inst. of Metals and Explosives Res.) (Engl.)

Vff. beschreiben Meth. zur Best. von Übergangspotentialen (ÜP), die durch Ausdehnung einer Grenzfläche zwischen Hg u. einer N_2-gesätt., wss. KCl-Lsg. mit konst. Geschw. hervorgerufen werden u. teilen Ergebnisse für das Syst. Hg-Elektrode/J^- (wss.) mit. Vgl. mit bekannten Werten aus Potential-, Überspannungs- u. Elektrocapillaritäts-Unterss. ermöglichen die Best. der Variablen, die die ÜP eines solchen Syst. bestimmen. Vff. zeigen, daß das durch Ausdehnung der Grenzfläche hervorgerufene ÜP im Zusammenhang mit der endgültigen Geschw. der Reformation des diffusen Teils der elektr. Doppelschicht steht. Aus dem Vgl. mit Ergebnissen an Metalldrähten, die in einer Lsg. ausgedehnt werden, folgern Vff., daß innere Spannungen oder akt. Bereiche, die durch

Versetzungen hervorgerufen werden, nicht für die Entstehung der ÜP notwendig sind. Für wss. KCl-Lsgg. gehorcht das ÜP der Gleichung $\nu = (2{,}303 \cdot RT/\alpha\, F \cdot \log[Cl^-]/r) + K$ (r Ausdehnungs-Geschw.; K Konst.), die bis zum Maximum der Elektrocapillarkurve bzw. der Oberflächenladung Null gültig ist. Danach folgt das ÜP dem Potentialverlauf des Maximums der Elektrocapillarkurve. P. FRENZEL. 140□

Die Bildungskonstanten des Systems Tantal–Fluorid. 2. Mitt. Untersuchung des Elektrodenpotentials von Tantal. Louis P. Varga und Harry Freund. (J. physic. Chem. **66.** 187—89. Jan. 1962. Corvallis, Oreg., Oregon State Univ., Dep. of Chem.; Albany, Oreg., US. Bur. of Mines.) (Engl.) — 1. vgl. C. **1962.** 11126.

Vff. bestimmten das Potential der Kette Ta/Ta(V), HF (1 m ClO_4^-)/H_2, Pt bei HF-Konzz. von 0,02 bis 12 m zu: $E_{Zelle} = 0{,}769 + 0{,}182 \log(F^-) + 0{,}013 [\log(F^-)]^2$. Bei Polarisierungs-Unterss. mit einer Ta-Kathode bei 3,0—4,5 V erreichte das Ta-Elektrodenpotential bei log(F^-)-Konzz. $> -3{,}4$ schließlich einen Gleichgewichtswert; bei log (F^-)-Konzz. $\leqq -3{,}4$ wurde ein unstetes Verh. beobachtet, so daß angenommen wird, daß bei höheren F^--Konzz., zumindest teilweise, eine Oxidschicht gelöst wird. Offensichtlich reversibles Verh. wurde bei F^--Konzz. oberhalb $4 \cdot 10^{-4}$ m beobachtet. Aus dem Anstieg $\partial E_{Zelle}/\partial \log(F^-)$ wurde der Wert von $\bar{n}$ für $TaF_n^{-5-\bar{n}}$ berechnet. Das Ergebnis bekräftigt, allerdings nur im statist. Sinne, die Existenz eines Teilchens TaF_9^{4-}. Das Verh. der Löslichkeit von Ta_2O_3 in HF höherer Konz. wird aus den Ergebnissen erklärt.

P. SCHARNER. 140□

Graphitanoden bei der Elektrolyse von Salzsole. 4. Mitt. Einfluß des pH-Wertes des Anolyten auf die Korrosionsgeschwindigkeit in Alkalichloridzellen. L. E. Vaaler. (J. electrochem. Soc. **107.** 691—98. Aug. 1960. Cleveland, Ohio, Nat. Carbon Co., Div. of Union Carbide Corp., Res. Labor.) (Engl.) — 3. vgl. JANES u. Mitarbeiter, C. **1958.** 6743.

Vf. untersucht den Einfl. des pH-Wertes des Anolyten auf die Stromausbeute u. die Korrosions-Geschw. der Anode u. beschreibt eine Elektrolysezelle. Die Elektrolyse erfolgt bei 80° u. 7,2 A; Beschickungs-Geschw. 100 ml/Std.; pH 3,0—4,2. Als Anoden dienen reiner (**I**) u. imprägnierter Graphit (**II**) sowie Pt. Mit steigendem pH-Wert sinkt die Stromausbeute bei gleichzeitig erhöhter O_2- u. CO_2-Entwicklung. Das Vol. des entwickelten O_2 nimmt viel stärker zu als das des CO_2. Vf. schlägt einen Mechanismus vor, nach dem O_2 aus physikal. adsorbiertem O, CO_2 dagegen durch Oxydation des aus chemisorbiertem O gebildeten CO durch O_2 oder Cl_2 entsteht. Durch Desorption von OH-Radikalen entsteht H_2O_2 u. dann O_2. Die größere Korrosionsbeständigkeit von II gegenüber I könnte auf das Ausfüllen von Hohlräumen zurückzuführen sein, wobei die wirksame Oberfläche auf $^1/_3$ des anfänglichen Wertes herabgesetzt wird. P. FRENZEL. 141□

Oxydation von Eisen(II)-sulfat in wässeriger Lösung durch eine Glimmentladung. H. A. Dewhurst, J. F. Flagg und P. K. Watson. (J. electrochem. Soc. **106.** 366—67. April 1959. Schenectady, N.Y., Gen. Electric. Co., Res. Labor.) (Engl.)

Die relative Wirksamkeit positiver Ionen u. akt. neutraler Teilchen bei der Glimmentladungselektrolyse einer 0,01 m $FeSO_4$-Lsg. in 1,0 n H_2SO_4 wurde durch Benutzung einer Pt-Gitterkathode untersucht. Als Anode diente eine ca. 1 cm oberhalb der Fl.-Oberfläche angebrachte Stahlnadel. Das Ausmaß der Oxydation wurde durch spektrophotometr. Best. des gebildeten Fe^{3+} bei 308 mμ, die Gesamtstromstärke mit einem KEITHLEY-Elektrometer ermittelt. Bei 25 Torr Wasserdampf sind die in Ggw. des Gitters unwirksamen positiven Ionen zu 95% für die Oxydation verantwortlich; so sinkt die Ausbeute (in Val Fe^{3+}/Faraday) bei Einschaltung des Gitters von 25 auf 0, (bei 100 μA). Die Ausbeute sinkt ebenfalls mit steigender Stromstärke (auf 11 bei 1000 μA). In N_2 von 760 Torr bewirken die positiven Ionen im ruhenden Syst. ca. 60, im strömenden (3 Liter/Min.) ca. 90% der Oxydation. A. BLASCHETTE. 141□

Polarisationskapazitätsmessungen der Oberflächenrauhigkeit. M. R. Turpin und M. K. Testerman. (J. electrochem. Soc. **109.** 168—70. Febr. 1962. Little Rock, Ark., Univ. of Arkansas, Graduate Inst. of Technol.) (Engl.)

Vff. bestimmen die Polarisationskapazität der elektr. Doppelschicht an Metallen in 0,25 m KJ-Lsgg. in $HCONH_2$. Untersucht werden Hg, Cu-Amalgam, Cu, nichtrostender Stahl, Al u. Ti. Die niedrigen C-Werte von Al u. Ti werden auf die natürlichen oxid. Deckschichten zurückgeführt. Zur Entfernung dieser Oxidschichten beizt man Al u. Ti in 10%ig. Na_3PO_4-Lsg., wodurch reproduzierbare C-Werte erhalten werden, die über denen der unbehandelten Metalle liegen. Vff. zeigen, daß durch dieses Verf. eine einfache Meth. zur Best. der relativen Rauhigkeitsfaktoren von Metalloberflächen gegeben ist.

P. FRENZEL. 142□

Elektrochemische und Adsorptionsmessungen an Einkristallen: Das System Germanium–Jodidlösung. W. W. Harvey, W. J. LaFleur und H. C. Gatos. (J. electrochem. Soc. **109.** 155—61. Febr. 1962. Lexington, Mass., MIT, Lincoln Labor.) (Engl.)

Vff. beschreiben eine App. zur gleichzeitigen Best. des elektrochem. Verh. u. von der Adsorption an Einkristallen, die eine Reinigung u. Charakterisierung der Elektrode, Änderung der Zus. des Elektrolyten u. wiederholte Adsorptionsmessungen ohne Entfernung der Elektrode erlaubt. Mit Hilfe von ^{131}J als Tracer wird die Adsorption von Jodid an p-leitenden Ge-Einkristallen in Abhängigkeit vom Potential u. von der Orientierung der Elektrode aus 0,1 n Na_2SO_4-Lsgg. verschiedener pH-Werte, die $5 \cdot 10^{-6}$ bis $2,5 \cdot 10^{-4}$ u. KJ enthalten, bestimmt. Stromspannungs- bzw. Polarisationskurven werden mitgeteilt. Aus dem anod. Teil der Aufladungskurven lassen sich Verunreinigungen der Oberfläche bzw. der Lsg. erkennen. Auf der (1 1 1)-Fläche erfolgt reversible Adsorption in multimol. Bedeckung mit einem ausgeprägten Maximum in der Nähe des Ruhepotentials. Gleichzeitig wird eine Erhöhung der H_2-Überspannung festgestellt. Vff. nehmen eine Koadsorption von Kationen an, möglicherweise auch von HJ. Desorption von J^- tritt bei stark anod. u. kathod. Potentialen ein. Die (1 0 0)-Fläche zeigt unterschiedliches Verhalten. Die J^--Adsorption hat einen geringeren, entgegengesetzten Einfl. auf die H_2-Überspannung. Weiterhin ist die reversibel adsorbierte J^--Menge eine Größenordnung niedriger. In einem begrenzten pH- u. [J^-]-Bereich erfolgt zusätzlich zur reversiblen Adsorption Einschluß von J^- in eine auf der (1 0 0)-Fläche anod. gebildeten Oberflächenverbindung. P. FRENZEL. 142 □

Das chemische Polieren von Germanium. B. A. Irving. (J. electrochem. Soc. **109.** 120—23. Febr. 1962. Aldermaston, Berks., Assoc. Electric. Ind. Ltd., Res. Labor.) (Engl.)

Vf. untersucht den Wrkg.-Mechanismus der Ätz-Lsg. CP-4 an teils geschliffenen, teils geschliffenen u. vorgeätzten Ge-Einkristallen. Die Geschw. der Einleitungs-Rk. ist abhängig vom Zustand der Ge-Oberfläche u. der Br-Konzentration. Die endgültige Ätz-Geschw. (ÄG) wird durch die Diffusion von HF zur Ge-Oberfläche bestimmt. Auch bei Überschuß an Oxydationsmittel (HNO_3 bzw. $HNO_3 + HClO_4$) ist keine Oxidfilm-Bldg. nachweisbar. Bei erhöhter HF-Konz. nimmt die ÄG mit fortschreitender Rk. zu, bei niedrigerer Konz. ist sie geringer, aber zeitlich konstant. Ggw. von Harnstoff setzt die ÄG an polierten Flächen herab. Niedrige HNO_3-Konzz. setzen die ÄG herab, höhere steigern sie nur wenig, bewirken jedoch beträchtlich stärkeres Gasen. Verantwortlich für die Alterung der Lsg. ist der Br-Verlust. Potentialmessungen zeigen, daß geschliffene Oberflächen reaktiver sind als polierte, was Vf. auf eine Regenerierung des Br zurückführt. Vf. folgert, daß stabile Lsgg. bei Vermeidung von Br- u. HF-Verlusten erhalten werden. Zur Erreichung einer gleichmäßigen anfänglichen ÄG kann der Br-Geh. des CP-4 auf ca. $^1/_{50}$ herabgesetzt werden. Empfohlen wird die einfachere Zugabe von HBr an Stelle von Br_2. Die geringere ÄG bei verminderter HF-Konz. läßt sich zur kontrollierten Abtragung der Proben ausnutzen. P. FRENZEL. 142 □

A$_4$. Thermodynamik. Thermochemie

Quasistatische Zustandsänderungen und ihr Zusammenhang mit den reversiblen und irreversiblen Prozessen der Thermodynamik. H. D. Baehr. (Forsch. Gebiete Ingenieurwes., Ausg. B **27.** 3—9. 1961. Berlin-Charlottenburg.) (Dt.)

Zustandsänderungen werden als quasistat. oder als nichtstat. bezeichnet, je nachdem ob sie aus Gleichgewichtszuständen bestehen oder nicht. Bei beiden Hauptsätzen sind drei Fälle zu beachten: reversible Prozesse mit notwendig quasistat. Zustandsänderungen sowie irreversible Prozesse mit quasistat. u. mit nichtstat. Zustandsänderungen. In thermodynam. Diagrammen lassen sich nur quasistat. Zustandsänderungen als stetige Kurven darstellen. Über offene Syst., die in der Technik häufiger als geschlossene angewendet werden, wird mit Anwendungsbeispielen berichtet. Definition der Begriffe Prozeß u. Zustandsänderung. HERBERT HOFFMANN. 146 □

Über ein vereinfachtes LeChatelier-Braun-Prinzip. A. I. Russanow und M. M. Schulz. (Вестник Ленинградского Университета, Серия Физики и Химии [Nachr. Leningrader Univ.] **15.** Nr. 4. [Ser. Physik Chem.] Nr. 1. 60—65. 1960.) (Russ.; Auszug: Engl.)

Die von EHRENFEST [1911] angegebene thermodynam. Ableitung des vereinfachten LECHATELIER-BRAUN-Prinzips wird auf die GIBBSsche Funktion zurückgeführt. An Hand der GIBBSschen Meth. wird das Prinzip in seiner allgemeinsten Form für homogene u. heterogene Syst. abgeleitet u. formuliert. H. JÄGER. 146 □

Die statistische Mechanik chemischer Prozesse. Robert M. Mazo. (Annu. Rev. physic. Chem. **12.** 83—106. 1961. Pasadena, Calif., California Inst. of Technol., Gates and Crellin Labor. of Chem.) (Engl.)

Übersicht. — 156 Literaturangaben (1958 bis Nov. 1960.) P. GOLINSKE. 146 □

Thermochemie und thermodynamische Eigenschaften von Substanzen. Bruno J. Zwolinski und Alfred Danti. (Annu. Rev. physic. Chem. **12.** 325—54. 1961. Pittsburgh, Pa., Carnegie Inst. of Technol., Chem. and Petroleum Res. Labor.) (Engl.)

Übersicht über thermodynam. Daten anorgan. u. organ. Verbb. mit Tabellen. — 439 Literaturangaben (bis Dezember 1960). P. Golinske. 146□

Über die Annäherung an stationäre Zustände im Nichtgleichgewicht und die Theorie von Transportkoeffizienten. R. Balescu. (Physica [Utrecht] **27.** 693—706. Juli 1961. Bruxelles, Univ., Fac. des Sci.) (Engl.)

Mit Hilfe der statist. Mechanik behandelt Vf. mathemat. die Annäherung an stationäre Zustände im Nichtgleichgewicht. Der stationäre Zustand u. die Berechnung der Transport-Koeff. lassen sich durch einen asymptot. Querschnitt bestimmen.

G. Gattow. 146□

Das scheinbare Molvolumen von Natriumhydroxid bei unendlicher Verdünnung und die bei der Ionisation des Wassers auftretende Volumenänderung. Agnes Bodanszky und Walter Kauzmann. (J. physic. Chem. **66.** 177—79. Jan. 1962. Princeton, N.J., Princeton Univ., Frick Chem. Labor.) (Engl.)

Die beim Zusatz von H_2O zu NaOH-Lsgg. auftretende Vol.-Änderung wurde mittels eines Dilatometers vom Carlsberg-Typ bei 30° gemessen. Die Anfangs-Konz. an NaOH betrug 0,125—1 (m), die Endkonz. 0,65—0,06. Für das scheinbare Mol.-Vol. wurde in Abhängigkeit von der Molarität der Ausdruck $\Phi = \Phi_0 + 1{,}86\sqrt{m} + 0{,}78\,m$ gefunden. Durch Extrapolation u. Umrechnung auf 25° wurde hieraus das scheinbare Mol-Vol. bei unendlicher Verdünnung zu $\Phi_0 = -4{,}60$ erhalten. Unter Verw. dieses Wertes sowie von Literaturwerten für das scheinbare Mol-Vol. von HCl u. NaCl wurde die Vol.-Änderung für die Rk. H^+ (∞aq.) + OH^- (∞aq.) → H_2O zu 21,28 ml berechnet.

Wolfgang Krüger. 148□

Die beim Mischen auftretende Volumenänderung einiger binärer flüssiger Alkalinitrate. B. F. Powers, J. L. Katz und O. J. Kleppa. (J. physic. Chem. **66.** 103—05. Jan. 1962. Chicago, Ill., Univ. of Chicago, Inst. for the Study of Metals and Dep. of Chim.) (Engl.)

Die beim Mischen auftretende Vol.-Änderung wurde in fl. Mischungen von $NaNO_3$ mit $LiNO_3$, KNO_3, $RbNO_3$ u. $CsNO_3$ untersucht. Als Inertgase wurden He u. Ar verwendet. Die Vol.-Änderung besitzt in allen betrachteten Fällen positive Werte. In Abhängigkeit vom Molenbruch γ des $NaNO_3$ u. den charakterist. zwischenion. Abständen der beiden reinen Salze d_1 u. d_2 läßt sie sich in erster Näherung durch den Ausdruck $\Delta V = V'\gamma(1-\gamma)[(d_1-d_2)/(d_1+d_2)]^4$ (cm³/Mol) beschreiben. Für die Alkalinitratmischungen beträgt die Konst. V′ ca. $2{,}2\cdot10^4$. Aus den Unterss. geht hervor, daß die betrachteten Alkalinitratmischungen nicht durch eine Theorie der Lsgg. erster Ordnung beschrieben werden können. Wolfgang Krüger. 148□

Gleitungserscheinungen bei der Gasdiffusion. E. Wicke und P. Hugo. (Z. physik. Chem. [Frankfurt/M.] [N. F.] **28.** 401—21. Juni 1961. Münster/Westf., Univ., Inst. für physikal. Chem.) (Dt.)

Vff. berichten über den Einfl. der Diffusionsgleitung auf den Stofftransport bei der Gegenstromdiffusion zweier Gase durch poröse Glasfritten. Nach einer Näherungs-Meth. von Maxwell wird zunächst der Impulstransport in Wandnähe berechnet u. dann die gefundene Beziehung mit $CO-N_2$- u. CO_2-H_2-Mischungen überprüft. Bei der Mischung mit gleicher Mol-Masse der Komponenten ($CO-N_2$) sind die Diffusionsströme beider Komponenten entgegengesetzt gleich, die Gase verhalten sich normal. Bei den Diffusions-Verss. mit der CO_2-H_2-Mischung, d. h. bei stark verschiedenen Mol-Massen, betrug das gemessene Gegenstromverhältnis ca. 4,75, in befriedigender Übereinstimmung mit dem theoret. Wert von 4,69. G. M. Neumann. 149□

Spektroskopische Untersuchung des Zustandes eines Gases hinter einer Stoßwelle. 3. Mitt. F. Ss. Faisullow, N. N. Ssobolew und Je. M. Kudrjawzew. (Оптика и Спектроскопия [Optik u. Spektroskopie] **8.** 761—68. Juni 1960.) (Russ.) — 2. vgl. Оптика и Спектроскопия [Optik u. Spektroskopie] **8.** [1960.] 585; 1. vgl. C. **1960.** 12573; vgl. auch C. **1960.** 11547.

In Diagrammen wird die nach der Meth. der Spektrallinienumkehr gemessene Abhängigkeit der Temp. T_x (° K) von *Luft*, N_2 u. *Ar* hinter einer Stoßwelle von der Geschw. $U_s = 1{,}9-4{,}3$ km/s auf Grund von Oscillogrammen wiedergegeben. Für die Unters. des Zustandes der Gase benutzt man im Temp.-Bereich 1500—3000° K am zweckmäßigsten Messungen der D-Linie von Na, bei >3000° K solche der Ionenlinie 4554 Å von Ba II. Zwischen den theoret. u. experimentellen Werten für die Beziehung zwischen T_x u. U_s wird gute Übereinstimmung gefunden. Die Abweichungen vom idealen Gas sind bei Luft am größten, bes. bei hohen Us, erheblich kleiner bei N_2, bei Ar bestehen keine Unterschiede. R. K. MÜLLER. 149☐

Neue Fortschritte in der Physik. David Park. (Amer. J. Physics **27.** 234–55. April 1959. Williamstown, Mass., Williams Coll.) (Engl.) — Vgl. C. **1962.** 5170.

Zusammenfassender Überblick über Erkenntnisse, die im Jahre 1958 auf den drei Gebieten fl. He, Superleitfähigkeit u. Physik der Elementarteilchen gewonnen wurden. — 97 Literaturangaben. G. KIRSCHSTEIN. 149☐

Hochtemperaturchemie. Paul W. Gilles. (Annu. Rev. physic. Chem. **12.** 355–80. 1961. Lawrence, Kans., Univ. of Kansas, Dep. of Chem.) (Engl.)

Übersicht (Temp.-Messung, Technik u. App., Verdampfungsprozesse, Dampfdruckmessungen). — 283 Literaturangaben (bis Dezember 1960). P. GOLINSKE. 150☐

Zur Theorie der Gleichgewichtsphasendiagramme von kondensierten Vielstoffsystemen. 1. Mitt. **Systeme mit einfachem Eutektikum.** Milan Malinovský. (Chem. Zvesti **12.** 3–16. 1958. Bratislava, Kat. anorg. technol. Slov. vys. školy techn.) (Slowak.; Auszug: Dt.) – 2. vgl. C. **1959.** 15911.

Übersicht über die Darstellungsweise von kondensierten Syst. mit einer Komponentenanzahl K, Begriffsdefinition sowie Berechnung der Anzahl der Strukturkomponenten betreffender Ordnung. Als neu werden die Begriffe „charakterist. Figuren" [geometr. Orte figurativer Punkte von Legg. im Phasendiagramm, welche eine bis (K – 1)-Strukturkomponente enthalten] u. „elementarer Kristallisationsraum" [Kombination (ohne Wiederholung) der (K – 1)ten Klasse bestimmter Strukturkomponenten, die im gegebenen Syst. auftreten, oder einfacher als Permutation (ohne Wiederholung) der K-festen Phasen] eingeführt. J. TŮMOVÁ. 150☐

Über die Verdampfung von Jod aus festem Kupferjodid bei höheren Temperaturen. St. Mrowec und H. Rickert. (Z. Elektrochem., Ber. Bunsenges. physik. Chem. **66.** 14–17. Jan. 1962. Göttingen, MPI für physikal. Chem.) (Dt.)

Die Verdampfungs-Geschw. des J von der Oberfläche einer festen CuJ-Probe wurde bei 250, 300 u. 350° mit Hilfe einer elektrochem. Meth. mit CuBr als Hilfselektrolyt in Abhängigkeit vom chem. Potential des J gemessen. Es zeigt sich, daß die J-Atome mit der theoret. maximal möglichen Geschw. verdampfen, J_2-Moll. dagegen mit einer Geschw., die gegenüber der theoret. maximal möglichen um einen Faktor von ca. 10 kleiner ist. Die Meßergebnisse lassen sich widerspruchsfrei deuten, wenn man annimmt, daß in der Adsorptionsschicht für die adsorbierten J-Atome das Gleichgewicht eingestellt ist u. daß die Verdampfungs-Geschw. der J_2-Moll. durch ihre Bldg. in der Adsorptionsschicht bestimmt wird. G. M. NEUMANN. 150☐

Über den Charakter des Schmelzens von Glaubersalz bei hohen Drücken. P. A. Krjukow und W. I. Manichin. (Известия Академии Наук СССР, Отделение Химических Наук [Nachr. Akad. Wiss. UdSSR, Abt. chem. Wiss.] **1960.** 2242–43. Hydrochem. Inst. der Akad. der Wiss. der UdSSR.) (Russ.)

Die von TAMMAN [1929] angegebene F.–P-Abhängigkeit (P = Druck) für $Na_2SO_4 \cdot 10\,H_2O$ wurde experimentell bestätigt. Durch Analyse der unter Druck erhaltenen Schmelze wurde bis 5000 kg/cm² ein inkongruenter u. bei höheren Drücken ein kongruenter Charakter des Schmelzprozesses festgestellt. H. JÄGER. 150☐

Tieftemperatur-Wärmekapazitäten und thermodynamische Eigenschaften von Zinkferriten. 3. Mitt. **Einfluß einer Kupfer-Substitution.** Edgar F. Westrum jun. und D. M. Grimes. (Physics Chem. Solids **10.** 120–25. Juli 1959. Ann Arbor, Mich., Univ. of Michigan, Dep. of Chem.) (Engl.) – 2. vgl. C. **1961.** 3239.

Im Bereich von 5–350° K wurden die spezif. Wärmen vorerhitzter u. abgeschreckter Proben von $Cu_{0,05}Zn_{0,90}Fe_{2,05}O_4$ gemessen. Die berechnete NÉEL-Temp. stimmt mit derjenigen für die l. c. untersuchten Li-substituierten Zinkferrite überein. Die Ergebnisse werden hinsichtlich der Substrukturen u. der Mol.-Feld-Koeff. diskutiert.
WOLFGANG WAGNER. 151☐

Dichten und Molwärmen gemischter wässeriger Lithium- und Kaliumchloridlösungen bei 25°. A. F. Kapusstinski, M. Ss. Stachanowa und W. A. Wassilew. (Известия Академии Наук СССР, Отделение Химических Наук [Nachr. Akad. Wiss. UdSSR, Abt. chem. Wiss.] **1960.** 2082–89. Chem.-technolog. Mendelejew-Inst.) (Russ.)

Dichten u. Mol-Wärmen der Syst. LiCl–H_2O (I), KCl–H_2O (II) u. LiCl–KCl–H_2O (III) wurden untersucht. Zur Berechnung der Mol-Wärmen aus den Dichten wurden folgende empir. Formeln aufgestellt: I — $C_p^{25} = (2{,}0676\,V_4^{25} - 1{,}0780) \pm 0{,}0006$; II — $C_p^{25} = (1{,}849\,V_4^{25} - 0{,}862) \pm 0{,}002$ u. III — $C_p^{25} = (1{,}8998\,V_4^{25} - 0{,}9124) \pm 0\,0011$ cal/g·Grad. Das spezif. Vol. V von III setzt sich nicht additiv aus den spez. Vol. von I u. II zusammen, sondern weist eine Depression auf, die mit der Konz. zunimmt u. anscheinend durch Übergang von H_2O-Dipolen aus der Hydrathülle von K^+ zum stärker polarisierenden Li^+ bewirkt wird. H. JÄGER. 151□

Thermodynamik der niederen Kobaltsulfide. Je. M. Kolbina, Ju. A. Barbanel, M. W. Nasarowa und Ss. M. Arija. (Вестник Ленинградского Университета, Серия Физики и Химии [Nachr. Leningrader Univ.] **15.** Nr. 4. [Ser. Physik Chem.] Nr. 1. 122—29. 1960.) (Russ.; Auszug: Engl.)

Durch Homogenisierung von Co–S-Gemischen in evakuierten Quarzampullen bei 800° wurden Präpp. der Zus. CoS_x (x = 0,7—1) dargestellt, die in einer Zirkulationsanlage mit H_2-Atmosphäre bei 785, 805 u. 845° bis zur Gew.-Konstanz erhitzt wurden, wobei das Verhältnis H_2S/S in der Gasphase nach Einstellung des Gleichgewichts analyt. bestimmt wurde. Die Red.-Isothermen ergeben für das Syst. Co–CoS die Existenz folgender Verbb.: *CoS* (I), $CoS_{0,88}$ (II), $CoS_{0,82}$ (III) u. $CoS_{0,75\pm x}$ (IV). Die untere Grenze des Homogenitätsbereiches (HB) von I liegt bei $CoS_{1,00}$. II u. III besitzen sehr enge HB u. existieren unterhalb 845°. Der HB von IV nimmt mit fallender Temp. schnell ab, Sie Verb. scheint unterhalb 745° zu disproportionieren. Die thermodynam. Daten der Sulfide wurden berechnet. Für I ist die Standard-Bldg.-Enthalpie 18,6 kcal/Mol. H. JÄGER. 156□

Die Molwärme von Kaliumhexachlororhenat(IV) von 7—320° K. Anomalien bei 12, 76, 103 und 111° K. Funktionen der Entropie und Freien Energie. Löslichkeit und Lösungswärme des K_2ReCl_6. Entropie des Hexachlororhenations. R. H. Busey, H. H. Dearman und R. B. Bevan jun. (J. physic. Chem. **66.** 82—89. Jan. 1962. Oak Ridge, Tenn., Oak Ridge Nat. Labor., Chem. Div.) (Engl.)

Die Mol-Wärme des K_2ReCl_6 wurde im Temp.-Bereich von 7—320° K gemessen. Um den Einfl. von Verunreinigungen auszuschalten, wurden die zu untersuchenden Proben nach zwei verschiedenen Meth. hergestellt. Die Mol-Wärme–Temp.-Kurve zeigt vier Anomalien bei 11,9, 76,05, 103,4 u. 110,9° K, deren erste das Ergebnis einer antiferromagnet.-paramagnet. Umwandlung ist. Die anderen sind nicht magnet. Art. Die für diese Umwandlungen ermittelte Entropieänderung von je etwa R ln 2 deutet auf eine Änderung des Ordnungszustandes hin. Vermutlich stellen die Umwandlungen schrittweise Verzerrungen der flächenzentrierten kub. Struktur u./oder des oktaedr. $ReCl_6^{2-}$-Ions dar. Die Löslichkeit des K_2ReCl_6 in 0,01m HCl beträgt bei 25° 0,1689 (Mol/1000 g H_2O) u. bei 0° 0,0841. Die Standard-Lsg.-Wärme wurde durch Extrapolation zu 10397 ± 15 cal/Mol erhalten. Die thermodynam. Funktionen betragen bei 298,15° K: $C_p^0 = 51,31$ (cal/Mol·Grad), $S^0 = 88,84 \pm 0,18$, $(H^0 - H_0^0)/T = 37,970$ u. $-(F^0 - H_0^0)/T = 50,873$. Die Entropie des $ReCl_6^{2-}$ (aq.) wurde zu $S^0 = 59,8$ u. die Bldg.-Entropie bei 298,15° K zu $\Delta S^0_{Bldg.} = -140,2$ gefunden. WOLFGANG KRÜGER. 156□

Bildungswärme von Koordinationskomplexen des Bors, Aluminiums und Galliums. N. N. Greenwood und P. G. Perkins. (Pure appl. Chem. **2.** 55—59. 1961. Nottingham, Univ., Dep. of Chem.) (Engl.)

Vff. bestimmten die Bldg.-Wärmen von 1 : 1-Komplexen des BCl_3 u. BBr_3 sowie von 1 : 1- u. 1 : 2-Komplexen des $GaCl_3$ u. $GaBr_3$ aus dem festen Zustand u. errechneten hieraus, soweit sich die Sublimations- u. Verdampfungswärmen ermitteln ließen, die Bldg.-Wärmen in der Gasphase. Die Best. erfolgte durch Messung der Gleichgewichtsdampfdrücke u. durch direkte calorimetr. Ermittlung der Rk.-Wärmen unter N_2-Atmosphäre. $(C_6H_5)_3C^+BCl_4^-$ (f): log P (atm) = 4,069 — 2077/T, Rk.-Wärme Δ H = 9,51 (kcal/Mol), Δ S = —18,6 cal/Mol^{-1}·Grad^{-1}. $GaCl_3 \cdot POCl_3$: F. 118,5°, —Δ H (f) = 10,17 ± 0,02, —Δ H (gas) = 12,1 (aus ½ Ga_2Cl_6) bzw. 22,6 (aus $GaCl_3$), Δ H (Sublimation) = 15, für $GaCl_3$ = 8,5 u Verdampfungswärme des $POCl_3$ Δ H = 8,4. $GaCl_3 \cdot (C_2H_5)_2O$: F. 16°, —Δ H (fl.) = 9,34 ± 0,08, —Δ H (gas) = 11,8 (aus ½ Ga_2Cl_6) bzw. 22,3 (aus $GaCl_3$), Δ H (Verdampfung) = 12,7. $GaCl_3 \cdot 2\ (C_2H_5)_2O$: F. 9,0°, —$\Delta$ H (fl.) = 15,48 ± 0,09. $GaCl_3 \cdot AsCl_3$: —Δ H (f) = 1,4. $GaCl_3 \cdot PCl_3$: —Δ H (f) = 3,4. $GaCl_3 \cdot CH_3COCl$: —Δ H (f) = 4,1. $GaCl_3 \cdot (CH_3)_2CO$: F. 42,2° —Δ H (f) = 15,3. $GaCl_3 \cdot Py$: —Δ H (f) = 29,8 (Py = Pyridin). $GaCl_3 \cdot 2\ Py$: —Δ H = 41,5. $GaCl_3 \cdot Pip$: —Δ H(f) = 33,7 (Pip = Piperidin). $GaCl_3 \cdot 2\ Pip$: —Δ H(f) = 52,1. $GaBr_3 \cdot Py$: —Δ H (f) = 34,5. $BCl_3 \cdot Py$: —Δ H(f) = 40,7. $BBr_3 \cdot Py$: —Δ H (f) = 45,6. $BCl_3 \cdot Pip$: —Δ H (f) = 84,4. $BBr_3 \cdot Pip$: —Δ H (f) = —114,5. $BCl_3 \cdot (CH_3)_2CO$: Lsg.-Wärme des Halogenids im Überschuß des Liganden —Δ H = 44,9, ebenso bei $BBr_3 \cdot (CH_3)_2CO$, —Δ H = 68,4. $BF_3 \cdot (C_2H_5)_2O$: —Δ H (f) = 10,9. $BCl_3 \cdot CH_3COCl$ existiert nur im festen Zustand, F. —54°. Oberhalb des F. liegt vollständige Dissoziation vor, u. die Wärmetönung der Wechselwrkg. zwischen Donor u. Acceptor einer fl. 1 : 1-Mischung beträgt nur 0,67. Die Meßergebnisse zeigen, daß die Stärke des Acceptors von den Fluoriden zu den Bromiden zunimmt. Vff. geben als Erklärung hierfür an, daß die Rückgabe der $p\pi$-Elektronen, des Halogens in die leeren $p\pi$-Orbitale des Acceptoratoms für BCl_3 größer ist als für BBr_3 u. daß das letztere ein besserer Acceptor für die Elektronen des Liganden darstellt, da zur Reorganisation einer planaren in eine tetraedr. Konfiguration eine geringere Energie erforderlich ist. Komplexe des Al werden im Original nicht erwähnt.

WOLFGANG KRÜGER. 156□

Über die freie Konfigurationsenergie von KCl–KBr-Mischkristallen. Väinö Hovi. (Turun Yliopiston Julkaisuja [Ann. Univ. Turkuensis], Sarja A, I Nr. **34**. 3–6. 1959. Turku, Finland, Univ. of Turku, Wihuri Phys. Labor.) (Engl.)

Nach einer früher beschriebenen Meth. (C. **1953**. 8788) berechnet Vf. die Freie Konfigurationsenergie im Syst. für die Molenbrüche 0,1, 0,2···0,9 KCl bei Temp. von 273,2, 248,2, 223,2 u. 198,2° K. Die Kurven der Freien Konfigurationsenergie gegen den Molenbruch verlaufen gleichmäßig mit einem Maximum bei 0,5 Mol KCl.

H.-G. MOSLÉ. 156□

Die Zersetzungswärmen einiger höherer Borhydride. Stuart R. Gunn und LeRoy G. Green. (J. physic. Chem. **65**. 2173–75. Dez. 1961. Livermore, Calif., Univ. of California, Lawrence Radiat. Labor.) (Engl.)

Die Zers.-Wärmen verschiedener Borhydride wurden in Mischungen mit SbH_3 nach der Explosions-Meth. bestimmt u. daraus die Bldg.-Wärmen bei 25° berechnet. B_4H_{10}: $\Delta H_{Zers.} = -9{,}4$ (kcal/Mol); $\Delta H_{Bldg.} = 13{,}8$, B_5H_9: $\Delta H_{Zers.} = -9{,}9$, B_5H_{11}: $\Delta H_{Zers.} = -16{,}7$; $\Delta H_{Bldg.} = 22{,}2$, B_6H_{10}: $\Delta H_{Zers.} = -13{,}0$; $\Delta H_{Bldg.} = 19{,}6$. Unter Zuhilfenahme von Werten anderer Autoren werden die Bindungsenergien der verschiedenen Bindungen innerhalb der Borhydrid-Moll. ermittelt. B–H: 91,16, B–H–B: 105,42 u. B–B: 79,34. Die Bindungsenergie der B–B–B-Gruppierung kann aus allen höheren Borhydriden berechnet werden. Es zeigt sich, daß B_5H_{11} keine B–B-Bindung enthält.

WOLFGANG KRÜGER. 156□

Verbrennungen von sekundären Explosivstoffen unter hohem Druck bis 1000 kg/cm². F. I. Dubowitzki. (Известия Академии Наук СССР, Отделение Химических Наук [Nachr. Akad. Wiss. UdSSR, Abt. chem. Wiss.] **1960**. 2234–36. Inst. für chem. Phys. der Akad. der Wiss. der UdSSR.) (Russ.)

Die Verbrennung von Hexogen u. Ten in N_2-Atmosphäre unter Drücken bis 1000 kg/cm² wurde untersucht, u. es wurden Gleichungen für die Druckabhängigkeit der Verbrennungs-Geschw. aufgestellt. Der starke Anstieg der Verbrennungs-Geschw. bei P = 650–900 kg/cm² wird als Verlagerung des Prozesses aus der Gasphase u. von der Oberfläche des Sprengstoffes in die Poren derselben gedeutet, wodurch infolge Erreichung des krit. Drucks Explosion eintritt. Die verwendete App. wird beschrieben.

H. JÄGER. 157□

Thermodynamische Eigenschaften von molekularem Stickstoff. Václav Konečný. (Jaderná Energie **5**. 336–39. Okt. 1959. Plzeň, Vys. škola strojní a elektrotechn.) (Tschech.)

Vf. gibt in Gleichungen u. Diagrammen die Abhängigkeit der spezif. Wärme von N_2 bei konst. Druck von der Temp. (300–1800° K), den Kompressibilitäts-Koeff. bei 1–100 at u. 200–1400° K, die PRANDTL-Zahl bei 1 at u. 100–1200° K, die dynam. Viscosität bei 1 u. 100 at u. 300–1500° K, die Wärmeleitfähigkeit bei 1 at u. 100 bis 1200° K u. das Verhältnis C_p/C_v bei 0–100 at u. 250–1100° K. R. K. MÜLLER. 158□

Ultraschallgeschwindigkeit und adiabatische Kompressibilität in Schwefelsäure-Wasser-Mischungen. Yoshio Ishida. (Mem. Coll. Sci. Univ. Kyoto, Ser. A **29**. 91–105. Sept. 1958. Matsue, Shimane Univ., Fac. of Educat., Dep. of Phys.) (Engl.)

Ausführliche Wiedergabe der C. **1962**. 10753 referierten Arbeit. C. GOTTFRIED. 159

Ultraschallregistrierung durch ein Ausbleichverfahren. T. Schilb, C. Bennett und C. E. Adams. (J. acoust. Soc. America **29**. 145–46. Jan. 1957. Louisville, Ky., Univ.) (Engl.)

Man taucht eine gelatinierte Glasplatte in einen (Purpur-) Farbstoff, darauf in eine Bleichlsg. u. setzt die Platte der Einw. des zu untersuchenden Ultraschallfeldes (UF) aus. Die Bleichwrkg. auf den Farbstoff an jedem Punkt hängt von der Stärke des UF ab. Man erhält ein Negativ, in dem die hellen Flächen höherer Stärke des UF entsprechen.

W. WESLY. 159□

Der Einfluß von Ultraschallwellen auf die Viscosität und Stabilität von Vanadinpentoxid-Sol. Satya Prakash und Alakh Dhari Pandey. (Kolloid-Z. **167**. 39–41. Nov. 1959. Allahabad, India, Univ., Chem. Labor.) (Engl.)

V_2O_5-Sol zeigt unter Ultraschall-Einw. einen steigenden Wert der Wasserstoffionen-Konz. u. der Leitfähigkeit. Dieser Effekt könnte entweder auf eine Übersättigung an

Metavanadinsäure in Ggw. von Ultraschall oder durch Bldg. von Wasserstoffperoxid, unter dessen Einfl. Peroxovanadinsäure entsteht, zurückgeführt werden. Ebenso zeigt sich eine Erhöhung der Viscosität in Ggw. von Elektrolyten unter dem Einfl. des Ultraschalls. H. JACOB. 159□

W. Macke, Thermodynamik und Statistik. Ein Lehrbuch der theoretischen Physik. Leipzig: Akademische Verlagsgesellschaft Geest & Portig. 1962. (XI + 336 S. m. 106 Abb.) 8°. DM 29,50.

Joseph F. Masi and **Donald H. Tsai**, eds., Progress in international research on thermodynamic and transport properties. New York: Academic. 1962. (762 S. m. Abb.) $ 24,—.

A_5. Kolloidchemie. Grenzschichtforschung

Zur Charakteristik der nach der Methode von Bredig durch eine schwingende Elektrode gewonnenen Metallhydrosole. 1. Mitt. N. Kolarow und Iw. Mladenow. (Доклады Болгарской Академии Наук [C. R. Acad. bulg. Sci.] **9.** Nr. 1. 15—18. Jan./März 1956. Sofia, Chem.-techn. Inst.) (Dt.)

Es wird ein Vgl. der Eigg. einiger Metallhydrosole (Ag, Cu, Cd u. Au) vorgenommen, die nach der bisher üblichen Meth. (Reibung beider Elektroden) u. der elektromagnet. Vibrations-Rührapp.-Meth. unter sonst gleichen Bedingungen hergestellt wurden. Die Dispergierung mit der neuen App. erfolgt im Durchschnitt 12mal schneller als durch Reiben u. die damit gewonnenen Hydrosole sind homogener. W. NIEMITZ. 161□

Die zeitliche Veränderung der Verteilung der Partikelgröße während der Koagulation, Dispersion und Ultraschallemulgierung. E. S. Rajagopal. (Kolloid-Z. **167.** 17—23. Nov. 1959. Bangalore, India, Indian Inst. of Sci., Dep. of Phys.) (Engl.)

Es werden Gleichungen aufgestellt, die die zeitliche Veränderung der Teilchengröße während des Ablaufs von Prozessen, wie Koagulation, Heterokoagulation, Elektrokoagulation von Aerosolen, Zerkleinerung von Teilchen u. Emulgierung, angeben. Es läßt sich ein Modell angeben, nach welchem die Änderung des Mittelwerts der Teilchengröße erfaßt werden kann, wenn Dispersion u. Koagulation ablaufen. Die Stabilitätsfaktoren der Endgrößen der Teilchen bei den verschiedenen Vorgängen werden quant. diskutiert. H. JACOB. 163□

Theorie des schwingenden Viscosimeters: Der schwingende Becher. 1. Mitt. Joseph Kestin und Gordon Frank Newell. (Z. angew. Math. Physik [Basel] **8.** 433—49. 25/11. 1957. Providence, R.I., Brown Univ.) (Engl.)

Für Schwingungsviscosimeter wird zunächst eine allg. Formulierung der Abhängigkeit der Frequenz ω u. des logarithm. Dekrements Δ der Schwingung von den durch die Konstruktion bedingten Parametern abgeleitet. Für ein Viscosimeter, in dem ein im Vakuum schwingender Becher mit Fl. gefüllt ist, wird unter Berücksichtigung der Einschwingzeit u. bes. der Randeffekte eine exakte Lösung gebracht. Es werden die Bedingungen diskutiert, die für genaue Messungen von ω u. Δ sowie für genaue Berechnungen der kinemat. Zähigkeit ν u. Dichte ϱ der Fl. erfüllt sein müssen u. hauptsächlich von der Größe des Bechers, dessen Gestalt u. der Trägheit der Fl. abhängen. R. JUNGE. 172□

Theorie des schwingenden Viscosimeters: Der schwingende Becher. 2. Mitt. David Alan Beckwith und Gordon Frank Newell. (Z. angew. Math. Physik [Basel] **8.** 450—65. 25/11. 1957. Providence, R.I., Brown Univ.) (Engl.) — 1. vgl. vorst. Referat.

Exakte Lösungen der in der 1. Mitt. abgeleiteten Gleichung unter Berücksichtigung der dort aufgestellten Bedingungen sind zwar möglich, aber schwierig anzuwenden, weil ν u. ϱ mit Δ u. ω durch ein Paar simultaner transzendenter Gleichungen, die unendliche Reihen enthalten, in Beziehung stehen. Es werden, teils explizit, relativ einfach lösbare Näherungsgleichungen für kleine Becher (Dicke der Grenzfläche groß im Vgl. zu Becherradius u. -höhe) verschiedener Gestalt, große Becher, $I'/I \ll 1$ (Trägheitsmoment der Fl. im Becher zu dem des hängenden Syst.) u. die restlichen Fälle abgeleitet. Nach Abschätzung der Fehler, die bei der Berechnung von ν u. ϱ aus gemessenen Δ- u. ω-Werten auftreten können, wobei die experimentellen Ungenauigkeiten berücksichtigt wurden, ist anzunehmen, daß ein schwingendes Becherviscosimeter bes. zur Messung der Viscosität von Fll. anderen Viscosimetertypen gleichwertig sein sollte u. daß seine bisher bekannten Anwendungen dessen Möglichkeiten noch nicht erreicht haben. R. JUNGE. 172□

Fließverhalten von konzentrierten (dilatanten) Suspensionen. A. B. Metzner und Malcolm Whitlock. (Trans. Soc. Rheol. **2.** 239—54. 1958. Newark, Del., Univ.) (Engl.)

Der Einfl. der Teilchengröße (0,5—100 μ), der Feststoff-Konz. (0—64 Vol.-%) u. der Viscosität der suspendierenden Fl. (1—43 cP) auf das Fließverh. konz. Suspensionen

u. bes. die Bedingungen für das Auftreten der Dilatanz wurden mit Hilfe eines Rotations- u. Capillarviscosimeters (Schergeschw. 2—1000 s^{-1}, Schubspannung 50—60000 Dyn/cm^2) untersucht. Es wurde gefunden, daß eine Suspension auch schon trocken aussieht bei Schubspannungen, die unter denen liegen, bei denen rheolog. Dilatanz gemäß der Fließkurve auftritt. Die rheolog. Dilatanz nimmt mit der Schubspannung zu; bei Schubspannungen, die etwas höher liegen als die, bei denen Dilatanz erstmalig beobachtet wird, treten bei der Suspension Brucherscheinungen auf. Die Unterss. wurden an Syst. aus TiO_2 in W. bzw. wss. Zucker-Lsg. u. Glasperlen in Zucker-Lsg. bzw. in $CdCl_2$-Lsg. durchgeführt. R. SCHÄFF. 173☐

Der geschwindigkeitsbestimmende Schritt bei der Desorption von Gasen von Festkörperproben. B. Baranowski. (Bull. Acad. polon. Sci., Sér. Sci. chim., géol. géogr. **7.** 887—90. Dez. 1959. Warsaw, Pol. Acad. of Sci., Inst. of Phys. Chem.) (Engl.)

Unter der Annahme einer Abhängigkeit der Desorptions-Geschw. vom Desorptions-Vol. bei der Desorption von Gasen von Festkörperoberflächen entsprechend einer Gleichung 1. Ordnung: $dV/dt = -kV$ (V = desorbiertes Gas-Vol.) kann bei Verw. von Festkörpern unterschiedlicher Dicke entschieden werden, welcher von den nachfolgend genannten Einfl. den geschwindigkeitsbestimmenden Schritt darstellt: die Gasdiffusion in der Festkörperphase, der Gasdurchgang durch die Phasengrenze oder die Bldg. des diffundierenden Gases als Vol.-Prozeß. D. FORST. 176☐

Desorptionskinetik von kathodischem Wasserstoff bei der Desorption von dünnen Nickelschichten. B. Baranowski. (Bull. Acad. polon. Sci., Sér. Sci. chim., géol. géogr. **7.** 891—96. Dez. 1959.) (Engl.) — Vgl. vorst. Referat.

Nach kathod. Sättigung verschiedener Ni-Schichten in Thioharnstoff oder As_2O_3 enthaltender 1n H_2SO_4 wurde unter Zugrundelegung einer Gleichung 1. Ordnung ($dV/dt = -kV$) die entsprechende Desorptionskinetik bestimmt. Reproduzierbare Werte ergaben sich hierbei nur nach einem mehrmaligen Wechsel von Sättigung u. Entleerung der Oberfläche. Sowohl die Geschw.-Konst. als auch die Aktivierungsenergie deuten auf einen Vol.-Prozeß als geschwindigkeitsbestimmenden Schritt bei der Desorption hin. D. FORST. 176☐

Die Abhängigkeit des kathodischen Wasserstoffgehaltes in dünnen Nickelschichten von der Stromdichte und der Sättigungstemperatur. B. Baranowski. (Bull. Acad. polon. Sci., Sér. Sci. chim., géol. géogr. **7.** 897—905. Dez. 1959.) (Engl.) — Vgl. vorst. Referate.

Zur Best. der maximalen H-Konz. unter gegebenen elektrochem. Bedingungen in dünnen Ni-Schichten wurde deren stationärer H-Geh. in Abhängigkeit von der Stromdichte sowie von der Sättigungs-Temp. bestimmt. Im Falle einer kathod. Sättigung in 1n H_2SO_4 mit 0,2 g/Liter Thioharnstoff lag die Stromdichte zwischen 0 u. 20 mA/cm^2 u. im Falle einer solchen mit 0,05 g/Liter As_2O_3 zwischen 0 u. 100 mA/cm^2. Die Temp. wurde hierbei zwischen —30 u. $+70^0$ variiert. Das festgestellte Atomverhältnis H/Ni lag stets unter 0,8. D. FORST. 176☐

Die Kinetik der Sättigung elektrolytischer Nickelschichten mit kathodischem Wasserstoff. B. Baranowski. (Bull. Acad. polon. Sci., Sér. Sci. chim., géol. géogr. **7.** 907—10. Dez. 1959.) (Engl.) — Vgl. vorst. Referate.

Bei der Messung der in Ni-Proben nach kathod. Sättigung (in 0,2 g/Liter Thioharnstoff enthaltender 1n H_2SO_4) adsorbierten H-Mengen ergibt sich, daß die adsorbierte H-Menge nach 7—8 Verss. unabhängig von der Zahl der vorangegangenen Sättigungscyclen ist u. gegenüber dem ersten Vers. 6—7mal so groß geworden ist. D. FORST. 176☐

Untersuchung der Adsorption von Wasserdampf durch aktivierte Tonerde und der dynamischen Trocknung von Gasen. Joseph Sanlaville. (Génie chim. **78.** 102—22. Okt. 1957. Lyon, Fac. des Sci., Labor. de Chim. Ind.) (Franz.)

Vf. gibt zunächst einen theoret. u. method. Überblick über die dynam. u. stat. Adsorption von Wasserdampf an Adsorbentien, über die Best. der Oberfläche u. Dichte, der spezif. Oberfläche u. des Poren-Vol. der Teilchen u. berichtet hierauf über eigene Verss. an einer aktivierten Tonerde, die durch partielle Entwässerung von Hydrargillit erhalten worden war u. die die angenäherte chem. Zus. $2 Al_2O_3 \cdot H_2O$ hatte. Zur Best. der Oberfläche wurden die Adsorptions- u. Desorptionsisothermen aufgenommen. Die spezif. Oberfläche wurde zu 288 m^2/g bestimmt. Festgelegt wurden die Adsorptionsisothermen des W. bei 15, 25, 34 u. 55^0; die Ergebnisse sind graph. wiedergegeben. Aus den Isothermen wurden die differentielle u. integrale Enthalpie u. Entropie als Funktion der Menge adsorbierten W. berechnet. Zur genaueren Unters. der Trocknung von Gasen wurde die dynam. Adsorption näher untersucht. Aus den Messungen der adiabat. dynam. Adsorption an Schichten geringer Dicke ergab sich, daß allein die

Wärmeübertragung die Gesamtgeschw. der Erscheinung kontrolliert. Es wurden eine Reihe von Gleichungen hergeleitet, aus denen man die Adsorptionskapazität einer Adsorptionsschicht unter beliebigen Bedingungen herleiten kann, da alle Größen bekannt oder leicht meßbar sind. C. GOTTFRIED. 176

Selektive polare Adsorption. L. Dintenfass. (Chem. and Ind. **1957**. 560. 4/5. St. Peters, N.S.W., Australia, Taubman's Ind. Ltd.) (Engl.)

Untersucht wurde die Adsorption polarer, organ. Moll. aus organ. Lsgm., wie Toluol, Bzl., Aceton, an der Oberfläche von Rutil, Talk, $BaSO_4$ u. einer Reihe anderer Pigmente u. Füllstoffe. Dabei fand man, daß die selektive Adsorption polarer Verbb. aus organ. Medien völlig anderen Typs ist als die rein physikal. Adsorption (im Falle unpolarer Fll., Dämpfe u. Gase sowie bei der Capillar-Kondens.) oder die Chemisorption. Sie kann nur erfolgen, wenn die akt. Fläche des Adsorbens sich mit der polaren Gruppe des Adsorbats verträgt. Ein unpolares Adsorbat läßt sich physikal. an einen „polaren" Stoff, ein polares Adsorbat physikal. an einen unpolaren Stoff adsorbieren. Polare Adsorption nimmt eine Zwischenstellung zwischen physikal. u. chem. Adsorption ein.

E. ÜHLEIN. 176□

Schätzung der Radien einiger auf der Oberfläche des Silberjodids adsorbierter Ionen. E. Pungor und I. Konkoly Thege. (Ann. Univ. Sci. Budapestinensis Rolando Eötvös nominatae, Sect. Chim. **2**. 31—33. 1960. Budapest, Eötvös Univ., Inst. für anorgan. u. analyt. Chem.) (Dt.)

Bei der Titration von Jodid in Ggw. von Chlorid mit $AgNO_3$-Lsg. (I) zeigt sich bei steigender Chlorid-Konz. ein Mehrverbrauch von I, dieser ist dem Quadrat der Ionenradien der beiden untersuchten Ionen umgekehrt proportional. In Ggw. von Orthophosphat- u. Sulfationen wurden größere Ionenradien gefunden, d. h. daß die Hydrathülle dieser Ionen bei der Adsorption erhalten bleibt, während die der Halogenidionen verlorengeht. HERBERT HOFFMANN. 176□

Die Adsorption von Blei an Kaolin. Kiyoshi Teramoto. (J. Kyoto prefect. med. Univ. **64**. 179—86. Aug. 1958. Kyoto, Pref. Med. Univ., Dep. of Legal Med.) (Jap.; Auszug: Engl. S. XIII.)

Pb (I) wird von *Kaolin* ebenso wie von Aktivkohle adsorbiert. Durch 0,1m HNO_3 wird das adsorbierte I vom Kaolin entfernt. Li^+ u. Na^+ sind ohne Einfl. auf die Adsorption des I, K^+ bewirkt eine geringe Abnahme, bei höheren K^+-Konzz. wird diese dagegen stärker. Auf die Bedeutung der obigen Befunde für die klin. u. analyt. Chemie wird hingewiesen, um I aus Lsgg. zu entfernen. H. STRUCK. 176□

Über die Sorption radioaktiver Elemente durch Glas. Die Sorption von Radiophosphor. N. G. Rosowskaja. (Радиохимия [Radiochemie] **2**. 20—23. 1960.) (Russ.)

Vf. untersucht die Adsorption von $Na_2H^{32}PO_4$ aus W. bei pH 6,5, aus 0,1n NaOH sowie aus Dioxan/W. (DK 2,7) durch 3 Glassorten: 1. Quarzglas; 2. L 36 (Pyrex); 3. SS 4 (Bleiglas). Bei der Sorte L 36 wurde die Oberfläche außerdem mit $Zr(NO_3)_4$, d. h. durch Adsorption mehrfach geladener Ionen umgeladen. Größe der Glasoberfläche 4 cm^2; Vers.-Dauer 15 Stunden. Unbehandeltes Quarzglas adsorbiert 0,2% der eingesetzten Phosphatmenge aus neutralem W.; 0,4% aus 0,1n NaOH u. 2,9% aus Dioxan. Pyrex entsprechend 0,2; 2,5 u. 4,2%. Durch mit $Zr(NO_3)_4$ vorbehandeltes Pyrexglas werden 2,0% der eingesetzten Menge adsorbiert. Bleiglas adsorbiert entsprechend 1,1; 0,2 u. 1,5%. Das Glas mit der höchsten DK ist am wenigsten negativ geladen u. hat die höchste Adsorptionsfähigkeit für negative Ionen. Aus einer Lsg. mit geringer DK (Dioxan/W) werden mehr negative Ionen adsorbiert als aus Wasser. Die Deformation von Pb in Bleiglas führt zu einer Verringerung der Adsorptionsfähigkeit.

G. EWALD. 176□

Bestimmung der Größe der Ladung vielkerniger komplexer Rutheniumionen durch Ionenaustausch. A. A. Grinberg, A. M. Trofimow und L. N. Stepanowa. (Радиохимия [Radiochemie] **2**. 78—82. 1960.) (Russ.)

Zur Best. der zu +6 angenommenen Ladungszahl des roten Nitratorutheniumkomplexes $Ru_2(NH_3)_8OH(NO_3)_6$ (empir.) wurde eine Meth. verwendet, nach der die Verteilung der Ionen auf zwei Proben eines Ionenaustauscherharzes mit verschiedener Schwellung zu bestimmen ist. Die Ladungszahl des Komplexions berechnet sich nach $z = \lg(\alpha^{I}:\alpha^{II})/\lg(v^{I}:v^{II}) + 1$, wenn das auszutauschende Ion die Ladung +1 hat. Hierbei sind I u. II gleiches Ionenaustauscherharz mit verschiedener Quellung; α^{I} u. α^{II} Verteilungs-Koeff. Austauscherharz/Lsg.; v^{I} u. v^{II} spezif. Vol. der Harze. Die Austausch-Rk. ist umkehrbar, das Komplexion ist bei Verw. von $NaNO_3$ beständig. Bei 0,5—5 mg/Liter $NaNO_3$ in der Lsg. wird das LAMBERT-BEERsche Gesetz eingehalten.

Der $NaNO_3$-Geh. bei den Verss. beträgt 1,5 mg/Liter. Verwendet wird ein Sulfokationitharz mit 2 bzw. 12% Divinylbenzol: $v^{I}_{2\%}$ 1,83; $v^{II}_{12\%}$ 1,37. Die Einwaage des Komplexes betrug 0,02 mg. Die Verteilungs-Koeff. α^{I} u. α^{II} werden durch Vgl. der Ausgangs-Lsg. mit der Gleichgewichts-Lsg. mit Hilfe eines Spektralphotometers bzw. eines Photocolorimeters bestimmt. Nach Einstellung des Gleichgewichtes verbleiben bei $I_{2\%}$ 85% der Komplexionen in Lsg.; bei $II_{12\%}$ —52%. Die mittleren Werte die photoelektrocolorimetr. Best. betragen: $I_{2\%}$ 83,3% u. $II_{12\%}$ —53,8%.' Aus den Werten errechnet sich die Ladungszahl zu 5,9 bzw. 5,73. G. EWALD. 177□

Aerosol-Untersuchungen in der Stratosphäre. Christian E. Junge und James E. Manson. (J. geophys. Res. **66.** 2163—82. Juli 1961. Bedford, Mass., Air Force Cambridge Res. Labor., Geophys. Res. Directorate.) (Engl.)

Mittels Flügen auf ca. 20 km Höhe von März—November 1960 auf 63° S bis 72° N wurden Aerosolproben gesammelt u. chem. sowie auch elektronenmkr. untersucht. Die Radien lagen zwischen 0,1—2 μ, die Gesamt-Konz. bei ca. 0,1/cm³, das Maximum der Schicht zwischen 15—23 km. Es handelt sich vor allem um Sulfate, wahrscheinlich vor allem $(NH_4)_2SO_4$. Vff. nehmen an, daß die Teilchen in der Stratosphäre durch Oxydation von H_2S u. SO_2 entstanden sind. M. WIEDEMANN. 180□

Bruno Jirgensons and Martin Edward Straumanis, A short textbook of colloid chemistry. 2nd revised edit. Oxford, London: Pergamon. 1962. (XVI + 500 S. m. Abb., Tab. u. Diagr.) 65 s.

A₆. Strukturforschung

Röntgenstrahlenkristallographie — ein Treffpunkt der Wissenschaften. H. Lipson. (Contemporary Physics **1.** 370—84. Juni 1960. Manchester, Univ.) (Engl.)

Zusammenfassender Überblick über die Entw. der Röntgenstrahlenkristallographie. C. GOTTFRIED. 181

Strukturanalyttische Methoden für Kristalle im Unordnungszustand. K. Dornberger-Schiff, P. Sedlacek und O. Jarchow. (Acta crystallogr. [Copenhagen] **13.** 999—1001. 10/12. 1960. Berlin-Adlershof, Dtsch. Akad. der Wiss., Inst. für Strukturforsch.) (Engl.)

Die früher entwickelte Theorie der OD-Strukturen (DORNBERGER-SCHIFF, C. **1957.** 6967) wurde auf $Sr(VO_3)_2 \cdot 4\,H_2O$ (eindimensionale Unordnung) u. auf $Na_2H_2P_4O_{12}$ (2dimensionale Unordnung) angewandt. C. GOTTFRIED. 181

Änderung der Extinktion mit der Wellenlänge der Röntgenstrahlen. J. J. DeMarco und R. J. Weiss. (Acta crystallogr. [Copenhagen] **13.** 994. 10/12. 1960. Watertown, Mass., Ordnance Materials Res. Office, Materials Res. Labor.) (Engl.)

An *Cu*- u. *Fe*-Pulver untersuchten Vff. den Einfl. der Extinktion als Funktion der Wellenlänge der Röntgenstrahlen durch Vgl. des Verhältnisses der integralen Intensitäten der ersten BRAGGschen Interferenz von nicht angelassenen Proben zu angelassenen Proben. Verwendet wurden zu den Messungen Pulver von Carbonyleisen (Größe 5 μ), reine Fe-Feilspäne (400 mesh) u. 5 μ Cu-Pulver. Die zu Briketts gepreßten Proben wurden im Vakuum angelassen, Fe bei 850° u. Cu bei 700°. Es wurde AgKα-, MoKα-, CuKβ-, CuKα-, NiKα-, CoKα- u. CrKα-Strahlung verwendet. Die tabellar. zusammengestellten Verhältnisse der Intensitäten konnten nicht mit irgendeiner der prim. oder sek. Extinktionskorrekturen passend gemacht werden, obwohl die prim. Extinktion von ZACHARIASEN in Gebieten gut verwendbar ist, in denen die Absorption nicht hoch war. C. GOTTFRIED. 181

Die Orientierung von Kristallen nach dem differentiellen Laue-Diagramm. Zd. Cuchý. (Jemná Mechan. Optika **4.** 202—03. Juni 1959. Turnov, Výzk. ústav pro miner.) (Tschech.)

Die Durchführung der Meth. besteht in gleichzeitiger Aufnahme eines LAUE-Diagramms des Kristalls in der Lage 0 u. 180° auf denselben Film; die Abweichung der Gitterebene von der Schliffebene wird so verdoppelt. Die Meth. ist für Abweichungen von 1—2′ u. nicht >3° geeignet. J. TŮMOVÁ. 181□

Bestimmung der kristallographischen Orientierung von Einkristallen in ferromagnetischen Stoffen mit optischen Methoden. B. Wysłocki. (Prace Inst. Hutniczych **12.** 254—64. 1960. Gliwice, Inst. Metal. Żelaza.) (Pol.)

Voraussetzung für die opt. Best. der Orientierung von Einkristallen ist die Darst. von Ätzfiguren mit chem. oder elektrolyt. Methoden. Beschrieben wird das Ätzen von Fe-Blech (Si-Geh. 3%) mit $FeSO_4/H_2SO_4$ (1 Min. bei 80°) u. mit einer gesätt. $Hg_2(NO_3)_2$-Lsg. nach elektrolyt. Passivierung. Die freigelegten Kristalle können elektronenmkr., nach der Meth. der maximalen Reflexion, auf Grund der Zwillingsstruktur u. mit Hilfe von Anlauffarben bestimmt werden. — 14 Literaturangaben. F. URBAN. 181□

Ein neuer Weg zur Erhöhung des Auflösungsvermögens des Elektronenmikroskops. W. Hoppe. (Naturwissenschaften **48.** 736—37. 2. Dez.-H. 1961. München, TH, Phys. chem. Inst. u. MPI für Eiweiß- u. Lederforsch., Abt. für Röntgenstruktur.) (Dt.)

Durch die nichtsphär. Krümmung im Elektronenmikroskop zeigen die Elementarwellen eine Phasenverschiebung, die mehrere Wellenlängen betragen kann, wenn eine Apertur eingestellt wird, die atomare Auflösungen gestatten würde. Durch dunkle u. helle Kreisringe kann man die Gleichphasigkeit der Elementarwellen erzwingen. Die Anordnung dieser Kreisringe wird so bemessen, daß nur Wellen mit Phasen zwischen 0 u. π eintreffen können. Phasen über π werden ausgeblendet. Für die Lage des Bildpunktes in der GAUSSschen Ebene ergibt sich die Phasenverschiebung φ zu: $\varphi = (\pi/2\lambda) \cdot \vartheta^4 \cdot C_\delta \cdot V^4$, λ = Wellenlänge, V = Vergrößerung des Objektivs, C_δ = Öffnungsfehler-Konst., ϑ = bildseitiger Öffnungswinkel. Für die Lage des Bildpunktes außerhalb der GAUSSschen Ebene ist $\varphi = (\pi/2\lambda)\, \vartheta^2(\vartheta^2 - 2\,\vartheta_0)\, V^4 \cdot C_\delta$ (ϑ_0 ist eine von der Lage der Bildebene abhängige Konst.). Die rechner. Auswertung zeigt, daß mit einer Objektivlinse [$C_\delta \sim 3{,}3$ mm] bei 100 kV Strahlspannung Auflösungen von ca. 1,2 Å mit Kreisringblenden erhalten werden können, die aus ca. 10—20 Kreisringen bestehen.

A. FRANCO-BEYER. 181 □

Bestimmung des Strichauflösungsvermögens von Photoplatten für Elektronen. G. Lehmpfuhl. (Z. Naturforsch. **16a.** 716. Juli 1961. Berlin-Dahlem, Max-Planck-Ges., Fritz-Haber-Inst.) (Dt.)

Zur Ermittlung des Strichauflösungsvermögens wird ein fein fokussierter Elektronenstrahl durch 2 aufeinander senkrecht stehende Ablenkfelder — ein period. u. ein aperiod. — so ausgelenkt, daß auf der Photoplatte parallele Striche mit abnehmendem Abstand entstehen. Der geringste auf der Aufnahme noch zu trennende Linienabstand wird photometr. ermittelt u. entspricht dem Auflösungsvermögen des Materials, wobei der aufgelöste Abstand größer als die Halbwertsbreite des Fokus sein muß.

G. PANKOW. 181 □

Bestimmung von Strukturfaktoren aus der Aufspaltung der Elektronenbeugungsreflexe bei der Durchstrahlung von Kristallkanten. G. Lehmpfuhl und K. Molière. (Acta crystallogr. [Copenhagen] **13.** 1090. 10/12. 1960. Berlin-Dahlem, Max-Planck-Ges., Fritz-Haber-Inst.) (Dt.)

Vff. untersuchten die Aufspaltung der Beugungsreflexe, die bei der Durchstrahlung makroskop., keilförmiger Kristallbereiche entsteht, die z. B. durch Spalten hergestellt werden. Die Aufspaltung des (0 0 0)- u. des (h k l)-Reflexes bei exakter Erfüllung der LAUE-Bedingungen betrug für die (2 2 0)-Interferenz von *MgO* ca. 80 μ (Elektronenenergie 50 kV, Beugungslänge 405 mm). Aus dem Abstand der beiden Dublettkomponenten des (h k l)- oder (0 0 0)-Reflexes konnte der Strukturfaktor, aus dem mittleren Abstand des (0 0 0)-Dubletts vom Primärfleck das mittlere, innere Potential bestimmt werden. Die stärkeren Strukturfaktoren ließen sich mit einer Genauigkeit von 3% ermitteln. C. GOTTFRIED. 181

Apparat für die Deformierung von Folien bei erhöhten Temperaturen in einem Elektronenmikroskop. B. H. Kear. (Rev. sci. Instruments **31.** 1007—08. Sept. 1960. Philadelphia, Pa., Franklin Inst., Labor. for Res. and Dev.) (Engl.)

Beschreibung einer Mikrodehnungs-App., durch welche elektronenmkr. Durchstrahlungsobjekte während der Beobachtung mechan. Spannungen unterworfen u. unabhängig davon auf Temp. bis 600° geheizt werden können. F. LENZ. 181 □

Wechselwirkung und unelastische Stöße zwischen H_2-Molekülen und H-Atomen. Siegfried Grossmann. (Z. physik. Chem. [Frankfurt/M.] [N. F.] **28.** 344—61. Juni 1961. Berlin, FU, Inst. für theoret. Phys.) (Dt.)

Vf. leitet aus den bisherigen Kenntnissen über die Wechselwrkg. zwischen H_2-Moll. u. H-Atomen ein Potentialmodell ab. An Hand dieses Modells werden die unelast. Wrkg.-Querschnitte für die Schwingungsanregung u. Dissoziation vor u. nach Zuständen mit dem Drehimpuls 0 berechnet. Die Relativbewegung wird dabei klass. ermittelt. In dem dadurch zeitabhängigen innermol. Potential finden Übergänge statt, die in erster störungstheoret. Näherung angegeben werden. Die Ergebnisse sind von der Güte der „distorted waves"-Näherung. G. M. NEUMANN. 182 □

Die metallische Bindung und die Fermi-Oberfläche. N. F. Mott. (Acta crystallogr. [Copenhagen] **13.** 980—81. 10/12. 1960.) (Engl.)

Zusammenfassender Vortrag. C. GOTTFRIED. 182

Die Resonanz-Valenz-Bindungstheorie von Metallen. L. Pauling. (Acta crystallogr. [Copenhagen] **13.** 983—84. 10/12. 1960.) (Engl.)

Zusammenfassender Vortrag. C. GOTTFRIED. 182

Elektronenwellenfunktionen in metallischem Natrium. Joseph Callaway. (Physic. Rev. [2] **123.** 1255—56. 15/8. 1961. Riverside, Calif., Univ., Dep. of Phys.) (Engl.) — Vgl. C. **1961.** 3568.

Durch Anwendung der Zellen-Meth. u. des empir. Potentials nach PROKOFJEW wurden Wellenfunktionen von der Ordnung k^2 berechnet, wobei immer ein zu 0^0 K gehörender Radius von $r_s = 3{,}94$ (BOHR-Einheiten) zugrunde gelegt war. Die so erhaltenen Energieparameter betragen $E_0 = -0{,}6113$ ry, $E_2 = 1{,}0659$ u. $E_4 = -0{,}153$, die aus ihnen ermittelte Bindungsenergie 27,7 kcal/Mol, das gut mit dem experimentellen Wert von 26,0 kcal/Mol übereinstimmt. W. SOBIESKI. 182 □

Ein Mechanismus für die ferromagnetische Ordnung in Kristallen mit strukturellen Anwendungen. R. E. Rundle. (Acta crystallogr. [Copenhagen] **13.** 1088. 10/12. **1960.** Ames, Iowa, State Univ., Dep. of Chem.) (Engl.)

In einer großen Gruppe von Halogeniden der Übergangsmetalle sind die Kationen symm. überbrückt durch Halogenionen (M—Cl—M ca. 90°). Unter diesen Umständen zeigt eine Mol.-Bahnbehandlung der Verb., daß die unpaarigen, magnet. Elektronen in der Antibindungs-Mol.-Bahn liegen mit einem Beitrag des Halogens. Die Mol.-Bahnen, die zu der magnet. Elektronendichte am Halogenion von verschiedenen Metallzentren beitragen, sind in vielen Fällen orthogonal. In diesem Fall ist der größte Term in der Wechselwrkg. von unpaarigen Elektronen von verschiedenen Metallplätzen ein HUNDscher Wechselwrkg.-Typ am Halogen, der zu magnet. Ordnung führt. Die Größe der Wechselwrkg. hängt von dem Quadrat der Elektronendichte am Halogen ab u. kann relativ groß sein. Solch eine Wechselwrkg. muß für die ferromagnet. Ordnung in MX_2-Schichtstrukturen u. vielen MX_3-Chloriden, -Bromiden u. -Jodiden der ersten Übergangsgruppe verantwortlich sein. Diese Wechselwrkg. muß auch zu einer Ordnung in *$CuCl_2$*- u. *$CuBr_2$*-Ketten u. in vielen anderen Verbb. führen. C. GOTTFRIED. 182

Untersuchungen der Gitterdynamik durch Neutronenspektroskopie in Chalk River. B. N. Brockhouse, W. Cochran, A. D. B. Woods, T. Arase, G. Caglioti, M. Sakamoto und R. N. Sinclair. (Acta crystallogr. [Copenhagen] **13.** 1109. 10/12. 1960. Chalk River, Ontario, Canada, Atom. Energy of Canada.) (Engl.)

Kurzer zusammenfassender Überblick über in Chalk River durchgeführte u. bereits veröffentlichte Arbeiten. Mit Hilfe einer neuen Meth. wurde die Verteilung der opt. Schwingungsarten in *LiH* untersucht. Bei dieser Meth. werden Neutronen verschiedener Energie in einen durch Be abgeschirmten Detektor gestreut, der nur gegenüber Neutronen einer Energie $<0{,}005$ eV empfindlich ist. Die Verteilung, die sich von 0,070 bis zu 0,145 (eV) ausdehnt, hat ein starkes Maximum bei 0,097 u. ein schwächeres Maximum bei 0,128. C. GOTTFRIED. 182

Molekulare Anordnung in vollkommen regellosen kohärenten Zuständen und ihre Anwendung auf die Theorie der Flüssigkeiten. J. D. Bernal. (Acta crystallogr. [Copenhagen] **13.** 1069. 10/12. 1960. London, Birkbeck Coll.) (Engl.)

Geometr. Betrachtungen zur Erklärung der Transportphänomene u. der thermodynam. Eigg. von Fll. auf statist. Basis. C. GOTTFRIED. 186

Schwankungen und kritische Opalescenz fester Lösungen. 1. Mitt. **Molekulare Struktur und thermodynamische Eigenschaften.** A. Münster und K. Sagel. (Z. physik. Chem. [Frankfurt/M.] [N. F.] **22.** 81—96. Okt. 1959. Frankfurt/M., Univ., Phys. Chem. Inst. u. Metallges. A.G., Metall-Labor.) (Dt.) — Vgl. C. **1957.** 12974 u. **1958.** 7658.

Es wird der Zusammenhang zwischen der mol. Struktur einer bin. festen Lsg. u. ihren thermodynam. Eigg. mit Hilfe der statist. Mechanik untersucht. Eine Formel für die Schwankungen der Mol.-Zahlen des Gesamt-Syst. wird abgeleitet.

H. LINDBERG. 190 □

Schwankungen und kritische Opalescenz fester Lösungen. 2. Mitt. **Theorie der lokalen Schwankungen.** A. Münster. (Z. physik. Chem. [Frankfurt/M.] [N. F.] **22.** 97—114. Okt. 1959.) (Dt.) — 1. vgl. vorst. Referat.

Die lokalen Schwankungen, bes. die Schwankungen der Teilchendichten, die die Ursache der diffusen Streuung der Röntgenstrahlen sind, werden untersucht. Die durch die diffuse Röntgenstreuung experimentell zugängliche Größe ist die spektrale Dichte der Schwankungen. H. LINDBERG. 190 □

Schwankungen und kritische Opalescenz fester Lösungen. 3. Mitt. **Theorie der kritischen Opalescenz.** A. Münster. (Z. physik. Chem. [Frankfurt/M.] [N. F.] **22.** 115—32. Okt. 1959.) (Dt.) — 2. vgl. vorst. Referat.

Die Theorie der krit. Opalescenz fester Lsgg. wird auf Grund der Theorie der lokalen Schwankungen entwickelt. Mit einer Näherungsannahme, die sich aus experimentellen Ergebnissen rechtfertigen läßt, wird eine Differentialgleichung für eine röntgenograph.

bestimmbare Korrelationsfunktion abgeleitet. Die in nullter u. erster Näherung gelöste Gleichung enthält die Erscheinung der krit. Opalescenz. Der Vgl. mit den röntgenograph. u. thermodynam. Daten für *AlZn* ist befriedigend. H. LINDBERG. 190□

Beugungsdiagramme von vollkommenen Kristallen und ihre Neigungen. M. Renninger. (Acta crystallogr. [Copenhagen] **13.** 1067. 10/12. 1960. Marburg/Lahn, Univ., Kristallograph. Inst.) (Engl.)

Die vom Vf. von nahezu vollkommenen *Calcit-*, *Ge-* u. *Si*-Kristallen erhaltenen Beugungsdiagramme stimmten in den zentralen Gebieten der Diagramme ziemlich gut mit denen überein, die man auf Grund der dynam. Theorie erwarten sollte. Beiderseits dieses zentralen Gebietes waren die Neigungen jedoch weniger steil als sie von der Theorie verlangt werden; außerdem enthielten sie noch 2 Beugungsbeiträge, von denen nur einer durch die dynam. Theorie gegeben ist. C. GOTTFRIED. 190

Der „Kanteneffekt" in Kristallen der Gangmineralien von Derbyshire und anderen Fundstellen. G. Mueller. (Acta crystallogr. [Copenhagen] **13.** 1008—09. 10/12. 1960. Concepción, Chile, Univ.) (Engl.)

Vf. führt zunächst aus, daß gewisse *Fluorit-*, *Calcit-*, *Quarz-* u. *Baryt*-Kristalle von Derbyshire eine bemerkenswert gut definierte Verteilung diskreter Einschlüsse von Haematit, Pyrit usw. mit Bezug auf die Kanten haben. Ein „positiver Kanteneffekt" besteht aus einer Konz. von Fremdsubstanz an allen oder einigen Kanten, während der „negative Kanteneffekt" die entsprechende umgekehrte Struktur ist. Bevorzugte Ablagerung von Verunreinigungen an Flächen oder Ecken sind auch, aber selten, beobachtet worden. Diese Strukturen, die relativ häufig in Gangmineralien von Derbyshire auftreten, sind extrem selten u. schlecht entwickelt in Mineralien anderer Vorkommen. Vf. glaubt, daß auch das bekannte Kreuz von C-haltigen Einschlüssen in gewissen *Andalusiten* als ein positiver Kanteneffekt anzusprechen ist. Es wird angenommen, daß die Strukturen erzeugt werden durch Ladungen, die sich an den wachsenden Kanten entwickeln u. die gleich oder entgegengesetzt geladene koll. Teilchen zurückstoßen oder anziehen. Damit sich die niedrigen elektrostat. Ladungen anhäufen können, ist ein Abschirmeffekt von C-haltigen Emulsionen notwendig, die sich auf der Oberfläche sammeln. Bezeichnend in dieser Hinsicht ist, daß die Gänge von Derbyshire ausnehmend reich an bituminösem Material sind. Das Kreuz in den Andalusiten tritt auch nur in ausgesprochen C-haltigen Schiefern auf. C. GOTTFRIED. 190

Die Kristallisation, die Umwandlung und der Schmelzmechanismus der II-Formen des aus dünnen Filmen unterkühlter Schmelzen gewachsenen Schwefels. G. Mueller. (Acta crystallogr. [Copenhagen] **13.** 1076. 10/12. 1960. Concepcion, Chile, Univ.) (Engl.)

Mit Hilfe mehrerer Meth. konnte Vf. an dünnen S-Schmelzen neben den bekannten 5 Formen 6 neue Formen identifizieren, die in der Reihenfolge ihrer Stabilität unterhalb 97° mit griech. Buchstaben bezeichnet werden. Überschneiden sich die Temp.-Bereiche der II-Formen, so werden bei 20° spontan die Formen α, η, l, k u. ω an regellos verteilten Punkten gebildet. Die Wachstums-Geschw. errreichen ca. 15° unterhalb F. ein Maximum; sie nehmen mit der Dicke u. dem Alter der Schmelze ab u. bei Annäherung zweier Kristalle auf 0,005 mm. Die Zeit für den Beginn spontaner Keim-Bldg. u. die Wachstums-Geschw. können durch Zugabe kleiner Mengen kristallinen Pulvers, durch Reibung, Ultraschall usw. herabgesetzt oder erhöht werden. Es besteht keine einfache Beziehung zwischen Wachstum u. Keimbildungs-Geschw. u. -Stabilitäten. Eine verzögerte Kristallisation besteht aus einer allmählichen Erhöhung der Doppelbrechung einer gegebenen Form beim Erhitzen, Belichten oder Altern, u. zwar ohne jede morpholog. Änderung. Eine Tieftemp.-Form kann sich partiell spontan in die Hochtemp.-Form umwandeln, u. zwar durch Bldg. diskreter u. oft koorientierter Hochtem.-Körner, die infolge verzögerter Kristallisation der zurückbleibenden ursprünglichen Phase aufhören zu wachsen, während die „volle spontane Umwandlung" zwischen Gliedern derselben Familie in 100%ig. Rekristallisation besteht. Kontaktumwandlungen schreiten von Grenzflächen zwischen allen Formen fort. Mit dem Alter der ursprünglichen Form erhöhen sich die Umwandlungs-Geschw. $\omega-\tau$ u. $\omega-\alpha$ innerhalb von Min. bzw. Tagen, während sich die Umwandlung $\varepsilon-\alpha$ innerhalb 10 Sek. verlangsamt. Löst man die Filme in $CHBr_3$ auf, dann erhält man Rückstände, die von Form zu Form u. Farbe usw. verschieden sind. C. GOTTFRIED. 190

Zusammenhänge zwischen den röntgenographischen Merkmalen verschiedener Diamanten. M. Renninger. (Acta crystallogr. [Copenhagen] **13.** 1067—68. 10/12. 1960. Marburg/Lahn, Univ., Kristallograph. Inst.) (Dt.)

Vf. berichtet über eine systemat. röntgenograph. Unters. einer größeren Anzahl kleinerer Diamanten. Entgegen einer früher vom Vf. geäußerten Auffassung konnte in Übereinstimmung mit Beobachtungen von anderer Seite kein Zusammenhang zwischen (röntgenograph.) Wachstumsgüte u. dem Auftreten der anomalen Extraspots („spikes") festgestellt werden. Unter den untersuchten Kristallen befanden sich sowohl extreme Mosaikkristalle mit sehr ausgeprägten u. scharfen „spikes“als auch nahezu ideale Kristalle mit kaum aufgedeuteten „spikes“. Am (2 2 2)-Reflex wurde ein eindeutiger Zusammenhang zwischen Wachstumsgüte u. Umweganregung beobachtet; letztere tritt durchweg um so intensiver auf, je geringer die Extinktion ist. Unter den untersuchten Kristallen war die Häufigkeit von Mosaiktypen größer als die von röntgenograph. vollkommenen Diamanten. Dies steht in einem gewissen Widerspruch zu den bisherigen Beobachtungen, wonach Diamanten von Typ II (Mosaiktyp) sehr viel seltener sein sollen als solche des Typs I (Idealtyp). C. Gottfried. 190

Graphitisierung von α-Siliciumcarbid. D. V. Badami. (Nature [London] **193.** 569—70. 10/2. 1962. London, Wandsworth, Morganite Res. and Dev. Ltd., Northfields Labor.) (Engl.)

Vf. untersuchte röntgenorgaph. einzelne Kristalle von α-Si-Carbid (6 H) (I) bei 2050—2150° in einem Vakuum von 10^{-5} mm Hg, um den Mechanismus zu erkunden, durch den I graphitisiert wird. Bei diesen hohen Temp. diffundieren die Si-Atome aus dem Gitter u. zwei Schichten des Carbidgitters fallen zusammen u. bilden eine Schicht mit hexagonaler Anordnung der C-Atome. Das entstehende hexagonale Netzwerk schrumpft unter Bldg. einer Graphitschicht zusammen. Das führt zur vorzugsweisen Orientierung der C-Schichten parallel zu den ursprünglichen I-Schichten. Betrachtet man weiterhin das Gitter des I entlang der hexagonalen Achse, dann besteht es aus wellenförmigen Schichten parallel zur c-Achse. Es wird angenommen, daß auch diese Schichten platt werden, zusammenfallen u. Schichten von Graphit geben, die nun vorzugsweise parallel zur c-Achse liegen. G. Heller. 190 □

Beeinflussung der Spaltstruktur von NaCl-Kristallen durch Inhomogenitäten. H. Bethge und V. Schmidt. (Z. Naturforsch. **17a.** 183—85. Febr. 1962. Halle/Saale, Dt. Akad. der Wiss., Arbeitsstelle für Elektronenmikroskopie; Univ., Inst. für exp. Phys.) (Dt.)

Vff. berichten über elektronenmkr. Unterss. der Beeinflussung der Rißausbreitung in NaCl-Kristallen durch örtliche Inhomogenitäten. Es zeigt sich, daß in Richtung der Rißausbreitung hinter Inhomogenitäten > ca. 0,2 μ eine höhere Spaltstufendichte auftritt als in der ungestörten Umgebung. Inhomogenitäten < 0,2 μ weisen diese Besonderheit nicht auf. Außer von der Größe der Inhomogenität ist die Spaltstufendichte auch von der Riß-Geschw. abhängig. G. M. Neumann. 190 □

Kubisches Cadmiumsulfid. H. Ahlburg und R. Caines. (J. physic. Chem. **66.** 185—86. Jan. 1962. Waltham, Mass., Raytheon Co., Res. Div.) (Engl.)

Vff. beschreiben verschiedene Verss. zur Herst. von kub. β-Cds, die jedoch alle nicht zum gewünschten Eroflg führten. Eine Best. der Transformations-Temp. zeigt, daß die hexagonale α-Form oberhalb 20° stets stabil ist; wenn die kub. α-Form bei Atmosphärendruck noch stabil ist, kann dies nur unterhalb 20° der Fall sein. G. M. Neumann. 190 □

Strukturelle Umwandlungen im System Eisenoxid–Hydroxid. A. L. Mackay. (Acta crystallogr. [Copenhagen] **13.** 1095. 10/12. 1960. London.) (Engl.)

Elektronenmkr. u. mit Hilfe von Elektronen- u. Röntgenbeugung untersuchte Vf. *β-FeOOH, δ-FeOOH* u. die sog. „*grünen Roste*“ (wasserhaltige Fe(II)–Fe(III)-Oxidsalze), die sich zu *Lepidokrokit* (γ-FeOOH) oder zu *Spinell*-Phasen zersetzen. C. Gottfried. 190

Oberflächenveränderungen von Silberjodid. Gordon Burley. (Acta crystallogr. [Copenhagen] **13.** 1061. 10/12. 1960. Washington, D.C., Nat. Bur. of Stand.) (Engl.)

Werden Einkristalle von hexagonalem β-AgJ in Ggw. von Wasserdampf oder anderen Katalysatoren Licht ausgesetzt, dann entwickeln sich wolkige Oberflächen, wobei die Prismenflächen zuerst u. die Basisfläche zuletzt angegriffen wird. Diese Veränderungen der Oberflächen wurden an polykristallinen Proben entdeckt. Es wurde beobachtet, daß sich die relativen Intensitäten der Röntgeninterferenzen gewisser Ebenen mit der Länge der Belichtungszeit änderten. Anfänglich nahmen die Intensitäten der (1 0 0)-, (1 0 1)- u. (1 0 2)-Reflexionen zu, während andere konst. blieben. Nach einer gewissen Zeit erreichten diese Intensitäten ein Plateau, das sich mit der Lichtintensität änderte. Gleichzeitig nahm die Intensität der Basisreflexion deutlich zu u. später wurden auch die (1 0 1)-, (1 0 2)- u. (1 0 3)-Interferenzen intensiver, während die Intensität der (0 0 2)-Interferenz mit konst. Geschw. zunahm. Qual. ergab sich, daß diese Intensitätszunahme auf eine Abnahme der Extinktion zurückzuführen ist, was durch das Zerbrechen der anfänglich geordneten Oberflächenschichten verursacht wird. Gleichzeitig tritt ein Jodverlust ein, der zu einer Abnahme des streuenden Materials führt. C. Gottfried. 190

Die Kristallchemie der Silicate. 2. Mitt. N. V. Belov. (Acta crystallogr. [Copenhagen] **13.** 980. 10/12. 1960.) (Engl.)

Kurze Wiedergabe der C. **1962.** 8170 referierten Arbeit. C. Gottfried. 190

Beitrag zur Kristallchemie von Polyvanadaten, Vanadinbronzen und V_2O_5. František Hanic. (Chem. Zvesti **12.** 579—83. Okt. 1958. Bratislava, Slov. akad. vied, Chem. ústav, Odd. anorg. chem.) (Slowak.)

Aus den Atomabständen u. Valenzwinkeln in einigen Polyvanadaten (KVO_3, NH_4VO_3), V-Bronzen u. V_2O_5 kann auf die Ggw. von VO_2^+, $V_2O_3^{4+}$ u. VO^{n+} geschlossen werden. Die Struktur dieser Ionen wird erörtert. R. K. Müller. 190□

Über die Elektronenverteilung in Diamant und Silicium bei verschiedenen Temperaturen. S. Göttlicher, H. Witte und E. Wölfel. (Acta crystallogr. [Copenhagen] **13.** 994. 10/12. 1960. Darmstadt, TH, Eduard-Zintl-Inst.) (Engl.)

Vff. berichten über Intensitätsmessungen an Pulver-Präpp. u. Einkristallen von Diamant u. Si bei verschiedenen Temperaturen. Die Meßergebnisse führten zu dem Schluß, daß der Bindungsmechanismus in diesen Gittern 2 Effekte verursacht, u. zwar sind die gemessenen Strukturfaktoren von (1 1 1) u. (3 3 1) höher, die von (3 1 1) u. (4 0 0) niedriger als die mit der Hartreeschen Elektronenverteilung berechneten Faktoren. Die Abweichungen liegen im Bereich von 0,1—0,2 pro Atom, während die experimentellen Fehlergrenzen für Diamant bei 0,01 u. für Si bei 0,03 liegen. Ferner hat die „verbotene" Reflexion von (2 2 2) größenordnungsmäßig dieselben Abweichungen wie oben. Es werden hierauf für (2 2 2) die aus Differenz-Synth. erhaltenen Verschiebungen der Bindungselektronen mit den Hartreeschen Verteilungen verglichen. Sie lassen sich durch zusätzliche Ladungsverteilungen zwischen nächsten Nachbarn vergleichen. Für den Diamant kann gezeigt werden, daß die axialsymm. Ladung zwischen benachbarten Atomen 0,42 Elektronen, der radialsymm. Torso des Atoms 2 K- u. 3·16 L-Elektronen enthält. C. Gottfried. 195

Zur Kristallstruktur des wasserhaltigen Bariumsilicats $BaSiO_3 \cdot 5{,}3H_2O$. E. Höhne. (Acta crystallogr. [Copenhagen] **13.** 1016—17. 10/12. 1960. Berlin-Adlershof, Dt. Akad. der Wiss., Inst. für Strukturforsch.) (Dt.)

$BaSiO_3 \cdot 5{,}3\,H_2O$ krist. orthorhomb. in der Raumgruppe $P\,2_1cn$ u. den Zelldimensionen a = 8,43 (Å); b = 12,96; c = 15,01 u. Z = 8. Es wurde mit Hilfe von Patterson-Funktionen eine vorläufige Struktur festgelegt. Aus ihr ergab sich eindeutig, daß es sich bei der Substanz um ein Orthosilicat handelt, wobei die Tetraeder z. T. von OH-Gruppen gebildet werden. C. Gottfried. 195

Quadratisch-pyramidale Koordination in Polyvanadatkomplexen. Howard T. Evans jun. (Acta crystallogr. [Copenhagen] **13.** 1019. 10/12. 1960. Washington, D.C., U.S. Geol. Survey.) (Engl.)

Vf. berichtet zunächst kurz über die verschiedenen Typen der O-Koordination um das V-Atom u. befaßt sich hierauf speziell mit der quadrat.-pyramidalen Koordination in Polyvanadaten. Der Abstand V—O in der quadrat. Pyramide wird mit A u. die 4 Basisabstände werden mit B bezeichnet. Oft liegt noch ein sechstes O-Atom nahe der Basis, entgegengesetzt A, mit einem größeren Abstand. Vf. verfeinerte die von Bystrum u. Evans jun. (vgl. C. **1960.** 10501) gefundene Struktur von $K_3V_5O_{14}$ mit Hilfe der Meth. der kleinsten Quadrate. Das Gitter (Raumgruppe P 3 1 m) enthält quadrat. Pyramiden u. Tetraeder, die zu einer Schichtstruktur verknüpft sind. Die quadrat. Pyramide hat die Abmessungen A = 1,60 ± 0,02 (Å) u. B = 1,85 ± 0,02 u. 1,97 ± 0,02. In einer benachbarten Schicht gibt ein sechstes O-Atom C = 3,39 Å. Weiter wurde die Struktur des monoklinen CsV_3O_8 untersucht. Die Verb. hat die Zelldimensionen a = 8,20 (Å); b = 8,55; c = 5,00; β = 95° 35′; Raumgruppe ist $P\,2_1/m$; Z = 2. Das Vanadat hat eine komplexe Schichtstruktur, die aus 2 Typen von quadrat. Pyramiden gebildet wird. $^2/_3$ des V gehört zum ersten Typ mit A = 1,52 (Å); B = 1,99; 1,96; 1,85 u. 1,76 u. C = 2,90. $^1/_3$ des V ist vom zweiten Typ; hier ist A = 1,65 (Å), B = 1,91 u. 1,85 u. c = 2,22 (alle ±0,02). Ein Vgl. dieser Daten mit denen anderer Verbb., z. B. $Li_4V_6O_{16}$, V_2O_5, $K_2(UO_2)_2V_2O_8$ zeigten große Verschiedenheit in A, B u. C. C. Gottfried. 195

Kristallstrukturen der Reihe Cu_9S_5–Cu_5FeS_4. N. Morimoto und G. Kullerud. (Acta crystallogr. [Copenhagen] **13.** 1007. 10/12. 1960. Washington, D.C., Carnegie Inst., Geophys. Labor.) (Engl.)

Vff. weisen zunächst darauf hin, daß oberhalb ca. 350° lückenlose Mischkristall-Bldg. zwischen Cu_5FeS_4 (*Bornit*) u. Cu_9S_5 (*Digenit*) zu beobachten ist. Zur Unters. der Beziehung zwischen den Kristallstrukturen einerseits u. der Temp. u. Zus. andererseits wurden Einkristalle mit 10 verschiedenen Zus. zwischen Cu_5FeS_4 u. Cu_9S_5 oberhalb 350° synthet. dargestellt. Nach Abschrecken wurden die Proben röntgenograph. untersucht. Es wurde gefunden, daß Kristalle aller Zuss. Überstrukturen besitzen, die sich vom Würfel (Kante a) ableiten. a reicht von 5,47 Å bei Cu_5FeS_4 bis 5,54 Å bei Cu_9S_5. Die Kanten der Überstrukturzellen sind Vielfache t der Würfelkante. t reicht von 2 für Cu_5FeS_4 über 3 u. 4 für intermediäre Zus. bis 5 u. 6 für Cu_9S_5. Die Auslöschungen werden durch die Annahme einer Verzwilligung der zugrundeliegenden rhomboedr. Zellen geklärt, die $1/(4\ t^2)$ des scheinbaren Überstrukturzell-Vgl. $(a \cdot t)^3$ Å^3 haben. Bestimmt wurde die Struktur von Cu_5FeS_4 auf der Grundlage einer rhomboedr. Zelle mit a = 6,71 Å, $\alpha = 33^0 32'$ u. der Raumgruppe $R\bar{3}m$ mit Z = 1. Diese Struktur stellt eine Schichtstruktur parallel (111) dar. Die S-Schichten liegen zwischen 2 Arten von Metallschichten, wobei in einer Schicht alle Lagen, in der anderen Schicht nur die Hälfte der Lagen besetzt sind. Die Kristallstrukturen von Verbb. mit anderen Zus. u. verschiedenen Zellkanten, einschließlich Cu_9S_5, lassen sich durch die verschiedene Packungsordnung der teilweise gefüllten Metallschichten erklären, wenn man die S-Schichten für die ganze Reihe konst. hält. C. GOTTFRIED. 195

Theorie und Praxis direkter Methoden der Strukturanalyse. B. K. Vainshtein, A. I. Kitaigorodsky, J. M. Rumanowa und Z. V. Zvonkova. (Acta crystallogr. [Copenhagen] **13.** 984—85. 10/12. 1960.) (Engl.)

Nach einem Überblick über die verschiedenen Meth. der Kristallstruktur-Best. berichten Vff. über hauptsächlich in Rußland durchgeführte Untersuchungen. Angeführt werden die Struktur-Best. von *Epidot, Xonotlit, Datolith* u. *Gadolinit.* Direkte Bestimmungen wurden durchgeführt an *Zoisit, Cuspidin* u. *Astrakanit.* Mit Hilfe der statist. Meth. von ZACHARIASEN wurden die Strukturen von *Jeremejewit* u. *Lawsonit* bestimmt. Durch Anwendung statist. Gleichungen mit zusätzlichen Bedingungen wurden die Strukturen von *Realgar,* der Komplex-Verb. von *BF_3 mit Pyridin,* von *Di-p-tolylsulfid* u. von *Caprolactam* erhalten. C. GOTTFRIED. 195

Kristallstruktur von Baotit. V. I. Simonov. (Acta crystallogr. [Copenhagen] **13.** 1139—40. 10/12. 1960. Moscow, Acad. of Sci. of the USSR, Inst. of Crystallograph.) (Engl.)

Vf. untersuchte röntgenograph. die Struktur des Baotits, $Ba_4(Ti,Nb)_8ClO_{16}[Si_4O_{12}]$. Das Mineral erwies sich als tetragonal u. hat die Zelldimensionen a = 19,68 (Å); c = 5,88; Raumgruppe ist $I\,4_1/a$. Die Struktur wurde mit Hilfe von PATTERSON- u. FOURIER-Projektionen bestimmt. Aus ihr ist ersichtlich, daß der Baotit ein neues Beispiel eines Ringsilicats mit der tetragonalen Baugruppe $[Si_4O_{12}]$ ist. Die Baugruppen liegen auf den vierzähligen Inversionsachsen, die (Ti, Nb)-Oktaeder sind in Säulen um die vierzähligen Schraubenachsen angeordnet. C. GOTTFRIED. 195

Die Kristallchemie der Amphibole und Pyroxene. E. J. W. Whittaker. (Acta crystallogr. [Copenhagen] **13.** 1005. 10/12. 1960. Chapel-on-the-Frith, Ferodo Ltd.) (Engl.)

In der Amphibolgruppe kann in gewissen Zus.-Bereichen Fe vollständig Mg substituieren, was zu einer lückenlosen Mischkristallreihe zwischen Tremolit u. Aktinolith führt. In anderen Zus.-Bereichen führt diese Substitution zu einer Symmetrieänderung orthorhomb. → monoklin, z. B. zwischen Anthophythit u. Cummingtonit. Der Zus.-Bereich der orthorhomb. Amphibole ist sehr begrenzt, der der monoklinen Amphibole dagegen groß. Nach den bisher vorliegenden Struktur-Best. ist in allen Amphibolen die Silicatkette angenähert dieselbe. Die Unterschiede zwischen den verschiedenen Amphibolarten kann man nach Ansicht des Vf. auf der Grundlage starrer Amphibolketten erklären, deren Packung durch die Radien der Metallionen bestimmt werden. Die Einfl. der Ionenradien sind verschieden für die Ionen, die 3 verschiedene Arten von Gitterplätzen in der Struktur besetzen. Diese theoret. Annahme steht quant. mit dem Zus.-Bereich der orthorhomb. Amphibole u. mit den β-Winkeln der monoklinen Amphibole in Übereinstimmung; es lassen sich außerdem verschiedene neue Beziehungen voraussagen, die experimentell an synthet. Proben nachgeprüft werden mußten. Bei den Pyroxenen sind die Einfl. der Ionengröße weniger starr definiert. Es wird dies auf die größere Biegsamkeit der Einzelsilicatketten in den Pyroxenen gegenüber der Doppelkette in den Amphibolen zurückgeführt. C. GOTTFRIED. 195

Bestrahlungseffekte in kalt bearbeitetem und wenig dotiertem Kupfer. A. Sosin. (Acta crystallogr. [Copenhagen] **13.** 1124—25. 10/12. 1960. Canoga Park, Calif., Atomics Internat.) (Engl.)

Vf. untersuchte an reinem Cu, das bei Zimmer-Temp. verschieden stark verformt worden war, den Einfl. hochenerget. Elektronenbestrahlung bei tiefen Temp. u. die Erholungs-Eigg. des Restwiderstandes. Es wurde beobachtet, daß in Proben, die unterhalb 10^0K bestrahlt worden waren, die Erholungs-Eigg. $< 33^0$K (Stufen I_A, I_B u. I_C) wenig durch nur die vorhergehende Verformung verändert werden; die Erholungs-Eigg. zwischen 33 u. 65^0K (Stufen I_D u. I_E) dagegen werden durch die vorhergehende Verformung beträchtlich verändert; speziell werden die Anfangs-Geschw. der isothermen u. isochronen Erholung durch die Kaltbearbeitung erhöht; ferner ist in kalt bearbeiteten Proben die anteilmäßige Defektmenge, die oberhalb 65^0K zurückbleibt, größer als in angelassenen Proben. In nahe 90°K bestrahlten Proben wird die anfängliche Geschw. der Beschädigung durch die vorhergehende Kaltbearbeitung erhöht; sie ist nicht konst., sondern nimmt ab u. nähert sich der Geschw., die für angelassene Proben charakterist. ist. Die Erholungskinetik in der Stufe III (~ 0°) ist nicht mehr bimol., wie sie für angelassenes Cu charakterist. ist. Schließlich ist bei geeigneter Behandlung vor der Bestrahlung der Wert des Restwiderstandes nach der Erholung in der Stufe III niedriger als der Wert vor der Bestrahlung. Die Einfl. geeigneter gelöster Atome scheinen die von Versetzungen zu übertreffen. So werden z. B. die Stufen I_D u. I_E durch 0,1 Atom-% *Ag* mehr unterdrückt als durch starke plast. Verformung. C. GOTTFRIED. 197

Ausfällung des Kupfers im Silicium; Mikrohärte des Germaniums. Bernard, Berth, Burgeat, Gevaux, Soula und Tsoucaris. (Acta crystallogr. [Copenhagen] **13.** 1116—17. 10/12. 1960. Issy-les-Moulineaux, Centre Nat. d'Études des Télécommun.) (Franz.)

Vff. berichten über die Ausscheidung von Cu, das durch Diffusion in Si bei hoher Temp. eingeführt worden war. Bei Unterss. der Mikrohärte von Ge wurde gefunden, daß sie bei Zimmer-Temp. u. bis 160° unabhängig von der Temp., der Orientierung der untersuchten Fläche [(1 0 0); ($\bar{1}$ 1 0) oder (1 1 1)], der Versetzungsdichte u. der Konz. von Verunreinigungen ist. Messungen der Mikrohärte bei 250; 350 u. 450° zeigten, daß der Eindruck ein Netz von Versetzungen erzeugt, deren Dichte in Abhängigkeit von dem Abstand des Eindruckpunktes abnimmmt. C. GOTTFRIED. 197

Die Nahordnung und die Debye-Temperatur der Legierung Ni_3Pt. V. I. Iveronova und A. A. Kaznelson. (Acta crystallogr. [Copenhagen] **13.** 1137. 10/12. 1960.) (Engl.)

Bei der Messung der Nahordnung der ausgehärteten Leg. Ni_3Pt mit Hilfe der diffusen Röntgenstreuung wurde beobachtet, daß unabhängig von der Temp. der Aushärtung der Parameter der Nahordnung der ersten Schale α_1 negativ u. der der zweiten Schale α_2 positiv ist. Bei der Unters. der Temp.-Abhängigkeit der Parameter ergab sich, daß zwischen 700 u. 1050° der abs. Wert von α_1 abnimmt, der von α_2 zunimmt. Daraus folgt, daß die, im Vgl. zum ungeordneten Zustand, überschüssige Anzahl von Ni-Atomen auf den 2 ersten Schalen, die das Pt umgeben, schnell abnimmt u. sich bei 1050° dem Wert Null nähert, während der Parameter α_1 wesentlich von Null abweicht ($\alpha_1 = -0{,}130$). Dies besagt, daß die Dimensionen der konz. Inhomogenitäten mit der Temp. schneller abnehmen, als die Anzahl nächster Nachbarn vom Typ AB. Bei der Unters. der Kinetik der Einstellung der Nahordnung während des Anlassens bei 700° in zuvor verformten Proben wurde festgestellt, daß die Geschw. der Annäherung von α_1 u. α_2 an das Gleichgewicht sehr unterschiedlich ist; das besagt, daß die Anzahl von Ni-Atomen auf beiden Schalen, die das Pt-Atom umgeben, durch ein Maximum geht. Parallel mit diesen Verss. wurde an den gleichen Proben röntgenograph. die DEBYE-Temp. gemessen. Hierbei konnte Übereinstimmung zwischen der Änderung der Anzahl überzähliger Ni-Atome auf den beiden ersten Schalen u. der Änderung der DEBYE-Temp. von wärmebehandelten Proben nachgewiesen werden. Die DEBYE-Temp. u. die Anzahl überzähliger Ni-Atome auf den beiden ersten Schalen gehen durch ein Maximum bei Proben, die 1 Std. bei 700° angelassen u. zuvor verformt worden waren. C. GOTTFRIED. 197

Diffusion von Nickel in Eisen. K. Hirano, M. Cohen und B. L. Averbach. (Acta metallurg. [New York] **9.** 440—45. Mai 1961. Cambridge, Mass., MIT., Dep. of Metallurgy.) (Engl.)

Die Diffusion von Ni in Fe wurde bei 600—1050° gemessen. Als Spurenelement wurde radioakt. ^{63}Ni benutzt; dabei wurde sowohl die Abnahme der Aktivität an der Oberfläche als auch die Restaktivität von Schnitten der Probe zur Messung verwandt. Die Diffusions-Konst. unterhalb der CURIE-Temp. ist niedriger, als man es nach Extrapolation der Diffusionsmessungen für paramagnet. α-Fe erwartet. Die Diffusions-Koeff. lassen sich folgendermaßen ausdrücken (in cm^2/s): γ-Fe: $D = 0{,}77 \exp(-67000/RT)$; α-Fe (paramagnet.) $>800°$ $D = 1{,}3 \exp(-56000/RT)$; α-Fe (ferromagnet.) $<680°$ $D = 1{,}4 \exp(-58700/RT)$. Die anomale Abnahme des Diffusions-Koeff. beginnt bei ca. 800°, etwas oberhalb der CURIE-Temp. u. hängt vermutlich mit dem Einfl. der magnet. Nahordnung auf die Bldg.-Energie von Leerstellen zusammen. H. HOCHSTEIN. 197□

Die Martensitumwandlung in rostfreiem Stahl. J. A. Venables. (Acta crystallogr. [Copenhagen] **13.** 1134. 10/12. 1960. Cambridge, Cavendish Labor., Crystallogr. Labor.) (Engl.)

Vf. untersuchte im Elektronenmikroskop (Durchstrahlungs-Verf.) Folien eines austenit. Stahls mit 18 (%) Cr u. 8 Ni. Es wurde beobachtet, daß Proben, die bis zu

5% durch Zug bei 77° K verformt worden waren, Plättchen der hexagonal dichtestgepackten ε-Phase enthielten, deren Dicke vom Grad der Verformung abhing. Oberhalb einer gewissen Dicke hatten alle diese Plättchen die tetragonal-raumzentrierte α'-Struktur mit {1 1 1}- u. {5 2 2}-Flächen. Weitere Verss. bei Verformung bei tiefen Temp. u. anschließendem Anlassen bei 300—500° ergaben, daß die Rk. in der Reihenfolge γ (kub.-flächenzentriert) → ε → α' fortschreitet u. daß die Rk. ε → α' therm. aktiviert wird. C. GOTTFRIED. 197

Röntgenographische Untersuchung von austenitischen Stählen. W. I. Grigorkin und G. W. Korotuschenko. (Известия Высших Учебных Заведений [Москва], Черная Металлургия [Hochschulnachr. (Moskau), Eisenmetallurgie] **1961.** Nr. 2. 96—99. Sibir. metallurg. Inst.) (Russ.)

Bei der röntgenograph. Unters. der beiden austenit. Stähle 60 Ch 3 N 8 G 8 W mit 0,65 (%) C, 7,9 Mn, 8,23 Ni, 3,59 Cr, 0,83 W, 0,4 Si, 0,012 S, 0,036 P u. G 13 mit 0,93 C, 12,02 Mn, 0,13 Ni, 0,05 Cr, 0,14 Cu., 0,021 S, 0,09 P wird die Abhängigkeit der Härteveränderung, der Blöckchengröße, der Mikrodeformation u. der Austenit-Gitterperiode vom Verformungsgrad sowie von der Geschw. der Verformung festgestellt. Hierbei zeigt sich, daß bei kleinen Verformungsgraden die Blöckengröße stark abnimmt u. prakt. bei 25—30% einen konst. Wert erreicht. Bei dynam. Druckverformung wird eine etwas größere Neigung zur Blöckchenzertrümmerung als bei stat. Beanspruchung beobachtet. Mikroverzerrungen des Raumgitters im Stahl G 13 bei dynam. Druckbeanspruchung sind etwas größer als bei statischer. Diese Unterschiede treten bei Stahl 60 Ch 3 N 8 G 8 W nicht auf. Eine Erhöhung des Verformungsgrades bewirkt keine wesentliche Veränderung der Austenit-Gitterperiode. Die Härte nimmt mit der Erhöhung des Verformungsgrades zu. Eine bes. intensive Zunahme wird im Stahl G 13 beobachtet. Trotz der bei 30% prakt. beendeten Zerkleinerung der Blöckchen nehmen Härte u. Größe der Mikroverformungen auf Grund von Veränderungen der Phasen-Zus. kontinuierlich mit einer weiteren Erhöhung des Verfestigungsgrades zu. H. HOCHSTEIN. 197□

Über den Aufbau der Legierungsschichten bei der Reaktion von Eisen–Kohlenstoff-Legierungen mit flüssigem Aluminium. Leo J. Hütter, Hans H. Stadelmaier, Anna C. Fraker und Ronald G. Hardy. (Z. Metallkunde **50.** 625—27. Okt. 1959. Raleigh, N.C., North Carolina State Coll., Dep. of Engng. Res.) (Engl.)

Beim Angriff von geschmolzenem Al auf weißes u. graues Gußeisen bildet sich eine Leg.-Schicht, die im wesentlichen aus Fe_2Al_5 u. Al_4C_3 besteht. Das tern. Carbid Fe_3AlC_x läßt sich in der Leg.-Schicht röntgenograph. nicht nachweisen. Auf Grund mkr. Unterss. ist es jedoch wahrscheinlich, daß auch diese Phase am Aufbau der Leg. Schicht beteiligt ist u. in einer sehr schmalen, dem Grundwerkstoff benachbarten Zone auftritt. G. BAUER. 197□

Die Streckgrenzen von Kristallen. John J. Gilman. (Acta crystallogr. [Copenhagen] **13.** 1113. 10/12. 1960. Schenectady, N.Y., Gen. Electr. Res. Labor.) (Engl.)

Vf. führt zunächst aus, daß die Spannung, die für plast. Fließen in Kristallen notwenig ist, prim. durch die Beweglichkeit von Schraubenversetzungen bestimmt wird. Eine Reihe von Faktoren (Versetzungstyp, Gleitebene, Elastizitätsmodul, Temp., Verunreinigungen, Strahlungsschäden u. Verformungsaushärtung) beeinflussen die Beweglichkeit u. ändern dabei die Streckgrenze eines Kristalls. Messungen wurden durchgeführt an *LiF* u. im Syst. *Fe–Si*. C. GOTTFRIED. 200

Kritik über die Arbeit von Lozinsky und Simeonova: „Über die superhohe Plastizität von handelsüblichem Eisen unter cyclischen Temperaturschwankungen". O. D. Sherby und A. Goldberg. (Acta metallurg. [New York] **9.** 510—12. Mai 1961.) (Engl.)

Diskussionsbeitrag zu der C. **1961.** 7142 referierten Arbeit. H. HOCHSTEIN. 200□

Die Verformung von Germanium. R. L. Bell und W. Bonfield. (Acta crystallogr. [Copenhagen] **13.** 1113. 10/12. 1960. London, Royal School of Mines, Metallurg. Dep.) (Engl.)

Nach einfacher Gleitung orientierte Ge-Einkristalle wurden bei 570° durch Zug verformt. Sowohl in dem reinen Ge als auch bei Ge mit geringsten Zusätzen von In oder Ga als Verunreinigung wurde eine starke Abnahme der Streckgrenze beobachtet. Die Wiederherst. der Streckgrenze durch Anlassen tritt nur ein, wenn die Behandlung ausreichend war, um die Versetzungsdichte auf Werte zu reduzieren, die der des Ausgangsmaterials nahe lag. Die Hauptursache dieser Abnahme der Streckgrenze steht in Zusammenhang mit der Spannungsabhängigkeit der Bewegung der Versetzungen. C. GOTTFRIED. 200

Alexander Smakula, Einkristalle. Wachstum, Herstellung und Anwendung. Berlin, Göttingen, Heidelberg: Springer; München: Bergmann. 1962. (VIII + 431 S. m. 240 Abb.) 8° = Technische Physik in Einzeldarstellungen. Bd. 14. DM 76,—.

S. Flügge, Hrsg., Struktur und Eigenschaften der Materie in Einzeldarstellungen. XXIV. Band: Quantentheorie der Ionenrealkristalle. Von **Harald Stumpf**. Berlin, Göttingen, Heidelberg: Springer. 1961. (VIII + 278 S. m. 22 Abb.) 8°. DM 58,—.

A_7. Gleichgewichte. Kinetik

Assoziationskonstanten des Methylquecksilber(II)-Ions mit Thiolen und anderen Basen. R. B. Simpson. (J. Amer. chem. Soc. **83.** 4711—17. 5/12. 1961. Bethesda, Md., U.S. Dep. of Health, Educat. and Welfare, Nat. Inst. of Health, Public Health Serv., Nat. Inst. of Arthritis and Metabolic Diseases.) (Engl.)

Die Verteilungs-Konst. von CH_3HgX (X = Cl, Br u. J) zwischen Toluol u. W. werden gemessen. Die Assoziations-Konst. (AK) von CH_3Hg^+ mit verschiedenen BRÖNSTED-Basen [OH^-, Cl^-, Br^-, J^-, SCN^-, CN^-, Acetat, $HEDTA^{3-}$ (EDTA = Äthylendiamintetraacetat), Phenolat, Pyridin, NH_3, Imidazol, Histidin, Cystein (I), Glutathion (II) u. Albumin] werden bestimmt; sie sind im allg. viel kleiner als die AK des Hg^{2+} mit diesen Basen. Die größte Differenz wird bei der Assoziation der SH-Gruppe von I oder II festgestellt; die AK beträgt in diesem Falle ca. $10^{15,8}$ für CH_3Hg^+ u. ca. $10^{20,3}$ für Hg^{2+}. Vf. behandelt weiterhin das Assoziationsgleichgewicht des Dimeren ASHgR'HgSA, das aus dem bifunktionellen 2.5-Bis-[halogenmercurimethyl]-1.4-dioxan u. menschlichem Serummercaptalbumin (HSA) gebildet wird. Unter der Annahme, daß die Affinität des CN^- zum $ASHgR'Hg^+$ gleich der des CN^- zum CH_3Hg^+ ist, liefert die Berechnung des Einfl. des CN^- auf die Dissoziation des Dimeren den ungefähren Wert der Gleichgewichts-Konst. (ASHgR'GgSA)/(ASHgR'Hg$^+$)(AS$^-$) von 14,9. Ebenso wird unter Berücksichtigung der Affinität des Cl^- u. Br^- zum CH_3Hg^+ die Gleichgewichts-Konst. (ASHgSA)/(ASHg$^+$)(AS$^-$) zu ca. 10^{12} ermittelt. Auf Grund der Unterss. wird folglich für die SH-Gruppe von Albumin ein pK-Wert von 10 angenommen. U. SKURNIA. 223□

Löslichkeit und Leitfähigkeit substituierter Ammoniumjodide in Pentaboran. Henry E. Wirth und Paul I. Slick. (J. physic. Chem. **65.** 1447—49. Aug. 1961. Syracuse, N.Y., Syracuse Univ., Dep. of Chem.) (Engl.)

Vff. untersuchten die Löslichkeit u. Leitfähigkeit von Tetra-n-butylammoniumjodid (I) u. Tetra-n-propylammoniumjodid (II) in B_5H_9. Die Löslichkeit von I beträgt bei 0° (40,8 ± 0,4) (g) u. bei 25° (61,0 ± 0,4) pro 100 g B_5H_9. Die Dichte dieser Lsgg. zeigt eine lineare Abhängigkeit von der Quadratwurzel der Molalität nach $d_T = 0{,}8674 - 0{,}00082_0\,T + 0{,}000235_0\,T\,m^{1/2}$ mit einer Genauigkeit von ±0,002 g/ml. Die spezif. Leitfähigkeit durchläuft mit zunehmender Konz. ein Maximum. Der pK nimmt mit steigender Temp. von $7{,}7 \cdot 10^{-3}$ bei 0° bis $4{,}6 \cdot 10^{-3}$ bei 25° ab. Die Löslichkeit von II beträgt bei 0° (3,80 ± 0,02) (g) u. bei 25° (3,94 ± 0,02) pro 100 g B_5H_9. Der pK nimmt im gleichen Temp.-Bereich wie bei I von $7{,}6 \cdot 10^{-3}$ bis $4{,}4 \cdot 10^{-3}$ ab. B_5H_9 ist für die bei den Verbb. ein ebenso brauchbares Lsgm. wie n-Butanol u. Aceton, da es ungefähr die gleiche DK wie diese besitzt. Tetraäthylammoniumjodid löst sich nur geringfügig in Pentaboran, während LiCl, LiH, $NaBH_4$, KBH_4 u. $LiAlH_4$ darin unlösl. sind. WOLFGANG KRÜGER. 224□

Lösungen von Nichtelektrolyten. Berni J. Alder. (Annu. Rev. physic. Chem. **12.** 195—226. 1961. Livermore, Calif., Univ. of California, Lawrence Radiat. Labor.) (Engl.)

Übersicht (Paarpotential, nicht paarweise Additizität des Potentials, Spektroskopie in Lsg., Gleichgewichtstheorie). — 250 Literaturangaben (bis Dezember 1960). P. GOLINSKE. 224□

Zur Solvolyse anorganischer Salze. 1. Mitt. Über die Bildung von Natriumtrihydrogenmonosilicat bei der Methanolyse des Natriummonosilicates. H. Scheler. (Z. anorg. allg. Chem. **314.** 298—302. März 1962. Dresden, TH, Inst. für anorg. und anorg.-techn. Chem.) (Dt.)

Bei der Einw. von Methanol auf Na-Monosilicat $Na_4[SiO_4]$ (I; 25 cm³ je g I) in einer Kugelmühle bei Zimmer-Temp. unter Ausschluß von Feuchtigkeit u. CO_2 entsteht nach 1—1½ Std. $Na[H_3SiO_4]$ (II) u. Na-Methylat. I wird durch 1std. Erhitzen von NaOH u. SiO_2 auf 500—600°, Klarschmelzen bei 1100° u. nach Korrektur des Na-Verlustes durch 5—8std. Tempern im N_2-Strom bei 500° dargestellt. — Ohne Mahlen verlängert sich die Rk.-Zeit der Methanolyse von I zu II wesentlich, bei —78° dauert sie auch in der Kugelmühle 7—8 Stunden. Die Methanolyse bleibt nicht bei II stehen; sowohl bei Zimmer-Temp. als auch bei —78° reagiert II sehr langsam zu $SiO_2 \cdot aq$ weiter. Die Konstit. von II als saures Monosilicat folgt aus seiner therm. Entwässerung, bei der $(Na_4Si_4O_{10})_x$ gebildet wird, aus DEBYE-SCHERRER-Aufnahmen u. aus seinem IR-Spektrum. Im Gebiet von 2000—3000 cm^{-1} treten die für die SiOH-Gruppe charakterist. Banden auf, während die Absorptionsmaxima der Eigenschwingungen des W. bei 1650 cm^{-1} u. 3400 cm^{-1} fehlen. P. SCHARNER. 224□

Charakteristika der Solvate der Acetylacetonate der Seltenerdmetalle. G. W. Pope, J. F. Steinbach und W. F. Wagner. (J. inorg. nuclear Chem. **20.** 304—13. Dez. 1961. Lexington, Ky., Univ. of Kentucky, Dep. of Chem.) (Engl.)

Chem. Analysen, Röntgenbeugungsdiagramme, Dampfdruck-Unterss. u. kryoskop. Molgew.-Best. von Acetylacetonaten des *Pr, Nd, Sm, Gd, Dy, Ho, Er, Yb* u. *Y*, die nach den üblichen Meth. hergestellt wurden, zeigten, daß nur 2 Hydrate gebildet wurden: das Mono- u. das Trihydrat. Wasserfreie Acetylacetonate der Seltenen Erden konnten mit Hilfe der konventionellen Darst. u. Trocknungs-Meth. nicht erhalten werden. Mit Hilfe von Dampfdruckmessungen wurde die Bldg. von $Er(C_5H_7O_2)_3 \cdot H_2O \cdot 2\,CH_3OH$ festgestellt u. auf Grund der Best. von ΔH der Rk. $Ln(C_5H_7O_2)_3 \cdot H_2O \cdot 2\,CH_3OH \rightarrow Ln(C_5H_7O_2)_3 \cdot H_2O + 2\,CH_3OH$ zu 30,6 kcal/Mol auf eine starke H-Brückenbindung oder Dipol–Dipol-Wechselwrkg. zwischen Chelat u. Methanol geschlossen. Löslichkeits- u. kryoskop Molgew.-Best. zeigten, daß sich die Chelate in Bzl. unter Bldg. monobas. Verbb. lösen die, bes. beim Erhitzen, polymerisieren. U. SKURNIA. 224□

Synergetische Effekte bei der Solventextraktion der Actiniden. 4. Mitt. Dreiwertiges Plutonium, Americium und Europium. H. Irving und D. N. Edgington. (J. inorg. Nuclear Chem. **21.** 169—80. Dez. 1961. Leeds, Dep. of Inorg. and Structural Chem.; Oxford, Inorg. Chem. Labor.) (Engl.) — 3. vgl. C. **1962.** 10763.

Vff. untersuchen unter Verw. radioakt. Tracer die Solventextraktion von Pu(III), Am(III) u. Eu(III) aus 0,01n HCl, 0,001 n HNO_3 u. einer Acetatpuffer-Lsg. von 3,95 in Mischungen von 1.1.1-Trifluor-3.2′-thenoylaceton (TTA) u. Tri-n-butylphosphat (TBP) in Cyclohexan. Die Extraktions-Koeff. sind bei Verw. der Mischungen größer als für jede Komponente allein. Die Zus. der extrahierten Verbb. wird zu $MX_3 \cdot 2\,TBP$ (TTA = HX, M = Pu, Am oder Eu) ermittelt u. somit die Möglichkeit der Koordinationszahl 8 aufgezeigt. Bei Verw. von Tri-n-butylphosphinoxid (TBPO) statt TBP wird ebenfalls eine synerget. Erhöhung des Extraktions-Koeff. gefunden. In diesem Falle ersetzt das TBPO einige der Chelatliganden u. es werden wahrscheinlich die Verbb. $MX_2(NO_3) \cdot 2\,TBPO$ u. MX_3 (M = Am oder Eu) gemeinsam extrahiert. Die Gleichgew.-Konst. (β) der Rkk. $M^{3+}_{(aq)} + 3\,HX_{(0)} \rightleftharpoons MX_{3(0)} + 3\,H^+\ (aq)\ (\beta_{3,0})$, $MX_{3(0)} + 2\,TBP_{(0)} \rightleftharpoons MX_3 \cdot 2\,TBP_{(0)}\ (K'_{3,2})$ u. $M^{a+}_{(aq)} + 3\,HX_{(0)} + 2\,TBP_{(0)} \rightleftharpoons MX_3 \cdot 2\,TBP_{(0)} + 3\,H^+_{(aq)} (\beta_{3,2})$ betragen in der angegebenen Reihenfolge: Eu —7,66; 9,44 u. 1,78; Am —6,62; 10,03 u. 3,41; Pu —4,70; 10,0 u. 5,30. U. SKURNIA. 224□

Kinetik von Kettenreaktionen. R. C. L. Bosworth und C. M. Groden. (J. Proc. Roy. Soc. New South Wales **94.** 99—108. 18/11. 1960. Sydney, Univ. of New South Wales, School of Chem. and School of Math.) (Engl.)

Es wurde die Konz. an akt. Zentren in Ggw. von Kettenverzweigungs- u. Kettenabbruch-Rkk. im Gefäß u. an der Wand diskutiert. Lösung von Differentialgleichungen in zylindr. u. sphär. Koordinaten. CH. WEISKE. 225□

Reaktionskinetik in Lösung. Antonio Fava. (Annu. Rev. Physic. Chem. **9.** 221—44. 1958. Padova, Italy, Univ., Inst. of Gen. and Inorgan. Chem.) (Engl.)

Übersicht über Lsgm.-Effekte, Isotopeneffekte, anorgan. u. organ. Reaktionen. — 219 Literaturangaben. P. GOLINSKE. 225□

Die Definition der Geschwindigkeitskonstanten und der Aktivierungsenergie bei Feststoffreaktionen. W. Gomes. (Nature [London] **192.** 865—66. 2/12. 1961. Ghent, Labor. voor Kristallografie en Studie van Vaste Stoffen.) (Engl.)

Vf. weist darauf hin, daß eine Übertragung der Geschw.-Konst. u. der Aktivierungsenergie aus der Kinetik von Gas-Rkk. u. Rkk. in Fll. auf die Kinetik von Feststoff-Rkk. nicht immer ohne weiteres möglich ist. Die Geschw.-Konst. u. die Aktivierungsenergie können bei derartigen Rkk. nur bei einer geeigneten Hypothese über den Rk.-Mechanismus für die jeweils vorliegende Rk. sinnvoll definiert werden. G. M. NEUMANN. 225□

Auflösung von Eisen in geschmolzenen Alkali- und Erdalkalichloriden. W.P. Kotschergin, M. Ss. Garpinenko, O. N. Skornjakowa und M. Sch. Minullina. (Журнал Прикладной Химии [J. angew. Chem.] **29.** 566 69. April 1956.) (Russ.) — Vgl. C. **1957.** 12095.

Unters. der Auflösung von Fe (Bleche 20 × 10 × 2 mm) in eutekt. Gemischen von $BaCl_2$–KCl (I), $CaCl_2$–NaCl (II) u. $MgCl_2$–KCl (III) bei 700°. Die bedeutendste Auflösung erscheint sofort nach dem Eintauchen des Fe in die Schmelze u. die Einw. läßt mit der Zeit nach. In I ist die Auflösungs-Geschw. nach 30 Min. ca. 28 ($\cdot 10^{-4}$ g/cm²·h), nach 10 Std. 5; in II in 30 Min. 14, in 10 Std. 3; in III in 30 Min. 4, in 10 Std. 0,5. Es wird angenommen, daß die Auflösung nicht wie bei anderen Metallen infolge Oxydation von Fe, sondern durch die Ggw. von H^+-Ionen hervorgerufen wird; durch Beseitigung dieser Ionen kann die Auflösung unterdrückt werden. J. TŮMOVÁ. 225□

Reduktion von Hexadekachlorphthalocyaninato-kupfer(II). Masahiro Shigemitsu. (Bull. chem. Soc. Japan **32**. 544—47. Juni 1959. Sumida-ku, Tokyo, Tokyo Ink Mfg. Co., Central Res. Labor.) (Engl.)

Hexadekachlorphthalocyaninatokupfer(II) (I) (1 g) wurde mit 20% ig. wss. Rongalit-Lsg. (30 cm^3) 20 Min. lang bei 150—155° im Autoklaven red., das Red.-Prod. (**II**) (1 g) in 2% ig. H_2SO_4 durch 1std. Erhitzen mit Ce(IV)-Sulfat (0,2 g) wieder oxydiert u. die Farbveränderungen von **I**, **II**, wiederausgefälltem **II** u. auf 250—255° erhitztem **II** durch Best. der Reflexionskurven, durch Röntgen-Unterss. u. durch Aufnahme der IR-Spektren in Nujol u. Hexachlorbutadien untersucht. Bei der Red. wird die Helligkeit von **I** von 30,34 auf 22,18% erniedrigt, die Farbe wird dunkler; bei Erhitzung u. Reoxydation nimmt die Helligkeit wieder zu. Die Farbveränderungen sind offensichtlich reversibel u. beruhen vermutlich auf Unterschieden in der chem. Zus. der betreffenden Verbindungen. **I** enthält keinen Wasserstoff, nach der Red. steigt der H-Geh. auf 1,26% an, entsprechend einer Addition von 14 H-Atomen. Aus dem Vgl. der IR-Spektren von Phthalocyaninatokupfer(II) (**III**), **I** u. **II** folgt, daß die Absorptionsbande von **III** bei 1415 cm^{-1}, die bei **I** fehlt u. bei **II** wieder bei 1412 cm^{-1} erscheint, der C—H-Schwingung zugeordnet werden kann. In **II** erscheint eine neue, der N—H-Deformationsschwingung zugehörige Bande bei 895 cm^{-1}. Aus dem Erscheinen der C–H- u. N–H-Banden bei **II** wird angenommen, daß sich bei der Red. von **I** 12 H-Atome an 6 C=C-Bindungen angelagert u. die verbleibenden 2 H-Atome 2 N—H-Bindungen gebildet haben. Die Chlorierung von **III** scheint die Hydrierung an C=C- u. C=N-Bindungen zu erleichtern.

P. SCHARNER. 225□

Reduktion und elektrische Leitfähigkeit von Zinkoxid. W. Hirschwald, O. Knacke und I. N. Stranski. (Z. Elektrochem., Ber. Bunsenges. physik. Chem. **66**. 29—35. Jan. 1962. Berlin, TU, Max-Volmer-Inst. für physikal. Chem.) (Dt.)

Vff. berichten über die Red. von ZnO in H_2 bei Drücken unter 0,1 Torr u. Temp. von 280—500°. Die Red.-Geschw. i wurde proportional der H_2-Konz. gefunden: $i = 4{,}9 \cdot 10^4 \exp(-13900/RT) \cdot n_{H_2}$ [Moll. Zn/$cm^2 \cdot s$] ($n_{H_2} = H_2$-Moll./cm^3). Gleichzeitig wurden Messungen der elektr. Leitfähigkeit der ZnO-Proben durchgeführt, die je nach Vorbehandlung der Proben sehr unterschiedlich war, aber nach längerer Red.-Zeit einen reproduzierbaren Wert annimmt. Es zeigt sich eine Parallelität von elektr. Leitfähigkeit, Fehlordnung im ZnO u. Red.-Geschwindigkeit. Die Ergebnisse werden an Hand eines Kristallmodells diskutiert.

G. M. NEUMANN. 225□

Über den Mechanismus der Metallsilicierung. W. K. Titow und Je. F. Makarow. (Доповіді Академії Наук Української РСР [Ber. Akad. Wiss. UkrainSSR] **1962**. 50—53.) (Ukrain.; Auszug: Engl.)

Auf Grund der thermodynam. Berechnung u. der Vers.-Ergebnisse wird ein Mechanismus der Silicierung von Fe, Ni u. Cu aus der Gasphase mit verschiedenem Geh. an $SiCl_4$ u. $SiCl_2$ entwickelt. Es wird gezeigt, daß das Fe hauptsächlich durch die Austausch-Rk. zwischen $SiCl_4$ u. Fe siliciert wird. Beim Ni ist die Rk. zwischen $SiCl_2$ u. Ni von besonderer Bedeutung. Bei der Silicierung des Cu spielt die Disproportionierung des $SiCl_2$ die Hauptrolle.

O. LEBTAG. 225□

Mechanische Aktivierung und mechanische Passivierung von chemischen Reaktionen und Sintervorgängen. Gerhard Naeser und Werner Scholz. (Naturwissenschaften **48**. 715. 1. Dez.-H. 1961. Duisburg, Mannesmann-Forschungsinst.) (Dt.)

Vff. untersuchen den Einfl. der Kaltverformung auf die chem. Rk.-Fähigkeit fester Stoffe am Beispiel der Zers. von $CaCO_3$ u. der Red. von Fe_2O_3 mit H_2. Die Pulver wurden verschiedene Zeiten fein gemahlen oder verschieden oft zwischen Walzen gegeben. Weiterhin wurde die Auflösungs-Geschw. von Weicheisenblechen, die auf 0,5 mm kalt gewalzt wurden, in H_2SO_4 ermittelt. Mit zunehmender Kaltbearbeitung nimmt die Rk.-Fähigkeit zu, sie fällt nach Durchschreiten eines Maximums ab u. nimmt nach Erreichen eines Minimums wieder zu. Beim Weicheisen wurden vier Maxima u. Minima gefunden. Aus den gefundenen Kurven für $CaCO_3$ u. Fe_2O_3 ist zu ersehen, daß zunächst ein Teil des Pulvers aktiviert wird. Während dieser Anteil mit zunehmender Mahldauer steigt, wird ein Teil des Pulvers passiviert; es enthält aktivierte u. passivierte Anteile nebeneinander. Es wird angenommen, daß zwischen Mahldauer u. Festigkeit von gepreßten u. gesinterten Oxiden eine allen Festkörpern eigene Gesetzmäßigkeit besteht.

A. FRANCO-BEYER. 225□

Die Photosorption von Sauerstoff und Stickstoffoxid an Titandioxid. David R. Kennedy, Mowbray Ritchie und John Mackenzie. (Trans. Faraday Soc. **54**. 119—29. Jan. 1958. Edinburgh, Univ., Chem. Dep.) (Engl.)

Bei der Belichtung von TiO_2-Pulverfilmen bei 25° mit Licht von ca. 3650 Å unter O_2 wurde eine irreversible O-Aufnahme durch TiO_2 beobachtet. Menge u. Geschw. der O-Aufnahme sind abhängig von Struktur, Darst. u. Vorbehandlung der TiO_2-Proben.

Die Geschw. der O-Aufnahme ist proportional der Intensität des eingestrahlten Lichtes, abhängig vom O_2-Druck u. folgt anfangs einem parabol., im weiteren Rk.-Verlauf einem exponentiellen Zeitgesetz. Verss. mit NO unter entsprechenden Bedingungen ergaben, daß im Verlauf der Adsorption aus 4 Moll. NO-Gas 1 Mol. N_2O gebildet wurde. Die Rk. verlief im allg. ähnlich der Rk. mit O_2, obwohl bei NO eine langsame Dunkel-Rk. beobachtet wurde. Es ergaben sich keine Hinweise auf eine Red. des TiO_2 oder eine Rk. des photosorbierten O mit H_2 oder CO. Die Ergebnisse werden auf der Grundlage eines Mechanismus diskutiert, nach dem anfänglich reversible Chemisorption an bestimmten Zentren A der TiO_2-Oberfläche stattfindet: $\frac{1}{2} O_{2(gas)} + A \rightleftharpoons (A^+O^-)$ bzw. $2\,NO + A \rightleftharpoons A^+NO_2^- + N$; durch Elektronenaufnahme werden die adsorbierten Species freigesetzt u. wandern an der TiO_2-Oberfläche zu Zentren B, an denen irreversible Chemisorption eintritt: $A^+O + e = A + O^-$ (schnell), $(A + O^-) + B \rightarrow A + (B + O^-)$ (langsam), $(B + O^-) + (\oplus) \rightarrow (B^+O^-)$ bzw. $A^+NO_2^- + N + e \rightarrow A + N + NO_2^-$, $B + NO_2 + (\oplus) \rightarrow B^+NO_2^-$, $NO + N \rightarrow N_2O$, $B^+NO_2^- + NO \rightarrow B^+N_2O_3^-$, wobei die endgültige O- bzw. N_2O_3-Adsorption nicht an denselben Zentren erfolgt. M. SCHENK. 226□

Strahlenchemie. John L. Magee. (Annu. Rev. physic. Chem. **12.** 389—410. 1961. Notre Dame, Ind., Univ. of Notre Dame, Radiat. Labor.) (Engl.)

Übersicht (Theorie, Elektronenanregung in kondensierten Syst., Strahlenchemie in wss. Lsgg.). — 158 Literaturangaben (bis November 1960). P. GOLINSKE. 226□

Methode zur Untersuchung der Kinetik von heterogenen katalytischen Reaktionen. M. Ss. Sacharjewski. (Вестник Ленинградского Университета, Серия Физики и Химии [Nachr. Leningrader Univ.] **15.** Nr. **4.** [Ser. Physik Chem.] Nr. 1. 66—71. 1960.) (Russ.; Auszug: Engl.)

Es wird eine Meth. zur Best. der kinet. Gleichungen heterogener katalyt. Rkk. auf der Grundlage von Umsatz-Best. bei kurzen Kontaktzeiten im kinet. Bereich der Rkk. abgeleitet. H. JÄGER. 227□

Ein Beispiel für den Einfluß der Diffusion innerhalb des Katalysators auf die Kinetik der folgenden heterogenen katalytischen Reaktionen. Knud Østergaard. (Acta chem. scand. **15.** 2037—42. 1961. Copenhagen, Danmarks, TH, Labor. for almen techn. Kemi.) (Engl.)

Mathemat. wird beschrieben, wie die Diffusion in der Porenstruktur eines festen Katalysators die allg. Kinetik einer Reihe aufeinanderfolgender Rkk. 1. Ordnung beeinflußt. Es werden Ausdrücke entwickelt, in denen die Hauptumwandlung zum ersten Zwischenprod. zum Widerstand gegenüber intramol. Diffusion in Beziehung gesetzt wird. Die Hauptumwandlung, d. h. die Selektivität des Prozesses, nimmt mit zunehmendem Diffusionswiderstand ab u. erreicht eine untere Grenze, während die Rk.-Zeit, die nötig ist, um die Hauptumwandlung zu erreichen, ständig wächst. G. HELLER. 227□

Oberflächenkatalyse. Hugh Taylor. (Annu. Rev. physic. Chem. **12.** 127—50. 1961. Princetown, N.J., Woodrow Wilson Nat. Fellowship Foundat.) (Engl.)

Übersicht über die Zers. von HCOOH, Unterss. über die NH_3-Synth., Rkk. an Zweikomponentenkatalysatoren u. über Oberflächenadsorption u. -desorption von H_2. — 85 Literaturangaben (bis Dezember 1960). P. GOLINSKE. 227□

Die durch Stickstoffdioxid katalysierte thermische Zersetzung von Nitrosylchlorid. P. G. Ashmore und M. G. Burnett. (Trans. Faraday Soc. **57.** 1315—24. Aug. 1961. Cambridge, Dep. of Phys. Chem.) (Engl.)

Vff. untersuchten die durch NO_2 katalysierte therm. Zers. von NOCl bei 300°. Die Geschw. der Rk. in Ggw. von NO entspricht dem folgenden Rk.-Mechanismus: $NOCl + NOCl \rightarrow 2\,NO + Cl_2$ (1), $NOCl + M \rightarrow NO + Cl + M$ (2), $NOCl + Cl \rightarrow NO + Cl_2$ (3), $NOCl + NO_2 \rightarrow NO_2Cl + NO$ (4), $NO + NO_2Cl \rightarrow NO_2 + NOCl$ (5), $NO_2Cl + M \rightarrow NO_2 + Cl + M$ (6) u. $NO_2Cl + NOCl \rightarrow NO_2 + NO + Cl_2$ (7). Folgende Geschw.-Konst. für M = NO_2 bzw. NO, N_2 oder NOCl wurden berechnet: $k_{6,NO_2} = (8{,}3 \pm 1{,}1) \cdot 10^5$ (cm³/Mol·s), $k_{6,N_2} = (6{,}9 \pm 1{,}8) \cdot 10^5$, $k_{2,NOCl} = 2750 \pm 270$, $k_{2,NO} = 400 \pm 60$, $k_{2,N_2} = 360 \pm 40$, $2\,k_{2,NO_2} + 2\,k_4\,k_{6,NO}/k_5 = (2{,}13 \pm 0{,}43) \cdot 10^4$, $k_7 + k_{6,NOCl} = (1{,}5 \pm 0{,}4) \cdot 10^6$, $k_{2,NO_2} \leq 1 \cdot 10^4$, $k_{6,NO} \leq 3 \cdot 10^6$, $k_7 \lesssim 1{,}5 \cdot 10^6$ u. $k_{6,NOCl} \leq 1{,}5 \cdot 10^6$.
J. KRAETSCH. 227□

Die katalytische Zersetzung von Ammoniak an aufgedampften Eisenfilmen. S. R. Logan, R. L. Moss und C. Kemball. (Trans. Faraday Soc. **54.** 922—30. Juni 1958. Belfast, Queen's Univ., Dep. of Chem.) (Engl.)

Die katalyt. Zers. von NH_3 wurde im stationären Syst. in Ggw. von H_2 bei Temp. bis zu 494° an aufgedampften Fe-Filmen massenspektrometr. gemessen. In Rk.-Gemischen mit geringem NH_3-Geh. erfolgt die Zers. von NH_3 in H_2 u. N_2 mit einer Anfangs-Geschw. proportional $p(NH_3)^{0,5} \cdot p(H_2)^{-0,7} \cdot p(N_2)^0$ mit einer Aktivierungsenergie (AE) von 38,8 (kcal/Mol); hierbei wird kein N_2-Verlust an dem Katalysator beobachtet. Rk.-Gemische mit höherem NH_3-Geh. reagieren mit dem Fe-Katalysator unter Bldg.

von Fe_4N, wie durch Röntgenanalyse gezeigt werden konnte. Die Bldg. der Nitridphase erfolgt mit einer AE von 38, ihre Zers. mit einer AE von 38,6 u. ihre Zers. in Ggw. von H_2 unter Bldg. von NH_3 mit einer AE von 14. Aus diesen Werten u. den kinet. Daten folgt die Desorption des N_2 als geschwindigkeitsbestimmender Schritt bei der katalyt. NH_3-Zersetzung. Der Einfl. der Temp. auf die N_2-Bldg. bei der NH_3-Zers. zeigt im Bereich der Fe_4N-Bldg. drei deutlich unterschiedene Gebiete, entsprechend 1. der Zers. des NH_3 am Fe, 2. der Zers. des NH_3 an einer zunehmend nitridierten Fe-Oberfläche, 3. der Zers. des NH_3 an Fe_4N. Die Ergebnisse werden, auch unter Berücksichtigung des anomalen Verh. des kompakten Fe-Katalysators Nr. 954 von LOVE u. EMMETT (J. Amer. chem. Soc. **63.** [1941.] 3297), diskutiert. M. SCHENK. 227 □

Die katalytische Aktivierung von Wasserstoff durch Chloropalladat(II)-Ionen in wässeriger Lösung. J. Halpern, J. F. Harrod und P. E. Potter. (Canad. J. Chem. **37.** 1446—50. Sept. 1959. Vancouver, B.C., Univ. of British Columbia, Dep. of Chem.) (Engl.)

Die Red. von $FeCl_3$ durch H_2 wird in wss. Lsg. durch $PdCl_4^{2-}$ homogen katalysiert. Die Rk.-Geschw. ergibt sich zu $-d[H_2]/dt = k[H_2][PdCl_4^{2-}]$, wobei $k = 6{,}6 \cdot 10^{11}$ exp$[-20000/RT]$ Liter/Mol·s. Vff. nehmen folgende Teil-Rkk. an: $PdCl_4^{2-} + H_2 \xrightarrow{k} HPdCl_3^{2-} + HCl$ u. $HPdCl_3^{2-} + 2\,FeCl_3 \rightarrow PdCl_4^{2-} + HCl + 2\,FeCl_2$. F. M. FRIEDRICH-ANDERSECK. 227 □

Katalytische Aktivierung von molekularem Wasserstoff in Lösung durch Chlororhodat(III)-Komplexe. J. F. Harrod und J. Halpern. (Canad. J. Chem. **37.** 1933 bis 1935. Dez. 1959.) (Engl.) — Vgl. vorst. Referat.

Die Red. von $FeCl_3$ durch H_2 wird in wss. Lsg. durch Chlororhodat(III) homogen katalysiert. Die Kinetik ergibt sich zu $-d[H_2]/dt = k[H_2][Rh(III)]$, wobei $k = 2{,}3 \cdot 10^{15}$ exp$[-25200/RT]$ Liter/Mol·s. Da keine Red. zu metall. Rh eintritt, solange noch Fe(III) vorhanden ist, können [Rh(III)] u. $[H_2]$ als konst. betrachtet werden; dann liegt eine Rk. nullter Ordnung vor. F. M. FRIEDRICH-ANDERSECK. 227 □

A_8. Präparative anorganische Chemie. Komplexverbindungen. Metallorganische Verbindungen

Einige Fragen der Technologie der katalytischen Gewinnung von flüssigem Parawasserstoff. R. A. Bujanow, A. G. Seldowitsch und Ju. K. Pilipenko. (Химическая Промышленность [Chem. Ind.] **1961.** 105—08. Febr. Verein. Inst. für Kernforsch.) (Russ.)

Die spontane Umwandlung von o- in p-H_2 führt bei fl. H_2 zu Verdampfungsverlusten bis 40%. Für Aufbewahrung u. Transport eignet sich fl. H_2 nur in der Form des stabilen p-H_2. Für die Umwandlung von o- in p-H_2 (nach katalyt. Befreiung von O_2) werden 3 Reaktortypen beschrieben, in denen die Umwandlung bei 1,8—3,0 atü u. 21—24° K unter Kühlung mit dem nicht umzuwandelnden H_2 katalyt. erfolgt. Die Nachreinigung findet mit akt. Kohle statt. Die besten Katalysatoren für die Umwandlung sind Cr_2O_3 + NiO, $Fe(OH)_3$, $Cr(OH)_3$ u. $Mn(OH)_4$, die durch Erhitzen auf 95—105° bei 0,1 mm Hg (24 Std.) aktiviert werden oder ohne Aktivierung in der doppelten berechneten Menge verwendet werden können. R. K. MÜLLER. 238 □

Jodkomplexe in inerten Lösungsmitteln. 4. Mitt. **Die Reaktion zwischen Diäthyläther und Jod in dem reinen Lösungsmittel oder in inerten Lösungsmitteln.** P. A. D. de Maine. (Spectrochim. Acta [London] **15.** 1058—62. 1959. Albany, N.Y., State Univ. of New York, State Coll. for Teachers, Chem. Dep.) (Engl.) — 3. vgl. C. **1958.** 654; 5. vgl. C. **1959.** 730; vgl. auch C. **1962.** 4482.

Vf. verfolgte spektrophotometr. die Entfärbungs-Geschw. von braunen J_2-Lsgg. in Diäthyläther. Er fand, daß innerhalb mehrerer Tage die UV- u. sichtbaren Absorptionsbanden des J_2 allmählich an Intensität abnehmen. Neue Absorptionsbanden konnten zwischen 2200 u. 6000 Å nicht beobachtet werden. Wird die Temp. der Lsg. erniedrigt, dann bleicht die braune Farbe der Lsgg. schneller aus. Es hat den Anschein, daß J_2 u. Ae. irgendeine Art Komplex bilden, der weiter reagiert u. Prodd. liefert, die in dem untersuchten Spektralgebiet nicht absorbieren. Nach Unterss. des Vf. (vgl. l. c.) reagiert J_2 mit Ae. bei 25° gemäß der Gleichung $J_2 + (C_2H_5)_2O \rightleftharpoons (C_2H_5)_2O \cdot J_2$. Der Entfärbungsprozeß dürfte demnach direkt von der Konz. dieses Komplexes abhängig sein; Zusatz von NaJ zu den obigen Lsgg. bewirkt eine Erhöhung der Entfärbungs-Geschw. um einen Faktor von nahezu 5. Unterss. des Spektrums von Ae.–J_2–NaJ-Lsgg. zeigten, daß keine neue Absorptionsbande zwischen 2500 u. 6000 Å auftritt. Dies deutet wahrscheinlich darauf hin, daß kein Trijodid gebildet wird. Verss., eine Beziehung zwischen der Entfärbungs-Geschw. u. der DK der Lsg. zu erhalten, waren erfolglos. CCl_4 enthaltende

Lsgg. wurden entfärbt, es bildete sich ein Prod., das nahe 3200 Å absorbierte. Keine solche Verb. wurde in den obigen Lsgg. festgestellt. C. GOTTFRIED. 249

Die Darstellung von Bormonoxid und dessen Umwandlung in Dibortetrachlorid. A. L. McCloskey, R. J. Brotherton und J. L. Boone. (J. Amer. chem. Soc. **83.** 4750–54. 5/12. 1961. Anaheim, Calif., U.S. Borax Res. Corp.) (Engl.) — Vgl. C. **1962.** 5220.

Vff. stellen durch Hydrolyse von $B_2[N(CH_3)_2]_4$ in wss. HCl u. durch neutrale Hydrolyse von $B_2(OC_2H_5)_4$ oder $B_2[OCH(CH_3)_2]_4$ $B_2(OH)_4$ (I) her. Die Hydrolyse von $B_2(OCH_3)_4$ dagegen verlief anomal; denn in jedem Fall traten Spaltungen der B—B-Bindungen unter Entw. einer entsprechenden H_2-Menge auf. I ist in W. oder wss. CH_3OH ohne H_2-Entw. lösl. u. kann in quant. Ausbeute bei 250° u. vermindertem Druck zu $(BO)_n$ dehydratisiert werden; dieses wird in 1½ Std. bei 50%ig. relativer Luftfeuchtigkeit u. Raum-Temp. wieder vollständig in I übergeführt. Beim Rückflußkochen geringer Mengen von $(BO)_n$ in CH_3OH, A., Isopropanol u. tert.-Butanol wird Lösen ohne Spaltung der B—B-Bindung beobachtet, wogegen $(BO)_n$ in Methylborat u. Dimethylamin unlösl. ist. Die Rk. von BCl_3 mit $(BO)_n$ führt bei 200° zu B_2Cl_4 u. wahrscheinlich B_2O_3 u. beweist ebenfalls die Integrität der B—B-Bindung. Auf Grund des chem. Verh. wird die Struktur des $(BO)_n$ unter der Annahme diskutiert, daß jeweils 2 B-Atome durch B—B-Bindungen u. die B-Atome mit 2 O-Atomen verbunden sind, so daß neben linearen Ketten von 6-gliedrigen B_4O_2-Ringen eine dreidimensionale Anordnung dieser Ringe oder eine dreidimensionale Struktur 6-gliedriger Boroxolringe möglich ist.

Versuche: *Tetrahydroxodibor* (I), $B_2H_4O_4$, a) durch langsame (45 Min.) Zugabe von 28,5 ml 6,19n HCl zu einer Mischung von 8,40 g $B_2[N(CH_3)_2]_4$ (II) u. 10 ml W. bei 0°, Filtrieren, Waschen mit 10 ml 0,068n HCl u. Trocknen; 56,3% (Ausbeute); b) durch Zugabe von 0,45 g W. zu 1,248 g $B_2(OC_2H_5)_4$ bei 0°, 1 Std. langes Stehenlassen bei 0°, weitere Zugabe von 1 g W.; nach 10 Min. langem Stehenlassen bei Raum-Temp. Abdestillieren des W. u. A. im Vakuum; weißes Pulver; 0,56 g; c) analog vorst. Vers. aus $B_2[OCH(CH_3)_2]_4$ in quant. Ausbeute. — *Trihydroxodimethylaminodibor*, $B_2(OH)_3 \cdot N(CH_3)_2$, durch Zufügen von 1,31 g II zu 0,475 g W. in 35 ml 2.5.8-Trioxanonan bei Raum-Temp., Filtrieren nach mehreren Std.; farbloses Prod.; 0,73 g. — *Bormonoxid*, $(BO)_n$, durch 5std. Erhitzen von 0,538 g I bei 250° u. 0,5 mm Hg; flockiges, farbloses Prod.; 99,7%. — *Dibortetrachlorid*, B_2Cl_4, durch Überleiten von BCl_3 (ca. 30facher Überschuß) über 80,6 mg von sehr feinem $(BO)_n$ bei 200° u. 450 mm Hg u. fraktionierte Dest.; zwischen —45 u. —85° 0,058 mMol B_2Cl_4 (durch Dampfdruckmessung u. IR-Spektrum identifiziert). U. SKURNIA. 258□

Die Umsetzung wasserfreier Schichtsilicate in Silbernitratschmelzen und die Gitterkonstanten des Ag_4SiO_4. Friedrich Wodtcke und Karl-Heinz Jost. (Z. anorg. allg. Chem. **314.** 341–44. März 1962. Berlin-Adlershof, Dt. Akad. der Wiss., Inst. für anorgan. Chem.) (Dt.)

β-$Na_2Si_2O_5$ (I), aus Quarzmehl u. NaOH bei 350° im Autoklaven dargestellt, wurde 10 Wochen lang im Bombenrohr mit geschmolzenem $AgNO_3$ (II) bei 300° behandelt. Dabei tritt langsame Zers. zu rotem Silbermonosilicat, *Ag_4SiO_4* (III), gelbem Silberpolysilicat, *Ag_2SiO_3*, u. Kieselsäure ein: $3\ \beta\text{-}Na_2Si_2O_5 + 6\ AgNO_3 \rightarrow Ag_4SiO_4 + Ag_2SiO_3 + 4\ SiO_2 + 6\ NaNO_3$. In ähnlicher Weise wie I reagieren $Li_2Si_2O_5$, $K_2Si_2O_5$ u. die Hoch- u. Tieftemp.-Form des $BaSi_2O_5$ mit II zu roten, gelben u. weißen Produkten. Daß die aufgeführten Schichtsilicate mit der II-Schmelze nur langsam reagieren u. sich dabei zersetzen, während die Na-Ionen im α-$Na_2Si_2O_5$ (IV) unter Erhaltung der Struktur ersetzt werden können, wird dadurch erklärt, daß nur IV für eine Diffusion der Kationen genügend weite Hohlräume besitzt. Die anderen Schichtsilicate können nur unter Zerstörung des Gitters reagieren; da die Umwandlungs-Temp. wesentlich höher liegen als die Rk.-Temp., muß die Zers.-Rk. von der Oberfläche her erfolgen. Für III wurden aus Einkristallaufnahmen die Gitter-Konst. neu bestimmt: $a = 6{,}74 \pm 0{,}03$, $b = 9{,}24 \pm 0{,}04$, $c = 5{,}82 \pm 0{,}02$ Å; $\alpha = 94{,}0 \pm 1°$, $\beta = 95{,}1 \pm 1°$, $\gamma = 115{,}5 \pm 1°$; die Raumgruppe ist P 1 oder P $\bar{1}$. Der Unterschied zwischen $D._{pykn.}$ 5,95 für aus Ca_2SiO_4 dargestelltem III u. der mit 2 III pro Elementarzelle berechneten Dichte $D._{(röntg.)}$ 5,39 dürfte auf einen Geh. der Probe an metall. Ag zurückzuführen sein. P. SCHARNER. 261□

Die Raffination des Berylliums durch Vakuumdestillation. W. Je. Iwanow, W. M. Amonenko, G. F. Tichinski und A. A. Kruglych. (Физика Металлов и Металловедение [Physik Metalle Metallkunde] **10.** 581–85. Okt. 1960. Physikal.-techn. Inst. der Akad. der Wiss. der UkrainSSR.) (Russ.)

Es wird über die Reinigung von Be durch Dest. im Hochvakuum (10^{-5} bis 10^{-6} mm Hg) u. Kondens. der Dämpfe an auf 900–1100° erhitztem Mo-Blech berichtet, wobei 99,987%ig. Be (ohne Berücksichtigung des C- u. O_2-Geh. von 0,02 bzw. 0,04%)

erhalten wurde. Ein Anstieg der Härte u. der plast. Eigg. des so erhaltenen Be gegenüber dem wie üblich dest. Metall wurde beobachtet. H. JÄGER. 281 □

Umsetzung von Siliciumdioxid mit Calcium- und Magnesiumhydroxid unter hydrothermalen Bedingungen. Ju. M. Butt und L. N. Raschkowitsch. (Журнал Прикладной Химии [J. angew. Chem.] **32.** 1186—92. Juni 1959.) (Russ.)

Vff. untersuchten den Prozeß der Umsetzung von SiO_2 (Quarz) mit $Ca(OH)_2$ u. $Mg(OH)_2$ bei 175° in gesätt. Wasserdampf. In der fl. Phase erfolgt Bldg. von Hydrosilicaten. Es wurden der Einfl. der SiO_2-Partikelgröße (10—150 μ), der Menge der fl. Phase, der Dichte der Proben, der Durchmischung des Rk.-Gutes, des Aggregatzustandes des W. sowie der spezif. Oberfläche des CaO auf die Rk.-Geschw. untersucht. Der H_2O-Geh. hat auf die Rk.-Geschw. großen Einfluß. Es wurde beobachtet, daß die Hydrosilicate zur Koll.-Bldg. neigen, was eine Verlangsamung der Rk. zur Folge hat. H. DAHMEN. 283 □

Die Aktivität von SiO_2 und Al_2O_3 in der Schlacke des Systems CaO–MgO–SiO_2–Al_2O_3. Yasuo Omori und Koji Sanbongi. (Nippon Kinzoku Gakkai-Si [J. Japan Inst. Metals] **25.** 136—39. 1961.) (Jap.; Auszug: Engl.)

Mit EMK-Messungen ausgeführte Unterss. über die Einw. von MgO auf die Aktivität von SiO_2 u. Al_2O_3 in der Schlacke des Syst. CaO–MgO–SiO_2–Al_2O_3 zeigen, daß der Aktivitäts-Koeff. von SiO_2 in dem Maße steigt, wie CaO durch MgO ersetzt wird. Mit dem MgO-Zusatz nähert sich das Verh. des Schlacken-Syst. dem RAOULTschen Gesetz. In Reihen mit konst. MgO-Geh. zeigt sich der amphotere Charakter von Al_2O_3. Zwischen der Aktivität von Al_2O_3 u. der Einw. von MgO besteht eine enge Beziehung. W. WESLY. 294 □

Die Aktivität von CaO in der Schlacke des Systems CaO–SiO_2–Al_2O_3. Yasuo Omori und Koji Sanbongi. (Nippon Kinzoku Gakkai-Si [J. Japan Inst. Metals] **25.** 139—43. 1961.) (Jap.; Auszug: Engl.) — Vgl. vorst. Referat.

Die Aktivität von CaO wird im Syst. CaO–Al_2O_3 bei 1630° bestimmt. Die Berechnung wird auf die Syst. CaO–SiO_2–Al_2O_3 u. CaO–SiO_2 ausgedehnt. Aus den ermittelten Werten werden die Isoaktivitätslinien im Koordinaten-Syst. CaO–SiO_2–Al_2O_3 ermittelt. Der Verlauf der Isoaktivitätslinie von CaO entspricht den sog. Schwefelkapazitätslinien. W. WESLY. 294 □

Eine einfache Darstellung von $TiOCl_2$. Paul Ehrlich und Walter Engel. (Naturwissenschaften **48.** 716. 1. Dez.-H. 1961. Gießen, Univ., Chem. Inst., Anorgan. Abt.) (Dt.)

$TiCl_4$ setzt sich mit festem As_2O_3 quant. nach folgender Gleichung um: $As_2O_3 + 3\,TiCl_4 \rightarrow 3\,TiOCl_2 + 2\,AsCl_3$. Das blaßgelbe Prod. wird unter Feuchtigkeitsausschluß abgesaugt u. mit Pentan gewaschen. Mit anderen Oxiden, wie Sb_2O_3, HgO, Bi_2O_3, liefert $TiCl_4$ dieselbe Reaktion. A. FRANCO-BEYER. 321 □

Über Komplexverbindungen von Zinn. 5. Mitt. T. N. Ssumarokowa, T. W. Medwedewa und I. G. Litwjak. (Журнал Общей Химии [J. allg. Chem.] **30** (**92**). 1698—1705. Mai 1960. Inst. für Chem. der Akad. der Wiss. der KasachSSR.) (Russ.) — 4. vgl. C. **1958.** 5608; 3. vgl. C. **1960.** 4772.

Aus kryoskop. Messungen an Syst. aus $SnCl_4 \cdot 2\,CH_3COOH$ bzw. $SnCl_4 \cdot 2\,C_6H_5COOH$ u. verschiedenen Oxoniumbasen A (Essig-, Chloressig-, Trichloressig-, Benzoesäure, Phenol) geht die Existenz von Komplex-Verbb., $SnCl_4 \cdot 2\,CH_3COOH \cdot A$ bzw. $SnCl_4 \cdot 2\,C_6H_5COOH \cdot A$ hervor. Bei der Rk. des Komplexes $SnCl_4 \cdot 2\,CH_3COOH$ mit den Basen (B) Pyridin Piperidin u. Anilin werden Komplexe, $SnCl_4 \cdot 2\,CH_3COOH \cdot B$, bei Piperidin auch $SnCl_4 \cdot 2\,CH_3COOH \cdot 2\,C_5H_{11}N$, gebildet. Die therm. Zers. dieser Komplexe mit organ. Basen führt unter Eliminierung von Essigsäure aus der inneren Komplexsphäre zu Verbb. des Typs $SnCl_4 \cdot 2\,B$. H.-E. TOUSSAINT. 327 □

Spektrophotometrische Untersuchung des Vanadin(II), Vanadin(III) und Vanadin(IV) in verschiedenen Medien. Ernest L. Martin und Kenton E. Bentley. (Analytic. Chem. **34.** 354—58. März 1962. Albuquerque, N.Mex., Univ. of New Mexico, Dep. of Chem.) (Engl.)

Vff. beschreiben Meth. zur Herst. von V(II)-, V(III)- u. V(IV)-Lsgg. in 0,5- u. 5m H_2SO_4, in 0,5- u. 5m HCl sowie in 0,5m $HClO_4$ u. teilen die Ergebnisse einer photometr. Unters. dieser Lsgg. mit. Die V(II)-Lsgg. wurden aus NH_4VO_3-Lsgg. mit Hilfe eines JONES-Reduktors erhalten. Die V(III)-Lsgg. wurden aus dem schwer lösl. $CsV(SO_4)_2 \cdot 12\,H_2O$ hergestellt, das aus sehr verd. schwefelsauren VSO_4- u. Cs_2SO_4-Lsgg. durch Luftoxydation gewonnen wurde. Zur Darst. der schwefel- u. perchlorsauren V(IV)-Lsgg. wurden V(V)-Lsgg. mit SO_2 red., während die salzsauren V(IV)-Lsgg. aus NH_4VO_3-Lsgg. mit Hilfe eines Ag-Reduktors bereitet wurden. Die Absorptionsspektren aller V(II)-Lsgg. sind qual. gleich; Absorptionsminima liegen bei 465 u. 720 nm, ein Maximum ist bei 565 nm zu finden. Für die V(III)-Lsgg. wurden folgende charakterist. Wellenlängen ermittelt: in 0,5m H_2SO_4: Minimum bei 495 (nm), Maxima bei 400 u. 605; in 5m H_2SO_4: Minimum bei 520, Maxima bei 415 u. 645; in 0,5m HCl: Minimum bei 485, Maxima bei 400 u. 590; in 5m HCl: Minimum bei 505, Maxima bei 400 u. 620; in 0,5m $HClO_4$: Minimum bei 485, Maxima bei 400 u. 590. Das Maximum für die V(IV)-Lsgg. ändert sich geringfügig, aber unbestimmt zwischen 750 u. 770, während das Minimum bei allen Lsgg. bei 445 liegt. Der bathochrome Effekt der verschiedenen Medien auf die V(III)-Spektren u. die sog. Temp.-Verbreiterung der Absorptionsbande werden erörtert. Weiterhin wird die Stabilität von V(II)- u. V(III)-Lsgg. untersucht.

GERHARD SCHULZE. 330□

Darstellung kleiner Mengen metallischen Urans durch Reduktion des Uran-Calcium-Doppelfluorids. A. Accary, M. Albert und E. LeBoulbin. (Mém. sci. Rev. Métallurgie 58. 203—08. März 1961. Saclay, Centre d'Études nucl.) (Franz.)

Die Red. von $UF_4 \cdot CaF_2$ durch Mg führt zu metall. U hoher kernchem. Reinheit mit einer Ausbeute von 99% für geringe Mengen wie 20 g U. Dieses Verf. ist leichter durchführbar als die Red. von UF_4. — Diskussion. H. HOCHSTEIN. 339□

Eine registrierende Effusionswaage für Phasendiagrammuntersuchungen: Systeme U–Cd, U–Zn und Ce–Zn. Ewald Veleckis, Charles L. Rosen und Harold M. Feder. (J. physic. Chem. 65. 2127—31. Dez. 1961. Argonne, Ill., Argonne Nat. Labor., Chem. Engng. Div.) (Engl.)

Es wird ein Gerät zur Best. der Flüchtigkeit einer Komponente eines Syst. über einen weiten Bereich der Zus. beschrieben. Das Gerät verbindet einen KNUDSENschen Effusionsschmelztiegel mit einer registrierenden Waage u. ermöglicht eine gleichzeitige rasche Beobachtung der Lage der Phasengrenze u. der Zers.-Drücke der betrachteten Phasen. Mittels des Geräts wurden die drei Test-Syst. U–Cd, U–Zn u. Ce–Zn untersucht. Im Syst. U–Cd wurde im Temp.-Bereich von 320—380° nur eine bereits bekannte, intermetall. Verb. UCd_{11} gefunden. Im Syst. U–Zn wurde zwischen 420 u. 500° nur eine einzige intermetall. Phase, $UZn_{8.5-12}$, ermittelt. $UZn_{8,5}$ besitzt Th_2Ni_{17}-Struktur, während UZn_{12} eine dem $TiBe_{12}$ ähnliche Struktur aufweist. Im Syst. Ce–Zn wurden acht intermetall. Phasen gefunden: $CeZn_{11}$, Ce_2Zn_{17}, $CeZn_{\sim 7}$, $CeZn_{3,8-6,2}$, $CeZn_2$, $CeZn$, Ce_2Zn u. Ce_4Zn. Die ersten drei genannten Phasen waren bereits bekannt, während die übrigen auf Grund anderer Unterss. bereits vermutet wurden.

WOLFGANG KRÜGER. 339□

Spektrophotometrische Untersuchung des Systems $UO_2(NO_3)_2$–ROH–H_2O_2–H_2O. A. M. Gurewitsch, L. D. Preobrashenskaja, Je. W. Komarow und N. P. Ossitschewa. (Радиохимия [Radiochemie] 2. 32—43. 1960.) (Russ.)

Vff. verwendeten umkrist. $UO_2(NO_3)_2 \cdot 6\,H_2O$ sowie NaOH, KOH bzw. NH_4OH. Das Syst. wurde auf 4 Arten gebildet: 1. Schnelles Zufügen der Lauge zu einer H_2O_2 enthaltenden $UO_2(NO_3)_2$-Lösung. 2. Gleichzeitiges Einwirken von ROH u. H_2O_2 auf die $UO_2(NO_3)_2$-Lösung. 3. Langsames Titrieren der Lauge. 4. Einw. von H_2O_2 auf die Hydrolyse-Prodd. des Syst. $UO_2(NO_3)_2$–ROH–H_2O (A). Die Lsg. wurde in allen Verss. auf 100 ml aufgefüllt. Sofort sowie nach einer bekannten Zeit wurde der pH-Wert mit einer Glaselektrode sowie die opt. Dichte D mit einem Spektralphotometer gemessen. Untersucht wurden Serien mit gegebener Uran-Konz. u. H_2O_2-Geh. bei wachsender Größe [ROH]:[U] sowie Serien mit gegebenem pH bei wachsender Größe $[H_2O_2]$:[U]. Aufgenommen wurde die Abhängigkeit D vom pH für die Syst. A u. $UO_2(NO_3)_2$–ROH–H_2O_2–H_2O (B) sowie D von $[H_2O_2]$:[U] bei verschiedenen Konzz., Bildungsweisen des Syst. u. bei verschiedenem pH. Die Hydrolyse-Prodd. des Uranylions sind im schwach sauren u. stark bas. Medium von A über längere Zeit beständig. Bei pH 10—12 wird eine Veränderung von D beobachtet, die auf eine Polymerisation zurückzuführen ist. Im Syst. B bei einer Konz. 10^{-4} bis 10^{-3} Mol zeigt sich im pH-Bereich 2—14 eine schrittweise Komplex-Bldg. in Abhängigkeit von der Konz. des Urans, der Ionenstärke der Lsg., der Bldg. des Syst. u. anderem. Bei schwach saurem u. stark bas. (pH 14) Medium sind die Rkk. reversibel; bei pH 8—13 sind die Rkk., bedingt durch Polymerisation, z. T. nicht umkehrbar. Bei pH 11—12 existieren Verbb., die nicht miteinander im Gleichgewicht stehen: HUO_8^{3-}, $HU_2O_{13}^{5-}$, $HU\,O_{20}^{5-}$ oder $U_2O_9^{2-}$. Es wurden außerdem folgende Verbb. gefunden u. ihre Herst. geklärt: $H_2U_2O_9$, $HU_2O_9^-$, $U_2O_9^{2-}$, $U_4O_{19}^{6-}$ u. UO_8^{4-}. Die Verbb. entsprechen den früher gefundenen Hydrolyse-Prodd. von $Na_4UO_8 \cdot 9\,H_2O$. Vff. stellten fest, daß das H_2O_2 gebunden ist u. sich keine Anlagerungs-Verb. bildet. Es sind Komplex-Verbb. des Uranylions mit Peroxidanionen. Demzufolge erhält z. B. UO_8^{4-} die Formel $[UO_2(O_2)_3]^{4-}$ u. HUO_8^{3-} die Formel $[UO_2(O_2)_2(O_2H)]^{3-}$. Die letzte Verb. dissoziiert nach $[UO_2(O_2)_2(O_2H)]^{3-} \rightarrow H^+ + [UO_2(O_2)_3]^{4-}$, wobei $K = 3 \cdot 10^{-3}$ ist. Für andere Gleichgewichte wurden ebenfalls die pK gefunden.

G. EWALD. 339□

Phosphinsubstituierte Carbonylmanganate(-I), Organyl- und Hydrogenmangancarbonyle. 120. Mitt. **über Metallcarbonyle.** W. Hieber, G. Faulhaber und F. Theubert. (Z. anorg. allg. Chem. **314.** 125—43. Febr. 1962. München, TH, Anorgan.-chem. Labor.) (Dt.) — 119. vgl. C. **1962.** 7080.

Durch Red. mit Alkali- oder Erdalkaliamalgamen in Tetrahydrofuran (THF) stellten Vff. aus phosphinsubstituierten ein- u. zweikernigen Mangancarbonylen des Typs $Mn(CO)_4PR_3$ ($R = C_2H_5$, C_6H_5) u. $[Mn(CO)_4PR_3]_2$ ($R = C_6H_{11}$, OC_6H_5) die entsprechenden Carbonylmanganate $[Mn(CO)_4PR_3]M$ ($M = Li$, Na, $\frac{1}{2}$ Mg) als kristalline, gelbe, äußerst luftempfindliche Substanzen dar. Durch Fällungs-Rkk., Leitfähigkeitsmessungen in polaren organ. Lsgm. u. IR-Spektren ließen sich die Verbb. als typ. Salze charakterisieren. Mit W. tritt sofort Hydrolyse ein. Durch Umsetzung der Na-Salze mit $Hg(CN)_2$ in Methanol bzw. THF entstehen die gelben, sehr stabilen Hg-Verbb. ($M = \frac{1}{2}$ Hg). Ihre Löslichkeit in Methanol nimmt in der Reihe $R = C_6H_{11} < C_6H_5 < OC_6H_5 < C_2H_5$ zu. Die Na-Salze liefern mit Methyljodid sublimierbare, relativ temperatur- u. luftbeständige Methyl-Verbb. $H_3CMn(CO)_4PR_3$. Mit Acetylchlorid bzw. Trifluoracetanhydrid wurden in THF die gelben, relativ stabilen Verbb. $CH_3COMn\cdot(CO)_4PR_3$ u. $CF_3COMn(CO)_4PR_3$ ($R = C_6H_{11}$) dargestellt. Aus den THF- oder besser Aceton-Lsgg. der Na-Verbb. erhält man mit verd. H_3PO_4 nach Abziehen des Lsgm. hellgelbe bis farblose Hydride, $HMn(CO)_4PR_3$, die teils fest u. krist. ($R = C_6H_5$, C_6H_{11}), teils als Öle ($R = C_2H_5$, OC_6H_5) anfallen. Ihre Beständigkeit hängt von R ab. Die hydrolyt. Eigg. u. die sehr geringe Leitfähigkeit in indifferenten Lsgm. läßt auf eine nur minimale Säurefunktion der H-Verbb. schließen. Die Phenyl-Verb. ($R = C_6H_5$) stimmt in ihren dielektr. u. magnet. Eigg. mit dem Triphenylphosphineisentetracarbonyl überein. Charakterist. ist die Rk. der Hydride mit CCl_4, wobei das Chlorotriorganylphosphintetracarbonylmangan neben chlorierten Methanen entsteht. Auch mit $CHBr_3$ u. CHJ_3 wird das Hydrid-H gegen Halogen ausgetauscht. Eine weitere Bildungsweise der phosphinsubstituierten Halogenmangancarbonyle beruht auf der Halogenierung der einkernigen Verb. $Mn(CO)_4P(C_6H_5)_3$ durch elementares Cl_2, Br_2 oder J_2 in $CHCl_3$. Auch die Einw. von Licht auf eine Suspension von $Mn(CO)_4P(C_6H_5)_3$ in CCl_4 liefert infolge Abspaltung von Cl-Atomen aus dem Lsgm. die Cl-Verb., allerdings unter Zers. der Ausgangssubstanz bis zu 30 %. Die krist. Halogen-Verbb. sind relativ beständig gegenüber Luft-O_2 u. Feuchtigkeit u. zeigen keine Leitfähigkeit. IR-spektroskop. Unterss. lassen für die einkernigen Tetracarbonyl-Verbb. $Mn(CO)_4PR_3$ u. das Anion $[Mn(CO)_4PR_3]^-$ auf einen trigonal-bipyramidalen Bau schließen, ebenso für das Hydrid $HMn(CO)_4PR_3$, mit einer für das H-Atom nicht näher zu bestimmenden Lage. Für die Halogen-Verbb. u. für $CH_3Mn(CO)_4PR_3$ wird eine oktaedr. Anordnung der 6 Liganden mit cis-Stellung von Halogen u. CH_3 bzw. PR_3 sichergestellt. Weiterhin wird die Struktur des $Hg\cdot[Mn(CO)_4PR_3]_2$ diskutiert.

Versuche: Sämtliche Rkk. müssen unter Luft- u. Feuchtigkeitsausschluß durchgeführt werden. *Natriumtriphenylphosphintetracarbonylmanganat(-I)* (I), $Na[Mn(CO)_4\cdot P(C_6H_5)_3]$, durch vorsichtiges Schütteln von 30 ml 0,5%ig. Na-Amalgam, 1,50 g $Mn(CO)_4\cdot P(C_6H_5)_3$ u. 100 ml THF in 2 Std., Ablassen des Hg, Filtrieren (G 4-Fritte), Abziehen des Lsgm., Waschen mit wenig abs. Bzl., Trocknen im Hochvakuum bei 40° u. Entfernen der als Kristalläther an der citronengelben Verb. gebundenen 3 Moll. THF durch mehrstd. Trocknen bei 75—80° im Hochvakuum; diamagnet., schmutzigfahlgelbe, krist. Substanz, gut lösl. in THF, Aceton, Methanol u. Dimethylformamid, unlösl. in unpolaren Lsgm.; fast quant. Ausbeute. — *Natriumtriäthylphosphintetracarbonylmanganat(-I)*, $Na[Mn(CO)_4P(C_2H_5)_3]$, a) analog I in ca. 30 Min. u. 2std. Trocknen im Hochvakuum bei 50°; b) durch Aufkondensieren von ca. 100—150 ml Dimethyläther unter Kühlung mit fl. Luft auf 0,98 g $Mn(CO)_4P(C_2H_5)_3$ u. 10 ml 0,5—1%ig. Na-Amalgam in einem gewinkelten Einschmelzrohr, Abschmelzen des evakuierten Rohres, 2—3std. Schütteln bei Zimmer-Temp., Abdekantieren der über dem Hg stehenden Lsg. in den längeren Schenkel des Rohres, Abziehen des Lsgm., Überführen des festen Rückstandes in ein SCHLENK-Rohr u. Nachtrocknen bei Raum-Temp. im Hochvakuum; grünstichiges Pulver, Eigg. analog I. — *Natriumtricyclohexylphosphintetracarbonylmanganat(-I)*, $Na[Mn(CO)_4P(C_6H_{11})_3]$, analog I aus 1,48 g $[Mn(CO)_4P(C_6H_{11})_3]_2$ in 25 ml THF u. 10 ml Na-Amalgam u. Entfernen der als Kristalläther an der blaßgelben, in 96%ig. Ausbeute erhaltenen Verb. gebundenen 2 THF durch 2std. Trocknen bei 70° im Hochvakuum. — *Natriumtriphenylphosphittetracarbonylmanganat-(I)*, $Na[Mn(CO)_4P(OC_6H_5)_3]$, aus 1,17 g $[Mn(CO)_4P(OC_6H_5)_3]_2$ analog I u. Trocknen des Rückstandes bei 60° im Hochvakuum; fahlgelbes Pulver. — *Lithiumtriphenylphosphintetracarbonylmanganat(-I)-2-Tetrahydrofuran*, $Li[Mn(CO)_4P(C_6H_5)_3]\cdot 2\,C_4H_8O$, analog I unter Verw. von ca. 0,8%ig. Li-Amalgam in THF; gelbe Kristalle, Eigg. analog I. — *Magnesium-bis-[triphenylphosphintetra-*

carbonylmanganat(-I)]-2-Tetrahydrofuran, $Mg[Mn(CO)_4P(C_6H_5)_3]_2 \cdot 2\,C_4H_8O$, durch ½std. Schütteln von 50 ml ca. 0,8%ig. Mg-Amalgam, 1,50 g $Mn(CO)_4P(C_6H_5)_3$ u. 70 ml THF in einem Zweischenkelgefäß, Abdekantieren von $^2/_3$ der Salzaufschlämmung in den 2. Schenkel nach Absinken des Hg, Zurückdekantieren der überstehenden klaren Lsg. nach ca. 4 Std., 5maliges Wiederholen dieser Manipulation, bis die Lsg. nur noch schwachgelb ist, Filtrieren, Waschen mit wenig THF u. Trocknen bei 75° im Hochvakuum; hellgelbes, feines Kristallpulver, wenig lösl. in THF u. Aceton, unlösl. in Ae. u. unpolaren Lsgm.; 75% (Ausbeute). — *Tris-[o-phenanthrolin]-nickel-bis-[triphenylphosphintetracarbonylmanganat(-I)]*, $[Ni(C_{12}H_8N_2)_3][Mn(CO)_4P(C_6H_5)_3]_2$, aus 1,34 g $Na \cdot [Mn(CO)_4P(C_6H_5)_3] \cdot 3$ THF in 10 ml abs. Methanol u. 3 ml einer konz. methanol. Lsg. von $[Ni(o\text{-phen})_3]Cl_2$ durch Filtrieren, Trocknen, Umkristallisieren aus Aceton unter Zusatz von wenig W. u. mehrmaliges Waschen mit PAe.; Kristalle; 1,12 g. — *Tris-[o-phenanthrolin]-nickel-bis-[triäthylphosphintetracarbonylmanganat(-I)]*, $[Ni(C_{12}H_8N_2)_3] \cdot [Mn(CO)_4P(C_2H_5)_3]_2$, analog vorst. Verbindung. — *Quecksilber-bis-[triphenylphosphintetracarbonylmanganat(-I)]*, $Hg[Mn(CO)_4P(C_6H_5)_3]_2$, F. 204—208° (unter N_2, Zers.), aus 0,42 g $Hg(CN)_2$ in THF u. der aus 1,50 g $Mn(CO)_4P(C_6H_5)_3$ dargestellten THF-Lsg. des Na-Salzes durch Einengen der filtrierten Lsg. im Vakuum zur Trockne, Waschen mit A. u. PAe.; hellgelbe, kristalline Substanz, lösl. in THF, wenig lösl. in A., Ae., Aceton u. CCl_4, unlösl. in W. u. anderen Lösungsmitteln. — *Quecksilber-bis-[triäthylphosphintetracarbonylmanganat(-I)]*, $Hg[Mn(CO)_4P(C_2H_5)_3]_2$, F. 65°, aus dem aus 0,71 g $Mn(CO)_4 \cdot P(C_2H_5)_3$ dargestellten Na-Salz in 10 ml Methanol u. 0,32 g $Hg(CN)_2$ in Methanol durch Abziehen des Lsgm. u. Umkristallisieren aus Pentan; hellgelbe Substanz, in den üblichen organ. Lsgm. gut löslich. — *Quecksilber-bis-[tricyclohexylphosphintetracarbonylmanganat(-I)]*, $Hg[Mn(CO)_4P(C_6H_{11})_3]_2$, F. 208°, aus der Na-Salz-Lsg. u. $Hg(CN)_2$ in geringem Überschuß in THF durch Zugabe von Methanol; citronengelbe Kristalle, wenig lösl. in THF, Aceton u. Methanol. — *Quecksilber-bis-[triphenylphosphittetracarbonylmanganat(-I)]*, $Hg[Mn(CO)_4P(OC_6H_5)_3]_2$, F. 107°, analog vorst. Verb. u. Umkristallisieren aus Aceton; hellgelbe Kristalle, gut lösl. in Aceton u. THF, weniger lösl. in Methanol. — *Methyltriphenylphosphintetracarbonylmangan*, $CH_3Mn(CO)_4P(C_6H_5)_3$, F. 102°, aus I in 50 ml Aceton u. CH_3J in geringem Überschuß nach kurzem Stehen durch Zusatz des gleichen Vol. W., Abziehen des Acetons, Waschen des Nd. mit W. u. Umkristallisieren aus Aceton/W.; hellgelbe Kristalle, gut lösl. in den üblichen organ. Lsgm.; 85%. — *Methyltriäthylphosphintetracarbonylmangan*, $CH_3Mn(CO)_4P(C_2H_5)_3$, F. 1,5—2,0°, aus einer auf 0° abgekühlten Suspension von 1,49 g des Na-Salzes in 10 ml Ae. u. 0,45 ml CH_3J durch Filtrieren nach 30 Min., Abziehen des Ae. u. Destillieren im Hochvakuum bei 75—80°; hellgelbes Öl, in den üblichen organ. Lsgm. gut lösl.; ca. 70%. — *Methyltricyclohexylphosphintetracarbonylmangan*, $CH_3Mn(CO)_4P(C_6H_{11})_3$, F. 122° (Zers.), aus 0,56 g des Na-Salzes in 10 ml THF u. 0,5 ml CH_3J durch Abziehen des Lsgm. nach 30 Min., 3maliges Extrahieren des Rückstandes mit je 5 ml Pentan u. Einengen des Filtrats; citronengelbe Kristalle. — *Methyltriphenylphosphittetracarbonylmangan*, $CH_3 \cdot Mn(CO)_4P(OC_6H_5)_3$, F. 71—72°, aus 0,96 g des Na-Salzes in 20 ml Ae. u. 0,3 ml CH_3J durch Filtrieren nach 1 Std., Einengen der Lsg. im Vakuum u. Umkristallisieren aus Pentan; hellgelbe Kristalle. — *Acetyltricyclohexylphosphintetracarbonylmangan*, $CH_3 \cdot COMn(CO)_4P(C_6H_{11})_3$, F. 103°, aus der aus 0,62 g $[Mn(CO)_4P(C_6H_{11})_3]_2$ dargestellten THF-Lsg. des Na-Salzes u. 0,5 ml Acetylchlorid, Absaugen, Einengen der Lsg. im Vakuum, Extrahieren des Rückstandes mit Bzl. u. Eindunsten des Lsgm.; citronengelbe Kristalle. — *Trifluoracetyltricyclohexylphosphintetracarbonylmangan*, $CF_3COMn(CO)_4 \cdot P(C_6H_{11})_3$, F. 98°, analog vorst. Verb., jedoch durch Extraktion mit Pentan; citronengelbe Kristalle. — *Hydrogentriphenylphosphintetracarbonylmangan*, $HMn(CO)_4P(C_6H_5)_3$, F. 137,5° (unter N_2), aus 1,25 g $I \cdot 2$ THF in 50 ml Aceton u. 20 ml 2n H_3PO_4 durch Abfiltrieren des nach Abziehen des Acetons erhaltenen Nd., Waschen mit W., Umkristallisieren aus Aceton/W. u. Trocknen bei Raum-Temp. im Hochvakuum; hellgelbe Substanz. — *Hydrogentriäthylphosphintetracarbonylmangan*, $HMn(CO)_4P(C_2H_5)_3$, durch Lösen des durch Red. von 1,46 g $Mn(CO)_4P(C_2H_5)_3$ in 15 ml THF nach Abziehen des Lsgm. erhaltenen Na-Salzes in 20 ml Aceton, Zusatz von 30 ml N_2-gesätt. 5%ig. H_3PO_4, Aufnehmen des nach Abziehen des Acetons anfallenden braunen Öls in 10 ml Pentan, Ausfrieren des W., Abdunsten des Pentans u. Destillieren bei 65—70° u. $<10^{-3}$ Torr; schwachgelbe, äußerst luftempfindliche Fl. von ekelerregendem Geruch; ca. 70%. — *Hydrogentricyclohexylphosphintetracarbonylmangan*, $HMn(CO)_4P(C_6H_{11})_3$, F. 155°, aus dem aus 1,26 g $[Mn(CO)_4P(C_6H_{11})_3]_2$, erhaltenen Na-Salz in 15 ml Aceton u. 20 ml N_2-gesätt. 5%ig. H_3PO_4 analog vorvorst. Verb. u. Sublimation im Hochvakuum bei 140—145°; kristalline Substanz. — *Hydrogentriphenylphosphittetracarbonylmangan*, $HMn(CO)_4 \cdot P(OC_6H_5)_3$, Zers. >135° (im Hochvakuum), analog der Triäthylphosphin-Verb.; orangegelbes Öl. — *Chlorotriphenylphosphintetracarbonylmangan*, $Mn(CO)_4P(C_6H_5)_3Cl$, a) durch langsames Zutropfen einer verd. Lsg. von Cl_2 in $CHCl_3$ zu einer eisgekühlten Lsg. von 1,22 g $Mn(CO)_4P(C_6H_5)_3$ in 50 ml Chlf. unter Einleiten eines kräftigen N_2-Stroms, bis keine Aufhellung der gelben Lsg. mehr erfolgt, Abziehen des Lsgm. zur Hälfte im Vakuum, Filtrieren, völliges Entfernen des Lsgm., Zusatz einiger ml Ae., Suspendieren der Kristallmasse in 20 ml PAe., Filtrieren, Umkristallisieren aus Chlf./PAe. u. Trocknen im Hochvakuum; gelbe Kristalle, gut lösl. in Bzl., Chlf., Ae., Aceton, weniger gut lösl. in PAe., unlösl. in W.; 85%; b) aus 0,42 g $HMn(CO)_4P(C_6H_5)_3$ in 15 ml Bzl. u. 0,16 g CCl_4 durch 20 Min. langes Erwärmen auf 60° unter gelegentlichem Schütteln u. Abziehen des Lsgm.; c) durch Bestrahlen einer Suspension von 0,5 g $Mn(CO)_4P(C_6H_5)_3$ in 20 ml CCl_4 mit einer Hg-Hochdrucklampe unter häufigem Schütteln, Filtrieren u. Aufarbeiten wie unter a). — *Bromotriphenylphosphintetracarbonylmangan*, $Mn(CO)_4P(C_6H_5)_3Br$, a) aus einer Suspension von 1,5 g $Mn(CO)_4P(C_6H_5)_3$ in 30 ml CCl_4 u. 0,30 g Br_2 in etwas CCl_4 in ½ Std. unter gelegentlichem Schütteln, Filtrieren, Einengen, Aufnehmen in Aceton, Filtrieren, Einengen bis fast zur Trockne, Digerieren mit Pentan, Umkristallisieren aus Aceton/PAe. u. Trocknen im Hochvakuum; gelborangefarbene Substanz; 90%; b) aus $HMn(CO)_4 \cdot P(C_6H_5)_3$ u. Br_2-freiem, frisch dest. $CHBr_3$ in geringem Überschuß analog a). — *Jodotriphenylphosphintetracarbonylmangan*, $Mn(CO)_4P(C_6H_5)_3J$, aus einer Suspension von 1,50 g $Mn(CO)_4P(C_6H_5)_3$ in 30 ml CCl_4 u. 0,46 g J_2 durch 45 Min. langes Erwärmen auf 45°, Filtrieren, Einengen zur Trockne, Aufnehmen in Aceton, Filtrieren u. Ausfällen mit PAe.; orangefarbene Kristalle, leicht lösl. in Bzl., Chlf., CCl_4, Ae., Aceton, weniger lösl. in PAe., unlösl. in W.; b) aus $HMn(CO)_4P(C_6H_5)_3$ u. CHJ_3 in geringem Überschuß analog der Cl-Verb. u. Umkristallisieren aus PAe./Aceton. GERHARD SCHULZE. 350□

Neue Wege zu Cyanokomplexen des Nickel(0) und Nickel(I). Samuel von Winbush, Ernest Griswold und Jacob Kleinberg. (J. Amer. chem. Soc. **83.** 3197—3200. 5/8. 1961. Lawrence, Kans., Univ. of Kansas, Chem. Labor.) (Engl.)

Cyanokomplexe der Ni(0) u. Ni(I) werden durch in geschmolzenen KCN im Vakuum ausgeführte Rkk. erhalten. Werden Ni, $Hg(CN)_2$ u. KCN im Mol-Verhältnis 2:1:6 im Vakuum auf 500° erhitzt, bildet sich neben Hg u. Kaliumtetracyanoniccolat(II) als Haupt-Prod. Kaliumtetracyanoniccolat(0), $K_4[Ni(CN)_4]$ (I). Außerdem entsteht in geringer Menge eine paramagnet. Ni(I)-Verbindung. Ungefähr $^1/_4$—$^1/_3$ des eingesetzten Ni wird nicht umgesetzt. Vff. vermuten, daß I durch Disproportionierung von $K_4[Ni_2 \cdot (CN)_6]$ (II) in Ggw. von KCN entsteht, da beim Erhitzen von II mit KCN ebenfalls I entsteht: $K_4[Ni_2(CN)_6] + 2\,KCN \rightarrow K_4[Ni(CN)_4] + K_2[Ni(CN)_4]$ (III). Die Bldg. von II müßte dann nach $2\,Ni + Hg(CN)_2 + 4\,KCN \rightarrow Hg + K_4[Ni_2(CN)_6]$ verlaufen. Durch Rk. zwischen KCN u. III bei 480° wurde ebenfalls I erhalten. Bei 450—480° wurde aus Ni, III u. KCN im Mol-Verhältnis 1:1:4 mit 40—80%ig. Ausbeute der paramagnet. Komplex $K_3[Ni(CN)_4]$ (IV) erhalten. IV müßte ein Spinmoment von 1,73 BOHRschen Magnetonen besitzen, gefunden wurden jedoch 2,98—3,92. Die Ursache dieses hohen Moments ist möglicherweise auf im Prod. enthaltene Spuren von Ni zurückzuführen. I zeigt bis 600° keine Zers. u. ist im Gegensatz zu III u. KCN in heißem N.N-Dimethylformamid unlöslich. WOLFGANG KRÜGER. 356□

Hydroxy- und Alkoxyalkylbiguanidmetallkomplexe. 2. Mitt. **Nickel- und Palladiumkomplexe.** Nihar Ranjan Sengupta und Priyadaranjan Ray. (J. Indian chem. Soc. **36.** 489—95. Juli 1959. Calcutta, Indian Assoc. for the Cult. of Sci., Dep. of Inorg. Chem.) (Engl.) — 1. vgl. C. **1962.** 10773.

Die Ni- u. Pd-Komplexsalze des Äthanol-, Propanol-, Isopropanol-, Methoxyäthyl- u. Methoxypropylbiguanids sind wie die des Cu besser lösl. als die einfachen u. alkylsubstituierten Biguanide. Im Gegensatz zum Cu konnten jedoch bei Ni u. Pd keine Monobiguanid- u. keine zweikernigen Diolkomplexe gefunden werden. Die Ni-Komplexe sind weniger stabil als die entsprechenden Cu-Verbb. u. hydrolysieren in verd. Lsgg. beim Erwärmen schnell unter Abscheidung von $Ni(OH)_2$. Die Pd-Verbb. sind weniger lösl. als die Ni-Salze, beim Erwärmen der Ni- u. Pd-Komplexe mit konz. Säuren werden diese zersetzt. Der diamagnet. Charakter der orangegelben oder hellgelben Ni-Komplexe als auch der gelbweißen Pd-Komplexe deutet darauf hin, daß diese zum Durchdringungstyp mit quadrat., ebenen dsp^2-Hybridbindungen gehören.

Versuche: Folgende *Bis-[äthanolbiguanid]-nickel(II)-Salze* (I) wurden dargestellt: *Sulfat*, $[NiX_2]SO_4 \cdot 5{,}5\,H_2O$ ($X = OH \cdot C_2H_4 \cdot C_2H_6N_5$), durch Mischen einer Lsg. von 9,5 g Äthanolbiguanidiniumsulfat (II) in 50 ml W. mit 6,2 g $NiSO_4 \cdot 7\,H_2O$ (III) in 30 ml W. u. tropfenweise Zugabe von verd. NH_3 unter Rühren. $\chi_s = -0{,}2040 \cdot 10^{-6}$. Orangegelbe Kristalle. — *Hydroxid*, $[NiX_2](OH)_2 \cdot 0{,}5\,H_2O$, F. 120°, durch Verreiben von 5,44 g vorst. Verb. mit 3,2 g $Ba(OH)_2 \cdot 8\,H_2O$ in 40—45 ml CO_2-freiem Wasser. Gelb. — *Chlorid*, $[NiX_2]Cl_2$, aus 5,44 g vorvorst. Verb. u. 2,45 g $BaCl_2 \cdot 2\,H_2O$ in 50—60 ml Wasser. Orangegelbe Kristalle. — Die anderen Salze wurden durch Zugabe einer Lsg. des entsprechenden

Alkalisalzes zu vorst. Chlorid dargestellt: *Bromid*, $[NiX_2]Br_2$. — *Jodid*, $[NiX_2]J_2$. — *Nitrat*, $[NiX_2](NO_3)_2 \cdot 3\,H_2O$. — *Carbonat*, $[NiX_2]CO_3 \cdot 3\,H_2O$. — *Thiosulfat*, $[NiX_2]S_2O_3 \cdot 2{,}5\,H_2O$. — *Dithionat*, $[NiX_2]S_2O_6 \cdot 2\,H_2O$. — *Chromat*, $[NiX_2]CrO_4 \cdot 3\,H_2O$. — *Bis-[isopropanolbiguanid]-nickel(II)*-Salze: *Sulfat*, $[NiY_2]SO_4 \cdot 3\,H_2O$ ($Y = OH \cdot C_3H_6 \cdot C_2H_6N_5$), durch Zugabe von 5 g **III** in 20 ml W. zu einer 5 ml verd. NH_3 enthaltenden Isopropanolbiguanidiniumsulfatlösung. $\chi_g = -0{,}3430 \cdot 10^{-6}$. Gelb. — *Hydroxid*, $[NiY_2](OH)_2 \cdot 1{,}5\,H_2O$, aus vorst. Verb. u. $Ba(OH)_2$. Gelb. — *Chlorid*, $[NiY_2]Cl_2 \cdot 4{,}5\,H_2O$, aus vorvorst. Sulfat u. $BaCl_2$. — Folgende Salze wurden wie die entsprechenden von **I** dargestellt: *Jodid*, $[NiY_2]J_2 \cdot H_2O$. Orangegelb. — *Nitrat*, $[NiY_2](NO_3)_2 \cdot 2\,H_2O$. — *Thiosulfat*, $[NiY_2]S_2O_3 \cdot 3{,}5\,H_2O$. — *Dithionat*, $[NiY_2]S_2O_6 \cdot 3\,H_2O$. — *Chromat*, $[NiY_2]CrO_4 \cdot 3\,H_2O$. Alle vorst. Salze sind gelb gefärbt. — *Bis-[propanolbiguanid]-nickel(II)-Salze*: *Sulfat*, $[NiZ_2]SO_4 \cdot 3{,}5\,H_2O$ ($Z = OH \cdot C_3H_6 \cdot C_2H_6N_5$), durch Mischen einer 10—15 ml verd. NH_3 enthaltenden Lsg. von 6 g Propanolbiguanidiniumsulfat (**IV**) in 20 ml W. mit 2,7 g **III**. $\chi_g = -0{,}4547$. Gelb. — *Hydroxid*, $[NiZ_2] \cdot 0{,}5\,H_2O$, nach 1 std. Stehen vorst. Verb. in 10%ig. kaust. Alkali-Lsg. auf dem Wasserbad. — Die folgenden Salze wurden wie die entsprechenden von **I** dargestellt: *Jodid*, $[NiZ_2]J_2 \cdot H_2O$. — *Nitrat*, $[NiZ_2](NO_3)_2 \cdot H_2O$. — *Thiosulfat*, $[NiZ_2]S_2O_3 \cdot 3{,}5\,H_2O$. — *Dithionat*, $[NiZ_2]S_2O_6 \cdot H_2O$. — *Chromat*, $[NiZ_2]CrO_4 \cdot 4\,H_2O$. — *Bis-[methoxyäthylbiguanid]-nickel(II)-sulfat*, $[NiR_2]SO_4 \cdot H_2O$ ($R = CH_3OC_2H_4 \cdot C_2H_6N_5$), wie **I**-Sulfat aus 10 g Methoxyäthylbiguanidiniumsulfat (**V**) in 20 ml W. u. 2,7 g **III**. $\chi_g = -0{,}4186 \cdot 10^{-6}$. Orangegelb. — *Hydroxid*, $[NiR_2] \cdot 0{,}5\,H_2O$, durch ½ std. Stehen vorst. Verb. in 10%ig. kaust. Alkali-Lsg. auf dem Wasserbad. — *Chlorid*, $[NiR_2]Cl_2 \cdot H_2O$, aus vorvorst. Sulfat u. $BaCl_2$. — *Nitrat*, $[NiR_2](NO_3)_2 \cdot H_2O$, aus vorst. Verb. u. $NaNO_3$. — *Bis-[methoxypropylbiguanid]-nickel(II)-sulfat*, $[NiM_2]SO_4 \cdot 0{,}5\,H_2O$ ($M = CH_3OC_3H_6C_2H_6N_5$), wie **I**-Sulfat aus 12 g Methoxypropylbiguanidiniumsulfat (**VI**) in 20 ml W. u. 2,7 g **III**. $\chi_g = -0{,}4075 \cdot 10^{-6}$. Orangegelbe Kristalle. — *Hydroxid*, $[NiM_2] \cdot 0{,}5\,H_2O$, wie **I**-Hydroxid. — *Chlorid*, $[NiM_2]Cl_2$, aus vorvorst. Verb. u. $BaCl_2$. — *Nitrat*, $[NiM_2](NO_3)_2 \cdot H_2O$, aus vorst. Verb. u. Alkalinitrat. Gelb. — *Bis-[äthanolbiguanid]-palladium(II)-sulfat*, $[PdX_2]SO_4 \cdot 2\,H_2O$, durch Mischen von 1,05 g $PdCl_2 \cdot 2\,H_2O$ (**VII**) u. 1 ml konz. HCl in 20 ml W. mit 2 g **II** in 10%ig. NaOH u. Neutralisation des Filtrats mit 6n H_2SO_4. $\chi_g = -0{,}3565 \cdot 10^{-6}$. — *Hydroxid*, $[PdX_2](OH)_2$, durch Verreiben von 1,33 g vorst. Verb. mit 0,79 g $Ba(OH)_2$ in 20 ml CO_2-freiem Wasser. — *Chlorid*, $[PdX_2]Cl_2 \cdot 0{,}5\,H_2O$, aus 1,33 g vorvorst. Sulfats u. 0,61 g $BaCl_2 \cdot 2\,H_2O$ in 20 ml Wasser. — *Nitrat*, $[PdX_2](NO_3)_2 \cdot 0{,}5\,H_2O$, aus vorst. Verb. u. KNO_3. — *Bis-[propanolbiguanid]-palladium(II)-sulfat*, $[PdZ_2]SO_4 \cdot 3\,H_2O$, durch Mischen einer Lsg. von 0,2 g **VII** u. 1 ml konz. HCl in 20 ml W. mit 1 g **IV** in 10 ml W. u. Neutralisation mit verd. NH_3. $\chi_g = -0{,}3894 \cdot 10^{-6}$. Gelbweiß. — *Hydroxid*, $[PdZ_2] \cdot 0{,}5\,H_2O$, nach ½ std. Stehen von 0,5 g vorst. Verb. in 50 ml 5%ig. kaust. Alkali-Lsg. auf dem Wasserbad. Gelbweiß. — *Chlorid*, $[PdZ_2]Cl_2 \cdot H_2O$, aus vorvorst. Verb. u. $BaCl_2$. Gelbweiß. — *Bis-[methoxyäthylbiguanid]-palladium(II)-sulfat*, $[PdR_2]SO_4 \cdot H_2O$, durch Mischen von 0,2 g **VII** mit 5 g **V** u. Neutralisation mit NH_3. $\chi_g = -0{,}4142 \cdot 10^{-6}$. Gelblichweiß. — *Bis-[methoxypropylbiguanid]-palladium(II)-sulfat*, $[PdM_2]SO_4 \cdot 2\,H_2O$, wie vorst. aus 0,2 g **VII** u. 6 g **VI**. $\chi_g = -0{,}4184 \cdot 10^{-6}$. P. SCHARNER. 365□

Zur Methodik der Synthese von Kaliumhexabromoplatinat(IV). Ch. I. Gildengerschel und M. I. Gelfman. (Журнал Прикладной Химии [J. angew. Chem.] **33.** 2773—74. Dez. 1960. Leningrad, Technol. Lensowjet-Inst.) (Russ.)

Es wird eine neue Synth. für *$K_2[PtBr_6]$* (**I**) vorgeschlagen, bei der nicht wie bisher von $K_2[PtCl_6]$ (**II**), sondern von $K_2[PtCl_4]$ (**III**) ausgegangen wird. Darst. von *Kaliumhexabromoplatinat(IV)* (**I**): Durch Lösen von 3,5 g **III** in 25 ml W., Filtrieren, Zusetzen von 31 ml 6,8n HBr (oder 25 g KBr in 20 ml W.), 20—30 Min. Erhitzen auf dem Wasserbad, Zugeben von 7 g Br_2, 20 Min. Erhitzen, danach noch zweimal Br_2 zusetzen u. Erhitzen, Abkühlen auf 0°, Waschen des Nd. mit A. u. Ae.; 90% (Ausbeute). G. ENGELHARDT. 368□

Gerhard Albert Cook, Argon, helium, and the rare gases; the elements of the helium group. Vol. 2. New York: Wiley, 1961. (818 S. m. Abb.) $ 17,50.

Michael Dub, ed., Organometallic Compounds. Literature Survey 1937—1950. Vol. I: Organic Compounds of Transition Metals. Berlin, Göttingen, Heidelberg: Springer-Verl. 1962. (X + 307 S.) 4°. DM 56,—.

P. Pascal, Nouveau traité de chimie minérale, Tome V: Zinc. Cadmium. Mercure. Paris: Masson. 1962. (966 S. m. 73 Abb.) 182 NF.

A_9. Mineralogische und geologische Chemie

Silicium in der Metallphase von Enstatit-Chondriten und einige geochemische Folgerungen. A. E. Ringwood. (Geochim. cosmochim. Acta [London] **25.** 1—13. Aug. 1961. Canberra, Australian Nat. Univ.) (Engl.)

Mit Hilfe röntgenograph. u. chem. Meth. wurde in den Metallphasen von acht Enstatit-Chondriten 2—6 Atom-% Si nachgewiesen. Dagegen wurde in der Metallphase anderer Chondrite kein Si gefunden. Auf Grund dieser Befunde werden die Hypothesen über die chem. Zus. des Endkernes diskutiert. H. MOENKE. 378□

Erzmikroskopische Beobachtungen an den Goldquarzgängen von Gondo (Simplon, Wallis) und Alpe Formazzolo (Val Calneggia, Tessin). Marc Grünenfelder. (Schweiz. mineralog. petrogr. Mitt. **37.** 1—8. 1957.) (Dt.)

Die beiden Vork. sind sich in ihrem mineralog. Aufbau recht ähnlich. Vorherrschend sind *Pyrit, Kupferkies, Sphalerit* u. *Schapbachit,* die Einschlüsse von feinverteiltem *gediegenem Gold* u. den Telluriden, *Hessit, Nagyagit* u. *Calaverit* aufweisen. Andere Einschlüsse im Pyrit sind *Pyrrhotit, Cubanit* u. *Valleriit.* Die mkr. Unterss. gestatten keine einfache Erklärung der Mineralparagenese. Neuartig ist das Auftreten von Telluriden in den westalpinen Goldquarzgängen. E. FRITZSCHE. 380□

Geologie der H.B.-Mine. G. F. Warning. (Canad. Mining metallurg. Bull. **53.** 769—72. Okt. 1960. Salmo, B.C., Cons. Mining and Smelting Co. of Canada Ltd.) (Engl.)

Beschreibung der Zn–Pb-Erzlagerstätte der H.B.-Mine, bei der täglich 1250 t Erz verarbeitet werden. F. VIER. 380□

Die reichen Vorkommen von Blei, Zink, Kupfer und Silber in Broken Hill. R. L. Stanton und S. M. Richards. (Australas. Inst. Mining Metallurgy, Proc. **1961.** Nr. 198. 309—67. Juni. Univ. of New England, Dep. of Geol.) (Engl.)

Es wurde versucht, die geolog. Entstehungsgeschichte der Metall-Vork. in Broken Hill, bes. auch die Beziehung zwischen den Sulfid-Linsen u. den Erzgängen, aufzuklären. Dabei wurde vor allem das Verhältnis der Metalle zueinander betrachtet u. sowohl die hydrothermale Verdrängung als auch die chem. Sedimentation als theoret. Grundlage verwendet. Tatsächlich sind die Verhältnisse der 4 Metalle zueinander anders als in den meisten magmat. oder sedimentären Gesteinen oder im Seewasser. Eine einwandfreie Lsg. der Frage liegt noch nicht vor. — 27 Literaturangaben. F. HOCHSTETTER. 380□

Bemerkungen über gesteinsbildende Mineralien. 14. Mitt. **Anorthoklaseinsprenglinge in dem Trachyt von Puu Anahulu, Hawai-Inseln.** Jiro Shimizu und Hisashi Kuno. (J. geol. Soc. Japan **66.** 547—48. Aug. 1960. Tokyo, Internat. Christian Univ., Dep. of Geol.; Tokyo, Univ. of Tokyo, Geol. Inst.) (Engl.)

Der Anorthoklas aus dem Trachyt besteht zu 28% aus $KAlSi_3O_8$, zu 66% aus $NaAlSi_3O_8$, zu 3% aus $CaAl_2Si_2O_8$ u. zu 3% aus $NaAlSiO_4$. Er hat die Lichtbrechung $\alpha = 1{,}528$, $\beta = 1{,}531-1{,}532$ u. $\gamma = 1{,}533$ bei einem opt. Achsenwinkel von 2 V = 43 bis 46°. Die röntgenograph. Unters. ergab gute Übereinstimmung mit der chem. Analyse. F. ENSSLIN. 380□

Bemerkungen über gesteinsbildende Mineralien. 15. Mitt. **Pumpellyit in kristallinen Schiefern aus dem Yaguki-Distrikt, Präfektur Hukusima, Japan.** Yôtarô Seki und Ichiro Ogino. (J. geol. Soc. Japan **66.** 548—50. Aug. 1960.) (Engl.) — 14. vgl. vorst. Referat.

Der Pumpellyit kommt in den Grünschiefern zusammen mit Chlorit, Titanit, Na-Plagioklas u. Quarz vor u. lagert parallel zu der Schieferungsebene. Die Lichtbrechung ist $\alpha = 1{,}681$ u. $\beta = 1{,}692$. Das Röntgenogramm stimmt mit dem anderer Vork. überein. Der Glaukophan aus dem Grünschiefer der meist von Chlorit oder Aktinolith eingeschlossen ist, hat die Lichtbrechung $\alpha = 1{,}610$, $\beta = 1{,}617$ u. $\gamma = 1{,}620$ u. den opt. Achsenwinkel 2 V = 12—14°. F. ENSSLIN. 380□

Bemerkungen über gesteinsbildende Mineralien. 16. Mitt. **Titanhaltiger Pyroxen, Spinell und Magnetit in dem Hornfels der Sisaka-zima-Inseln, Japan.** Hisashi Kuno. (J. geol. Soc. Japan **66.** 616—18. Sept. 1960. Univ. of Tokyo, Geol. Inst.) (Engl.) — 15. vgl. vorst. Referat.

Der Klinopyroxen in den CaO-reichen Hornfelsen, der zusammen mit Spinell (dunkelgrün), Magnetit, Amphibol, Apatit, Chlorit, Quarz(?) u. Calcit vorkommt, ist fahlgrün u. hat nach der Analyse die ideale Pyroxen-Zus. mit 2,72% TiO_2. Der Spinell besteht in Mol-% aus 36 $FeAl_2O_4$, 30 $MgAl_2O_4$, 10 Fe_3O_4, 6 Fe_2TiO_4 u. 18 TiO_2. Der Magnetit enthält in Mol-% 79 Fe_3O_4, 21 Fe_2TiO_4 mit einem Überschuß an FeO, MnO, MgO u. CaO. Das Gestein ist wahrscheinlich durch Regionalmetamorphose unter dem Einfl. eines Granitmagmas entstanden. F. ENSSLIN. 380□

Bemerkungen über Pinguit. A. Bhaskara Rao. (Current Sci. **29.** 16—17. Jan. 1960. Recife, Brazil, Univ. of Recife, Inst. of Geol.) (Engl.)

Pinguit von Borborema, Nordostbrasilien, ist gras- bis ölgrün, seifenartig, mit D. 1,8 g/cm³. Zur Festlegung seiner Stellung in der Reihe der Tonmineralien wurden Röntgenaufnahmen mit denen des Nontronits u. Chlorits verglichen. Die Interferenzen stimmen mit denen des Nontronits gut überein, während der 14 kX entsprechende Reflex mit dem des Chlorits nicht in Einklang gebracht werden kann. Der Pinguit kann danach in die Gruppe der Chloropale eingeordnet werden. Der Wasserverlust beträgt bei 110° 12,66%, bei 600° 18,24% u. bei 1000° 19,54%. Der Verlust bei 110° dürfte der Wasser-Geh. der Zwischenschicht sein. F. Ensslin. 380□

Sepiolith: Ein vielseitiges Rohmaterial. Robert H. S. Robertson. (Chem. and. Ind. **1957**. 1492—95. 16/11.) (Engl.)

Vf. weist darauf hin, daß seit einigen Jahren Sepiolith von europäischen u. afrikan. Fundorten verfügbar ist. Die chem. u. physikal. Eigg. werden kurz besprochen. Gegenüber anderen Mineralien hat der Sepiolith gewisse Vorteile, wie z. B. seine geringe Dichte, seine hohe spezif. Oberfläche u. seine ausgezeichneten Filtrationseigenschaften. In einem Diagramm sind die verschiedenen Anwendungsmöglichkeiten wiedergegeben.
C. Gottfried. 380

Mineralogische Tonuntersuchung an sedimentären Gesteinen im Kamisunagawa-Distrikt, Ishikari-Kohlengebiet, Hokkaido. Kazuo Kobayashi und Kaoru Oinuma. (J. geol. Soc. Japan **66**. 506—16. Aug. 1960.) (Engl.)

In den kretaceischen bis tertiären Sedimenten wurden in 100 Proben die Tone durch Anfärbung, chem. Analyse u. DTA, sowie röntgenograph. untersucht. Es wurden als Tonsubstanzen vornehmlich Kaolinit, Illit, Chlorit u. ein Zwischenschichtglimmer mit Illit u. Montmorillonit gefunden. Der Chlorit wird bei niedrigeren Temp. zersetzt als der gewöhnlich vorkommende. F. Ensslin. 380□

Gesteinsmagnetismus und Kontinentverschiebung. P. M. S. Blackett. (J. Inst. Metals **89**. Nr. 4. 113—16. Dez. 1960. London, Imp. Coll. of Sci. and Technol., Dep. of Phys.) (Engl.)

Aus der Richtung der magnet. Inklination des reOanenten Gesteinsmagnetismus läßt sich (ungeändertes Erdfeld vorausgesetzt) die geograph. Breite zum Zeitpunkt der Gesteins-Bldg. berechnen. So lag vor 350 Millionen Jahren (Ma) die magnet. bestimmte georgaph. Breite Europas bei 0° u. vor 600 Ma 30° südlich des Äquators. Diese Nordverschiebung Europas (für Nordamerika ähnliche Zahlen) entspricht überraschenderweise auch den klimat. Verhältnissen der entsprechenden Breitengrade (heutige Klimaverteilung vorausgesetzt) während der vorgeschichtlichen Zeitabschnitte. Weitere klimat. übereinstimmende Angaben der Kontinentverschiebung werden für Indien (vor 160 bis 250 Ma am südlichen Polarkreis), Australien, Afrika u. die Antarktis gemacht.
K. Reichel. 382□

Agmatite von Muri-Silli-Jhalida, Ranchi- und Purulia-Distrikt. Dilip Kumar Sen Gupta. (Sci. and Cult. [Calcutta] **25**. 640—42. Mai 1960. Kharagpur, Indian Inst. of Technol., Dep. of Geol. and Geophys.) (Engl.)

Nach einem kurzen Überblick über die geolog. Verhältnisse in den obigen Distrikten beschreibt Vf. die in dem Gneiskomplex auftretenden Agmatitfragmente. Unter Agmatiten versteht man Migmatite mit vielen dunklen Blöcken u. Linsen von *Ortho-* u. *Paraamphiboliten* u. *Hornblendeschiefern*. C. Gottfried. 385

Über einen Amphibolgabbro. Injac Gj. Ndojaj und Dhori Kote. (Bul· Univ. Shtetëror Tiranës, Ser. Shkencat Natyrore [Bull. Inst. Sci. Tirana, Sér. Sci. natur.] **14**. Nr. 4. 113—21. 1960.) (Alban.; Auszug: Franz.)

Der Gabbro von Shkodër zeigt eine Wechsellagerung von weißen u. grünen Bändern. Er enthält Amphibole der Aktinolith-Tremolitreihe u. ist durch hydrothermal-metasomat. Umsetzung aus monoklinen Pyroxenen u. bas. Plagioklasen entstanden.
F. Ensslin. 385□

Zusammensetzung des obertriassischen Lockatong-Argillits, West-central New Jersey. Franklyn B. Van Houten. (J. Geology **68**. 666—69. Nov. 1960. Princeton, N.J., Princeton Univ.) (Engl.)

Am Delaware-River im mittelwestlichen New Jersey kommt eine obertriass. Lockatong-Formation von massigem grauen bis rötlich-braunen aphanit. Argillit vor mit 47% SiO_2 u. ca. 7% Na_2O. Die durch Diabasintrusionen erfolgten metamorphen Veränderungen in der Mineralienfolge wurden mkr., chem. u. röntgenograph. untersucht. Die wichtigsten Mineralien im Argillitmassiv sind Analcim, Dolomit, Feldspat u. Montmorillonit. R. G. Kaiser. 385□

Augit-Granite im Granodioritmassiv der Boranja (West-Serbien). Stevan Karamata. (Schweiz. mineralog. petrogr. Mitt. **37**. 51—63. 1957.) (Dt.)

Das teilweise aus *Hornblende-Quarzmonzoniten* aufgebaute Granodioritmassiv ist mitunter von 2—3 cm mächtigen Zonen von Augit-Graniten durchsetzt. Die Augit-Granite bestehen aus *Quarz, Orthoklas, Andesin* u. *Augit* u. zeigen als charakterist. Eig. orientierte Einschlüsse von Hornblenderelikten. Die Analyse des Augit-Granites zeigt gegenüber der des umgebenden Hornblende-Quarzmonzonites eine Anreicherung von K u. Ca u. eine Verminderung des Fe-, Mg- u. Na-Gehaltes. Der Augit-Granit ist durch

Umwandlung normaler Hornblende-Quarzmonzonite entstanden. Die Genese wird ausführlich behandelt. E. FRITZSCHE. 385□

Über die Biotitgneise und Migmatite des Oberstromgebietes des Horomanflusses, Südliches Hidika, Hokkaido. Shoichi Hirota. (J. geol. Soc. Japan **66**. 517—37. Aug. 1960.) (Engl.)

Die Gesteine können in folgende Gruppen eingeteilt werden: Biotitgneise, gneis. Migmatite, Cordieritmigmatite u. Granitmigmatite. Die Gneismigmatite mit Plagioklasporphyroklasten sind aus den Cordierit- u. Granitmigmatiten unter dynamothermalen Bedingungen entstanden. Der Sillimanit u. Cordierit wurden während der Migmatisierung aus Biotit gebildet. In einem späteren Stadium entstand Muskovit aus Biotit u. Cordierit. In den Granitmigmatiten entstand unter metasomat. Bedingungen grüne Hornblende aus Biotit. F. ENSSLIN. 385□

Granit unter den nördlichen Penninen. K. C. Dunham, G. A. L. Johnson, M. H. P. Bott und B. L. Hodge. (Nature [London] **190**. 899—900. 3/6. 1961. Durham, Univ., Sci. Labor., Dep. of Geol.) (Engl.)

Vff. berichten über die Auswertung von Bohrungen bei Rookhope, West Durham, die das Auftreten von Granit in einer Tiefe von 1281 ft. unter den Kalksteinen ergaben. Der Granit hat ein präkarbon. Alter u. wird von Gängen durchzogen, die *Fluorit*, *Sphalerit* u. *Pyrrhotin* enthalten, wobei einer der Gänge eine Dicke von 16 ft. aufweist. C. GOTTFRIED. 385

Über rhythmische Zonalität einiger Granitkörper. M. M. Powilaitiss. (Известия Академии Наук СССР, Серия Геологическая [Nachr. Akad. Wiss. UdSSR, geol. Ser.] **26**. Nr. 2. 35—49. Febr. 1961. Moskau, Inst. für Geol. der Erzlagerstätten, Petrographie, Mineral. u. Geochem. der Akad. der Wiss. der UdSSR.) (Russ.)

Vf. beobachtete in verschiedenen Massiven parallel zu Kontaktzonen einzelne Regionen, die sich nach dem Charakter der Minerale unterschieden: Zonen gewöhnlichen Gesteins (meist Mikrogranit-Porphyre), in denen keine Merkmale eines orientierten Wachstums der Körner festgestellt wurden, u. solche eines ausgeprägten orientierten Wachstums (meist Quarzzonen). Die Bildungsabfolge der beschriebenen rhythm. zonalen Körper ist folgende: 1. Bldg. der Endokontaktzonen; 2. Bldg. der Einsprenglinge in unkrist. magmat. Kammern; 3. die Reihenfolge der aufeinanderfolgenden Ablagerungen von den Kontakten zu den zentralen Teilen (bald als normales Gestein, bald als Quarzzone) ist als Ergebnis der Veränderung der Kristallisationsbedingungen zu betrachten; 4. das Eindringen u. die Abscheidungen durch wiederholte Injektionen der Granitoide geringer Zahl u. Mächtigkeit. M. HÄHNERT. 385□

Metasomatische Infiltrationszonalität in Gneisen, geknüpft an Alaskagranite des Kuraminsker Gebirges (Mittelasien). G. A. Lissitzyna und B. I. Omeljanenko. (Известия Академии Наук СССР, Серия Геологическая [Nachr. Akad. Wiss. UdSSR, geol. Ser.] **26**. Nr. 2. 50—58. Febr. 1961. Moskau, Inst. für Geol. der Erzlagerstätte, für Petrogr., Mineral. u. Geochem. der Akad. der Wiss. der UdSSR.) (Russ.)

In den Greisen des Gebietes, die an alaskit. Granite des Kuraminsker Gebirges gebunden sind, beobachtet man häufig eine metasomat. Zonalität. Die beobachteten Zonen reichen von unveränderten Graniten bis zu monomineral. Quarzgesteinen. Makroskop. werden deutlich 3 Zonen unterschieden: eine Quarz-, Quarz–Topas- u. Quarz–Muskovit-Zone. Die übrigen Zonen, die sich durch systemat. Ersetzung der Minerale durch andere charakterisieren, können nur im Schliff unterschieden werden. Charakterist. sind bes. die relikt. Minerale. Auf Grund der Beobachtungen wurden die Beweglichkeiten der Komponenten bei der Greisen-Bldg. festgelegt (geordnet nach abnehmender Beweglichkeit): H_2O, CO_2, F, SiO_2, MgO, CaO, Fe, Na_2O, K_2O, Al_2O_3. Lokale Unterschiede im Vergreisungsgrad werden durch Heranziehung der speziellen geolog. Verhältnisse geklärt. Neben den Beweglichkeiten wird die Veränderung des Charakters der vergreisenden Lsgg. in Raum u. Zeit betrachtet. In den letzten Etappen, mit zunehmendem pH-Wert der Lsgg., kommt es in Spalten zu Muskovit- u. Mikroklin- u. teilweise auch zu Sulfid-Bildungen. M. HÄHNERT. 385□

Das Vorkommen von Hypersthen in den Basalten von Hawai. C. E. Tilley. (Geol. Mag. **98**. 257—60. Mai/Juni 1961. Cambridge, Dep. of Mineral. and Petrology.) (Engl.)

Aus der normativen Errechnung des Mineralbestands der Basalte von Kilauea u. Mauna Loa aus den Gesteinsanalysen ergibt sich, das der Hypersthen Basalt 24,58% Hypersthen u. der Klinopyroxen aus diesem Gestein 40,34% Hypersthen enthält. F. ENSSLIN. 385□

Die Genese der lößartigen Lehme des Hügellandes von Cieszyn und der Schlesischen Beskiden. Ewa Stupnicka. (Acta geol. polon. **10**. 247—65. 1960. Warszawa, Univ., Zakł. Geol. Region.) (Pol.)

Übersicht über die bisherigen Theorien, betreffend die eolische Genese lößartiger Lehme der Schles. Beskiden u. des Hügellandes von Cieszyn sowie Wiedergabe eigener Unterss. nach denen diese Löß-Struktur „in situ" aus Lehmen verschiedener Genese u. verschiedenen Alters durch Verwitterungsprozesse entstanden ist.

MARIA SZMYTÓWNA. 385□

Tone und tonhaltige Böden Italiens. Orfeo Turno Rotini. (Ricerca sci. **30.** 1659—70. Nov. 1960.) (Franz.)

In den Böden aus dem Perm, Tertiär u. Quartär ist stets Illit als überwiegendes Tonmineral (gegenüber Kaolinit) vorhanden. In den schwarzen Böden u. den vulkan. ophiolit. Böden sind Montmorillonite vorhanden. In den Böden von „macigno" u. aus dem Miozän u. Pliozän überwiegen die chlorit.-vermiculit. Mineralien, die in Böden trachyt. Herkunft vollkommen fehlen. Als zusätzliche Mineralien treten Quarz, Haematit, Böhmit, Goethit, Disthen, Diaspor, Gibbsit, Calcit, Mn-Oxide u. Hornblende in unterschiedlicher Menge in den einzelnen Siebfraktionen auf. F. ENSSLIN. 385□

Australite von Wingellina, West-Australien. George Baker. (Chem. d. Erde **21.** 118—30. 1961. Melbourne Australien.) (Dt.)

Vergleichende Betrachtungen verschiedener Australite hinsichtlich Glanz, Skulptur, Gew. u. spezif. Gewicht. TH. MEIER. 388□

Einige Erscheinungen des Ätzverhaltens der Australite. George Baker. (Chem. d. Erde **21.** 101—17. 1961. Melbourne, Australien.) (Dt.)

Australite ändern beim Ätzen mit 4%ig. HF ihre Skulpturform nicht. Größere Stücke lösen sich schneller als kleinere. Citronensäure (pH 4) zeigt keine Wrkg. auf die Meteorite. TH. MEIER. 388□

Geochemische Analyse italienischer Öle und Asphalte. Umberto Colombo und Giuseppe Sironi. (Geochim. cosmochim. Acta [London] **25.** 24—51. Aug. 1961. Novara, Italy, „G. Donegani" Res. Inst. Montecatini Co., Dep. of Geochem.) (Engl.)

70 Proben von Erdöl u. Asphalt aus 5 verschiedenen geograph. Bezirken Kontinentalitaliens u. von Sizilien wurden nach einer komplexen geochem. Meth. (organ. Elementaranalyse, Molgew.-Best., IR-Spektren, emissionsspektroskop. Spurenelement-Nachw., Fraktionierung) analysiert. Vers. der geochem. Korrelation der in verschiedenen geolog. Formationen gefundenen Substanzen. Diskussion genet. Fragen. H. MOENKE. 390□

Ein geochemisches Profil durch den Lias alpha (zur Frage der Entstehung des Erdöls). Karl Krejci-Graf und Frans E. Wickman. (Geochim. cosmochim. Acta [London] **18.** 259—72. Febr. 1960. Frankfurt/M., Univ., Geol.-Paläontolog. Inst.; Stockholm, Naturhistoriska Riksmuseets Miner. Avdelning.) (Dt.)

Angabe einer systemat. Unters. der Spurenmetalle u. Isotope eines Gesteinsprofils durch den Lias α. Zwischen den bituminösen Tonsteinen u. den Ölen des Lias α besteht kein Unterschied in dem Verhältnis $^{12}C/^{13}C$. Es tritt offenbar bei der Bituminierung u. Öl-Bldg. keine Fraktionierung der C-Isotope ein. Zwischen der Salinitätsfazies der Gesteine u. dem Verhältnis $^{12}C/^{13}C$ wurde kein Zusammenhang gefunden. Die Öle enthalten an Spurenmetallen nur geringe Mengen Cr im Vgl. mit den bituminösen Schiefern.

F. ENSSLIN. 390□

Marine Geochemie. Edward D. Goldberg. (Annu. Rev. physic. Chem. **12.** 29—48. 1961. La Jolla, Calif., Univ. of California, Scripps Inst. of Oceanographie.) (Engl.)

Übersicht über physikochem. Parameter u. Zus. der marinen Umgebung, chem. Zus. der Ozeane, chem. Rkk. in Ozeanen, Sedimentations-Geschw. u. Evolution der Ozeane. — 165 Literaturangaben (bis Nov. 1960). P. GOLINSKE. 393□

Ein geochemisches Profil in der Ostsee. Frank T. Manheim. (Geochim. cosmochim. Acta [London] **25.** 52—70. Aug. 1961. Stockholm, Geol. Surv. of Sweden, Geochem. Labor.) (Engl.)

Umfangreiche Unters. der Beziehungen zwischen Sedimentationsmilieu u. Elementverteilung in Ostseesedimenten. Bestimmt wurden: Si, Ti, Sr, Co, Cd, Al, K, Ba, V, Ag, Fe, Na, Ge, Mo, As, Mn, Rb, Ga, Pb, Sn, Ca, Li, Cr, Cu, P, Mg, B, Ni, Zn (emissionsspektroskop.), Fe, Mn, Zn (röntgenfluoreszenzspektroskop.), C, S, Th, N, F, CO_2, H, Fe, H_2O, P, U (chem.) u. U (fluorimetr.). H. MOENKE. 393□

Die Radioaktivität der Spaltprodukte aus dem Fallout nach der französischen Kernexplosion in der Sahara. A. Cigna, G. Dominici, A. Malvicini und L. Vido. (Minerva nucleare [Torino] **5.** 73—78. April 1961. Ispra, Centro di Studi Nucl., Gruppo di Fis. San.) (Ital.)

Es wird über Unterss. der Luft u. des Fallout in Italien nach Auslösung der französ. Atombombenexplosionen in der Sahara (1960) berichtet. Die Luft-Konz. an β-radioakt. Substanz zeigte am 1. März ein ausgeprägtes Maximum mit ca. 0,8 $\mu\mu c/m^3$. Das γ-Spektrum des Fallout zeigte Höchstwerte für ^{140}La, ^{103}Ru, ^{106}Rh, ^{141}Ce, ^{144}Ce; in geringerer

Konz. fanden sich ^{95}Zr u. ^{95}Nb. Ein vollständiger chem.-analyt. Trennungsgang zur Isolierung der Radioisotope ^{95}Nb, ^{140}Ba, $^{89}Sr/^{90}Sr$, ^{137}Cs, $^{141}Ce/^{144}Ce$, ^{140}La, ^{90}Y u. ^{95}Zr wird mitgeteilt. Absolutwerte für den Geh. des Fallout an den einzelnen Isotopen sind tabelliert. W. Reusse. 396 □

Ralph Early Grim, Applied clay mineralogy. New York: McGraw-Hill. 1962. (422 S. m. Abb.) $ 12,50.

B. Allgemeine und theoretische organische Chemie

Theorie der Intensitäten der Infrarotspektren des Methans, Äthans und Hexadeuteroäthans. L. M. Swerdlow. (Оптика и Спектроскопия [Optik u. Spektroskopie] **7.** 21—28. Juli 1959.) (Russ.) — Vgl. C. **1962.** 7826; 5231.

Eine Berechnung der Intensitäten von IR-Banden u. der elektroopt. Parameter in erster Näherung des valenz-opt. Schemas für CH_4, C_2H_6 u. C_2D_6 wird durchgeführt; die Berechnungen stimmen mit dem Experiment gut überein. — Die Zusammenstellung der elektr. Parameter der Moll. C_2H_4, C_2D_4, CH_3Cl, CD_3Cl, CH_3Br, CD_3Br, CH_3J, CD_3J, C_2H_6, C_2D_6 führt zur Überzeugung, daß die Bindungsmomente u. Ableitung des Dipolmoments nach der Bindungslänge entgegengesetzte Vorzeichen besitzen; bei Verlängerung der Bindung sinkt das Dipolmoment. Diese Erscheinung kann als Kriterium solcher Moll. dienen, von welchen Angaben über die Intensität der IR-Banden ihrer Isotopen fehlen. J. Tůmová. B 114 □

Berechnung der integralen Intensitäten der Infrarotbanden von isotopensubstituierten Methanen. 8. Mitt. L. M. Swerdlow. (Оптика и Спектроскопия [Optik u. Spektroskopie] **10.** 33—40. Jan. 1961.) (Russ.) — 7. vgl. C. **1962.** 6714; vgl. auch vorst. Referat.

Es wird eine Berechnung der integralen Intensität der IR-Banden folgender Methanisotope durchgeführt: CH_3D, CH_2D_2, CHD_3, CD_4, CH_3T, CH_2T_2, CHT_3, CT_4, CD_3T, CD_2T_2 u. CDT_3. Die Intensitäten werden in 1. Näherung nach dem valenz-opt. Schema berechnet. Die hohe Genauigkeit der Berechnung wird durch die Erfüllung der Summenregel gestützt. G. Engelhardt. B 114 □

Berechnung einiger Parameter monosubstituierter Benzolmoleküle nach der Methode des „Metall-Modells". A. F. Terpugowa. (Оптика и Спектроскопия [Optik u. Spektroskopie] **7.** 581—87. Nov. 1959.) (Russ.)

Die Energieniveaus u. Wellenfunktionen von *Anilin* (I), *Chlor-*, *Brom-*, *Fluor-*, *Nitrobenzol* (II) u. *Pyridin* (III) werden berechnet u. im Vgl. mit dem UV- u. dem sichtbaren Spektrum von Bzl. interpretiert. Bei **I**, **II** u. **III** werden die Elektronendichten bestimmt u. der orientierende Einfl. der Substituenten erläutert. Übergänge in den Gebieten 3200—2600 u. 2600—2200 Å finden zwischen den mit den Substituenten zusammenhängenden Niveaus u. denjenigen des Benzolrings statt. Qual. wird das Vorhandensein von metastabilen Triplettniveaus nachgewiesen. R. K. Müller. B 114 □

Berechnung und Deutung der Schwingungsspektren von Naphthenen. 3. Mitt. **Cyclopentan und Deuterocyclopentan.** L. M. Swerdlow und N. I. Prokofjewa. (Оптика и Спектроскопия [Optik u. Spektroskopie] **7.** 588—99. Nov. 1959.) (Russ.) — 2. vgl. C. **1962.** 67.

Es wird eine Berechnung der Normalschwingungen von *Cyclopentan* (I) unter der Annahme einer D_{5h}-Symmetrie u. eine Berechnung der Symmetrie-Koeff. für diese Gruppe gegeben (Tabellen). Tabellar. wird ferner vollständige Zuordnung der Schwingungsspektren von **I** u. D_{10}-I, der Obertöne u. Kombinationsfrequenzen mitgeteilt. Einige Besonderheiten der Spektren lassen die Möglichkeit einer Verdrehung des C-Ringes zu. R. K. Müller. B 114 □

Ionisierte Zustände von Molekülkristallen. L. E. Lyons. (Austral. J. Chem. **10.** 365—67. Aug. 1957. Sydney, Univ., Dep. of Phys. Chem.) (Engl.)

Vf. berichtet über die Energieniveaus im *Anthracen*-Kristall. Die Existenz von positiven u. negativen Ionen in diesen Kristallen wurde schon früher vermutet; sie läßt sich durch ion. Energieniveaus mit gebundenen Elektronen u. durch Niveaus mit freien Elektronen deuten. G. M. Neumann. B 114 □

Elektronenstruktur und Spektren von Stickstoffheterocyclen. Noboru Mataga und Kitisuke Nishimoto. (Z. physik. Chem., Frankf. Ausg. [N.F.] **13.** 140—57. Nov. 1957. Osaka, Japan, City Univ., Inst. of Polytechn., Dep. of Chem.) (Engl.) — Vgl. C. **1959.** 15944.

Mit Hilfe der von Roothaan (vgl. C. **1952.** 3451) entwickelten halbempir. LCAO-SCF-MO-Meth. berechneten Vff. die Anregungsenergien u. die Oscillatorstärken der Übergänge zu niedrigeren angeregten Zuständen von *Äthylen*, *Bzl.*, *Pyridin*, *Pyrazin*, *symm.-Triazin* einerseits u. von *Anthracen*, *Acridin*, *Phenazin* andererseits. Die hierbei beobachteten systemat. Abweichungen von experimentell erhaltenen Ergebnissen werden ausführlich diskutiert. C. GOTTFRIED. B 114

Absorptionsspektren von Benzolhomologen. 5. Mitt. Spektren von Toluolkristallen bei 20°K. W. L. Broude und M. I. Onoprijenko. (Оптика и Спектроскопия [Optik u. Spektroskopie] **8.** 815—23. Juni 1960.) (Russ.) — 4. vgl. Оптика и Спектроскопия [Optik u. Spektroskopie] **8.** [1960.] 629; 3. vgl. C. **1959.** 60.

Das Absorptionsspektrum (AS) von amorphem u. kristallinem *Toluol* (I) bei 20° K wird aufgenommen, u. es werden Zuordnungen getroffen. Das AS von amorphem I bei 20° K besteht aus wenigen, verwaschenen Banden (Breite bis 150 cm^{-1}), die stärksten liegen bei 37130 u. 38075 (cm^{-1}). Auch die Tieftemp.-Modifikation von I-Kristallen zeigt breite, diffuse Banden, was auf Unvollkommenheit der Kristalle u. ihre mechan. Deformation bzw. gespannten Zustand infolge der Abkühlung zurückgeführt wird. Im AS der Hochtemp.-Modifikation der I-Kristalle liegen die stärksten Banden bei 37145, 37155, 37221, 38088 u. 38119. Aus dem Vgl. der AS von I u. von Bzl. kann man auf eine Ungleichwertigkeit der aromat. C—C-Bindungen im I-Mol. schließen. Die Abweichung der Symmetrie der π-Elektronen ist beim I-Mol. etwa um eine Zehnerpotenz größer als beim Bzl.-Kristall. R. K. MÜLLER. B 118□

Spektren von Organoborverbindungen der aromatischen Reihe. A. N. Nikitina, W. A. Wawer, N. Ss. Fedotow und B. M. Michailow. (Оптика и Спектроскопия [Optik u. Spektroskopie] **7.** 644—52. Nov. 1959.) (Russ.)

Die Elektronenabsorptionsspektren von Lsgg. von Organo-B-Verbb. der aromat. Reihe werden in Heptan-Lsg. untersucht. In den UV-Spektren von Organo-B-Verbb., die einen Bzl.-Ring enthalten, tritt eine scharfe, starke Absorptionslinie bei 235 (mμ) auf. Verbb. mit 2 Phenylgruppen zeigen 2 charakterist. Linien 240—250 u. 270, wobei die Absorptionsintensität größer ist als die Summe der Absorption von 2 einzelnen Phenylgruppen. Die Wechselwrkg. zwischen B u. den Phenylresten wird unter dem Gesichtspunkt behandelt, daß B ein Elektronenacceptor ist. Bei den phenylsubstituierten Borazolen ist die hohe Intensität der Banden um 230—240 durch die Wechselwkrg. zwischen den Phenylresten u. dem Borazolring bedingt. *Phenylboronsäure* u. *-di-n-butylester, Diphenylborinsäureisobutylester* (I) u. -1:1-*NH_3-Komplex, Bis-[p-tolyl]-borinsäure* u. *-isobutylester, Bis-[p-chlorphenyl]-borinsäureisobutylester, Amino-, Äthylamino-, Isobutylaminodiphenylborin, Triphenylborin* u. -1:1-*NH_3-Komplex, Bis-[naphthyl-(1)]-borinsäure, -2:1-Dioxan-Komplex* sowie *-methyl-* u. *-isobutylester, Amino-, Diäthylamino-, Isobutylamino-, Butylmercapto-, Chlor-bis-[naphthyl-(1)]-borin, Phenyl-[naphthyl(1)]-borinsäure-, -isobutylester* u. *-butylester-1:1-NH_3-Komplex, Chlor-[naphthyl-(1)]-phenylborin, B.B.B-Triphenyl-* u. *-Tris-[p-chlorphenyl]-borazol.* Das RAMAN-Spektrum von I wurde ebenfalls untersucht. R. K. MÜLLER. B 118□

Über das Sichtbarwerden von intermolekularen Wechselwirkungen in den Fluorescenzspektren der Lösungen von Acetylanthracenen in Lösungsmittelgemischen. A. Ss. Tscherkassow. (Доклады Академии Наук СССР [Ber. Akad. Wiss. UdSSR] **130.** 1288—90. 21/2. 1960.) (Russ.) — Vgl. C. **1960.** 11599.

Im Fluorescenzspektrum (FS) von *1-Acetylanthracen* (I) verschiebt sich das Maximum beim Übergang von n-Hexan als nichtpolarem Lsgm. zu W. von 22450 nach 17500 (cm^{-1}), bei *2-Acetylanthracen* (II) von 23450 nach 18500. Das FS zeigt in n-Hexan Schwingungsstruktur (bes. das von II), in W. dagegen nicht. Lsgm. mit OH-Gruppen verschieben das FS bes. stark, aber nicht nur wegen ihrer DK, sondern durch spezif. Wechselwrkg. der OH-Gruppen mit den angeregten Moll. von I bzw. II. Bei Zusatz von Pyridin oder Alkoholen zu Hexan verwischt sich die Schwingungsstruktur des FS, das sich nach niedrigeren Frequenzen verschiebt bzw. bei Alkoholen von mindestens einem weiteren FS überlagert wird, wahrscheinlich infolge Bldg. von H-Bindungen zwischen OH- u. CO-Gruppen u. Komplex-Bldg. von I bzw. II mit Alkoholassoziaten. Noch deutlicher werden die Erscheinungen bei Gemischen von 3 Lsgm., z. B. Hexan + Methanol + (Ae., Pyridin, Dioxan, Aceton, Anisol). Aus dem Einfl. auf das FS kann man auf den Grad der Wechselwrkg. der Lsgm.-Komponenten miteinander schließen. R. K. MÜLLER. B 118□

Ultraviolett-Absorptionsspektren von Derivaten des 3-Hydroxy-γ-pyrons. G. A. Tolstikow. (Журнал Общей Химии [J. allg. Chem.] **29 (91).** 2372—77. Juli 1959. Chem. Inst. der Akad. der Wiss. der KasachSSR.) (Russ.) — Vgl. C. **1959.** 14672.

Die UV-Absorptionsspektren von *3-Hydroxy-γ-pyron* (II; F. 117°) u. einigen seiner Derivv. werden in n-Heptan (I), W. u. Ae. untersucht. Die gefundenen Maxima sind: in I 268 (mμ), in W. 270, in Ae. 268; *3-Methoxy-γ-pyron* (F. 85°) in I 258 u. 310—350, in W. 270; *Komensäure* (III; F. 275°) in W. 224 u. 290; III-*Äthylester* (F. 127°) in I 240 u. 298, in W. 246, 300, 370, in Ae. 240 u. 302; III-*Äthylestermethyläther* (F. 156°) in W. 226 u. 296, in Ae. 242, 287, 360; *Mekonsäure* (IV; F. 255°) in W. 236 u. 306; IV-*Diäthylester*

(F. 111°) in I 236, 302, 370, in W. 238 u. 377; IV-*Diäthylestermethyläther* (F. 61°) in I 282, in W. 288. Die Unters. zeigt, daß die Stärke der intramol. H-Bindung in der Reihenfolge **IV** > **II** > **III** abnimmt. R. K. MÜLLER. B 118□

Auswirkungen des Druckes auf die optischen Eigenschaften organischer Phosphore. D. W. Gregg und H. G. Drickamer. (J. chem. Physics **35.** 1780—88. Nov. 1961. Urbana, Ill., Univ. of Illinois, Dep. of Chem. and Chem. Engng.) (Engl.)

An den Absorptions- u. Emissionsspektren u. an der Abklingzeit der Phosphorescenz wird der Druck-Einfl. (bis 54 kbar) auf vier organ. Phosphore [*Fluorescein* (**I**), *Dichlorfluorescein* (**II**), *Acridingelb* (**III**) u. *-orange* (**IV**)] gemessen. Bei **I** u. **II** nimmt die Abklingzeit mit steigendem Druck zu. Das Emissionsspektrum weist 2 Spitzen auf, die bei hohen Drucken näher zusammenrücken. Bei **III** u. **IV** enthält das Absorptionsspektrum eine der dimeren u. eine der monomeren Verb. zukommende Spitze. Mit steigendem Druck nimmt die Intensität der „dimeren" Spitze schnell ab. Bei hohen Konzz. ist die Abklingzeit nahezu unabhängig vom Druck. Bei geringeren Konzz. wird die Abklingzeit mit steigendem Druck kleiner. Der Zusammenhang der dimeren Verb.-Form mit dem Auftreten der Emission wird diskutiert. H. SCHIBILLA. B 118□

Über die Beziehung von Prozessen der induktiven Wechselwirkung angeregter und nichtangeregter Moleküle. W. M. Rubinow und W. A. Kisel. (Известия Академии Наук УзССР, Серия Физико-Математических Наук [Nachr. Akad. Wiss. UsbekSSR, Ser. physik.-math. Wiss.] **1961.** Nr. 4. 63—66. Inst. für Gerichtsbefunde.) (Russ.; Auszug: Usbek.)

Für die Farbstoffe *Rhodamin 6 G*, *Fuchsin*, *Kristallviolett* u. *Methylenblau* ist die Oscillatorstärke der UV-Absorption in Abhängigkeit vom Abstand zwischen den Moll. (verd. Lsg. oder Farbstoffschicht) aufgetragen. Ferner wurde die Luminescenzausbeute in Abhängigkeit von der Konz. in wss. bzw. fester Lsg. bestimmt u. die Konz.-Löschung festgestellt. Zwischen den Prozessen der induktiven Wechselwrkg. angeregter u. nichtangeregter Moll. besteht enge Beziehung. M. WIEDEMANN. B 118□

Absorptionsspektren fester Farbstoffilme. W. M. Rubinow und W. A. Kisel. (Известия Академии Наук УзССР, Серия Физико, Математических Наук [Nachr. Akad. Wiss. UsbekSSR, Ser. physik.-math. Wiss.] **1961.** Nr. 4. 96—98.) (Russ.) — Vgl. vorst. Referat.

Aus alkohol. Lsg. wurden dünne Farbstoffilme von *Fuchsin*, *Rhodamin*, *Kristallviolett* u. *Methylenblau* erhalten u. mittels eines Spiegelmonochromators das UV-Spektrum vermessen. Die Werte der Oscillatorstärke, der Halbwertsbreite der Absorptionsbande u. der Lage des Maximums der Absorption für den Film u. für eine verd. Lsg. des Farbstoffes werden verglichen u. so der Einfl. des Abstandes zwischen den Moll. diskutiert. Die Oscillatorstärke sinkt, wenn der Abstand 15—30 Å beträgt. M. WIEDEMANN. B 118□

Über einige Besonderheiten der Absorptionsspektren von Kristallen und Lösungen des Thioninvioletts. N. M. Melancholin und Je. N. Slawnowa. (Оптика и Спектроскопия [Optik u. Spektroskopie] **7.** 659—63. Nov. 1959.) (Russ.)

Von den in den NH_2-Gruppen alkylsubstituierten Thiazinfarbstoffen *Methylenblau*, *Methylengrün*, *Capriblau*, *Toluidinblau*, *Neumethylenblau* u. *N.N.N'-Trimethyl-N'-äthylthionin* unterscheidet sich *Thionin* (**I**; LAUTH*sches Violett*) durch Verschiebung der Absorptionsbanden von 636—668 (mμ) nach 602 beim Monomeren, von 592—610 nach 563 beim Dimeren. Mit zunehmender I-Konz. in Lsg. tritt bis 0,2% die Bande 562 auf, bei höheren Konzz. eine Bande, die sich von 550 nach 540 verschiebt u. wesentlich breiter ist. Daraus wird auf die Existenz von 2 verschiedenen Modifikationen von **I** geschlossen, eine weitere Modifikation liegt bei $Pb(NO_3)_2$ enthaltenden Lsgg. vor. Vff. nehmen an, daß die komplexen Ionen von **I** zur Bldg. von H-Bindungen durch nichtsubstituierte H-Atome der NH_2-Gruppen sowohl in Kristallen als auch in gelöster Form befähigt sind. R. K. MÜLLER. B 118□

Bemerkungen zur Beziehung zwischen chemischer Struktur und Brechungsindex bei Aminosäuren. A. Lacourt und N. Delande. (Mikrochim. Acta [Wien] **1962.** 48—54). (Engl.)

Es werden zwei konventionelle Werte, n_p u. n_g, nach der Immersions-Meth. bestimmt: n_p bei einer bestimmten Lage des Kristalls in einer Bezugs-Fl., n_g nach Drehung des Kristalls um 90° in einer anderen Bezugsflüssigkeit. Die aus diesen konventionellen Werten errechnete spezif. Refraktivität stimmt mit der theoret. sehr gut überein. Diese Unterss. wurden an folgenden Aminosäuren durchgeführt: *dl-* u. *l-α-Alanin*, *dl-* u. *l-Valin*, *dl-* u. *l-Leucin*, *dl-* u. *l-Isoleucin*, *dl-* u. *l-Norleucin*, *dl-* u. *l-Asparaginsäure*, *dl-*, *d-* u. *l-Glutaminsäure*, *dl-* u. *l-β-Phenylalanin*, *dl-* u. *l-Tyrosin*, *dl-* u. *l-Methionin*, *Glycin*, *β-Alanin*, *ε-Aminocapronsäure*, *dl-α-Aminobuttersäure*, *dl-Norvalin*, *dl-Serin*, *l-Cystein*. n_p u. n_g sind nicht charakterist. für bestimmte Aminosäuren u. können nicht zu ihrer Identifizierung dienen, wohl aber können sie zur Unterscheidung von Isomeren herangezogen werden. Außerdem können aus n_p u. n_g gewisse Rückschlüsse auf die Struktur von Aminosäuren gezogen werden, da Änderungen der Kettenlänge, Stellung oder Substituenten Änderungen von n_p u. n_g hervorrufen. P. KURZMANN. B 119□

Einfluß der Temperatur auf die Ausbreitung elektromagnetischer Wellen in Kristallen, in denen Excitonen entstehen. M. Ss. Brodin und A. F. Lubtschenko. (Оптика и Спектроскопия [Optik u. Spektroskopie] 7. 83–88. Juli 1959.) (Russ.)

Es werden aus experimentellen Daten Gleichungen abgeleitet für die Best. des Brechungsindex u. des Lichtabsorptions-Koeff. von Kristallen, in welchen bei schwacher Bindung der Excitonenanregung mit den Gitterschwingungen Excitonen entstehen können. Am Beispiel von *Anthracen* (360° K; 24000–28000 cm^{-1}) u. *Stilben* (20° K; 29000–34000 cm^{-1}) wird gezeigt, daß sich mit Anwachsen der Temp., der effektiven Masse des Excitons u. der Bindungsstärke der Exciton–Photon-Wechselwrkg. die Unterschiede der Berechnung nach den Formeln der Kristalloptik u. dem Experiment verringern. Bei ein u. derselben Temp. bessert sich diese Übereinstimmung beim Übergang von den Elektronabsorptionsbanden zu den Elektronschwingungsbanden.

J. TŮMOVÁ. B 119□

Über Infrarotspektren N'.N'-disubstituierter N-Benzolsulfonyl- und N-Methansulfonylformamidine. Giampaolo Tosolini. (Chem. Ber. **94**. 2731–37. 18/10. 1961. Mailand, Inst. „Carlo Erba per Ric. Terapeut.") (Dt.)

Benzol- (**V**) u. Methansulfonamid (**VI**) werden durch Umsetzung mit $SOCl_2$ u. verschiedenen N.N-disubstituierten Formamiden in die entsprechenden N'.N'-disubstituierten N-Benzolsulfonyl- u. N-Methansulfonylformamidine übergeführt. Von diesen Verbb. (in Chlf.) werden die Absorptionen der Valenzschwingungen der C=N-, SO_2- u. S–N-Gruppierung im IR gemessen. Für die N'.N'-Dialkyl-Verbb. liegt die C=N-Absorption bei 1600–1629, für die N.N-Diaryl-Verbb. bei 1567–1592 cm^{-1}. Die auf die asymm. bzw. symm. Valenzschwingungen der SO_2-Gruppe zurückzuführenden Banden liegen bei 1298 ± 7 bzw. 1141 ± 14 cm^{-1}. Eine Beziehung zwischen diesen Frequenzen u. der Substitution am N-Atom wird nicht gefunden, bei Ersatz der disubstituierten Aminogruppe durch eine Alkoxygruppe verschieben sich die obengenannten Frequenzintervalle der SO_2-Gruppe nach 1303–1328 bzw. 1163–1149 cm^{-1}. Die S–N-Valenzschwingung wird im Bereich 828–906 cm^{-1} beobachtet. Untersucht wurden: *N-Benzolsulfonyl-N'.N'-dimethylformamidin*, *N-Methansulfonyl-N'.N'-diäthylformamidin* (**I**) u. die im Vers.-Teil genannten Verbindungen.

Versuche: *N-Benzolsulfonyl-N'.N'-diphenylformamidin* (**II**), $C_{19}H_{16}N_2O_2S$, F. 187° (95%ig. A.), durch Zutropfen von $SOCl_2$ in Xylol zu **V** u. Diphenylformamid in wasserfreiem Xylol bei 80–90° u. 3std. Sieden; 70% (Ausbeute). — *N-Methansulfonyl-N'.N'-diphenylformamidin* (**III**), $C_{14}H_{14}N_2O_2S$, F. 189°, wie **II** mit **VI**; 65%. — *N-Methansulfonyl-N'.N'-dimethylformamidin*, $C_4H_{10}N_2O_2S$, F. 80–81° (99%ig. A.), wie vorst. Verb. in Toluol; 68%. — *N-Benzolsulfonyl-N'-methyl-N'-phenylformamidin*, $C_{14}H_{14}N_2O_2S$, F. 105–106° (70%ig. A.), wie **II**; 70%. — *N-Methansulfonyl-N'-methyl-N'-phenylformamidin*, $C_9H_{12}N_2O_2S$, F. 66–67° (60%ig. A.), Kp.$_{0,5}$ 190–191°, aus **VI**, N-Methylformanilid u. $SOCl_2$ in Toluol; 55%. — *N-[Äthoxymethylen]-methansulfonamid*, $C_4H_9NO_3S$, Kp.$_1$ 102°, aus **VI** u. Orthoameisensäuretriäthylester (im Überschuß) durch 15std. Kochen; 75%. — *N-[Äthoxymethylen]-benzolsulfonamid*, $C_9H_{11}NO_3S$, F. 57,5–58° (Bzl./PAe. 80 : 20), wie vorst. Verb. mit **V**; 95%. — *N-Benzolsulfonyl-N'.N'-diäthylformamidin* (**IV**), $C_{11}H_{16}N_2O_2S$, F. 76–77°, aus **V** u. Diäthylformamid u. $SOCl_2$ in Toluol; 30%. — *N-Benzolsulfonyl-N'-methyl-N'-[p-nitrophenyl]-formamidin*, $C_{14}H_{13}N_3O_4S$, F. 167 bis 167,5° (Aceton), wie **IV**; 25%. — *N-Benzolsulfonyl-N'.N'-diisopropylformamidin*, $C_{13}H_{20}N_2O_2S$, F. 114,5–115° (Bzl.), wie vorst. Verb.; 51%. — *N-Methansulfonyl-N'.N'-diisopropylformamidin*, $C_8H_{18}N_2O_2S$, F. 65–66° (Ae.), wie vorst. Verb. mit **VI**; 61%. — *N-{[10.11-Dihydro-5H-dibenzol-[b.f]-azepinyl-(5)]-methylen}-benzolsulfonamid*, $C_{21}H_{18}N_2 \cdot O_2S$, F. 176–177° (Aceton/W. 60 : 40), wie vorst. Verb. mit N-Formyliminodibenzyl (**VIII**); 75%. — *N-Benzolsulfonyl-N'-methyl-N'-[p-aminophenyl]-formamidin*, $C_{14}H_{15} \cdot N_3O_2S$, F. 147–149° (Bzl.), aus der p-Nitro-Verb. durch Hydrierung bei Atmosphärendruck mit Pd-Kohle in Dioxan; 66%. — *N-Methansulfonyl-N'-methyl-N'-[p-nitrophenyl]-formamidin*, $C_9H_{11}N_3O_4S$, F. 166–167° (A.), aus **VI**, N-Methyl-p-nitroformanilid u. $SOCl_2$ in Toluol; 52%. — *N-{[10.11-Dihydro-5H-dibenzol-[b.f]-azepinyl-(5)]-methylen}-methansulfonamid*, $C_{16}H_{16}N_2O_2S$, F. 197° (A.), wie vorst. Verb. mit **VIII**; 57%. — *N-Methansulfonyl-N'-methyl-N'-[p-aminophenyl]-formamidin*, $C_9H_{13}N_3O_2S$, F. 137–138° (A.), durch Hydrierung der p-Nitro-Verb. in Dioxan; 58%. — Die Spektren der Verbb. **I–IV** sind abgebildet. RUDOLF ALBRECHT. B 120□

Über den Unterschied zwischen den L- und den entsprechenden DL-Formen von Aminosäuren in ihren Infrarotspektren im festen Zustand. Masamichi Tsuboi und

Tadao Takenishi. (Bull. chem. Soc. Japan 32. 726—27. Juli 1959. Tokyo, Univ. of Tokyo, Fac. of Sci., Dep. of Chem.; Knagawa, Kawasaki, Ajinomoto Co., Central Res. Labor.) (Engl.)

Nach dem IR-Spektrum lassen sich 3 Gruppen von *Aminosäuren* unterscheiden: In der Gruppe A (*Threonin, Histidin·HCl·H_2O*) weisen die IR-Spektren der *L*- u. *DL-Formen* keine Unterschiede auf. Bei Gruppe B (*Tyrosin, Alanin, Leucin, Phenylalanin, Asparagin, Tryptophan*) sind die Banden der DL-Formen bis zu 20 cm^{-1} gegenüber denen der L-Formen verschoben u. die Intensitäten geringfügig verschieden. In Gruppe C (*Asparaginsäure, Isoleucin, Valin, Serin, Methionin, Prolin, Lysin·HCl*) weisen die DL-Formen ausgeprägte Unterschiede in den Bandenlagen gegenüber den L-Formen auf. Als Erklärung wird angenommen, daß in Gruppe A die DL-Formen nur rac. Gemische der akt. Komponenten darstellen. In Gruppe B zeigt der Kristall der DL-Form ein aus D- u. L-Moll. zusammengesetztes Gitter, aber diese Moll. besitzen die gleiche Konfiguration wie die im Kristallgitter der akt. Formen. In Gruppe C sind die das Kristallgitter besetzenden Moll. nicht von gleicher Konfiguration wie die im Gitter der D- u. L-Form. G. Pötzscher. B 120□

Einfluß der Natur des Substituenten am Siliciumatom auf die Frequenz der totalsymmetrischen Si–C-Valenzschwingung in den Spektren siliciumorganischer Verbindungen. Ju. P. Jegorow. (Известия Академии Наук СССР, Отделение Химических Наук [Nachr. Akad. Wiss. UdSSR, Abt. chem. Wiss.] **1960.** 1553—60. Sept. Akad. der Wiss. der UdSSR, Zelinsky-Inst. für organ. Chem.) (Russ.)

Vf. untersucht die Änderung der Frequenz der symm. SiC-Valenzschwingung ν_s (Si—C) bei 500—700 (cm^{-1}) in Abhängigkeit von der Summe der „effektiven Elektronegativitäten" e_i der am Si gebundenen Gruppen R in Verbb. der Form $SiR_1R_2R_3R_4$. Unter Verw. der bereits bekannten Werte für die Methylchlorsilane wird die Gleichung $\nu = 1655/\sqrt{15{,}77 - \Sigma e_i}$ aufgestellt, die zur weiteren Berechnung der e_i-Werte von ca. 20 organ. Resten dient. Mit Hilfe dieser Werte werden von substituierten Si-organ. Verbb. die ν_s (Si—C) Frequenzen berechnet, die im allg. eine gute Übereinstimmung mit den experimentell gefundenen Werten zeigen. Vf. schließt daraus, daß die Elektronegativität der gebundenen Gruppen für die Frequenzlage maßgebend ist u. daß demgegenüber andere Wechselwrkg. innerhalb des Mol. vernachlässigt werden können. Ausnahmen stellen in dieser Beziehung die Allylsilane dar, bei denen sehr große Abweichungen zwischen berechneten u. experimentell gefundenen Werten festgestellt werden. Jedoch läßt sich diese Abweichung durch Einführung eines Korrekturfaktors für die innermol. Wechselwrkg. in die Gleichung beheben. Untersuchte Silane: *Trimethylchlor-* u. *-brom-, Tetramethyl-, -äthyl-, -n-propyl-, -n-butyl-, Methyltriäthyl-, Dimethyldiäthyl-, Trimethyläthyl-, Tetravinyl-, Trimethyl-* u. *-äthylvinyl-, Trimethyl-* u. *-äthylphenyl-, Dimethylphenylchlor-, Dimethyläthylphenyl-, Trimethyl-n-propyl-, Tri-n-propylvinyl-, Triäthyl-n-butyl-, Tri-n-butylvinyl-, Trimethyl-* u. *-äthylbuten-(3)-yl-, Dimethyläthylbuten-(3)-yl-, Trimethylisobuten-(1)-yl-, Dimethyldiisobuten-(1)-yl-, Dimethyläthylisobuten-(1)-yl-, Trimethyl-* u. *-äthyl-[2-methylpenten-(4)-yl]-, Trimethyl-* u. *-äthylbenzyl-, Trimethyl-* u. *-äthyl-β-phenyläthyl-, Dimethyläthyl-β-phenyläthyl-, Trimethyl-* u. *-äthyl-β-methallyl-, Dimethyläthyl-β-methallyl-, Trimethylbutadien-(2.3)-* u. *(1.3)-yl-, Dimethyläthyl-* u. *Diäthylmethylbutadien-(1.3)-yl-, Dimethyläthyl-* u. *Diäthylmethylbutadien-(2.3)-yl-, Trimethylbutin-(3)-yl-, Dimethyläthyl-* u. *Diäthylmethylbutin-(3)-yl-, Trimethylpropenyl-, Dimethyläthylpropenyl-, Trimethylisopropyl-, Tetraallyl-, Methyl-* u. *n-Propyltriallyl-, Allyltrimethyl-, -triäthyl-, -tri-n-propyl-* u. *-tri-n-butyl-, Dimethyldiallyl-, Dimethyläthyl-* u. *-phenylallylsilan, 1.1-Dimethyl-, 1.1-Diäthyl-, 1.1-Di-n-butyl-, 1.1-Diallylsilacyclopentan, 5-Silaspiro-[4.4]-nonan.* G. Engelhardt. B 120□

Die Atompolarisation von p-Benzochinon aus Infrarotintensitäten. Elliot Charney und Edwin D. Becker. (J. Amer. chem. Soc. **83.** 4468—69. 5/11. 1961. Bethesda, Md., Nat. Inst. of Health, Nat. Inst. of Arthritis and Metabolic Diseases.) (Engl.)

Aus Messungen des IR-Spektrums 0,1—0,3m benzol. Lsgg. von *p-Benzochinon* (**I**) wurden durch Berechnung nach der Gleichung von Whiffen (Trans. Faraday Soc. **54.** [1958.] 327) folgende Anteile der Banden an der Atompolarisation (P_A) erhalten: 1664 [cm^{-1}] P_A = 0,21 cm^3/Mol, 1303 0,06, 1068 0,05, 946 0,03, 882 0,17, 409 0,50, 108 5,95. Da der Gesamtbetrag $\Sigma P_A = 7{,}0$ cm^3/Mol als übereinstimmend mit bekannten Werten der Differenz aus Gesamt-(P_T) u. Elektronenpolarisation (P_E) angesehen werden kann, scheint kein Zweifel mehr zu bestehen, daß der relativ hohe Wert $P_T - P_E$ tatsächlich auf die hohe P_A von I zurückzuführen ist. Die Bande bei 108 cm^{-1} wird wegen ihrer Intensität u. aus Analogie zu ähnlichen Moll. einer Schwingung von C=O aus der Ebene (b_{1u}) zugeschrieben. R. Junge. B 120□

Wasserstoffbindung in orthosubstituierten primären aromatischen Aminen. A. N. Hambly. (Rev. pure appl. Chem. **11.** 212–34. Dez. 1961. Canberra, Australian Nat. Univ., Chem. Dep.) (Engl.)

Übersicht über allg. Aspekte der Wa sserstoffbindung, Entdeckung intramol. Wasserstoffbindungen u. über die IR-Spektren aromat. Amine. — 70 Literaturangaben.

P. GOLINSKE. B 120□

Spektroskopische Untersuchung des Einflusses des Siliciumatoms auf Doppelbindungen in Molekülen siliciumorganischer Verbindungen. Ju. P. Jegorow, L. A. Leitess, N. G. Tolstikowa und Je. A. Tschernyschew. (Известия Академии Наук СССР, Отделение химических Наук [Nachr. Akad. Wiss. UdSSR, Abt. chem. Wiss.] **1961.** 445–54. März. Akad. der Wiss. der UdSSR, Zelinsky-Inst. für org. Chem.) (Russ.)

Von *1-Trimethylsilyl-4-trimethylsilylmethyl-* (I) u. *-4-triäthylsilylmethylbenzol* (II), *1-Trimethylsilyl-4-[2-trimethylsilyläthyl]-* (III) u. *-4-[2-triäthylsilyläthyl]-benzol* (IV), *4-Trimethylsilylmethyl-* (V) u. *4-[2-Trimethylsilyläthyl]-acetophenon* (VI) wurden die RAMAN-Spektren u.' von *1-Trimethylsilyl-4-tert.-butylbenzol* u. *4-Trimethylsilylacetophenon* u. **I, III, V, VI** auch die UV-Absorptionsspektren aufgenommen. Beim Verb.-Typ $R_3Si(CH_2)_nC_6H_4X$ wurden für n = 1 einige Anomalien festgestellt: 1. erhöhte Rk.-Fähigkeit; 2. erhöhte Intensität der symm. —Si—C—C=C bzw. —Si—C—C_6H_5-Schwingung; 3. in den UV-Spektren beobachtet man eine bathochrome Verschiebung der Banden u. Ansteigen der Intensität; 4. in den meisten Fällen steigt die Mol.-Refraktion an. Die Größe des β-Effektes steht in Übereinstimmung mit Berechnungen von SANDERSON (Science [Washington] **122.** [1955.] 3170. 599). Daraus folgt auch, daß die Trimethylsilylgruppe eine bessere Elektronendonatorgruppe ist als die $COOCH_3$-Gruppe.

Versuche: *p-Trimethylsilyl-tert.-butylbenzol*, F. 78° (A.), Kp.$_5$ 88–90°, aus p-Chlor-tert.-butylbenzol (Kp.$_{30}$ 110°, n_D^{20} 1,5100, D.$_4^{20}$ 1,0052) u. Trimethylchlorsilan (**VII**) durch die WURTZ-Rk. mit Na in Ae.; 25,6% (Ausbeute). — 1-Trimethylsilyl-4-[trialkylsilylalkyl]-benzole: *-4-[2-triäthylsilyläthyl]-* (**IV**), Kp.$_3$ 139°, n_D^{20} 1,4939, D.$_4^{20}$ 0,8877, aus β-p-Bromphenyläthyltriäthylsilan (40 g) mit Mg u. 20 g **VII** in Ae.; 78%. (Ausbeute). Daneben 16 g *β-Phenyläthyltriäthylsilan*, Kp.$_{2,5}$ 90°, n_D^{20} 1,4965, D.$_4^{20}$ 0,8866. — Analog in Tetrahydrofuran: *-4-[trimethylsilylmethyl]-* (I), Kp.$_4$ 85–86°, n_D^{20} 1,4911, D.$_4^{20}$ 0,8681; 84%. — *-4-[2-trimethylsilyläthyl]-* (III), Kp.$_5$ 110–112°, n_D^{20} 1,4788, D.$_4^{20}$ 0,8668; 80%. — *-4-[triäthylsilylmethyl]-* (II), Kp.$_6$ 130–132°, n_D^{20} 1,4990, D.$_4^{20}$ 0,8842; 71%.

EBERHARD FISCHER. B 120□

Raman-Spektren einiger C_{24}-Kohlenwasserstoffe. A. N. Kisslinski und A. A. Petrow. (Известия Академии Наук СССР, Серия Физическая [Nachr. Akad. Wiss. UdSSR, physik. Ser.] **23.** 1179–81. Okt. 1959. Akad. der Wiss. der UdSSR, Inst. für erdölchem. Synth.) (Russ.) — Vgl. C. **1959.** 10882.

In einer Tabelle werden die RAMAN-Spektren von 9 C_{24}-KW-Stoffen mitgeteilt: *1-Phenyl-3-hexyl-6-cyclohexylhexan* (Kp.$_5$ 211°, D.$_4^{20}$ 0,8923, n_D^{20} 1,4971), *1-Phenyl-1-cyclohexyldodecan* (Kp.$_4$ 206°, 0,8960, 1,4990), *1.1-Diphenyldodecan* (Kp.$_4$ 208°, 0,9248, 1,5241), *1.5-Diphenyl-3-heptylpentan* (Kp.$_4$ 210°, 0,9233, 1,5219), *7-Phenyloctadecan* (Kp.$_1$ 191°, 0,8528, 1,4800), *2.11-Diphenyldodecan* (Kp.$_4$ 200°, 0,9244, 1,5219), *1.1-Dicyclohexyldodecan* (Kp.$_4$ 205°, 0,8758, 1,4803), *7-Cyclohexyloctadecan* (Kp.$_2$ 201°, 0,8347, 1,4635) u. *2.11-Dicyclohexyldodecan* (Kp.$_4$ 196°, 0,8759, 1,4802). In den Spektren sind die für die Phenyl- u. Cyclohexylringe charakterist. Linien deutlich zu erkennen, während der Paraffinrest keine für seine Strukturelemente eindeutig charakterist. RAMAN-Linien liefert.

R. K. MÜLLER. B 120□

Intramolekulare Wechselwirkung zwischen Hydroxylgruppen und π-Elektronen. 4. Mitt. Rotationsisomere von Alkoholen und Verschiebungen der ν(OH)-Absorptionen in phenylsubstituierten Alkoholen. Michinori Ōki und Hiizu Iwamura. (Bull. chem. Soc. Japan **32.** 950–55. Sept. 1959. Hongo, Tokyo, Univ. of Tokyo, Fac. of Sci., Dep. of Chem.) (Engl.) — 3. vgl. C. **1962.** 7829; vgl. auch C. **1960.** 16016.

Methanol u. tert. Alkohole, wie *tert.-Butanol, Dimethyläthyl-, Triphenyl-* u. wahrscheinlich auch *Äthylmethylphenyl-* u. *Äthyldiphenylcarbinol* weisen eine symm. ν (OH) auf. Prim. u. sek. Alkohole, wie *A., n-Propyl-, n-Butyl-, Isoamyl-, Neopentyl-, Isopropyl-, sek.-Butylalkohol, tert.-Butylmethyl-, Isopropylmethylcarbinol, Benzyl-, α-Methyl-, α.α-Dimethyl-, α.α-Diäthylbenzylalkohol, Benzhydrol, α-Methyl-* u. *α-Isopropylbenzhydrol*, zeigen unsymm. ν (OH)-Banden, die durch Überlagerung zweier symm. Banden entstehen. Die symm. Einzelbanden werden zwei in CCl_4-Lsg. vorliegenden Rotationsisomeren (gauche- u. trans-Form) zugeschrieben, die in der ersten Gruppe der Alkohole infolge ihrer Symmetrie bzgl. der C—O-Achse nicht auftreten können. Die niedrigere Frequenzen der ν (OH)-Banden bei den Dialkylphenylcarbinolen werden ster. Effekten zugeschrieben.

Der Unterschied (sowohl bei den trans- als auch gauche-Formen) in der ν(OH) zwischen aliphat. u. aromat. Carbinolen wird auf die Wechselwrkg. zwischen der OH-Gruppe u. den π-Elektronen der Bzl.-Kerne zurückgeführt. Dies trifft auch auf *Allylalkohol* zu, dessen Haupt-ν(OH) bei 3620 cm^{-1} liegt. G. PÖTZSCHER. B 120□

Intramolekulare Wechselwirkung zwischen Hydroxylgruppen und π-Elektronen. 5. Mitt. **Elektroneneffekt in Arylcarbinolen und eine vorläufige Bemerkung zur Wechselwirkung in Benzylanilinderivaten.** Michinori Ōki und Hiizu Iwamura. (Bull. chem. Soc. Japan **32.** 955—59. Sept. 1959.) (Engl.) — 4. vgl. vorst. Referat.

Die IR-ν(OH)-Absorption von *Benzylalkohol* (I), *m-* u. *p-Nitro-*, *m-* (F. 28—29°, $Kp._3$ 127—127,3°) u. *p-Cyan-*, *m-* u. *p-Chlor-*, *m-* u. *p-Phenyl-*, *m-* u. *p-Methyl-*, *m-* u. *p-Methoxy-*, *m-* u. *p-Benzyloxybenzylalkohol* besteht aus zwei Banden bei ca. 3617 u. 3636 (cm^{-1}), die zwei Rotationsisomeren zugeschrieben werden. Elektronendonatorgruppen in p-Stellung von I erhöhen die Intensität der 3617-Bande, Acceptorgruppen erhöhen die der 3636-Bande. Für das Rotationsisomere mit der 3617-Bande wird eine Struktur angenommen, in der die OH-Gruppe mit dem $C_{(1)}$ des Phenylringes oder dessen π-Elektronen in Wechselwrkg. steht. Zwischen log $(A_i/A_f)/(A_i/A_f)_I$, mit $A_i = \nu$(OH)-Intensität des Rotationsisomeren mit in Wechselwrkg. stehender OH-Gruppe u. A_f = Intensität des Rotationsisomeren mit freier OH-Gruppe, u. den HAMMETTschen σ-Konst. besteht eine lineare Beziehung; der σ-Wert der m-Benzyloxygruppe berechnet sich zu —0,204. Ähnlich den I-Derivv. verhält sich die ν (NH) von *N-Benzylanilin* u. von seinen Derivv. *N-p-Methoxybenzylanilin, N-Benzyl-p-anisidin* u. *N-p-Methoxybenzyl-p-anisidin.*

Versuche: *m-Phenylbenzylalkohol*, $C_{13}H_{12}O$, F. 55—55,5° (CCl_4–PAe.), aus m-Phenylbenzoesäure mit $LiAlH_4$. — *m-Benzyloxybenzaldehyd*, $C_{14}H_{12}O_2$, F. 52—53° (PAe.), aus m-Hydroxybenzaldehyd mit Benzylchlorid in A. in Ggw. von C_2H_5ONa, 5std. Kochen; 82% (Ausbeute). — *m-Benzyloxybenzylalkohol*, $C_{14}H_{14}O_2$, F. 44,5—45° (Bzl.–PAe.), $Kp._3$ 160°, aus vorst. Verb. mit $LiAlH_4$ in Ae.; 81%. — *N-p-Methoxybenzyl-p-anisidin*, $C_{15}H_{17}NO_2$, F. 94—95,5° (PAe.), durch Hydrierung von N-p-Methoxybenzyliden-p-anisidin in A. bei 80—100° u. 100 at; 50% (Ausbeute). — *N-p-Methoxybenzylanilin*, $C_{14}H_{15}NO$, F. 46—47°, vorst. Verb. analog. G. PÖTZSCHER. B 120□

Intramolekulare Wechselwirkung zwischen Hydroxylgruppen und π-Elektronen. 6. Mitt. **Elektroneneffekte auf die Wechselwirkung in ω-Arylalkanolen.** Michinori Ōki und Hiizu Iwamura. (Bull. chem. Soc. Japan **32.** 1135—43. Okt. 1959.) (Engl.) — 5. vgl. vorst. Referat.

Die ν(OH)-Absorption von *2-Phenyläthanol* (I) u. seinen Derivv. *2-m-* u. *-p-Amino-* (II), *-m-* u. *-p-Methoxy-*, *-m-* u. *-p-Methyl-*, *-m-* ($Kp._3$ 100,5°, n_D^{23} 1,5475) u. *-p-Chlor-*, *-m-* u. *-p-Nitrophenyläthanol* besteht aus 3 sich überlappenden Banden, von denen die bei ca. 3635 u. 3625 (cm^{-1}) zwei Rotationsisomeren u. die bei ca. 3600 der Wechselwrkg. der OH-Gruppe mit den π-Elektronen des Phenylringes zugeschrieben werden. Elektronendonatorgruppen verschieben die Wechselwrkg.-ν(OH) nach niedrigeren Wellenzahlen u. erhöhen die Intensität; Elektronenacceptoren wirken entgegengesetzt. Jedoch wird die Wellenzahl bei gleichem Substituenten nicht von seiner Stellung beeinflußt, während ein Elektronendonator die Intensität der Bande stärker in m- als in p-Stellung erhöht. Deshalb wird für I u. seine Derivv. eine Wechselwrkg. zwischen der OH-Gruppe u. den π-Elektronen am $C_{(2)}$ des Ringes bzw. z. T. der $C_{(1)}$—$C_{(2)}$-Bindung angenommen. Bei 3-Arylpropanolen wird die OH—π-Wechselwrkg. nur bei Verbb. mit Elektronendonatorgruppen wie *3-m-* u. *-p-Amino-* (F. 54—55°, $Kp._3$ 145—150°), *-m-* u. *-p-Methyl-* (F. 23—25°, $Kp._3$ 97—98°), *-m-* u. *-p-Methoxyphenylpropanol* beobachtet, während bei *3-Phenyl-* u. *3-p-Chlorphenylpropanol* ($Kp._3$ 111—112°, $n_D^{15,5}$ 1,5428) keine π-Wechselwrkg.-ν(OH) mehr auftritt. Beim *4-Phenylbutanol* ist überhaupt keine Wechselwrkg. mehr festzustellen, selbst bei Einführung einer starken Elektronendonatorgruppe wie beim *p-Amino-Deriv.* (F. 71—72°).

Versuche: *[2-(p-Acetamido-m-nitrophenyl)-äthyl]-acetat*, $C_{12}H_{14}N_2O_5$, F. 77°, durch $^1/_2$std. Erhitzen von II mit Acetanhydrid auf dem Wasserbad, Zugabe von Acetylchlorid u. 1std. Kochen, Abdestillieren des Überschusses der Reagentien, Lösen des Rückstandes in Acetanhydrid, Kühlen im Eis–Salz-Bad u. Zutropfen von HNO_3 (D. 1,42) bei 10—20° u. 15 Min. bei 10—20°; aus Bzl. gelbe Nadeln. — *2-p-Amino-m-nitrophenyläthanol*, $C_8H_{10}N_2O_3$, F. 85—87°, durch 3std. Kochen von vorst. Verb. mit 6n HCl; orangefarbene Nadeln aus Bzl.; 56% (Ausbeute bzgl. II). — *2-m-Nitrophenyläthanol*, $C_8H_9NO_3$, F. 50—51°, $Kp._4$ 141—146°, durch Zugabe von $NaNO_2$ in wenig W. zu vorst. Verb. in konz. HCl bei —5 bis —3°, 10 Min. bei 0°, Zugabe von 30%ig. H_3PO_2 bei 0—3° u. 24std. Stehen im Eisbad; schwachgelbe Nadeln aus Bzl.–PAe.; 50%. — *2-m-Aminophenyläthanol*, $C_8H_{11}NO$, F. 68—69° (Bzl.), durch Zugabe von vorst. Verb. zu $SnCl_2$–konz. HCl u. 30 Min. auf dem Wasserbad; 80%. G. PÖTZSCHER. B 120□

Die infrarotspektroskopische Bestimmung des Substitutionstyps bei Thionaphthenen. J. Derkosch und Inge Specht. (Mikrochim. Acta [Wien] **1962.** 55—63. Wien, Univ., Organ.-chem. Inst.) (Dt.)

Es werden die γ-CH-Schwingungen von *Thionaphthen*, einer Reihe seiner Alkyl-Derivv., von Thionaphthenketonen u. Thionaphthensulfonamiden zugeordnet. Mit dieser Zuordnung ist eine sichere Entscheidung möglich, ob der Benzolring oder der Thiophenring eines Thionaphthen-Deriv. substituiert ist. Bei Substitution am Benzolring ist eine Unterscheidung der Stellungen 4 oder 7 von 5 oder 6 möglich. Unter Anwendung dieser Ergebnisse läßt sich zeigen, daß die Ketogruppe bzw. die Sulfonamidgruppe nach Möglichkeit in den Thiophenteil des Thionaphthens eintritt. Untersuchte Thionaphthene: *2-, 3-, 5-* (I), *6-, 7-Methyl-, 3-Äthyl-, 2.3-, 2.5-, 2.6-, 2.7-, 4.7-, 3.7-Dimethyl-, 2.3.6-Trimethyl-, 2-Methyl-3-acetyl-, 3-Methyl-2-acetyl-, 3-Acetyl-, 5-Methyl-2* (oder *3*)-*acetyl-* (durch Acylierung von I), *2* (oder *3*)-*Aminosulfonyl-, 2-Methyl-3-aminosulfonyl-, 3-Methyl-2-aminosulfonyl-, 5-Methyl-2* (oder *3*)-*aminosulfonyl-, 2.3-Dimethyl-x-aminosulfonyl-.* P. KURZMANN. B 120□

Untersuchung der Wasserstoffbindung. Das Mikrowellenrotationsspektrum von CF_3COOH–HCOOH. C. C. Costain und G. P. Srivastava. (J. chem. Physics **35.** 1903—04. Nov. 1961. Ottawa, Canada, Nation. Res. Council, Div. of Pure Phys.) (Engl.)

Hauptergebnisse der an *CF_3COOH* (I)—*HCOOH* (II)-Dimeren in der Gasphase durchgeführten Untersuchungen sind: Die H-Bindungskraft-Konst. beträgt wahrscheinlich k = 0,31 · 10^5 dyn/cm; **II** könnte beträchtlich in bezug auf die Carboxylgruppe von CF_3COOH verdreht sein, so daß das Mol. nahezu einen symm. Kreisel bildet, dann wäre jedoch eine Rotation von über 80° aus der Ebene erforderlich, um die K = 1-Linien in die bei einer STARK-Spannung von 3500 V/cm allein beobachtete Zentrallinie zu überführen (diese Spannung hat aber möglicherweise nicht zur Trennung der STARK-Komponenten ausgereicht); die Frequenzen der 8 gemessenen Linien (J = 3 ← 2, 7 ← 6, 8 ← 7, 9 ← 8, 16 ← 15, 17 ← 16, 18 ← 17 u. 19 ← 18) werden durch die Beziehung $\nu = (B + C)(J + 1)$ beschrieben. Der (B + C)-Wert von 1154,1—1154,7 MHz liefert einen O—H···O-Abstand von 2,69 Å für das ebene Modell. Ein Vgl. der J = 16 ← 15-Übergänge der normalen u. dreier deuterierten Proben zeigte, daß ein Intensitätsunterschied der Linien der beiden einfach deuterierten Mol. auftritt u. eine BOLTZMANN-Abhängigkeit der relativen Intensitäten besteht; als überraschend großer Nullpunkt-Isotopieeffekt ist der Grundzustand der Mol. mit dem D an II um einen Energiebetrag von ca. 110 cm^{-1} geringer. Ferner weichen die Frequenzen der deuterierten Mol. stark von den aus der angenommenen Geometrie berechneten ab; danach muß der O···O-Abstand in der O—D···O-Bindung um 0,011 Å größer sein als in der O—H···O-Bindung, was etwa dem Literaturwert für den UBBELOHDE-Effekt in Kristallen entspricht u. als Ergebnis einer Messung in der vergleichsweise freien Umgebung der Gasphase besonders interessant ist. Eine lineare Extrapolation dieses Effekts führt auf eine Verkürzung von 0,073 Å im O···O-Abstand, wenn die OH-Schwingung vom v = 0- zum v = 1-Zustand angeregt wird. D. JÖRCHEL. B 121□

Über die Entwicklung bis zum heutigen Stand des Gebrauchs von Projektionsformeln und die Sicherstellung ihrer Eindeutigkeit. V. Bruckner, M. Kajtár und Á. Kucsman. (Ann. Univ. Sci. Budapestinensis Rolando Eötvös nominatae, Sect. Chim. **1.** 13—31. 1959.) (Dt.)

Überblick (Anwendung auf opt.-akt. Verbb.). — 20 Literaturangaben.

G. PÖTZSCHER. B 123□

Zwei chemische Bestimmungen des Gehaltes an Konformationen in Butadien-(1.3). William B. Smith und John L. Massingill. (J. Amer. chem. Soc. **83.** 4301—02. 20/10. 1961. Fort Worth, Tex., Texas Christian Univ., Dep. of Chem.) (Engl.)

In Analogie zu der radikal. Chlorierung von cis- oder trans-Buten-(2), bei der entweder cis- oder trans-1-Chlorbuten-(2) entsteht, da das auftretende Allylradikal seine Konfiguration beibehält, wird die KOLBEsche Elektrolyse von K-Acetat in Methanol/*Butadien-(1.3)* (I) durchgeführt (bei der Methylradikale an das Dien addiert werden), um einen chem. Nachw. der in I vorliegenden Konformationen zu liefern. Bei dieser Elektrolyse entstehen in der Hexen-Fraktion neben 21% *3-Methylpenten-(1)* (II) u. 77% *trans-Hexen-(3)* (III) (vgl. C. **1960.** 9846 u. C. **1962.** 6345) 2% *cis-Hexen-(3)* (IV), wie gaschromatograph. ermittelt wird. Das bedeutet, daß I zu ca. 97% in der s-trans- u. zu ca. 3% in der s-cis-Form vorliegt. Bei Einw. von Mg auf Methyljodid in Ggw. von I entsteht eine Hexen-Fraktion mit 26% **II**, 69% **III** u. 5% **IV**, entsprechend einem Geh. von 7% s-cis-Form in I. R. ALBRECHT. B 123□

Über die Grenzpolarisation der Luminescenz komplizierter Moleküle. G. P. Gurinowitsch, A. M. Ssarshewski und A. N. Ssewtschenko. (Оптика и Спектроскопия [Optik u. Spektroskopie] **7.** 668—76. Nov. 1959.) (Russ.) — Vgl. C. **1960.** 5434.

Der Polarisationsgrad der Fluorescenz von Phthalimid-Derivv. in viscoser oder fester Lsg. nimmt ab, wenn die Frequenz des anregenden Lichts sich von derjenigen des reinen Elektronenübergangs entfernt. Sind beide Frequenzen gleich, dann nähert sich der Grenzwert der Polarisation dem theoret. von 50%. Der Übergang zwischen gleichen Elektronenpaaren ist völlig anisotrop u. kann als linearer Oscillator dargestellt werden. Die Abweichung der Grenzwerte von 50% erklärt sich durch den Einfl. von Schwingungen auf die meßbare Polarisation. Die Abhängigkeit der Grenzpolarisation von der Lichtfrequenz ist ein Beispiel für die Regel der Spiegelsymmetrie. R. K. MÜLLER. B 125□

Permanente Dipolmomente von gesättigten Kohlenwasserstoffen. Ricardo Ferreira. (J. chem. Physics **35.** 755. Aug. 1961. Rio de Janeiro, Brazil., Centro Brasileiro de Pesquisas Fis.) (Engl.)

Die beobachteten kleinen Dipolmomente von *Isobutan* (I) u. *Propan* (II) werden mit Unterschieden in den Bindungsmomenten der C(sp^3)—H-Bindungen erklärt. Die Berechnung (vgl. C. **1959.** 15272) dieser Bindungsmomente für die 3 Gruppierungen —CH_3, —CH_2 u. —CH liefert die Werte 0,20 ± 0,02; 0,26 ± 0,03 u. 0,38 ± 0,04 D; mit diesen Werten folgt als resultierendes Dipolmoment für I 0,18 ± 0,04 u. für II 0,04 ± 0,02 D. RUDOLF ALBRECHT. B 132□

Dipolmomente von α,ω-Dibromparaffinen und ihre Temperaturabhängigkeit. H. J. G. Hayman und I. Eliezer. (J. chem. Physics **35.** 644—48. Aug. 1961. Jerusalem, Israel, Hebrew Univ., Dep. of Phys. Chem.) (Engl.)

Die Dipolmomente einer Reihe von n-Alkylbromiden u. -dibromiden werden in Bzl. gemessen u. betragen bei 25° (bzw. 64°) in D: *α.ω-Dibrompropan* 2,066 (2,054); *-butan* 2,067 (2,098); *-pentan* 2,284 (2,318); *-hexan* 2,328 (2,379); *-heptan* 2,441 (2,480); *-octan* 2,480 (2,522); *-nonan* 2,543 (2,576); *-decan* 2,568 (2,160); *n-Propylbromid* 1,950 (1,960); *n-Butylbromid* 1,956 (1,966). Ein Vgl. mit theoret. berechneten Werten mittels einer früher entwickelten Gleichung (vgl. C. **1959.** 6748) zeigt gute Übereinstimmung. Die erhaltenen Werte lassen sich unter der Annahme von gauche–trans-Rotationsisomeren interpretieren, wenn für die gauche-Konformation ein um 0,40 kcal/Mol höherer Energieinhalt als für die entsprechende trans-Form angenommen wird, außer bei den CH_2Br-Gruppen mit einer Energiedifferenz von 0,34 kcal/Mol. RUDOLF ALBRECHT. B 132□

Dielektrische Polarisation und Wasserstoffbindung von Adsorbaten: Methanol und Isobutan an porösem Vycor-Glas. D. Fiat, M. Folman und U. Garbatski. (J. physic. Chem. **65.** 2018—23. Nov. 1961. Haifa, Israel Inst. of Technol., Dep. of Chem.) (Engl.)

Nach dem früher (vgl. C. **1962.** 4826) beschriebenen Verf. wurden die dielektr. Eigg. von CH_3OH (I) u. *Isobutan* (II) bei Adsorption an porösem Vycor-Glas bei niedriger Oberflächenbedeckung untersucht. Die wie früher (l. c., Behandlung des Syst. als Lsg.) berechnete Molpolarisation P_m u. differentielle Molpolarisation $P_{diff.}$ des Adsorbats als Funktion des adsorbierten Vol. V ergibt folgendes: Für I steigt die Kurve $P_{diff.}$ gegen V steil an u. fällt bei höherem V wieder. An vorher durch Adsorption von I methoxyliertem Glas (vgl. l. c.) liegt das Maximum bei niedrigereren Werten von $P_{diff.}$ u. V u. ist schärfer. Für II hat dagegen die Kurve kein Maximum, sondern fällt zuerst steil u. strebt für hohes V einem konst. Wert zu, der nahe dem des fl. II liegt. *n-Butan* verhält sich ähnlich. Für I nimmt — ähnlich wie für NH_3 (vgl. l. c.) — $P_{diff.}$ bei niedrigen Bedeckungsgraden mit wachsender Temp. zu. Bei höheren Bedeckungsgraden ist das Temp.-Verh. normal. Die Ergebnisse werden mit denen bei NH_3 verglichen u. mit Wechselwrkg. zwischen Adsorbat u. den OH-Gruppen des Glases erklärt. Die Energie der H-Bindung von I an OH entspricht etwa der Wechselwrkg.-Energie von I im fl. Zustand, weshalb das Maximum von $P_{diff.}$ etwa der Molpolarisation von fl. I entspricht. II reagiert mit seinem niedrigen Dipolmoment viel stärker mit den OH-Gruppen an Glas als im fl. Zustand, weshalb $P_{diff.}$ bei niedriger Bedeckung höher ist als von II im fl. Zustand. R. JUNGE. B 132□

Zweites Moment der KMR eines Radikals unter eingeschränkter Rotation. Akira Miyake, Riichirô Chûjô und Hatsuko Adachi. (J. physic. Soc. Japan **14.** 972. Juli 1959. Shizuoka, Shizuoka Univ., Fac. of Liberal Arts and Sci., Shizuoka Prefecture, Fujieda-Nishi High School.) (Engl.)

Berechnung der Rotation eines in einem Polymeren gebundenen CH_3-Radikals. CH. WEISKE. B 137□

Untersuchungen des Overhauser-Effekts in Lösungen freier Radikale mittels Wendelleitung. K. H. Hausser und F. Reinhold. (Z. Naturforsch. **16a.** 1114 bis 1116. Okt. 1961. Heidelberg, Max-Planck-Inst. für med. Forsch., Inst. für Chemie.) (Dt.)

Vff. untersuchen die auf Grund einer magnet. Dipol–Dipol-Kopplung zwischen Protonen des Lsgm. (Bzl.) u. den Elektronenspins freier Radikale (*1.3-Bis-[diphenylen]-2-phenylallyl* bzw. *2.4.6-Triphenylphenoxyl*) auftretende Kernpolarisation $\langle I_z \rangle = I_0 \cdot (1 - 1/2 \cdot f \cdot s \cdot [\gamma_e/\gamma_k])$ (OVERHAUSER-Effekt; I_0 = Kernpolarisation im Temp.-Gleichgewicht, γ_e bzw. γ_k = magnetogyr. Verhältnis des Elektronen- bzw. Kernspins, s = Sättigungsparameter der Elektronenspinresonanz ESR, f = Zahlenfaktor für eine Spin-Gitter-Relaxation ohne Beteiligung des Radikal-Elektronenspins). Zur Sättigung der ESR dient ein Klystron von ca. 8800 MHz, die magnet. Feldstärke H_0 beträgt 3440 Gauß, die Resonanzfrequenz der Protonen 13,365 MHz. Eine Wendelleitung ersetzt den für die ESR benötigten Hohlraumresonator u. dient gleichzeitig als Empfangsteil für die kernmagnet. Resonanz. Im Konz.-Bereich 10^{-3} bis $5 \cdot 10^{-2}$ Mol/Liter wird für die verdünnteren Lsgg. kein OVERHAUSER-Effekt, bei höheren Konzz. jedoch eine deutliche Schwächung des Absorptionssignals u. im günstigsten Fall eine Signalumkehr beobachtet. s. u. f sind von der Menge des gelösten O_2 stark abhängig, da einerseits (für s) die Relaxationszeiten der ESR in verd. Lsg. durch O_2 um etwa eine Größenordnung verkürzt werden, andererseits die Wechselwirkung mit den O_2-Moll. einen Beitrag zur Spin-Gitterrelaxationszeit der Protonen des Lsgm. liefert u. damit f verkleinert.

F. MADER. B 137□

KMR-Spektren einiger Derivate von Nitrocyclopropan. 4. Mitt. über nucleophile aromatische Addition. J. Smidt und Th. J. de Boer. (Recueil Trav. chim. Pays-Bas **79.** 1235—43. Nov. 1960. Geleen, Staatsmijnen in Limburg, Central Labor.; Amsterdam, Univ., Labor. of organ. Chem.) (Engl.) — 3. vgl. C. **1962.** 11542.

Die Konstit. von *trans-1-Nitrocyclopropan-cis-1.2-dicarbonsäure*, deren *Anhydrid*, *trans-2-Nitrocyclopropancarbonsäure*, deren *cis-Isomeres*, *2-Nitro-2-[α-hydroxy-γ-nitropropyl]-cyclopropancarbonsäurelacton* u. „*Trismethylentrinitrobenzol*" werden durch Aufnahme der KMR-Spektren gesichert.

W. LIEBSCHER. B 137□

Spektren der paramagnetischen Elektronenresonanz von Cyaninfarbstoffen. Ju. Sch. Moschkowski. (Доклады Академии Наук СССР [Ber. Akad. Wiss. UdSSR] **130.** 1277—79. 21/2. 1960. Akad. der Wiss. der UdSSR, Inst. für chem. Physik.) (Russ.)

Bei der Messung der Elektronenresonanzspektren (ERS) von den Cyaninfarbstoffen 1. *Bis-[1-äthylchinolin-(2)]-mono-*, *-tri-* (auch *Chlorid*), *-penta-*, *-hepta-*, *-nonamethinjodid*, 2. *Bis-[3-äthylbenzthiazol-(2)]-mono-*, *-tri-*, *-penta-*, *-hepta-*, *-nonamethinjodid*, 3. *Bis-[1-äthyl-3.3-dimethylindol-(2)]-hepta-* u. *-nonamethinjodid*, wird der Einfl. von n der Brücke $-(CH{=}CH)_n-CH{=}$ auf die ERS untersucht. Zur Entstehung eines ERS ist bei Reihe 1 ein n > 1, Reihe 2 n > 2, Reihe 3 n > 3 erforderlich, entsprechend der Abnahme der Basizität des heterocyl. Rings. Der Annahme, daß das ERS durch therm. Anregung des Triplettzustands entsteht, widerspricht es, daß sich bei Herabsetzung der Temp. auf 90°K das Signal des ERS nicht verringert, sondern verdoppelt u. sich die Linienbreite nicht vermindert. Die untersuchten Farbstoffe absorbieren im roten Teil des Spektrums u. im nahen IR. Im Hochvakuum ($2 \cdot 10^{-6}$ Torr) nimmt das Signal um 20—30% zu, in Ggw. von Luft-O_2 ab.

R. K. MÜLLER. B 137□

Elektronenspinresonanzspektren negativer Radikalionen stickstoffhaltiger Heterocyclen. K. Markau und W. Maier. (Z. Naturforsch. **16a.** 1116—18. Okt. 1961. Freiburg i. Br., Inst. für Elektrowerkstoffe der Fraunhoferges.) (Dt.)

Vff. bestimmen die Elektronenspinresonanzspektren (Varian V 4500 — Spektrometer mit 100 kHz Modulation) der Radikalsalz-Lsgg. des *Pyridins* (I), *Acridins* (II), *Chinolins* (III) u. *Isochinolins* (IV), die durch Umsetzung dieser Heterocyclen mit fl. Na–K-Legierung in wasser- u. sauerstofffreiem Tetrahydrofuran dargestellt wurden. Da das für das I-Radikal (blau) beobachtete Spektrum mehr Linien als die für $(C_5H_5N)^-$ berechneten 54 zeigt u. das Intensitätsverhältnis zwischen schwächster u. stärkster Linie etwa 1:100 ist, wird das Spektrum als das eines einfach geladenen I-Doppel-Mol. $(C_5H_5N)_2^-$ interpretiert, wobei allerdings die Symmetrie der Elektronenverteilung in den I-Mol. durch die Anwesenheit des Gegenions (K-Ion) sowie des zweiten Mol. ganz erheblich gestört wird. Das Spektrum läßt sich als die Überlagerung eines 1:2:3:2:1-Quintetts mit dem Aufspaltungsparameter 3,6 Gauß (N-Aufspaltung) u. zweier 1:4:6:4:1-Quintetts (α- u. β-H) mit 2,3 u. 0,5 Gauß erklären, jedoch ist bei letzteren die Einzelzuordnung zu α- bzw. β-H nicht möglich. Beim II-Ion $(C_{12}H_8N_2)^-$ gelang eine Hyperfeinaufspaltung in 58 Linien (theor. 486). Diese Teilaufspaltung genügt aber nicht zur exakten Deutung des Spektrums, was auch für die grünen Radikalionen von **III** u. **IV** gilt.

F. MADER. B 137□

Potentiometrische Bestimmung der Dissoziationskonstanten von Acetylaceton und Acetessigester. W. Walisch und A. H. Ruppersberg. (Ann. Univ. Saraviensis 8. 1—13. 1959. Inst. für Organ. Chem.; Inst. für Anorgan. Chem.) (Dt.)

Es wird eine experimentell zugängliche „empir. Dissoziations-Konst." K_b' definiert u. durch Aufnahme von Neutralisationskurven für *Acetylaceton* pK_b' 9,00 u. *Acetessigsäureäthylester* pK_b' 10,81 bestimmt. Aus der guten Konstanz dieser Werte im Puffergebiet kann gefolgert werden, daß sich das Konz.-Verhältnis Enol-/Ketoform im untersuchten pH- u. Konz.-Bereich nicht ändert. G. Pötzscher. B 139□

Ein vollständiges Ionisationsschema für Citronensäure. R. Bruce Martin. (J. physic. Chem. 65. 2053—55. Nov. 1961. Charlottesville, Va., Univ. of Virginia, Cobb Chem. Labor.) (Engl.)

Durch Zusatz von 1 oder 2 Äquivalent Base zu Citronensäuretrimethylester (F. 75 bis 76°) bzw. symm. Citronensäuredimethylester (F. 116—118°) u. potentiometr. Titration mit Säure ohne Salzzusatz wurden nach Kombination mit den bekannten Dissoziations-Konst. von *Citronensäure* (I) für die Mikrogleichgewichte I $\xrightarrow{K_1}$ $COOH \cdot CH_2 \cdot CHOH \cdot COOH \cdot CH_2 \cdot COO^-$ (II) $\xrightarrow{K_{12}}$ $COOH \cdot CH_2 \cdot CHOH \cdot COO^- \cdot CH_2COO^-$ (III) $\xrightarrow{K_{123}}$ $COO^- \cdot CH_2 \cdot CHOH \cdot COO^- \cdot CH_2 \cdot COO^-$ (IV); I $\xrightarrow{K_2}$ $COOH \cdot CH_2 \cdot CHOH \cdot COO^- \cdot CH_2 \cdot COOH$ $\xrightarrow{K_{21}}$ III; II $\xrightarrow{K_{13}}$ $COO^- \cdot CH_2 \cdot CHOH \cdot COOH \cdot CH_2 \cdot COO^-$ $\xrightarrow{K_{132}}$ IV folgende Konst. erhalten: $pK_1 = 3{,}85$, $pK_{12} = 4{,}60$, $pK_{123} = 5{,}85$, $pK_2 = 3{,}35-3{,}40$, $pK_{21} = 5{,}10$, $pK_{13} = 440$, $pK_{132} = 6{,}05$. Daraus folgt, daß in einer I-Lsg. 40% der einfach ionisierten Moll. als II vorliegen u. 55% der doppelt ionisierten als III. Vgl. verschiedener Beziehungen der K-Werte untereinander mit den entsprechenden Werten an ähnlich gebauten Moll. ergeben etwa Übereinstimmung. Die Diskrepanzen zu Ergebnissen aus magnet. Resonanzmessungen an I u. I-Estern (Loewenstein u. Roberts, C. **1961**. 2930) lassen sich beseitigen, wenn man zu deren Berechnung etwas andere Werte für die Makro-Konst. pK_1 u. pK_2 von I zugrunde legt. R. Junge. B 139□

Thermodynamik der Ionisation von wässerigem m-Chlorphenol. W. F. O'Hara und L. G. Hepler. (J. physic. Chem. 65. 2107—08. Nov. 1961. Charlottesville, Va., Univ. of Virginia, Dep. of Chem.) (Engl.)

Nach der früher angegebenen Meth. (Muldrow u. Hepler, C. **1958**. 337) wurde nach Extrapolation auf die Konz. Null für *m-Chlorphenol* (F. 32,0—33,1°; n_D^{40} 1,5560) eine Lsg.-Enthalpie von $\Delta H_1^0 = 674 \pm 15$ cal/Mol, eine Ionisationsenthalpie in wss. Lsg. von $\Delta H_i^0 = 5286$ cal/Mol u. $\Delta S_i^0 = -23{,}8$ cal/Mol·Grad erhalten. Durch Vgl. mit den entsprechenden Daten der o- u. p-Verbindungen u. mit spektroskop. Daten ergibt sich, daß für die Unterschiede in den Ionisations-Konst. der Monochlorphenole allein Unterschiede der Enthalpie zwischen Säure-Mol. u. Säureanion, $\Delta H_{int.}$, verantwortlich sind, d. h. Unterschiede der Bindungsenergie auf Grund induktiver u. Feldeffekte.

R. Junge. B 139□

Die Stärke von Cyancarbonsäuren und eine H-Aciditätsskala für Lösungen konzentrierter Säuren. Richard H. Boyd. (J. Amer. chem. Soc. 83. 4288—90. 20/10. 1961. Wilmington, Del., E. I. du Pont de Nemours & Co., Central Res. Dep.) (Engl.)

An Lsgg. von Cyancarbonsäure-Salzen in $HClO_4$ (I) bzw. H_2SO_4 (II) verschiedener Konz. wurden durch Vgl. der UV- u. sichtbaren Spektren des freien Anions u. der protonierten Form folgende pK_a-Werte erhalten: *p-[Tricyanvinyl]-phenyldicyanmethan* (III) 0,60 in I, *Methyldicyanacetat* (IV) —2,78 in I, —2,93 in II, *Hexacyanheptatrien* —3,55 u. —3,90, *Cyanoform* —5,13 u. —5,00, *Bis-[tricyanvinyl]-amin* (V) —6,07 u. —5,98, *Pentacyanpropen* $< -8{,}5$ in I, *Hexacyanisobutylen* $pK_1 < -8{,}5$, $pK_2 \approx -2{,}9$ in I. Die aus den Werten für III, IV u. V als Indikatoren aufgestellte Säurefunktion $H_- = pK_a + \log (C_{A^-}/C_{HA})$ für 0,1—10,0m Säure verhält sich trotz quant. Unterschiede ähnlich wie die Hammettsche H_0-Funktion. R. Junge. B 139□

Über die Kinetik der gegenseitigen Umwandlung von cis–trans-Isomeren. 1. Mitt. **Carbonsäuren.** A. L. Markman und E. W. Sinkowa. (Журнал Общей Химии [J. allg. Chem.] 29 (91). 2362—65. Juli 1959. Mittelasiat. polytechn. Inst.) (Russ.)

Es wurde die Umwandlung von *Malein-*, *cis-Aconit-*, *Citracon-*, *Allozimt-* u. *Isocrotonsäure* in die entsprechenden *trans*-Isomeren untersucht. Die cis-Form der Säuren ist in alkohol. Lsg. instabil. Die Geschw.-Konst. der Umwandlung in die trans-Form nimmt von Malein- zur Isocrotonsäure um das 10fache zu. Die Änderung der Konz. mit der Zeit wird tabellar. angegeben. Die trans-Säuren (10^{-2}m in A.) wurden durch UV-Bestrahlung quant. in die cis-Säuren umgewandelt, diese wurden im Dunkeln aufbewahrt u. die Änderung der Zus. polarograph. verfolgt. Helmut Schäfer. B 142□

Über die Kinetik der gegenseitigen Umwandlung von cis–trans-Isomeren. 2. Mitt. **Azobenzol.** A. L. Markman und E. W. Sinkowa. (Журнал Общей Химии [J. allg. Chem.] 29 (91). 3093—98. Sept. 1959.) (Russ.) — 1. vgl. vorst. Referat.

Es wird das polarograph. Verh. von Azobenzol (I) in A. in Abhängigkeit von pH-Wert u. Konz. der Lsg. untersucht. Die beiden Halbstufenpotentiale verschieben sich mit zunehmendem pH-Wert nach negativeren Werten (von pH 2,93—12,39 E_1 entsprechend von —0,25 bis —0,83 V, E_2 von —0,47 bis —1,05 V). Mit Erhöhung der A.-Konz. von 25 auf 100% ändert sich E_1 von —0,45 auf —0,58 V, E_2 von —0,75 auf —0,95 V. — I liegt zu 67,7% in der *cis-*, zu 32,3% in der *trans-Form*, vor. Bei Bestrahlung erfolgt eine Umlagerung in die energiereichere cis-Form mit einer Umwandlungsenergie von 12,45 kcal/Mol; im Dunkeln erfolgt nach einer Induktionsperiode Rück-Rk. bis zur Einstellung des Gleichgewichts. Die kathod. Red. der beiden I-Formen erfolgt reversibel unter Beteiligung 2er Elektronen zu *Hydrazobenzol*. Der Diffusions-Koeff. wird zu 7,84 $cm^2 \cdot s^{-1}$ berechnet. HELMUT SCHÄFER. B 142□

Untersuchung der Systeme der n-Paraffinkohlenwasserstoffe C_{20}—C_{30} und C_{30}—C_{32}. N. A. Netschitailo, L. M. Rosenberg, Je. M. Terentjewa und A. W. Toptschijew. (Доклады Академии Наук СССР [Ber. Akad. Wiss. UdSSR] **116.** 613—16. 1/10. 1957.) (Russ.)

Die Thermoanalyse der Syst. $C_{20}H_{42}$ (Umwandlungspunkt —; F. 37,5°)-$C_{30}H_{62}$, 59,0°, 66,2° u. $C_{30}H_{62}$-$C_{32}H_{66}$ (64,0°, 69,5°) wird untersucht. $C_{20}H_{42}$ u. $C_{30}H_{62}$ besitzen ein Eutektikum bei 35,5° mit 93,0% $C_{20}H_{42}$, dessen Ausscheidung bei den Gemischen mit 95—98% $C_{30}H_{62}$ nicht auf den Thermogrammen, aber an den Mikro-Präpp. in polarisiertem Licht zu beobachten ist. Auf den Abkühlungskurven wird bei 29—30° ein Phasenübergang beobachtet, dessen therm. Effekt bei Zunahme des $C_{20}H_{42}$-Geh. gesetzmäßig zunimmt, der aber auf den Erhitzungskurven nicht auftritt; es handelt sich um eine irreversible Umwandlung, die aber nicht zu den bei KW-Stoffen mit < 22 C-Atomen beim Lagern beobachteten langsamen Umwandlungen gehört, sondern durch eine Beimengung bedingt ist. Die α-Modifikationen von $C_{30}H_{62}$ u. $C_{32}H_{66}$ bilden eine kontinuierliche Reihe fester Lösungen. Mit abnehmender Temp. geht die α-Lsg. in die β-Lsg. über. R. K. MÜLLER. B 150□

Untersuchung zur Trennung von C_5-Kohlenwasserstoffgemischen durch azeotrope und extraktive Rektifikation. 4. Mitt. **Flüssigkeit-Dampf-Gleichgewicht in Kohlenwasserstoff-Methylformiat-Systemen.** Ss. K. Ogorodnikow, W. B. Kogan und M. Ss. Nemzow. (Журнал Прикладной Химии [J. angew. Chem.] **34.** 581—84. März 1961.) (Russ.)

Es werden die Fl.-Dampf-Gleichgewichte in bin. Syst. von *Methylformiat* (I, $Kp._{760}$ 31,7°, n_D^{20} 1,3439, $D._4^{20}$ 0,9704) mit *n-Hexan*, *Trimethyläthylen* oder *Isopren* u. in den tern. Syst. I-Paraffin-Olefin u. Olefin-Dien-I bei 760 mm Hg untersucht. Kp. u. Geh. an I (in der fl. Phase) der Azeotropen betragen im 1. Syst. 29,50°, 84,9%, im 2. Syst. 24,60°, 57,6% u. im 3. Syst. 25,75°, 51,5%. Vff. bestätigen die schon früher gezogene Schlußfolgerung, daß eine Zugabe von polaren Stoffen zu KW-Stoff-Mischungen eine Änderung der relativen Flüchtigkeit α in der Reihe Paraffine > Olefine > Diene hervorruft. Es wird auch festgestellt, daß mit einer Steigung des I-Geh. im Syst. Paraffin-Dien die Flüchtigkeit bei dem Grenzwert (100% I) ca. 3,3 mal u. in Syst. Olefin-Dien 1,8 mal (im Vgl. mit dem α-Wert bei Fehlen von I) anwächst. C. KOZÁK. B 150□

Flüssigkeit-Dampf-Gleichgewichte reaktionsfähiger binärer Mischungen: Systeme Methanol-Essigsäure, Äthanol-Essigsäure, n-Propanol-Essigsäure und n-Butanol-Essigsäure. A. Rius, J. L. Otero und A. Macarron. (Chem. Engng. Sci. **10.** 105 bis 111. April 1959.Madrid, Fac. des Sci., Labor. de Génie Chim.) (Franz.)

Vff. bestimmen Fl.-Dampf-Gleichgewichte in reaktionsfähigen bin. Syst. mit einer App., die es gestattet, die Anheizzeit der Fl. auf 30 Sek. herabzudrücken. Die Brauchbarkeit der App. wurde am Syst. *A.-Wasser* überprüft. Die Syst. *Methanol-Essigsäure* (I), A.-I, *n-Propanol*-I und *n-Butanol* (II)-I wurden untersucht und die Ergebnisse graph. aufgetragen; zum Vgl. werden auch Meßwerte anderer Autoren angeführt. Das Syst. II-I zeigt ein Azeotrop mit einem maximalen Molenbruch von 0,518 für II bei 120,3° u. 706 mm Hg. Alle Syst. wurden bei Atmosphärendruck untersucht. Die Auswertung der Meßdaten mit Hilfe der Gleichungen von VAN LAAR u. REDLICH-KISTER ergab ungenaue Werte für die Aktivitätskoeffizienten. Vff. führen in die Gleichung eine additive Konst. ein, die es ermöglicht, die Koeff. den experimentellen Werten anzupassen. K.-H. BIRR. B 150□

Untersuchung des Flüssigkeit-Dampf- und Flüssigkeit-Flüssigkeit-Dampf-Gleichgewichtes im System Propylalkohol-Propylacetat-Wasser. N. A. Smirnowa, A. G. Moratschewski und A. W. Storonkin. (Вестник Ленинградского Университета, Серия Физики и Химии [Nachr. Leningrader Univ.] **14.** Nr. 22. [Ser. Physik. Chem.] Nr. 4. 70—80. 1959.) (Russ.; Auszug: Engl.)

Es wurden die Gleichgewichte Fl.-Dampf u. Fl.-Fl.-Dampf im tern. Syst. W.-*n-Propylalkohol* (I, Kp. 97,18°, $D._4^{20}$ 0,80355, n_D^{20} 1,3853)-*n-Propylacetat* (II,

Kp. 101,56°, $D._4^{20}$ 0,8884, n_D^{20} 1,3844) im gesamten Konz.-Bereich für die Drucke 200, 400, 600 u. 760 mm Hg untersucht u. die Zus. u. Kpp. des angeführten Syst. bestimmt. Auf der Grundlage der Unters.-Ergebnisse konnten Diagramme für Dreiphasengleichgewichte (mit Abb. der Isotherm zu. Isobaren-Oberflächen der Kpp. u. der Kondens.), wie auch ein Diagramm für die Best. der Zus. des Dampfes einer beliebigen Lsg. aufgestellt werden. C. KOZÁK. B 150□

Flüssigkeit-Dampf-Gleichgewicht und reziproke Löslichkeit der Komponenten im System Cyclohexanon-Wasser. I. Ja. Gorodetzki, A. G. Moratschewski und W. M. Olewski. (Вестник Ленинградского Университета, Серия Физики и Химии [Nachr. Leningrader Univ.] **14.** Nr. 22. [Ser. Physik Chem.] Nr. 4. 136—139. 1959.) (Russ.; Auszug: Engl.)

Es wurden Unterss. über die gegenseitige Löslichkeit des *Cyclohexanons* (**I**, Kp. 156,3°, $D._4^{20}$ 0,9466, n_D^{20} 1,4503) u. W. in einem Temp.-Intervall von 20—96°, über das Gleichgewicht Fl.-Dampf bei isobaren (Druck 760 mmHg) u. bei isothermen Bedingungen (Temp. 90°), durchgeführt. Es wurde festgestellt, daß bei einer sukzessiven Temp.-Erhöhung die Löslichkeit des W. in **I** kontinuierlich anwächst u. die Löslichkeit des **I** in W. den minimalen Wert bei 70° hat. Das heteroazeotrope Gemisch **I**-W. siedet bei 96,3° (bei 760 mmHg) u. enthält 55% Wasser. C. KOZÁK. B 150□

Bindungsenergien und die Jodoform-Reaktion mit Alkoholen. 1. Mitt. Äthanol und Methanol. Wayne Gildseth und John A. Froemke. (Proc. South Dakota Acad. Sci. **36.** 211—13. 1957, herausgeg. 1/1. 1958. Sioux Falls, Augustana Coll.) (Engl.)

Auf der Grundlage der von PITZER (C. **1948.** E. 866) angegebenen Bindungsenergien werden die Wärmetönungen ΔH für die folgenden Rkk. berechnet, die bei der Umsetzung von *Methanol* bzw. *A.* mit *Jod* u. NaOH eine Rolle spielen (ΔH in kcal/Mol): $CH_3OH + 8\,NaOH + 3\,J_2 \rightarrow Na_2CO_3 + 6\,NaJ + 6\,H_2O$ (—178,8); $CH_3OH + 5\,NaOH + 2\,J_2 \rightarrow HCO_2Na + 4\,NaJ + 4\,H_2O$ (—124,2); $6\,NaOH + 3\,J_2 \rightarrow NaJO_3 + 5\,NaJ + 3\,H_2O$ (—108,7); $CH_3OH + NaOH + 2\,J_2 \rightarrow CHJ_3 + NaJ + H_2O$ (—17,8); $C_2H_5OH + 6\,J_2 + 16\,NaOH \rightarrow 2\,Na_2CO_3 + 12\,NaJ + 11\,H_2O$ (—345,4); $C_2H_5OH + 5\,J_2 + 9\,NaOH \rightarrow CHJ_3 + Na_2CO_3 + 7\,NaJ + H_2O$ (—158,8); $C_2H_5OH + 2\,J_2 + 5\,NaOH \rightarrow CH_3CO_2Na + 4\,NaJ + 4\,H_2O$ (—124,2); $C_2H_5OH + 4\,J_2 + 6\,NaOH \rightarrow CHJ_3 + 5\,NaJ + HCO_2Na + 5\,H_2O$ (—104,2). Die ΔH-Werte machen verständlich, warum aus Methanol u. Jod unter alkal. Rk.-Bedingungen kein Jodoform gebildet wird. O. DOLD. B 156□

Eine neue Methode zur Bestimmung des akustischen Absorptionskoeffizienten in Flüssigkeiten. A. Carrelli und F. S. Gaeta. (Nuovo Cimento [10] **5.** 773—83. April 1957. Napoli, Univ., Ist. di Fis.) (Engl.)

Vff. berichten über eine neue Meth. zur Best. des akust. Absorptions-Koeff. mit einem opt. Verf., das mit stehenden Ultraschallwellen arbeitet. Die Ergebnisse für Isopropylalkohol, A. u. W. stehen in guter Übereinstimmung mit Werten, die nach anderen Meth. erhalten wurden. Messungen an Bzl. liefern allerdings einen erheblich niedrigeren Wert, der jedoch näher am theoret. geforderten Wert liegt. G. M. NEUMANN. B 159□

Experimentelle Untersuchungen über die Oberflächenspannung bewegter Flüssigkeiten. Marius Borneas und Ervin Kalman. (C. R. hebd. Séances Acad. Sci. **245.** 1710—13. 13/11. 1957.) (Franz.)

Die Oberflächenspannung bewegter Fll. wurde in einem Tensiometer nach DU NOÜY gemessen, wobei die zu untersuchende Fl. in rotierende Bewegung versetzt wurde. Messungen an verschiedenen Fll. (*W.*, *A.*, *Toluol*, *CCl_4*, *Bzl.*) bei verschiedenen Rotations-Geschw. ergaben eine Zunahme der Oberflächenspannung durch die rotierende Bewegung der Fl., unabhängig davon, ob der Ring in Ruhe war, gleichsinnig mit oder entgegengesetzt der Fl. rotierte. Eine Rotation des Ringes allein bei ruhender Fl. hatte keinen Einfl. auf die Oberflächenspannung. M. SCHENK. B 166□

Experimentelle Untersuchung von Flüssigkeitsfilmen und ihrer Beziehung zur Oberflächenspannung. Constantin Sălceanu. (C. R. hebd. Séances Acad. Sci. **245.** 1713—15. 13/11. 1957.) (Franz.)

In Umkehr der bekannten Meth. zur Best. der Oberflächenspannung einer Fl. nach der Ring-Meth., wobei die zum Abreißen des Ringes erforderliche Kraft gemessen wird, ermittelt Vf. die Oberflächenspannung durch Messung der Höhe h, bis zu der ein Fl.-Film ohne abzureißen gezogen werden kann, wenn eine den festen Ring benetzende Fl. von diesem Ring abgezogen wird. Es wird eine App. beschrieben, bei der das die zu untersuchende Fl. enthaltende Gefäß in Stufen von 2,5 μ vertikal bewegt werden kann. Untersucht werden nach dieser Meth. *W.*, *Aceton*, *Amylalkohol*, *CS_2*, *Ae.*, *Glycerin*, *Bzl.* u. *CCl_4*. Bei allen

Fll. wächst h mit steigendem Gefäßdurchmesser d u. erreicht bei d > 27 cm ein Maximum. Die bei 20° für h gemessenen Werte stimmen gut überein mit den nach den Näherungsformeln von LAPLACE u. MATHIEU berechneten Werten. Das Material des Ringes u. der Gefäßwand (Messing, Eisen, Aluminium, Glas, Plexiglas, Ebonit) hat keinen Einfl. auf h. M. SCHENK. B 166□

Papierionophorese von Kohlenhydraten. 1. Mitt. Verfahren und Ergebnisse für vier Elektrolyte. J. L. Frahn und J. A. Mills. (Austral. J. Chem. **12.** 65—89. Febr. 1959. Adelaide, C.S.I.R.O., Div. of Biochem. and Gen. Nutrition.) (Engl.)

Einzelheiten über Verf. u. Anwendung der Papierionophorese von Polyhydroxy-Verbb. in Lsgg. von Borax, Na_3AsO_3, bas. Pb-Acetat u. NaOH u. über den Nachw. der Verbb. nach der Ionophorese werden mitgeteilt. Die Wanderungs-Geschw. von 96 Zukkern u. Derivv. werden bestimmt u. neue oder verbesserte Reagentien zum Nachw. von Kohlenhydraten auf den Papierstreifen unter verschiedenen Bedingungen werden entwickelt. Na_3AsO_3 u. bas. Pb-Acetat sind als Elektrolyt am wirksamsten zur Trennung von reduzierenden Zuckern, bas. Pb-Acetat zur Trennung von Zuckeralkoholen u. Borax zur Trennung von einfachen Glykolen. Die Lauf-Geschw. lassen sich z. T. zur Konfiguration von Stereoisomeren in Beziehung setzen. Untersuchte Verbb.: *L-Arabinose, D-Lyxose, D-Ribose, D-Xylose, L-Fucose, L-Rhamnose, D-Allose, D-Altrose, D-Galaktose, D-Glucose, D-Gulose, L-Idose, D-Mannose, D-Talose, D-erythro-* u. *-threo-Pentulose, D-Fructose, D-Psicose, L-Sorbose, D-Tagatose, D-glycero-, L-gluco-Heptose, 3-O-Methyl-, 2.4.6-, 2.3.6-, 3.5.6-Tri-O-methyl-, 1.2-O-Isopropyliden-D-glucose, Tetra-O-methyl-D-glucopyranose, Cellobiose, Lactose, Maltose, Melibiose, Turanose, Saccharose, Raffinose, Methyl-α-D-altro-, -α-* u. *-β-D-galakto-, -α-* u. *-β-D-gluco, -α-D-mannopyranosid, Phenyl-α-D-glucopyranosid, Glycerin, Erythrit, L-Threit, D-Arabit, Ribit, Xylit, Allit, Dulcit, D-Glucit, L-Idit, D-Mannit, D-Talit, D-glycero-D-altro-, -D-galakto-, -D-* u. *-L-gluco-, -D-ido-, -D-talo-Heptit, meso-glycero-allo-, -gulo-, -ido-Heptit, Äthylenglykol, Propan-1.2-, -1.3-, Butan-1.3-, -1.4-, erythro-* u. *L-threo-Butan-2.3-, erythro-* u. *threo-Pentan-2.4-, -1.5-, 2-Methylpentan-1.3-, cis-* u. *trans-Cyclohexan-1.2-diol, Pentaerythrit, Polyvinylalkohol, cis-, (—)-, Allo-, Epi-, Muco-, Myo-, Neo-, Scylloinosit, 3-O-Methyl-(+)-* u. *2-O-Methyl-(—)-inosit, 1-* u. *5-O-Methylmyoinosit, Lävoglucosan, 1.2-O-Cyclohexyliden-, 3.4-O-Isopropyliden-, 3.4-* u. *2.5-O-Methylen-D-mannit, 2.4-O-Methylen-, 2-Amino-2-desoxy-D-glucit* u. *Kaffein.* G. PÖTZSCHER. B 168□

Adsorptionseigenschaft und katalytische Aktivität von platinierter Kohle in Beziehung zur Anlagerung einiger Siliciumhydride an ungesättigte Verbindungen. W. A. Afanassjew, W. A. Ponomarenko und N. A. Sadoroshny. (Доклады Академии Наук СССР [Ber. Akad. Wiss. UdSSR] **136.** 1123—26. 11/2. 1961. Zelinsky-Inst. für organ. Chem., Akad. der Wiss. der UdSSR.) (Russ.)

Die Kinetik der Adsorption von $(C_2H_5)_3SiH$ (I, Kp.$_{745}$ 107,0°), $CH_3(C_2H_5)_2SiH$ (II, Kp.$_{748,5}$ 78°), $C_2H_5(C_3H_7)_2SiH$ (III, Kp.$_{754}$ 152,5°), Cl_3SiH (IV, Kp.$_{766}$ 31,8°), $C_2H_5SiHCl_2$ (V, Kp.$_{770}$ 76,0°), $CH_3(C_2H_5)SiHCl$ (VI, Kp.$_{769}$ 69,0°) an einen Pt–Kohle-Katalysator (1% Pt) wurde mit N_2 als Gasträger bei Atmosphärendruck, 20° u. relativen Dampfdrucken von 0—0,5 untersucht. Für die Adsorptionsfähigkeit läßt sich folgende Reihe aufstellen: **VI** > **IV** > (**V**) > **II** > **I** > **III**. Die Adsorptionsfähigkeit wird mit Hilfe des effektiven Platzbedarfs ω_0 der Moll. in der Adsorptionsschicht quant. diskutiert. Beim Vgl. der Adsorptionsfähigkeit mit der Rk.-Fähigkeit mit *1.1.2-Trifluor-2-chloräthylallyläther* bei der Anlagerung von **IV**- u. **V**-Gemischen mit den anderen Verbb. ergibt sich, daß für ein bestimmtes **IV**- oder **V**-Gemisch die Ausbeute des Anlagerungs-Prod. der anderen Komponente um so größer ist, je größer dessen ω_0 ist. G. ENGELHARDT. B 176□

Neue Anwendungen der Röntgenstrahlkristallographie zur Bestimmung organischer Strukturen. A. W. Johnson. (Sci. Progr. **49.** 494—96. Juli 1961. Nottingham, Univ., Dep. of Chem.) (Engl.)

Übersicht. — 19 Literaturangaben. P. GOLINSKE. B 181□

Gruppentheorie und aromatische Moleküle. J. S. Griffith. (J. chem. Physics **35.** 1901—02. Nov. 1961. Philadelphia, Pa., Univ. of Pennsylvania, Dep. of Chem.) (Engl.)

Vf. erörtert die auch bereits von PARR (C. **1961.** 16050) auf Grund anderer Überlegungen hervorgehobene Nützlichkeit der Anwendung gruppentheoret. Meth. auf Gruppen endlicher Symmetrie zur Berechnung aromat. Moll.; bes. wird auf den Zusammenhang bestimmter Symmetriegruppen u. die sich daraus ergebende Verwendbarkeit der für bestimmte Gruppen tabellierten Koeff.-Werte für andere Gruppen hingewiesen.

D. JÖRCHEL. B 182□

Theoretische Bestimmung der magnetischen Abschirmkonstanten der Protonen des Methanmoleküls. Françoise Cabaret, Jean-René Didry und Jean Guy.

(C. R. hebd. Séances Acad. Sci. **253.** 2902—04. 18/12. 1961. Paris, Fac. de Pharm., Labor. de Phys. molécul.; Ecole Polytechn., Groupe de Chim. théorique.) (Franz.)

Im Rahmen der Näherung der einfachen Prodd. aus Molekularbahnen zur Darstellung der elektron. Eigenfunktionen nicht gestörter Moll. bestimmten Vff. den theoret. Wert der Abschirm-Konst. $\bar{\sigma}$ des *Methans* (Protonenresonanz) zu 27,64 · 10^{-6}. Dieser Wert liegt ca. 12% unter dem aus experimentellen Messungen abzuleitenden Wert von 30,9 · 10^{-6}. D. JÖRCHEL. B 182 □

Theorie der Spin- und Ladungsverteilung in aromatischen Ionenradikalen; Anwendung auf das negative Naphthalin-Ion. John C. Schug, Thomas H. Brown und Martin Karplus. (J. chem. Physics **35.** 1873—83. Nov. 1961. Pittsburgh, Pa., Gulf Res. and Dev. Co.; Tarrytown, N.Y., Union Carbide Rest. Inst.; New York, N.Y., Columbia Univ., Dep. of Chem. and Watson Sci. Computing Labor.) (Engl.)

Vff. erweitern die VB-Meth. auf positive u. negative Ionenradikale u. leiten allg. Formeln für die erforderlichen Energie-, Überlappungs-, Spindichte- u. Ladungsdichte-Matrizen ab, die auf π-Elektronen-Syst. spezialisiert werden. Die Anwendung der Meth. auf die π-Elektronen des negativen *Naphthalin-Ions* schließt alle nichtangeregten Strukturen mit negativer Ladung an jedem der 10 möglichen Stellungen ein. Unter Verw. von Näherungs-, Austausch- u. Übergangsintegralen zur Best. der Koeff. der Valenzbindungsstrukturen ergibt sich ein Spindichte-Verhältnis der α- zu den β-Stellungen von 2,60, was in guter Übereinstimmung mit dem „experimentellen" Wert von 2,65 ist. Die Größen der berechneten Spindichten erfordern ein $Q = -26{,}3$ Gauss, um die gemessenen Hyperfeinaufspaltungen zu erhalten. Zur Prüfung der Gültigkeit der VB-Ergebnisse wurden ihre Empfindlichkeit gegenüber den mol. Integralwerten untersucht sowie ein Vgl. mit MO-Berechnungen angestellt. Es zeigte sich, daß die Ladungsverteilungen nach der VB-Theorie u. nach der MO-Theorie sehr unterschiedlich sind, während die Spinverteilungen nach beiden Meth. sehr ähnlich sind. D. JÖRCHEL. B 182 □

Beziehung zwischen Protonen- und Metallbindung bei einigen Peptiden, Aminosäureamiden und Aminosäuren. S. P. Datta, R. Leberman und B. R. Rabin. (Nature [London] **183.** 745—46. 14/3. 1959. London, Univ. Coll., Dep. of Biochem.) (Engl.)

Es wird die Abhängigkeit von $\log K_1$ bzw. $\log K_2$ (1. u. 2. Stabilitäts-Konst. von Metallkomplexen der betrachteten Substanzen) von pK_a (Säure-Dissoziations-Konst. der Aminogruppe) untersucht. Die Messungen an *Cu(II)-*, *Ni(II)-*, *Co(II)-* u. *Cd(II)-Komplexen* mit *Sarkosin* (I), *Sarkosyl*-I, I-*Dimethylamid*, *Sarkosyl-L-leucin* (II), I-*Amid* u. I-*Methylamid* ergaben für jedes Metallion eine lineare Beziehung zwischen $\log K_1$ bzw. $\log K_2$ u. pK_a. Eine Ausnahme bilden die einzelnen Metallkomplexe mit **II**. Der hier beobachtete extrem hohe $\log K_2$-Wert ist wahrscheinlich auf die durch Einbeziehung der aliphat. Seitenkette des Leucins (III) in den Komplex bedingte hohe Stabilität dieser Körper zurückzuführen. Für die *Komplexe* obiger Metallionen sowie *Zn(II)* mit **III**, *Leucylglycin*, *Leucylglycylglycin* u. **III**-*Amid* ist die Abhängigkeit $\log K_1 - pK_a$ ebenfalls linear proportional. J. GANTE. B 223 □

Multiplizität von Histidin-Cu(II)-Komplexen. R. Leberman und B. R. Rabin. (Nature [London] **183.** 746—47. 14/3. 1959. London, Univ. Coll., Dep. of Biochem.) (Engl.) — Vgl. C. **1960.** 5097.

Die Titration mit NaOH zeigt, daß *Histidin* (I)-*Cu(II)-1:1-Komplexe* eine um ein Äquivalent höhere Acidität aufweisen als *2:1-Komplexe*. Unter der Annahme, daß das Cu(II)-Ion aus ster. Gründen nur mit jeweils 2 der 3 Angriffspunkten (Aminogruppe, Imidazolring u. Carboxylgruppe) von I in Wechselwrkg. tritt, ergeben sich folgende Gleichgewichte: $Cu^{2+} + L^{+-} \overset{K_1}{\rightleftharpoons} CuL^{2+}$; $CuL^{2+} \overset{K_c}{\rightleftharpoons} CuL^{+} + H^{+}$; $Cu^{2+} + L^{-} \overset{K_1'}{\rightleftharpoons} CuL^{+}$; $CuL^{+} \overset{K_{c'}}{\rightleftharpoons} CuL + H^{+}$. Eine Berechnung der Konst. unter Zugrundelegung obiger Gleichungen ergab folgende Werte: $\log K_1 = 10{,}37$, $\log K_1' = 5{,}02$, $pK_c = 3{,}81$ u. $pK_{c'} = 7{,}19$. Die wahrscheinliche Struktur der 1:1-Komplexe ist angegeben. Bei der Bldg. der 2:1-Komplexe können entweder nur eine oder beide Ligandenarten (L u. L^-) in Wechselwrkg. mit CuL^{2+} u. CuL^+ treten. Es sind so 3 verschiedene 2:1-Komplexe möglich. J. GANTE. B 223 □

Struktur der Kupferchelate von Carnosin und Anserin. Aaron Lukton und Anthony Sisti. (J. org. Chemistry **26.** 617—19. Febr. 1961. Garden City, N.Y., Adelphi Coll., Dep. of Chem.) (Engl.)

Das IR-Spektrum von *L-Anserin* (I) zeigt die Absorption der NH_3^+-Gruppe bei 1590 [cm^{-1}], des Amid-CO bei 1657 u. des COO^--Anions bei 1412 u. 1570; *L-Carnosin* (II)

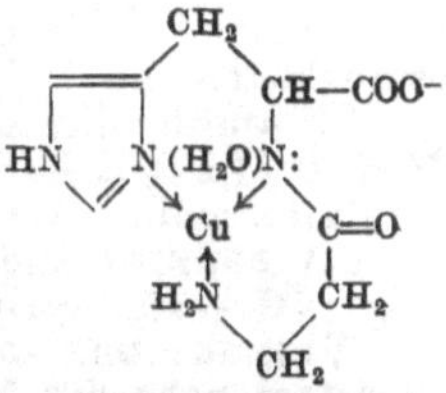

II—Cu-Komplex

läßt die gleichen Gruppen durch die Absorption bei 1587; 1656; 1411 u. 1560 erkennen. In *N-Acetylcarnosin* [III; $C_{11}H_{16}N_4O_4$, F. 209—210° (abs. Methanol), durch 2std. Kochen von II mit Essigsäureanhydrid/Eisessig, Verdünnen mit W. u. Eindampfen im Vakuum] fehlt erwartungsgemäß die Bande des NH_3^+; die Amid-CO-Gruppe absorbiert bei 1658, das COO^--Anion bei 1411 u. 1560. Auch im Spektrum der *Cu-Chelate* von I u. II tritt die Absorption des COO^- bei 1415 u. 1563 bzw. 1407 u. 1562 auf. Wie bei III fehlt die Bande des NH^+, womit die Vermutung naheliegt, daß das Cu in beiden Komplexen die prim. Aminogruppe cheliert, während die Carboxylgruppe weiterhin als freies Anion vorliegt. Die Absorption des Amid-CO ist in den Cu-Chelaten von I u. II auf 1603 bzw. 1618 verschoben; dies wird auf eine erhöhte Konjugation des Peptid-N mit der CO-Gruppe infolge der geringeren Elektronegativität des Cu im Vgl. zu H zurückgeführt. Für den II-Cu-Komplex (vgl. obenst. Struktur) wird eine Koordination des Cu mit dem pyridin. N des Imidazolringes angenommen. Das I-Cu-Chelat besitzt vermutlich die analoge Struktur, nur muß, wie Überlegungen an Mol.-Modellen zeigen, Koordination mit dem pyrrol. N des Imidazol-Syst. vorliegen, wenn das Cu-Zentralatom planare Konfiguration besitzen soll. H.-E. Toussaint. B 223□

Die Bestimmung des Solvatationsgrades von Mono-n-butoxytrichlortitan in Butanol. Jacques Archambault und Roland Rivest. (Canad. J. Chem. **35.** 879—86. Aug. 1957. Montreal, Quebec, l'Univ. de Montreal, Dep. de Chim.) (Franz.)

Vff. bestimmen die Dichten, die Viscositäten u. die Leitfähigkeiten von *Mono-n-butoxytrichlortitan* (I)-Lsgg. in *Butanol* (II). Die Viscositäten weisen ein ausgeprägtes Maximum bei ca. 41 Mol-% I auf. Vff. weisen 3 solvatisierte Komplexe nach: I–6 II, I–2 II u. $(I–1\ II)_2$. S. v. Schieszl. B 224□

Berechnung der Hydrolysenkonstanten des Diazokations. 15. Mitt. **über die Struktur und die Umwandlungen von Diazoverbindungen.** B. W. Passet und B. A. Porai-Koschitz. (Журнал Прикладной Химии [J. angew. Chem.] **32.** 2580—82. Nov. 1959.) (Russ.) — 14. vgl. Журнал Прикладной Химии [J. angew. Chem.] **33.** [1960.] 496.

Die Hydrolysen-Konst. K des Gleichgewichts $O_2NC_6H_4N_2^+$ (I) + $H_2O \rightleftharpoons O_2NC_6 \cdot H_4N_2O^-$ (II) + 2 H^+ wird chem. u. spektrophotometr. bestimmt. Eine wss. Lsg. des K-Salzes von p-Nitrobenzoldiazoniumhydroxid (III) wird mit 0,2n HCl auf ein pH 7,49 bis 7,89 angesäuert. Nach Einstellung des Gleichgewichts wird II mit wss. $AgNO_3$-Lsg. u. I mit β-Naphthol als Pararot bestimmt. K beträgt $7{,}95 \cdot 10^{-16}$ (chem.) bzw. $6{,}3 \cdot 10^{-16}$ (spektrophotometr.). R. K. Müller. B 224□

Die thermische Isomerisierung von 1.2-Dimethylcyclopropan. 2. Mitt. **Strukturisomerisation.** M. C. Flowers und H. M. Frey. (Proc. Roy. Soc. [London], Ser. A **260.** 424—32. 7/3. 1961. Southampton, Univ., Chem. Dep.) (Engl.) — 1. vgl. C. **1962.** 7098.

Im untersuchten Temp.-Bereich 434—475° isomerisiert sich *cis-* (*cis*-I) oder *trans-1.2-Dimethylcyclopropan* (*trans*-I) in unimol. Rk. zu 2-Methylbuten-(1) (II), 2-Methylbuten-(2) (III) u. cis- (cis-IV) u. trans-Penten-(2) (trans-IV). Diese Umlagerung verläuft langsamer als die cis–trans-Isomerisierung. Die Pentene entstehen aus cis-I schneller als aus der trans-Verb., die anderen Prodd. entstehen aus den beiden Isomeren mit der gleichen Geschwindigkeit. Geschw.-Konst. u. Arrhenius-Parameter folgen aus den Gleichungen: Bldg. von II $k_\infty^- = 10^{13,93} \exp(-61900/RT) s^{-1}$ u. III $k_\infty^- = 10^{14,08} \exp(-62300/RT) s^{-1}$ (die Werte sind gleich für die Bldg. aus cis- oder trans-I); Bldg. von cis- bzw. trans-IV aus cis-I $k^- = 10^{13,92} \exp(-61400/RT) s^{-1}$ bzw. $10^{13,96} \exp(-61200/RT) s^{-1}$ u. aus trans-I $k_\infty^- = 10^{14,40} \exp(-63600/RT) s^{-1}$ bzw. $10^{14,30} \exp(-62900/RT) s^{-1}$. Der Mechanismus der Isomerisierungen wird eingehend diskutiert u. eine Ringaufweitung im Übergangszustand angenommen. A. Schmidpeter. B 225□

Untersuchungen über den Mechanismus einiger Substitutionsreaktionen mit markierten Atomen. O. A. Reutow. (Acta chim. Acad. Sci. hung. **18.** 439—48. 1959. Moskau, Lomonossow Univ., Chem. Fak.) (Dt.)

Überblick über Isotopenaustausch-Rkk. Hg-organ. Verbb. des Typs R_2Hg u. RHgX (X = Halogen) mit radioakt. metall. ^{203}Hg sowie der Substitutions-Rkk. von RHgX mit $^{203}HgX_2$, über den Einfl. struktureller Faktoren u. Rk.-Bedingungen auf die Rkk., über die Stereochemie u. die Mechanismen. G. Pötzscher. B 225□

Untersuchung von elektrophilen Substitutionsreaktionen am gesättigten Kohlenstoffatom nach der Methode des Isotopenaustausches. 1. Mitt. **Reaktionskinetik des Isotopenaustausches von α-Brommercuriphenylessigsäureäthylester mit ^{203}Hg markiertem Quecksilber(II)-bromid in Pyridin.** O. A. Reutow, W. I. Ssokolow und I. P. Beletzkaja. (Известия Академии Наук СССР, Отделение Химических Наук

[Nachr. Akad. Wiss. UdSSR, Abt. chem. Wiss.] **1961.** 1213—17. Juli. Moskau, Lomonossow-Staats-Univ.) (Russ.)

Es wurde die Kinetik der Rk. von *α-Brommercuriphenylessigsäureäthylester* mit $^{203}HgBr_2$ (je 0,02—0,04 Mol/Liter) bei 50, 60, 70 u. 80° in Pyridin untersucht. Die Rk. verläuft bimol., je 1. Ordnung bzgl. jeder der Komponenten. Die Aktivierungsparameter nach ARRHENIUS sind E 16,3 ± 1,0 (kcal/Mol), log A 9,5; die Aktivierungsentropie beträgt ΔS —15,5 (cal/Grad·Mol). C. KOZÁK. B 225□

Untersuchung von elektrophilen Substitutionsreaktionen am gesättigten Kohlenstoffatom nach der Methode des Isotopenaustausches. 2. Mitt. Reaktionskinetik des Isotopenaustausches von α-Brommercuriphenylessigsäureäthylester mit ^{203}Hg markiertem Quecksilber(II)-bromid in wäßrigem Dioxan. O. A. Reutow, W. I. Ssokolow und I. P. Beletzkaja. (Известия Академии Наук СССР, Отделение Химических Наук [Nachr. Akad. Wiss. UdSSR, Abt. chem. Wiss.] **1961.** 1217—22. Juli.) (Russ.) — 1. vgl. vorst. Referat.

Es wurden kinet. Unterss. über die l. c. beschriebene Isotopenaustausch-Rk. im Konz.-Bereich von 0,01—0,04 (Mol/Liter) bei den Temp. 60, 65 u. 70° in 70%ig. Dioxan durchgeführt. Die Rk. verläuft monomol., $k = (1{,}26 \pm 0{,}10) \cdot 10^{-3}$ (min^{-1}) bei 70°, $E = 26{,}7 \pm 2{,}1$ (kcal/Mol), log A 14,3, $\Delta S = +6{,}6$ (cal/Grad·Mol). Zum ersten Mal wurde damit eine S_E1-Rk., d. h. der Mechanismus der elektrophilen Substitution, am gesätt. C-Atom festgestellt. Die Gleichung der Kinetik des Isotopenaustausches (für monomol. Rk.) wurde einer gründlichen Analyse unterworfen. Für die allg. Best. der kinet. Funktion von Komponenten wird die Meth. auf Grundlage der Halbwertszeit-Best. bei einem großen Überschuß einer der Komponenten vorgeschlagen. C. KOZÁK. B 225□

Über die makroskopischen Stadien bei der initiierten Bromierung von Phenetol durch N.N-Dibrom-5.5-dimethylhydantoin in Dichloräthan. K. A. Kornew und G. A. Jangol. (Доклады Академии Наук СССР [Ber. Akad. Wiss. UdSSR] **131.** 122—24. 1/3. 1960. Akad. der Wiss. der UdSSR, Inst. für Polymeren- u. Monomerenchem.) (Russ.) — Vgl. C. **1955.** 10473; C. **1956.** 13087.

Wenn man *Phenetol* (I) mit *N.N-Dibrom-5.5-dimethylhydantoin* (II) in Dichloräthan-Lsg. umsetzt, geht **II** unter Abgabe von 1 bzw. 2 Br-Atomen an **I** in 3-Brom-5.5-dimethylhydantoin (**III**) bzw. 5.5-Dimethylhydantoin (**IV**) über. Die beiden Makrostadien verlaufen als monomol. Rkk. nach **II** ⇌ Br· + **III** (Geschw.-Konst. k_1) bzw. **III** ⇌ Br· + **IV** (k_2), wobei Vff. annehmen, daß $k_1 \gg k_2$ ist, so daß die Br-Konz. von der **II**-Konz. abhängt, während die Dissoziation von **III** zurückgedrängt wird u. nur so wenig **IV**-Radikal entsteht, daß **IV** prakt. nicht an der Ketten-Rk. der Bromierung von **I** teilnimmt. Bei Zugabe von **IV** tritt Hemmung der Bromierungs-Rk. ein, offenbar weil **IV** mit **II** unter Bldg. von **III** reagiert, bis alles **II** verbraucht ist. Die Bromierung mit **III** wird durch **IV**-Zusatz nicht beeinflußt. R. K. MÜLLER. B 225□

Chemismus der Reaktion von α-Aminosäuren mit Ninhydrin. Ju. B. Filippowitsch. (Научные Доклады Высшей Школы, Химия и Химическая Технология [Wiss. Hochschulber., Chem. chem. Technol.] **1959.** 110—12. Moskau, Pädagog. Lenin-Inst.) (Russ.)

Für die Rk. von α-Aminosäuren mit Ninhydrin (**I**) wird ein neues Schema angenommen: Zunächst entsteht durch Rk. der NH_2-Gruppe mit der $CO_{(2)}$-Gruppe von **I** eine SCHIFFsche Base, deren >C=N—C(R)H—COOH-Gruppe sich dann in >CH—N=C(R)—COOH umlagert. Diese Gruppe geht unter Decarboxylierung in die Gruppe >CH—N=CHR über. Die Rk. mit der hydratisierten Form eines zweiten **I**-Mol. führt unter Austritt von R—CHO u. W. zur Bldg. von *Diketohydrindylidendiketohydrindamin* („Ninhydrinolyse"); durch Abdissoziation von H^+ entsteht daraus RUHEMAN-Violett. Die verschiedenen Färbungen bei der **I**-Rk. scheinen auf sek. Rkk. der gebildeten Aldehyde zu beruhen. R. K. MÜLLER. B 225□

Zur Struktur der Fulvene. 3. Mitt. Kinetik und Gleichgewicht der Diensynthese einiger Fulvene. Günter Kresze, Sigrid Rau, Günther Sabelus und Horst Goetz. (Liebigs Ann. Chem. **648.** 57—63. 11/12. 1961.) (Dt.) — 2. vgl. C. **1962.** 10027.

Vff. untersuchten spektrophotometr. die Kinetik der Diensynth. von *6.6-Diphenyl-* (**I**) u. *6-Phenyl-6-[p-chlorphenyl]-fulven* (**II**) mit *Acetylendicarbonsäuredimethylester* (**III**) bei 60—90° in Heptan. Die Rkk. folgten der 2. Ordnung, folgende Aktivierungsgrößen wurden erhalten: Rk. mit **I** ΔH^+ 15,9 [kcal/Mol]; ΔS^+ —28 cal/Grad·Mol; $k_2^{70°} \cdot 10^4$ 4,11 [Liter/Mol·s]. Rk. mit **II** 15,9; —27,5; 6,84. Das Addukt aus **I** u. **III**, 7-Diphenylmethylenbicyclo-[2.2.1]-heptadien-(2.5)-dicarbonsäure-(2.3)-dimethylester (Form A F. 113,5° u. Form B F. 137°) wurde durch 8—12std. Kochen der Komponenten in PAe. (50—80°) erhalten. Form A läßt sich in Methanol in B umwandeln, die Umwandlung B → A gelang nicht, hieraus u. aus den IR-Spektren wird auf das Vorliegen von Monotropie geschlossen. Das analoge Addukt aus **II** u. **III** wurde nur in einer Modifikation (F. 132°) erhalten. Die Ausbeuten waren fast quantitativ. Weiterhin wurde der Einfl. 6ständiger Substituenten bei einigen Fulvenen auf die Lage des Gleichgewichts bei der Diensynth. mit *Tetracyanäthylen* (TCNE) untersucht. Vorverss. zeigten, daß in den Lsgg. der Fulven-TCNE-Addukte Rückspaltung auftritt, so ist nach den UV-Spektren das TCNE-Addukt von *6.6-Bis-[p-bromphenyl]-fulven* (**IV**) in Methanol u. Bzl. völlig gespalten, in Chlf., Essigester u. Dioxan teilweise. Die quant. Unterss. wurden spektrophotometr. in Chlf. durchgeführt. Das Gleichgewicht wird innerhalb einer halben Std. von beiden Seiten erreicht, erst bei längerem Stehenlassen treten Neben-Rkk. auf, die nicht weiter untersucht wurden. Folgende Gleichgewichts-Konst. K = [Addukt]/([Fulven]·[TCNE]) wurden aus Hin- u. Rück-Rk. bei 20° bei Anfangs-Konzz. von $1 \cdot 10^{-3}$ bis $5 \cdot 10^{-5}$ Mol/Liter ermittelt: *6.6-Bis-[p-methoxyphenyl]-* (**V**), $K \cdot 10^3$ 325 (*Addukt*, F. 144 bis 145° [Zers.]); *6.6-Diphenyl-*, 11 (*Addukt*, F. 112—113° [Zers.]); *6.6-Bis-[p-chlorphenyl]-*, 2,6 (*Addukt*, F. 143° [Zers.]); *6.6-Bis-[m-nitrophenyl]-* (**VI**), 0,1 (*Addukt*, F. 175—176° [Zers.]); *6-6-Dimethyl-*, 32 (*Addukt*, F. 138—139° [Zers.]); *6-Methyl-6-äthyl-*, 70 (*Addukt*, F. 135,7—138° [Zers.]); *6.6-Pentamethylenfulven*, 130 (*Addukt*, F. 128,5° [Zers.]) u. **IV**, 3,3 (*Addukt*, F. 126—127° [Zers.]). K steigt also in der Folge der Derivv. $m\text{-}NO_2 < p\text{-}Cl$, $p\text{-}Br < H < p\text{-}OCH_3$ bzw. CH_3, $CH_3 < CH_3$, $C_2H_5 < -(CH_2)_5-$. Diese Folge ist ein quant. Bestätigung der Regel, daß Elektronenreichtum im Dien oder Elektronenarmut im Dienophil die DIELS-ALDER-Rk. begünstigen. Der 2. Teil dieser Regel konnte von ZIMMER (unveröffentlicht) für Nitrosobenzole als Dienophile quant. bestätigt werden (vgl. auch SAUER, Angew. Chem. **73.** [1961.] 545). Die erhöhte Stabilität des TCNE-Addukts mit **V** deutet darauf hin, daß die nachgewiesene Mesomerie in diesem Fulventyp (erhöhte Teilnahme polarer Grenzformen an der Mesomerie) nicht zu einer völligen Aromatisierung des Fulven-Syst. ausreicht, vielmehr bleibt der ungesätt. Charakter des Cyclopentadien-Syst. mit der Neigung zu Doppelbindungs-Rkk. erhalten. Bei *6.6-Bis-[p-dimethylaminophenyl]-fulven* scheint dies nach Vorverss. allerdings nicht mehr gültig zu sein. — Zur Darst. der TCNE-Addukte (Δ^2-5.5.6.6-Tetracyan-7-alkylidenbicyclo-[2.2.1]-heptene) wurden stöchiometr. Mengen des Fulvens u. TCNE getrennt in möglichst wenig Toluol gelöst, die Lsgg. zusammengegeben (Schwarzfärbung) u. über Nacht unter N_2 stehengelassen. Das abgeschiedene Prod. wird in Aceton gelöst u. mit PAe. bis zur Trübung versetzt. Die Addukte kristallisieren bei 0° in 70—100%ig. Ausbeute aus, sie sind gegen Licht u. Luft empfindlich, die der Diarylfulvene können unter N_2 bis zu einem Tag, die von **VI** u. die der aliphat. Fulvene mehrere Tage unverändert aufbewahrt werden. W. SCHRAMM. B 225

Methode der Bestimmung der kinetischen Konstanten und der Gebiete des Verlaufs chemischer Reaktionen im Strom. G. M. Pantschenkow und Ju. M. Shorow. (Доклады Академии Наук СССР [Ber. Akad. Wiss. UdSSR] **130.** 1280—83. 21/2. 1960. Gubkin-Inst. für Erdölchem. u. Gas-Ind.) (Russ.) — Vgl. C. **1956.** 653.

Wenn die Teilnehmer einer Rk. im Strömungs-Syst. in den Rk.-Raum vom Querschnitt ϱ u. der Länge L mit der Geschw. n_0 eintreten, die Katalysatoroberfläche je Längeneinheit s_0 u. der Umwandlungsgrad x ist, gilt für die Geschw. der homogenen Rk. $W = -(n_0^2/\varrho L)(dx/dn_0)$, für die der heterogen-katalyt. Rk. $W = -(n_0^2/\varrho_0 L) \cdot (dx/dn_0)$. Da dx/dn_0 die Tangente des Neigungswinkels der $x-n_0$-Kurven ist, kann man W bzw. W_0 u. damit die Kinetik der Rk. unabhängig vom angenommenen Rk.-Mechanismus graph. ermitteln. Die Aktivierungsenergie E (kcal/Mol) ergibt sich aus dem Winkel-Koeff. der Gleichung $\ln[n_0^2(dx/dn_0)]_{x=x_1} = -(E/RT) + \text{const}_{x=x_1}$. Beim Übergang in das Diffusionsgebiet nimmt E ab. Die Meth. wird auf das Cracken von *Cumol* angewandt, wobei bis 410° E = 26,0, bei 430—460° E = 12, bei >490° E = 3,3 gefunden wird R. K. MÜLLER. B 225□

Photolyse von eingefangenen, durch ionisierende Strahlung erzeugten freien Radikalen. Russell H. Johnsen. (J. physic. Chem. **65.** 2144—47. Dez. 1961. Tallahassee, Fla., Florida State Univ., Dep. of Chem.) (Engl.)

Vf. berichtet über Änderungen in der Zers.-Ausbeute γ-bestrahlter Alkohole durch nachfolgende Einw. von UV- u. sichtbarem Licht. Die bei Radiolyse von CH_3OH, C_2H_5OH u. $n\text{-}C_3H_7OH$ in fester Phase bei —190° nach Schmelzen ohne Lichtzutritt ermittelten Ausbeuten an gasförmigen Zers.-Prodd. sind im allg. geringer als bei Radiolyse in fl. Phase. Nach Belichten im UV bei —190° ergibt sich jedoch eine starke Erhöhung der Ausbeuten, die nach 12std. Stehen bei —190° vor Schmelzen u. Analysieren des Gemisches wieder etwas geringer werden. Die Ausbeute an fl. Zers.-Prodd. wird nach UV-Belichtung ebenfalls gesteigert. Sichtbares Licht dagegen zeigt diese Wrkg. nicht in diesem Ausmaß; die Zers.-Ausbeute wird nur schwach erhöht. Es wird angenommen, daß die prim. durch γ-Strahlung erzeugten, paramagnet. Radikale z. T. durch unveränderte Alkohol-Moll. unter Bldg. von schwachen Komplexen eingefangen werden, deren Energieabsorption zu längeren Wellenlängen verschoben ist. Durch Photolyse im UV werden diese Komplexe gelöst, die Radikale werden zur Dissoziation angeregt; wie die Verss. zeigen, ist die Dissoziation jedoch teilweise reversibel.

H.-D. Freyer. B 226 □

Photosensibilisierte Oxydation von Isopropylalkohol in Gegenwart von Zinkoxid. Isao Komuro, Yuzaburo Fujita und Takao Kwan. (Bull. chem. Soc. Japan **32.** 882—83. Aug. 1959. Sapporo, Hokkaido Univ., Res. Inst. for Catalysis.) (Engl.)

Vff. untersuchten die Oxydation von *Isopropylalkohol* durch O_2 in fl. Phase in Ggw. von ZnO, das bei 480° 1 Std. im Vakuum entgast wurde („red. ZnO"), bzw. in Ggw. von nicht vorbehandeltem ZnO. Die Geschw. der Oxydation wurde volumetr. am O_2-Verbrauch bei 65—67° verfolgt, bestrahlt wurde mit einer Hg-Lampe SHL 100 UV ohne Filter. Ohne Bestrahlung wurde kaum O_2 verbraucht. Bei Bestrahlung in Ggw. von „red." ZnO setzt der Verbrauch von O_2 ein, der sofort bei Unterbrechung der Belichtung aufhört u. bei Wiederbelichtung erneut beginnt. In Ggw. von unbehandeltem ZnO verläuft die Rk. mit prakt. gleicher photokatalyt. Aktivität wie mit dem „red. ZnO", nur daß hier beim Unterbrechen der Belichtung die Rk. mit fast gleicher Geschw. fortschreitet. Die Prod.-Analyse zeigte, daß nur Aceton u. H_2O_2 gebildet wurden.

W. Schramm. B 226 □

Photochemische Reaktionen von 1.2-Diketonen. W. H. Urry und D. J. Trecker. (J. Amer. chem. Soc. **84.** 118—20. 5/1. 1962. Chicago, Ill., Univ. of Chicago, Dep. of Chem.) (Engl.)

Die Photolyse von geeigneten 1.2-Diketonen liefert mit guter Ausbeute 2-Hydroxycyclobutanone, deren bevorzugte Bldg. durch intramol. Rk. über einen Sechsringmechanismus beschrieben wird. Aus Decandion-(5.6) (Kp.$_{12}$ 90—91°; n_D^{25} 1,4250) in Cyclohexan bei 12std. Bestrahlung mit Sonnenlicht Bldg. von *2-Butyl-3-äthyl-2-hydroxycyclobutanon* [Kp.$_2$ 83°; n_D^{25} 1,4528; 89% (Ausbeute). *p-Nitrophenylhydrazon*, F. 198—199°]. Rk. des Prod. mit HJO_4 gab *3-Äthyl-4-oxooctansäure* (Kp.$_2$ 125—128°; n_D^{25} 1,4460; auch durch Addition von Pentanol an Δ^2-Pentensäure. *Semicarbazon*, F. 176 bis 177°. *p-Nitrophenylhydrazon*, F. 151—152°). Ähnliche Ergebnisse wurden mit 2.7-Dimethyloctandion-(4.5) (**VIII**) erhalten. Octandion-(4.5) (**IV**; Kp.$_{10}$ 52—54°; n_D^{20} 1,4175) in Butanol (I), liefert bei 23std. Bestrahlung bei 30—35° *2-Hydroxy-3-methyl-2-propylcyclobutanon* (**II**; Kp.$_{1,5}$ 67—69°; n_D^{20} 1,4518; 92%), *5-Hydroxyoctanon-(4)* (**III**; 8,7%) u. *5-Oxooctyl-(4)-butyrat* [Kp.$_1$ 74—75°; n_D^{20} 1,4428; 7,7%. Hydrolyse → *Butansäure* (*Anilid*, F. 94—95°) u. **III** (*2.4-Dinitrophenylhydrazon*, F. 110—111°). Rk. von **II** mit HJO_4 gab *3-Methyl-4-oxoheptansäure* (*Semicarbazon*, F. 167—168°). Bestrahlung von **I** allein gab 58% **III**, 9,2% Butanol-(1), 2,9% Butylbutyrat u. 1,9% **IV**. 37std. Bestrahlung von Hexandion-(3.4) (**V**) in Propanol führte zu 23% *4-Hydroxyhexanon-(3)* (**VI**), 23% *2-Äthyl-2-hydroxycyclobutanon* (**VII**) u. 54% *4-Oxohexyl-(3)-propionat*. **V** in Cyclohexan gab nach 100 Std. im Sonnenlicht 25% **VI** u. 60% **VII** [Kp.$_4$ 75—76°; n_D^{25} 1,4353. Rk. mit HJO_4 → *4-Oxohexansäure* (Kp.$_{0,4}$ 89°. *Semicarbazon*, F. 174—175°. *2.4-Dinitrophenylhydrazon*, F. 186°)]. Butandion-(2.3) in Propanol-(2) gibt nach 7 Tagen im Sonnenlicht 100% *Aceton* u. *3.4-Dihydroxy-3.4-dimethylhexandion-(2.5)* (F. 96—97°). Verss. mit **VIII** in A. allein, in Ggw. von Naphthalin, O_2 u. Anthracen bei gleicher Belichtung ergaben Geschw.-Verhältnisse der Bldg. von *3.3-Dimethyl-2-hydroxy-2-[2-methylpropyl]-cyclobutanon* (einziges Prod.) von 1,0; 0,88; 0,62; 0,41 (obige Reihenfolge). Diese Ergebnisse zeigen, daß der angeregte Zustand des Diketons, der zu einem Cyclobutanon führt, wahrscheinlich ein Triplettzustand ist, da die zugesetzten Verbb. als Löschsubstanzen wirken.

P. Jacob. B 226 □

Photochemie der Cytidylsäure. Robert L. Sinsheimer. (Radiation Res. **6.** 121—25. Febr. 1957. Ames, Iowa, Iowa State Coll., Phys. Dep.) (Engl.)

Cytidin-2'- bzw. *-3'-phosphat* wird in neutraler Lsg. (0,1 m Phosphat, pH 7,0) mit UV-Licht (2537 Å) bestrahlt. Dabei bildet sich eine unstabile Verb. ohne die 270-mμ-Bande des Cytidins, jedoch mit einer 240-mμ-Bande. Im Dunkeln bildet sich das Ausgangs-Prod. nach einer Rk. 1. Ordnung wieder zurück, deren Halbwertszeit bei Temp.-Erhöhung von 0 auf 50° um den Faktor 50 abnimmt. Die Bldg. des Photo-Prod. hat eine Quantenausbeute von 0,017 Mol/Einstein.

W. Haberditzl. B 226 □

Radiolyse von Kohlenwasserstoffverbindungen durch Kobalt-60-Gammastrahlung. Motome Hamashima. (Rep. Government chem. ind. Res. Inst., Tokyo **54.** 363—67. Nov. 1959.) (Jap.; Auszug: Engl.)

Die Radiolyse von *Cyclohexan*, *2.2-Dimethylpropan* von 25 bis —60° u. von *n-Hexan*, *2.4-Dimethyl-*, *2.2.4-Trimethylpentan* u. *Polystyrol* bei 25° durch ^{60}Co-γ-Strahlen wurde untersucht u. die G(H_2)- u. G(CH_4)-Werte in diesen Temp.-Bereichen wurden bestimmt.

G. Pötzscher. B 226 □

Jodcyan als Fängersubstanz bei der Radiolyse von Benzol. Gordon Hughes. (J. physic. Chem. **65.** 2160—62. Dez. 1961. Liverpool, Univ., Dep. of Inorg. and Phys. Chem.) (Engl.) — Vgl. C. **1962.** 10421.

Es wird der Einfl. von JCN bei Radiolyse von *Bzl.* mit 0,661-MeV-γ-Strahlen durch Messung der Zers.-Ausbeuten untersucht. Durch Rkk. von ^{131}JCN bzw. J^{14}CN in der bestrahlten Lsg. werden neben Bldg. von J_2 als wahrscheinliche Rk.-Prodd. C_6H_5J u. C_6H_5CN angenommen. Die sich als äußerst komplex erweisenden Mechanismen sehen nicht nur Rkk. freier Phenylradikale vor, sondern fordern auch Rkk. ionisierter bzw. angeregter Benzol-Moll., mit denen JCN als Radikal- oder Elektronenfänger reagiert. H.-D. Freyer. B 226□

Chemische Wirkung von ^{82}Br-Rückstoßatomen nach (n, γ)-Reaktionen auf einige Benzolderivate. An. N. Nessmejanow, E. Ss. Filatow und A. Mansfeld. (Радиохимия [Radiochemie] **3.** 610—13. 1961.) (Russ.)

Vff. untersuchten die Substitution von verschiedenen Atomen u. Gruppen einiger Benzol-Derivv. mit ^{82}Br-Rückstoßatomen, die nach der Rk. ^{81}Br(n,γ)^{82}Br erhalten werden. Die Gemische C_2H_5Br (I)–C_6H_5Cl, I–C_6H_5J, I–*Toluol*, I–*Äthylbenzol* wurden einer 5tägigen Bestrahlung mit Neutronen unterworfen. Nach der Bestrahlung wurde die Aktivität der γ-Strahlung (aus ^{82}Br) u. die Ausbeute an Brombenzol bestimmt [21; 18; 8 (bzw. 18% Bromtoluol); 28%]. Es wurde festgestellt, daß die Substitution von Benzol-Derivv. in einer einfachen Abhängigkeit von dem Massenverhältnis steht. C. Kozák. B 226□

Chemische Wirkung von sich bei ^{81}Br(n, γ)^{82}Br und ^{202}Hg(n, γ)^{203}Hg-Reaktion bildenden ^{82}Br- und ^{203}Hg-Rückstoßatomen auf Benzol. An. N. Nessmejanow und E. Ss. Filatow. (Радиохимия [Radiochemie] **3.** 614—22. 1961.) (Russ.) — Vgl. vorst. Referat.

Vff. bestimmten die Ausbeuten der verschiedenen Prodd. C_2H_5Br, $C_2H_4Br_2$ u. C_6H_5Br, die bei der Bestrahlung von C_2H_5Br–C_6H_6-Lsgg. mit Neutronen aus einer Po–Be-Quelle erhalten werden, in Abhängigkeit von der Zus. der Mischung. Die Ausbeute von ^{82}Br-markierten Brombenzol wächst am Anfang linear mit der Verdünnung, d. h. mit der Verringerung der C_2H_5Br-Konz. (1,0—0,2 M) an; ändert sich aber danach fast nicht. Die Ausbeute von $C_2H_4Br_2$ ändert sich nur geringfügig. Bei C_2H_5Br kann man im Konz.-Intervall von 0,2—0,02 ein plötzliches Absinken der Menge an ^{82}Br–C_2H_5Br bemerken. Die Ausbeuten der Prodd. C_6H_5HgBr, $HgBr_2$ u. C_6H_5Br bei der Substitution von C_6H_6 durch Rk. von ^{203}Hg- u. ^{82}Br-Atomen werden ebenfalls bestimmt. Es wird eine eingehende Erläuterung des Mechanismus der H-Substitution mit verschiedenen Isotopen-Rückstoßatomen erörtert. C. Kozák. B 226□

Reaktionsfähigkeit von Wasserstoffatomen in flüssiger Phase: Fehlende Wirksamkeit der linearen Energieübertragung bei der Radiolyse von Kohlenwasserstoffen. W. G. Burns. (J. physic. Chem. **65.** 2261—62. Dez. 1961. Harwell, Atomic Energy Res. Establishment, Chem. Div.) (Engl.)

Bei der Radiolyse von *Cyclohexan* u. *n-Hexan* kann die H_2-Bldg. durch Kombination von prim. H-Radikalen u. durch Ablösen von weiteren H-Radikalen aus den KW-Stoffen beschrieben werden. Unterss. verschiedener Autoren ergeben, daß die Kombination bei Einw. von Strahlen geringer linearer Energieübertragung LET nahezu fehlt u. die H_2-Ausbeute von der LET der Strahlen unabhängig ist. Durch Berechnung zeigt der Vf., daß der G(H_2)-Wert (Zahl der pro 100 eV gebildeten H_2-Moll.) mit steigender LET sinkt, dabei ist das auf Kombination der H-Radikale zurückgeführte additive G(H_2) unabhängig vom Strahlungstyp. Zur Klärung wird angenommen, daß Zers. nach Strahlungsabsorption erst in größerer Entfernung eintritt u. damit Moll. ohne Zers. diffundieren u. Energie intermolekular übertragen müssen. H.-D. Freyer. B 226□

Untersuchung der Prozesse der Energieübertragung bei der Radiolyse einiger eingefrorener Kohlenwasserstoffe nach der paramagnetischen Elektronenresonanz-Methode. Ju. N. Molin, I. I. Tschcheidse, Al. A. Petrow, N. Ja. Buben und W. W. Wojewodski. (Доклады Академии Наук СССР [Ber. Akad. Wiss. UdSSR] **131.** 125—28. 1/3. 1960. Akad. der Wiss. der UdSSR, Inst. für chem. Kinetik u. Verbrennung der Sibir. Abt.; Inst. für chem. Phys. u. Inst. für Geol. u. Verarb. fossiler Brennstoffe.) (Russ.) — Vgl. I. I. Tschcheidse, Доклады Академии Наук СССР [Ber. Akad. Wiss. UdSSR] **130.** [1960.] 1291.

Verschiedene KW-Stoffe werden mit schnellen Elektronen von 1,6 MeV bei —120° bestrahlt u. die Kinetik der Radikal-Bldg. nach der Meth. der paramagnet. Elektronenresonanz verfolgt. Aus *1.1-Dicyclohexyldodecan* (I) entstehen wie aus *Cyclohexan* neben Cyclohexylradikalen auch Radikale, die aus der Spaltung der C—C-Kette stammen. Die Spektren von *1.1-Diphenyl-* (II) u. *1-Phenyl-1-cyclohexyldodecan* (III) sind gleich u. denjenigen von bestrahltem *Bzl.* analog; Spaltung von C—H-Bindungen in der Kette oder im Cyclohexylring wird nicht beobachtet. Bei Bestrahlung von I—II-Gemischen überwiegt die Radikal-Bldg. aus II, es wird also Energie von I auf II übertragen. Ohne Wechselwrkg. zwischen I- u. II-Moll. müßte $\gamma_I G_I + \gamma_{II} G_{II}$ ca. 2,5 (G = Radikalausbeute; γ = Elektronenanteil von I u. II im Gemisch) sein; G für das 1:1-Gemisch ist aber etwas größer (0,73) als bei II allein (0,42), bei III 0,46, bei I 4,9. Man kann annehmen, daß ca. 10% der I-Moll. ihre Energie nicht auf II übertragen können. Bei Bzl. ist G = 0,16, bei II u. III ca. 3mal so groß, da die Stabilität des Benzolrings durch die Einführung des Restes $C_{11}H_{33}$ geschwächt ist. R. K. Müller. B 226□

Einfluß der Struktur alkylaromatischer Kohlenwasserstoffe auf die Kinetik ihrer Dehydrierung. O. K. Bogdanowa, A. A. Balandin und I. P. Belomesstnych. (Доклады Академии Наук СССР [Ber. Akad. Wiss. UdSSR] **138.** 1089—92. 1/6. 1961.) (Russ.)

Es wurde die Dehydrierung von x-Äthyltoluol (I) zu *x-Vinyltoluol* (II) bei 524—560° untersucht. I wurde in einer Verdünnung mit 16 (bzw. 32) Mol W. mit einer Geschw. von 1 Liter/Std. über einen Oxidkatalysator geleitet. Mit Temp.-Erhöhung von 524 auf 560° erhöhten sich der Dehydrierungsgrad von I von 16 auf 32% (bzw. 13,4 auf 35%) u. der II-Geh. im Katalysat von 13,4 auf 30,5% (bzw. 13,5 auf 32%); entsprechend steigt die Menge an abgespaltenem H_2 an. Das Rk.-Gas enthält ziemlich konst. 0,5% gesätt. u. 0,3% ungesätt. KW-Stoffe sowie 8,3% CO_2. Der relative Adsorptions-Koeff. von II erniedrigt sich mit Temp.-Erhöhung von 3,8 auf 1,5. Die Dehydrierungs-Geschw. von I ist größer als die von Äthylbenzol. Helmut Schäfer. B 227□

Katalyse von Hydrierungsreaktionen an Zink. L. Ch. Freidlin und W. I. Gorschkow. (Periodica polytechn. [Budapest], chem. Ingenieurwes. **4.** 119—24. 1960. Moskau, Akad. der Wiss. der UdSSR, Zelinsky-Inst. für organ. Chem.) (Russ.; Auszug: Engl.)

Übersicht über frühere Arbeiten der Hydrierungen an Zn-Katalysatoren (vgl. C. **1961.** 12796; C. **1960.** 2139; C. **1959.** 8104). Danach katalysiert Zn die Hydrierung von Doppelbindungen [z. B. bei Octen-(1), -(2) u. -(3)] selbst unter Druck nicht, beschleunigt jedoch die aktivierten Doppelbindungen (z. B. bei *Styrol, Piperylen* u. *Isopren*). Dreifachbindungen [z. B. bei *Dimethylvinyläthinylcarbinol* u. *Butin-(2)-diol-(1.4)*] werden an Zn selektiv zu Doppelbindungen, Enine zu Dienen u. α,β-ungesätt. Aldehyde u. Ketone zu ungesätt. Alkoholen hydriert. Die Aktivierungsenergien der katalyt. Hydrierung der Bindungen C=C zu C—C; C≡C zu C=C u. C=O zu C—OH über Zn wurden aus thermodynam. Daten zu 57,9; 48,6 u. 47,7 kcal/Mol berechnet. H. Jäger. B 227□

Untersuchung des Mechanismus der destruktiven Hydrierung von Benzol mit Hilfe markierter Atome. I. W. Kaletschitz, W. G. Lipowitsch und W. W. Wychowanetz. (Доклады Академии Наук СССР [Ber. Akad. Wiss. UdSSR] **138.** 381—83. 1/5. 1961. Akad. der Wiss. der UdSSR, Ostsibir. Filiale.) (Russ.)

Um Aussagen über den Mechanismus der Hydrierung u. Hydroisomerisierung von Bzl. machen zu können, wurden bin. u. tern. Gemische aus *Bzl., Cyclohexen* (I) u. *Cyclohexan* (II) der Hydrierung am techn. WS_2-Kontakt bei 420° u. 140 at H_2-Anfangsdruck unterworfen. Jeweils eine der Ausgangs-Verbb. war mit ^{14}C markiert. Die Material- (Ausbeute an Bzl., I, II, Hexanen, Heptanen u. Gasen) u. Isotopenbilanz wird tabellar. angegeben. — Aus den Ergebnissen folgt, daß ein bedeutender Teil Methylcyclopentan (III) durch Hydroisomerisierung aus Bzl. gebildet wird, ohne daß die Benzolprimärhydrierungs-Prodd. erst vom Katalysator desorbieren. Bei kurzer Kontaktzeit wird der größte Teil des Bzl. (reversibel) über Cyclohexadien u. I in II umgewandelt (Weg A). Gleichzeitig wird Bzl. zu III hydroisomerisiert (Weg B). Bei längerer Kontaktzeit, d. h. bei relativer Anreicherung von II, herrscht Weg B vor, gleichzeitig bildet sich III aus II (Weg C). Die Rk.-Geschw. für die 3 erwähnten Wege ist am größten bei A, langsamer bei B u. noch etwas langsamer bei C. II spielt die Rolle eines Zwischenproduktes. Die Verss. sprechen gegen eine direkte Aufspaltung von II ohne dessen vorheriger Isomerisierung zu III; Aliphaten bilden sich somit vorwiegend über III. Helmut Schäfer. B 227□

Hydrogenolyse von C_7-Alkanen am Nickel–Tonerde-Katalysator unter Wasserstoffdruck. N. I. Schuikin und Sin-Chua Tjan. (Известия Академии Наук СССР, Отделение Химических Наук [Nachr. Akad. Wiss. UdSSR, Abt. chem. Wiss.] **1960.** 2046—48. Nov. Zelinsky-Inst. für org. Chem. der Akad. der Wiss. der UdSSR.) (Russ.)

Es wurde die Hydrogenolyse von n-Heptan, 3-Methylhexan, 2.4- u. 2.2-Dimethylpentan an 10% ig. Ni/Al_2O_3-Katalysator bei 360° u. 20 at H_2-Druck untersucht. Die KW-Stoffe wurden mit der 4fachen mol. Menge H_2 bei einer Vol.-Geschw. von 0,2 h^{-1} über den Katalysator geleitet. — Der Umwandlungsgrad ist gering u. in der vorst.

Reihenfolge machen die eingesetzten KW-Stoffe 78,5, 78,1, 89,2 bzw. 78,5% des Katalysats aus. Der Rest besteht aus *n-Hexan, 2-, 3-Methylpentan, 2.2-Dimethylbutan, n-Pentan, 2-Methylbutan, 2.2-Dimethylpropan, n-Butan* u. *2-Methylpropan*; die gasförmigen Prodd. enthalten hauptsächlich H_2, weniger *Methan* u. Spuren *Propan, Propylen* u. *Äthylen*. Die Hydrogenolyse setzt bei den Isoalkanen an der C—C-Bindung ein, die von dem tert. oder quart. C-Atom am entferntesten ist. Es treten — im Gegensatz zu Cyclo- u. Methylcyclohexan — keine Isomerisierungen ein, aus n-Heptan werden z. B. nur die n-Paraffine Hexan, Pentan, Butan, Propan u. Methan erhalten. HELMUT SCHÄFER. B 227□

Selektivität bei durch Poly-[4-vinylpyridin] katalysierten Solvolysen. Robert L. Letsinger und Thomas J. Savereide. (J. Amer. chem. Soc. **84.** 114—15. 5/1. 1962. Evanston, Ill., Northwestern Univ., Dep. of Chem.) (Engl.)

Vff. untersuchen die katalyt. Wrkg. eines Enzym-Modells [Poly-(4-vinylpyridin)] u. von 4-Picolin auf die Hydrolyse von *2.4-Dinitrophenylacetat* (DNPA) u. *K-3-Nitro-4-acetoxybenzolsulfonat* (NABS). Die in Abhängigkeit vom pH-Wert gemessenen Rk.-Geschw. (bei 36,6° in A.-W. 1 : 1) werden durch Bindung zwischen Substrat u. Katalysator gedeutet. P. JACOB. B 227□

Katalytische Aminierung organischer Verbindungen. 7. Mitt. **Katalytische Umwandlungen in der Reihe der Butylamine.** N. Ss. Koslow und N. I. Panowa. (Журнал Общей Химии [J. allg. Chem.] **28 (90).** 2384—86. Sept. 1958.) (Russ.) — 6. vgl. Журнал Общей Химии [J. allg. Chem.] **27 (89).** [1957.] 3208; 5. vgl. C. **1959.** 7423.

Beim Überleiten von n-Butylamin (I), Di-n-butylamin (II) oder Tri-n-butylamin (III) im NH_3-Strom (9 at) über Al_2O_3 bei 370—375° (20 Tropfen je Min. Durchsatz-Geschw.) bildet sich neben wenig *Butylen* (**IV**) stets ein Gemisch aus **I—III.** Durch die Anwendung von Druck wird die Bldg. von **I** begünstigt u. der Zerfall zu Olefinen herabgesetzt. — Aus 30 g **I** erhält man 25 g Katalysat mit 52,6% **I,** 32,3% **II** u. 15,1% **III,** neben 2 Liter **IV.** Aus 30 g **II** entstehen 22 g Katalysat, das 57,0% **I,** 20,5% **II** u. 22,5% **III** enthält (daneben 3 Liter **IV**). Aus 13 g **III** entstehen 9 g Katalysat, das 52,8% **I,** 22,2% **II** u. 25,0% **III** enthält (daneben 1 Liter **IV**). H. KÜHNE. B 227

Untersuchungen mit Bortrifluorid und dessen Komplexen. Z. Csürös und Gy. Deák. (Periodica polytechn. [Budapest], chem. Ingenieur.wes. **2.** 135—43. 1958. Budapest, TU, Inst. für Organ.-chem. Technol.) (Dt.)

Es wird die katalyt. Wrkg. von BF_3-Komplexen in Abhängigkeit vom Lsgm. bei der Anomerisation von Zuckern untersucht. Die Geschw.-Konst. beträgt für 0,1 Mol/Liter *β-Pentaacetylglucose* in Essigsäureanhydrid mit dem $BF_3 \cdot (CH_3CO_2H)_2$-Komplex $206{,}00 \cdot 10^{-4}$ (min^{-1}), mit $BF_3 \cdot$Ae. $76{,}50 \cdot 10^{-4}$, in Essigsäure mit dem $BF_3 \cdot (CH_3CO_2H)_2$-Komplex $8{,}76 \cdot 10^{-4}$, mit $BF_3 \cdot$Ae. $5{,}20 \cdot 10^{-4}$. Allg. zeigt sich, daß die katalyt. Wrkg. von BF_3 mit fallender Basizität des Lsgm. zunimmt. Der BF_3–Eisessig-Komplex ist für die Kondens. von *Benzaldehyd* (I) mit *Acetophenon* zu Chalkon wirksamer (Ausbeute fast quant.) als reines BF_3 (61% nach HAUSER u. BRESLOW, J. Amer. chem. Soc. **62.** [1940.] 2385). Neben-Rkk. werden unterdrückt. Auch entsteht bei der Umsetzung von I mit *Malonester* in Ggw. des BF_3–Eisessig-Komplexes nur Benzalmalonester, während bei alleiniger Ggw. von BF_3 durch MICHAEL-Kondens. Benzaldimalonester entsteht. P. SARTORI. B 227□

Kinetik der katalytischen Synthese von Vinylacetat in Gegenwart von Zinkaluminat. R. M. Flid, R. W. Bassowa und A. W. Tschirikowa. (Научные Доклады Высшей Школы, Химия и Химическая Технология [Wiss. Hochschulber., Chem. chem. Technol.] **1959.** 117—19. Moskau, Lomonossow-Inst. für feinchem. Technol.) (Russ.) — Vgl. auch C. **1960.** 770.

Mit einem körnigen Zn-Aluminatkatalysator (∅ 4, Höhe 2 mm) wird im strömenden Syst. bei 230—270° die Kinetik der Rk. von Acetylen mit Essigsäure untersucht, wobei die Partialdrucke p der Komponenten, ihr Verhältnis u. die Kontaktzeiten variiert werden. Da der Umwandlungsgrad in *Vinylacetat* von p prakt. unabhängig ist, kann für die Geschw. die Gleichung $U = K \cdot p_{C_2H_2} \cdot p_{CH_3COOH}$ angenommen werden. Dabei ergeben sich für K die Werte 1,82 ($Mol^{-1}\,s^{-1}$/Liter) bei 230°, 4,10 bei 250° u. 9,20 bei 270°. Die Aktivierungsenergie errechnet sich zu $E = 22000 \pm 500$ cal/Mol. R. K. MÜLLER. B 227□

C. Präparative organische Chemie. Naturstoffe

Einige Bemerkungen zu der Mitteilung „Von aliphatischen Acetylenkohlenwasserstoffen ausgehende Synthesen" von Theo Herbertz. E. R. H. Jones und M. C. Whiting. (Chem. Ber. **93.** 761—62. 22/3. 1960. Oxford, England, Oxford Univ., Dyson Perrins Labor.) (Dt.)

Die von HERBERTZ (vgl. C. **1950/54.** 7312 S) aus Na, Diacetylen u. Dimethylsulfat in fl. NH_3 erhaltene, als Pentadiin-(1.3) angesprochene Verb. vom Kp. 54—56° stimmt nicht mit authent. Pentadiin-(1.3) überein. Bei der Rk. von Acetylen mit Benzaldehyd in Ggw. von $NaNH_2$ erhält HERBERTZ (C. **1960.** 5782) α-Phenylallylalkohol u. Zimtsäure, während CLAPPERTON u. MC GREGOR (C. **1950.** II. 761) sowie JONES, SHEN u. WHITING (C. **1951.** I. 986) α-Phenylpropargylalkohol erhalten. Der F. von 3-Phenylbutin-(1)-ol-(3) beträgt +49° u. nicht, wie HERBERTZ angibt, —52°. Weiterhin wird die von PAUL u. TSCHELITCHEFF (C. **1956.** 7772) beschriebene Darst. von Penten-(1)-in-(4) vom n_D^{23} 1,4286 bestätigt sowie deren Bemerkung, daß der KW-Stoff vom n_D^{25} 1,3653, dem GRIGNARD u. Mitarbeiter (C. R. hebd. Séances Acad. Sci. **187.** [1928.] 517) dieselbe Struktur zuschreiben, nicht diese Konstit. haben könne. Hieraus wird geschlossen, daß das von HERBERTZ (C. **1960.** 5782) aus dem angeblichen Penten-(1)-in-(4) vom n_D^{25} 1,3653 dargestellte 2-Methylhepten-(6)-in-(3)-ol-(2) nicht dazu dienen könne, das aus dem Tiefkühlkondensat des Lichtbogenacetylens isolierte u. analog umgewandelte Penten-(1)-in-(4) zu identifizieren. HERBERTZ erhielt bei der Kondens. des Methylacetylens mit Methyläthylketon das „bisher unbekannte" 3-Methylhexin-(4)-ol-(3) vom $Kp._7$ 49—50° u. n_D^{20} 1,4740, für das IOSITCH u. Mitarbeiter [1910] den Kp. 147° anführen. W. EISENMANN. 460□

Erwiderung auf die vorstehende Mitteilung von E. R. H. Jones und M. C. Whiting. Theo Herbertz. (Chem. Ber. **93.** 762—63. 22/3. 1960.) (Dt.)

Das von u. nach HERBERTZ (C. **1950/54.** 7312 S hergestellte Pentadiin-(1.3) enthielt offensichtlich überwiegend die zugegebene Verb., da es mehrfach mit Aceton zu 2-Methylheptadiin-(3.5)-ol-(2) vom F. 46° kondensiert wurde. Ein weiterer Strukturbeweis liegt in seiner Rk. mit Methanol zu 1-Methoxypenten-(1)-in-(3) (HERBERTZ, C. **1960.** 5782), das auch durch Methylierung von 1-Methoxybuten-(1)-in-(3) (C. **1950/54.** 7312 S) erhalten wurde. Infolge eines Schreibfehlers wurde der F. von 3-Phenylbutin-(1)-ol-(3) zu —52° angegeben; er beträgt +52°. Die von u. nach GRIGNARD u. Mitarbeitern (C. R. hebd. Séances Acad. Sci. **187.** [1928.] 519) hergestellte Substanz ist ein KW-Stoff C_5H_6 vom Kp. 41—42° mit einer endständigen Acetylengruppe, der ein gelbes Cu-Salz gibt. Sollte es sich hierbei nicht um Penten-(1)-in-(4) handeln, könnte es nur Penten-(2)-in-(4) sein, was auf Grund der Darst.-Meth. unwahrscheinlich ist. Die Priorität von IOSITCH u. Mitarbeitern [1910] wird nicht angezweifelt. W. EISENMANN. 460□

Ein experimenteller Beitrag zur Untersuchung der Isomerisation von α, β- und β, γ-ungesättigten Ketonen. M. Anteunis. (Verh. Kon. vlaamse Acad. Wetensch., Letteren schone Kunsten België, Kl. Wetensch. **22.** Nr. 64. 5—86. 1960. Brüssel, Paleis der Acad.) (Fläm.)

Die über ein Mesomerie-stabilisiertes Carbanion verlaufende Isomerisierung α,β- u. β,γ-ungesätt. Carbonyl-Verbb. wird untersucht, bes. hinsichtlich der Stabilität von β,γ-Olefinketonen (**A**) gegen Basen bei struktureller Unmöglichkeit einer Isomerisierung u. der möglichen intramol. Anlagerung von Anionen an eine reaktive α,β-Äthenbindung. Durch Ersteres wird bewiesen, daß **A** nur dann durch retrograde Aldol-Kondens. abgebaut werden, wenn vorher das $\Delta^{\alpha,\beta}$-Isomere entstanden ist. Intramol. Anionenanlagerung an $C_{(\beta)}$ von α,β-ungesätt. Ketonen (**B**) führt z. B. bei ungesätt. Chalkonen (**C**) aus ster. Gründen zu cycl. Strukturen. *1-[o-Hydroxy-p-methylbenzoyl]-3-methylbuten-(1)* (**I**) entsteht durch FRIEDEL-CRAFTS-Rk. von Isohexen-(2)-säurechlorid (**II**) u. m-Kresol (**III**). Durch FRIES-Umlagerung des **II**-m-Kresylesters läßt sich kein **I** isolieren. Rk. von **I** mit O_3 gibt *Isobutanal* (**IV**) u. *2-Hydroxy-4-methylbenzoesäure*, Rk. mit NaOH **IV** u. *2-Hydroxy-4-methylacetophenon*. Als Beispiel eines **A**, dessen $C_{(\alpha)}$ vollständig substituiert ist, beschreibt Vf. die Synth. von *1.1.2-Trimethylallylphenylketon* (**VII**) über *α.α.β-Trimethyl-β-hydroxybuttersäureäthylester* (**VI**) u. die entsprechende *Isocrotonsäure* (**V**). **VII** reagiert nicht mit 5n NaOH, während sich **VI** noch auf Grund seiner β-OH-Gruppe zu *Aceton* u. *Isobuttersäure* spalten läßt. Unterss. an **C** zeigen, daß z. B. Xanthohumol (**VIII**) durch sd. NaOH-Lsg. wie ein **B** abgebaut wird, in der Kälte jedoch unter Ringschluß das Flavon (**D**) *Isoxanthohumol* (**IX**) liefert. Die Tetrahydro- (**X**) u. Dihydro-Verb. (**XII**), die an der Carbonylfunktion keinen **B**-Charakter mehr besitzen, sind dagegen alkalibeständig. Nur das Dihydro-**C** (**XI**) bildet ebenfalls ein **D** (**XIII**). Das **C**-**D**-

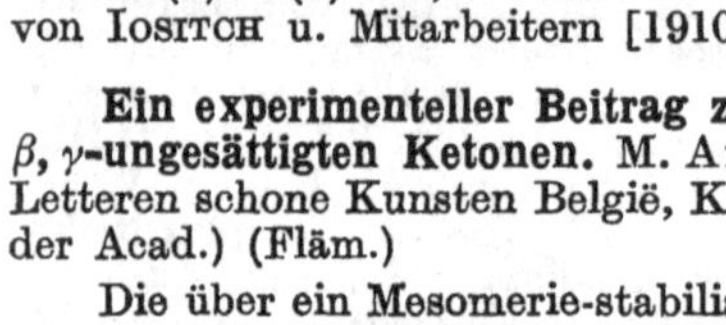

XII

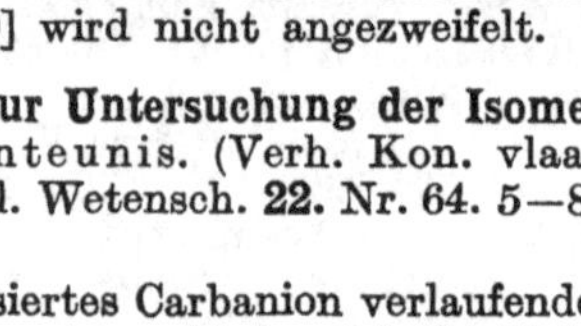

IX

Gleichgewicht von **VIII** u. **IX** bzw. **XI** u. **XIII** ist abhängig von der NaOH-Konz. (Abb.), da die **C**-Form auch zur Salz-Bldg. befähigt ist. Die **D**-Bldg. aus **C** verläuft somit auch im alkal. Medium. Analog wird das **C**–**D**-Gleichgewicht (Abb.) von *4-Benzyloxy-2'.4'-dihydroxy-6'-methoxychalkon* (**XIV**) u. seines **D** in NaOH untersucht, das wahrscheinlich infolge eines teilweisen Abbaus nicht linear verläuft. Der Ringschluß wird durch Verminderung der vorhandenen Säurefunktionen erschwert u. wird prakt. dann unmöglich, wenn die saure Funktion Ringschlußpartner sein muß, wie z. B. bei *ω-Styryl-o-hydroxyacetophenon* (**XV**) oder dessen p-Methyl-Deriv., die beide keine Cyclisierung im alkal. Medium zeigen. **XV** läßt sich weder durch Aldol-Kondens. von o-Hydroxyacetophenon u. Phenylacetaldehyd in Ggw. von Amberlite IRA-400, wobei im Kondens.-Prod. (IR-Spektren s. Orginal) noch eine CHO-Funktion vorhanden ist, noch durch PERKIN-Synth. aus Salicylaldehyd oder dessen Methyläther u. Na-Succinat, wobei doppelte Kondens. auftritt, darstellen. **XV** ist jedoch über *γ-Phenylisocrotonsäure* durch FRIES-Umlagerung des Phenylesters (**XVI**) in kleinerer Ausbeute erhältlich, wobei wahrscheinlich ein *Gemisch* der $\Delta^{\alpha,\beta}$- u. $\Delta^{\beta,\gamma}$-*Isomeren* entsteht. Für das durch alkal. Isomerisierung von Humulon (**XVIII**) als Öl u. teilweise krist. erhältliche *Isohumulon* (**XIX**) wird durch alkal. Hydrolyse bewiesen, daß das ölige **XIX** ein *Gemisch* der $\Delta^{\alpha,\beta}$- u. $\Delta^{\beta,\gamma}$-*Isomeren* u. wahrscheinlich weiterer Formen ist u. das krist. **XIX** ein durch anion. Ringschluß aus jenen entstandenes *Isomeres*. Durch Säurehydrolyse von **XVIII** wird nur öliges **XIX** erhalten, das kein $\Delta^{\alpha,\beta}$-Isomeres enthält, weshalb auch das krist. Isomere dabei nicht auftritt. Vf. diskutiert die durch JZ.-Best., Ozonolyse, alkal. Abbau oder Hydrieren an den einzelnen Fraktionen erhaltenen Ergebnisse hinsichtlich der in den Gemischen enthaltenen Isomeren u. deren möglichen Strukturen. Abb. der IR-Spektren von öligem u. krist. **XIX**, *Cumarin* u. den im Vers.-Teil vermerkten Verbb. s. Original.

Versuche (IR- bzw. UV-Spektren s. Original): *Isobutanal* (**IV**), durch Oxydation von Isobutanol mit Bichromat; 45% (Ausbeute). — *Isohexen-(2)-säure*, Kp.$_{15}$ 108°, durch 100std. DOEBNER-Kondens. von 100 g **IV** mit 160 g Malonsäure in 160 g Pyridin mit 0,5% Piperidin bei Raum-Temp., ½std. Kochen u. Fraktionieren; 60—65%. *Säurechlorid* (**II**), Kp.$_{26}$ 61°, durch 2std. Kochen mit a) 1,1 Mol $SOCl_2$; 77%; b) $POCl_3$; 90%. *m-Kresylester*, Kp.$_{21}$ 161°, durch Eintropfen von 7,2 g **II** in eine sd. Lsg. von 8 g **III** in Bzl. u. anschließendes Fraktionieren; 94% (bei Lösen in Ae. u. Waschen mit wss. Na_2CO_3 nur 70%). — *Isovaleriansäure-m-kresylester*, Kp. 245°, analog vorst. Meth.; 95 (bzw. 75%). — *1-[o-Hydroxy-p-methylbenzoyl]-3-methylbuten-(1)* (**I**), $C_{13}H_{16}O_2$, Kp.$_{0,4}$ 114—116°, durch Rk. von 23 g $AlCl_3$ mit 12,3 g **III** in 140 ml CS_2 bis zur vollständigen HCl-Entw., Zugeben von 14 g **II** unter N_2 u. ca. 4std. Kochen; 33%. *Dinitrophenylhydrazon*, F. 216°. *Ozonolyse* von **I** in CCl_4 bei —10° liefert **IV** (*Dinitrophenylhydrazon*, F. 181°) u. *2-Hydroxy-4-methylbenzoesäure* (F. 178°; aus CCl_4 Nadeln; mit p-Nitrobenzoldiazoniumchlorid u. NaOH in W., Aceton oder A. charakterist. Absorptionsmaxima); aus **I** u. 5%ig. NaOH **IV** (*p-Nitrophenylhydrazon*, F. 129°) u. *2-Hydroxy-4-methylacetophenon* (*Dinitrophenylhydrazon*, F. 192°). — *α-Bromisobuttersäureäthylester*, Kp.$_{14}$ 51°, durch Bromieren von Isobuttersäurechlorid u. Eingießen in A.; 85%. — *α.α.β-Trimethyl-β-hydroxybuttersäureäthylester* (**VI**), Kp.$_{14}$ 84°, nach einer modifizierten Meth. von COLONGE u. DUMONT [1947] aus vorst. Ester; 80—83%; durch Kochen mit 5n NaOH oder Säure *Aceton* (*2.4-Dinitrophenylhydrazon*, F. 127°). — *α.α.β-Trimethylbuten-(3)-säureäthylester*, a) Kp.$_{14}$ 50°, b) Kp.$_{16}$ 61°, aus **VI** a) durch Einrühren in eine P_2O_5-Suspension in Bzl., mehrstd. Stehen, langsame Dest. unter Braunfärbung u. Fraktionieren im Vakuum; 66%; b) durch Kochen mit 1% J_2 unter Abführen des gebildeten W., Extrahieren mit Ae. u. Waschen mit Bisulfit-Lsg.; 76%. *Freie Säure* (**V**), Kp.$_{15}$ 100°, durch ¼std. Kochen mit alkal. A., Einengen u. Extrahieren; 87%; IR. — *1.1.2-Trimethylallylphenylketon* (**VII**), $C_{13}H_{16}O$, Kp.$_1$ ca. 90°, a) durch mehrstd. Kochen des **V**-Säurechlorids mit der äquimol. Menge C_6H_5Li in abs. Ae.; 20% einer Fraktion vom Kp.$_7$ 104—105° +17% einer Fraktion vom Kp.$_7$ 136—138°; b) durch 12std. einer Suspension des trockenen Li-Salzes von **V** mit der äquimol. Menge C_6H_5Li in Ae.; 48—50%; daneben aus dem wss. Ae.-Auszug 30% **V**; IR; reagiert mit Br_2 u. $KMnO_4$ unter Entfärbung; Rk. mit alkal. $KMnO_4$ gibt *Benzoesäure* (F. 115—120°, *p-Bromphenacylester*, F. 117°). *Semicarbazon*, F. 161°. — *Xanthohumol* (**VIII**), F. 172°, aus getrocknetem Hopfen durch Trennung des Bzl.-Extrakts an SiO_2, Extrahieren mit PAe. u. Chromatographieren (vgl. VERZELE u. Mitarbeiter, C. **1959.** 2140 u. früher); gelb; IR u. UV. — *Isoxanthohumol* (**IX**), F. 198°, aus **VIII** u. 2—5%ig. NaOH; 95%; IR u. UV. — *Tetrahydroxanthohumol* (**X**), F. 156—157°, a) durch Hydrieren von **VIII** an PtO_2 in CH_3OH; 80%; b) analog aus **XI** bzw. **XII**. — *Dihydroxanthohumol B* (**XII**), F. 145°, aus **VIII** u. Zn in sd. Essigsäure. — *Dihydroisoxanthohumol* (**XIII**), F. 178° (*Hydrat*, F. 125°), aus **IX** analog **X**. — *Dihydroxanthohumol A* (**XI**), F. 200—201°, aus **XIII** mit Alkali; gelb. — *p-Benzyloxybenzaldehyd*, F. 72—72,5° (wss. A.), durch 5std. Kochen von 2,5 g p-Hydroxybenzaldehyd, 0,8 K u. 2,5 g Benzylchlorid in abs. A.; 67%. — *4-Benzyloxy-2'.4'-dihydroxy-6'-methoxychalkon* (**XIV**), F. 226° (KOFLER-Block) bzw. F. 216—218° (Mikroskop), durch 48std. Stehen eines äqiumol. Gemisches vorst. Aldehyds u. Phloracetophenon-2-methyläther in 30% ig. NaOH u. CH_3OH (1 : 1,2) u. Ansäuern mit HCl; krist. aus Aceton/W.; ca. 30%; IR. — *5-Methoxy-7-hydroxy-4'-benzyloxyflavanon*, F. 202 bis 203° (Aceton/W.), a) nach vorst. Verf. in CH_3OH/CH_3OK als Gemisch (F. ca. 180°) mit **XIV** (abtrennbar in sd. Ae.); b) aus reinem **XIV** in 5% ig. CH_3OK u. Trennen an SiO_2 mit Bzl.–Ae. (9 : 1) u. Ae.; IR; beim Erhitzen oberhalb F. entsteht **XIV**. — *Dicumarinyl-(3.3')*, $C_{18}H_{10}O_4$, F. 324°, durch 17std. Erhitzen von 16 g Na-Succinat in 90 ml Salicylaldehyd auf 190—200° unter sehr langsamem Zutropfen von 24 ml Acetanhydrid, Dampf-Dest., Kochen des Rückstandes (11,44 g) mit CH_3OH, Filtrieren des grauen Pulvers u. Extrahieren mit Chlf.; krist. aus Chlorbenzol, Toluol, Xylol, Anisol oder Essigsäure; fluoresciert stark im UV-Licht; IR; ca. 15% obigen Rückstandes; daneben aus dem Chlf.-unlösl. Teil wahrscheinlich *1.4-Diphenylbutadiendicarbonsäure-(2.3)-anhydrid*, F. ca. 330°; IR; ca. 85% obigen Rückstandes. — *1.4-Bis-[o-methoxyphenyl]-butadien*, F. 118°, analog vorst. Meth. aus o-Methoxybenzaldehyd, Extrahieren des angesäuerten Rückstandes mit W. u. Kristallisieren des wasserunlösl. Teils aus wss. CH_3OH, Essigsäure u. schließlich aus Bzl./Isooctan (IO); hellgelbe Kristalle; IR; 8,5%; daneben aus der wss. Lsg. *1.4-Bis-[o-methoxyphenyl]-butadiencarbonsäure-(2)*, F. 179—180°; aus Bzl./IO u. Essigsäure gelbe Kristalle; IR. — *γ-Phenylparaconsäure*, 1. F. 86—87°, 2. F. 106° (W. oder Bzl /IO), durch 3—4std. Zutropfen eines Gemisches aus 15 ml Acetanhydrid u. 20 ml Benzaldehyd zu einer auf 130° unter N_2 erhitzten Suspension von 16,1 g Na-Succinat in 90 ml Benzaldehyd, 7std. Erhitzen nicht über 130°, Dampf-Dest. des alkal. Gemisches, Ansäuern u. Auskochen mit W.; pK 4,3 (in 50% ig. CH_3OH); IR; 85—90%. — *γ-Phenylbuten-(3)-säure*, F. 85—86°, a) durch Dest. vorst. Säure bei 1 atm u. Aufkochen mit NaOH vor dem Umkristallisieren; pK 5,3; IR; b) durch 10std. Kochen von Phenylacetaldehyd u. Malonsäure in Pyridin u. Eintragen in Säure bei 0°; 60%; c) analog in A. u. Diäthylamin; 35%; daneben *Äthylester*. *Na-Salz*, durch Titrieren gegen Phenolphthalein in CH_3OH, Trocknen <130° u. Waschen mit Äther. *Säurechlorid*, F. 39—41° (IO), $Kp._{15}$ 140—142°, durch 2std. Kochen des Salzes mit 6—7 Mol $SOCl_2$; 50%; an der Luft Rückbldg. der *freien Säure*. *Phenylester* (**XVI**), F. 47,5—48° (Bzl./IO u. wss. CH_3OH), $Kp._{16}$ 205—210°, $Kp._2$ 186—189°, $Kp._{0,5}$ 167°, durch 6std. Kochen des Säurechlorids mit 2 Mol frisch dest. Phenol in Bzl.; 90%. *p-Kresylester* (**XVII**), F. 84,5—85° (Bzl./IO), $Kp._{0,005}$ 160°, analog **XVI**; IR; 95%. — *ω-Styryl-o-hydroxyacetophenon* (**XV**), F. 100—145° (Gemisch der Isomeren?), $Kp._{0,1}$ 205—210°, $Kp._{0,01}$ 195°, durch mehrstd. Rühren von **XVI** mit 1,4 Mol $TiCl_4$ in Nitrobenzol (gelber Komplex mit $TiCl_4$) bei Raum-Temp., Eingießen in Säure bei 0°, Extrahieren mit Ae., Entfernen des *p-Hydroxy-Deriv.* mit Na_2CO_3-Lsg. u. Einengen bei 100°/16 mm; glasartig, krist. aus Bzl./IO; IR; <10%; in starker NaOH lösl. unter Gelbfärbung. — *ω-Styryl-2-hydroxy-5-methylacetophenon*, F. 142—143° (Bzl./IO u. Erhitzen auf 135°), schmilzt bei 75—90° unter Gas-Entw. u. danach beim F. 130—132° (Verlust von 1 Mol. C_6H_6), $Kp._{0,1}$ 185—200°, durch 48std. Rk. von **XVIII** analog vorst. Meth.; glasartig; IR; 23%. — *Isohumulon* (**XIX**; *Isomerengemisch*), a) durch 30std. Rühren von **XVIII** (F. 66—68°) mit ca. 0,5n CH_3OK in abs. CH_3OH bei Raum-Temp. oder 20 Min. langes Kochen, Ansäuern, Extrahieren mit Ae., Einengen, Lösen in 50 ml PAe. pro 10 g angewandtem **XVIII**, Kristallisieren bei —20° u. Waschen mit IO; [α] +52°; pK 3,50 (in 60% ig. CH_3OH); IR; 25%; daneben durch Einengen der Mutterlauge u. Verteilen zwischen Phosphat–Citronensäure-Puffer (pH 5,46) u. IO hellgelbes, öliges **XIX**; [α] +53°; pK 3,35 (in 60% ig. CH_3OH); IR; 77% des eingesetzten Mutterlaugenrückstandes; b) durch 30std. Kochen von 5,0 g **XVIII** in 2,5 Liter SÖRENSEN-Phosphatpuffer (pH 5,66) unter N_2, Aufarbeiten (kein krist. Prod.!) u. Verteilen analog a); $[\alpha]_D^{20}$ +32° (in CH_3OH); pK 3,10 (in 65% ig. CH_3OH); gebliches Öl. *Ozonolyse* von **XIX** in Eisessig liefert aus dem unter a) gewonnenen Öl **IV** (*Dinitrophenylhydrazon*, F. 174°) u. *Aceton* (*Dinitrophenylhydrazon*, F. 122°), aus dem unter b) erhaltenen Prod. nur *Aceton*. Jodierung ergibt folgende J_2-Aufnahme: krist. Prod. aus a) 1 Mol.; öliges Prod. aus a) 1,5 Mol.; Prod. aus b) 1,9 Mol.; **XVIII** 2,0 Moll.; *Humulinsäure* (F. 91,5°) 1,0 Molekül. Hydrieren an PtO_2 liefert der Jodierung analoge Resultate. — *Dihydrohumulinsäure*, F. 120—121° (sublimiert), durch 2std. Kochen von 313 mg hydriertem, krist. **XIX** mit 3 g NaOH in 30 ml 90% ig. CH_3OH, Ansäuern u. Dampf-Dest.; 45,8%; daneben 19% **IV** (als *2.4-Dinitrophenylhydrazon*). G. KIRSTEN. 460□

Neue Untersuchungen auf dem Gebiet der solvatisierten Organometallverbindungen. Léone Miginiac-Groizeleau. (Ann. Chimie [13] **6**. 1071—1130. Sept./Okt. 1961. Paris, Univ., Fac. des Sci.) (Franz.)

Vf. untersuchte Darst. u. Rkk. von α-ungesätt. Organo-Mg- (**M**) u. Organo-Al-Verbb. (**A**) in Tetrahydrofuran (THF), Tetrahydropyran (THP), γ-Dihydropyran (DHP) u.

Furan. Die Anwendungsmöglichkeit der **A** konnte erweitert werden; sie reagieren mit Chinonen, Orthoameisensäuretriäthylester (**I**), α.β-Dibromäthern u. Anilin. Bldg. u. Rk.-Weise der **M** sind von der „Basizität“ des Lsgm. abhängig; man kann so nach Wunsch eine Wurtz-Rk. oder ausschließlich eine Grignard-Rk. erwirken. Die Rk.-Weise der **A** ist weniger lösungsmittelabhängig; sie geben in THF keine Wurtz-Rk., sondern reagieren in allen untersuchten Lsgm. in guten Ausbeuten mit Carbonylverbindungen. Es gelang so, durch Einw. einer **M** auf ungesätt. Halogenide in guten Ausbeuten Allen- u. Acetylen-KW-Stoffe darzustellen, die leicht zu trennen waren mittels ammoniakal. CuCl oder alkohol. $AgNO_3$. Wurtz-Rk. von α-Bromacetylenen RCHBr—C≡CH mit Mg in THF gibt die Isomeren *(CH≡CCHR)₂*, *CH≡CCHRCH=C=CHR* u. *(RCH=C=CH)₂*; z. B. ist *Dipropargyl* so gut darzustellen. In THP ist mit Mg die Wurtz-Rk. bevorzugt; mit Al entstehen dagegen **A**. Die Ausbeuten bei der klass. Saytzeff-Rk. wurden durch das Arbeiten in Furan verbessert; einige nach klass. Meth. nur schwer zugängliche Alkohole wurden in guten Ausbeuten erhalten.

Versuche: *Butin-(1)-ol-(3)* (**II**), Kp. 107°, aus CH_3CHO u. CH≡CNa in fl. NH_3; n_D^{20} 1,4265, $D._4^{20}$ 0,894; 20% (Ausbeute). — *Pentin-(1)-ol-(3)*, Kp. 124°, aus C_2H_5CHO analog; n_D^{20} 1,4327, $D._4^{20}$ 0,886; 25—30%. — *Propargylbromid* (**III**), Kp. 82—83°, aus $CH{\equiv}CCH_2OH$ u. PBr_3 in Ggw. von Pyridin bei ca. 55° unter Rühren (Kühlung); n_D^{20} 1,4937, $D._4^{20}$ 1,588; ca. 60%. — *3-Brombutin-(1)* (**IV**), Kp. 92,5°, aus **II** u. PBr_3 in Ggw. von Hydrochinon, Pyridin u. Ae. bei 2—5°, dann bei Raum-Temp. (ca. 2—3 Std.); n_D^{20} 1,4732, $D._4^{20}$ 1,394; 46%. — *3-Brompentin-(1)*, Kp. 116°, analog; n_D^{20} 1,473; 50 bis 55%. — 15 std. Erhitzen von C_4H_9MgBr mit DHP auf 45° gab nur 7% eines Gemisches aus *Nonen-(4)-ol-(1)* u. *Nonanal*. — *3-[Tetrahydropyranyl-(2)]-Δ²-dihydropyran*, $C_{10}H_{16}O_2$, Kp.$_{15}$ 114°, durch mehrstd. Erhitzen von DHP mit trockenem HBr; n_D^{20} 1,4899, D_4^{17} 1,047; 20—23%. Rk. mit 2.4-Dinitrophenylhydrazin gab das *2.4-Dinitrophenylhydrazon (DNP) des 2-[4-Hydroxy-1-formylbutyl]-tetrahydropyrans*, F. 148°, ident. mit der von Glacet [1935] durch Pyrolyse von α-Anilinotetrahydropyran erhaltenen Verbindung. Katalyt. Hydrierung (Raney-Ni in Essigester unter Druck) gab in sehr guter Ausbeute *3-[Tetrahydropyranyl-(2)]-tetrahydropyran*, Kp.$_{15}$ 112°, n_D^{20} 1,4721, $D._4^{20}$ 1,014. Oxydation vorst. Verb. mit $KMnO_4$ u. anschließende Veresterung mit CH_2N_2 gab *Bernsteinsäuredimethylester*, *Glutarsäuredimethylester* u. (wahrscheinlich) *α-Ketoglutarsäuredimethylester*. — *1-Phenylpropanol-(1)*, Kp.$_{32}$ 116°, durch Zutropfen von C_2H_5Br, dann von THF zu einem Gemisch aus Al-Spänen, Jod u. $AlCl_3$ unter Einleiten von N_2 u. Rühren, dann Zugabe von Benzaldehyd in THF bei 0°; n_D^{20} 1,5233, $D._4^{20}$ 1,003; 25%; in Ae. statt THF 15%; ohne Lsgm. Teere. *Phenylurethan*, F. 79°. — *n-Propanol*, Kp. 97°, analog mit HCHO in Ae. (25%) bzw. ohne Lsgm. (22%). *Phenylurethan*, F. 45°. — *1.1-Diphenylpropen-(1)*, F. 50°, analog aus Benzophenon ohne Lsgm. (30%); in Ae. oder THF keine Reaktion. — Mit Fluorenon in Ae. oder THF keine Rk., ohne Lsgm. Teere. — *9.10-Dipropargyl-9.10-dihydroxy-9.10-dihydroanthracen*, F. 166° (Toluol), durch Zugeben von **III** zu Al in THF in Ggw. von $HgCl_2$ bei 40—45° u. Zugeben von Anthrachinon unter Eis-Kochsalz-Kühlung; 50%. — *9.10-Diallyl-9.10-dihydroxy-9.10-dihydroanthracen*, F. 98° (PAe.), analog; 40%. — Aus Benzochinon u. Propargyl-$Al_{1/3}$Br (**V**) bzw. Allyl-$Al_{1/3}$Br (**VI**) wurden außer etwas *Hydrochinon* (F. 170°) keine definierten Prodd. erhalten. — *1.1-Diäthoxybutin-(3)*, Kp.$_{22}$ 62°, aus **I** u. **V** in Ae. bei —30°; n_D^{18} 1,4220, $D._4^{18}$ 0,894; 62—76%. Hydrolyse mit Oxalsäure gab wenig eines Gemisches (Kp. 70—75°) aus (wahrscheinlich) *Butin-(3)-al* u. *Butadien-(2.3)-al*. — *3(5)-Methylpyrazol*, Kp.$_{25}$ 111°, aus vorst. Acetal u. Hydrazinsulfant; $_D^{20}$ 1,5970. — *1.1-Diäthoxybuten-(3)*, Kp.$_{12}$ 38°, analog bei 0—5°; n_D^{20} 1,4107, $D._4^{20}$ 0,845; 30%. *Buten-(3) al-DNP*, F. 192°. — Rk. von **VI** mit Anilin, in Ae. bei 15° gab 95% *Propen*, bestimmt als *1.2-Dibrompropan*, Kp.$_{80}$ 73°, n_D^{17} 1,5205 $D._4^{17}$ 1,931; u. „*Anilinoaluminiumbromid*“ $C_6H_5NHAl_{2/3}Br$ (**VII**). — **VII** gab mit abs. A., dann W. *Anilin* zurück. Beim Erhitzen in Ggw. von überschüssigem **VI** wird das zweite H-Atom auch angegriffen. Analoge Ergebnisse erhielt Vf. mit **V** oder in THF statt Äther. — Rk. von **VII** mit Ketonen gab folgende Anile: *Aceton-*, Kp.$_{15}$ 104°, bei —15°; 12%. — *Benzophenon-*, F. 116°, gelbe Kristalle aus PAe., bei 0°; 70%. — *Dypnon-*, F. 102—103°, gelbe Kristalle aus A., bei 0°; 53%. — Rk. von **VII** mit Chalkon gab kein Anil, sondern *β-Phenyl-β-phenylaminopropiophenon*, F. 172°, Nadeln (A.); 50%. — *1-Brom-2-äthoxypentin-(4)*, Kp.$_{12}$ 72—73°, aus **V** u. 1.2-Dibromdiäthyläther (Kp.$_{21}$ 78°, dargestellt aus $C_2H_5OCH{=}CH_2$ u. Br_2) in Ae. bei 0° unter Rühren, dann Stehenlassen über Nacht; n_D^{17} 1,4749, $D._4^{17}$ 1,286; 61—74%. Enthält nach dem IR-Spektrum ca. 5% *1-Brom-2-äthoxypentadien-(3.4)*. Dehydrobromierung mit KOH u. nachfolgende Enolätherspaltung mit Säure gab wenig *Pentin-(4)-on-(2)*; *DNP*, F. 147°, orange. Behandeln mit Zn in A. oder (besser) n-Butanol gab *Penten-(1)-in-(4)*, Kp. 42—45°; 50%. — *1-Brom-2-äthoxypenten-(4)*, Kp.$_{16}$ 69°, analog aus **VI**; n_D^{20} 1,4610, $D._4^{20}$ 1,2136; 84—91%. Behandeln mit KOH, dann Säure gab wenig *Penten-(4)-on-(2)*; *DNP*, F. 157°, rot. —

Rk. von **V** bzw. **VI** mit Benzonitril bzw. Benzylcyanid gab nur Harze, mit Äthylenoxid nur *2-Bromäthanol*, Kp. 149°, n_D^{20} 1,4831; 32—50%. — *Pentatrien-(1.3.4)*, Kp. 49°, aus **III** u. CH_2=CHMgBr in THF (Kühlung); n_D^{19} 1,4719, $D._4^{19}$ 0,717. *Daneben Penten-(1)-in-(4)*, Kp. 42—43°, n_D^{19} 1,4194, $D._4^{19}$ 0,732; Gesamtausbeute 40%, davon 36—40% vorst. Verb.; Trennung mittels CuCl (in wss.-alkohol. NH_3 in Ggw. von Hydrazinsulfat, vorbehandelt mit wss. HCOOH) oder $AgNO_3$ (in abs. A.). — Rk. von Allylbromid (**VIII**) mit CH_2=C=CHMgBr (erhalten aus **III** u. Mg) in THF gab 75% eines Gemisches aus 31% *Hexen-(1)-in-(5)* (Kp. 70°, n_D^{20} 1,4318, $D._4^{20}$ 0,756) u. 69% *Hexatrien-(1.2.5)* (Kp. 75°, n_D^{20} 1,4476), D_4^{20} 0,746. — Rk. von **VIII** mit CH_2=C=CMgBr—C_2H_5 [erhalten aus 3-Brompentin-(1)] gab 65% eines Gemisches aus $^1/_3$ *3-Äthylhexen-(5)-in-(1)* (Kp. 100—11°, n_D^{15} 1,4289, $D._4^{15}$ 0,763) u. $^2/_3$ *Octatrien-(1.4.5)* (Kp. 119—120°, n_D^{20} 1,4542, $D._4^{20}$ 0,767). — *1-Phenylpentadiin-(1.4)*, $Kp._{13}$ 110°, aus **III** u. $C_6H_5C{\equiv}CMgBr$ in sd. THF (3 Std.); n_D^{20} 1,5746, $D._4^{20}$ 0,979; 22%. Einw. von alkohol. KOH gab *1-Phenylpentadiin-(1.3)*. — *1-Phenylpenten-(4)-in-(1)*, $Kp._{12}$ 97°, analog aus **VIII**; n_D^{18} 1,5616, $D._4^{18}$ 0,947; 17%; bei 10—12std. Erhitzen bis zu 60%. — Rk. von **III** mit Allyl-MgBr in Ae. ohne oder (schneller) mit Zusatz von THF gab 70% eines Gemisches aus 85—90% *Hexen-(1)-in-(5)* u. 10—15% *Hexatrien-(1.4.5)*. — Rk. von 3-Brompentin-(1) mit Allyl-MgBr gab analog 78% eines Gemisches aus 85—90% *4-Äthylhexen-(1)-in-(5)* u. 10—15% *Octatrien-(1.4.5)*. — Rk. von **III** mit Mg in THF in Ggw. von $HgCl_2$ bei 25° (Zutropfen, dann über Nacht Stehen) gab 60% eines Gemisches, das 80% *Dipropargyl* enthielt [Kp. 88°, n_D^{14} 1,4419 n_D^{20} 1,3870, $D._4^{14}$ 0,805; wurde über das Di-Mg-Deriv. mit CH_3CHO übergeführt in ein Gemisch stereoisomerer *Decadiin-(3.7)-diole-(2.9)*, F. 78—82°]; daneben entstand *Diallenyl*, das nicht in reinem Zustand isoliert werden konnte, aber kein Hexadien-(1.2)-in-(5). — Rk. von **IV** mit Mg in THF wie vorst. gab 50% eines *KW-Stoffgemisches* (Kp. 115 bis 120°, n_D^{20} 1,4467), das 3 Prodd. enthielt (gaschromatograph.); Hydrierung mit RANEY-Ni in Essigester bei 100—120° gab 50% *n-Octan*, 40% *3-Methylheptan* u. 10% *3.4-Dimethylhexan*. — In THP entsteht aus **III** u. Mg kein Propargyl-MgBr, sondern ein Gemisch von *KW-Stoffen* wie in THF. — *2-Methylpentin-(4)-ol-(2)*, $Kp._{115}$ 74°, a) durch Rk. von **III** mit Al in THP u. Umsetzung mit Aceton (75%); b) aus **III** u. Aceton mit Al nach SAYTZEFF (60%); n_D^{20} 1,4380, $D._4^{20}$ 0,883. — Ausbeuten bei der Darst. von Verbb. RMgBr aus RBr: R = *Allyl* in Ae. bei 5° 70%; in DHP bei 5° 84%. — R = *tert.-Butyl* in Ae. bei 20° 52%; in DHP bei 20° 70%. — Rk. von Allyl-MgBr mit **VIII** in DHP gab 75—80% *Diallyl*. — *Hepten-(1)-ol-(4)*, Kp. 152°, aus Allyl-MgBr u. n-Butyraldehyd (**IX**) in DHP bei 0°; n_D^{20} 1,4350, $D._4^{20}$ 0,838; 52%. — *2-Methylpenten-(4)-ol-(2)*, Kp. 116°, aus Allyl-MgBr u. Aceton in DHP bei 0°; n_D^{20} 1,4275°, $D._4^{20}$ 0,828; 65% (in Ae. 52%). — *2.2-Dimethylhexanol-(3)*, $Kp._{13}$ 54°, aus tert.-Butyl-HgBr u. **IX** in DHP bei 0°; n_D^{20} 1,4280, $D._4^{20}$ 0,822; 60% (in Ae. 47%; nach SAYTZEFF in Furan 30%). — *Heptin-(2)-ol-(4)*, $Kp._{18}$ 78°, aus Propargyl-MgBr u. **IX** in DHP bei 0°; n_D^{20} 1,4513, $D._4^{16}$ 0,889; 45%. — *2-Methylpentin-(3)-ol-(2)*, $Kp._{17}$ 45°, a) aus Aceton u. Propin in Ggw. von KOH (55%); b) aus Propargyl-MgBr u. Aceton in DHP bei 0°; n_D^{20} 1,4424, $D._4^{20}$ 0,884; 63%. — *4-Methylheptin-(1)-ol-(4)*, $Kp._{50}$ 85°, a) aus Propargyl-MgBr u. Pentanon-(2) (**X**) in DHP (65%); b) nach SAYTZEFF in Furan (70%); n_D^{20} 1,4465, $D._4^{20}$ 0,876. — **V** u. **VI** entstehen in DHP u. geben mit Carbonyl-Verbb. gute Ausbeuten. — Bei einer versuchten Rk. von Allyl-MgBr mit **VIII** in Furan (6 std. Kochen) entstand kein Diallyl. — *4-Methylhepten-(1)-ol-(4)*, $Kp._{100}$ 95°, a) aus Allyl-MgBr u. **X** in Furan (78%; daneben kein Diallyl; b) analog mit Allyl-MgJ (64%; daneben 20% *Diallyl* ; c) durch gleichzeitige Einw. von **X** u. **VIII** auf Mg-Späne in Furan bei 24—25° (SAYTZEFF-Rk.; 78—80%); d) analog in Ae. (53%); analog mit Allyljodid in Furan (85%) oder Allylchlorid in Furan [70%; daneben 25% *4.5-Dimethyloctandiol-(4.5)* (**XI**)]; e) analog aus **X** u. **VIII** mit Al in Furan (80%); n_D^{20} 1,4389, $D._4^{20}$ 0,839. — *3.4-Dimethylhepten-(1)-ol-(4)*, $Kp._{98}$ 105°, aus 1-Brombuten-(2) oder 3-Brombuten-(1) u. **X** in Furan nach SAYTZEFF; n_D^{21} 1,4470, $D._4^{21}$ 0,853; 70%. — *3-Phenyl-2-methylpenten-(4)-ol-(2)*, $Kp._{16}$ 120°, aus Cinnamylbromid u. Aceton bei 0—5° analog; n_D^{19} 1,5272, $D._4^{21}$ 0,980; 65% (in Ae. 9%, daneben 52% *Dicinnamyl*, $Kp._{0,05}$ 120—140°). — *1-Phenyl-2-methylpropanol-(2)*, $Kp._{10}$ 94°, analog aus Benzylbromid (79%) oder Benzylchlorid (45—50%, daneben etwas *Pinakol*, $Kp._{14}$ 72°; *Hydrat*, F. 46°) oder Benzylbromid mit Al (40%); n_D^{20} 1,5240, $D._4^{20}$ 0,993. Oxydation mit Permanganat gab *Benzoesäure*. — *3.4-Dimethylheptin-(1)-ol-(4)*, $Kp._{16}$ 68°, aus **IV** nach SAYTZEFF in Furan; n_D^{20} 1,4492, $D._4^{18}$ 0,875; 85%. — *3-Methylhexanol-(3)*, $Kp._{100}$ 87°, aus C_2H_5Br u. **X** analog; n_D^{20} 1,4214, $D._4^{20}$ 0,823; 69%. — *2-Allylfenchylalkohol* $Kp._{18}$ 120—121°, aus Fenchon u. **VIII** analog; n_D^{18} 1,4925, $D._4^{18}$ 0,963; 50%. — Mit tert.-Butylbromid oder Brombenzol erfolgte keine SAYTZEFF-Rk. in Furan. — *α-[β-Naphthyl]-acetophenon*, F. 96°, aus β-Chlormethylnaphthalin u. Benzonitril analog; Ausbeute gering. — *1.1-Dicrotyläthanol*, $Kp._{27}$ 84°, aus N.N-Dimethylacetamid u. Crotylbromid analog; n_D^{20} 1,4657; 37%. — Vers. einer SAYTZEFF-Rk. von C_2H_5Br u. **X** mit Al in Furan gab nur **XI** (1 Diastereoisomeres), F. 92—94° (PAe.), $Kp._{15}$ 114°; 73% (in Bzl. 69%; in Ae. 64%). J. ROTHE. 470□

Isomerisierung von Tetranitroalkanen. Ss. Ss. Nowikow, A. A. Fainsilberg, Ss. A. Schewelew, I. Ss. Korssakowa und K. K. Babijewski. (Доклады Академии Наук СССР [Ber. Akad. Wiss. UdSSR] **132.** 846—49. 1/6. 1960. Zelinsky-Inst. für organ. Chem. der Akad. der Wiss. der UdSSR.) (Russ.)

1.1.1.3-Tetranitropropan (**I**), -butan (**II**) u. -pentan (**III**) werden in Ggw. von K-Acetat (**IV**), K-Methylat (**V**) u. KOH in *symm. Tetranitroalkane* umgewandelt, wobei die aci-Formen (**a**) leichter isomerisiert werden als die Normalformen (**b**). **I** bildet in Ggw. von **IV** u. **V** in alkohol. Lsg. *1.1.3.3-Tetranitropropan*, in A./Aceton dagegen unter Abspaltung einer NO_2-Gruppe *1.1.3-Trinitropropan.* **IIa** wird in Ggw. von **IV** in A., **V** in Methanol u. alkhol. KOH isomerisiert; **IIb** wird in Ggw. von **IV** u. KOH, nicht aber mit **V** isomerisiert. **IIIa** wird nur in Ggw. von **IV** isomerisiert, während **IIIb** sich nicht isomerisieren läßt. **II** u. **III** werden im Gegensatz zu **I** nicht in Ggw. von NH_3 isomerisiert. Die erhaltenen K-Salze der 1.1.3.3-Tetranitroalkane werden bromiert.

Versuche: *1.1.3.3-Tetranitropropan, Di-K-Salz,* $C_3H_2K_2N_4O_8$, F. 221° (Zers.; W.), a) durch Zutropfen einer Lsg. von **IV** in A. zu einer alkohol. Lsg. von **I** bei 0°, 2½std. Rühren bei 0° u. 1std. Rühren bei Zimmer-Temp.; 33,4% (Ausbeute); b) durch Zutropfen einer 1n Lsg. von **V** zu einer methanol. Lsg. von **I** bei 0°, 1std. Rühren bei 0° u. 1std. Rühren bei 10°; 10,8%. — *1.1.3.3-Tetranitrobutan, K-Salz,* $C_4H_5KN_4O_8$, F. 118° (Zers.; 50%ig. Methanol), a) durch Zutropfen einer Lsg. von **IV** in A. zu einer alkohol. Lsg. von **IIa** bei 6—8° u. 4std. Rühren bei Zimmer-Temp.; 34,5%; b) durch Zugabe von **IIa** zu einer Lsg. von **V** in Methanol bei —5° u. 45 Min. langes Rühren bei —10°; 36,7%; c) durch Zugabe von alkohol. KOH zur alkohol. Lsg. von **IIa** bei <10° u. 3½std. Rühren bei Zimmer-Temp.; 12,1%; d) durch Zutropfen einer alkohol. Lsg. von **IV** zur alkohol. Lsg. von **IIb** bei 15—18° u. 4½std. Rühren bei Zimmer-Temp.; 34,5%; e) durch Zugabe von alkohol. KOH zu einer alkohol. Lsg. von **IIb** bei <10°, 3std. Rühren bei Zimmer-Temp. u. 72std. Stehen; 12,8%. — *1-Brom-1.1.3.3-tetranitrobutan,* $C_4H_5BrN_4O_8$, F. 46° (Ausfrieren aus Hexan), durch Bromierung vorst. Verb. unter Ae.; 100%. — *1.1.3.3-Tetranitropentan, K-Salz,* $C_5H_7KN_4O_8$, F. 135° (Zers.; 50%ig. Methanol), durch Zutropfen einer alkohol. Lsg. von **IV** zur alkohol. Lsg. von **IIIa**, 2std. Rühren bei 0°, 3std. Rühren bei Zimmer-Temp. u. 120std. Stehen; 14,5%. — *1-Brom-1.1.3.3-tetranitropentan,* $C_5H_7BrN_4O_8$, durch Bromierung vorst. Verb. unter Ae. u. Reinigung durch Lösen in Hexan u. Ausfrieren; n_D^{20} 1,5060; 88%. E. HÖFT. 510□

Synthese und physikalische Eigenschaften normaler höherer Alkohole. 2. Mitt. Synthese normaler höherer primärer Alkohole mit ungerader Kohlenstoffzahl von Heptakosanol bis Heptatriakontanol. Akira Watanabe. (Bull. chem. Soc. Japan **33.** 531—34. April 1960. Idei, Himeji, Himeji Techn. Coll., Dep. of Appl. Chem.) (Engl.) — 1. vgl. Bull. chem. Soc. Japan **32.** [1959.] 1295.

Azelainsäuremonoäthylester wird durch eine modifizierte HUNSDIECKER-Rk. in hoher Ausbeute in *ω-Bromoctansäureäthylester* (**I**) übergeführt, den man mit Na-Malonsäurediäthylester (**X**) zu *Octan-1.1.8-tricarbonsäuretriäthylester* (**II**) kondensiert. Man estert zum *Tribenzylester* um u. setzt mit Tetrakosanoylchlorid (**III**) bei nachfolgender Hydrogenolyse u. Decarboxylierung zu *10-Ketotritriakontansäure* (**IV**) um. HUANG-MINLON-Red. führt weiter zu *Tritriakontansäure* (**V**), deren Äthylester man mit $LiAlH_4$ zu *n-Tritriakontanol* (**VI**) reduziert. **III** wird durch Red. von Behensäureestern zu *n-Dokosanol* (**VII**), Umsetzen mit HBr zu *n-Dokosylbromid* (**VIII**), Kondens. mit **X** zu *α-n-Dokosylmalonsäure* (**IX**), Decarboxylieren zu *Tetrakosansäure* u. Behandeln mit Oxalylchlorid dargestellt. Analog **VI** wurden *n-Pentatriakontanol, n-Heptatriakontanol, n-Heptakosanol, n-Nonakosanol* u. *n-Hentriakontanol* synthetisiert. Die drei letztgenannten Alkohole zeigen beim Abkühlen der Schmelze unter den Ep. einen Transitionspunkt (Tr.), bei dem sich das zunächst wachsartig transparente Material in einen krist. opaken Zustand umwandelt.

Versuche: *n-Dokosanol* (**VII**), F. 71,5°, durch Red. von Behensäureäthylester mit $LiAlH_4$. — *n-Octadecanol,* F. 58°, analog **VII**. — *n-Trikosanol,* F. 72°. — *n-Dokosylbromid* (**VIII**), F. 44°, durch 15std. Einleiten von HBr in **VII**. — *n-Octadecylbromid,* F. 28,5°, analog **VIII**. — *n-Trikosylbromid,* F. 51°. — *α-n-Dokosylmalonsäure* (**IX**), F. 125°, aus **VIII** u. **X** in Butanol. — *α-n-Octadecylmalonsäure,* F. 109°, analog **IX**. — *Tetrakosansäure,* F. 85°, durch Decarboxylieren von **IX**; 50% (Ausbeute, bezogen auf **VIII**). — *Eikosansäure,* F. 75°, analog; 75%. — *Pentakosansäure,* F. 83,5°; 42,5%. — *ε-Bromcapronsäureäthylester,* $Kp._{14}$ 118°, $Kp._{4,5}$ 98°, aus ε-Caprolacton; n_D^{32} 1,4561. — *Azelainsäure,* F. 104—106° (wss. A.). *Diäthylester,* $Kp._{6,5}$ 135—137°. *Monoäthylester,* $Kp._1$ 161 bis 163°, aus vorst. Säure u. Diäthylester. — *ω-Bromoctansäureäthylester* (**I**), $Kp._{3,5}$ 125°, durch anteilweises Zugeben des Ag-Salzes des vorst. Monoäthylesters zu Br_2 in CCl_4 unter strengem Feuchtigkeitsausschluß u. Einengen; 80%. — *ω-Bromundecansäure*, F. 48—49,5°, aus Undecylensäure u. HBr nach Jones (J. Amer. chem. Soc. **69.** [1947.] 2350). *Äthylester*, Kp.$_5$ 148—150°, F. 11,5—13,5°; n_D^{20} 1,4651. — *Octan-1.1.8-tricarbonsäuretriäthylester* (II), Kp.$_{1,5}$ 170—172°, aus I u. X; n_D^{28} 1,4380. — *Hexan-1.1.6-tricarbonsäuretriäthylester*, Kp.$_1$ 150—151°, analog II. — *Undecan-1.1.11-tricarbonsäuretriäthylester*, Kp.$_1$ 187°, n_D^{28} 1,4435. — *10-Ketotritriakontansäure* (IV), F. 107°, durch Umestern von II zum *Tribenzylester* durch Zutropfen von Benzylalkohol zu II u. $NaOC_2H_5$ u. Erhitzen unter Abdestillieren von A., Zugeben von III, 1std. Kochen, Hydrieren über Pd/C u. Pd/$SrCO_3$ in Essigester u. 1std. Kochen. — *8-Ketoheptakosansäure*, F. 99,5°, analog IV. — *8-Ketononakosansäure*, F. 101°. — *10-Ketohentriakontansäure*, F. 105°. — *13-Ketopentatriakontansäure*, F. 109°. — *13-Ketoheptatriakontansäure*, F. 110°. — *Tritriakontansäure* (V), F. 96°, durch 1std. Kochen von IV mit $N_2H_4 \cdot H_2O$ u. KOH in Äthylenglykol, Abdestillieren des gebildeten W., 6 std. Kochen bei 200° u. Gießen in Wasser. — *Heptakosansäure*, F. 86,6°, analog V. — *Nonakosansäure*, F. 98,7°. — *Hentriakontansäure*, F. 92,5°. — *Pentatriakontansäure*, F. 98°. — *Heptatriakontansäure*, F. 98,7°. — *n-Tritriakontanol* (VI), $C_{33}H_{68}O$, F. 88,5°, Ep. 87,8°, durch Red. von V-Äthylester mit $LiAlH_4$. — *n-Heptakosanol*, $C_{27}H_{56}O$, F. 80,5°, Ep. 80°, Tr. 72,5°, analog VI. — *n-Nonakosanol*, $C_{29}H_{60}O$, F. 83,5°, Ep. 82,5°, Tr. 75°. — *n-Hentriakontanol*, $C_{31}H_{64}O$, F. 87°, Ep. 85,8°, Tr. 78,5°. — *n-Pentatriakontanol*, $C_{35}H_{72}O$, F. 91,2°, Ep. 89,5°. — *n-Heptatriakontanol*, $C_{37}H_{76}O$, F. 92—92,7°, Ep. 91,6°. H.-E. Toussaint. 560 □

Synthese und physikalische Eigenschaften normaler höherer primärer Alkohole. 3. Mitt. Synthese normaler höherer primärer Alkohole mit gerader Kohlenstoffzahl von Dodecanol bis Hexatriakontanol. Akira Watanabe. (Bull. chem. Soc. Japan **34.** 398—402. März 1961.) (Engl.) — 2. vgl. vorst. Referat.

Der durch Rk. von ω-Bromundecansäureäthylester mit Na-Malonsäurediäthylester zugängliche Undecan-1.1.11-tricarbonsäuretriäthylester wird zum Tribenzylester umgeestert, den man durch Acylierung mit Palmitoylchlorid, Hydrogenolyse u. Decarboxylieren in *13-Ketooctakosansäure* überführt. Huang-Minlon-Red. liefert weiter *Octakosansäure*, die durch $LiAlH_4$ zu *n-Octakosanol* (I) red. wird. Eine zweite Synth. für I benutzt das Verf. nach Cason (J. Amer. chem. Soc. **66.** [1944.] 839) zur Kettenverlängerung; n-Octadecylbromid wird über die Grignard-Verb. in *Dioctadecyl-Cd* übergeführt, dieses mit Sebacinsäureäthylesterchlorid zu *10-Ketooctakosansäureäthylester* kondensiert u. nacheinander nach Huang-Minlon u. mit $LiAlH_4$ reduziert. Auf dem erstgenannten Weg (Verf. nach Bowman) wurden sämtliche geradzahligen *n-Alkohole* von C_{12}—C_{36} synthetisiert. Einige dieser Verbb. weisen beim Abkühlen der Schmelze unter den Ep. einen Transitionspunkt (Tr.) auf, bei dem eine Umwandlung des zunächst wachsartig transparenten Materials in einen krist. opaken Zustand eintritt.

Versuche: *Undecan-1.1.11-tricarbonsäure*, F. 89° (Essigester–PAe.), als Nebenprod. bei der Umesterung des Triäthylesters. *Triäthylester*, Kp.$_1$ 187°, nach l. c.; n_D^{28} 1,4435.— *13-Ketooctakosansäure*, $C_{28}H_{54}O_3$, F. 99,5° (Bzl.), durch Zutropfen vorst. Triäthylesters zu Na-Pulver in Bzl.–Toluol, 6std. Rühren, leichtes Erwärmen bis zur vollständigen Lsg. des Na., Zutropfen von Benzylalkohol, Erhitzen unter Abdestillieren des gebildeten A. als Azeotrop mit Bzl., Ansäuern mit verd. H_2SO_4, Eindampfen, Zutropfen von $NaOC_2H_5$ in A.–Bzl., Stehen unter gelegentlichem Schütteln, Zutropfen von Palmitoylchlorid (Kp.$_1$ 148°), ½ std. Kochen, Zers. mit H_2SO_4 unter Eiskühlung, Eindampfen, Hydrieren in Essigester/abs. A. über Pd/C u. Pd/$SrCO_3$ unter wiederholtem Zugeben von frischem Katalysator, Filtrieren, ½ std. Kochen, Einengen, Zusetzen von Essigsäure/H_2SO_4, 40 Min. langes Kochen u. Einengen; 65% (Ausbeute). — Analog vorst. Verb. wurden dargestellt: *13-Ketohexakosansäure*, F. 95,5°. — *13-Ketotriakontansäure*, F. 102,6°. — *10-Ketodotriakontansäure*, F. 105,5°. — *13-Ketotetratriakontansäure*, F. 107,5°. — *13-Ketohexatriakontansäure*, F. 110°. — Durch Red. vorst. Ketosäuren nach Huang-Minlon wurden erhalten: *Hexakosansäure*, F. 86,5°. — *Octakosansäure*, F. 90,2°. — *Triakontansäure*, F. 93°. — *Dotriakontansäure*, F. 96°. — *Tetratriakontansäure*, F. 97,8°. — *Hexatriakontansäure*, F. 98,5°. — Durch Red. der entsprechenden Säuren bzw. ihrer Äthylester mit $LiAlH_4$ wurden dargestellt: *n-Dodecanol*, $C_{12}H_{26}O$, F. 22 5°, Ep. 22,3°. — *n-Tetradecanol*, $C_{14}H_{30}O$, F. 39°, Ep. 37,5°, Tr. 33,5°. — *n-Hexadecanol*, $C_{16}H_{34}O$, F. 48,5°, Ep. 48°, Tr. 42,5°. — *n-Octadecanol*, $C_{18}H_{38}O$, F. 58,5°, Ep. 58°, Tr. 50°. — *n-Eikosanol*, $C_{20}H_{42}O$, F. 65,3°, Ep. 64,2°, Tr. 55,5°. — *n-Dokosanol*, $C_{22}H_{46}O$, F. 70,4°, Ep. 69,3°, Tr. 61°. — *n-Tetrakosanol*, $C_{24}H_{50}O$, F. 76°, Ep. 75,7°, Tr. 68°. — *n-Hexakosanol*, $C_{26}H_{54}O$, F. 78,8°, Ep. 78,2°, Tr. 73°. — *n-Octakosanol* (I), $C_{28}H_{58}O$, F. 82,5°, Ep. 82°. — *n-Triakontanol*, $C_{30}H_{62}O$, F. 86,3°, Ep. 85,5°. — *n-Dotriakontanol*, $C_{32}H_{66}O$, F. 88,2°, Ep. 87°. — *n-Tetratriakontanol*, $C_{34}H_{70}O$, F. 91°, Ep. 89,5°. — *n-Hexatriakontanol*, $C_{36}H_{74}O$, F. 91,6°, Ep. 89,5°. H.-E. Toussaint. 560 □

Untersuchung auf dem Gebiet der Diacetylenderivate. 5. Mitt. **Synthese gemischter Thioäther des Butadiens-(1.3) und optische Untersuchung verschiedener Diacetylenderivate.** M. F. Schosstakowski, A. W. Bogdanowa, G. I. Plotnikowa und N. Ss. Andrejew. (Известия Академии Наук СССР, Отделение Химических Наук [Nachr. Akad. Wiss. UdSSR, Abt. chem. Wiss.] **1960.** 1279—85. Juli. Zelinsky-Inst. für org. Chem. der Akad. der Wiss. der UdSSR.) (Russ.) — 2. vgl. C. **1960.** 6799.

Die Anlagerung von Äthylmercaptan (**I**) u. Thiophenol (**II**) an Äthinylvinyl-n-butyläther [**III**; 1-n-Butoxybuten-(1)-in-(3)], -cyclohexyläther (**IV**) u. -benzyläther (**V**) liefert die entsprechenden *1-Alkoxy-4-äthyl-(phenyl)-mercaptobutadiene-(1.3)*. Die Rk. wird durch Azodiisobuttersäurenitril (**VI**) beschleunigt. Die Verbb. können nicht durch Anlagerung von Alkoholen an die entsprechenden Äthinylvinylthioäther erhalten werden. Die Struktur der Verbb. wird durch Titration mit $HgCl_2$, Dien-Synth. mit Maleinsäureanhydrid u. Unters. der IR- u. Raman-Spektren bestätigt. Die typ. Frequenzen der Verbb. sowie die von Butin-(2)-al-(4) u. Bis-[alkyl-(phenyl)-mercapto]-butadienen-(1.3) werden tabellar. angegeben.

Versuche: *1-n-Butoxy-4-äthylmercaptobutadien-(1.3)*, $C_{10}H_{18}OS$, Kp.$_2$ 102,8°, durch 8std. Erhitzen von 3,4 g **III**, 5,1 g **I** u. 25 mg **VI** im Rohr auf 75—80°; $D._4^{20}$ 0,9461; n_D^{20} 1,5198; 96% (Ausbeute); in Ggw. von 0,1 g KOH 97,5%. — *1-Cyclohexyloxy-4-äthylmercaptobutadien-(1.3)*, $C_{12}H_{20}OS$, Kp.$_3$ 134°, $D._4^{20}$ 1,0013; n_D^{20} 1,5460—1,5468; aus **I** u. **IV** im Mol-Verhältnis 1:1 in 5—6½ Std. bei 75—80°; 43,1% ohne Zusätze; 72,8% in Ggw. von KOH; 92,4% in Ggw. von **VI**. — *1-Benzyloxy-4-äthylmercaptobutadien-(1.3)*, $C_{13}H_{16}OS$, Kp.$_{2,5}$ 148—148,5°, aus **I** u. **IV** in 7 Std. bei 80°; $D._4^{20}$ 1,0122; n_D^{20} 1,5755; 39,4%. — *1-Cyclohexyloxy-4-phenylmercaptobutadien-(1.3)*, $C_{16}H_{20}OS$, Kp.$_2$ 183—183,5°, durch Zugabe von 3,3 g **II** zu 4,6 g **IV** in Ggw. von 20 mg **VI** (stark exotherme Rk.); $D._4^{20}$ 1,0663; n_D^{20} 1,6122; 93%. — *1-n-Butoxy-4-phenylmercaptobutadien-(1.3)*, $C_{14}H_{18}OS$, Kp.$_2$ 153—153,2°, analog aus **II** u. **III** (1:1 Mol) in Ggw. von KOH; $D._4^{20}$ 1,0261; n_D^{20} 1,5929; 80,8%. — *1-Benzyloxy-4-phenylmercaptobutadien-(1.3)*, $C_{17}H_{16}OS$, Kp.$_{3,5}$ 203°, aus **II** u. **V** (1:1 Mol); $D._4^{20}$ 1,1196; n_D^{20} 1,6184; 84,2%.

Helmut Schäfer. 600□

2-Guanidinoäthylthioschwefelsäure. A. Kaluszyner. (Bull. Res. Council Israel, Sect. A **9.** 35—36. April 1960. Ministry of Defence, Sci. Dep.) (Engl.)

Für Verss. zur Entw. von Schutzstoffen gegen ionisierende Strahlung wird *2-Guanidinoäthylthioschwefelsäure* nach 2 Darst.-Meth. hergestellt. Voruntersss. zeigten eine gute Schutz-Wrkg. dieser Verbindung.

Versuche: *Bis-[2-guanidinoäthyl]-disulfiddihydrobromid*, $C_6H_{18}Br_2N_6S_2$, F. 192 bis 193° (A.), aus Cysteamin u. Äthylisothiuroniumbromid (**I**) in W. u. Oxydation im Luftstrom nach Entfernung von W. u. Äthylmercaptan; 85% (Ausbeute). *Dipikrat*, $C_{18}H_{22}N_{12}O_{14}S_2$, F. 234—237° (W.). — *2-Guanidinoäthylthioschwefelsäure*, $C_3H_9N_3O_3S_2$, F. 181—183° (W.), a) aus vorst. Verb., 10%ig. wss. SO_2-Lsg. u. Na-Acetat; 55%; b) aus 2-Aminoäthylthioschwefelsäure, **I** u. 2n NaOH; 20%. Detlef Thierig. 600□

Darstellung von Dipivaloylmethan. Karl R. Kopecky, Derek Nonhebel, Gene Morris und George S. Hammond. (J. org. Chemistry **27.** 1036—37. März 1962. Pasadena, Calif., California Inst. of Technol., Gates and Crellin Labor. of Chem.; Ames, Iowa, Labor. of the Atom. Energy Comm.) (Engl.)

Dipivaloylmethan [*2.2.6.6-Tetramethylheptandion-(3.5)*], Kp.$_{36}$ 100—102°, aus dem mit NaH, dispergiert in Mineralöl, u. Pinakolin in sd. Dimethoxyäthan erhaltenen Enolat durch Acylierung in situ mit Methyl- oder Äthylpivalat in Dimethoxyäthan, schnelles Zufügen von konz. HCl, Gießen in W., Extraktion mit Pentan, Waschen des Extrakts u. fraktionierte Dest.; 63% Ausbeute. J. Sickfeld. 720□

Synthesen von Vinylmonomeren. 11. Mitt. **Synthese von α-Chlorhydracrylaten und α-Chloracrylaten.** A. Ja. Jakubowitsch, N. A. Bogosslowski, Je. P. Prawowa, I. N. Beljajewa und W. W. Rasumowski. (Журнал Общей Химии [J. allg. Chem.] **30** (**92**). 2496—98. Aug. 1960.) (Russ.) — 9. vgl. C. **1962.** 8218.

Durch Hypochlorierung von Acrylonitril (**I**) u. Methylacrylat (**II**) werden *α-Chlor-β-hydroxypropionitril* (**III**) u. *Methyl-α-chlor-β-hydroxypropionat* (**IV**) dargestellt u. zu *α-Chloracrylonitril* bzw. *Methyl-α-chloracrylat* dehydratisiert.

Versuche: *α-Chlor-β-hydroxypropionitril* (**III**), C_3H_4ClNO, Kp.$_{11}$ 112°, man leitet in 128 g **I** in 2 Liter W. bei 16° 24 Std. lang Cl_2 ein, gibt 64 g **I** zu u. leitet noch 29 Std. lang Cl_2 ein; $D._4^{20}$ 1,3028; n_D^{20} 1,4619; 38,5% (Ausbeute). — *α-Chlor-β-acetoxypropionitril*, $C_5H_6ClNO_2$, Kp.$_5$ 77,5—79°, durch 2std. Erhitzen von 5 g **III**, 8,25 g Acetanhydrid u. 0,65 g Na-Acetat auf dem sd. Wasserbad; $D._4^{20}$ 1,2221; n_D^{20} 1,4391; 55,8%. — *Methyl-α-chlor-β-hydroxypropionat* (**IV**), $C_4H_7ClO_3$, Kp.$_{20}$ 106°, analog **III** aus 66 g **II** in 1,5 Liter W.; $D._4^{20}$ 1,3203; n_D^{20} 1,4539; 23,5%. — *Methyl-α-chloracrylat*, $C_4H_5ClO_2$ Kp.$_{55}$ 57—60°;

n_D^{20} 1,4420—1,4410; a) durch langsame Zugabe von 5 g **IV** zu 5 g H_2SO_4 u. 0,3 g Cu_2Cl_2 bei 125—130°; 74%; b) durch Zutropfen von 5 g **IV** zu 2 g P_2O_5 u. 0,2 g Cu_2Cl_2 u. Erhitzen auf 130°; 64%. — *α-Chloracrylonitril*, Kp. 87—89°, durch Erhitzen von 15 g **III** mit 3,8 g $NaHSO_4$; $D._4^{20}$ 1,1038; n_D^{20} 1,4291; 2,2 g. — *Phenyl-α-chloracrylat*, $C_9H_7ClO_2$, $Kp._5$ 94 bis 96°, man läßt 54,5 g Phenyl-α.β-dichlorpropionat u. 45 g Triäthylamin in 200 ml Bzl. 2 Tage lang stehen, filtriert u. dest. in Ggw. von Phenyl-β-naphthylamin; $D._4^{20}$ 1,2168; n_D^{20} 1,5325; 49%. Helmut Schäfer. 810□

Die Reaktion von Cyclohexen-(2)-on mit Trifluorperoxyessigsäure. Edward E. Smissman und Fred B. Block. (J. Amer. pharmac. Assoc., sci. Edit. **48.** 526—27. Sept. 1959. Madison, Wis., Univ. of Wisconsin, School of Pharmacy.) (Engl.)

Die Rk. von Cyclohexen-(2)-on mit Trifluorperoxyessigsäure liefert als Endprod. *2-Hydroxyadipinsäure*; Δ^2-Dehydrocapronsäurelacton oder 2.3-Dihydroxycapronsäurelacton treten nicht auf.

Versuche: *Adipinsäure*, F. 150,7—152°, durch Zugabe von Trifluoressigsäure zu 90%ig. H_2O_2 (1 Std.), $^1/_4$std. Rühren, $1^1/_2$std. Versetzen mit Cyclohexen-(2)-on in $CH_2 \cdot Cl_2$ bei <10°, Erwärmen auf Raum-Temp., 2std. Kochen, Abdestillieren der Lsgm., 3std. Kochen mit 3%ig. HCl, 8std. Stehen bei Raum-Temp., Eindampfen, Zugabe von 57%ig. HJ zu dem Rückstand (**A**) u. 1std. Kochen; 66,6% (Ausbeute). — *2-Hydroxyadipinsäuredi-p-toluidid*, $C_{20}H_{24}N_2O_3$, F. 187,4—187,9° (A./W.), durch 2std. Erhitzen von **A** mit p-Toluidin auf 190—200°. — *2-Acetoxyadipinsäuredi-p-toluidid*, $C_{22}H_{26}N_2O_4$, F. 172,4—173,2° (A./W.), durch 1std. Erhitzen vorst. Verb. in Pyridin mit Acetanhydrid. — *2-Hydroxyadipinsäure*, durch $3^1/_2$std. Kochen von *2-Chloradipinsäuredimethylester* [$Kp._{15}$ 145—150°, nach Treibs u. Holbe (C. **1953.** 9448); n_D^{20} 1,4505] mit 10%ig. wss.-methanol. NaOH u. Ansäuern mit konz. HCl; gibt mit p-Toluidin vorvorst. Verbindung. P. Golinske. 820□

Natürlich vorkommende aliphatische Hydroxysäuren. D. T. Downing. (Rev. pure appl. Chem. **11.** 196—211. Dez. 1961. Melbourne, Australia, C.S.I.R.O., Chem. Res. Labor., Div. of Organ. Chem.) (Engl.)

Übersicht über Hydroxysäuren aus Tieren, Pflanzen u. Mikroorganismen, biochem. Beobachtungen, Unters.-Meth. u. industrielle Verwendung. — 136 Literaturangaben. P. Golinske. 850□

Trennung von Antipoden mittels Papierchromatographie. M. D. Azevedo. (C. R. Séances Soc. Biol. Filiales **152.** 224—27. 25/8. 1959. Lisbonne, Inst. Rocha Cabral.) (Franz.)

Durch Chromatographie von *DL-Äpfelsäure* an Whatman Nr. 1-Papier (aufsteigend) im Syst. A./konz. NH_4OH/W. (85:4:11 oder 80:10:10) wurde eine Trennung in die *L-* u. *D-Form* erzielt. K. Maier. 850□

Umlagerung von α.α-Difluoralkylaziden. I. L. Knunjanz, E. G. Bychowskaja und W. N. Frossin. (Доклады Академии Наук СССР [Ber. Akad. Wiss. UdSSR] **132.** 357—59. 11/5. 1960.) (Russ.)

Bei der Pyrolyse von β-Hydroperfluorpropyl- (**I**) oder -isobutylazid (**II**) entstehen unter Abspaltung von N_2 u. Umlagerung analog der Curtiusschen Umlagerung die entsprechenden *Carbylaminfluoride*. α-Hydroperfluorisopropylcarbylaminfluorid [**III**; $(CF_3)_2 \cdot CHN{=}CF_2$] gibt mit Anilin u. W. *Phenyl-α-hydrohexafluorisopropylharnstoff*, der auch auf anderem Wege synthetisiert wird.

Versuche: *α-Hydroperfluorisopropylcarbylaminfluorid* (**III**), C_4HF_8N, Kp. 36°, man leitet **II** durch ein auf 205—210° erhitztes Glasrohr; Fl. mit Phosgengeruch; $D._4^{20}$ 1,5350; n_D <1,3. — *α-Hydroperfluoräthylcarbylaminfluorid*, C_3HF_6N, Kp. 24°, analog vorst. Verb. aus **I**; $D._4^{20}$ 1,5000. — *α-Hydroperfluorisobutyrohydroxamsäurechlorid, Ätherat*, $C_4H_2ClF_6NO \cdot 0{,}5\,(C_2H_5)_2O$, $Kp._{38}$ 58°, man schüttelt 22,5 g des Ae.-Komplexes von α-Hydroperfluorisobutyrohydroxamsäurefluorid u. 25 ml fl. HCl im Rohr bei Zimmer-Temp., versetzt mit Ae., trocknet die Ae.-Schicht mit $CaCl_2$ u. dest.; $D._4^{20}$ 1,4780; n_D^{20} 1,3570. — *Benzoyl-α-hydroperfluorisobutyrohydroxamsäure*, $C_{11}H_7F_6NO_3$, F. 175° (wss. A.), man gibt 10 g vorst. Verb. zur Suspension von 27,6 g Ag-Benzoat in 50 ml abs. Ae., läßt 2 Tage lang bei Zimmer-Temp. stehen, filtriert u. dest. den Ae. ab. — *Phenyl-α-hydrohexafluorisopropylharnstoff*, $C_{10}H_8F_6N_2O$, F. 211° (wss. A.), a) man kocht 3 g vorst. Verb. in 10 ml Nitrobenzol unter Rückfluß, fängt das entweichende α-Hydroperfluorisopropylisocyanat in einer gekühlten Ampulle auf u. versetzt mit Anilin; b) aus **III** u. Anilin in Ae. u. Abdestillieren des Äthers.

Renate Richter. 910□

Die Struktur von „Cystindisulfoxid“. B. J. Sweetman. (Nature [London] **183.** 744—45. 14/3. 1959. Dunedin, Univ. of Otago, Chem. Dep.) (Engl.)

Auf Grund des IR-Spektrums liegt das sog. „Cystindisulfoxid" (I) in Form des entsprechenden *Thiosulfonats* vor. Die Rk. von I mit Cystein (II) zu II-*Sulfinsäure* u. *Cystin* wird besser durch die Thiosulfonatstruktur erklärt. Papierchromatograph. sowie Modell-Unterss. machen es wahrscheinlich, daß sich die SH-Gruppe von II nucleophil an das zweibindige S-Atom von I anlagert u. sodann die Aufspaltung der SO_2-S-Bindung unter Wanderung des Wasserstoffs zur SO_2-Gruppe stattfindet.

J. GANTE. 950□

Darstellung von Triallylphosphinoxid. L. H. Chance und J. D. Guthrie. (J. appl. Chem. **10.** 395. Okt. 1960. New Orleans, La., Southern Regional Res. Labor.) (Engl.)

Durch 2std. Zugabe von Allylbromid zu Mg in abs. Ae., 1std. Kochen, 1std. Zugabe von $POCl_3$ in abs. Ae., 1std. Kochen, 1std. Zutropfen von W., Abtrennen der Ae.-Schicht u. Dest. im Vakuum entsteht *Triallylphosphinoxid* ($C_9H_{15}OP$, F. 18—18,5°, $Kp_{0,1}$ 78°; $D._4^{30}$ 0,9689, n_D^{30} 1,5010; 32% (Ausbeute). P. GOLINSKE. 980□

Reaktionen von Epichlorhydrin mit Phenolen. J. R. Merchant und A. S. U. Choughuley. (Current Sci. **30.** 99—100. März 1961. Bombay, Inst. of Sci.) (Engl.)

Bei der Umsetzung von Epichlorhydrin mit o-, m-, p-Kresol, p-Chlor- u. p-Nitrophenol sowie 3.5-Xylenol in Ggw. von Piperidinhydrochlorid entstehen *3-[Aryloxy]-2-hydroxy-1-chlorpropane* (**A**), die durch HCl-Abspaltung mit KOH u. Ae. in die entsprechenden *1.2-Epoxy-Verbb.* (**B**) u. diese mit verd. H_2SO_4 in die entsprechenden *Diole* übergeführt werden. Die **A** u. **B** liefern durch Behandlung mit NH_3 Gemische aus *3-[Aryloxy]-2-hydroxypropylamine*, *Bis-[3-aryloxy-2-hydroxypropyl]-amine* u. *Tris-[3-aryloxy-2-hydroxypropyl]-amine*. Folgende Verbb. wurden dargestellt: 2-Hydroxy-1-chlorpropane (**A**): *3-[p-Tolyloxy]-*, $Kp._{20}$ 190—194°. — *3-[o-Tolyloxy]-*, $Kp._{20}$ 158 bis 170°. — *3-[m-Tolyloxy]-*, $Kp._{20}$ 175—177°. — *3-[p-Chlorphenoxy]-*, $Kp._{20}$ 180—184°. — *3-[p-Nitrophenoxy]-*, $Kp._{10}$ 216—218°. — *3-[3.5-Dimethylphenoxy]-*, $Kp._{10}$ 138—140°. 1.2-Epoxypropane (**B**): *3-[p-Tolyloxy]-*, $Kp._{15}$ 136—140°. — *3-[o-Tolyloxy]-*, $Kp._{20}$ 136—138°. — *3-[m-Tolyloxy]-*, $Kp._{15}$ 140—142°. — *3-[p-Chlorphenoxy]*, $Kp._{20}$ 146—148°. — Propandiole-(1.2): *3-[p-Tolyloxy]-*, F. 71—72°. — *3-[o-Tolyloxy]-*, F. 66—67°. — *3-[m-Tolyloxy]-*, F. 62—65°. — *3-[p-Chlorphenoxy]-*, Öl. — *3-[p-Nitrophenoxy]-*, F. 62 bis 64°. — *3-[3.5-Dimethylphenoxy]-*, Öl. — 2-Hydroxypropylamine: *3-[p-tolyloxy]-*, F. 103—104°. — *3-[o-Tolyloxy]-*, *Hydrochlorid*, F. 256° (sintert bei 131°). — *3-[m-Tolyloxy]-*, *Hydrochlorid*, F. 264° (sintert bei 126°). — *3-[p-Chlorphenoxy]-*, *Hydrochlorid*, F. 270° (sintert bei 172°). — *3-[3.5-Dimethylphenoxy]-*, *Hydrochlorid*, F. 270° (sintert bei 190°). — *Bis-[3-(p-tolyloxy)-2-hydroxypropyl]-amin*, F. 108—110°. — *Bis-[3-(o-tolyloxy)-2-hydroxypropyl]-amin*, F. 116—117°. — *Bis-[3-(p-chlorphenoxy)-2-hydroxypropyl]-amin*, F. 125—127°. — *Bis-[3-(3.5-dimethylphenoxy)-2-hydroxypropyl]-aminhydrochlorid*, F. 128—129°. — *Tris-[3-(p-tolyloxy)-2-hydroxypropyl]-aminhydrochlorid*, F. 170—171°. — *Tris-[3-(o-tolyloxy)-2-hydroxypropyl]-aminhydrochlorid*, F. 134—135°. — *Tris-[3-(p-chlorphenoxy)-2-hydroxypropyl]-aminhydrochlorid*, F. 261° (sintert bei 170°). — *Tris-[3-(3.5-dimethylphenoxy)-2-hydroxypropyl]-aminhydrochlorid*, F. 258° (sintert bei 125°). P. GREGORZEWSKI. 1060□

Substituierte Phenylalkylsulfide und -sulfone. 3. Mitt. N. H. Bhat, G. A. Kallur, M. Y. M. Jamakhandi, B. S. Akki, V. V. Badiger und K. S. Nargund. (J. Karnatak Univ., Sci. [Dharwar, India] **4.** 43—48. Nov. 1959. Dharwar, Karnatak Univ., Dep. of Chem.) (Engl.) — 2. vgl. J. Karnatak Univ., Sci. [India] **3.** [1958.] 25.

4-Hydroxy-3.5-dichlorthiophenol u. 4-Hydroxy-3.6-dichlorthiophenol werden mit verschiedenen Alkyljodiden, Benzylchlorid u. p-Chlorbenzylbromid in Ggw. von Na-Äthylat kondensiert. Die entstehenden *Sulfide* werden mit H_2O_2 in Essigsäure zu den entsprechenden Sulfonen kondensiert.

Versuche: Alkyl-[4-hydroxy-3.5-dichlorphenyl]-sulfide: *Methyl-*, $Kp._{11}$ 162—163°, durch Kondens. des entsprechenden Thiophenols mit dem Alkyljodid nach ACHARYA u. NARAGUND (vgl. 2. Mitt., l. c.); $D._4^{26}$ 1,278, n_D^{23} 1,5862; blaßrote Flüssigkeit. *Benzoyl-Deriv.*, F. 128°; aus A. graue Platten. — *n-Propyl-*, $Kp._{13}$ 184—185°; $D._4^{26}$ 1,276, n_D^{23} 1,5859; dicke rote Flüssigkeit. — *n-Butyl-*, $Kp._{10}$ 195°; blaßgelbe Fl.; $D._4^{26}$ 1,188, n_D^{23} 1,5582. — *n-Amyl-*, $Kp._{12}$ 199—201°; blaßgelbe Fl.; $D._4^{26}$ 1,182, n_D^{23} 1,5545. — *n-Hexyl-*, $Kp._8$ 205°; rote Fl.; $D._4^{26}$ 1,176, n_D^{23} 1,5566. — *Benzyl-*, $Kp._{10}$ 215 bis 216°; gelbe Fl.; n_D^{23} 1,6329. *Acetyl-Deriv.*, F. 83°; aus verd. A. blaßgelbe Nadeln. — Alkyl-[4-hydroxy-3.6-dichlorphenyl]-sulfide: *Methyl-*, F. 115°; aus A. bräunliche Platten. *Acetyl-Deriv.*, F. 111°; aus Essigsäure bräunliche Nadeln. — *Äthyl-*, $Kp._{11}$ 159—160°; blaßrote Fl.; $D._4^{24}$ 1,353, n_D^{24} 1,602. *Benzoyl-Deriv.*, F. 88°; aus Essigsäure bräunliche Platten. — *n-Propyl-*, $Kp._{13}$ 195—196°; blaßgelbe Fl.; n_D^{24} 1,305. *Benzoyl-Deriv.*, F. 121°; aus Essigsäure Platten. — *n-Butyl-*, $Kp._{10}$ 202°; blaßrote Fl.; $D._4^{24}$ 1,211, n_D^{24} 1,565. *Benzoyl-Deriv.*, F. 126°; aus Essigsäure bräunliche Nadeln. —

n-Amyl-, $Kp._{10}$ 210°; rötliche Fl.; $D._4^{24}$ 1,228, n_D^{24} 1,569. *Benzoyl-Deriv.*, F. 113°; aus Essigsäure bräunliche Platten. — *n-Hexyl-*, $Kp._{10}$ 225°; blaßgelbe Fl.; $D._4^{24}$ 1,121, n_D^{24} 1,544. *Benzoyl-Deriv.*, F. 138°; aus Essigsäure Nadeln. — *Benzyl-*, F. 98°; aus A. bräunliche Platten. *Acetyl-Deriv.*, F. 116°; aus A. Platten. *Benzoyl-Deriv.*, F. 106°; aus A. Nadeln. — *4-Chlorbenzyl-*, F. 116°; aus A. braune Nadeln. *Acetyl-Deriv.*, F. 130°; aus Essigsäure Platten. *Benzoyl-Deriv.*, F. 110°; aus Essigsäure bräunliche Platten. — Alkyl-[4-hydroxy-3.5-dichlorphenyl]-sulfone, durch Oxydation der Sulfide mit H_2O_2 nach ACHARYA u. NARAGUND (l. c.): *Äthyl-*, F. 147°; aus A. Platten. — *n-Propyl-*, F. 142°; aus A. Platten. *Acetyl-Deriv.*, F. 69°; aus verd. A. Platten. — *n-Butyl-*, F. 105°; aus verd. A. grünliche Platten. — *n-Amyl-*, F. 136°; aus verd. A. graue Platten. *Acetyl-Deriv.*, F. 158°; aus verd. A. Nadeln. — *n-Hexyl-*, F. 130°; aus verd. A. Platten. *Acetyl-Deriv.*, F. 58°; aus verd. A. Nadeln. — *Benzyl-*, F. 161°; aus verd. A. Nadeln. *Acetyl-Deriv.*, F. 163°; aus verd. A. rosafarbene Platten. — Alkyl-[4-hydroxy-3.6-dichlorphenyl]-sulfone: *Methyl-*, F. 148°; aus Essigsäure braune Nadeln. *Acetyl-Deriv.*, F. 135°; aus Essigsäure braune Nadeln. — *Äthyl-*, F. 75°; aus Essigsäure bräunliche Platten. *Benzoyl-Deriv.*, F. 120°; aus A. Platten. — *n-Propyl-*, F. 56°; aus Essigsäure Platten. — *n-Butyl-*, F. 45°; aus Essigsäure Platten. *Benzoyl-Deriv.*, F. 114°; aus Essigsäure Nadeln. — *n-Amyl-*, *Benzoyl-Deriv.*, F. 121°; aus Essigsäure Platten. — *Benzyl-*, F. 93°; aus A. Platten. *Acetyl-Deriv.*, F. 101°; aus A. Nadeln. *Benzoyl-Deriv.*, F. 177°; aus Essigsäure Platten. — *4-Chlorbenzyl-*, F. 170°; aus A. amorphes Pulver. *Acetyl-Deriv.*, F. 158°; aus Essigsäure Platten. P. GOLINSKE. 1090□

Substituierte Diphenylsulfide und -sulfone. 7. Mitt. **Bis-[4-hydroxydichlorphenyl]-sulfide, -sulfoxide und -sulfone.** P. K. Nargund und K. S. Nargund. (J. Karnatak Univ., Sci. [Dharwar, India] **4.** 49—55. Nov. 1959. Dharwar, Karnatak Univ., Dep. of Chem.) (Engl.) — 4. vgl. J. Karnatak Univ., Sci. [India] **3.** [1958.] 9.

Durch Rk. von 2.3-, 2.5-, 2.6- u. 3.5-Dichlorphenolen mit $SOCl_2$ in Ggw. von $AlCl_3$ in CS_2 entstehen chlorsubstituierte *Hydroxydiphenylsulfoxide*, die sich mit Zn-Pulver in Essigsäure zu den entsprechenden *Sulfiden* reduzieren lassen. Durch Oxydation der Sulfoxide mit H_2O_2 in Essigsäure entstehen die entsprechenden *Sulfone*. Sulfide, Sulfoxide u. Sulfone werden gegenüber *Staphylococcus aureus* u. *Bacillus coli* getestet.

Versuche: Diarylsulfoxide, durch Rk. von 2.3-, 2.5-, 2.6- u. 3.5-Dichlorphenol mit $SOCl_2$ in CS_2 in Ggw. von $AlCl_3$ nach NARGUND u. Mitarbeitern (l. c.): *Bis-[4-hydroxy-2.3-dichlorphenyl]-*, F. 208° (Zers.; aus Essigsäure Nadeln; 75% (Ausbeute). *Dibenzoyl-Deriv.*, F. 194°; aus A. rosafarbene amorphe Substanz. — *Bis-[4-hydroxy-2.6-dichlorphenyl]-*, F. 195—196° (Zers.); aus Essigsäure gelbe Platten; 64%. *Dibenzoyl-Deriv.*, F. 145°; aus verd. A. Platten. — *Bis-[4-hydroxy-3.5-dichlorphenyl]-*, F. 221 bis 222° (Zers.); aus Essigsäure gelbliche Nadeln; 91%. *Dibenzoyl-Deriv.*, F. 235°; aus Essigsäure rosafarbene Platten. — *Bis-[4-hydroxy-3.6-dichlorphenyl]-*, F. 225°; aus Essigsäure Platten; 97%. *Dibenzoyl-Deriv.*, F. 110°; aus verd. Essigsäure Platten. — Diarylsulfide, durch Red. der Sulfoxide mit Zn-Staub in Essigsäure nach NARGUND u. Mitarbeitern (l. c.): *Bis-[4-hydroxy-2.3-dichlorphenyl]-*, F. 221° (Zers.); aus Essigsäure Platten; 52%. *Dibenzoyl-Deriv.*, F. 95°; aus Essigsäure Platten. — *Bis-[4-hydroxy-2.6-dichlorphenyl]-*, F. 187°; aus verd. Essigsäure Platten; 41%. *Dibenzoyl-Deriv.*, F. 142°; aus verd. Essigsäure Platten. — *Bis-[4-hydroxy-3.5-dichlorphenyl]-*, F. 204°; aus Essigsäure Nadeln; 52%. *Dibenzoyl-Deriv.*, F. 287° (Zers.); aus Essigsäure braune Platten. — *Bis-[4-hydroxy-3.6-dichlorphenyl]-*, F. 240° (Zers.); aus Essigsäure Nadeln; 52%. *Dibenzoyl-Deriv.*, F. 205°; aus verd. Essigsäure Platten. — Diarylsulfone, durch Oxydation der Sulfoxide mit H_2O_2 nach NARGUND u. Mitarbeitern (l. c.): *Bis-[4-hydroxy-2.3-dichlorphenyl]-*, F. 289°; aus Essigsäure gelbe Platten; 54%. *Diacetyl-Deriv.*, F. 196°; aus Essigsäure Nadeln. *Dibenzoyl-Deriv.*, F. 184°; aus Essigsäure Nadeln. — *Bis-[4-hydroxy-2.6-dichlorphenyl]-*, F. 184°; aus verd. Essigsäure rosafarbene Platten; 48%. *Dibenzoyl-Deriv.*, F. 166°; aus A. Nadeln. — *Bis-[4-hydroxy-3.5-dichlorphenyl]-*, F. 274°; aus Essigsäure Nadeln; 67%. *Dibenzoyl-Deriv.*, F. >320°; aus A. amorphe Form. — *Bis-[4-hydroxy-3.6-dichlorphenyl]-*, F. 184°; aus verd. Essigsäure rosafarbene Platten; 58%. *Dibenzoyl-Deriv.*, F. 166°; aus A. Nadeln. P. GOLINSKE. 1090□

Substituierte Diphenylsulfide und -sulfone. 8. Mitt. **4-Hydroxychlorphenyl-4-aminophenylsulfide und -sulfone und 4-Hydroxychlorphenyl-4-amino-2-chlorphenylsulfide und -sulfone.** P. K. Nargund und K. S. Nargund. (J. Karnatak Univ., Sci. [Dharwar, India] **4.** 56—70. Nov. 1959.) (Engl.) — 7. vgl. vorst. Referat.

4-Hydroxy-2-chlorthiophenol, 4-Hydroxy-3-chlorthiophenol, 4-Hydroxy-3.5-dichlorthiophenol u. 4-Hydroxy-3.6-dichlorthiophenol werden mit p-Chlornitrobenzol bzw. 3.4-Dichlornitrobenzol in Ggw. von alkohol. Na-Äthylat kondensiert. Die entstehenden Nitrosulfide werden mit H_2O_2 in Essigsäure zu den entsprechenden *Sulfonen* oxydiert. Die Nitrosulfide u. -sulfone werden mit Fe u. HCl zu den entsprechenden Amino-Verbb. reduziert. Die antibakteriellen Daten vieler dieser Verbb. werden beschrieben.

Versuche: *4-Hydroxy-3.5-dichlorthiophenol*, F. 63—65°, $Kp._2$ 140—144°, nach ACHARYA u. NARGUND (J. Karnatak Univ., Sci. [Dharwar, India] 3. [1958.] 25), Hydrolysieren, Ansäuern u. Dampf-Dest. in Ggw. von etwas Zn-Staub; 7,5 g (Ausbeute, bezogen auf 17,8 g 4-Hydroxy-3.5-dichloranilin); 7,5 g. *Pb-Salz*, F. 215° (Zers.), aus dem Thiophenol in A. mit Pb-Acetat in Alkohol. *Hg-Salz*, F. 125° (Zers.), aus einer Lsg. des Thiophenols in A. u. $Hg(NO_3)_2$ in W.; aus A. gelbe amorphe Substanz. *Diacetyl-Deriv.*, F. 115°, durch 15—20 Min. langes Kochen des Phenols mit Acetanhydrid; aus A. Nadeln. — *4-Hydroxy-3.6-dichlorthiophenol*, F. 65—66°, $Kp._3$ 134—135°, analog vorst. Verb. aus 17,1 g 4-Hydroxy-3.6-dichloranilin; 9,5 g. *Pb-Salz*, F. 245°; aus A. gelbe amorphe Substanz. *Hg-Salz*, F. 130° (Zers.); aus A. braune amorphe Substanz. *Diacetyl-Deriv.*, F. 102°; aus Essigsäure Nadeln. *Dibenzoyl-Deriv.*, F. 165°, durch SCHOTTEN-BAUMANN-Rk. aus dem entsprechenden Thiophenol; aus A. Platten. — Diphenylsulfide, durch Zugabe von NaOH in wenig W. zu dem 4-Hydroxychlorthiophenol, Versetzen mit p-Chlornitrobenzol oder 3.4-Dichlornitrobenzol, 2—3 std. Kochen, Verdünnen mit W., Ansäuern u. Dampf-Dest.: *4-Hydroxy-3-chlor-4'-nitro-*, F. 165°; aus A. schokoladenbraune Nadeln; 89%. *Acetyl-Deriv.*, F. 86°; aus A. Platten. — *4-Hydroxy-2-chlor-4'-nitro-*, F. 190°; aus A. gelbe Platten; 82%. *Acetyl-Deriv.*, F. 81°; aus A. blaßgelbe Nadeln. — *4-Hydroxy-3.5-dichlor-4'-nitro-*, F. 173—175°; aus A. gelbliche Nadeln; 77%. *Acetyl-Deriv.*, F. 115°; aus A. Platten. — *4-Hydroxy-3.6-dichlor-4'-nitro-*, F. 157°; aus A. gelbe Platten; 77%. *Acetyl-Deriv.*, F. 140°; aus A. rektangulare gelbliche Platten. — *4-Hydroxy-3.2'-dichlor-4'-nitro-*, *Acetyl-Deriv.*, F. 123°; aus A. gelbliche Nadeln. — *4-Hydroxy-2.2'-dichlor-4'-nitro-*, *Acetyl-Deriv.*, F. 123°; aus A. schokoladenfarbene Nadeln. — *4-Hydroxy-3.5.2'-trichlor-4'-nitro-*, F. 187°; aus Essigsäure gelbe Nadelbüschel; 57%. *Acetyl-Deriv.*, F. 140°; aus A. blaßbraune Nadeln. — *4-Hydroxy-3.6.2'-trichlor-4'-nitro-*, F. 169°; aus Essigsäure gelbe Nadeln; 66%. *Acetyl-Deriv.*, F. 131°; aus A. Nadeln. — *4-Hydroxy-3-chlor-4'-amino-*, F. 138°, durch Lösen des Nitrosulfids in A., Zugabe von konz. HCl, Zugabe von Fe zu der gerührten Lsg., 1½ std. Rühren, Neutralisieren mit $NaHCO_3$, Filtrieren in der Hitze, Waschen mit sd. A., Einengen des Filtrats, Verdünnen mit W. u. Filtrieren; aus A. gelbliche Nadeln; 79%. *Hydrochlorid*, F. 210°; Platten. — *4-Hydroxy-2-chlor-4'-amino-*, F. 152°; analog vorst. Verb.; aus A. Platten. *Hydrochlorid*, F. 223°; Nadeln. *Diacetyl-Deriv.*, F. 139°; aus A. Platten. — *4-Hydroxy-3.5-dichlor-4'-amino-*, F. 185°; aus A. gelbliche Platten; 55%. *Hydrochlorid*, F. 212°; Nadeln. *Diacetyl-Deriv.*, F. 123—124°; aus A. Platten. — *4-Hydroxy-3.6-dichlor-4'-amino-*, F. 189°; aus A. Platten; 61%. *Hydrochlorid*, F. 223°; Platten. — *4-Hydroxy-3.2'-dichlor-4'-amino-*, *Hydrochlorid*, F. 203°; Nadeln. — *4-Hydroxy-2.2'-dichlor-4'-amino-*, F. 169°; aus A. braune Nadeln; 60%. *Hydrochlorid*, F. 198°; Platten. — *4-Hydroxy-3.5.2'-trichlor-4'-amino-*, F. 164°; aus Ae. braune Nadeln; 55%. *Hydrochlorid*, F. 197—198°; Platten. — *4-Hydroxy-3.6.2'-trichlor-4'-amino-*, F. 182°; aus A. blaßgelbe Nadeln; 64%. *Hydrochlorid*, F. 195°; Platten. *Diacetyl-Deriv.*, F. 112°; aus Essigsäure braune Nadeln. — Diphenylsulfone, nach NARGUND u. Mitarbeitern (J. Karnatak Univ., Sci. [Dharwar, India] 3. [1958.] 17): *4-Hydroxy-3-chlor-4'-nitro-*, F. 176°; aus A. gelbe Nadeln; 76%. *Acetyl-Deriv.*, F. 119°; aus A. Nadeln. — *4-Hydroxy-2-chlor-4'-nitro-*, F. 207°; aus A. Platten; 83%. *Acetyl-Deriv.*, F. 127°; aus A. Nadeln. — *4-Hydroxy-3.5-dichlor-4'-nitro-*, F. 195°; aus Essigsäure Nadeln; 69%. *Acetyl-Deriv.*, F. 189°; aus A. Nadeln. — *4-Hydroxy-3.6-dichlor-4'-nitro-*, F. 206°; aus Essigsäure gelbliche Nadeln; 75%. *Acetyl-Deriv.*, F. 181°; aus Essigsäure Nadeln. — *4-Hydroxy-3.2'-dichlor-4'-nitro-*, F. 120° (Zers.); aus A. gelbe Platten; 80%. *Acetyl-Deriv.*, F. 115°; aus A. gelbe Nadeln. — *4-Hydroxy-2.2'-dichlor-4'-nitro-*, F. 117°; aus A. gelbe Platten; 92%. *Acetyl-Deriv.*, F. 127°; aus A. blaßgelbe Nadeln. — *4-Hydroxy-3.5.2'-trichlor-4'-nitro-*, F. 230°; aus Essigsäure Nadeln; 65%. *Acetyl-Deriv.*, F. 165°; aus A. Nadeln. — *4-Hydroxy-3.6.2'-trichlor-4'-nitro-*, F. 234° (Zers.); aus A. Nadeln; 59%. *Acetyl Deriv.*, F. 170°; aus A. Nadeln. — *4-Hydroxy-3-chlor-4'-amino-*, F. 205°; analog den entsprechenden Sulfiden; aus Bzl. Nadeln; 55%. *Hydrochlorid*, F. 171—172° (Zers.); Platten. *Diacetyl-Deriv.*, F. 278°; aus A. rosafarbene Platten. — *4-Hydroxy-2-chlor-4'-amino-*, F. 209—210°; aus A. Nadeln; 46%. *Hydrochlorid*, F. 228°; Nadeln. *Diacetyl-Deriv.*, F. 125° (Zers.); aus A. Platten. — *4-Hydroxy-3.5-dichlor-4'-amino-*, F. 232°; aus A. braune Platten; 66%. *Hydrochlorid*, F. 239°; Nadeln. *Diacetyl-Deriv.*, F. 191—192°; aus A. braune Nadeln. — *4-Hydroxy-3.6-dichlor-4'-amino-*, F. 210°; aus A. braune Nadeln; 44%. *Hydrochlorid*, F. 214°; Nadeln. *Diacetyl-Deriv.*, F. 225°; aus A. braune Platten. — *4-Hydroxy-3.2'-dichlor-4'-amino-*, F. 220°; aus A. braune Platten; 59%. *Hydrochlorid*, F. 240°; Nadeln. — *4-Hydroxy-*

2.2'-dichlor-4'-amino-, Hydrochlorid, F. 192° (Zers.); Platten. — *4-Hydroxy-3.5.2'-trichlor-4'-amino-, Hydrochlorid*, F. 265°; Platten. *Diacetyl-Deriv.*, F. 128° (Zers.); aus A. Platten. — *4-Hydroxy-3.6.2'-trichlor-4'-amino-*, F. 210°; aus A. braune Platten; 42%. *Hydrochlorid*, F. 204°; braune Platten. P. GOLINSKE. 1090□

Die Chemie von Dehydrobenzol. Joseph F. Bunnett. (J. chem. Educat. 38. 278—85. Juni 1961. Providence, R.I., Brown Univ.) (Engl.)

Übersicht. — 55 Literaturangaben. P. GOLINSKE. 1010□

γ-Alkyl-γ-[p-methylmercaptophenyl]-γ-butyrolactone. V. R. Dani und K. S. Nargund. (J. Karnatak Univ., Sci. [Dharwar, India] 4. 29—31. Nov. 1959. Dharwar, Karnatak Univ., Dep. of Chem.) (Engl.)

β-[p-Methylmercaptobenzoyl]-propionsäureäthylester (I) liefert durch Rk. mit CH_3MgJ *γ-Methyl-γ-[p-methylmercaptophenyl]-γ-butyrolacton*; durch STOBBE-Kondens. von p-Methylmercaptopropiophenon u. p-Methylmercaptobutyrophenon mit Bernsteinsäurediäthylester (II) entstehen *γ-Äthyl-γ-[p-methylmercaptophenyl]-γ-butyrolacton* bzw. *γ-Propyl-γ-[p-methylmercaptophenyl]-γ-butyrolacton.*

Versuche: γ-[p-Methylmercaptophenyl]-γ-butyrolactone: *γ-Methyl-*, $C_{12}H_{14}O_2S$, F. 54°, $Kp._6$ 204—206°, durch Zugabe von CH_3MgJ in abs. Ae. zu I in abs. Ae. unter Kühlung, ½ std. Stehen bei Raum-Temp., Zers. mit Eis/verd. H_2SO_4, Ausäthern, 2 std. Erhitzen des Ae.-Rückstandes mit äthanol. NaOH auf 100°, Eindampfen, Ausäthern, Ansäuern mit verd. H_2SO_4 u. 2 std. Erhitzen auf 100°. — *γ-Äthyl-*, $C_{13}H_{16}O_2S$, $Kp._{6,5}$ 216—217°, durch Zugabe von 13,4 g Thioanisol u. 7,4 g Propionsäure zu Polyphosphorsäure bei 80°, 2 std. Erhitzen auf 100°, Zers. mit Eis, Zugabe von 9 g des entstandenen ***p-Methylmercaptopropiophenons*** [F. 59°; 17 g (Ausbeute)] zu sd. K-tert.-Butylat, Zugabe von 11,1 g **II**, 1 std. Erhitzen unter N_2, Ansäuern, Eindampfen, Ausäthern, Ausschütteln des Ae. mit 2%ig. NaOH, Ansäuern u. 48 std. Kochen des Öls mit Essigsäure, 48%ig. HBr u. W.; n_D^{25} 1,5790; 6,3 g. — *γ-Propyl-*, $C_{14}H_{18}O_2S$, $Kp._9$ 229 bis 232°, analog vorst. Verb. aus 9,7 g ***p-Methylmercaptobutyrophenon*** (F. 63°, aus 12,4 g Thioanisol u. 8,6 g Buttersäure mit heißer Polyphosphorsäure; 19 g) u. 13,1 g **II**; n_D^{25} 1,5690; 6,2 g. P. GOLINSKE. 1250□

γ-[p-Alkylmercaptophenyl]-γ-butyrolactone. V. R. Dani und K. S. Nargund. (J. Karnatak Univ., Sci. [Dharwar, India] 4. 32—37. Nov. 1959. Dharwar, Karnatak Univ., Dep. of Chem.) (Engl.)

β-[p-Alkyl(aryl)-mercaptobenzoyl]-propionsäuren (**A**) entstehen durch FRIEDEL-CRAFTS-Rk. von Alkylphenylsulfiden oder Diphenylsulfiden mit Bernsteinsäuremonochlorid. Ihre Struktur wird durch $KMnO_4$-Oxydation zu den entsprechenden ***p-Alkylsulfonylbenzoesäuren*** bestimmt. Die Oxydation der **A** mit H_2O_2 liefert die entsprechenden *Sulfone*. Bei der Red. mit Na-Amalgam entstehen aus den **A** durch Lactonisierung mit verd. H_2SO_4 *γ-[p-Alkylmercaptophenyl]-γ-butyrolactone.* Einige dieser Lactone werden zu den entsprechenden *Sulfonyl-Verbb.* oxydiert.

Versuche: Propionsäuren: *β-[p-Äthylmercaptobenzoyl]-*, F. 114°, durch FRIEDEL-CRAFTS-Rk. aus p-Äthylmercaptobenzol u. Bernsteinsäuremonochlorid; aus A. Nadeln; liefert mit alkal. $KMnO_4$-Lsg. *p-Äthylsulfonylbenzoesäure*, F. 216°. *Semicarbazon*, F. 189°; aus A. Nadeln. *Äthylester*, F. 36°; Nadeln. — *β-[p-Propylmercaptobenzoyl]-*, F. 132°, analog vorst. Verb.; aus A. Nadeln; liefert mit alkal. $KMnO_4$ *p-Propylsulfonylbenzoesäure*, F. 196°. *Semicarbazon*, F. 184° (Zers.); Nadeln. *Äthylester*, $Kp._{19}$ 242°; gelbe Fl.; n_D^{25} 1,566. — *β-[p-Butylmercaptobenzoyl]-*, F. 124°; Nadeln; wird zu ***p-Butylsulfonylbenzoesäure***, F. 170°, oxydiert. *Semicarbazon*, F. 184—186° (Zers.). ***Methylester***, F. 65°; Nadeln. — *β-[p-Amylmercaptobenzoyl]-*, F. 128°; aus A. Nadeln; liefert ***p-Amylsulfonylbenzoesäure***, F. 175°. *Semicarbazon*, F. 172°. ***Methylester***, F. 61°; aus Methanol Nadeln. — *β-[p-Hexylmercaptobenzoyl]-*, F. 120°; aus A. Platten; liefert ***p-Hexylsulfonylbenzoesäure***, F. 171°. *Semicarbazon*, F. 168°. ***Methylester***, F. 55°; aus A. Nadeln. — *β-[p-Phenylmercaptobenzoyl]-*, F. 132°; aus A. Nadeln; liefert *p-Phenylsulfonylbenzoesäure*, F. 276°. *Semicarbazon*, F. 180°. — *β-[p-Äthylsulfonylbenzoyl]-*, F. 145°, durch H_2O_2-Oxydation der entsprechenden Mercapto-Verb.; Nadeln. — *β-[p-Propylsulfonylbenzoyl]-*, F. 116°, analog vorst. Verb.; Nadeln. — *β-[p-Butylsulfonylbenzoyl]-*, F. 117°; Nadeln. — *β-[p-Amylsulfonylbenzoyl]-*, F. 136°; aus A. Nadeln. — *β-[p-Hexylsulfonylbenzoyl]-*, F. 122°; Nadeln. — γ-Butyrolactone: *γ-[p-Äthylmercaptophenyl]-*, $Kp._3$ 168°, durch Red. der entsprechenden Mercaptobenzoylpropionsäuren mit Na-Amalgam oder Al-Isopropylat u. nachfolgende Lactonisierung mit verd. H_2SO_4. — *γ-[p-Propylmercaptophenyl]-*, $Kp._3$ 203°, analog vorst. Verb.; blaßgelbes Öl. — *γ-[p-Butylmercaptophenyl]-*, F. 70°; aus A. Nadeln. — *γ-[p-Amylmercaptophenyl]-*, F. 68—70°. — *γ-[p-Hexylmercaptophenyl]-*, F. 40°; aus Bzl./PAe. Platten. — *γ-[p-Phenylmercaptophenyl]-*, F. 65°. — *γ-[p-Phenylsulfonylphenyl]-*, F. 103°, durch Oxydation vorst. Verb. mit H_2O_2. — *γ-[p-Methylsulfonylphenyl]-*, F. 134°, analog vorst. Verbindung. P. GOLINSKE. 1250□

γ-Substituierte γ-Phenyl-γ-butyrolactone. R. S. Joshi, V. R. Dani, S. N. Kulkarni und K. S. Nargund. (J. Karnatak Univ., Sci. [Dharwar, India] **4.** 38—42. 1959. Dharwar, Karnatak Univ., Dep. of Chem.) (Engl.)

Bernsteinsäureanhydrid wird mit Phenylmethylsulfid oder Chlorphenylmethylsulfiden nach FRIEDEL-CRAFTS kondensiert. Die Konstit. der entstandenen *β-Benzoylpropionsäuren* wird durch Oxydation bestimmt. Die Ketosäuren werden red. u. zu den entsprechenden *γ-Phenyl-γ-butyrolactonen* lactonisiert.

Versuche: *Phenylmethylsulfid*, durch Methylierung von Thiophenol. — *2-Chlorphenylmethylsulfid*, Kp. 225—230°, durch Methylierung von o-Chlorthiophenol mit Dimethylsulfat u. Alkali. — *3-Chlorphenylmethylsulfid*, C_7H_7ClS, Kp. 244°, aus m-Chlorthiophenol; $D._4^{25}$ 1,206, n_D^{26} 1,605. — *4-Chlorphenylmethylsulfid*, C_7H_7ClS, Kp. 224°, aus p-Chlorthiophenol. — Propionsäuren: *β-[4-Methylmercaptobenzoyl]-*, F. 153°, durch Zugabe von $AlCl_3$ zu einem kalten Gemisch von Phenylmethylsulfid, Bernsteinsäureanhydrid u. CS_2 (oder Nitrobenzol, Tetrachloräthan), 3std. Erhitzen auf 50—60°, 4std. Stehen, Zers. mit Eis/HCl u. Aufarbeiten; aus A. Nadeln. *Äthylester*, $C_{13}H_{16}O_3S$, F. 59—60°; Nadeln. *Semicarbazon*, $C_{12}H_{15}N_3O_3S$, F. 182° (Zers.). — *β-[3-Chlor-4-methylmercaptobenzoyl]-*, $C_{11}H_{11}ClO_3S$, F. 188°, a) analog vorst. Verb.; b) durch Diazotieren von 2-Chlor-4-bromanilin, Rk. mit K-Äthylxanthogenat, Aufarbeiten, Methylieren des entstandenen *2-Chlor-4-bromthiophenols* [C_6H_4BrClS, $Kp._{10}$ 141°; $D._4^{26}$ 1,709, n_D^{26} 1,6355; 36% (Ausbeute)] mit Dimethylsulfat u. Alkali, Isolieren des *2-Chlor-4-bromphenylmethylsulfids* (C_7H_6BrClS, $Kp._{14}$ 160°), Überführen in die GRIGNARD-Verb., Zutropfen zu einer sd. Lsg. von Bernsteinsäureanhydrid in abs. Bzl. u. Aufarbeiten; aus A. Platten. *Semicarbazon*, $C_{12}H_{14}ClN_3O_3S$, F. 195°. *Methylester*, $C_{12}H_{13}ClO_3S$, F. 90°. *Äthylester*, $C_{13}H_{15}ClO_3S$, F. 42°. — *β-[2-Chlor-4-methylmercaptobenzoyl]-*, $C_{11}H_{11}ClO_3S$, F. 98—99°, a) analog vorst. Verb. nach a); b) analog vorst. Verb. nach b) über *3-Chlor-4-bromthiophenol* ($Kp._{15}$ 140—145°) u. *3-Chlor-4-bromphenylmethylsulfid* (C_7H_6BrClS, $Kp._{15}$ 155 bis 160°; $D._4^{26}$ 1,629; aus W. Nadeln. *Semicarbazon*, $C_{12}H_{14}ClN_3O_3S$, F. 194°. *Methhylester*, $C_{12}H_{13}ClO_3S$, $Kp._{20}$ 220—225°; $D._4^{26}$ 1,288. — γ-Butyrolactone: *γ-[4-Methylmercaptophenyl]-*, $C_{11}H_{12}O_2S$, F. 79°, durch Red. der entsprechenden Propionsäure mit Na-Amalgam u. Lactonisierung mit verd. H_2SO_4; aus A. Platten. — *γ-[3-Chlor-4-methylmercaptophenyl]-*, $C_{11}H_{11}ClO_2S$, $Kp._{22}$ 235—245°, analog vorst. Verb.; blaßbraune Fl.; $D._4^{26}$ 1,295. — *γ-[2-Chlor-4-methylmercaptophenyl]-*, $C_{11}H_{11}ClO_2S$, $Kp._{25}$ 245—250°; $D._4^{26}$ 1,302. P. GOLINSKE. 1250□

Partieller Seitenkettenabbau in alkalischer Schmelze. Johann C. F. Schulz und Paul M. Ruoff. (J. org. Chemistry **26.** 939—40. März 1961. Syracuse, N.Y., Univ., Dep. of Chem.) (Engl.)

Durch Sulfonierung von p-Äthylbenzoesäure wurde *4-Äthyl-3.5-disulfobenzoesäure* (I) dargestellt, die mit rauchender HNO_3 zu *3.5-Disulfoterephthalsäure* oxydiert wurde. Die KOH-Schmelze von **I** bei 260—290° lieferte ein Gemisch von *Hydroxyterephthalsäure* (III), *4-Äthyl-3-hydroxybenzoesäure*, *m-Hydroxybenzoesäure* u. *3-Hydroxy-4-methylbenzoesäure* (II) neben anderen Produkten. **II** wurde aus dem Rk.-Gemisch durch Chromatographie an feuchter Kieselsäure mit Butanol–Hexan isoliert. Die Bldg. von **II** wird durch stufenweise Oxydation über *2-Hydroxyhomoterephthalsäure* erklärt. **II** kann selbst in **III** übergeführt werden.

Versuche: *4-Äthyl-3.5-disulfobenzoesäure* (I), *p-Toluidinsalz*, $C_{23}H_{28}N_2O_8S_2$, F. 287 bis 289° (Zers.), F. 297—299° (korr.), aus p-Äthylbenzoesäure durch 8std. Kochen mit 65%ig. Oleum u. Aufarbeitung über das *Ba-Salz* [93% (Ausbeute)]. *Sulfonylchlorid*, $C_9H_7Cl_3O_5S_2$, F. 82—83° (Ligroin, Stäbchen). *Sulfonamid*, $C_9H_{13}N_3O_5S_2$, F. 269° (Zers.; W.). — *3.5-Disulfoterephthalsäure*, *Ba-Salz*, $C_{16}H_6Ba_3O_{20}S_4$, aus 5 g Ba-4-Äthyl-3.5-disulfobenzoat durch 6½std. Erhitzen im Rohr auf 170—184° mit rauchender HNO_3, nach Aufarbeitung Umkristallisieren aus verd. HCl. *p-Toluidin-Ba-Salz*, $C_{30}H_{24}Ba_3 \cdot N_2O_{20}S_4$. — *Hydroxyterephthalsäure* (III), $C_8H_6O_5$, F. 312—327° (wss. Methanol), aus I-Ba-Salz durch 2std. Erhitzen mit KOH auf 260—290°, Eintragen in W. u. Zugabe von konz. HCl, dann Kochen des erhaltenen Prod. mit Wasser. *Dinitro-Deriv.*, F. 177 bis 178°. Daneben *4-Äthyl-3-hydroxybenzoesäure*, F. 169° (W.), durch Chromatographie von 6,5 g des nach Aufarbeitung erhaltenen Rohprod. an wss. Kieselsäure mit Hexan; 0,46 g. — *3-Hydroxy-4-methylbenzoesäure* (II), $C_8H_8O_3$, F. 206—207° (W., Nadeln), neben vorst. Verb.; 0,9 g. — *m-Hydroxybenzoesäure*, F. 199—200°, neben vorst. Verb.; 2,24 g. D. KIRSTEIN. 1250□

Eine neue Synthese der 4-Hydroxyphenylbrenztraubensäure. 2. Mitt. **Zur Synthese der Phenylbrenztraubensäuren.** G. Billek. (Mh. Chem. **92.** 335—42. 10/5. 1961. Wien, Univ., Organ.-chem. Inst.) (Dt.) — 1. vgl. C. **1961.** 2244.

4-Hydroxyphenylbrenztraubensäure (I) wurde durch Kondens. von 4-Hydroxybenzaldehyd (II) mit Hydantoin u. alkal. Verseifung in ca. 50%ig. Ausbeute dargestellt.

Die Zers. von I in alkal. Medium, die von DOY (C. **1962**. 8951) als Disproportionierung zu II u. Glykolsäure formuliert wurde, erfolgt nur in Ggw. von Sauerstoff u. führt neben II zu *4-Hydroxybenzoesäure*, *4-Hydroxyphenylessigsäure*, *Oxalsäure* u. verschiedenen unbekannten Verbindungen. Sie ist demnach eine Oxydation von I durch Luftsauerstoff. Bei Sauerstoffausschluß findet in Alkalien nur eine geringfügige Selbstkondensation von I zu einer Verb. statt, der nach den IR-u. UV-spektroskop. Daten die Struktur einer *α-[4-Hydroxybenzyl]-β-[4-hydroxyphenyl]-γ-ketoglutaconsäure* zukommt.

Versuche: *5-[4-Hydroxybenzal]-hydantoin*, F. 315° (Zers.; Eisessig), durch ½ std. Erhitzen von II u. Hydantoin in Piperidin auf 130°, Lösen in H_2O u. Fällen mit HCl; 83—86% (Ausbeute). — *4-Hydroxyphenylbrenztraubensäure* (I), F. 216—218° (Zers.), durch Verseifung vorst. Verb. mit 20%ig. NaOH unter N_2, 3 Std. bei 160—170° (Bad-Temp.), kontinuierliche Ae.-Extraktion der angesäuerten Lsg. u. Umkristallisieren aus H_2O; 60—63%. *„Dimere"* I, $C_{18}H_{14}O_7 \cdot 2\,H_2O$, F. 191° (Zers.), aus der Mutterlauge von I; 4,5—8%. H.-G. FLOSS. 1270□

Suche nach neuen oralen hypoglykämischen Agentien. 1. Mitt. Synthese einiger neuer substituierter Thioharnstoffe. S. S. Tiwari und A. Swaroop. (J. Indian chem. Soc. **38**. 245—48. April 1961. Lucknow, Univ., Chem. Dep.) (Engl.)

Mehrere substituierte Thioharnstoffe werden dargestellt u. hinsichtlich ihrer hypoglykäm. Aktivität getestet.

Versuche: *p-Aminodiphenylthioharnstoff* (II), F. 219°, durch Hydrolysieren von 4-Acetamidodiphenylthioharnstoff mit 20%ig. HCl; 70% (Ausbeute). — N'-Phenylthioharnstoffe: *N-[p-Acetylphenyl]-*, $C_{15}H_{14}N_2OS$, F. 142°, aus p-Aminoacetophenon u. Phenylisothiocyanat (I) durch 15—20 Min. langes Kochen in 95%ig. A.; 80%. — *N-[p-Acetamidophenyl]-*, $C_{15}H_{15}N_3OS$, F. 213°, analog vorst. Verb. aus I u. p-Aminoacetanilid; 95%. — *N-[3.5-Dibrom-4-hydroxyphenyl]-*, $C_{13}H_{10}Br_2N_2OS$, F. 168°, aus I u. 3.5-Dibrom-4-hydroxyanilin; 80%. — *N-{p-[1.3-Thiazolyl-(2)-aminosulfonyl]-phenyl}-*, $C_{16}H_{14}N_4O_2S_3$, F. 59°; 55%. — *N-{p-[Pyrimidyl-(2)-aminosulfonyl]-phenyl}-*, $C_{17}H_{15}N_5O_2S_2$, F. 83°; 50%. — *N-[γ-(Diäthylaminopropyl)-äthyl]-*, $C_{14}H_{23}N_3S$, F. 106°; 40%. — *N-[γ-Morpholinopropyl]-*, $C_{14}H_{21}N_3OS$, F. 126°, durch 6std. Kochen von γ-Morpholinopropylamin mit I in 95%ig. A.; 30%. — *N-[γ-Piperidinopropyl]-*, $C_{15}H_{23}N_3S$, F. 69°, aus I u. γ-Piperidinopropylamin analog vorst. Verb.; 35%. — *N-[p-(γ-Diäthylaminopropylamino)-phenyl]-*, $C_{20}H_{28}N_4S$, durch 4—5std. Kochen von p-Chlordiphenylthioharnstoff mit dem entsprechenden Amin in abs. Alkohol. *Pikrat*, $C_{26}H_{31}\cdot N_7O_7S$, F. 156°; 65%. — *N-[p-(γ-Morpholinopropylamino)-phenyl]-*, $C_{20}H_{26}N_4OS$, analog vorst. Verbindung. *Pikrat*, $C_{26}H_{29}N_7O_8S$, F. 103°; 60%. — *N-[p-(γ-Piperidinopropylamino)-phenyl]-*, $C_{21}H_{28}N_4S$. *Pikrat*, $C_{27}H_{31}N_7O_7S$, F. >300° (Zers.); 70%. — *N-[p-(α-Naphthylsulfonylamino)-phenyl]-*, $C_{23}H_{19}N_3O_2S_2$, F. >300°, durch 7—8std. Kochen von II mit dem entsprechenden Chlorid u. wasserfreiem K_2CO_3 in abs. A.; 90%. *Pikrat*, $C_{29}H_{22}N_6O_9S_2$, F.>300° (Zers.); 50%. — *N-[p-(β-Naphthylsulfonylamino)-phenyl]-*, $C_{23}H_{19}N_3O_2S_2$, F. 171°; 85%. *Pikrat*, $C_{29}H_{22}N_6O_9S_2$, F.>300° (Zers.); 54%. — *N-[p-(p-Methylphenylsulfonylamino)-phenyl]-*, $C_{20}H_{19}N_3O_2S_2$, F. 300°; 85%. *Pikrat*, $C_{26}H_{22}N_6O_9S_2$, F.>300° (Zers.); 65%. — *N-[p-(Benzylamino)-phenyl]-*, $C_{20}H_{19}N_3S$, F. 300°; 90%. *Pikrat*, $C_{26}H_{22}N_6O_7S$, F.>300° (Zers.); 72%. — *N-[p-(3-Phenylthioureido)-phenylsulfonyl]-*, $C_{20}H_{18}N_4O_2S_3$, F. 116°; 50%. — *N-{[p-(3-Phenylthioureido)-phenylsulfonyl]-guanyl}-N'-phenylthioharnstoff*, $C_{21}H_{20}N_6O_2S_3$, F. 65°; 70%. P. GOLINSKE. 1280□

Anwendung der Ritter-Reaktion auf einige sekundäre Benzylcarbinole. Max Mousseron, Henri Christol und André Laurent. (C. R. hebd. Séances Acad. Sci. **250**. 786—89. 1/2. 1960. Montpellier, École Nat. Sup. de Chim.) (Franz.) — Vgl. C. **1960**. 14348.

Das durch Red. von Phenylcyclobutylketon [aus Cyclobutancarbonsäurechlorid u. Bzl. in Ggw. von $AlCl_3$; *2.4-Dinitrophenylhydrazon*, F. 174° (Bzl.–Ae.)] mit $LiAlH_4$ erhaltene *Phenylcyclobutylcarbinol* liefert durch RITTER-Rk. mit Benzonitril (I) *N-[α-Cyclobutylbenzyl]-benzamid* [F. 154—155° (wss. A.); 25% (Ausbeute)]. 1-Benzylcyclobutanol-(1) [$Kp._5$ 90°; *Phenylurethan*, F. 144—145°] wird durch HCN in verd. H_2SO_4 in *1-Benzyl-1-aminocyclobutan* [$Kp._{0,1}$ 80°; 45%; *Benzoyl-Deriv.*, F. 168—169° (wss. A.)] umgewandelt. 1-Phenylpropanol-(2) liefert unter gleichen Bedingungen unter Umlagerung *1-Phenyl-1-aminopropan* (20%); mit I wird direkt dessen *Benzoyl-Deriv.* [II; F. 115—116° (wss. A.); 80%] erhalten. Zum Vgl. wurde *1-Phenyl-2-aminopropan* [*Benzoyl-Deriv.* (III), F. 135—136° (wss. A.)] durch LEUCKART-Rk. von Phenylaceton (70%) synthetisiert. Allylbenzol geht bei der RITTER-Rk. mit I zu 95% in III u. nur zu 5% in das Umlagerungs-Prod. II über. Die Rk. von 1-Phenyl-3-methylbutanol-(2) [IV; aus

Benzyl-MgCl u. Isobutyraldehyd; *Phenylurethan*, F. 129—130° (PAe.)] mit HCN liefert *1-Phenyl-3-methyl-3-aminobutan* [65%; *Benzoyl-Deriv.*, F. 100—101° (wss. A.)]. Das gleiche Amin wird aus 1-Phenyl-3-methylbutanol-(3) [*Phenylurethan*, F. 143—144°] mit 55% Ausbeute erhalten. Die Oxydation von **IV** mit Chromschwefelsäure liefert *Benzylisopropylketon* [*2.4-Dinitrophenylhydrazon*, F. 113—114° (A.)], das durch LEUCKART-Rk. in *1-Phenyl-2-amino-3-methylbutan* [50%; *Benzoyl-Deriv.*, F. 152—153° (A.)] übergeführt wird. Die RITTER-Rk. von 1-Phenyl-3-methylbutanol-(1) (**V**) führt zu *1-Phenyl-1-amino-3-methylbutan* [$Kp._{20}$ 121—122°; 40%; *Benzoyl-Deriv.*, F. 127—128° (wss. A.)], das auch durch LEUCKART-Rk. aus Phenylisobutylketon [durch Oxydation von **V**; *2.4-Dinitrophenylhydrazon*, F. 129—130° (A.)] erhalten wird. Nach den Ergebnissen tritt bei der RITTER-Rk. von sek. Benzylalkylcarbinolen häufig eine Umlagerung ein, die im Falle linearer Alkylreste zum Phenylkern, im Falle verzweigter Alkylreste zum tert. C-Atom hin gerichtet ist. H.-E. TOUSSAINT. 1310□

Mögliche antituberkulöse Verbindungen. 8. Mitt. **Darstellung von 4-Aryl- oder 4-Alkylamidinodiphenylaminen.** Vinay S. Misra und Md. Imtiaz Husain. (J. Indian chem. Soc. **37.** 367—68. Juni 1960. Lucknow, Univ., Chem. Dep.) (Engl.) — 7. vgl. C. **1961.** **9390.**

4--Aminodiphenylamin wird in das entsprechende *Benzolsulfonat* (**I**) umgewandelt u. mit überschüssigem Nitril geschmolzen. Durch Alkalisieren der *4-Arylformamidinodiphenylaminbenzolsulfonate* können die freien *Amidinodiphenylamine* erhalten werden. An ihnen soll das Verhältnis zwischen Basizität u. Oberfläche einerseits u. antituberkulöser Aktivität andererseits untersucht werden.

Versuche: *4-Aminodiphenylaminbenzolsulfonat* (**I**), $C_{18}H_{18}N_2O_3S$, F. 204—205°, durch Zutropfen von Benzolsulfonsäure in Methanol zu 4-Aminodiphenylamin abs. Ae.; aus heißem W. grünes amorphes Pulver; 93% (Ausbeute). Diphenylamine: *4-Benzamidino-*, $C_{19}H_{17}N_3$, F. 85°, durch Alkalisieren des entsprechenden Benzolsulfonats, Isolieren u. Umkristallisieren aus A. oder Chlf./PAe.; grünes Pulver; 87%. *Benzolsulfonat*, F. 163° (Ae.), durch Schmelzen von **I** mit dem entsprechenden überschüssigen Nitril bei 230—240° u. Behandeln mit Aceton oder Ae.; braunes Pulver; 92%. — *4-[o-Tolamidino]-*, $C_{20}H_{19}N_3$, F. 110°, analog vorst. Verb.; dunkelgraues Pulver; 75%. *Benzolsulfonat*, F. 245°, analog vorst. Benzolsulfonat; aus Aceton braunes Pulver; 90%. — *4-[m-Tolamidino]-*, $C_{20}H_{19}N_3$, F. 132—133°; braunes Pulver; 83%. *Benzolsulfonat*, F. 145°; aus A. dunkelbraunes Pulver; 90%. — *4-[p-Tolamidino]-*, $C_{20}H_{19}N_3$, F. 102°; hellgraues Pulver; 68%. *Benzolsulfonat*, F. 190°; aus Aceton braunes Pulver; 50%. — *4-[α-Naphthylformamidino]-*, $C_{23}H_{19}N_3$, F. 170°; schwarzes Pulver; 61%. *Benzolsulfonat*, F. 115° (Zers.); aus A. schwarzes Pulver; 30%. — *4-[β-Naphthylformamidino]-*, $C_{23}H_{19}N_3$, F. 137—138°; graues Pulver; 66%. *Benzolsulfonat*, F. 176—177°; aus Ae. dunkelbraunes Pulver; 76%. — *4-Butyramidino-*, $C_{16}H_{19}N_3$, F. 140°; schwarzes Pulver; 5%. *Benzolsulfonat*, F. 183°; aus Aceton graues Pulver; 85%. — *4-Valeramidino-*, $C_{17}H_{21}N_3$, F. 161—162°; schwarzes Pulver; 7%. *Benzolsulfonat*, F. 146—147°; aus Ae. braunes Pulver; 86%. — *4-n-Capronamidino-*, $C_{18}H_{23}N_3$, F. 90°; schwarzes Pulver; 6%. *Benzolsulfonat*, F. 167°; aus Ae. dunkelgraues Pulver; 77%. — *4-Isocaponamidino-*, $C_{18}H_{23}N_3$, F. 157—158°; braunes Pulver; 46%. *Benzolsulfonat*, F. 210°; aus Aceton dunkelbraunes Pulver; 16%. P. GOLINSKE. 1310□

Eine Bemerkung über die Synthese einiger Alkyl- und Aminoalkylester von N.N'-Diphenylphosphorsäurediamid. Lindley A. Cates und Tony E. Jones. (J. Amer. pharmac. Assoc., sci. Edit. **48.** 547. Sept. 1959. Boulder, Colo., Univ. of Colorado, Coll. of Pharmacy.) (Engl.)

Durch Rk. von Phosphorsäuredianilidchlorid (**I**) mit Alkoholen u. Aminoalkoholen entstehen *O-Alkyl-N.N-diphenylphosphorsäurediamide*, die möglicherweise Antagonisten von Acetylcholin u. Inhibitoren von Cholinesterase darstellen.

Versuche: O-Alkyl-N.N'-diphenylphosphorsäurediamide, durch Rk. von Na mit dem entsprechenden abs. A., Zugabe von **I**, 20 Min. langes Rühren, Filtrieren, Eingießen in W. u. Umkristallisieren aus verd. A.: *O-Methyl-*, F. 108—109°; 40% (Ausbeute). — *O-n-Propyl-*, F. 101—103°; 61%. — *O-Isopropyl-*, F. 149—150°; 60%. — *O-sek.-Butyl-*, F. 111—113°; 31%. — *O-[β-Diäthylaminoäthyl]-*, F. 122—123°; 55%. — *O-[β-Dimethylaminoäthyl]-*, F. 161—162°; 35%. — *O-[β-Dimethylamino-α-methyläthyl]-*, F. 145—147°; 19%. — *O-[β-Amino-α-methyläthyl]-*, F. 192—194°; 13%.

P. GOLINSKE. 1380□

Die Darstellung von p-Carboxymethylmercaptobenzolantimonverbindungen. Tsun-Tsi Sun und Zu-Yoong Kyi. (Acta pharmac. sinica **7.** 266—69. Okt. 1959. Shanghai, Acad. Sinica, Inst. of Materia Med.) (Chin.; Auszug: Engl. S. 269.)

p-Carboxymethylmercaptophenylstibonsäure (**I**), $C_8H_9O_5SSb$, F. 64—65°, durch Diazotieren von p-Carboxymethylmercaptoanilin in Ggw. von Na_3SbO_3. — *p-Carboxy-*

methylmercaptophenylstibonigsäuredichlorid (II), $C_8H_7Cl_2O_2SSb$, F. 120—122°, durch Red. von I in Essigsäure u. wenig HCl mit $SnCl_2$ bei —3°. — *p-Carboxymethylmercaptophenylstibonigsäuredijodid, Hydrat*, $C_8H_7J_2O_2SSb \cdot H_2O$, F. 106—107°, durch Einw. von KJ auf II. — *p-Carboxymethylmercaptophenylstibonigsäureanhydrid*, $C_8H_7O_3SSb \cdot H_2O$, F. 167—168°, durch Behandeln von II mit NH_3. — *Bis-[carboxymethylmercapto]-p-carboxymethylmercaptophenylstibin* (III), $C_{12}H_{13}O_6S_3Sb$, F. 187—190°, aus II, Thioglykolsäure u. $NaHCO_3$. — *2-[p-Carboxymethylmercaptophenyl]-1-oxa-2-stiba-3-thiacyclopentanon-(5), Hydrat*, $C_{10}H_9O_4S_2Sb \cdot H_2O$, F. 103—105°, durch Erhitzen von III in wss. Aceton. — *2-[p-Carboxymethylmercaptophenyl]-4-carboxy-2-stiba-1.3-dithiacyclopentan*, $C_{11}H_{11}O_4S_3Sb$, F. 145—146°, aus II u. α.β-Dimercaptopropionsäure.

P. GREGORZEWSKI. 1380□

Trimerisierung von Acetylenen. F. W. Hoover, O. W. Webster und C. T. Handy. (J. org. Chemistry **26**. 2234—36. Juli 1961. Wilmington, Del., E. I. Du Pont de Nemours & Co., Central Res. Dep., Exp. Stat.) (Engl.) — Vgl. HÜBEL u. Mitarbeiter, C. **1961**. 104.

Vinylacetylen wird durch Al-Triisobutyl/$TiCl_4$ in Toluol bei —10° in rascher Rk. zu einem *Gemisch* ($C_{12}H_{12}$, $Kp._5$ 90°; n_D^{25} 1,6050; 74% Ausbeute) aus *1.2.4-* u. *1.3.5-Trivinylbenzol* trimerisiert, das diese Verbb. nach der UV-Analyse des Hydrierungs-Prod. (*Gemisch aus 1.2.4-* u. *1.3.5-Triäthylbenzol*) im Verhältnis 90 : 10 enthält. Bei höherer Temp. (29—52°) fällt die Ausbeute an Trimerisierungs-Prodd. merklich ab. Die Trivinylbenzole zeigten erwartungsgemäß eine starke Absorption im UV-Bereich λ_{max} 246 mμ (A.; ε = 31000). Die Cotrimerisierung von Divinylacetylen (I) mit überschüssigem Acetylen bei 15—20° in Ggw. des genannten Katalysators liefert *o-Divinylbenzol* [$Kp._3$ 52°, n_D^{25} 1,5740, λ_{max} 229 mμ (A.; ε = 20400); 30%)]. Aus I u. Methylacetylen wird bei 9—16° neben einem *Trimethylbenzol-Isomeren-Gemisch* ($Kp._2$ 32°) ein *x.x-Dimethyl-1.2-divinylbenzol-Isomeren-Gemisch* [$C_{14}H_{16}$, $Kp._{0,2}$ 50—51°; n_D^{25} 1,5598; λ_{max} 228 mμ (A.; ε = 23200); 28%] erhalten, das nach dem Gaschromatogramm drei Komponenten im Verhältnis 5 : 85 : 10 enthält. Nach statist. Überlegungen wird angenommen, daß *3.5-Dimethyl-1.2-divinylbenzol* das Hauptprod. darstellt. Auch Triphenylphosphinnickeltricarbonyl u. Bis-[triphenylphosphin]-nickeldicarbonyl sind als Katalysatoren der Cotrimerisierung geeignet, geben jedoch etwas geringere Ausbeuten.

H.-E. TOUSSAINT. 1410□

Synthese und pharmakodynamische Wirksamkeit von Zimtsäurederivaten. Ester, Piperazinsalze und Dicinnamoylpiperazine. A. Psarréa, C. Sandris und G. Tsatsas. (Bull. Soc. chim. France **1961**. 2145—54. Nov. Athen, Univ., Labor. de Pharm. Chim.) (Franz.)

Zur Unters. ihrer pharmakodynam. Wirksamkeit werden durch DOEBNER-Kondens. von p-substituierten Benzaldehyden mit Malonsäure in Ggw. organ. Basen einige *p-substituierte Zimtsäure-Derivv.*, durch REFORMATSKI-Synth. aus aromat. Ketonen oder Aldehyden u. α-Halogensäureestern u. Dehydratisierung der erhaltenen Hydroxyester in Ggw. von $POCl_3$ einige α- u./oder *β-substituierte Zimtsäure-Derivv.* (**A**) hergestellt. Aus den cis-trans-Gemischen der **A** werden durch Trennung über die Cyclohexylaminsalze u. nachfolgende Verseifung die *trans-* bzw. *cis-Zimtsäuren* oder durch stereospezif. Umesterung mit n-Butanol in Ggw. von p-Toluolsulfonsäure (**I**) die *trans-Zimtsäure-n-butylester* gewonnen. In Isopropanol werden mit Piperazin (**II**) die entsprechenden Dicinnamate gebildet. Aus **II** u. Zimtsäurechloriden entstehen *N.N'-Dicinnamoylpiperazine.* Durch Umsetzung von **II** mit CS_2 u. Benzylchlorid wird *Piperazin-bis-dithiocarbonsäure-(1.4)-dibenzylester* neben *Piperazindithiocarbonsäure-(1)-benzylester* erhalten.

Versuche: Zimtsäuren: *α-Methyl-, Äthylester* (**IV**), $Kp._{13}$ 140—146°, aus Benzaldehyd u. α-Brompropionsäureäthylester durch Rk. in Bzl. in Ggw. von Zn-Pulver, 1—2std. Kochen, Hydrolyse mit 20%ig. H_2SO_4 u. Isolierung des *Hydroxyesters*, der anschließend durch Kochen mit $POCl_3$ in Bzl. dehydratisiert wird; n_D^{24} 1,491; 88% (Ausbeute). *Freie Säure, trans-Form* (**III**), F. 76° (Ligroin), aus **IV** durch Verseifen mit 50%ig. wss. KOH in A., Abtrennen des cis-Isomeren in Essigester als Cyclohexylaminsalz u. Isolierung aus den Mutterlaugen; 82%. *n-Butylester, trans-Form*, a) $Kp._{12}$ 161°, aus **III**; n_D^{21} 1,531; b) $Kp._7$ 150°, aus **II** durch 1std. Kochen mit n-Butanol in Ggw. von **I**; n_D^{23} 1,528. — Analog: *p-Chlor-α-methyl-, Äthylester*, $Kp._{20}$ 175—180°, n_D^{28} 1,534; 86%. *Freie Säure, trans-Form*, F. 163° (A./W.); 81%. *n-Butylester, trans-Form*, a) $Kp._{15}$ 175°, $n_D^{25,5}$ 1,537; 48%; b) $Kp._6$ 162°, $n_D^{24,5}$ 1,542; 90%. — *β-Methyl-, Äthylester*, $Kp._{17}$ 145°, n_D^{29} 1,539; 67%. *Freie Säure, trans-Form*, F. 95° (PAe.). *Freie Säure, cis-Form, Cyclohexylaminsalz*, $C_{16}H_{23}NO_2$, F. 138° (Essigsäure). *n-Butylester, trans-Form*, a) $Kp._{17}$

160°, n_D^{25} 1,526; 43%; b) Kp.$_9$ 148—150°, n_D^{26} 1,5265; 83%. — *p-Chlor-β-methyl-, Äthylester*, Kp.$_7$ 145—151°, n_D^{22} 1,552; 70%. *Freie Säure, trans-Form*, F. 132° (Ae./PAe.). *cis-Form*, F. 92°. *n-Butylester, trans-Form*, Kp.$_3$ 150°, n_D^{21} 1,549; 53%. — *p-Brom-β-methyl-, Äthylester*, Kp.$_3$ 160—165°; 67%. *Freie Säure, trans-Form*, $C_{10}H_9BrO_2$, F. 117° (A./W.). — *p.β-Dimethyl-, Äthylester*, Kp.$_8$ 147—153°, $n_D^{31,5}$ 1,538; 62%. *Freie Säure, trans-Form*, F. 133° (PAe.). *cis-Form, Cyclohexylaminsalz*, $C_{17}H_{25}NO_2$, F. 158° (Essigsäure). *n-Butylester, trans-Form*, Kp.$_7$ 155—157°, n_D^{26} 1,524; 46%. — *p-Methoxy-β-methyl-, Äthylester*, Kp.$_{12}$ 165—170°, $n_D^{24,5}$ 1,493; 53%. *Freie Säure, trans-Form*, F. 152° (A.). *n-Butylester, trans-Form*, Kp.$_{16}$ 175°, $n_D^{26,5}$ 1,549; 53%. — *α.β-Dimethyl-, Äthylester*, Kp.$_{13}$ 135—140°, $n_D^{31,5}$ 1,510; 81%. *Freie Säure, cis-Form, Cyclohexylaminsalz*, $C_{17}H_{25}NO_2$, F. 143° (Essigsäure). *n-Butylester, cis-Form*, Kp.$_8$ 140°, n_D^{19} 1,503; 90%. — *p-Chlor-α.β-dimethyl-, Äthylester*, Kp.$_4$ 130°, n_D^{22} 1,524; 74%. *Freie Säure, cis-Form*, $C_{11}H_{11}ClO_2$, *Cyclohexylaminsalz*, $C_{17}H_{24}ClNO_2$, F. 164° (Essigsäure). *n-Butylester, cis-Form*, Kp.$_{13}$ 180°, n_D^{21} 1,514; 90%. — *β-Äthyl-, Äthylester*. Kp.$_{13}$ 140°, n_D^{22} 1,524; 74%. *Freie Säure, cis-Form*, $C_{11}H_{12}O_2$, F. 56° (PAe.). *Cyclohexylaminsalz*, $C_{17}H_{25}NO_2$, F. 155° (Essigsäure). *trans-Form*, F. 88° (PAe.). *n-Butylester, cis-Form*, a) Kp.$_3$ 135°, n_D^{24} 1,514; 69%; b) Kp.$_8$ 145°, n_D^{20} 1,512; 90%. — *α-Methyl-β-äthyl-, Äthylester*, Kp.$_{13}$ 175—181°, n_D^{30} 1,505; 75%. *Freie Säure, cis-Form*, $C_{12}H_{14}O_2$, F. 65° (PAe.). *Cyclohexylaminsalz*, $C_{18}H_{27}NO_2$, F. 152° (Essigsäure). *n-Butylester, cis-Form*, Kp.$_{15}$ 160°, n_D^{21} 1,496; 90%. — Zimtsäure-n-butylester: *p-Isopropyl-*, $C_{16}H_{22}O_2$, Kp.$_6$ 172—175°, durch Veresterung der Säure in Bzl. mit n-Butanol in Ggw. von konz. H_2SO_4; $n_D^{26,5}$ 1,532; 64%. — Analog: *p-Brom-*, $C_{13}H_{15}BrO_2$, F. 36,5—37° (A.); 50%. — *p-Chlor-*, $C_{13}H_{15}ClO_2$, F. 34° (A.); 34%. — *p-Nitro-*, F. 67,5—68° (A.); 82%. — *p-Amino-*, F. 85—86° (A./W.), aus vorst. Verb. durch Red. mit $SnCl_2$/HCl; 53%. — *p-Acetamido-*, $C_{15}H_{19}NO_3$, F. 123° (A./W.), aus vorst. Verb. mit Acetanhydrid in A.; 66%. — *Piperazindicinnamat, trans-Form*, F. 207 bis 208° (Zers.), durch Umsetzung von 1 Mol II-Hexahydrat mit 2 Mol Zimtsäure in Isopropanol; 91%. — Analog folgende Piperazin-bis-[cinnamate]: *p-Isopropyl-, trans-Form*, F. 210° (Zers.); 71%. — *p-Chlor-, trans-Form*, F. 259—260°; 87%. — *p-Brom-, trans-Form*, F. 258° (Zers.); 54%. — *p-Nitro-, trans-Form*, F. 268—269°; 71%. — *p-Acetylamino-, trans-Form*, F. 239°; 92%. — *p-Dimethylamino-, trans-Form*, F. 215° (Zers.); 28%. — *p-Hydroxy-, trans-Form*, F. 178°; 89%. — *p-Methoxy-, trans-Form*, F. 205°; 96%. — *o-Methoxy-, trans-Form*, F. 185—186°; 64%. — *m-Methoxy-p-hydroxy-, trans-Form*, F. 198—200° (Zers.); 53%. — *m.p-Dimethoxy-, trans-Form*, F. 195 bis 197°; 69%. — *α-Methyl-, trans-Form*, F. 130°; 53%. — *p-Chlor-α-methyl-, trans-Form*, F. 144°; 64%. — *β-Methyl-, trans-Form*, F. 124°; 40%. — *p-Chlor-β-methyl-, trans-Form*, F. 171°; 69%. — *p-Brom-β-methyl-, trans-Form*, F. 175°; 74%. — *p.β-Dimethyl-, trans-Form*, F. 158°; 64%. — *p-Methoxy-β-methyl-, trans-Form*, F. 165°; 40%. — *α.β-Dimethyl-, cis-Form*, F. 137°; 65%. — *p-Chlor-α.β-dimethyl-, cis-Form*, F. 142°; 72%. — *β-Äthyl-, cis-Form*, F. 118°; 75%. *trans-Form*, F. 145°; 75%. — *N-Phenylpiperazin, Cinnamat*, $C_{19}H_{22}N_2O_2$, F. 169—170° (A./Ae.), aus äquivalenten Mengen N-Phenylpiperazin u. Zimtsäure in Äther. *Adipat*, $C_{26}H_{38}N_4O_4$, F. 132° (A./Aceton). — *Piperazin-N.N'-bis-[dithiocarbonsäurebenzylester]*, $C_{20}H_{22}N_2S_4$, F. 119° (A.), aus II-Hexahydrat durch Umsetzung mit CS_2 in alkohol. KOH, Eindampfen u. 5std. Kochen mit Benzylchlorid in A.; Kristalle. — *Piperazin-N-dithiocarbonsäurebenzylester, Hydrochlorid*, F. 173° (A./Ae.), neben vorst. Verbindung. *Cinnamat*, $C_{21}H_{24}N_2O_2S_2$, F. 151° (A./Aceton). *Adipat*, $C_{18}H_{26}N_2O_4S_2$, F. 116—117° (A./Ae. u. Aceton). — *N.N'-Dicinnamoylpiperazin*, F. 270° (Chlf./Ae.), aus Zimtsäurechlorid u. II-Hydrat durch Umsetzung in Ae. in Ggw. von $NaHCO_3$; 90%. — Analog nachst. N.N'-Bis-[cinnamoyl]-piperazine: *p-Isopropyl-*, F. 220° (Chlf./Ae.); 74%. — *p-Chlor-*, F. 310° (Zers.; Chlf.); 96%. — *p-Methoxy-*, F. 240° (Chlf.); 97%. — *α-Methyl-*, F. 158° (Chlf./Ae.); 85%. — *p-Chlor-α-methyl-*, F. 199° (Chlf./Ae.); 90%. — *p.β-Dimethyl-*, F. 185° (Chlf./Ae.); 72%.

EBERHARD RIEDEL. 1610□

Bildung von γ-Phenylallylthiocyanat aus α-Phenylallylamin. Antonio Iliceto und Gerolamo Caggia. (Gazz. chim. ital. **90**. 262—68. Febr./März 1960. Padova, Univ., Ist. di Chim. organ.) (Ital.)

Während sich γ-alkylsubstituierte Allylthiocyanate leicht zu α-Alkylallylisothiocyanaten umlagern, geht γ-Phenylallylthiocyanat (I) bekanntlich in *γ-Phenylallylisothiocyanat* (II) über. Da die Umlagerung der Alkyl-Verbb. eine Gleichgewichts-Rk. darstellt, wird angenommen, daß im Falle von I das Gleichgewicht zwischen I u. dem unbekannten *α-Phenylallylisothiocyanat* (III) ganz zur Seite von I verschoben ist, in dem die Allyldoppelbindung mit dem aromat. Kern in Konjugation steht. Diese Hypothese wird durch die Beobachtung gestützt, daß beim Umsetzen des aus α-Phenylallylamin (IV) zugänglichen *Na-α-Phenylallyldithiocarbaminats* mit Chlorkohlensäureäthylester (V) nicht III, sondern I anfällt. IV wurde durch Hofmann-Abbau des Amids der α-Phenyl-α-vinylessigsäure (VI) dargestellt, für welches sich die Umsetzung von VI mit V zum gemischten Anhydrid bei nachfolgendem Behandeln mit NH_3 als günstigstes Synth.-Verf. erwies.

Versuche: *γ-Phenylallylthiocyanat* (I), F. 69—70° (Methanol), a) durch 2std. Kochen von γ-Phenylallylchlorid ($Kp._3$ 92—93°) mit NaSCN in Aceton u. Gießen in W.; b) durch Zugeben von IV zu CS_2 u. wss. NaOH unter Rühren, Erwärmen auf 50° bis zu klarer Lsg., Zugeben von V bei 35°, 20 Min. langes Rühren, mehrfaches Ausäthern u. Einengen; 21% (Ausbeute); daneben *Bis-[γ-phenylallyl]-disulfid*, F. 90—91°; aus Methanol Nadeln. — *α-Phenyl-α-vinylessigsäure* (VI), $C_{10}H_{10}O_2$, F. 32—33° (PAe.), aus Cinnamyl-MgBr u. CO_2 nach Gilman u. Harris [1931]; 28% [liefert durch 1std. Erhitzen mit 10%ig. NaOH *Methylatropasäure*, F. 135—136° (*Amid*, F. 98—99°)]. *Amid*, $C_{10}H_{11}NO$, F. 77—78° (W.), durch Versetzen von VI mit Triäthylamin, V u. dann überschüssigem NH_3 in abs. Chlf., 12std. Rühren u. Einengen; 61%. — *α-Phenylallylamin* (IV), $C_9H_{11}N$, $Kp._{0,07}$ 57°, durch Zugeben von VI-Amid zu alkal. NaOBr-Lsg. bei 0°, Rühren unter Kühlung bis zur vollständgen Lsg., 20 Min. langes Erwärmen auf 70° u. Ausäthern; $D._4^{25}$ 1,010, n_D^{25} 1,5557; 29%. *Hydrochlorid*, $C_9H_{12}ClN$, F. 166—167° (Methanol–Ae.). *Pikrat*, $C_{15}H_{14}N_4O_7$, F. 183—184° (A.). — *N-[γ-Phenylallyl]-N'-phenylthioharnstoff*, $C_{16}H_{16}N_2S$, aus II u. Anilin in Äther. H.-E. Toussaint. 1690□

Notiz zur Konstitution des Dehydratationsproduktes von Dihydroisophorol. István Alkonyi. (Chem. Ber. **93**. 758—60. 22/3. 1960. Univ. Pécs, Chem. Inst.) (Dt.)

Durch oxydativen Abbau wird bewiesen, daß der durch Dehydratation des Dihydroisophorols entstehende *KW-Stoff* ein Gemisch darstellt, in dem sich *α-Cyclogeraniolen* nur in untergeordneter Menge befindet.

Versuche: *KW-Stoffgemisch* (I), C_9H_{16}, Kp. 138—140°, durch 2std. Erhitzen von Dihydroisophorol (F. 56,5°) mit $ZnCl_2$ unter Rückfluß auf 160°; 76% (Ausbeute). — *Nitrosat des α-Cyclogeraniolens*, $C_9H_{16}N_2O_4$, F. 103—104°, durch Lösen von 8 g I in 25 cm³ Eisessig, Vermengen mit 7,5 g Isoamylnitrit u. Zutropfen von 12 cm³ konz. HNO_3 unter Schütteln zu dem auf unter 0° gekühlten Rk.-Gemisch; 1 g. — Oxydativer Abbau von I: Schütteln einer Lsg. von 101 g I in 500 cm³ Bzl. mit einer Lsg. von 343,2 g $KMnO_4$ u. 250 g Na_2CO_3 in 5,5 Liter W. bis zum Verschwinden der violetten Färbung, Aufarbeiten, Versetzen der erhaltenen zähen Fl. (43,5 g) in 100 cm³ Ae. mit überschüssiger äther. Diazomethan-Lsg. u. schließliche Dest. des rohen *Estergemisches* bei 2,5 mm ergeben folgende Fraktionen: 1. 50—62°; 9,7 g. 2. 62—78°; 11,6 g. 3. 78—90°; 4,5 g. 4. 90—95°; 4,5 g. 5. Dest.-Rückstand; 13,6 g (braune Fl.). — *α.α-Dimethylbernsteinsäure*, $C_6H_{10}O_4$, F. 138° (W.), durch 12std. Rückflußkochen der 1. Fraktion (oder der 2. Fraktion) mit 15%ig. HCl; 6,4 g (9,3 g). — *α.α.α'-Trimethylglutarsäure*, $C_8H_{14}O_4$, F. 96—96,5° (W.), durch Hydrolyse der 3. Fraktion; 1,5 g neben nachst. Verbindung. — *α.α.β'- oder α.β'.β'-Trimethyladipinsäure*, $C_9H_{16}O_4$, a) bei vorst. Rk.; 1,2 g; b) durch Hydrolyse der 4. Fraktion; 2,4 g. W. Eisenmann. 1810□

Vinylcyclohexan aus 4-Vinylcyclohexen-(1). Lynn H. Slaugh und Eugene F. Magoon. (J. org. Chemistry **27**. 1037—38. März 1962. Emeryville, Calif., Shell Dev. Co.) (Engl.)

Während es schwierig ist, durch direkte Hydrierung von 4-Vinylcyclohexen-(1) (I) *Vinylcyclohexan* zu erhalten, gelingt die Umwandlung durch Diels-Alder-Addition von I an Anthracen (II), Hydrierung des so erhaltenen *Addukts* (III) u. Pyrolyse des *hydrierten Addukts* (IV). Bei der Bldg. von III reagiert ausschließlich die Vinyldoppelbindung; die massenspektrometr. u. gaschromatograph. Analysen sowie die IR-Spektren ergeben die Abwesenheit von Verunreinigungen.

Versuche: I-II-*Addukt* (III), $C_{22}H_{22}$, F. 164—165° (Bzl.), 176—178° (Bis-[2-methoxyäthyl]-äther), durch 16std. Rk. von 1,7 Mol II u. 9,2 Mol I in Toluol im Autoklaven bei 225° u. Vakuum-Dest. des überschüssigen Toluols u. I; 99,6% (Ausbeute). — IV, $C_{22}H_{24}$, F. 163°, durch 1—2std. Hydrierung von III in Isopropylalkohol an Raney-Ni bei 125° u. Abtrennung des Katalysators durch Extraktion des Rk.-Prod. mit Aceton; 98%. — *Vinylcyclohexan*, Kp. 125,7—126°, durch Pyrolyse von IV bei 330—390° u. Sammeln in einer Kühlfalle; n_D^{20} 1,4458, $D._4^{20}$ 0,801—78; 98%; daneben als Rückstand ca. 100% II, F. 218°. J. Sickfeld. 1810□

Brommethylenierung von Carbonylverbindungen mittels Wittig-Reaktion. G. Köbrich. (Angew. Chem. **74**. 33. 7/1. 1962. Heidelberg, Univ., Organ.-Chem. Inst.) (Dt.)

Triphenylphosphin reagiert mit CH_3Br zu einem Gemisch aus *Methylen-bis-[triphenylphosphoniumbromid]* u. *Triphenylbrommethylphosphoniumbromid* (I; F. 241—242,5°);

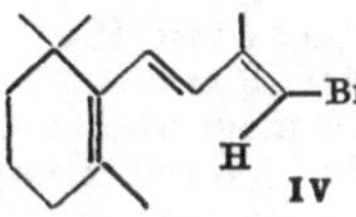
IV

in 74% ig. Ausbeute entsteht I aus Triphenylhydroxymethylphosphoniumbromid u. PBr_5. Die Rk. von I mit β-Cyclocitral führt in Ggw. von n-Butyl-Li (II) zu 40% *1.3.3-Trimethyl-2-vinylcyclohexen* (III), in Ggw. von Phenyl-Li zu *Brombenzol*, III u. *1.3.3-Trimethyl-2-[ω-bromvinyl]-cyclohexen*, das sich mit II zu *1.3.3-Trimethyl-2-äthinylcyclohexen* (*Hg-Salz*, F. 128—129°) umsetzt. Durch Li-Piperidid wird I überwiegend deprotoniert, nachfolgende Rk. mit β-Ionon gibt die sehr zersetzliche Verb. IV in 70% ig. Ausbeute. HEINZ NESTLER. 1810□

Die Synthese von Dicyclopropyläthern. Bernard T. Gillis und Karl F. Schimmel. (J. org. Chemistry **27.** 1071—72. März 1962. Pittsburgh, Pa., Dugnesne Univ., Dep. of Chem.) (Engl.)

Divinyläther (I; vgl. C. **1961.** 9368) reagiert mit Trichloressigester (II) u. Na-Methylat in PAe. unter Bldg. von *Bis-[2.2-dichlorcyclopropyl]-äther* (III); alle anderen Meth. zur Bldg. von Dichlorcarben sind unbrauchbar u. führen zur Polymerisation von I. Der gegenüber Basen stabilere Diisobutenyläther (IV) läßt sich analog III zu *Bis-[2.2-dichlor-3.3-dimethylcyclopropyl]-äther*, mit Bromoform (V) u. K-tert.-Butylat zu *Bis-[2.2-dibrom-3.3-dimethylcyclopropyl]-äther* bzw. mit Benzalchlorid (VI) u. NaH zu *Bis-[2-chlor-2-phenyl-3.3-dimethylcyclopropyl]-äther* umsetzen. Die labilen Monoaddukte wurden nicht isoliert.

Versuche: *Bis-[2.2-dichlorcyclopropyl]-äther* (III), $C_6H_6Cl_4O$, $Kp._{0,2}$ 85—90°, durch Zutropfen von II zu I u. Na-Methylat in PAe., 48 std. Rühren, Eingießen in W. u. Isolieren u. Einengen der organ. Phase; n_D^{25} 1,4978; 16% (Ausbeute). — *Bis-[2.2-dichlor-3.3-dimethylcyclopropyl]-äther*, $C_{10}H_{14}Cl_4O$, F. 132—133° (Ae.), analog III aus IV; 20%. — *Bis-[2.2-dibrom-3.3-dimethylcyclopropyl]-äther*, $C_{10}H_{14}Br_4O$, F. 123° (Ae.), durch Zutropfen von V zu IV u. K-tert.-Butylat in PAe.; 25,6%. — *Bis-[2-chlor-2-phenyl-3.3-dimethylcyclopropyl]-äther*, $C_{22}H_{24}Cl_2O$, F. 144—145° (Zers.; PAe.), durch Zutropfen von VI zu IV, tert.-Butanol u. NaH in Hexan; 26,6%. HEINZ NESTLER. 1860□

Nucleophile aromatische Addition. 2. Mitt. **Der stufenweise Abbau von „Trismethylentrinitrobenzol".** Th. J. de Boer und J. C. van Velzen. (Recueil Trav. chim. Pays-Bas **79.** 231—46. März 1960.) (Engl.) — 1. vgl. C. **1962.** 11562.

„Trismethylentrinitrobenzol" (I) gibt bei der Oxydation mit $Na_2Cr_2O_7$ in 75% ig H_2SO_4 bei Raum-Temp. *2.1'-Dinitro-2.2'-dicarboxy-1.1'-bicyclopropan* (II), das in sd. W. schnell, bei Raum-Temp. langsamer zu *trans-1-Nitro-cis-1-[α-hydroxy-γ-nitropropyl]-cis-2-carboxycyclopropan-γ-lacton* (III) decarboxyliert wird. Die ungewöhnliche „Decarboxylierung–Lactonisierung" besteht in einer Abspaltung von CO_2 aus der am gleichen C-Atom wie die NO_2-Gruppe gebundenen Carboxylgruppe, anschließender Spaltung der C—C-Bindung dieses „schwachen" Cyclopropanringes u. Lactonisierung mit der am nicht gespaltenen Cyclopropanring gebundenen Carboxylgruppe. III wird weiter zu *trans-1-Nitro-cis-1-[β-nitropropionyl]-cis-2-carboxycyclopropan* (IV) u. anschließend zu *trans-1-Nitro-cis-1-cis-2-dicarboxycyclopropan* (V) oxydiert. Durch Decarboxylierung von V oder Alkalispaltung von IV wird *trans-2-Nitrocyclopropancarbonsäure* erhalten, die beim Erhitzen auf 145—150° in die cis-Form umgelagert wird. Die Strukturen der erhaltenen Abbau-Prodd. werden durch chem., physikal. u. IR-spektroskop. Unterss. gesichert.

Versuche: *2.1'-Dinitro-2.2'-dicarboxy-1.1'-bicyclopropan* (II), $C_8H_8N_2O_8$, F. 155° (Zers.; Bzl./wenig A.), durch Zugabe von I u. $Na_2Cr_2O_7$ zu 75% ig. H_2SO_4, 18 std. Schütteln unter anfänglicher Kühlung, Gießen auf Eis u. Extrahieren des Nd. u. der sauren Lsg. mit Ae.; 52% (Ausbeute). *Dimethylester*, $C_{10}H_{12}N_2O_8$, F. 125,5—126° (A.), durch Verestern von II mit Diazomethan (VI) in Ae.; ca. 100%. — *trans-1-Nitro-cis-1-α-[hydroxy-γ-nitropropyl]-cis-2-carboxycyclopropan-γ-lacton* (III), $C_7H_8N_2O_6$, F. 148—148,5° (A.), durch ½ std. Kochen von II n W.; 66%. — *trans-1-Nitro-cis-1-[β-nitropropionyl]-cis-2-carboxycyclopropan* (IV), $C_7H_8N_2O_7$, F. 106—108° (A./Bzl.), durch Zugabe von III u. $Na_2Cr_2O_7$ zu 75% ig. H_2SO_4, 18 std. Schütteln unter anfänglichem Kühlen, Gießen auf Eis u. Ausäthern; 56%. *Methylester*, $C_8H_{10}N_2O_7$, F. 82,5—83,5° (A.), durch Rk. von 148 mg IV mit VI in Ae. bei Raum-Temp. u. Kühlen auf —15°; 155 mg. — *trans-1-Nitro-cis-1-cis-2-dicarboxycyclopropan* (V), $C_5H_5NO_6$, F. 147—151° (Zers.; Chlf./wenig Nitromethan), a) durch Lösen von IV in Na_2CO_3-Lsg., ¾ std. Zutropfen von wss. $KMnO_4$-Lsg., Filtrieren, Ansäuern des Filtrats auf pH 1, Zugabe von wenig konz. H_2SO_4 u. Ausäthern; 66%; b) durch längere Oxydation von IV mit $Na_2Cr_2O_7$ in H_2SO_4; c) durch 100 std. Schütteln von III mit $Na_2Cr_2O_7$ in 75% ig. H_2SO_4, Gießen auf Eis u. Ausäthern; 55%. *Dimethylester*, $C_7H_9NO_6$, F. 81—81,5° (A.), aus V u. VI in Äther. *Anhydrid*, $C_5H_3NO_5$, F. 125,5—128° (Bzl.), durch 60 std. Kochen von V mit $SOCl_2$ u. Eindampfen im Vakuum; 58%. — *rac.-trans-2-Nitrocyclopropancarbonsäure*, $C_4H_5NO_4$, F. 121—121,5° (Chlf./PAe.), a) durch ½ std. Erhitzen von V in 10% ig. NaOH auf 100°, Kühlen, Ansäuern mit H_2SO_4 u. Ausäthern; 54%; b) durch $^1/_4$std. Erhitzen von **IV** in 10%ig. NaOH auf 100°, Ansäuern mit 75%ig. H_2SO_4 u. Ausäthern; 44,3%; c) durch 2std. Erhitzen nachst. cis-Säure in 10%ig. NaOH auf 100°. *+-Form*, F. 130,5—131° (Chlf./PAe.), durch Lösen von 2,6 g der rac.-Form u. 7,8 g Brucin (**VII**) in wenig sd. W., Kristallisation des erhaltenen *Brucinsalzes* aus W., Zers. mit 2n NaOH, Abfiltrieren von **VII**, Ansäuern des Filtrats mit H_2SO_4 u. Ausäthern; 100 mg. — *cis-2-Nitrocyclopropancarbonsäure*, $C_4H_5NO_4$, F. 91—92,5°, durch ½ std. Erhitzen von **V** im Rohr unter N_2 auf 145 bis 150° u. Ausäthern; aus Chlf./PAe. Nadeln. W. LIEBSCHER. 2020□

Nucleophile aromatische Addition. 3. Mitt. Die Strukturuntersuchung von Trismethylentrinitrobenzol. Th. J. de Boer und J. C. van Velzen. (Recueil Trav. chim. Pays-Bas **79.** 430—42. Mai 1960.) (Engl.) — 2. vgl. vorst. Referat.

Die Ozonolyse von „Trismethylentrinitrobenzol" (**I**) in Essigsäure gibt nach Hydrolyse des intermediär entstehenden *2'-Nitrocarbonylmethyl-2-formyl-2.1'-dinitro-1.1'-bicyclopropans 2'-Carboxymethyl-2-formyl-2.1'-dinitro-1.1'-bicyclopropan* (**II**), das durch $Na_2Cr_2O_7/H_2SO_4$ weiter zu *2-Carboxy-2'-carboxymethyl-2.1'-dinitro-1.1'-bicyclopropan* (**III**) oxydiert wird. **III** wird in sd. W. zu *2'-Carboxymethyl-2.1'-dinitro-1.1'-bicyclopropan* decarboxyliert, das auch aus **II** durch trocknes Erhitzen auf 150° oder durch Spaltung mit NaOH erhalten wird. Bei der Ozonolyse von **I** in Methanol entsteht *2-[Hydroperoxymethoxymethyl]-2'-methoxycarbonylmethyl-2.1'-dinitro-1.1'-bicyclopropan*, das beim Erhitzen auf 100° unter Bldg. von *2-Methoxycarbonyl-2'-methoxycarbonylmethyl-2.1'-dinitro-1.1'-bicyclopropan* (**IV**) W. abspaltet. Durch Oxydation von **I** mit CrO_3/Acetanhydrid wird *1.3.5-Trinitro-3.4;5.6-dimethanocyclohepten-(1)-on-(7)* erhalten, das durch Na-Methylat zu *2'-Carboxy-2-[α-methoxy-β-nitroäthyl]-2.1'-dinitro-1.1'-bicyclopropan* gespalten wird. Diese Rkk. sind nur mit der in der 1. Mitt. (l. c.) angegebenen Struktur von **I** vereinbar. Die Rk.-Mechanismen u. IR-Spektren werden diskutiert.

Versuche: *2'-Carboxymethyl-2-formyl-2.1'-dinitro-1.1'-bicyclopropan* (**II**), C_9H_{10}·N_2O_7, F. 160° (Zers.), durch 6std. Ozonisieren von **I** in 80%ig. Essigsäure bei 0°, mehrstd. Stehen u. Eindampfen im Vakuum; aus Aceton/Chlf. Nadeln; 64% (Ausbeute). *Äthylester-2.4-dinitrophenylhydrazon*, $C_{17}H_{18}N_6O_{10}$, F. 169—173° (Zers.; A./wenig Aceton), durch kurzes Erhitzen von **II** mit 2.4-Dinitrophenylhydrazin (**VI**) in A./konz. HCl. — *2-Carboxy-2'-carboxymethyl-2.1'-dinitro-1.1'-bicyclopropan* (**III**), $C_9H_{10}N_2O_8$, F. 160° (Zers.; Aceton/Chlf.), durch 16std. Schütteln von **II** u. $Na_2Cr_2O_7$ in 75%ig. H_2SO_4; 56%, verunreinigt durch 36,93% *2.2'-Dicarboxy-2.1'-dinitro-1.1'-bicyclopropan* (**VII**). *Dimethylester* (**IV**), $C_{11}H_{14}N_2O_8$, F. 79—80°, aus **III** u. Diazomethan (**V**) in Ae.; aus Aceton/PAe. Nadeln. — *2'-Carboxymethyl-2.1'-dinitro-1.1'-bicyclopropan*, $C_8H_{10}N_2O_6$, F. 174—176° (Zers.; Aceton/Chlf.), a) durch 2std. Kochen von **III** in W.; 32%; b) durch 24std. Rk. von **II** mit 10%ig. KOH bei 0° u. Ansäuern; 74%; daneben *Ameisensäure*; c) durch trockenes Erhitzen von **II** im Vakuum auf 145—150°. *Methylester*, $C_9H_{12}N_2O_6$, F. 86—87°, aus der Säure mit **V** in Ae.; aus Aceton/Chlf. Nadeln. — *2-[Hydroperoxymethoxymethyl]-2'-methoxycarbonylmethyl-2.1'-dinitro-1.1'-bicyclopropan*, $C_{11}H_{16}N_2O_9$, F. 127,5—129,5° (A.) durch 16std. Ozonisieren von **I** in Methanol, Einengen u. mehrstd. Stehen bei —15°; 51%; gibt bei 3std. trocknem Erhitzen auf 100—105° u. Ausäthern **IV**. — *1.3.5-Trinitro-3.4;5.6-dimethanocyclohepten-(1)-on-(7)*, $C_9H_7N_3O_7$, Zers. bei 175° (Essigsäure oder Aceton) durch Zugabe von CrO_3 in Acetanhydrid zu **I** in Acetanhydrid, 20std. Schütteln bei 20°; 50%; gibt durch Oxydation mit $Na_2Cr_2O_7$ **VII**. *2.4-Dinitrophenylhydrazon*, $C_{15}H_{11}N_7O_{10}$, Zers. bei 225° (Essigester), aus dem Keton u. **VI** in Methanol/wenig konz. H_2SO_4. — *2'-Carboxy-2-[α-methoxy-β-nitroäthyl]-2.1'-dinitro-1.1'-bicyclopropan*, $C_{10}H_{13}$·N_3O_9, F. 167—169° (Chlf.), durch $^1/_4$std. Zugabe vorst. Verb. zu Na-Methylat in Methanol, 1½ std. Kühlen auf —15°, Filtrieren, Lösen des Nd. in wenig W. u. Ansäuern mit Essigsäure; 32%; gibt durch Oxydation mit $Na_2Cr_2O_7$/75%ig. H_2SO_4 **VII**. *Methylester* $C_{11}H_{15}N_3O_9$, F. 140—141° (A.), durch Rk. von 100 mg Säure mit **V** in Ae.; 65 mg. W. LIEBSCHER. 2020□

Die Synthese von 3-O-p-Cumaroylchinasäure. E. Haslam, R. D. Haworth und G. K. Makinson. (J. chem. Soc. [London] **1961.** 5153—56. Dez. Sheffield, Univ., Dep. of Chem.) (Engl.)

Zur Darst. von *3-O-p-Cumarylchinasäure* (**I**) wird 1-O-Äthoxycarbonyl-4.5-O-isopropylidenchinasäurelacton-(1 → 3) (**II**) mit $Ba(OH)_2$ geöffnet, mit Diphenyldiazomethan (**III**) verestert u. mit O-Äthoxycarbonyl-p-cumarsäurechlorid (**IV**) zu *1-O-Äthoxycarbonyl-3-O-[O-äthoxycarbonyl-p-cumaroyl]-4.5-O-isopropylidenchinasäurediphenylmethylester* (**V**) umgesetzt. Partielle alkal. Hydrolyse führt zur entsprechenden *3-[O-p-Cumaroyl]-Verb.* (**VI**), deren saure Hydrolyse **I** ergibt. **I** läßt sich zu *3-O-p-Hydroxyphenylpropionylchinasäure* hydrieren. **I** ist ident. mit der von WILLIAMS (vgl. Chem. and Ind. **1958.** 1200) aus Cideräpfeln isolierten Verb.; ihre biogenet. Verwandtschaft zur Chlorogensäure wird diskutiert.

Versuche (die IR-Spektren der Verbb. sind angegeben): *1-O-Äthoxycarbonyl-4.5-O-isopropylidenchinasäure* (mit D. A. Lawton), F. 150—152°, durch ½ std. Erwärmen von 5,7 g **II** mit $Ba(OH)_2$ in A.–Aceton unter N_2; Tafeln aus Äthylacetat–PAe.; 4,5 g (Ausbeute). — *1-O-Äthoxycarbonyl-4.5-O-isopropylidenchinasäurediphenylmethylester* (**VII**), $C_{26}H_{30}O_8$, F. 163°, durch 6 std. Kochen von 5 g vorst. Verb. mit **III** in Chlf.; Nadeln aus Äthylacetat; 6,7 g. — *O-Äthoxycarbonyl-p-cumarsäure, Chlorid* (**IV**), F. 73—74°, durch 1 std. Kochen von 1,8 g O-Äthoxycarbonyl-p-cumarsäure mit PCl_5 in Bzl.; Nadeln aus PAe.; 1,6 g. *α-Naphthylester*, $C_{23}H_{26}O_8$, F. 89—90°, aus **IV** in Pyridin. — *1-O-Äthoxycarbonyl-3-O-[O-äthoxycarbonyl-p-cumaryl]-4.5-O-isopropylidenchinasäurediphenylmethylester* (**V**), $C_{38}H_{40}O_{12}$, F. 108—109°, durch 3 std. Kochen u. 15 std. Stehen von 1,18 g **VII** u. **IV** in Bzl. bei Zimmer-Temp.; Prismen aus Bzl.–PAe.; 2,4 g. — *1-O-Äthoxycarbonyl-3-O-p-cumaroyl-4.5-O-isopropylidenchinasäurediphenylmethylester* (**VI**), $C_{35}H_{36}O_{10}$, F. 204 bis 205°, durch ½ std. Rühren von 1 g **V** in methanol. NaOH bei 30°, Ansäuern, Wasserzusatz u. Extraktion mit Äthylacetat; Nadeln aus A.; 0,5 g. — *1-O-Äthoxycarbonyl-3-O-[O-methyl-p-cumaroyl]-4.5-O-isopropylidenchinasäurediphenylmethylester*, $C_{36}H_{38}O_{10}$, F. 212°, durch 16 std. Stehen von 0,35 g **VI** mit Diazomethan in Ae.–Bzl.; Tafeln aus A.; 0,25 g. — *3-O-p-Cumaroylchinasäure* (**I**), $C_{16}H_{18}O_8$, F. 247—248°, durch 6 std. Kochen von 2,5 g **VI** in 80%ig. wss. Essigsäure; Nadeln aus W., $[\alpha]_D^{20}$ —53,6° (c = 1,04; Methanol); 0,5 g. — *3-O-p-Hydroxyphenylpropionylchinasäure*, $C_{16}H_{20}O_8$, F. 201°, durch 16 std. Hydrieren von 0,13 g **I** an 10%ig. Pd/Kohle in A. bei 25° u. 1 atm; Nadeln aus W., $[\alpha]_D^{20}$ —44,0° (c = 0,32; A.); 0,1 g. HEINZ NESTLER. 2050□

Abfangen von Ketenen durch Cycloaddition an Enamine. G. Opitz, M. Kleemann und F. Zimmermann. (Angew. Chem. **74.** 32. 7/1. 1962. Tübingen, Univ., Chem. Inst.) (Dt.)

Die Synth. von *3-Dialkylaminocyclobutanon-Derivv.* (**B**) durch Cycloaddition von in situ erzeugten Ketenen (**K**) an Enamine (**E**) gelingt durch Zutropfen einer äther. Lsg. eines Carbonsäurechlorids in ein Gemisch aus **E** u. Triäthylamin (**I**) u. Abtrennen des **I**·HCl. So lassen sich bisher schwierig oder gar nicht in monomerer Form zugängliche **K**, wie *Methyl-, Isopropyl-, Butyl-, Phenyl-, Phenoxy-, Acetoxy-* u. *Chlorketen*, abfangen. Enolisierbare **B** erleiden beim Erhitzen Ringöffnung zu vinylogen *Carbonsäureamiden* u. reagieren unter Amineliminierung zu *Cyclobutenon-Derivv.*, nichtenolisierbare sind therm. stabil. 1-Piperidinopropen reagiert mit Acetylchlorid (**II**)/**I** zu *2-Methyl-3-piperidinocyclobutanon*, das schon beim Stehen in *1-Piperidinopenten-(1)-on-(3)* u. *1-Piperidino-2-methylbutenon* übergeht. Analog verhalten sich das mit Propionylchlorid (**III**)/**I** gebildete *2.4-Dimethyl-3-piperidinocyclobutanon*, das aus 1-Piperidinobuten (**IV**) u. **II**/**I** entstehende *2-Äthyl-3-piperidinocyclobutanon* u. *2-Äthyl-3-piperidino-4-methylcyclobutanon* aus **IV**, **III** u. **I**. Bei der Rk. zwischen 1-Morpholinocyclohexen u. Keten läßt sich *7-Keto-1-morpholinobicyclo-[4.2.0]-octan* IR-spektroskop. neben *1-Morpholino-2-acetylcyclohexen* nachweisen.

Versuche: 3-Morpholinocyclobutanone, aus 1-Morpholinoisobuten: *2.2.4-Trimethyl-*, F. 38—39°, mit **III**. — *2.2-Dimethyl-4-chlor-*, F. 80—81°, mit Chloracetylchlorid; 30% (Ausbeute). — *2.2-Dimethyl-4-phenoxy-*, F. 112—113°, mit Phenoxyacetylchlorid (**V**); 53%. — *2.2-Dimethyl-4-acetoxy-*, F. 95—96°, mit Acetoxyacetylchlorid; 50%. — *2.2-Dimethyl-4-phenyl-*, mit Phenylacetylchlorid. — *2.2.4.4-Tetramethyl-*, $Kp._{0,4}$ 83 bis 85°, mit Isobutyrylchlorid. — *2.2-Dimethyl-4.4-diäthyl-*, F. 39—40°, mit Diäthylacetylchlorid; 25%. — *2.2-Dimethyl-4.4-diphenyl-*, mit Diphenylacetylchlorid. — 2.2-Dimethyl-3-piperidinocyclobutanone, aus 1-Piperidinoisobuten: *4-Phenoxy-*, F. 82 bis 83°, mit **V**; 78%. — *4-Isopropyl-*, mit Isovalerylchlorid. — *4-Butyl-*, mit Capronsäurechlorid. — *4-Hexadecyl-*, mit Stearinsäurechlorid. — *2.2.4-Trimethyl-3-pyrrolidinocyclobutanon*, aus 1-Pyrrolidinoisobutan (**VI**) u. **III**. — *2.2-Dimethyl-3-pyrrolidino-4-äthyl-4-butylcyclobutanon*, $Kp._2$ 111—113°, aus **VI** u. Äthylbutylacetylchlorid; 30%. HEINZ NESTLER. 2140□

Synthese einiger linearer Polyphenyle. G. Forrest Woods, David D. Centola, Howard E. Ruskie und C. David Miller. (J. Amer. chem. Soc. **82.** 5227—32. 5/10. 1960. College Park, Md., Univ., Chem. Labors.) (Engl.)

Durch Rk. von Dihydroresorcinäthyläther (**I**, 3-Äthoxycyclohexen-(2)-on) mit p-Bromphenyl-MgBr (**III**) wird *3-[4-Bromphenyl]-cyclohexen-(2)-on* (**IV**) erhalten, das durch Umsetzung mit Phenyl-MgBr u. Dehydrierung in *1-Phenyl-3-[4-bromphenyl]-benzol* (**II**) übergeht. **II** entsteht auch in analoger Rk.-Folge aus **III** u. 3-Phenylcyclohexen-(2)-on. **II** liefert über die Li-Verb. mit **I** *3-[m-Terphenylyl-(4)]-cyclohexen-(2)-on*, aus dem mit Aryl-MgBr u. dann Pd-Kohle verschiedene *3-Aryl-3''-phenylterphenyle* gewonnen werden. In ähnlicher Weise wird aus Biphenylyl-(4)-MgBr u. **IV** *3-[4-Bromphenyl]-terphenyl* dargestellt, dessen Li-Verb. durch Rk. mit **I**, dann mit Phenyl-MgBr u.

Aromatisierung zu *3-[Xenyl-(4)]-3''-phenylterphenyl* führt. Diese Rk.-Folge wird auch mit Di-Li-Verbb. ausgeführt, wobei aus 1.4-Di-Li-Benzol *3.3''-Diphenylterphenyl*, aus 4.4'-Di-Li-Biphenyl *3.3'''-Diphenylquaterphenyl* (**V**) u. aus 4.4''-Di-Li-m-Terphenyl *1.3-Bis-[m-terphenylyl-(4)]-benzol* entstehen. **V** bildet sich auch durch Rk. von 2.3-Dihydro-5-[4-bromphenyl]-biphenyl mit Mg in Tetrahydrofuran u. Dehydrierung des erhaltenen **V**-*Tetrahydroderivats.*

Versuche: *3-[4-Bromphenyl]-cyclohexen-(2)-on* (**IV**), $C_{12}H_{11}BrO$, F. 82—82,5° (Ae.), durch Zugabe von **I** zu **III** in abs. Ae., Zers. mit H_2SO_4 u. Dest. bei 160—170° /0,2 bis 0,7,mm; 61% (Ausbeute). *2.4-Dinitrophenylhydrazon,* $C_{18}H_{15}BrN_4O_4$, F. 212—213° (o-Xylol). — *3-[4-Bromphenyl]-1-phenylcyclohexadien-(1.3)*, $C_{18}H_{15}Br$, F. 104,5—105,5° (abs. A.), a) durch Zugabe von **IV** in Bzl. zu äther. Phenyl-MgBr u. Zers. mit verd. H_2SO_4; 77%; b) durch ½ std. Kochen von **III** u. 3-Phenylcyclohexen-(2)-on in Ae. u. Zers. mit verd. H_2SO_4; 77%. Daneben nach a) *5.5''-Diphenyl-2.3.2''.3''-tetrahydroterphenyl* (**VI**), $C_{30}H_{26}$, F. 225—226° (o-Xylol). — *4-Brom-m-terphenyl* (**II**), $C_{18}H_{13}Br$, F. 86—87° (abs. A.), durch Zugabe von Br_2 in Chlf. zu vorst. Halogenid im Eisbad u. Erhitzen auf dem Dampfbad; 61%. — *3-[m-Terphenylyl-(4)]-cyclohexen-(2)-on,* $C_{24}H_{20}O$, F. 144—145° (abs. A.), durch Zugabe von **II** zu n-Butyl-Li in Ae.-Bzl. u. dann von **I** bei 10°, 30 Min. langes Rühren u. Zers. mit verd. H_2SO_4; 88%. *2.4-Dinitrophenylhydrazon,* $C_{30}H_{24}N_4O_4$, F. 242,5 bis 243,5° (p-Cymol). — 4-[5-Aryl-2.3-dihydrophenyl]-m-terphenyle, aus vorst. Keton u. entsprechenden Aryl-Mg-Halogeniden oder Aryl-Li in Bzl.: *Phenyl-* (**VII**), F. 229—230° (o-Xylol); 90%. — *o-Xenyl-*, F. 172—173° (Bzl.-A.); 51%. — *m-Xenyl-* F. 193—194° (Äthylbenzol); 60%. — *p-Xenyl-*, F. 263—265° (Äthylbenzoat); 63%. — *m-Terphenylyl-(4)-*, F. 301—303° (Äthylbenzoat); 42%. — 3-Aryl-3''-phenylterphenyle, durch Erhitzen vorst. Diene mit Pd-Kohle in p-Cymol: *Phenyl-* (**IX**), $C_{30}H_{22}$, F. 235—236°, aus **VI** oder **VII**. — *o-Xenyl-*, $C_{36}H_{26}$, F. 165—166°. — *m-Xenyl-*, F. 186 bis 188°. — *p-Xenyl-* (**VIII**), $C_{36}H_{26}$, F. 269,5—270,5°. — *m-Terphenylyl-(4)-*, (**X**) $C_{42}H_{30}$, F. 305—306°. — *4.4'-Bis-[3-ketocyclohexen-(1)-yl-(1)]-biphenyl,* $C_{24}H_{22}O_2$, F. 209—212°, durch 4std. Stehen von 9,4 g 4.4'-Dibrombiphenyl mit n-Butyl-Li in Ae. u. Zugabe von **I**; 5 g (roh). — *2.3.2'''.3'''-Tetrahydro-5.5'''-diphenylquaterphenyl,* $C_{36}H_{30}$, F. 285 bis 387° (o-Xylol), a) aus vorst. Verb. mit Phenyl-MgBr in Ae.; b) durch 36std. Kochen von 2-[4-Bromphenyl]-1-phenylcyclohexadien-(1.3) mit Mg in Tetrahydrofuran. — *3.3'''-Diphenylquaterphenyl* (**V**), $C_{36}H_{26}$, F. 280—281° (o-Xylol), durch Dehydrierung vorst. Verb. mit Br_2 oder Pd-Kohle in p-Cymol. — *3-[4-Bromphenyl]-terphenyl,* $C_{24}H_{17}Br$, F. 180 bis 182° (o-Xylol), durch Zugabe von **IV** zu p-Xenyl-MgBr in Tetrahydrofuran, Zers. mit verd. H_2SO_4 u. Dehydrierung des Rk.-Prod. mit Br_2 in $CHCl_3$. — *4-Phenyl-4''-[3-ketocyclohexen-(1)-yl]-m-terphenyl,* $C_{30}H_{24}O$, F. 233—235°, durch 2std Stehen vorst. Verb. mit n-Butyl-Li in Ae., Zugabe von **I** u. Zers. mit verd. H_2SO_4. 3 g geben mit äther. Phenyl-MgBr einen *KW-Stoff $C_{36}H_{28}$ vom F. 261—263°* (3,1 g) u. dieser mit Br_2 **VIII**. — *KW-Stoff $C_{36}H_{28}$ vom F. 265—266°*, durch Zugabe von 3-[Xenyl-(4)]-cyclohexen-(2)-on zu äther. m-Terphenylyl-(4)-Li bei 10° u. Zers. mit verd. H_2SO_4. Gibt mit Pd-Kohle in sd. p-Cymol **VIII**. — *1.4-Bis-[3-ketocyclohexen-(1)-yl]-benzol,* $C_{18}H_{18}O_2$, F. 133—134°, durch 36std. Stehen von p-Dibrombenzol mit n-Butyl-Li in Ae., Zugabe von **I** u. Zers. mit verd. H_2SO_4; 29%. Gibt mit Phenyl-MgBr u. dann Br_2 **IX**. — *4.4''-Dibrom-m-terphenyl,* $C_{18}H_{12}Br_2$, F. 151—153° (Aceton), aus **III** u. **IV** in Bzl.-Ae. durch Dehydrierung des erhaltenen *Dihydro-Deriv.* ($C_{18}H_{14}Br_2$, F. 143—149°; 78%) mit Br_2 in $CHCl_3$. — *4.4''-Bis-[3-ketocyclohexen-(1)-yl]-m-terphenyl,* $C_{30}H_{26}O_2$, F. 196—197°, durch Behandlung vorst. Verb. mit n-Butyl-Li in Ae. bei 0—3°, 2std. Stehen bei Raum-Temp. u. Zugabe von **I**; 75%. Gibt durch Rk. mit Phenyl-MgBr u. dann Pd-Kohle **X**. — *4.4''-Bis-[m-terphenylyl-(3)]-m-terphenyl,* $C_{54}H_{38}$, F. 249—250° (Dimethylsulfoxid), durch Rk. vorst. Ketons mit m-Xenyl-MgBr in Ae. u. Dehydrierung des erhaltenen *Tetrahydro-Deriv.* ($C_{54}H_{42}$, F. 247—250°; 71%) mit Pd-Kohle. H. KAMPFER. 2210□

Verzweigte Polyphenyle. G. Forrest Woods, John C. Oppelt und Robert B. Isaacson. (J. Amer. chem. Soc. **82.** 5232—35. 5/10. 1960. College Park, Md., Univ., Chem. Labors.) (Engl.)

Zur Nomenklatur von Polyphenylen wird vorgeschlagen, die Verknüpfungsstellen der einzelnen Kerne durch arab. Ziffern zu bezeichnen. Die Stellung von Substituenten wird durch eine den Kern betreffende röm. Ziffer u. eine die Stellung des Substituenten im Kern betreffende arab. Ziffer gekennzeichnet. — *3.5-Diarylbiphenyle* werden durch 2stufige Umsetzung von 5-Phenyl-3-äthoxycyclohexen-(2)-on mit Aryl-GRIGNARD- bzw. Aryl-Li-Verbb. u. anschließende Dehydrierung dargestellt. Durch Rk. von 4'-Li-m-Terphenyl mit 3-Äthoxycyclohexen-(2)-on (**V**) wird *4'-[3-Ketocyclohexen-(1)-yl]-m-terphenyl* gewonnen, das durch Umsetzung mit Aryl-Li- oder Aryl-Mg-Halogeniden u. folgende Dehydrierung in entsprechende *I-Aryl-(3)-II-phenyl-(2)-terphenyle-(4)* übergeführt wird.

Versuche: *5-Phenyl-3-äthoxycyclohexen-(2)-on*, F. 43°, durch Kochen von 5-Phenyldihydroresorcin mit abs. A. in Bzl. in Ggw. von p-Toluolsulfonsäure; 80% (Ausbeute). — *3.5-Diphenylcyclohexen-(2)-on-(1)* (I), $C_{18}H_{16}O$, F. 82—83°, durch Zugabe vorst. Verb. zu äther. Phenyl-MgBr u. Zers. mit verd. H_2SO_4; 40%. — Analog: *3-[Xenyl-(4)]-5-phenylcyclohexen-(2)-on-(1)* (II), $C_{24}H_{20}O$, F. 149—151°, mit Xenyl-(4)-Li; 45%. — *3-[Xenyl-(3)]-5-phenylcyclohexen-(2)-on-(1)* (III), F. 105—106°, mit Xenyl-(3)-MgBr; 54%. — *3-[Xenyl-(2)]-5-phenylcyclohexen-(2)-on-(1)* (IV), F. 110—111°, mit Xenyl-(2)-MgBr; 44%. — *1.3.5-Triphenylbenzol*, $C_{24}H_{18}$, F. 171—172°, durch Zugabe von I zu äther. Phenyl-MgBr, Zers. mit H_2SO_4 u. 1std. Kochen des erhaltenen *1.3.5-Triphenylcyclohexadiens* ($C_{24}H_{20}$, F. 110—111°; 86%) mit Pd-Kohle in Cymol; 95%. — Analog: *II-Phenyl-(5)-quater-[3.4]-phenyl*, $C_{30}H_{22}$, F. 134—135°, aus I u. Xenyl-(4)-Li oder aus II u. Phenyl-MgBr über *1.3-Diphenyl-5-[xenyl-(4)]-cyclohexadien* ($C_{30}H_{24}$, F. 158—160°; 55%); 95%. — *II-Phenyl-(5)-quater-[3.2]-phenyl*, $C_{30}H_{22}$, F. 119—120°, aus III u. Phenyl-MgBr über das ölige *Dien*; 65%. — *III-Phenyl-(5)-quinque-[2.3.4]-phenyl*, $C_{36}H_{26}$, F. 126 bis 128°, aus IV u. Xenyl-(4)-MgBr in Tetrahydrofuran über das ölige *Dien*; 47%. — *III-Phenyl-(5)-quinque-[4.3.4]-phenyl*, $C_{36}H_{26}$, F. 203—204°, aus III u. Xenyl-(4)-MgBr über *1.3-Bis-[xenyl-(4)]-5-phenylcyclohexadien* ($C_{36}H_{28}$, F. 168—170°; 62%); 40%. — *4'-[3-Ketocyclohexen-(1)-yl]-m-terphenyl*, $C_{24}H_{20}O$, F. 142° (abs. Ae.), durch Zugabe von n-Butyl-Li zu äther. 4'-Brom-m-terphenyl bei 0°, ½std. Rühren, Zugabe von V, 1std. Kochen u. Zers. mit verd. H_2SO_4; 47%. *2.4-Dinitrophenylhydrazon*, $C_{30}H_{24}N_4O_4$, F. 232°. — *II-Phenyl-(3)-quater-[4.3]-phenyl*, $C_{30}H_{22}$, F. 104—105° (PAe.), durch mehrstd. Rühren vorst. Verb. mit äther. Phenyl-Li, Zers. mit verd. H_2SO_4 u. 1std. Kochen des erhaltenen gelben Öls mit Pd-Kohle in p-Cymol; 30%. — Analog: *II-Phenyl-(3)-quinque-[4.3.4]-phenyl*, $C_{36}H_{26}$, F. 182—184° (Isopropanol–Bzl.), aus Xenyl-(4)-Li; 68%. — *II-Phenyl-(3)-quinque-[4.3.3]-phenyl*, $C_{36}H_{26}$, F. 145—146°, aus Xenyl-(3)-bromid (F. 9°) über Xenyl-(3)-MgBr u. das *Dien* $C_{36}H_{28}$ (F. 132—134°; 65%); 64%. — *II-Phenyl-(3)-quinque-[4.3.2]-phenyl*, $C_{36}H_{26}$, F. 172—174°, aus Xenyl-(2)-MgBr; 42%. H. Kampfer. 2210□

Derivate von Sulfensäuren. 40. Mitt. Phenyl-Wanderung während der Sulfenylierung von trans-Stilben. Norman R. Slobodkin und Norman Kharasch. (J. org. Chemistry **25.** 866—67. Mai 1961. Los Angeles, Calif., Univ. of Southern California, Dep. of Chem.) (Engl.) — 39. vgl. C. **1962.** 7473.

Durch 2std. Kochen von trans-Stilben (I) mit 2.4-Dinitrobenzolsulfenylchlorid (II) in Eisessig entsteht unter Umlagerung über ein cycl. Episulfoniumion *1.1-Diphenyl-2-[2'.4'-dinitrophenylmercapto]-äthylen* (III), das auch aus 1.1-Diphenyläthylen (IV) u. II erhalten wird. Als Strukturbeweis für III dient die Oxydation mit $K_2Cr_2O_7$ zu *Benzophenon* u. die Desulfurierung mit Raney-Ni zu *1.1-Diphenyläthan*.

Versuche: *1.1-Diphenyl-2-[2'.4'-dinitrophenylmercapto]-äthylen* (III), $C_{20}H_{14}N_2O_4S$, F. 133—134° (A.), a) durch 2std. Kochen von 2,31 g I mit 3,74 g II, Einengen, Chromatographie an Al_2O_3 u. Eluieren mit Bzl./Alkangemisch (Kp. 50—60°); 2,8 g (Ausbeute); b) durch 24std. Stehen von IV mit II in Eisessig; 80%; c) durch Zugabe des I/II-Addukts zu sd. Essigsäure, 4std. Erhitzen u. Chromatographie wie nach a); 70%; gibt mit $K_2Cr_2O_7$ in verd. H_2SO_4 84% *Benzophenon*, F. 47—48°. — *1.1-Diphenyl-1-acetoxy-2-[2'.4'-dinitrophenylmercapto]-äthan*, $C_{22}H_{18}N_2O_6S$, F. 122—125°, a) neben III nach a) durch Eluieren mit Methanol; 0,7 g; b) neben III nach b); 10%; c) durch Zugabe des I/II-Addukts u. Na-Acetat zu sd. Essigsäure, 4std. Kochen, Eindampfen zur Trockene u. Zugeben zu Eis; 89%. *1.1-Diphenyläthan*, F. —8°, Kp.₂ 110°, durch 2std. Kochen von III mit Raney-Ni in absol. A.; 57%. E. Schröder. 2290□

Kohlenstoff–Schwefel-Spaltung in Thioäthern. 5. Mitt. Carbanion–Sulfenium-Spaltung oder Benzoyleliminierung bei der Einwirkung von Alkalien auf α-[Benzoylmethylmercapto]-essigsäuren in Abhängigkeit von strukturellen Faktoren. Youssef Iskander und Rasmy Tewfik. (J. chem. Soc. [London] **1961.** 2393—97. Juni. Alexandria, VAR, Univ., Fac. of Sci. Chem. Dep.) (Engl.) — 4. vgl. C. **1962.** 4872.

Vff. untersuchten den Mechanismus der alkal. Spaltung von Thioäthern vom Typ C_6H_5—CO—CXX'—S—CX''—X'''—COOH in Abhängigkeit von den 4 Substituenten X. Sie fanden Carbanion–Sulfenium-Spaltung bei X'' u. X''' = H oder Phenyl, nicht aber bei Methylgruppen. Der polare Effekt ist also größer als der sterische. Der für diese Rk. vorgeschlagene Mechanismus von Teich u. Curtin (vgl. C. **1952.** 361), der auf dem Protonenentzug aus der X''- oder X'''-Stellung beruht, läßt sich nach den Unters.-Ergebnissen nicht auf den Fall anwenden, daß X'' u. X''' Phenylreste sind. Sind X'' u./oder X''' Methyl- u. X u./oder X' Phenylreste, so wird entsprechend der Resonanzstabilisierung des gebildeten Anions die Benzoylgruppe eliminiert. Das geschieht nicht, wenn für X oder X' H oder ein Methylrest steht.

Versuche: *α-[Äthoxythiocarbonylmercapto]-α-phenylessigsäure*, $C_{11}H_{12}O_3S_2$, F. 95 bis 96°, aus α-Brom-α-phenylessigsäure u. K-Äthylxanthat nach Bülmann [1906]; ca.

100% (Ausbeute). — *α-Mercapto-α-phenylessigsäure* (**VII**), Kp.$_4$ 145°, analog u. aus vorst. Verb.; 44%. *Disulfid*, F. 218°. — Essigsäuren, durch ½std. Kochen von 0,02 Mol des entsprechenden Chlorids oder Bromids mit 0,02 Mol der entsprechenden substituierten Mercaptoessigsäure u. 0,04 Mol $NaHCO_3$ in wss. A. oder Aceton, Abkühlen, Wasserzusatz. Ausäthern u. Ansäuern; alkal. Hydrolyse (H) durch ½std. Kochen von 2 g Säure in 5%ig. wss. NaOH u. Identifizierung der erhaltenen *Ketone* als *2.4-Dinitrophenylhydrazone* (**DNP**): *α-[Benzoylmethyl]-α-phenyl-*, $C_{16}H_{14}O_3S$, F. 120—121°, Nadeln aus Bzl.; 87%. **H** → 0,7 g *Acetophenon* (**I**), 1,1 g *Benzoylameisensäure* (**II**). **DNP**, F. 196—197°, u. H_2S. — *α-[Benzoylmethylmercapto]-α.α-diphenyl-*, $C_{22}H_{18}O_3S$, F. 169°, Prismen aus Toluol; 85%. **H** → 0,05 g **I**, 0,85 g *Tetraphenylbernsteinsäure* (**III**, $C_{28}H_{22}O_4$, F. 294°), 0,2 g unveränderte Säure (**U**) u. H_2S. — *α-[α-Benzoylbenzylmercapto]-α-phenyl-*, $C_{22}H_{18}$·O_3S, *Form vom F. 137°*, Nadeln aus Bzl.–PAe.; 65%, u. *Form vom F. 154°*, Nadeln aus Bzl.–PAe.; 15%. **H** → 1,2 g *Desoxybenzoin* (**IV**, F. 58—60°), 0,7 g **II** u. H_2S. — *α-[α-Benzoylbenzylmercapto-α.α-diphenyl-*, $C_{28}H_{22}O_3S$, F. 152—153°, Würfel aus Toluol–PAe.; 91%. **H** → 0,9 g **IV**, 0,1 g *Benzophenon*, 0,2 g **III** u. H_2S. — *α-Benzylmercapto-α-phenyl-*, $C_{15}H_{14}O_2S$, F. 85—86°, Nadeln aus Bzl.–PAe.; 87%. **H** → **U**. — *α-Benzyl-α.α-diphenylmercapto-*, $C_{21}H_{18}O_2S$, F. 185°, Tafeln aus Bzl.; 95%. **H** → **U**. — *α-[α-Benzoyläthylmercapto]-phenyl-*, $C_{17}H_{16}O_3S$, Öl. **H** → 0,8 g Propiophenon (**VI**), 0,8 g **II** u. H_2S. — *α-[α-Benzoyläthylmercapto]-diphenyl-*, $C_{23}H_{20}O_3S$, F. 153—154°, Tafeln aus Toluol–PAe.; 56%. **H** → 0,2 g **VI**, 0,5 g **III**, 0,25 g **U** u. H_2S. — *[1-Benzoyl-1-methyläthylmercapto]-*, $C_{12}H_{14}O_3S$, F. 77—78° (Prismen aus Toluol–PAe.; 79%. **H** → 1,6 g *Isobutyrophenon* (**V**) u. H_2S. — *α-[Diphenylmethylmercapto]-α-phenyl-*, $C_{21}H_{18}O_2S$, F. 118—119°, durch Erhitzen von Diphenylmethylbromid u. **VII** auf 110° bis zur Beendigung der HBr-Entw., Extraktion mit $NaHCO_3$-Lsg. u. Ansäuern; Prismen aus wss. A.; 26%. **H** → **U**. — *α-[Diphenylmethylmercapto]-α.α-diphenyl-*, $C_{27}H_{22}O_2S$, F. 196—198°, analog vorst. Verb.; Würfel aus Methanol; 73%. **H** → **U**. — Analog Propionsäuren: *α-[α-Benzoyläthylmercapto]-*, $C_{12}H_{14}O_3S$, F. 101—102°, Prismen aus Bzl.–PAe.; 45%. **H** → 1,1 g **VI** u. H_2S. — *α-[α-Benzoyläthylmercapto]-α-methyl-*, $C_{13}H_{16}O_3S$, F. 85—87°, Nadeln aus CCl_4; 50%. **H** → **U**. — *β-[α-Benzoyläthylmercapto]-*, $C_{12}H_{14}O_3S$, F. 64°, Prismen aus CCl_4; 90%. **H** → 0,4 g **VI**, 1,3 g **U** u. H_2S. — *β-[1-Benzoyl-1-methyläthylmercapto]-*, $C_{13}H_{16}O_3S$, F. 84°, Tafeln aus CCl_4; 62%. **H** → 0,35 g **V** u. 1,35 g **U**. M. Wonff. 2290□

Kohlenstoff–Schwefel-Spaltung in Thioäthern. 6. Mitt. **Carbanion–Sulfenium-Spaltung oder α-Protonenentzug von p-Nitrophenylmethylmercaptosäuren als Folge struktureller Faktoren.** Youssef Iskander und Youssef Riad. (J. chem. Soc. [London] **1961**. 2397—2402. Juni.) (Engl.) — 5. vgl. vorst. Referat.

Vff. stellten eine Reihe von *p-nitrobenzylsubstituierten Thioäthern* der allg. Formeln p-O_2N–C_6H_4—CX'SZ (**M**) u. p-O_2N—C_6H_4—CX$(SZ)_2$ (**N**) mit X, X' = H oder Phenyl u. Z = —CH_2COOH (**A**), —CH_2CH_2COOH (**B**), —$CH(CH_3)COOH$ (**C**) u. $C(CH_3)_2COOH$ (**D**), dar u. untersuchten die Einw. von Alkali. Die meisten der Verbb. erleiden Carbanion–Sulfenium-Spaltung, während die entsprechenden unnitrierten oder m-nitrierten Verbb. gegen Alkali stabil sind. Die entstehenden Spaltprodd. sind bei **M** *Methan-Derivv.*, wenn kein α-H-Atom vorhanden ist u. das abgespaltene Carbanion dem Lsgm. H entzieht. Dies gilt für X = X' = C_6H_5 u. Z = **A** u. **C**. Bei den Verbb. **M** mit X = X' = H, Z = **A**, **B**, **C**, **D**; X = H, X' = C_6H_5, Z = **A**, **B**, **C**, **D**; X = H, X' = O_2N·C_6H_4, Z = **A**, **B** u. bei **N** mit X = C_6H_5 u. Z = **A** lagert sich das Anion zur *Azoxy-Verb.* (**AZ**) um. Ist in **N** dagegen Z = **B**, wird das Prod. unverändert zurückerhalten. Enthalten die Verbb. **N** ein α-H-Atom, so werden für Z = **A**, **B**, **C** braunrote N- u. S-haltige Säuren unbekannter Struktur erhalten, während für Z = **D** das Ausgangs-Prod. zurückgewonnen wird. Die Einführung von 2-Methylgruppen in den Rest Z der einfachen Thioäthersäuren mit α-H-Atom verhindert also die C–S-Spaltung nicht, was erneut gegen den Teich-Curtin-Mechanismus (vgl. l. c.) spricht. Auf eine Umlagerungs-Rk. bei der Bldg. von **AZ** wurde geschlossen, da die Nitro-Verbb. bei der Hydrolyse von entstandenem NaS nicht red. wurden u. sich andererseits die **AZ** in Abwesenheit von Sulfidionen bildeten. Die den Thioäthern entsprechenden Sauerstoffäther sind unter gleichen Bedingungen stabil gegen Alkali.

Versuche: *β-[p-Nitrodiphenylmethylmercapto]-propionsäure* (**I**), $C_{16}H_{15}NO_4S$, F. 87 bis 89°, durch 1½std. Erhitzen von 1 g p-Nitrodiphenylmethanol u. 0,5 g β-Mercaptopropionsäure (β-**V**) auf 110° im HCl-Strom, Abkühlung, Extraktion mit $NaHCO_3$-Lsg., Ausäthern u. Ansäuern; Prismen aus Bzl.–PAe.; 1,2 g. Alkal. Hydrolyse (**H**) durch 5 Min. langes Kochen von 3 g **I** in 5%ig. wss. NaOH → *4.4'-Dibenzoylazoxybenzol* [**II**, F. 200° (Essigsäure)], *β.β'-Dithiodipropionsäure* [**III**, F. 155° (W.)] u. vermutlich *4-Nitroso-α-phenylbenzylalkohol* [$C_{13}H_{11}NO_2$, F. 114—117°. Kochen mit NaOH oder Essigsäure → **II**]. Analog: *α-[p-Nitrodiphenylmethylmercapto]-propionsäure*, $C_{16}H_{15}NO_4S$, F. 104—107°;

1,2 g. H → analog I zuzüglich H_2S. — *-isobuttersäure*, $C_{17}H_{17}NO_4S$, F. 174—175°; 0,25 g. H → analog I zuzüglich *α.α'-Dithiodiisobuttersäure*, F. 197°. — *β-[m-Nitrodiphenylmethylmercapto]-propionsäure*, $C_{16}H_{15}NO_4S$, F. 97—98°; 1,2 g. Gegen H stabil. — *α-[m-Nitrodiphenylmethylmercapto]-propionsäure*, F. 118—120°; 1,2 g. Gegen H stabil. — *-isobuttersäure*, $C_{17}H_{17}NO_4S$, F. 153—155°; 1,3 g. Gegen H stabil. — *p.p'-Dinitrodiphenylmethanol*, $C_{13}H_{10}N_2O_5$, F. 173—174°, durch MEERWEIN-PONNDORF-VERLEY-Red. von 15 g 4.4'-Dinitrobenzophenon mit 33,6 g Al-Isopropylat in Isopropanol u. Ansäuern; gelbe Nadeln aus Toluol; 14,5 g. — *p.p'-Dinitrodiphenylmethylchlorid*, $C_{13}H_9ClN_2O_4$, F. 111—112°, durch 1std. Erhitzen von 5,5 g vorst. Verb. mit 4,5 g PCl_5 auf 140°, Abkühlen u. Gießen in Eiswasser; gelbe Tafeln aus CCl_4; 5 g. — *[p.p'-Dinitrodiphenylmethylmercapto]-essigsäure* (VI), $C_{15}H_{12}N_2O_6S$, F. 134—136°, aus 5 g vorst. Verb. mit 2 g Mercaptoessigsäure u. 3 g $NaHCO_3$ in wss. A.; gelbe Kristallbüschel aus Bzl.-PAe.; 1,5 g. H → *gelbes Pulver* (F. >250°) u. H_2S. — *β-[p.p'-Dinitrodiphenylmethylmercapto]-propionsäure*, $C_{16}H_{14}N_2O_6S$, F. 148—152°, analog VI; 1 g. H → *gelbes Pulver* (F. >250°) u. III. — Analog I aus 5 g Benzaldehyd bzw. 7,3 g Nitrobenzaldehyd u. 10,6 g α- bzw. β-V bzw. 11,6 g α-Mercapto-α-methylpropionsäure: *p-Nitrophenyl-bis-[β-carboxyäthylmercapto]-methan*, $C_{13}H_{15}NO_6S_2$, F. 120—122° (wss. A.); 15,5 g. H → *braunrote Säure vom F. >250°* u. wenig III. — *p-Nitrophenyl-bis-[α-carboxyäthylmercapto]-methan–Benzolsolvat*, $C_{13}H_{15}NO_6S_2 \cdot 1/2\, C_6H_6$, F. 116—118° (Bzl.); 15,5 g H → wenig H_2S u. *braunrote Säure vom F. >300°*. — *p-Nitrophenyl-bis-[α-carboxyisopropylmercapto]-methan*, $C_{15}H_{19} \cdot NO_6S_2$, F. 198—199° (Bzl./A.); 8 g. Gegen H stabil. — *m-Nitrophenyl-bis-[β-carboxyäthylmercapto]-methan*, $C_{13}H_{15}NO_6S_2$, F. 147—149° (Bzl./A.); 15,5 g. Gegen H stabil. — *m-Nitrophenyl-bis-[α-carboxyäthylmercapto]-methan*, Öl. Gegen H stabil. — *m-Nitrophenyl-bis-[α-carboxyisopropylmercapto]-methan*, $C_{15}H_{19}NO_6S_2$, F. 211—213° (Bzl./A.); 8 g. Gegen H stabil. — *Phenyl-bis-[β-carboxyäthylmercapto]-methan*, $C_{13}H_{16}O_4S_2$, F. 87 bis 89° (Toluol); 13,5 g. Gegen H stabil. — *Phenyl-bis-[α-carboxyäthylmercapto]-methan*, F. 145—147° (Toluol/PAe.); 13,5 g. Gegen H stabil. — *Phenyl-bis-[α-carboxyisopropylmercapto]-methan*, $C_{15}H_{20}O_4S_2$, F. 165—166° (Toluol); 14,5 g. Gegen H stabil. — *Diphenyl-bis-[β-carboxyäthylmercapto]-methan*, $C_{19}H_{20}O_4S_2$, F. 140—143° (Bzl.), aus 6 g Benzophenon (IV) u. 7 g β-V durch 4std. Erhitzen auf 110° im HCl-Strom; 2 g. Gegen H stabil. — *Diphenyl-bis-[α-carboxyäthylmercapto]-methan*, F. 168—170° (Toluol), aus 3 g IV-Dichlorid u. 3 g α-V in 1 Std. bei 110°; 0,1 g. Gegen H stabil. — *p-Nitrodiphenyl-bis-[β-carboxyäthylmercapto]-methan*, $C_{19}H_{19}NO_6S_2$, F. 143—145° (Bzl./PAe.), aus 3 g p-Nitrobenzophenondichlorid u. 2,3 g β-V analog vorst. Verb.; 2,9 g. H → wenig S-freies *gelbes Pulver*. — *4.4'-Diformylazoxybenzol*, F. 190°, durch 5 Min. langes Kochen von 5 g o-[4-Nitrobenzylmercapto]-benzoesäure in 5%ig. wss. NaOH; aus Bzl. gelbe Kristalle; 0,9 g. Daneben durch Ansäuern des alkal. Filtrats orangerote Nadeln von *2.2'-Dicarboxydiphenyldisulfid*, F. 298° (verd. Essigsäure). M. WOLFF. 2290 □

Kohlenstoff–Schwefel-Spaltung in Thioäthern. 7. Mitt. **Kinetik und Mechanismus der Carbanion–Sulfenium-Spaltung in Thioäthern.** Youssef Iskander, Youssef Riad und Rasmy Tewfik. (J. chem. Soc. [London] **1961**. 2402—04. Juni.) (Engl.) — 6. vgl. vorst. Referat.

In Ergänzung der vorhergehenden qual. Unters. der alkal. Hydrolyse (H) von Thioäthern wird die H-Geschw. von *[α-Benzoylbenzylmercapto]-essigsäure* (I) u. *β-[4-Nitrobenzylmercapto]-propionsäure* (II) bei verschiedenen Alkali-Konzz. bestimmt. Die Rkk. verlaufen nach bimol. Mechanismus, die Rk.-Geschw. steigt mit wachsender Alkali-Konz.; die Rk. zwischen II u. Alkali ist von 1. Ordnung. Die Rk.-Geschw.-Konst. k[min^{-1}] beträgt für II bei 30° $8 \cdot 10^{-3}$, bei 40° $22 \cdot 10^{-1}$; die Aktivierungsenergie wurde zu 19 kcal · Mol^{-1} berechnet. Im Vgl. mit I wurde auch *α-[p-Nitrobenzylmercapto]-essigsäure* (III) mit 1 Val NaOH umgesetzt; trotz der stärker elektronenanziehenden Nitrogruppe erfolgt die C—S-Spaltung bei I schneller als bei III, vermutlich wegen des Konjugationseffektes in III. I wird außerdem leicht durch NaSH u. Na_2S unter C—S-Spaltung hydrolysiert, III gar nicht. M. WOLFF. 2290 □

Nucleophile Addition von Ketonen mit aktiver Methylengruppe an α,β-ungesättigte Ketone. 1. Mitt. **Äthylphenylketon und Benzylphenylketon.** Robert Chapurlat und Jacques Dreux. (Bull. Soc. chim. France **1962**. 349—52. Febr. Lyon, Fac. des Sci., Inst. de Chim.) (Franz.)

Äthylphenylketon (I) ergab bei der Kondens. nach MICHAEL mit Buten-(3)-on-(2) (II), 3-Methylbuten-(3)-on-(2) (III), Mesityloxid (IV) u. 4-Phenylbuten-(3)-on-(2) (V) durch cyclisierende Wasserabspaltung *3-Phenyl-4-methylcyclohexen-(2)-on-(1)* (VII)-*Derivv.*, die katalyt. zu den entsprechenden *Cyclohexanolen* red. u. im Falle der Kond.-Prodd. von I mit II bzw. III mit $ZnCl_2$ zu den entsprechenden *Diphenyl-Derivv.* aromatisiert wurden.

Benzylphenylketon (**VI**) kondensierte sich mit **II**, **III** u. **V** zu *1.2-Diphenylhexandion-(1.5)-Derivv.*, die mit HCl zu *3.4-Diphenylcyclohexen-(2)-on-(1)-Derivv.* cyclisiert wurden. Mit **IV** ergab **VI** nur *5.5-Dimethyl-3.4-diphenylcyclohexen-(2)-on-(1)* (vgl. dagegen JONESCU u. POPESCU [1932]).

Versuche: 3-Phenylcyclohexen-(2)-one-(1) durch Zugabe von 10 ml 3n methanol. KOH bei 25° zu 1 Mol **I** u. 1/4 Mol ungesätt. Keton, ½ std. Kochen, Ansäuern mit konz. HCl nach dem Abkühlen unter Rühren u. Aufnehmen in Ae.: *4-Methyl-* (**VII**), $C_{13}H_{14}O$, F. 57° (CH_3OH), $Kp._{18}$ 182—189°, aus **I** u. **II**; 51% (Ausbeute). *Semicarbazon*, $C_{14}H_{17}N_3O$, F. 195° (A.). — *4.6-Dimethyl-* (**VIII**), $C_{14}H_{16}O$, F. 50° (CH_3OH), $Kp._1$ 134°, a) aus **I** u. **III**; 63%; b) aus **I** u. 4-Hydroxy-3-methylbutanon-(2); 34%. *Oxim*, $C_{14}H_{17}NO$, F. 130° (W.-A.). — *4.5.5-Trimethyl-*, $C_{15}H_{18}O$, $Kp._1$ 143°, aus **I** u. **IV**; n_D^{25} 1,5657, $D._4^{25}$ 1,031; 20%; *Semicarbazon*, $C_{16}H_{21}N_3O$, F. 211° (A.). — *4-Methyl-5-phenyl-*, $C_{19}H_{18}O$, F. 120° (CH_3OH), aus **I** u. **V**; 30%. — *3-Phenyl-4-methylcyclohexanol-(1)*, $C_{13}H_{18}O$, $Kp._{14}$ 161°, aus **VII** in A. durch katalyt. Red. in Ggw. von RANEY-Ni; 80%. — *3(4)-Phenyl-4(5)-methylcyclohexen-(1)* (**IX**), $C_{13}H_{16}$, $Kp._{12,5}$ 116—117°, durch 1std. Rühren vorst. Verb. mit H_3PO_4, Zugabe von weiterer H_3PO_4 u. P_2O_5, 2std. Erhitzen auf dem Wasserbad, Gießen auf Eis u. Extraktion mit Ae.; n_D^{25} 1,5385, $D._4^{25}$ 0,958; konnte mit S nicht eindeutig aromatisiert werden. — *2-Methylbiphenyl*, $C_{13}H_{12}$, $Kp._{12}$ 122—125°, durch Dest. von 9 g **VII** mit 7 g $ZnCl_2$; n_D^{25} 1,5808, $D._4^{25}$ 1,006; 1 g. — *2.4-Dimethyl-5-phenylcyclohexanol-(1)*, $C_{14}H_{20}O$, $Kp._1$ 127°, durch katalyt. Red. von **VIII** in A. in Ggw. von RANEY-Ni; n_D^{25} 1,5310; 70%. — *1.2-Dimethyl-4-phenylcyclohexen-(1)*, $C_{14}H_{18}$, $Kp._{11}$ 118°, analog **IX** aus vorst. Verb.; n_D^{25} 1,5325, $D._4^{25}$ 0,960; 81%. — *2.4-Dimethylbiphenyl*, $C_{14}H_{14}$, $Kp._{12}$ 145°, durch Dest. von **VIII** mit $ZnCl_2$; n_D^{25} 1,5780, $D._4^{25}$ 0,991; 20%. — *1.2-Diphenylhexandion-(1.5)*, $C_{18}H_{18}O_2$, F. 170° (Essigester), durch Zugabe von 6 ml 3n methanol. KOH bei 40° zu je 0,25 Mol **VI** u. **II**, ½ std. Kochen u. Fällen mit Ae.; 71%. — *3.4-Diphenylcyclohexen-(2)-on-(1)* (**X**), $C_{18}H_{16}O$, F. 99° (CH_3OH), durch Sättigen einer sd. Lsg. vorst. Verb. in CH_3OH; 70%. — *1.2-Diphenyl-4-methylhexandion-(1.5)*, $C_{19}H_{20}O_2$, F. 176° (CH_3OH), durch Zugabe von 1 ml 3n methanol. KOH bei 45° zu je 0,25 Mol **VI** u. **III** u. Fällen mit Ae.; 15%. — *3.4-Diphenyl-6-methylcyclohexen-(2)-on-(1)*, $C_{19}H_{18}O$, F. 78° (CH_3OH), a) analog **X** aus vorst. Verb.; 70%; b) durch 24std. Stehen von je 0,25 Mol **VI** u. 3-Methylbuten-(3)-on-(2) (**XI**) u. $NaOCH_3$ u. CH_3OH u. Ansäuern mit konz. HCl; 50%; c) aus **VI** u. **XI** in A. mit 3n methanol. KOH durch ½ std. Kochen; 43%. — *3.4-Diphenyl-5.5-dimethylcyclohexen-(2)-on-(1)*, $C_{20}H_{20}O$, F. 128° (CH_3OH), a) durch Zugabe von 3 ml 3n methanol. KOH bei 38° zu je 0,25 Mol **VI** u. **IV**, ½ std. Kochen u. Fällen mit Ae.; 28%; b) durch 24std. Stehen von **IV** u. **VI** mit Na-Äthylat in A. u. Fällen mit W.; 93%. — *1.2.3-Triphenylhexandion-(1.5)*, $C_{24}H_{22}O_2$, F. 177° (Bzl.), a) durch Zugabe von 5 ml 3n methanol. KOH bei 45° zu je 0,25 Mol **V** u. **VI** u. Fällen mit Ae.; 35%; b) aus **V** u. **VI** in A. u. methanol. KOH bei 22—45°; 90%; c) aus **V** u. **VI** in Bzl. u. methanol. KOH bei 20—30°; 43%; d) aus **V** u. **VI** in A. mit Na-Äthylat bei 2—20°; fast 100%. — *3.4.5-Triphenylcyclohexen-(2)-on-(1)*, $C_{24}H_{20}O$, F. 188° (Bzl.), a) durch Einleiten von HCl in 20 g vorst. Verb. in 200 ml CH_3OH bis zur Lsg.; 69%; b) durch 1½ std. Kochen vorst. Verb. mit KOH in CH_3OH; 63%. *Oxim*, F. 211—213° (A.)

GISELA SCHREIBER. 2360□

Reaktion zwischen 2-Brombenzamid und Benzylmagnesiumchlorid. Marvin Koral und Ernest I. Becker. (J. org. Chemistry **27.** 1038—39. März 1962. Brooklyn, N. Y., Polytechn. Inst., Chem. Labor.) (Engl.)

Die Rk. von Benzyl-MgCl (**I**) mit 2-Brombenzamid (**II**) führt in Abhängigkeit vom Mol-Verhältnis von **I** zu **II** zu verschiedenen Prodd.; bei einem Verhältnis von **I** zu **II** von 1 zu 1 werden 89,3% **II** unverändert zurückerhalten, bei einem Verhältnis von 2:1 (3:1) entstehen 16,7% (29,8%) *2-Brombenzoesäure* u. 14,0% (39,7%) *Mg-2-Brombenzoat* neben **II**. Bei einem Mol-Verhältnis **I**:**II** von 4:1 wird nach 2std. Rk.-Zeit unter Rückfluß u. Hydrolyse des Rk.-Prod. mit einer Mischung aus Eis u. 10%ig. H_2SO_4 aus der Ae.-Schicht *α-Phenyl-2-bromacetophenon* ($Kp._2$ 203—206°) als gelbes Öl in 77,1%ig. Ausbeute erhalten. Bei einem Mol-Verhältnis **I**:**II** von 9:1 (13,8:1) entsteht unter Dehalogenierung von **II** in einer Metall–Halogen-Austausch-Rk. *α-Phenylacetophenon* ($Kp._{12}$ 176 bis 178°) in 83,9%ig. (81,6%ig.) Ausbeute.

J. SICKFELD. 2360□

Reaktivität von Chalkonen: Einwirkung von Brom und Acetessigsäureäthylester auf 5′-Benzoyl-2′-hydroxychalkone. Usha G. Joshi und G. C. Amin. (J. Indian chem. Soc. **38.** 159—62. März 1961. Visnagar, Gujarat State M. N. Coll., Chem. Dep.) (Engl.)

Die Rk. von Br_2 mit 5′-Benzoyl-2′-hydroxychalkonen liefert *α.β-Dibromchalkone*. Mit Acetessigsäureäthylester (**I**) geben dieselben Chalkone *2-Phenyl-4-[5-benzoyl-2-hydroxyphenyl]-Δ^4-cyclohexenon-(6)-carbonsäureäthylester-(1)*, welche mit wss.-alkohol. KOH zu den entsprechenden *Diphenylcyclohexanon-Deriv.* hydrolysiert u. decarboxyliert werden.

Versuche: 5'-Benzoyl-2'-hydroxychalkone durch Kondens. von 5-Benzoyl-2-hydroxyacetophenon mit dem entsprechenden Benzaldehyd in Ggw. von 40%ig. KOH: *Unsubstituiert*, F. 114°. *α.β-Dibromid*, $C_{22}H_{16}Br_2O_3$, F. 185°, durch Versetzen des Chalkons in Essigsäure mit Br_2 in Essigsäure (50%ig.), 4std. Stehen bei Raum-Temp. u. Verdünnen mit W.; liefert durch 2—3std. Kochen in abs. Aceton mit KJ wieder das Chalkon; aus A. blaßgelbe Nadeln. — *2-Hydroxy-*, F. 159°. *α.β-Dibromid*, $C_{22}H_{16}Br_2O_4$, F. 94°, analog vorst. Verb.; aus A. gelbe Körner. — *3-Hydroxy-*, F. 153°. *α.β-Dibromid*, $C_{22}H_{16}Br_2O_4$, F. 88°; aus verd. Essigsäure gelbe Körner. — *4-Hydroxy-*, F. 194°. *α.β-Dibromid*, $C_{22}H_{16}Br_2O_4$, F. 82°; aus Essigsäure gelbliche Nadelbüschel. — *4-Methoxy-*, F. 124°. *α.β-Dibromid*, $C_{23}H_{18}Br_2O_4$, F. 161°; aus Essigsäure blaßgelbe Körner. — *3-Methoxy-4-hydroxy-*, F. 138°. *α.β-Dibromid*, $C_{23}H_{18}Br_2O_5$, F. 108°; aus Essigsäure gelbe Körner. — *3.4-Dimethoxy-*, F. 185°. *α.β-Dibromid*, $C_{24}H_{20}Br_2O_5$, F. 107°; aus verd. Essigsäure gelbe Nadeln. — *3.4-Methylendioxy-*, F. 173°. *α.β-Dibromid*, $C_{23}H_{16}Br_2O_5$, F. 165°; aus verd. Essigsäure gelbe Nadeln. — *3-Nitro-*, F. 182°, *α.β-Dibromid*, $C_{22}H_{15}Br_2NO_5$, F. 110°; aus verd. Essigsäure lederfarbene Nadeln. — *3-Chlor-4-methoxy-*, F. 178°. *α.β-Dibromid*, $C_{23}H_{17}Br_2ClO_4$, F. 108°; aus verd. Essigsäure gelbe Körner. — 4-[5-Benzoyl-2-hydroxyphenyl]-Δ^4-cyclohexenon-(6)-carbonsäureäthylester-(1): *2-Phenyl-*, $C_{28}H_{24}O_5$, F. 172°, durch Zugabe des entsprechenden Chalkons u. von I zu Na in abs. A., Versetzen mit weiterem A., 2—3std. Kochen, Verdünnen u. Ansäuern mit verd. HCl; aus A. blaßgelbe Nadeln. — *2-[2-Hydroxyphenyl]-*, $C_{28}H_{24}O_6$, F. 76°, analog vorst. Verb.; aus A. Platten. — *2-[3-Hydroxyphenyl]-*, $C_{28}H_{24}O_6$, F. 152°; aus A. blaßgelbe Körner. — *2-[4-Hydroxyphenyl]-*, $C_{28}H_{24}O_6$, F. 186°; aus A. blaßgelbe Nadeln. — *2-[4-Methoxyphenyl]-*, $C_{29}H_{26}O_6$, F. 192°; aus A. blaßgelbe Nadeln. — *2-[3-Methoxy-4-hydroxyphenyl]-*, $C_{29}H_{26}O_7$, F. 77°; aus A. bräunliche Nadeln. — *2-[3.4-Dimethoxyphenyl]-*, $C_{30}H_{28}O_7$, F. 187°; aus A. blaßgelbe Nadeln. — *2-[3.4-Methylendioxyphenyl]-*, $C_{29}H_{24}O_7$, F. 188°; aus A. blaßgelbe Nadeln. — *2-[3-Nitrophenyl]-*, $C_{28}H_{23}NO_7$, F. 171°; aus A. gelbliche Nadeln. — *2-[3-Chlor-4-methoxyphenyl]-*, $C_{29}H_{25}ClO_6$, F. 188°; aus A. Nadeln. — 3-[5-Benzoyl-2-hydroxyphenyl]-Δ^2-cyclohexenone: *5-Phenyl-*, $C_{25}H_{20}O_3$, F. 203°, durch 5—6std. Kochen des entsprechenden Cyclohexenoncarbonsäureäthylesters in A. mit 5%ig. NaOH, Verdünnen mit W. u. Ansäuern mit HCl; aus A. Körnchen. — *5-[2-Hydroxyphenyl]-*, $C_{25}H_{20}O_4$, F. 215°; aus A. blaßgelbe Nadeln. — *5-[3-Hydroxyphenyl]-*, $C_{25}H_{20}O_4$, F. 214°; aus A. hellbraune Körnchen. — *5-[4-Hydroxyphenyl]-*, $C_{25}H_{20}O_4$, F. 99°; aus A. blaßgelbe Nadelbüschel. — *5-[4-Methoxyphenyl]-*, $C_{26}H_{22}O_4$, F. 145°; aus A. Platten. — *5-[3-Methoxy-4-hydroxyphenyl]-*, $C_{26}H_{22}O_5$, F. 155°; aus A. bräunliche Platten. — *5-[3.4-Dimethoxyphenyl]-*, $C_{27}H_{24}O_5$, F. 231°; aus A. Nadeln. — *5-[3.4-Methylendioxyphenyl]-*, $C_{26}H_{20}O_5$, F. 107°; aus A. bräunliche Körner. — *5-[3-Nitrophenyl]-*, $C_{25}H_{19}NO_5$, F. 185°; aus A. gelbliche Platten. — *5-[3-Chlor-4-methoxyphenyl]-*, $C_{26}H_{21}ClO_4$, F. 214°; aus A. blaßgelbe Nadeln. P. GOLINSKE. 2380 □

Gewinnung und chemische Untersuchungen einiger Phenolphthaleine und ihrer Halogenderivate. Luis Alberto Ponce Marquez. (An. Fac. Farmac. Bioquím. **7.** 581—88. 1956. Cát. Quím. Organ., Labor de Invest.) (Span.)

Die aus o-Kresol, Thymol, α-Naphthol, Jod- u. Bromkresol, Jod- u. Bromthymol u. Dijodphenol erhaltenen *Phthaleine* zeigen unterschiedliche pH-Bereiche ihrer Umschlagspunkte. Diejenigen der Jod-Derivv. liegen tiefer als die der unsubstituierten Phthaleine; eine Mittelstellung nehmen die Brom-Derivv. ein. Die Darst. der *Phthaleine* erfolgt durch 12std. Erhitzen von Phthalsäureanhydrid u. dem entsprechenden Phenol in Ggw. von konz. H_2SO_4 auf ca. 120° im Ölbad, Eingießen in sd. W., Behandeln des Rückstandes mit Na_2CO_3-Lsg. u. Ansäuern. Die *Halogen-Derivv.* werden aus entsprechenden Phthaleinen durch Bromierung oder Jodierung unter Rühren in der Kälte in schwach alkal. Lsg. erhalten. W. CLAUSS. 2450 □

Synthese von Thioureidobenzophenonen. A. A. Munshi und J. P. Trivedi. (Current Sci. **30.** 219. Juni 1961. Ahmedabad, St. Xavier's Coll., Dep. of Chem.) (Engl.)

Durch Rk. von p-Aminobenzophenon u. den entsprechenden Isothiocyanaten entstehen folgende p-Thioureidobenzophenone: *p-[3-(o-Chlorphenyl)-thioureido]-*, F. 58 bis 59°. — *p-[3-(m-Chlorphenyl)-thioureido]-*, F. 84°. — *p-[3-(m-Tolyl)-thioureido]-*, F. 55 bis 56°. — *p-[3-(p-Tolyl)-thioureido]-*, F. 70°. — *p-[3-(p-n-Butoxyphenyl)-thioureido]-*, F. 76°. — *p-[3-(p-n-Propoxyphenyl)-thioureido]-*, F. 95°. — *p-[3-(p-Methoxyphenyl)-thioureido]-*, F. 90—91°. — *p-[3-(o-Methoxyphenyl)-thioureido]-*, F. 135°. — *p-[3-Benzoylthioureido]-*, F. 148°. — *p-[3-Triphenylmethylthioureido]-*, F. 77—79°. — *p-[3-Benzylthioureido]-*, F. 53—54°. — *p-[3-(p-Chlorbenzyl)-thioureido]-*, F. 59°. — *p-[3-(p-n-Butoxybenzyl)-thioureido]-*, F. 87°. — *p-[3-(o-Brombenzyl)-thioureido]-*, F. 81°.

P. GOLINSKE. 2480 □

Über die Darstellung von Estern der α.β-Diaryl-β-aminopropionsäuren aus Schiffschen Basen beziehungsweise Hydramiden mit Estern von Arylessigsäuren in Gegenwart von wasserfreiem Aluminiumchlorid. B. I. Kurtev und N. Mollov. (Acta chim. Acad. Sci. hung. **18.** 429—35. 1959. Sofia, Bulgar. Akad. der Wiss., Chem. Inst.) (Dt.)

Ein Gemisch äquivalenter Mengen Azomethin-Verb. u. Ester einer Arylessigsäure in benzol. Lsg. ergibt in Ggw. von wasserfreiem $AlCl_3$ *α.β-Diaryl-β-aminopropionsäureester* (**A**); aus Hydramiden bzw. aus den SCHIFFschen Basen von Alkylaminen entstehen die entsprechenden *Hydrochloride.* Mit rein aromat. SCHIFFschen Basen stellt sich ein konzentrationsabhängiges Gleichgewicht ein. Benzalanilin (**II**) u. Phenylessigsäureäthylester (**III**) ergeben in Ggw. von wasserfreiem $AlCl_3$ (0,1—0,5 Mol pro Mol SCHIFFsche Base) in 70%ig. Ausbeute *α.β-Diphenyl-β-anilinopropionsäureäthylester* (**I**), während in benzol. Lsg. (5 ml Bzl. pro 0,01 Mol) kein **I** erhalten wird. Die benzol. Lsg. von **I** bildet mit $AlCl_3$ den unlösl. $AlCl_3$-Komplex von **II**. Stark bas. Ester der β-Amino- u. β-[N-Alkylamino]-propionsäuren unterliegen dieser Spaltung nicht. Die Rk. wird als eine durch LEWIS-Säuren katalysierte Aldol-Kondens. angesehen. Aus äther. Lsg. werden die *Al_2Cl_6-1:1-Komplexe* mit **II**, *Benzalmethylamin* (**IV**), *β-Amino-* u. *β-[N-Methylamino]-α.β-diphenylpropionsäureäthylester* krist. erhalten, die >200° zerfallen ohne zu schmelzen; mit Hydrobenzamid entsteht ein in Ae. unlösl. öliges Produkt. **II**–Al_2Cl_6-Komplex gibt mit **III** in guter Ausbeute **I**, das auch aus **II** u. **III**–Al_2Cl_6-Komplex entsteht. Ein Rk.-Mechanismus wird diskutiert. Malonsäurediäthylester u. **II** ergibt mit u. ohne $AlCl_3$ beim Behandeln mit verd. HCl in 60%ig. Ausbeute *β-Phenyl-β-aminoisobernsteinsäurediäthylesterhydrochlorid.* Bei der Bldg. von **A** werden 2 C-Atome asymm., u. so kann **I** nach Verseifung in eine *Säure vom F. 157—158°* u. eine *Säure vom F. 173—174°* getrennt werden.

Versuche: α.β-Diphenyl-β-aminopropionsäuren: *N-Phenyl-, Methylester,* durch $^1/_4$std. portionsweise Zugabe von 0,1—0,5 Mol $AlCl_3$ zu einem Gemisch äquivalenter Mengen **II** u. Phenylessigsäuremethylester (**V**) unter Kühlung, Ansäuern mit verd. HCl u. mehrstd. Stehen; 52% (Ausbeute). *Äthylester,* 70%. *β-Chloräthylester,* 56%. *n-Butylester,* 45%. *Benzylester,* 52%. *Phenylester,* 47%. — *N-[o-Tolyl]-, Äthylester,* 28%. — *N-[p-Tolyl]-, Äthylester,* 45%. — *N-[β-Naphthyl]-, Äthylester,* 53%. — *N-Methyl-, Äthylesterhydrochlorid,* durch Rk. von **IV** u. **V** mit $AlCl_3$ in der Kälte, 2std. Erwärmen auf 70 bis 75°, Ansäuern mit verd. HCl u. mehrstd. Stehen; 55—60%. *Benzylesterhydrochlorid,* 40%. — *N-Äthyl-, Äthylesterhydrochlorid,* 21%. *Methylesterhydrochlorid,* 28%. *Äthylesterhydrochlorid,* 56%. *β-Chloräthylesterhydrochlorid,* 32%. *n-Butylesterhydrochlorid,* 47%. *Benzylesterhydrochlorid,* 20%. *Phenylesterhydrochlorid,* 48%. — α-Phenyl-β-[β-naphthyl]-β-aminopropionsäuren: *N-Phenyl-, Äthylester,* 65%. — *N-Methyl-, Äthylesterhydrochlorid,* 40%. — *N-Äthyl-, Äthylesterhydrochlorid,* 18%. — *α-[p-Tolyl]-β-phenyl-β-phenylaminopropionsäure. Äthylester,* 12%. — *α-[p-Tolyl]-β-[β-naphthyl]-β-methylaminopropionsäureäthylesterhydrochlorid,* 20%. — *α-[p-Tolyl]-β-phenyl-β-aminopropionsäureäthylesterhydrochlorid,* 12%. — *α-Phenyl-β-[p-tolyl]-β-aminopropionsäureäthylesterhydrochlorid,* 32%. — *α-Phenyl-β-[p-methoxyphenyl]-β-aminopropionsäureäthylesterhydrochlorid,* 30%.
E. KOSSMEHL. 2550

Über 1.8- beziehungsweise 1.5-Nitronaphthaldehyde beziehungsweise -ketone. G. Spiteller und J. Derkosch. (Mh. Chem. **90.** 634—44. 28/10. 1959. Innsbruck, Univ., Inst. für Organ. u. Pharmazeut. Chem.; Wien, Univ., II. Chem. Inst.) (Dt.)

Es wird über die Nitrierung von α-Naphthaldehyd (**I**), α-Naphthylmethylketon (**II**) u. α-Naphthylphenylketon (**III**) berichtet. Die Konstit. der Prodd. wurde auf Grund chem. u. IR-spektroskop. Unterss. sichergestellt.

Versuche: *8-Nitronaphthaldehyd-(1),* F. 122—124° (Essigester), durch ca. 2½std. Zugabe von **I** zu HNO_3 (D. 1,45) bei —7 bis —12°; 34% (Ausbeute); daneben 45% *5-Nitronaphthaldehyd. Dimethylacetal,* $C_{13}H_{13}NO_4$, F. 69° (CH_3OH), Kp.$_{0,5}$ 135—140° aus dem Aldehyd u. Dimethylsulfit in Methanol in Ggw. von HCl durch 2½ Std. langes Kochen; 80%. — *8-Nitro-α-naphthylmethylketon* (**IV**), $C_{12}H_9NO_3$, F. 130° (A.), aus **II** durch 1std. Zugabe zu HNO_3 (D. 1,45) bei —5 bis —10° u. Isomerentrennung an Al_2O_3; 43,5%; daneben entsteht 6,5% *5-Nitro-α-naphthylmethylketon* [$C_{12}H_9NO_3$, F. 107—108° (A.)]. — *8-Nitronaphthoesäure,* F. 213—216°, aus **IV** u. verd. HNO_3 unter Erhitzen; 81%. — *5-Nitronaphthoesäure,* F. 245°. — *8-Nitro-ω-dimethylamino-α-naphthyläthylketonhydrochlorid,* $C_{15}H_{17}ClN_2O_3$, F. 206—209° (A.), aus **IV**, Paraformaldehyd u. Dimethylaminhydrochlorid in Eisessig durch 1½ Std. Rk. bei 115°; 41%. — *Dinitronaphthylphenylketon,* $C_{17}H_{10}N_2O_5$, F. 197—199° (Acetan), aus **III** u. HNO_3 (D. 1,46), durch 20 Min. lange Rk. bei 0—5°; 26%. — *8-Nitro-α-naphthylphenylketon,* $C_{17}H_{11}NO_3$, F. 116 bis 117° (Essigester), aus **III** u. HNO_3 (D. 1,45) <—10° u. Trennung der Isomeren durch

Al_2O_3-Chromatographie; daneben *5-Nitro-α-naphthylphenylketon* [$C_{17}H_{11}NO_3$, F. 104° (Essigester)]. WALTER SIMON. 2700

Hydrierung einiger Hexahydronaphthalinderivate als Stufe bei Terpensynthesen. N. B. Haynes und C. J. Timmons. (Proc. chem. Soc. [London] **1958.** 345—46. Dez. Nottingham, Univ.) (Engl.)

Die Hydrierung von 1.5.6.7.8.9-Hexahydro-5.5.9-trimethyl-6-benzoyloxy-1-oxo-naphthalin (I) gibt *cis-5.5.9-Trimethyl-6β-benzoyloxydekalon-(1)*, F. 62—64° u. 91—92° (polymorph), das zu *cis-5.5.9-Trimethyl-6β-hydroxydekalon-(1)*, F. 134—135°, hydrolysiert wird. 1.5.6.7.8.9-Hexahydro-5.5.9-trimethyl-6β-benzoyloxynaphthalin liefert durch Hydrierung u. Hydrolyse *trans-1.1.10-Trimethyldekalinol-(2)*, F. 63—65°. I kann dagegen in *trans-5.5.9-Trimethyl-6β-benzoyloxydekalon-(1)* (II), F. 89—92° u. 124—127° (nach Animpfen mit der höherschm. Form) übergeführt werden, wenn vor der Hydrierung eine Red. der Ketogruppe zur Hydroxygruppe durch $NaBH_4$ u. anschließend eine Reoxydation erfolgt. Aus II entsteht durch Hydrolyse *trans-5.5.9-Trimethyl-6β-hydroxydekalon-(1)*, F. 71—73°, durch Methylierung *trans-2.5.5.9-Tetramethyl-6β-benzoyloxydekalon-(1)*, F. 105—108°. K. NEZEL. 2700 □

Proteinbindung von Modell-Chinonimiden. 3. Mitt. **Darstellung von $N^ε$-[1-Hydroxy-2-acetamidofluorenyl-(4)]-DL-lysin.** Charles C. Irving und H. R. Gutmann. (J. org. Chemistry **26.** 1859—61. 13/6. 1961. Minneapolis, Minn., Veterans Administr. Hospital, Radioisotope Service; Univ. of Minnesota, Dep. of Physiol. Chem.) (Engl.) — 2. vgl. C. **1960.** 13712.

Vff. gehen von der Annahme aus, daß bei der Cancerogenese durch Verfütterung von N-Fluorenyl-(2)-acetamid an Ratten Fluorenochinon-(1.2)-imin-(2) als Stoffwechsel-Prod. auftritt u. mittels der ε-Aminogruppe von Lysin an Proteine gebunden werden kann. Um eine definierte Vergleichssubstanz zu erhalten, wurde *$N^ε$-[1-Hydroxy-2-acetamidofluorenyl-(4)]-DL-lysin* (I) dargestellt: $N^α$-[p-Tosyl]-DL-lysinbenzylester (II) u. Fluorenochinon-(1.2)-acetimid-(2) (III) reagieren ausschließlich durch 1.4-Addition. Bei Entfernung der Schutzgruppen des Lysins mit 37%ig. HBr/Eisessig u. Entfernung des HBr an einem Ionenaustauscher entsteht I (Spuren von Lysin sind aus I schwer entfernbar). Lsgg. von *$N^α$-[p-Tosyl]-$N^ε$-[1-hydroxy-2-acetamidofluorenyl-(4)]-DL-lysinbenzylester* (IV) oder I in Methanol werden an der Luft leicht oxydiert (Rotfärbung, $λ_{max}$ 475 mμ; das Konjugat aus III u. Rinderserumalbumin zeigt ebenfalls $λ_{max}$ 475 mμ), ebenso mit Pb-Tetraacetat. Die Acetylgruppe von I ist gegen Hydrolyse sehr beständig. UV-Spektren s. Original.

Versuche: *$N^α$-[p-Tosyl]-$N^ε$-[1-hydroxy-2-acetamidofluorenyl-(4)]-DL-lysinbenzylester* (IV), $C_{35}H_{37}N_3O_6S$, F. ca. 70° (Rotfärbung), zu der Lsg. von 162 mg II in 250 ml abs. Ae. wird innerhalb 20 Min. die Lsg. von 99 mg III in 10 ml Chlf. getropft; $^1/_4$ std. Rühren, Vakuum-Dest. bei 35°, Fällen aus Bzl. mit PAe. u. Reinigung durch Chromatographie (s. Original); 10 mg (Ausbeute). *Hydrochlorid*, $C_{35}H_{38}ClN_3O_6S$, F. 100—105° (Zers.), analog **IV**, jedoch Lösen in Ae. statt in Chlf. u. Fällen durch Einleiten von trockenem HCl; nicht umkristallisierbar. — *$N^ε$-[1-Hydroxy-2-acetamidofluorenyl-(4)]-DL-lysin* (I), $C_{21}H_{25}N_3O_4 \cdot H_2O$, F. 171—174° (Sintern bei 160—162°), IV u. Phenol werden in 37%ig. HBr/Eisessig suspendiert u. 2 Std. lang unter Luftabschluß auf 70° erwärmt; dann Aufnehmen in Ae., Reinigung der alkohol. Lsg. an Ionenaustauscher sowie durch Papierchromatographie u. Fällen aus methanol. Lsg. mit Ae.; 68% (roh).

S. DITTMANN-MITZSCHERLICH. 2750 □

Thiyl-Radikale. 1. Mitt. **Reaktionen von Anthracen mit Sauerstoff und Thiolen.** A. L. J. Beckwith und Low Beng See. (J. chem. Soc. [London] **1961.** 1304—11. März. Adelaide, Univ.) (Engl.)

Vff. führen eine Neu-Unters. der Rk. von Anthracen (I) mit Thioessigsäure (II; Kp. 94—96°) u. O_2 in Bzl. durch u. dehnen sie auf andere Thiole aus. Die Haupt-Prodd. der Rk. zwischen I u. II sind die beiden isomeren *9.10-Dihydro-9.10-bis-[acetylmercapto]-anthracene* (IV), weiterhin *9-[Acetylmercapto]-anthracen* u. *Bis-[anthryl-(9)]-disulfid* (III). Bei der Rk. von I mit Thiobenzoesäure (IIa) entstehen die beiden isomeren *9.10-Dihydro-9.10-bis-[benzoylmercapto]-anthracene*, *9-[Benzoylmercapto]-anthracen* u. wenig III, während die Rk. mit Mercaptoessigsäure (IIb) *9.10-Bis-[carboxymethylmercapto]-9.10-dihydroanthracen* (VI) liefert, das mit Diazomethan in den *Dimethylester* u. mit Essigsäure-HCl in *Anthryl-(9)-mercaptoessigsäure* übergeführt wird. Dieselbe Rk. in A. lieferte eine *instabile Säure*, die bei der Reinigung in *Anthrachinon* (V) überging. Die einzigen bei der Rk. von I mit O_2 u. ω-Mercaptotoluol bzw. 2.3-Dimercaptopropanol rein zu isolierenden Prodd. waren V u. unverändertes I. V wird auch bei der analogen Rk. mit Thiophenol (VII) gebildet. Das Haupt-Prod. konnte hier nicht identifiziert werden. Es wird ein Mechanismus vorgeschlagen, dessen erste Schritte analog der Rk. von Olefinen u. von Inden mit Thiolen u. O_2 verlaufen. Es wird angenommen, daß die Rk. mit schwach sauren Thiolen bis zur Bldg. von Hydroperoxiden oder deren Zers.-Prodd. verläuft, während in Ggw. saurer Thiole das intermediäre Hydroperoxid durch weitere Rkk. in Additions- u. Substitutions-Prodd. umgewandelt wird. Zur Stützung dieser Anschauung wurde Cumolhydroperoxid (**VIII**) mit **VI** in Bzl. umgesetzt, wobei *[α.α-Dimethylbenzylmercapto]-essigsäure* entstand, während bei der Rk. von 9.9-Dibenzyl-9.10-dihydro-10-hydroxyanthracen mit **IIb** *9.9-Dibenzyl-9.10-dihydroanthryl-(10)-mercaptoessigsäure* gebildet wird. 9.10-Dihydro-9-hydroxyanthracen ergab mit **IIb** *9-Carboxymethylmercapto-9.10-dihydroanthracen.* Wiederholung der Rk. von **I** mit **VII** u. O_2 in Ggw. von Essigsäure lieferte erwartungsgemäß *9-[Phenylmercapto]-anthracen.* Die biolog. Bedeutung der Rk. von Thiolen mit aromat. Verbb. in Ggw. von O_2 wird diskutiert.

Versuche: *9.10-Dihydro-9.10-bis-[acetylmercapto]-anthracen* (**IV**), $C_{18}H_{16}O_2S_2$, in 2 Isomeren vom F. 124,5—126° u. vom F. 145—147°, durch mehrstd. Schütteln von **I** u. **II** in Bzl. unter O_2 bei Zimmer-Temp., Filtrieren, Einengen u. fraktionierte Kristallisation; Stäbchen aus Hexan. — *Bis-[anthryl-(9)]-disulfid* (**III**), $C_{28}H_{18}S_2$, F. 218—222°, a) durch Überführen von **I** in 9-Mercaptoanthracen u. dessen Oxydation mit J_2 in wss.-alkal. Lsg.; b) neben **IV**; aus Bzl. orangefarbene Prismen. — *9-[Acetylmercapto]-anthracen*, $C_{16}H_{12}OS$, F. 146—147° a) durch 5 Min. langes Kochen von **III** mit Zn-Staub u. Na-Acetat in Acetanhydrid, Filtrieren u. Wasserzusatz; 54% (Ausbeute); b) neben **IV**; gelbe Prismen aus Hexan. — *9.10-Dihydro-9.10-bis-[benzoylmercapto]-anthracen*, $C_{28}H_{20}\cdot O_2S_2$, in 2 Isomeren vom F. 202—204° (Tafeln aus Hexan–Bzl.) u. vom F. 193,5—195,5° (Prismen aus Hexan–Bzl.), analog vorst. Verb. aus 18 g **I** u. 7 g **IIa**; 0,5 g bzw. 0,2 g. Daneben 10 mg **III** u. 0,2 g *9-[Benzoylmercapto]-anthracen* (F. 222—224°, gelbe Prismen aus Bzl.–Hexan). — *9.10-Bis-[carboxymethylmercapto]-9.10-dihydroanthracen* (**VI**), $C_{18}H_{16}\cdot O_4S_2$, F. 218—220°, analog vorst. Verb. aus 5 g **I** u. 21 g **II b**; Tafeln aus Dimethylformamid; 4,6 g. *Dimethylester*, $C_{20}H_{20}O_4S_2$, F. 99—101,5° (Tafeln aus Ae.). Erhitzen von 0,33 g **VI** in Essigsäure–HCl u. Wasserzusatz → 0,2 g *Anthryl-(9)-mercaptoessigsäure* (F. 166—167°, hellgelbe Nadeln aus Ae.–Hexan). — *9-[Phenylmercapto]-anthracen*, $C_{20}H_{14}S$, F. 100,5—102°, analog vorst. Verb. aus 2,7 g **I** u. **VII**; gelbe Prismen aus Hexan; 50 mg. Daneben 1,6 g *Diphenyldisulfid* u. 0,3 g *gelbe Kristalle vom F. 132,5—135°.* — *[α.α-Dimethylbenzylmercapto]-essigsäure*, $C_{11}H_{14}O_2S$, F. 70—71°, a) durch Zutropfen von konz. H_2SO_4 u. α-Methylstyrol u. **II b** in Essigsäure, 2 std. Stehen, Wasserzusatz u. Ausäthern; 80%; b) durch 2 wöchiges Stehen von 1 g **VIII** u. **II b** in Bzl. unter N_2; 0,72 g; Nadeln aus Hexan. — *9.9-Dibenzyl-9.10-dihydro-10-hydroxyanthracen*, F. 174—177°, durch 1,8 std. Kochen von 10.10-Dibenzylanthron mit $LiAlH_4$ in Ae.; Prismen aus Bzl.; 70%. — *[9.9-Dibenzyl-9.10-dihydroanthryl-(10)-mercapto]-essigsäure*, $C_{30}H_{26}O_2S$, F. 208 bis 210°, durch 3 tägiges Stehen von 1,3 g vorst. Verb. u. **II b** in Bzl. unter N_2; Nadeln aus Bzl.; 0,88 g. — *9-[Carboxymethylmercapto]-9.10-dihydroanthracen*, $C_{16}H_{14}O_2S$, F. 147 bis 149°, a) durch Red. von 4 g Anthron (**IX**) mit $LiAlH_4$, 28 std. Stehen des *9.10-Dihydro-9-hydroxyanthracens* [**X**; F. 74°, Nadeln aus PAe.; 2 g] mit **II b** in Ae. unter N_2 u. Extrahieren mit Soda-Lsg.; 0,44 g; b) analog a) aus 2 g **IX** ohne Isolierung von **X**; 0,5 g; Tafeln aus Bzl.–Hexan. C.-E. DÖRING. 2800□

Die Einwirkung von Thionylchlorid auf die durch Grignardierung von Phenanthrenchinon erhältlichen Pinakone. Siegfried Hauptmann. (Chem. Ber. **93.** 2604—12. 1960. Leipzig, Univ., Inst. für Organ. Chem.) (Dt.)

Bei der Rk. von 9.10-Dihydroxy-9.10-dimethyl-9.10-dihydrophenanthren (**I**) mit $SOCl_2$ in Ggw. von Pyridin entsteht unter Allylumlagerung *9-Methyl-10-chlormethylphenanthren* (**II**), das mit der von ZINCKE u. TROPP [1908] als 10-Chlor-10-methyl-9-methylen-9.10-dihydrophenanthren beschriebenen Verb. ident. ist. **II** wird zum Konstit.-Beweis durch $SnCl_2$/HCl zu *9.10-Dimethylphenanthren* (**III**) red. u. dieses mit SO_2Cl_2 wieder in **II** übergeführt. Dagegen findet bei der Rk. von 9.10-Dipropyl- (**IV**) u. 9.10-Bis-[β-phenyläthyl]-9.10-dihydroxy-9.10-dihydrophenanthren mit $SOCl_2$ ausschließlich Pinakolinumlagerung unter Bldg. von *9.9-Dipropyl-* bzw. *9.9-Bis-[β-phenyläthyl]-phenanthron-(10)* statt. **II** gibt mit methanol. KOH *9-Methyl-10-hydroxymethylphenanthren*, das in den *Methyläther*, das *Acetat* u. mit Thioharnstoff bzw. Aminen in entsprechende *10-Mercaptomethyl-* bzw. *10-Aminomethyl-Verbb.* übergeführt wird. **III** wird zu *9.10-Bis-[brommethyl]-* (**VI**) u. *9.10-Bis-[chlormethyl]-phenanthren* halogeniert, aus denen das entsprechende *Bis-[methoxymethyl]-*, *Bis-[acetoxymethyl]-*, *Bis-[hydroxymethyl]-* (**V**) u. *Bis-[mercaptomethyl]-phenanthren* gewonnen wird. **V** bildet mit SeO_2 ein *cycl. Selenit*, dessen Pyrolyse zu *Phenanthrendicarbonsäure-(9.10)-anhydrid* führt. **VI** liefert mit prim. aromat. Aminen *N-Aryl-3.4;5.6-dibenzoisoindoline.*

Versuche (FF. korr.): *9-Methyl-10-chlormethylphenanthren* (**II**), $C_{16}H_{13}Cl$, F. 159,2° (Bzl., Prismen), a) durch Zutropfen von $SOCl_2$ zu **I** in sd. Bzl. in Ggw. von Pyridin,

75 Min. Kochen u. Stehen über Nacht: 79,5% (Ausbeute); b) durch 2std. Kochen von **III** mit SO_2Cl_2 in Bzl.; 71%. *Pikrat*, $C_{16}H_{13}Cl \cdot C_6H_3N_3O_7$, F. 157° (A.). — *9-Methyl-10-pyridiniomethylphenanthren, Chlorid*, $C_{21}H_{18}ClN$, F. 210—212° (Pyridin). *Perchlorat*, F. 233 bis 234° (W.). — *9.9-Dipropylphenanthron-(10)*, F. 85° (PAe.), durch 75 Min. Kochen von **IV** mit $SOCl_2$ in Bzl. in Ggw. von Pyridin; 85%. — *9.9-Bis-[β-phenyläthyl]-phenanthron-(10)*, F. 146° (Cyclohexan, gelbe Tafeln), analog vorst. Verb.; 88%. — *9-Methyl-10-hydroxymethylphenanthren*, $C_{16}H_{14}O$, F. 114° (PAe., Blättchen), durch 1,5std. Kochen von **II** mit methanol. KOH; 100%. *Pikrat*, $C_{16}H_{14}O \cdot C_6H_3N_3O_7$, F. 136,5° (A.). *Methyläther*, $C_{17}H_{16}O$, F. 116° (CH_3OH), aus **II** mit Na in CH_3OH auf dem Wasserbad; 100%. *Acetat*, $C_{18}H_{16}O_2$, F. 132,5° (Xylol, Nadeln), durch 1std. Kochen von **II** mit Ag-Acetat in Xylol; 100%. — *9-Methyl-10-mercaptomethylphenanthren*, $C_{16}H_{14}S$, F. 240° (Xylol), durch 15 Min. langes Kochen von **II** mit Thioharnstoff in Dioxan, 12std. Kochen des entstandenen Isothiuroniumsalzes mit wss. NaOH u. Ansäuern; 90%. — *9-Methyl-10-dimethylaminomethylphenanthren*, $C_{18}H_{19}N$, F. 136,5° (A.-Benzol), durch 1std. Kochen von **II** mit wss. Dimethylamin in A.; 96%. — *9-Methyl-10-piperidinomethylphenanthren*, $C_{21}H_{23}N$, F. 129,5° (A.), analog vorst. Verb.; 100%. — *9-Methyl-10-cyanmethylphenanthren*, $C_{17}H_{13}N$, F. 163,5° (Xylol), durch 3std. Kochen von **II** mit KCN in A.; 100%. — *9.10-Dimethylphenanthren* (**III**), F. 145° (Eisessig, Nadeln), aus **II** u. Zn in abs. A. (½ Std. bei Raum-Temp., ½ Std. Kochen); 80%. *Pikrat*, F. 192° (orangerote Nadeln, A.). — *9-Chlormethyl-10-brommethylphenanthren*, $C_{16}H_{12}BrCl$, F. 217—218° (CCl_4, Nadeln), aus **II** u. Br_2 in heißem CCl_4; 87%. — *9.10-Bis-[chlormethyl]-phenanthren*, $C_{16}H_{12}Cl_2$, F. 209—210° (Bzl.), a) durch 2std. Kochen von **II** mit SO_2Cl_2 in Bzl. bzw. unter Einleiten von Cl_2 in CCl_4; 58 bzw. 60%; b) durch 1std. Erhitzen von **III** mit SO_2Cl_2 auf dem Wasserbad; 62,5%. — *9.10-Bis-[brommethyl]-phenanthren* (**VI**), $C_{16}H_{12}Br_2$, F. 231,5—232° (Zers.; CCl_4, Nadeln), a) aus **III** mit Br_2 in heißem CCl_4; 64%; b) durch 3std. Kochen von **III** mit N-Bromsuccinimid in Ggw. von Dibenzoylperoxid; 82%. — *9.10-Bis-[mercaptomethyl]-phenanthren*, $C_{16}H_{14}S_2$, F. 181° (Xylol, gelbe Nadeln), aus vorvorst. Verb. u. Thioharnstoff über das Isothiuroniumsalz; 66,5%. — *9.10-Bis-[pyridiniomethyl]-phenanthren, Dibromid*, $C_{26}H_{22}Br_2N_2$, F. 254—256° (Zers.). *Diperchlorat*, F. 294—296° (Zers.). — *9.10-Bis-[hydroxymethyl]-phenanthren* (**V**), $C_{16}H_{14}O_2$, F. 182° (Xylol), aus dem Diacetat mit methanol. HCl auf dem Wasserbad. *Diacetat*, $C_{20}H_{18}O_4$, F. 135,5°, durch 1std. Kochen von **VI** mit geschmolzenem K-Acetat in Eisessig; 70%. *cycl. Selenit*, $C_{16}H_{12}O_3Se$, F. 242° (Zers.), aus **V** mit SeO_2 in 45 Min. bei 175°; 95% (roh); gibt durch Pyrolyse unter N_2 *Phenanthrendicarbonsäure-(9.10)-anhydrid* (F. 315°; 50%). *Dimethyläther*, $C_{18}H_{18}O_2$, F. 106,5° (CH_3OH), aus **VI** mit Na in Methanol; 100%. — *9.10-Bis-[cyanmethyl]-phenanthren*, $C_{18}H_{12}N_2$, F. 276—278° (Xylol, gelbe Blättchen), aus **VI** mit KCN in A.; 90%. — *N-Phenyl-3.4;5.6-dibenzoisoindolin*, $C_{22}H_{17}N$, F. 219—220° (Bzl.), durch 1std. Kochen von **VI** mit Anilin in Ggw. von K_2CO_3 in A.; 88%. — *N-p-Tolyl-3.4;5.6-dibenzoisoindolin*, $C_{23}H_{19}N$, F. 249—251° (Xylol, gelbe Nadeln), analog vorst. Verb. mit KOH an Stelle von K_2CO_3; 77%. H. KAMPFER. 2850□

Reaktion von Diazoessigester mit 9-Phenyl- und 9-p-Tolyl-9-bromfluoren. Synthese von Fluoren- und Phenanthrenderivaten. I. A. Djakonow und T. W. Domarewa. (Журнал Общей Химии [J. allg. Chem.] **29** (**91**). 3098—3105. Sept. 1959. Leningrad, Univ.) (Russ.)

9-Phenyl-9-bromfluoren (**I**) reagiert mit Diazoessigester (**II**) unter Ringerweiterung zu *9-Phenylphenanthren-10-carbonsäure* (**III**)-*äthylester* u. *9-Phenyl-9-äthoxyfluoren* (**IV**). **III**-Äthylester wird zu **III** verseift u. durch Einw. von $SOCl_2$ zu *1.2;3.4-Dibenzofluorenon* kondensiert. Analog **I** liefert 9-p-Tolyl-9-bromfluoren (**V**) mit **II** *9-p-Tolylphenanthren-10-carbonsäure* (**VI**)-*äthylester* u. *9-p-Tolyl-9-äthoxyfluoren* (**VII**), außerdem *α-[p-Tolyl]-α-[fluorenylen-(9)]-essigsäure-*(**VIII**)-*äthylester*. Die Hydrolyse von **VI**-Äthylester liefert **VI**, die Cyclisierung von **VI** mit $SOCl_2$ *1.2;3.4-Dibenzo-7-methylfluorenon*. Durch $KMnO_4$-Oxydation von **VIII** werden *Fluorenon* u. *p-Toluylameisensäure* erhalten.

Versuche: *9-Phenylphenanthren-10-carbonsäure* (**III**), $C_{21}H_{14}O_2$, F. 187—189° (Aceton-Chlf.), durch 8std. Kochen von **III**-Äthylester mit 10%ig. KOH; 94,3% (Ausbeute); in konz. H_2SO_4 rotviolett. *Äthylester*, $C_{23}H_{18}O_2$, F. 128—129° (Aceton), durch Erhitzen von 45 g **I**, 0,2 g $CuSO_4$ u. 30 ml Cyclohexan auf dem Wasserbad u. Zutropfen von 25 g **II** während 3 Std.; 16%. Daneben 3,4 g *Bromessigsäureäthylester* (Kp. 159 bis 160°; n_D^{20} 1,453; daraus *Bromacetamid*, F. 91°) u. 7,2 g *9-Phenyl-9-äthoxyfluoren* (**IV**; F. 112—113° aus A.). — *1.2;3.4-Dibenzofluorenon*, $C_{21}H_{12}O$, F. 185—186° (Eisessig), aus **III** nach KÖLSCH [1934]; 73,8%. — *9-p-Tolyl-9-bromfluoren* (**V**), $C_{20}H_{15}Br$, F. 122 bis 123° (PAe.), man gibt zu 44 g 9-p-Tolylfluorenol-(9) in 50 ml Bzl. in der Siedehitze tropfenweise 40 ml Acetylbromid u. kocht 1 Std. lang; Prismen; 68%. — *9-p-Tolyl-9-äthoxyfluoren* (**VII**), F. 123—124°, aus 3 g **V** u. 15 ml A. (¼ Std. lang Kochen); 89,2%. — *9-p-Tolylphenanthren-10-carbonsäure* (**VI**), $C_{22}H_{16}O_2$, F. 257—259° (Zers.; Aceton–

Bzl.), durch 6std. Kochen von 1 g VI-Äthylester mit 25 ml 10%ig. alkohol. KOH; 88,5%. *Äthylester*, $C_{24}H_{20}O_2$, F. 154—155° (A.-zl.), aus 33,5 g **V** u. 13 g **II** in 20 ml Cyclohexan in Ggw. von 0,1 g $CuSO_4$; 29,4%. Daneben 6,2 g **VII** (F. 121—123° aus A., dann Bzl.) u. nach Hydrolyse 3,8 g *α-[p-Tolyl]-α-[fluorenylen-(9)]-essigsäure* (**VIII**), $C_{22}H_{16}O_2$, F. 204—206° (Essigsäure, dann Chlf.-CCl_4); zitronengelbe Prismen. — Durch Oxydation von 1,8 g Na-Salz von **VIII** mit $KMnO_4$ im alkal. Medium werden erhalten: 0,6 g *Fluorenon* (F. 81—83°) u. 0,5 g *p-Toluylameisensäure* (*Phenylhydrazon*, F. 141 bis 143° aus Bzn.-Bzl.). — *1.2; 3.4-Dibenzo-7-methylfluorenon*, $C_{22}H_{14}O$, F. 201—203° (Eisessig), aus **VI** 60%. Helmut Schäfer. 2850□

Die Chemie des Spiropentans. 2. Mitt. **Chlorierung von Spiropentan.** Douglas E. Applequist, George F. Fanta und Bertel W. Henrikson. (J. Amer. chem. Soc. **82.** 2368—72. 5/5. 1960. Urbana, Ill., Univ., Noyes Chem. Labor.) (Engl.) — 1. vgl. C. **1960.** 3531; 3. vgl. C. **1962.** 466.

Bei der Chlorierung von Spiropentan (**I**) in der Gasphase unter Bestrahlung mit 275 W-Lampen entsteht ein Gemisch von hauptsächlich *Chlorspiropentan* (**II**) u. *1.1-Bis-[chlormethyl]-cyclopropan* (**III**) neben *1.4-Dichlor-2-methylen-butan* (**VI**), *1.2.4-Trichlor-2-chlormethylbutan* (**IV**) u. *1-Chlor-1-chlormethylcyclobutan* (**V**) in von der Temp. u. der Bestrahlungsintensität abhängigem Mengenverhältnis. Im Dunkeln u. in fl. Phase wird hauptsächlich **III** u. nur wenig **II** gebildet. Die Gemische werden gaschromatograph. getrennt u. die Komponenten durch kernmagnet. Resonanzspektren u. Rkk. wie die $LiAlH_4$-Red. von **IV** zu *2-Methylbutan* u. *2-Methylbuten-(1)*, die Isomerisierung eines **III–VI**-Gemisches mit $ZnCl_2$ unter Bldg. von **V** u. das Verh. gegen $KMnO_4$ identifiziert. Der radikal. Rk.-Mechanismus wird erörtert.

Versuche: *Spiropentylchlorid* (**II**), C_5H_7Cl, Kp. 93—99°, durch 6std. Chlorierung von **I** in der Gasphase bei einem Verhältnis von **I**: Cl_2 = 30:1 unter Bestrahlung mit 275 W-Lampen u. Gaschromatographie; bis 32% (Ausbeute). Gibt mit Li in Tetrahydrofuran (THF) bei —35 bis —15° in 23 Std. **I**; 78%. — *1.2.4-Trichlor-2-chlormethylbutan* (**IV**), $C_5H_8Cl_4$, $Kp._2$ 76,5—78°, neben **II**. Gibt mit $LiAlH_4$ in THF durch 2,5std. Kochen *2-Methylbutan* (30%) u. *2-Methylbuten-(1)* (45%). — *1-Chlor-1-chlormethylcyclobutan* (**V**), $Kp._{11,3}$ 46—49°, aus einem neben **II** erhaltenen **III–V–VI**-Gemisch durch Erhitzen mit wasserfreiem $ZnCl_2$ auf 100° u. fraktionierte Dest.; enthält Spuren **III** u. **VI**. — *1.1-Bis-[chlormethyl]-cyclopropan* (**III**), $C_5H_8Cl_2$, $Kp._{12,1}$ 48—51°, aus einem neben **II** erhaltenen **III–VI**-Gemisch durch 7std. Erhitzen mit KOH-Pulver; 91,7%ig rein. — *4-Chlor-2-chlormethylbuten-(1)* (**VI**), $C_5H_8Cl_2$, aus einem **III–VI**-Gemisch durch Kolonnen-Dest. u. Gaschromatographie; 99%ig rein. H. Kampfer. 2950□

Carbomethoxyderivate von 1.2-Dimethylenbenzocyclobuten und 1-Keto-2-methylenbenzocyclobuten. M. P. Cava und R. J. Pohl. (J. Amer. chem. Soc. **82.** 5242. 5/10. 1960. Columbus, Ohio, State Univ., McPherson Chem. Labor.) (Engl.)

Benzocyclobutendion liefert mit Triphenylphosphincarbomethoxymethylen (**II**) in CH_2Cl_2 bei Raum-Temp. im Molverhältnis 1:2 *1.2-Bis-[carbomethoxymethylen]-benzocyclobuten* [**I**, $C_{14}H_{12}O_4$, F. 122—123°; 85% (Ausbeute)] u. im Molverhältnis 1:1 *1-Keto-2-carbomethoxymethylenbenzocyclobuten* ($C_{11}H_8O_3$, F. 86—87°; 93%), das mit einem weiteren Mol **II I** (75%) ergibt. **I** wird zu *Benzocyclobuten-1.2-diessigsäuredimethylester* ($C_{14}H_{16}O_4$) hydriert u. reagiert nicht mit Tetracyanäthylen in 24 Std. in sd. Toluol. H. Kampfer. 2950□

Synthese von Hydrofluorenen mit Brücken. Nancy Nichols Gerber. (J. Amer. chem. Soc. **82.** 5216—18. 5/10. 1960. New Brunswick, N.J., State Univ., Rutgers School of Chem.) (Engl.)

Die Diels-Alder-Rk. von 5-Phenylpentadiensäure mit Itaconsäure liefert *1.5-Dicarboxy-2-phenylcyclohexen-(3)-essigsäure-(1)-anhydrid-(1².5¹)*, dessen *freie Trisäure* zu *1.5-Dicarboxy-2-phenylcyclohexanessigsäure* (**I**) hydriert wird. **I**-Trimethylester wird der Dieckmann-Cyclisierung, folgenden Verseifung u. Decarboxylierung unter Bldg. von *1-Carboxy-3-keto-7-phenylbicyclo-[3.2.1]-octan* unterworfen. Dessen Säurechlorid liefert mit $AlCl_3$ in Nitrobenzol *1.2-Benzo-3.5-diketo-3a.6-methano-3.3a.4.5.6.7.8.8a-oktaydroazulen*, das nach Wolff-Kishner zu *1.2-Benzo-5-keto-3a.6-methano-3.3a.4.5.6.7.8.8a-oktahydroazulen* red. wird.

Versuche: *5-Phenylpentadien-(2.4)-säure*, F. 160—164°, durch 1std. Kochen von Cinnamylidenmalonsäure mit Acetanhydrid–Eisessig u. 5std. Stehen des Rk.-Prod. in Ggw. von J_2 in Chlf. am Tageslicht; 69% (Ausbeute). — *1.5-Dicarboxy-2-phenylcyclohexen-(3)-essigsäure*, F. ~210°, durch Verseifung des Anhydrids. *1².5¹-Anhydrid*, F. 240—245°, durch 8std. Erhitzen eines Gemischs von Itaconsäure u. vorst. Verb. auf 160°; 72%. *1².5¹-Dimethylester*, $C_{18}H_{20}O_6$, F. 152—161°, durch 18std. Kochen der freien

Trisäure mit methanol. H_2SO_4. — *1.5-Dicarboxy-2-phenylcyclohexanessigsäure* (I), F. 188—198°, durch Hydrieren vorst. Anhydrids in Methanol in Ggw. von HCl u. PtO_2 u. Verseifung. *1².5¹-Dimethylester*, $C_{18}H_{22}O_6$, F. 138—140°. *Trimethylester*, Öl. — *1.2-Dicarbomethoxy-3-keto-7-phenylbicyclo-[3.2.1]-octan*, durch 18std. Kochen vorst. Trimethylesters mit Na-Methylat in Bzl. unter N_2; Öl. *2.4-Dinitrophenylhydrazon*, $C_{24}H_{24}$·N_4O_8, F. 228—230°. — *1-Carboxy-3-keto-7-phenylbicyclo-[3.2.1]-octan*, $C_{15}H_{16}O_3$, F 190 bis 191°, durch 20std. Kochen von 2,3 g vorst. Esters mit 50%ig. H_2SO_4 in Eisessig; 0,8 g. *2.4-Dinitrophenylhydrazon*, $C_{21}H_{20}N_4O_6$, F. 245—247°. — *1.2-Benzo-3.5-diketo-3a.6-methano-3.3a.4.5.6.7.8.8a-oktahydroazulen*, $C_{15}H_{14}O_2$, F. 118—128°, durch Kochen vorst. Säure mit $SOCl_2$ (30 Min.), Eindampfen, ½std. Erhitzen im Vakuum auf 100°, Zugabe von Nitrobenzol u. $AlCl_3$ bei 0°, 21std. Stehen bei Raum-Temp., Zers. mit verd. HCl u. Chlf.-Extraktion. *2.4-Dinitrophenylhydrazon*, $C_{21}H_{18}N_4O_5$, F. 285—290°. — *1.2-Benzo-5-keto-3a.6-methano-3.3a.4.5.6.7.8.8a-oktahydroazulen*, durch 8std. Kochen vorst. Verb. mit Äthylenglykol u. p-Toluolsulfonsäure in Bzl., ¼std. Erhitzen des Rk.-Prod. mit Dimethylenglykol u. Hydrazinhydrat auf 120°, Zugabe von KOH, 17std. Erhitzen auf 170° u. Hydrolyse des Chlf.-Extrakts mit 75%ig. Essigsäure bei 100° in 1 Std.; Öl. *2.4-Dinitrophenylhydrazon*, $C_{21}H_{20}N_4O_4$, F. 209—211°.

H. Kampfer. 2950□

Aminohydrine aus Aziridin. W. J. Rabourn und W. L. Howard. (J. org. Chemistry **27.** 1039—41. März 1962. Freeport, Tex., Dow Chem. Co., Organ. Bas. Res. Labor.) (Engl.)

Vff. weisen an Hand von IR-Spektren nach, daß es sich bei den durch Rk. von Aziridin (I) mit Acetaldehyd, Propionaldehyd bzw. Butyraldehyd erhaltenen stabilen Additions-Verbb. um *1-Aziridinoalkanole(-1)* handelt. Während *1-Aziridinopropanol-(1)* u. *1-Aziridinobutanol-(1)* in Ae., A., W. u. PAe. lösl. sind, ist *1-Aziridinoäthanol* (II) in letzterem unlöslich. II reagiert weder in Ae. noch in W. mit Ammoniak; bei der Rk. mit Phenylisocyanat entsteht an Stelle des erwarteten Urethans ein unsymm. Harnstoff-Deriv. (III). Durch Erwärmen mit wss. KOH unter vermindertem Druck wird aus II I in 50%ig. Ausbeute regeneriert.

Versuche: *1-Aziridinoäthanol* (II), F $< 0°$, Kp.$_{30}$ 30°, a) durch Zutropfen von eisgekühltem Acetaldehyd zu eisgekühltem I über K_2CO_3 während 1 Std. u. weiteres 1std. Rühren. Abdekantieren u. Dest. über CaH_2; 57% (Ausbeute); b) durch Red. des nach Brown u. Tsukamoto (J. Amer. chem. Soc. **83.** [1961.] 2016) hergestellten 1-Acetylaziridins mit $LiAlH_4$, Zers. des überschüssigen $LiAlH_4$ mit Äthylacetat, Behandlung mit W., 2std. Rühren, Stehen über Nacht, Filtration u. Dest.; 14%; n_D^{23} 1,4425, $D._4^{25}$ 0,967. — *N-Phenyl-N'.N'-äthylenharnstoff* (III), $C_9H_{10}N_2O$, F. 81—82° (Ae.), durch langsames Zutropfen von II in Ae- zu einer eisgekühlten Lsg. von Phenylisocyanat in Ae. unter Rühren u. Stehen über Nacht im Eisschrank; 91%. — *1-Aziridinopropanol-(1)*, F. 11—12° (aus PAe. bei —25°), Kp.$_{25}$ 33°, analog II nach a) aus Propionaldehyd u. I; n_D^{23} 1,443, $D._4^{25}$ 0,923; 83%; daraus III wie vorst.; 80%. — *1-Aziridinobutanol-(1)*, F. 20—21° (aus PAe. bei —25°), Kp.$_{20}$ 35°, analog II nach a) aus Butyraldehyd u. I; n_D^{23} 1,4485, $D._4^{25}$ 0,924; 58%; daraus III; 67%. Reagiert mit Dinitrophenylhydrazin in H_2SO_4 u. A. zu *Butyraldehyd-2.4-dinitrophenylhydrazon*, F. 121° (wss. A.); 93%.

J. Sickfeld. 3030□

Cyclodehydratisierung von Aryliden-α-tetralonen, die sich von Fluoren, Dibenzofuran und Dibenzothiophen ableiten. G. Saint-Ruf, Ng. Ph. Buu-Hoï und P. Jacquignon. (J. chem. Soc. [London] **1959.** 3237—41. Nov. Paris, Univ., Radium Inst.) (Engl.)

Die Cyclodehydratisierung (CD) mit P_2O_5 wurde auf Aryliden-Derivv. von 6.7.8.9-Tetrahydro-6-oxo-11H-benzo-[b]-fluoren (I) angewendet. I unterliegt einer alkalikatalysierten Kondens. mit Benzaldehyd (VI) u. 1-Naphthaldehyd (VII) zu den entsprechenden *Aryliden-Verbb.*, die in Ggw. von P_2O_5 zu *Fluoreno-[3.4:b]-fluoren* u. *Benzo-[a]-fluoreno-[3.2:g]-fluoren* cyclodehydratisieren. Durch Indolisation des Phenylhydrazons von I u. Dehydrierung mit Chloranil (IX) wurde *Fluoreno-[2.3:c]-carbazol* hergestellt. Durch CD von Benzylidenderivv. von 7.8.9.10-Tetrahydro-7-oxobenzo-[b]-naphthofuran (II) u. 7.8.9.10-Tetrahydro-7-oxobenzo-[b]-naphthothiophen (III) entstanden *Fluoreno-[3.4:b]-dibenzofuran* u. eine *Verb. vom F. 187°*. 7.8.9.10-Tetrahydro-8-α-naphthyliden-7-oxo-benzo-[b]-naphtho-[2.3:d]-thiophen u. 8-Acenaphthyliden-(5)-7.8.9.10-tetrahydro-7-oxo-benzo-[b]-naphtho-[2.3:d]-thiophen cyclodehydratisierten zu *Benzo-[7.8]-dibenzothiopheno-[2'.3':3.4]-fluoren* u. *15.16-Dihydro-4H-acenaphthyleno-[5'.4':2.3]-indeno-[4.5:b]-dibenzothiophen*. 3-Formylthionaphthen gab mit 7.8.9.10-Tetrahydro-7-oxobenzo-[a]-pyren *7.8.9.10-Tetrahydro-7-oxobenzo-8-[thionaphthyl-(3)-methylen]-[a]-pyren*, das sich leicht zu *Pyreno-[1'.2':6.7]-indeno-[1.2:b]-thionaphthen* cyclisierte. Aus II u. III entstanden ähnlich der Rk. mit I *Dibenzofurano-[2.3:c]-carbazol* u. *Dibenzothieno-(2.3:c]-carbazol*, die mit Tetrachlorphthalsäureanhydrid (IV) u. Tetrabromphthalsäureanhydrid (V) *Molekülkomplexe* im Verhältnis 1:1 gaben. Die Pfitzinger-Rk. von I mit Isatin (XII) u. 5-Bromisatin (XIII) führte zu den entsprechenden *Cinchoninsäuren*. Decarboxylierung der nicht halogenierten Verb. ergab *7.8-Dihydro-5H-fluoreno-[2.3:c]-acridin.*

Versuche: *β-2-Fluorenoylpropionsäure*, F. 212—213° (Eisessig), durch Zugabe von $AlCl_3$ zu einem eisgekühlten Gemisch aus Fluoren, Bernsteinsäureanhydrid (X) u. Nitrobenzol u. 36std. Stehen bei Raum-Temp.; 87% (Ausbeute). — *γ-2-Fluorenylbuttersäure*, durch Red. vorst. Verb. nach Huang-Minlon. — *6.7.8.9-Tetrahydro-6-oxo-11H-benzo-[b]-fluoren* (I), $Kp._{15}$ 257—258°, aus dem *Chlorid* vorst. Verb. mit $AlCl_3$ in Bzl.; 60%. — *7-Benzyliden-6.7.8.9-tetrahydro-6-oxo-11H-benzo-[b]-fluoren*, $C_{24}H_{18}O$, F. 153°, durch Schütteln der alkohol. Lsg. von 3 g I u. 1,4 g VI mit 50 ml 4%ig. KOH u. 3std. Stehen in der Kälte; aus A. gelbe Nadeln; tiefrote Halochromie (H) mit H_2SO_4; 3 g. — *Fluoreno-[3.4:b]-fluoren*, $C_{24}H_{16}$, F. 259°, aus vorst. Verb. durch 30std. Kochen mit P_2O_5 in trockenem Xylol u. Reinigung über das *Pikrat* (F. 99°); aus A./Bzl. gelbliche Nadeln; 5%. — *6.7.8.9-Tetrahydro-7-naphthyliden-(1)-6-oxo-11H-benzo-[b]-fluoren*, $C_{28}H_{20}O$, F. 164 bis 165°, aus 3 g I u. 2 g VII; aus A.–Bzl. gelbe Prismen, violette H in H_2SO_4 3 g. — *Benzo-[a]-fluoreno-[3.2:g]-fluoren*, $C_{28}H_{18}$, F. 275°, aus vorst. Verb. mit P_2O_5; aus A.–Bzl. gelbliche Nadeln; 4%. — *5.6.7.9-Tetrahydrofluoreno-[2.3:c]-carbazol*, $C_{23}H_{17}N$, F. 224°, durch Erhitzen von 1,5 g I u. 1 g Phenylhydrazin (XI) auf 120°, Kühlen, Zugabe von 20 ml HCl-gesätt. Eisessig, Aufkochen u. Gießen in W.; aus A. cremefarbene Nadeln; gelbe H in H_2SO_4; 1,7 g; gibt mit IV in Essigsäure einen roten *1:1-Komplex* vom *F. 238° (Zers.)*], mit V einen roten *1:1-Komplex* vom *F. 249—250°*. *Pikrat*, $C_{29}H_{20}N_4O_7$, F. 186 bis 187°, aus A. dunkelrote Nadeln. — *Fluoreno-[2.3:c]-carbazol*, $C_{23}H_{15}N$, F. > 340°, aus 1 g vorst. Verb. durch 3std. Kochen mit 2 g IX 50 ml in Xylol; aus A.-Bzl. farblose Nadeln; 0,5 g. — *8-Benzyliden-7.8.9.10-tetrahydro-7-oxobenzo-[b]-naphtho-[2.3:d]-furan*, $C_{23}H_{16}O_2$, F. 205°, aus 3 g II u. 1,4 g VI; aus A. gelbliche Nadeln; tiefrote H in H_2SO_4; 4 g. — *7.8.9.10-Tetrahydro-7-oxobenzo-[b]-naphthofuran* (II), aus Dibenzofuran u. X, u. Red. der *Ketosäure* nach Huang-Minlon. — *Fluoreno-[3.4:b]-dibenzofuran*, $C_{23}H_{14}O$, F. 221°, aus vorvorst. Verb. durch CD; aus A. cremefarbene Nadeln; 7%. — *7.8.9.10-Tetrahydro-8-α-naphthyliden-7-oxobenzo-[b]-naphtho-[2.3:d]-furan*, $C_{27}H_{18}O_2$, F. 225°, aus II u. VII; aus A.–Bzl. violette blaßgelbe Prismen; H. mit H_2SO_4. — *Benzo-[7.8]-dibenzofurano-[2'.3':3.4]-fluoren* $C_{27}H_{16}O$, F. 278° aus vorst. Verb.; aus A.–Bzl. cremefarbene Nadeln. — *5.6-Dihydrodibenzofurano-[2.3:c]-carbazol*, $C_{22}H_{15}NO$, F. 241—252°, aus 1,5 g II u. 1 g Phenylhydrazin (XI); aus A. farblose Nadeln; citronengelbe H in H_2SO_4; 1,7 g; gibt mit IV einen *Komplex* $C_{30}H_{15}Cl_4NO_4$ (Zers. > 212°, aus Essigsäure kirschrote Nadeln). *Pikrat*, $C_{28}H_{18}N_4O_8$, F. 210°, aus A. violette Nadeln. — *Dibenzofurano-[2.3:c]-carbazol*, $C_{22}H_{13}NO$, F. > 340°, aus vorst. Verb. mit IX; aus A.–Bzl. Prismen; orangefarbene H; gibt mit IV einen orangefarbenen *1:1-Komplex vom F. 245°*. *Pikrat*, $C_{28}H_{16}N_4O_8$, F. 218 bis 219°; aus A.–Bzl. violette Nadeln. — *7.8.9.10-Tetrahydro-7-oxobenzo-[b]-naphthothiophen* (III) aus Dibenzothiophen u. X u. Red. der *Ketosäure* nach Huang-Minlon; 94%. — *7.8.9.10-Tetrahydro-8-α-naphthyliden-7-oxobenzo-[b]-naphtho-[2.3:d]-thiophen*, $C_{27}H_{18}OS$, F. 197°, aus 3,5 g III u. 2,5 g VII aus A.–Bzl. blaßgelbe Prismen; violette H in H_2SO_4; 5 g. — *Benzo-[7.8]-dibenzothiopheno-[2'.3':3.4]-fluoren* (im Original irrtümlich: *Benzo-[7.8]-fluoreno-[2.1:b]-dibenzofuran*. Der Referent.) $C_{27}H_{16}S$, F. 289° (Zers.), durch CD aus vorst. Verb.; aus A.–Bzl. Nadeln. — *8-Acenaphthyliden-(5')-7.8.9.10-tetrahydro-7-oxobenzo-[b]-naphtho-[2.3:d]-thiophen*, $C_{29}H_{20}OS$, F. 238°, aus 3 g III u. 2,5 g Acenaphthaldehyd-(5) (VIII); aus A.–Bzl. gelbe Prismen; violette H in H_2SO_4; 4 g. — *15.16-Dihydro-4H-acenaphthyleno-[5'.4':2.3]-indeno-[4.5:b]-dibenzothiophen*, $C_{29}H_{18}S$, F. 264°, durch CD aus vorst. Verb.; aus A.–Bzl. gelbliche Nadeln. — *7.8.9.10-Tetrahydro-7-oxobenzo-8-[thionaphthyl-(3)-methylen]-[a]-pyren* (im Original irrtümlich: *7.8.9.10-Tetrahydro-7-oxo-8-(3-thionaphthylmethylen]-[a]-pyren*. Der Referent.). $C_{29}H_{18}OS$, F. 262°, aus 3,5 g 3-Formylthionaphthen u. 5,8 g 7.8.9.10-Tetrahydro-7-oxobenzo-[a]-pyren; aus A./Bzl. tiefgelbe Prismen; 6 g. — *Pyreno-[1'.2':6.7]-indeno-[1.2:b]-thionapthen*, $C_{29}H_{16}S$, F. 276°, aus 5 g vorst. Verb.; aus A./Bzl. gelbe Prismen; 0,25 g. *Pikrat*, aus A. braunrote Nadeln. — *8-Benzyliden-7.8.9.10-tetrahydro-7-oxobenzo-[b]-naphtho-[2.3:d]-thiophen*, $C_{23}H_{16}OS$, F. 181—182°, aus 3,5 g III u. 1 5 g VI; aus A.–Bzl. blaßgelbe Prismen; orangerote H in H_2SO_4; 4 g. — *Verb. vom F. 187°*, durch CD vorst. Verbindung. — *8-Acenaphthyliden-(5')-7.8.9.10-tetrahydro-7-oxobenzo-[b]-naphtho-[2.3:d]-furan*, $C_{29}H_{20}O_2$, F. 209°, aus 2 g II u. 1 5 g VIII; aus A./Bzl. orangefarbene Prismen; braunviolette H in H_2SO_4 2,6 g. — *5.6-Dihydrodibenzothieno-[2.3:c]-carbazol*, $C_{22}H_{15}NS$, F. 282—283°, aus 1,5 g III u. 1 g XI; aus A. Prismen, gelbe H in H_2SO_4 2 g. Gibt mit IV einen *roten*, mit V einen *zinnoberroten 1:1-Komplex*. *Pikrat*, $C_{28}H_{18}N_4O_7S$, F. 193°; aus A. violette Nadeln. — *Dibenzothieno-[2.3:c]-carbazol*, $C_{22}H_{13}NS$, F. > 340°, durch Dehydrierung der vorst. Verb.; aus A. gelbliche Prismen. *Pikrat*, F. 207°; aus A. violette Nadeln. — *7.8-Dihydro-*

5H-fluoreno-[2.3:c]-acridin-9-carbonsäure, $C_{25}H_{17}NO_2$, F. > 350°, aus 2,5 g **I**, 1,7 g **XII** u. 50 ml einer 20% ig. Lsg. von KOH in A. durch 18std. Kochen; aus A. gelbliche Prismen; 2 g. — *7.8-Dihydro-5H-fluoreno-[2.3:c]-acridin*, $C_{24}H_{17}N$, F. 174°, durch therm. Decarboxylierung vorst. Verb.; aus A.–Bzl. gelbliche Nadeln. *Pikrat*, $C_{30}H_{20}N_4O_7$, F. 234—235°; aus A.–Bzl. orange Nadeln. — *11-Brom-7.8-dihydrofluoreno-[2.3:c]-acridin-9-carbonsäure*, $C_{25}H_{16}BrNO_2$, F. 335°, aus **I** u. **XIII**; aus A.–Bzl. gelbe Nadeln.

WALTER WERNER. 3051

1.1.3.3-Tetrafluorphthalan und seine Derivate. L. M. Jagupolski. (Журнал Общей Химии [J. allg. Chem.] **30** (**92**). 3444—48. Okt. 1960. Inst. für org. Chem. der Akad. der Wiss. der UkrainSSR.) (Russ.)

Durch Fluorierung von 1.1.3.3-Tetrachlorphthalan [**I**; 2.2.5.5-Tetrachlor-3.4-benzodihydrofuran] mit SbF_3 wird *1.1.3.3-Tetrafluorphthalan* (**II**) neben *o-Trifluormethylbenzoylfluorid* (**III**) erhalten. Da sich **II** u. **III** nicht ineinander umlagern, entsteht **III** offenbar aus o-Trichlormethylbenzoylchlorid, das durch Isomerierung von **I** gebildet wird. Es werden *5-Nitro-*, *5-Amino-*(**IV**), *5-Cyan-*, *5-Carboxy-* u. *5-Fluor-1.1.3.3-tetrafluorphthalan* dargestellt u. UV-analyt. untersucht.

Versuche: *1.1.3.3-Tetrafluorphthalan* (**II**), $C_8H_4F_4O$, Kp. 153°, man erhitzt 20 g **I** u. 20 g SbF_3, dest. im Vakuum, löst das Destillat in PAe. u. 20%ig. HCl, leitet in den PAe. NH_3 ein, filtriert u. dest.; $D._4^{20}$ 1,387; n_D^{20} 1,4155; 57,4%. Daneben *o-Trifluormethylbenzamid*, F. 160° (W.-A.); 20%. — *o-Trifluormethylbenzoylfluorid* (**III**), $C_8H_4F_4O$, Kp. 175—176°, man erhitzt 5 g o-Trifluormethylbenzoylchlorid u. 2 g SbF_3, dest. bei 170—180°, nimmt in PAe. auf u. wäscht mit 20%ig. HCl; $D.^{26}$ 1,396; n_D^{22} 1,4411; 65,2%. — *5-Nitro-1.1.3.3-tetrachlorphthalan*, $C_8H_3Cl_4NO_3$, F. 82—83° (Bzl.), aus 3,6 g 6-Nitrophthalid, 12,4 g PCl_5 u. 1 ml $POCl_3$ (1/2 St. bei 110°, 1 Std. lang Kochen); 75,5%. — *5-Nitro-1.1.3.3-tetrafluorphthalan*, $C_8H_3F_4NO_3$, F. 57—58° (W.-A.), aus 4.9 g vorst. Verb. u. 6 g SbF_3; 42,3%. — *5-Amino-1.1.3.3-tetrafluorphthalan* (**IV**), $C_8H_5F_4NO$, Kp.$_2$ 87—88°, $D.^{16}$ 1,4778; a) durch Hydrierung von 2 g vorst. Verb. in 15 ml A. an Pt; 100%; b) durch Red. vorst. Verb. mit $SnCl_2$; 75%. *Acetylderiv.*, $C_{10}H_7F_4NO_2$, F. 139 bis 140° (W.-A.). — *5-[p-Dimethylaminobenzolazo]-1.1.3.3-tetrafluorphthalan*, $C_{16}H_{13}F_4N_3O$, F. 120—121° (Methanol), man diazotiert 1 g **IV** in 4 ml konz. HCl u. 16 ml W. mit 0,35 g $NaNO_2$ u. kuppelt mit 0,6 g Dimethylanilin in 4 ml 50%ig. Essigsäure; 59%. — *5-Cyan-1.1.3.3-tetrafluorphthalan*, $C_9H_3F_4NO$, F. 75—76° (A.), man diazotiert 5 g **IV** in 12 ml konz. HCl mit 1,7 g $NaNO_2$ in 5 ml W. bei 0°, neutralisiert nach dem Filtrieren mit Na-Acetat, gibt das Rk.-Gemisch zu einer aus 2,3 g Cu_2Cl_2, 6 g NaCN u. 12 ml W. erhaltenen Lsg. u. dest. am nächsten Tag mit Wasserdampf; 67,3%. — *1.1.3.3-Tetrafluorphthalan-5-carbonsäure*, $C_9H_4F_4O_3$, F. 176—177° (A.), durch Kochen von 2,17 g vorst. Verb. u. 5 ml 10%ig. NaOH; 84,7%. — *5-Fluor-1.1.3.3-tetrafluorphthalan*, $C_8H_3F_5O$, Kp. 141—142°, man diazotiert 5,2 g **IV** in 12 ml konz. HCl bei 0° mit 1,75 g $NaNO_2$ in 5 ml W., gibt HBF_4 zu (3 g H_3BO_3, 9 g 40%ig. HF), filtriert das Diazoniumfluoborat (Zers. bei 150°) ab, zersetzen durch Erhitzen u. Dest.; $D.^{20}$ 1,481; n_D^{20} 1,4042; 67,3%.

HELMUT SCHÄFER. 3061□

Über die Isomerie des Oxims von 2-Acetyl-5-chlorthiophen. André Buzas und Jean Teste. (Bull. Soc. chim. France **1960**. 359—61. Febr. Nogent-sur-Marne, Seine, Labor. de Rech.) (Franz.)

Bei der Oximierung von 2-Acetyl-5-chlorthiophen (**I**) lassen sich nebeneinander das *syn-* u. *anti-Oxim* isolieren; das **I**-Oxim von HARTOUGH u. KOSAK (J. Amer. chem. Soc. **69**. [1947.] 3093), dessen F. als zwischen denen der beiden jetzt isolierten Formen liegend angegeben wird, dürfte das Isomerengemisch gewesen sein. **I**-syn-Oxim wird durch Einw. von PCl_5 zu *2-Acetylamino-5-chlorthiophen* umgelagert. Die BECKMANN-Umlagerung des anti-Oxims liefert *5-Chlorthiophen-2-carbonsäureamid*, das sich zur freien Säure verseifen ließ. **I**-syn-Oxim geht beim kurzen Erhitzen über den F. oder beim Aufbewahren bei Raumtemp. in die anti-Form über. Diese Beobachtung steht in gewissem Widerspruch zu Angaben von CYMERMAN-CRAIG u. WILLIS (C. **1957**. 5549), wonach aus 2-Acetylthiophen das syn-Oxim als einzige stabile Form zu erhalten ist. Möglicherweise liegt jedoch ein modifizierender Einfl. des Cl vor. Die IR-Spektren der **I**-Oxime u. ihrer Umlagerungs-Prodd. sind wiedergegeben.

Versuche: *2-Acetyl-5-chlorthiophen* (**I**), F. 47°. *syn-Oxim*, C_6H_6ClNOS, F. 140°, durch Zugeben von 36 g Hydroxylaminhydrochlorid in W. zu einer Lsg. von 36 g **I** u. 36 g NaOH in 50%ig. Methanol, 3std. Kochen, Einengen u. Ansäuern mit HCl bis pH 4; aus Ae. schwachgelbe Nadeln; 15 g (Ausbeute); daneben das *anti-Oxim*, C_6H_6ClNOS, F. 184°; aus Ae. Nadeln, 13 g. — *5-Chlorthiophen-2-carbonsäure*, $C_5H_3ClO_2S$, F. 154° (wss. A.), a) durch 16std. Kochen des nachst. Amids mit 26,6%ig. H_2SO_4; b) durch Oxydation von **I** mit NaOBr. *Amid*, C_5H_4ClNOS, F. 168°, aus **I**-anti-Oxim u. PCl_5 in

Ae.; aus wss. A. Nadeln; 27%. — *2-Acetylamino-5-chlorthiophen*, C_6H_6ClNOS; F. 175 bis 176°, aus I-syn-Oxim u. PCl_5 in Ae.; beigefarbene Nadeln; 32%.

H.-E. Toussaint. 3071□

Chemie des Selenophens. 27. Mitt. **Über die Zusammensetzung des Nitrierungsproduktes des Selenophens.** Ju. K. Jurjew, Je. L. Saitzewa und G. G. Rosanzew. (Журнал Общей Химии [J. allg. Chem.] **30 (92)**. 2207—09. Juli 1960. Moskau, Univ.) (Russ.) — 26. vgl. C. **1962**. 9698.

Die Nitrierung von Selenophen (I) mit rauchender HNO_3 u. Acetanhydrid liefert in 25%ig. Ausbeute ein Gemisch aus 85% *2-Nitro-*(II) u. 15% *3-Nitroselenophen* (III). Die Zus. wurde aus der Lage des Absorptionsmaximums im UV-Spektrum u. durch Vgl. mit II-III-Gemischen bekannter Zus. festgestellt. Beim Abkühlen des Gemisches fallen Nadeln (F. 45—47°) aus, die aus 30% II u. 70% III bestehen. — Man gibt zu 8,2 g I in 26 ml Acetanhydrid bei —4° tropfenweise 4 ml HNO_3 (D. = 1,5) in 40 ml Eisessig, rührt 20 Min., gießt in 300 ml Eiswasser, extrahiert mit Ae., dampft den Ae. ab u. dest. mit Wasserdampf: 2,75 g II–III-Gemisch, $Kp._5$ 76—87°. Helmut Schäfer. 3071□

Chemie des Selenophens. 28. Mitt. **Reaktionen des 4-Nitro- und 5-Nitro-2-acetylselenophens.** Ju. K. Jurjew, Je. L. Saitzewa und A. N. Nikiforowa. (Журнал Общей Химии [J. allg. Chem.] **30 (92)**. 2209—14. Juli 1960.) (Russ.) — 27. vgl. vorst. Referat.

Von 5-Nitro-2-acetylselenophen (I) werden *Semicarbazone* u. *Hydrazone* dargestellt. I u. 4-Nitro-2-acetylselenophen (II) werden zu den *ω-Bromderivv.* bromiert u. diese über die *Urotropinkomplexe* in die *ω-Aminoderivv.* übergeführt.

Versuche: *5-Nitro-2-acetylselenophen* (I), *4-Phenylsemicarbazon*, $C_{13}H_{12}N_4O_3Se$, F. 253—254° (A.), Zers.; durch 15 Min. langes Erhitzen von 0,42 g I, 7 ml A. u. 0,40 g 4-Phenylsemicarbazidhydrochlorid; 95,5% (Ausbeute). *Isonicotinoylhydrazon*, $C_{12}H_{10}\cdot N_4O_3Se$, F. 257—258° Zers.; (A.), aus 0,42 g I u. 0,27 g Isonicotinoylhydrazid in 12 ml A. (5 Std. lang Kochen); ca. 100%. *Cyanacetylhydrazon*, $C_9H_8N_4O_3Se$, F. 258—259° (Zers.; A.), man gibt zu 0,20 g Cyanacetylhydrazid in 5,6 ml A. u. 1 ml konz. HCl tropfenweise 0,42 g I in 7 ml A. u. läßt 12 Std. lang bei 20° stehen; 83,5%. *Furoylhydrazon*, $C_{11}H_9N_3O_4Se$, F. 266—267° (Zers.; A.), aus 0,42 g I u. 0,26 g Furoylhydrazid; 33,5%. *Thiosemicarbazon*, $C_7H_8N_4O_2SSe$, F. 235—236°, (Zers.; A.), aus 0,4 g I, 0,16 g Thiosemicarbazid, 2,7 ml A. u. 2 Tropfen Eisessig (1 Std. lang Kochen); 84,5%. — *5-Nitro-2-bromacetylselenophen* [III], $C_6H_4BrNO_3Se$, F. 125,5—126° (PAe.), a) man gibt zu 1 g I in 20 ml Dioxan in 1/2 Std. 1,27 g Dioxandibromid u. läßt 12 Std. lang stehen; 80%; b) man gibt zu 1 g I in 10 ml Eisessig in 1 Std. tropfenweise 0,90 g Br_2 in 5,6 ml Eisessig u. erhitzt 40 Min. lang auf 80°; 76%. *Urotropinkomplex*, F. 125—128° (Zers.), durch 5std. Rühren von 0,26 g Urotropin u. 0,5 g I in 20 ml Chlorbenzol bei 50° im Dunkeln u. 12 Std. langes Stehen bei 20°; 83%. — *5-Nitro-2-acetylaminoacetylselenophen*, $C_8H_8N_2O_4Se$, F. 165—166° (Zers.; Äthylacetat-PAe.), man rührt 0,6 g III-Urotropinkomplex, 4,8 ml A. u. 0,6 ml konz. HCl 1/4 Std. lang, läßt 1 Tag lang stehen, dampft zur Trockne, wiederholt das Eindampfen mit 4,8 ml A. u. 0,6 ml konz. HCl 2mal u. verreibt mit 5 ml Ae.; den erhaltenen Nd. (0,68 g) löst man in 2,5 ml W., gibt 0,26 ml Acetanhydrid, 0,22 g Na-Acetat u. 0,9 ml W. zu u. rührt 1/2 Std. bei 20°; 32%. — *4-Nitro-2-bromacetylselenophen* (IV), $C_6H_4BrNO_3Se$, F. 103—104° (A.), man gibt zu 0,93 g II in 9 ml Eisessig in 1 Std. tropfenweise 0,7 g Br_2 in 5 ml Eisessig u. erhitzt 40 Min. lang auf 80°; 85,5%. *Urotropinkomplex*, F. 155—156° (Zers.), man läßt 0,4 g II u. 0,21 g Urotropin in 7 ml Chlf. 2 Tage lang im Dunkeln stehen; 73%. — *4-Nitro-2-aminoacetylselenophen* (V), *Hydrochlorid*, $C_6H_7\cdot ClN_2O_3Se$, F. 225—226° (Zers.; abs. A.-Ae.), man kocht 0,2 g V-Acetylderiv. u. 1 ml konz. HCl 20 Min. lang u. dampft zur Trockne; 92%. *Acetylderiv.*, $C_8H_8N_2O_4Se$, F. 188—189° (Zers.; A.), man läßt 0,9 g IV-Urotropinkomplex, 1,8 ml konz. HCl u. 3,6 ml A. 2 Tage lang stehen, kühlt auf 0°, löst den Nd. in 2,2 ml W., gibt 0,4 ml Acetanhydrid, dann 0,34 g Na-Acetat in 1,4 ml W. zu u. rührt 1/2 Std. lang bei 20°; 70,5%.

Helmut Schäfer. 3071□

Chemie des Selenophens. 29. Mitt. **5-Brom- und 5-Chlorselenophen-2-aldehyd.** Ju. K. Jurjew, N. N. Mesenzowa und A. T. Monachowa. (Журнал Общей Химии [J. allg. Chem.] **30 (92)**. 2726—31. Aug. 1960.) (Russ.) — 28. vgl. vorst. Referat.

Durch Bromierung von Selenophen-2-aldehyd (I) oder dessen Diacetat wird *5-Bromselenophen-2-aldehyd* (II) dargestellt. Durch Chlorierung von I oder Formylierung von 2-Chlorselenophen (III) wird *5-Chlorselenophen-2-aldehyd* (IV) erhalten. II u. IV werden in die entsprechenden *Oxime*, *Semicarbazone* u. *2.4-Dinitrophenylhydrazone* übergeführt. Von II u. IV werden die UV-Spektren angegeben. Es werden die Kondens.-Prodd. von II u. IV mit Nitromethan (V), o-Aminophenol (VI), Äthylendiamin (VII), Hippursäure (VIII) u. Rhodanin (IX) sowie die Cyclisierungs-Prodd. von II- u. IV-Thiosemicarbazon mit Chloressigsäure (X) beschrieben.

Versuche: *Selenophen-2-aldehyd* (**I**), *Diacetat*, $C_9H_{10}O_4Se$, F. 58—59° (A.), durch 24 Std. langes Stehen von 10 g **I**, 6,5 g Acetanhydrid u. 0,3 g $ZnCl_2$ bei 20°; Hexaeder; 95% (Ausbeute). — *2-Chlorselenophen* (**III**), C_4H_3ClSe, $Kp._{740}$ 152—153°, man gibt zu 30 g **I** in 10 Min. 32,4 g SO_2Cl_2, kocht 1 Std. lang u. dest. mit Wasserdampf; $D._4^{20}$ 1,7560; n_D^{20} 1,5939; 60%. — *5-Nitroselenophen-2-aldehyd*, F. 88° (PAe.), man erhitzt 2,4 g **II** u. 7 ml HNO_3 (D. 1,2) bis zur Beendigung der Br_2-Abspaltung (ca. 2 Std.); hellgelbe Nadeln; 70%. — *5-Bromselenophen-2-aldehyd* (**II**), $Kp._6$ 112—113°, $Kp._7$ 114—115°, $Kp._{12}$ 124—125°; $D._4^{20}$ 2,1155—2,1159; n_D^{20} 1,6712—1,6729, a) man gibt zur sd. Lsg. von 15 g **I** in 36 ml Dichloräthan in 1½ Std. 17,3 g Br_2 in 45 ml Dichloräthan, erhitzt 1 Std. lang u. dest. mit Wasserdampf; 23%; b) durch Zugabe von 18,5 g Dioxandibromid zu 11,9 g **I** in 25 ml Ae. unter Wasserkühlung; 25%; c) aus 32 g **I** in 100 ml Chlf. u. 40 g N-Bromsuccinimid (1 Std. lang Erhitzen); 43%; d) aus 7,5 g **I**-Diacetat in 20 ml. Chlf. u. 5,3 g N-Bromsuccinimid (1 Std. lang Erhitzen); 63%. *Semicarbazon*, $C_6H_6BrN_3OSe$, F. 200 bis 201° (Zers.; 50%ig. A.); hellgelbe, glänzende Plättchen. *Oxim*, $C_5H_4BrNOSe$, F. 132 bis 133° (Zers.; 30%ig. A.); Nadeln. *2.4-Dinitrophenylhydrazon*, $C_{11}H_7BrN_4O_4Se$, F. 247 bis 248° (A.-Äthylacetat). *Thiosemicarbazon*, $C_6H_6BrN_3SSe$, F. 175—176° (50%ig. A.). — *5-Chlorselenophen-2-aldehyd* (**IV**), C_5H_3ClOSe, $Kp._5$ 93°, $Kp._8$ 97,5°; $D._4^{20}$ 1,7840—1,7842; n_D^{20} 1,6419; a) aus 5 g **I** in 20 ml Chlf. u. 5 g N-Bromsuccinimid (½ Std. lang Erhitzen); 75%; b) man gibt zu 32,3 g **III** u. 20 ml Dimethylformamid unter Eiskühlung in 1½ Std. 43 g $POCl_3$ u. rührt 1 Std. lang bei 65°; 65%. *Semicarbazon*, $C_6H_6ClN_3OSe$, F. 196—197° (50%ig. A.); hellgelbe, glänzende Plättchen. *Oxim*, $C_5H_4ClNOSe$, F. 114—115° (60%ig. A.). *Thiosemicarbazon*, $C_6H_6ClN_3SSe$, F. 170° (50%ig. A.). — *5-Brom-2-[β-nitrovinyl]-selenophen*, $C_6H_4BrNO_2Se$, F. 111—112° (75%ig. A.), man gibt zu 3,75 g **II** u. 1,22 g **V** in 10 ml Methanol unter Eis-NaCl-Kühlung tropfenweise 0,6 g NaOH in 4 ml W., rührt ½ Std. lang, verd. mit 20 ml W., gibt tropfenweise 6 ml 10%ig. HCl bei $<0°$ zu u. filtriert; gelbe, glänzende Nadeln; 46%. — *5-Chlor-2-[β-nitrovinyl]-selenophen*, $C_6H_4ClNO_2Se$, F. 106—107° (75%ig. A.), aus 1,93 g **IV** u. 1,22 g **V**; gelb; 66%. — *N-[5-Bromselenenal-(2)]-o-aminophenol*, $C_{11}H_8BrNOSe$, F. 65—66° (50%ig. A.), durch 2std. Kochen von 2,38 g **II** u. 1,18 g **VI** in 20 ml Methanol; gelb; 93%. — *N-[5-Chlorselenenal-(2)]-o-aminophenol*, $C_{11}H_8ClNOSe$, F. 58—59° (70%ig. A.), aus 1,93 g **IV** u. 1,18 g **VI**; hellgelb; 81%. — *N.N'-Bis-[5-bromselenenal-(2)]-äthylendiamin*, $C_{12}H_{10}Br_2N_2Se_2$, F. 121—122° (50%ig. A.), man gibt zu 2,38 g **II** 3,4 ml wss. 20%ig. **VII**-Lsg. u. 10 ml A. u. erhitzt 3 Std. lang auf dem Wasserbad; 48%. — *N.N'-Bis-[5-chlorselenenal-(2)]-äthylendiamin*, $C_{12}H_{10}Cl_2N_2Se_2$, F. 105—106° (50%ig. A.), aus 1,93 g **IV** u. 3,4 ml wss. 20%ig. **VII**-Lsg.; 68%. — *2-Phenyl-4-[5-bromselenenal-(2)]-oxazolon-(5)*, $C_{14}H_8BrNO_2Se$, F. 182—183° (Bzl.), man erhitzt 0,8 g **II**, 0,6 g **VIII**, 0,3 g Na-Acetat u. 3,3 g Acetanhydrid 1 Std. lang auf dem Wasserbad; gelbe Nadeln; 87%. — *2-Phenyl-4-[5-chlorselenenal-(2)]-oxazolon-(5)*, $C_{14}H_8ClNO_2Se$, F. 173—174° (Bzl.), aus 1,93 g **IV**, 1,78 g **VIII**, 0,8 g Na-Acetat u. 10 g Acetanhydrid; gelbe Nadeln; 97%. — *5-[5-Bromselenenal-(2)]-thiazolidon-(4)-thion-(2)*, $C_8H_4BrNOS_2Se$, zersetzt sich beim Erhitzen, man gibt zur warmen Lsg. von 2,38 g **II** u. 1,3 g **IX** in 8,8 ml Eisessig 1,85 g Na-Acetat u. erhitzt ½ Std. lang; glänzende, hellbraune Kristalle; 43%. — *5-[5-Chlorselenenal-(2)]-thiazolidon-(4)-thion-(2)*, $C_8H_4ClNOS_2Se$, F. 243° (Zers.), aus 1,93 g **IV** u. 1,3 g **IX**; glänzende, hellbraune Kristalle; 43%. — *2-[5-Bromselenenal-(2)-hydrazino]-thiazolon-(4)*, $C_8H_6BrN_3OSSe$, F. 243° (Zers.), man gibt zu 1,51 g **II**-Thiosemicarbazon in 20 ml A. 1 g **X** u. erhitzt 1 Std. lang; 80%. — *2-[5-Chlorselenenal-(2)-hydrazino]-thiazolon-(4)*, $C_8H_6ClN_3OSSe$, F. 241° (Zers.), aus 1,33 g **IV**-Thiosemicarbazon, 1 g Na-Acetat u. 1 g **X**; 91%. HELMUT SCHÄFER. 3071 □

Chemie des Selenophens. 30. Mitt. **Chlormethylierung von Ketonen der Selenophenreihe.** Ju. K. Jurjew, N. K. Ssadowaja und Je. N. Ljubimowa. (Журнал Общей Химии [J. allg. Chem.] **30** (92). 2732—37. Aug. 1960.) (Russ.) — 29. vgl. vorst. Referat.

Die Chlormethylierung von 2-Acetyl- (**I**), 2-Propionyl- (**II**) u. 5-Methyl-2-acetylselenophen (**III**) liefert *2-Chlormethyl-* (**IV**) u. *2.3-Bis-[chlormethyl]-5-acetylselenophen* (**V**), *2-Chlormethyl-* (**VI**) u. *2.3-Bis-[chlormethyl]-5-propionylselenophen* bzw. *2-Methyl-3-chlormethyl-5-acetylselenophen* (**VII**). Die Kondens. von **IV** u. **VI** mit Dimethyl- (**VIII**) oder Diäthylamin (**IX**) gibt die entsprechenden *2-Dialkylamino-5-acylselenophene*. Die Rk. von **IV**, **V** (oder **VII**) u. **VI** mit $SnCl_2$ liefert **III**, *2.3-Dimethyl-5-acetylselenophen* bzw. *2-Methyl-5-propionylselenophen*, die auch durch Acylierung von 2-Methyl- (**X**) u. 2.3-Dimethylselenophen (**XI**) erhalten werden.

Versuche: *2-Chlormethyl-5-acetylselenophen* (**IV**), C_7H_7ClOSe, $Kp._8$ 144,5—145,5°, durch 5—5½ Std. langes Einleiten von HCl in 8 g **I**, 11 ml 34%ig. Formalin (**XII**), 11 ml konz. HCl u. 50 ml Dichloräthan (**XIII**) bei 50—60°; $D._4^{20}$ 1,5982; n_D^{20} 1,6118;

74% (Ausbeute). — *2.3-Bis-[chlormethyl]-5-acetylselenophen* (V), $C_8H_8Cl_2OSe$, F. 70—71° (50%ig. A.), aus 8 g I, 11 ml XII u. 11 ml konz. HCl in 10 ml XIII; 16%. Daneben 41% IV. — *2-Chlormethyl-5-propionylselenophen* (VI), C_8H_9ClOSe, Kp.$_8$ 148,5—149,5°, aus 15 g II, 28 ml XII u. 21 ml konz. HCl in 50 ml XIII; D.$_4^{20}$ 1,5212; n_D^{20} 1,5969; 80%. — *2.3-Bis-[chlormethyl]-5-propionylselenophen*, $C_9H_{10}Cl_2OSe$, F. 79—80° (50%ig. A.), aus 10 g II, 25 ml XII u. 14 ml konz. HCl in 5 ml XIII; 24%. Daneben 36% VI. — *2-Methyl-3-chlormethyl-5-acetylselenophen* (VII), C_8H_9ClOSe, Kp.$_{19}$ 182—183°, F. 69—70°, aus 8,6 g III, 11 ml XII u. 11 ml konz. HCl in 50 ml XIII; 80%. — *2-Diäthylaminomethyl-5-acetylselenophen*, $C_{11}H_{17}NOSe$, Kp.$_8$ 153—153,5°, durch 3std. Erhitzen von 6 g IV, 6,75 g IX u. 2,7 g K_2CO_3 auf dem Wasserbad; D.$_4^{20}$ 1,2582; n_D^{20} 1,5544; 88%. *Pikrat*, $C_{17}H_{20}N_4O_8Se$, F. 97—98° (50%ig. A.). *Hydrochlorid*, $C_{11}H_{18}ClNOSe$, F. 163—164° (abs. Ae.-A.). — *2-Diäthylaminomethyl-5-propionylselenophen*, $C_{12}H_{19}NOSe$, Kp.$_8$ 156—157°, aus 6,2 g VI u. 4,7 g IX; D.$_4^{20}$ 1,2282; n_D^{20} 1,5480; 70%. *Pikrat*, $C_{18}H_{22}N_4O_8Se$, F. 127—128° (50%ig. A.). *Hydrochlorid*, $C_{12}H_{20}ClNOSe$, F. 150,5—151,5° (abs. A.-Ae.). — *2-Dimethylaminomethyl-5-acetylselenophen*, $C_9H_{13}NOSe$, Kp.$_8$ 137—137,5°, man erhitzt 6 g IV u. 7,4 g K_2CO_3 in 15 ml XIII unter Einleiten von VIII 3 Std. lang auf 50—70°; D.$_4^{20}$ 1,3322; n_D^{20} 1,5638; 78%. *Pikrat*, $C_{15}H_{16}N_4O_8Se$, F. 129—130° (50%ig. A.). *Hydrochlorid*, $C_9H_{14}ClNOSe$, F. 159,5—160,5° (abs. A.-Ae.). — *2-Dimethylaminomethyl-5-propionylselenophen*, $C_{10}H_{15}NOSe$, Kp.$_{10}$ 153—154°, analog vorst. Verb. aus 6 g VI u. VIII; D.$_4^{20}$ 1,2872; n_D^{20} 1,5569; 80%. *Pikrat*, $C_{16}H_{18}N_4O_8Se$, F. 97—98° (50%ig. A.). *Hydrochlorid*, $C_{10}H_{16}ClNOSe$, F. 168—168,5° (abs. A.-Ae.). — *5-Methyl-2-acetylselenophen* (III), Kp.$_{12}$ 114—116°, man leitet in das Gemisch aus 27 g $SnCl_2$ u. 54 ml Essigsäure 20 bis 30 Min. lang HCl ein, filtriert, tropft 6 g IV zu u. läßt 48 Std. lang stehen; 10%. *Semicarbazon*, F. 218—219° (50%ig. A.). — *2-Methyl-5-propionylselenophen*, $C_8H_{10}OSe$, Kp.$_{12}$ 119—121°, F. 33—33,5° (50%ig. A.), a) aus 6 g X, 6,13 g Propionsäure, 47 g $SiCl_4$ u. 5,4 g $SnCl_4$ in 50 ml abs. Bzl.; 33%; b) aus 8 g VI u. 34 g $SnCl_2$ in 70 ml Essigsäure; 25%. *Semicarbazon*, $C_9H_{13}N_3OSe$, F. 200—201,5° (50%ig. A.). *2.4-Dinitrophenylhydrazon*, $C_{14}H_{14}N_4O_4Se$, F. 227—227,5° (A.-Äthylacetat). — *2.3-Dimethyl-5-acetylselenophen*, $C_8H_{10}OSe$, Kp.$_{13}$ 130—132°, Kp.$_{15}$ 133—134°; D.$_4^{20}$ 1,4042; n_D^{20} 1,5865; a) durch Acetylierung von 9,5 g XI mit 6,8 ml Acetanhydrid in Ggw. von 0,7 g H_3PO_4; 63%; b) aus 4 g V u. 30 g $SnCl_2$ in 60 ml Essigsäure; 13%; c) aus 7 g VII u. 29 g $SnCl_2$ in 60 ml Essigsäure; 25%. *2.4-Dinitrophenylhydrazon*, $C_{14}H_{14}N_4O_4Se$, F. 261—262° (A.-Amylacetat).

Helmut Schäfer. 3071□

Synthese von 2- und 3-Alkyl-1-thiaindanen. Je. N. Karaulowa, D. Sch. Meilanowa und G. D. Galpern. (Журнал Общей Химии [J. allg. Chem.] **30 (92)**. 3292—97. Okt. 1960. Inst. für erdölchem. Synth. der Akad. der Wiss. der UdSSR.) (Russ.)

Es wird die Synth. von *2-Methyl-* (I), *2-Äthyl-* (II) u. *3-Äthyl-2.3-dihydrothionaphthen* (III) beschrieben.

Versuche: *2-Methylthionaphthen*, Kp.$_5$ 92—93°, F. 51—52°, man überführt 0,18 Mol Thionaphthen (IV) mit Butyl-Li in das Li-Deriv., gibt 0,18 g Dimethylsulfat in 100 ml Ae. zu, rührt 1 Std., kocht ½ Std., dest. den Ae. ab u. kocht den Rückstand ½ Std. lang mit 0,1 g-Atom Na in 120 ml A.; 91% (Ausbeute). *S.S-Dioxid*, $C_9H_8O_2S$, F. 109—110° (A.), durch Oxydation vorst. Verb. in Eisessig mit 27%ig. H_2O_2 (1 Std. bei 100°); 75%. — *2-Methyl-2.3-dihydrothionaphthen* (I), $C_9H_{10}S$, Kp.$_{24,6}$ 123°, Kp.$_{21}$ 118 bis 120°, man gibt zu 0,15 Mol nachst. Dioxids (V) in Bzl. 0,23 g $LiAlH_4$ in Ae., rührt 2 Std. u. dest. mit Wasserdampf; D.$_4^{20}$ 1,0859; n_D^{20} 1,5922; 45% (*$HgCl_2$-Komplex*, F. 115—116°). Liefert bei der Oxydation mit H_2O_2 V (F. 115—116°; 70%). *S.S-Dioxid* (V), $C_9H_{10}O_2S$, F. 115—115,5° (A.), a) durch Hydrierung von 0,055 Mol vorst. S.S-Dioxids in 700 ml A. an 5%ig. Pd-Kohle bei 50 at Anfangsdruck; 95%; b) man gibt zu Äthyl-MgBr (0,037 g-Atom Mg, 0,037 Mol Äthylbromid, 50 ml Ae.) 0,03 Mol VI in 100 ml Bzl., kocht 5 Min. lang, gibt 0,045 Mol Methyljodid zu u. kocht 4 Std. lang; 49%. — *Thionaphthen-S.S-dioxid*, F. 141—142,5° (A.), durch Oxydation von IV mit H_2O_2; 75%. — *2.3-Dihydrothionaphthen* (VI), F. 90—91° (A.), durch Hydrierung von 0,42 Mol vorst. Verb. in A. an 5%ig. Pd-Kohle bei 20 at Anfangsdruck; 97%. — *2-Äthylthionaphthen*, $C_{10}H_{10}S$, Kp.$_{1,5}$ 95—96°, man überführt 0,05 Mol IV mit Butyl-Li in das Li-Deriv., gibt 0,075 Mol Diäthylsulfat in 50 ml Ae. zu u. kocht 10 Std.; D.$_4^{20}$ 1,0870; n_D^{20} 1,6063; 81%. *S.S-Dioxid*, $C_{10}H_{10}O_2S$, F. 86,5—87,5° (A.), aus vorst. Verb. mit H_2O_2; 77%. — *2-Äthyl-2.3-dihydrothionaphthen* (II), $C_{10}H_{12}S$, Kp.$_4$ 100,5°, Kp.$_{25}$ 136—137,5°, man gibt zu 0,07 Mol nachst. Dioxids in 100 ml Ae. u. 100 ml Bzl. 0,11 Mol $LiAlH_4$ u. rührt 2 Std.; 80,1%; D.$_4^{20}$ 1,0628; n_D^{20} 1,5790; 50%. *$HgCl_2$-Komplex*, F. 79—80°. *S.S-Dioxid*, $C_{10}H_{12}O_2S$, F. 76—77° (A.), durch Hydrierung von 0,02 Mol vorst. S.S-Dioxids in 300 ml A. an 5%ig. Pd-Kohle bei 50 at Anfangsdruck; 97%. — *Äthylbrommethylketon*, Kp. 152

bis 155°, man gibt zu CH_2N_2-Lsg. (aus 0,6 Mol Nitrosomethylharnstoff) bei 0° 0,17 Mol Propionylbromid, rührt ½ Std., leitet 6 Std. lang bei 0° HBr-Gas ein u. rührt ½ Std.; n_D^{20} 1,4656; 34%. — *1-Phenylmercaptobutanon-(2)*, $C_{10}H_{12}OS$, Kp.$_{21}$ 156—157,5°, F. 32—33,5° (A.), aus 0,26 Mol Thiophenol in 45 g 30%ig. NaOH u. 0,24 Mol vorst. Verb. bei 20—25° u. 1 Std. rühren; 73,7%. — *3-Äthylthionaphthen*, $C_{10}H_{10}S$, Kp.$_6$ 110 bis 111°, Kp.$_{24}$ 143°, durch 45 Min. langes Erhitzen von 0,03 Mol vorst. Verb. mit 0,014 Mol P_2O_5 auf 180—190°; D.$_4^{20}$ 1,1003; n_D^{20} 1,6068; 82%. *S.S-Dioxid*, $C_{10}H_{10}O_2S$, F. 150° (A.), durch Oxydation vorst. Verb. in Essigsäure mit 30%ig. H_2O_2 bei 70°; 78%. — *3-Äthyl-2.3-dihydrothionaphthen* (III), $C_{10}H_{12}S$, Kp.$_{25}$ 138—138,5°, man gibt zu 0,04 Mol nachst. Dioxids in je 50 ml Ae. u. Bzl. 0,07 Mol $LiAlH_4$ in 100 ml Ae. u. rührt 2 Std.; D.$_4^{20}$ 1,0736; n_D^{20} 1,5833; 49%. *$HgCl_2$-Komplex*, F. 134—135° (A.). *S.S-Dioxid*, $C_{10}H_{12}O_2S$, F. 75—76° (50%ig. A.), durch Hydrierung von 0,044 Mol vorst. S.S-Dioxids in 600 ml A. an 5%ig. Pd-Kohle bei 50 at Anfangsdruck; 91%. — *sek.-Butylbenzol*, durch 10std. Kochen von **III** in A. mit RANEY-Ni; 97% (spektrophotometr. bestimmt). HELMUT SCHÄFER. 3071 □

Darstellung von 2-Isobutyl-2-methyl-4-trimethylacetoxymethyl-1.3-dioxolan und seine Reaktion mit Phosphorsäure. A. E. Brachman und J. C. Fang. (J. org. Chemistry **24**. Nr. 9. 1369—71. Sept. 1959. Wilmington, Del., E. I. du Pont de Nemours & Co., Inc., Exp. Stat., Fabrics and Finishes Dep.) (Engl.)

In Ggw. von überschüssigem Methylisobutylketon (I) gibt ein äquimol. Gemisch von Glycidyltrimethylacetat (II) u. 85%ig. H_3PO_4 in 65%ig. Ausbeute *2-Isobutyl-2-methyl-4-trimethylacetoxymethyl-1.3-dioxolan* (III). Die Ausbeuten der als Nebenprodd. im Rk.-Gemisch entstehenden *Mono-* (**A**) u. *Dialkylphosphate* (**B**) werden in Abhängigkeit vom Wasser-Geh. der H_3PO_4 tabellar. wiedergegeben. **III** wird bei 150° durch 100%ig. H_3PO_4 in **I** u. **A** u. **B** gespalten; diese liegen z. T. als *Pyrophosphate* vor.

Versuche: H_3PO_4, H_2RPO_4 u. HR_2PO_4 wurden potentiometr. mit 0,1n NaOH u. cerimetr., der Pyrophosphat-Geh. über die Zn-Salze (vgl. BELL, Analytic. Chem. **19**. [1947.] 97) bestimmt. — *Glycidyltrimethylacetat* (II), Kp.$_{24}$ 90—91,5°, aus Trimethylessigsäure u. Epichlorhydrin; n_D^{25} 1,4219; 81% (Ausbeute). — *2-Isobutyl-2-methyl-4-trimethylacetoxymethyl-1.3-dioxolan* (III), $C_{14}H_{26}O_4$, Kp.$_7$ 120°, aus einem äquimol. Gemisch von 85%ig. H_3PO_4 u. **II** mit einem 20fachen Überschuß von **I** durch 1std. Rk. bei 60°; D.$_4^{25}$ 0,9615; n_D^{25} 1,4305; 63%. P. PFAENDER. 3102 □

1.3-Dipolare Additionen der Sydnone an Alkine. Ein neuer Weg in die Pyrazol-Reihe. R. Huisgen, R. Grashey, H. Gotthardt und Renate Schmidt. (Angew. Chem. **74**. 29—30. 7/1. 1962. München, Univ., Inst. für organ. Chem.) (Dt.)

1std. Erhitzen von N-Phenyl-C-methylsydnon (I) mit Acetylendicarbonsäuredimethylester (**II**) in Xylol auf 120° liefert unter Abspaltung von 1 Val CO_2 in 99%ig. Ausbeute *1-Phenyl-5-methylpyrazoldicarbonsäure-(3.4)-dimethylester* (III), der sich nach Verseifen zu *1-Phenyl-5-methylpyrazol* decarboxylieren läßt. **I** kann durch andere Sydnone, z. B. N-Benzyl-, ersetzt werden. Folgende Alkine reagieren mit zunehmender Geschw.: Acetylen, Alkyl- < Diphenyl- < Phenylacetylen < Propargylaldehydacetale < Propargylalkohol < Phenylpropiolsäureester < 1-Phenyl-2-acylacetylene < Propiolsäureester < **II**. Als Mechanismus wird eine 1.3-dipolare Addition des Alkins an die aromat. Azomethiniminform des Sydnons mit nachfolgender CO_2-Abspaltung angenommen.

Versuche: Pyrazole, analog **III**: *1-Phenyl-*, in 25 Std. bei 170°; 75% (Ausbeute). — *1-Phenyl-3(4)-cyclohexyl-5-methyl-*, in 30 Std. bei 140°; 78%. — *1.3-Diphenyl-*, in 20 Std. bei 120°; 79%. — *1.3-Diphenyl-5-methyl-*, in 12 Std. bei 140°; 64%. Daneben *1.4-Diphenyl-5-methyl-*; 15%. — *1-Benzyl-3-phenyl-*, in 20 Std. bei 140°; 69%. — *1.3.4-Triphenyl-5-methyl-*, in 5 Std. bei 180°; 97%. — *1.3(4)-Diphenyl-4(3)-methyl-*, in 20 Std. bei 140°; 74%. — *1-Phenyl-3-methoxycarbonyl-*, in 48 Std. bei 100°; 70%. Daneben *1-Phenyl-4-methoxycarbonyl-*; 22%. — *1-Phenyl-3-methoxycarbonyl-5-methyl-*, in 4 Std. bei 140°; 61%. Daneben *1-Phenyl-4-methoxycarbonyl-5-methyl-*; 10%. — *1-Phenyl-3.4-dimethoxycarbonyl-*, in 4 Std. bei 90°; 92%. — *1-Phenyl-3.4-dimethoxycarbonyl-5-methyl-* (III), in 1 Std. bei 120°; 99%. — *1-Benzyl-3.4-dimethoxycarbonyl-*, in 5 Std. bei 120°; 98%. — *1.3-Diphenyl-4-äthoxycarbonyl-*, in 84 Std. bei 95°; 83%. — *1.3-Diphenyl-4-äthoxycarbonyl-5-methyl-*, in 8 Std. bei 110°; 82%. — *1.3-Diphenyl-4-acetyl-*, in 12 Std. bei 130°; 100%. — *1.3-Diphenyl-4-benzoyl-*, in 16 Std. bei 140°; 82%. — *1-Phenyl-3-[dipropoxymethyl]-5-methyl-*, in 15 Std. bei 140°; 77%. — *1-Phenyl-3-hydroxymethyl-*, in 24 Std. bei 115°; 72%. HEINZ NESTLER. 3122 □

Reaktionen der Sydnone mit Alkenen. R. Huisgen, H. Gotthardt und R. Grashey. (Angew. Chem. **74**. 30. 7/1. 1962.) (Dt.) — Vgl. vorst. Referat.

Alkene reagieren mit Sydnonen unter etwas schärferen Bedingungen als Acetylen-Derivv.; dabei entstehen durch 1.3-dipolare Addition, Decarboxylierung u. Stabilisierung durch Protonenverschiebung *Δ²-Pyrazoline*. Aus N-Phenylsydnon (I) u. Fumarsäuredimethylester (II) bildet sich unter Abspaltung von Methylformiat *1-Phenyl-4-carbomethoxypyrazol.* Acrylnitril liefert mit 1-Phenyl-5-methylsydnon (III) ein Gemisch von *1-Phenyl-5-methyl-3-cyan-Δ²-pyrazolin* u. *1-Phenyl-5-methylpyrazol*, mit I in Ggw. von Chloranil dagegen 84% *1-Phenyl-3-cyanpyrazol.* Ein quart. C-Atom im Primärprod. hindert die Aromatisierung nicht; so entstehen in 24std. Rk. aus III u. 1.1-Diphenyläthylen unter Abspaltung von Bzl. 99% *1.3-Diphenyl-5-methylpyrazol*, aus I u. α-Methylstyrol unter Methanabspaltung *1.3-Diphenylpyrazol.* 18std. Kochen von III mit 2 Val Acenaphthylen in Xylol führt zu einem Gemisch aus 47% 1 : 2-Addukt (vermutlich IV) u. 14% 1 : 1-Addukt V.

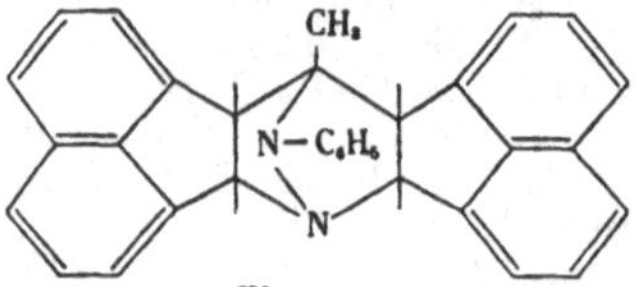

IV

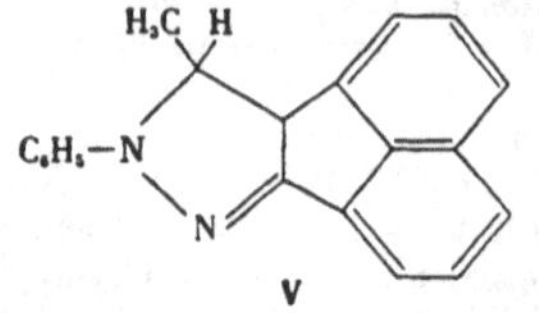

V

Versuche: *Δ²*-Pyrazoline, durch mehrstd. Erhitzen der Komponenten: *1-Phenyl-*, aus I u. Äthylen in 12 Std. bei 180°; 48% (Ausbeute). — *1-Phenyl-3(4)-[ω-carbäthoxyoctyl]-*, aus I u. Undecylensäureäthylester in 15 Std. bei 150°; 73%. — *1-Phenyl-3.4-trimethylen-*, aus I u. Cyclopenten in 40 Std. bei 145°; 54%. — *1.3-Diphenyl-5-methyl-*, aus III u. Styrol (VI) in 20 Std. bei 140°; 79%. — *1-Benzyl-3-phenyl-*, aus N-Benzylsydnon u. VI in 24 Std. bei 140°; 89%. — *1-[Pyridyl-(3)]-3-phenyl-*, aus N-[Pyridyl-(3)]-sydnon u. VI in 6 Std. bei 130°; 79%. — *1-Phenyl-3-p-methoxyphenyl-*, aus I u. p-Methoxystyrol in 6 Std. bei 140°; 85%. — *1-Phenyl-3-[3.4-methylendioxybenzyl]-*, aus I u. Safrol in 6 Std. bei 150°; 72%. — *1-Phenyl-3-p-methoxyphenyl-4-methyl-*, aus I u. Anethol in 48 Std. bei 150°; 42%. — *1-Phenyl-4-carbomethoxy-*, aus I u. II in 50 Std. bei 110°; 60%. — *1'-Phenyl-5'-methyl-Δ²'-pyrazolino-[3'.4':1.2]-inden*, aus III u. Inden in 5 Std. bei 140°; 81%. Heinz Nestler. 3122□

1.3-Dipolare Additionen mit Nitrilyliden. R. Huisgen, H. Stangl, H. J. Sturm und H. Wagenhofer. (Angew. Chem. **74**. 31. 7/1. 1962.) (Dt.) — Vgl. vorst. Referate.

N-[p-Nitrobenzyl]-benzimidchlorid geht durch HCl-Abspaltung mittels Triäthylamins in das entsprechende mesomeriestabilisierte Nitrilylid $C_6H_5-C\equiv\overset{\oplus}{N}-\overset{\ominus}{\underline{C}}H-C_6H_4NO_2$ (I) über, das sich nicht isolieren, mit Dipolarophilen aber abfangen läßt. Mit Acrylnitril reagiert I in 86%ig. Ausbeute zu den 2 diastereomeren *2-[p-Nitrophenyl]-3-cyan-5-phenyl-Δ¹-pyrrolinen*, die mit 40%ig. H_2SO_4 in nur eine entsprechende *Carbonsäure* übergehen. Deren *Methylester*, auch zu 58% aus I u. Methylacrylat zugänglich, wird durch Chloranil in 92%ig. Ausbeute zu *2-[p-Nitrophenyl]-3-carbomethoxy-5-phenylpyrrol* (II) dehydriert, das auch zu 64% aus I u. Propiolsäuremethylester entsteht. II läßt sich über die entsprechende *Carbonsäure* in das rote *2-[p-Nitrophenyl]-5-phenylpyrrol* überführen. Rk. von I mit Phenylpropiolsäureester oder Acetylendicarbonsäureester liefert *2-[p-Nitrophenyl]-3-carbomethoxy-4.5-diphenyl-* bzw. *2-[p-Nitrophenyl]-3.4-dicarbomethoxy-5-phenylpyrrol* (49%), mit Naphthochinon-(1.4) entsteht *2'-[p-Nitrophenyl]-5'-phenylpyrrolo-[3'.4':2.3]-naphtochinon-(1.4).* Benzaldehyd u. Acetaldehyd setzen sich mit I in 63- bzw. 37%ig. Ausbeute zu *5-Phenyl-* bzw. *5-Methyl-2-[p-nitrophenyl]-4-phenyl-Δ³-oxazolin* um, aus Cyanameisensäureäthylester u. I entsteht *2-[p-Nitrophenyl]-4-carbäthoxy-5-phenylimidazol.* Nitrosobenzol liefert mit I 38% *C-[p-Nitrophenyl]-N-phenylnitron.* Analoge Rkk. gelingen mit dem Nitrilylid aus p-Methoxybenzoesäure-[p-nitrobenzylimid]-chlorid, das sich auch an 1.2-Dihydronaphthalin addiert.

Heinz Nestler. 3122□

Nucleophile aromatische Addition. 1. Mitt. **Die Reaktion von Diazomethan mit 1.3.5-Trinitrobenzol.** Th. J. de Boer und J. C. van Velzen. (Recueil Trav. chim. Pays-Bas **78**. 947—61. Nov. 1959. Amsterdam, Univ., Labor. for Organ. Chem.) (Engl.)

Bei der Rk. von 1.3.5-Trinitrobenzol (I) mit dem 4 mol. Überschuß Diazomethan (II) wird eine schon von Heinke [1898] beschriebene Verb. erhalten, die als *4.6.8a-Trinitro-4.5;6.7-dimethanocycloheptano-[1.2:d]-pyrazolin* (III; *3.6.8-Trinitro-5.6;7.8-dimethanocycloheptano-[1.2:c]-4.5-dihydropyrazol*) identifiziert wird. Aus I u. II im Mol-Verhältnis 1 : 3 entsteht *1.3.5-Trinitro-3.4;5.6-dimethanocyclohepten-(1)* (IV), das als „*Trismethylentrinitrobenzol*" bezeichnet wird. Durch Anlagerung von II an die aktivierte Doppelbindung von IV entsteht *4.6.8a-Trinitro-4.5;6.7-dimethanocycloheptano-[1.2:d]-pyrazolenin*, das sich beim Erhitzen mit schwachen Säuren in III umlagert. Mit Mineralsäuren oder Basen liefert III unter HNO_2-Abspaltung *4.6-Dinitro-4.5;6.7-dimethanocyclohepteno-[1.2:d]-pyrazol*, das durch $Na_2Cr_2O_7$ zu *4.6-Dinitro-8-oxo-4.5;6.7-dimethanocyclohepteno-[1.2:d]-pyrazol* (V) oxydiert wird. V gibt mit II *1-Methyl-4.6-dinitro-8-oxo-4.5;6.7-dimethanocyclohepteno-[1.2:d]-pyrazol.* IV liefert bei der Oxydation ca. 20 bisher unbekannte *Cyclopropanderivate*. Der Rk.-Mechanismus sowie die UV- u. IR-Spektren werden diskutiert.

Versuche: *1.3.5-Trinitrobenzol* (I), durch Decarboxylieren von 2.4.6-Trinitrobenzoesäure. — *1.3.5-Trinitro-3.4;5.6-dimethanocyclohepten-(1)* (*Trismethylentrinitrobenzol*; **IV**), $C_9H_9N_3O_6$, F. 150—151°, durch 2std. Zugabe von 380 mMol **II** in Ae. zu 0,127 mMol **I** in Ae. unter Rühren in der Kälte (Kühlung mit Eis/NaCl), ½ std. Rühren, Dekantieren, mehrstd. Stehen des Rückstandes mit 38%ig. HCl, Filtrieren, Lösen in heißer Essigsäure u. Zugabe von W.; aus wss. Aceton hellgelbe Kristalle; 32,5% (Ausbeute). — *4.6.8a-Trinitro-4.5;6.7-dimethanocycloheptano-[1.2:d]-pyrazolenin*, $C_{10}H_{11}N_5O_6$, F. 184° (Aceton), durch ¼std. Zugabe von 66 mMol gepulvertem **I** zu 0,27 Mol **II** in kaltem Ae. unter Rühren, mehrstd. Stehen bei Raum-Temp., Dekantieren u. Waschen des roten Nd. (14,5 g) mit Aceton; 18%. — *4.6.8a-Trinitro-4.5;6.7-dimethanocycloheptano-[1.2:d]-pyrazolin* (III), $C_{10}H_{11}N_5O_6$, F. 194—195° [Zers.; Aceton/W. (1 : 1)], a) analog vorst. Verb. durch Waschen des roten Nd. (14,5 g) mit Aceton/Methanol (1 : 1), 2—3 Min. langes Kochen in Essigsäure u. Fällen mit W.; 21%; b) durch Kochen vorst. Verb. mit Essigsäure; c) durch Rk. von 7,8 mMol **IV** in Essigester mit 18 mMol **II** in Ae., mehrstd. Stehen bei —15° u. Kristallisation aus Essigsäure. — *4.6-Dinitro-4.5;6.7-dimethanocyclohepteno-[1.2:d]-pyrazol*, $C_{10}H_{10}N_4O_4$, F. 168—170°, durch 5 Min. langes Kochen von **III** in 65%ig. HNO_3, Zugabe von W., Kühlen u. Filtrieren; aus sd. W./wenig Aceton Platten; 89%. — *4.6-Dinitro-8-oxo-4.5;6.7-dimethanocyclohepteno-[1.2:d]-pyrazol* (**V**), $C_{10}H_8N_4O_5$, F. 249—251° (Zers.; Aceton), durch 48std. Schütteln von 6,7 mMol **III** mit 5 g $Na_2Cr_2O_7$ in 75%ig. H_2SO_4 u. Gießen in Eiswasser; 67%. — *1-Methyl-4.6-dinitro-8-oxo-4.5;6.7-dimethanocyclohepteno-[1.2:d]-pyrazol*, $C_{11}H_{10}N_4O_5$, F. 147,5—149,5° (Aceton), durch Zugabe von **II** zu 500 mg **V** in Ae.; sublimiert >135° in Platten; 260 mg.

W. LIEBSCHER. 3122 □

Untersuchungen über verwandte Verbindungen von Vitamin B₁. 21. Mitt. Die Struktur von Dihydrothiamin. 2. Mitt. Shigeru Yoshida und Mitsuru Kataoka. (Chem. pharmac. Bull. [Tokyo] 5. 320—25. Aug. 1957. Tokyo, Sankyo Co., Ltd., Takamine Res. Labor.) (Engl.) — 20. bzw. 1. vgl. C. **1959.** 4487; vgl. auch C. **1961.** 17954.

Vff. beweisen mittels IR-Spektren, daß Pseudodihydrothiamin (I) Hydroxy- u. Iminogruppen enthält u. daß I nicht ident. ist mit Normal- (II) u. Isodihydrothiamin (III). I, II u. III geben das gleiche *Benzoylpseudodihydrothiamin*.

Versuche: *Pseudodihydrothiamin* (I), F. 175° (A.), a) nach IWATSU (C. **1959.** 13494); b) durch Neutralisation nachst. Hydrochlorids mit $NaHCO_3$. *Dihydrochloridhydrat*, $C_{12}H_{18}N_4OS \cdot 2\,HCl \cdot H_2O$, a) durch Zugabe von äthanol. HCl zur Lsg. von **I** oder **II** oder **III** in abs. A.; b) durch Einleiten von HCl-Gas in die chloroform. Lsg. von **I** oder **II** oder **III**. — *3-[o-Aminobenzyl]-4-methyl-5-[2-hydroxyäthyl]-thiazoliumchlorid, Hydrochlorid*, durch 1std. Kochen von 3-[o-Nitrobenzyl]-4-methyl-5-[2-hydroxyäthyl]-thiazoliumchlorid mit Sn in verd. HCl, Zugabe von $SnCl_2$, 24std. Rühren bei 58°, Verdünnen mit W., Einleiten von H_2S, Filtrieren u. Eindampfen im Vakuum. — *Verb. $C_{13}H_{18}N_2OS$*, F. 142° (Methanol), durch 4std. Red. vorst. Verb. mit $LiAlH_4$ in Tetrahydrofuran bei Raum-Temp. unter Rühren, Zugabe von W., Filtrieren u. Eindampfen im Vakuum. — *Benzoylpseudodihydrothiamin*, $C_{19}H_{22}N_4O_2S$, F. 147—148° (Bzl.), F. 89° (aus A.), durch Rk. von **I** oder **II** oder **III** mit Benzoylchlorid in Pyridin unter Eiskühlung u. Rühren, mehrstd. Stehen, Filtrieren, Eindampfen im Vakuum, Versetzen mit Na_2CO_3-Lsg. u. Extrahieren mit Chloroform. *Dihydrochlorid*, $C_{19}H_{22}N_4O_2S \cdot 2\,HCl$, F. 193—194°. — *3-Benzyl-4-methyl-5-[2-hydroxyäthyl]-thiazolidin* (?), $C_{13}H_{19}NOS$, $Kp._{0,005}$ 165—170°, durch Red. von 3-Benzyl-3a-methylperhydrofuro-[2.3:d]-thiazol (*Hydrochlorid*, $C_{13}H_{17}NOS \cdot HCl$, F. 158°) mit $LiAlH_4$ durch 3std. Kochen in Tetrahydrofuran. — I u. II wurden in $CHCl_3/D_2O$ (1 : 1) deuteriert.

GOTTFRIED SCHREIBER. 3142 □

Synthese einiger Morpholino- und Piperidinocarbothiosulfendialkylamide. I. I. Eitingon und N. P. Strelnikowa. (Журнал Общей Химии [J. allg. Chem.] **30 (92).** 3137—39. Sept. 1960. Forschungsinst. der Reifenind.) (Russ.)

Durch Rk. von Morpholin (I) oder Piperidin (II) mit CS_2 in Ggw. von NaOH werden die *Na-Salze* der *Morpholino-* bzw. *Piperidinodithiocarbamidsäure* erhalten u. mit Dimethyl- (III) u. Diäthylamin (IV) in Ggw. von Jod als Oxydationsmittel zu den entsprechenden *Morpholino-* bzw. *Piperidinodithioformamiden* (*Carbothiosulfenamiden*) kondensiert.

Versuche: Dithioformamide: *Morpholino-N.N-dimethyl-*, $C_7H_{14}N_2OS_2$, F. 75 bis 76°, man gibt zu 43,5 g **I**, 20 g NaOH u. 200 ml W. unter Kühlung 38 g CS_2, rührt bei 15—20° bis zum Verschwinden des CS_2, gibt bei 20° 900 g 25%ig. wss. **III** u. dann 127 g Jod in 500 ml 20%ig. KJ-Lsg. hinzu; 50,4% (Ausbeute). — *Morpholino-N.N-diäthyl-*, $C_9H_{18}N_2OS_2$, F. 44—45°, analog aus 43,5 g **I**, 38 g CS_2 u. 365,5 g **IV**; 56,4%. — *Piperidino-N.N-dimethyl-*, $C_8H_{16}N_2S_2$, aus 42,5 g **II**, 38 g CS_2 u. 900 g 25%ig. wss. **III**; dunkelgelbes Öl; $D._4^{20}$ 1,1518; 72%. — *Piperidino-N.N-diäthyl-*, $C_{10}H_{20}N_2S_2$, aus

42,5 g **II**, 38 g CS_2 u. 365,5 g **IV** in 200 ml W.; dunkelgelbes Öl; $D._4^{20}$ 1,0961; 67,6%. HELMUT SCHÄFER. 3200 □

Synthese des 8-Bromflavons und verwandter Verbindungen. C. T. Chang, T. S. Chen und F. C. Chen. (J. org. Chemistry **26.** 3142—43. Sept. 1961. Taipei, Taiwan [Formosa], Nat. Univ., Res. Inst. of Chem.) (Engl.)

Durch Kernhalogenierung des 2-Hydroxy-4.6-dimethoxyacetophenons u. Kondens. des entstandenen *3-Brom-2-hydroxy-4.6-dimethoxyacetophenons* (**I**) mit Benzaldehyd entsteht das *Chalkon* (**II**), das mit SeO_2 zu *8-Brom-5.7-dimethoxyflavon* (**V**) oxydiert wird. Derivv. von **V** können auch über 2'-Hydroxy-3-jod-4.4'.6'-trimethoxychalkon, *3-Brom-2-hydroxy-4.6-dimethoxyphenyl-α.β-dibrom-β-3-jod-4-methoxyphenyläthylketon* (**IX**) u. *8-Brom-5-hydroxy-3'-jod-7.4'-dimethoxyflavon* (**X**) dargestellt werden. **IX** wird bei der HBr-Abspaltung gleichzeitig entmethyliert. Methylierung von **X** führt zu *8-Brom-3'-jod-5.7.4'-trimethoxyflavon* (**VII**).

Versuche: *3-Brom-2-hydroxy-4.6-dimethoxyacetophenon* (**I**), $C_{10}H_{11}BrO_4$, F. 186 bis 187°, aus 1,6 g 2.4-Dimethoxy-6-hydroxyacetophenon (F. 82—83°) in 30 ml Eisessig u. 1,36 g Br_2 in 20 ml Eisessig bei Raum-Temp. unter Rühren; aus A. gelbe Nadeln; 0,96 g (Ausbeute). — *3'-Brom-2'-hydroxy-4'.6'-dimethoxychalkon* (**II**), $C_{17}H_{15}BrO_4$, F. 185—186°, durch Zutropfen von 60%ig. KOH zu 0,8 g **I** u. 0,6 g Benzaldehyd in A. unter Rühren, 2 Tage bei 0° unter gelegentlichem Schütteln, Verdünnen mit W. u. Ansäuern mit Essigsäure; aus A. orangegelbe Nadeln; 1 g. — *3'-Brom-2'-hydroxy-4.4'.6'-trimethoxychalkon* (**III**), $C_{18}H_{17}BrO_5$, F. 184—185°, aus 0,8 g **I** u. 0,7 g Anisaldehyd analog **II**; orangegelbe Nadeln; 1,1 g. — *3'-Brom-3-jod-2'-hydroxy-4.4'.6'-trimethoxychalkon* (**IV**), $C_{18}H_{16}BrJO_5$, F. 224—225°, aus 0,2 g **I** u. 0,2 g 3-Jod-4-methoxybenzaldehyd bei Raum-Temp.; aus Aceton orangegelbe Kristalle; 0,3 g. — *8-Brom-5.7-dimethoxyflavon* (**V**), $C_{17}H_{13}BrO_4$, F. 253°, aus 0,5 g **II** u. 0,3 g SeO_2 in Dioxan, 16 Std. unter Rückfluß Kochen u. Verdünnen mit W.; Nadeln (Dioxan oder Aceton); 0,3 g. — *8-Brom-5.7.4'-trimethoxyflavon* (**VI**), $C_{18}H_{15}BrO_5$, F. 236°, analog **V** aus 0,5 g **III**; Nadeln; 0,32 g. — *8-Brom-3'-jod-5.7.4'-trimethoxyflavon* (**VII**), $C_{18}H_{14}BrJO_5$, F. 257—258°, aus 0,2 g **IV** analog **V**; 0,12 g. — *8-Brom-5-hydroxy-7-methoxyflavon* (**VIII**), $C_{16}H_{11}BrO_4$, F. 242°, aus 0,6 g 3-Brom-2-hydroxy-4.6-dimethoxyphenyl-α.β-dibrom-β-phenyläthylketon [F. 186° (Zers.)] durch allmähliches Erhitzen auf 195°/3 mm, HBr-Abspaltung, Kühlen, Extraktion mit Dioxan oder Aceton u. Eindampfen; aus A. oder Aceton gelbe Nadeln; 0,3 g; gibt mit $FeCl_3$ dunkelbraune Färbung; unlösl. in kalter verd. KOH. *Acetyl-Deriv.*, F. 215°. Methylierung → **V**. — *8-Brom-5-hydroxy-7.4'-dimethoxyflavon*, $C_{17}H_{13}BrO_5$, F. 250°, aus 0,7 g 3-Brom-2-hydroxy-4.6-dimethoxyphenyl-α.β-dibrom-β-p-methoxyphenyläthylaceton (F. 165°) analog **VIII** bei 170°; gelbe Nadeln; 0,3 g; gibt mit $FeCl_3$ dunkelbraune Färbung. *Acetyl-Deriv.*, F. 216—218°, aus A. Nadeln. Methylierung → **VI**. — *3-Brom-2-hydroxy-4.6-dimethoxyphenyl-α.β-dibrom-β-3-jod-4-methoxyphenyläthylketon* (**IX**), $C_{18}H_{16}Br_3JO_5$, F. 190—191° (Zers.), aus 0,25 g 2'-Hydroxy-3-jod-4.4'.6'-trimethoxychalkon (F. 154—155°) in CS_2 durch Zutropfen von 0,17 g Br_2 in CS_2, 1std. Rühren u. Eindampfen im Vakuum; gelbe Nadeln (Chlf. oder CCl_4); 0,28 g. — *8-Brom-5-hydroxy-3'-jod-7.4'-dimethoxyflavon* (**X**), $C_{17}H_{12}BrJO_5$, F. 275°, aus 0,2 g **IX** durch Erhitzen auf 200° u. Extraktion mit Ae.; gelbe Nadeln (70%ig. Dioxan); 70 mg. Methylierung → **VII**. H. J. SCHÖNHERR. 3211 □

Synthesen von O-Trimethylalloteracacidin und O-Trimethylalloisoteracacidin. D. M. Phatak und A. B. Kulkarni. (Current Sci. **30.** 101—02. März 1961. Bombay, Inst. of Sci., Chem. Dep.) (Engl.)

Vff. beschreiben die Synth. von *O-Trimethylalloteracacidin* (**IV**) u. *O-Trimethylalloisoteracacidin* (**V**). Beide Diole besitzen die *2.3-trans-3.4-cis-* bzw. *2.3-trans-3.4-trans-*Konfiguration.

Versuche: *7.8.4'-Trimethoxydihydroflavonol* (**I**), $C_{18}H_{18}O_6$, F. 174—175°, durch Cyclisierung des entsprechenden Acetoxychalkondibromids durch RASODA-Reaktion. *3-Acetyl-Deriv.* (**II**), $C_{20}H_{20}O_7$, F. 116—117°. — *7.8.4'-Trimethoxy-3-acetoxyflavanol-(4)* (**III**), $C_{20}H_{22}O_7$, F. 149—150°, durch Red. von **II** mit RANEY-Ni. — *7.8.4'-Trimethoxyflavandiol-(3.4)* (**IV**; *O-Trimethylalloteracacidin*), $C_{18}H_{20}O_6$, F. 125—126°, durch Hydrolyse von **III**. *Diacetyl-Deriv.*, $C_{22}H_{24}O_8$, F. 121—122°, durch Acetylierung von **III** oder **IV**. *Dibenzoyl-Deriv.*, $C_{32}H_{28}O_8$, F. 151—152°, aus **IV**. — *O-Trimethylalloisoteracacidin* (**V**), $C_{18}H_{20}O_6$, F. 155—156°, durch Red. von **I** mit $LiAlH_4$ u. fraktionierte Kristallisation des Gemisches der $C_{(4)}$-Isomeren **V** u. **IV**. *Dibenzoat*, $C_{32}H_{28}O_8$, F. 175—176°. **IV** u. **V** geben mit konz. H_2SO_4 eine violette u. beim Erwärmen mit alkohol. HCl eine rote Färbung. P. GREGORZEWSKI. 3211 □

Synthese eines Racemats von Homopterocarpin. K. Aghoramurthy, A. S. Kukla und T. R. Seshadri. (Current Sci. **30.** 218. Juni 1961. Delhi, Univ., Dep. of Chem.) (Engl.)

Die Red. von 7.4'-Dimethoxy-2'-hydroxyisoflavon ($C_{17}H_{14}O_5$, F. 183—184°) mit $NaBH_4$ in Tetrahydrofuran/A. liefert in fast quant. Ausbeute *rac.-Homopterocarpin* (F. 129—130°). Die Struktur wird durch UV- u. IR-Spektren bestätigt.

P. GOLINSKE. 3211 □

Synthese von Purinen aus Pyrimidinen. J. H. Lister. (Rev. pure appl. Chem. **11.** 178—95. Dez. 1961. London, Inst. of Cancer Res., Chester Beatty Res. Inst.) (Engl.)

Übersicht über die Synth. von *Purinen* aus 4.5-Diaminopyrimidinen, 5-Amino-4-hydroxypyrimidinen u. 4.5-Dihydroxypyrimidinen. — 122 Literaturangaben.

P. GOLINSKE. 3272 □

Untersuchungen in der Phenoxazinreihe. 2. Mitt. Darstellung einiger Derivate der substituierten Phenoxazin-1-carbonsäure. G. Ss. Predwoditelewa und M. N. Schtschukina. (Журнал Общей Химии [J. allg. Chem.] **30 (92).** 1893—97. Juni 1960. Chem.-pharmazeut. Ordshonikidse-Forschungsinst.) (Russ.)

Zur Unters. ihrer antibakteriellen Wrkg. werden einige *Derivv.* der *3-Nitrophenoxazin-1-carbonsäure* (**I**) dargestellt. Durch Rk. von **I** mit $SOCl_2$ in Bzl. wird das *Säurechlorid* erhalten, das mit A. den *Äthylester* (**II**) liefert. Durch Red. von **II** mit $SnCl_2$ entsteht *3-Aminophenoxazin-1-carbonsäureäthylester* (**III**), der in das *Acetyl-Deriv.* (**IV**) umgewandelt wird; nach Verseifen der Estergruppe erhält man über das Säurechlorid durch Kondens. mit Glycinäthylester *3-Acetylaminophenoxazinoyl-(1)-glycinäthylester.* Die Rk. von **I** mit $SOCl_2$ unter Erwärmen ohne Lsgm. führt zu *6-Chlor-3-nitrophenoxazin-1-carbonsäurechlorid* (**VI**). Phenoxazin reagiert mit $SOCl_2$ schon bei Zimmer-Temp. sehr heftig unter Bldg. von *1.3.6.8-Tetrachlorphenoxazin.* Die Struktur des aus **VI** mit A. erhaltenen *Äthylesters* (**V**) u. die einer durch Kondens. von 2-Chlor-3.5-dinitrobenzoesäure mit m-Chlor-o-aminophenol unter nachfolgender Veresterung mit A. dargestellten Verb. erwiesen sich als identisch. Kondens. von **VI** mit Glycinäthylester liefert *6-Chlor-3-nitrophenoxazinoyl-(1)-glycinäthylester,* dessen Nitrogruppe sich nicht reduzieren läßt.

Versuche: *3-Nitrophenoxazin-1-carbonsäureäthylester* (**II**), $C_{15}H_{12}N_2O_5$, F. 205 bis 206°, aus 20 g 3-Nitrophenoxazin-1-carbonsäure (**I**) u. 20 ml $SOCl_2$ durch 1½std. Erhitzen in 300 ml Bzl. über das *3-Nitrophenoxazin-1-carbonsäurechlorid* (F. 178—181°) u. 1std. Erhitzen mit A.; 8 g (Ausbeute). — *3-Aminophenoxazin-1-carbonsäureäthylester* (**III**), $C_{15}H_{14}N_2O_3$, F. 149—150°, aus 1,5 g **II** in 15 ml A. durch Red. mit 3,8 g $SnCl_2$ in 15 ml konz. HCl, nach 5—10 Min. langem Erwärmen wird der beim Abkühlen ausfallende Nd. in Methanol gelöst u. die Lsg. mit 5%ig. Alkali-Lsg. versetzt; dunkelgelbe Nadeln aus A., dunkeln unter Licht-Einw. nach. *Acetyl-Deriv.* (**IV**), $C_{17}H_{16}N_2O_4$, F. 222°, aus **III** durch 5 Min. langes Erhitzen mit Essigsäureanhydrid; hellgelbe Nadeln aus Essigsäure. — *3-Acetylaminophenoxazinoyl-(1)-glycinäthylester,* $C_{19}H_{19}N_3O_5$, F. 206 bis 209°, durch Verseifen von 4,3 g **IV** mit KOH in A., 2std. Erhitzen der erhaltenen *3-Acetylaminophenoxazin-1-carbonsäure* (F. 305°; hellgelbe Nadeln aus Essigsäure; 3,6 g) mit $SOCl_2$ in Bzl., Zugabe von Glycinäthylester in Bzl. u. 1std. Erhitzen; hellgelbe Nadeln aus A.; 14,5 g aus 10 g Säure. — *6-Chlor-3-nitrophenoxazin-1-carbonsäureäthylester* (**V**), $C_{15}H_{11}ClN_2O_5$, F. 183—184°, aus 2,5 g **I** u. 25 ml $SOCl_2$ durch 2std. Erhitzen u. Einw. von abs. A. unter Erwärmen; rotorangefarbene Nadeln aus Eisessig; 1,9 g. — *1.3.6.8-Tetrachlorphenoxazin,* $C_{12}H_5Cl_4NO$, F. 222—223°, durch Einw. von 10 ml $SOCl_2$ auf 1 g Phenoxazin, Rk. unter Schäumen, danach 5—10 Min. zum Sieden erhitzen; voluminöser Nd.; 1,6 g. — *6-Chlor-3-nitrophenoxazin-1-carbonsäure,* $C_{13}H_7ClN_2O_5$, schmilzt nicht bis 350°, durch 2std. Erhitzen von 2-Chlor-3.5-dinitrobenzoesäure mit m-Chlor-o-aminophenol in Ggw. von Na-Acetat in abs. A., Neutralisation mit verd. HCl u. Reinigung über das Na-Salz. Veresterung mit A. liefert **V**. — *6-Chlor-3-aminophenoxazin-1-carbonsäureäthylester,* $C_{15}H_{13}ClN_2O_3$, F. 162—164°, aus **V** analog **III**; aus A. dunkelgelbe Nadeln. *Acetyl-Deriv.*, F. 214—215°; hellgelbe Nadeln aus Essigsäure. — *6-Chlor-3-nitrophenoxazinoyl-(1)-glycinäthylester,* $C_{17}H_{14}ClN_3O_6$, F. 187°, aus 4 g Glycinäthylester u. 5,6 g 6-Chlor-3-nitrophenoxazin-1-carbonsäurechlorid (**VI**) durch 1½std. Erhitzen in Bzl.; hellrote Nadeln aus Essigsäure; 9,7 g.

G. HEY. 3282 □

Struktur der Kondensationsprodukte aus Formaldehyd und Phenylhydrazin. Ernst Schmitz und Roland Ohme. (Liebigs Ann. Chem. **635.** 82—91. 20/9. 1960. Berlin-Adlershof, DAW, Inst. für organ. Chem.) (Dt.)

Als Rk.-Prodd. von Formaldehyd (**VI**) mit Phenylhydrazin (**VII**) sind bisher 9 Verbb. beschrieben worden. Lediglich für das 2:2-Addukt vom F. 169—170° ist die Struktur eines *Glyoxalosazons* (**V**) nachgewiesen worden (v. PECHMANN [1897—1898]). Das von WALKER [1896] als „monomeres Formaldehydphenylhydrazon" beschriebene 1:1-Deriv. vom F. 160—180° stellt nach dem IR-Spektrum u. der Mol-Gew.-Best. nur ein verunreinigtes *2:2-Deriv.* (**I**) vom F. 210—211,5° dar, das auch bereits von WALKER gefunden worden war. Auch das von ILJIN [1909] beschriebene 3:3-Deriv. dürfte mit **I** ident. sein. Ein gleichfalls von ILJIN gefundenen 6:4-Addukt vom F. 180—185° ist nichts anderes als das von WALKER sowie von GOLDSCHMIDT [1896] isolierte *3:2-Addukt* (II) vom F. 184°. Schließlich ist anzunehmen, daß das 4:2-Deriv. von GOLDSCHMIDT (F. 128°) mit dem *4:2-Addukt* (III) vom F. 139—140° (WALKER [1896]) übereinstimmt. Somit bleibt neben **I**, **II** u. **III** noch das *3:2-Addukt* (**IV**) vom F. 112° (GOLDSCHMIDT sowie WALKER [1896]) als Kondens.-Prod. mit bisher ungeklärter Struktur. **I**, das leicht aus **VI** u. **VII** in Essigsäure bei Raum-Temp. entsteht, wird durch Ag_2O zu *1.4-Diphenyl-1.4-dihydro-symm.-tetrazin* dehydriert, womit die Struktur eines *1.4-Diphenylhexahydro-symm.-tetrazins* sichergestellt ist. **III** wird aus **I** mit weiterem **VI** bereits bei Raum-Temp., d. h. unter so milden Bedingungen gebildet, daß eine tiefgreifende Veränderung des Mol. nicht zu erwarten ist. Für **III** wird demgemäß die Struktur eines *1.4-Diphenyl-2.5-endo-[2-oxapropylen]-hexahydro-symm.-tetrazins* angenommen. **II** wird ebenso wie **I** u. **III** nicht durch $LiAlH_4$ angegriffen, weshalb einige frühere Strukturvorschläge zu verwerfen sind. Mit prakt. quant. Ausbeute entsteht **II** beim kurzen Erhitzen von **I** mit **VI** in Essigsäure. Für **II** wird die Struktur eines *1.4-Diphenyl-2.5-endomethylen-hexahydro-symm.-tetrazins* vorgeschlagen. **IV** stellt wahrscheinlich eine Vorstufe der Osazon-Bldg. (auf der Stufe des Glykolaldehyds) dar; es geht bei der Einw. von 2.4-Dinitrophenylhydrazin in *Glyoxal-2.4.2'.4'-tetranitroosazon* über. Durch $LiAlH_4$ wird **IV** zu einer nichtkrist. *Verb.* red., die mit **VI** unter Bldg. von *1.4-Diphenyl-2.5-endoäthylen-hexahydro-symm.-tetrazin* reagiert. Letzteres wird auch durch $LiAlH_4$-Red. von **V** zu *Äthylen-bis-[β-phenylhydrazin]* u. dessen Umsetzung mit **VI** erhalten. Für **IV** wird die Struktur eines *2-Phenyl-4-phenylamino-2.3.4.5-tetrahydro-1.2.4-triazins* postuliert.

Versuche: *1.4-Diphenylhexahydro-symm.-tetrazin* (I), $C_{14}H_{16}N_4$, F. 210—212°, durch Zugeben von 30%ig. **VI** zu **VII** in Eisessig, 2std. Stehen u. 1½std. Erhitzen des erhaltenen gelblichen *Rohprod.* [F. 160—180°; 73,5% (Ausbeute)] mit 4n $NaOCH_3$-Lsg. auf dem Wasserbad; aus Chlorbenzol/Anilin (200:7,5) Blättchen. *2.5-Dibenzoyl-Deriv.*, $C_{28}H_{24}N_4O_2$, F. 243°, aus **I** u. Benzoylchlorid in Pyridin bei 45°; aus Pyridin Prismen; 56%. — *1.4-Diphenyl-1.4-dihydro-symm.-tetrazin*, $C_{14}H_{12}N_4$, F. 193—194° (Toluol), durch anteilweises Zugeben von **I** zu frischem Ag_2O in Toluol u. 20 Min. langes Rühren bei 90°; 82%; wird durch $NaOC_2H_5$ umgelagert zu *1-Phenyl-3-phenylamino-1.2.4-triazol*, F. 114,5—115°. — *1.4-Diphenyl-2.5-endo-[2-oxapropylen]-hexahydro-symm.-tetrazin* (III), $C_{16}H_{18}N_4O$, F. 139—140° (A.), aus **I** mit weiterem wss. **VI**. — *1.4-Diphenyl-2.5-endomethylenhexahydro-symm.-tetrazin* (II), $C_{15}H_{16}N_4$, F. 184—185° (Toluol), a) aus **VI** u. **VII** nach WALKER [1896]; b) durch Übergießen von **I** mit einer Lsg. von **VI** in verd. Essigsäure bei 70° u. 40 Min. langes Rühren bei 70°; 98%. — *2-Phenyl-4-phenylamino-2.3.4.5-tetrahydro-1.2.4-triazin* (IV), $C_{15}H_{16}N_4$, F. 112° (Toluol/Ae.), durch 24std. Stehen von **VI** mit **VII** in verd. HCl; 12%. — *1.4-Diphenyl-2.5-endoäthylenhexahydro-symm.-tetrazin*, $C_{16}H_{18}N_4$, F. 144—145°, a) durch 1std. Erwärmen von **IV** mit $LiAlH_4$ in Ae. unter N_2, Zers. mit Eis, Ausäthern, Eindampfen, Lösen in Methanol, Zusetzen von **VI** u. dann 2n HCl; 38%; b) analog aus **V**; aus A. Blättchen; 40%. — *Glyoxal-2.4.2'.4'-tetranitroosazon*, F. 305°, durch Eintragen von **IV** in eine 0,2%ig. Lsg. von 2.4-Dinitrophenylhydrazin in 6n HCl bei 80°; aus Nitrobenzol orangerote Nadeln.

H.-E. TOUSSAINT. 3344□

Neuartige heterocyclische Ringsysteme. K. Stach und H. Spingler. (Angew. Chem. **74**. 31—32. 7/1. 1962. Mannheim-Waldhof, C. F. Boehringer u. Söhne G.m.b.H., Chem. Forsch.-Labor.) (Dt.)

Dibenzo-[b;e]-dihydrooxepinon-(11) (I) bzw. *Dibenzo-[b;e]-dihydrothiepinon-(11)* (II) sowie deren 2-substituierte Derivv. (**A** bzw. **B**) lassen sich durch ½std. Dehydratisierung entsprechender *o-[Phenoxymethyl]-* (**C**) bzw. *o-[Phenylmercaptomethyl]-benzoesäuren*, erhältlich durch Rk. von ω-Brom-o-toluylbromid mit den Na-Salzen entsprechender Phenole bzw. Thiophenole u. Verseifung, mit Polyphosphorsäureestern (PE) bzw. Polyphosphorsäure (PS) bei 100—150° in guter Ausbeute darstellen. **I** u. die **A** entstehen auch durch Erhitzen der **C**-Chloride. **I** u. **II** reagieren nicht mit Ketonreagentien, geben aber mit GRIGNARD-Verbb. *Carbinole*, die leicht W. abspalten.

Versuche: *Dibenzo-[b;e]-dihydrooxepinon-(11)* (I), F. 71—72°, Kp.$_{0,2}$ 142—145°, mit PE bei 100—110°; 85,5% (Ausbeute). — Dibenzo-[b;e]-dihydrooxepinone-(11) (**A**): *2-Methyl-*, F. 108—109°, mit PE bei 100—110°; 82%. — *2-Methoxy-*, F. 93—94°, Kp.$_{0,05}$ 158—162°, mit PE bei 130—140°; 81%. — *2-Chlor-*, F. 126—127°, Kp.$_{0,5}$ 162 bis 166°, mit PE bei 130—140°; 71,5%. — *Dibenzo-[b;e]-dihydrothiepinon-(11)* (II), F. 86—88°, Kp.$_{0,03}$ 162—165°, mit PS bei 100—110°; 84,5%. — Dibenzo-[b;e]-dihydrothiepinone-(11) (**B**): *2-Methyl-*, F. 119—120°, Kp.$_{0,2}$ 167—175°, mit PS bei 100—110°; 86,5%. — *2-Chlor-*, F. 133—134°, Kp.$_{0,2}$ 175—181°, mit PS bei 130—140°; 81%.

HEINZ NESTLER. 3370□

Darstellung von N-Acetyl-D-mannosamin (2-Acetamido-2-desoxy-D-mannose) und D-Mannosaminhydrochlorid (2-Amino-2-desoxy-D-mannose). Chava Telem

Spivak und Saul Roseman. (J. Amer. chem. Soc. **81**. 2403—04. 2/6. 1959. Ann Arbor, Mich., Univ., Rackham Arthritis Res. Unit; Dep. of Biol. Chem.) (Engl.)

N-Acetyl-D-mannosamin (*2-Acetamido-2-desoxy-D-mannose*, **I**) wird durch alkal. Epimerisierung von N-Acetyl-D-glucosamin (**II**) gewonnen. **I** ergibt bei saurer Hydrolyse *D-Mannosaminhydrochlorid* (*2-Amino-2-desoxy-D-mannosehydrochlorid*). Der Mechanismus der Epimerisierung von **II** zu **I** ist unbekannt. Ein noch nicht identifiziertes *Rk.-Prod.* gibt bei der Epimerisierung unter den gleichen Bedingungen **I** u. **II**. Die Trennung u. Identifizierung der Rk.-Prodd. erfolgt papierchromatographisch.

Versuche: *N-Acetyl-D-glucosamin* (**II**), durch Acetylieren von D-Glucosaminhydrochlorid (vgl. Roseman u. Ludowieg, C. **1954**. 8812). — *N-Acetyl-D-mannosamin* (*2-Acetamido-2-desoxy-D-mannose*, **I**), *Monohydrat*, $C_8H_{15}NO_6 \cdot H_2O$, F. 128—129°, durch 2tägiges Stehenlassen einer mit NaOH auf pH 11 eingestellten wss. Lsg. von **II** bei Raum-Temp., Entfernen der Na-Ionen durch Dowex-50 (H-Form), Einengen der Lsg. im Vakuum bei 45°, Kochen mit abs. A., mehrstd. Stehen bei 4°, Abfiltrieren von nicht umgesetztem **II**, Einengen im Vakuum, Inkubation des erhaltenen Sirups mit einer Kultur von *Escherichia coli* zum Abbau von weiterem, nicht umgesetztem **II**, Erwärmen der Rk.-Prodd. mit 50%ig. A., Zugabe von Aceton u. Aufbewahren zur Kristallisation; Prismen aus W./A./Aceton; $[\alpha]_D^{20}$ —9,4° (nach 2,6 Min.), +9,7° (nach 1 Std., c = 0,1; W.); 80% (Ausbeute). — *D-Mannosaminhydrochlorid* (*2-Amino-2-desoxy-D-mannosehydrochlorid*), $C_6H_{14}ClNO_5$, durch 4std. Kochen von **I** mit 0,05n HCl u. Dowex-50 (H-Form), Chromatographie an Dowex-50 (H-Form), Eluieren mit 2n HCl, Eindampfen im Vakuum u. mehrfaches Eindampfen mit A.; $[\alpha]_D^{20}$ —4,6° (c = 0,1; 5%ig. HCl); 89%. B.-G. Brodda. 3400□

Darstellung und Reaktionen von cis- und trans-1-Äthoxy-2-acetoxyäthen. Die Synthese von syn- und anti-6-Hydroxypseudopelletierin. Kurt Alder, Franz Heinz Flock und Walter Zimmermann. (Chem. Ber. **94**. 1860—66. 7/7. 1961. Köln, Univ., Chem. Inst.) (Dt.)

Durch Einw. von Br_2 u. nachfolgend von K-Acetat auf Äthylvinyläther (**I**) wurde *1-Äthoxy-1.2-diacetoxyäthan* (**II**) dargestellt. Daneben erhielten Vff. mit 10% Ausbeute *1.1-Diäthoxy-2-acetoxyäthan*. **II** wurde pyrolyt. an Al_2O_3 bei 320—330° in *Essigsäure* u. *cis-* (**IIIa**) u. *trans-1-Äthoxy-2-acetoxyäthen* (**IIIb**) gespalten, deren katalyt. Hydrierung *1-Äthoxy-2-acetoxyäthan* lieferte u. deren Konfiguration durch die IR-Spektren sichergestellt wurde. Die 18std. Einw. von Cyclopentadien auf **IIIa** bei 210° ergab in geringer Ausbeute *2-Äthoxy-3-acetoxybicyclo-[2.2.1]-hepten-(5)*, das zur *3-Hydroxy-Verb.* verseift u. durch nachfolgende katalyt. Hydrierung in *2-Äthoxy-3-hydroxybicyclo-[2.2.1]-heptan* übergeführt wurde. **IIIa** u. **IIIb** addieren bei 210° in guter Ausbeute *Acrolein* zu *cis-* (**IV**) u. *trans-2-Äthoxy-3-acetoxy-2.3-dihydropyran*, aus denen mit methanol. KOH die entsprechenden *Hydroxy-Verbb.* entstehen, deren katalyt. Hydrierung zu *cis-* (**V**) u. *trans-2-Äthoxy-3-hydroxytetrahydropyran* führt. **V** wurde an Al_2O_3 bei 300° zu *3-Oxotetrahydropyran* pyrolysiert. Ferner wurde **IV** hydrolysiert u. der dabei entstehende *2-Acetoxyglutardialdehyd* nach Robinson-Schöpf zu *syn-* u. *anti-6-Acetoxypseudopelletierin* umgesetzt. Aus letzteren Verbb. wurden die entsprechenden *Alkohole* dargestellt, deren IR-Spektren die Zuordnungen der Acetate zur syn- u. anti-Reihe gestatteten.

Versuche: *1-Äthoxy-1.2-diacetoxyäthan* (**II**), $C_8H_{14}O_5$, Kp.$_{12}$ 99°, aus **I** u. Br_2 bei —60°, Zugabe des Rk.-Gemisches zu K-Acetat in Eisessig, 2std. Rühren bei Raum-Temp., 2std. Kochen u. fraktionierte Dest.; n_D^{20} 1,4160, $D._4^{20}$ 1,0794; ca. 50% (Ausbeute). Daneben *1.1-Diäthoxy-2-acetoxyäthan*, $C_8H_{16}O_4$, Kp.$_{12}$ 80°, n_D^{20} 1,4101, $D._4^{20}$ 0,9916; ca. 10%. — *O-Acetylglykolaldehyd-2.4-dinitrophenylhydrazon*, $C_{10}H_{10}N_4O_6$, F. 155,5° (Methanol–Essigester). — *1-Äthoxy-2-acetoxyäthen*, $C_6H_{10}O_3$, *trans-Form* (**IIIb**), Kp.$_{12}$ 56°, aus **II** durch Pyrolyse bei 320—330° an Al_2O_3 u. Dest. über eine Drehbandkolonne; n_D^{20} 1,4297, $D._4^{20}$ 1,0075; 75% (Gesamtausbeute). *cis-Form* (**IIIa**), Kp.$_{12}$ 64°, neben **IIIb**; n_D^{20} 1,4388; $D._4^{20}$ 1,0162. — *1-Äthoxy-2-acetoxyäthan*, Kp.$_{12}$ 51°, aus **IIIa** bzw. **IIIb** durch Hydrierung an Raney-Ni in Aceton bei Raumtemperatur. — *2-Äthoxy-3-acetoxybicyclo-[2.2.1]-hepten-(5)*, $C_{11}H_{16}O_3$, Kp.$_{12}$ 102°, aus **IIIa** u. Cyclopentadien durch 18std. Erhitzen im Rohr auf 210° in Ggw. von Hydrochinon; n_D^{20} 1,4681, $D._4^{20}$ 1,0655; 8%. — *2-Äthoxy-3-hydroxybicyclo-[2.2.1]-hepten-(5)*, $C_9H_{14}O_2$, Kp.$_{12}$ 82°, durch Verseifung vorst. Verb. mit methanol. KOH; n_D^{20} 1,4765, $D._4^{20}$ 1,0433; 85%. *Phenylurethan*, $C_{16}H_{19}NO_3$, F. 86° (Ligroin). — *2-Äthoxy-3-hydroxybicyclo-[2.2.1]-heptan*, $C_9H_{16}O_2$, Kp.$_{12}$ 85°, durch Hydrierung vorst. Verb. an PtO_2; n_D^{20} 1,4682, $D._4^{20}$ 1,0205; 90%. — *2-Äthoxy-3-acetoxy-2.3-dihydropyran, cis-Form* (**IV**), $C_9H_{14}O_4$, Kp.$_{12}$ 95°, aus **IIIa** durch 12std. Erhitzen mit Acrolein im Rohr auf 210° in Ggw. von Hydrochinon; n_D^{20} 1,4499, $D._4^{20}$ 1,0944; 55%. *trans-Form*, Kp.$_{12}$ 96°, aus 30 g **IIIb** analog **IV**; n_D^{20} 1,4500, $D._4^{20}$ 1,0942; 65%. — *2-Äthoxy-3-hydroxy-2.3-dihydropyran, cis-Form*, $C_7H_{12}O_3$, Kp.$_{12}$ 78°, aus **IV** u. 10%ig. wss. KOH; n_D^{20} 1,4636, $D._4^{20}$ 1,0958; 75%. *trans-Form*, Kp.$_{12}$ 83°, analog; n_D^{20} 1,4500, $D._4^{20}$ 1,0942; 65%. — *2-Äthoxy-3-hydroxytetrahydropyran, cis-Form* (V), $C_7H_{14}O_3$, Kp.$_{12}$ 80°, durch Hydrierung der Dihydro-Verb. an RANEY-Ni; n_D^{20} 1,4484, $D._4^{20}$ 1,0607; 90%. *trans-Form*, Kp.$_{12}$ 88°, durch Hydrierung der trans-Dihydro-Verb. an Pd-Kohle; n_D^{20} 1,4523, $D._4^{20}$ 1,0671; 90%. — *3-Oxotetrahydropyran*, $C_5H_8O_2$, Kp.$_{12}$ 55°, aus V durch Pyrolyse bei 290—300° an Al_2O_3; n_D^{20} 1,4491, $D._4^{20}$ 1,0856; 60%. *2.4-Dinitrophenylhydrazon*, $C_{11}H_{12}N_4O_5$, F. 178,5° (Zers.; Methanol-Essigester). — *2-Acetoxyglutardialdehyd*, aus IV durch Kochen mit 0,1n HCl. — *6-Acetoxypseudopelletierin*, $C_{11}H_{17}NO_3$, *anti-Form*, F. 102° (Platten), durch Zugabe der Lsg. vorst. Verb. zu Acetondicarbonsäure, Methylaminhydrochlorid u. Na-Acetat in W. u. 3tägiges Stehen bei pH 4 bei Raum-Temp., nach Aufarbeitung Lösen in sd. Ae.; 26 g (Gesamtausbeute). *Pikrat*, $C_{17}H_{20}N_4O_{10}$, F. 133° (Zers.; Methanol). *syn-Form*, Kp.$_{0,05}$ 89—90°, neben der anti-Form. *Pikrat*, F. 192° (Zers.; Methanol). — *6-Hydroxypseudopelletierin*, $C_9H_{15}NO_2$, *syn-Form*, F. 156,5°, durch Kochen vorst. syn-Verb. mit methanol. KOH (20 Min.) u. Sublimation; 65%. *anti-Form*, F. 123°, analog; 90%.

D. KIRSTEIN. 3500□

Synthese von Colchicin. A. W. Johnson. (Sci. Progr. **49.** 491—94. Juli 1961. Nottingham, Univ., Dep. of Chem.) (Engl.)

Übersicht. — 12 Literaturangaben. P. GOLINSKE. 3500□

Alkaloide aus Stemmadenia-Arten. 1. Mitt. Die Alkaloide von S. Donnell-Smithii und S. Galeottiana. F. Walls, O. Collera und A. Sandoval L. (Tetrahedron [London] 2. 173—82. Mai 1958. México, Univ. Nacional Autónoma México, Inst. de Quím.) (Engl.)

Vff. isolierten aus *Stemmadenia Donnell-Smithii (Rose) Woodson* (**A**) neben *Voacangin* (I), *Tabernanthin* (II) u. *Voacamin* die neuen Alkaloide (+)-*Quebrachamin* (IV), *Isovoacangin* (V) u. *Stemmadenin*. *S. Galeottiana (A. Rich.) Miers.* (**B**) lieferte *Ibogamin*,

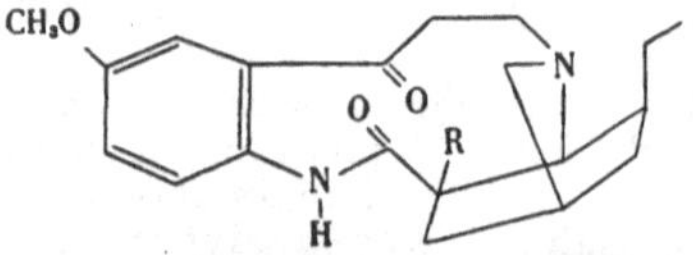

VI R = $COOCH_3$
VIa R = COOH
VIIa R = CH_2OH

Se-Dehydrierung von I gibt *Ibogain*, Ozonisierung eine *Verb.* $C_{22}H_{28}N_2O_5$ (VI), die mit Pd-Kohle zu *2-Methyl-5-äthylpyridin* (III) abgebaut wird. Der BRAUNsche Abbau von I führt zu 2 isomeren *Verbb.* $C_{23}H_{28}BrN_3O_3$ (VIII a u. b) u. zu der *Verb.* $C_{23}H_{27}N_3O_3$. Die Red. des Hauptprod. VIII a an RANEY-Ni liefert die beiden *Verbb.* $C_{23}H_{30}N_2O_4$, vermutlich einen Aldehyd u. $C_{23}H_{31}N_3O_3$, vermutlich ein Amin. V wurde durch Verseifung u. Decarboxylierung in II übergeführt u. unterschiedet sich daher von I durch die 6-Stellung der Methoxygruppe. IV wird auf Grund des UV-Spektrums als ein 2.3-disubstituiertes Indol angesehen. (vgl. dagegen WITKOP, C. **1958.** 3318). IV reagiert mit BrCN unter CN-Addition zu einer *Verb.* $C_{20}H_{25}N_3$ mit Indolenincharakter, die bei alkal. Hydrolyse IV zurückbildet. — UV- u. IR-Absorptionsspektren sind angegeben.

Versuche: (opt. Drehwerte in Chlf.): *Voacangin* (I), $C_{22}H_{28}N_2O_3$, F. 137—138° (Ae./Methanol), durch Mahlen von **A**-Holz, Trocknen bei 37°, Extrahieren von 11,5 kg Pulver mit A., Einengen, Versetzen mit 5%ig. HCl, Filtrieren, Ausäthern der Lsg., Alkalisieren mit NaOH, Ausäthern, Eindampfen, Chromatographie aus Bzl. an Al_2O_3 u. Eluieren mit Bzl./Methanol; $[\alpha]_D^{25}$ —28°; 11,2 g (Ausbeute) [daneben 0,22 g *Alkaloid vom F. 233—235* (Zers.; Ae./Methanol) u. 0,30 g *Alkaloid vom F. 135—139°* (Ae.) Methanol)]. *Pikrat*, $C_{28}H_{31}N_5O_{10}$, F. 148° (Zers.; Methanol). — *3-Methyl-5-äthylpyridin* (III), aus dem Pikrat; Öl. *Pikrat*, $C_{14}H_{14}N_4O_7$, F. 181—182°, aus 0,5 g I durch 3/4std. Erhitzen mit Pd-Kohle auf 220° u. Rk. der flüchtigen Fraktion mit Pikrinsäure in Methanol; 0,09 g [daneben *Verb.* $C_{11}H_{13}NO_2$ oder $C_{23}H_{30}N_2O_4$ (vermutlich 2.3-disubstituiertes 5-Methoxyindol), F. 80—81°, aus der nicht flüchtigen Fraktion durch Extraktion mit Bzl., Chromatographie an Al_2O_3 mit Ae. u. Sublimation bei 90°/0,01 Torr]. — *Ibogain*, $C_{20}H_{26}N_2O$, F. 150—151° (Methanol), durch 1std. Erhitzen von 1 g I mit Se auf 220° u. Chromatographie an Al_2O_3 mit Ae.; $[\alpha]_D^{25}$ —56° (A.); 0,12 g. — *Verb.* $C_{22}H_{28}N_2O_5$ (VI), F. 186—187°, aus I durch Ozonisierung in Eissigsäure/W. unter Eiskühlung u. Chromatographie der bas. Fraktion mit Bzl. an Al_2O_3; $[\alpha]_D^{25}$ +136°; aus Chlf./Methanol gelbe Kristalle; 30,1%. 8std. Kochen von 0,3 g VI mit methanol. KOH → 0,18 g einer gelben Säure VI a, die beim Verestern mit CH_2N_2 VI liefert. 1std. Erhitzen von VI mit Pd-Kohle auf 250° → III. — *Voacanginol* (VII), $C_{21}H_{28}N_2O_2$, F. 203—205° (Chlf.), durch 4std. Kochen von 1 g I mit $LiAlH_4$ in Tetrahydrofuran u. Chromatographie mit Ae./Chlf.; 0,57 g. *Hydrochlorid-Acetonsolvat*, $C_{21}H_{28}N_2O_2 \cdot HCl \cdot C_3H_6O$, F. 202—204° (Zers.); $[\alpha]_D^{25}$ +0° (W.). — *Verb.* $C_{21}H_{28}N_2O_4$ (VII a), F. 130—131° (Aceton/Hexan), aus 1,8 g VII durch Ozonisierung; $[\alpha]_D^{25}$ +72°; 0,4 g. — *Verb.* $C_{23}H_{28}BrN_3O_3$ (VIII a), F. 203—204° (Chlf./Methanol), durch 9std. Kochen von 10 g I mit BrCN in Chlf., mehrstd. Stehen, Eindampfen, Kristallisieren aus Ae. u. Chromatographie der Mutterlauge; $[\alpha]_D^{18}$ —92°;

8,26 g; daneben 370 mg *Verb.* $C_{23}H_{28}BrN_3O_3$ (VIII b, F. 238—240°, $[\alpha]_D^{25}$ +46°) u. 100 mg *Verb.* $C_{23}H_{27}N_3O_3$ (F. 175—176°, $[\alpha]_D^{25}$ —34°). — *Aldehyd* $C_{23}H_{30}N_2O_4$, F. 240—241°, durch 3 std. Kochen von 1,5 g VIII a mit RANEY-Ni in A.; $[\alpha]_D^{25}$ ± 0°; 0,45 g. Daneben 0,16 g *Amin* $C_{23}H_{31}N_3O_3$ (F. 212°, aus der Mutterlauge durch Chromatographie; $[\alpha]_D^{25}$ —215°). — (+)-*Quebrachamin* (IV), $C_{19}H_{26}N_2$, F. 147—149° (Hexan, Methanol u. Sublimation bei 130°/0,001 Torr), durch Aufarbeiten von **A**-Rinde analog I; $[\alpha]_D^{25}$ +111°; 3 g. *Pikrat*, F. 190—193°; rote Kristalle. — *rac. Quebrachamin*, F. 112—115° (wss. Methanol), aus einem 1 : 1-Gemisch von IV mit dem (—)-Isomeren; $[\alpha]_D^{20}$ ± 0,00°. *Pikrat*, F. 176—179°; $[\alpha]_D^{20}$ ± 0,00°. — *Verb.* $C_{20}H_{25}N_3$, F. 111—112°, aus 1,7 g IV durch 4 std. Kochen mit BrCN in Chlf., Eindampfen, Chromatographie an Al_2O_3 mit Chlf./Methanol u. Sublimation bei 95°/0,001 Torr; 0,173 g. 2 std. Kochen mit alkohol. KOH u. Sublimation → IV. — *Isovoacangin* (V), $C_{22}H_{28}N_2O_3$, F. 156—157°, sublimiert bei 140°/0,001 Torr; neben IV; $[\alpha]_D$ —52°; 1,2 g. *Hydrochlorid*, F. 225—228° (Methanol), $^3/_4$ std. Dehydrierung von 0,5 g V mit Pd-Kohle bei 220—240° → III (als 42 mg Pikrat) u. 22 mg einer *Verb.* $C_{12}H_{15}NO$, vermutlich *6-Methoxy-2(3)-methyl-3(2)-äthylindol*, F. 81—82°, sublimiert bei 65°/0,005 Torr. — *Tabernanthin* (II). $C_{20}H_{26}N_2O$, F. 211 bis 212°, sublimiert bei 160°/0,005 Torr, a) neben IV; 204 mg; b) durch 12 std. Kochen von 0,5 g V mit KOH in A., Ansäuern mit HCl auf pH 3, Decarboxylieren der entstandenen Säure durch 12 std. Erhitzen auf dem Dampfbad, Alkalisieren u. Ausäthern; 0,26 g; $[\alpha]_D$ —35°. — *Voacamin*, $C_{34}H_{39}N_3O_4$, F. 223—224° (Zers.), neben IV; $[\alpha]_D^{26}$ —46°; 0,14 g. — *Stemmadenin*, $C_{21}H_{26}N_2O_3$, F. 199—200° (Zers.), durch Extraktion von **A**-Früchten mit A., Einengen, Zugabe von 5%ig. Essigsäure, Extrahieren mit Hexan, Alkalisieren mit NaOH u. Extrahieren mit Chlf.; $[\alpha]_D^{25}$ +324° (Pyridin). — *Ibogamin* $C_{19}H_{24}N_2$, F. 163—164°, durch Extraktion von **B**-Holz analog vorst. Verb.; $[\alpha]_D^{25}$ —60°.
B. MEHLIS. 3500

Ableitung von Dihydrocorynanthean und 3-Epidihydrocorynanthean aus Cinchonin. Eiji Ochiai und Masayuki Ishikawa. (Chem. pharmac. Bull. [Tokyo] 7. 386—89. Mai 1959. Hongo, Tokyo, Univ. Tokyo, Pharmaz. Fak.) (Dt.)

Aus 9-Benzoyl-2'-oxohexahydrocinchonin (F. 225—227°; Prismen) entsteht mit BrCN in 85%ig. Ausbeute *2-Oxo-4-[5-äthyl-4-(β-bromäthyl)-1-cyanpiperidyl-(2)-benzoyloxymethyl]-1.2.3.4-tetrahydrochinolin* ($C_{27}H_{30}BrN_3O_3$, F. 185—187°, in nadelförmigen Kristallen, welches in Ggw. von RANEY-Ni u. KOH red. u. anschließend mit 10%ig. alkohol. KOH erhitzt wird. Das Rk.-Prod. zeigt im IR-Spektrum eine Laktambande u. zeigt die positive Diazo-Rk. eines aromat. Primäramins; es wird als *1-Oxo-3-[o-aminophenyl]-4-hydroxy-6.7-diäthylchinolizidin* (III; $C_{19}H_{28}N_2O_2$, F. 190—191°; schuppenförmige Kristalle) angesehen, da es bei der Dehydrierung mit Se *3.4-Diäthyl-* (*Pikrat*, F. 139°) u. *2-Methyl-4.5-diäthylpyridin* (*Pikrat*, F. 165—166,5°) liefert. Bei Red. mit $LiAlH_4$ in Tetrahydrofuran (THF) entsteht aus III eine *sirupöse Base*, welche nach OPPENAUER mit Li-tert.-Butylat u. Benzophenon zu *3-Epidihydrocorynanthean* (I; $Kp._{10^{-3}}$ 180—190°). *Pikrat*, $C_{19}H_{26}N_2 \cdot C_6H_3N_3O_7$, F. 207—208°) oxydiert wird. Die Konstit. von I wird durch UV- u. IR-Spektrum bestätigt. Weiter wird I durch Pb-Tetraacetat-Dehydrierung in das *Tetradehydrodihydroderiv.* (*Perchlorat*, $C_{19}H_{23}N_2ClO_4$, F. 209—210°) übergeführt. Während 10-Methoxydihydrocorynanthean (II) mit Hg(II)-Acetat schon bei Wasserbad-Temp. dehydriert wird, liefert I erst beim Erhitzen mit Hg(II)-Acetat im Rohr bei 120° ein *Didehydro-Deriv.* (*Perchlorat* IV; $C_{19}H_{25}N_2ClO_4$, F. 257—259°; Nadeln), übereinstimmend mit der Annahme der β-Konfiguration des $C_{(3)}$-H-Atoms. Bei der Red. mit $NaBH_4$ entsteht aus IV *Dihydrocorynanthean* [$C_{19}H_{26}N_2$, F. 185,5—186°; $[\alpha]_D$ —38° (CH_3OH); Nadeln]. Zur Kontrolle wird II analog I mit Hg(II)-Acetat zu dem entsprechenden *Didehydroderiv.* [*Perchlorat* $C_{20}H_{27}NO_2 \cdot ClO_4$, F. 256—258° (Zers.)] oxydiert, welches bei der Red. mit $NaBH_4$ wieder II liefert. Die Vff. nehmen an, daß die Konfiguration am $C_{(8)}$ in Chinin bzw. Chinchonin bei der OPPENAUER-Oxydation erhalten bleibt. H. KNIESZ. 3500□

Die olefinische Bindung im Gelsemin. Léo Marion und K. Sargeant. (Canad. J. Chem. 35. 301—04. April 1957. Ottawa, Nat. Res. Counc., Div. of Pure Chem.) (Engl.)

Bei der oxydativen Spaltung der olefin. Doppelbindung des $N_{(a)}$-Methylgelsemins (I) mit Na-Metaperjodat u. OsO_4 entsteht eine *Verb.* II mit aldehyd. Carbonylgruppe, wie die Überführbarkeit des *Oxims* in das *Nitril* u. die Bldg. einer *Verb.* $C_{20}H_{24}N_2O_2$ mit C—CH_3-Gruppierung bei der WOLFF-KISHNER-Red. von II beweisen. Die Verbb. werden durch ihre IR-Spektren charakterisiert. Es wird auf diese Weise gezeigt, daß die olefin. Doppelbindung des Gelsemins nicht, wie bisher angenommen, einer exocycl. Methylengruppe, sondern einer Vinyl-Seitenkette angehört. Der starke Einfl., den die Aldehyd- u. Nitril-Bldg. auf die Basizität des I haben, läßt vermuten, daß die Vinylgruppe in Nachbarschaft des bas. N (b) des I liegen muß.

Versuche ($[\alpha]_D$-Werte in Chlf.): *Aldehyd*, $C_{20}H_{22}N_2O_3$ (II), F. 192—194°, durch Oxydation von 2,0 g I mit $NaJO_4$ in Dioxan/W. in Ggw. von OsO_4, Extraktion mit Chlf.,

Eindampfen, Aufnehmen des Rückstandes in Chlf., Extraktion der Chlf.-Lsg. mit HCl, Alkalisieren der sauren Lsg., Chlf.-Extraktion u. Einengen der Chlf.-Lsg; Platten aus Aceton/n-Hexan; $[\alpha]_D$ −16,3 (c = 2,09); 1,5 g (Ausbeute). — *Oxim*, $C_{20}H_{23}N_3O_3$ (III), F. 267—268°, aus 250 mg II durch 18std. Kochen mit $HONH_2 \cdot HCl$ in CH_3OH, Abdampfen des Lsgm. u. Aufnehmen des Rückstands in Chlf.; prismat. Nadeln aus Chlf./Methanol; 224 mg. — *Nitril* $C_{20}H_{21}N_3O_2$, F. 240—241°, aus 500 mg III durch 18std. Erhitzen mit Acetanhydrid/Pyridin (30 : 1) auf 100°, Abdampfen der Fll. im Vakuum, Aufnahme des Rückstandes in Bzl., Chromatographie an Al_2O_3 u. Elution mit Bzl./Äther; $[\alpha]_D$ −41,0° (c = 2,05); Platten aus Aceton/n-Hexan; 134 mg. — *Verb.* $C_{20}H_{24}N_2O_2$, F. 173—175°, durch 2std. Erhitzen von 500 mg II in Triäthylenglykol mit 85%ig. $N_2H_4 \cdot H_2O$ auf 140°, Zusatz von NaOH, 1std. Erhitzen auf 165°, 4std. Erhitzen auf 205° u. Extraktion mit Chlf.; prismat. Nadeln aus Aceton; $[\alpha]_D$ +12,1° (c = 2,06); 124 mg. W. BETCKE. 3500□

Über Lucaconin. Takashi Amiya und Takeo Shima. (Bull. chem. Soc. Japan **31**. 1082—84. Dez. 1958. Sapporo, Hokkaido Univ., Fac. of Sci., Dep. of Chem.) (Engl.)

Lucaconin (I, $C_{24}H_{39}NO_7$) liefert bei der Oxydation mit CrO_3 in Pyridin die neutralen Verbb. *Oxolucaconin* ($C_{24}H_{37}NO_8 \cdot 1^3/_4 H_2O$), *Oxolucaconinon II* (II, $C_{24}H_{35}NO_8$, F. 218°) u. *Oxolucaconindion* ($C_{24}H_{33}NO_8$). II entsteht auch aus dem Monoacetyl-Deriv. ($C_{26}H_{41}NO_8$) von I mit CrO_3-Pyridin u. nachfolgende Hydrolyse. I liefert bei der Behandlung mit CH_3COCl *Anhydrodiacetyllucaconin* (V, $C_{28}H_{41}NO_8$), das bei der Hydrierung an Pt in Essigsäure *Anhydrodihydrodiacetyllucaconin* (III, $C_{28}H_{43}NO_8$, F. 175°) ergibt. III geht bei der Hydrolyse in *Anhydrodihydrolucaconin* (IV, $C_{24}H_{39}NO_6$, F. 210°) über. Aus IV entsteht durch Red. mit $LiAlH_4$ u. anschließende Acetylierung *Anhydrodihydrotriacetyllucaconinol* ($C_{30}H_{47}NO_9$, F 130—133°). V liefert mit $LiAlH_4$ *Anhydrolucaconinol* ($C_{24}H_{39} \cdot NO_6$, F. 185—190°). Umsetzung von II mit CH_3COCl, anschließende Hydrolyse u. Oxydation mit CrO_3–Pyridin führen zu *Anhydrooxolucaconindion* ($C_{24}H_{31}NO_7$). WOLFF-KISHNER-Red. von Lucaconinon I ($C_{24}H_{37}NO_7$) gibt *Desoxylucaconinon I* ($C_{24}H_{39}NO_6$, F. 165°), das mit CH_3COCl u. nachfolgende Hydrierung an Pt *Anhydrodihydromonoacetyldesoxylucaconinon I* ($C_{26}H_{41}NO_6$, F. 84—90°) liefert. Für alle aufgeführten Umwandlungs-Prodd. von I werden spektrograph. Daten diskutiert. Teilformeln für I werden vorgeschlagen. J. ENGMANN. 3500□

Struktur von Rimuen. L. H. Briggs, B. F. Cain und J. K. Wilmshurst. (Chem. and Ind. **1958**. 599. 17/5. New Zealand, Auckland Univ., Dep. of Chem.) (Engl.)

Zur Klärung der Struktur von *Rimuen* (I) wurden die folgenden Unterss. angestellt: Das IR-Spektrum von I zeigt Maxima bei 1645 (C=C), 1000 u. 912 (—CH=CH_2) u. 824 cm^{-1} (—CH=C<). I gibt bei milder Hydrierung ein *Dihydro-Deriv.* (II; $C_{20}H_{34}$, F. 30—31°, $[\alpha]_D^{26}$ +56,6°, Maxima im IR-Spektrum bei 1655 (C=C) u. 823 cm^{-1} (—CH=C<); bei energ. Hydrierung entsteht *Tetrahydrorimuen* ($C_{20}H_{36}$, F. 85,5—86,5°, $[\alpha]_D^{25}$ +68,5°). Drast. Dehydrierung von I führt zu *Pimanthren* (III). Partielle katalyt. Dehydrierung von II liefert einen *Naphthalin-KW-Stoff* $C_{18}H_{22}$ ($Kp._{0,1}$ 120°. *Trinitrobenzolat*, $C_{24}H_{25}N_3O_6$, F. 122—123°), der bei weiterer Dehydrierung III liefert. Durch Oxydation von II mit Monoperphthalsäure erhält man ein *fl. Oxid*, das mit CH_3MgJ umgesetzt u. mit Se oxydiert *1.2.8-Trimethylphenanthren* (F. 142°. *Trinitrobenzolat*, F. 181°. *Pikrat*, F. 170°) ergibt. L. JOHANNSEN. 3600□

Untersuchungen von Triterpenen. 2. Mitt. **über die Struktur von Zeorin.** A. A. Rjabinin und L. G. Matjuchina. (Журнал Общей Химии [J. allg. Chem.] **28** (**90**). 2595—98. Sept. 1958. Botan. Inst. der Akad. der Wiss. der UdSSR.) (Russ.) — 1. vgl. C. **1960**. 501.

Es wird festgestellt, daß *Zeorin* (I) einen Fünfring enthält, der in α-Stellung zu dem anellierten Ring eine Isopropylgruppe trägt (vgl. nebenst. Formelbild). Die bei H_2CrO_4-

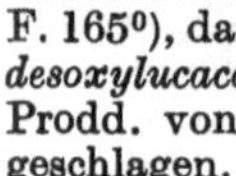

Oxydation von I entstehende *Diketosäure* $C_{27}H_{42}O_4$ (II) (vgl. l. c.) entsteht durch Öffnung des Fünfrings. Durch Ozonolyse von Acetylzeorinin wird ein *Ozonid* erhalten, das bei der katalyt. Hydrierung ein *Diketon* $C_{32}H_{52}O_4$ liefert. Die Doppelbindung in I befindet sich somit zwischen 2 tert. gebundenen C-Atomen.

Versuche: *Diketosäure* $C_{27}H_{42}O_4$ (II), F. 244,5—245,5° (korr.), man oxydiert 8,54 g I-Acetat in 150 ml Essigsäure bei 42—55° mit H_2CrO_4 (aus 7,2 g CrO_3), verd. mit W., säuert an, extrahiert mit Ae., zieht den Ae.-Extrakt mit K_2CO_3 aus, verseift die erhaltene Acetyl-Verb. durch Kochen mit 25%ig. methanol. KOH u. oxydiert die erhaltene Hydroxyketosäure mit H_2CrO_4 in essissaurer Lösung. *Methylester*, F. 145,5—146,5° (korr.). — *Hydroxylacton* $C_{27}H_{44}O_3$ (III), F. 230—231° (korr.; A.), durch Kochen von 8,95 g II in Isobutanol mit Na, Waschen mit W. u. Schütteln mit HCl; 5,5 g (Ausbeute). — *Ketolacton* $C_{27}H_{42}O_3$, F. 361,5° (korr.); durch Oxydation von 4 g III in 400 ml Essigsäure mit

H_2CrO_4 (aus 1 g CrO_3) bei Zimmer-Temp.; aus Dioxan Nadeln; 2,5 g. Gibt kein Semicarbazon; wird beim Kochen in Dioxan mit KOH langsam unter Bldg. einer *Hydroxysäure* (*Ag-Salz*, $C_{27}H_{43}AgO_4$) verseift. — *Acetoxydiketon* $C_{32}H_{52}O_4$, F. 123—124° (korr.;A.), durch Hydrierung von Acetylzeorininozonid in Ae. in Ggw. von Pd/$BaSO_4$; 3,02 g. *Disemicarbazon*, $C_{34}H_{58}N_6O_4$, F. 220° (korr.). — Durch 50 Min. langes Erhitzen von 14,7 g I in 300 ml Essigsäure auf 100° in Ggw. von 5 ml H_2SO_4 wird ein *Dien-KW-Stoff* $C_{30}H_{48}$ [F. 181—182° (korr.; Aceton oder Essigsäure); $[\alpha]_D$ 47,6° (c = 4,22); Nadeln; 7,7 g] u. ein weiterer *Dien-KW-Stoff* $C_{30}H_{48}$ (F. 137—143°) erhalten.

W. KURTZMANN. 3600

Über Triterpenoide. 56. Mitt. **Die Chemie der Sojasapogenole A, B und C.** Hugh M. Smith, John M. Smith und F. S. Spring. (Tetrahedron [London] **4.** 111—31. Okt. 1958. Glasgow, Roy. Coll. of Sci. and Technol.) (Engl.) — 55. vgl. C. **1961.** **16484.**

Aus Sojabohnenmehl werden durch A.-Extraktion, HCl-Hydrolyse u. Acetylierung *Sojasapogenol-A-tetraacetat* (**I**), *-B-triacetat* (**II**), *-C-diacetat* (**III**), *-D-diacetat* u. *β-Sitosterylacetat* isoliert u. chromatograph. getrennt. *Sojasapogenol-A* (**IV**), *Sojasapogenol-B* (**V**) u. **III** erhalten die Strukturen *3β.21α.22α.24-Tetrahydroxy-*Δ^{12}*-oleanen*, *3β.21α.24-Trihydroxy-*Δ^{12}*-oleanen* bzw. *3β.24-Diacetoxy-*$\Delta^{12,21}$*-oleanadien.* **IV** gibt bei milder Acetylierung ein *Triacetat* (**VI**) u. unter kräftigeren Bedingungen wieder **I**. Mit Aceton/H_2SO_4 entsteht aus **IV** *3β.24;21α.22α-Bis-[isopropylidendioxy]-*Δ^{12}*-oleanen.* Bei der Oxydation mit H_2O_2/Ameisensäure geht **I** in *3β.21α.22α.24-Tetraacetoxy-12-oxooleanan* (**VII**) über, das durch Rk. mit Br_2/Eisessig zu *3β.21α.22α.24-Tetraacetoxy-12-oxo-*$\Delta^{9,11}$*-oleanen* dehydriert wird. Dieses wird durch SeO_2-Oxydation in *3β.21α.22α.24-Tetraacetoxy-12-oxo-*$\Delta^{9,11,14}$*-taraxeradien* u. weiter in *3β.21α.22α.24-Tetrahydroxy-12-oxo-*$\Delta^{9,11,14}$*-taraxeradien* übergeführt. Diese Rk.-Folge verläuft analog der Überführung von β-Amyrinacetat zu 3β-Acetoxy-12-oxo-$\Delta^{9,11,14}$-taraxeradien u. zeigt damit,

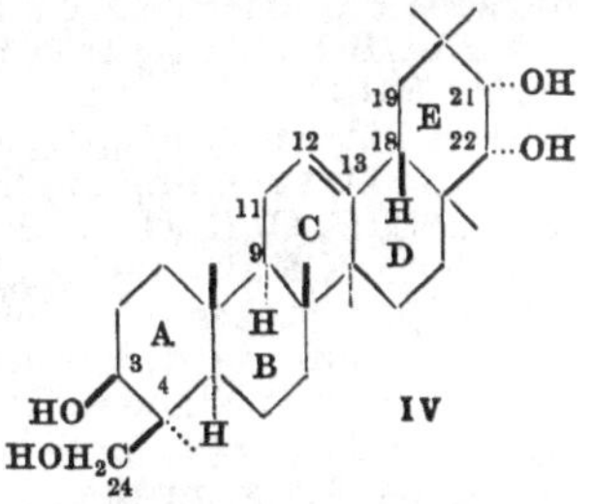

IV

daß die zweite Glykolgruppierung von **IV** nicht am Ring D sitzen kann. Durch SeO_2 läßt sich **I** zu *3β.21α.22α.24-Tetraacetoxy-*$\Delta^{11,13,18}$*-oleanadien* (**VIII**) oxydieren u. weiter zu *3β.21α.22α.24-Tetrahydroxy-*$\Delta^{11,13,18}$*-oleanadien* verseifen. Dieses gibt bei milder Acetylierung ein *Triacetat*, das andererseits auch durch SeO_2-Oxydation von **VI** erhalten werden kann. Durch kräftige SeO_2-Oxydation wird **I** in *3β.21α.22α.24-Tetraacetoxy-12.19-dioxo-*$\Delta^{9,11,13,18}$*-oleanadien* (**IX**) übergeführt, das sich nach alkal. Hydrolyse u. Acetylierung zu *3β.21α.22β.24-Tetraacetoxy-12.19-dioxo-*$\Delta^{9,11,13,18}$*-oleanadien* (**X**) umlagert. **IX** geht bei der Red. mit Zn in *3β.21α.22α,24-Tetraacetoxy-12.19-dioxo-*$\Delta^{9,11}$*-oleanen* (**XI**) über, während **X** bei dieser Red. *3β.21α.22β.24-Tetraacetoxy-12.19-dioxo-*$\Delta^{9,11}$*-oleanen* (**XII**) liefert. **XI** u. **XII** lagern sich beim Behandeln mit Alkali u. erneuten Acetylieren zu *3β.21α.22β.24-Tetraacetoxy-12.19-dioxo-18α-*$\Delta^{9,11}$*-oleanen* um. Analog der Oxydation von **I** zu **VII** wird **II** durch H_2O_2/Ameisensäure oder CrO_3 zu *3β.21α.24-Triacetoxy-12-oxooleanan* oxydiert, das zu *3β.21α.24-Trihydroxy-12-oxooleanan* verseift werden kann. Durch milde SeO_2-Oxydation geht **II** in *3β.21α.24-Triacetoxy-*$\Delta^{11,13,18}$*-oleanadien* über, das mit Aceton/H_2SO_4 *21α-Hydroxy-3β.24-isopropylidendioxy-*$\Delta^{11,13,18}$*-oleanadien* liefert. Dieses Deriv. kann zu *21-Oxo-3β.24-isopropylidendioxy-*$\Delta^{11,13,18}$*-oleanadien* oxydiert werden, das nach Hydrolyse u. Acetylierung *3β.24-Diacetoxy-21-oxo-*$\Delta^{11,13,18}$*-oleanadien* liefert. Andererseits gibt **V** mit Aceton/H_2SO_4 *21α-Hydroxy-3β.24-isopropylidendioxy-*Δ^{12}*-oleanen* (**XIII**), das mit $POCl_3$/Pyridin dehydratisiert u. zu **III** acetyliert werden kann. **XIII** läßt sich mit CrO_3 zu *21-Oxo-3β.24-isopropylidendioxy-*Δ^{12}*-oleanen* oxydieren, das durch $LiAlH_4$ zu **XIII** u. *21β-Hydroxy-3β.24-isopropylidendioxy-*Δ^{12}*-oleanen* red. wird. Letztere Verb. wird zu *3β.21β.24-Triacetoxy-*Δ^{12}*-oleanen* (**XIV**) hydrolysiert u. acetyliert. Bei kräftiger SeO_2-Oxydation geht **XIV** in *3β.21β.24-Triacetoxy-12.19-dioxo-*$\Delta^{9,11,13,18}$*-oleanadien* (**XV**) über. **XV** liefert bei alkal. Hydrolyse u. Acetylierung *3β.21α.24-Triacetoxy-12.19-dioxo-*$\Delta^{9,11,13,18}$*-oleanadien* (**XVI**), das andererseits auch durch kräftige SeO_2-Oxydation von **II** erhalten werden kann. **XVI** lagert sich bei alkal. Hydrolyse nicht mehr um u. gibt dabei *3β.21α.24-Trihydroxy-12.19-dioxo-*$\Delta^{9,11,13,18}$*-oleanadien* (**XVII**), das wieder zu **XVI** acetyliert werden kann. Mit Aceton/H_2SO_4 liefert **XVII** *21α-Hydroxy-3β.24-isopropylidendioxy-12.19-dioxo-*$\Delta^{9,11,13,18}$*-oleanadien*, das zu *12.19.21-Trioxo-3β-24-isopropylidendioxy-*$\Delta^{9,11,13,18}$*-oleanadien* oxydiert u. zu *3β.24-Diacetoxy-12.19.21-trioxo-*$\Delta^{9,11,13,18}$*-oleanadien* hydrolysiert u. acetyliert wird. Weiter wird **III** durch Oxydation mit OsO_4 in **I** u. das stereoisomere *3β.21β.22β.24-Tetraacetoxy-*Δ^{12}*-oleanen* (**XVIII**) übergeführt. Bei kräftiger SeO_2-Oxydation liefert **XVIII** *3β.21β.22β.24-Tetraacetoxy-12.19-dioxo-*$\Delta^{9,11,13,18}$*-oleanadien*, das sich bei alkal. Hydrolyse u. nachfolgendem Acetylieren zu *3β.21α.22β.24-Tetraacetoxy-12.19-dioxo-*$\Delta^{9,11,13,18}$-

oleanadien umlagert. Bei kräftiger SeO_2-Oxydation gibt **III** ein *Dioxodien* (**XIX**), das mit Zn zu einem *Dihydrodioxodien* (**XX**) red. werden kann. Andererseits läßt sich **III** zu *Dihydrosojasapogenol-C-diacetat* [*3β.24-Diacetoxy-Δ^{12}-oleanen*] hydrieren, mit SeO_2 zu *3β.24-Diacetoxy-12.19-dioxo-$\Delta^{9,11,13,18}$-oleanadien* oxydieren u. weiter mit Zn zu *3β.24-Diacetoxy-12.19-dioxo-$\Delta^{9,11}$-oleanen* (**XXI**) reduzieren. **XX** u. **XXI** werden katalyt. zu *3β.24-Diacetoxy-19-oxo-$\Delta^{9,11}$-oleanen* hydriert.

Versuche ($[\alpha]_D$ in Chlf.): *Sojasapogenol-B-triacetat* (**II**), $C_{36}H_{56}O_6$, F. 179—180°, a) durch Extrahieren von 3 kg Sojabohnenmehl mit sd. 80%ig. A., Hydrolyse der Extrakte mit methanol. HCl, dann mit methanol. KOH, Extrahieren der alkal. Lsg. mit Bzl. (→ 10 g Rohsterin), Kristallisieren von 65 g der Rohsterine aus Bzl. (→ 25 g **A** u. Mutterlauge **B**), Acetylieren der 25 g **A** mit Acetanhydrid/Pyridin bei 100°, Al_2O_3-Chromatographie u. Eluieren mit PAe./Bzl. (1 : 1); 11 g (Ausbeute); b) aus 100 mg **V** durch 17 std. Stehen mit Acetanhydrid/Pyridin (1 : 1) bei 0—5°; 105 mg; aus Chlf./CH_3OH Nadeln; $[\alpha]_D$ +77,5° (c = 1,0). — *Sojasapogenol-A-tetraacetat* (**I**), $C_{38}H_{58}O_8$, F. 228—229°, a) durch weiteres Eluieren der Al_2O_3-Säule mit Bzl./Ae. (10 : 1) neben vorst. Verb.; 6,2 g; b) aus **IV** mit Acetanhydrid/Pyridin bei 100°; aus Chlf./CH_3OH Nadeln; $[\alpha]_D$ +85° (c = 1,0). — *β-Sitosterylacetat*, F. 128—129°, durch Einengen der Mutterlauge **A**, Abfiltrieren des amorphen Nd., Acetylieren bei 100°, Al_2O_3-Chromatographie u. Eluieren mit PAe./Bzl. (10 : 1); aus Chlf./CH_3OH Plättchen; $[\alpha]_D$ —39,5° (c = 1,4); 1,3 g [*β-Sitosterin*, F. 136—137°; aus Chlf./CH_3OH Nadeln; $[\alpha]_D$ —34° (c = 0,9)]; daneben *Sojasapogenol-D-diacetat*, $C_{34}H_{54}O_5$, F. 191—192°, durch Eluieren mit PAe./Bzl. (9 : 1, 4 : 1, 2 : 1 u. 1 : 1); aus Chlf./CH_3OH Plättchen; $[\alpha]_D$ —44° (c = 1,2); 1,2 g. — *Sojasapogenol-C-diacetat* (**III**), $C_{34}H_{52}O_4$, F. 202—203°, a) durch Kristallisieren von 60 g der Rohsterine aus 200 ml CH_3OH (→ 11 g), Kristallisieren aus 150 ml Bzl., Filtrieren, Eindampfen (→ 6,5 g), Acetylieren bei 100°, Al_2O_3-Chromatographie u. Eluieren mit PAe./Bzl. (3 : 1); 1,4 g; b) durch 2 std. Kochen von 120 mg **XIII** mit $POCl_3$ in Pyridin, 20 Min. langes Kochen mit 2n methanol. HCl u. Acetylieren bei 100°; 66 mg; aus Chlf./CH_3OH Nadeln; $[\alpha]_D$ +59.5° (c = 1,3). — *Sojasapogenol A* (**IV**), F. 310—313°, durch 3 std. Kochen von **I** mit 3%ig. methanol. KOH; aus Chlf./CH_3OH Nadeln; $[\alpha]_D$ +103° (c = 0,5). *Triacetat* (**VI**), $C_{36}H_{56}O_7$, F. 256—258°, durch 17 std. Stehen von 130 mg **IV** mit Acetanhydrid/Pyridin (1 : 1) bei 0—5°, Al_2O_3-Chromatographie, Eluieren mit PAe./Bzl. (1 : 3) (→ 85 mg **I**) u. Eluieren mit Bzl. u. Bzl./Ae.; aus Chlf./CH_3OH Plättchen; $[\alpha]_D$ +71,7° (c = 0,8); 45 mg. — *Sojasapogenol B* (**V**), F. 260—261°, durch 1 std. Kochen von **II** mit $LiAlH_4$ in Ae.; aus Chlf./CH_3OH Nadeln; $[\alpha]_D$ +90° (c = 1,1). — *3β.24;21α.22α-Bis-[isopropylidendioxy]-oleanen-(12)*, $C_{36}H_{58}O_4$, F. 236—238°, durch 27 std. Stehen von **IV** in Aceton/Ae. (1 : 4) in Ggw. von konz. H_2SO_4 bei 17° u. Al_2O_3-Chromatographie; aus Chlf./CH_3OH Nadeln; $[\alpha]_D$ +93° (c = 1,5). — *3β.21α.22α.24-Tetraacetoxy-12-oxo-oleanan* (**VII**), $C_{38}H_{58}O_9$, F. 308—310°, durch langsames Zutropfen von H_2O_2/Ameisensäure zu 1 g **I** in Äthylacetat bei 45°, 3 std. Stehen bei 45° u. Einengen; aus Chlf./CH_3OH Nadeln; $[\alpha]_D$ +19,6° (c = 1,2); 0,75 g. — *3β.21α.22α.24-Tetraacetoxy-12-oxo-$\Delta^{9,11}$-oleanen*, $C_{38}H_{56}O_9$, F. 275—276°, durch langsame Zugabe von Br_2/Eisessig zu 1,4 g vorst. Verb. in Eisessig bei 60—63°, 5 std. Stehen bei 100°, ca. 12 std. Stehen bei Raum-Temp. u. Zugabe von W.; aus Chlf./CH_3OH Nadeln; $[\alpha]_D$ +72,6° (c = 1,0); 1,1 g. — *3β.21α.-22α.24-Tetraacetoxy-12-oxo-$\Delta^{9,11,14}$-taraxeradien*, $C_{38}H_{54}O_9$, F. 240—241°, durch 24 std. Kochen vorst. Verb. mit SeO_2 in Eisessig, Filtrieren, Verdünnen mit W., Extrahieren mit Ae. u. Al_2O_3-Chromatographie; aus wss. CH_3OH Plättchen; $[\alpha]_D$ —1,7° (c = 4,1). — *3β.21α.22α.24-Tetrahydroxy-12-oxo-$\Delta^{9,11,14}$-taraxeradien*, $C_{30}H_{46}O_5$, F. 296—298°, durch 3 std. Kochen von vorst. Tetraacetat mit 3%ig. methanol. KOH; aus wss. CH_3OH prismat. Nadeln; $[\alpha]_D$ —54,8° (c = 1,6; CH_3OH). — *3β.21α.22α.24-Tetraacetoxy-$\Delta^{11,13,18}$-oleanadien* (**VIII**), $C_{38}H_{56}O_8$, F. 242—243°, durch 1 std. Kochen von 200 mg **I** mit SeO_2 in Eisessig; aus Chlf./CH_3OH Nadeln; $[\alpha]_D$ +13,1° (c = 1,5); 150 mg. — *3β.21α.22α.24-Tetrahydroxy-$\Delta^{11,13,18}$-oleanadien*, $C_{30}H_{48}O_4$, F. 322—324°, durch 3 std. Kochen vorst. Verb. mit 3%ig. methanol. KOH; aus CH_3OH Plättchen; $[\alpha]_D$ —42,6° (c = 1,3; A.). *Triacetat*, $C_{36}H_{54}O_7$, F. 256—258°, a) durch ca. 12 std. Stehen der Tetrahydroxy-Verb. mit Acetanhydrid/Pyridin (1 : 1) bei 0—5°, Al_2O_3-Chromatographie, Eluieren mit PAe./Bzl. (1 : 3) (→ **VIII**) u. Eluieren mit Ae. u. Ae./CH_3OH (20 : 1); b) durch 1 std. Kochen von 70 mg **VI** mit SeO_2 in Eisessig, Al_2O_3-Chromatographie u. Eluieren mit Ae./CH_3OH (20 : 1); 45 mg; aus Chlf./CH_3OH Stäbchen; $[\alpha]_D$ —10,5° (c = 1,1). — *3β.21α.22α.24-Tetraacetoxy-12.19-dioxo-$\Delta^{9,11,13,18}$-oleanadien* (**IX**), $C_{38}H_{52}O_{10}$, F. 265—266°, durch 24 std. Kochen von 2,1 g **I** mit SeO_2 in Benzylacetat, Filtrieren, Eindampfen u. Al_2O_3-Chromatographie; aus Chlf./CH_3OH Nadeln; $[\alpha]_D$ —42,5° (c = 1,0); 850 mg. — *3β.21α.22β.24-Tetraacetoxy-12.19-dioxo-$\Delta^{9,11,13,18}$-oleanadien* (**X**), $C_{38}H_{52}O_{10}$, F. 330—332° (Zers.), durch 2½ std. Kochen von 100 mg **IX** mit 3%ig. methanol. KOH u. Acetylieren; aus Chlf./CH_3OH prismat. Nadeln; $[\alpha]_D$ —48,4° (c = 1,8);

75 mg. — *3β.21α.22α.24- Tetraacetoxy-12.19-dioxo-* $\Delta^{9,11}$*-oleanen* (**XI**), $C_{38}H_{54}O_{10}$, F. 274 bis 275°, durch 5std. Kochen von 400 mg **IX** mit Zn-Staub in A.; aus Chlf./CH_3OH Plättchen; $[\alpha]_D$ +108,4° (c = 1,5); 330 mg. — *3β.21α.22β.24-Tetraacetoxy-12.19-dioxo-* $\Delta^{9,11}$*-oleanen* (**XII**), $C_{38}H_{54}O_{10}$, F. 239—241°, aus **X** analog **XI**; aus Chlf./CH_3OH Blättchen; $[\alpha]_D$ +153,5° (c = 1,0). — *3β.21α.22β.24-Tetraacetoxy-12.19-dioxo-18α-* $\Delta^{9,11}$*-oleanen*, $C_{38}H_{54}O_{10}$, F. 326—328°, a) durch 6std. Kochen von 150 mg **XI** mit 10%ig. wss.-methanol. KOH unter N_2, Extrahieren mit Chlf. u. 16std. Stehen mit Acetanhydrid/Pyridin bei 15°; 110 mg; b) analog aus 87 mg **XII**; 60 mg; aus Chlf./CH_3OH Nadeln; $[\alpha]_D$ +60,2° (c = 0,85). — *3β.21α.24-Triacetoxy-12-oxooleanan*, $C_{36}H_{56}O_7$, F. 264—265°, a) aus 1 g **II** analog **VII**; 700 mg; b) durch 17std. Stehen von 1 g **II** mit CrO_3 in Essigsäure bei Raum-Temp., Abtrennen der Neutralteile, 6std. Kochen der Neutralteile mit 3%ig. methanol. KOH, Acetylieren, Al_2O_3-Chromatographie u. Eluieren mit Bzl., 150 mg; aus Chlf./CH_3OH Plättchen; $[\alpha]_D$ —44° (c = 3,1). — *3β.21α.24-Trihydroxy-12-oxooleanan*, $C_{30}H_{50}O_4$, F. 258—260°, durch 3std. Kochen vorst. Triacetats mit 3%ig. methanol. KOH; aus wss. CH_3OH Nadeln; $[\alpha]_D$ —10,2° (c = 1,5). — *3β.21α.24-Triacetoxy-* $\Delta^{11.13,18}$*-oleanadien*, $C_{36}H_{54}O_6$, F. 250—251°, durch 1std. Kochen von **II** mit SeO_2 in Eisessig; aus Chlf./CH_3OH Nadeln; $[\alpha]_D$ —16,3° (c = 1,0). — *21α-Hydroxy-3β.24-isopropylidendioxy-* $\Delta^{11.13,18}$*-oleanadien*, $C_{33}H_{52}O_3$, F. 235—236°, durch 18std. Stehen vorst. Verb. in Aceton/Ae. (1 : 5) in Ggw. von konz. H_2SO_4 bei 17°; aus Chlf./PAe. Plättchen; $[\alpha]_D$ —84° (c = 0,9). — *21-Oxo-3β.24-isopropylidendioxy-* $\Delta^{11.13,18}$*-oleanadien*, $C_{33}H_{50}O_3$, F. 243—245°, durch Oxydieren von 210 mg vorst. Verb. mit CrO_3 in Pyridin; aus Chlf./PAe. Stäbchen; $[\alpha]_D$ —65° (c = 2,8); 170 mg. — *3β.24-Diacetoxy-21-oxo-* $\Delta^{11.13,18}$*-oleanadien*, $C_{34}H_{50}O_5$, F. 239—241°, durch 20 Min. langes Kochen von 130 mg vorst. Verb. in methanol.-wss. HCl u. Acetylieren bei 100°; aus CH_3OH Plättchen; $[\alpha]_D$ —33° (c = 0,8); 100 mg. — *21α-Hydroxy-3β.24-isopropylidendioxy-* Δ^{12}*-oleanen* (**XIII**), $C_{33}H_{54}O_3$, F. 200 bis 201°, durch 60std. Stehen von **V** in Aceton/Ae. (1 : 4) in Ggw. von konz. H_2SO_4 bei 17°; aus wss. CH_3OH Nadeln; $[\alpha]_D$ +73,6° (c = 2,2). — *21-Oxo-3β.24-isopropylidendioxy-* Δ^{12}*-oleanen*, $C_{33}H_{52}O_3$, F. 208—209°, durch 18std. Stehen von 3 g **XIII** mit CrO_3 in Pyridin bei 17°, Al_2O_3-Chromatographie u. Eluieren mit PAe.; aus CH_3OH Prismen; $[\alpha]_D$ +14,3° (c = 0,9); 1,9 g. — *21β-Hydroxy-3β.24-isopropylidendioxy-* Δ^{12}*-oleanen*, $C_{33}H_{54}O_3$, F. 128—130°, durch $2^1/_2$std. Kochen von 1,8 g vorst. Verb. mit $LiAlH_4$ in Ae., Al_2O_3-Chromatographie, Eluieren mit Bzl. (→ 800 mg **XIII**), Eluieren mit Bzl. u. Bzl./Ae. (10 : 1), erneute Al_2O_3-Chromatographie u. Eluieren mit PAe./Bzl. (1 : 9); aus CH_3OH Nadeln; $[\alpha]_D$ +57,8° (c = 1,7); 500 mg. — *3β.21β.24-Triacetoxy-* Δ^{12}*-oleanen* (**XIV**), $C_{36}H_{56}O_6$, F. 214—215°, durch $^1/_4$std. Kochen vorst. Verb. mit konz. HCl in CH_3OH, 48std. Stehen mit Acetanhydrid/Pyridin bei 17° u. Al_2O_3-Chromatographie; aus Chlf./CH_3OH Blättchen; $[\alpha]_D$ +64,5° (c = 2,5). — *3β.21α.24-Triacetoxy-12.19-dioxo-* $\Delta^{9,11.13,18}$*-oleanadien* (**XVI**), $C_{36}H_{50}O_8$, F. 274—275°, a) durch 21std. Kochen von 1,8 g **II** mit SeO_2 in Benzyiacetat; 800 mg; b) durch Acetylieren von **XVII** bei 100°; c) durch $2^1/_2$std. Kochen von 120 mg **XV** mit 3%ig. methanol. KOH u. 1std. Acetylieren bei 100°; 90 mg; aus Chl./CH_3OH Stäbchen; $[\alpha]_D$ —52° (c = 2,5). — *3β.21α.24-Trihydroxy-12.19-dioxo-* $\Delta^{9,11.13,18}$*-oleanadien* (**XVII**), F. 301—303°, durch $2^1/_2$std. Kochen von 500 mg **XVI** mit 3%ig. methanol. KOH; aus wss. CH_3OH Plättchen; $[\alpha]_D$ —145° (c = 0,4; Pyridin); 405 mg. — *3β.21β.24-Triacetoxy-12.19-dioxo-* $\Delta^{9,11.13,18}$*-oleanadien* (**XV**), $C_{36}H_{50}O_8$, F. 241 bis 242°, durch 18std. Kochen von **XIV** mit SeO_2 in Benzylacetat; aus Chlf./PAe. Nadeln; $[\alpha]_D$ —56,8° (c = 1,1). — *21α-Hydroxy-12.19-dioxo-3β.24-isopropylidendioxy-* $\Delta^{9,11.13,18}$*-oleanadien*, $C_{33}H_{48}O_5$, F. 288—290°, durch 60std. Stehen von 380 mg **XVII** mit Aceton/Ae. (1 : 4) in Ggw. von konz. H_2SO_4 bei 17°; aus PAe./Chlf. Nadeln; $[\alpha]_D$ —77,3° (c = 1,0); 250 mg. — *12.19.21-Trioxo-3β.24-isopropylidendioxy-* $\Delta^{9,11.13,18}$*-oleanadien*, $C_{33}H_{46}2_5$, F. 282—284°, durch Oxydation von 800 mg vorst. Verb. mit CrO_3 in Pyridin; aus Chlf./CH_3OH Nadeln; $[\alpha]_D$ —208° (c = 1,1); 750 mg. — *3β.24-Diacetoxy-12.19.21-trioxo-* $\Delta^{9,11.13,18}$*-oleanadier*, $C_{34}H_{46}O_7$, F. 203—205°, durch $^1/_4$std. Kochen von 750 mg vorst. Verb. mit konz. HCl in CH_3OH u. 3std. Acetylieren bei 100°; aus Chlf./PAe. Nadeln; $[\alpha]_D$ —131° (c = 2,3); 500 mg. — *3β.21β.22β.24-Tetraacetoxy-* Δ^{12}*-oleanen* (**XVIII**), F. 228—229°, durch 14tägiges Stehen von 850 mg **III** mit OsO_4 in Pyridin bei 17° im Dunkeln, Verdünnen mit Ae., Zugabe von $LiAlH_4$, 1std. Kochen, Acetylieren, Al_2O_3-Chromatographie, Eluieren mit PAe./Bzl. (320 ml, 9 : 1; 1120 ml, 6 : 1; 2720 ml, 7 : 3; 1280 ml, 3 : 2; 800 ml, 2 : 3; 320 ml, 1 : 4), 800 ml Bzl., Bzl./Ae. (440 ml, 3 : 1), Auftrennen in 50 Fraktionen à 160 ml, Rechromatographie der Fraktionen 9—42, Eluieren mit PAe./Bzl. (800 ml, 4 : 1; 600 ml, 3 : 7; 1200 ml, 1 : 1; 1000 ml, 1 : 2; 2600 ml, 1 : 4), 1000 ml Bzl. u. 2000 ml Bzl./Ae. (19 : 1), Auftrennen in 40 Fraktionen à 200 ml u. Eindampfen der Fraktionen 20—38; aus Chlf./CH_3OH Nadeln; $[\alpha]_D$ +41° (c = 1,1); 330 mg; daneben 70 mg **I** aus den Fraktionen 43—46 der ersten Chromatographie. — *3β.21β.22β.24-Tetraacetoxy-12.19-dioxo-* $\Delta^{9,11.13,18}$*-oleanadien*, $C_{38}H_{52}O_{10}$, F. 212—214°, durch

24std. Kochen von 300 mg **XVIII** mit SeO_2 in Benzylacetat; aus Chlf./CH_3OH Prismen; $[\alpha]_D$ -95^0 (c = 0,9); 150 mg. — *3β.21α.22β.24-Tetraacetoxy-12.19-dioxo-$\Delta^{9,11,13,18}$-oleanadien*, F. 330—332° (Zers.), durch $2^1/_2$std. Kochen von 100 mg vorst. Verb. mit 3%ig. methanol. KOH u. Acetylieren bei 100°; aus Chlf./CH_3OH Prismen; $[\alpha]_D$ -48^0 (c = 0,6); 40 mg. — *Dioxodien $C_{34}H_{46}O_6$* (**XIX**), F. 217—218°, durch 18std. Kochen von **III** mit SeO_2 in Benzylacetat; aus Chlf./PAe. Nadeln; $[\alpha]_D$ $-78,5^0$ (c = 0,8). — *Dihydrodioxodien $C_{34}H_{48}O_6$* (**XX**), F. 266—268°, durch 5std. Kochen von 70 mg **XIX** mit Zn-Staub in A.; aus Chlf./CH_3OH Plättchen; $[\alpha]_D$ $+106^0$ (c = 0,8); 45 mg. — *3β.24-Diacetoxy-19-oxo-$\Delta^{9,11}$-oleanen*, $C_{34}H_{52}O_5$, F. 237—239°, a) durch 4tägiges Schütteln von 30 mg **XX** mit H_2 über Pt in Eisessig; 12 mg; b) analog aus **XXI**; aus CH_3OH Plättchen; $[\alpha]_D$ $+104^0$ (c = 0,9). — *3β.24-Diacetoxy-Δ^{12}-oleanen*, F. 188—189°, durch katalyt. Red. von **III**; $[\alpha]_D$ $+81,7^0$ (c = 1,5). — *3β.24-Diacetoxy-12.19-dioxo-$\Delta^{9,11,13,18}$-oleanadien*, $C_{34}H_{48}O_6$, F. 247—248°, aus 200 mg vorst. Verb. analog **XIX**; aus Chlf./CH_3OH Nadeln; $[\alpha]_D$ $-76,7^0$ (c = 1,8); 110 mg. — *3β.24-Diacetoxy-12.19-dioxo-$\Delta^{9,11}$-oleanen* (**XXI**), $C_{34}H_{50}O_6$, F. 249—251° (Zers.), aus vorst. Verb. analog **XX**; aus Chlf./CH_3OH Stäbchen; $[\alpha]_D$ $+120^0$ (c = 1,0). G. TEEGE. 3600□

Synthese von 5β.6β-Oxidosteroiden aus 5α.6β-Dioldiacetaten. Alex T. Rowland und Harold R. Nace. (J. Amer. chem. Soc. **82.** 2833—36. 5/6. 1960. Providence, R.I., Brown Univ., Metcalf Chem. Labor.) (Engl.)

Oxydation von 3β.20β-Diacetoxy-Δ^5-pregnen (**I**) mit Perbenzoesäure (**III**) gab *3β.20β-Diacetoxy-5α.6α-oxidopregnan* (**VI**). Bei Chromatographie des Rk.-Prod. wurden jedoch, je nach Vorbehandlung des Al_2O_3, *3β.20β-Diacetoxy-5β.6β-oxidopregnan* (**II**) u. *3β.20β-Diacetoxypregnan-5α.6β-diol* (**V**) bzw. **II** u. **VI** erhalten. Im Vgl. zu **I** ist für **VI** $\Delta M_D = 0^0$, für **II** $\Delta M_D = +172^0$; dies entspricht den Werten für analoge Cholesterinderivate. **V** entsteht aus **VI** an der mit Äthylacetat gewaschenen Al_2O_3-Säule, während **II** unverändert bleibt. **VI** wird durch HJO_4 bzw. wss. H_2SO_4 in 73%ig. bzw. 20%ig. Ausbeute in **V** übergeführt. **I** gibt mit OsO_4 *3β.20β-Diacetoxypregnan-5α.6α-diol*. Aus **V** bzw. aus **VI** wurde durch Verseifung *Pregnan-3β.5α.6β.20β-tetraol* erhalten. Verseifung von 3β.5α.6β.20β-Tetraacetoxypregnan (**VII**) mit KOH in wss. CH_3OH gab *5β.6β-Oxidopregnan-3β.20β-diol*. Analoge Verseifungen von 3β.5α.6β-Triacetoxycholestan gaben unterschiedliche Prodd., z. B. 46% *5β.6β-Oxidocholestan-3β-ol* (**IV**) u. 11% *Cholestan-3β.5α.6β-triol*; Verseifung mit $NaOC_2H_5$ in A. gab **IV**. Der Mechanismus der Epoxid-Bldg. wird diskutiert.

Versuche (FF. korr.): Oxydation von **I** in Chlf. mit **III** bei 5° (68 Std.) u. Chromatographie des Prod. an Al_2O_3 (mit Äthylacetat gewaschen) mit Bzl./Hexan (35 : 65) gab *3β.20β-Diacetoxy-5β.6β-oxidopregnan* (**II**), $C_{25}H_{38}O_5$, F. 175,5—176° (Ae./PAe.), $[\alpha]_D$ $+3^0$ (Chlf.); 20% (Ausbeute), u. durch Elution mit Ae./Bzl. *3β.20β-Diacetoxypregnan-5α.6β-diol* (**V**), $C_{25}H_{40}O_6$, F. 231—234° (Ae./Bzl.), $[\alpha]_D$ -15^0 (Chlf.); 46%. Bei Chromatographie des Rk.-Prod. an Al_2O_3 mit Bzl./Hexan 20% **II** u. mit Ae./Bzl. *3β.20β-Diacetoxy-5α.6α-oxidopregnan* (**VI**), F. 182—183,5° (Aceton/CH_3OH), $[\alpha]_D$ -37^0 (Chlf.); 28%. Durch Umkristallisieren des rohen Rk.-Prod. aus CH_3OH 30% **VI**. — *3β.20β-Diacetoxypregnan-5α.6α-diol*, $C_{25}H_{40}O_6$, F. 265—267° (CH_3OH/Aceton), aus **I** u. OsO_4 in Ae. in Ggw. von Pyridin im Dunkeln bei Zimmer-Temp. u. Kochen des Prod. in wss. A. mit Ascorbinsäure; $[\alpha]_D$ $+11,7^0$ (Chlf.); 36%. — *3β.5α.6β.20β-Tetraacetoxypregnan* (**VII**), $C_{29}H_{44}O_8$, F. 168—170° (PAe.), aus **V** in Essigsäure/Acetanhydrid in Ggw. von p-Toluolsulfonsäure bei Zimmer-Temp.; $[\alpha]_D$ $-34,7^0$ (Chlf.); 65%. — *Pregnan-3β.5α.6β.20β-tetraol*, $C_{21}H_{36}O_4$, F. 285—287,5° (CH_3OH/Aceton), a) durch Kochen von **V** mit KOH in wss. CH_3OH; $[\alpha]_D$ -18^0 (1%, Pyridin); 95%; b) durch Kochen von **VI** in Eisessig, dann in wss. CH_3OH mit KOH; 64%. — *5β.6β-Oxidopregnan-3β.20β-diol*, $C_{21}H_{34}O_3$, F. 211 bis 213° (Chlf./PAe.), durch Kochen von **VII** mit KOH in wss. CH_3OH; $[\alpha]_D$ $-8,5^0$ (Chlf.); 73%. Gibt mit Pyridin/Acetanhydrid **II**; 80%. — *3β.5α.6β-Triacetoxycholestan*, F. 151,2 bis 151,8°, aus Cholestan-3β.5α.6β-triol analog **VII**; $[\alpha]_D$ -32^0 (Chlf.); 73%. — *5β.6β-Oxidocholestan-3β-ol* (**IV**), F. 130—133,5° (Aceton/CH_3OH), durch Kochen vorst. Verb. in A. mit $NaOC_2H_5$; $[\alpha]_D$ $+9^0$ (Chlf.); 73%. — *3β-Acetoxy-5β.6β-oxidocholestan*, F. 107 bis 109° (wss. CH_3OH), durch Erhitzen von **IV** mit Pyridin/Acetanhydrid; $[\alpha]_D$ $-1,7^0$ (Chlf.); 69%. GERHARD CLEVE. 3700□

Synthese von 5α-Δ^2-Pregnen-1.20-dion. W. Schütt und Ch. Tamm. (Chem. and Ind. **1958.** 42—43. 11/1. Basel, Univ., Organ.-chem. Anstalt.) (Engl.) — Vgl. SCHLEGEL u. TAMM, C. **1958.** 3893.

Oxydation von *5α-Δ^1*-Pregnen-3.20-dion mit alkal. H_2O_2 liefert *1α.2α-Epoxy-5α-pregnan-3.20-dion* [$C_{21}H_{30}O_3$, F. 214—216°; $[\alpha]_D^{25}$ $+187^0$ (Chlf.)], das mit $LiAlH_4$ in sd. Ae. ein Gemisch aus 4 Isomeren ergibt, nämlich **II** [$C_{21}H_{36}O_3$, F. 238—239°; $[\alpha]_D^{22}$ $+13^0$ (CH_3OH); 45—50% (Ausbeute). *Triacetyl-Deriv.* (**IIa**), $C_{27}H_{42}O_6$, F. 175—179°; $[\alpha]_D^{21}$

+ 37° (Chlf.)], III [F. 239—241°; $[\alpha]_D^{21}$ + 41° (CH_3OH). *Triacetyl-Deriv.*, F. 159—160°; $[\alpha]_D^{25}$ +44,5° (Chlf.)], IV [F. 215—216°; $[\alpha]_D^{20}$ +20° (CH_3OH). *Triacetyl-Deriv.*, amorph] u. V [F. 267—268°; $[\alpha]_D^{25}$ + 40° (Pyridin). *Triacetyl-Deriv.*, F. 204—208°; $[\alpha]_D^{24}$ + 70° (Chlf.)], die sich durch wiederholtes Chromatographieren an Al_2O_3 trennen lassen. Durch partielles Acetylieren von II mit Acetanhydrid/Pyridin (24 Std., 0°) werden IIa (20—33%) u. *1α-Hydroxy-3β.20β-diacetoxy-5α-pregnan* (VI; amorph; 65—75%) erhalten. VI läßt sich durch Oxydation mit CrO_3 in Eisessig bei 20° in *3β.20β-Diacetoxy-5α-pregnan-1-on* [$C_{25}H_{38}O_5$, F. 162—164°; $[\alpha]_D^{25}$ +106° (Chlf.); 95%] überführen, das an Al_2O_3 zu *20β-Acetoxy-5α-Δ²-pregnen-1-on* [VII; $C_{23}H_{34}O_3$, F. 189—191°; $[\alpha]_D^{22}$ + 143° (Chlf.)] entacetyliert wird. Methanolyse von VII in Ggw. von trockenem HCl bei 22° ergibt *20β-Hydroxy-5α-Δ²-pregnen-1-on*, das sich mit CrO_3 in Eisessig bei 20° zu *5α-Δ²-Pregnen-1.20-dion* [I; $C_{21}H_{30}O_2$, F. 145—147°; $[\alpha]_D^{25}$ +233° (Chlf.)] oxydieren läßt. Hydrierung von I an Pd/C in A. liefert *5α-Pregnan-1.20-dion* [$C_{21}H_{32}O_2$, F. 180—181°; $[\alpha]_D^{25}$ +224° (Chlf.)]. — UV- u. IR-Maxima sowie log ε sind angegeben. G. KIRSTEN. 3700□

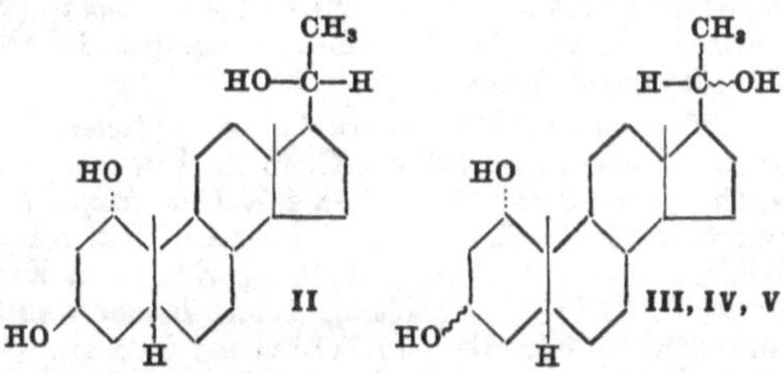

II

III, IV, V

Das Wesen der Porter-Silber-Reaktion. D. H. R. Barton, T. C. McMorris und R. Segovia. (J. chem. Soc. [London] **1961.** 2027—31. Mai. London, Imp. Coll. of Sci. and Technol.) (Engl.)

Bei der PORTER-SILBER-Rk. findet eine säurekatalysierte Umlagerung der Dihydroxyacetongruppierung der Corticosteroide zu einer 20.21-Glyoxalgruppierung u. anschließende Bldg. des 21-Monophenylhydrazons statt. Eine Verb., die den typ. PORTER-SILBER-Chromophor enthält, wird in kristalliner Form isoliert u. als *3β-Hydroxy-11.20.21-trioxo-5α-pregnan-21-phenylhydrazon* (I) erkannt. Sie zeigt bei Raum-Temp. eine reversible Mutarotation, die näher untersucht wird, u. die sich als abhängig vom Lsgm. erweist. Werte der UV- u. IR-Spektren sind angegeben.

Versuche ($[\alpha]_D$-Werte in Chlf.): *3β-Hydroxy-21.21-dimethoxy-5α-pregnan-11.20-dion* (II), $C_{23}H_{36}O_5$, F. 150—151° (CH_3OH), aus 21-Acetoxy-3β.17α-dihydroxy-5α-pregnan-11.20-dion nach MALTOX (vgl. C. **1954.** 556); $[\alpha]_D$ +109° (c = 1,47). — *3β-Hydroxy-11.20.21-trioxo-5α-pregnan-21-phenylhydrazon* (I), $C_{27}H_{36}N_2O_3$, F. 213—215° (Eisessig), aus 50 mg II u. 1%ig. Phenylhydrazinhydrochlorid (III) in A. u. verd. H_2SO_4 durch 30 Min. langes Aufbewahren bei Raum-Temp.; $[\alpha]_D$ —158° (c = 1,03), $[\alpha]_D$ + 8° (nach 24 Std.); 40 mg (Ausbeute). *3β-Acetat*, $C_{29}H_{38}N_2O_4 \cdot CH_3COOH$, F. 144—146° ($CH_3OH$), aus I u. Acetanhydrid in Pyridin; $[\alpha]_D$ —128° (c = 0,53), $[\alpha]_D$ + 38° (nach 2 Std.). — *3β-Hydroxy-11.20.21-trioxo-5α-pregnan-bis-phenylhydrazon*, $C_{33}H_{42}N_4O_2$, F. 250—254° (Chlf./CH_3OH), a) aus 100 mg II durch 15 Min. langes Kochen mit III in wss. A. in Ggw. von Na-Acetat; $[\alpha]_D$ — 72° (c = 1,00); 110 mg; b) analog aus 84 mg I durch 4 std. Kochen; 70 mg. — *3β-Acetoxy-11.20.21-trioxo-5α-pregnan-20-phenylhydrazon*, $C_{29}H_{38}N_2O_4$, F. 221—223° (Chlf./CH_3OH), aus 180 mg II u. III in wss. CH_3OH in Ggw. von Na-Acetat durch 2 std. Aufbewahren bei Raum-Temp., Acetylierung des Rk.-Prod. mit Acetanhydrid in Pyridin durch 24 std. Aufbewahren bei Raum-Temp., Chromatographie an Al_2O_3 u. Elution mit Bzl./PAe.; $[\alpha]_D$ +24° (c = 1,02); 60 mg. WALTER SIMON. 3700

Darstellung partiell aromatisierter Derivate des 20-Isocyclonorcholans aus Desoxycholsäure. Hans Herloff Inhoffen, Joachim Heese und Wilhelm Bartmann. (Akad. Wiss. Lit. Mainz, Abh. math.-naturwiss. Kl. **1960.** 1—20. Braunschweig.) (Dt.)

24-Nordesoxycholsäure (II) wird nach HOEHN u. MASON [1938] zu *23.24-Bis-nordesoxycholsäure* abgebaut, die dann nach LARDON u. REICHSTEIN (vgl. Helv. chim. Acta **27.** [1944.] 713) in *3-Keto-12α-acetoxy-23.24-bis-norcholansäuremethylester* (III) übergeführt wird. Aus III wird durch Dehydrierung mit SeO_2 u. darauffolgende Entselenierung mit RANEY-Ni *Δ¹·⁴-3-Keto-12α-acetoxy-23.24-bis-norcholadiensäuremethylester* erhalten, der mit Acetanhydrid–H_2SO_4 in *1.12α-Dihydroxy-4-methyl-A-ar-19.23.24-ternorcholansäure* übergeführt wird, die anschließend in ihren *Methylester* umgewandelt wird. Nach Methylierung der 1-OH-Gruppe wird die 12α-Hydroxylgruppe mit CrO_3 zur Ketogruppe oxydiert u. der entstandene *1-Methoxy-4-methyl-12-keto-A-ar-19.23.24-ternorcholansäuremethylester* zur entsprechenden *Carbonsäure* (V) verseift. Aus deren *Säurechlorid* wird durch Kondens. mit Malonsäure-bis-[tetrahydropyranylester] u. darauffolgende Verseifung u. Decarboxylierung das homologe Methyläthylketon *1-Methoxy-*

4-methyl-12.22-diketo-A-ar-19.24-bis-norcholan (VII) erhalten. Daraus wird durch Cyclisierung mit C_2H_5Na in hoher Ausbeute *$\Delta^{12.23}$-1-Methoxy-4-methyl-22-keto-A-ar-19-nor-20-isocyclonorcholen* dargestellt.

Versuche: *Desoxycholsäuremethylester*, F. 80°, aus 5 kg Na-Desoxycholat durch 20std. Stehen mit 700 g HCl in 20 Liter Methanol bei Raum-Temp. u. Fällen mit W.; 4,8 kg (Ausbeute). — *Δ^{23}-3α.12α-Diacetoxy-24.24-diphenylcholen* (I), F. 157°, aus 4,8 kg vorst. Verb. in Bzl. durch GRIGNARD-Rk. mit 4,7 kg Mg/29,37 kg C_6H_5Br, nach 15std. Rk. Einengen u. Zers. mit 10 kg NH_4Cl u. Extrahieren mit Chlf. [→ *3α.12α.24-Trihydroxy-24.24-diphenylcholan*], 1std. Kochen mit 33 Liter Essigsäure u. 15 Liter Acetanhydrid u. Einengen im Vakuum; 5,08 kg. — *24-Nordesoxycholsäure* (II), aus 4,78 kg I durch Oxydation mit 3 kg CrO_3 in Chlf./wss. Essigsäure bei 25°, nach 2std. Rk. Zusatz von $NaHSO_3$-Lsg. bis zur Grünfärbung, Extrahieren mit Chlf., Einengen, Verdünnen mit Ae., Extrahieren mit 0,5n KOH, Ausäthern, 2std. Kochen der wss. Lsg. mit 1,2 kg KOH u. Einrühren in verd. H_2SO_4; 2,3 kg (roh). *Methylester*, F. 161° (Ae.), aus 2,3 kg II durch 16std. Stehen mit 9 Liter 2%ig. methanol. HCl bei Raum-Temp., Einengen u. Ausäthern; 1,65 kg Kristalle u. 500 g öliges Produkt. — *Δ^{22}-3α.12α-Diacetoxy-23.23-diphenyl-24-norcholen*, F. 118—120°, aus 2,15 kg vorst. Esters durch GRIGNARD-Rk. analog I über rohes *3α.12α.23-Trihydroxy-23.23-diphenyl-24-norcholan* u. Acetylierung; 1,43 kg; daneben 500 g *Biphenyl*. — *23.24-Bis-nordesoxycholsäure*, aus 200 g vorst. Verb. analog II, nach Red. mit $NaHSO_3$ Extrahieren mit Bzl., Einengen, Zusatz von Ae., Extrahieren mit 0,5n KOH, 2std. Kochen mit 80 g KOH u. Eintropfen in verd. HCl; 93 g (roh). *Methylester*, F. 162° (Ae.), aus 93 g Säure durch 6std. Stehen mit äther. CH_2N_2-Lsg. (aus 50 g Nitrosomethylharnstoff) bei 5°, Versetzen mit Essigsäure, Einengen u. mehrfaches Abdampfen mit Bzl.; 88 g. *3α.12α-Diacetat*, F. 163° (Ae.), aus 88 g; 92 g. — *3α-Hydroxy-12α-acetoxy-23.24-bis-norcholansäuremethylester*, F. 135 bis 138° (Ae./PAe.), aus 50 g vorst. Acetyl-Deriv. durch 22std. Stehen mit 1%ig. methanol. HCl u. Einengen im Vakuum bei 40°; 41 g. — *3-Keto-12α-acetoxy-23.24-bis-norcholansäuremethylester* (III), F. 136° (Ae.), aus 41 g vorst. Verb. durch 18std. Oxydation mit 8 g CrO_3 in wss. Essigsäure, Versetzen mit wenig Methanol u. Eindampfen im Vakuum; 34 g. — *$\Delta^{1.4}$-3-Keto-12α-acetoxy-23.24-bis-norcholadiensäuremethylester*, $C_{25}H_{34}O_5$, FF. 179 u. 188°, aus III durch 9std. Kochen mit SeO_2 in tert. Amylalkohol, Eindampfen, Aufnehmen in Bzl. u. 2std. Kochen mit RANEY-Ni; gelbliche Nadeln aus Ae.; 63%. — *1.12α-Dihydroxy-4-methyl-A-ar-19.23.24-ternorcholansäure*, $C_{22}H_{30}O_4$, F. 251°, aus vorst. Verb. durch 5std. Stehen mit Acetanhydrid/H_2SO_4 bei Raum-Temp., Ausschütteln mit K-Acetat, Einengen im Vakuum, Einrühren in warmes W., Ausäthern, 3std. Kochen mit 50%ig. wss. KOH in Methanol, Einengen u. Einrühren in verd. H_2SO_4; feinste Nädelchen aus Äther. *Methylester*, $C_{23}H_{32}O_4$, F. 220° (Ae.), aus der Säure mit CH_2N_2 in Tetrahydrofuran; 69,5%. — *1-Methoxy-12α-hydroxy-4-methyl-A-ar-19.23.24-ternorcholansäure*, $C_{23}H_{32}O_4$, F. 272°, aus vorst. Ester durch 2std. Kochen mit Dimethylsulfat u. KOH in A., Einengen im Vakuum, Versetzen mit W. u. verd. H_2SO_4 u. Ausäthern; sternförmige Nadeln aus Ae.; 78,4%. *Methylester* (IV), $C_{24}H_{34}O_4$, F. 140°, aus der Säure u. CH_2N_2; Nadeln aus Methanol; 83,6%. — *1-Methoxy-4-methyl-12-keto-A-ar-19.23.24-ternorcholansäuremethylester*, $C_{24}H_{32}O_4$, F. 137°, aus IV durch 18std. Stehen mit CrO_3 in Pyridin bei Raum-Temp. u. Ausäthern; Tafeln aus Ae.; 84%. *Freie Säure* (V), $C_{23}H_{30}O_4$, F. 198—200° (Ae.), aus dem Ester durch 3std. Kochen mit methanol. KOH u. langsame Zugabe von W. während der Rk., dann Einrühren in verd. H_2SO_4; 100%. *Chlorid*, $C_{23}H_{29}ClO_3$, F. 164°, aus V durch 4std. Stehen mit PCl_5 in abs. Chlf., Eindampfen im Vakuum bei Raum-Temp., mehrfaches Absaugen mit Bzl. bei 60° u. Einengen; feine Nadeln aus Äther. — *1-Methoxy-4-methyl-12.22-diketo-A-ar-19.24-bis-norcholan* (VII), $C_{24}H_{32}O_3$, F. 149° (Bzl.), aus vorst. Chlorid durch 4std. Stehen mit VI in Bzl., 1½std. Kochen mit 95%ig. Essigsäure, ½std. Kochen mit 2n methanol. KOH u. Aufnehmen in Bzl.; 60,3% (bezogen auf V). — *Na-Malonsäure-bis-[tetrahydropyranylester]* (VI), aus 5 g Malonsäure durch langsames Zugeben zu einem Gemisch aus 50 ml abs. Bzl., 14 ml Dihydropyran u. 1 Tropfen H_2SO_4, nach ½std. Rühren Zugeben von 0,3 ml Triäthylamin, Eindampfen im Vakuum bei 30°, Aufnehmen in Bzl. u. Zutropfen von 1,2 g in Toluol dispergiertem Na bei 30° maximal; gelbliche Lösung. — *$\Delta^{12.23}$-1-Methoxy-4-methyl-22-keto-A-ar-19-nor-20-isocyclonorcholen*, $C_{24}H_{30}O_2$, FF. 129° (Nadeln), 149° (Würfel aus Ae./PAe.), aus VII durch ca. 10 Min. langes Kochen mit C_2H_5Na in Xylol u. Eindampfen im Vakuum; $[\alpha]_D^{20}$ $+205 \pm 2°$ (Chlf.); 73,8%.

B.-G. BRODDA. 3700□

Ungesättigte Gallensäurederivate. 2. Mitt. **Entschwefelungen mit Raney-Nickel.** Musa Z. Nazer und Costas H. Issidorides. (J. org. Chemistry **26.** 839—42. März 1961. Beirut, Amer. Univ., Dep. of Chem.) (Engl.) — 1. vgl. C. **1961.** 6873.

Es wird über die Darst. von *Δ^4-Cholensäuremethylester* (I), *3-Keto-Δ^1-cholensäuremethylester* (II) u. *Δ^1-Cholensäuremethylester* (IV) berichtet. 3-Keto-Δ^4-cholensäuremethylester wurde in methanol. Lsg. mit Äthandithiol u. BF_3-Ätherat in das *Äthylendithioketal*(III) übergeführt, das mit RANEY-Ni zu I entschwefelt wurde. Folgende Meth. wurden zur Desulfurierung angewendet: a) Kochen von III in Methanol mit aktiviertem RANEY-Ni ergab ein Gemisch von vermutlich *Cholan-* u. *Allocholansäuremethylester*; b) Kochen von III in Aceton mit teilweise desaktiviertem W 2-RANEY-Ni nach SPERO, MCINTOSH u. LEVIN (J. Amer. chem. Soc. **70.** [1948.] 1907) führte nach Reinigung über das *Dibromid* zu I; c) Kochen von III in Aceton/Methanol 1 : 1 mit RANEY-Ni lieferte in hoher Ausbeute I. Analog b) u. c) wurde *Δ^4-Cholesten* aus Δ^4-Cholesten-3-on-äthylendithioketal dargestellt. II wurde aus der entsprechenden *3β-Hydroxy-Verb.* durch SeO_2-Oxydation, nachfolgende Acetylierung u. Chromatographie erhalten. Die Hydrolyse des Allylacetates u. anschließende MnO_2-Oxydation der entstandenen *3-Hydroxysäuren* lieferte neben II *3-Keto-Δ^4-cholensäuremethylester.* Die Hydrierung von II führte zu *3-Ketocholansäuremethylester*, der auch durch OPPENAUER-Oxydation von *Lithocholsäuremethylester* entstand. II konnte analog der Δ^4-Verb. ohne Nebenrkk. in das *Äthylendithioketal* übergeführt werden, dessen Desulfurierung mit W 2-RANEY-Ni in Methanol zu *Cholansäuremethylester* führte, während in Aceton–Methanol wahrscheinlich IV entstand.

Versuche (opt. Drehungen in Chlf.): *3-Keto-Δ^4-cholensäuremethylesteräthylendithioketal* (III), $C_{27}H_{42}O_2S_2$, F. 110—111° (Methanol, Nadeln), aus 3-Keto-Δ^4-cholensäuremethylester, Äthandithiol u. BF_3-Ätherat in Methanol; $[\alpha]_D$ + 109° (c = 1,1); 92% (Ausbeute). — *Δ^4-Cholensäuremethylester* (I), $C_{25}H_{40}O_2$, F. 92—93° (Methanol, Nadeln), aus III in Methanol–Aceton 1 : 1 durch 12std. Kochen mit W 2-RANEY-Ni; $[\alpha]_D$ + 70° (c = 1,2); 81%. *Dibromid*, F. 130—132° (Aceton), analog aus III in Aceton u. nachfolgende Einw. von Br_2 in Essigsäure auf das erhaltene Prod.; liefert durch Schütteln mit NaJ in Aceton I. — *3-Keto-Δ^1-cholensäuremethylester* (II), F. 137—138° (Methanol, Nadeln), durch 35std. Rühren von 5 g Δ^2- u. Δ^3-Cholensäuremethylester mit SeO_2 in wss. Essigsäure bei Raum-Temp., dann Einw. von Pyridin–Acetanhydrid bei Raum-Temp. über Nacht auf 5 g des Oxydations-Prod., Chromatographie an Al_2O_3, $1^1/_2$std. Kochen mit 2,5n methanol. KOH, Veresterung mit Diazomethan, 3std. Rühren des erhaltenen Methylestergemisches (3 g) in Chlf. mit MnO_2, übliche Aufarbeitung u. Chromatographie an Al_2O_3; $[\alpha]_D$ + 113° (c = 1,2); 600 mg; liefert durch Hydrierung an Pd-Kohle *3-Ketocholansäuremethylester* [F. 117—119°; $[\alpha]_D$ + 31,6° (c = 1,3)]. *Äthylendithioketal*, $C_{27}H_{42}O_2S_2$, F. 109—110° (Methanol), durch Einw. von Äthandithiol u. BF_3-Ätherat auf II bei Raum-Temp. in 20 Min.; $[\alpha]_D$ + 125°; 200 mg. — *Cholansäuremethylester*, F. 86—87° (Methanol, Nadeln), durch Desulfurierung von II-Äthylendithioketal mit akt. W 2-RANEY-Ni in Methanol; $[\alpha]_D$ + 21° (c = 1,3). — *Δ^1-Cholensäuremethylester* (IV), $C_{25}H_{40}O_2$, F. 42—44° (wss. Methanol), aus II-Äthylendithioketal mit W 2-RANEY-Ni in Aceton–Methanol; $[\alpha]_D$ + 56° (c = 1,2). D. KIRSTEIN. 3700□

Konstitutionen von einigen Reaktionsprodukten der $\Delta^{7,9}$-Choladienverbindungen. Huang-Minlon und Tsu-Yung Tsai. (Tetrahedron [London] **18.** 379—84. März 1962. Shanghai, Acad. Sinica, Inst. of Organ. Chem.) (Dt.) — Vorl. Mitt. vgl. Acta Chim. sinica **22.** [1956.] 585.

$\Delta^{7,9,11}$-Lithocholadiensäure (I) u. ihr Methylester (I a) geben bei der Behandlung mit methanol. HCl in guter Ausbeute *$\Delta^{8,14}$-Lithocholadiensäuremethylester* (II). II besitzt ein UV-Maximum bei 248 mμ (ε = 16180 in A.) u. gibt kein Addukt mit Maleinsäureanhydrid. Partielle Hydrierung von II-*Acetat* (II a) führt nach anschließender Hydrolyse u. erneuter Veresterung zu *3α-Hydroxy-$\Delta^{8,14}$-cholensäuremethylester* (III), der durch Oxydation zur *3-Keto-Verb.* u. nachfolgende WOLFF-KISHNER-Red. in die auch aus Apocholsäure (IV) erhältliche *$\Delta^{8,14}$-Cholensäure* (V) verwandelt wird. Beim Vers. der partiellen Hydrierung von I a-Acetat (I b) über Pt in Essigsäure zu *3α-Hydroxy-Δ^8-cholensäuremethylester* (VI)-*Acetat* (VI a) wird ein Gemisch aus VI a u. III-*Acetat* (III a) erhalten. III a ist wahrscheinlich durch Isomerisierung von VI a entstanden, wie an der Bldg. eines III a-haltigen Gemisches aus reinem VI a unter den Hydrierungsbedingungen bewiesen wird. VI wird durch Oxydation zur *3-Keto-Verb.* u. anschließende WOLFF-KISHNER-Red. in *Δ^8-Cholensäure* übergeführt. Bei der Hydrierung größerer Mengen II a wird neben III a etwas VI a gebildet. Es wird angenommen, daß diese Rk. auf einer 1.2-Addition von H_2, nicht auf einer Isomerisierung beruht. Auf Grund der Rkk. besitzt das durch 1.4-Addition von H_2 an II gebildete $C_{(9)}$-H die natürliche α-Konfiguration.

Versuche (opt. Drehungen in Chlf.): *$\Delta^{8,14}$-Lithocholadiensäuremethylester* (II; *3α-Hydroxy-$\Delta^{8,14}$-choladiensäuremethylester*), $C_{25}H_{38}O_3$, F. 132—133° (A.–W.), aus 0,5 g I mit sd. 4%ig. methanol. HCl (20 Min.); $[\alpha]_D^{24}$ —17,4° (c = 1,14); 0,46 g (Ausbeute). *Acetat* (II a), $C_{27}H_{40}O_4$, F. 113—114°, aus A.–W. Nadeln. — *3α-Hydroxy-$\Delta^{8,14}$-cholensäure*, F. 166—167° (CH_3OH), aus III a mit sd. 5%ig. methanol. KOH. *Methylester* (III), Öl, aus der Säure mit CH_2N_2. *Methylesteracetat* (**III a**), $C_{27}H_{42}O_4$, F. 80—81°, a) aus 0,52 g **II a** in Eisessig mit H_2 über PtO_2; aus CH_3OH Nadeln; $[\alpha]_D^{24}$ + 68,5° (c = 1,42); 0,4 g; b) analog aus 3 g **VI a**; 0,3 g. — *3-Keto-$\Delta^{8,14}$-cholensäure*, F. 100—101° (CH_3OH), aus **III** in Pyridin mit CrO_3/Pyridin (24 Std. bei 28°). — *$\Delta^{8,14}$-Cholensäure* (**V**), $C_{24}H_{38}O_2$, F. 142—143,5°, a) aus 300 mg vorst. Verb. in sd. Diäthylenglykol mit NaOH u. Hydrazinhydrat (1 Std.), nach Eindampfen bis Kp. 190° weiteres 1std. Kochen; aus CH_3OH Nadeln; 150 mg; b) aus **IV** analog vorst. Verb., dann wie unter a); $[\alpha]_D^{37}$ + 39,1° (c = 0,77). — *3α-Hydroxy-Δ^8-cholensäure*, F. 190—191° (Aceton), aus 8 g **VI a** mit sd. 2% ig. methanol. KOH (1 Std.); $[\alpha]_D^{18}$ + 40,5° (c = 1,15); 5,7 g. *Methylester* (**VI**), F. 118 bis 119° (CH_3OH), aus der Säure mit CH_2N_2; $[\alpha]_D^{18}$ + 61,3° (c = 0,81). *Methylesteracetat* (**VI a**), $C_{27}H_{42}O_4$, F. 142—143°, a) aus 15,8 g **I b** (F. 149—150°) analog **III a**; $[\alpha]_D^{14,5}$ + 69,3° (c = 0,96); 8,7 g; daneben 3,8 g **III a**; b) als Nebenprod. bei der Hydrierung von 5,8 g **II a** analog **III a**; 120 mg (neben 2,4 g **III a**). — *3-Oxo-Δ^8-cholensäuremethylester*, $C_{25}H_{38}O_3$, F. 124—125° (CH_3OH), aus 1 g **VI** in Aceton mit CrO_3 in wss. H_2SO_4 (15 Min. bei 8°); $[\alpha]_D^{19}$ + 57,1° (c = 0,68); 0,78 g. — *Δ^8-Cholensäure*, $C_{24}H_{38}O_2$, F. 132 bis 133° (CH_3OH), aus 650 mg vorst. Verb. analog **V**; Plättchen; $[\alpha]_D^{19}$ + 38,1° (c = 0,64).

H.-J. KOCH/Berlin. 3700□

Synthese von 2β-Hydroxytestosteron. P. Narasimha Rao und Leonard R. Axelrod. (J. Amer. chem. Soc. **82.** 2830—32. 5/6. 1960. San Antonio, Tex., Southwest Foundat. for Res. and Educat., Dep. of Physiol. and Biochem.) (Engl.)

Die Darst. von *2β-Hydroxytestosteron* (**III**) gelang durch Acetolyse von 6-Bromtestosteron-17-acetat (**I**) zu *2β-Acetoxytestosteron-17-acetat* (**II**), Red. von **II** unter Erhaltung der Konfiguration an $C_{(2)}$ mit $LiAlH_4$ zu einem Gemisch von *2β.3β.17β-* u. *2β.3α.17β-Trihydroxy-Δ^4-androsten* u. Oxydation des Gemisches mit MnO_2 bei —15°. Oxydation bei 0° oder bei höheren Temp. führte zu *2.17β-Dihydroxy-$\Delta^{1.4}$-androstadien-3-on* (**IV**). Der starke Beitrag der 2-OH-Gruppe von **III** zur Molekularrotation (ΔM_D —667 im Vgl. zu Testosteron) ist eine Bestätigung der 2β-Konfiguration. Bei der Hydrolyse von **II** bzw. 2α-Acetoxytestosteron-17-acetat mit $KHCO_3$ bzw. K_2CO_3 wurde im Gegensatz zu Ergebnissen von SONDHEIMER u. Mitarbeitern (C. **1955.** 5801) bzw. ROSENKRANZ u. Mitarbeitern (J. Amer. chem. Soc. **77.** [1955.] 145) nicht 2α-Hydroxytestosteron erhalten, sondern **IV**, vermutlich durch Autoxydation nach der Hydrolyse. **II** ließ sich unter Erhaltung der 2β-Konfiguration zu *2β-Hydroxytestosteron-17-acetat* (**V**; ΔM_D —673,8 im Vgl. zu Testosteronacetat) verseifen. Acetylierung von **V** gab **II** (Identitätsbeweis durch Misch-F. u. IR-Spektrum).

Versuche: *2β-Acetoxytestosteron-17-acetat* (**II**), $C_{23}H_{32}O_5$, F. 201—202°, aus **I** nach CLARKE u. Mitarbeitern (C. **1956.** 10245), jedoch nur 12 Min. langes Kochen; $[\alpha]_D^{20}$ —60° (Chlf.); λ_{max} 243 (ε = 15140 in CH_3OH); 40—45% (Ausbeute). Red. von 400 mg **II** durch Zufügen von $LiAlH_4$ in Tetrahydrofuran (THF) u. 1std. Kochen gab 365 mg eines Gemisches der *3β-* u. *3α-Isomeren*, F. 167—171°. Durch fraktionierte Kristallisation aus Aceton *Δ^4-Androsten-2β.3β.17β-triol*, $C_{19}H_{30}O_3$, F. 186—187°; $[\alpha]_D^{25}$ + 74,2° (A.); 190 mg. — Oxydation des Triolgemisches mit MnO_2: a) Rühren von 365 mg des Gemisches mit MnO_2 in THF bei 25°, bis die Lsg. ein konst. Maximum bei 254 mμ zeigte, gab 264 mg *$\Delta^{1.4}$-Androstadien-2.17β-diol-3-on* (**IV**), F. 204—205° (Aceton/PAe.); $[\alpha]_D^{25}$ —12,0° (Chlf.); λ_{max} 254 mμ (ε = 15140, CH_3OH); Acetylierung gab *2.17β-Diacetoxy-$\Delta^{1.4}$-androstadien-3-on*, F. 204—205°; b) bei 0° mit gleichem Ergebnis; c) bei —15° analog aus 1,6 g Gemisch *2β-Hydroxytestosteron* (**III**), $C_{19}H_{28}O_3$, F. 163—164° (Aceton/PAe.) bzw. 87—89°; $[\alpha]_D^{24}$ —116° (Chlf.); λ_{max} 242 mμ (ε = 14450, CH_3OH); 270 mg. — *2β-Hydroxytestosteron-17-acetat* (**V**), $C_{21}H_{30}O_4$, F. 195—196° (Aceton), durch Rühren einer Suspension von 6 g **II** in 400 ml CH_3OH unter N_2 bei 30° mit 15 ml 1m KOH in abs. CH_3OH (10 Min.), Zugeben von 1,5 ml W., Ansäuern mit Essigsäure nach 2 Min., Einengen u. Fällen mit W.; $[\alpha]_D^{24}$ —103° (Chlf.); λ_{max} 242 mμ (ε = 15850, CH_3OH); 5 g.

GERHARD CLEVE. 3750□

Darstellung von 6α-Methyl-16α-isopropylprogesteron. Fritz v. Werder. (Chem. Ber. **95.** 773—76. 20/3. 1962. Darmstadt, E. Merck AG., Forsch.-Labor.) (Dt.)

Das 3-Tosylat von 16α-Isopropyl-Δ^5-pregnen-3β-ol-20-on (**I**) gibt beim Verkochen mit K-Acetat *3.5-Cyclo-16α-isopropylpregnan-6-ol-20-on*, das mit CrO_3 zum *6.20-Dion* oxydiert wird. Dieses wird mit CH_3MgJ zu *3.5-Cyclo-6-hydroxy-6-methyl-16α-isopropylpregnan-20-on* umgesetzt, das durch Behandlung mit Essigsäure/H_2SO_4 u. anschließende Hydrolyse in die *3β-Hydroxy-Δ^5-Verb.* übergeführt u. weiter nach OPPENAUER zum gewünschten *6α-Methyl-16α-isopropyl-Δ^4-pregnen-3.20-dion* dehydriert wird. Dieses zeigt im CLAUBERG-Test an juvenilen Kaninchen bei oraler Verabreichung etwa die 70fache gestagene Wrkg. von Progesteron u. keinen signifikanten Wirksamkeitsunterschied gegenüber 6α.16α-Dimethylprogesteron.

Versuche (opt. Drehungen in Chlf.; c = 2,0): *16α-Isopropyl-Δ⁵-pregnen-3β-ol-20-on-tosylat,* $C_{31}H_{44}O_4S$, F. 146—147° (Aceton), aus 20 g I in Pyridin mit p-Toluolsulfochlorid (48 Std.); $[\alpha]_D$ —1,5°; 16,5 g (Ausbeute). — *3.5-Cyclo-6-hydroxy-16α-isopropylpregnan-20-on,* $C_{24}H_{38}O_2$, F. 119—120° (Bzn.), aus 15 g vorst. Verb. in Methyläthylketon mit K-Acetat in W. (16std. Kochen); $[\alpha]_D$ + 95°; 10 g. *Acetat,* $C_{26}H_{40}O_3$, F. 44—45°; $[\alpha]_D$ + 89°. — *3.5-Cyclo-16α-isopropylpregnan-6.20-dion,* $C_{24}H_{36}O_2$, F. 106° (Bzn.), aus 10 g vorst. Verb. in Pyridin mit CrO_3/Pyridin (über Nacht bei Zimmer-Temp.); $[\alpha]_D$ + 87°; 5 g. — *3.5-Cyclo-6-hydroxy-6-methyl-16α-isopropylpregnan-20-on,* $C_{25}H_{40}O_2$, F. 175—176° (Ae.), aus 5 g vorst. Verb. in Toluol mit äther. CH_3MgJ (16 Std. auf dem Dampfbad); $[\alpha]_D$ + 86°; 3 g. — *6-Methyl-16α-isopropyl-Δ⁵-pregnen-3β-ol-20-on,* $C_{25}H_{40}O_2$, F. 196° (verd. CH_3OH), aus 3 g vorst. Verb. in Eisessig mit konz. H_2SO_4 (16 Std.) u. Behandlung des Prod. mit sd. 5%ig. $KHCO_3$ (2 Std.); $[\alpha]_D$ —3°; 2,4 g. — *6α-Methyl-16α-isopropyl-Δ⁴-pregnen-3.20-dion,* $C_{25}H_{38}O_2$, F. 131° (PAe.–Ae.), aus 2,4 g vorst. Verb. in sd. Toluol–Cyclohexanon mit Al-Isopropylat (2 Std.) u. Wasserdampf-Dest.; $[\alpha]_D$ + 131°; λ_{max} 2405 Å ($E^{1\%}_{1cm}$ 451, 0,001% in A.); 0,8 g.
H.-J. KOCH/Berlin. 3750□

Einige Umwandlungen an der 12a-Stellung von Tetracyclinen. Robert K. Blackwood, Hans H. Rennhard und Charles R. Stephens. (J. Amer. chem. Soc. **82**. 5194—97. 5/10. 1960. Groton, Conn., Chas. Pfizer & Co., Inc., Chem. Res. and Dev. Dep.) (Engl.)

Ausführliche Wiedergabe der C. **1960**. 13034 referierten vorl. Mitt.; zu ergänzen ist die Beschreibung der

Versuche: *O¹²ᵃ-Formyltetracyclin* (I), *Hydrat,* $C_{23}H_{24}N_2O_9 \cdot H_2O$, durch Zugabe von Essigsäureameisensäureanhydrid in Eisessig zu Tetracyclin in Pyridin <10°, Zers. mit Eiswasser u. Einstellung auf pH 3,5; 61% (Ausbeute). *Hydrochlorid,* $C_{23}H_{24}N_2O_9 \cdot HCl$, mit HCl–$CH_3OH$–Äther. — *4a.12a-Anhydrotetracyclin,* $C_{22}H_{22}N_2O_7$, durch 20std. Kochen von 23,5 g I in Toluol; 9,8 g. — *5a.6;4a.12a-Dianhydrotetracyclin* (*Terrarubein*), $C_{22}H_{20}N_2O_6$, durch 6 Min. langes Erwärmen vorst. Verb. mit HCl in Aceton auf 50°. — *12a-Desoxytetracyclin,* $C_{22}H_{24}N_2O_7 \cdot CH_3OH$, durch 23std. Hydrieren von 48,2 g I an Pd-Kohle in Tetrahydrofuran bei 55°/100 lbs./sq.in. u. Zugabe von Methanol; 21,7 g. — *5a.6-Anhydro-12a-desoxytetracyclin, Hydrochlorid,* $C_{22}H_{22}N_2O_6 \cdot HCl$, durch 1std. Kochen von 6 g vorst. Verb. mit methanol. 2n HCl; 5,6 g. — *4a.12a-Anhydro-4-desdimethylaminotetracyclin,* $C_{20}H_{17}NO_7$, durch 24std. Kochen vorvorst. Verb. mit CH_3J u. Propylenoxid in Tetrahydrofuran u. Behandlung des Rk.-Prod. mit W. bei 60°; 46%. — *O¹²ᵃ-Formyl-6-desmethyl-6-desoxytetracyclin,* aus 10 g 6-Desmethyl-6-desoxytetracyclinhydrochlorid analog I; 12,8 g. — *4a.12a-Anhydro-6-desmethyl-6-desoxytetracyclin,* $C_{21}H_{20}N_2O_6$, durch 40std. Kochen von 12,7 g vorst. Verb. in Toluol; 4,3 g. — *6-Desmethyl-6.12a-didesoxytetracyclin,* $C_{21}H_{22}N_2O_6$, durch 7std. Hydrieren von 1 g vorvorst. Verb. in Dimethylformamid an Pd-Kohle; 70 mg. — *N-Formylsalicylamid,* $C_8H_7NO_3$, F. 161—162° (Chlf.), aus Salicylamid analog I.
H. KAMPFER. 3900□

D. Makromolekulare Chemie

Rheologische Untersuchungen makromolekularer Stoffe. 5. Mitt. **Bestimmung des sekundären Umwandlungspunktes mittels des Höppler-Viscosimeters.** Zoltán Csürös, Miklós Gara und György Bertalan. (Magyar Kémiai Folyóirat [Ung. Z. Chem.] **66**. 174—78. Mai 1960. Budapest, Müszaki Egyet. Szerves Kém. Technol.) (Ung.) — 4. vgl. C. **1962**. 10111.

Es wurde eine neue Meth. zur Best. des sek. Umwandlungspunktes von festen u. pulverförmigen Polymeren mit Hilfe des HÖPPLER-Viscosimeters durch Messung der Relaxation der inneren Spannung dieser Polymeren bzw. durch Messung der Temp.-Abhängigkeit der unter äußerem Druck eintretenden Verdichtung des Pulvers bei pulverförmigen Polymeren ausgearbeitet.
G. HALMI. 4000□

Natürliche Fasern und Form der Polyäthylenketten. Jean-Jacques Point, Georges Homès, Andrew Keller und Andrew O'Connor. (C. R. hebd. Séances Acad. Sci. **250**. 2027—28. 14/3. 1960. Mons, Fac. Polytechn., Labor. de Phys. interne des Matériaux; Bristol, Univ., H. H. Wills Physics Labor.) (Franz.)

Vff. beobachteten in aus Lsg. kristallisiertem *Polyäthylen* monokristalline Plättchen von ca. 120 Å Dicke. Der Parameter c̄ des Kristalls steht senkrecht auf der Ebene dieser Plättchen; folglich sind die Moll. mehrfach gefaltet. Beugungserscheinungen von Röntgenstrahlen wurden ebenfalls mit einem Abstand von 120 Å festgestellt. Es ist demnach möglich, daß die Moll. infolge ihrer Faltung in derselben natürlichen Faser verbleiben (vgl. C. **1957**. 7049 u. Mémoires et Publications de la Soc. des Arts, des

Sciences et des Lettres du Hainaut **71.** [1958.] 65). Diese Erklärung läßt sich auch auf die Kleinwinkelstreuung der Faser N bei Röntgenstrahlenbeugungs-Verss. anwenden.
S. NEUE. 4010□

Die Oxydation von bestrahltem Polyäthylen. 1. Mitt. **Radiooxydation.** R. M. Black und A. Charlesby. (Int. J. appl. Radiat. Isotopes **7.** 126—33. Dez. 1959. Brit. Insul. Callender's Cables Ltd., Res. Organization; Shrivenham, Royal Military Coll. of Sci.) (Engl.)

Vff. bestrahlten *Polyäthylen* (I) an Luft bei Zimmer-Temp. mit therm. Neutronen (10^{12} Neutronen/cm^2·s), mit 4-MeV-Elektronen sowie mit γ-Strahlen von einer 400 c ^{60}Co-Quelle. Die auftretenden Änderungen infolge Wechselwrkg. des O_2 mit den während der Bestrahlung gebildeten freien Radikalen werden mit Hilfe der UV- u. IR-Absorption, durch chem. Analyse sowie durch Messung des dielektr. Verlustwinkels bestimmt. Die Spektren des bestrahlten I weisen auf die Ggw. von CO- u. CHO-Gruppen sowie auf ungesätt. trans-Vinylengruppen hin, die teilweise mit CO-Gruppen konjugiert sind. Daneben findet Vernetzung statt (0,001% vernetzte C-Atome bei einer Dosis von 10^6rad). Die Oxydations-Geschw. von I hängt von der Diffusions-Geschw. der Luft in I ab, je dünner der Film, desto größer ist dieser Oberflächeneffekt. Außerdem wurde die Wirksamkeit verschiedener Antioxydantien (Allylharnstoff, Octylxylenole, 2-tert.-Butyl-4-methoxyphenol, 2.6-Di-tert.-butyl-p-kresol, Benzylkresylsäure, tert.-Butylhydrochinon, Diphenyl-, Dicyclohexylamin, N-Phenyl-β-naphthylamin, N.N-Diphenyl- u. N.N-Di-β-naphthyl-p-phenylendiamin, Diphenylguanidin, 8-Hydroxychinolin u. 2.2.4-Trimethyldekahydrochinolin), die I vor der Bestrahlung zugesetzt wurden, durch den Leistungsfaktor bestimmt. Hierbei erreichen die Antioxydantien vom Phenol- u. Amintyp die höchste Schutzwirkung. H. SCHIRRWITZ. 4010□

Die Oxydation von bestrahltem Polyäthylen. 2. Mitt. **Thermische Oxydation.** R. M. Black und A. Charlesby. (Int. J. appl. Radiat. Isotopes **7.** 134—40. Dez. 1959.) (Engl.) — 1. vgl. vorst. Referat.

Es werden die oxydativen Änderungen an bestrahltem *Polyäthylen* (I) bei Erwärmung der Proben bis zu maximal 120° in Luft bzw. O_2 untersucht. Hierbei zeigt die I-Probe gegenüber der nicht erhitzten Probe (vgl. vorst. Ref.) einen geringeren Geh. an trans-Vinylengruppen u. OH-Gruppen, dagegen einen höheren CO-Gehalt. Daraus kann geschlossen werden, daß der O_2-Angriff auf die Doppelbindungen wesentlich größer ist als auf die α-C-Atome. Einige Absorptionsbanden weisen auf vorhandene Äther- u. COOH-Gruppen hin. Die Best. der Hydroperoxid-Gruppen zeigt, daß ihre Bldg. nach 100 Std. bei 110° ein Maximum erreicht u. danach die Zers.-Geschw. der Hydroperoxide größer ist als ihre Bldg.-Geschwindigkeit. H. SCHIRRWITZ. 4010□

Viscoelastische Eigenschaften von mit Dibutylphthalat, Dioctylphthalat und Dioctyladipat weichgemachten Polyvinylchloriden. Josef Majer und Emil Nejedlý. (Chem. Průmysl **8** (**33**). 41—44. Jan. 1958. Brno, Výzkum. Ústav makromol. chemie.)

Die Vers.-Ergebnisse der Kriechkurven von weichgemachtem *Polyvinylchlorid PCU–G* nach dem Superpositionsprinzip von TOBOLSKY u. LEADERMAN wurden mitgeteilt. Die Form der Kriechkurve, die den Übergang des glasähnlichen in den gummiähnlichen Zustand charakterisiert, genügt der GAUSSschen Fehler-Verteilungskurve. Die reduzierte TOBOLSKY-Gleichung gilt im Intervall $T_r = 0{,}95—1{,}05$. Die allgemeinere Gleichung ist die von WILLIAMS, bes. im Gebiet der Übergangs-Temp. u. höherer Temperaturen. J. SCHNEIDER. 4010

Eindringungsgeschwindigkeit von Nitrobenzol in Polyvinylchlorid. Toshizo Uriu und Han-Yo-Ei: (J. chem. Soc. Japan, ind. Chem. Sect. [Kōgyō Kagaku Zassi] **63.** 1075—79. Juni 1960. Tôkyô-Otaku, Iriarai, Sin'etu-Kagaku-Kôgyô KK., Tyûô-Kenkyûzyo.) (Jap.; Auszug: Engl. S. A 59.)

Die Eindringung von Nitrobenzol (I) in *Polyvinylchlorid*-Pulver wird mkr. beobachtet. Die Eindringung findet bei höherer Temp. u. bei kleinerem Teilchendurchmesser schneller statt. Die Geschw. nimmt überraschend mit steigendem Polymerisationsgrad zu.
E. MAEKAWA. 4010□

Einfluß von Polymeren mit einem System konjugierter Bindungen auf die Wärme- und Lichtbeständigkeit von Polyvinylchlorid. A. A. Berlin, S. W. Popowa und D. M. Janowski. (Доклады Академии Наук СССР [Ber. Akad. Wiss. UdSSR] **131.** 563—65. 21/3. 1960. Inst. für chem. Physik der Akad. der Wiss. der UdSSR. [Russ.]; Rubber Chem. Technol. **33.** 1188—92. Okt./Nov. 1960.) (Engl.)

Die therm.-oxydative Dehydrochlorierung von *Polyvinylchlorid* (I) bei 175° wird durch Zusatz von 1% *Polyphenylacetylen* (II) als Inhibitor [erhalten aus Phenylacetylen (III) durch therm. Polymerisation bei 150°] auf ca. $^1/_3$ zurückgedrängt, weniger wirksam ist ein bei 300° erhaltenes unschmelzbares, unlösl. Copolymeres aus **III** u. p-Diäthinylbenzol oder ein Prod. (IV) der erschöpfenden Dehydrochlorierung (Vakuum, 300°) von I. Bei 195° wird die Zers. von I durch II nicht beeinflußt, durch IV um 30—50% verstärkt. Bei Zusatz von zuvor auf 300 bzw. 400° erhitztem II beginnt die Zers. von I bei einem 8- bzw. 6%ig. Zusatz von II. Das Elektronenresonanzspektrum von II u. von zersetztem I zeigt einen Geh. an delokalisierten Elektronen mit 10^{17}—10^{18} paramagnet. Teilchen in 1 g; beim Erhitzen von II auf 300° (400°) steigt diese Zahl von $2{,}4 \cdot 10^{17}$ auf $4{,}2 \cdot 10^{18}$ ($3{,}4 \cdot 10^{19}$). R. K. MÜLLER. 4010□

Die Ferrochelate von Polyaminocarbonsäuren als Initiatoren bei der Emulsionspolymerisation von Styrol. 1. Mitt. Joan Bond und T. I. Jones. (J. Polymer Sci. **42.** 67—73. Jan. 1960. Lancashire, England, Royal Techn. Coll.) (Engl.)

Der Polymerisationsansatz bestand aus 50 g *Styrol* (I), 100 g W., 2,5 g K-Palmitat (II), 0,005—0,1 g H_2O_2 (III), 0,0015—0,01 g Fe^{2+}-Ionen in Form von Ferroammoniumsulfat u. der doppelten mol. Menge (bezogen auf die Fe^{2+}-Konz.) *Äthylendiamintetraessigsäure.* Die Polymerisation wurde bei 60° bei pH 9—10,5 ausgeführt. Gemessen wurde der zeitliche Verlauf des I-Umsatzes U. Zu Beginn der Polymerisation liegt eine Rk. 1. Ordnung vor, bei höherem U (um 50%) eine Rk. 0. Ordnung. Die Rk.-Geschw. v_0 für die Rk. 0. Ordnung steigt mit wachsendem [Fe^{2+}] zunächst stark an u. erreicht von [Fe^{2+}] = 0,01 in 100 g I ab einen Grenzwert. Ferner ist v_0 proportional $[III]^{0,5} \cdot [II]^{0,6}$. Die auf diese Weise mit hohem v_0 bei großem [Fe^{2+}] erhaltenen Latices sind instabil u. koagulieren beim Stehen nach 2 Wochen, während die mit kleinem v_0 hergestellten Latices auch nach 6 Monaten noch stabil sind. Die Koagulationstendenz steigt auch mit fallendem [II]. O. FUCHS. 4010□

Die Ferrochelate von Polyaminocarbonsäuren als Initiatoren bei der Emulsionspolymerisation von Styrol. 2. Mitt. Joan Bond und T. I. Jones. (J. Polymer Sci. **42.** 75—80. Jan. 1960.) (Engl.) — 1. vgl. vorst. Referat.

Der Polymerisationsansatz hatte eine ähnliche Zus. wie l. c.; als Emulgator diente ein Kondensations-Prod. aus Caprylalkohol + 21 Mol Äthylenoxid. Die Lsg. enthielt ferner NaH_2PO_4; Einstellen des pH zwischen 1 u. 8 mit HCl bzw. NaOH. Die Verss. wurden in Ggw. von Äthylendiamintetraessigsäure (I), Methyläthylendiamintetraessigsäure (II), Diäthylentriaminpentaessigsäure (III) bzw. Cyclohexandiamintetraessigsäure (IV) ausgeführt. v_0 (vgl. l. c.) fällt in Ggw. von I u. II bei steigendem pH zunächst stark ab, geht zwischen pH 3,5 u. 6,5 durch ein breites Minimum u. steigt oberhalb pH 7 sehr steil an. Bei III u. IV liegt ein ähnlicher Verlauf vor, doch ist der Beginn des Minimums nach etwas kleinerem pH verschoben. Bei Abwesenheit von I—IV dagegen steigt v_0 mit wachsendem pH an (Verss. zwischen pH 1 u. 2,4). Bei pH 1 ist v_0 ohne u. mit I—IV gleich groß. Ferner wurde das Redoxpotential V_r des Syst. Fe^{2+}–Fe^{3+}–(I—IV) in Abhängigkeit vom pH gemessen. Bei zunehmendem pH fällt V_r zunächst bis pH 3,5 ab, bleibt bis pH 6,5 konst. u. fällt dann stark ab. Der v_0-Verlauf bei tiefem pH wird auf eine Dissoziation des Fe-Chelates zurückgeführt. O. FUCHS. 4010□

Abbau durch Scherung von Vinylpolymeren in verdünnter Lösung durch Rühren bei hoher Geschwindigkeit. William R. Johnson und Charles C. Price. (J. Polymer Sci. **45.** 217—25. Juli. Berichtigung: **47.** 541. Nov. 1960. Philadelphia, Pa., Univ. of Pennsylvania, Chem. Dep.) (Engl.)

Wird eine 1%ig. Lsg. von *Polystyrol* ([η] 5,10) in CCl_4, Bzl., Toluol oder Methyläthylketon bei Raum-Temp. mit einer Umdrehungszahl von 45000 pro Min. gerührt, so fällt [η] auf 1,77, 2,50, 2,50 bzw. 1,40; ebenso fällt [η] von *Polyisobutylen* ([η] 4,15) durch Rühren in Cyclohexan (I), in I/CH_3OH bzw. in Bzl. auf 1,75, 1,30 bzw. 1,30. Diese [η]-Werte werden meistens bereits nach 5 Min. erreicht; sie sind für 4%ig. Lsgg. von der gleichen Größe. Bei höherer u. tieferer Temp. ist der Abbau geringer. Enthalten die Lsgg. ^{131}J, so kann aus dem radiochem. bestimmten Geh. an eingebautem J nach dem Rühren die Zahl der Kettenspaltungen berechnet werden; sie ist von der gleichen Größenordnung wie die aus der [η]-Abnahme berechnete. Die Verss. zeigen, daß der Abbau in schlecht solvatisierenden Lsgm. größer ist als in gut solvatisierenden.
O. FUCHS. 4010□

Untersuchung der Anlagerungsgeschwindigkeit von Äthyllithium an Styrol und Isopren während der Polymerisation. Je. N. Kropatschewa, B. A. Dolgoplossk und Je. M. Kusnetzowa. (Доклады Академии Наук СССР [Ber. Akad. Wiss. UdSSR] **130.** 1253—55. 21/2. 1960. Lebedew-Forsch.-Inst. für synthet. Kautschuk.) (Russ.)

Bei der Polymerisation von *Styrol* (I) in Ar-Atmosphäre in Ggw. von LiC_2H_5 in Substanz bei 1° oder in 16%ig. Lsg. in Heptan mit Zusatz von Tetrahydrofuran (II, als Komplexbildner mit LiC_2H_5) bei —20° wird der Fortschritt der Rk. u. der Verbrauch an LiC_2H_5 (nach der C_2H_6-Bildg.) verfolgt. Analog wird die Polymerisation von *Isopren* (III) in Substanz bei 24° u. in 20%ig. Lsg. bei 25° untersucht. Das Verhältnis I (III): II beträgt

1:5, die LiC_2H_5-Konz. 0,7—1 Mol-% von **I** (**III**). Die Kurven zeigen, daß die Anlagerung von LiC_2H_5 an **I** bzw. **III** allmählich während der ganzen Dauer der Polymerisation erfolgt, entgegen der Annahme von BRESSLER u. Mitarbeitern (vgl. C. **1960**. **4211**), die prakt. momentane Rk. vermuteten. Die Geschw. der Anlagerung u. des Kettenwachstums kann vom Assoziationsgrad von LiC_2H_5 abhängen, sie wird durch die Ggw. von **II** erheblich erhöht. R. K. MÜLLER. 4010□

Durch Cumolhydroperoxid initiierte Radikalpolymerisation. A. V. Tobolsky und L. R. Matlack. (J. Polymer Sci. **55**. 49—56. Nov. 1961. Princeton, N. J., Princeton Univ., Frick Chem. Labor.) (Engl.)

Styrol (**I**) wurde unter Verwendung von *Cumolhydroperoxid* (**II**) als Initiator in den Lsgm. *Benzylalkohol* (**III**), *Pyridin* (**IV**) bzw. *Bzl.* (**V**) polymerisiert; entsprechend *Methylmethacrylat* (**VI**) in **III**, *Dimethylanilin* (**VII**) bzw. **V**. Die Polymerisations-Temp. wurde je zwischen 60 u. 90° variiert. Die Polymerisationsgeschwindigkeit wurde bis zu einem Umsatz von 10% dilatometr. gemessen. Für die Radikalbldg. ist nach Literaturdaten ein therm. Zerfall von **II** auszuschließen. Es kommen vielmehr nur bimol. Rkk. zwischen **II** u. dem Monomeren bzw. zwischen **II** u. dem Lsgm. als Radikalquelle in Betracht; die zugehörigen Geschw.-Konst. sind k_1 u. k_2. k_2 (in Einheiten von 10^{-3} Liter $Mol^{-1}\,s^{-1}$) ergibt sich aus den Messungen für z. B. 90° zu 12,9 (**I** + **III**), 15,3 (**I** + **IV**), 0,04 (**VI** + **V**), 9,8 (**VI** + **VII**), 14,6 (**VI** + **III**). Dagegen beträgt k_1 (in Einheiten von 10^{-6}): 14,0 (**I** + **III**), 2,3 (**I** + **IV**), 1,7 (**I** + **V**), 9,9 (**VI** + **III**), 4,7 (**VI** + **VII**), 0,71 (**VI** + **V**), je bei 90°. Daraus folgt, daß die Radikale fast ausschließlich durch die Rk. zwischen **II** u. dem Lsgm. entstehen; die Aktivität zwischen **II** u. **V** ist sehr gering. Die Aktivierungsenergien für die Rk. zwischen **II** u. **III**, **IV** bzw. **VII** werden zu 15 bis 25 kcal/Mol abgeschätzt. O. FUCHS. 4010□

Stereospezifische Polymerisation von monomeren Vinylaromaten. 1. Mitt. Alkylsubstituierte Styrole. D. Sianesi, M. Rampichini und F. Danusso. (Chim. e Ind. [Milano] **41**. 287—92. Milano, Politecn., Ist di Chim. ind.) (Ital.)

Die Styrole werden unter Verw. von typ. heterogenen Katalysatoren mit festem, mikrokristallinem Substrat polymerisiert, die durch Rk. von $TiCl_4$ bzw. $TiCl_3$ u. Al-Trialkylen wie $Al(C_2H_5)_3$ in Bzl. dargestellt werden. Das Optimum des Mol-Verhältnisses von Al/Ti liegt bei 2,5 für den Umsatz u. 2,0 für das Molekulargewicht. Unter konst. Polymerisationsbedingungen nimmt der Umsatz an Polymeren um 49,3(%) für *p-Methyl-* (**I**), 48,5 für *p-Äthylstyrol* (**II**), 43,7 für *Styrol* (**III**), 24,2 für *p-Isopropyl-* (**IV**), 22,7 für *m-Methyl-* (**V**), 21,2 für *3.4-Dimethyl-* (**VI**), 12,4 für *3.5-Dimethyl-* (**VII**), 4,6 für *o-Methyl-* (**VIII**), 4,4 für *2.4-Dimethyl-* (**IX**), 1,6 für *2.5-Dimethyl-* (**X**) u. 0 für *2.4.6-Trimethylstyrol* ab. Die Fraktionen mit niedrigem Molgew. werden mit sd. Aceton extrahiert u. so die kleinen Mengen von amorphem Polymeren gelöst u. entfernt. Die Rückstände werden durch Kristallinität (Kr), Kristallisationsgrad (%), Kristallisations-Geschw. (KG), F. u. Intrinsicviscosität [η] (gemessen in Einheiten von 100 ml/g in Tetralin bei 100°) charakterisiert: für **I** —, —, —, —, 2,6; für **II** —, —, —, —, 3,4; für **III** mittlere Kr, 40—45%, niedrige KG, 240°, 3,2; für **IV** —, —, —, —, 4,1; für **V** mittlere Kr, 30—40%, mittlere KG, 215°, 3,8; für **VI** mittlere Kr, 30—40%, niedrige KG, 240°, 3,1; für **VII** mittlere Kr, 40—45%, hohe KG, 290°, 2,3; für **VIII** sehr hohe Kr, 65—75%, sehr hohe KG, > 360°, nicht bestimmbar; **IX** mittlere Kr, 40—50%, mittlere KG, 310°, 3,3 u. für **X** hohe Kr, 50—60%, sehr hohe KG, 330°, 2,7. Die Röntgenspektren der Polymeren von **V**, **VI**, **VII**, **VIII**, **IX** u. **X** sind wiedergegeben. Bei einem Vgl. mit dem entsprechenden, durch Polymerisation mit freien Radikalen in Ggw. von ca. 1% Azodiisobutyronitril dargestellten Polymeren haben z. B. **I**, **II** u. **IV** ein höheres Molgew., sind schwer lösl. u. werden weniger leicht in Aceton, Bzl. u. Methyläthylketon gelöst (Tabellen). — 10 Literaturangaben. G. PLATZER. 4010□

Herstellung neuer Typen von linearen Polymeren durch Polyrekombination. W. W. Korschak, Ss. L. Ssossin und W. P. Alexejewa. (Доклады Академии Наук СССР [Ber. Akad. Wiss. UdSSR] **132**. 360—63. 11/5. 1960. Inst. für elementorg. Verbb. der Akad. der Wiss. der UdSSR) (Russ.)

Bei der Rk. von Diphenylmethan (**I**) mit Di-tert.-butylperoxid (**II**) bei 200° werden Polymere vom Typ des *Polydiphenylmethylens* erhalten, die völlig beständig u. durch HNO_3 oder CrO_3 nicht oxidierbar sind. Bei einem Molverhältnis **II**:**I** = 2,3:1 ist das Molgew. (M) 900000, der F. 205—220°, Ausbeute 52%. Analoge *Polymere* werden erhalten: aus *Phenylessigsäuremethylester* [(2,5:1), M 14000, F. 160—170°, 48%], *-phenylester* [(2,7:1), 430000, 185—200°, 55%], *Methylbenzylketon* [(1,86:1), 30000, 210—220°, 36%], *1.2-Diphenyläthan* [(3:1), 5000, 170—185°, 70%], *Diisopropylbenzol* + **I** [(2,5:1), 23000, 146—160°, 55%], *2.5-Dichlor-p-xylol* [(2:1), 10000, 150—165°, 65%], *1.3.5-Triphenyl-2.4.6-triisopropylborazol* [(2:1), Trimeres, ca. 200°, 49%], *Ferrocen* [(1:1), 2500, ca. 300°, 16%]. **I** bildet offenbar mit dem 1. Mol. **II** das Dimere (Tetraphenyläthan), das dann bei zunehmender Viscosität langsamer weiterpolymerisiert. Die zur Umwandlung von 1 Mol KW-Stoff erforderliche Zahl freier Radikale N_R nimmt in geometr. Progression zu. Der Polymerisations-Koeff. ist $n = 2^{k+1}(k = 0, 1, 2 \cdots)$; $n:N_R = 2 - (2/n)$. Die Hälfte der anfangs entstehenden freien Radikale wird für Neben-Rkk. verbraucht. Die Bldg. hochmol. linearer Polymerer durch Polyrekombination ist möglich, wenn die Ausgangsverbb. keine Gruppen enthalten, die zur Verzweigung der Polymerenkette führen können. R. K. MÜLLER. 4010□

Über Umsetzungen an Poly-p-lithiumstyrol. 2. Mitt. Derivate des Poly-p-vinyldi- und -triphenylmethans. Dietrich Braun. (Makromolekulare Chem. **33.** 181—94. 1959. Mainz, Univ. organ.-chem. Inst. — 1. vgl. C. **1960. 13383.**

Das l. c. beschriebene Poly-p-lithiumstyrol (I) wird zur Umsetzung mit Carbonyl-Verbb. benutzt. I gibt mit Benzaldehyd (II) das in Tetrahydrofuran (THF) gut lösl. *Poly-p-vinyldiphenylcarbinol* (III; im Orig. irrtümlich-diphenylmethylcarbinol, die Redaktion). III liefert mit 3.5-Dinitrobenzoylchlorid (IV) ein partiell acyliertes *3.5-Dinitrobenzoat. p-Chlor-, p-Methoxy-* sowie *p-Dimethylaminobenzaldehyd* ergeben analog II *Poly-4-vinylphenyl-4'-chlorphenyl-, Poly-4-vinylphenyl-4'-methoxyphenyl* bzw. *Poly-4-vinylphenyl-4'-dimethylaminophenylcarbinol.* Mit Benzophenon (V) liefert I das in Bzl. u. THF lösl. *Poly-p-vinyltriphenylcarbinol* (VI), das mit konz. H_2SO_4 das tieforangerot gefärbte *Poly-p-vinyltriphenylmethylkation* liefert. VI wird durch Rk. mit Acetylchlorid in *Poly-p-vinyltriphenylmethylchlorid* übergeführt, das in konz. H_2SO_4 das gleiche Spektrum wie das Kation besitzt. I wird mit MICHLERS Keton im *Poly-p-vinylphenyl-bis-[p-dimethylaminophenyl]-carbinol* (VII; *Poly-p-vinylmalachitgrüncarbinol*) übergeführt. VII gibt mit HCl das polymere *Farbsalz* (*Poly-p-vinylmalachitgrün*), dessen Absorptionsspektrum dem des monomeren p-Äthylmalachitgrün entspricht. Viscosimetr. Messungen stehen in Übereinstimmung mit der Polyelektrolytnatur des Farbsalzes.

Versuche: *Poly-p-vinyldiphenylcarbinol* (III), durch Zugabe von II zu I unter Eiskühlung, 1 std. Rühren, Fällen mit Ae., Digerieren mit Methanol u. W. u. Fällen aus THF/Bzl. (1:1) mit Petroläther. Partielles *3.5-Dinitrobenzoat*, aus III u. IV in Pyridin unter 4 std. Erhitzen u. Fällen aus THF mit Petroläther. — *Poly-p-vinyltriphenylcarbinol* (VI), analog III aus I u. V in Bzl., Versetzen mit Methanol, Abziehen des Lsgm. im Vakuum u. Fällen wie III; $Z_\eta = 0{,}0133$ (in Bzl. bei 20°), 0,0090 (in 98%ig. H_2SO_4). — *Poly-p-vinyltriphenylmethylchlorid,* durch 4 std. Kochen von VI in Bzl. mit Acetylchlorid u. Fällen mit Petroläther. — *Poly-p-vinylphenyl-bis-[p-dimethylaminophenyl]-carbinol* (VII), $(C_{25}H_{28}N_2O)_x$, aus I u. MICHLERS Keton in Bzl. u. Fällen mit Methanol. *Poly-p-vinylmalachitgrünsalz,* $(C_{25}H_{27}ClN_2)_x$, durch Einleiten von HCl in die Lsg. von VII in THF unter Eiskühlung; tiefgrün. W. HERWIG. 4010□

Eigenschaften der bei höherer Temperatur gedehnten Filme aus den Copolymerisaten von Vinylalkohol mit höheren Alkylvinyläthern. Giichi Akazome, Yasuo Choshi und Koichi Murai. (J. chem. Soc. Japan, ind. Chem. Sect. [Kōgyō Kagaku Zassi] **63.** 1079—81. Juni 1960. Kyôto-Husimiku, Sansuiso-Yusi-Kôgyô.) (Jap.; Auszug: Engl. S. A59.)

Aus *Vinylacetat* u. höheren *Alkyl*(*n-C*$_8$ bis *n-C*$_{18}$)*-vinyläthern* (0—13 Gew.-%) werden durch Blockpolymerisation *Copolymerisate* hergestellt, welche mit methanol. KOH hydrolysiert werden. Aus den gebildeten Copolymerisaten aus *Vinylalkohol* u. *Alkylvinyläthern,* werden durch Auflösen in Dimethylsulfoxid u. durch Abdampfen der Lsg. auf der Hg-Oberfläche Filme hergestellt (Dicke ca. 30 μ), aus denen schmale Streifen (1 × 10 mm) geschnitten werden. Die Streifen werden bei 180° auf das 3- bzw. 5fache gedehnt u. dann auf verschiedene physikal. Eigg. geprüft. Die Zugfestigkeit u. die Erweichungs-Temp. werden mit steigendem Geh. an Alkylvinyläthern zunehmend verschlechtert. Der Widerstand gegen Heißwasser nimmt durch Einpolymerisierung des *Octadecyl-* bzw. *Hexadecylvinyläthers* wenig, jedoch durch die niedrigerer Homologen stark ab. Die Elastizität der Filme wird dagegen durch die Einpolymerisierung von Alkylvinyläthern verbessert. E. MAEKAWA. 4010□

Anwendung von Redoxharzen (Elektronenaustauschern). G. Manecke, Ch. Bahr und Ch. Reich. (Angew. Chem. **71.** 646—50. 21/10. 1959. Berlin-Dahlem, Max-Planck-Gesellschaft, Fritz-Haber-Inst.) (Dt.)

Mit einem *Hydrochinon–Phenol–Formaldehyd*-Kondensationsharz (*Redoxharz RP*), das ein Redoxnormalpotential $E_0 \approx 0{,}7$ V besitzt, wurden in seiner oxydierten Form (Chinonform) mehrere organ. Verbb. dehydriert. Bei der Dehydrierung von Hydrazobenzol entsteht auch bei diesem Vf. nur *trans-Azobenzol.* Die Oxydation von Cysteinhydrochlorid in essigsaurer Lsg. verläuft bei Raum-Temp. äußerst langsam, bei 80° dagegen bis ca. 30% Umsatz in 10 Std. bei äquivalenten Ausgangsmengen. Ascorbinsäure wird bereits in 6 Std. zu 85% umgesetzt. Tetralin wurde zu *Naphthalin* dehydriert.

Reduziertes Coenzym 1 (DPNH) wird sowohl mit Benzochinon (in 1,5 Std.) wie mit RP (erst in 10 Tagen) bis zum Gleichgewichtszustand dehydriert. Verss. zur Anreicherung von H_2O_2 durch Umpumpen von O_2-gesätt. W. über RP oder *Hydrochinon–Phenolsulfonsäure–Formaldehyd-Harz* (*Redoxharz RPS*) ergeben, daß konz. H_2O_2-Lsgg. nicht erzielt werden, da 1—2n H_2O_2-Lsgg. die Redoxharze unter Verfärbung stark abbauen. Die günstigsten Ergebnisse für die Regenerierung der Harze ergibt $Na_2S_2O_4$; TiO_3 führt zu stärkerer Zers. von H_2O_2. Bei SO_2 ist der Regenerierungsgrad niedrig. Als Stabilisatoren sind 8-Hydroxychinolin u. Na-Metaphosphat am wirksamsten. S. NEUE. 4010□

Über Potentialänderungen während der Emulsionspolymerisation von Methylmethacrylat im Redox-System. Eligia Turska, Jerzy Kroh und Jerzy Wiśniewski. (Zeszyty naukowe Politechn. Łódzkiej, Chem. **1960.** Nr. 8. 27—40. Łódź, PAN, Kat. Chem. fiz. Polimerów.) (Pol.)

Die Polymerisation von *Methacrylsäuremethylester* in Emulsion wurde mit Hilfe der Potentialmessung des Redox-Syst., bestehend aus Dibenzoylperoxid (in der Monomeren-Phase), Fe^{2+} u. Sorbose (in der wss. Phase) verfolgt. Als Puffer diente $Na_4P_2O_7$, als Emulgator Na-Stearat. Das Potential wurde unter Rühren bei 40° mit dem Elektroden-Syst. Au-gesätt. Hg_2Cl_2 bestimmt. Gleichzeitig wurde die Monomeren-Konz. durch UV-Absorption ermittelt. Die Potentialkurve stimmt mit der UV-Absorptionskurve in Abhängigkeit von der Polymerisationsdauer überein. Aus der Kurve läßt sich der Umsatz zu jedem Zeitpunkt feststellen. F. URBAN. 4010□

Zur Bestimmung der Taktizität von Hochpolymeren in gelöstem Zustand. Hans-Georg Elias, Max Dobler und Hans-Ruedi Wyss. (J. Polymer Sci. **46.** 264—68. Sept. 1960. Zürich, Schweiz, ETH, Labor. für Organ.-Chem.-Technol.) (Dt.)

Zur Prüfung der von ELIAS (vgl. C. **1960.** 6167) angestellten Betrachtungen wurden von mehreren Proben von atakt. (**Ia**), isotakt.-(**Ib**) u. syndyotakt. *Polymethylmethacrylat* (**Ic**) unter Verwendung von Chlf. als Lsgm. u. Hexan als Fällmittel bei 20° die Abhängigkeit der Fällmittel-Konz. $(c_F)_{Tr}$ am Trübungspunkt von der Polymer-Konz. $(c_P)_{Tr}$ am Trübungspunkt bestimmt. Im Falle **I a** besteht eine lineare Beziehung zwischen $\log(c_F)_{Tr}$ u. $\log(c_P)_{Tr}$; die für verschiedene **I a**-Proben erhaltenen Geraden schneiden sich bei Extrapolation in einem Punkte für 100% **I a** [$= (c_F)_\infty$], unabhängig vom Molgew. u. der Molgew.-Verteilung. Dagegen ist $(c_F)_\infty$ bei **I b** u. **I c** abhängig vom Taktizitätsgrad u. der Sequenzlänge u. kann daher für analyt. Unterss. verwendet werden.
O. FUCHS. 4010□

Untersuchungen über gehärtete Polyesterharze. 1. Mitt. **Zusammensetzung und Aufbau gehärteter Polyesterharze.** Werner Funke, Werner Gebhardt, Heinz Roth und Karl Hamann. (Makromolekulare Chem. **28.** 17—57. Sept. 1958. Stuttgart, Forschungsinst. für Pigmente u. Lacke.) (Dt.)

Gehärtete Polyesterharze (**A**) aus ungesätt. Polyestern u. Copolymerisate der **A** mit *Styrol* (**I**) werden durch Aminolyse, Hydrazinolyse u. Hydrolyse (vgl. C. **1962. 9743**) abgebaut u. die Zus. der polymeren Abbau-Prodd. sowie die Mol-Ausbeute an polymerisierten Monomereinheiten quant. bestimmt. Zur Herst. der **A** werden *Maleinsäureanhydrid* u. *Adipinsäure* (**II**) im Mol-Verhältnis 0,15:0.85, 0,3:0,7 u. 0,6:0,4 mit *Butandiol-(1.4)* (**III**) im Mol-Verhältnis der Säuren zu **III** wie 1:1,1 24 Std. bei 100° unter N_2 vorkondensiert, dann 3 Std. auf 130° u. bis zu einer SZ. von ca. 20 auf 180° erhitzt. Die jeweiligen **A** wurden mit **I** in verschiedenen Mol-Verhältnissen (**A**:**I** = 91:9 bis 50:50) in Ggw. von 0,2% Dibenzolyperoxid u. ca. 0,06% (bezogen auf die **A**) Dimethylanilin als Beschleuniger copolymerisiert. Nach 17std. Stehen bei 20° wurden die gelierten Prodd. 24 Std. bei 50°, 24 Std. bei 100° u. 3 Std. bei 130° nachgetempert. Die Aminolyse-Verss. der **A**/**I**-*Copolymerisate* (**B**) (Erhitzen mit Benzylamin u. NH_4Cl als Katalysator) zeigten, daß von der einpolymerisierten **II** 91—95% als *Adipinsäure-bis-benzylamid* gewonnen wird. Dagegen liegen die in den **B** eingebauten Fumarsäure (**IV**)-Einheiten der polymeren Aminolyse-Prodd. auf Grund des Atomverhältnisses von N:O = 1:2 u. der UV-Spektren als polymere N-*Benzylsuccinimid*-Einheiten vor. Die Ringschluß-Rk. wird durch die an beiden α-C-Atomen durch **I**-Einheiten substituierte Bernsteinsäure begünstigt. Das gleiche Ergebnis brachte ein lineares *Copolymerisat* aus **IV** u. **I**. Die Hydrazinolyse der **B**, die durch 70std. Erhitzen mit Hydrazinhydrat in Dioxan durchgeführt wurde, ergab neben 70—80% *Adipinsäuredihydrazid* ein polymeres Hydrazinolysen-Prod., dessen Struktur dem *Copolyfumarsäuretetramethylenglykolester*/**I** mit endständigen OH-Gruppen entspricht. Demnach sind unter den Arbeitsbedingungen die Esterbindungen der einpolymerisierten **IV**-Einheiten mit **III** gegenüber Hydrazin ziemlich stabil, was auch die Hydrazinolyse eines linearen *Copolystyrol–Maleinsäurediäthylesters* als Modellsubstanz bestätigte. Die endständigen OH-Gruppen des polymeren Hydrazinolysen-Prod. konnten durch Umsetzung mit Phenylisocyanat bzw. Trichloressigsäure unter Bldg. von polymerem *N-Phenylurethan-* bzw. *Trichloracetyl-*

Deriv. nachgewiesen werden. Schließlich wurde die Zus. der polymeren Hydrolysen-Prodd., die durch mehrst. Erhitzen der **B** mit KOH in Benzylalkohol erhalten wurden, durch Best. des O-Geh. u. daraus durch Berechnung des **I/IV**-Verhältnisses ermittelt. Hierbei wird die Zus. des polymeren Hydrolysen-Prod. durch die Molverhältniszahl V_S u. die der **B** durch V_{0S} ausgedrückt. Werden V_{0S} u. V_S in Molenbrüchen ausgedrückt u. die Molenbrüche N_S für **I** im polymeren Hydrolysen-Prod. gegen die entsprechenden Molenbrüche N_{0s} für **I** im gehärteten **B** in ein Koordinaten-Syst. eingetragen, so erhält man eine Gerade. Somit kann für die untersuchten **B** aus der ursprünglichen **I/IV**-Zus. der **B** auf die zu erwartende Zus. des polymeren Hydrolysen-Prod. geschlossen werden. G. KRIEN. 4010□

Eine Methode zur Fraktionierung von Polyamiden. Marceli Łaczkowski und Eligia Turska. (Zeszyty naukowe Politechn. Łódzkiej, Chem. **1960.** Nr. 8. 17—25. Łódź, PAN, Kat. Chem. Fiz. Polimerów.) (Pol.)

Die Fraktionierung von Polyamiden (*Polycaprolactam*) durch Verteilung in 2 fl. Phasen ist bei normaler Temp. möglich, wenn das Syst. Phenol–Äthylenglykol (Methanol) 55:45 (75:25)–W. verwendet wird. Die Ausgangs-Konz. an Polyamid beträgt 1,5%. Zur Einstellung des Gleichgewichts bei der Verteilung ist 12std. Rühren notwendig. Die Verteilungskurve der durch viscosimetr. Best. in 96%ig. H_2SO_4 ermittelten Molgew. ist nur bei Anwendung wiederholter Fraktionierung bis auf 16 Endfraktionen mit der theoret. Kurve nach FLORY vergleichbar. — 16 Literaturangaben. F. URBAN. 4010□

Polymerisation und Depolymerisation von Superpolyamiden auf der Basis von ε-Caprolactam (Nylon 6). Jesús Calvo Gómez. (Ion [Madrid] **21.** 441—50. 489. Aug. 1961.) (Span.)

Bei der Polymerisation von *ε-Caprolactam* (**I**) werden als Start-Rkk. die durch COOH-Gruppen (**II**) katalysierte Hydrolyse von **I** u. die darauf folgende Polykondensation angenommen, welche auch durch **II** katalysiert wird. Als Haupt-Rk. ist aus kinet. Erwägungen die ausschließlich über die NH_2-Gruppen erfolgende Polyaddition von **I** anzusehen, welche ebenfalls durch **II** beschleunigt wird. Der Ionencharakter einiger Rkk. dürfte im Gebiet der wasserfreien Syst. Bedeutung haben, nicht aber bei der normalen techn. Polymerisation in Ggw. von Wasser. Die Geschw. der Depolymerisation u. der Rückbildung von **I** hängt von der Konz. der Endgruppen u. der Menge des im System vorhandenen W. ab u. wird durch Vergrößerung beider Faktoren sowie durch Temp.-Steigerung beschleunigt. M. HAGEDORN. 4010□

Untersuchungen auf dem Gebiet der Organocyclosiloxane. 3. Mitt. **Anwendung des thermooxydativen Abbaus zur Untersuchung der Struktur der Hydrolysenprodukte von Alkyltrichlorsilanen.** N. N. Ssokolow. (Журнал Общей Химии [J. allg. Chem.] **28** (**90**). 2578—82. Sept. 1958. Elektrotechn. Allunions-Inst.) (Russ.) — 2. vgl. C. **1958.** 3864.

Durch Hydrolyse von Methyl- (**I**), Äthyltrichlorsilan (**II**), Methylchlorcyclosiloxanen, $[CH_3Si(Cl)O]_{4-7}$ u. Äthylchlorcyclosiloxanen, $[C_2H_5Si(Cl)O]_{3-5}$, wurden *Polyalkylcyclosiloxane* $(CH_3SiO_{1.5})_{3-7}$ (**III**) u. $(C_2H_5SiO_{1.5})_{3-5}$ (**IV**) dargestellt. Beim therm. Abbau (2 Std., 350 u. 400°) spalten die **III** mit gerader Anzahl Siloxanbindungen weniger organ. Gruppen ab als die mit ungerader Anzahl. Dagegen werden die **IV** mit gerader Anzahl Siloxanbindungen schneller abgebaut. Eine vollkommene Abspaltung der Alkylgruppen erfolgt auch in 24 Std. bei 450° nicht. — Die aus **I** u. **II** nach Hydrolyse u. therm.-oxydativem Abbau erhaltenen Prodd. stellen *cycl. Trimere* dar, die untereinander durch Siloxanbindungen vernetzt sind. HELMUT SCHÄFER. 4010

Abbau und Vernetzung von Polyisopren in Hevea Brasiliensislatex während der Verarbeitung und Lagerung. B. C. Sekhar. (J. Polymer Sci. **48.** 133—37. Dez. 1960. Kuala Lumpur, Malaya, Rubber Res. Inst. of Malaya.) (Engl.)

Nach der früher (vgl. C. **1960.** 2368) vom Vf. beschriebenen Meth. wurde der Einfl. verschiedener Verbb. auf die Mooney-Viscosität η von Latices von *Naturkautschuk* (**I**) in Ggw. von O_2 bestimmt. Der Anstieg $\Delta\eta$ von η (in %) beträgt: o-Phenylendiamin 5, p-Phenylendiamin 90, Benzidin 84, Diaminohexan 31, Äthanolamin, Cyclohexylamin u. Benzhydrylamin je 5, Hydroxylamin, Semicarbazid u. Dimedon je 0. Nach 48std. Lagerung bei 144° F beträgt $\Delta\eta$ für die gleichen Verbb.: 5, 22, 21, 68, 10, 12, 8, 3, 5 u. 5; $\Delta\eta$ von **I** allein beträgt bei der Lagerung 118%. Daraus folgt, daß die Härtung von **I** durch gewisse Amine u. CO-Reagentien verhindert wird. Es wird angenommen, daß die in **I** vorhandenen CO-Gruppen für die Vernetzung des zusatzfreien **I** bei der Lagerung maßgebend sind. Dagegen ist für den Abbau u. den größten Teil der Vernetzung in stabilisiertem **I** eine Peroxid-Bldg. verantwortlich zu machen. O. FUCHS. 4030□

Untersuchungen an Isopren-Gummi. 3. Mitt. **Aktivität des Ziegler-Katalysators der $TiCl_4$–$Al(C_2H_5)_3$-Reihe auf die Polymerisation von Isopren.** Shu Kambara,

Noboru Yamazaki und Nobuo Suzuki. (J. chem. Soc. Japan, ind. Chem. Sect. [Kōgyō Kagaku Zassi] **63.** 1082—84. Juni 1960. Tôkyô-Kôgyô-Daigaku, Sigenkagaku-Kenkyûzyo.) (Jap.; Auszug: Engl. S. A60.) — 2. vgl. C. **1960.** 13040.

Die Ausbeute des Polymeren aus *Isopren* (I) in n-Hexan in Ggw. von $TiCl_4$–$Al(C_2H_5)_3$ [Al/I = 0,01 (Molverhältnis), Al/Ti = 1,25] zeigt bei ca. 30° ein Maximum (Verss. zwischen 0 u. 60°); das Molgew. des Polymeren nimmt mit steigender Temp. ab. Aliphat. KW-Stoffe sind als Lsgm. besser geeignet als die aromatischen. Die Aktivität nimmt auch bei 0° rapid ab, während die Abnahme der Aktivität in Ggw. von I gehindert wird; der Katalysator wird also am besten bei viel niedrigerer Temp. oder in Ggw. von I hergestellt. E. Maekawa. 4030□

Untersuchungen an Isopren-Gummi. 4. Mitt. **Reduktion von Titantetrachlorid mit Alkylaluminium und katalytische Aktivität der Reduktionsprodukte auf die Polymerisation von Isopren.** Noboru Yamazaki. (J. chem. Soc. Japan, ind. Chem. Sect. [Kōgyō Kagaku Zasshi] **63.** 1085—88. Juni 1960.) (Jap.; Auszug: Engl. S. A 60.) — 3. vgl. vorst. Referat.

$TiCl_4$ wird bei 0° mit $Al(C_2H_5)_3$ viel schneller als mit $AlCl(C_2H_5)_2$, jedoch weder durch $AlCl_2(C_2H_5)$ noch durch $AlCl_3$, reduziert. Unter den Bedingungen, unter denen $TiCl_4$ im $TiCl_4$–$Al(C_2H_5)_3$-Syst. nur wenig reduziert wird, findet die *cis-1.4*-Polymerisation vorwiegend statt. Das Syst. $TiCl_3$–$Al(C_2H_5)_3$ bzw. $TiCl_3$–$AlCl(C_2H_5)_2$ zeigt nur größere Aktivität, wenn das Molverhältnis Al/Ti weniger als 0,1 beträgt. $AlCl_2(C_2H_5)$ zeigt eine sehr große Aktivität auf die kation. Polymerisation, die vorwiegend zu *trans-1.4-Polyisopren* führt. Die cis-1.4-Polymerisation verläuft offenbar durch einen anion. Mechanismus mit dem Komplex [$Al(C_2H_5)_3 \cdot TiCl_4$]. E. Maekawa. 4030□

Umwandlungsverhalten von Polychloropren und Polychloropren–Styrol–Butadien-Blends. R. M. Kell, Bailey Bennett und P. B. Stickney. (J. appl. Polymer Sci. **2.** 8—13. Juli/Aug. 1959. Columbus, Ohio, Batelle Memorial Inst.) (Engl.)

Von mehreren Proben von *Polychloropren* (I) u. von Blends aus I u. *Polystyrol–Butadien* (II, Verw. von *SBR-1500*) wurden auf Grund dilatometr. Messungen die Kristallisations-Geschw. v_{kr} u. die Glasumwandlungs-Temp. T_g bestimmt. v_{kr} von I, von vulkanisiertem I u. von I/II geht bei —5° durch ein Maximum. v_{kr} u. der Endwert der Kristallisation fallen bei wachsendem II-Geh. ab. Durch die Vulkanisation von I wird v_{kr} erniedrigt. T_g von I beträgt —45°; bei Zusatz von 30 II zu 100 I fällt T_g auf —50°. Schließlich wurde auf die gleiche Weise der F. von I bestimmt; F. der untersuchten Proben liegt zwischen 36 u. 45°. O. Fuchs. 4030□

Adhäsion einiger Elastomeren an Cellulosefasern und Folien, die mit Methyl- oder Isopropylisocyanat modifiziert wurden. Tadeusz Antczák. (Zeszyty naukowe Politechn. Łódzkiej, Chem. **1960.** Nr. 8. 41—67. Łódź, Politechn., Kat. Technol. Kauczuków i Gumy.) (Pol.)

Die Adhäsion von vulkanisiertem *Gummi* u. *Polyisobutylen* (*Oppanol B 200*) an hydrophobiertem *Viscosecord* u. an Folie wurde an Probekörpern mit H-Form untersucht. Die Hydrophobierung erfolgte durch Imprägnieren mit Methyl- (I) u. Isopropylisocyanat (II) in gasförmigem Zustand. Die behandelte Faser enthält 1,25 (mit I) u. 1,1% N (mit II). Das im Überschuß angewandte I u. II bildet auf der Faser feste Polymere, die mit heißem W. abgewaschen werden. Feuchte u. nichtgewaschene Fasern lassen sich nicht mit Gummi verbinden. Beim Erhitzen auf 100—160° geben die modifizierten Cellulose-Prodd. keine gasförmigen Zers.-Prodd. ab. Die Adhäsion von Gummi an hydrophobiertem Cord ist mit 6,22 (kg/cm²) höher als die von Oppanol mit 1,3. Die Adhäsion von Gummi an der Folie ist dagegen mit 2,1 schwächer als die von Oppanol mit 6,25. Die Hydrophobierung von Cellulose mit I ist wirksamer als mit II. Die Darst. von I u. II erfolgte durch therm. Zers. von N.N-Diphenyl-N′-methyl (isopropyl)-harnstoff. Metall. Pb inhibiert die Autopolymerisation von I u. II.

Versuche: *Diphenylcarbamylchlorid*, $C_{13}H_{10}ClNO$, F. 83°, durch Eintropfen einer 26,5%ig. Lsg. von 1 Mol Diphenylamin in Toluol in eine Lsg. von 0,55 Mol Phosgen in 500 ml Toluol bei —3 bis +6° unter Rühren, Durchleiten von N_2, Filtrieren, Waschen des Nd. mit heißem Toluol u. Eindampfen des Filtrats im Vakuum bei 40° bis zur Trockne; Blättchen aus Ae.; 98% (Ausbeute). — *N.N-Diphenyl-N′-methylharnstoff*, $C_{14}H_{14}N_2O$, aus einer 6,5%ig. Lsg. von Methylamin in Toluol u. einer Lsg. vorst. Verb. in Toluol bei —3 bis +6°; Nadeln aus Ae.; 86%. — *Methylisocyanat*, Kp. 37,5—38,5°, durch therm. Zers. vorst. Verb.; 95%. — *N.N-Diphenyl-N′-isopropylharnstoff*, $C_{16}H_{18}\cdot N_2O$, F. 104°, analog der N′-Methylverb.; aus Ae. Kristalle. — *Isopropylisocyanat*, Kp. 70—75°, durch therm. Zers. vorst. Verb. bei 190—240°. F. Urban. 4050□

Adhäsion von Karkassengummi an Viscosereifencord, der mit Methyl- oder Isopropylcarbamylchlorid modifiziert wurde. Tadeusz Antczák. (Zeszyty naukowe Politechn. Łódzkiej, Chem. **1960.** Nr. 8. 85–87.) (Pol.) — Vgl. vorst. Referat.

Die Hydrophobierung von *Viscosecord* mit Isocyanaten ist techn. schwierig. Das Arbeiten mit Isocyanaten kann umgangen werden, wenn zur Behandlung von Reifencord Methyl- (I) oder Isopropylcarbamylchlorid (II) verwendet wird. Man arbeitet bei 100° in Ggw. von Diäthylanilin. Die Adhäsion von *Gummi* an so präpariertem Cord ist allerdings etwas schlechter als an Cord, der direkt mit Isocyanat behandelt wurde. Die Darst. von I u. II erfolgt aus den Isocyanaten durch Überleiten von HCl bei 0–5°: *Methylcarbamylchlorid* (I), F. 90° (Zers. bei 93–94°). — *Isopropylcarbamylchlorid* (II), F. 89–90° (Zers. bei 93–94°). F. Urban. 4050□

Kinetik der Oxydation der Cellulose mit Stickstoffdioxid nach den Absorptionsspektren der Produkte. I. N. Jermolenko und M. M. Pawljutschenko. (Журнал Общей Химии [J. allg. Chem.] **28 (90).** 722–28. März 1958. Beloruss. Univ. u. Inst. für Physik u. Math. der Akad. der Wiss. der Beloruss. SSR.) (Russ.)

Aus den Absorptionsspektren im Gebiet von 230–420 mμ von bei verschiedenen Temp. u. verschiedenen Zeiten durch NO_2 oxydierten Filmen aus *Cellulose* (I) ist erkennbar, daß die gebildete Menge von *Nitrit* ein Maximum durchläuft. Dieser Nitritmenge entspricht in den Oxydations-Prodd. die maximale Menge an gebildeten Carboxylgruppen. Bei Erhöhung der Temp. nimmt die Menge an Carboxylgruppen u. auch die Menge an Nitrit ab, bei 65° ist Nitrit nicht mehr nachweisbar. Es bestätigt sich erneut, daß I-Nitrit ein Zwischenprod. bei der Oxydation von I mit NO_2 darstellt. M. Ulmann. 4050

Wirkung wässeriger Lösungen von Lithiumhydroxyd auf Cellulose I und Cellulose II. Kanji G. Ashar. (C. R. hebd. Séances Acad. Sci. **252.** 734–36. 30/1. 1961. Paris, École Supérieure de Phys. et de Chim., Labor. de Chim. macromol.) (Franz.)

Die Bindung von LiOH durch *Cellulose II* (mercerisierte Cellulose) ist verschieden von der durch *Cellulose I* (native Celullose). Von Cellulose II wird bei niedrigen Konzz. der wss. LiOH-Lsgg. mehr LiOH gebunden. Der Unterschied der von beiden Cellulosen gebundenen Mengen ist am größten bei einer Konz. der wss. LiOH-Lsg. zwischen 2,25 n u. 3 n u. verschwindet bei 4,25 n LiOH. A. Seuffert. 4050□

Durch Diffusion geprüfte mechanische Eigenschaften von unbehandeltem Cellophan. Hitoshi Yamamura und Yuji Tadokoro. (J. Sci. Hiroshima Univ., Ser. A **23.** 415–23. März 1960. Hiroshima, Univ., Fac. of Sci., Dep. of Chem.) (Engl.)

Vorher getrocknete *Cellophan*-Filme wurden unter konst. Dehnung (Zugspannung $1{,}2 \cdot 10^7$ dyn/cm²) gehalten u. die Kriechdehnung in Abhängigkeit von der Zeit (Min.) graph. dargestellt. Unter Variierung der Temp. (40 u. 50°) u. der relativen Feuchtigkeit (30 u. 50%) wurde so eine Reihe von Kriechkurven erhalten. Die verschiedene Diffusion von H_2O in das Material beeinflußt die Dehnung. Je höher bei der gegebenen Spannung die Temp. u. relative Feuchtigkeit eingestellt werden, umso eher wird der Wendepunkt der jeweiligen Kurve erreicht. Eine theoret. Gleichung wird angegeben. A. Seuffert. 4050□

Verhalten des Celluloseacetats in konzentrierter Lösung von Zinkchlorid. Kuniichi Hayashi. (J. chem. Soc. Japan, ind. Chem. Sect. [Kōgōy Kagaku Zassi] **62.** 875–77. Juni 1959. Iwakuni, Teikoku-Zinken., Kenkyûzyo.) (Jap.; Auszug: Engl.)

Beim Lösen von *Celluloseacetat* (I) in konz. $ZnCl_2$-Lsg. findet zuerst eine stöchiometr. Absorption von $ZnCl_2$ am I-Gel statt. Wenn Salze, wie NaCl, KCl oder NH_4Cl, die gegenüber I nur eine kleine Affinität zeigen, in konz. $ZnCl_2$-Lsg. vorliegen, so verhindern sie den Zugang von Hydratationswasser, was die Bldg. von dreidimensionaler Netzstruktur sowie eine Viscositätszunahme verursacht. Wenn aber Salze, wie LiCl, $MgCl_2$ oder $AlCl_3$, welche gegenüber I relativ gute Affinität besitzen, in konz. $ZnCl_2$ vorliegen, so werden sie an I absorbiert u. verbessern dadurch die Dispersion von I in Wasser. E. Maekawa. 4050

Pfropf-Bindung von Allylcellulose mit Vinylmonomeren. Michel Lagache, Marcel Chateau und Jacques Pomey. (C. R. hebd. Séances Acad. Sci. **251.** 2353–55. 21/11. 1960. Usines Renault, Régie Nationale, Labor. de Rech.) (Franz.)

Zur Darst. der *Allylcellulose* (I) wurde Celullose (Baumwollelinters, ägypt. Baumwolle, Jute) mit 15%ig. NaOH oder 10%ig. alkohol. NaOH in *Alkalicellulose* übergeführt u. diese mit einer Lsg. aus 40% Allylbromid u. 60% Bzl. in Abwesenheit von Luft u. Licht bei 50° behandelt. Die Herst. von I gelingt auch mit Allylchlorid im Autoklaven bei 80° in Ggw. von 0,1% p-tert.-Butylbrenzcatechin zur Verhinderung der Polymerisation. Auf I, das in der Hitze Benzthiazol leicht addiert u. mit O_3 Ozonide u.

Hydroperoxide bildet, läßt sich *Styrol*, *Acrylonitril*, *Vinylacetat* u. *Vinylidendichlorid* in Substanz oder in Emulsion in Ggw. eines Peroxids aufpfropfen. Die Ausbeute des I/*Styrol-Pfropfpolymerisats* z. B. wird im UV-Licht (3700 Å) in Ggw. von Benzoin als Photosensibilisator wesentlich erhöht. A. SEUFFERT. 4050 □

Die Notwendigkeit besserer makromolekularer Modelle. John R. Platt. (Science [Washington] **131.** 1309—10. 29/4. 1960. Chicago, Ill., Univ. of Chicago, Dep. of Physics.) (Engl.)

Vorschläge für die Ausführung von Atommodellen großer Moll., wie DNA u. Proteinen, mit besserer Wiedergabe von Atomformen, H-Brücken, ster. Hinderung usw.
K. MAIER. 4070 □

Oxydative Radiolyse von Aminosäuren, Peptiden und Proteinen in wässerigen Lösungen durch γ-Strahlen. Hiroyuki Hatano. (Bull. Inst. chem. Res., Kyoto Univ. [Kagaku Kenkyusho Hokoku] **39.** 120—32. März 1961. Kyoto, Univ., Fac. of Sci., Dep. of Chem.) (Engl.)

Bei der Bestrahlung von Aminosäuren mit γ-Strahlen aus einer ^{60}Co-Quelle wurden folgende G-Werte (ausgedrückt in Mol NH_3/100 eV) in 10 mmol Lsg. nach einer Dosis von 800 Kr gefunden: *α-Alanin* (**V**) 2,13; *β-Alanin* 1,90, *γ-Aminobuttersäure* 0,84; *Taurin* 1,41; *Leucin* (**I**) 2,33; **I**-*Na-Salz* 1,34; **I**-*Äthylester* 1,64; **I**-*HCl* 0,43; nach einer Dosis von 197 Kr: *Glycylglycin* 4,02; *Glycyltyrosin* 2,08; *Alanylglycin* 1,37; *Alanylalanin* 1,30; *Alanylvalin* 0,93; *Alanylleucin* 1,05; *Glutathion* 0,93; *Acetylglycin* 0,73; *Acetylalanin* 0,71; *Acetylvalin* 0,73; *Acetylleucin* 0,84; *Acetylmethionin* 0,80; *Hippursäure* 0,45; *Eialbumin* 1,06; *Serumalbumin* 1,55; *Bakterienamylase* 1,38; *Bakterienproteinase* 1,47; *Trypsin* 2,05. Die Werte zeigen, daß auch N_2 aus Amidbindungen abgespalten wird; in sauerstoffhaltigem W. entstehen die den Aminosäuren entsprechenden Ketosäuren, die im Falle der *Brenztraubensäure* (**II**) u. *α-Ketoisovaleriansäure* (**III**) an Hyflo-Super-Cel als 2.4-Dinitrophenylhydrazone quant. getrennt werden konnten. Es wurden die Spektren der 2.4-Dinitrophenylhydrazone folgender Ketosäuren (in 0,5 n Na_2CO_3-Lsg. bzw. einem Gemisch aus 0,5 n Na_2CO_3 u. 0,5 n K_2CO_3) zwischen 350 u. 600 mμ dargestellt: α-Ketoglutarsäure (**IV**), Phenylbrenztraubensäure, α-Keto-ε-aminocapronsäure, β-Mercaptobrenztraubensäure, β-Indolyl-(3)-brenztraubensäure, α-Keto-δ-guanidinovaleriansäure, Oxalessigsäure, **III**, β-Imidazolyl-(4)-brenztraubensäure, β-Ketoisocapronsäure, α-Keto-δ-aminovaleriansäure, α-Keto-β-hydroxybuttersäure, Glyoxylsäure, p-Hydroxyphenylbrenztraubensäure, β-Hydroxybrenztraubensäure, α-Keto-γ-methylmercaptobuttersäure. Die Ausbeute an **IV** aus Glutaminsäure steigt exponentiell mit der Dosis. Die Radiolyse von **V** läuft mit der Ammoniak-Entw. stöchiometr. ab, während von **II** nur $^1/_3$ der stöchiometr. Menge entsteht, was auf Zers. zurückzuführen ist. Die Zers. von **II** u. **III** wird im Dosisbereich 97—1379 Kr bestimmt. Diskussion des Mechanismus der oxydativen Radiolyse von Aminosäuren u. Peptiden.
W. WALTER. 4070 □

Röntgenanalyse schnell erstarrter Gelatinegele. H. T. Meryman. (Biodynamica [USA] **8.** 69—72. 1958. Bethesda, Md., Naval Med. Res. Inst., Biophys. Div.) (Engl.)

Schnell auf —30° abgekühltes 30%ig. *Gelatine* (**I**)-Gel zeigt im Röntenbeugungsdiagramm nur das den 001-Flächen des Eises entsprechende Intensitätsmaximum, während die Maxima der 100- u. 101-Flächen fehlen. Nach anschließender Erwärmung auf —10° treten hingegen die Maxima aller 3 Flächen auf. Es wird angenommen, daß bei —30° die auch visuell sichtbare Keim-Bldg. der Phasenumwandlung durch die **I**-Moll. derart behindert ist, daß nur die Bldg. der Eisflächen geringerer Energie erfolgt. Erst bei Temp.-Erhöhung ist eine Rekristallisation der unvollständigen Kristallstruktur infolge zunehmender Beweglichkeit der **I**-Moll. möglich. E. MOISAR. 4070 □

Untersuchung des Ultraschalleinflusses auf einige Verbindungen mit Proteincharakter. 1. Mitt. **Wirkung des Ultraschalls auf Trypsin.** Vladimir Stefanović, Ivanka Kostić, Miroslav Bresjanac und Dušan Živanović. (Гласник Хемиског Друштва Београд [Ber. chem. Ges. Belgrad] **23/24.** 175—78. 1958/59. Belgrad, Naturwiss.-math. Fak., Chem. Inst.; Pharm. Fak., Inst. für anorg. u. anal. Chem.; Tierärztl. Fak., Inst. für Biol.) (Serbo-kroat.; Auszug: Engl.)

0,25%ig. wss. Lsgg. von Trypsin wurden 10, 20, 30 u. 45 Min. lang der Einw. von Ultraschall ausgesetzt. Der Ultraschallgenerator hatte eine Frequenz von 3 Mc/s, eine Intensität von 2,5 W/cm², der Quarz einen Durchmesser von 32 mm. Durch eine derartige Behandlung änderte sich der pH-Wert der Lsg. von 6,57 auf 5,88, die Aktivität (ausgedrückt als Extinktion) sank von 0,078 auf 0,054, der Brechungsindex jedoch blieb fast unverändert 1,3340. H. CNOBLOCH. 4070 □

E. Biologische Chemie. Physiologie. Medizin

E_1. Allgemeine Biologie und Biochemie

Biochemie des Alterns. J. E. Varner. (Annu. Rev. Plant Physiol. **12.** 245—64. 1961. Columbus, Ohio, Ohio State Univ., Dep. of Agric. Biochem.) (Engl.)

Übersicht (bis Okt. 1960.) Allg. Theorien des Alterns; Atmung u. Zelleistung während des Alterns von Pflanzen, Veränderungen spezif. subzellulärer Einheiten beim Altern (Mitochondrien, Cytoplasmamembran u. Zellwand, Kerne, endoplasmat. Reticulum, Ribosomen, Chloroplasten, Vakuolen, Cytoplasmagrundsubstanz), Veränderungen der Stoffwechselabläufe, Biogenese des Äthylens. — 175 Literaturangaben. K. Maier. 4100 □

Chemische Stufen im Vorgang der Erzeugung von Mutationen und Chromosomenaberrationen durch Röntgenbestrahlung von Drosophila. 1. Mitt. Der Einfluß einer Cyanid-Nachbehandlung bei verschiedener Dosisleistung und unterschiedlichem Sauerstoff-Partialdruck. F. H. Sobels. (Int. J. Radiat. Biol. **2.** 68—90. Jan. 1960. Leiden, Univ., Dep. of Radiat. Genetics; Utrecht, Univ., Inst. of Genetics.) (Engl.)

♂ *Drosophila* wurden mit 100 kV Röntgenstrahlen bei Dosisleistungen von 2200 oder 590 r/Min. bestrahlt. Unmittelbar danach wurde ein Teil der bestrahlten Fliegen mit HCN beatmet. Unters. der Spermatiden zeigte eine erhöhte Strahlenschädigung durch die Einwrkg. des HCN. Diese führt speziell zu Translokationen der Chromosomen. Die Mutationsrate wird durch Nachbehandlung mit HCN auch dann erhöht, wenn in N_2 oder O_2 bestrahlt wird. Der Wrkg.-Mechanismus des HCN wird in der Schädigung eines Vorganges gesehen, der an sich zu einer Rückbldg. des Strahlenschadens am Chromosom führt. W. Reusse. 4130 □

Färbung des Golgi-Nissl-Netzes in einem Wirbelneuron mittels Sudanschwarz. S. K. Malhotra. (Quart. J. microscop. Sci. **102.** 387—89. Sept. 1961. Oxford, Dep. of Zool., Cytolog. Labor.) (Engl.)

Beschreibung einer Färbe-Meth. mit Sudanschwarz für den *Phosphatide* enthaltenden Golgi-App. in Wirbelneuronen. H. Aman. 4150 □

Die histochemische Erkennung von Lipoiden im Protoplasmanetz von Wirbelneuronen. G. B. David und A. W. Brown. (Quart. J. microscop. Sci. **102.** 391—97. Sept. 1961. Carshalton, Surrey, Med. Res. Council Labor., Neuropsychiatric Res. Unit.) (Engl.)

Beschreibung einer Meth. zur Darst. von *Lipoiden* im Protoplasmanetz von Wirbelneuronen. In hinterher gebleichten u. dann in einer bas. Farbe gefärbten Schnitten wurde gezeigt, daß es sich bei den sudanophilen reticulären Objekten um den Nissl-Komplex handelt. H. Aman. 4150 □

Einige Modifikationen der Silber-Methode nach Holmes für Zentralnervensysteme von Insekten. A. D. Blest. (Quart. J. microscop. Sci. **102.** 413—17. Sept. 1961. London, Univ. Coll., Dep. of Zool. and Comp. Anat.) (Engl.)

Beschreibung zweier hauptsächlicher Modifikationen der Holmes-Meth.; in beiden wurden die $AgNO_3$-Menge im Imprägnierungsbad erhöht u. *Pyridin* (I) durch größere Mengen höherer I-Derivv. ersetzt (2,4%ig. *2.6-Lutidin* bei pH 8,4 u. 1,6%ig. *2.4.6-Kollidin*). Geringere Abänderungen der Vorbehandlung u. der Red.-Verff. wurden ebenfalls beschrieben. H. Aman. 4150 □

Ultraviolettmikrospektrophotometrische Messungen des Nucleinsäuregehaltes von Spermien und diploiden Zellen. W. Sandritter, D. Müller und O. Gensecke. (Acta histochem. [Jena] **10.** 139—54. 25/10. 1960. Frankfurt/M., Univ., Senckenberg-Patholog. Inst.) (Dt.)

An Zellen mit haploidem u. diploidem Chromosomensatz wurde der *Desoxyribonucleinsäure* (DNS)-Geh. UV-mikrospektrometr. bestimmt. Beim Vgl. der Ergebnisse mit der chem. Nucleinsäure-Best. konnte gute Übereinstimmung erzielt werden. Der DNS-Geh. von Spermien u. Zellen mit diploidem Chromosomensatz verschiedener Species verhält sich wie 1 : 2. R. Illhardt. 4150 □

Lipoide im menschlichen Oocyten. Sardul singh Guraya. (Quart. J. microscop. Sci. **102.** 381—84. Sept. 1961. Gorakhpur, India, Univ. of Gorakhpur, Dep. of Zool.) (Engl.)

Das Protoplasma des menschlichen Oocyten enthält 2 Arten von *Lipoiden,* nämlich Granula u. Kugeln, bestehend aus Phosphatiden u. Triglyceriden sowie Anhäufungen von Granulis oder gefensterten Platten, bestehend aus Phosphatiden. Die Granula des Dotters bestehen aus Phosphatiden, Proteinen u. Kohlenhydraten. H. Aman. 4150 □

Die β-Glucuronidase-Aktivität von kultivierten Leberzellen der Mäuseart C3H. Edward L. Kuff und Virginia J. Evans. (J. nat. Cancer Inst. **27.** 667—78. Sept. 1961. Bethesda, Md., Nat. Cancer Inst., Lab. of Biochem. and Viral Oncol.) (Engl.)

Zwölf Jahre lang kultivierte Leberzellen von Jungmäusen C 3H zeigten eine sehr hohe *β-Glucuronidase* (I)-Aktivität, die 60—100fach höher lag als bei erwachsenen u. 20—30fach höher als bei der Leber 2 Tage alter Mäuse. Diese hohen Aktivitäten blieben nach Einpflanzen der Zellen in Tumore bestehen. Die I war hauptsächlich in einer bes. Fraktion der Saccharose-Homogenate der kultivierten Leberzellen lokalisiert; sie zeigte einen hohen Grad von Latenz u. ein pH Optimum von 4,4. — Die *saure Phosphatase*-Aktivität war dreifach gesteigert in den Leberzellen erwachsener Tiere, die *Ribonuclease*-Aktivität unverändert. Eine *Uricase*-Aktivität fehlte in den Leberzellkulturen.

L. Macher. 4160□

Der Desoxyribonucleinsäuregehalt von Leukocyten in menschlichem Blut, Knochenmark und Lymphknoten. A. J. Hale und Sylvia J. Wilson. (J. Pathol. Bacteriol. **82.** 483—501. Okt. 1961. Glasgow, Univ. of Glasgow, Inst. of Physiol.) (Engl.)

Die Frage, ob bei Leukämie eine Beziehung besteht zwischen Veränderungen in der Chromosomenzahl oder der Menge von *Desoxyribonucleinsäure* pro Chromosomensatz u. der Geschw. des Fortschreitens oder dem Typus der Krankheit, kann erst beantwortet werden, wenn noch viel mehr Fälle von Leukämie untersucht sind. H. Aman. 4160□

Der Glucosestoffwechsel von durch Rous-Sarkoma-Virus bewirkten Tumoren. 1. Mitt. **Der Vergleich von chorioallantoiden Membranen mit dem durch Rous-Sarkom-Virus induzierten Tumor der Chorioallantois.** Alvin S. Levine, Richard Uhl und James Ashmore. (J. nat. Cancer Inst. **27.** 597—609. Sept. 1961. Indianapolis, Ind., Univ. School of Med., Dep. of Microbiol. and Pharmacol.) (Engl.)

Der durch das Rous-Sarkom-Virus verursachte Tumor der Chorioallantois (a) wies maximal eine 6fach höhere *Glucose* (I)-Ausnützung auf als die chorioallantoide Membran (b). Die Hälfte der maximalen Geschw. wurde mit 5 (mMol/Liter) I bei a erreicht u. 1,3 bei b bestimmt. Die glykolyt. Aktivität war unter aeroben Bedingungen merklich höher bei a als bei b. Unter anaeroben Bedingungen war die Differenz nicht so betont; ca. 50 bis 100% von ^{14}C-I wurde durch a aerob oder anaerob in Lactat umgesetzt; ca. 25% I wurde aerob durch b in Lactat verwandelt bzw. 30—80% anaerob. Niedrige I-Konzz. wurden durch beide Gewebearten in erhöhter Weise zu Lactat abgebaut. Nur 5—6% von I trat bei a als CO_2 auf; bei b dagegen 50—60%. Etwa 5% der durch a umgesetzten I wurde als Fett wiedergefunden. Nur geringe Beträge an ^{14}C-I wurden in b als Glykogen oder Fettsäuren nachgewiesen. Lactate haben selectiv die O_2-Aufnahme durch a unterbunden. L. Macher. 4160□

Der Einfluß von adrenocorticalen, androgenen und anabolen Hormonen auf die Entwicklung von Carcinomen und von Lebercirrhose bei mit N-Fluorenyl-(2)-diacetamid gefütterten A x C-Ratten. Harlan I. Firminger und Melvin D. Reuber. (J. nat. Cancer Inst. **27.** 559—95. Sept. 1961. Baltimore, Md., Dep. of Pathology, Univ. of Maryland, School of Med.) (Engl.)

Bei einer Verfütterung von 0,025% *N-Fluorenyl-(2)-diacetamid* in einer halbsynthet. Diät waren ♂ Ratten bei weitem empfänglicher für Cirrhose u. Carcinome der Leber als ♀. Eine Kastration schützte ♂ Ratten gegen Cirrhose, hatte aber wenig Effekt gegen Tumoraufkommen. Gleichzeitige Verabreichung von *Testosteron* (I) bewirkte gesteigerte Neigung für Cirrhose bei kastrierten ♂ u. auch Cirrhose u. Tumore bei normalen wie bei kastrierten ♀ Ratten. Adrenalektomie schien einen gewissen Schutz gegen Cirrhose zu bieten, nicht aber gegen Tumore. Adrenalektomierte ♀ Tiere, die I erhielten, zeigten mehr Neigung zur Tumor-Bldg. als normale ♀, denen I gegeben wurde. *Desoxycorticosteronacetat* schützte ♂ Tiere gegen Tumore u. Cirrhose. *Norethandrolon* (II) u. anabole Hormone mit minimaler androgener Aktivität förderten gleich I in allen testierten Gruppen Carcinome u. Cirrhose. Die Ggw. von I oder II beeinflußte nicht nur das Auftreten, sondern auch die morpholog. Eigenheiten der Tumore. Zwischen Carcinogenesis u. dem Eiweißstoffwechsel der Leberzellen dürften engere Beziehungen bestehen.

L. Macher. 4160□

Vergleichende Untersuchung der carcinogenen Aktivität von Nitrosaminen. Mary F. Argus und Cornelia Hoch-Ligeti. (J. nat. Cancer Inst. **27.** 695—709. Sept. 1961. Gainesville, Fla., Univ. of Florida, Canc. Res. Labor., Dep. of Pharm. Chem.) (Engl.)

Die carcinogene Aktivität von *Dimethyl* (I)-, *Diäthyl* (II)- u. *Diphenylnitrosamin* (III) u. von *Dimethylhydrazin* (IV) wurde bei Ratten untersucht. Während I u. II eine hohe Aktivität zeigten, hatten III u. IV keine. I erzeugte in Leber, Lunge u. Niere Tumore mit verschiedenen histolog. Merkmalen. Prim. maligne Tumore wuchsen in allen der erwähnten Organe der Ratte. In der Lunge fand man in Form schuppiger Tumorzellen entweder nur Lungentumore oder letztere mit Bronchial- oder Kieferadenocarcinomen vergesellschaftet. II verursachte Leberzellencarcinome bei allen Ratten, oder mit Metastasen der Lunge zusammen in vielen Fällen. L. MACHER. 4160□

Die Lebercarcinogenität einer Serie von 4'-Alkyl-4-dimethylaminoazobenzolen. Ellis V. Brown und Ali A. Hamdam. (J. nat. Cancer Inst. **27.** 663—66. Sept. 1961. South, Orange, N.J., Seton Hall Univ., Chem. Dep.) (Engl.)

Die folgenden 4'-alkylierten Dimethylaminoazobenzole (I) wurden auf ihre lebercarcinogene Aktivität bei Ratten geprüft: *4'-Methyl-*, *4'-Äthyl-*, *4'-Propyl-*, *4'-Isopropyl-*, *4'-n-Butyl-*, *4'-Isobutyl-*, *4'-sek.-Butyl-*, *4'-tert.-Butyl-* u. *4'-Phenyl-*. Die Ergebnisse u. ein Vgl. mit I zeigen, daß Alkylierung in der p-Stellung nicht unbedingt die carcinogene Aktivität vermindert. L. MACHER. 4160□

Carcinogenese des Gebärmutterhalses bei Mäusen: Die Wirkung von Diäthylstilböstrol nach begrenzter Verabreichung von 3-Methylcholanthren. Edwin D. Murphy. (J. nat. Cancer Inst. **27.** 611—53. Sept. 1961. Bar Harbor, Maine, Roscoe B. Jackson Mem. Labor.) (Engl.)

Cervikalcarcinome von Mäusestämmen erfuhren eine Steigerung u. die durchschnittliche Dauer der latenten Periode eine Ermäßigung, wenn das endocervikale Epithel von Kastraten einem mit *Methylcholanthren* getränkten Faden ausgesetzt war u. nachher systemat. mit *Diäthylstilböstrol* (I) behandelt wurde. Die Carcinomfälle stiegen von 13,2% auf 90,2%, wenn 33% I-haltige Cholesterin (II)-Pillen verabreicht wurden, wobei die latente Periode im Mittel von 12,3 Monaten auf 6,7 herabgesetzt wurde. 10% I-haltige II-Pillen steigerten die Carcinomfälle von 3,3 auf 19,1%, aber nur um 1,5% bei Kastraten des einen Mäusestammes. L. MACHER. 4160□

Cytomorphologische Wirkung verschiedener Antitumorsubstanzen bei Yoshida-Ascites-Sarkom von Ratten. Tatsuo Shima. (J. Antibiotics [Tokyo], Ser. A **12.** 142—59. Juli 1959. Tokyo, Kitasato Inst. for Infections Diseases, Antibiotic Div.) (Engl.)

Untersucht werden *Luteomycin* (IV), *Carcinophilin* (I), *Mitomycin A* (II), *Mitomycin C* (III), *Melanomycin*, *Sarkomycin* (VI), *Nitromin* (V) u. *Azan M*. Wirksam sind nach fallender Aktivität geordnet: I, II, III, IV, V u. VI. P. GREGORZEWSKI. 4160□

Krebschemotherapie. 3. Mitt. **Synthese fluorhaltiger Aminosäuren.** Cheng-Yih Yuen, Chun-Nien Chang und Yee-Fon Yih. (Acta pharmac. sinica **7.** 237—42. Okt. 1959. Shanghai, Acad. Sinica, Inst. of Org. Chem.) (Chin.; Auszug: Engl. S. 243 bis 244.)

2-Phenyl-4-chlormethylenoxazolon-(5) (I) liefert bei UV-Bestrahlung in Acetylaceton-Lsg. in Ggw. von KF das entsprechende *2-Phenyl-4-fluormethylenoxazolon-(5)* (II), $C_{10}H_6FNO_2$, F. 134—135,5°; II wird mit wss. Na_2CO_3 zu *α-[Benzoylamino]-β-fluoracrylsäure* (III), $C_{10}H_8FNO_3$, F. 185—188° hydrolysiert, III wird zu *α-[Benzoylamino]-β-fluorpropionsäure* hydriert u. diese zu *α-Amino-β-fluorpropionsäurehydrochlorid*, $C_3H_6FNO_2 \cdot HCl$, F. 228—230° hydrolysiert. Aus p-Fluorbenzaldehyd wird mit Hilfe der ERLENMEYER-Azlacton-Synth. *2-Phenyl-4-[p-fluorbenzyliden]-oxazolon-(5)* (IV) dargestellt u. aus IV mit Äthyl- bzw. Benzylmercaptan in Ggw. von Na-Methylat *β-[p-Fluorphenyl]-S-äthyl-N-benzoylcysteinmethylester* (V), $C_{19}H_{20}FNO_3S$, F. 100—105° u. *β-[p-Fluorphenyl]-S-benzyl-N-benzoylcysteinmethylester* (VI), $C_{24}H_{22}FNO_3S$, F. 144—146°. Durch Hydrolyse von V u. VI wurden die freien Aminosäuren erhalten. *β-[p-Fluorphenyl]-cystein* $C_9H_{10}FNO_2S$, F. 235—238° entsteht durch Debenzylierung aus *β-[p-Fluorphenyl]-S-benzylcystein*, $C_{16}H_{16}FNO_2S$, mit Na in fl. NH_3. *β-[p-Fluorphenyl]-β-hydroxy-α-aminopropionsäure* verlängert das Leben von Ratten mit transplantiertem EHRLICH-Ascitestumor u. *β-Fluor-α-aminopropionsäure* hemmt das Sarkom-180-Wachstum.

P. GREGORZEWSKI. 4160□

Verhinderung der Hemmwirkung carcinogener N-Nitrosodialkylamine auf den Einbau von Aminosäuren in Rattenleber durch Cysteamin. P. Emmelot, I. J. Mizrahi und E. Kriek. (Nature [London] **193.** 1158—61. 24/3. 1962. Amsterdam, Netherlands Cancer Inst., Antoni van Leeuwenhoek-Huis, Dep. of Biochem.) (Engl.)

Ratten erhielten: 12,5 mg *β Mercaptoäthylamin* (I; *Cysteamin*) intraperitoneal (i.p.) u. 1 Std. später 10 mg I i.v. + 100 mg *Dimethylnitrosamin* (II) pro kg oder + 200 mg *Diäthylnitrosamin* (III) pro kg (Gruppe a); 10 mg I i.v. + II oder III wie in a) (Gruppe b); 75 mg *Cystein* (IV) i.p., 1 Std. später 50 mg IV i.v. + II oder III (Gruppe c; hier in manchen Verss. auch 2mal 75 mg IV i.v.). 4 Std. später wurde getötet, 9000·*g*-Überstand der Rattenlebern isoliert, Einbau von ^{14}C aus $^{14}C_{(1)}$-*Leucin* in diese Fraktion ermittelt. — II u. III hemmen den ^{14}C-Einbau um ca. 60 bzw. 35%. In a) wird durch I die Hemmwrkg. von II u. III völlig aufgehoben. In b) hebt I die Hemmwrkg. von III ebenfalls völlig auf, die Hemmwrkg. von II wird jedoch nur verringert. In c) wird durch IV nur ca. 40% der Hemmwrkg. von II u. III aufgehoben. — Injiziert man Ratten I oder II oder III, so ist stets nach 4 Std. der *Glykogen* (**V**)-Geh. der Leber verringert (**I** häufig wirksamer als **II** u. **III**). Die Erniedrigung des **V**-Geh. durch **I** wird jedoch schwächer, wenn gleichzeitig **II** oder **III** injiziert werden. Diese Ergebnisse allerdings nicht stets reproduzierbar, auch der Leber-**V**-Geh. innerhalb 24 Std. schwankend. — Die Ergebnisse werden unter dem — allerdings noch nicht gesicherten — Gesichtspunkt diskutiert, daß in vivo aus **II** u. **III** intermediär *Diazoalkane* entstehen, die *Nucleinsäuren* alkylieren u. dadurch cancerogen wirken. Bei der Aufhebung der Hemmwrkg. von **II** u. **III** sollen die SH-Gruppen von **I** oder **IV** die Diazoalkane abfangen. S. DITTMANN-MITZSCHERLICH. 4160□

Tumorchemotherapie. 3. Mitt. **Einige 5-substituierte Uracil- und 6-Methyluracil-Derivate.** Tsung-Yao Owen. (Acta pharmac. sinica **7**. 253—57. Okt. 1959. Shanghai, Acad. Sinica, Inst. of Materia Medica.) (Chin.; Auszug: Engl. S. 257—58.)

Folgende 5-Benzolazouracile werden dargestellt: *p-Chlor-*, $C_{10}H_7ClN_4O_2$, F. 280° (Zers.); *p-Brom-*, $C_{10}H_7BrN_4O_2$, F. 270° (Zers.); *p-Methyl-*, $C_{11}H_{10}N_4O_2$, F. 264° (Zers.); *p-Rhodan-*, $C_{11}H_7N_5O_2S$, F. 171° (Zers.); 5-Benzolazo-3-methyluracile: *p-Chlor-*, $C_{11}H_9ClN_4O_2$, F. 235° (Zers.); *p-Brom-*, $C_{11}H_9BrN_4O_2$, F. 227° (Zers.); *p-Methyl-*, $C_{12}H_{12}N_4O_2$, F. 223° (Zers.); *p-Methoxy-*, $C_{12}H_{12}N_4O_3$, F. 235 (Zers.); *p-Rhodan-*, $C_{12}H_9N_5O_2S$, F. 147° (Zers.); *p-Methylmercapto-*, $C_{12}H_{12}N_4O_2S$, F. 222° (Zers.). Die oben genannten Verbb. zeigen gegen EHRLICH-Ascites-Tumoren keine signifikante Wirkung. Ebenfalls wurden folgende Uracil-Derivv. dargestellt: Uracile: *5-Nitro-*, *5-Formylamino-*, $C_5H_5N_3O_3$, F. 310° (Zers.); *5-Chloracetylamino-*, $C_6H_6ClN_3O_3$, F. 274° (Zers.); *5-Thioureido-*, $C_5H_6N_4O_2S$, F. >320°; 6-Methyluracile: *5-Nitro-*; *5-Formylamino-*, $C_6H_7N_3O_3$, F. 290° (Zers.); *5-Chloracetylamino-*, $C_7H_8ClN_3O_3$, F. 252° (Zers.); *5-Dichloracetylamino-*, $C_7H_7Cl_2N_3O_3$, F. 280° (Zers.); *5-Jodacetylamino-*, $C_7H_8IN_3O_3$, F. 236° (Zers.); *5-Trifluoracetylamino-*, $C_7H_6F_3N_3O_3$, F. 282° (Zers.); *5-Äthylcarboxyamino-*, $C_8H_{11}N_3O_4$, F. 265° (Zers.) u. *5-Thioureido-*, $C_6H_8N_4O_2S$, F. 268° (Zers.). Die letztgenannten Verbb. sind wirkungslos gegenüber Sarkom 180 bei Mäusen. P. GREGORZEWSKI. 4160□

Untersuchung über die Behandlung des Krebses mit N'.O-Propylenphosphorsäureester-N.N-bis-[β-chloräthyl]-diamid (Cyclophosphamid). R. Truhaut, M. Boiron, G. Brulé, M. Thomas und A. Pierart. (Chemotherapia [Basel] **1**. 137—61. 1960. Villejuif (Seine), Inst. Gustave Roussy.) (Franz.)

Cyclophosphamid (*Endoxan*; **I**) hebt sich unter den alkylierenden Substanzen durch seine verminderte tox. Wrkg. auf den Verdauungstrakt u. das Knochenmark hervor. Es ist wirksam gegen gewisse kleinzellige Bronchialcarcinome u. gegen die meisten Lymphosarkome. **I** ist inaktiv bei chron. lymphat. Leukämien u. bei den meisten Carcinomen. — 26 Literaturangaben. SIGRID GROITZSCH. 4160□

Experimentelles Brust-Adenocarcinom bei Ratten: Betrachtungen über eine Methylcholanthren-Dosierung und über eine Hormonbehandlung. Harry Shay, Margot Gruenstein und Woodrow B. Kessler. (J. nat. Cancer Inst. **27**. 503—13. Sept. 1961. Philadelphia, Pa., Fels Res. Inst., Temple Univ., School of Med.) (Engl.)

Tägliche Dosen von 10 mg *3-Methylcholanthren* (**I**) hatten bei Wistar-Ratten intragastr. eine bes. tox. Wrkg.; 5 mg Dosen eigneten sich dagegen gut für diese Rattenart. Die optimale Totaldosis von **I** beträgt ca. 300 mg. Die minimale latente Periode von ca. 2 Monaten ist weder von der Höhe der täglichen, noch von der Totaldosis abhängig. Der Prozentsatz der von Tumoren befallenen Tiere bzw. von fühlbaren Ersttumoren kann durch hormonale Disponierung bei den einzelnen Ratten beeinflußt werden.
L. MACHER. 4160□

Biologische Untersuchungen über die von Streptomyces griseoluteus produzierten Antibiotica. 3. Mitt. **Einfluß von Griseolutein B und verwandten Verbindungen auf Ehrlich-Carcinom und HeLa-Zellen.** Yasuo Ogata. (J. Antibiotics [Tokyo], Ser. A **12**. 133—41. Juli 1959. Tokyo, Nat. Inst. of Health.) (Engl.) — 2. vgl. Jap. Med. J. **6** (5). 1953. 493.

Folgende Verbb. wurden untersucht: *Griseolutein B* (**I**), *Diacetylgriseolutein B* (**II**), *Griseoluteinsäure* (**III**; *1-Methoxy-4-hydroxymethyl-9-carboxyphenazin*) u. Methylester (**IV**), Phenazine: *1-Methoxy-4.9-dimethyl-*, *1-Methoxy-4.6-dimethyl-*, *1-Methoxy-4-methyl-*, *1-Methoxy-*, *2-Methoxy-*, *1-Hydroxy-*, *2-Hydroxy-*, *9-Carboxy-*, *unsubstituierte Verb.*, *Phenazin-N.N'-dioxid.* Nur **I**, **II**, **III** u. **IV** sind wirksam gegen HeLa-Zellen, sie zeigen auch Antitumor-Wrkg. gegenüber EHRLICH-Carcinom, nicht aber gegen Mäuse-Leukämie SN-36. P. GREGORZEWSKI. 4160□

E₂. Enzymologie. Gärung

Topochemische Untersuchungen zur Differenzierung oxydativer Aktivitäten in Gewebsleukocyten der Rattenhaut. H.-E. Stegner. (Acta histochem. [Jena] **10**. 12—32. 25/10. 1960. Leipzig, Univ.-Frauenklinik.) (Dt.)

Verss. einer topochem. Differenzierung von oxydativen Aktivitäten in Gewebsleukocyten der Rattenhaut führten zu dem Ergebnis, daß die Wrkg. *intrazellulärer oxydativer Fermente* durch nichtfermentative Mechanismen (peroxydierte Zwischenstufen der Fettoxydation) überlagert wird. R. ILLHARDT. 4210□

Die Biosynthese von Hämatinverbindungen in einem Hämin verbrauchenden Stamm von Micrococcus pyogenes var. aureus. 1. Mitt. Die Bedeutung des Coenzym A für die letzte Stufe der Katalasesynthese. Joerg Jensen. (J. Bacteriol. **73.** 324—33. März 1957. Milwaukee, Wis., Marquette Univ., School of Med., Dep. of Microbiol. and Immunology.) (Engl.)

In einem häminfreien Nährboden synthetisiert ein *Hämin* (I)-verbrauchender, gegen Streptomycin resistenter Mutant von *Micrococcus pyogenes* var. *aureus Apokatalase*. Nach dem Zusatz von I wird die letzte Stufe der Synth. zur Katalase (II) vollzogen. Durch häufiges Waschen der Zellen mit dest. W. bzw. durch Einleiten von Luft in die Kultur geht deren Fähigkeit zur II-Synth. mehr oder weniger stark verloren. Durch Zusatz von Glucose (III) oder von verschiedenen Aminosäuren lassen sich schwach inaktivierte Kulturen wieder regenerieren. Auch unter anaeroben Bedingungen regenerieren sich diese Kulturen. Stärker inaktivierte Kulturen regenerieren sich nur in Ggw. von III, während sehr stark geschädigte Kulturen nur in Ggw. von III u. *Coenzym A* (IV) regeneriert werden. Durch SH-Gruppenfänger, vor allem *p-Chlormercuribenzoesäure* (V), wird die Wrkg. von IV aufgehoben, u. zwar in m. Verhältnissen. Durch Zugabe eines IV-Überschusses wird die V-Hemmung aufgehoben. Außerdem besteht zwischen dem zur II-Synth. notwendigen I u. IV ein quant. Zusammenhang. Aus diesen Tatsachen schließt Vf., daß IV u. ein III-Deriv. zur Beendigung der II-Synth. unbedingt nötig sind. Er glaubt, daß IV mit I „aktiviertes I" bildet, das mit der *Apokatalase* zu II reagiert. A. GUDE. 4210□

Die Wirkung der Nebennierenrindenfunktion auf die Aktivität der Alkoholdehydrogenase der Leber. I. Gy. Fazekas, B. Rengei und A. Gy. Fazekas. (Arch. Toxikol. **19.** 229—36. 1961. Szeged, Univ., Inst. für Gerichtl. Med.) (Dt.)

Leberhomogenate adrenalektomierter Ratten zeigen eine um 16% verringerte *Alkoholdehydrogenase*-Aktivität. P. GREGORZEWSKI. 4210□

Kontrolle des Alkoholdehydrogenase-Spiegels in Aerobacter aerogenes. Peter McPhedran, Barbara Sommer und Edmund C. C. Lin. (J. Bacteriol. **81.** 852—57. Juni 1961. Boston, Mass., Harvard Med. School, Dep. of Biol. Chem.) (Engl.)

Aerobacter aerogenes wächst aerob u. anaerob mit mehrwertigen Alkoholen als C- u. Energiequelle. Unter aeroben Bedingungen ist das Wachstum stärker, die *Alkoholdehydrogenase* (I)-Aktivität der Zellen jedoch niedriger als unter anaeroben Bedingungen. Das Substrat hat dabei keinen signifikanten Einfl. auf die I-Aktivität. Bei anaerober Kultur fanden Vff. mit der am weitesten red. Verb. als Substrat (D-Mannit) die niedrigste Enzymaktivität. Bei der anaeroben Vergärung von Glycerin werden äquimol. Mengen von A. u. Ameisensäure gebildet. Der Zusatz von Fumarsäure hat stärkeres Wachstum u. die Bldg. von Acetylmethylcarbinol zur Folge. Fumarsäure dient dabei nur als Wasserstoff-Acceptor, in Abwesenheit von Glycerin wird sie nicht umgesetzt. Unter diesen Bedingungen wird die I-Aktivität auf ca. 20% des normalen anaeroben Wertes herabgesetzt; der Zusatz von Äthanol wirkt nicht steigernd. Die Fumarsäure wirkt also nicht durch Unterdrückung der A.-Bldg. auf den Enzymspiegel, sondern durch Abfangen des Wasserstoffs. H.-G. TRÜPER. 4210□

Die Lokalisation von Polyphenoloxydase in Leukocyten. W. Decleir. (Arch. int. Physiol. Biochim. **69.** 589—91. Sept. 1961. Gent, Univ., Labor. voor Biochem.) (Fläm.)

Bei Larven von *Galleria melonella, Tenebrio molitor* u. *Carcinus maenas* wurde die *Polyphenoloxydase*, die an der Pigmentierung der bei der Häutung neu geformten Cuticula beteiligt ist, in Oenocytoiden nachgewiesen. K. ZINGRAF. 4210□

Eigenschaften der Phenolase aus Larven von Tenebrio molitor. F. E. Aerts. (Arch. int. Physiol. Biochim. **69.** 585—87. Sept. 1961. Gent, Univ., Labor. voor Biochem.) (Fläm.)

Zur Unters. der *Phenolase* (I) in dialysierten Homogenaten u. eines teilweise gereinigten Enzyms von *Tenebrio molitor*-Larven wurden verschiedene Phenolsäuren als Substrat benutzt. I katalysierte allein die Oxydation von p-Kresol (II)- u. 3.4-Dihydrophenol-Derivaten. In der Seitenkette der II-Derivv. muß das an den Benzol (III)-Kern gebundene C-Atom mindestens 2 C-Atome tragen; die Oxydations-Geschw. ist um so kleiner, je näher eine Carboxylgruppe in der Seitenkette beim III-Kern steht, u. wird durch eine Aminogruppe in der Seitenkette vergrößert. Die Kresolase-Aktivität nimmt durch Dialyse stark ab. Hydrochinon wurde in Ggw. von Spuren von 3.4-Hydroxyphenylalanin oxydiert. Teilweise gereinigte I wurde durch Diäthyldithiocarbamat,

Äthylxanthat, Thiouracil, $NaHSO_3$ u. 3-Aminotyrosin + Tyrosin, nicht aber durch p-Methoxyphenylessigsäure gehemmt. K. ZINGRAF. 4210□

Tyrosinase-Aktivität in Pigmentzellen des Kernes der Substantia nigra. 1. Mitt. Monophenolase- und Diphenolase-Aktivität. C. D. Marsden. (Quart. J. microscop. Sci. **102.** 407—12. Sept. 1961. London, St. Thomas's Hosp. Med. School, Dep. of Anat.) (Engl.)

Beschreibung einer histochem. Meth. zum Nachw. von *Monophenolase* (**I**)- u. *Diphenolase* (**II**)-Aktivität von *Tyrosinase* (**III**) in Mittelhirnschnitten erwachsener Affen u. Katzen. Die Umwandlung von *Dopa* (*Dihydroxyphenylalanin*) in *Melanin* (Tyrosin wird nicht umgewandelt) durch Nigrazellen wird gehemmt durch gewöhnliche Enzyminhibitoren u. durch spezif. Inhibitoren von **III**. Die Bedeutung der Ggw. von **II**-Aktivität in Abwesenheit von **I**-Aktivität in Nigra-Zellen wird in bezug auf die Pigment-Bldg. im Gehirn besprochen. H. AMAN. 4210□

Untersuchungen zur Methodik der Aktivitätsbestimmung der Kreatinphosphokinase. Hans-Werner Rotthauwe, Semiramis Zurukzoglu-Sklavounou und Heidi Hammann. (Klin. Wschr. **39.** 1269—75. 15/12. 1961. Bonn, Univ.-Kinderklin.) (Dt.)

Neben der Aktivitätsbestimmung über das in einer bestimmten Zeit aus Kreatinphosphat gebildete Kreatin wird vor allem die Best. mit dem von TANZER u. GILVARG angegebenen (verwendet red. Diphosphopyridinnucleotid) opt. Test empfohlen. Ein Testansatz zur *Kreatinphosphokinase*-Aktivitätsbestimmung im Serum wird gegeben.
P. GREGORZEWSKI. 4210□

Die Hemmung einiger wasserstoffübertragender Fermente durch bestrahltes und nichtbestrahltes Atebrin (Quinacrine). Max Frimmer. (Naunyn-Schmiedebergs Arch. exp. Pathol. Pharmakol. **242.** 96—100. 1961. Gießen, Justus Liebig-Univ., Pharmakol. Inst.) (Dt.)

Die Hemmung einiger cozymasebedürftiger Ferment-Rkk. durch *unbestrahltes* (**Ia**) u. *bestrahltes Atebrin* (**Ib**) wird untersucht. Es wurden folgende Fermente verwendet: *DPNH-Chinonreduktase*, *Diaphorase* (beide aus Schweineleber), *Alkoholdehydrogenase*, *Milchsäuredehydrogenase* u. *Glutaminsäuredehydrogenase*. Die Unterss. zeigen, daß **I** nicht als Hemmstoff für enzymolog. Unterss. geeignet ist, wenn entschieden werden soll, ob Flavine an enzymat. Rkk. beteiligt sind. Die Hemmung durch **I** kann nicht auf einer Rk. mit Diphosphopyridinnucleotid beruhen, möglicherweise beeinflußt **I** die Bindung des Wasserstoffacceptors, da die Diaphorase mit verschiedenen Acceptoren verschieden stark gehemmt wird. Die Hemmwrkg. von **Ia** u. **Ib** ist bei den meisten untersuchten Enzymen verschieden (es entstehen wahrscheinlich durch die Belichtung photochem. Umwandlungs-Prodd. von **Ia**). Die photochem. Umwandlung von **Ia** erfolgt nur bei Anwesenheit von O_2 u. wird durch sichtbares Licht (ca. 436 mμ) ausgelöst.
M. METZE. 4210□

Hydroxyprolinstoffwechsel. 5. Mitt. Induzierbare Allohydroxy-D-prolinoxydase von Pseudomonas. Toshio Yoneya und Elijan Adams. (J. biol. Chemistry **236.** 3272—79. Dez. 1961. St. Louis, Mo., St. Louis Univ., School of Med., Dep. of Pharmacol.) (Engl.) — 4. vgl. J. biol. Chemistry **235.** [1960.] 3504.

Die Oxydation von *Allohydroxy-D-prolin* (**I**) zu *4-Hydroxy-Δ^1-pyrrolincarbonsäure-(2)* wird durch eine Partikelfraktion (Ultraschallextrakt, 25000 · *g*-Überstand, 105000 · *g*-Sediment) eines in Ggw. von 0,2% Hydroxy-L-prolin gezüchteten *P. striata*-Stammes unter Verbrauch von ½ O_2/Mol oxydiertes **I** katalysiert. Die Oxydation durch **I**-*Oxydase* (**II**) ist quant. u. sehr substratspezifisch. H_2O_2 wird nicht als Rk.-Prod. beobachtet. Die **II**-Rk. ist vermutlich mit einer Cytochrom-Red. gekoppelt. Phenazinmethosulfat (**III**) aktiviert Bakterien-**II** beträchtlich, wobei unklar ist, ob **III** O_2 direkt reduziert oder den Elektronentransport auf einen anderen endogenen Überträger katalysiert.
K. MAIER. 4210□

Untersuchungen über die Verteilung intracellulärer Ribonucleasen. Gaston de Lamirande und Claude Allard. (Ann. New York Acad. Sci. **81.** 570—84. 4/9. 1959. Canada, Montreal, Notre Dame Hosp., Montreal Cancer Inst. Res. Labor.) (Engl.)

Die Beziehung zwischen dem Auftreten intrazellulärer *Ribonucleasen* (**I**) u. der Physiologie der Zelle ist nicht zu deuten. Eine Beziehung zwischen den Verhältnissen von alkal. zu saurer **I**-Aktivität u. den Ausmaßen der Zellteilung in normalen Geweben erscheint als möglich. Für die Spiegel u. intrazellulären Verteilungen von sauren u. alkal. Leber-**I** wurde eine große Stabilität aufgezeigt. Große Schwankungen in der Aktivität zeigten sich jedoch in Lebertumoren, deren Bedeutung aber nicht ersichtlich war. Saure u. alkal. Rattenleber-**I** sind höchstwahrscheinlich 2 verschiedene Enzyme, welche spezif. Bindungen des *Ribonucleinsäure*-Mol. aufspalten. H. AMAN. 4210□

Vergleichende Untersuchungen über Gewebe-Ribonucleasen. Jay S. Roth. (Ann. New York Acad. Sci. **81.** 611—17. 4/9. 1959. Philadelphia, Pa., Hahnemann Med. Coll., Dep. of Biochem.) (Engl.)

Es wurden *Ribonucleasen* (I) aus Rattenleber (Mitochondrien u. überstehende Fl.) u. aus *Tetrahymena pyriformis*, Stamm W, verglichen mit krist. *Pankreas*-I. Der Vgl. erstreckte sich auf pH-Optimum, Hitzestabilität, -SH-Abhängigkeit, Spalt-Prodd., Inhibitoren (Fliederblattinhibitor, Rattenantiserum gegen Pankreas-I, I-Inhibitor aus überstehender Fl. aus Rattenleber), Einfl. von Cu^{2+}, Geh. an Phosphatase- u. Phosphodiesterase-Aktivität. Rattenleber scheint mindestens 3 verschiedene I zu enthalten, eine mit pH-Optimum 7,8 in den Mitochondrien u. eine mit pH-Optimum 5,8 in den mit der Mitochondrien-Fraktion abgetrennten Lysosomen. Eine 3. ist in inakt. Form in der überstehenden Fraktion vorhanden u. ist gebunden an einen I-Inhibitor, von dem sie durch verschiedene Behandlungs-Meth. in Freiheit gesetzt werden kann.

H. AMAN. 4210□

Reinigung und Charakteristik der Ribonuclease aus Kälbermilz. Mary E. Maver, Elbert A. Peterson, Herbert A. Sober und Antoinette E. Greco. (Ann. New York Acad. Sci. **81.** 599—610. 4/9. 1959. Bethesda, Md., Public Health Serv., Nat. Cancer Inst., Labor. of Biochem.) (Engl.)

Die *Ribonuclease* (I)-Aktivitäten wurden von der Desoxyribonucleaseaktivität mittels geeigneter Techniken an Diäthylaminoäthylcellulose (II)-Säulen getrennt. Es wurden einige I-Fraktionen mit ähnlichen Eigg. eluiert. Die hitzestabile alkal. I wurde ebenfalls durch Chromatographie an Carboxymethylcellulose (III) isoliert. Eine 3′-Nucleotidase u. eine Phosphodiesterase, welche frei von I-Aktivität waren u.spezif. die cycl. Nucleotide zu 2′-Nucleotiden hydrolysieren, wurden als Verunreinigungen in den Nuclease-Präpp. aufgefunden. Sie wurden nicht durch II zurückgehalten, konnten aber an III chromatographiert werden. H. AMAN. 4210□

Intracelluläre Lokalisation und Chromatographie von Mäusepankreas-Ribonucleasen. Sherman R. Dickman und Gene A. Morrill. (Ann. New York Acad. Sci. **81.** 585—98. Utah, Salt Lake City, Univ. of Utah Coll. of Med., Dep. of Biol. Chem.) (Engl.)

Homogenate von Mäusepankreas wurden durch Differentialzentrifugierung in nucleäre Zymogen-Granula u. 8 Protoplasmafraktionen getrennt. Die *Ribonuclease* (I)-Aktivität jeder Fraktion wurde vor u. nach Behandlung mit kalter 0,25 n H_2SO_4 bestimmt. Die Säurebehandlung hatte eine starke Zunahme der I-Aktivität in der überstehenden Fl. zur Folge. Jede intrazelluläre Fraktion sowie das Ausgangshomogenat wurden direkt oder nach Säurebehandlung chromatographiert. Die säurebehandelten Lsgg. ergaben nur 2 Aktivitätsspitzen, die nichtsäurebehandelten 3. Außer dieser Säure-Wrkg. sind auch andere Substanzen befähigt, die an Mikrosomen gebundene I zu lösen u. die I in der überstehenden Fl. zu aktivieren (*Äthylendiamintetraessigsäure, Citrat, NH_4Cl, Harnstoff*). Die Rolle von Inhibitoren bei der Regulierung der intracellulären Enzymaktivität u. die Möglichkeit von Veränderungen an Proteinen durch die Extraktions- u. Isolierungs-Meth. werden besprochen. H. AMAN. 4210□

Die Aktivität der DPN- und TPN-Nucleosidase des Gehirns nach Einwirkung verschiedener Pharmaka. H. Coper. (Naunyn-Schmiedebergs Arch. exp. Pathol. Pharmakol. **242.** 24—33. 1961. Berlin, Freie Univ., Pharmakol. Inst.) (Dt.)

Diphosphopyridinnucleotid (DPN) u. *Triphosphopyridinnucleotid* (TPN) wurden mit Gehirnhomogenat bei 37° inkubiert, dem Ansatz $5\cdot10^{-4}$, $1\cdot10^{-3}$ u. $5\cdot10^{-3}$ m Substanzen zugesetzt u. deren Einfl. auf die enzymat. Aufspaltung von DPN u. TPN untersucht. DPN wird von *Nucleosidase* (I) des Gehirns schneller gespalten als TPN. *Nicotinamid* (II) regt die TPN-Spaltung mehr an als die von DPN. *INH* u. *Iproniazid* hemmen I, während einige II-Derivv., wie *3-Acetylpyridin* u. *Pyridincarbonsäurediäthylamid* (*Nicethamide*), ohne Wrkg. sind. Hohe Dosen von *Chlorpromazin* hemmen I, *2-Aminopurin* hemmt ebenfalls, während Adenin u. Adenosin die TPN-Spaltung anregen. — 24 Literaturangaben. M. METZE. 4210□

Zur Kenntnis der alkalischen Darmphosphatase. 2. Mitt. Untersuchungen über die Homogenität und den chemischen Aufbau der reinen alkalischen Phosphomonoesterase. P. Portmann, R. Rossier und H. Chardonnens. (Helv. physiol. pharmacol. Acta **18.** 414—27. 1960. Freiburg [Schweiz], Univ., Physiol.-Chem. Inst.) (Dt.) — 1. vgl. C. **1958.** 6281.

Nach der in der 1. Mitt. beschriebenen Meth. konnte nun eine reine *alkal. Phosphomonoesterase* mit einer mittleren spezif. Aktivität von 450000 Phosphateinheiten/mg N hergestellt werden, die sich elektrophoret. als rein erwies; die Form erschien mikrokristallin. Die chem. Einheitlichkeit ergab sich auch daraus, daß der Geh. an *Hexose* (7%) u. *Hexosamin* (*Glucosamin*, 5%), der mit zunehmender Reinigung noch unterschiedlich war, einen konst. Endwert erreichte; da außerdem bei der Elektrophorese die Fermentaktivität, die Eiweiß- u. Glykoproteid-Färbung sich an genau der gleichen Stelle u. in gleicher Ausdehnung nachweisen lassen, muß die Phosphatase ein Glykoproteid sein. Verunreinigungen durch *Phosphodiesterase* oder *Pyrophosphatase* wurden nicht gefunden. Das pH-Optimum für *β-Glycerophosphat* liegt bei 9,55—9,60 (38°), das für *Phenylphosphat* liegt bei pH 10,15 (38°); die MICHAELIS-Konst. für die beiden genannten Substrate wurden mit 5,6—6,1 · 10^{-3} m u. 1,07—1,16 · 10^{-3} m ermittelt; es wurden auch die UV-Absorptionsspektren untersucht. Im Säurehydrolysat konnten neben Hexosen u. Hexosamin 17, oder sogar 18 verschiedene Aminosäuren als Aufbausubstanzen des Mol. nachgewiesen werden (*Asparaginsäure, Glutaminsäure, Threonin, Serin, Prolin, Glykokoll, Alanin, Valin, Methionin, Isoleucin, Leucin, Tyrosin, Phenylalanin, Tryptophan, Histidin, Lysin, Arginin* sicher; ob *Cystein/Cystin* am Mol.-Aufbau teilnimmt, konnte nicht sicher entschieden werden; Hydroxyprolin fehlt ganz sicher). U. TAUSENDFREUND. 4210□

Die Bestimmung saurer Phosphatase der Prostata im Serum. W. H. van Gorkom. (Nederl. Tijdschr. Geneeskunde **106.** 297—301. 17/2. 1962. Utrecht, St. Antonius Ziekenhuis, Klin. chem. Labor.) (Holl.)

Vf. teilt eine Meth. zur Best. von *saurer Phosphatase* (I) der Prostata mit. Hierbei wird das saure Na-Salz des α-Naphthylphosphats als Substrat benutzt. Das bei der Rk. freigesetzte α-Naphthol kuppelt mit 5-Nitro-2-aminomethoxybenzoldiazotat. Die entstehende stabile Farbe kann bei 600 mμ in ihrer Intensität bestimmt werden. An 45 Patienten wurde die I-Aktivität sowohl als α-Naphthyl- als auch als p-Nitrophenylphosphatase bestimmt. Es ergab sich, daß die saure I-Aktivität, die durch α-Naphthylphosphat bestimmt wurde, ausschließlich durch das im Metastasenstadium sich befindende Prostata-Carcinom erhöht wird. W. HILLER. 4210□

Über die Bedeutung der Bakterienpyrophosphatase. N. Simonetti und G. Cimino. (Nuovi Ann. Igiene Microbiol. **11.** 627—29. Nov./Dez. 1960. Roma, Univ., Ist. di Microbiol.) (Ital.)

Die *Pyrophosphatase* (I)-Aktivität steht mit der Intensität des Bakterienwachstums in Zusammenhang. *B. megatherium* weist in der logarithm. Wachstumsphase oder in Ggw. wachstumsfördernder Verbb. (Glucose, Adenosin) höhere I-Aktivität auf als Kulturen in der stationären Phase oder ohne wachstumsstimulierende Substanzen. K. MAIER. 4210□

Einfluß von Stoffwechselgiften auf die Phosphorsäureester und den $^{32}PO_4$-Turnover in Menschen- und Tauben-Erythrocyten. E. Gerlach. (Naunyn-Schmiedebergs Arch. exp. Pathol. Pharmakol. **228.** 128—30. 1956. Heidelberg.) (Dt.)

Vf. untersuchte den Einfl. von *2.4-Dinitrophenol* (I), *NaCN* (II) u. *Monojodessigsäure* (III) auf Konz. u. $^{32}PO_4$-Austausch der in Menschen- u. Tauben-Erythrocyten (EZ) vorkommenden Phosphor-Verbindungen. Sie finden, daß I u. II nur an Tauben-EZ die Atmungskettenphosphorylierung inhibieren, nicht hingegen an Menschen-EZ. III red. dagegen nur in menschlichen EZ den Geh. an ATP sowie die Austausch-Geschw. des α-, β- u. γ-Phosphors des ATP um etwa 90%. R. LAFFERENZ. 4210□

Die Phosphorylierung in höheren Pflanzen. Erasmo Marrè. (Annu. Rev. Plant Physiol. **12.** 195—218. 1961. Milan, Univ., Inst. of Plant Sci.) (Engl.)

Übersicht (bis Sept. 1960). Meth. zur Unters. des Phosphatstoffwechsels, Konz. der phosphorylierten Zwischenstufen, Phosphatumsatzrate, primäre Phosphorylierung, Pool des Phosphatübertragungspotentials, Verwertung desselben (Umwandlung von Kohlenhydraten u. verwandten Verbb. ineinander, Glykolyse, Aminosäure-, Fett-, S-Stoffwechsel), Verwertung desselben bei physiol. Prozessen, Steuerung des Atmungsstoffwechsels durch das Phosphorylierungssystem. — 147 Literaturangaben. K. MAIER. 4210□

Charakterisierung der Cellobiosephosphorylase. James K. Alexander. (J. Bacteriol. **81.** 903—10. Juni 1961. Bozeman, Mont., Montana State Coll., Dep. of Bot. and Bacteriol.) (Engl.)

Bei den durch *Cellobiosephosphorylase* aus *Clostridium thermocellum* katalysierten Rkk. (Cellobiose + Phosphat ⇌ Glucose + Glucose-1-phosphat) reagieren die Partner in äquimol. Mengen. Das Enzym wird gehemmt durch SH-Gruppenreagentien, Phloricin, Natriumfluorid u. Glucose. Bei Inkubation des Enzyms mit Glucose-1-phosphat u. D-Xylose, L-Xylose, D-Glucosamin oder 2-Desoxyglucose wird vermutlich unter Bldg. der entsprechenden Disaccharide Phosphat freigesetzt. Als Glucosyl-Acceptoren können nicht fungieren: D-Gluconsäure, D-Glucuronsäure, D-Glucose-6-phosphat, D-Ribose, D-Sorbit, δ-Gluconolacton, N-Acetylglucosamin, L-Arabinose, L-Fructose, D-Mannose u. D-Galaktose. Gentiobiose, Salicin, Lactose u. Maltose werden nicht gespalten. Arsenat kann an die Stelle von Phosphat treten. Da ein direkter Austausch zwischen Cellobiose u. Xylose u. Glucose-1-phosphat u. Arsenat nicht katalysiert wird, nehmen Vff. als Rk.-Mechanismus eine einfache Verdrängung an. H.-G. TRÜPER. 4210□

Der L-Rhamnosestoffwechsel von Escherichia coli. 1. Mitt. Die L-Rhamnose-isomerase. Dorothy M. Wilson und Sam Ajl. (J. Bacteriol. **73.** 410–14. März 1957. Washington, D.C., Walter Reed Army Inst. of Res., Dep. of Bacteriol.) (Engl.)

Auf *L-Rhamnose* (I)-haltigen Nährböden wachsende *Escherichia coli* (E.c.) adaptieren sich nach kurzer Zeit an I unter Bldg. eines neuen Enzyms, das Vff. *L-Rhamnoseisomerase* (II) nennen. Auch die wss. Extrakte acetongetrockneter adaptierter E.c. enthalten II, die I in *L-Rhamnulose* (III) überführen, bis ca. 35% der vorgelegten I in III umgewandelt sind. III wird durch papierchromatograph. Meth. u. die Adsorptionsspektren von Derivv. identifiziert. Zum Vgl. wird synthet. III herangezogen. In Ggw. von III bilden die enzymhaltigen Extrakte I, während *D-Rhamnulose* nicht umgesetzt wird. Da *D-Mannose* in Ggw. des Enzyms nicht umgesetzt wird, kann es sich dabei nicht um die *D-Mannoseisomerase* handeln. Durch den Enzymextrakt werden auch *L-Fucose* u. *D-Arabinose* umgesetzt. Da diese Umsetzung auch in Ggw. von nicht an I adaptierten E.c. bzw. E.c.-Extrakten stattfindet, wird sie nicht der Wrkg. von II zugeschrieben.

Versuche: *L-Rhamnulose* u. *L-Fuculose* durch 3std. Erhitzen (zum Sd.) von 30 g *L-Rhamnose* bzw. *L-Fucose* in 250 ml Pyridin. Der nach dem Abdest. des Pyridins im Vakuum zurückbleibende Syrup wird durch Papierchromatographie (W., gesätt. n-Butanol) gereinigt. A. GUDE. 4210□

Der L-Rhamnosestoffwechsel von Escherichia coli. 2. Mitt. Die Phosphorylierung von L-Rhamnulose. Dorothy M. Wilson und Sam Ajl. (J. Bacteriol. **73.** 415–20. März 1957. Washington, D.C., Walter Reed Army Inst. of Res., Dep. of Bacteriol.) (Engl.) — 1. vgl. vorst. Referat.

Wss. Extrakte von acetongetrockneten *Escherchia coli* (E.c.), die auf *L-Rhamnose* (I)-haltigen Nährböden gezogen wurden, wandeln I in *L-Rhamnulose* (II) um. In Ggw. von *Adenosintriphosphat* u. E.c.-Extrakt entsteht aus I bzw. II ein Zuckerphosphat. Da die Rk.-Geschw. der Phosphat-Bldg. aus II 6mal größer als die aus I ist, nehmen Vff. an, daß das Rk.-Prod. *L-Rhamnulosephosphat* ist. Diese Annahme wird bestätigt durch chromatograph. u. adsorptionsspektrograph. Meth., die Phosphat-Best. deutet auf ein Monophosphat während die Hydrolyse-Geschw. in n HCl bei 100° auf ein *1-Phosphat* hindeutet. Vff. schließen daraus, daß der I-Abbau durch E.c. über II u. *L-Rhamnulose-1-phosphat* abläuft. A. GUDE. 4210□

Untersuchung des Stoffwechsels von Shigella. 1. Mitt. Das Vorkommen eines Tricarbonsäurecyclus in Shieglla flexneri. Sylvia F. Pan, Rovert Yee und Horace M. Gezon. (J. Bacteriol. **73.** 402–09. März 1957. Pittsburgh, Pa., Univ. of Pittsburgh, Graduate School of Public Health.) (Engl.)

Vff. finden, daß in *Shigella flexneri 3* (S.f.) der letzte Schritt der Atmungskette durch den Tricarbonsäurecyclus (Tcc.) gebildet wird. Dafür sprechen folgende Tatsachen. Intakte Zellen von S.f. oxydieren alle Säuren des Tcc. mit Ausnahme der Tricarbonsäuren. Außerdem laufen in ihrer Ggw. folgende Rkk. ab: *Succinat* ⇌ *Fumarat* ⇌ *Malat* (I), *Oxaloacetat* (II) ⇌ I u. *α-Ketoglutarat* (III) ⇌ I. Zellfreie Extrakte von S.f. oxydieren alle Glieder des Tcc. außer Acetat (IV). Folgende Rkk. laufen in ihrer Ggw. ab: *Isocitrat* (VI) bzw. *cis-Aconitat* (VII) ⇌ III, I ⇌ II, *Citrat* (V) ⇌ III, II + IV ⇌ V, VI bzw. VII ⇌ V. Die rohen undialysierten Extrakte enthalten augenscheinlich alle zur Durchführung des Tcc. notwendigen Coenzyme. Einige können durch Dialyse u. Behandlung mit *Dowex-1* aus dem Extrakt entfernt werden. Aceton- bzw. vakuumgetrocknete Zellen haben im Gegensatz zu intakten Zellen auch die Fähigkeit der Tricarbonsäureoxydation. A. GUDE. 4210□

Über den chemischen Weg der α-Ketoglutarsäuregärung durch Kluyvera citrophila nov. sp. Toshinobu Asai, Katsumi Shimizu und Haruyoshi Murooka. (J. gen. appl. Microbiol. [Tokyo] **4.** 170–82. Nov. 1958. Tokyo, Univ. of Tokyo, Inst. of Appl. Microbiol., Div. of Physiol.) (Engl.)

Die Annahme, daß *Kluyvera citrophila* nov. spez., eine neue Bakterienart, große Mengen von *α-Ketoglutarsäure* (I) aus *Glucose* (II) bildet über *Gluconsäure* (III) u. vielleicht *2-Ketogluconsäure* (IV), *Brenztraubensäure* (V) u. den Tricarbonsäurecyclus in der Endoxydation, erfuhr durch folgende Verss. eine starke Stütze: 1. Beobachtung der O_2-Aufnahme u. der CO_2-Bldg. mit Gliedern des Tricarbonsäurecyclus durch intakte Zellen u. zellfreie Extrakte in der WARBURG-App., 2. Identifizierung von I nach Einw. intakter Zellen auf verschiedene Substrate, wie II, III, IV, V u. Glieder des Tricarbonsäurecyclus, 3. Nachw. der Incorporation von ^{14}C in I aus $^{14}CO_2$ u. II oder V u. 4. Unters. der Verteilung von incorporiertem ^{14}C in I durch Abbau mit $KMnO_4$. H. AMAN. 4210□

Rolle der Enzyme bei Homöostasis. 3. Mitt. Auswählende Induktion der Zunahme der am Kohlenhydratstoffwechsel beteiligten Leberenzyme. George Weber, Gouri Banerjee und Seymour B. Bronstein. (J. biol. Chemistry **236.** 3106–11. Dez. 1961.

Indianapolis, Ind., Indiana Univ., School of Med., Dep. of Pharmacol. and Microbiol.) (Engl.) — 2. vgl. J. of Nutrit. **74.** [1961.] 157.

Nach früheren Befunden (l. c.) zeigen die verschiedenen an der Verw. von *Glucose-6-phosphat* (**I**) im Stoffwechsel beteiligten Enzyme beim Hungernlassen u. darauffolgendem Füttern ein verschiedenes Verh., aus dem geschlossen wurde, daß nicht die Substratmenge allein die untersuchten Enzyme induziert, sondern daß noch andere, bes. hormonale, Faktoren beteiligt sind. Die jetzige Unters. des Einfl. von *Cortison* (**II**)-Injektionen bei adrenektomierten Ratten auf Glykolyse, Gluconeogenese u. direkte Oxydation in der Leber ergab: Erhöhung des N-Geh. in der Leber auf 151% im Zelldurchschnitt; Erhöhung der *Milchsäuredehydrogenase* auf 150%; Erhöhung von *Glucose-6-phosphatase*, *Fructose-1.6-diphosphatase* u. *Phosphohexoisomerase* über den N-Spiegel der Leber hinaus auf 318, 272 bzw. 185%. Unverändert blieb der Geh. an *Phosphoglucomutase*, *Glucose-6-phosphatdehydrogenase* u. *Phosphogluconatdehydrogenase*. — Bei hypophysektomierten Ratten wurden ähnliche Ergebnisse erhalten. — Vff. schließen, daß durch **II**-Injektion bei beiden Rattenarten eine selektive Induktion der bei Gluconeogenese beteiligten Enzyme erfolgt, wogegen die anderen am **I**-Stoffwechsel beteiligten Enzyme unbeeinflußt bleiben. — 28 Literaturangaben. A. Hesse. 4210□

Ein induzierbarer Mechanismus für die Speicherung von Melibiose in Escherichia coli. Arthur B. Pardee. (J. Bacteriol. **73.** 376—85. März 1957. Berkeley, Calif., Univ. of California, Virus Labor.) (Engl.)

Escherichia coli (E.c.) erwerben beim Wachstum auf *Galaktose* (**I**)-, *Melibiose* (**II**)-, *Methyl-β-galaktosid* (**III**)- u. *Äthyl-β-thiogalaktosid*-haltigen Nährböden die Fähigkeit zur Speicherung dieser Zucker in der Zelle. Die Zucker können aus der Zelle unverändert zurückgewonnen werden. Vf. glaubt, daß diese Speicherung durch ein induzierbares Enzym-Syst. möglich gemacht wird, das mit der *Galaktosidpermease* (**IV**), nicht aber mit der α- oder *β-Galaktosidase* (**V**) ident. sein könnte. **I**, **II**, **III** induzieren die *β*-**V** in E. c., während andere *α-Galaktoside* dazu nicht in der Lage sind. Die meisten α-Galaktoside induzieren **IV** in dem E.c.-Stamm B, nicht aber im Stamm ML. Die Induktionsverzögerung der *β*-**V**-Bldg. durch **II** wird durch die verzögerte Diffusion des Zuckers durch die Zellwand erklärt. In Ggw. von **I** wachsende E.c. des Stammes ML bilden auch nach dem Umsetzen auf einen **I**-freien Nährboden *β*-**V** mit der gleichen Geschw. wie der auf dem **I**-haltigen Nährboden weiterwachsende Stamm. Dieser Effekt wird durch langsames Infreiheitsetzen des gespeicherten **I** durch E.c. erklärt. A. Gude. 4210□

Biosynthese von Pentosen in Escherichia coli. An der Auswahl der Synthesewege beteiligte Faktoren. Zbygniew M. Szynkiewicz, Henry Z. Sable und Edward M. Pflueger. (J. Bacteriol. **81.** 837—44. Juni 1961. Cleveland, Ohio, Western Reserve Univ., School of Med., Dep. of Biochem.) (Engl.)

Die Synth. von *Ribose* (**I**), *Desoxyribose* (**II**) u. *Glykogen* (**III**) durch *Escherichia coli* wurde unter verschiedenen Wachstumsbedingungen mit ^{14}C untersucht. Aus der Verteilung des ^{14}C in **I** der RNS, in **II** der DNS u. in der *Glucose* (**IV**) des **III** wurde das Verhältnis der Mengen Pentose berechnet, die durch Oxydation der 6-Phosphogluconsäure bzw. durch nichtoxydative Transketolase- u. Transaldolase-Rkk. gebildet wurden. Wenn Acetat die Haupt-C-Quelle ist, wird der größte Teil der Pentosen aus Hexosen über den zweiten Weg gebildet. Er überwiegt auch dann, wenn man an Acetat adaptierte Zellen in ein Medium mit **IV** überträgt. Beim exponentiellen Wachstum auf **IV** tritt dagegen mehr der Weg über die oxydative Decarboxylierung der 6-Phosphogluconsäure hervor. Dasselbe wurde beobachtet, wenn an Acetat adaptierte Zellen wiederholt in ein Medium mit **IV** als einziger C-Quelle übertragen wurden. H.-G. Trüper. 4210□

Biosynthese von Pentosen in Escherichia coli. Synthese von Desoxyribose in Phagen-infizierten Zellen. Elmer M. Wright, Henry Z. Sable und Joy L. Bailey. (J. Bacteriol. **81.** 845—51. Juni 1961. Cleveland, Ohio, Western Res. Univ., School of Med., Dep. of Biochem.) (Engl.) — Vgl. auch vorst. Referat.

Die Synth. von *Glucose* (**I**) u. *Desoxyribose* (**II**) in Phagen-infizierten Zellen von *Escherichia coli* wurde mit Hilfe von ^{14}C untersucht. **II** aus Phagen-DNS u. die glykosid. an das Hydroxymethylcytosin der Phagen-DNS gebundene **I** wurden isoliert u. abgebaut. Unter der Annahme, daß die **I**-Markierung die Markierung des Hexosemonophosphat-Pools zur Zeit der **II**-Synth. in der infizierten Zelle widerspiegelt, wurde aus der Verteilung des ^{14}C in beiden Zuckern das Verhältnis der **II**-Mengen berechnet, die durch oxydative Decarboxylierung von 6-Phosphogluconsäure bzw. durch Transketolase- u. Transaldolase-Rkk. aus Hexose gebildet wurden. Etwa 60% der Pentose wird auf dem erstgenannten Weg. gebildet. Es ergab sich kein Anzeichen dafür, daß das Verhältnis in der nicht-infizierten Zelle anders ist. Eine Kondens. einer C_3- u. einer C_2-Verb. zu **II** kommt anscheinend nicht vor. — 24 Literaturangaben. H.-G. Trüper. 4210□

Quantitative Bestimmung der Hyaluronidaseaktivität von Trichomonas vaginalis. F. Filadoro und N. Orsi. (Nuovi Ann. Igiene Microbiol. **11.** 598—601. Nov./Dez. 1960. Roma, Univ., Ist. di Microbiol.) (Ital.)

Die *Hyaluronidase* (I)-Aktivität von *T. vaginalis*-Kulturen wurde mittels einer viskosimetr. Meth. bestimmt u. I durch Extraktion abgetrennt. Maximale I-Aktivität trat nach 2 Tagen auf. K. MAIER. 4210□

Über das Vorkommen der Leucin-Aminopeptidase im menschlichen Spermaliquor. G. Krampitz und R. Doepfmer. (Klin. Wschr. **39.** 1300. 15/12. 1961. Bonn, Inst. für Anat. u. Physiol. der Haustiere; Univ. Hautklin.) (Dt.)

Im frischen Spermaliquor kommt eine beträchtliche *Leucinaminopeptidase*-Aktivität vor, diese wird durch Mg^{2+} u. Mn^{2+} aktiviert, durch Titriplex III weitgehend gehemmt. P. GREGORZEWSKI. 4210□

Über die Bildung von L-Tryptophan durch Bakterien-Transaminase. (Vorl. Mitt.) Ko Aida, Toshinobu Asai, Tadayuki, Kajiwara und Kazuaki Iizuka. (J. gen. appl. Microbiol. [Tokyo] **4.** 200—02. Nov. 1958. Tokyo, Univ. of Tokyo, Inst. of Appl. Microbiol.) (Engl.)

Von 10 untersuchten Mikroorganismen (Rk.-Mischung: 17,5 mg Indolyl-(3)-brenztraubensäure, 6 mg Na-L-Glutamat, 25 mg L-Asparaginsäure, 30 mg Trockenzellen u. 0,5 ml 0,1 m Phosphatpuffer, pH 7,6; Gesamt-Vol. 1,5 ml; 6 Std., 37°) bildeten *Bacillus megaterium B-9-1* 67,5% u. *Escherichia coli K-12* 67,1% *L-Tryptophan* (I). Als günstigste NH_2-Donatoren erwiesen sich L-Aspartat u. L-Glutamat. Optimales pH der *Transaminase* zwischen 7,0—8,0; optimale Temp. 37°. Gebildetes I nach Reinigung u. Umkristallisieren aus W.: $C_{11}H_{12}N_2O_2$, F. 285°, spezif. Drehung $[\alpha]_D^{22}$ —31,4 (c = 1 in H_2O). H. AMAN. 4210□

Biochemische, immunologische und genetische Untersuchungen an einem neuen Typ Tryptophansynthetase-negativer Mutanten von Neurospora crassa. Martin Rachmeler und Charles Yanofsky. (J. Bacteriol. **81.** 955—63. Juni 1961. Cleveland, Ohio, Western Res. Univ., School of Med., Dep. of Microbiol.; Stanford, Calif., Stanford Univ., Dep. of Biol. Sci.) (Engl.)

Tryptophan (I)-unabhängige Wildtyp-Stämme von *Neurospora crassa* enthalten Enzym-Syst., die folgende Rkk. katalysieren: (a) Indol + L-Serin → L-I, (b) Indolylglycerophosphat → Indol + Triosephosphat, (c) Indolylglycerophosphat + *L*-Serin → I + Triosephosphat. c ist wahrscheinlich der letzte Schritt bei der I-Synthese. Vff. fanden nun in dem Stamm td 201 einen bisher unbekannten Mutantentyp. Stamm td 201 enthält ein Protein, das akt. ist. im Sinne von a, nicht aber von b u. c. Dieses Mutantenenzym wird durch eine Anti-*Tryptophan-synthetase* (II)-Serum genauso gehemmt wie II aus einem Wildstamm. Die MICHAELIS-MENTEN-Konst. der beiden Enzyme für Indol u. Serin liegen in derselben Größenordnung. Der Stamm td 201 erzeugt I-unabhängige Bastarde mit allen td-Mutanten, die der II serolog. nahestehende Proteine bilden (sog. CEM-Mutanten). Diese Bastarde enthalten neben den bei den beteiligten Mutanten sonst vorhandenen Enzymen auch wildtypähnliche Aktivitäten. H.-G. TRÜPER. 4210□

Einige Aspekte der Bildung von Tryptophansynthetase in Neurospora crassa. Gabriel Lester. (J. Bacteriol. **81.** 964—73. Juni 1961. Shrewsbury, Mass., Worcester Found. for Exp. Biol.) (Engl.) — Vgl. auch vorst. Referat.

Die Bldg. von *Tryptophansynthetase* (I) wurde an den gekeimten Konidien von zwei Stämmen untersucht. In einem *Tryptophan* (II)-unabhängigen Stamm haben einige II-Derivv., bes. Indolylessigsäure, nicht aber II selbst, einen stimulierenden Einfl. auf die Bldg. von I. In einem II-abhängigen Stamm war die I-Aktivität umgekehrt proportional der II-Konz. im Medium; jedoch unterschieden sich die höchste u. die niedrigste Aktivität nur um den Faktor 3. II hat anscheinend einen stark hemmenden Effekt auf ein anthranilsäurebildendes Syst. in dem II-abhängigen Stamm. H.-G. TRÜPER. 4210□

Biosynthese von Citrullin durch Acetonpulver von Mycobacterium phlei. T. Głębicki und E. Ostrowska-Głębicka. (Bull. Acad. polon. Sci., Sér. Sci. biol. **6.** 183—86. 1958. Warsaw, Polish Acad. of Sci., Inst. of Biochem. and Biophys.; School of Med., Labor of Physiol. Chem.) (Engl.)

Vff. untersuchten die Stöchiometrie der Umwandlung von *Ornithin* u. *Carbamylphosphat* (I) in *Citrullin* (II) durch einen Enzymextrakt, der mit 0,02 m Trispuffer (pH 8,5) aus Acetonpulver von *Mycobacterium phlei* erhalten wurde. Neben der Carbamyl-Übertragung findet zu etwa 20% noch eine spontane Zers. von I statt. Während die entsprechende Rk. mit Extrakten von *S. faecalis* von Mg^{2+} unabhängig ist, ergibt im vorliegenden Fall das Fehlen von Mg^{2+} eine um ca. 20% niedrigere Ausbeute an II. H.-G. FLOSS. 4210□

Über den enzymatischen Mechanismus der Wachstumsaktivierung von B. megatherium durch Adenosin. N. Simonetti. (Nuovi Ann. Igiene Microbiol. **11.** 602—07. Nov./Dez. 1960. Roma, Univ., Ist. di Microbiol.) (Ital.)

Adenosin (I) steigert Entw. u. I-Desaminase (II)-Aktivität von *B. megatherium. Inosin* u. *Hypoxanthin*, gebildet durch II-Wrkg., beeinflussen das Wachstum nicht. Die vom DPNH-abhängigen Alanindehydrogenase-Syst. zur Alanin-Synth. bevorzugt verwertete I–NH_2-Gruppe erklärt möglicherweise z. T. die wachstumstimulierende Wrkg. von I. I aktiviert Adenosinmonophosphatase, -triphosphatase u. bes. Adenylatkinase. Aktivierung der letztgenannten Aktivität, zusammen mit der von Polynucleotidphosphorylase, könnte die Wachstumssteigerung durch I erklären. K. MAIER. 4210□

Ein colorimetrisches Verfahren zur Bestimmung von Serum-Glutaminsäure-Oxalessigsäure-Transaminase. Theodore Sall, Harriet K. Richards, Esther Harrison und Ralph M. Myerson. (J. Lab. clin. Med. **50.** 297—303. Aug. 1957. Philadelphia, Pa., Veterans Admin. Hosp., Med. Res. Labor.) (Engl.)

Vff. beschreiben eine nach TONHAZY, WHITE u. UMBREIT [1950] modifizierte Meth., die kein UV-Spektrophotometer u. auch nicht Diphosphopyridinnucleotid verwendet. M. METZE. 4210□

Reihenuntersuchungen und Elektrophoresestudien über Serum-Glutaminsäure-Oxalessigsäure-Transaminase bei Thorazin-induzierter Gelbsucht. Gerald Kessler, Philip Halpern und Henry Brody. (J. Lab. clin. Med. **50.** 250—55. Aug. 1957. Philadelphia, Pa., Albert Einstein Med. Center, Northern Div., Dep. of Labor.) (Engl.)

Bei Patienten mit Gelbsucht, die durch *Thorazin*-Therapie induziert war, stieg der Serum-Spiegel an *Glutaminsäure-Oxalessigsäure-Transaminase* (I) an u. kam schnell zum normalen Wert zurück. Der *Bilirubin-* u. *Alkal. Phosphatase*-Spiegel blieben signifikant erhöht. M. METZE. 4210□

Proteinsynthese. George Webster. (Annu. Rev. Plant Physiol. **12.** 113—32. 1961. Columbus, Ohio, Ohio State Univ., Dep. of Biochem.) (Engl.)

Übersicht (bis Aug. 1960). Enzymat. *Protein* (I)-Synth. (Neusynth. durch zellfreie Präpp., *Aminosäure* (II)-Einbau in I), Mechanismus der I-Synth. (II-Aktivierung, II-Acceptor-Ribonucleinsäure [III_s], Polypeptid-Bldg. aus III_s, Abgabe fertiger Polypeptide aus dem Ribosom, Sekundärveränderungen in der vollständigen Polypeptidkette, Ribosomstruktur, Mechanismus der I-Synth. in anderen Zellkomponenten, weitere Faktoren u. Wege der I-Synthese. — 131 Literaturangaben. K. MAIER. 4210□

Reinigung eines endogenen Reaktivators der alkylphosphorylierten Cholinesterase. V. Neuhoff und H. Kewitz. (Naunyn-Schmiedebergs Arch. exp. Pathol. Pharmakol. **241.** 548—49. 1961. Berlin-Dahlem, Freie Univ., Pharmakol. Inst.) (Dt.)

Aus Leberhomogenat kann durch Dialyse ein *Reaktivator* (I) für *alkylphosphorylierte Cholinesterase* gewonnen werden (Nachw. mit vergifteter Acetylcholinesterase). Durch 15std. Hydrolyse des Dialysats mit 6 n HCl wird die I-Kapazität verstärkt. Das elektrophoret. Verh. u. Löslichkeit werden bestimmt. Aus den Experimenten geht hervor, daß I frei u. gebunden vorkommt, es ist hitze- u. säure- u. alkalistabil, hat saure Eigg. u. enthält nur aliphat. Aminosäuren. M. METZE. 4210□

Bestimmung der Serumcholinesterase mit Hilfe eines Indikatorpapiers. R. Richterich. (Schweiz. med. Wschr. **92.** 263—65. 3/3. 1962. Bern, Univ., Med.-chem. Inst. u. Kinderklin.) (Dt.)

Der Schnelltest mit dem Indikatorstreifen *Acholest* (ÖSTERREICH. STICKSTOFFWERKE Linz) ist zuverlässig. Er eignet sich für rasche u. improvisierte Best. des Serumenzyms. P. GREGORZEWSKI. 4210□

Die Bewertung der Eigelb-Reaktion als Nachweis von Lecithinase-Aktivität. Donn J. Kushner. (J. Bacteriol. **73.** 297—302. März 1957. Sault Ste. Marie, Ontario, Canada, Forest Insect Labor.) (Engl.)

Vf. untersucht den Wert der Eigelb-Rk. als Maß für die *Lecithinase* (I)-Aktivität. Er verfolgt dazu die Inaktivierung eines ungereinigten Filtrats sowie die eines gereinigten α-Toxins von *Clostridium perfringens* (C.p.) sowie die eines I-Konzentrats von *Bacillus cereus* (B.c.) u. die durch Zentrifugieren gereinigter Kultur-Fl. einiger B.c.-Stämme durch stufenweises Erhitzen an Hand der Trübung in einer Eigelb-Kochsalz-Lsg. (a), durch die Abnahme der *Phospholipide* in Eigelb–Kochsalz-Lsg. (b) u. durch die manometr. Messung der Hydrolyse von gereinigtem *Lecithin* nach WARBURG (c). Die Hitzeinaktivierung beider C.p.-Präpp. wird durch alle 3 Meth. gleich gut wiedergegeben, während die der B.c.-Präpp. nach den Meth. b u. c gleiche, aber weit größere Werte als nach Meth. a ergeben. Vf. vermutet in den B.c.-Präpp. eine oder mehrere wärmeresistente Verbb., die, ohne I-Aktivität zu besitzen, die Fähigkeit zu Trübung der Eigelb–Kochsalz-Lsg. haben. Er warnt vor der unvorsichtigen Auslegung einer positiven Eigelb-Rk. als Kriterium für eine I-Aktivität. A. GUDE. 4210□

Elektrophorese von Bakterienthiaminase I. Yoshitsugu Nose und Yoshi Okada. (Vitamins [Kyoto] **15.** 494—98. 1958. Kyoto, Prefect. Univ. School of Med., Dep. of Biochem.) (Jap.; Auszug: Engl.)

Zur Reinigung der *Bakterien-Thiaminase* I (I) aus der Kulturbrühe von *Bacillus thiaminolyticus* wurden die Papierelektrophorese u. Zonenelektrophorese angewandt. Der Papierelektrophorese, durch welche die I-Fraktion von den Hauptkomponenten abgetrennt wurde, wurde ein rohes Enzym-Präp. unterworfen, das durch Acetonfällung u. Dialyse der überstehenden Fl. nach Zentrifugieren der Kulturbrühe u. Eindampfen der Enzym-Lsg. im Vakuum erhalten wurde. Die Ausbeute war jedoch gering. Die Reinigung durch Zonenelektrophorese unter Verw. von Cellulosepulver war befriedigender; die spezif. Aktivität stieg bis auf das 81fache. K. F. Müller. 4210□

Faktoren, die die induzierte Penicillinase-Bildung von Staphylococcus aureus beeinflussen. Harry G. Steinman. (J. Bacteriol. **81.** 895—902. Juni 1961. Bethesda, Md., Nat. Inst. of Allergy and Infect. Diseases, Labor. of Clin. Invest.) (Engl.)

Nach den vorgelegten Ergebnissen besitzen alle Zellen des benutzten Stammes von *Staphylococcus aureus* eine gewisse *Penicillinase* (I)-Aktivität, die durch die Inkubation mit *Penicillin* (II) stark gesteigert wird. Zwischen 12,5 u. 100 μg Trockengewicht/ml waren die Enzymaktivitäten zu jedem Zeitpunkt in der Induktionsperiode der Zellzahl proportional, darüber war die Induktionsfähigkeit verringert, darunter machte sich die baktericide II-Wrkg. bemerkbar. In Bouillon setzte die I-Bldg. eher u. mit größerer Geschw. ein als in einem definierten Medium. Die für die Induktion optimale II-Konz. liegt bei 100 Einheiten/ml in Bouillon. H.-G. Trüper. 4210□

Ursachen der Frostresistenz bei Winterweizen. 4. Mitt. **Das Verhalten von Fermenten und Fermentsystemen gegenüber tiefen Temperaturen.** H. Ullrich und U. Heber. (Planta **57.** 370—90. 1961. Bonn, Univ., Inst. f. Landwirtschaftl. Bot.) (Dt.) — 3. vgl. C. **1960.** **13415.**

Frostbehandlung (—20°) von Blattextrakten führt nur bei jenen *Enzymen* zu einer Aktivitätsverminderung, die bei dieser Behandlung koagulieren, d. h. bei den Fermenten, die sich auch durch Zentrifugieren bei 28000·g weitgehend aus den Extrakten entfernen lassen. Saccharosezusatz wirkt dieser Inaktivierung entgegen.

P. Gregorzewski. 4210□

E_3. Mikrobiologie. Bakteriologie. Immunologie

Über die Bedeutung des Bestrahlungsmilieus beim photodynamischen Effekt. Erhard Geissler. (Int. J. Radiat. Biol. **2.** 91—96. Jan. 1960. Berlin, D. Akad. d. Wiss., Inst. f. Med. u. Biol., Arbeitsbereich Biol.) (Dt.)

Saccharomyces carlsbergensis-Zellen zeigen Teilungshemmung, wenn man sie mit UV-Strahlen in W. oder auf Glas bestrahlt u. mit *3.4-Benzpyren*, *Pyren* oder *Berberinsulfat* sensibilisiert. Die Sensibilisierung tritt nicht ein, wenn man die Zellen auf Bierwürze-Gelatine oder auf Agar oder Gelatine ohne Bierwürze bestrahlt. Die Schutz-Wrkg. von Agar u. Gelatine ist nicht erklärbar, Möglichkeiten, einer Klärung näher zu kommen, werden diskutiert. W. Reusse. 4300□

Ein Anreicherungsmedium für Leuconostoc-Arten. Jerry V. Mayeux und Arthur R. Colmer. (J. Bacteriol. **81.** 1009—11. Juni 1961. Baton Rouge, La., La. State Univ., Dep. of Bot., Bacteriol. and Plant Pathol. and Agric. Exp. Stat.) (Engl.)

Saccharose-Nähragar (1% Trypton, 0,5% Hefeextrakt, 10% Saccharose, 2% Agar) mit einem Zusatz von 0,005—0,03% *Natriumazid* ist ein für die Anreicherung von *Leuconostoc*-Arten geeignetes Medium. Das Wachstum anderer Bakterien wird unterdrückt, das von Leuconostoc jedoch nur verlangsamt. H.-G. Trüper. 4310□

Die Verwertbarkeit von Molybdatagar als selektives differentielles Medium für Hefen. Marilyn L. Holland und Lawrence J. Kunz. (J. Bacteriol. **81.** 869—74. Juni 1961. Boston, Mass., Mass. General Hosp., Dep. of Bacteriol. u. Harvard Med. School, Dep. of Bacteriol. and Immunol.) (Engl.)

Die starke Hemmwrkg. gegenüber Bakterien läßt *Molybdat*-Agar als günstiges Medium für das Wachstum u. die Vorklassifizierung von Hefen erscheinen, da diese durch Molybdat nicht gehemmt werden. H.-G. Trüper. 4310□

Zur genetischen Natur stabiler L-Formen von Salmonella paratyphi. Otto E. Landman und Herbert S. Ginoza. (J. Bacteriol. **81.** 875—86. Juni 1961. Fort Detrick, Md., Frederick, U.S. Army Chem. Corps.) (Engl.)

Bis 50% der Zellen von *Salmonella paratyphi*, Stamm B, können durch zeitweise *Penicillin*-Behandlung in erbliche (stabile) L-Formen umgewandelt werden, die sich nur selten in die Stäbchenform zurückwandeln. Zur L-Form-Bldg. waren Agar, Serum u. ein komplexes Medium notwendig. H.-G. Trüper. 4310□

Synthese von Makromolekülen in den durch Sulfatmangel induzierten Langformen von Mycobacterium bovis. John K. Spitznagel. (J. Bacteriol. **81.** 933—38. Juni 1961. Chapel Hill, N.C., Univ. of North Carolina, School of Med., Dep. of Bacteriol. and Immunol.) (Engl.)

Bei *Sulfat* (I)-Mangel vergrößern sich die Zellen von *Mycobacterium bovis* (Phipps-Stamm, BCG) gegenüber normalen Zellen beträchtlich, ohne sich zu teilen. Die Synth. von DNS u. Protein ist dabei vollständig unterbunden, die von RNS stark gehemmt. Die durch direkte Zählung ermittelte Zellzahl bleibt in I-Mangelkulturen (im Gegensatz zu I-haltigen) konst., die Lebendzellzahl nimmt vom 3. Tage an rapide ab.

H.-G. TRÜPER. 4310□

Zur sekundären Koloniebildung von Bacillus subtilis auf Eosin–Methylenblau-Agar. K. K. Shah und V. N. Iyer. (J. Bacteriol. **81.** 887—94. Juni 1961. Navsari, Indien, S. B. Garda College, Microbiol. Dep.) (Engl.)

Bacillus subtilis var. niger bildet auf Eosin–Methylenblau-Agar sek. Koloniewüchse, die aus mutierten Zellen der Primärkolonien entstehen. Isolationen dieser Mutanten zeigten stärkere Resistenz gegen pH-Änderungen durch während des Stoffwechsels ausgeschiedene Säuren u. Amine als Zellen der Primärkolonien.

H.-G. TRÜPER. 4310□

Ein neues Wachstumsmedium für virulente Bordetella pertussis. I. W. Sutherland und J. F. Wilkinson. (J. Pathol. Bacteriol. **82.** 431—38. Okt. 1961. Edinburgh, Univ. of Edinburgh, Bact. Dep.) (Engl.)

Es wird ein leicht herstellbares u. standardisierbares Wachstumsmedium folgender Zus. beschrieben: Casaminosäuren (Difco, techn.) 1 g; $CaCl_2$ 0,01 g; $MgCl_2 \cdot 6\,H_2O$ 0,04 g; $FeSO_4 \cdot 7\,H_2O$ 0,001 g; KH_2PO_4 0,05 g; Nicotinamid 0,02 g; Ionenaustauscher (I, Dowex-1) 0,1%; Tris-Puffer 0,3%; 100 ml dest. Wasser. Das pH wird auf 7,0 eingestellt. Das Medium wird autoklaviert u. Glutathion, gesondert sterilisiert durch Filtration, bis zu einer End-Konz. von 0,001 Gew.-% zugegeben. Nach Entfernung von I durch Dekantieren oder Filtrieren enthält das Medium nur dialysierbare Bestandteile. In diesem Medium gewachsene Zellen produzieren Hämagglutinin u. Schutzantigen. Nach Zugabe von Agar zum fl. Medium gleicht dieses dem BORDET-GENGOIN-Wachstumsmedium für Bordetellaarten.

H. AMAN. 4310□

Das Verhalten von E. coli in Gegenwart von β-Phenoxyäthyldimethyldodecylammoniumbromid. G. Bosco. (Nuovi Ann. Igiene Microbiol. **11.** 541—44. Nov./Dez. 1960. Roma, Univ., Ist. di Igiene „G. Sanarelli".) (Ital.)

Die Wrkg. von *β-Phenoxyäthyldimethyldodecylammoniumbromid* auf das *E. coli*-Wachstum wurde nephelometr. unter kontinuierlicher Registrierung gemessen.

K. MAIER. 4310□

Über die Bedeutung von intermediären Carbonsäuren für die Zellvermehrung der Hefe. W. Schmid. (Naunyn-Schmiedebergs Arch. exp. Pathol. Pharmakol. **228.** 241—43. 1956. Tübingen.) (Dt.)

Wird an Hefezellsuspensionen durch Zusatz m/500 *Monojodacetat* Glykolyse u. Zellvermehrung blockiert, so wirkt Zusatz von *Acetat, Citrat, Succinat* u. *Glutaminat* stärker, *Pyruvat, Fumarat* u. *Alanin* schwächer vermehrungsinduzierend. Hierbei sind ohne Wrkg. Zusatz von *Malat, β-Hydroxybutyrat* u. *Glykokoll.* Nur die vermehrungswirksamen Säuren wurden hierbei auch veratmet. Vf. nimmt auf Grund der Verss. an, daß die Glykolyse bei der Zellvermehrung energet. keine Rolle spielt u. daß der Ansatzpunkt der *Urethan*-Hemmung im Vermehrungsstoffwechsel der Glykolyse zu suchen ist.

R. LAFFERENZ. 4310□

Untersuchungen über die Biochemie von Mikroorganismen. 109. Mitt. **Die Struktur von Asperthecin.** J. H. Birkinshaw und Rachel Gourlay. (Biochem. J. **81.** 618—22. Dez. 1961. London, Univ., London School of Hygiene and Tropic. Med., Dep. of Biochem.) (Engl.) — 108. vgl. C. **1961.** 11376.

Die Konstit. von Asperthecin (I) als *2-Hydroxymethyl-3.4.5.7.8-pentahydroxyanthrachinon* wird durch Unters. der partiellen Acetylierung sowie Oxydation von I zu *Asperthecsäure* (II), Decarboxylieren von II zu *3.4.5.7.8-Pentahydroxyanthrachinon* u. dessen Identität mit einem synthet. Präp. festgestellt. UV-Spektren vgl. Original.

Versuche: *Asperthecin* (I), *2'.3.7-Triacetyl-Deriv., Semihydrat,* $C_{21}H_{16}O_{11} \cdot 1/2\,H_2O$, F. 248—250° (Zers.), durch Kochen von 0,1 g I u. Acetanhydrid (12 Min.); aus Acetanhydrid hellrote Nadeln; 0,08 g (Ausbeute). *Tetraacetyl-Deriv.,* $C_{23}H_{18}O_{12}$, F. 251 bis 253° (Zers.), a) aus der Mutterlauge des Triacetyl-Deriv.; 0,02 g; b) aus 0,1 g I u. sd. Acetanhydrid (20 Min.); aus Eisessig hellorangefarbene Nadeln; 0,07 g. — *Asperthecsäure* (II), $C_{15}H_8O_9$, F. 350° (Zers.), a) durch 1std. Kochen von 0,06 g Pentaacetyl-Deriv. u. konz. HCl in CH_3OH; rote Kristalle; 30 mg. *Pentaacetyl-Deriv.,* $C_{25}H_{18}O_{14}$, F. 218—220° (Zers.; CH_3OH), durch schnelles Erhitzen von 0,2 g I, H_3BO_4, $NaNO_2$ u.

konz. H_2SO_4 auf 180° (Bad-Temp.), Abkühlen auf 145° (80 Min.), Gießen in W., Erhitzen der rohen **II** (0,17 g) mit Acetanhydrid/H_2SO_4 auf 90° (5 Min.) u. Gießen in W.; 0,05 g. — *2-[2-Hydroxy-4-methoxybenzoyl]-3.4-dimethoxybenzoesäure* (**III**), $C_{17}H_{16}O_7$, F. 215° (nach Sublimation), durch Zugeben von $AlCl_3$ zu Hemipinsäure (**IV**)-Anhydrid (aus 5 g **V**) in m-Methoxyphenol, 6std. Erhitzen auf 70—75°, mehrstd. Stehen u. Zers. mit Eis/HCl; aus CH_3OH Nadeln; 2,2 g. — *2-[2.5-Dihydroxy-4-methoxybenzoyl]-3.4-dimethoxybenzoesäure* (**V**), $C_{17}H_{16}O_8$, F. 261—262° (Zers.; nach Sublimation), durch Zugeben von $K_2S_2O_5$ zu 2,20 g **III** in verd. NaOH bei 35—40° in 2½ Std., 4tägiges Stehen bei Raum-Temp., Ansäuern mit 5n H_2SO_4, Entfernen von 1,35 g **III** u. Ansäuern des Filtrats mit konz. HCl; aus W./CH_3OH Prismen; 0,66 g. — *3.5-Dimethoxyxanthon* (**V**), $C_{15}H_{12}O_4$, F. 170 bis 171°, durch Decarboxylieren von 1,1 g vorst. Säure mit Cu-Chromit in Chinolin bei 190—200° unter N_2 (4 Std.); aus A. lange Nadeln; 0,15 g. — *2-[2-Hydroxy-4.5-dimethoxybenzoyl]-3.4-dimethoxybenzoesäure* (**VI**), $C_{18}H_{18}O_8$, F. 225°, wie **III** aus **V**-Anhydrid (aus 2 g **IV**) u. 1.2.4-Trimethoxybenzol; aus W./CH_3OH cremefarben; 0,75 g. Daneben *3.4-Dimethoxy-1.2-bis-[2.4.5-trimethoxybenzoyl]-benzol* (?), $C_{28}H_{30}O_{10}$, F. 176°, aus A. Nadeln. — *2-[2.4.5-Trimethoxybenzoyl]-3.4.dimethoxybenzoesäure*, $C_{19}H_{20}O_8$, F. 230—231°, aus 0,15 g **V**, Dimethylsulfat u. K_2CO_3 in sd. Aceton (14 Std.) u. Verseifen des Prod. mit sd. 2n NaOH (2 Std.); aus CH_3OH Nadeln; 0,032 g; b) ebenso aus vorst. Säure. — *2.3.5-Trimethoxyxanthon*, $C_{16}H_{14}O_5$, F. 238° (nach Sublimation), aus **VI** wie **V** (4½ Std.); aus CH_3OH cremefarbene Nadeln. — *3.4.5.7.8-Pentahydroxyanthrachinon*, $C_{14}H_8O_7$, F. 353—355°, durch 2std. Kochen von 0,27 g Pentaacetyl-Deriv. u. konz. H_2SO_4 in CH_3OH; hellrotbraune Nadeln; 0,15 g. *Pentaacetyl-Deriv.*, $C_{24}H_{18}O_{12}$, F. 243°, a) durch Schmelzen von $AlCl_3$ u. NaCl bei 180°, Zugeben von 0,56 g **VI** bei 120°, Erhitzen aus 190° (5 Min.), Zers. mit Eis/HCl u. Acetylieren mit Acetanhydrid/konz. H_2SO_4 bei 70—80°; 0,32 g; b) wie **V** aus 0,35 g **II** (7½ Std.), Chromatographie in CH_3OH an $CaCO_3$, Zerlegen der rosafarbenen u. violetten Adsorbatzonen mit 5n HCl u. Acetylieren; aus CH_3OH citronengelbe Nadeln; 60 mg. F. HELLER. 4320 □

Die Verwendung von Inosit, eines für den Stoffwechsel wichtigen Faktors, durch Schizosaccharomyces pombe. H. F. Yarbrough jun. und F. M. Clark. (J. Bacteriol. **73.** 318—23. März 1957. Urbana, Ill., Univ. of Illinois, Dep. of Bacteriol.) (Engl.)

Mesoinosit (**I**) wird durch *Schizosaccharomyces pombe* (S.p.) nicht synthetisiert. Wird **I** dem Nährboden für S.p. zugesetzt, so wird es mit einer dem Wachstum vergleichbaren Geschw. aus dem Nährboden aufgenommen. Gebundenes **I** erscheint gegen Ende der logarithm. Wachstumsphase in der zellfreien Nährlösung. Daraus werden durch Hydrolyse ca. 25—35% des verbrauchten **I** zurückgewonnen. Weitere 60—65% des verbrauchten **I** werden bei der Hydrolyse der isolierten Zellen zurückgewonnen. Das meiste zellgebundene **I** scheint in den Lipiden, vermutlich in *Lecithin*-ähnlichen Verbb. vorzuliegen. Wenig oder nichts ist in Cephalin-ähnlichen Verbb. anzutreffen. Die Nucleoproteine u. die wasserlösl. Proteinfraktion der Zellen enthalten wenig **I**. Nach der Extraktion mit Fett-Lsgm. u. der Abtrennung der Nucleoproteine enthalten die Zellen immer noch ca. 20% des Anfangswertes an **I**, das in allen benutzten Lsgm. unlösl. u. auch durch proteolyt. Enzyme nicht in Freiheit zu setzen ist. Es werden keine Phytinähnlichen Verbb. aufgefunden. Die in der Nähr-Fl. auftretende gebundene Form von **I** scheint durch Zellautolyse aufzutreten. A. GUDE. 4320 □

Vergleich von Kohlenhydratstoffwechsel und Enzymlokalisierung bei Pseudomonas und verwandten Mikroorganismen. J. de Ley. (J. appl. Bacteriol. **23.** 400—41. Dez. 1960. Ghent, State Univ., Labor. for Microbiol.) (Engl.)

Übersicht. Stoffwechsel von *P. saccharophila*: Glucose (**I**)-Abbau (ENTNER-DOUDOROFF-Mechanismus), Abbau anderer Zucker, Bldg. von Pentosen, Vgl. des Kohlenhydrat-(**II**)-Abbaus von Essigsäurebakterien (**II**-Stoffwechsel, enzymat. Anatomie, natürliche Klassifizierung, Vorschlag einer möglichen Phylogenie); Vgl. des **II**-Stoffwechsels von *Pseudomonas*: innerer (Glykolyse, Shunt u. ENTNER-DOUDOROFF-Wrkg., Krebscyclus, Glyoxylatcyclus, ungewöhnliche Abbau-Rkk.). äußerer [oxydative Eigg.: Bldg. von Gluconat (**III**) aus **I**, von 2-Ketogluconat aus **I** oder **III**, von Pentonsäuren aus Pentosen, von Bionsäuren aus den entsprechenden Disacchariden u. deren Abbau, von α-Ketoglutarsäure, Oxydation von Zuckeralkoholen], Oxydosome (Cytochrom-Syst. enthaltende Partikel) u. enzymat. Aufbau der *Pseudomonas*-Zelle, Möglichkeit eines Typ-Stoffwechselschemas für *Pseudomonas*; Oxydation von Disacchariden u. Bionaten zu 3-Ketoglykosiden durch strikt aerobe, peritrich begeißelte Bakterien; **II**-Stoffwechsel der autotrophen *Rhodopseudomonas spheroides*. — 139 Literaturangaben. K. MAIER. 4320 □

Glucose-Dissimilation in Ustilago maydis. Richard D. McKinsey. (Amer. J. Bot. **46.** 566—71. Okt. 1959. Charlottesville, Va., Univ. of Virginia, Dep. of Biol.) (Engl.)

Vf. untersuchte die Wege des *Glucose*-Abbaus in *Ustilago maydis*. Auf Grund der Verwertung der entsprechenden Substrate u. deren spezif. Hemmung wurde das Vorhandensein folgender Enzym-Syst. wahrscheinlich gemacht: *Aldolase, 3-Phosphoglycerinaldehyddehydrogenase, Glucose-6-phosphatdehydrogenase* u. *6-Phosphogluconsäuredehydrogenase.* $^{14}C_{(1)}$-Glucose als Substrat ergab in einem 16-Std.-Vers. eine 4mal so große Radioaktivität im gebildeten CO_2 wie $^{14}C_{(6)}$-Glucose; dies zeigt, daß der Glucoseabbau hauptsächlich über den Pentosephosphatcyclus erfolgt. Ferner wurde sichergestellt, daß Ustilago maydis nur anaerob wächst. H.-G. FLOSS. 4320□

Vergleich der Wirkung von Colchicin und Trypaflavin auf die Geschwindigkeit der Vermehrung von Paramaecium caudatum Ehrb. J. Blanc, E. Vivier und P. de Puytorac. (Bull. biol. France Belgique **94.** 1—11. 1960. Clermont-Ferrand, Fac. des Sci., Labor. de Zool.) (Franz.)

Konzz. von $>$1/1000 *Colchicin* (I) u. $>1/(5\cdot10^5)$ *Trypaflavin* (II) wirken auf *P. caudatum* letal, ca. 1/1000 I u. ca. $1/(5\cdot10^5)-1/10^7$ II vermindern die Mitose. $\leq$1/10000 I wirkt mitosesteigernd, während II bis $1/10^{12}$ inakt. ist. Die Befunde gelten für die *Paramaecium*-Typen *C, C', D* u. *D'*. K. MAIER. 4330□

Cysten von Azotobacter. M. D. Socolofsky und Orville Wyss. (J. Bacteriol. **81.** 946—54. Juni 1961. Austin, Tex., Univ. of Texas, Dep. of Bacteriol.) (Engl.)

Durch Einw. von *Äthylendiamintetraessigsäure* (EDTA) werden die Cysten von *Azotobacter vinelandii 12 837* aufgelöst, ohne daß der Zentralkörper angegriffen wird. Vollständige Lyse erhält man durch Kombination von EDTA u. Lysozym. Die isolierten Zentralkörper wachsen u. vermehren sich auch nicht nach Neutralisation des EDTA mit $MgSO_4$, sie oxydieren aber A. in Ggw. von $MgSO_4$ u. Lactose als osmot. Stabilisator. H.-G. TRÜPER. 4330□

Wirkung von Streptomycin auf die Wachstumsgeschwindigkeit von Mycobacterium tuberculosis. Ein Vergleich zwischen einem Originalelternstamm und seinem p-Aminosalicylsäure-resistenten Stamm. Michio Tsukamura, Yo Noda und Virgilio Guidi. (J. Antibiotics [Tokyo], Ser. A **11.** 268—72. Nov. 1958. Obu, Chita, Aichi, Obsuo Nat. Sanatorium; Napoli, Ist. Principi di Premonte.) (Engl.)

PAS-resistente Zellen sind gegenüber *Streptomycin* empfindlicher als PAS-empfindliche. P. GREGORZEWSKI. 4340□

Untersuchungen über die Antibiotica-Wirkungen auf den Bakterienstoffwechsel. 1. Mitt. **Einfluß von Dihydrostreptomycin oder Chloramphenicol auf die α-Ketoglutarat-Fermentation durch Escherichia coli oder Pseudomonas fluorescens.** Hideo Katagiri, Yukio Suzuki und Tatsurokurō Tochikura. (J. Antibiotics [Tokyo], Ser. A **12.** 160—68. Juli 1959. Kyoto Univ., Fac. of Agric., Dep. of Agric. Chem.) (Engl.)

Beide Antibiotica hemmen in Schüttelkultur die Bldg. von *α-Ketoglutarsäure* (II) aus Glucose, aber nur *Dihydrostreptomycin* beschleunigt den I-Abbau. P. GREGORZEWSKI. 4340□

Wirkung von Dihydrostreptomycin auf Escherichia coli. Norman R. Eaton und Ruth Caffrey. (J. Bacteriol. **81.** 918—23. Juni 1961. Seattle, Wash., Univ. of Washington, Dep. of Microbiol. and Med. and Veterans Admin., Hosp., Radioisotope Serv.) (Engl.)

Während der exponentiellen Wachstumsphase von *Escherichia coli W 1485* bewirkt *Dihydrostreptomycin* (I) eine vollständige Hemmung der Proteinsynthese. Die Bldg. von DNS u. Gesamt-RNS wird mit verminderter, aber konst. Geschw. fortgesetzt. Bei Auftrennung der RNS in eine durch Zentrifugieren bei $100000\cdot g$ nicht sedimentierbare („lösl.") u. eine Partikelfraktion zeigt sich, daß die Bldg. der ersteren durch I stimuliert, die der zweiten jedoch vollständig gehemmt wird. In die in Ggw. von I gebildete RNS wird kein Glycin eingebaut. Die Abscheidung von Material mit einem Absorptionsmaximum bei 260 m wird gehemmt. Vff. führen die Hemmung der Protein-Synth. durch I auf Störungen der Bldg. funktioneller RNS zurück. H.-G. TRÜPER. 4340□

Identifizierung eines von Streptomyces galbus, N. Sp. gebildeten Antibioticums mit Streptomycin. Masao Murase, Tomohisa Takita, Kofumi Ohi, Hiroko Kondō, Yoshirō Okami und Hamao Umezawa. (J. Antibiotics [Tokyo], Ser. A **12.** 126—32. Juli 1959. Tokyo, Nat. Inst. of Health.) (Engl.)

Ein aus *Streptomyces galbus* n. sp. isoliertes Antibioticum wurde als *Streptomycin* (I) identifiziert. I u. *Hydroxystreptomycin* bilden leicht krist. Salze mit 5-Methyl-β-naphthalinsulfonsäure. P. GREGORZEWSKI. 4340□

Entwicklung von Resistenz- und Kreuzungsresistenzbeziehung zwischen Kanamycin und Streptomycin. Yutaka Morikubo, Tomio Takeuchi, Motoko Morita, Tomoko Ōsawa und Hamao Umezawa. (J. Antibiotics [Tokyo], Ser. A **12.** 177—78. Juli 1959. Tokyo, Nat. Inst. of Health.) (Engl.)

Durch die Platten-Meth. erhaltene, gegenüber *Streptomycin* (I) resistente Stämme von *Escherichia coli*, *C. xerosis* u. *Mycobacterium 607*, sind empfindlich gegen *Kanamycin*; Kanamycin-resistente Mycobaterium-607-Stämme sind gegen I empfindlich.

P. Gregorzewski. 4340□

Arzneimittelresistenz-Test für Kanamycin und das Kreuzresistenz-Problem bei Mycobacterium tuberculosis unter besonderer Berücksichtigung von Kanamycin, Streptomycin und Viomycin. Michio Tsukamura. (J. Antibiotics [Tokyo], Ser. A **12.** 189—91. Juli 1959. Obu, Chita, Aichi Prefecture, Obuso Nat. Sanatorium.) (Engl.)

Wichtig für den *Kanamycin*-Resistenztest ist die Bereitung sehr kleiner Kolonien konst. Größe. Die antibakterielle Aktivität von *Kanamycin* u. *Viomycin* gegen *Mycobacterium avium* wird durch pH-Erniedrigung verringert, durch PO_4^{3-} u. Mg^{2+} u. Fe^{3+} erhöht.

P. Gregorzewski. 4340□

Kanamycin bei chirurgischen Infektionen. Shunji Ishiyama, Shōichi Sumida, Yoshio Mizutani, Yoshio Fukuti und Eiichirō Jyō. (J. Antibiotics [Tokyo], Ser. A **12.** 179—86. Juli 1959. Kanto Teishin Hosp.) (Engl.)

Staphylokokken (Staph.) entwickeln nur sehr langsam u. in geringem Maße Resistenz gegen *Kanamycin* (I), eine Kreuzresistenz mit anderen Antibioticis wird nicht beobachtet. Einige pathogene Staph. sind heute gegen I resistent.

P. Gregorzewski. 4340□

Isolierung von 3-Acetamido-3-desoxy-2.4.6-tri-O-methyl-α-D-glucose aus dem Hydrolysat von erschöpfend methyliertem N-Acetylkanamycin. Sumio Umezawa, Yukio Itō und Shunzō Fukatsu. (J. Antibiotics [Tokyo], Ser. A **12.** 187—88. Juli 1959. Tokyo, Keio Univ., Dep. of Appl. Chem.) (Engl.)

Erschöpfend methyliertes *Tetra-N-acetylkanamycin* wird mit 6n HCl hydrolysiert, zur Trockne eingedampft, in Methanol aufgenommen, mit Ae. 1.3-Diamino-4.6-dihydroxy-5-methoxycyclohexanon gefällt, die Mutterlauge wird an Cellulosepulver säulenchromatographiert, fraktioniert eluiert. Aus den ersten Fraktionen wurde *3-Acetamido-3-desoxy-2.4.6-tri-O-methyl-α-D-glucose*, $C_{11}H_{21}NO_6$, F. 229—230°, isoliert.

P. Gregorzewski. 4340□

Untersuchungen über den Synergismus von 12 Antibioticis gegen 30 Hospitalstämme von Staphylococcus aureus. Harold J. Elliott und Wendell H. Hall. (J. Lab. clin. Med. **50.** 242—49. Aug. 1957. Minneapolis, Minn., Veterans Admin. Hosp.; Univ. of Minnesota Med. School, Dep. of Med.))Engl.)

30 *Staphylococcus aureus*-Stämme (Hospital) wurden folgenden 12 Antibioticis ausgesetzt: *Novobiocin* (**I**), *Vancomycin* (**II**), *Erythromycin* (**III**), *Chloramphenicol* (**IV**), *Bacitracin* (**V**), *Neomycin* (**VI**), *Cycloserin* (**VII**), *Oxytetracyclin* (**VIII**), *Chlortetracyclin* (**IX**), *Tetracyclin* (**X**), *Streptomycin* (**XI**), *Penicillin* (**XII**), in 66 paarweisen Kombinationen. Gegen **XII**, **XI** u. die Tetracyclingruppe war hohe Resistenz häufig u. Kreuzresistenz üblich. **VI**, **II** u. **V** zeigten starke baktericide Aktivität. Erhöhung der Baktericidie wurde erreicht durch Kombinationen, wie **I** + **II**, **IV** + **V** u. **III** + **VII**.

M. Metze. 4340□

Antibiotische Kombination. In vivo- und in vitro-Untersuchung der Wirkung von Oleandomycin, Erythromycin und Tetracyclin auf Staphylococcus aureus-Kulturen. Lola Saldaña Tate. (Chemotherapia [Basel] **1.** 215—20. 1960. Montevideo, Hosp. Pasteur.) (Engl.)

Unterss. über die in vitro-Wrkg. des *Oleandomycins* (I) u. des *Tetracyclins* haben gezeigt, daß diese Antibiotica synergist. auf 57,1% der 21 aus Kliniken stammenden Staphylokokkenstämme wirken, 5 der 12 I-empfindlichen waren gegenüber *Erythromycin* (II) resistent. Nur ein Stamm war I-resistent u. empfindlich gegenüber II. Bei diesem Stamm konnte kein Synergismus zwischen II u. I festgestellt werden.

S. Groitzsch. 4340□

Hemmhofteste mit Desmethylchlortetracyclin. Götz Linzenmeier. (Chemotherapia [Basel] **1.** 205—14. 1960. München, Univ., Max-v.-Pettenkofer-Inst. für Hyg. u. Med. Mikrobiol.) (Dt.)

An über 200 frisch gezüchteten Stämmen aus patholog. Material menschlicher Herkunft wurde die Wirksamkeit von *Desmethylchlortetracyclin* (I) im Hemmhoftest geprüft. Prinzipiell verhält es sich gleichsinnig wie *Tetracyclin* u. *Oxytetracyclin*; mit Ausnahme von *Pseudomonas pyocyanea* gilt auch für dieses neue Tetracyclin-Deriv. die Kreuzempfindlichkeit bzw. -resistenz der Tetracyclingruppe.

S. Groitzsch. 4340□

Untersuchungen der chemischen Struktur von Blastmycin. Hiroshi Yonehara und Setsuo Takeuchi. (J. Antibiotics [Tokyo], Ser. A **11.** 254—63. Nov. 1958. Univ. of Tokyo, Inst. of Appl. Microbiol.) (Engl.)

Das aus *Streptomyces blastmyceticus*-Kulturbrühe isolierte Antibioticum *Blastmycin* (I), $C_{26}H_{36}N_2O_9$, F. 168—169°, bzw. *Diacetylblastmycin*, $C_{30}H_{40}N_2O_{11}$, F. 148—150°, liefern bei der Hydrolyse mit 5% NaOH ein neutrales Öl, *Blastmycininon* (II), $C_{14}H_{24}O_4$, Kp. 190—191°, u. eine saure Substanz, *Blastmycinsäure*, $C_{12}H_{14}N_2O_6$, F. 141,5—142°; durch Unters. der Hydrolyse-Prodd. wird als Struktur *N-[Formyl-3-aminosalicyloyl]-L-threonin* angenommen. II liefert bei der Hydrolyse mit 10% NaOH *Isovaleriansäure* u. Kristalle, *Blastmycinolactol* (III), $C_9H_{16}O_3$, F. 49—50° genannt. Für II wird die Struktur von *2-n-Butyl-3-isovaleroyloxy-4-hydroxyvaleriansäure-1.4-lacton* u. für III *2-n-Butyl-3.4-dihydroxyvaleriansäure-1.4-lacton* wahrscheinlich gemacht.

P. GREGORZEWSKI. 4340 □

Tubermycin A und B, neue Antibiotica. 1. Mitt. Kiyoshi Isono, Kentarō Anzai und Saburō Suzuki. (J. Antibiotics [Tokyo], Ser. A **11.** 264—67. Nov. 1958. Tokyo, Sci. Res. Inst. Ltd.) (Engl.)

Aus dem Kulturmedium von *Streptomyces misakiensis* wurden zwei neue Antibiotica mit Antituberkel-Wrkg. isoliert u. *Tubermycin A* (I) u. *Tubermycin B* (II) genannt. Bei II handelt es sich um *Phenazin-α-carbonsäure*, $C_{13}H_8N_2O_2$, F. 243° (wss. Aceton, gelbe Nadeln); Methylester, $C_{14}H_{10}N_2O_2$, F. 120—123°. I, $C_{17}H_{16}N_2O_2$, F. 174°, hat eine sehr ähnliche Struktur mit einer C-Methylgruppe. P. GREGORZEWSKI. 4340 □

Isolierung von 2-Methyldodecapentaen-(2.4.6.8.10)-dial beim oxydativen Abbau von Pentamycin. Sumio Umezawa, Saburō Nakada und Hiroshi Oonuma. (J. Antibiotics [Tokyo], Ser. A **11.** 273—74. Nov. 1958. Tokyo, Keio Univ., Dep. of Appl. Chem.) (Engl.)

Aus *Streptomyces pentaticus* wurde ein krist. Antibioticum *Pentamycin* isoliert; es liefert bei der Oxydation mit Na-Perjodat *2-Methyldodecapentaen-(2.4.6.8.10)-dial* (I), $C_{13}H_{14}O_2$, F. 141—143° (orange). I bildet bei der Oxydation mit Ag_2O u. NaOH *2-Methyldodecapentaen-(2.4.6.8.10)-disäure* (II), $C_{13}H_{14}O_4$, F. 239° (Zers., orange Nadeln); Hydrierung von II führt zur Bldg. von *2-Methyldodecandisäure*, F. 71,5—75°.

P. GREGORZEWSKI. 4340 □

Untersuchungen über Angustmycine. 7. Mitt. **Die Struktur von Angustmycin A.** Hsü Yüntsen. (J. Antibiotics [Tokyo], Ser. A **11.** 233—43. Nov. 1958. Tokyo, Univ. of Tokyo, Fac. of Agric., Dep. of Agric. Chem.) (Engl.) — 6. vgl. J. Antibiotics [Tokyo] **11.** [1958.] 79.

Bei *Angustmycin A* handelt es sich um *6-Amino-9-[L-Δ^1-fucopyranosenyl]-purin*, $C_{11}H_{13}N_5O_4 \cdot H_2O$, F. 164,5—165,5°. P. GREGORZEWSKI. 4340 □

Untersuchungen über Angustmycine. 8. Mitt. **Die Struktur von Angustmycin C.** Hsü Yüntsen. (J. Antibiotics [Tokyo], Ser. A **11.** 244—49. Nov. 1958. Univ. of Tokyo, Fac. of Agric., Dep. of Agric. Chem.) (Engl.) — 7. vgl. vorst. Referat.

Angustmycin C besitzt die Struktur eines *6-Amino-9-[β-D-psicofuranosyl]-purins*, $C_{11}H_{15}N_5O_5$, F. 202—204°. P. GREGORZEWSKI. 4340 □

Alkalische Hydrolyse von Mikamycin A. Kōichi Okabe, Hiroshi Yonehara, und Hamao Umezawa. (J. Antibiotics [Tokyo] ,Ser. A **12.** 192—93. Juli 1959. Univ. of Tokyo, Inst. of Appl. Microbiol.) (Engl.)

Das von *Streptomyces mitakaensis* produzierte Antibioticum *Mikamycin A*, $C_{31}H_{39} \cdot N_3O_9$, liefert bei der Hydrolyse in 0,5n NaOH–Methanol einen rötlichen Nd., nach Umkristallisieren aus Pyridin–Ae. *Mikamycinin* (I), $C_{21}H_{28}N_2O_6$, F. 258—260° (gelb, Zers.); *Monomethylester*, $C_{22}H_{30}N_2O_6 \cdot H_2O$, F. 280° (gelb, Zers.); *Monoacetat*, $C_{23}H_{30}N_2O_7$, F. 227—232° (gelb, Zers.). Bei der Hydrolyse mit 5%ig. NaOH bei 120° entstehen aus I *l-Prolin, Glycin* u. zwei Ae.-lösl. ungesätt. Carbonsäuren. Aus der Mikamycin-A-Verseifungs-Lsg. wird eine Säure *Mikasäure* (**II**, *mikaic acid*), $C_7H_{11}NO_3$, *Phenylhydrazin der hydrierten Mikasäure*, $C_{13}H_{19}N_3O_3$, F. 32°, isoliert. Hydrierte Mikasäure liefert bei der Hydrolyse (6n HCl, 120°) Alanin, Essigsäure u. eine andere Säure, II bildet bei dieser Behandlung kein Alanin. P. GREGORZEWSKI. 4340 □

Bildung von Bacitracin durch Protoplasten von Bac. licheniformis. John E. Snoke. (J. Bacteriol. **81.** 986—89. Juni 1961. Los Angeles, Calif., Univ. of California, Dep. of Physiol. Chem.) (Engl.)

Zellen von *Bacillus licheniformis* können mit Hilfe von Lysozym leicht in Protoplasten übergeführt werden. Diese bilden einen antibiot. wirksamen Stoff, der vermutlich mit dem von intakten Zellen gebildeten *Bacitracin* (I) ident. ist. Für maximale Produktion (ca. 65—80% der von ganzen Zellen gebildeten Menge) ist die Ggw. von Leucin, Isoleucin, Histidin, Cystein, Ornithin, Asparagin u. Glucose erforderlich. Andere Aminosäuren, wie Glutaminsäure, Asparaginsäure, Phenylalanin u. Lysin können fehlen, obwohl sie I-Bausteine sind. Verss., die L-Formen der Aminosäuren einzeln durch ihre D-Formen zu ersetzen, erbrachten unterschiedliche Ergebnisse. D-Phenyl-

alanin hemmt die I-Bldg., wobei die Hemmung durch L-Phenylalanin aufgehoben wird. Die Ggw. von D-Glutaminsäure, D-Asparagin u. D-Ornithin hat keinen Einfluß.
H.-G. TRÜPER. 4340 □

Die Differenzierung von Mikroorganismen durch die Infrarotspektren ihrer Acetonextrakte. Robert T. O'Connor, Elizabeth R. McCall und Elsie F. DuPré. (J. Bacteriol. **73.** 303—13. März 1957. New Orleans, La., Southern Regional Res. Labor.) (Engl.)

Vff. beschreiben eine Meth. zur Differenzierung von Mikroorganismen durch die IR-Spektren ihrer unter streng kontrollierten Bedingungen gewonnenen Acetonextrakte.
A. GUDE. 4350 □

Differentialtechniken und -methoden zur Isolierung von Pseudomonas. K. Klinge. (J. appl. Bacteriol. **23.** 442—62. Dez. 1960. Erlangen, Univ., Hygienisch-bakteriol. Inst.) (Engl.)

Übersicht. Morpholog. Eigg. (Kolonien, Zellen); biochem. Eigg.: Beziehung zu O_2, oxydativer Kohlenhydratstoffwechsel, Lävan-Bldg., Oxydase-Rk., Farbstoff-Bldg., Wachstum-Temp.-Beziehung, Lecithinase, Lipase, Gelatinase, Nitrat-Red., Bldg. eines für Protozoen tox. Hämolysins, Voraussetzungen für selektive Nährböden (mit selektiver C-Quelle, mit kation. Verbb.); antibiot. Aktivität; Verw. von Phagen zur Identifizierung von Stämmen; Serologie von Pseudomonas. — 110 Literaturangaben.
K. MAIER. 4350 □

Die Aufnahme von ^{131}J durch grampositive und gramnegative Bakterien. Charles W. Johnson, Thomas E. Shockley und Thomas W. Johnson. (J. Bacteriol. **73.** 314—17. März 1957. Nashville, Tenn., Meharry Med. Coll., Dep. of Microbiol.) (Engl.)

Vff. untersuchen die Gram-Rk. an *Escherichia coli*, *Micrococcus pyogenes* var. *aureus*, *Pseudomonas aeruginosa* u. *Bacillus subtilis* mit Hilfe von ^{131}J. Die Meth. gestattet, die Zelldurchlässigkeit für Jod u. das Festhalten von Jod durch die gefärbten Zellen objektiv zu messen. Die aufgenommene u. festgehaltene ^{131}J-Menge stimmt für die genannten Bakterien mit ihrem grampositiven oder gramnegativen Charakter überein.
A. GUDE. 4350 □

Lecithinase-Bildung bei gramnegativen Bakterien. Marie T. Esselmann und Pinghui V. Liu. (J. Bacteriol. **81.** 939—45. Juni 1961. Louisville, Ky., Univ. of Kentucky, School od Med., Dep. of Microbiol. and Veterans Admin. Hosp.) (Engl.)

Lecithinase wurde bei *Pseudomonas-*, *Xanthomonas-* u. *Aeromonas*-Arten u. *Spirillaceae* gefunden. Sie wurde nicht gefunden bei den untersuchten Stämmen aus den Gruppen der *Enterobacteriaceae* (Ausnahme *Serratia marcescens*), *Brucellaceae* u. *Neisseriaceae*.
H.-G. TRÜPER. 4350 □

Biochemische Varianten von Salmonella enteritidis, die Saccharose verwerten. Yoshikazu Watanabe, Charles M. Wilson und Leonard Wampole. (J. Bacteriol. **81.** 1007. Juni 1961. Japan, U.S. Army Med. Center, 406th Med. General Labor., Dep. of Bacteriol.) (Engl.)

Aus dem Kot von Mäusen mit einem diarrhoealen Infekt konnten zwei einander sehr ähnliche Varianten von *Salmonella enteritidis* isoliert werden. Von dem Standardstamm unterscheiden sie sich durch die Fähigkeit zur Vergärung von *Saccharose* in Peptonmedium oder SIMMONS-Agar.
H.-G. TRÜPER. 4350 □

Enzymatische Charakterisierung von 17-L-Arabinose-negativen Mutanten von Escherichia coli. Ellis Englesberg. (J. Bacteriol. **81.** 996—1006. Juni 1961. Pittsburgh, Pa., Univ. of Pittsburgh, Dep. of Biol. Sci.) (Engl.)

17-L-Arabinose (I)-negative Mutanten von *Escherichia coli B/r* konnten nach ihrem physiolog. Verh. 3 Gruppen zugeordnet werden: Die Angehörigen der Gruppe a werden in Caseinhydrolysatmedium durch I gehemmt (wobei der Hemmungsmechanismus unbekannt ist), sie bilden keine nennenswerten Mengen Ketosen. Gruppe b wird durch I ebenfalls gehemmt, es werden jedoch unterschiedliche Mengen Ribulose gebildet. Bei Gruppe c wurde weder Hemmung noch Anhäufung von Ketosen beobachtet. Diesen physiolog. Unterschieden entsprechen enzymatische. Entsprechend dem Stoffwechselweg von I besitzt der Wildtyp von E. coli B/r eine induzierbare L-Arabinoseisomerase (L-Arabinose → L-Ribulose) u. eine induzierbare L-Ribulosekinase (L-Ribulose → L-Ribulosephosphat). Die Mutanten der Gruppe a bilden auch in Ggw. von I nur sehr wenig Isomerase u. unterschiedliche Mengen Kinase. Bei Gruppe b wurde verschieden hohe Isomeraseaktivität u. geringe Kinaseaktivität beobachtet. Gruppe c bildet keines der Enzyme. Genet. Aspekte werden diskutiert. — 28 Literaturangaben.
H.-G. TRÜPER. 4350 □

Der Cytochrom-bildende anaerobe Vibrio succinogenes n. sp. M. J. Wolin, E. A. Wolin und N. J. Jacobs. (J. Baceriol. **81.** 911—17. Juni 1961. Urbana, Ill., Univ. of Ill., Dep. of Dairy Sci.) (Engl.)

Aus Rinderpansen wurde eine neue Vibrioart, *Vibrio succinogenes,* isoliert. Der Stamm wächst in Ggw. von *Formiat* (I) als Elektronendonator u. *Fumarat* (II) als Acceptor am besten. I kann durch Wasserstoff ersetzt werden, II durch Nitrat oder Malat. Minimales Wachstum wurde auch bei gleichzeitiger Anwesenheit von I oder Wasserstoff u. Sauerstoff in Konz. unter 2% beobachtet. Bei der Red. von II durch Wasserstoff wird Bernsteinsäure gebildet. Äpfelsäure wird — vermutlich über Fumarsäure — ebenfalls zu Bernsteinsäure reduziert. Bei der Red. von Nitrat wird Nitrit angehäuft, obwohl sie wahrscheinlich zum größten Teil bis zum Ammoniak weitergeführt wird. Der Stamm besitzt Hydrogenase u. Ameisensäuredehydrogenase, wahrscheinlich aber keine Hydrogenlyase, da Wasserstoff-Bldg. nicht beobachtet wurde. Mit I u. II gewachsene Zellen enthalten je ein Cytochrom vom c- u. b-Typ. Mit Nitrat gewachsene Zellen haben nur das Cytochrom c. Katalase ist nicht vorhanden. H.-G. TRÜPER. 4350 □

Pseudomonas indigofera. Bruce A. McFadden und William V. Howes. (J. Bacteriol. **81.** 858—62. Juni 1961. Pullman, Wash., Wash. State Univ., Dep. of Chem.) (Engl.)

Ein aus Gartenerde isolierter *Pseudomonas-indigofera*-Stamm wurde in bezug auf seine Ernährung u. die Verwertung von Aminosäuren untersucht. Autotrophes Wachstum konnte nicht nachgewiesen werden. Die Verbreitung des Organismus in Erde u. W. wurde untersucht. H.-G. TRÜPER. 4350 □

Partielle Kristallisation von Tabakmosaikvirus. G. J. Hills. (Virology **7.** 239—40. Febr. 1959. Cambridge, Virus Res. Unit, Agric. Res. Conncil.) (Engl.)

Der rohe Saft einer mit Tabakmosaikvirus (TMV) infizierten Pflanze wurde der Gradientenzentrifugierung durch Saccharose (I) unterworfen, I durch Dialyse entfernt u. im Elektronenmikroskop untersucht; man sah Banden paralleler Stäbchen von 2800 Å Länge. Das Virus scheint also die Neigung zu haben, eher vollständige Kristalle als Parakristalle zu bilden. M. WIEDEMANN. 4374 □

Spaltung von Tabakmosaikvirus durch Kaliumpermanganat. Thomas A. Shalla. (Virology **13.** 383—86. März 1961. Davis, Univ. of California, Dep. of Plant Pathol.) (Engl.)

0,1—1% Lsg. von *$KMnO_4$* bewirkte bei Tabakmosaikvirus das Verschwinden der Stäbchen nach Beobachtungen im Elektronenmikroskop u. das Verschwinden der Strömungsdoppelbrechung. Die Verw. von $KMnO_4$ zur Fixierung in cytolog. Unters. wird im Zusammenhang damit erörtert. M. WIEDEMANN. 4374 □

Eigenschaften von infektiöser Ribonucleinsäure, die aus dem Tabakmosaikvirus durch Hitzebehandlung erhalten wurde. James A. Lippincott. (Virology **13.** 348—62. März 1961. St. Louis, Mo., Washington Univ., Henry Shaw School of Botany and Adolphus Busch III Labor. of Molecul. Biol.) (Engl.)

Durch Erhitzen auf 98° über 1 Min. kann aus dem Tabakmosaikvirus (TMV) die infektiöse *Ribonucleinsäure* (*RNS*) abgespalten werden. Die Infektiosität lag bei 0,1 bis 2% von der der gleichen Menge RNS im TMV. Die RNS enthielt 0,5% Protein, sie ist empfindlich gegen Ribonuclease u. passiert Filter von 50 mμ. Durch *Ecteola*-Säulen oder Ultrazentrifugation kann sie fraktioniert werden, die Aktivität ist mit der Fraktion mit dem höchsten Molgew. verbunden. Die Frage, ob die RNS allein infektiös ist, wird diskutiert. Die Infektiosität des Virus wie der RNS hängt von der Ionenstärke, dem pH u. dem Phosphat-Geh. ab. M. WIEDEMANN. 4374 □

Der zeitliche Verlauf der Synthese der Ribonucleinsäure des Poliomyelitis-Virus. James E. Darnell jun., Leon Levintow, Marilyn M. Thorén und J. Leonard Hooper. (Virology **13.** 271—79. März 1961. Bethesda, Nat. Inst. of Health, Nat. Inst. of Allergy and Infect. Diseases, Labor. of Cell Biology.) (Engl.)

Poliomyelitis-Virus wurde auf HeLa-Zellen gezüchtet. Die Virus-*Ribonucleinsäure* (RNS)-Synth. wurde verfolgt durch den Einbau von *^{14}C-Adenosin,* durch die Extraktion infektiöser RNS u. durch den Einbau von *^{14}C-Valin.* Demnach beginnt die Synth. der Virus-RNS nicht eher als ½ Std., bevor das reife Virus auftritt. Größere Mengen freier Virus-RNS finden sich nicht, diese werden sofort von dem Virusprotein umhüllt. M. WIEDEMANN. 4374 □

Die Synthese von Desoxyribonucleinsäure durch Vaccine-Virus-infizierte HeLa-Zellen. W. E. Magee und B. P. Sagik. (Virology **8.** 134—36. Mai 1959. Kalamazoo, Mich., Upjohn Comp., Dep. of Biochem. and Infect. Diseases.) (Engl.) — Vgl. C. **1962.** 9769 u. C. **1960.** 14747.

HeLa-Zellen wurden mit Vaccine-Virus infiziert u. $^{14}C_{(2)}$-*Thymidin* zugesetzt. Die infizierten Zellen inkorportierten etwa doppelt so viel wie die Kontrollen. Ein Teil der radioakt. Fraktion war gegen alkal. Hydrolyse beständig. M. Wiedemann. 4374□

Einige Eigenschaften einer infektiösen Ribonucleinsäure aus Mäuse-Encephalomyelitis-Virus. Richard M. Franklin, Eberhard Wecker und Claudia Henry. (Virology **7.** 220—35. Febr. 1959. Tübingen, Max-Planck-Inst. für Virusforsch.) (Engl.)

Aus Gehirnen von mit Mäuse-Encephalomyelitis-Virus infizierten Mäusen wurde durch Extraktion mit kaltem Phenol infektiöse Nucleinsäure gewonnen. Da sie sehr empfindlich gegen Ribonuclease u. unempfindlich gegen Desoxyribonuclease war, dürfte es sich um *Ribonucleinsäure* (RNS) handeln. Sie kann mit 1 m NaCl gefällt werden. Auch aus teilweise gereinigtem Virus (mit Fluorkohlenwasserstoffen) konnte infektiöse RNS gewonnen werden. Da die Quelle der RNS gegenüber Ribonuclease resistent ist, dürfte die infektiöse RNS aus dem Virus selbst stammen. Ihre Aktivität wird durch die hochmol. DNS, die die Rohfraktion ebenfalls enthält, gehemmt. M. Wiedemann. 4374□

Die Extraktion infektiöser Virusnucleinsäure mit heißem Phenol. Eberhard Wecker. (Virology **7.** 241—43. Febr. 1959. Tübingen, Max-Planck-Inst. für Virusforsch.) (Engl.)

Aus dem Weststamm der Amerikan. Pferdeencephalitis (WEE) konnte mit heißem Phenol (40 oder 50°), aber nicht mit kaltem Phenol eine Fraktion gewonnen werden, die für den Hühnerembryo infektiös ist, u. nach ihrem UV-Absorptionsspektrum, der Empfindlichkeit gegen *Ribonuclease* u. ihrem Verh. in der Ultrazentrifuge, *Ribonucleinsäure* (RNS) sein dürfte. Diese RNS hat gegenüber dem Virus eine Infektiosität, die um den Faktor 10^7 kleiner ist. M. Wiedemann. 4374□

Untersuchungen der Biosynthese von Protein und Ribonucleinsäure in mit Poliovirus infizierten HeLa-Zellen. W. Wilbur Ackermann, Philip C. Loh und Francis E. Payne. (Virology **7.** 170—83. Febr. 1959. Ann Arbor, Univ. of Michigan, School of Public Health, Dep. of Epidemiol. and Virus Labor.) (Engl.)

Durch Best. von *Protein, Ribonucleinsäure* (RNS) u. Virus in den einzelnen Zellfraktionen, Unters. der Inkorporierung von ^{32}P u. Nucleotidanalyse wurde im Cytoplasma eine Synth. von RNS von der 1. bis zur 4. Std. nach der Infektion u. ein Aufhören in der 6. Std. festgestellt; Protein wurde von der 1. bis zur 7. Std. nach der Infektion gebildet u. Virus sammelte sich von der 4. bis zur 7. Std. im Cytoplasma an. In der 7. Std. ist es zu 99% intracellulär. M. Wiedemann. 4374□

Induktion von Mutationen in den Desoxyribonucleinsäuren von in Gegenwart von Chloramphenicol synthetisierten T 2-Phagen. S. Brenner und J. D. Smith. (Virology **8.** 124—25. Mai 1959. Cambridge, Cavendish Labor., Medical Res. Unit for Mol. Biol. ,Virus Res. Unit, Agric. Res. Council.) (Engl.)

Ein *Thymin* (I)-Mangelstamm von *Escherichia coli* wurde mit T 2 r^+-Phagen infiziert u. dann *Chloramphenicol* (II) zugesetzt. Ein Teil der Kultur wurde mit I, der andere mit Bromuracil behandelt. Es konnte gezeigt werden, daß die Zahl der Mutanten stark ansteigt, wenn die in Ggw. von II synthetisierte *Desoxyribonucleinsäure* Bromuracil ausgesetzt wurde. M. Wiedemann. 4374□

Mutationen des Bakteriophagen T 2, die durch Bromuracil in Gegenwart von Chloramphenicol induziert wurden. Rose M. Litman und Arthur B. Pardee. (Virology **8.** 125—27. Mai 1959. Berkeley, Univ. of California, Virus Labor.) (Engl.) — Vgl. vorst. Referat.

Bakterien, die in Ggw. von *Chloramphenicol* Phagen-*Desoxyribonucleinsäure* (DNS) synthetisieren, sind empfindlich gegenüber der mutagenen Wrkg. von *Bromuracil.* DNS scheint also das genet. Material der Phagen zu sein. Es ist wahrscheinlich, daß Bromuracil eingebaut wird u. daher mutagen wirkt. M. Wiedemann. 4374□

Nichtvorhandensein des Glucose-Effekts bei der Lysogenitätsfrequenz von Salmonella typhi-murium. Patricia Hoffee, Roger Weinberg und Ellis Englesberg. (Nature [London] **189.** 160—61. 14/1. 1961. Pittsburgh, Pa., Univ. of Pittsburgh, Dep. of Biolog. Sci.) (Engl.)

Werden Zellen von *Salmonella typhi-murium*, Stamm LT 2, mit Bakteriophagen PLT 22 zusammengebracht, so hat ein *Glucose*-Zusatz zur Nähr-Lsg. (0,2—2%) keinen nenenswerten Einfl. auf die Lysogenitätsfrequenz von LT 2. M. Reiher. 4374□

Biochemie der Virusinfektion. 6. Mitt. **Die Wirkung des Virus Aujezsky auf den Proteinstoffwechsel.** Dimitre Nachkov und Olga Nachkova. (Bull. Soc. Chim. biol. **43.** 817—26. 1961. Sofia, Inst. d'Immunol.) (Franz.) — Vgl. auch C. **1959.** 4192.

Es wurde die Biosynth. von *Serumalbumin* (I) in Mäuseleberschnitten u. von *p-Aminohippursäure* in hepat. u. cerebralem Gewebe des Kaninchens untersucht. Ferner verfolgten Vff. die Veränderungen der lösl. Proteinfraktionen der Allantochorionmenbranen (A. Ch. M.) von mit *Virus Aujezsky* (V. A.) infizierten Hühnerembryonen. Es zeigte sich, daß die starke Hemmung der I-Synth. im Lebergewebe entsprechend dem Fortschreiten der Infektion stetig zunimmt. Die Peptidbindungs-Synth. steigt allmählich an, erreicht um die 72. Std. ihr Maximum u. nimmt mit dem Eintritt der Tiere in die Agonie bis zu ihrem Tode ab. In A. Ch. M. von infizierten Hühnerembryonen ist eine in normalen Membranen nicht vorhandene Proteinfraktion enthalten, welche nicht imstande ist, 10—11 Tage alte Hühnerembryonen zu infizieren, u. die auf Kulturen von Epithelzellen der Kaninchenniere keine cytopathogene Wrkg. ausübt, aber eine positive Komplementbindungs-Rk. mit dem A. V.-Antiserum gibt. H. AMAN. 4374□

Die Erzeugung von Interferon in den Gehirnen von Mäusen nach Infektion mit einem von Arthropoden übertragenen Virus. Griselda Hitchcock und J. S. Porterfield. (Virology **13.** 363—65. März 1961. Mill Hill, London, Nat. Inst. for Med. Res.) (Engl.)

Aus den Gehirnen von Mäusen, die mit *O'nyongnyong-Virus* infiziert wurden, das zur Gruppe A der durch Arthropoden übertragenen Viren gehört, wurde eine Substanz mit den Eigg. von *Interferon* isoliert. M. WIEDEMANN. 4374□

Biologische Untersuchungen von Interferon. 1. Mitt. **Unterdrückung der cellulären Infektion mit dem Pferdeencephalomyelitis-Virus (Oststamm).** Robert R. Wagner. (Virology **13.** 323—37. März 1961. Baltimore, Md., School of Hyg. and Public Health, Johns Hopkins Univ., School of Med., Dep. of Microbiol.) (Engl.)

Hühnerembryo-Allantoiszellen setzen nach der Infektion mit Influenza-Virus ein *Interferon* (I) frei. Zur Titration eignet sich die Hemmung der „plaque" (Löcher)-Bldg. durch das Pferdeencephalomyelitisvirus (Oststamm EEE) auf Hühnerembryozellen. I inaktiviert das EEE außerhalb der Zellen nicht, es hemmt auch nicht die Adsorption, es wird selbst durch die Zellen adsorbiert u. greift dann in den Vermehrungsprozeß des Virus ein. Auch schützt I Hühnerembryonen gegen den letalen Effekt von EEE. Die I-Wrkg. ist spezif., wie Kreuzexperimente mit Enten zeigten. M. WIEDEMANN. 4374□

Inaktivierung des Poliomyelitis-Virus durch chemische Systeme, die freie Hydroxylionen erzeugen. Y. Peloux, C. Nofre, A. Cier und L. Colobert. (Ann. Inst. Pasteur **102.** 6—20. Jan. 1962. Lyon, Labor. de Bacteriol., Centre de Rech. du Sérv. de Santé des Armées.) (Franz.)

Für die Inaktivierungsexperimente wurde der Stamm Mahoney des Poliomyelitis-Virus in der Gewebekultur benützt. Mischungen aus H_2O_2 mit Ferro- oder Ferriionen mit Äthylendiamintetraessigsäure als Chelatbildner oder Cupriionen, inaktivierten das Virus stark, der Effekt wurde durch *Ascorbinsäure* noch erhöht. Auch das Syst.: Ascorbinsäure, *Cupriionen* u. *Sauerstoff* wirkte inaktivierend. Nach Ansicht der Vff. wirkt hier wie auch beim indirekten biolog. Strahlungseffekt das freie Hydroxylradikal.

M. WIEDEMANN. 4374□

Hemmwirkung von Glutamin und Ammoniak auf die Vermehrung von Influenza-Virus in Ascites-Tumor-Zellen. Monroe D. Eaton und Anthony R. Scala. (Virology **13.** 300—07. März 1961. Boston, Mass., Harvard Med. School., Dep. of Bacteriol. and Immunol.) (Engl.)

Die Vermehrung von Influenzavirus u. von Newcastle disease-Virus (atyp. Geflügelpest) wurde durch die Bldg. des zellassoziierten Hämagglutinins verfolgt. *Glutamin* in Ggw. von Bicarbonat oder Phosphatüberschuß hemmte die Vermehrung von Influenzavirus in KREBS-2-Ascites-Tumorzellen, NH_4^+ (0,5—1,3 mg-%) die von Influenza- u. Newcastle disease-Virus. In EHRLICH-Ascites-Tumorzellen u. in Chorioallantoisgewebe war zur Hemmung eine höhere NH_4^+-Konz. nötig. Wurden die Hemmstoffe 1—4 Std. nach der Virusinfektion zugefügt, hatten sie keinen Effekt. Vermutlich wirkt Glutamin durch Abspaltung von NH_3. M. WIEDEMANN. 4374□

Änderungen des Wirtszellen-Stoffwechsels nach Infektion mit Herpes Simplex. Thelma N. Fisher und Earl Fisher jun. (Virology **13.** 308—14. März 1961. New Orleans, Tulane School of Med., Dep. of Microbiol. and Ophthalmol.) (Engl.)

Herpesvirus wurde auf Nasenepithelzellen gezüchtet, denen wahlweise Cortison zugegeben wurde. $^{14}C_{(1)}$- (I) oder $^{14}C_{(6)}$-*Glucose* (II) wurde zugefügt u. ihr Einbau u. Umbau verfolgt. ^{14}C wurde in Milchsäure, nicht aber in Acetat u. Pyruvat gefunden, die Erzeugung von Milchsäure war nach der Infektion erhöht. Bei Zugabe von I wurde CO_2 hoher spezif. Aktivität gefunden, bei Zugabe von II war die spezif. Aktivität niedriger.

M. WIEDEMANN. 4374□

E₄. Pflanzenchemie. Pflanzenphysiologie. Pflanzenpathologie

Radioaktive Isotope in der landwirtschaftlichen Forschung. Alan Thompson. (Agric. Progr. **34.** 64—73. 1959. Newcastle-upon-Tyne, Kings's Coll., School of Agric.) (Engl.)

Überblick über Methodik u. Anwendungsmöglichkeiten. — 45 Literaturangaben.
H.-G. FLOSS. 4400☐

Über die natürlichen Indolverbindungen im Blumenkohl. Franz Müller. (Planta 57. 463—77. 1961. Gießen, Justus-Liebig-Univ., Bot. Inst.) (Dt.)

Papierchromatogramme von Blumenkohlrosenextrakt zeigen 13 färbbare Zonen, bei denen es sich zum größten Teil um Indol-Derivv. handeln dürfte. Identifiziert werden *Tryptophan, β-Indolylcarbonsäure, β-Indolylessigsäure, β-Indolylpropionsäure, β-Indolylaldehyd* u. *β-Indolylacetonitril*. P. GREGORZEWSKI. 4420☐

Zum Nachweis von Chlorcholinchlorid in Pflanzen. H. H. Mayr und E. Presoly. (Planta 57. 478—80. 1961. Linz, Österreich. Stickstoffwerke A.G.) (Dt.)

Chlorcholinchlorid (I) in Pflanzenmaterial läßt sich papierchromatograph. nachweisen: Absteigend, WHATMAN I, Isopropanol : NH_3 (d = 0,91) : W. (80 : 5 : 15), Laufzeit 16 Std., Rf = 0,5), Nachw. mit einem verändertem DRAGENDORFF-Reagens. In Tomaten- u. Weizenpflanzen wurde eine natürlicherweise vorkommende Substanz gefunden, die mit dem oben beschriebenen Verf. nicht von I zu unterscheiden ist.
P. GREGORZEWSKI. 4420☐

Biosynthese und Funktion der Carotinoide. T. W. Goodwin. (Annu. Rev. Plant Physiol. 12. 219—44. 1961. Aberystwyth, Univ., Coll. of Wales, Dep. of Agric. Biochem.) (Engl.)

Übersicht (bis Juli 1960). Biosynth. der *Carotinoide* (I). Natur u. Bldg. des polymerisierenden C_5-Bausteines (Leucin u. Carotinoid-Bldg., Einbau von CO_2), Polymerisation von Isopentenylpyrophosphat, C_{40}-Vorstufe, Zwischenstufen der Lycopin-Bldg., Cyclisierung der C_{40}-Vorstufe, Einführung der O-Funktion in I (hydroxylierte u. methoxylierte Carotine, Keto-I, Carotinoidepoxyde, Bldg. von cis-Isomeren, I-Bldg. in zellfreien Syst.; I-Funktion in Pflanzen; Photosynth., Photophosphorylierung, Schutz gegen Lichtempfindlichkeit. — 135 Literaturangaben. K. MAIER. 4425☐

Modellversuche zur Klärung einiger Probleme der Abgabe von Aminoverbindungen durch die Wurzeln höherer Pflanzen im Boden. Burkhard Frenzel. (Planta 57. 444—54. 1961. München, TH, Fak. für Landwirtschaft u. Gartenbau, Bot. Inst.) (Dt.)

Sonnenblumen scheiden mehrere *Aminosäuren* (Valin, Leucin, Asparagin u. Threonin) aus lebenden Wurzelzellen aus, während Erbsen diese Stoffe aus absterbenden u. toten Zellen abgeben. P. GREGORZEWSKI. 4460☐

Einige Aspekte der Aminosäuresynthese in Pflanzen und verwandten Organismen. Artturi I. Virtanen. (Annu. Rev. Plant Physiol. 12. 1—12. 1961. Helsinki, Biochem. Inst., Found. for Chem. Res., Labor.) (Engl.)

Übersicht. — 73 Literaturangaben. K. MAIER. 4460☐

Die Biosynthese der Tabakalkaloide. R. F. Dawson. (Amer. Scientist 48. 321—40. Sept. 1960.) (Engl.)

Übersicht. *Nicotiana*-Alkaloide, Entw. von Vers.-Syst., biosynthet. Zwischenstufen, Geschw.-Stabilität der Alkaloid-Bldg., mögliche Art der geschwindigkeitsbestimmenden Stufen, Abhängigkeit der Nicotin-Bldg.-Geschw. von der Wachstums-Geschw., Frage der Beziehung zwischen Alkaloid-Bldg. u. Wachstum. — 27 Literaturangaben.
K. MAIER. 4460☐

Über neue Arbeiten zur Biosynthese der Alkaloide. 2. Mitt. K. Mothes. (Pharmazie 14. 177—90. April 1959. Halle/Saale.) (Dt.) — 1. vgl. Pharmazie 14. [1959.] 121.

Im 2. Teil seiner Übersicht bespricht Vf. spezielle Fälle der Biosynth. der Alkaloide, wobei die *methylierten Phenylalkylamine, Isochinoline, Coniin* u. *Ricinin, Tropaalkaloide* sowie die *Indolalkaloide* bes. berücksichtigt wurden. — 131 Literaturangaben.
E. TROBISCH. 4460☐

Photosynthese. George Hoch und Bessel Kok. (Annu. Rev. Plant Physiol. 12. 155—94. 1961. Baltimore, Md., RIAS.) (Engl.)

Übersicht (bis Nov. 1960). Chloroplastenstruktur, Quantenausbeute, „R-Faktor", Elektronenspinresonanz-Unterss., Licht–Minus-Dunkelspektren (Carotinoide, Cytochrome, Chlorophylle, Bakterienchlorophylle, Primär-Red. Prod.), photosynthet. Farbstoffe, Quantenausbeute bei langen Wellenlängen u. der synergist. Effekt anderer Wellenlängen (Aktionsspektren, quant. Zusammenhänge, Zeiteffekte), 2 Lichtschritte, Chloroplasten-Rkk. (Photooxydationen, Photophosphorylierung u. HILL-Rk.), Primärreaktionen. — 203 Literaturangaben. K. MAIER. 4460☐

Photosynthese unter natürlichen Bedingungen. J. F. Talling. (Annu. Rev. Plant Physiol. 12. 133—54. 1961. Ambleside, England, Freshwater Biol. Ass.) (Engl.)

Übersicht (bis Juli 1960). Informationsquellen, potentielle u. aktuelle Ausbeute, Lichtsättigung unter natürlichen Bedingungen, Veränderung der Photosynth.-Geschw. bei Lichtsättigung, einige Beschränkungen der Photosynth. bei Exposition u. im Schatten, Dichte des photosynthet. Materials in der Natur, Tiefenintegration der Photosynth.-Rate. — 265 Literaturangaben. K. MAIER. 4460□

Über Farbstoffbildung und photosynthetische Aktivität etiolierter Phaseolus vulgaris-Blätter während der Grünfärbung. Jean Billot und Claude Leroy. (Rev. gén. Bot. **67.** 477—521. Okt. 1960. Gif-sur-Yvette, Seine-et-Oise, C.N.R.S., Labor. de Photosynth.) (Franz.)

Etiolierte *P. vulgaris*-Blätter wurden nach 2—120 Std. Belichtung 30 Min. $^{14}CO_2$ unter Weiterbelichtung ausgesetzt, u. dann die markierten Verbb. analysiert. Die beiden *Chlorophylle* (**I**), *β-Carotin, Violaxanthin* u. *Flavoxanthin* wurden sehr rasch gebildet. Ein Teil dieser bereits im Dunkeln gebildeten Carotinoide wurde gleichzeitig abgebaut. Die Photosynth.-Aktivität stellt sich rasch ein u. nimmt abhängig von der Belichtungsdauer zu, ohne jedoch nach 120 Std. den Höchstwert zu erreichen. Bei niedrigem **I**-Geh. u. rascher Photosynth.-Aktivität ist die Bldg. der Aminosäuren relativ sehr stark, während mit zunehmender Photosynth. die Kohlenhydrat-Bldg. erheblich ansteigt. Die Mechanismen der Bldg. von α-Alanin, Asparaginsäure, Serin u. Glykokoll u. die Beziehung des letzteren zur **I**-Bldg. wurden untersucht. K. MAIER. 4460□

Über den Zusammenhang von Glykolsäure und lichtabhängiger Phosphorylierung. Günter Jacobi. (Planta **53.** 402—11. 1959. Hannover, Tierärztl. Hochsch., Botan. Inst.) (Dt.)

Verss. mit Dauerlichtkulturen von *Ankistrodesmus braunii* über die Phosphataufnahme aus mit trägerfreier ^{32}P-haltiger H_3PO_4 in Ggw. u. Abwesenheit von *Glykolsäure* (**I**) — als möglicher Acceptor für die Phosphorylierung — haben gezeigt, daß durch **I** im Licht die P-Aufnahme in die organ.-lösl. Phosphatfraktion gefördert wird, wobei durch steigenden Phosphat-Geh. in der Zelle der relative Anteil der letzteren erhöht wird. Die Ergebnisse deutet Vf. so, daß **I** oder ein **I**-Deriv. ein Acceptor für Phosphat bildet, wobei die Phosphorylierung durch das bei der Photophosphorylierung entstehende ATP erfolgt. — 31 Literaturangaben. H. SPOHN. 4460□

Die Heidelberger Chlorophyllbestimmungen. Eine Überprüfung. A. Seybold und H. Falk. (Planta **53.** 339—75. 1959. Heidelberg, Univ. Botan. Inst.) (Dt.)

Vff. kommen zu der Feststellung, daß für kurzfristige *Chlorophyll* (**I**)-Schwankungen in ausgewachsenen Blättern keine positiven Argumente vorliegen. Auch der von anderer Seite mittels ^{14}C u. ^{15}N festgestellte ständige **I**-Auf- u. Abbau in den Blättern kann nicht zur Klärung der Frage herangezogen werden. — Mit Verbesserung der **I**-Best.-Meth. sind die von den Vff. früher mitgeteilten geringfügig zu korrigieren (Korrekturfaktoren für **Ia** 0,7, **Ib** 0,9, a/b 0,8), wodurch jedoch keine wesentlichen Änderungen der früheren Schlußfolgerungen erforderlich werden. — 62 Literaturangaben. H. SPOHN. 4460□

Anorganische Spurennährstoffe. D. J. D. Nicholas. (Annu. Rev. Plant Physiol. **12.** 63—90. 1961. Bristol, Univ. of Bristol, Long Ashton Res. Stat.) (Engl.)

Übersicht (bis Nov. 1960). Lebensnotwendigkeit anorgan. Nährstoffe für die Pflanze; N-Stoffwechsel (N-Fixierung, Nitrat, Nitrit, NO, Hyponitrit u. N_2O, NH_2OH, NH_3, Amide, Peptide, Nitrifizierung; Fe-Stoffwechsel; P-Stoffwechsel; weitere Stoffwechseleffekte: Mn, Zn, Cu, B. — 242 Literaturangaben. K. MAIER. 4470□

Wachstumsinduktion und Wuchsstoffmetabolismus im Weizenkoleoptilzylinder. 4. Mitt. **Die Identifizierung eines Stoffwechselproduktes der Naphthyl-(1)-essigsäure, das möglicherweise Beziehung zur Wachstumsförderung besitzt.** Hans-Dieter Klämbt. (Planta **57.** 391—401. 1961. Bonn, Univ., Bot. Inst.) (Dt.) — 3. vgl. C. **1962.** 8674.

Nach der Inkubation von Weizenkoleoptilzylindern mit *Naphthyl-(1)-essigsäure* konnte papierchromatograph. *8-Hydroxynaphthyl-(1)-essigsäure-β-d-glucosid* nachgewiesen werden. P. GREGORZEWSKI. 4485□

Indolauxine. C. H. Fawcett. (Annu. Rev. Plant Physiol. **12.** 345—68. 1961. Wye, near Ashford, Kent, Univ. of London, Wye Coll., Agric. Res. Council Unit on Plant Growth Substances and Systemic Fungicides.) (Engl.)

Übersicht (bis Juli 1960). *Auxine* (**I**) bei normalen u. anomalen Pflanzen, nichtidentifizierte Indolauxine, **I**-Verwertung in der Pflanze, freies u. gebundenes Auxin, Synergismus, Ascorbigen, wechselseitige Umwandlung gewisser Indol-Verbb. in Pflanzen. — 226 Literaturangaben. K. MAIER. 4485□

Die Chemotherapie von Weizen- und Bohnenrostbefall mit Sydnonen. D. Davis, H. J. Becker und E. F. Rogers. (Phytopathol. **49.** 821—23. 1959. Rahway, N.Y., Merck and Co.) (Engl.)

Eine Reihe *Sydnone* (**I**) wurden auf ihre Wrkg. gegen Rost geprüft. Gespritzt wurde 3 Tage nach Infektion durch Medosporen mit 500 ppm. 3-Phenyl-**I** hemmten die Entwicklung. Mit Cl substituierte aromat. Ringe erhöhten die Wrkg. gegen Weizenrost

u. vermindern die Wrkg. gegen Bohnenrost. Methyl, Cl u. Br-Substituenten in 4-Position vermindern die Wrkg. von Phenylsydnon gegenüber Weizenrost nicht aber gegenüber Bohnenrost. W. HILLER. 4490□

Die Wildfeuer-Erkrankung des Tabaks. E. D. Garber. (J. Bacteriol. **81.** 947—78. Juni 1961. Chicago, Ill., Univ. of Chicago, Dep. of Bot.) (Engl.)

Wird *Pseudomonas tabaci*, der Erreger des Wildfeuers beim Tabak, in ein schwach gepuffertes Medium mit *Aminosäuren* eingeimpft, so nimmt der pH-Wert zu u. die Lebendzellzahl ab. Es wird festgestellt, daß die Blattpreßsäfte von resistenten Tabaksorten eine geringere Pufferkapazität besitzen als die von empfindlichen Sorten. H.-G. TRÜPER. 4490□

Einige Ergebnisse über den Einfluß von Germanin (Bayer 205) auf die pflanzliche Zelle. P. Milovidov. (Planta **57.** 455—62. 1961. Prag, Forschungsanst. für Heilpflanzen, Cytolog. Abt.) (Dt.)

Germanin (**I**, 0,5% ig. wss. Lsg.), das die Vermehrung der tier. Zelle inhibiert, wurde in seiner Wrkg. auf die Pflanzenzelle untersucht. Es bringt nach 6std. Einw. die Kernteilungen in den jungen Keimwurzeln von *Vicia faba* allmählich zum Stillstand; diese erscheinen aber nach 24std. Wachstum in feuchten Sägespänen von neuem; auch nach längerer **I**-Behandlung kommt die Mitose nach 24std. Erholung wieder in Gang. P. GREGORZEWSKI. 4495□

Pflanzenschädigung durch photochemisch hervorgerufene Luftverunreinigung. John T. Middleton. (Annu. Rev. Plant Physiol. **12.** 431—48. 1961. Riverside, Calif., Univ. of California, Dep. of Plant Pathol., Citrus Exp. Stat.) (Engl.) — Vgl. C. **1961.** 18819.

Übersicht (bis Jan. 1961). Schaden durch Oxydations-Prodd. (**I**) (Ozon–Olefin-Dunkel-Rkk.), die Empfindlichkeit beeinflussende Faktoren, patholog. Anatomie der **I**-Schädigung, **I**-Wrkg. auf Pflanzenwachstum, Photosynth. u. Atmung, photochem. Rkk. zwischen Stickoxyden u. Olefinen; Ozon (Symptome der Ozonschädigung, physiolog. Wrkg.), Vork. u. Verteilung von O_3- u. Oxydantien-Pflanzenschädigung. — 62 Literaturangaben. K. MAIER. 4495□

E_5. Tierchemie. Tierphysiologie. Tierpathologie

Die Histochemie der Radula der Patella vulgata. N. W. Runham. (Quart. J. microscop. Sci. **102.** 371—80. Sept. 1961. Bangor, Caernarvonshire, Univ. Coll. of North Wales, Dep. of Zool.) (Engl.)

Angaben über Geh. an *Chitin*, *Protein*, *Tyrosin*, *Tryptophan*, Aminogruppen u. argentaffinem Material der Radula von *Patella vulgata*. H. AMAN. 4520□

Vergleichende Untersuchungen über den anaphylaktischen Schock und den Anaphylatoxinschock an der isolierten Meerschweinchenlunge. H. Giertz, F. Hahn, W. Opferkuch und W. Schmutzler. (Naunyn-Schmiedebergs Arch. exp. Pathol. Pharmakol. **242.** 42—64. 1961. Freiburg i. Br., Univ., Pharmakol. Inst.) (Dt.)

An der isolierten Meerschweinchenlunge wurde untersucht, wie weit sich der anaphylakt. Schock (nach Ovalbuminantigen beim sensibilisierten Tier) von der Wrkg. des *Anaphylatoxins* (**I**) u. des *Histamins* (**II**) auf die Durchströmung abgrenzen läßt. Das Ausmaß von **II**-Freisetzung u. Bronchospasmus, der Vgl. des Verlaufs der Schockart u. Verss. mit *Antihistaminicis* lassen vermuten, daß anaphylakt. Schock u. **I**-Schock sich dadurch unterscheiden, daß dieser nur durch **II**-Freisetzung hervorgerufen wird, jener dagegen nur z. T. durch **II**-Freisetzung. Welche zusätzlichen Mechanismen dabei eine Rolle spielen, konnte nicht geklärt werden. *Serotonin* oder *Bradykinin* sind nach den hier gemachten Unterss. nicht daran beteiligt. — 42 Literaturangaben. M. METZE. 4551□

Vergleichende Untersuchungen über den anaphylaktischen Schock und den Anaphylatoxinschock am intakten Meerschweinchen. H. Giertz, F. Hahn, I. Jurna und W. Schmutzler. (Naunyn-Schmiedebergs Arch. exp. Pathol. Pharmakol. **242.** 65—75. 1961.) (Dt.) — Vgl. vorst. Referat.

Unterss. am Meerschweinchen (intakt) über die Letalität u. den Plasma-*Histamin* (**I**)-Spiegel im *Anaphylatoxin* (**II**; aus Rattenserum)-Schock u. im anaphylakt. Schock (nach Ovalbuminantigen), sowie über die Wrkg. von *Nevantergan* auf die beiden Schockarten zeigen, daß beim **II**-Schock im intakten Tier vornehmlich extrapulmonales **I** im anaphylakt. Schock intrapulmonales **I** beteiligt sind. Bei beiden Schockarten ist die **I**-Wrkg. beim intakten Tier bedeutender als bei der isolierten Lunge. Doch auch im intakten Tier sind beim anaphylakt. Schock andere Faktoren zusätzlich beteiligt. M. METZE. 4551□

Untersuchungen über das Verhalten des organspezifischen Antigens der Leber bei Tetrachlorkohlenstoffschädigung. Claus Fischer. (Acta histochem. [Jena] **10.** 30—33. 25/10. 1960. München, Univ., Patholog. Inst.) (Dt.)

Unterss. über das Verh. des organspezif. Leberantigens der Ratte bei CCl_4-Schädigung ergaben, daß ein Antigenverlust (A. V.) erst auftritt, nachdem sich im Hämatoxylin-Eosin-Schnitt bereits regressive Zellveränderungen nachweisen lassen. A. V. wurde mit Hilfe fluorescierender Antikörper nachgewiesen. R. ILLHARDT. 4551 □

Untersuchungen über synthetische Polypeptidantigene. 2. Mitt. Die immunchemischen Eigenschaften einer Gruppe linearer synthetischer Polypeptide. Thomas J. Gill III und Paul Doty. (J. biol. Chemistry **236.** 2677—83. Okt. 1961. San Francisco, Calif., Univ., School of Med., Dep. of Biochem.) (Engl.) — 1. vgl. J. Molecular Biol. **2.** [1960.] 65.

Untersucht wird die Aktivität zur Bldg. präcipitierbarer Antikörper u. der ARTHUS-Haut-Rk. bei Kaninchen u. Meerschweinchen durch verschiedene lineare Polypeptide mit Molgew. zwischen 50000 u. 100000, die *L-Glutaminsäure* (**I**), *L-Lysin* (**II**), *L-Tyrosin* (**III**) u. *L-Phenylalanin* (**IV**) in verschiedenen Kombinationen enthalten. Poly-**I** u. Poly-**II** sind inaktiv. Geringe Aktivität wird bei einem Molverhältnis **I** : **II** wie 6 : 4 gefunden. Der Einbau geringer Mengen **III** oder **IV** in die Polypeptide ändert die Stärke von Antigenität u. Hautreaktion. 6% **III** erhöht die Antigenität beträchtlich. 9% **IV** geben bei schwach verstärkter Antigenität signifikant verstärkte Hautreaktion. Alle **I**- u. **II**-haltigen Polypeptide besitzen deutliche Kreuzreaktivität. D. ZIEBARTH. 4551 □

Die Wirkung konstanter Lebensverhältnisse auf die Pufferkapazität des Speichels. I. Szabó und K. Tóth. (Acta physiol. Acad. Sci. hung. **20.** 93—102. 1961. Szeged, Med. Univ., Klinik für Zahn- u. Kieferkrankh.) (Dt.)

Pufferkapazitäts (P.K.)-Unterss. an 52 Kindern im Ruhezustand zeigten, daß Kinder aus konst. Verhältnissen (Anstalt) höhere P.K. hatten als solche aus inhomogenen, solche mit kranken Zähnen nicht signifikant andere P.K. als solche mit gesunden Zähnen. Demnach kann der P.K.-Wert des Ruhespeichels nicht als überzeugender Test zur Bewertung der Cariesaktivität angesehen werden. — 38 Literaturangaben. M. METZE. 4555 □

Untersuchung von Milch mit β-Lactoglobulin A und B mittels Elektrophorese in Gelose. Gisèle Préaux und R. Lontie. (Arch. int. Physiol. Biochim. **69.** 598—600. Sept. 1961. Louvain, Univ., Labor. de Biochim. II.) (Franz.)

Durch Elektrophorese in Gelose (20 g/Liter, 70 V, 5 Std. bzw. 9 g/Liter, 140 V in Ggw. von PAe., 50 Min.) bei pH 8,6 (Veronal-Puffer, 0,05 μ) war es möglich, *β-Lactoglobulin A* (**I**) u. *B* (**II**) in der Milch zu identifizieren. Die untersuchten (98) Kühe unterschieden sich durch **I**- oder **II**- oder **I**- u. **II**-haltige Milch. K. ZINGRAF. 4555 □

Inaktivierung von Spermatozoen durch Lactat und Reaktivierung mit Alkali. E. L. Willett und J. I. Ohms. (J. Dairy Res. **41.** 275—80. Febr. 1958. Madison, Wis., Amer. Found. Biol. Res.) (Engl.)

Vff. finden vollständige Inaktivierung von Rinderspermatozoen, welche in einem Eidottermedium in Ggw. von *Lactat* bei pH 6,4 gehalten wurden. Reaktivierung der Motilität tritt ein, wenn durch *Alkali*-Zusatz das Nährmedium auf pH-Werte 7,0 gebracht wird. Ggw. von *Sulfanilsäure* erhöht hierbei die Überlebensrate der Spermatozoen nicht. R. LAFFERENZ. 4559 □

Zusammensetzung und Eigenschaften von humanem Cervix-Schleim. 2. Mitt. Immunoelektrophoretische Untersuchungen der Proteine. Kamran S. Moghissi und Otto W. Neuhaus. (Amer. J. Obstetr. Gynecol. **83.** 149—55. 15/1. 1962.) (Engl.) — 1. vgl. C. **1961.** 15446.

Humaner Cervix-Schleim wurde mittels Elektrophorese mit verd. Agargel u. Immunelektrophorese untersucht. Als normale Bestandteile wurden nachgewiesen: *Albumin*, *γ-Globulin*, 2 α_2-, 3 β_1- u. 2 β_2-*Globuline*, bei denen auch die Konzz. abgeschätzt wurden. α_1-Globulin u. 3 Komponenten der α_2-Globulinfraktion fehlten. M. WIEDEMANN. 4559 □

Durchtritt von $^{14}C_{(4)}$-Progesteron durch die menschliche Placenta kurz vor der Geburt. Arthur L. Haskins und Keijo U. Soiva. (Amer. J. Obstetr. Gynecol. **79.** 674—77. April 1960. Baltimore, Md., Univ. of Maryland, School of Med., Dep. of Obstr. and Gynecol.) (Engl.)

$^{14}C_{(4)}$-Progesteron (I) wurde Schwangeren unmittelbar vor der Geburt i.v. appliziert. Im Plasma des Kindes u. der Mutter wurden danach in etwa gleichen Konzz. I u. *^{14}C-Pregnandiol* nachgewiesen. H.-G. FLOSS. 4559 □

Östrogen-Antagonismus: Zeitliche Abhängigkeit der Steroid-Blockierung bei Östron-induzierten Veränderungen der vaginalen Schleimabsonderung bei der Maus. Richard A. Edgren (unter Mitarbeit von Helene D. Neer). (Acta endocrinol. [Copenhagen] **34.** 536—42. Aug. 1960. Chicago, Ill., G. D. Searle and Co., Biol. Res.) (Engl.)

Vf. untersuchte im Zusammenhang mit früheren Arbeiten die Wrkg. von *Testosteronpropionat* (**I**), *Desoxycorticosteronacetat* (**II**) u. *Progesteron* (**III**) auf die durch *Östron*

(IV) induzierte vaginale Schleimabsonderung bei der Maus. Dabei wurden die IV-Dosen (2 μg) auf 4 Tage verteilt. Unter diesen Bedingungen blockierten alle 3 Steroide den durch IV induzierten Effekt, wenn sie nach einem bestimmten Schema appliziert wurden. Die Ergebnisse werden diskutiert. R. Heinrich. 4559□

Einige Beobachtungen in vitro über den Wasser-, Natrium- und Kaliumstoffwechsel im Rattenuterus während des Östrus. P. J. Bentley und Alison Holland. (J. Physiology **159.** 58—67. Nov. 1961. Nedlands, Western Australia, Univ. of Western Australia, Dep. of Physiol.) (Engl.)

Während des Östrus nimmt bei Inkubation in Krebs-Lsg. der Geh. von *Na* im Rattenuterus zu u. der Geh. von *K* ab. Dieser Prozeß wird durch *Jodacetat* u. niedrige extracelluläre K-Konz. beschleunigt u. durch Cyanid, Digoxin oder Ouabain nicht beeinflußt; *Oxytocin* verringerte den K-Geh., beeinflußte aber den Na-Geh. nicht. Wenn Ca aus der Lsg. weggelassen wurde, so quoll das Gewebe auf u. die Konz. von Na + K im Gewebe nahm ab. Ersatz von Ca durch Sr oder Mg verringerte die Schwellung u. hob den Nettoverlust von Na + K auf. K. Zingraf. 4559□

Peptidaseaktivität des Uterus von Ratte und Kaninchen während einer Scheinträchtigkeit. H. J. Albers, J. M. Bedford und M. C. Chang. (Amer. J. Physiol. **201.** 554—56. Sept. 1961. Shrewsbury, Mass., Worcester Found. for Exp. Biol.) (Engl.)

Die *Peptidase* (I)-Aktivität des Uterus (unter Verw. von Glycylglycin, DL-Alanylglycin u. DL-Alanylglycylglycin als Substrate; Best. an Ratte u. Kaninchen) reagiert auf Veränderungen des Östrogen- u. des Progesteron-Spiegels, während Eileiter-I unverändert bleibt. Im Rattenuterushomogenat u. in der Uterus-Fl. konnte während des Östruscyclus zur Zeit der Proöstrus- u. bes. der Östrusstadien die höchste I-Aktivität nachgewiesen werden. Darüber hinaus erhöht war die I-Aktivität im Homogenat zur Zeit einer (durch i.v. Injektion von menschlichem Choriongonadotropin hervorgerufenen) Pseudoträchtigkeit u. ebenso im Endometrium des Kaninchens mit Gipfelwerten im Implantationsstadium, so daß darin vorbereitende Maßnahmen für Empfängnis u. Implantation gesehen werden. In Eileiterhomogenaten des Kaninchens konnten während der Scheinträchtigkeit keine Veränderungen festgestellt werden.
U. Tausendfreund. 4559□

Der Polymerisationsgrad von Hyaluronsäure nach Isolierung aus dem Myometrium des menschlichen Gebärmutterhalses. Ole H. Iversen und K. Marcker. (Acta pharmacol. toxicol. [Köbenhavn] **18.** 101—04. 1961. Copenhagen, Univ., Dep. of Pharmacol. and Inst. of Physical Chem.) (Engl.)

Saure Mucopolysaccharide wurden aus dem Myometrium des menschlichen Gebärmutterhalses isoliert, die *Hyaluronsäure* durch Zugabe von Ionenaustauscherharz. Die Molgew. wurden mikroosmometr. bestimmt. Es war kein signifikanter Unterschied in den Molgew. erkennbar, der auf Alter oder androgene bzw. östrogene Behandlung zurückzuführen ist. M. Metze. 4559□

Über die pharmakologische Untersuchung synthetischer Wehenmittel. Substituierte N-Benzylpiperidine und 3.4-Dimethoxybenzylamine. Z. Votava und I. Podvalová. (Naunyn-Schmiedebergs Arch. exp. Pathol. Pharmakol. **228.** 150. 1956. Prag.) (Dt.)

Vff. berichten über Unterss. von 21 Derivv. des *N-Benzylpiperidins* u. 10 Derivv. des *3.4-Dimethoxybenzylamins*, unter denen das *N-[2-Hydroxy-5-methoxybenzyl]-piperidiniumchlorid* die stärkste uteroton. Wrkg. am Kaninchen zeigt. R. Lafferenz. 4559□

Die Wirkung von Progesteron und Oxytocin auf das Myometrium der Maus. H. Kuriyama. (J. Physiology **159.** 26—39. Nov. 1961. New York, N.Y., Rockefeller Inst. for Med. Res.; Kagoshima, Japan, Univ., Dep. of Physiol.) (Engl.)

Im Myometrium von Mäusen im Spätstadium der Schwangerschaft oder in der Nachgeburtsperiode hemmte *Progesteron* (I) oder *Ca*-arme Lsg. die isometr. Kontraktion. Bei gleichzeitiger Behandlung mit I u. *Oxytocin* (II) wurde zunächst additive Wrkg. beobachtet (Steigerung der Kontraktionsfrequenz u. der Ruhespannung), später herrschte I vor u. die Kontraktionen wurden gehemmt. II bewirkte eine Depolarisation der Membran u. erhöhte die Anzahl der Serienentladungen sowie Zahl u. Frequenz der „Spikes" in einer Serie. I verringerte die Zahl der „Spikes" in einer Serie u. blockierte die Impulsausbreitung; nach Aufhören der Spontanaktivität wurde die Membran hyperpolarisiert.
K. Zingraf. 4559□

Natürliche oxytocische Substanzen. H. Tuppy. (Naunyn-Schmiedebergs Arch. exp. Pathol. Pharmakol. **228.** 94—106. 1956. Wien.) (Dt.)

Übersicht über die Chemie des *Oxytocins*, *Vasopressins* u. anderer den Uterus kontrahierender Polypeptide. — 59 Literaturangaben. R. Lafferenz. 4560□

Synthetische oxytocische Substanzen. D. K. De Jongh. (Naunyn-Schmiedebergs Arch. exp. Pathol. Pharmakol. **228.** 106—23. 1956. Amsterdam.) (Dt.) — Vgl. vorst. Referat.

Übersicht über die bisher bekannten synthet. Substanzen mit uteruskontrahierender Wirkung. — 48 Literaturangaben. R. LAFFERENZ. 4560□

Der Einfluß endokriner Faktoren auf die oxytocische Aktivität der Hypophyse. K. Fendler. (Acta physiol. Acad. Sci. hung. **20.** 89—92. 1961. Pécs, Med. Univ., Inst. of Physiol.) (Engl.)

Es wurde an Ratten der Einfl. einer langandauernden Behandlung mit Sexualsteroiden auf die *Oxytocin* (I)-Geh.-Änderungen im Hypophysenhinterlappen (HHL) untersucht. Ovarektom e verringert, *Östrogen* u. *Progesteron* erhöhen die I-Aktivität. Bei ♂ Kastraten war die I-Aktivität niedriger als bei den normalen Kontrollen. Die Ergebnisse lassen auf eine Korrelation zwischen Änderungen bei den peripheren Hormonen u. der I-Aktivität im HHL schließen. M. METZE. 4560□

Über die Wirkung pharmakologischer Oxytocindosen auf die Milchdrüsen. B. Berde und A. Cerletti. (Acta endocrinol. [Copenhagen] **34.** 543—57. Aug. 1960. Basel, Sandoz AG., Pharmakol. Labor.) (Dt.)

Vff. untersuchten den Einfl. pharmakolog. Mengen synthet. *Oxytocins* (I; *Syntocinon*) auf die lactierende Milchdrüse von Kaninchen bei i.v. Dauerinfusion, i.m. Injektion u. nasaler Applikation. Auf diese Arten der Applikation kann die Milchdrüse mit 2 verschiedenen Rk.-Typen antworten: mit einer ton. Rk., d. h. anhaltendem Druckanstieg ohne nennenswerte Schwankungen, oder mit einer rhythm. Rk., d. h. einer Reihe mehr oder weniger regelmäßig aufeinanderfolgender Drucksteigerungen. Um eine bestimmte vergleichbare Wrkg. zu erzielen, sind bei intramuskulärer Applikation ca. 1,5 bis 8mal u. nasal ca. 10—100mal mehr I nötig als in Form von i.v. Dauerinfusion. Eine durch I erzeugte langanhaltende Milchdrüsen-Rk. kann durch i.v. Verabreichung von *Adrenalin* vorübergehend unterbrochen werden. Die kleinste i.m. wirksame I-Dosis betrug 120 mE bei einem 3200 g schweren Tier. Bei der Unters. der Uterusmotilität zeigte sich, daß die Milchdrüse auf I (nasal oder i.v. appliziert) wesentlich empfindlicher reagiert als der Uterus. R. HEINRICH. 4560□

Zonenelektrophorese von Oxytocin durch Horizontalsäulentechnik. Kjell Briseid Jensen und Reidar Bredo Sund. (Acta pharmacol. toxicol. [Köbenhavn] **18.** 49—64. 1961. Oslo, Univ., Pharmac. Inst., Biol. Dep.) (Engl.)

Es wird ein Verf. beschrieben, das das Absinken des pH in alkal. Puffern vermeidet. Es wird *Oxytocin* mit Digitoxose als elektroosmot. Indicator u. Cellulosepulver mit Hilfe von horizontalen Polythen-Säulen bestimmt. M. METZE. 4560□

Die Wirkungen der Kastration auf die Gefäßreaktionen männlicher Ratten gegenüber Hypophysenhinterlappenhormonen. L. H. Honoré und Sybil Lloyd. (J. Physiology **159.** 183—90. Nov. 1961. Edinburgh, Univ., Dep. of Physiol.) (Engl.)

Bei intakten ♂ Ratten erhöhten 0,8—1,2 mE. *Vasopressin* (I) i.v. den Blutdruck um 10 mm Hg. 50—100 mE. *Oxytocin* (II) i.v. erweiterten die Gefäße des Mesenteriums, erhöhten jedoch den Blutdruck nicht. Nach Kastration waren die Wrkg. vom 1.—4. Tag u. vom 11. Tag ab normal. Vom 5.—10. Tag war die Empfindlichkeit gegen I erhöht u. die Wrkg. hielt länger an; dem Druckanstieg ging jedoch ein Druckabfall voraus. II bewirkte in diesem Zeitraum eine Abnahme des Blutdrucks, die ebenso wie die nach I durch Zerstören des Rückenmarks oder Sympathicus-blockierende Substanzen, nicht aber durch Atropin aufgehoben werden konnte. K. ZINGRAF. 4560□

Die Verringerung der Rückresorption von Natrium infolge der Durchströmung der Nieren mit dem Blut von Spendertieren ohne Kopf. T. de Lima, Mary F. Lockett und C. Roberts. (J. Physiology **159.** 25 P—26 P. Nov. 1961. London, Chelsea Coll. of Sci. and Technol., Dep. of Physiol. and Pharmacol.) (Engl.) — Vgl. auch C. **1962.** 3900.

Katzennieren, welche mit Blut von decapitierten oder Spinalspendertieren durchströmt wurden, schieden einen höheren %-Satz der filtrierten Belastungsmenge von *Na* bei einer höheren Geschw. des Harnflusses aus als bei Durchströmung mit dem Blut intakter oder frisch adrenalektomierter Tiere. *Vasopressin* (I) verringerte den hohen Wasserverlust bei Durchströmung mit dem Blut von Spinaltieren, nicht aber von decapitierten Tieren; dagegen wurde der hohe Na-Verlust weder durch I, noch durch *Oxytocin* (II), noch durch I + II beeinflußt; Hypophysenhinterlappenextrakt (*Infundin*) besaß einen Einfl., der aber geringer war als der eines Extraktes aus der Gesamthypophyse des Ochsen. K. ZINGRAF. 4560□

Die Wirkung von Hypophysenhinterlappen-Extrakten auf den Blutdruck verschiedener Wirbeltierklassen. P. Woolley. (J. exp. Biology **36.** 453—58. Sept. 1959. Univ. of Western Australia, Zool. Dep.) (Engl.)

Es wurde versucht, aus der Rk. einer Reihe von Wirbeltiervertretern (Amphibien, Reptilien, Vögel, Säugetiere) auf die Hypophysenhinterlappenfraktionen *Pitocin* u. *Pitressin* einen Schluß auf die phylogenet. Einordnung zu ziehen, jedoch waren die Rkk. u. die Toleranz-Entw. zu uneinheitlich. U. TAUSENDFREUND. 4560□

Wirkung von Störungen des hormonalen Gleichgewichts auf den Nahrungsbedarf. Joseph Meites und Marjorie M. Nelson. (Vitamins and Hormones **18.** 205—35. 1960. East Lansing, Mich., Michigan State Univ., Dep. of Physiol. and Pharmacol.; San Francisco, Calif., Univ. of California, School of Med., Dep. of Anat.) (Engl.)

Übersicht. Wachstumshormon (Zufuhr, Hypophysektomie); Schilddrüse (Hyper- u. Hypofunktion); Nebennierenrinde (Zufuhr von Glucocorticoiden oder ACTH, Adrenalektomie); Geschlechtshormone (Östrogene, Progesteron, Androgene). — 210 Literaturangaben. K. MAIER. 4560□

Plasma-Spiegel von Wachstumshormon und Chromosomen-Komplement bei vier Patienten mit Gonaden-Dysgenesis (Turners Syndrom). Marco Fraccaro, Carl A. Gemzell und Jan Lindsten. (Acta endocrinol. [Copenhagen] **34.** 496—507. Aug. 1960. Uppsala, Univ., Inst. of Med. Genetics.) (Engl.)

Vff. fanden im Plasma von 4 an TURNERS Syndrom erkrankten Patienten einen erhöhten Wachstumshormon-Spiegel. Das somat. Chromosomen-Komplement dieser Patienten wurde unter Verw. einer Zell-Kultur-Meth. bestimmt. Die Knochenmarkszellen dreier Patienten enthielten 45 Chromosomen anstatt der normalen 46. Das fehlende Chromosom ist vermutlich eines der beiden X-Chromosomen. Die Vers.-Personen besaßen eine Geschlechts-Chromosomen-Konstit. vom XO-Typ. Bei der 4. Vers.-Person wurde ein Komplement von 45 Chromosomen in den Hautzellen u. 45 bzw. 46 in den Knochenmarkszellen gefunden. Die Ergebnisse werden diskutiert. R. HEINRICH. 4560□

Weitere Untersuchungen über die Beziehungen zwischen adrenocorticotropem Hormon der Placenta, Hypophyse und Hyaluronidase der Nebenniere: Der Einfluß von adrenocorticotropem Hormon der Placenta auf die Ausscheidung von Corticoiden und 17-Ketosteroiden im Harn bei Meerschweinchen. J. C. Opsahl und K. Kowalewski. (Yale J. Biol. Med. **33.** 54—64. Aug. 1960. Boston, Mass., Peter Bent Brigham Hosp. and Harvard Med. School, Dep. of Med.; New Haven, Conn., Yale Univ., School of Med., Dep. of Physiol.; Alberta, Canada, Univ. of Alberta, McEachern Cancer Res. Labor.) (Engl.)

Ein Rohpräp. von *ACTH* aus Placenta bewirkte bei ♂ Meerschweinchen eine deutliche Zunahme der Ausscheidung von *11-Hydroxycorticoiden* u. *17-Ketosteroiden* im Harn. K. ZINGRAF. 4560□

Weitere Angaben über den Antagonismus zwischen adrenocorticotropem Hormon und Protamin. G. Fekete, P. Görög und J. Nuridsány. (Acta physiol. Acad. Sci. hung. **20.** 197—206. 1961. Budapest, Chem. Works G. Richtes Ltd., Pharmacol. Labor.) (Engl.)

Protamin hemmt in vitro u. in vivo die Aktivität von *adrenocorticotropem Hormon* (I), wenn es vor I verabreicht wird (Verss. an Ratten). M. METZE. 4560□

In vitro-Synthese von ^{14}C-Corticotropin durch isolierten Hypophysenvorderlappen der Ratte: Wirkung der Adrenalektomie. Ira G. Wool, R. Scharff und N. Mages. (Amer. J. Physiol. **201.** 547—50. Sept. 1961. Chicago, Ill., Univ. of Chicago, Dep. of Physiol.) (Engl.)

Die erstmals gemessene in vitro-Synth.-Geschw. von *^{14}C-Corticotropin* (I) im Hypophysenvorderlappengewebe der Ratte (ermittelt durch Inkubation intakter Adenohypophysen mit *^{14}C-Phenylalanin* unter Zufügung von Schweinehypophysenvorderlappen-Pulver, Extraktion von I mit Hilfe von heißem Eisessig u. Reinigung mit Oxycellulose, wobei die Radioaktivität des resultierenden Konzentrates sich bei Dialyse wie gereinigtes I verhält) erwies sich für die Dauer von 4 Std. als linear. Es ließ sich zeigen, daß, wie schon lange vermutet, durch Adrenalektomie die I-Biosynth. gesteigert werden kann. Da infolge Adrenalektomie nicht gleichzeitig der Einbau von ^{14}C-Aminosäuren in das Gesamtprotein des Hypophysenvorderlappens gesteigert wird, muß diese Wrkg. spezif. Charakter tragen. U. TAUSENDFREUND. 4560□

Die Signifikanz der erhöhten Harn-Pepsinogen (Uropepsin)-Ausscheidung während Verabreichung von adrenocorticotropem Hormon und bei Patienten mit Duodenalgeschwür. B. I. Hirschowitz und D. H. P. Streeten. (J. Lab. clin. Med. **50.** 209—15. Aug. 1957. Ann Arbor, Mich., Univ. of Michigan Hosp., Dep. of Internal Med.) (Engl.)

5—6 Tage lang verabreichtes *adrenocorticotropes Hormon* (Gel; I) rief bei normalen Personen eine sofortige Erhöhung der Harn-*Pepsinogen* (II)-Ausscheidung hervor, ohne die Plasma-II-Konz. zu verändern. Bei Patienten mit Duodenalgeschwür wurde nach I ebenfalls die II-Exkretion im Harn erhöht, jedoch hier als Folge eines erhöhten Plasma-II-Spiegels. M. METZE. 4560□

Wirkungen von Adrenocorticotropin und Endotoxin auf die Nebennieren und die Widerstandsfähigkeit gegenüber Infektion. E. M. Nadel, B. Young, A. Hilgar und A. Mandell. (Amer. J. Physiol. **201.** 551—53. Sept. 1961. Bethesda, Md., Nat. Inst. of Health, Nat. Cancer Inst.; Washington, D.C., Walter Reed Army Med. Center.) (Engl.)

Endotoxin (*Salmonella typhosa*-Endotoxin, 50 u. 150 μg intraperitoneal; I) übt eine zweifache Wrkg. auf die Nebennieren des Meerschweinchens aus: eine stimulierende Wrkg., die derjenigen von 10 mg *adrenocorticotropem Hormon* (*ACTH*), i. m., gleicht u. sich an vermehrter Ausscheidung von *6*$_{(\beta)}$*-Hydroxycortisol, 2*$_{(\alpha)}$*-Hydroxycortisol* u. *Cortisol* (nachgewiesen mit PORTER-SILBER-Meth. nach Äthylacetatextraktion des Harns u. papierchromatograph. Trennung im Chlf.–Formamid-Syst.) zu erkennen gibt; daneben bewirkt I jedoch eine Hemmung der sekretor. Nebennierenfunktion, die bei anfänglichen I-Verabreichungen noch nicht spürbar wird u. erst durch wiederholte Injektionen von I, möglicherweise infolge einer Kumulierung der Stoffwechselwrkg., sichtbar wird, so daß die Nebennieren auf ACTH oder I nicht mehr im ursprünglichen Maße reagieren; es kommt zu einer Adaptation u./oder immunolog. induzierten Toleranz gegenüber I. Die Wirkungsweise von I muß jedoch wohl von derjenigen des Hypophysen–Nebennieren-Stimulierungsmechanismus abweichen, da nach I beobachtete Schutzwrkg. gegenüber lebenden *Escherichia coli* bei Mäusen nicht auch von ACTH ausgeübt werden kann.
U. TAUSENDFREUND. 4561□

Der Einfluß von Cortison und Östradiol auf den Hexosamin- und Wassergehalt der Haut. A. Schmidt. (Acta pharmacol. toxicol. [Köbenhavn] **14.** 350—58. 1958. Copenhagen, Univ. of Copenhagen, Dep. of Pharmacol.) (Engl.)

Mit *Östradiol* behandelte ♂ Mäuse zeigten einen erhöhten *Hexosamin* (I)- u. *Wasser*-Geh. in der Haut. *Cortison*, Belastung mit einer hyperton. NaCl + $NaHCO_3$-Lsg. oder lokale Behandlung mit *Hydrocortison* hatten keinen Einfl. auf den Geh. der Haut an I oder Wasser. Depolymerisation des Bindegewebes der Haut mit Hyaluronidase verringerte die I-Konz., nicht aber den Wassergehalt. Es bestand eine direkte Proportionalität zwischen der I-Konz. u. dem Wasser-Geh. der Haut. K. ZINGRAF. 4561□

Plasma-17-Hydroxycorticosteroide bei Hyperfunktion, sowie unterdrückter und unzulänglicher Nebennierenrindenfunktion. Avery A. Sandberg, Kristen Eik-Nes, Claude J. Migeon und George F. Koepf. (J. Lab. clin. Med. **50.** 286—95. Aug. 1957. Buffalo, N.Y., Univ. of Buffalo, School of Med., Dep. of Med., Roswell Park Memorial Inst.; Salt Lake City, Utah, Univ. of Utah, Coll. of Med., Dep. of Biochem.) (Engl.)

Bei Patienten mit langdauernder Steroidtherapie (*Cortisol, Cortison*) waren der Plasma-*17-Hydroxysteroid* (I)-Spiegel u. die Nebennierenrindenkapazität (mit einigen Ausnahmen) stark erniedrigt. Bei ADDISON-Krankheit rief Infusion von *adrenocorticotropem Hormon* (II) Senkung, bei Patienten mit CUSHING-Syndrom übermäßige Erhöhung des I-Spiegels hervor. Ein Patient mit Adrenalcarcinom hatte erhöhten I-Spiegel, der sich nach II-Gabe nicht veränderte. Der $^{14}C_{(4)}$-Cortisolstoffwechsel nach langdauernder Steroidtherapie zeigte nach plötzlichem Absetzen der Therapie normale Werte. — 22 Literaturangaben. M. METZE. 4561□

Einfluß bestimmter akuter Stress-Bedingungen auf den Plasmaspiegel an 17-Hydroxycorticosteroiden und proteingebundenem Jod bei Milchkühen. W. G. Robertson, J. P. Mixner, W. W. Bailey und H. D. Lennon jun. (J. Dairy Res. **41.** 302—05. Febr. 1958. Sussex, N.J., Agric. Exp. Stat.) (Engl.)

Vff. fanden bei Milchkühen unter verschiedenen Stressbedingungen eine Erhöhung des Plasma-Geh. an *17-Hydroxycorticosteroiden*, während der Geh. an *proteingebundenem Jod* nicht signifikant vermindert war. R. LAFFERENZ. 4561□

Ein Vergleich des Plasma-17-Hydroxycorticosteroid-Spiegels mit der urinären Exkretion von 17-ketogenen Steroiden u. 17-Ketosteroiden. Per Lingjaerde, Knut Kirkeby und Gunnar Hangård. (Acta endocrinol. [Copenhagen] **34.** 524—30. Aug. 1960. Lier (Norwegen), Lier Hosp., Res. Labor.) (Engl.)

Vff. untersuchten den Plasma-*17-Hydroxycorticosteroid* (I)-Spiegel, sowie die urinäre Exkretion von *17-ketogenen Steroiden* (II) u. *17-Ketosteroiden* (III) an 24 (17 ♀ u. 7 ♂) an chron. Polyarthritis erkrankten Patienten (Durchschnittsalter 57 Jahre), die Jahre vorher mit Corticosteroiden behandelt wurden. Die Behandlung wurde 3 Tage vor Beginn dieser Unterss. unterbrochen. Die Vers.-Personen wurden in bestimmtem Rhythmus mit einem *adrenocorticotropen Hormon*-Präp. behandelt u. jeweils vor bzw. nach diesen Injektionen der Plasma-I-Geh. u. die urinäre Konz. an II u. III bestimmt. Die Ergebnisse zeigen innerhalb der III-Gruppe größere Unterschiede als innerhalb der I- bzw. II-Gruppe. Der Plasma-I-Wert läßt sich mit dem II- besser in Beziehung bringen als mit dem III-Wert. Die Beziehungen der einzelnen Werte zueinander werden ausführlich diskutiert.
R. HEINRICH. 4561□

Vergleichende Untersuchungen über freies Corticosteron im Plasma und die Adrenalsteroid-Bildungsrate in vitro. J. van der Vies, R. F. M. Bakker und D. de Wied. (Acta endocrinol. [Copenhagen] **34.** 513—23. Aug. 1960. Groningen (Niederlande), Univ., Dep. of Pharmacol.) (Engl.)

Vff. berichten über eine einfache Meth. zur Best. des *freien Corticosterons* (I) im Rattenplasma, welche auf der Fluorescenz dieses Steroids in H_2SO_4 beruht. Im Gegensatz zu anderen Meth. benötigt das beschriebene Verf. kein Spektrofluorometer. Die Ergebnisse zeigen, daß die *Steroid*-Bildungsrate in vitro, sowie die des Plasma-I nach einem Formalinstress oder Corticotropinzusatz zunimmt. Hypophysektomie führt zu einer raschen Abnahme der Adrenalaktivität u. von I. R. HEINRICH. 4561□

Unterschiede bei der Corticosteroid-Exkretion zwischen jüngeren und älteren Kindern mit Adrenogenital-Syndrom. C. G. Bergstrand, G. Birke und L.-O. Plantin. (Acta endocrinol. [Copenhagen] **34.** 508—12. Aug. 1960. Stockholm, Konung Gustaf V Forskningsinst.) (Engl.)

In einer früheren Arbeit (C. **1960.** 5215) berichten Vff. über 2 Typen von Steroidexkretion bei jüngeren bzw. älteren Kindern. Die älteren schieden hauptsächlich *Pregnan-3α.17α.20-triol* aus, während die jüngeren 50—60% des Corticosteroids als *Pregnan-3α.17α.20-triol-11-on* ausschieden. Zwei dieser jüngeren Kinder wurden im Alter von 2½ Jahren erneut untersucht, u. dabei wurde eine Zunahme der ketonfreien Fraktion festgestellt. Die Ergebnisse lassen den Schluß zu, daß dieser Wechsel höchstwahrscheinlich mit dem Alter zusammenhängt. R. HEINRICH. 4561□

Erfahrungen mit einer fluorometrischen Bestimmungsmethode von Corticosteroiden bei Mensch und Ratte. Pavo Hedner. (Acta pharmacol. toxicol. [København] **18.** 65—74. 1961. Lund, Univ., Dep. of Pharmacol.) (Engl.)

Ein fluorometr. Verf. zur Best. von *freien Corticosteroiden* (I) im Plasma von Mensch u. Ratte wird auf Präzision, Empfindlichkeit u. Spezifität überprüft u. I-Plasmaspiegel in intakten, hypophysektomierten u. adrenalektomierten Ratten bestimmt. — 25 Literaturangaben. M. METZE. 4561□

Einfluß der Steroid-17-Spirolactone auf Aldosteronsekretion, -exkretion und -stoffwechsel beim Menschen. Eugene T. Davidson, William S. Coppage jun., Donald Island und Grant W. Liddle. (J. Lab. clin. Med. **58.** 505—14. Okt. 1961. Nashville, Tenn., Vanderbilt Univ., School of Med., Dep. of Med.) (Engl.)

Vff. stellten durch Verss. an 8 Personen fest, daß die *Steroid-17-spirolactone* (I) verstärkte Natriumausscheidung mit dem Urin bewirken, u. zwar offenbar über einen der Wrkg. von *Aldosteron* (II) antagonist. Mechanismus. Sämtliche Effekte von II auf die Elektrolytexkretion werden durch diese Verbb. umgekehrt, während in Abwesenheit von II oder anderen, die Natriumexkretion hemmenden Corticosteroiden keine oder nur geringe Wrkg. zu beobachten ist. Ein direkter Einfl. auf II-Sekretion, -Stoffwechsel u. -Exkretion liegt offenbar nicht vor. Verstärkte II-Ausschüttung während der I-Behandlung ist weniger die Folge einer direkten Stimulierung der II-Synth. in der Nebennierenrinde, als vielmehr auf physiolog. Stimulierung der II-Ausschüttung infolge der durch I bedingten Abnahme des Gesamtkörper-Natriums zurückzuführen. Der Geh. des Urins an *17-Hydroxycorticosteroiden* u. *17-Ketosteroiden* wird durch 1 wöchige Behandlung mit I nicht nennenswert beeinträchtigt. Offenbar modifiziert I die Elektrolytexkretion als Folge eines peripheren Antagonismus der II-Wirkung. H. H. THIELE. 4561□

Quantitative Darstellung von Corticosteroiden aus Nebennieren und Urin. Edith Seeber. (Naunyn-Schmiedebergs Arch. exp. Pathol. Pharmakol. **242.** 101—16. 1961. Berlin, Freie Univ., Pharmakol. Inst.) (Dt.)

Die beschriebene Meth. eignet sich zur Darst. aller höherpolaren *Corticosteroide* (I; Verlust 27,4%): Papierchromatograph. Trennung in 2 Lsgm.-Syst. u. quant. Best. durch UV-Absorption um 240 mμ sowie durch Red.-Vermögen gegenüber Tetrazoliumsalzen. — Ca. 70 Literaturangaben. M. METZE. 4561□

Die Rolle von Calcium bei der sekretorischen Reaktion des Nebennierenmarks auf Acetylcholin. W. W. Douglas und R. P. Rubin. (J. Physiology **159.** 40—57. Nov. 1961. New York, N.Y., Yeshiva Univ., Albert Einstein Coll. of Med., Dep. of Pharmacol.) (Engl.)

In durchströmten Nebennieren von Katzen wurde die Sekretion von *Brenzcatechinaminen* (I) in Rk. auf *Acetylcholin* durch das Fehlen von *Na* für eine Dauer von 16 Min. in der Durchströmungs-Fl. nicht beeinflußt, durch das Fehlen von *K* verstärkt u. durch das Fehlen von *Ca* aufgehoben. Die sekretionsanregende Wrkg. eines Überschusses von K trat bei Fehlen von Ca nicht ein. Nach der Ca-Mangelperiode zur Lsg. hinzugegebenes

Ca bewirkte eine kräftige Ausscheidung von I. Isoosmot. *Saccharose* bewirkte eine Ausschüttung von I, die durch Zugabe von Ca erheblich gesteigert wurde.
K. Zingraf. 4561 □

Adrenalin-Bestimmung am isolierten Serotonin-stimulierten Rattenuterus. Kjell Briseid Jensen und Anne Marie Venneröd. (Acta pharmacol. toxicol. [København] **18.** 80—88. 1961. Oslo, Univ., Pharmaceut. Inst., Biol. Dep.) (Engl.)

Die Rattenuterus-Meth. zur Best. von *Adrenalin* wurde modifiziert. *Serotonin* wurde in Konzz. von 8—20 ng/ml als Agonist verwendet. M. Metze. 4561 □

Biologische Adrenalin-Bestimmung in Gegenwart von Lokalanästheticis. Kjell Briseid Jensen und Anne Marie Venneröd. (Acta pharmacol. toxicol. [København] **18.** 89—94. 1961. Oslo, Univ., Pharmaceut. Inst., Biol. Dep.) (Engl.) — Vgl. auch vorst. Referat.

Die *Adrenalin* (I)-Best.-Meth. am Serotonin-stimulierten Rattenuterus eignet sich auch zur I-Best. in Ggw. von *Lidocain* u. *Procain,* auch wenn sie in viel höheren Konzz. vorhanden sind als I. In Ggw. von *Carbocain* waren die Ergebnisse uneinheitlich.
M. Metze. 4561 □

Die Untersuchung der Schilddrüsen-Aktivität mit Radiojod. E. Eric Pochin. (Brit. J. Radiol. **33.** 595—605. Okt. 1960. London, Univ., Coll. Hosp., Med. School, Med. Res. Council, Dep. of Clin. Res.) (Engl.)

Überblick u. Diskussion bisheriger Ergebnisse. — 60 Literaturangaben.
H.-G. Floss. 4562 □

Beziehungen zwischen Protein-gebundenen Sulfhydryl-Gruppen und der thyreoiden Aktivität. Väinö K. Hopsu, K. J. Heikkilä und M. Härkönen. (Acta endocrinol. [Copenhagen] **34.** 605—10. Aug. 1960. Helsinki, Univ., Dep. of Anat. and Pathol.; Sect. II.) (Engl.)

Vff. behandelten Meerschweinchen (500—700 g) mit *Methylthiouracil* (I; 100 mg I/kg Körper-Gew. täglich) über Zeiträume von 1—4 Wochen u. verglichen die histolog. Befunde mit denen bei unbehandelten Kontrolltieren. Die *proteingebundenen Sulfhydrylgruppen* wurden chem. u. histochem. untersucht. Während der I-Behandlung nahmen das Gew. der Schilddrüse, die relative Menge des epithelialen Gewebes, sowie die Konz. an Sulfhydrylgruppen in der Drüse proportional der Länge der Behandlung zu. Das Verhältnis der SH-Gruppen zum Epithel blieb konstant. R. Heinrich. 4562 □

Thyreoide Aktivität bei überwinternden Chiroptera. 1. Mitt. **Aufnahme von ^{131}J.** Walter W. Sadler und Walter S. Tyler. (Acta endocrinol. [Copenhagen] **34.** 586—96. Aug. 1960. Davis, Calif., Univ., School of Vet. Medicine.) (Engl.)

Fledermäuse *Antrozous pallidus* (a) (*Despertilionidae*) u. *Tadarida mexicana* (b) (*Mollassidae*) wurden längere Zeit bei einer Temp. von 4° in künstlichem Winterschlaf gehalten, während andere Tiere in eine 22° warme Umgebung gebracht wurden. *Macrotus californicus* (c) wurden bei 22 bzw. 37° gehalten. Unterschiede in der thyreoiden Aktivität wurden durch die ^{131}*J*-Aufnahme gemessen. a u. b besaßen zum Unterschied von anderen Species hohe thyreoide Aktivität während des künstlich erzeugten Winterschlafes. Die thyreoide Aktivität wurde bei c durch Veränderung der Umgebungs-Temp. nicht beeinflußt. R. Heinrich. 4562 □

Thyreoide Aktivität bei überwinternden Chiroptera. 2. Mitt. **Synthese Radiojodhaltiger Aminosäuren.** Walter W. Sadler und Walter S. Tyler. (Acta endocrinol. [Copenhagen] **34.** 597—604. Aug. 1960.) (Engl.) — 1. vgl. vorst. Referat.

Mit Hilfe qual. u. quant. chromatograph. Analysen wurden die Substanzen untersucht, welche in der Schilddrüse von *Antrozous pallidus* 24 Std. nach einer ^{131}*J*-Injektion gefunden wurden. Die Tiere wurden in 2 Gruppen bei 22 bzw. bei 4° (l. c.) gehalten. Die Ergebnisse zeigen, daß die Schilddrüse der Tiere während der ersten 6 Tage der Winterschlafperiode bei 4° noch jodhaltige Aminosäuren synthetisiert. Die Menge der einzelnen Verbb. hängt von der Dauer der Überwinterung ab. Unter den Verbb., welche organ. gebundenes Jod enthalten, nehmen mit zunehmender Dauer des Winterschlafes *Monojodtyrosin* u. *Thyroxin* zu, während *Dijodtyrosin* zurückgeht.
R. Heinrich. 4562 □

Das eiweißgebundene Jod des Blutserums nach hohen Jodidgaben bei Hunden mit endemischem Kropf. K. Hagmüller, H. Hellauer, H. Skrube und H. Spitzy. (Naunyn-Schmiedebergs Arch. exp. Pathol. Pharmakol. **241.** 559—67. 1961. Bad Hall, Paracelsus Inst., Physiol. u. Chem. Abt.) (Dt.)

Nach i. v. Gabe von isoton. *NaJ*-Lsg. erhöhte sich bei 7 Hunden mit endem. Kropf das *eiweißgebundene Jod* (PBI) des Blutserums unmittelbar stark u. blieb lange Zeit erhöht, wobei den hohen Werten (1000 µg-%) schwere Krankheitserscheinungen folgten u. die Kröpfe schließlich verschwanden. Diese Zusammenhänge lassen erkennen, daß die PBI-

Erhöhungen auf eine Vermehrung von Schilddrüsenhormon im Blut zu beziehen sind. — 29 Literaturangaben. M. Metze. 4562 □

Die Wirkung von 2.4-Dinitrophenol auf die Gewebekonzentration jodhaltiger Verbindungen bei intakten Ratten im Isotopengleichgewicht. Gabriella Morreale de Escobar und F. Escobar del Rey. (J. Physiology **159**. 1—14. Nov. 1961. Velázquez, Madrid, Consejo Superior de Invest. Cient., Centro de Invest. Biol., Inst. „G. Marañón".) (Engl.)

Bei intakten Ratten, bei denen ein Isotopen-Gleichgew. in den *J-haltigen Verbb.* (I) mit Hilfe von radioakt. J eingestellt worden war, verringerte oral oder intraperitoneal verabreichtes *2.4-Dinitrophenol* den Geh. von I, welche durch Trichloressigsäure ausfällbar sind, im Plasma, bewirkte dagegen im Vgl. zu den Kontrollen keine Unterschiede im Geh. von I im peripheren Muskel, im Hirn u. in der Hypophyse. K. Zingraf. 4562 □

Die Wirkung von 2.4-Dinitrophenol auf die „Aufnahme" von markierten Schilddrüsenhormonen durch Erythrocyten und Rattenzwerchfelle. Gabriella Morreale de Escobar und F. Escobar del Rey. (J. Physiology **159**. 15—25. Nov. 1961. Velázquez, Madrid, Consejo Superior de Invest. Cient., Centro de Invest. Biol., Inst. „G. Marañón".) (Engl.) — Vgl. auch vorst. Referat.

Injektion von *2.4-Dinitrophenol* (I) oder Zusatz von I zu Vollblut in vitro erhöhte die „Aufnahme" von ^{131}*J-L-Thyroxin* (II) oder ^{131}*J-L-Trijodthyronin* durch Erythrocyten von Ratten u. Menschen. Bei Inkubation gewaschener Erythrocyten mit II in NaCl-Lsg. mit 1—2,5% Rattenplasma wird die Aufnahme von II durch I ebenfalls erhöht; die Aufnahme ist selbst dann noch höher, wenn Erythrocyten vor der Inkubation mit II mit nur 0,0025 mg I/ml vorbehandelt u. dann wiederholt gewaschen werden. In ähnlicher Weise vorbehandelte Rattenzwerchfelle verhielten sich wie die Erythrocyten. In Elektrophorese-Verss. konnte kein Einfl. von I auf die Verteilung von II in den Bluteiweißkörpern oder auf ihre Bindevermögen nachgewiesen werden. K. Zingraf. 4562 □

Wirkung der Schilddrüse auf die Magensekretion und den Magenstoffwechsel. E. S. Nasset und Dale P. J. Goldsmith. (Amer. J. Physiol. **201**. 567—70. Sept. 1961. Rochester, N.Y., Univ. of Rochester, School of Med. and Dent., Dep. of Physiol.) (Engl.)

Nicht in direkter Abhängigkeit zu ihren calorigenen Eigg. stehend, vermindern erhöhte Gewebe-Konzz. von *Schilddrüsenhormonen* die Fähigkeit der Magenschleimhaut, auf entsprechende Reize hin sekretor. Energie mobilisieren zu können. Bei thyreoidektomierten u. bei intakten Hunden konnte nach Verabreichung von *Schilddrüsentrockensubstanz, Thyroxin, Trijodthyronin* u. ^{131}*J-Casein* eine verminderte Magensekretion konstatiert werden; bei den intakten Tieren kam es immer, bei den thyreoidektomierten Tieren nicht immer zu einer Anhebung des Grundumsatzes; bei intakten Hunden konnte der O_2-Verbrauch durch 2.4-Dinitrophenol gesteigert werden, ohne daß eine Wrkg. an der Magensekretion zu spüren war. Stoffwechsel-Unterss. an der Magenschleimhaut lassen bei Ratten unter Schilddrüsensubstanzverabreichung keine Veränderung im Ruhe-O_2-Verbrauch der Schleimhaut erkennen; bei (Frühjahrs- u. frühen Sommer-)Fröschen bewirkte die Schilddrüsenverfütterung eine Verringerung der histaminstimulierten Säuresekretion u. des O_2-Verbrauchs der Schleimhaut während der Sekretion bei gleichbleibendem Säure/O_2-Quotienten. U. Tausendfreund. 4562 □

Vergleichende Wirkung von Prednisolon und Schilddrüsenhormon auf die Gallensekretion beim Hund. Joseph H. Gans und Kenneth McEntee. (Amer. J. Physiol. **201**. 577—81. Sept. 1961. Ithaca, N.Y., Cornell Univ., New York State Vet. Coll., Dep. of Physiol and Pathol.) (Engl.)

Die bei euthyreoiden Hunden mit 1,25 ± 0,24 g/10 kg Körper-Gew. ermittelte *Gallensäure* (I)-Menge im enterohepat. Kreislauf wird durch Verabreichung von Schilddrüsenhormonen (*Thyroid USP*, Armour, peroral 0,4 g/kg/Tag; 0,2 g/kg/Tag peroral plus *Na-Thyroxinpentahydrat*, Smith, Kline & French, 1 mg/kg in NaCl-Lsg., i.m. 3mal in der Woche; oder 4 mg/kg i.m. 3mal in der Woche), bei sonst adäquater Nahrungsaufnahme u. Konstanterhaltung des Körper-Gew., innerhalb 3 Wochen auf 0,72—0,21 g I/10 kg herabgesetzt. Signifikante Unterschiede im biliären Cholesterinausstoß traten nicht auf. Diese Verminderung der I-Menge ist vermutlich auf eine verminderte I-Synth., vielleicht als Ergebnis gesteigerter Vorläuferoxydation, zurückzuführen. — Durch i.m. Verabreichung von 2,2 mg *Prednisolontrimethylacetat* (*Ultracortenol*, Ciba) kommt es im Gegensatz zu den vorigen Ergebnissen zu einer Vermehrung der Gallensäurenmenge im enterohepat. Kreislauf auf 1,84 ± 0,48 g/10 kg nach 8 Tagen. Möglicherweise ist hierbei die Gallensekretion durch Veränderungen in den Magensaftregulationsprozessen (verstärkte Sekretinfreisetzung infolge gesteigertem Magensaftfluß führt zu vermehrter Gallensekretion) oder mehr noch durch die Erhöhung des Wasser-Geh. in Leberzellen u. Galle bedingt. U. Tausendfreund. 4562 □

Thyreoid-Hormone und Cholesterin-Stoffwechsel beim Küken. 1. Mitt. Wirkung der Hormone und deren Derivate auf experimentelles Atherom. Raymond Michel, Ferdinand Cabanne, Roger Truchot und Jean Roche. (Acta endocrinol. [Copenhagen] **34.** 558—74. Aug. 1960. Dijon, France, Labor. de Chim. pharm. et d'Anatomie pathol.; École de Méd. et de Pharm.) (Franz.)

3.5.3'-Trijod-L-thyronin, L-Thyroxin, 3.5.3'-Trijodthyroessigsäure u. *3.5.3'-Trijodthyropropionsäure* besitzen eine hypocholesterinäm. Wrkg. gegenüber Küken, die mit atherogener Diät gefüttert wurden. Diese Wrkg. hält allg. ca. 1 Monat an; danach ist meist ein starkes Anwachsen des Serum-*Cholesterins* zu erkennen. Lebercholesterin u. Serumlipide nehmen bei verlängerter Thyreoidbehandlung stark zu, gefolgt von einer Abnahme des Leber-Coenzym-A-Gehaltes. Die histolog. Befunde werden diskutiert.
R. HEINRICH. 4562 □

Thyreoid-Hormone und Cholesterin-Stoffwechsel beim Küken. 2. Mitt. Wirkung der Hormone und deren Derivate in Verbindung mit anderen Substanzen. Raymond Michel, Ferdinand Cabanne, Roger Truchot und Jean Roche. (Acta endocrinol. [Copenhagen] **34.** 575—85. Aug. 1960.) (Franz.) — 1. vgl. vorst. Referat.

Verschiedene hypocholesterinäm. u. lipotrope Verbb. wurden auf die Möglichkeit einer Veränderung der *3.5.3'-Trijodthyronin-* u. der *3.5.3'-Trijodthyroessigsäure* (I)-Wrkg. auf Cholesterinämie bei Küken, welche man mit *Cholesterin* (II)-reicher Nahrung gefüttert hatte, untersucht. *Testosteron,* ungesätt. Fettsäuren, *Mesoinosit* u. *Cholin* wirken nicht als Antagonisten. *Vitamin A* u. I zusammen halten den Serum-II-Spiegel sehr lange erniedrigt.
R. HEINRICH. 4562 □

Schilddrüse und Federausfall. Helmuth O. Wagner. (Z. vergleich. Physiol. **44.** 565—75. 1961.) (Dt.)

Die Folgen experimenteller Hyperthyreoidie auf den Federausfall wurden während u. außerhalb der Mauser untersucht. *Thyroxin* u. *Thyreoidea* können in der Mauserperiode nach 7—10 Tagen den Federausfall kurzfristig hemmen oder blockieren. Außerhalb der Mauserperiode kann ein hyperthyreot. Zustand einen Federausfall verursachen. Vf. deuten diesen Federausfall als Symptom eines überstürzten Stoffwechsels. Federausfall bei Hyperthyreoidie u. bei normaler Mauser sind vermutlich keine homologen Erscheinungen. — 27 Literaturangaben.
M. METZE. 4562 □

Phosphomonoesterase-Aktivität bei experimentellem Hyperparathyreoidismus. 1. Mitt. Histochemische und biochemische Untersuchungen der Knochen. G. A. Ambroso, N. Zinicola und S. Castello. (Ateneo Parmense, Suppl. **29.** Nr. 8. 129—50. 1958. Genova, Univ., Ist. di Patol. Spec. Chir. e Propedeut. Clin.) (Ital.)

Bei Meerschweinchen bewirkte *Parathormon* eine Zunahme der *alkal. Glycerophosphatase* im Knochen.
K. ZINGRAF. 4563 □

Phosphomonoesterase-Aktivität bei experimentellem Hyperparathyreoidismus. 2. Mitt. Histochemische und biochemische Untersuchungen in der Niere. N. Zinicola, G. A. Ambroso und S. Castello. (Ateneo Parmense, Suppl. **29.** Nr. 8. 151—65. 1958.) (Ital.) — 1. vgl. vorst. Referat.

Parathormon bewirkte bei Meerschweinchen keine Veränderung der *Phosphomonoesterase*-Aktivität in der Niere.
K. ZINGRAF. 4563 □

Phosphomonoesterase-Aktivität bei experimentellem Hyperparathyreoidismus. 3. Mitt. Biochemische Untersuchungen im Serum. G. A. Ambroso, N. Zinicola und S. Castello. (Ateneo Parmense, Suppl. **29.** Nr. 8. 166—78. 1958.) (Ital.) — 2. vgl. vorst. Referat.

Parathormon bewirkte bei Meerschweinchen eine so große Zunahme der *Glycerophosphatase*-Aktivität im Serum, daß diese durch eine einfache Freisetzung von Enzym aus rückresorbierten Knochen nicht zu erklären ist u. eine Aktivierung des Enzyms durch bes. Aktivatoren angenommen werden muß.
K. ZINGRAF. 4563 □

Schutz durch Schwangerschaft gegen die Folgen des akuten Hyperparathyreoidismus. David Lehr und Marilyn Krukowski. (Naunyn-Schmiedebergs Arch. exp. Pathol. Pharmakol. **242.** 143—67. 1961. New York City, N.Y., Med. Coll., Dep. of Physiol. and Pharmacol., Flower and Fifth Avenue Hosp.) (Engl.)

Durch Überdosierung von *Parathyreoidhormon* (I) akut hyperparathyreot. gemachte Ratten zeigten schwere cardiorenale Schädigungen. Gravide Tiere waren ab 3. Woche weitgehend resistent gegen I-Schädigung. — 34 Literaturangaben.
M. METZE. 4563 □

Beeinflussung von Hypocalcämie verschiedener Genese durch Dihydrotachysterin bei Ratten. W. Ponsold und G. Luft. (Naunyn-Schmiedebergs Arch. exp. Pathol. Pharmakol. **241.** 547—48. 1961. Halle/Saale, Univ., Pharmakol. Inst.) (Dt.)

Der Plasma-*Ca*-Spiegel von Ratten mit Hypocalcämie verschiedener Genese wurde bei gesunden u. parathyreoidektomierten Tieren vor u. nach *Dihydrotachysterin* (I)-Gabe bestimmt. Es zeigte sich, daß die Nebenschilddrüsen gesunder, aber langfristig Ca-arm ernährter Tiere funktionsuntüchtiger werden. Nach I wird die Insuffizienz kurzfristig substituiert. M. METZE. 4563☐

Histochemisch nachweisbare Verschiebungen des Glykogengehaltes im Zentralnervensystem von Meerschweinchen mit Insulinhypoglykämie. Tentscho Gentschev. (Acta histochem. [Jena] **10.** 11—29. 25/10. 1960. Sofia, Psychoneurolog. Inst.) (Dt.)

An Meerschweinchen wurde die Wrkg. des *Insulins* auf den histochem. nachweisbaren *Glykogen* (I)-Geh. in Gehirn u. Rückenmark untersucht. — Die Unterss. ergaben, daß sich I im Zentralnerven-Syst. während einer Insulinhypoglykämie deutlich verändert. Auf Grund dieser Ergebnisse vertritt Vf. die Ansicht, daß I akt. am Stoffwechselgeschehen des ZNS beteiligt ist u. die Verschiebungen des I-Profils eng mit der Tätigkeit des Nervengewebes verbunden sind. R. ILLHARDT. 4564☐

Endokrine Einflüsse auf den Gewebe-Serotonin-Gehalt bei der Ratte. Robert H. Resnick, George T. Smith und Seymour J. Gray. (Amer. J. Physiol. **201.** 571—73. Sept. 1961. Boston, Mass., Harvard Med. School, Dep. of Med. and Pathol.; Peter Bent Brigham Hosp., Med. Clinic.) (Engl.)

Der normale Geh. der Gewebe an *Serotonin* (I; *5-Hydroxytryptamin*) wird (bei der Ratte) durch tiefgreifende endokrine Veränderungen nicht beeinflußt; die Stabilität des I-Geh. im Gastrointestinaltrakt läßt sich auch nach arzneimittelinduzierter cholinerg. Stimulierung erkennen. So wurde im I-Geh. des Rattenhirns u. des Ratten-Magendarmtraktes weder eine Veränderung nach Hypophysektomie, Adrenalektomie, Parathyreoidektomie, Thyreoidektomie oder Testikelablation noch nach Verabreichung von 10mal 10 Einheiten *Corticotropin*, alle 2 Wochen 7 mg *Testosteron* oder 0,25—2,5 mg *Methacholinchlorid*/kg beobachtet; der Anstieg des I-Geh. im Magen nach Hypophysektomie ist einer Magenatrophie mit Erhaltung der argentaffinen Zellen zuzuschreiben.
U. TAUSENDFREUND. 4569☐

Hemmung der Hyaluronidasewirkung durch Serotonin. E. Ezer und L. Szporny. (Acta physiol. Acad. Sci. hung. **20.** 171—76. 1961. Budapest, Gedeon Richter Chem. Works Ltd., Pharmacol. Labor.) (Engl.)

Serotonin hemmt die *Hyaluronidase* (I)-Wrkg. auf Hyaluronsäure in vitro u. die I-Wrkg. auf „Spreading"-Effekt, Elektrolytresorption u. Ödem-Bldg. in vivo bei Ratten.
M. METZE. 4569☐

Einfluß der Hypothermie auf das Dextran- und Eiweiß-Ödem. T. Szilágyi, B. Csaba und E. Szabó. (Acta physiol. Acad. Sci. hung. **20.** 145—48. 1961. Debrecen, Med. Univ., Inst. of Pathophysiol.) (Engl.) — Vgl. auch vorst. Referat.

Hypothermie verhindert bei Ratten die Ödem-Entw. nach Weißei oder *Dextran*, wahrscheinlich durch Hemmung der *Histamin*- u. *Serotonin*-Freisetzung. *Phenobarbital* fördert die Ödementwicklung. M. METZE. 4569☐

Einfluß der Hypothermie auf den Histamin-Spiegel im Blutplasma. T. Szilágyi, B. Csaba, S. Damjanovich und L. Kesztyús. (Acta physiol. Acad. Sci. hung. **20.** 141—44. 1961. Debrecen, Med. Univ., Inst. of Pathophysiology.) (Engl.)

Unterss. an Hund (a), Katze (b), Meerschweinchen (c) u. Kaninchen (d) zeigen, daß Hypothermie den *Histamin*-Spiegel bei b u. d erhöht, bei a u. c unverändert läßt.
M. METZE. 4569☐

Der Histamin-Gehalt im Meerschweinchen-Ileum bei der Schultz-Dale-Reaktion. B. Csaba, Gy. Beregszászi, A. Kövér, J. Csongor und T. Szilágyi. (Acta physiol. Acad. Sci. hung. **20.** 165—70. 1961. Debrecen, Med. Univ., Inst. of Pathophysiol. and Inst. of Physiol.) (Engl.)

Der *Histamin* (I)-Geh. des isolierten Meerschweinchenileums von passiv sensibilisierten Tieren zeigte nach der SCHULTZ-DALE-Rk. eine Erhöhung von 50—200%. Vermutlich spielen neben dem I-freisetzenden Enzym-Syst. andere Faktoren bei der I-Freisetzung eine Rolle. M. METZE. 4569☐

Durch Acetylcholin im depolarisierten, denervierten Muskel bewirkte Kontrakturen und Permeabilitätsveränderungen. D. H. Jenkinson und J. G. Nicholls. (J. Physiology **159.** 111—27. Nov. 1961. London, Univ. Coll., Dep. of Biophys. and Physiol.) (Engl.)

Denervierte Rattenzwerchfelle wurden bei 18—23° in Lsgg., welche 142 mm *K* enthielten, depolarisiert. *Acetylcholin* (I) verstärkte deutlich das Einströmen von *Ca* sowie das Einströmen u. Ausströmen von *Na* u. K, beeinflußte dagegen den Transport von Cl^- nur wenig. I bewirkte auch bei Zimmer-Temp. in den depolarisierten Muskeln noch die Entw. von Spannung, welche durch Tubocurarin in reversibler Weise aufgehoben wurde. Die Kontrakturen traten bei Fehlen von Ca in der Lsg. nicht auf, obwohl unter diesen Bedingungen die Wrkg. von I auf die Permeabilität der Membran nicht verringert wurde. I veränderte das Membranpotential nur wenig oder gar nicht.
K. ZINGRAF. 4569☐

Kaliumfreisetzung sowie Natrium- und Chlorionenverschiebungen aus der Skelettmuskulatur durch Acetylcholin bei Durchströmung mit natriumarmer Blut-Tyrode-Verdünnung. O. Kraupp, W. Korbinger, H. Stormann und H. P. Clodi. (Naunyn-Schmiedebergs Arch. exp. Pathol. Pharmakol. **228.** 131—33. 1956.) (Dt.)

Vff. finden an normalen innervierten u. chron. denervierten Katzenextremitäten eine starke K^+-Abgabe an die NaCl-arme Blut–Tyrode-Durchströmungs-Fl., die durch Ggw. von *d-Tubocurarin* (I) nicht beeinflußt wird. Dieser Effekt wird durch *Acetylcholin* (II) verstärkt; I wirkt hierbei antagonist. auf die II-Wirkung. Entsprechend der K^+-Abgabe wird eine Cl^--Verschiebung beobachtet. R. LAFFERENZ. 4569 □

Über den Einfluß von Chinin auf die Dosiswirkungskurve von Acetylcholin am isolierten Uterus der Ratte. K. H. Mosler. (Naunyn-Schmiedebergs Arch. exp. Pathol. Pharmakol. **242.** 12—16. 1961. Mainz, Univ., Pharmakol. Inst.) (Dt.) — Vgl. C. **1960.** 6917.

Am isolierten Rattenuterus wurde die mechan. u. elektr. Aktivität mit Saugelektroden gemessen. *Chininhydrochlorid* (I; 10^{-5} g/ml) steigerte die Amplitude der durch *Acetylcholin* (II) ausgelösten Kontraktionen u. hemmte die Zahl der Aktionspotentiale. Das Maximum der elektr. Aktivität lag bei einer II-Konz. von 10^{-6} g/ml, unter I-Wrkg. trat es erst bei der II-Konz. von 10^{-5} g/ml auf. M. METZE. 4569 □

Identifizierung von Acetylcholin, 5-Hydroxytryptamin, Histamin und einem neuen Kinin im Gift der Hornisse (V. crabro). K. D. Bhoola, J. D. Calle und M. Schachter. (J. Physiology **159.** 167—82. Nov. 1961. London, Univ. Coll., Dep. of Physiol.) (Engl.)

Hornissengift enthält *Acetylcholin* (18—50 mg/g trockener Giftsack; I), *5-Hydroxytryptamin* u. *Histamin* (je etwa halb soviel wie I) sowie ein neues *Kinin*. Dieses ist mit Oxytocin, Wespenkinin u. Bradykinin (II) nicht ident., ähnelt aber II.
K. ZINGRAF. 4569 □

Neurohormone und andere pharmakologisch wirksame Substanzen im Liquor cerebrospinalis: Eine Literaturübersicht. Richard J. Schain. (Yale J. Biol. Med. **33.** 15—36. Aug. 1960. New Haven, Conn., Yale Univ., School of Med., Dep. of Pharmacol. and Psychiatr.) (Engl.)

Übersicht. — *Neurohormone* werden definiert als hochakt., natürlich vorkommende Substanzen, die an der Tätigkeit der Neuronen beteiligt sind u. im Nerven-Syst. in so geringen Konzz. vorkommen, daß zu ihrer Best. allg. biolog. Best.-Meth. erforderlich sind (z. B. Acetylcholin, Noradrenalin, Adrenalin, Serotonin u. Histamin). — 84 Literaturangaben. K. ZINGRAF. 4569 □

Zur Reinigung und Wirkungsweise von Kallikreinen. E. Habermann. (Naunyn-Schmiedebergs Arch. exp. Pathol. Pharmakol. **241.** 543—44. 1961. Würzburg, Univ., Inst. für Pharmakol. u. Toxikol.) (Dt.)

Serum enthält kein *Kallikrein* (I), sondern die durch Caseinbehandlung aktivierbare Vorstufe *Kallikreinogen* (II). Inkubiert man freigelegtes Serum-I mit *Diisopropylfluorphosphat* (*DFP*), so wird es inaktiviert, II ist DFP-resistent. Immunolog. ist Serum-I von Pankreas-I zu unterscheiden. Es bestehen Hinweise für die Existenz von zwei elektrophoret. trennbaren Pankreas-I. M. METZE. 4569 □

Venendruckänderungen nach Gabe von Renin, Angiotensin und Noradrenalin. K. D. Bock und F. Gross. (Naunyn-Schmiedebergs Arch. exp. Pathol. Pharmakol. **242.** 188—200. 1961. Essen, Städt. Krankenanst., Med. Klinik; Basel, Forschungslabor. der CIBA A.G., Pharmazeut. Abt.) (Dt.)

Renin, *Angiotensin* u. *Noradrenalin* erhöhen am wachen Hund den zentralen Venendruck. Die möglichen Ursachen werden diskutiert. M. METZE. 4569 □

Die Zusammensetzung des Blutes der Strandkrabbe Carcinus moenas (Pennant) in Beziehung zu Geschlecht und Körpergröße. 3. Mitt. **Gehalt des Blutes an Nicht-protein-Stickstoff.** A. B. Gilbert. (J. exp. Biology **36.** 495—500. Sept. 1959. Newcastle-upon-Tyne, Univ. of Durham, King's Coll., Dep. of Zool.) (Engl.) — 1. u. 2. vgl. J. exp. Biology **36.** [1959.] 113 u. 356.

Der *Nichtprotein-N*-Geh. im Blut von *Carcinus moenas* sinkt bei beiden Geschlechtern mit zunehmender Körpergröße ab bis zu einem Minimum bei 35 g, danach erneuter Anstieg; ♂ Tiere unter 35 g weisen höhere Werte als ♀ auf, über 35 g zeigen ♂ niedrigere Werte. Zwischen der mit steigendem Körper-Gew. steigenden Fortpflanzungsfähigkeit u. der Gesamtionen-Konz. (vgl. 1. u. 2. Mitt.) sowie dem N-Geh. bestehen positive Beziehungen. U. TAUSENDFREUND. 4572 □

Hämoglobin F, seine Bedeutung in der Genetik und der Evolution von Hämoglobin. Wolf W. Zuelzer und Abner R. Robinson. (Nature [London] **190.** 237—40. 15/4. 1961. Detroit, Mich., Child Res. Center of Michigan.) (Engl.)

Ausdehnung der von INGRAM u. STRETTEN (1959) angestellten Betrachtungen auf die Bldg. von *Hämoglobin F*, dessen γ-Ketten als primitive β-Ketten angesehen werden, so daß der Übergang von Hämoglobin F zu *Hämoglobin A* beim normalen Fötus als Modulation eines einzigen genet. Effektes anzusehen ist. Dadurch daß die γ-Ketten ein früher u. die β-Ketten ein später Ausdruck der Aktivität der β-Gene sind, ließe sich auch das gleichzeitige Vork. beider Hämoglobintypen in ein u. demselben Erythrocyten erklären.
U. TAUSENDFREUND. 4572 □

Extraerythrocytäre Einflüsse auf die Hämoglobinbildung durch Phenylhydroxylamin und Nitrosobenzol in roten Zellen. Manfred Kiese, Hartmut Uehleke und Nikolaus Weger. (Naunyn-Schmiedebergs Arch. exp. Pathol. Pharmakol. **242.** 130—33. 1961. München u. Tübingen, Univ., Pharmakol. Inst.) (Dt.) — Vgl. auch vorst. Referat.

In der lösl. Zellfraktion von Leberhomogenat (Rind) ist ein Faktor vorhanden, der die *Hämoglobin*-Bldg. durch *Phenylhydroxylamin* u. *Nitrosobenzol* in roten Zellen in Ggw. von red. Nicotinamidadenindinucleotidphosphat beschleunigt. M. METZE. 4573 □

Transaminasespiegel der roten Blutkörperchen bei Anämie. 2. Mitt. **Thalassaemia minor.** Martin D. Sass und Paul W. Spear. (J. Lab. clin. Med. **58.** 580—85. Okt. 1961. New York, N.Y., State Univ. of New York, Coll. of Med.; Brooklyn, N.Y., Med. Serv. of the Veterans Administr. Hosp.) (Engl.) — 1. vgl. J. Lab. clin Med. **51.** [1958.] 926.

Vff. prüften ältere Befunde über erhöhte *Glutaminsäure–Oxalessigsäure-Transaminase* (I)-Aktivität der Erythrocyten in Populationen junger Zellen bei Patienten mit Thalassämie sowie deren Familien. Sowohl die Schwankungsbreite als auch der mittlere Wert der I-Aktivität der Erythrocyten von 18 Patienten u. Mitgliedern von 5 Familien lagen ständig über den Normalwerten. Dieser Befund muß mit der verstärkten Erythrocytenproliferation bei Thalassaemia minor in Verbindung gebracht werden, da ähnlich erhöhte Werte bei einer Reihe von Patienten ohne oder mit Anämie ohne erhöhte Erythrocytenproliferation nicht festgestellt werden konnten (I-Best. spektrophotometr.).
HANS THIELE. 4573 □

Transaminasespiegel der roten Blutkörperchen bei Anämie. 3. Mitt. **Akuter und chronischer Blutverlust.** Martin D. Sass und Paul W. Spear. (J. Lab. clin. Med. **58.** 586—91. Okt. 1961.) (Engl.) — 2. vgl. vorst. Referat.

Es wird gezeigt, daß die *Glutaminsäure–Oxalessigsäure-Transaminase* (I)-Aktivität 10—14 Tage nach akutem Blutverlust bei ansonsten normalen Patienten merklich ansteigt. Dieser Anstieg bleibt mindestens 6 Wochen konst. u. ist ein sichereres Symptom einer Hämorrhagie als die Zunahme der Reticulocyten. Noch stärkerer Anstieg der I-Aktivität wurde bei 70% einer Gruppe von Patienten festgestellt, die an Anämie mit chron. Blutverlust litten. Bei diesen Patienten bestand zwischen dem Ausmaß des Blutverlustes u. Anstieg der I-Aktivität eine grobe umgekehrte Beziehung.
HANS THIELE. 4573 □

Phosphorstoffwechsel der Erythrocyten. 2. Mitt. **Die Stoffwechselveränderungen im Verlaufe der Blutkonservierung.** P. Baudequin, J. Chedru und P. Cartier. (Bull. Soc. Chim. biol. **43.** 841—58. 1961. Rouen, Hôtel-Dieu, Ecole de Méd., Labor. Michel Polonovski.) (Franz.) — 1. vgl. C. **1961.** 8731.

Bzgl. des Phosphorstoffwechsels beobachtet man an roten Blutkörperchen (Er.) bei Aufbewahrung bei $+4^0$ in einem physiolog. Milieu (75 ml „A.C.D." auf 400 ml Blut) folgende Veränderungen: Anhäufung von *Orthophosphat* (I) infolge Phosphatase-Wrkg. auf die Ester, rasches Verschwinden von *ATP* u. *ADP* ab 15. Tag, entsprechend einer Verlangsamung der phosphorylierenden Wiederaufladung u. einer Desaminierung der Nucleotide. Die Er.-Membran ist gegen intracelluläres I bei $+4^0$ impermeabel, I diffundiert aber rasch in das Plasma bei Wiedereintreten einer physiolog. Temp.; die Inkorporierung von $^{32}PO_4^{3-}$ bei 30 u. 40^0 nach verschiedenen Aufbewahrungszeiten zeigt, daß der Austauschprozentsatz regelmäßig abnimmt u. die Aktivierungsenergie steigt (Inaktivierung beteiligter Enzymgruppen oder Veränderung der Membranstruktur). Die Beobachtungen weisen auf eine Störung des Gleichgewichts zwischen dem normalen Hauptglykolyseweg (EMBDEN-MEYERHOF) u. dem Seitenweg von RAPOPORT-LUEBERING hin, was die Inaktivierung des *ATP*-Wiederaufladungs-Syst. bei der Stufe der *Triosephosphate*, der *1.3-Diphosphoglycerat–ADP-Phosphotransferase* zur Folge hat. Schließlich wurde noch festgestellt, daß die Markierung des β-P des *ADP*, gleich derjenigen des β-P des *ATP* ist u. immer höher ist als die des γ-P des *ATP*. H. AMAN. 4573 □

Kalium–Natrium-Verteilung und Stoffwechsel des Erythrocyten unter dem Einfluß von Anilinderivaten. K. Pfleger und E. Seifen. (Naunyn-Schmiedebergs Arch. exp. Pathol. Pharmakol. **241.** 545—46. 1961. Homburg/Saar, Univ., Pharmakol. Inst. (Dt.

Es wurde an Kaninchenerythrocyten in vitro die Ursache für die Erhöhung der Erythrocytenzerfallsrate durch *Anilin-Derivv.* untersucht. Von den untersuchten

Stoffen (z. B. Phenacetin, p-Phenetidin) erhöhte nur *Nitrosobenzol* (I) den Zerfall. $4 \cdot 10^{-5}$m I verändert die *K–Na*-Verteilung im Erythrocyten wie ein typ. Hämolyticum in der prähämolyt. Phase. Glucoseabbau wird nicht durch I gehemmt u. der Adenosintriphosphat-Geh. nicht vermindert. Ob der Einfl. von I auf die K–Na-Verteilung mit Stoffwechseländerungen oder Veränderungen der passiven Permeabilität im Zusammenhang steht, bleibt noch zu klären. M. METZE. 4573□

Einfache Methode zur Nebeneinanderbestimmung von ^{51}Cr und ^{59}Fe in vivo. Ann Crook und L. Szur. (Brit. J. Radiol. **33**. 447—50. Juli 1960. London, Hammersmith Hosp., Phys. and Radiotherapy Dep.) (Engl.)

Durch Verw. eines Bleifilters können *^{51}Cr* u. *^{59}Fe* bei der in vivo-Messung (Unters. der Erythrokinetik) beim Menschen nebeneinander bestimmt werden. H.-G. FLOSS. 4573□

Versuche zur Frage der Permeation einiger organischer Substanzen in Schweinethrombocyten. E. Weber. (Naunyn-Schmiedebergs Arch. exp. Pathol. Pharmakol. **241**. 546—47. 1961. Heidelberg, Univ., Pharmakol. Inst.) (Dt.)

Schweinethrombocyten wurden in Plasma (a) u. Kochsalz-Lsg. (b) mit verschiedenen Substanzen (*Inulin, Evansblau, Hämoglobin, ^{131}J-Plasma, Fructose, Raffinose*) inkubiert u. anschließend die Veränderung der Intercellularraum (Ic)-Größe, Aufnahme von Fructose bei verschiedenen Temp. u. verschiedenen Zucker-Konzz. bzw. die Permeation bestimmt. Der Ic wurde in b um $^1/_3$ vermindert, u. die höchste Fructose-Konz. in der Zelle fand sich bei 1800 mg Fructose/100 ml u. 37°; der Quotient aus Konz. der Zelle u. des Suspensionsmediums betrug 0,70. In a wurde ein Ausgleich zwischen Zell- u. Medium-Konz. erreicht, was für eine größere Permeabilität der Thrombocyten im natürlichen Medium sprechen würde. Deutliche Schädigung der Plättchen fand sich nur in b, nicht in a (18 Std. Inkubation). M. METZE. 4573□

Katalase-Aktivität und Redox-Aktivität der Thrombocyten von Patienten mit rheumatoiden und nichtrheumatoiden entzündlichen Befunden. Grace P. Kerby und S. M. Taylor. (J. Lab. clin. Med. **58**. 592—97. Okt. 1961. Durham, N.C., Duke Univ., Med. Center, Dep. of Med.) (Engl.)

Vff. bestimmten bei Patienten mit u. ohne entzündliche Erkrankungen einschließlich Gelenkrheumatismus die *Katalase* (I)-Aktivität der Thrombocyten u. des Gesamtblutes mittels der Thiosulfat-Meth. von JOLLES, modifiziert nach SUMNER u. DOUNCE sowie die Redoxaktivität der Thrombocyten an Hand der Red. von *2.6-Dichlorphenolindophenol*. Die I-Aktivität/Einheit Thrombocyten war in allen Fällen gleich. Diese Befunde sprechen nicht für die Annahme einer allg. Senkung der enzymat. Aktivität der Thrombocyten bei rheumatoiden u. nichtrheumatoiden entzündlichen Zuständen. Ein leichter Abfall der Grund-Redoxaktivität der Thrombocyten wurde in Abwesenheit von Plasma ermittelt, nicht jedoch in Ggw. von 4% Plasma. Dieser Abfall wurde durch *Serotonin* (I) nicht beeinflußt. I-Zugabe verstärkte die in vitro-Redoxaktivität der Thrombocyten in Ggw. von Plasma in allen Fällen merklich, u. zwar bei rheumatoiden Zuständen etwas weniger als bei nichtrheumatoiden. Die erhaltenen Befunde lassen bei Thrombocyten von rheumatoiden Patienten geringe Unterschiede in der Rk. auf Serotonin vermuten. HANS THIELE. 4573□

Untersuchungen über die Ultrafiltration von Serummagnesium im normalen und erkrankten Zustand. Ananda S. Prasad, Edmund B. Flink und Robert McCollister. (J. Lab. clin. Med. **58**. 531—41. Okt. 1961. Minneapolis, Minn., Veterans Administr. Hosp. and Univ. Hosp., Dep. of Med.) (Engl.)

Das teilweise proteingebundene *Mg* kommt im menschlichen Serum in ultrafiltrierbarer u. nicht ultrafiltrierbarer Form vor. Vff. bestimmten das *ultrafiltrierbare Mg* (I) nach der Meth. von GARNER bei 140 gesunden u. erkrankten Personen. Der mittlere Wert für *Gesamt-Mg* u. I in normalen Sera lagen bei 1,809 ± 0,132 mVal u. 1,175 ± 0,096 mVal/Liter. Erhöhte I-Werte wurden bei multiplem Myelom, Urämie, Hypothyreoidismus, disseminierendem erythematösen Lupus, Hypoparathyreoidismus, generalisierter Peritonitis u. Myasthenia gravis ermittelt. Erhöhten I-Werten entsprechen stets erhöhte Werte für Gesamt-Mg. Niedrigere I-Werte wurden bei nephrot. Syndrom, Hyperthyreoidismus, alkohol. Lebercirrhose, Delirium tremens, disseminierendem erythematösem Lupus u. Vitamin-D-resistenter Rachitis gefunden. Bei manchen Patienten lagen die Gesamt-Mg-Werte hierbei im normalen Bereich. Serumproteine, Schilddrüsen- u. Nierenfunktion sind u. a. für die Aufrechterhaltung des Gesamt-Mg- u. I-Spiegels verantwortlich, jedoch spielen offenbar noch weitere Faktoren hierbei eine Rolle. Erhöhten prozentualen I-Werten gingen gewöhnlich verminderte Geh. an den Mg-bindenden Proteinfraktionen parallel. Verminderte prozentuale Werte wurden bei Urämie, Hypothyreoidismus, alkohol. Lebercirrhose, multiplem Myelom, nephrot. Syndrom u. Hyperthyreoidismus ermittelt. Die möglichen Ursachen dieser Befunde werden diskutiert. HANS THIELE. 4574□

Bestimmung aromatischer Säuren und Phenole im Harn erwachsener Weißer und Farbiger. Gerald Kessler und E. G. Schmidt. (J. Lab. clin. Med. **50.** 282—85. Aug. 1957. Baltimore, Md., Univ. of Maryland, School of Med., Dep. of Biol. Chem.) (Engl.)

Es werden Meth. für die mikrobiolog. Best. von *Phenylmilchsäure, p-Hydroxyphenylmilchsäure* u. *Indolyl-(3)-milchsäure* beschrieben. Die Fraktionen der flüchtigen Phenole u. aromat. Hydroxysäuren wurden chem. mit dem FOLIN-CIOCALTEAU-Reagens bestimmt. Es wurde kein prinzipieller Unterschied zwischen Negern u. Weißen im Harn-Geh. solcher Substanzen festgestellt. M. METZE. 4577 □

Die osmotische und Ionenregulierung bei Asellus aquaticus (L.). A. P. M. Lockwood. (J. exp. Biology **36.** 546—55. Sept. 1959. Edinburgh, Univ. of Edinburgh, Dep. of Zool.; Cambridge, Univ. of Cambridge, Dep. of Zool.) (Engl.)

Die osmot. u. ionalen Konzz. der Hämolymphe von *Asellus aquaticus* entsprechen denen anderer Frischwassercrustaceen; Asellus ist einem Anstieg der Salz-Konz. des Mediums bis zu Werten gewachsen, die etwa denen der normalen Hämolymph-Konz. nahekommen; trotzdem kann es nicht den Tieren zugerechnet werden, die einem Leben in hohen Salz-Konzz. angepaßt sind. Bei 8tägigem Fasten kommt es zu keiner Veränderung des osmot. Druckes der Hämolymphe bzw. des *Na*- u. *Cl*-Geh., deren Verlust durch akt. Aufnahme ausgeglichen wird. U. TAUSENDFREUND. 4578 □

Die Regulierung der internen Natriumkonzentration bei Asellus aquaticus beim Fehlen von Natriumchlorid im Medium. A. P. M. Lockwood. (J. exp. Biology **36.** 556—61. Sept. 1959. Edinburgh, Univ. of Edinburgh, Dep. of Zool.; Cambridge, Univ. of Cambridge, Dep. of Zool.) (Engl.) — Vgl. vorst. Referat.

Asellus aquaticus kann in strömendem, entionisiertem W. bis zu 16 Tage überleben. Der osmot. Druck der Hämolymphe sowie deren Geh. an *Na* u. *Cl* fallen rasch auf 65% der Normwerte, danach bis zum Exitus jedoch sehr langsam. In Isotopen-Unterss. zeigt sich, daß ein großer Teil des Na nicht in der Hämolymphe vorliegt. Es wird angenommen, daß Wasserverschiebung von Hämolymphe zu Zellen teilweise für die Erhaltung der Hämolymph-Konz. trotz ständigen Ionenverlustes verantwortlich ist. U. TAUSENDFREUND. 4578 □

Das außerhalb der Hämolymphe befindliche Natrium bei Asellus aquaticus (L.). A. P. M. Lockwood. (J. exp. Biology **36.** 562—65. Sept. 1959. Edinburgh, Univ. of Edinburgh, Dep. of Zool.; Cambridge, Univ. of Cambridge, Dep. of Zool.) (Engl.) — Vgl. vorst. Referat.

Ca. 20—30% des Gesamt-*Na*-Geh. des Organismus befinden sich bei *Asellus aquaticus* nicht in der Hämolymphe; bei autorad iograph.Unterss. zeigte sich eine uneinheitliche Verteilung dieses Na-Anteils, welcher vorwiegend in den Zellen des ZENKER-Organs zu Seiten des Darms, in geringem Maße auch in den Ovarien, dem Verdauungstrakt u. der Haut zu finden ist; im ZENKER-Organ befindet sich auch *Harnsäure*; die Funktion des Na in den Zellen des Organs ist noch unbekannt. U. TAUSENDFREUND. 4578 □

Beziehung zwischen Nahrungs- und Wasseraufnahme beim Kaninchen. Louis J. Cizek. (Amer. J. Physiol. **201.** 557—66. Sept. 1961. New York, N.Y., Columbia Univ., Dep. of Physiol.) (Engl.)

Kaninchen pflegen durchschnittlich 200 ml *W.*/Tag zu sich zu nehmen. Zwischen Nahrungs- u. Wasseraufnahme besteht eine quant. lineare Beziehung; mit fortschreitendem Alter geht die Nahrungsaufnahme u. — etwas stärker ausgeprägt — die Trinkwassermenge zurück. Bei plötzlichem Nahrungsentzug konnte an ♂ Tieren eine durch NaCl-Mangel bedingte Polydipsie u. Polyurie (durch NaCl, nicht jedoch KCl-Zugabe zum W. ausgleichbar) beobachtet werden; bei ♀ Tieren hing die Rk. auf Nahrungsentzug vom Alter ab (in der Jugend u. im Alter Polydipsie-Rk., bei reifen Tieren abgeschwächte Rk.); durch Kastration wird diese Rk. bei ♀ Tieren ausgelöscht.
U. TAUSENDFREUND. 4585 □

Eine Untersuchung über die Beziehung zwischen der Nahrungsaufnahme und den Aminosäuren in Blut und Urin. 1. Mitt. **Untersuchungen an Schulmädchen.** Shizuko Isobe. (Jap. J. Nutrit. **19.** 43—50. Jan. 1961. Nat. Inst. of Nutrit.) (Jap.; Auszug: Engl.)

Während der Geh. von *Lysin, Threonin, Methionin* u. *Tryptophan* im Blut nicht direkt von der Proteinaufnahme abhängt, besteht eine sehr enge Beziehung zwischen der Aufnahme u. der Ausscheidung mit dem Urin. P. GREGORZEWSKI. 4585 □

Eine Untersuchung über die Beziehung zwischen der Nahrungsaufnahme und den Aminosäuren in Blut und Urin. 2. Mitt. **Untersuchungen an Frauen und Bauern mit geringem Einkommen.** Shizuko Isobe. (Jap. J. Nutrit. **19.** 51—57. Jan. 1961. Nat. Inst. of Nutrition.) (Jap.; Auszug: Engl.) — 1. vgl. vorst. Referat.

Es besteht kein Zusammenhang zwischen der Proteinaufnahme u. dem Plasmaspiegel der Aminosäuren. Bei den Bauern unterscheidet sich der *Tryptophan*-Geh. im Plasma zwischen Männern u. Frauen signifikant, er korreliert mit der Proteinaufnahme; die Ausscheidung ist bei den Männern höher. P. GREGORZEWSKI. 4585 □

Eine Untersuchung über die Beziehung zwischen der Nahrungsaufnahme und den Aminosäuren in Blut und Urin. 3. Mitt. **Diskussion und Zusammenfassung.** Shizuko Isobe. (Jap. J. Nutrit. **19.** 58—64. Jan. 1961. Nat. Inst. of Nutrition.) (Jap.; Auszug: Engl.) — 2. vgl. vorst. Referat. P. GREGORZEWSKI. 4585 □

Untersuchungen von Aminosäure-Ergänzungen und Proteinstoffwechsel. 1. Mitt. **Einflüsse von Aminosäure-Ergänzungen auf die Xanthinoxydase-Aktivität der Rattenleber.** Atsushi Tamura. (Jap. J. Nutrit. **19.** 3—13. Jan. 1961. Nat. Inst. of Nutrit., Div. of Chem. of Nutrit.) (Jap.; Auszug: Engl.)

Zusatz von 1% *DL-Methionin* oder *DL-Threonin* zur Diät mit 9% Casein erhöhen die *Xanthinoxydase*-Aktivität (I), *L-Lysin* oder *L-Phenylalanin* verringern **I**. Lysin u. Threonin als Zusatz zu poliertem Reis fördern das Wachstum der Ratten, senken aber **I**, Methionin u. Tryptophan fördern das Wachstum in geringerem Maße, senken aber **I** weniger. P. GREGORZEWSKI. 4585 □

Untersuchungen von Aminosäure-Ergänzungen und Proteinstoffwechsel. 2. Mitt. **Die Einflüsse von Aminosäure-Ergänzungen zum Protein der japanischen Nahrung.** Atsushi Tamura. (Jap. J. Nutrit. **19.** 14—22. Jan. 1961. Nat. Inst. of Nutrit., Div. of Chem. of Nutrit.) (Jap.; Auszug: Engl.) — 1. vgl. vorst. Referat.

Im Ratten-Vers. wird festgestellt, daß Zugabe von *Tryptophan* u. *Methionin*, *Lysin* u. *Threonin* oder 4 Aminosäuren die *Xanthinoxydase*-Aktivität der Leber erhöht, das Wachstum aber nicht beeinflußt. P. GREGORZEWSKI. 4585 □

Der Einfluß von Aminosäuren auf das Wachstum und die Empfindlichkeit gegenüber der Virenhepatitis bei Mäusen. Boris H. Ruebner und Katsumi Miyai. (J. Lab. clin. Med. **58.** 627—33. Okt. 1961. Baltimore, Md., John Hopkins Univ., Dep. of Pathol.) (Engl.)

Vff. führten Modell-Verss. mit jungen ♀ Mäusen durch, die frei von *Eperythrozoon coccoides* waren, einem Protozoon, das die Schwere der Infektion mit dem Mäusehepatitisvirus (M.H.V.) verstärkt. Die an Hand dieser Modell-Verss. gewonnenen Ergebnisse sind den Verhältnissen bei der infektiösen Hepatitis des Menschen vergleichbar. *Casein* zeigte unabhängig von seiner wachstumsfördernden Wrkg. Schutz-Wrkg. gegenüber der M.H.V.-Infektion. Weder Cystin, Methionin noch irgendeine andere essentielle Aminosäure hatten einen ähnlichen Effekt. Ein Gemisch von L-Cystin, DL-Methionin, DL-Threonin, L-Arginin, L-Glutaminsäure, L-Histidin, DL-Isoleucin, DL-Leucin, L-Lysin, DL-Phenylalanin, DL-Tryptophan u. DL-Valin jedoch senkte die Mortalität u. verlängerte die Überlebenszeit dem Casein entsprechend. HANS THIELE. 4585 □

Einfluß verschiedener Lipide auf das menschliche Serum-Cholesterin. 3. Mitt. **Einfluß verschiedener Pflanzenöle.** S. Suzuki, S. Oshima und K. Yamakawa. (Jap. J. Nutrit. **19.** 230—31. Nov. 1961. Nat. Inst. of Nutrit.) (Jap.; Auszug: Engl.)

Sonnenblumen-, Mais-, Safflower-, Baumwollsaat-, Raps-, Soja- u. Sesamöl wurden an 25 Schulmädchen verabreicht. Der Serum-*Cholesterin*-Geh. sinkt nach Sonnenblumen-, Mais- u. Safflroweröl. P. GREGORZEWSKI. 4585 □

Einfluß verschiedener Lipide auf das menschliche Serum-Cholesterin. 4. Mitt. **Einfluß verschiedener Margarinemarken.** S. Suzuki, S. Oshima, K. Yamakawa, T. Kuga und K. Terada. (Jap. J. Nutrit. **19.** 232—34. Nov. 1961. Nat. Inst. of Nutrit.) (Jap.; Auszug: Engl.) — 3. vgl. vorst. Referat.

6 Margarinearten wurden verabreicht (1 Woche, täglich 60 g). Die aus Walöl hergestellten Arten verursachen eine Erhöhung, von den aus pflanzlichen Ölen hergestellten Arten verursachen die aus dem am stärksten ungesätt. Öl hergestellten eine Erniedrigung des Serum-*Cholesterin*-Gehalts. P. GREGORZEWSKI. 4585 □

Chemische Bestimmung von Isoflavonen. Edmund Cheng und Lester Yoder. (Proc. Iowa Acad. Sci. **65.** 220—23. 1958. Ames, Iowa, Iowa Agric. and Home Economics Exp. Stat.) (Engl.)

Da *Isoflavone* (I) östrogen wirken, ist es von Interesse, den **I**-Geh. in Heu u. anderen Futtermitteln zu kennen. Man bestimmt **I**, indem **I** unter Rückfluß mit 30%ig. KOH gespalten wird u. die gebildete äquimol. Menge *Formiat* nach PERLIN bestimmt wird. Da Kohlenhydrate stören, werden die Proben vorher mit A. extrahiert, die Kohlenhydrate mit W. gefällt u. mit Ae. extrahiert. Der **I**-Geh. schwankt zwischen 2,8—4,3 mg/g Trockenfutter. P. GREGORZEWSKI. 4585 □

Der Einfluß von ranzigem Öl auf den Kochvorgang. 15. Mitt. **Zersetzung von Vitamin C in Gemüse beim Braten in Gegenwart von Chlorophyll.** Goroh Kajimoto,

Chizuko Kajima und Keiko Oi. (Jap. J. Nutrit. **19.** 227—29. Nov. 1961. Kobe Mori Women's Coll.) (Jap.; Auszug: Engl.)

Zusatz von *Chlorophyll* zum Öl verhindert die *Vitamin-C*-Zersetzung.
P. GREGORZEWSKI. 4587 □

Stoffwechselstörungen des „Lycorin-Skorbut". 2. Mitt. Nucleinsäure-Untersuchungen an Ratten. Kenjiro Yamamoto und Tetuo Minesita. (Annu. Rep. Shionogi Res. Lab. [Osaka] **1958.** Nr. 8. 957—59. Div. of Pharmacol.) (Engl.) — 1. vgl. Annu. Rep. Shionogi Res. Lab. [Osaka] **1958.** Nr. 7. 591.

Sowohl bei Injektion von *Lycorin* (**I**) allein als auch zusammen mit *Ascorbinsäure* (**II**) nimmt der *RNS*-Geh. in der Rattenleber zu, nicht aber in den Nieren oder Testes. Durch **I** steigt der *DNS*-Geh. in Nieren u. Testes, dieses wird aber durch **II** verhindert. P. GREGORZEWSKI. 4587 □

Stoffwechselstörungen des „Lycorin-Skorbut". 3. Mitt. Xanthinoxydase und Uricase der Rattenleber. Kenjiro Yamamoto und Tetuo Minesita. (Annu. Rep. Shionogi Res. Lab. [Osaka] **1958.** Nr. 8. 961—67. Div. of Pharmacol.) (Engl.) — 2. vgl. vorst. Referat.

Bei „*Lycorin*-Skorbut" bleibt die *Xanthinoxydase*-Aktivität in Leber unverändert, während die *Uricase*-Aktivität abfällt, da *Uricase* als Aktivator *Ascorbinsäure* benötigt.
P. GREGORZEWSKI. 4587 □

Ascorbinsäure und Kollagenfaserbildung. Bernard S. Gould. (Vitamins and Hormones **18.** 89—120. 1960. Cambridge, Mass., Massachusetts Inst. of Technol., Dep. of Biol., Div. of Biochem.) (Engl.)

Übersicht. Einfl. von *Ascorbinsäure* (**I**) auf *Kollagen* (**II**)-bildende Zellen; **II**: allg. Eigg. (unlösl., lösl. **II**); Art der **II**-Faser-Bldg.; Phosphatase u. **II**-Bldg.; mögliche Speicherung von **II**-Vorstufe bei **I**-Mangel; direkte **I**-Einw. bei der **II**-Bldg. (Gewebekultur- u. in vivo-Unterss.); **I**-Funktion bei der **II**-Erhaltung; **I**, Grundsubstanz u. Faser-Bldg.; Funktion der Hyaluronidase bei der **II**-Bldg.; mögliche Wechselwrkg. von Nebennierenhormonen u. **I** bei der **II**-Bildung. — 165 Literaturangaben. K. MAIER. 4587 □

Untersuchungen über die Synthese von Vitamin-C-Zwischenprodukten. 2. Mitt. Eigenschaften von Calcium-L-idonat, das aus Calcium-5-keto-D-gluconat erhalten wurde. Taihei Miki und Yoshikazu Sahashi. (Vitamins [Kyoto] **15.** 510—12. 1958. Tokyo, Agric. Univ., Labor. of Biochem.) (Jap.; Auszug: Engl.) — 1. vgl. Vitamins [Kyoto] **15.** [1958.] 361.

Die Eigg. des durch Fermentation von frischem *Ca-5-Keto-D-gluconat* erhaltenen *Ca-L-Idonats* (l.c.) wurden untersucht. Die gereinigte krist. Dibenzal-L-idonsäure kann innerhalb von 3 Min. bei 80° oder innerhalb von 32 Min. bei 60° in Methanol-10%ig. H_2SO_4 (1:1) völlig hydrolysiert werden. Die Reinheit der Dibenzal-Verb. wurde durch Papierchromatographie nachgewiesen. Die saure Natur dieser Verb. wurde durch potentiometr. Titration u. durch die der Lacton-Bldg. entsprechende Änderung der spezif. Rotation bestätigt. K. F. MÜLLER. 4587 □

Biochemische Untersuchungen über thiaminaktive Substanzen. 1. Mitt. Thiaminaktive Substanzen in Reiskleie. Suzuoki-Ziro. (Vitamins [Kyoto] **15.** 470—75. 1958. Osaka, Takeda Pharmaceut. Ind., Ltd., Res. Labor.) (Jap.; Auszug: Engl.)

Bei der chromatograph. Unters. von Reiskleieextrakten wurden durch die Thiochrom-Meth. *Thiamin* (**I**) u. eine geringe Menge **I**-Diphosphat gefunden. Durch mikrobiolog. Best. wurde in der sauren Fraktion der Extrakte ein nichtidentifizierter *akt. Faktor* nachgewiesen. Dieser Faktor hat eine 4mal so große **I**-Aktivität als er nach der Thiochrom-Meth. haben müßte; durch Erhitzen in saurer Lsg. geht er in eine akt. bas. Komponente über. K. F. MÜLLER. 4587 □

Biochemische Untersuchungen über thiaminaktive Substanzen. 2. Mitt. Thiaminaktive Substanzen in Kaninchenleber. Suzuoki-Ziro. (Vitamins [Kyoto] **15.** 475—81. 1958. Osaka, Takeda Pharmaceut. Ind., Ltd., Res. Labor.) (Jap.; Auszug: Engl.) — 1. vgl. vorst. Referat.

In Ionenaustausch- u. Papierchromatogrammen von Kaninchenleberextrakten konnten durch die Thiochrom-Meth. nur *Thiamin* (**I**)-*Diphosphat*, **I**-*Triphosphat* u. **I** nachgewiesen werden. Durch die unter Verw. von *Lactobacillus fermenti* erhaltenen Biohistogramme konnte gezeigt werden, daß in der **I**-Triphosphatfraktion des Amberlite-XE-64-Chromatogramms mehrere *akt. Faktoren* vorhanden sind. Einer dieser Faktoren wurde bzgl. seines Verh. bei der Papierchromatographie, Papierionophorese, seiner pH-Stabilität u. seines Antagonismus gegen Pyrithiamin untersucht.
K. F. MÜLLER. 4587 □

Biochemische Untersuchungen über thiaminaktive Substanzen. 3. Mitt. Thiaminaktive Substanzen in Bäckerhefe. Suzuoki-Ziro. (Vitamins [Kyoto] **15.** 482—87.

1958. Osaka, Takeda Pharmaceut. Ind., Ltd., Res. Labor.) (Jap.; Auszug: Engl.) — 2. vgl. vorst. Referat.

In Ionenaustausch- u. Papierchromatogrammen u. Papierionopherogrammen von Bäckerhefeextrakten wurden durch die Thiochrom-Meth. *Thiamin* (I), I-*Tri*-, -*Di*- u. -*Monophosphat* nachgewiesen. Die I-Triphosphatfraktion des Amberlite-XE-64-Chromatogramms ergab eine höhere I-Aktivität gegenüber *Lactobacillus fermenti* als ihr auf Grund der Thiochrom-Meth. zukommen müßte. Weitere Unterss. zeigten, daß hier eine nichtidentifizierte *akt. Substanz* vorhanden ist, die stärker anion. ist als I-Triphosphat. K. F. MÜLLER. 4587 □

Untersuchungen über die Riboflavinresorption beim Menschen. Takeo Okubo und Fumihiko Murai. (Vitamins [Kyoto] **15.** 498—503. 1958. Kyoto, Univ., Fac. of Med., Dep. of Public Health.) (Jap.; Auszug: Engl.)

Die *Riboflavin* (I)-Resorption beim Menschen beträgt bei 40 mg verabreichtem I über 95%; bei 80 mg verabreichtem I beträgt sie 83%. Dies zeigt, daß die Grenze der Resorption im Darm zwischen 40 u. 80 mg I liegt. K. F. MÜLLER. 4587 □

Über das Schicksal von gebundenem Riboflavin im Organismus bei parenteraler Verabreichung. Takeo Okubo. (Vitamins [Kyoto] **15.** 503—06. 1958. Kyoto, Univ., Fac. of Med., Dep. of Public Health.) (Jap.; Auszug: Engl.)

Bei gesunden Personen, denen *Riboflavin* (I), *Flavinadenindinucleotid* (II) bzw. I-*5'-Phosphat* (III) parenteral verabreicht wurde, liegt die Hauptmenge des I im Blut in freier Form vor, auch wenn gebundenes I gegeben wurde; das freie I wird im Harn 2 Std. nach der Injektion ausgeschieden. Zwischen den 3 I-Typen wurde kein nennenswerter Unterschied gefunden. In einem weiteren Vers. wurde I, II bzw. III mit Menschen- oder Kaninchenblut gemischt u. im Dunkeln 60 Min. bei 37° gehalten. Im Falle des III wurden 54% als freies I gefunden, im Falle des II 40%. K. F. MÜLLER. 4587 □

Über den Wert der Tryptophansättigung zur Diagnose des Pyridoxinmangels beim Menschen. W. Rademaker und M.-C. Verloop. (Rev. Hématol. **14.** 324—32. Okt./Nov. 1959. Utrecht, Univ., Labor. d'Hématol.) (Franz.)

An 20 Kranken mit Anämien der verschiedensten Ätiologie wird die 24-Std.-Ausscheidung von *Xanthurensäure* (I) im Urin nach peroraler Zuführung von 10 g *Tryptophan* untersucht. Allg. wird eine patholog. I-Erhöhung als diagnost. Zeichen für *Pyridoxin* (II)-Mangel angesehen. Bei einem Kranken mit hypochromer Anämie war der Test negativ, er reagierte aber auf Zuführung von II günstig. Es konnte aber auch bei Kranken mit Eisenmangelanämie eine Erhöhung von I beobachtet werden, ohne daß ein II-Mangel bestand. H. STRUCK. 4587 □

Der Tryptophanbelastungstest als Nachweis eines Vitamin-B_6-Mangels bei Arteriosklerose. H. Weller und M. Fichtenbaum. (Klin. Wschr. **39.** 1275—80. 15/12. 1961. Berlin, Freie Univ., I. Med. Klin.) (Dt.)

Übersicht über die Stellung des *Vitamin B_6* (I) im Stoffwechsel u. Beschreibung des Tryptophanbelastungstestes als Prüf-Meth. auf I-Mangel. Ein Kausalzusammenhang zwischen Arteriosklerose u. I-Mangel scheint nicht zu existieren. — 60 Literaturangaben. P. GREGORZEWSKI. 4587 □

Die Wirkung von dl-Penicillamin auf das Vitamin-B_6-Enzym-System des Gehirns. Masaya Tsutsumi. (Vitamins [Kyoto] **15.** 507—09. 1958. Tokyo, Tokyo Jikeikai Med. Coll., Dep. of Biochem.) (Jap.; Auszug: Engl.)

Bei einem Vers., den Krampfanfall über den Stoffwechsel des Gehirns aufzuklären, wurden *Glutaminsäuredecarboxylase* (I) u. *Asparaginsäure–Glutaminsäure-Transaminase* (II) untersucht. Zur Auslösung wurden D- u. DL-*Penicillamin* getestet; *Pyridoxin* (III) wurde zur Unterdrückung des Anfalls verwendet. Der Anfall wird nur durch DL-Penicillamin ausgelöst. Während dieser Zeit ist I gehemmt; wird der Krampfzustand durch III unterdrückt, so findet keine Hemmung statt. Eine merkliche Hemmung der II wurde nicht beobachtet. K. F. MÜLLER. 4587 □

Zur Pharmakodynamie der Vitamine B_6 und B_{12}. K. H. Chemnitius. (Naunyn-Schmiedebergs Arch. exp. Pathol. Pharmakol. **241.** 540—41. 1961. Jena, Univ., Pharmakol. Inst.) (Dt.)

Pyridoxin u. *Cyanocobalamin* wurden in ihrer Wrkg. (einzeln u. in Kombination) auf Metrazol–Strychnin–Nicotin- u. Picrotoxinkrämpfe der Maus, Elektroschock u. andiogene Krämpfe der Ratte, auf Toxizität, Narkoseverlängerung, Analgesie u. Motilitätsbeeinflussung untersucht. Sie wirken synergist. u. haben teilweise überadditive Effekte. M. METZE. 4587 □

Die Umwandlung von β-Carotin in Vitamin A. J. Glover. (Vitamins and Hormones **18.** 371—86. 1960. Liverpool, Univ., Biochem. Dep.) (Engl.)

Übersicht. Ausbeute der *β-Carotin* (I) → *Vitamin-A*-Umwandlung: terminale Oxydation, zentrale Spaltung, in vitro- u. in vivo-Verss.; Stoffwechsel hypothet. Zwischenstufen: $^{14}C_{(15.15')}$-I, $^{14}C_e$-I, $^{14}C_e$-Retinen (e = einheitlich); Alternativschema. — 71 Literaturangaben. K. MAIER. 4587 □

Die Funktion von Vitamin-A-Säure. John E. Dowling und George Wald. (Vitamins and Hormones **18.** 515—41. 1960. Cambridge, Mass., Harvard Univ., Biol. Labor.) (Engl.)

Übersicht. Methodik, Wachstum u. Erhaltung (Ratte), Speicherung u. Erschöpfung von *Vitamin A* (I), Nachtblindheit, anatom. Veränderungen, Wiederherstellung. Die allg. Gewebefunktionen des **I** werden bei der Ratte auch von *Vitamin-A-Säure* (**II**) erfüllt. Da die Ratte aber **II** nicht red., bildet sie weder den Alkohol, die **I**-Speicherform, noch den Aldehyd (Retinen), der für die Synth. der Sehfarbstoffe erforderlich ist. Mit **II** aufgezogene Ratten werden daher extrem nachtblind u. gelegentlich sogar blind. Die Nichtbldg. von Sehfarbstoffen hat charakterist. anatom. Konsequenzen (Degeneration der äußeren Segmente der Sehzellen u. schließlich fast aller Zellen selbst. Diese anatom. Veränderungen ähneln den bei gewissen erblichen Formen von Blindheit u. den bei menschlicher Retinitis pigmentosa beobachteten. — 38 Literaturangaben. K. MAIER. 4587 □

Umwandlungen von Vitamin A im Stoffwechsel. George Wolf und B. Connor Johnson. (Vitamins and Hormones **18.** 403—15. 1960. Urbana, Ill., Univ. of Illinois, Radiocarbon Labor. and Dep. of Animal Science.) (Engl.)

Übersicht. Akt. *Vitamin-A* (I)-Derivv., **I**-Abbaustoffwechsel. — 32 Literaturangaben. K. MAIER. 4587 □

Die Funktion von Vitamin A beim Kohlenhydratstoffwechsel, seine Funktion bei der Adrenocorticoid-Synthese. B. Connor Johnson und George Wolf. (Vitamins and Hormones **18.** 457—83. 1960. Urbana, Ill., Univ. of Illinois, Dep. of Animal Sci. and Radiocarbon Labor.) (Engl.) — Vgl. vorst. Referat.

Übersicht. *Vitamin A* (I) u. Glykogen (**II**)-Synth.: **I**-Mangel u. Acetatstoffwechsel (Acetat → CO_2, Aminosäuren u. Protein, Cholesterin, Fettsäuren, Glycerin, **II**), **II**-Bldg. aus anderen Vorstufen (in vivo- u. in vitro-Unterss.: aus Glucose, Lactat, Glycerin; in Rattenleberschnitten aus Glucose u. Fructose, in Homogenaten aus Fructose), **I** u. oxydative Phosphorylierung, Wrkg. von Cortison; **I** u. Adrenoglucocorticoid-Bldg.: Corticoid-Bldg. in Nebennierenteilen, **I**-Mangel u. TPNH-Bldg., **II**-Bldg. aus Uridindiphosphoglucose, Wrkg. von **I**-Mangel auf die Corticoid-Synth. aus ^{14}C-Cholesterin in Nebennierenhomogenaten, Wrkg. des in vitro-Zusatzes von **I**. — 52 Literaturangaben. K. MAIER. 4587 □

Vitamin A und Proteine. Thomas Moore. (Vitamins and Hormones **18.** 431—37. 1960. Cambridge, Univ., Dunn Nutrit. Labor. and Med. Res. Council.) (Engl.)

Übersicht. Wrkg. adäquater Proteinaufnahme auf den *Vitamin-A* (I)-Status; Wrkg. über dem Minimum liegender **I**-Dosen auf die Resistenz gegen Proteinmangel. — 11 Literaturangaben. K. MAIER. 4587 □

Vitamin A und Lipidstoffwechsel. Oswald Wiss und Urs Gloor. (Vitamins and Hormones **18.** 485—98. 1960. Basle, F. Hoffmann-La Roche & Co. Ltd., Dep. of Vitamin and Nutrit. Res.) (Engl.)

Übersicht. *Ubichinone* (*Coenzyme Q*; I), **I**-Biosynth. bei Ratten, Einfl. von *Vitamin-A*-Mangel auf Cholesterin-, **I**- u. Squalen-Biosynth. der Ratte, Ubichromenol. — 44 Literaturangaben. K. MAIER. 4587 □

Resorption, Transport und Speicherung von Vitamin A. J. Ganguly. (Vitamins and Hormones **18.** 387—402. 1960. Bangalore, Indian Inst. of Sci., Dep. of Biochem.) (Engl.)

Übersicht: Resorption aus dem Darm: intraluminare u. intracelluläre Phase; Transport: aus dem Darm über das Lymph-Syst., im Blut; Speicherung in der Leber: Form, intracelluläre Verteilung, Rolle der KUPFFER-Zellen, Hydrolyse des Vitamin-A-Esters der Leber; Lipoproteine bei Transport u. Speicherung. — 92 Literaturangaben. K. MAIER. 4587 □

Transport von Vitamin A durch den menschlichen Darm in vitro. M. R. Loran, T. L. Althausen, F. W. Spicer und W. I. Goldstein. (J. Lab. clin. Med. **58.** 622—26 Okt. 1961. San Francisco, Calif., Univ. of California, School of Med., Dep. of Med. and Surgery and Gastrointest. Res. Labor.) (Engl.)

Mit Hilfe einer Modifikation des Perfusions-App. nach DARLINGTON u. QUASTEL untersuchten Vff. den Transport des *Vitamin A* (I) durch den menschlichen Dünndarm. 6 Endabschnitte des Ileums, erhalten bei Carcinomoperationen an der rechten Seite des Colons, wurden getestet. Unter aeroben Bedingungen diffundierten innerhalb von 2 Std. 6,8 γ **I** durch die Darmwand von der Mucosa- zur Serosaseite. Unter aeroben Bedingungen sowie in Ggw. von $1 \cdot 10^{-5}$ m *2.4-Dinitrophenol* wurde die Diffusion unterbunden. Chromatograph. Analysen von Darmhomogenaten u. der angewandten Mucosa-Lsg.

nach Abschluß eines Vers. zeigten, daß I-Palmitat im Lumen oder an der Oberfläche der Epithelzellen in den Alkohol überführt u. dann in der Darmmucosa wieder verestert wurde. Die erhaltenen Ergebnisse stimmen mit den Befunden an Ratten überein.
H. THIELE. 4587□

Die Pathologie des Vitamin-A-Mangels. Thomas Moore. (Vitamins and Hormones **18.** 499—514. 1960. Cambridge, Univ., Dunn Nutrit. Labor. and Med. Res. Council.) (Engl.)

Übersicht. Experimenteller *Vitamin-A* (I)-Mangel (verschiedene Typen der Schädigung, I-Mangel bei der Ratte, anderen Vers.-Tieren, Vers.-Personen), I-Mangel bei Haustieren (Anfälligkeit verschiedener Tiere für I-Avitaminose, I-Mangel bei Schweinen, Rindern), klin. I-Mangel beim Menschen (mangelnde Dunkeladaptation, Xerophthalmie u. hiermit zusammenhängende Anomalitäten, Geschlechts-Einfl. bei der Anfälligkeit für I-Avitaminoseschädigung, I u. Hautkrankheiten, I-Status bei Krankheiten). — 66 Literaturangaben.
K. MAIER. 4587□

Die Funktion der A-Vitamine beim Sehen. George Wald. (Vitamins and Hormones **18.** 417—30. 1960. Cambridge, Mass., Harvard Univ., Biol. Labor.) (Engl.)

Übersicht. Sehfarbstoffe: Rhodopsin, Porphyropsin, Jodopsin, Cyanopsin; Chromophore: Retinen 1 u. 2; Proteine: Stäbchen- u. Zäpfchenopsin. — 47 Literaturangaben.
K. MAIER. 4587□

Die Biochemie des Vitamins E. Frank D. Vasington, Sherwood M. Reichard und Alvin Nason. (Vitamins and Hormones **18.** 43—87. 1960. Baltimore, Md., Johns Hopkins Univ., McCollum-Pratt Inst.) (Engl.)

Übersicht. Chemie u. Stoffwechsel von *Vitamin E*; biolog. Funktion: Antioxydans-Wrkg., Stoffwechsel u. Elektronentransport, oxydative Phosphorylierung; weitere, möglicherweise verwandte Faktoren: Coenzym Q (Ubichinon), Faktor 3 (akt. Se), mögliche Stoffwechselbeziehung zwischen Tocopherol u. anorgan. Ionen. — 240 Literaturangaben.
K. MAIER. 4587□

Die einschränkende Wirkung von Tocopherol auf das Wachstum entwöhnter Ratten. Takao Shinagawa und Bunpei Nyunoya. (Vitamins [Kyoto] **15.** 455—58. 1958. Matsuyama, Ehime Univ., Coll. of Agric.) (Jap.; Auszug: Engl.)

Bei entwöhnten Ratten beiderlei Geschlechts, die 44 Tage 0,5 mg *DL-α-Tocopherol* (I) erhielten, betrug die durchschnittliche Gew.-Zunahme nur 84% der I-Mangelgruppe. Die *Allantoin* (II)-Ausscheidung war bei den Mangeltieren gegenüber der I-Gruppe erhöht. Bei ♂ u. ♀ Mangeltieren war der Unterschied des ausgeschiedenen II nur gering, während bei der I-Gruppe die ♂ Tiere ca. 40% weniger II ausschieden als die ♀ Tiere. Die Ausscheidungen von Harnsäure, Kreatin u. Kreatinin im Harn ergaben keine Unterschiede zwischen den beiden Gruppen.
K.-F. MÜLLER. 4587□

Der Einfluß von Komplexbildnern auf die ^{59}Fe-Resorption am isolierten Darm der Ratte. W. Forth und E. Seifen. (Naunyn-Schmiedebergs Arch. exp. Pathol. Pharmakol. **241.** 556. 1961. Homburg/Saar, Univ., Pharmakol. Inst.) (Dt.)

Es wurde die *Fe*-Resorption am isolierten Darm der Ratte u. in vivo untersucht. Als Komplexbildner wurden *Citrat, Pyrophosphat, Äthylendiamintetraacetat* zusammen mit ^{59}*Fe* verabreicht. Fe trat im in vitro-Vers. um so leichter durch die Darmwand, je stabiler der Komplex war. Der ^{59}Fe-Geh. der Därme verhielt sich umgekehrt: je stabiler der Komplex, um so weniger ^{59}Fe blieb in der Darmwand zurück. Im in vitro-Vers. zeigte sich, daß 8 Tage nach Applikation der ^{59}Fe-Geh. der Tiere geringer war als der von Kontrolltieren, die Fe ohne Komplexbildner erhalten hatten.
M. METZE. 4594□

Aminosäureresorption bei der Heuschrecke (Schistocerca gregaria Forsk.). J. E. Treherne. (J. exp. Biology **36.** 533—45. Sept. 1959. Cambridge, Univ. of Cambridge, Dep. of Zool., A.R.C. Unit of Insect Physiol.) (Engl.)

Es wurde versucht, einige Erkenntnisse über den Aminosäureresorptionsmechanismus bei ♀ Schistocerca gregaria (FORSK.) durch Verfolgung der Aufnahme u. der Konz.-Veränderungen im Darmkanal zu gewinnen. Von den 10 in der Hämolymphe vorkommenden Aminosäuren wurden die in hoher Konz. von 33,2 bzw. 34,6 mm vorliegenden *Glycin* u. *Serin* u. das in 10,9 mm Konz. vorliegende *Glutamin* ausgewählt (^{14}C-Markierung). Die Resorption geht nach Injektion in das Darmlumen rasch vor sich (bes. aus Mitteldarm u. Coecum), es kommt jedoch bald zu einem Austausch der Aminosäuren zwischen Hämolymphe u. Darmlumen, so daß die Nettoresorption wenigstens teilweise von dem durch rasche Wasserbewegung in die Hämolymphe zustandekommenden Konz.-Gradienten abhängt. — 23 Literaturangaben.
U. TAUSENDFREUND. 4594□

Die Verwendung von Indicatoren bei Verdauungsversuchen. J. H. Moore. (Agric. Progr. **34.** 48—63. 1959. Univ. of Reading, Dep. of Agric. Chem.) (Engl.)

Zusammenfassender Überblick über Verdauungs-Verss. mit Cr_2O_3 als Indicator. — 52 Literaturangaben.
H.-G. FLOSS. 4594□

Die Wirkung von Nahrung, Alter und Geschlecht auf den Cholesterin-Stoffwechsel bei weißen Leghornhühnern. J. D. Wood, J. Biely und J. E. Topliff. (Canad. J. Biochem. Physiol. **39.** 1705—15. Nov. 1961. Vancouver, B.C., Fisheries Res. Board of Canada, Technol. Stat., U. Univ. of British Columbia, Dep. of Poultry Sci.) (Engl.)

Bei weißen Leghorns waren die normalen *Cholesterin* (**I**)-Konzz. im Serum bei ♀ Tieren höher als bei ♂ u. bei 7-Tage-Küken höher als bei ausgewachsenen Tieren desselben Geschlechts. Durch **I** im Futter wurde die **I**-Konz. im Serum bei Leghennen wenig beeinflußt, bei Küken u. Hähnen wurde sie stark erhöht; durch Maisöl im Futter wurde sie bei allen Tieren, außer jungen Hähnen, erhöht. Lebertran erhöhte die **I**-Konz. bei ausgewachsenen Tieren u. senkte sie bei Küken beider Geschlechter bei Verfütterung von **I**. Zusatz von 1% **I** zum Futter von Leghennen erhöhte die **I**-Konz. im Eidotter, u. diese Zunahme wurde durch gleichzeitige Verfütterung von 10% Maisöl wesentlich gesteigert. K. Zingraf. 4596□

Über das Verhalten des Cholesterins im Plasma und in der Leber bei der experimentellen Verbrennung. G. Agrifoglio und A. Azzolini. (Ateneo Parmense, Suppl. **29.** Nr. 8. 69—79. 1958. Genova, Univ., Ist. di Patol. Spec. Chir. e Propedeut. Clin.) (Ital.)

Bei schweren experimentellen Verbrennungen bei Kaninchen nahm das Gesamt-*Cholesterin* (**I**) u. das *freie* **I** im Plasma zu u. das *veresterte* **I** ab. In der Leber wurde eine Abnahme aller Werte, bes. aber des veresterten **I** beobachtet. K. Zingraf. 4596□

Einige Aspekte des Kohlenhydratstoffwechsels bei der experimentellen Verbrennung. A. Azzolini und V. di Giovanni. (Ateneo Parmense, Suppl. **29.** Nr. 8. 80—92. 1958. Genova, Univ., Ist. di Patol. Speciale Chir. e Propedeut. Clin.) (Ital.) — Vgl. auch vorst. Referat.

Bei schwerer Verbrennung tritt bei Kaninchen eine Störung der *Glykogen*-Synth. ein, die sich in den Muskeln stärker bemerkbar macht als in der Leber; die Blutzuckerwerte zeigen eine deutliche Erhöhung. K. Zingraf. 4596□

Lipoidverteilung bei der Niemann-Pick-Krankheit. J. A. Balint, W. L. Nyhan, Paul Lietman und D. A. Turner. (J. Lab. clin. Med. **58.** 548—58. Okt. 1961. Baltimore, Md., Sinai Hosp., Dep. of Med., Biochem. Res. Div.) (Engl.)

Es wird ein Fall von Niemann-Pick-Krankheit bei einem 8 Monate alten Mädchen beschrieben. Vff. bestimmten die Gewebelipoide (in vivo) durch Chromatographie an der Kieselgelsäule u. Gas-Flüssig-Phasenchromatographie. Ältere Befunde anderer Autoren über die Anhäufung von *Sphingomyelin* (**I**) u. freiem *Cholesterin* in der Leber wurden bestätigt. Ferner wurde eine Abnahme des Geh. der roten Blutkörperchen an *Cephalin* (**II**) u. ein deutlicher Anstieg des Geh. an Plasmacerebrosiden festgestellt. *Palmitinsäure* wurde als vorherrschende Fettsäure des Leber-**I** ermittelt, während das **II** der roten Blutkörperchen verglichen mit dem normaler Zellen verminderten Geh. an *Arachidonsäure* sowie erhöhten Geh. an *Stearinsäure* aufwies. Hans Thiele. 4596□

Lipidmuster in jungen Hühnchen nach Behandlung mit Östradiol und MER-25, einem Östrogen-Antagonisten. K. Kowalewski. (Acta endocrinol. [Copenhagen] **34.** 531—35. Aug. 1960. Alberta, Canada, Univ., McEachern Cancer Res. Labor., Dep. of Surgery.) (Engl.)

Normal gefütterte, 16 Tage alte Hähnchen wurden mit *Östradiolcyclopentylpropionat* (**I**) allein oder in Kombination mit *MER-25* (*1-[p-2-Diäthylaminoäthoxyphenyl]-1-phenyl-2-p-anisyläthanol* (**II**), Merrell Co.) behandelt. Die Verbb. wurden den Tieren i.m. injiziert. Nach 10 Tagen wurden die Tiere getötet u. Serum, Leber u. Aorta auf Lipide untersucht. Bei den mit **I** behandelten Tieren wurde eine deutliche Erhöhung des Serum-*Phospholipids* u. -*Cholesterins* gefunden. **II** allein war ohne Einfl. auf die Lipidwerte u. verhinderte in Kombination mit **I** die Zunahme des Serumphospholipids u. des Lebercholesterins. R. Heinrich. 4596□

^{15}O bei der Untersuchung der Kinetik der Sauerstoffatmung. Michel Ter-Pogossian, John S. Spratt jun., Sanford Rudman und Andrew Spencer. (Amer. J. Physiol. **201.** 582—86. Sept. 1961. St. Louis, Mo., Mallinckrodt Inst. of Radiol.; Washington, Univ., School of Med.) (Engl.)

Das für die Unters. der Kinetik des O_2-Transfers von den Lungengasen zum Blut, die Geschw. des Einbaus von O_2 in H_2O im Verlaufe des Stoffwechselgeschehens u. für die Austausch-Geschw. von Plasmawasser mit Gewebewasser (alles beim Hund) erforderliche Isotop ^{15}O, welches eine Halbwertszeit von 2,25 Min. mit Abbau (unter Emission von Positronen) zu ^{15}N hat, kann durch Beschuß von ^{14}N mit cyclotronbeschleunigten Deuteronen gemäß der Rk. $^{14}N(d, n)^{15}O$ gewonnen werden.
U. Tausendfreund. 4596□

Isolierung von Hyaluronsäure und Chondroitinschwefelsäure aus der menschlichen Aorta. Sv. Bertelsen und K. Marcker. (Acta pharmacol. toxicol. [København] **18.** 1—9. 1961. Copenhagen, Univ., Dep. of Pharmacol., Dep. of Physical Chem.) (Engl.)

Es wird eine Meth. beschrieben, mit der aus menschlichen normalen Aorten die *Mucopolysaccharide* (**IV**) in möglichst hohem Reinheitsgrad erhalten werden u. eine bestimmtere Interpretation der Unters.-Ergebnisse an Aorten zulassen. Es wurden Aorten von 1—80 Jahre alten Individuen untersucht. Dabei ergaben die Papierchromatogramme einen hohen Geh. der Hydrolysate an *Galaktosamin* u. *Glucosamin* u. bewiesen den hohen Reinheitsgrad der Präparate. Der *Hyaluronidase* (**I**)-Test (aus Streptokokken-**I** u. Testes-**I**) zeigte mittels Viscosimetrie die typ. Abbaukurven von *Hyaluronsäure* (**II**) u. *Chondroitinschwefelsäure* (**III**). Das **III**-**II**-Verhältnis ist bei Neugeborenen nahezu 1 u. wächst regelmäßig mit dem Alter. Der relative **II**-Geh. in Aorten fällt dagegen mit zunehmendem Alter. Das Ansteigen des relativen **IV**-Geh. mit dem Alter beruht in der Hauptsache auf einem **III**-Anstieg. *Hexosamin* (**V**)-Best. zeigen ein Ansteigen von **V** mit dem Alter. *S*-Analysen ergaben einen geringen S-Geh., bes. bei älteren Personen. Daraus ist zu entnehmen, daß Aortengewebe ein Polysaccharid mit niedrigem S-Geh. enthält. — 27 Literaturangaben. M. METZE. 4597 □

Nierenfunktion, Körperflüssigkeitssysteme und Wasser- und Elektrolyt-Stoffwechsel beim Affen. Avron Y. Sweet, Marvin F. Levitt, Horace L. Hodes. (Amer. J. Physiol. **201.** 975—79. Dez. 1961. New York City, N.Y., Mount Sinai Hosp., Dep. of Pediatrics, Dep. of Med.) (Engl.)

Es wurden die Standardtechniken zur Best. von Inulin-Clearance, Gesamtkörperwasser, Inulinraum usw. am Affen ausprobiert u. festgestellt, daß die erhaltenen Werte denen beim Menschen am ähnlichsten von allen Vers.-Individuen sind. M. METZE. 4597 □

Änderungen des Stoffwechsels der Hundeniere nach kurzfristiger Abklemmung der Nierenarterie. Hans-Dieter Söling und Günther Grupp. (Naunyn-Schmiedebergs Arch. exp. Pathol. Pharmakol. **241.** 442—51. 1961. Freiburg i. Br., Univ., Pharmakol. Inst.) (Dt.)

Unter Normalbedingungen ist *Milchsäure* die Hauptenergiequelle für den Nierenstoffwechsel (Naunyn-Schmiedebergs Arch. exp. Pathol. Pharmakol. **240.** [1960.] 140) beim Hund. Nach einer 2 Min. dauernden Abklemmung der linken Nierenarterie entsprechen die Stoffwechseländerungen einer anaeroben Glykolyse in der Niere. 10 Min. nach Ende der Abklemmung ist keine *Glucose*-Aufnahme mehr nachweisbar. Eine *Lactat*-Aufnahme besteht zu diesem Zeitpunkt wieder. Lactat- u. Pyruvataufnahme sind aber auch nach 60 Min. noch eingeschränkt. M. METZE. 4597 □

Untersuchungen über die Aktivität der Nieren-Glomeruli bei hypophysektomierten Hunden während einer osmotischen Diurese und nach Oxytocin. O. Heidenreich, Y. Kook, W. May und E. Reus. (Naunyn-Schmiedebergs Arch. exp. Pathol. Pharmakol. **241.** 552—53. 1961. Freiburg i. Br., Univ., Pharmakol. Inst.) (Dt.)

Unterss. an hypophysektomierten Hunden mit u. ohne *Oxytocin*-Gabe ergaben, daß auch nach Hypophysektomie alle Nephren ständig in Tätigkeit sind u. die glomeruläre Filtrationsrate in allen individuellen Glomeruli um den gleichen Prozentsatz ansteigt. M. METZE. 4597 □

Untersuchungen zum histochemischen Nachweis von Inulin. Günther Geyer. (Acta histochem. [Jena] **10.** 83—84. 25/10. 1960. Jena, Univ., Anatom. Inst.) (Dt.)

Vf. beschreibt ein Verf. zum histochem. *Inulin*-Nachw. u. berichtet über Befunde an Leber u. Niere. In den Sternzellen der Leber kann Inulin intracellulär vorkommen, im Cytoplasma der Nierenepithelzellen war es nicht nachweisbar. R. ILLHARDT. 4597 □

Über den Umsatz von Glucuronsäurelacton bei der Tetrachlorkohlenstoff-Vergiftung. S. Hollmann und W. Schiek. (Naunyn-Schmiedebergs Arch. exp. Pathol. Pharmakol. **242.** 34—41. 1961. Göttingen, Univ., Physiol. Inst.) (Dt.)

Die renale Ausscheidung von oral zugeführtem *Glucuronsäurelacton* (**I**) beim Meerschweinchen nach einer *Tetrachlorkohlenstoff*-Vergiftung steigt vom Normalwert (8,3%) zunächst signifikant an (21%) u. geht nach 3—9 Tagen wieder auf den normalen Wert zurück. Die Leberschädigung bleibt jedoch bestehen. Als Erklärung nehmen Vff. Kompensations-Rkk. an. Die **I**-Belastung zur Leberfunktionsprüfung heranzuziehen, ist nach diesen Ergebnissen nicht geraten. M. METZE. 4597 □

Fraktionierte Darstellung von Nucleotiden aus dem Gehirn von Ratten im Ruhezustand und im Krampfanfall. W. Koransky. (Naunyn-Schmiedebergs Arch. exp. Pathol. Pharmakol. **228.** 140—43. 1956. Berlin, Freie Univ.) (Dt.)

Vf. untersucht die UV-Absorption der Fraktion des Anionenaustauschchromatogramms von Gehirnextrakten der Ratte im *Cardiazol* (I)-Krampf. Innerhalb der ersten 20 Sek. nehmen *ATP* u. *ADP* ab, während *Uridinmonophosphat* u. *Inosinmonophosphat* ansteigen. Auf Grund der erhaltenen Relativwerte nimmt Vf. an, daß bei erhöhter Funktion des Zentralnerven-Syst. ein vermehrter Aufbau von Polynucleotiden stattfindet. R. LAFFERENZ. 4598□

Zur Identifizierung und Bestimmung der freien Nucleotide des Gehirns. K. Kanig und W. Koransky. (Naunyn-Schmiedebergs Arch. exp. Pathol. Pharmakol. **241.** 484—506. 1961. Berlin, Freie Univ., Pharmakol. Inst.; Forschungsabt. der Psychiatr. u. Neurolog. Klinik.) (Dt.)

Die *Nucleotide* des Rattengehirns wurden mit Hilfe der Ionenaustauschchromatographie in einem verbesserten Verf. analysiert u. der Einfl. des Vorgehens bei der Tötung der Tiere, bei Gewinnung, Aufarbeitung u. Extraktion der Gewebe sowie des Alters der Tiere bestimmt. Es gelang eine Aufarbeitung in 25 Fraktionen u. die Identifizierung der Verbindungen. M. METZE. 4598□

Physiologischer Mechanismus der Nesselkapselreaktion bei Seeanemonen. 7. Mitt. **Ausstülpung ruhender Kapseln, ihr Charakter und ihr möglicher Beitrag zur normalen Nesselreaktion.** T. M. Yanagita. (J. exp. Biology **36.** 478—94. Sept. 1959. Tokyo, Ochanumizu Univ., Dep. of Biol.) (Engl.) — 6. vgl. Cytologia **24.** [1959.] 81.

Eine durch Verdünnung des Meerwassermediums von *Diadumene luciae* bewirkte Ausstülpung von ruhenden Nesselkapseln wurde als Folge einer Verminderung der Konz. von Cl^- u. Br^- erkannt. Neben Cl^- u. Br^- bewiesen SCN^-, J^-, ClO_3^-, (HCO_3^-), NO_3^-, *Acetat*⁻ u. *Butyrat*⁻ eine eindeutige, ($H_2PO_4^-$), HPO_4^{2-} u. (SO_3^{2-}) eine unvollkommene Hemmwrkg. auf die Kapselausstülpung; eine reversible Anästhesie konnte durch *A.*, *Isopropylalkohol-*, *Ae.-*, *Chlf.-*, *Aceton-* u. *Pfefferminzöl*-Dampf hervorgerufen werden. Die Ausstülpung scheint auf einen endogenen Impuls hin zu erfolgen. Auslösend wirken K^+ u. NH_4^+. U. TAUSENDFREUND. 4598□

E_6. Pharmakologie. Therapie. Toxikologie. Hygiene

Arzneimittel und Antimetabolite. D. W. Woolley. (Naunyn-Schmiedebergs Arch. exp. Pathol. Pharmakol. **228.** 68—81. 1956. New York, N.Y.) (Dt.)

An Hand der konstitutionsbedingten physiolog. Antagonismen von Thiamin–Pyrithiamin, Thyroxin–p-Nitrobenzyläther des N-Acetyldijodtyrosins, Folsäure–Aminopterin u. Serotonin–2.5-Dimethylserotonin behandelt Vf. das Prinzip der Entw. neuer Arzneimittel auf der Basis von Antimetaboliten. R. LAFFERENZ. 4600□

Arzneimittelwirkungen und intermediärer Stoffwechsel. J. Kühnau. (Naunyn-Schmiedebergs Arch. exp. Pathol. Pharmakol. **228.** 81—93. 1956. Hamburg.) (Dt.)

Übersichtsreferat über die Mannigfaltigkeit des Eingreifens von Arzneimitteln in den intermediären Stoffwechsel. — 48 Literaturangaben. R. LAFFERENZ. 4600□

Resorption des Gastrointestinaltraktes der Ratte nach Röntgenbestrahlung. Maurice F. Sullivan. (Amer. J. Physiol. **201.** 1013—16. Dez. 1961. Richland, Wash., General Electr. Comp., Hanford Labor., Biol. Labor.) (Engl.)

Die *Glucose* (I)- u. *d*(+)-*Xylose* (II)-Resorption nach Röntgenbestrahlung bei der Ratte wurde mit einer in situ-Perfusions-Meth. untersucht. Die I- u. die II-Resorption wurde in den ersten 3 Tagen nach Bestrahlung gehemmt (die Zellzerstörungen waren nach größeren Dosen stärker); *Cystein* verhütete die Hemmung. Die Fettresorption blieb von der Bestrahlung unbeeinflußt. M. METZE. 4601□

Einfluß einer lokalen Röntgenbestrahlung auf die endogene Dehydrogenase-Aktivität von Epidermis und Corium bei der Maus nach Prüfung mittels einer Tetrazolium-Reduktions-Methode. O. H. Iversen und F. Devik. (Int. J. Radiat. Biol. **2.** 119—22. Jan. 1960. Oslo, Rikshosp., Inst. for Generell og Eksp. Patol.) (Engl.)

♂ u. ♀ Mäuse wurden auf der haarlosen Rückseite mit 50 kV Röntgenstrahlen bestrahlt (Filter 1 mm Al, FHA 11,4 cm, Dosisleistung 600 r/min, Gesamtdosis 50 bis 2700 r). Nach Tötung der Tiere wurde die abgezogene bestrahlte Haut in einer 1%ig. Lsg. von *2.3.5-Triphenyltetrazoliumchlorid* bei pH 7,2 inkubiert. Durch Best. des Geh. der mit Essigsäure behandelten Haut an Rotem Formazan wird festgestellt, daß in den ersten 3—7 Tagen nach der Bestrahlung mit 2700 r die *Dehydrogenase*-Aktivität der Epidermis erhöht ist; diejenige der übrigen Haut bleibt nahezu unverändert. Mit abnehmender Dosis verringert sich die Bestrahlungswirkung. W. REUSSE. 4601□

Der Einfluß von Röntgenbestrahlung auf die Biosynthese von Hämoglobin. 2. Mitt. **Versuche mit $^{14}C_{(2.3)}$-δ-Aminolävulinsäure.** M. Schulman, K. I. Altman und K. Salomon. (Int. J. Radiat. Biol. **2.** 28—36. Jan. 1960. Rochester, N.Y., Univ.,

School of Med. and Dent., Dep. of Radiat. Biol. and Biochem.) (Engl.) — 1. vgl. C. **1952.** 2705.

Kaninchen wurden mit 250-kV-Röntgenstrahlen bestrahlt (Filter 0,5 mm Cu, Dosisleistung 25—30 r/min, Gesamtdosis 800 r = DL_{50}). Den bestrahlten sowie unbestrahlten Kontrolltieren entnommene Knochenmarkproben wurden in markierter $^{14}C_{(2,3)}$-*δ-Aminolävulinsäure* (I) für 3½ Std. inkubiert. Die Darst. von I wird eingehend beschrieben. Nach einer ebenfalls beschriebenen Meth. wird danach der *Hämin*-Geh. des Gemisches bestimmt u. bes. festgestellt, inwieweit I zur Bldg. von Hämin führt. Es zeigte sich, daß diese Synth. durch die Vorbestrahlung der Tiere gemindert wird. Best. des Desoxyribonucleinsäure-Geh. im Knochenmark der bestrahlten Tiere als Maß für den Zellzustand des Marks läßt eine Strahlenschädigung der Zellen erkennen. Quant. Überlegungen zeigen jedoch, daß die Synth. des Hämins durch die Bestrahlung stärker gemindert ist, als die Zellschädigung des Knochenmarks es erwarten läßt.

W. REUSSE. 4601 □

Neue Ergebnisse bei der Röntgenbestrahlung von Bilirubin. Marie-Louise Beaumariage und G. Barac. (Arch. int. Physiol. Biochim. **69.** 587—88. Sept. 1961. Liège, Univ., Labor. de Pathol. et de Thérap. générale; Labor. de Rech. pour la Protect. de Populat. civile.) (Franz.)

Im Zuge von Strahlenschutz-Unterss. wurde festgestellt, daß bei Röntgenbestrahlung von *Bilirubin* (I) u. seinen Glucuronsäure-Derivv. Oxydation eintritt. Diese wird durch *Hydroxyindolyl-(3)-essigsäure, Dehydroascorbinsäure, Cystin, Cystamin*, nicht aber durch Indolyl-(3)-essigsäure, krist. Eiereiweiß, Peroxydase oder Katalase verhütet. Die Oxydation erfolgt auch in Aceton- oder Chlf.-Lsg., ist dagegen in A. verzögert. Bei der Bestrahlung von I in Chlf. tritt *Propentyopent* auf. *α-Tocopherol* verhindert die Oxydation von I in organ. Lösungsmitteln. Trockenes I wird durch Röntgenstrahlen nicht verändert.

K. ZINGRAF. 4601 □

Untersuchungen über die Beziehung zwischen der Sr-Exkretion und der Ca-Aufnahme. 1. Mitt. Shiroh Gotoh, Tokuko Hayakawa, Kazumasa Suzuki und Hiroshi Hayami. (Jap. J. Nutrit. **19.** 235—38. Nov. 1961. Nat. Inst. of Nutrit., Div. of Foodchem.) (Jap.; Auszug: Engl.)

Bei hohen *Ca*-Gaben mit der Nahrung ist die ^{90}*Sr*-Ausscheidung nach Injektion höher als bei Ca-armer Diät, die größte ^{90}Sr-Ausscheidung tritt bei hohem Sr-Geh. der Diät ein.

P. GREGORZEWSKI. 4601 □

Untersuchungen über die Beziehung zwischen der Sr-Exkretion und der Ca-Aufnahme. 2. Mitt. Shiroh Gotoh, Tokuko Hayakawa, Kazumasa Suzuki und Hiroshi Hayami. (Jap. J. Nutrit. **19.** 239—42. Nov. 1961.) (Jap.; Auszug: Engl.) — 1. vgl. vorst. Referat.

Die ^{90}*Sr*-Ausscheidung ist höher bei *Ca*-reicher Diät u. der ^{90}Sr-Einbau in Knochen u. Zähne geringer als bei Ca-armer Diät.

P. GREGORZEWSKI. 4601 □

Untersuchungen über die Beziehung zwischen der Sr-Exkretion und der Ca-Aufnahme. 3. Mitt. Shiroh Gotoh, Tokuko Hayakawa, Kazumasa Suzuki und Hiroshi Hayami. (Jap. J. Nutrit. **19.** 243—49. Nov. 1961.) (Jap.; Auszug: Engl.) — 2. vgl. vorst. Referat.

Mg hat keinen Einfl. auf die Ausscheidung u. Einlagerung von ^{90}*Sr* in Knochen u. Zähne bei Ratten.

P. GREGORZEWSKI. 4601 □

Die Verwendung von radioaktivem Zink und Mangan bei einem Versuch zur Sichtbarmachung der Bauchspeicheldrüse. I. Meschan, James L. Quinn, Richard L. Witcofski und Thomas A. Hosick. (Radiology **73.** 62—69. Juli **1959.** Winston-Salem, N.C., Bowman Gray School of Med.) (Engl.)

Vff. untersuchten an Hunden die Anreicherung von ^{65}*Zn*, das als Zinkchlorid, Zinksulfadiazin bzw. Zinkkomplex des 3'- oder 6'-Aminofluoresceins appliziert wurde, im Pankreas. Die Effekte waren für eine Sichtbarmachung (Bell-Spektrometer Typ scanner) des Pankreas mit den derzeitigen Hilfsmitteln nicht ausreichend. Noch weniger geeignet waren ^{54}Mn u. ^{52}Mn.

H.-G. FLOSS. 4601 □

Die Wirkung der UV-Strahlung einiger Spektralwellenbereiche auf die Mastzellenzahl in der Haut. Eine experimentelle Untersuchung an Mäusen. Erkki J. Valtonen. (Acta pathol. microbiol. scand., Suppl. Nr. **151.** 1—96. 1961. Helsinki, Univ., Dep. of Anatomy.) (Engl.)

Das Auftreten eines Erythems am Mäuseohr wurde als Test für die inflammator. Wrkg. der UV-Strahlung verwendet u. die Mastzellenzahl, die in Beziehung zur Bldg. *inflammator. Substanzen* steht, gemessen. Es traten nach Bestrahlung Schwell-Rkk. auf, u. das Gewebe-Vol. stieg an (neues Gewebe). Die Mastzellenzahl stieg nach anfänglichem Sinken sehr stark an. — CA. 200 Literaturangaben.

M. METZE. 4601 □

Schutz durch Thyroxin gegen Vergiftung mit elementarem gelbem Phosphor. H. Selye und R. K. Mishra. (Acta pharmacol. toxicol. [Köbenhavn] **14.** 359—62. 1958. Montréal, Canada, Univ. de Montréal, Inst. de Méd. et de Chir. exp.) (Engl.)

Die Resistenz der Ratte gegen Vergiftung mit elementarem gelbem *Phosphor* kann durch Behandlung mit *Thyroxin* stark erhöht u. durch Thyreoidektomie verringert werden. K. ZINGRAF. 4606 □

Die Wirkung subarachnoidaler Injektionen von Cu^{2+} bei Tauben. Alison Davies, R. A. Peters und J. M. Walshe. (J. Physiology **159.** 32P—33P. Nov. 1961. Cambridge, Univ., Dep. of Biochem. and Exp. Med.) (Engl.)

Subarachnoidale Injektionen von 10—20 μg Cu^{2+} können bei Tauben in Äthernarkose Konvulsionen u. den Tod der Tiere bewirken. *Penicillamin* (*Dimethylcystein*) verzögert den Eintritt der Konvulsionen u. setzt ihren Schweregrad herab; die Schutzwrkg. wird durch Zusatz von *Lipoat* (—SH-Form) gesteigert. Auch *BAL* (*Dimercaptopropanol*) übte einen Schutz aus. Wenn sich Cu^{2+} bereits mit dem Gewebe verbunden hat, so können seine Wrkg. manchmal durch Gemische von Dithiolen aufgehoben werden, jedoch ist dies nicht die Regel. In Mitochondrien-Präpp. beruht die Gift-Wrkg. von Cu darauf, daß es den Eintritt von Pyruvat in den Citronensäurecyclus blockiert; es ist möglich, daß im intakten Tier Cu^{2+} die Mitochondrien nicht erreicht. K. ZINGRAF. 4606 □

Entgiftungsmechanismen. J. N. Smith. (Annu. Rev. Entomol. **7.** 465—80. 1962. London, St. Mary's Hosp. Med. School.) (Engl.)

Übersicht. Biotransformationen der Organophosphorinsekticide durch Stoffwechsel im Insektenorganismus: Glucosid-Bldg., Veresterung von phenol. OH-Gruppen mit H_2SO_4, Acetylierung von NH_2-Gruppen, Cysteinkonjugationen, Oxydationen, Glycinkonjugationen, Dechlorierungen, Hydrolysen, Entgiftungsmechanismus u. Resistenz, Umkehrung der Entgiftungsmechanismen, Natur der Entgiftungs-Prodd., Insekticidentgiftung. — 87 Literaturangaben. P. GREGORZEWSKI. 4607 □

Der Ort der N-Oxydation des Anilins im höheren Tier. Manfred Kiese und Hartmut Uehleke. (Naunyn-Schmiedebergs Arch. exp. Pathol. Pharmakol. **242.** 117—29. 1961. München u. Tübingen, Univ., Pharmakol. Inst.) (Dt.)

Isolierte Lungen u. Lebern von Katzen (durchströmt mit Erythrocytensuspensionen) oxydierten *Anilin* (I) u. *N-Methylanilin* (II) zu *Nitrobenzol* (III). Auch in Leberschnitten war nach II III nachweisbar, wenn Erythrocyten zugegen waren. Der Ort der N-Oxydation von I u. *N*-Alkylanilinen sind die Mikrosomen. TPNH muß zugegen sein. SKF 525 A, Cyanid u. α.α-Dipyridyl haben keinen Einfluß. II, *N-Äthyl-*, *N-Butyl-p-Chlor-* u. *p-Äthoxyanilin* wurden schneller als I oxydiert. M. METZE. 4607 □

Porphyrie infolge von 1.4-Dihydro-2.4.6-trimethylpyridin-3.5-dicarbonsäurediäthylester beim Kaninchen. 1. Mitt. **Ausscheidung von δ-Aminolävulinsäure, Porphobilinogen, Koproporphyrin und Protoporphyrin.** Birgitta Haeger-Aronsen. (Acta pharmacol. toxicol. [Köbenhavn] **18.** 165—69. 1961. Lund, Univ., Dep. of Clin. Chem.; Malmö, Gen. Hosp.) (Engl.)

Nach oraler Anwendung von *1.4-Dihydro-2.4.6-trimethylpyridin-3.5-dicarbonsäurediäthylester* tritt bei Kaninchen Porphyrie auf. Dabei ist die Ausscheidung von *Porphobilinogen*, *Koproporphyrin* (I) u. *δ-Aminolävulinsäure* im Harn u. von I u. *Protoporphyrin* in den Faeces erhöht. K. ZINGRAF. 4607 □

Chemische Abwehr der Arthropoden. L. M. Roth und T. Eisner. (Annu. Rev. Entomol. **7.** 107—36. 1962. Ithaca, N.Y., Cornell Univ., Dep. of Entomology; Norwood Mass., United Fruit Comp.) (Engl.)

Übersicht, Abwehrdrüsen, chem. Natur der Abwehrsekrete, Absonderungsmechanismus, Abwehrwirksamkeit der Sekretionen, antimikrobielle Wrkg., medizin. u. kommerzielle Bedeutung. — 146 Literaturangaben. P. GREGORZEWSKI. 4607 □

Kombination der chemischen und biologischen Bekämpfung der Arthropodenschädlinge. R. van den Bosch und V. M. Stern. (Annu. Rev. Entomol. **7.** 367—86. 1962. Riverside, Calif., Univ. of California, Dep. of Biol. Control, Dep. of Entomology.) (Engl.)

Übersicht. — 128 Literaturangaben. P. GREGORZEWSKI. 4607

Richtungen in der angewandten biologischen Insektenbekämpfung. Bryan P. Beirne. (Annu. Rev. Entomol. **7.** 387—400. 1962. Belleville, Ontario, Canada, Dep. of Agricult., Entomology Res. Inst. for Biol. Control, Res. Branch.) (Engl.)

Übersicht. — 74 Literaturangaben. P. GREGORZEWSKI. 4607 □

Über die besondere Empfindlichkeit der Katzenniere gegenüber Salicylamid und einigen verwandten Verbindungen. H. Bekemeier und H. Seipelt. (Naunyn-Schmiedebergs Arch. exp. Pathol. Pharmakol. **241.** 553—54. 1961. Halle/Saale, Univ., Pharmakol. Inst.) (Dt.)

Salicylamid (I) ist für die Katze wesentlich giftiger als für andere Labor.-Tiere. Es tritt Proteinurie auf. Von anderen I-verwandten Verbb. ruft nur *Gentisinamid* eine vergleichbare Proteinurie hervor. M. METZE. 4607☐

Änderungen der Harnblasen-Kapazität durch peripher angreifende Pharmaca. F. K. Ohnesorge. (Naunyn-Schmiedebergs Arch. exp. Pathol. Pharmakol. **241.** 554 bis 555. 1961. Kiel, Univ., Pharmakol. Inst.) (Dt.)

Zur Unters. über die Receptoren, die für den Miktionsreflex verantwortlich sind, wurden peripher am vegetativen Nerven-Syst. angreifende Pharmaca Meerschweinchen in Urethannarkose mit Harnröhrenkatheter in die Vena jugularis injiziert. Die Ergebnisse mit *Pilocarpin, Carbamylcholin, Neostigmin, Adrenalin, Noradrenalin, Ephedrin, Sympatol, Atropin* u. a. lassen erkennen, daß durch vorzugsweise peripher angreifende Pharmaca die Kapazität der Blase unabhängig vom Tonus verändert werden kann. Das spricht für die Existenz von Dehnungsreceptoren in der Blasenwand, deren Empfindlichkeit verändert werden kann. M. METZE. 4607☐

Einfluß der Aristolochiasäure auf die Nierenfunktionen von Ratten. P. R. Hedwall. (Naunyn-Schmiedebergs Arch. exp. Pathol. Pharmakol. **241.** 550—51. 1961. Mainz, Univ., Pharmakol. Inst.) (Dt.)

Aristolochiasäure (I) ruft bei verschiedenen Säugern Nierenschädigungen hervor. Dieser I-Einfl. wurde an Ratten nach einmaliger i.v. I-Injektion (30 mg/kg) untersucht. Es trat Polyurie (4. Tag) mit Wasserdiurese auf, Kreatinin- u. Harnstoff–Plasma-Spiegel waren erhöht (8. Tag), Glomerulumfiltrat (auf $^1/_6$), Harnstoffclearance (auf $^1/_2$) u. p-Aminohippursäureclearance (auf $^1/_6$) waren gesenkt. Histolog. waren degenerative Veränderungen an den Nierentubuli zu beobachten. M. METZE. 4608☐

Störung des Harnkonzentrierungsmechanismus durch eine toxische Nierenschädigung. G. Peters. (Naunyn-Schmiedebergs Arch. exp. Pathol. Pharmakol. **241.** 551—52. 1961. Basel.) (Dt.) — Vgl. auch vorst. Referat.

Die Vergiftung mit *Aristolochiasäure* (I) beeinträchtigt bei Ratten das Harnkonzentrierungsvermögen. Die Störung betraf im stärkeren Maße die Harnelektrolyte als die Gesamtosmolarität. Der Anteil von Na^+ u. K^+ an der Gesamtosmolarität war von 19,2 auf 15,7 gesenkt, das Verhältnis Gesamtelektrolyte im Papillenwasser/Gesamtelektrolyte im Harn war von 0,61 auf 1,23 erhöht. Es wird angenommen, daß die Ursache der Störung zu einem wesentlichen Teil auf die Beeinträchtigung der Rückresorption von Harnstoff aus den Sammelrohrlumina in das Papilleninterstitialwasser zurückzuführen ist. M. METZE. 4608☐

Die Wirkung von Schizandra chinensis auf Atmung und Blutdruck von Laboratoriumstieren. Suen Kaan. (Acta pharmac. sinica **7.** 277—81. Okt. 1959. Anshan, Anshan Med. Coll., Dep. of Pharmacol.) (Chin.; Auszug: Engl.)

Ein *Schizandrachinensis*-Präp. wirkt direkt auf das Atmungszentrum u. erhöht die Atmungsfrequenz u. das Atmungs-Vol.; es wirkt der Hemmung von Morphin entgegen u. senkt den Blutdruck. P. GREGORZEWSKI. 4608☐

Untersuchung über die Sexualhormon-ähnliche und gonadotrope Aktivität der chinesischen Droge Lu-jung (Geweih). Yuan-Seu Hsu. (Acta pharmac. sinica **7.** 283—86. Okt. 1959. Shenyang, Shenyang Coll. of Pharm., Dep. of Pharmacol.) (Chin.; Auszug: Engl.)

Extrakt aus dem Geweih von *Cervus xanthopyrus* verursacht weder bei kastrierten Ratten ein Wachstum der Prostata u. der Samenbläschen noch zeigt es gonadotrope Aktivität bei Kaninchen oder Kröten. P. GREGORZEWSKI. 4609☐

Zwei neue pharmakologisch aktive Polypeptide. G. Zetler. (Naunyn-Schmiedebergs Arch. exp. Pathol. Pharmakol. **241.** 544—45. 1961. Kiel, Univ., Pharmakol. Inst.) (Dt.)

Eine nach EULER [1942] hergestellte *Substanz P* (I) aus Rinderhirn ergibt nach Suspension in CCl_4 drei biolog. akt. Prinzipien, die sich säulenchromatograph. u. papierchromatograph. voneinander unterscheiden. R_F-Werte: *Fraktion a* (Fa) 0,22 (n-Butanol: Eisessig: W. wie 40:10:50), *Fraktion b* (Fb) 0,34 u. *Fraktion c* (Fc) 0,64. Chymotrypsin zerstört die biolog. Aktivität aller drei Fraktionen. Fc ist resistent gegenüber Trypsin, nicht jedoch gegenüber Pepsin u. Papain. Alle drei wirken am Meerschweinchenileum bradykininähnlich. Fc ist jedoch durch R_F-Wert u. andere Eigg. von Bradykinin zu unterscheiden. Vff. nehmen an, daß I 3 biolog. akt. Polypeptide enthält von denen 2 Komponenten nach CCl_4-Behandlung bes. stark angereichert werden u. vielleicht als Denaturierungs-Prodd. gewisser Proteine u. somit als Artefakte zu bezeichnen sind. Es ist jedoch nicht ausgeschlossen, daß die beiden neuen Polypeptide u. I physiolog. im Gehirn vorkommen. M. METZE. 4609☐

Über die blutgerinnungsfördernde Komponente des Russell-Vipern-Giftes. F. Markwardt und P. Walsmann. (Naunyn-Schmiedebergs Arch. exp. Pathol. Pharmakol. **241.** 542—43. 1961. Erfurt, Med. Akad., Pharmakol. Inst.) (Dt.)

Der *blutgerinnungsfördernde Faktor* (I) des Giftes von *Vipera russeli* wurde isoliert (präparative Elektrophorese u. anschließende Chromatographie an Ionenaustauschersäulen) u. daran die proteolyt., die Phospholipase- u. die esterspaltende Wrkg. gemessen. Nur die gesteigerte proteolyt. u. die Gerinnungsaktivität waren im Präp. zu finden. Unterss. am Substrat *Prothrombin* zeigten, daß I zur Komplettierung seiner Wrkg. einen Lipoidfaktor (Cephalin) u. Calciumionen benötigt. Beim Erhitzen auf 70° wird I zerstört. M. METZE. 4609□

Kritische Betrachtungen zur Methodik der Bestimmung von freiem und gebundenem beziehungsweise Gesamt-Sulfonamid im Blut. H. Traut und H. P. Kuemmerle. (Chemotherapia [Basel] **1.** 175—82. 1960. Tübingen, Univ.-Frauenklinik.) (Dt.)

Die Best. von freiem u. Gesamt-*Sulfonamid* nach der Meth. von SCHMID u. PADOWETZ ergibt sehr gut reproduzierbare Werte. S. GROITZSCH. 4610□

Eine neue Methode zur Klärung von Galle- und Milchproben zwecks photometrischer Bestimmung ihres Gehaltes an Sulfonamiden und eventuell anderen Pharmaca. J. Rieder. (Chemotherapia [Basel] **1.** 182—92. 1960. Basel, Abt. für exp. Med. der Fa. F. Hoffmann-La Roche & Co. AG.) (Dt.)

Die angewandte Technik liefert von menschlicher u. tier. Galle u. Milch leicht reproduzierbare farblose, klare, eiweißfreie Probe-Lsgg. mit pH 6—7. Die Meth. eignet sich zur Best. (qual. u. quant.) beliebiger Pharmaca, sofern sie nicht durch die der Analyse zugefügten Reagentien gebunden oder verändert werden u. bes. zur Best. von *Sulfonamiden.* S. GROITZSCH. 4610□

Untersuchungen über den Sulfonamidgehalt in der Galle nach Gaben von Langzeitsulfonamiden. St. Greif und G. Seidl. (Chemotherapia [Basel] **1.** 193—204. 1960. Graz, Landeskrankenhaus, II. Med. Abt. u. Elisabethinensp., Chirurg. Abt.(Dt.)

Es wurde die Ausscheidung der 3 Sulfonamide *Sulfadimethoxin* (I), *Sulfaphenazol* (II), *Sulfamethoxypyridazin* (III) in der Galle des Menschen vergleichend untersucht. Die Gallenproben wurden sowohl durch T-Drain aus dem Ductus hepaticus als auch mittels Duodenalsonde aus dem Duodenum entnommen u. der Sulfonamid-Geh. beider Proben verglichen. Es zeigte sich in den Unterss., daß I u. II nach einmaliger Gabe höhere Konzz. ergeben als **III**, wobei der Geh. der Galle an I am längsten erhalten blieb. Ähnliche Verhältnisse lagen auch bei mehrmaliger Applikation vor, indem der Sulfonamid-Geh. der Galle nach I bedeutend langsamer absank u. weniger Schwankungen unterworfen war als der von II u. III. Bei allen Unterss. ergab sich ferner übereinstimmend, daß in der aus dem Ductus hepaticus entnommenen reinen Lebergalle stets andere u. zwar stets höhere Konzz. an totalem u. freiem Sulfonamid enthalten waren als in den mit der Duodenalsonde gewonnenen Gallenproben. Die Beurteilung der Ausscheidung eines Sulfonamids auf Grund von Duodenalproben ist somit unzulässig. S. GROITZSCH. 4610□

Untersuchungen über die Synthese von 5-Methyl-3-[p-aminobenzolsulfonamido]-isoxazol (MS-53). Hideo Kano und Kazuko Ogata. (Annu. Rep. Shionogi Res. Lab. [Amagasaki, Japan] **8.** 777—78. 1958. Div. of Organ. Chem.) (Engl.)

MS-53 wird durch Kondens. von 3-Amino-5-methylisoxazol (I) mit p-Acetylaminobenzolsulfonylchlorid u. anschließender Desacetylierung dargestellt. I entsteht in guter Ausbeute durch Rk. von $\alpha.\gamma$-Diketopentansäureäthylester mit Hydroxylaminhydrochlorid in Alkohol. P. GREGORZEWSKI. 4610□

Vergleichende Untersuchung von MS-53 und Sulfisoxazol: Therapeutische Wirksamkeit, Resorption, Exkretion und Gewebeverteilung. Haruo Nishimura, Kiyoshi Nakajima, Saburo Okamoto, Noboru Shimaoka und Kuniko Sasaki. (Annu. Rep. Shionogi Res. Lab. [Amagasaki, Japan] **8.** 779—90. 1958. Div. of Bact.) (Engl.) —Vgl. vorst. Referat.

Im Mäuse-Vers. zeigt *MS-53* bei oraler Verabreichung größere Wirksamkeit gegen bakterielle Infektionen als *Sulfisoxazol* (I); mit Isoniazid zeigt es additive Wrkg.; MS-53 wird ebenso gut wie I resorbiert u. schnell mit dem Urin ausgeschieden, sein Plasmaspiegel ist weit besser als von I, im Gewebe von Ratten hält sich MS-53 länger als I u. es dringt auch in das Gehirn ein. P. GREGORZEWSKI. 4610□

Zur Toxizität von 5-Methyl-3-[p-aminobenzolsulfonamido]-isoxazol. Tetuo Minesita, Kenjiro Yamamoto, Seikichi Takahashi, Ryoji Hirota, Toyokazu Ishigami, Syunji Sekihara und Yoshihiro Muraoka. (Annu. Rep. Shionogi Res. Lab. [Amagasaki, Japan] **8.** 791—802. 1958. Div. of Pharmacol.) (Engl.) — Vgl. vorst. Referat.

DL_{50} (Mäuse) von *MS-53* beträgt 2,24 $\pm$ 0,06 mg/g (oral) bzw. 1,48 $\pm$ 0,016 mg/g (i.v.). Beim Hund zeigen einmalige Gaben von 0,5 g/kg keine Symptome. Bis zu 500 mg/

kg 30 Tage lang an Ratten verabreicht, verursachen keine schädlichen Wirkungen. Es handelt sich um ein schwach tox. Sulfonamid. P. GREGORZEWSKI. 4610□

Schilddrüsenhormon und durch p-Aminosalicylat induzierte Leberveränderungen. R. M. L. Mehrotra und Sheila Sarna. (J. Pathol. Bacteriol. **82.** 522—26. Okt. 1961. Lucknow, India, K. G. Med. Coll., Dep. of Pathol.) (Engl.)

Verabreichung von *Thyroxin* an mit *p-Aminosalicylat* (I)-behandelte Ratten schützt nicht vor *Glykogen* (II)-Infiltration oder I-induzierten histolog. Veränderungen in der Leber. Daraus wird geschlossen, daß die hepat. II-Infiltration nicht von einer Hypothyreose herrührt. H. AMAN. 4610□

Biologische Untersuchungen über N.N′-Di- und -Tetramethansulfonylkanamycin und N-Methansulfonylneomycin. Hamao Umezawa, Tomio Takeuchi, Seirō Yamazaki, Kazuo Nitta, Tomoko Osawa und Sumio Umezawa. (J. Antibiotics [Tokyo], Ser. A **12.** 117—25. Juli 1959. Keio Univ., Dep. of Applied Chem.; Nat Inst. of Health.) (Engl.)

Die aufgeführten Antibiotica-Derivv. haben eine 10—20 mal schwächere therapeut. Wrkg. als die entsprechenden freien Basen. P. GREGORZEWSKI. 4611□

Untersuchungen über Taitomycin, ein neues von Streptomyces afghaniensis gebildetes Antibioticum. 4. Mitt. **Taitomycin-Wirkung auf die experimentelle Psittacosis.** Nobuhiko Komatsu, Syozō Nakazawa, Masa Hamada, Mitsuo Shimo und Takashi Tomosugi. (J. Antibiotics [Tokyo], Ser. A **12.** 173—76. Juli 1959. Univ. of Tokyo, Inst. of Infectious Diseases; Taito Comp. Ltd.) (Engl.) — **3.** vgl. J. Antibiotics [Tokyo], Ser. A **12.** [1959.] 12.

Taitomycin zeigt virocide Wirksamkeit bei Psittacosis-infizierten Hühnerembryonen u. bei Mäusen hohe Schutz-Wrkg. gegen Infektion. Es schützt aber nicht gegen die Infektion mit dem RIFT-VALLEY-Virus. P. GREGORZEWSKI. 4611□

Grundregel über die Auswirkung der Antibioticatherapie auf die Infektabwehr. K. W. Clauberg. (Chemotherapia [Basel] **1.** 161—67. 1960. Berlin.) (Dt.)

Vf. zeigt an den mit Beispielen der Klinik gestützten Darlegungen, daß die chemotherapeut. ausgelöste Erregervernichtung den zur Bldg. spezif. Resistenz erforderlichen bakteriellen Reiz beseitigt, wodurch die Immunisierungsvorgänge weitgehend oder total zum Stillstand gelangen u. die einer Krankheitsüberwindung dienenden reparativen Vorgänge irregulär werden. S. GROITZSCH. 4611□

Zum Problem der Neomycindetoxikation. V. Sobek, M. Háya und J. Mikulášková. (Naunyn-Schmiedebergs Arch. exp. Pathol. Pharmakol. **241.** 557. 1961. Prag, Univ., Pharmakol. Inst.) (Dt.)

Verss. am isolierten Rattenzwerchfell u. am Ganztier über den Einfl. von *K*-Ionen auf die Toxizität von *Neomycin* lassen eine indirekte Proportionalität von Toxizität zur K^+-Menge erkennen. M. METZE. 4611□

Neuropharmakologische Untersuchungen der Wirkung des α-Piperidyl-(2)-benzhydrolhydrochlorids (Meratran) auf das Zentralnervensystem. Ken'ischi Yamamoto, Kazuyoshi Hiraoka und Yasunao Ogawa. (Annu. Rep. Shionogi Res. Lab. [Amagasaki, Japan] **8.** 969—87. 1958. Div. of Pharmacol.) (Jap.; Auszug: Engl.)

α-Piperidyl-(2)-benzhydrolhydrochlorid (I) wird im Katzen-Vers. mit der Wrkg. von Methylpropamine verglichen. 0,1 mg/kg I erhöht die elektr. Aktivität der Cerebralcortex, dieser Aktivierung wirkt Thiopental-Na entgegen. Außerdem wird der Einfl. von I auf das elektr. Verh. einer großen Reihe von Nervenbahnen mitgeteilt. P. GREGORZEWSKI. 4620□

Der Einfluß von Phenoxybenzamin auf die Aufnahme von Noradrenalin durch Katzen- und Rattengewebe. J. Farrant, Judith A. Harvey und Jocelyn N. Pennefather. (J. Physiology **159.** 49P—50P. Nov. 1961. London, Univ. of London, School of Pharmacy, Dep. of Pharmacol.; Sydney, Australia, Univ. of Sydney, Dep. of Pharmacol.) (Engl.)

Bei der Spinalkatze verhütete i.v. injiziertes *Phenoxybenzamin* (I) die Aufnahme von *Noradrenalin* (II) durch die Niere, nicht aber durch den Uterus; *Dichlorisoprenalin* verhielt sich umgekehrt. Bei Ratten mit zerstörtem Rückenmark bestand eine starke Aufnahme von II durch das Herz; diese wurde durch I herabgesetzt. Eine Einzeldosis von I allein verringerte den Geh. von II in der Milz, nicht aber in Herz, Uterus oder Duodenum. Daueranwendung von I (6 mg/kg 7 Tage lang) verringerte den Geh. von II in Herz u. Milz, nicht aber in Uterus u. Duodenum. K. ZINGRAF. 4620□

Einfluß von Brenzcatechin auf die Veränderung des Noradrenalin-Gehalts im Rattenhirn nach Raunescin. A. J. Jäättelä und M. K. Paasonen. (Acta pharmacol. toxicol. [Köbenhavn] **18.** 95—100. 1961. Helsinki, Univ., Dep. of Pharmacol.) (Engl.)

Raunescin (I) erniedrigt den *Noradrenalin* (II)-Geh. im Rattenhirn. *Brenzcatechin* als kompetitiver Hemmstoff der *Brenzcatechin-O-methyltransferase* (III) hemmt die I-Wrkg. auf den II-Gehalt. *Iproniazid*, als kompetitiver *Monoaminoxydase* (IV)-Hemmstoff, zusätzlich verabreicht, erhöht den II-Geh. im Gehirn. Die Ergebnisse lassen vermuten, daß I das II erst aus den Zellbindungsorten freisetzt u. der Verstoffwechselung durch beide Enzyme (III u. IV) zur Verfügung stellt. Dann erst ist auch die Brenzcatechin- u. Iproniazid-Hemmung wirksam. M. METZE. 4620 □

Die Wirkung von Methylenblau auf die Monoaminoxydase und den Brenzcatechinamin- und 5-Hydroxytryptaminstoffwechsel des Gehirns. H. Ehringer, O. Hornykiewicz und K. Lechner. (Naunyn-Schmiedebergs Arch. exp. Pathol. Pharmakol. **241**. 568—82. 1961. Wien, Univ., Pharmakol. Inst.) (Dt.)

Methylenblau (I; 50 bzw. 100 mg/kg intraperitoneal) führt bei Ratten zur Sedation u. Hypothermie (Verwandtschaft mit Chlorpromazin), hemmt in vivo die Gehirn-*Monoaminoxydase* (II) u. steigert den Geh. des Gehirns an Brenzcatechinaminen u. 5-Hydroxytryptamin. I als kurz dauernder II-Hemmstoff antagonisiert die Wrkg. eines 1 Std. darauf verabreichten lang dauernden II-Hemmstoffes. Im Vers. wurde *Nialamid* (III) gewählt. Es zeigte sich jedoch nur ein I-III-Antagonismus in bezug auf die Brenzcatechinamine, nicht in bezug auf II. — 25 Literaturangaben. M. METZE. 4620 □

Pharmakologische Untersuchungen über die Wirkungen von 3-Chlor-10-[3′-(4″-methylpiperazinyl)-propyl]-phenthiazindimaleat (Prochlorperazin). Yasunao Ogawa, Katumi Hirose, Ken'ichi Yamamoto, Kazuyoshi Hiraoka und Akemi Kawasaki. (Annu. Rep. Shionogi Res. Lab. [Amagasaki, Japan] **8**. 989—1001. 1958.) (Jap.; Auszug: Engl.)

Prochlorperazin (I) hemmt die blutdrucksteigernde Adrenalin-Wrkg. u. den durch Veratrin verursachten BEZOLD-JARISCH-Reflex; die I-Wrkg. auf die Katzennickhaut u. auf den Meerschweinchendarm, seine sedative Wrkg., die antikonvulsive Wrkg., der synergist. Effekt auf die anästhet. Wrkg. von Ae. u. Thiopental u. seine hypotherm. Wrkg. sind gleich, aber schwächer als die Wrkg. von Chlorpromazin. I zeigt stärkere antiemet. Wrkg. als Chlorpromazin, es hemmt die Reizleitung des Spinalreflexbogens der Katze, nicht aber bei der Spinalkatze. Tägliche Dosen von 15,8 mg/kg über 2 Monate verursachen bei Mäusen keinen Einfl. auf Wachstums-Geschw., Blutbild oder Organe.
P. GREGORZEWSKI. 4620 □

Quantitative Untersuchungen über den Chlorpromazin-Stoffwechsel. Yasunao Ogawa, Akemi Kawasaki und Ken'ichi Yamamoto. (Annu. Rep. Shionogi Res. Lab. [Amagasaki, Japan] **8**. 1003—09. 1958. Div. of Pharmacol. (Jap.; Auszug: Engl.)

Chlorpromazin (I) hat eine hohe Affinität zu Rattenhirngewebe, das I-*Sulfoxid* ist ein wirkungsloses Stoffwechsel-Prod. mit viel geringerer Affinität zu Gehirngewebe.
P. GREGORZEWSKI. 4620 □

Die Wirkungen von Reserpin auf Histamintoleranz und endokrine Organe der Ratte. A. M. Sackler, A. S. Weltman, M. Bradshaw und F. Heilman. (Acta endocrinol. [Copenhagen] **34**. 619—26. Aug. 1960. Brooklyn; N.Y., Univ., Labor. for Therap. Res.; Res. Inst. of the Brooklyn Coll. of Pharmacy.) (Engl.)

Junge ♂ Ratten wurden subkutan mit verschiedenen Mengen *Reserpin* (I) behandelt. Dabei war nach der Verabreichung von I ein Anstieg der *Histamin*-Toleranz zu verzeichnen, was sich in einem Anstieg der DL_{50} bemerkbar machte. Die Erhöhung der DL_{50} ist charakterist. für kleine I-Dosen. Größere Dosen erzeugen Störungen der endokrinen Organe u. Verringerung des Körpergewichtes. R. HEINRICH. 4620 □

Spezifische Hemmung von 5-Hydroxytryptamin-Effekten durch Lysergsäurediäthylamid und ähnliche Körper. A. Cerletti und H. Konzett. (Naunyn-Schmiedebergs Arch. exp. Pathol. Pharmakol. **228**. 146—48. 1956. Basel.) (Dt.)

Vergleichende Unterss. wurden an Rattenuterus u. -niere sowie in vivo an der Katze über spezif. Hemmung des *5-Hydroxytryptamins* (I) durch Derivv. des *Lysergsäurediäthylamids* (II) durchgeführt. Die *l*- u. *dl*-Form von II wie auch das *Lumilysergsäurediäthylamid* sind ca. 100 mal schwächer wirksam als II, während die *Dihydro-(9.10)*-Verb. von II nur 1,6 mal schwächer wirkt. Unter den *N-substituierten Amiden* von II hemmt das *N-Äthyl*-II 8,5 das *N-Propyl*-II 2,5 das *N-Isopropyl* II 5 u. das *N-Butyl*-II 1,5 mal geringer die I-Wirkung. *N.N-Dimethyl*-II, *N.N-Diisopropyl*-II u. *N.N-Dibutyl*-II sind 5- bzw. 4- bzw. 3 mal schwächer u. das *Lysergsäurepyrrolidid* sogar 20 mal schwächer wirksam als II. Hinsichtlich der I-Hemmung wirken *1-Acetyl*-II u. *2-Brom*-II sowie *2-Jod*-II stärker (ca. 1,5—2 mal) als II, wobei das 2-Br-II nicht die gleichen Veränderungen von Psyche u. Bewußtsein beim Menschen zur Folge hat, wie II selbst.
R. LAFFERENZ. 4620 □

Die Wirkung von d-Lysergsäurediäthylamid auf Kreislaufreflexe. K. H. Ginzel. (Naunyn-Schmiedebergs Arch. exp. Pathol. Pharmakol. **228**. 149—50. 1956. Birmingham.) (Dt.)

Verss. an Katzen in Chloralnarkose ergeben, daß 100—200 μg *d-Lysergsäurediäthylamid* bei Einbringen in den lateralen Gehirnventrikel vornehmlich Reflexe, die von den Chemoreceptoren ausgehen, hemmen. *5-Hydroxytryptamin, Noradrenalin, Acetylcholin, Histamin, Atropin* u. *Hexamethonium* erwiesen sich hierbei als ohne Wrkg. auf Okklusionsreflex u. Blutdruckanstieg nach entsprechender Chemoreceptorenerregung.
R. LAFFERENZ. 4620□

Änderungen des Adenosintriphosphat-Gehaltes im Gehirn nach Einwirkung verschiedener zentralerregender Pharmaca. H. Coper. (Naunyn-Schmiedebergs Arch. exp. Pathol. Pharmakol. **228.** 143—45. 1956. Berlin, FU.) (Dt.)

Vf. findet papierchromatograph. im Hirn von Ratten, die unter Einfl. der Krampfgifte *Cardiazol, Mintacol* (*p-Nitrophenyldiäthylphosphat*), u. *Scillirosin* stehen, eine Verminderung von *Adenosindi-* u. *triphosphat*, hingegen nur eine unbedeutende Vermehrung von Adenosinmonophosphat. Daneben wird eine weitere Fraktion gefunden, deren UV-Spektrum für keine der bekannten Purin- bzw. Pyrimidin-Verbb. charakterist. ist.
R. LAFFERENZ. 4622□

Die Bedeutung der individuellen Erregbarkeit des ZNS für den Effekt zentralwirkender Pharmaca. K. Hecht, S. Choinowski, M. Solle und Kl. Treptow. (Acta physiol. Acad. Sci. hung. **20.** 119—34. 1961. Berlin-Buch, Dtsch. Akad. d. Wiss., Inst. für corticoviscerale Patholog. u. Therapie.) (Dt.)

Mit Ratten (153) wurde im größeren Tierkollektiv systemat. die Bedeutung der individuellen Erregbarkeit für die Effekte zentral wirkender Pharmaca (*Reserpin, Äthylcrotylbarbitursäure*, beide subkutan) mit Hilfe der bedingtreflektor. motor. Nahrungs-Meth. untersucht. Aus den Ergebnissen ist zu schließen, daß die unterschiedlich erzielten Effekte eines in gleicher Dosis verabreichten zentralerregenden Pharmakon ihre Ursache nicht in der biolog. Streuung, sondern in der individuellen Erregbarkeit des ZNS haben. — 31 Literaturangaben. M. METZE. 4622□

NaCl-Effekt. W. Felix. (Naunyn-Schmiedebergs Arch. exp. Pathol. Pharmakol. **241.** 539—40. 1961. München, Univ., Pharmakol. Inst.) (Dt.)

Verss. an Katzen (Chloralosenarkose) ergaben, daß die Infusion physiolog. *NaCl*-Lsg. in die A. femor je nach Rk.-Lage der Tiere verschiedenartige Wrkg. auslösen kann (Dilatation, Rhythmen, acetylcholinähnlich). Atropin, Adrenalin, Noradrenalin u. Nicotin hemmen den Effekt. M. METZE. 4627□

Der Einfluß von Ca-bindenden Substanzen auf oral induzierte Chloralose- und Barbiturat-Anästhesie. Erling Søgnen. (Acta pharmacol. toxicol. [Köbenhavn] **18.** 38—48. 1961. Oslo, Veter. Coll. of Norway, Dep. of Pharmacol. and Toxicol.) (Engl.)

Verss. an Ratten u. Kaninchen haben gezeigt, daß orale Dosen von *Chloralose* u. *Mebumal* (*Pentobarbital*), mit *Ca-bindenden Substanzen* (I; *Natriumfluorid, Na-Oxalat, Tetracemin*) verabreicht, in ihrer Wrkg. (tiefe Anästhesie bzw. Tod) stark eingeschränkt sind. I hemmen ebenfalls die Glucoseresorption u. den Fl.-Transport im Intestinallumen. Es ist anzunehmen, daß die durch I verursachte Hemmung der Pharmaconresorption auf einen verminderten Wassertransport zurückzuführen ist, der wiederum einen Einfl. auf die Glucoseresorption u. den Glucosestoffwechsel hat. — 30 Literaturangaben. M. METZE. 4627□

Beeinflussung des pulmonalen respiratorischen Chemoreflexes durch Pharmaca. H. H. Wellhöner. (Naunyn-Schmiedebergs Arch. exp. Pathol. Pharmakol. **241.** 537 bis 538. 1961. Leipzig, Univ., Inst. für Pharmakol. u. Toxikol.) (Dt.)

An Katzen wurde die Beeinflußbarkeit des pulmonalen respirator. Chemoreflexes durch *Endoanästhetica* u. *Lokalanästhetica* untersucht. Die starke Abhängigkeit vom Sauerstoffanteil in der Atemluft ist im Experiment zu berücksichtigen.
M. METZE. 4627□

Einfluß der Hypothermie auf die Adrenalin-Chloroform-Synkope. T. Szilágyi, Hedvig Csernyánszky, I. Csernyánszky, E. Szabó und B. Csaba. (Acta physiol. Acad. Sci. hung. **20.** 149—53. 1961. Debrecen, Med. Univ., Inst. of Pathophysiol.) (Engl.)

Wenn chloroformierte Hunde 200 μg *Adrenalin* (I)/kg (i.v.) erhalten, steigt der Blutdruck stark an u. fällt danach sofort steil ab, das Tier verendet mit Herzflimmern. Nach Abkühlung der Tiere auf 25—27° ruft I nur einen leichten Blutdruckanstieg hervor.
M. METZE. 4627□

Der Einfluß von Bemegrid, Noradrenalin und künstlicher Beatmung auf die Thiopentalnarkose des Hundes. F. Hahn, H. J. Meyer und A. Oberdorf. (Naunyn-Schmiedebergs Arch. exp. Pathol. Pharmakol. **242.** 168—87. 1961. Freiburg i. Br., Univ., Pharmakol. Inst.) (Dt.)

Künstliche Beatmung u. *Bemegrid* steigern die letale Dosis von *Thiopental* (I) bei Hunden auf das 2,5fache. Beides kombiniert, steigert die I-Letaldosis auf das 6fache. — 57 Literaturangaben. M. Metze. 4627□

Die Aktivierung des Arzneimittelabbaues durch Pharmaca. H. Remmer, M. Siegert und W. Krause. (Naunyn-Schmiedebergs Arch. exp. Pathol. Pharmakol. **241.** 549—50. 1961. Berlin-Dahlem, FU, Pharmakolog. Inst.) (Dt.)

Die Wirkungsdauer von *Eunarcon* u. *Evipan* (I) u. anderen Schlafmitteln sowie von Anticonvulsiva wurde verglichen mit dem Einfl. auf die Aktivität der *oxydativen Enzyme* (II) in vitro nach Inkubierung (von I u. *Methylaminoantipyrin*) mit Mikrosomen. Die meisten Stoffe aktivierten II (Ausnahme: *Valamin, Chloralhydrat* u. *Tridion*). Es wurde eine Zweiphasen-Wrkg. der Stoffe festgestellt (zuerst Hemmung, dann eine stimulierende Wrkg. auf die Aktivität von II), die mit der von typ. Mikrosomenenzymhemmstoffen vergleichbar ist. Die Auswirkung dieser Eigg. auf ihre Wirksamkeit als Therapeuticum wird an einigen Beispielen erläutert. M. Metze. 4627□

Wirkung von Natriumpentobarbital auf die histaminstimulierte Magensekretion. A. P. Skyring, G. W. Milton und G. A. Maxwell. (Amer. J. Physiol. **201.** 574—76. Sept. 1961. Sydney, NSW, Australia, Royal Prince Alfred Hosp., Gastro-Enterol. Unit; Univ. of Sydney, Dep. of Surg.) (Engl.)

Na-Pentobarbital (I) ruft (bei Hunden) eine von der Tiefe der Narkose unabhängige, vermutlich auf direkter Wrkg. auf die Parietalzellen des Magens beruhende Hemmung der durch *Histamin* (II) stimulierbaren Magensekretion hervor. Die Hemmung verhält sich umgekehrt proportional zur II-Dosis, so daß z. B. nach einer 26-mg/kg-Dosis von I eine starke (53%ig.) Hemmung der durch 5,5 μg II/kg ausgeübten Wrkg. zu konstatieren ist, während die Wrkg. von 22 μg II/kg in geringerem Ausmaß (nur zu 32%) gehemmt wird. U. Tausendfreund. 4627□

Die Eliminationsgeschwindigkeit von Glutethimide (Doriden) beim Menschen. H. Remmer, G. Neuhaus und K. Ibe. (Naunyn-Schmiedebergs Arch. exp. Pathol. Pharmakol. **242.** 90—95. 1961. Berlin, FU, I. Med. Klinik, Pharmakolog. Inst.) (Dt.)

Es wird eine Meth. zur Best. der Eliminations-Geschw. von Narcoticis beim Menschen beschrieben, die auf einer Auswertung der Beziehung von Dosis u. Wirkungsdauer beruht. Die Elimination des *Doridens* beträgt 25% pro Tag. M. Metze. 4627□

Identifizierung und quantitative Bestimmung von Jetrium (Palfium) in biologischem Material. Ernst Vidic. (Arch. Toxikol. **19.** 254—68. 1961. Berlin, FU, Inst. für gerichtl. u. soziale Med.) (Dt.)

Es wird die qual. Best. von *Jetrium* (I, *2.2-Diphenyl-3-methyl-4-morpholinobutyrylpyrrolidin*) mit Hilfe chromatograph. Verff. u. die quant. Best. durch spektrophotometr. Messung der Extinktion des Nitro-Prod. bei 278 mμ beschrieben u. an I-süchtigen Personen durchgeführt. P. Gregorzewski. 4627□

Pharmakologische Untersuchungen über N-Dimethylaminoacetyl-N-methylaminoantipyrin. W. Chiti und P. Chiarini. (Farmaco [Pavia], Ediz. prat. **15.** 617—30. Okt. 1960. Firenze, IBIS, Labor. di Ric.) (Ital.)

N-Dimethylaminoacetyl-N-methylaminoantipyrin besitzt eine geringere Toxizität (DL_{50} intraperitoneal, Maus, zwischen 1500 u. 1750 mg/kg) u. eine stärkere analget. Wrkg. als *Antipyrin* sowie eine geringe lokalanästhet. u. myolyt. Wrkg., aber prakt. keine antipyret. oder antiphlogist. Wirkung. K. Zingraf. 4627□

Vergleichende Untersuchungen zur Bestimmung von Cyclobarbital in Organen und Körperflüssigkeiten. W. Last. (Arch. Toxikol. **19.** 269—72. 1961. Greifswald, Ernst-Moritz-Arndt-Univ., Inst. für gerichtl. Med. u. Kriminalistik.) (Dt.)

Ein Vgl. von 4 Barbituratisolierungs-Verff. im Falle einer akut tödlichen Cyclobarbitalvergiftung ergibt eine Überlegenheit der Dressler-Methode.
P. Gregorzewski. 4627□

Algesimetrische Untersuchungen mittels elektrischer Stimulierung am Mäuseschwanz. Per Lund Nilsen. (Acta pharmacol. toxicol. [Köbenhavn] **18.** 10—22. 1961. Copenhagen, Dumex Ltd., Pharmacol. Labor.) (Engl.)

Es wird eine Meth. zur Testung analget. wirkender Verbb. an Mäusen beschrieben. Sie basiert auf einer Alles-oder-Nichts-Rk. auf elektr. Reize von konst. Dauer u. Frequenz bei variabler Intensität. Die Schmerzschwelle wird bei jedem Tier vor u. nach der Verabreichung der Droge gemessen u. das Ansteigen der zweiten Schmerzschwelle als „positive Analgese-Rk." definiert. Die DE_{50} (mg/kg, intraperitoneal) wurde für folgende Antipyretica u. Morphinomimetica bestimmt: *Acetylsalicylsäure* (580), *Salicylamid* (216), *Phenazone* (197), *Isopropylphenazon* (141), *Isobutylphenazon* (150), *Amidopyrin* (89), *Phenylbutazon* (174), *Kodein* (14,7), *Morphin* (2,11), *Pethidine* (9,48) u. *Dextromoramid* (0,33). M. Metze. 4627□

Beobachtungen über den Wirkungsmechanismus einiger nichtdepolarisierender Ganglienblocker. U. Trendelenburg. (Naunyn-Schmiedebergs Arch. exp. Pathol. Pharmakol. **241.** 452—66. 1961. Boston, Mass., Harvard Med. School, Dep. of Pharmacol.) (Engl.)

Es wird der Einfl. von einigen nichtdepolarisierenden Ganglienblockern (*Hexamethonium, Chlorisondamine, Mecamylamine, Tetraäthylammonium*) u. von *Atropin* auf die Dosis-Wrkg.-Kurven von *Acetylcholin, Tetramethylammonium* u. *Dimethylphenylpiperazinium* am isolierten Meerschweinchendarm untersucht. Die Vers.-Ergebnisse deuten darauf hin, daß nichtdepolarisierende Ganglienblocker einer heterogenen Gruppe von Substanzen angehören, deren Wrkg.-Mechanismus noch nicht völlig geklärt ist. — 24 Literaturangaben. M. METZE. 4628□

Die Wirkung ganglionär erregender Substanzen auf die Kontraktilität und Phosphorylaseaktivität des isolierten atropinisierten Kaninchenherzens. W. R. Kukovetz. (Naunyn-Schmiedebergs Arch. exp. Pathol. Pharmakol. **241.** 557—58. 1961. Graz, Univ., Pharmakolog. Inst.) (Dt.)

Am Kaninchenherzen nach LANGENDORFF, welches ganglionäre Strukturen besitzt u. in dem nach Atropinisierung bei Gabe ganglionär erregender Substanzen adrenerg. Überträgersubstanz freigesetzt wird, testete Vf. *Acetylcholin, Nicotin, 1.1-Dimethyl-4-phenylpiperazin* u. *Sebacyldicholin* (100—200 μg, 30 Sek. nach Gabe von 50 μg Atropin; in Bulbus Aortae injiziert). Alle Stoffe erzeugten Frequenz- u. Kontraktionssteigerungen (ähnlich wie Adrenalin) u. Aktivitätssteigerung von *Phosphorylase* (I) im Herzmuskel. Diese Befunde stützen die Annahme, daß auch bei der im Gewebe freigesetzten adrenerg. Überträgersubstanz die Kontraktilitätssteigerung mit einer I-Aktivierung parallel geht. M. METZE. 4628□

Über die Wirkung von d-Tubocurarin, Nicotin und einigen Tropan-Abkömmlingen auf die ganglionäre Erregungsübertragung. O. Fehér, E. Lábos, Gy. Mózsik und T. Szabó. (Acta physiol. Acad. Sci. hung. **20.** 177—86. 1961. Debrecen, Med. Univ., Physiolog. Inst.) (Dt.)

d-Tubocurarin hebt die Übertragung der von *Acetylcholin* (I) ausgelösten Ganglienerregung (Unters. am perfundierten oberen Halsganglion der Katze) auf. *Nicotin* bindet sich mit erhöhter Konz. erst an die freien (erregende Wrkg.), dann an die innervierten (blockierende Wrkg.) Receptoren. Die Tropanabkömmlinge (*Novatropin* u. *N 310*) wirken an den innervierten Receptoren u. heben die Übertragung auf, während die durch I hervorgerufene Ganglienerregung, wenn auch red., erhalten bleibt. M. METZE. 4628□

Untersuchungen über die Wechselwirkungen der Ganglienblocker und Kaliumsalze. E. Minker und M. Koltai. (Acta physiol. Acad. Sci. hung. **20.** 187—95. 1961. Szeged, Med. Univ., Pharmakolog. Inst.) (Dt.) — Vgl. C. **1961.** 18774.

Unterss. an der Katze zeigten, daß die mit Ganglienblockern (*Hexamethonium, Pendiomid, d-Tubocurarin*) herbeigeführte ganglionäre Blockade durch *K*-Salzgaben behoben wird, ähnlich wirken auch *Rb*- u. *Cs*-Salze. Die Ergebnisse sprechen für die Rolle des K in der Transmission u. für den Einfl. der Ganglienblocker auf die Ionenprozesse der Depolarisation. M. METZE. 4628□

Biologische Bestimmung von wasserlöslichen Mutterkornalkaloiden auf Grund der mydriatischen Wirkung an Mäusen. Z. Votava. (Naunyn-Schmiedebergs Arch. exp. Pathol. Pharmakol. **228.** 152—54. 1956. Prag.) (Dt.)

Die Meth. ist dad. gek., daß Mäusen 10—20 mg der Substanz/kg i.v. injiziert werden u. anschließend die Pupillengröße bestimmt wird. *Methylergometrin* weist hierbei 186% der Wrkg. des *Ergometrins* auf. *Regitin* u. *Hydergin* wirken hierbei I- u. II-antagonistisch. R. LAFFERENZ. 4628□

Die Wirkung von Hexamethonium auf den Lungengefäßwiderstand bei Mitral-Stenose. Oscar J. Balchum, Goffredo Gensini und S. Gilbert Blount jun. (J. Lab. clin. Med. **50.** 186—98. Aug. 1957. Denver, Colo., Univ. of Colorado, School of Med., Dep. of Med., Cardiovascular Labor., Div. of Cardiol.) (Engl.)

Hexamethoniumchlorid (I)-Gabe via Herzkatheter an 15 Patienten in Ruhe u. supiner Position rief eine Druckerniedrigung in Brachial-, Lungenarterie u. linkem Atrium hervor. Die Resistenz der Pulmonararterien sank stark. M. METZE. 4630□

Zur Frage der Blutdruckwirkung einiger Bis-[triphenylphosphonium]-Verbindungen. L. Schmidt. (Naunyn-Schmiedebergs Arch. exp. Pathol. Pharmakol. **241.** 538—39. 1961. Freiburg/Br., Univ., Pharmakolog. Inst.) (Dt.)

An Hunden, Katzen u. Ratten wurde die Wrkg. i.v. Gaben von *Dekamethylen-bis-[triphenylphosphoniumbromid]* (*Q13*) u. den analogen C_4-, C_5- u. C_6-Verbb. auf den Blutdruck untersucht. Bis 7 mg/kg wirken sie dosisabhängig blutdrucksenkend, höhere Dosen wirken blutdrucksteigernd. Antagonist. wirkt nur Papaverin. Es muß angenommen werden, daß 213 neben seiner ganglienblockierenden Wrkg. einen kontrahierenden Effekt direkt auf die glatte Muskulatur der Gefäße hat, der erst nach Blockade der vegetativen Ganglien zum Tragen kommt. M. METZE. 4630□

Die Einschätzung von Mecamylamin bei der Behandlung von Hypertension. Paul T. Cottier, John M. Weller und Sibley W. Hoobler. (J. Lab. clin. Med. **50.** 199—208. Aug. 1957. Ann Arbor, Mich., Univ. of Michigan, Med. School, Dep. of Internal Med.) (Engl.)

Die Ergebnisse von Verss. an 31 konsekutiv hypertensiven Patienten mit *Mecamylamin* (I) lassen erkennen, daß I das zur Zeit beste Mittel zur Kontrolle des orthostat. Blutdrucks bei ernsten hypertensiven Erkrankungen ist. M. METZE. 4630□

Blutdrucksenkung nach intravenösem Acetylcholin mit begleitender Vagusblockade. Eine Untersuchung der Atropinresistenz. Robert W. Gardier. (Naunyn-Schmiedebergs Arch. exp. Pathol. Pharmakol. **241.** 433—41. 1961. Indianapolis, Ind., Indiana Univ., School of Med., Dep. of Pharmacol.) (Engl.)

N.N-Diisopropyl-N'-diäthylaminoäthylharnstoff (*P-286*) u. verwandte Verbb. verhinderten die Blutdrucksenkung bei Vagusreizung, während die Wrkg. von i.v. zugeführtem *Acetylcholin* (I) nur wenig abgeschwächt war. Diese Rk. beruht auf einer schwachen atropinartigen Wrkg.; *l-Hyoscyamin* blockiert die I-Wrkg. in den einzelnen Erfolgsorganen unterschiedlich. M. METZE. 4630□

Beeinflussung des Aktionspotentials des Katzenpapillarmuskels durch Persantin. B. Pillat. (Naunyn-Schmiedebergs Arch. exp. Pathol. Pharmakol. **241.** 467—83. 1961. Wien, Univ., Pharmakolog. Inst.) (Dt.)

Unterss. mit der Mikroelektrodentechnik am Katzenpapillarmuskel mit *Persantin* (I; *2.6-Bis-[β-hydroxyäthylamino]-4.8-dipiperidinopyrimido-[5.4-d]-pyrimidin*) haben gezeigt, daß I in Konzz. von $1 \cdot 10^{-5}$ bis $5 \cdot 10^{-5}$ g/cm³ bei einer Reizfrequenz von 85/min zu signifikanten Veränderungen des Aktionspotentials führt, die jedoch gut reversibel sind. I scheint in diesem Konz.-Bereich einen Stoffwechseleffekt auszuüben. Die erhaltenen Ergebnisse werden im Hinblick auf einen möglichen Wrkg.-Mechanismus diskutiert. — 57 Literaturangaben. M. METZE. 4630□

Die Identifizierung und Bestimmung einiger hypotensiver Pharmaka im Urin. S. L. Tompsett, W. Forshall und D. C. Smith. (Acta pharmacol. toxicol. [København] **18.** 75—79. 1961. Edinburgh, Scotl., Northern Gen. Hosp., Biochem. Labor.) (Engl.)

Es wird eine Meth. zur qual. u. quant. Best. einiger hypotensiver Pharmaka im menschlichen Urin beschrieben (Ionenaustauscherchromatographie, Reineckatpräzipitation, Papierchromatographie) u. einige Werte angegeben. Es wurden bestimmt: *Hexamethonium, Bretylium* u. *Guanethidin* (*Ismelin*). M. METZE. 4630□

Über den Wirkungsmechanismus von Ajmalin. G. Kuschinsky und H. Reuter. (Naunyn-Schmiedebergs Arch. exp. Pathol. Pharmakol. **242.** 17—23. 1961. Mainz, Univ., Pharmakolog. Inst.) (Dt.)

An Meerschweinchenvorhöfen wurde ein quant. Vgl. von *Ajmalin* u. *Chinidin* über Leitungs-Geschw., Anstieg-Geschw. des intracellulär abgeleiteten Aktionspotentials u. inotrope Wrkg. durchgeführt. Die Ergebnisse sprechen für einen gleichen antifibrillator. Wrkg.-Mechanismus. Die beiden Substanzen unterscheiden sich unter den hier angewandten Meth. weder qual. noch quantitativ. M. METZE. 4630□

Einfluß von Protoveratrin und Strophanthin auf den Kationen- und Phosphatgehalt von Gehirnrindegewebe. A. Wollenberger und B. Wahler. (Naunyn-Schmiedebergs Arch. exp. Pathol. Pharmakol. **228.** 134—36. 1956. Berlin.) — Vgl. C. **1957.** 1734.

An Schnitten von Großhirnrinde des Meerschweinchens, die unter O_2-Zufuhr mit K^+-freier RINGER-Lsg. 90% ihres K^+-Geh. verloren haben, wird die durch Glutaminat beschleunigte K^+-Regeneration unter Wrkg. von *Protoveratrin* (I) zu 80% u. von *Strophanthin* (II) zu 100% gehemmt. Umgekehrt haben I u. II eine Beschleunigung der K^+-Abgabe aus K^+-reichen Gewebsschnitten unter Verdoppelung ihres Na^+-Geh. zur Folge. Entsprechende Unterss. über Änderung des *Phosphat*-Geh. ergeben, daß in Ggw. von I u. II unter Erhöhung des O_2-Verbrauchs eine 20—45%ig. Verminderung des *Phosphokreatin*-Geh. eintritt, wonach das anorgan. PO_4^{3-} entsprechend vermehrt war. Vff. nehmen an, daß der durch I bzw. II gestörte Transportmechanismus zusätzlicher Energien bedarf, welche vom Abbau energiereicher Phosphate geliefert wird. R. LAFFERENZ. 4630□

Weitere Untersuchungen über strukturabhängige Unterschiede im Wirkungsmechanismus von Cardenoliden und Bufadienoliden. W. Förster. (Naunyn-Schmiedebergs Arch. exp. Pathol. Pharmakol. **241.** 536—37. 1961. Magdeburg, Med. Akad., Pharmakolog. Inst.) (Dt.)

Isolierte, spontan schlagende Meerschweinchenaurikel-Präpp. wurden mit *Azid*, *Jodacetat*, *Mersalyl*, *$BaCl_2$*, *Butallylonal*, *N-Methylmaleinsäureimid*, *Fluorid*, *Jodacetamid* u. *Phenylbutazon* geschädigt. Die 6 Genine der Cardenolid- u. Bufadienolreihe, *Digitoxigenin* u. *Bufalin* (3.14-Dihydroxy-Verbb.), *Digoxigenin* u. *12β-Hydroxybufalin* (3.14.12-Trihydroxy-Verbb.), *Gitoxigenin* u. *Desacetylbufotalin* (3.14.16-Trihydroxy-Verbb.) zeigten je nach Schädigungssubstanz u. Struktur eine unterschiedliche Wrkg. auf die Herzleistung. M. METZE. 4630 □

Vergleich der neurotoxischen Wirkung von Digitalisglykosiden und Geninen bei intracerebraler und intravenöser Injektion an Mäusen, Ratten und Meerschweinchen. K. Greeff und H. Kasperat. (Naunyn-Schmiedebergs Arch. exp. Pathol. Pharmakol. **242.** 76—89. 1961. Düsseldorf, Med. Akad., Pharmakolog. Inst.) (Dt.)

An Mäusen, Ratten u. Meerschweinchen wurden die neurotox. Symptome bei direkt intracerebraler Injektion von Glykosiden bzw. Geninen [*k-Strophanthidin*, *k-Strophanthin α* (*Cymarin*), *k-Strophanthin γ* (*Strophanthosid*), *Digitoxigenin* u. dessen *Monodigitoxosid*, *Digitoxin*, *Acetyldigitoxin α*, *Lanatosid A*] untersucht. Zum Vgl. wurden sie auch i.v. injiziert. Im Hinblick auf die noch ungeklärte Frage nach der Bedeutung des Zuckerrestes für zentrale Nebenwrkg. wurden Genine u. Glykoside mit verschiedenem Zucker-Geh. verglichen. Bei intraventriculärer Injektion verursachten alle verwendeten Glykoside u. Genine Krampfanfälle (2—10 Min. nach Injektion, 5—30 Sek. lang). Die Genine waren weniger wirksam als die Glykoside. Mit zunehmendem Zucker-Geh. nimmt die Krampf-Wrkg. u. die tödliche Wrkg. zu. Bei i.v. Injektion waren die neurotox. Symptome uneinheitlich (Lähmungs- u. Krampf-Wrkg.). M. METZE. 4630 □

Über den Einfluß von Digitoxigenin auf das Aktionspotential des Vorhofs euthyreoter und hyperthyreoter Meerschweinchen bei experimentellen Insuffizienzformen. E. Heeg, G. Kuschinsky und H. Lüllmann. (Naunyn-Schmiedebergs Arch. exp. Pathol. Pharmakol. **242.** 134—42. 1961. Mainz, Univ., Pharmakolog. Inst.) (Dt.)

An isolierten Herzohren enthyreoter u. hyperthyreoter Tiere wurde der Einfl. des *Digitoxigenins* (I) nach Barbituratschädigung (*Butallylonal*; II) u. unter *Ca*-Mangel untersucht. Aus den Ergebnissen ist zu schließen, daß I in „therapeut." Konzz. eine unspezif. Wrkg. auf die Zellmembran des Herzmuskels ausübt. Es ist nicht anzunehmen, daß die positiv inotrope Wrkg. der Herzglykoside durch eine Änderung der K- u. Na-Permeabilität zustande kommt. M. METZE. 4630 □

Vergleichende Untersuchungen zur diuretischen Aktivität verschiedener herzwirksamer Glykoside. G. Vogel. (Naunyn-Schmiedebergs Arch. exp. Pathol. Pharmakol. **241.** 553. 1961. Köln-Merheim, Biolog. Inst. der Fa. Madaus u. Co.; Köln, Univ., Physiolog. Inst.) (Dt.)

Folgende herzwirksamen Steroide wurden auf ihre diuret. Wirksamkeit an der Ratte untersucht: *Convallatoxin* (I), *Cymarin*, *g-Strophanthin*, *Lanatosid C*, *Digoxin*, *Digitoxin* (II), *Digitoxigenin* u. *Scillaren A*. Am wirksamsten ist **I** (Steigerung des Harnflusses um 300%), **II** ist wirkungslos. Die diuret. Wrkg. der Herzglykoside beruht wahrscheinlich auf 2 Komponenten: Hemmung der akt. tubulären *Na*-Resorption durch direkten renalen Angriff der Glykoside u. Mehrausscheidung intracellulären mobilisierten *K* infolge einer extrarenalen Wrkg. der Herzsteroide. M. METZE. 4630 □

Vergleichende Untersuchungen an den Diureticis Acetazolamid, Aminometradine, Chlorothiazide und Theophyllin. Ole E. Nielsen. (Acta pharmacol. toxicol. [København] **18.** 23—27. 1961. Copenhagen, Ferrosan Ltd., Biol. Dep.) (Engl.)

Vergleichende Unterss. über die Diuretica *Acetazolamid* (I), *Aminometradine* (II), *Chlorothiazide* (III) u. *Theophyllin* (IV) wurden an Kaninchen, Ratten u. an gesunden Menschen angestellt. Dabei zeigte sich **IV** als starkes, schnell wirkendes Diureticum, das die Wasser-, Na- u. Chloridausscheidung erhöht, ohne die K-Ausscheidung oder das Säure–Basen-Gleichgewicht bedeutend zu beeinflussen. Es erhöht als einzige der 4 Verbb. die Glomerulusfiltrationsgeschwindigkeit. **I** u. **III** sind ähnlich stark wirksam im Kurzzeitexperiment. Sie erhöhen jedoch im Gegensatz zu **IV** die Bicarbonat- u. K-Ausscheidung. **II** hat die geringste Wirksamkeit, aber es beeinflußt nicht die Säure–Basen-Regulierung. M. METZE. 4634 □

Der Einfluß von Glucocorticosteroiden auf die Wirkungen von Hydrochlorothiazid bei Ratten mit einer Aminonucleosidnephrose. G. Senft. (Naunyn-Schmiedebergs Arch. exp. Pathol. Pharmakol. **241.** 555—56. 1961. Berlin-Dahlem, FU, Pharmakolog. Inst.) (Dt.)

Bei Ratten mit Aminonucleosidnephrose ist die Na-eliminierende Wrkg. von *Hydrochlorothiazid* (I) stark herabgesetzt, *Triamcinolon* (II) normalisiert sie wieder. Die Ergebnisse zeigen, daß der Wrkg.-Verlust von **I** nicht auf der herabgesetzten Filtration beruht. M. METZE. 4634 □

Untersuchungen über die Wirkung von 2.4.7-Triamino-6-phenylpteridin am Menschen. F. Krück und R. Hild. (Klin. Wschr. **39.** 1300—01. 15/12. 1961. Heidelberg, Med. Univ.-Klinik.) (Dt.)

2.4.7-Triamino-6-phenylpteridin wirkt diuret., wahrscheinlich teilweise infolge eines Aldosteronantagonismus; es muß aber auch eine direkte Wrkg. auf die tubulären Ionentransferprozesse angenommen werden. P. Gregorzewski. 4634□

Die choleretische Wirkung einiger Chalkone. K. Formanek und H. J. A. Höller. (Scientia pharmac. **29.** 217—20. 31/12. 1961. Wien, Univ., Inst. für allg. u. exp. Pathol.) (Dt.)

Vff. verglichen die choleret. Wrkg. einiger Chalkone mit der von Na-Dehydrocholat. Die meisten steigern die Gallenproduktion geringer, aber länger andauernd. Folgende Verbb. wurden untersucht: Chalkone: *2'.4-Dihydroxy-*, *4'-Hydroxy-*, *2.4.4'-Trihydroxy-*, *2.4.2'-Trihydroxy-*, *4.4'-Dihydroxy-*, *2.4'-Dihydroxy-*, *2.4-Dihydroxy-4'-dimethylamino-*, *2.4-Dihydroxy-* u. *2-Hydroxy-*. P. Gregorzewski. 4640□

Chemotherapeutische Untersuchungen an der experimentellen Cysticerkose der Ratte, hervorgerufen durch Strobilocercus (Cysticercus) fasciolaris. E. Hinz. (Advances Protein Chem. **12.** 430—37. Dez. 1961. Brackwede/Westf., ASTA-Werke Akt.-Ges., Parasitol. Abt.) (Dt.)

Verss. an Ratten haben gezeigt, daß *Thymol, Jodthymol, Palmitinsäurethymolester* u. *Hetrazan* keinen vermiciden Effekt auf aufgewachsene Finnen von *Strobilocercus fasciolaris* ausüben. Die möglichen Gründe für die angeblich erfolgreiche Behandlung des Menschen werden diskutiert. M. Metze. 4649□

Die Wirksamkeit von Meprobamat und Lobelin als Entwöhnungsmittel für Raucher. W. A. Bartlett und R. W. Whitehead. (J. Lab. clin. Med. **50.** 278—81. Aug. 1957. Denver, Colo., Univ. of Colorado, Med. Center, Dep. of Pharmacol.) (Engl.)

Weder *Meprobamat* noch *Lobelin* zeigten sich als sicher wirksames Entwöhnungsmittel für Raucher. M. Metze. 4670□

Über die Wirkung von Phenylbutazon, seinen Metaboliten und verwandten Verbindungen auf die Gewebekultur. Hildegard Schellenberg. (Naunyn-Schmiedebergs Arch. exp. Pathol. Pharmakol. **242.** 1—11. 1961. Bonn, Univ., Pharmakolog. Inst.) (Dt.)

Phenylbutazon (**I**), seine *Metaboliten I* (*Hydroxyphenbutazon*; *G 27202*; **II**) u. *II* (*G 28231*; **III**) sowie die Homologen *G 25671* (S-haltig; **IV**), dessen Metabolit *Sulfinpyrazon* (**V**) u. weitere mögliche **IV**-Metaboliten: *G 33372* (**VI**; Geigy Akt.-Ges., Basel), *G 32642* (**VII**) u. *G 31442* (**VIII**) wurden in vitro vergleichend an normalem u. malignem Gewebe (embryonale Mäusehaut, embryonales Hühnergewebe, Mastocytom P-815 u. HeLa-Zellen) auf Cytotoxizität u. Mitose-Einfl. untersucht. Alle geprüften Stoffe bewirkten bei 1000 γ/ml Zellzerstörung u. Zelltod. Bei 100 γ/ml verursachten **I, II, III** u. **V** in allen Geweben schwächere Zellalterationen, **IV, VI** u. **VII** alterieren besonders stark die Mastocytomkulturen, **VIII** griff die Kulturen gar nicht an. Als Mitosegifte im eigentlichen Sinne kann man die untersuchten Stoffe nicht ansehen. — 24 Literaturangaben. M. Metze. 4670□

Zur Frage des Nachweises und der Ausscheidung von Spartein. Tödliche Sparteinvergiftung bei einem Kleinkind. Georg Schmidt. (Arch. Toxikol. **19.** 244—53. 1961. Erlangen, Univ., Inst. für gerichtl. Med. u. Kriminalistik.) (Dt.)

Bei einem Kleinkind genügten 30 mg *Spartein* (**I**)/kg für eine tödliche Vergiftung. **I** wird durch die Nieren unverändert ausgeschieden. P. Gregorzewski. 4675□

Veränderungen im Serumeiweißspektrum bei fortgesetzter Bleieinwirkung. P. Kolkovski und V. Rajčeva. (Arch. Toxikol. **19.** 237—43. 1961. Sofia, Med. Labor. der Transportarbeiter.) (Dt.)

Unterss. an Arbeitern, die mit *Pb* in Berührung kommen, ergaben folgendes: Pb-Einw. führt zu einer unbedeutenden *Albumin*-Verminderung u. einer betonten Vermehrung der Globuline, bes. der *γ-Globuline*. P. Gregorzewski. 4680□

F. Pharmazeutische Chemie. Desinfektion

Verfahren für Pfannen-Überzüge geringer Mengen von Tabletten. A. B. Rednick, A. E. Nicholson und S. J. Tucker. (J. pharmac. Sci. **50.** 174. Febr. 1961. Philadelphia, Pa., Smith, Kline & French Labor.) (Engl.)

Es ist schwierig, kleinere Ansätze von Tabletten in Mengen von ca. 100 Stück betriebsgerecht mit Überzügen zu versehen. Dies gelingt jedoch leicht, wenn man den Tabletten gleichgroße Scheintabletten beimischt, die geringe Mengen Fe-Pulver enthalten,

Nach dem Überziehen in den normalen Pfannen werden die Scheintabletten auf magnet. Wege abgetrennt. G. Talsky. 4766 □

Versuche zum Anbau von Erysimum diffusum Ehrh. in Szeged. I. Novák. (Planta med. [Stuttgart] **8.** 139—44. Juni 1960. Szeged, Ungarn, Medizin. Univ., Pharmakogn. Inst.) (Dt.)

Wild wachsender ungar. u. sowjet. Grauer Schotendotter wurden vergleichend angebaut. Die sowjet. Pflanzen waren widerstandsfähiger, waren gut in Szeged zu kultivieren u. enthielten in Wurzeln, Kraut u. Samen höhere Wirkstoffmengen als die wilden ungar. Pflanzen. Die Samen enthielten den höchsten Geh. an Wirkstoffen von allen Pflanzenteilen. W. Schönborn. 4782 □

Über die Keimfähigkeit von gelagerten Arzneipflanzensamen. R. Jámbor. (Planta med. [Stuttgart] **8.** 152—59. Juni 1960. Budapest, Eötvös Loránd Univ., Inst. für Pflanzenphysiol.) (Dt.)

Die Keimfähigkeit der Samen von 45 Heilpflanzen wird über 15 Jahre untersucht u. graph. dargestellt. Es werden unterschieden a) Samen mit 7—10 Jahren, b) Samen mit 4—5 Jahren u. c) Samen mit 1 Jahr guter Keimfähigkeit sowie Samen mit anfänglicher Steigerung der Keimfähigkeit während der Lagerung. Einzelheiten zur Keimungsprüfung werden angegeben. W. Schönborn. 4782 □

Über Inhaltsstoffe von Lycium-Arten. K. W. Merz und H. Stolte. (Planta med. [Stuttgart] **8.** 121—26. Juni 1960. Freiburg/Br., Univ., Pharmazeut. Inst.) (Dt.)

Frische Triebe von *Lycium halimifolium* wurden mit PAe. u. A. extrahiert, durch Lsgm.-Extraktion gereinigt u. papierchromatograph. mit 4 gebräuchlichen Lsgm.-Gemischen auf Tropinalkaloide untersucht. Es wurden keinerlei Anhaltspunkte für das Vorhandensein irgendeines dieser Alkaloide gefunden. Die bisherigen Unterss. über Inhaltsstoffe von Lycium werden referiert. — 24 Literaturangaben.
W. Schönborn. 4782 □

Die Sterine des Helleborus. Olga M. Stefanović und Miloš Miadenović. (Acta pharmac. jugosl. **10.** 85—89. 1960. Beograd, Farmac. fak., Inst. za farmac. hemiju). (Kroat.)

Aus dem Unverseifbaren des Rohfettes der unterird. Organe von *Helleborus atrirubens* u. *H. odorus* wurde durch Extraktion mit Ae. *β-Sitosterin* erhalten, das sich durch sein Verh. bei der Chromatographie an Al_2O_3 u. Papierchromatographie als einheitlich erwies: glänzende Nadeln aus A., F. 137°; $[\alpha]_D^{20}$ —33,3° (c = 1% in Chlf.); Ausbeute 1,7% des Rohfettes. *Acetyl-Deriv.*, F. 128° (aus A.). *Digitonid*, F. 235° (aus A.).
S. Beckmann. 4782 □

Isolierung von Erysimosid und Helvetikosid aus graublättrigem Hederich (Erysimum canescens Roth.) durch Gegenstromverteilung. Š. Bauer, Š. Országh, O. Bauerová, J. Mokrý, L. Masler, D. Šikl und J. Tomko. (Planta med. [Stuttgart] **8.** 145—51. Juni 1960. Bratislava, Chem. Inst. der Slowak. Akad. der Wiss., Abt. Chem. der Naturstoffe.) (Dt.)

Aus 10 kg feingemahlenem Kraut von *Erysium canescens* Roth wurden nach 7tägigem Stehen mit W. die Herzglykoside extrahiert. Der eingeengte wss. Extrakt wurde mit Chlf.–Methanol (3 : 1) extrahiert u. ergab 207,6 g Trockenrückstand. Hieraus wurde *Helvetikosid* (I, Strophanthidin-3-β-D-digitoxosid), $C_{29}H_{42}O_9$, durch Gegenstromverteilung nach v. Metzsch im Lsgm.-Syst. Toluol–n-Butanol–W. (3 : 1 : 4) isoliert u. aus W.–Methanol–Ae. 512 mg krist., F. 153—156°; $[\alpha]_D^{22}$ + 32,3 ± 2° (c = 0,9; Methanol), erhalten. Es ergab das *Di-O-acetylhelvetikosid*, $C_{33}H_{46}O_{11}$, krist. aus abs. Methanol, F. 236—241°; $[\alpha]_D^{22,5}$ + 39,6 ± 1,5° (c = 1,02; Chlf.), u. das *Oxim*, $C_{29}H_{43}NO_9$, krist. aus Methanol–Ae., F. 195—205°, sowie nach Hydrolyse Strophanthidin (papierchromatograph. im umgekehrten Syst. Isoamylalkohol–W. identifiziert) u. Digitoxose, papierchromatograph. im Syst. n-Butanol–Pyridin–W. (6 : 4 : 3) identifiziert. — 12 kg Kraut wurden mit A. extrahiert (ohne Fermentierung) u. im eingeengten filtrierten Extrakt eine Fällung mit Pb-Acetat ausgeführt. Das entbleite Filtrat wurde nacheinander extrahiert: mit Ae. (Extrakt verworfen), mit Chlf. (auf I aufgearbeitet, 0,02%) u. mit Chlf.-Methanol (2 : 1). Dieser ergab 184,3 g Trockenrückstand, aus dem durch Gegenstromverteilung im Syst. Toluol–n-Butanol–W. (2 : 3 : 5) 1,62 g (0,24%) *Erysimosid* (II; Strophanthidin-3-β-D-digitoxoso-D-glucosid), $C_{35}H_{52}O_{14}$, amorph mit Ae. aus Methanol, isoliert wurden. II ergab das *Penta-D-acetylerysimosid*, krist. aus abs. Methanol, F. 222 bis 225°; $[\alpha]_D^{22}$ + 34,3 ± 2° (c = 1,01; Methanol). W. Schönborn. 4782 □

Wirkung, Inhaltsstoffe und Analytik handelsüblicher Podophylline. 3. Mitt. H. Auterhoff und O. May. (Planta med. [Stuttgart] 6. 240—52. Sept. 1958. Tübingen.) (Dt.) — 2. vgl. C. **1959.** 4825.

Peltatum-Podophyllin (I) von *Podophyllum peltatum* L. u. *Emodi-* oder *Hexandrum-Podophyllin* (II) von *Podophyllum emodi* Wall. *var. hexandrum* Royle werden auf ihre Wrkg. u. chem. untersucht. Die Prüfung der Abführ-Wrkg. an der Maus ergab kein eindeutiges Bild, während sich beim Menschen I als eindeutig wirksamer erwies. Durch Chromatographie an Al_2O_3 wurden die Podophyllininhaltsstoffe isoliert. Im Durchschnitt enthält I 20(%) *Podophyllotoxin* (III), 13 *β-Peltatin* (IV) u. 7 *α-Peltatin* (V); II enthält ca. 40 III u. keine Peltatine. Für die „*Gesamtlignane*" (GL) wird eine gravimetr. Best.-Meth. nach Trennung über eine Al_2O_3-Säule angegeben. Aus dem GL-Rückstand von I in Chlf. werden mit NaOH die Peltatine extrahiert; der Chlf.-Rückstand ergibt den III-Geh., die Differenz von GL u. III den Geh. an Peltatinen; für diese wird außerdem eine colorimetr. Best.-Meth. nach Kupplung mit diazotierter Sulfanilsäure angegeben. Zum Vgl. sind für III, IV u. V Geh.-Werte aufgeführt, die durch Gegenstromverteilung u. für IV u. V Werte, die nach Chromatographie an Na_2CO_3-Papier ermittelt worden sind. Schemat. Papierchromatogramme für die Trennung von III, IV, V u. *Quercetin* mit dem PARTRIDGE-Gemisch, Formamid/Bzl. u. Na_2CO_3/70 Vol.-% ig. A. sind wiedergegeben u. Sprühreagentien aufgeführt. H. ALTHOFF. 4782

Die Gewinnung und die Verwendung von entsalztem Wasser in der Arzneikunde. W. Kamp. (Pharmac. Weekbl. **96.** 801—11. 13/10. 1961. Utrecht, Rijksuniv., Farmaceut. Labor.) (Holl.)

Durch Entsalzung von Trinkwasser (aus Rotterdam u. Utrecht) mit Kationen- u. Anionenaustauschern in Ein- oder Zweibettbehältern gewinnt man in W., das für alle pharmazeut. Zwecke, auch Injektionen, verwendet werden kann. — 21 Literaturangaben. W. WESLY. 4786□

Reinigung von Dimethylformamid zur Verwendung bei nichtwässerigen Titrationen. R. E. Moskalyk, L. G. Chatten und M. Pernarowski. (J. pharmac. Sci. **50.** 179. Febr. 1961. Ottawa, Ontario, Dep. of Nat. Health and Welfare, Food and Drug. Labor.) (Engl.)

50 g Dowex 1-X10 (100—200 mesh) wurde durch einige Std. Rühren mit 10%ig. NaOH in die Hydroxylform übergeführt, mit dest. W. neutral gewaschen, mit Methanol u. zuletzt mit Luft getrocknet. Das Harz wird nun in einer verschlossenen Schliffflasche mit 500 ml Dimethylformamid (I), das von sauren Verunreinigungen befreit werden soll, einige Std. gerührt, I abdekantiert u. filtriert. Das Harz kann einige Male verwendet werden, bevor es regeneriert werden muß. G. TALSKY. 4786□

Über die ophthalmologischen Zubereitungen des Formulario galenico INAM. Adalberto Enzo Fumaneri. (Boll. chim. farmac. **99.** 745—50. Nov. 1960. Triest.) (Ital.)

Die ophthalmolog. Zubereitungen des Formulario galenico INAM sind keine isoton., sondern isoton. machende Fll., wobei eine 12—14$^0/_{00}$ig. NaCl-Lsg. als isoton. mit der Tränen-Fl. zugrunde gelegt wurde. Auf Grund von Überlegungen, daß bei einem Zusatz von Arzneimitteln bis zu einem Geh. von 5% Isotonie mit der Tränen-Fl. nicht eingestellt zu werden braucht u. daß die offiziellen Teste eine 0,9%ig. NaCl-Lsg. als isoton. anerkennen, rechnet Vf. die Rezepte um. K. ZINGRAF. 4790□

Stabilität wässeriger Lösungen von N-Acetyl-p-aminophenol. K. Thomas Koshy und John L. Lach. (J. pharmac. Sci. **50.** 113—18. Febr. 1961. Iowa City, Iowa, State Univ. of Iowa, Coll. of Pharm.) (Engl.)

Die Hydrolyse von *N-Acetyl-p-aminophenol* (I) wurde in verd. HCl (0,2—1n) bei 70° u. in gepufferten wss. Lsgg., welche einen zwischen 2 u. 9 liegenden pH-Wert aufwiesen, bei 70, 80 u. 90° untersucht. Die Rk. scheint durch H^+ u. OH^- katalysiert zu werden. Als Aktivierungsenergie werden 17,5 kcal/Mol angegeben. G. TALSKY. 4790□

Micellenbildung durch Lecithin in einigen aliphatischen Alkoholen. P. H. Elworthy und D. S. McIntosh. (J. Pharmacy Pharmacol. **13.** 663—69. Nov. 1961. Glasgow, Royal Coll. of Sci. and Technol., School of Pharm.) (Engl.)

Lecithin bildet in Methanol (I), A. (II), Butanol (III) u. Hexanol (IV) Micellen. Als Micellar-Gew. wurden ermittelt: In I 2300, in II 7100, in III 18000 u. in IV 22000. Mit abnehmender Polarität des Lsgm. nimmt somit die Micellengröße zu. Disymm. Messungen zeigen, daß keine der Micellendimensionen 270 Å übersteigen. H. P. FIEDLER. 4790□

Untersuchung über den Einfluß des Ultraschalls auf die Teilchengröße einiger suspendierter Arzneistoffe. Oscar E. Araujo und Patrick F. Belcastro. (J. Amer.

pharmac. Assoc., sci. Edit. **47.** 309—12. Mai 1958. West Lafayette, Ind., Purdue Univ., School of Pharm., Res. Labor.) (Engl.)

Vff. überprüften den Einfl. des Ultraschalls auf die Sedimentations-Geschw. u. die Teilchengröße von ZnO-, Bi-Subcarbonat-, Sulfathiazol- u. Penicillin–Procain-G-Suspensionen, z. T. in Ggw. von Carboxymethylcellulose u. Marasperse C. In allen Fällen wurde durch die Beschallung die Teilchengröße verringert u. die Sedimentierung der Suspensionen verzögert. H. P. FIEDLER. 4790□

International standardisierte Herstellung von menschlichem, menopausalem Gonadotropin. Anonym. (Bull. Organisat. mond. Santé **22.** 563—64. 1960. London, Nat. Inst. for Med. Res., Dep. of Biol. Stand.) (Engl.)

Aus 3500 Litern menschlichem, nach der Menopause gesammeltem Harn werden *Gonadotropine* (I) durch Adsorption an Kaolin (pH 4,0) u. nachfolgende Extraktion mit NaOH-Lsg. abgetrennt u. nach dem Neutralisieren mit Aceton gefällt. Verunreinigungen lassen sich durch Adsorption an $Ca_3(PO_4)_2$ entfernen. Der I-Nd. wird bei $+2^0$ mit 10%ig. NH_4-Acetat-Lsg. in 59%ig. wss. A. digeriert, mit 85%ig. A., abs. A., Ae. u. Aceton gewaschen, an der Luft u. (nach Zerkleinern) über P_2O_5 im Vakuum getrocknet. Vorst. I-Präp. verursacht bei Jungratten eine Verhornung der Vagina u. eine Zunahme der Uterus- u. Eierstockgewichte. Es enthält $<$0,0055 u. $>$0,001 I.E./mg *Thyrotropin* bzw. *Corticotropin*, besitzt keine *Oxytocin-* u. *Östrogen*-Wirksamkeiten u. zeigt eine geringe Depressor-Wrkg. auf den Blutdruck von Ratten. P. FAHRNLAENDER. 4808□

International standardisierte Herstellung von Vitamin B_{12}. D. R. Bangham und Marjorie V. Mussett. (Bull. Organisat. mond. Santé **22.** 555—62. 1960. London, Nat. Inst. for Med. Res., Dep. of Biol. Stand.) (Engl.)

Aus einem Gemisch von wasserfreiem *Cyancobalamin* (I, 9,9 μg/20 mg) u. NaCl wird ein Vitamin-B_{12}-Präp. in Tablettenform hergestellt, das in mit N_2 beschickten Röhrchen bei -10^0 im Dunkeln aufbewahrt wird. Die Wirksamkeits-Best. wird in 6 verschiedenen Ländern auf spektrophotometr. Wege (Absorption bei 361 u. 550 mμ), durch turbidimetr. Unterss. (unter Verw. von *Lactobacillus Leishmannii*) u. mit Hilfe von Radioisotopen durchgeführt. Bei Zusammenfassung sämtlicher Ergebnisse wird pro I-Tablette ein Durchschnittswert von 9,22—9,33 μg/20 mg bzw. eine Wirksamkeit von 99,4—100,6% erhalten. Zur qual. I-Best. werden papierchromatograph. (Lsgm.-Gemisch: sek. Butanol, gesätt. mit 0,01% HCN; sek. Butanol/W./NH_3 mit einer Spur KCN) oder papierelektrophoret. Meth. (Phosphatpuffer mit 0,5%ig. Essigsäure u. 0,005% HCN, pH 2,7 bzw. 0,005% HCN, pH 6,8, oder 1 n CH_3COOH) angewandt. I läßt sich mit Phenol–o-Dichlorbenzol oder Phenol/Chlf. (1:1) aus NaCl extrahieren. Nach den erhaltenen Analysenergebnissen ist das vorst. hergestellte I-Präp. homogen u. enthält nicht mehr als 5% Verunreinigungen. Die standardisierten Vitamin-B_{12}-Tabletten müssen hiernach einen I-Geh. von 9,3 μg/20 mg bzw. 1 μg/2,15 mg aufweisen. P. FAHRNLAENDER. 4808□

Neuere Antibiotica. M. Giovannini. (Scientia pharmac. **29.** 45—54. 31/3. 1961. Kundl/Tirol, Biochemie G. m. b. H.) (Dt.)

Übersicht über Antibiotica mit Wrkg. gegen resistente Staphylokokkenstämme, Tuberkulose, Pilzerkrankungen u. maligne Tumoren. — 76 Literaturangaben. J. LEHMBERG. 4810□

Ein Antibioticum aus Flechten als Arzneimittel. V. P. Savicz, M. A. Litvinov und E. N. Moissejeva. (Planta med. [Stuttgart] **8.** 191—202. Juni 1960. Leningrad, UdSSR, Akad. der Wiss. der UdSSR, Komarov-Inst. für Bot.) (Dt.)

Die *Usninsäure* (I) kommt in zahlreichen Flechtenarten, teils als d-Form, teils als *l*-Form, vor. Durch Behandlung mit $NaHCO_3$ oder Na_2CO_3 in alkohol. Lsg. konnte das leichter lösl. Na-Salz, $C_{18}H_{15}O_7Na \cdot 2\,H_2O$ (II) der I erhalten weren, das im sauren Milieu ausfällt, im alkal. zur *Usnetinsäure* abgebaut wird, gegen Erhitzen auf 120°, trocken u. in wss. Lsg., stabil ist, an Luft in wss. Lsg. leicht zersetzt wird, in trockenem Zustand aber jahrelang haltbar ist. Es wirkt bakteriostat. u. in höheren Konzz. baktericid gegen grampositive Bakterien. Besondere Wrkg. hatte es gegen *Mycobacterium tuberculosis* u. *Corynebacterium diphtheriae* in Verdünnungen von ca. 1:5000000 bzw. 1:20000000. Es zeigt gute Eigg. bei oberflächlichen Wunden verschiedener Art u. als Antisepticum auf Tupfern u. Verbandstoffen. Es ist verträglich mit Streptozid, Urotropin, Glycerin, Edeltannenbalsam u. Sulfanilamid. — 31 Literaturangaben. W. SCHÖNBORN. 4810□

Die Gefriertrocknung von proteinenthaltenden Produkten aus Blut. K. H. Prins. (Vakuum-Techn. **9.** 173—76. Sept. 1960. Amsterdam, Bloedtransfusiedienst van het Nederl. Roode Kruis, Centr. Labor.) (Dt.)

Man fängt venöses Blut in Flaschen auf, die ein Lsg.-Gemisch von Dinatriumcitrat u. Glucose enthalten, zentrifugiert zu thrombocytenarmem Plasma, bestrahlt mit UV-

Licht, füllt das Plasma zu $^4/_5$ in Flaschen, friert das Plasma unter Rotation in einem Glykol–W.-Gemisch bei -25^0 ein u. bewahrt die Flaschen bei -40^0 auf. Zum Vortrocknen dient ein Kessel, in dem sich ein Kondensator befindet. Als Kühl-Fl. dient fl. NH_3 von ca. -50^0. Die Nachtrocknung erfolgt mit P_2O_5. Das Endprod enthält noch 0,5—1,0% Wasser. W. Wesly. 4812□

Die Verwertung der Streuung und der Absorption der radioaktiven Strahlung in der pharmazeutischen Analyse. P. Schiller und J. Majer. (Farmácia [Bratislava] **29.** 227—32. Aug. 1960. Bratislava, Farmac. fak. U.K., kat. analyt. chem.) (Slowak.)

Die analyt. Verwertung der Streuung u. der Absorption der radioakt. Strahlung beruht auf der Feststellung, daß die Werte der Absorption u. Streuung mit wachsender Atomzahl steigen. Die Messung der Intensität der Strahlung wird mit Geiger-Müller- oder Scintillationszähler durchgeführt. Für die Reflexion der β-Strahlung sowie für die Absorption der γ-Strahlung werden entsprechende App. abgebildet u. beschrieben. Beide Meth. sind geeignet, bestimmte Bestandteile galen. Präpp., z. B. Hg, Bi, Pb u. Au, schnell u. einfach ohne vorhergehende chem. Vorbereitung der Muster zu bestimmen. J. Spinka. 4880□

Bemerkung zur Formaldehydbestimmung in offizinellen Präparaten. Vanda Petričić und Milan Grims. (Acta pharmac. jugosl. **10.** 47—55. 1960. Zagreb, Farmac. fak., Inst. za farmac. tehnol.) (Kroat.)

Die Meth. der Ph. Jugosl. II zur Best. von CH_2O in wss. Lsgg. u. in Sol. Formaldehydi saponata mit H_2O_2 gibt zu hohe u. schlecht übereinstimmende Werte. Auf Grund einer vergleichenden Unters. der Meth. verschiedener Arzneibücher wird vorgeschlagen, die H_2O_2-Meth. durch die J-Meth. der Ph. Bohem. oder die Sulfit-Meth. der Ph. Helv. V zu ersetzen, die gut reproduzierbare Werte geben. S. Beckmann. 4880□

Probleme der Analyse zusammengesetzter Arzneimittel. Bojarska Jadwiga. (Farmacja polska **16.** 487—88. 1960. Warszawa.) (Pol.)

Am Beispiel der qual. u. quant. Analyse der Komposition von K-Guajacolsulfonat, Na-Benzoat u. Codeinphosphat wird das Vorgehen bei der Unters. zusammengesetzter Arzneimittel beschrieben. F. Urban. 4880□

Die Bestimmung von Nicotinsäure in Gegenwart von Nicotinamid. Belisário P. Lisboa. (Rev. farmac. Bahia **3.** 3—15. Juni 1959/März 1960. Borstel, Inst. für exp. Biol. u. Med.) (Port.)

Das im einzelnen beschriebene, colorimetr. Verf. beruht auf der BrCN-Rk. unter Kupplung mit Barbitursäure. *Nicotinsäure* (I) u. *Nicotinamid* (II) lassen sich zusammen bei 435 mμ bestimmen. II ermittelt man bei 513 mμ, wogegen I ab 475 mμ keine Extinktion mehr zeigt. Aus der Differenz der bei 435 u. 513 mμ gefundenen Werte ergibt sich der Wert für I. — 99 Literaturhinweise. W. Wesly. 4880□

Bestimmung von Piperazinsalzen in pharmazeutischen Flüssigkeiten. R. E. Pankratz. (J. pharmac. Sci. **50.** 175—77. Febr. 1961. Fort Dodge, Iowa, Fort Dodge Labor.) (Engl.)

Vf. beschreibt eine colorimetr. Meth. zur Best. von Piperazinbase (I) oder Piperazinsalzen (II) in pharmazeut. fl. Zubereitungen. Die Probe wird in einem Meßkolben mit W. so verd., daß die Lsg. ca. 0,5 mg I oder II pro ml enthält. 5 ml der verd. Lsg. werden in einem Zentrifugenglas mit 5 ml 3%ig. Citronensäure-Lsg. u. 5 ml Reinecke-Lsg. (3%ig in W., frisch hergestellt) versetzt u. 1 Std. im Eisbad gekühlt. Hierauf wird zentrifugiert, mit 1 ml verd. Reinecke-Lsg. gewaschen, mehrmals zentrifugiert u. dekantiert. Nach Auflösen des Nd. in genau 10 ml Aceton u. Klären der Lsg. durch leichtes Zentrifugieren wird die Absorption bei 525 mμ gemessen. G. Talsky. 4880□

Dextranum hydrolisatum und Iniectio Solutionis Dextrani. Kommentar des Projekts der Monographie zu FP IV. Danuta Malejko. (Farmacja polska **16.** 470—73. 1960. Poznań, Akad. Med., Zakł. Chem. farmac.) (Pol.)

Vf. beschreibt qual. u. quant. Meth. der Reinheitsprüfung von Dextranpräparaten. — 21 Literaturangaben. F. Urban. 4880□

Über die Bestimmung von Eisen(II)-Adenosin-5-monophosphat. J. Giusti und L. Turbanti. (Boll. chim. farmac. **99.** 740—44. Nov. 1960. Pisa, Labor. Ricerche Giudotti & Co.) (Ital.)

Die beschriebene Best. von Eisen(II)–Adenosin-5-monophosphat beruht auf der spektrophotometr. Best. 1. von Adenosin-5-monophosphorsäure nach chromatograph. Trennung, 2. von Fe nach Oxydation mit $KMnO_4$ u. Zusatz von NH_4SCN in Amylalkohol–Amylacetat. K. Zingraf. 4880□

Papierchromatographische Bestimmung von 17α-Äthyl-19-nortestosteron. Romano Calcinari. (Boll. chim. farmac. **99.** 727—33. Nov. 1960. Verona, Labor. Glaxo, Rep. Analisi.) (Ital.)

Die papierchromatograph. Best. von 17α-Äthyl-19-nortestosteron erfolgte nach der Meth. von BUSH [1952]. Durch Ersatz von PAe. durch Cyclohexan im Lsgm.-Syst. B_3 (PAe./Bzl./Methanol/W.) u. A. (PAe./Methanol/W.) wurde die Laufdauer verlängert u. die R_F-Werte lagen höher. Als Entwickler wurde Dinitrophenylhydrazin benutzt. K. ZINGRAF. 4880□

Über die quantitative Bestimmung von Oleandomycin in den Kombinationen mit Tetracyclin. A. Bellotti und F. Mossini. (Boll. chim. farmac. **99.** 723—26. Nov. 1960. Parma, Univ., Ist. di Chim. Farmaceut.) (Ital.)

Die quant. Best. von *Oleandomycin* (I) u. *Tetracyclin* (II) in Kombinationen kann erfolgen, indem II direkt spektrophotometr. u. I colorimetr. nach der „acid dye method" mit Methylorange bestimmt wird. K. ZINGRAF. 4880□

Ciba Ltd., Basel, Schweiz, **Gewinnung von Mitteln, die gegen Viren, insbesondere Vaccinia und Ectromelia, wirksam sind,** durch Extraktion von Pflanzenteilen, bes. Rinde, von Melianthaceen, z. B. Melianthus- u. Bersamaarten, mit Alkoholen, halogenierten KW-Stoffen, Bzl. oder Dioxan. Der Extrakt wird in üblicher Weise aufgearbeitet u. durch fraktionierte Kristallisation getrennt. Es werden zwei Verbb. erhalten: „21548/A", F. 267—268° (Zers.), C = 53,96(%), H = 4,68 u. O = 40,64, UV-Spektrum in CH_3OH zeigt Maxima bei 241 mμ (E_1^1 = 730), 258 mμ (E_1^1 = 800), 315 mμ (E_1^1 = 390) u. 365 mμ (E_1^1 = 345) u. „21548/C", F. 320—323°, C = 60,38; H = 3,27—3,38 u. O = 35,56—35,76, UV-Spektrum in CH_3OH zeigt Maxima bei 250 mμ (E_1^1 = 1490), 360 mμ (E_1^1 = 350) u. 375 mμ (E_1^1 = 375) u. ein ausgesprochenes Minimum bei 324 mμ (E_1^1 = 90). Die Verbb. bilden Salze u. Ester. (**Ind. P. 62 290** vom 15/11. 1957, ausg. 22/12. 1959.) C. LÜTTGEN. 4791

David Joseph Goodfriend, Philadelphia, Pa., V.St.A., **Mittel zur Behandlung von Magen-Darm-Geschwüren,** dad. gek., daß man eine mit CO_2 gesätt. wss. Lsg. mit 1—10% Harnstoff versetzt u. die Lsg. mit Na-Citrat auf ein pH von 6—7 einstellt. (**E. P. 865 770** vom 10/4. 1958, ausg. 19/4. 1961.) W. HEYER. 4791

Hansheinrich Grunert, Wesseling, **Herstellung von resorbierbaren Formkörpern, wie Nägeln, Bändern oder Fäden für chirurgische Zwecke,** aus menschlicher Placenta, dad. gek., daß Placentagewebe, ggf. nach vorheriger Zerkleinerung, unter partieller Erhaltung der Gewebestruktur zu einer Paste verrieben, bei ca. 60—80° verformt u. mit Gerbmitteln (CH_2O) nachgehärtet wird. (**D. A. S. 1 110 824** Kl. 30i vom 9/9. 1958, ausg. 13/7. 1961.) K. KOEBKE. 4795

A/B Kabi, Stockholm, übert. von: Bengt Olof Melander, Stockholm, und Gunnar Hanshoff, Sodertalge, Schweden, **Arzneimittel,** enthaltend als Wirkstoff ein durch niedermol. Alkylgruppen substituiertes tert. Pentylcarbamat, z. B. 3-Methylpentanol-(3)-carbamat, F. 54—55°, 3-Äthyl- oder 2-Methylpentanol-(2)-carbamat, F. 81—82° bzw. 58—59°. Die Prodd. können z. B. hergestellt werden durch Rk. von 3-Methylpentanol-(3) mit KCN u. Trichloressigsäure bei 45—50°. — *Muskelrelaxans* u. *Tranquillizer.* (**A. P. 2 972 564** vom 17/11. 1958, ausg. 21/2. 1961. Schwed. Prior. 23/11. 1957.) W. HEYER. 4807

Farbwerke Hoechst Akt.-Ges., vormals Meister Lucius & Brüning, Frankfurt/M., **Herstellung basisch substituierter Buttersäure (I)-anilide** der allg. Formel **A** R = H oder Alkyl C_1—C_4, R^1 = H, Alkyl, Cycloalkyl mit höchstens 6 C

A

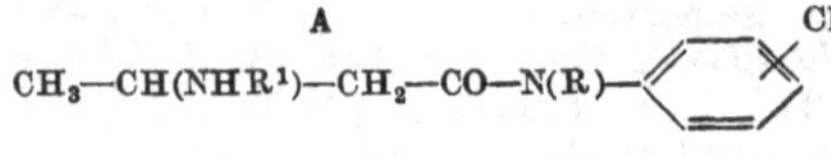

B

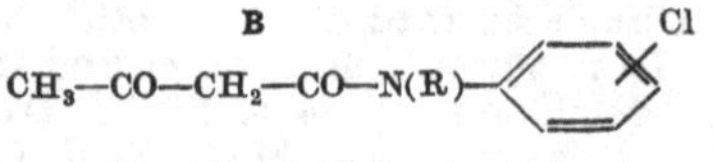

oder Benzyl) erfolgt durch Rk. eines Acetessigsäure (**II**)-chloranilids der allg. Formel **B**, mit NH_3 oder einem prim. Amin der allg. Formel R^1—NH_2 u. bes. gleichzeitige Red. der hierbei erhaltenen Additions-Verbindung. — Man behandelt z. B. ein Gemisch aus 53 (g) **II**-p-Chloranilid, 500 cm³ CH_3OH u. 20 40%ig. wss. CH_3NH_2 bei 60—65° in Ggw. von RANEY-Ni mit H_2 u. erhält 49,5 *β-Methylamino-***I***-p-chloranilid* als dickes Öl. *Hydrochlorid,* F. 200—201°. Man kann die Red. auch mit Al–Hg in A.-Lsg. durchführen. — *β-Butylamino*-Verb., *Hydrochlorid,* F. 206° (A.). — *β-Amino-***I***-p-chloranilid,* F. 76 bis 77° (Cyclohexan u. Bzl.). — *β-Methylamino-***I***-N-methyl-p-chloranilid,* die *β-Butylamino-* u. *β-Methylamino-***I***-N-äthyl*-Verb. stellen Öle dar. — *β-Äthylamino-***I***-p-chloranilid, Hydrochlorid,* F. 178°. — *β-sek.-Butylamino Verb.,* F. 206—207° (W.). — *β-Propylamino-Verb.,* F. 199—200° (abs. A.). — *β-n-Hexylamino-Verb.,* F. 208°. — *β-Isobutylamino-Verb.,* F. 173—174°. — *β-Cyclohexylamino-Verb.,* F. 222—223°. — *β-n-Butylamino-***I**-

o-chloranilid, Hydrochlorid, F. 149—150°. — *Antipyretica, Antiphlogistica* u. *Analgetica*. (**E. P. 859 385** vom 6/8. 1957, ausg. 25/1. 1961. D. Prior. 4/8. 1956.)

O. MÜLLER-MEININGEN. 4807

Farbenfabriken Bayer Akt.-Ges., Leverkusen (Erfinder: Rudolf Hiltmann, Fritz Mietzsch und Wolfgang Wirth, Wuppertal), **Herstellung von N-Alkylaminoacylaniliden** der allg. Formel **I** (R = Alkyl > C_2, R^1 = gerader oder verzweigter gesätt. Alkylenrest C_1—C_3; R^2 = Alkyl; R^3 = H oder Alkyl; R^2 u. R^3 = Alkylreste nicht > C_5, die auch mit dem N-Atom einen heterocycl. Ring bilden können) dad. gek., daß man ein entsprechendes 2-Carbalkoxy-6-methyl-N-acylanilid, das in der N-Acylgruppe einen reaktionsfähigen Substituenten trägt oder eine Doppelbindung enthält mit einem prim. oder sek. Amin der allg. Formel HNR^2R^3 umsetzt. — Man tropft z. B. zu einer Lsg. von 39 (g) 2-Amino-3-methylbenzoesäure-n-propylester ($Kp._5$ 128—132°) in 130 cm^3 Trichloräthylen bei 0—5° 22,8 $CH_2Cl \cdot COCl$ u. erhitzt bis zur Beendigung der HCl-Entw. zum Sieden, kocht anschließend unter Durchleiten von N_2 30 Min. weiter, tropft nach Abkühlen auf Raum-Temp. 32 $(C_2H_5)_2NH$ zu u. erhitzt 3 Std. unter Rückfluß. Aus dem Rk.-Gemisch erhält man 37 *Diäthylaminoessigsäure* (**II**)-[*2-carbo-n-propoxy-6-methylanilid*], $Kp._4$ 192—193°. *Hydrochlorid*, F. 154 bis 155°. *Dimethylaminoessigsäure* (**III**)-Deriv., $Kp._3$ 181°; *Hydrochlorid*, F. 143—144°. — **II**-[*2-carboisopropoxy-6-methylanilid*], $Kp._5$ 185—187°; *Hydrochlorid*, F. 120°. — **II**-[*2-carbo-n-butoxy*]-Verb., $Kp._5$ 202—205°; *Hydrochlorid*, F. 146°. — **III**-[*2-carbo-n-butoxy*]-Verb., $Kp._3$ 190°; *Hydrochlorid*, F. 102—103°. — *Lokalanästhetica*. (**Schwz. P. 355 785** vom 16/1. 1958, ausg. 15/9. 1961. D. Prior. 4/3. 1957.)

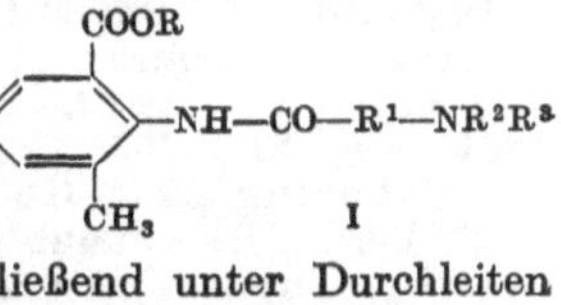

I

O. MÜLLER-MEININGEN. 4807

McNeil Laboratories, Inc., übert. von: Joseph Sam, Philadelphia, Pa., V.St.A., **Herstellung von Indanderivaten** der allg. Formel (**I**) (R_1 = Aminoalkoxy-, Alkylaminoalkoxy-, Alkylaminoalkoxyalkyl-, N-Alkylpiperidyloxy-; R_2 = H, Halogen, Phenyl, Alkyl- mit 1—4 C-Atomen; R_3 = H, —OH, Alkyl- oder Alkoxy- mit 1—4 C-Atomen), die ggf. in 1-Stellung eine Keto- oder Hydroxygruppe aufweisen, oder die in 1-Stellung veräthert oder verestert sind u. deren Salze durch Kondens. des entsprechenden Indanols mit dem entsprechenden Aminoalkylhalogenid. — 6 (g) 6-Methoxyindanon-(1), 32 $AlBr_3$ u. 200 ml Bzl. 4½ Std. lang unter Rückfluß u. anschließend Zers. mit Eis u. HCl → 6-Hydroxyindanon-(1), F. 151—153° (aus A.). 1,48 der vorst. Verb. u. 1,36 Diäthylaminoäthylchlorid gibt man zu 0,3 Na in 25 ml Methanol, 1½ Std. lang Rückfluß → *6-[2-Diäthylaminoäthoxy]-indanon-(1)-hydrochlorid*, F. 183—184° (aus Ae. u. Methanol). — Analog: *6-[2-Dimethylaminoäthoxy]-indanon-(1)-hydrochlorid*, $C_{13}H_{18}ClNO_2$, F. 210—211°. — *6-[2-Diäthylaminoäthoxy]-2-methylindanon-(1)-hydrochlorid*, $C_{16}H_{24}ClNO_2$, F. 177—179°. — *6-[2-Dimethylaminoäthoxy]-2-methylindanon-(1)-hydrochlorid* (**II**), $C_{14}H_{20}ClNO_2$, F. 200—202°. — *5-[2-Dimethylaminoäthoxy]-indanon-(1)-hydrochlorid*, $C_{13}H_{18}ClNO_2$, F. 210—212°. — *7-[2-Diäthylaminoäthoxy]-4-methylindanon-(1)-hydrochlorid*, $C_{16}H_{24}ClNO_2$, F. 224—226°. — *6-[2-Diäthylaminoäthoxy]-2-phenylindanon-(1)*, $C_{21}H_{25}NO_2$, $Kp._{0,1}$ 215—217°. — Mit 3-Chlor-1-äthylpiperidin → *1-Äthyl-3-[1-oxo-2-methylindanyl-(6)-oxy]-piperidin, Hydrochlorid*, $C_{17}H_{24}ClNO_2$, F. 199—201°. — *1-Äthyl-3-[1-oxoindanyl-(6)-oxy]-piperidin, Hydrochlorid*, $C_{16}H_{22}ClNO_2$, F. 198—200°. — Aus **II** mit H_2 u. Pd-Kohle → *6-[2-Dimethylaminoäthoxy]-2-methylindanol-(1), Hydrochlorid*, $C_{14}H_{22}ClNO_2$, F. 136—137° (aus Methyläthylketon mit wenig Methanol). — Aus der vorst. Verb. mit Isobutyrylchlorid → *Isobuttersäure-6-[2-dimethylaminoäthoxy]-2-methylindanyl-(1)-ester, Hydrochlorid*, $C_{18}H_{28}ClNO_3$, F. 174—175° (aus Methyläthylketon). — 2-Äthyl-6-hydroxyindanon-(1) u. 2-Dimethylaminoäthylchlorid → *6-[2-Dimethylaminoäthoxy]-2-äthylindanon-(1), Hydrochlorid*, $C_{15}H_{22}ClNO_2$, F. 169—170°. — 2-Methylindanol-(5) u. Dimethylaminoäthylchlorid → *5-[2-Dimethylaminoäthoxy]-2-methylindan, Hydrochlorid*, $C_{14}H_{22}ClNO$, F. 158—159°. — 6-[2-Dimethylaminoäthoxy]-indanon-(1) mit Br_2 in A./Ae. → *2-Brom-6-[2-dimethylaminoäthoxy]-indanon-(1)-hydrobromid* (**III**), $C_{13}H_{17}Br_2NO_2$, F. 175—177°. — 17,8 (g) 6-Hydroxy-5-methoxyindanon-(1), 19 Diäthylaminoäthylchlorid·HCl u. 9 NaOH in 150 ml Methanol u. 100 ml W. 66 Std. lang unter Rückfluß → *6-[2-Diäthylaminoäthoxy]-5-methoxyindanon-(1)*, $C_{16}H_{23}NO_3$, $Kp._{0,55}$ 181°; *Hydrochlorid*, F. 172—173°. — Analog: *6-[2-Dimethylaminoisopropoxy]-2-methylindanon-(1), Hydrochlorid*, $C_{15}H_{22}ClNO_3$, F. 208—210°. — 22 (g) 6-Hydroxy-2-methylindanon-(1) in 101 Äthylenbromid, dazu langsam 7,4 KOH in 100 ml Methanol, 5 Std. lang unter Rückfluß, verd. mit W., extrahiert mit $CHCl_3$ → *6-[2-Bromäthoxy]-2-methylindanon-(1)*, $C_{12}H_{13}BrO_2$, $Kp._{0,2}$ 140—142°, hieraus mit Äthylamin → *6-[2-Äthylaminoäthoxy]-2-methylindanon-(1)*, $C_{14}H_{19}NO_2$, $Kp._{0,47}$ 150°; *Hydrochlorid*, F. 217,5—219°

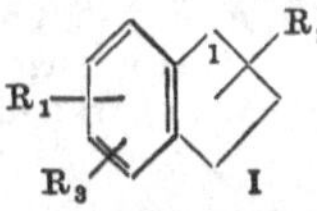

I

(aus Methanol/Methyläthylketon). — Zu 5,4 (g) $NaOCH_3$ in 23,4 Diäthylaminoäthanol gibt man 16,7 5-Chlormethylindan, nach 4 Std. Wasserbad → *5-[2-Diäthylaminoäthoxymethyl]-indan* (IV), $C_{16}H_{25}NO$, $Kp._{0,15}$ 108°. — Analog aus 1-Chlor-6-[2-dimethylaminoäthoxy]-2-methylindan u. $NaOC_2H_5$ in A. → *6-[2-Dimethylaminoäthoxy]-1-äthoxy-2-methylindan.* — 13,5 (g) 6-[2-Bromäthoxy]-2-methylindanon-(1), 9,3 K-Phthalimid u. 200 ml n-Butanol 18 Std. lang Erhitzen unter Rückfluß → *N-[2-(2'-Methyl-1'-oxo-indanyl-(6')-oxy)-äthyl]-phthalimid*, F. 149—150°; 11 g der vorst. Verb. in 150 ml Methanol u. 17 Hydrazinhydrat werden ½ Std. lang auf dem Wasserbad erwärmt, nach Kühlung mit 20 ml konz. HCl versetzt, nochmal 15 Min. lang Wasserbad. Nach Kühlen, Filtrieren u. Neutralisieren wird das Rk.-Gemisch mit Ae. extrahiert → *6-[2-Aminoäthoxy]-2-methyl-indanon-(1), maleinsaures Salz*, F. 157—158°. — Weitere möglichen Derivv. sind angegeben. — *Antihypertonica*, III u. IV sind am wirksamsten. (**A. P. 2 820 817** vom 4/2. 1954, ausg. 21/1. 1958.) A. DEBO. 4807

Schering Akt.-Ges. (Erfinder: Helmer Richter und Bernhard Acksteiner), Berlin, **Racematabspaltung von 1-Phenyl-3-dimethylaminoindan** (I) durch Rk. mit Weinsäure u. Umsetzung des Bitartrats mit Sodalösung. — Zu 33 (g) I, F. 84° (aus dem Hydrochlorid mit ½ C_2H_5OH, F. 190—191°; DL_{50} 29,2 mg/kg Ratte i.v.) in 50 ml CH_3OH gibt man 30 Weinsäure in 50 ml CH_3OH, durch Zusatz von Ae. → 16 *d-1-Phenyl-3-dimethylaminoindan* (II), *Bitartrat*, F. 169—174° (aus CH_3OH); $[\alpha]_D^{21}$ +26,5° (2% in W.). Das Bitartrat trägt man in 10%ig. Soda-Lsg. ein → II, F. 50°; *Hydrochlorid* (80%), F. 206—209° (aus A.); $[\alpha]_D^{26}$ +20° (2% in W.); DL_{50} 27 mg/kg Ratte i.v.; II-*Nitrat*, F. 149—151°; $[\alpha]_D^{22}$ +11,7° (0,8% in W.); II-*Maleinat*, F. 142—144°; $[\alpha]_D^{22}$ +10,97° (1% in W.); II-*Malonat*, F. 123—125°; $[\alpha]_D^{22}$ +18,0° (1% in W.); II-*d-Camphersaures Salz*, $[\alpha]_D^{22}$ +22,2° (1% in CH_3OH); II-*Fumarat*, F. 175—176°. — Aus den öligen Rückständen der Mutterlauge analog → *l-1-Phenyl-3-dimethylaminoindan, Hydrochlorid*, F. 185—200° (aus A./Ae.); $[\alpha]_D^{27}$ 18° (2% in W.); DL_{50} 43 mg/kg Ratte i.v. — *Spasmolyticum, Analgeticum*; die d-Form ist analget. dreimal wirksamer als das Racemat. (**D. A. S. 1 098 511** Kl. 12o vom 21/11. 1959, ausg. 2/2. 1961.) A. DEBO. 4807

Schering Akt.-Ges. (Erfinder: Helmer Richter und Bernard Acksteiner), Berlin, **1-Cyclohexylaminoindane** der allg. Formel I (R_1 = H, OH; R_2 u. R_3 = H u./oder Alkyl oder zusammen mit dem N ein Heterocyclus), wobei der aromat. Ring auch hydriert sein kann, werden nach den üblichen Meth. hergestellt. — (*1-Cyclohexyl* = III) III-indanon-(3) u. Butylnitrit → III-2-isonitrosoindanon-(3), F. 187,5—190°; hieraus mit RANEY-Ni → III-*2-aminoindanol-(3), Hydrochlorid*, F. 220,5—221,5° (aus CH_3OH/Ae.). — Aus vorst. Verb. mit H_2CO u. Ameisensäure → III-*2-dimethylaminoindanol-(3)-hydrochlorid*, F. 123—125° (aus $CHCl_3$/Ae.); DL_{50} 76,3 mg/kg Ratte. — Aus vorst. Verb. mit Pd in Eisessig bei 60° → III-*2-dimethylaminoindan, Hydrochlorid*, F. 210—213°; DL_{50} 39,6 mg/kg Ratte. — 1-Phenyl-2-aminoindanol-(3) mit H_2/RANEY-Ni bei 155° u. 300 atü 1½ Std. lang → III-*2-aminohydrindanol-(3)* (65%), F. 151—154° (aus Bzn. 80—110°); *Hydrochlorid*, F. 234—237°; DL_{50} 68,8 mg/kg Ratte. — III-2-dimethylaminomethylindanon-(3)-hydrochlorid (IV), F. 147°, $NaOCH_3$ u. CH_3NO_2 → III-2-[β-nitroäthyl]-indanon-(3), hieraus mit $LiAlH_4$ → III-*2-[β-aminoäthyl]-indanol-(3)* (36,7%), aus dem rohen Hydrochlorid mit H_2CO u. Ameisensäure → III-*[β-dimethylaminoäthyl]-indanol-(3), Hydrochlorid* (II), F. 165°; DL_{50} 215 mg/kg Maus. — Aus III-3-oxoindanyliden-(2)-essigsäure, F. 161°, über III-3-oxoindanyl-(2)-essigsäure mit $SOCl_2$ u. Dimethylamin → III-3-oxoindanyl-(2)-essigsäuredimethylamid, dieses red. mit $LiAlH_4$ → II (71%). — IV u. Morpholin 2 Std. lang Rückfluß unter N_2 → III-*2-morpholinomethylindanon-(3)* (60,4%), *Hydrochlorid*, F. 137—138° (aus CH_3OH/Ae.). — Aus vorst. Verb. mit H_2/Pd → III-*2-morpholinomethylindanol-(3)* (79%), *Hydrochlorid*, F. 206—208° (Zers.). — IV red. mit 1 Mol H_2, Pd-Kohle u. $PdCl_2$ → III-*2-dimethylaminomethylindanol-(3)-hydrochlorid* (71,2%), F. 228—229°; DL_{50} 76,3 mg/kg Maus. — IV analog red. mit 2 Mol H_2 → III-*2-dimethylaminomethylindanhydrochlorid* (89,4%), F. 203—204° (aus CH_3OH/Ae.); DL_{50} 86,7 mg/kg Maus. — *Coronargefäßerweiterer.* (**D. A. S. 1 078 122** Kl. 12o vom 12/11. 1958, ausg. 24/3. 1960.) A. DEBO. 4807

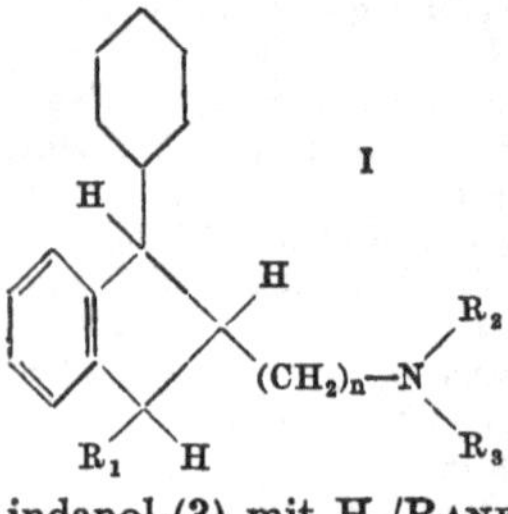

Établissements Clin-Byla, Paris, Frankreich, **Cyclohexanon-(2')-yl-(1)-naphthol-(2)**, weißes, krist. Pulver, geruch- u. geschmacklos, F. 138—139°; unlösl. in W., wenig lösl. in kaltem Methanol u. A., sehr gut lösl. in KW-Stoffen u. Ketonen, erhält man durch Rk. von β-Naphthol mit einem 1-Halogencyclohexanon-(2), bes. 1-Chlorcyclohexanon-(2), in der Wärme in Ggw. eines Halogenwasserstoffsäure bindenden Mittels (Alkali- oder Erdalkalicarbonat, bes. K_2CO_3), zweckmäßig in einem inerten Verdünnungsmittel (Äther, wie Dioxan oder Anisol, KW-Stoffe, wie Toluol, Xylol oder Tetrahydronaphthalin), vorteilhaft unter laufender Entfernung des Rk.-Wassers durch azeotrope Dest. mit dem Lsgm., Rückführen des Lsgm. ins Rk.-Gefäß, Abdestillieren des überschüssigen Lsgm. aus der getrockneten Rk.-Mischung, Aufnehmen des Dest.-Rückstandes mit W., Extraktion mit Bzl., mehrmaliges Waschen des Extrakts mit 2% ig. NaOH u. W., Abdestillieren des Bzl. im Vakuum u. Trocknen des Rückstandes; Ausbeute z. B. 68%. — *Hustenmittel* mit ausgezeichneter Verträglichkeit, nervenberuhigender u. schlaffördernde Wrkg., das keine Sucht hervorruft u. auch mit anderen Hustenberuhigungs- oder krampflösenden Mitteln (Codein, Äthylmorphin, Narcotin, Papaverin), entschleimungs- oder auswurffördernden Mitteln (Terpin, K-Salz der Guajacolsulfonsäure, Na-Benzoat u. -Citrat, NH_4Cl), Pflanzenextrakten vom Lobelien kraut oder der Brechwurz (Ipekakuana) oder mit Antihistaminica (2-Benzyldimethylaminoäthylaminopyridin oder 10-[2-Dimethylaminopropyl]-phenthiazin) zusammen verabfolgt werden kann. (**D. A. S. 1 091 113** Kl. 12o vom 23/4. 1958, ausg. 20/10. 1960. **E. P. 832 139** vom 29/4. 1958, ausg. 6/4. 1960. **A. P. 2 882 201** vom 21/4. 1958, ausg. 14/4. 1959. **Belg. P. 567 103** vom 25/4. 1958, ausg. 12/8. 1960. Alle F. Prior. 29/4. 1957.) R. HAUSS. 4807

VEB Chemische Werke Radebeul (Erfinder: Wolfgang Voigtländer, Radebeul, und Helmut Wunderlich, Dresden), **Tetrahydro-β-naphthylamine** der allg. Formel I (R_1 = gesätt. oder ungesätt. Alkyl mit mindestens 3 C-Atomen, Aralkyl; $R_2 = -(CH_2)_nCONR_2$, wobei n=1, 2 u. R = H, Alkyl bis zu 12 C-Atomen ist] werden durch Rk. des monosubstituierten Amins mit dem Halogen-Deriv. von R_1 oder R_2 mit anorgan. Basen in heterogener Phase hergestellt. — (*N-Tetrahydronaphthyl* = **II**). Zu 20 (Teilen) **II**-β-alanindiäthylamid u. 100 2n NaOH tropft man unter Rühren 14 Allylbromid, kocht 2 Std. unter Rückfluß u. trennt ab → 15 II-*N-allyl-β-alanindiäthylamid*, $Kp._2$ 210—213°, *Hydrochlorid*, DL_{50} 21,5 mg/kg Maus intravenös. — Analog mit K_2CO_3 in Xylol → II-*N-allyl-β-alanindi-n-butylamid*, $Kp._{1,3}$ 226—230°; *Hydrochlorid*, DL_{50} 33,8 mg/kg Ratte intravenös. — II-*N-allyl-β-alanindiisobutylamid*, $Kp._{1,5}$ 216—219°; *Hydrochlorid*, DL_{50} 27,3 mg/kg Ratte intravenös. — II-*N-allyl-β-alanindiisopropylamid*, $Kp._{1,6}$ 206—211°; *Hydrochlorid*, DL_{50} 37 mg/kg Maus intravenös. — *Antihypertonica*. (**D. A. S. 1 094 255** Kl. 12o vom 11/3. 1959, ausg. 8/12. 1960.) A. DEBO. 4807

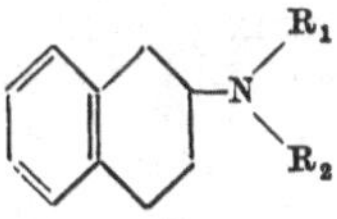
I

Chas. Pfizer & Co., Inc., Brooklyn, N.Y. (Erfinder: Jay Selleck Buckley jun., Groton, und Rudolph Gerhard Berg, New London, Conn.), V.St.A., **1.2.3.4-Tetrahydronaphthoesäure-(1)**, F. 79,8—81,2°; $Kp._{4,6-5}$ 128—135°; n_D^{25} 1,5208; Neutralisationszahl 178, erhält man in z. B. 94% ig. Ausbeute durch Hydrieren von 1.2.3.4-Tetrahydro-4-oxonaphthoesäure-(1) (I) bei 35—140 atü u. 110—150° in Ggw. eines RANEY-Ni-Katalysators u. eines inerten organ. Lsgm., z. B. A., Abfiltrieren der freien Säure u. Reinigen über ihre Alkalisalze. — Die Ausgangs-Verb. kann wie folgt hergestellt werden: α-Phenylglutarsäure wird mit konz. H_2SO_4 bei 98—100° cyclisiert, bei 25—30° krist., abfiltriert, mit W. gewaschen u. getrocknet; F. 94—94,5°. — *Zwischenprod. zur Herst. von 2-[1.2.3.4-Tetrahydronaphthyl-(1)]-imidazolin. Blutdruckerhöhendes Mittel*. (**D. A. S. 1 058 986** Kl. 12o vom 12/10. 1956, ausg. 11/6. 1959. A. Prior. 13/10. 1955. **A. P. 2 948 749** vom 13/10. 1955, ausg. 9/8. 1960.) R. HAUSS. 4807

G. D. Searle & Co., Chicago, übert. von: Willard M. Hoehn, Wilmette, Ill., V.St.A., **Herstellung von Alkylestern der 1.4a-Dimethyl-7-oxo-8-hydroxy-1.2.3.4.4a.4b.5.6.7.9.10.10a-dodekahydrophenanthren-1-carbonsäure.** Zu 9 (Teilen) 1.4a-Dimethyl-7-oxo-1.2.3.4.4a.4b.5.6.7.9.10.10a-dodekahydrophenanthren-1-carbonsäuremethylester in 300 Methanol werden bei 15° unter Rühren 54,5 4n NaOH u. gleichzeitig 48,6 30% ig. H_2O_2 gegeben. Nach 15std. Stehen im Kühlschrank wird das Gemisch in 200 Bzl. gegossen, danach 200 Eiswasser u. 50 NaCl hinzugefügt. Nach Abscheiden wird die benzol. Lsg. im Vakuum eingedampft, das zurückbleibende Öl in Ae. aufgenommen u. mit PAe. gefällt → 1.4a-Dimethyl-7-oxo-8.8a-epoxyperhydrophenanthren-1-carbonsäuremethylester, F. 105—107°. 0,8 der vorst. Verb. u. 10 98% ig. Ameisensäure werden 40 Min. unter Rückfluß gekocht. Die Rk.-Mischung wird in 150 W. gegossen u. mit Ae. extrahiert. Die äther. Lsg. wird im Vakuum eingedampft, der Rückstand in Bzl. aufgenommen u. auf einer Säule mit 80 Kieselgel chromatographiert. Entwickelt wird mit Bzl., dem zunehmende Mengen Essigsäureäthylester zugesetzt werden, durch Einengen des Eluats → *1.4a-Dimethyl-7-oxo-8-hydroxy-1.2.3.4.4a.4b.5.6.7.9.10.10a-dodekahydrophenathren-1-carbonsäuremethylester*, F. 116—118°. — Ähnlich wird der *Äthylester* hergestellt. — UV- u. IR-Maxima von beiden Estern sind angegeben. — *Arzneimittel*, bes. *Lokalanästhestica*, in Öl-Lsg. *vorbeugend gegen* durch UV-Bestrahlung hervorgerufene *Erytheme*. (**A. P. 2 907 788** vom 6/1. 1958, ausg. 6/10. 1959.) A. DEBO. 4807

Merck & Co., Inc., Rahway, N.J., V.St.A., **Herstellung von N-substituierten Piperidinen** der allg. Formel I,worin R′ eine Alkylgruppe mit 1—5 C-Atomen u. R = H, eine OH-, NH_2-, Acylamino-, Acyloxy- oder NO_2-Gruppe bedeutet, dad. gek., daß man das Säureadditionssalz des 4-Phenyl-4-carbo-(C_{1-5}-alkoxy)-piperidins mit einem aromat. Keton

I 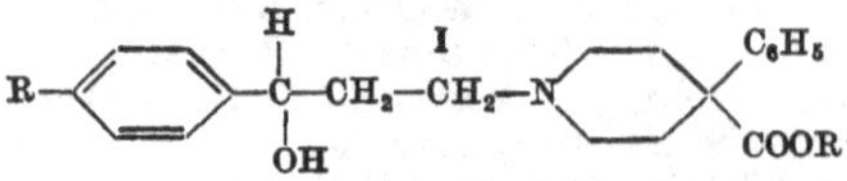

II 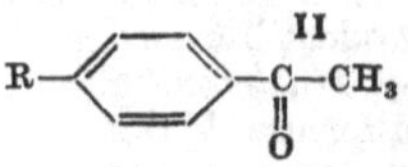

der allg. Formel II in Ggw. von CH_2O im Überschuß umsetzt u. das gebildete 1-[γ-Keto-γ-(phenyl)-propyl]-4-phenyl-4-carbo-(C_{1-5}-alkoxy)-piperidin-Säureadditionssalz in bekannter Weise, z. B. katalyt. mit H oder mit Na- bzw. K-Borhydrid, zu dem entsprechenden 1-[γ-Hydroxy-γ-(phenyl)-propyl]-4-phenyl-4-carbo-(C_{1-5}-alkoxy)-piperidin reduziert. — Aus 4-Phenyl-4-carbäthoxypiperidinhydrobromid u. p-Acetamidoacetophenon in Ggw. von Paraformaldehyd → 1-[γ-Keto-γ-(p-acetamidophenyl)-propyl]-4-phenyl-4-carbäthoxypiperidinhydrobromid, F. 214—216,5°, freie Base, F. 86—92°, Monohydrochlorid, F. 185° (Zers.). Durch Red. der freien Base mit Na-Bothydrid → *1-[γ-Hydroxy-γ-(p-aminophenyl)-propyl]-4-phenyl-4-carbäthoxypiperidin, Dihydrochlorid,* F. 125° (Zers.); analog das *1-[γ-Hydroxy-γ-(p-hydroxyphenyl)-propyl]-4-phenyl-4-carbäthoxypiperidin,* durch Red. des 1-[γ-Keto-γ-(p-hydroxyphenyl)-propyl]-4-phenyl-4-carbäthoxypiperidinhydrobromid, F. 202—205°, u. durch Red. von 1-[γ-Keto-γ-phenylpropyl]-4-phenyl-4-carbäthoxypiperidinhydrobromid, F. 197—199° → *1-[γ-Hydroxy-γ-phenylpropyl]-4-phenyl-4-carbäthoxypiperidin,* F. 84—87°, *Hydrochlorid,* F. 200—202°; aus 4-Phenyl-4-carbopropoxypiperidinhydrobromid (hergestellt durch Rk. von N-Tosyl-4-phenyl-4-carboxypiperidin u. Propanol) über das 1-[γ-Keto-γ-phenylpropyl]-4-phenyl-4-carbopropoxypiperidinhydrobromid → *1-[γ-Hydroxy-γ-phenylpropyl]-4-phenyl-4-carbopropoxypiperidinhydrochlorid.* — *Analgetica.* (**E.PP. 861 560** u. **861 561** vom 2/9. 1957, ausg. 22/2. 1961. A. Prior. 19/9. 1956.) W. HEYER. 4807

F. Hoffmann-La Roche & Co. Akt.-Ges., Basel (Erfinder: Hugo Gutmann, Birsfelden, Otto Straub, Bottmingen, und Paul Zeller, Neuallschwil), Schweiz, **Herstellung von Nicotinsäurehydrazidderivaten** der Formel I, worin R_1 = H oder CH_3 u. R_2 einen nichtaromat. KW-Stoffrest mit 2—7 C-Atomen bedeutet, dad. gek., daß man Nicotinsäure (II), einen Ester, ein Halogenid oder das Amid der im Pyridinkern ggf. methylierten Nicotinsäure mit einem im Sinne von R_2 substituierten Hydrazin, bes. Isopropylhydrazin (III), umsetzt. —

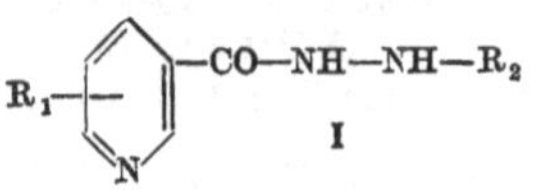

I

Aus 12,3 (g) II u. 10,1 Triäthylamin in 150 Acetonitril erhält man durch Rk. mit 11,05 III unter Zusatz von 20,63 Dicyclohexylcarbodiimid bei >30° → *Nicotinoyl-(1)-2-isopropylhydrazin,* F. 104— 105°; analog aus II u. Butyl-(2)-hydrazin → *Nicotinoyl-(1)-2-[butyl-(2′)]-hydrazin,* $Kp._{0,03}$ 116°. *Nicotinoyl-(1)-2-isopropylhydrazinsesquioxalat,* F. 139—141°. — *Arzneimittel.* (**Schwz. P. 355 144** vom 9/4. 1957, ausg. 15/8. 1961.) W. HEYER. 4807

Badische Anilin- & Soda-Fabrik Akt.-Ges. (Erfinder: Heinrich Pasedach und Matthias Seefelder), Ludwigshafen/Rh., **Herstellung von Isonicotinsäurehydrazid** durch Erhitzen von Isonicotinsäure mit Hydrazin, dad. gek., daß man ein Gemisch aus Isonicotinsäure (I) u. mindestens der äquimol. Menge Hydrazin (II) oder das aus äquimol. Mengen I u. II gebildete Salz, bes. in wss. Lsg., auf 100—140° erhitzt u. das entstehende W. nicht oder nicht vollständig abdestilliert. (**D. A. S. 1 116 667** Kl. 12p vom 3/7. 1956, ausg. 9/11. 1961.) W. HEYER. 4807

Minister of National Health & Melfare, represented Her Majesty the Queen, in right of Canada, übert. von: Charles O. Siebenmann und Alfonsas Zubrys, Toronto, Ontario, Canada, **Herstellung von Isonicotinylhydrazonen der 2-Formylphenoxyessigsäure,** F. 246—248° durch Rk. von Isonicotinsäurehydrazin in W. bei 60° mit einer alkohol. Lsg. von 2-Formylphenoxyessigsäure unter Rückfluß. — Analog *Isonicotinylhydrazon der 6-Methoxy-2-formylphenoxyessigsäure,* F. 230—232°. — *Tuberkulosemittel.* (**A. P. 2 844 588** vom 9/1. 1956, ausg. 22/7. 1958.) W. HEYER. 4807

Frank W. Horner Ltd., übert. von: Willard I. Johnson, Montreal, Quebec, Canada, **Wirkungssteigerung von Isoniazid.** Man erreicht dies, wenn man dem Wirkstoff eine Verb. der Formel R—A zusetzt, in der R = H, Halogen, OH, NH_2 oder eine niedermol. Alkylgruppe u. A = Pyridin, Benzamid, Benzoesäurehydrazid oder Benzoylhydroxamsäure bedeutet, bes. o-Hydroxybenzalisonicotinylhydrazon, 5-Bromsalicylamid, p-Aminosalicylamid, Gentisamid oder p-Aminobenzoesäure. Diese Verbb. inhibieren in vitro u. in vivo die für den Wrkg.-Abfall verantwortliche Acetylierung des INH, z. B. durch die Enzyme der Leber. (**A. P. 2 971 887** vom 3/12. 1956, ausg. 14/2. 1961. Can. Prior. 30/5. 1956.) W. HEYER. 4807

Imperial Chemical Industries Ltd. (Erfinder: Norman Barton, Albert Frederick Crowther, Walter Hepworth, Dora Nellie Richardson und George William Driver), **Herstellung von Chinolinderivaten** der allg. Formel I (A = durch Alkyl-, Acyl- oder Alkoxygruppen, Halogen, OH-, Nitrogruppe oder einem Cyanrest substituierter Benzolring; R = Alkyl-, Hydroxyalkyl- oder Alkenylrest mit $\gtrless$4 C-Atomen, oder Acyloxyalkylrest mit $\gtrless$8 C-Atomen; R_1 = H oder C_1—C_4-Alkylrest; R_2 = Carboxygruppe mit $\gtrless$10 C-Atomen, Salz, Ester oder Thioester dieser Gruppen, oder den Methylolrest, deren Äther oder Ester, Aldehyd- u. Cyanrest oder die Gruppe —COR_3, worin R_3 = C_1—C_4-Alkylrest). Die Herst. erfolgt durch Alkylieren entsprechend substituierter Hydroxychinoline am N-Atom. — Man löst 4-Hydroxy-6-nitrochinolin-3-carbonsäure in verd. KOH u. gibt Dimethylsulfat zu → *K-Salz* von *1-Methyl-6-nitrochinolon-(4)-3-carbonsäure.* Analog aus 4-Hydroxy-7-methyl-6-nitrochinolin-3-carbonsäure u. Ansäuern des K-Salzes → *1.7-Dimethyl-6-nitrochinolon-(4)-3-carbonsäure,* F. 289° (Zers.). — Analog folgende Chinolon-(4)-3-carbonsäuren: *7-Chlor-1-methyl-6-nitro-,* F. 323° (Zers.); *8-Hydroxy-1-methyl-6-nitro-,* F. 280°; *1-Äthyl-7-nitro-,* F. 277—278°; *7-Chlor-1-äthyl-,* F. 274°; *7-Chlor-1-[β-hydroxyäthyl]-,* F. 259—260°; *1-Allyl-7-chlor-,* F. 195—196°; *1-n-Butyl-7-chlor-,* F. 210°; *7-Brom-1-äthyl-,* F. 249—259°; *1-Äthyl-7-methyl-,* F. 285°; *6-Chlor-1-methyl-,* F. 291—293°; *1-Allyl-6-chlor-,* F. 238°; *6-Fluor-1-methyl-,* F. 290°; *1-Äthyl-6-fluor-,* F. 260°; *1-Äthyl-5-fluor-,* F. 299—300°; *6-Brom-1-äthyl-,* F. 228°; *6-Brom-1-methyl-,* F. 290°; *7-Trifluormethyl-1-äthyl-,* F. 215°; *6.7-Dichlor-1-äthyl-,* F. 290°; *1.7-Dimethyl-,* F. 270—272°; *1.8-Dimethyl-,* F. 288° (Zers.); *1-Allyl-6-fluor-,* F. 258—260°; *1-[β-Hydroxyäthyl]-7-methyl-,* F. 277—278°; *6-Acetyl-1-methyl-,* F. 267°; *1-Äthyl-6-cyan-,* F. 251°; *1-Methyl-6-cyan-,* F. 280°; *1-Allyl-6-cyan-,* F. 215°, sowie *3-Methoxycarbonyl-1.8-dimethyl-5-nitrochinolon-(4),* F. 314° (Zers.); *3-Acetoxymethyl-1.2-dimethyl-6-nitrochinolon-(4),* F. 206 bis 207°; *3-[β-Chloräthoxycarbonyl]-1-äthyl-6-nitrochinolon-(4),* F. 215—216°; *7-Chlor-3-äthoxycarbonyl-1-äthylchinolon-(4),* F. 156—158°; *1-Methyl-6-nitro-3-n-propoxycarbonylchinolon-(4),* F. 233—234°; *1-Äthyl-3-cyclohexoxycarbonyl-6-nitrochinolon-(4),* F. 195 bis 196°; *7-Chlor-3-[β-diäthylaminoäthoxycarbonyl]-1-äthylchinolon-(4),* F. 92—94°. — *Pharmazeutica.* (**Aust. P. 229 393** vom 3/2. 1958, ausg. 11/8. 1960. **Ind. P. 62 956** vom 28/1. 1958, ausg. 8/8. 1960. Beide E. Prior. 15/2. 1957.) C. LÜTTGEN. 4807

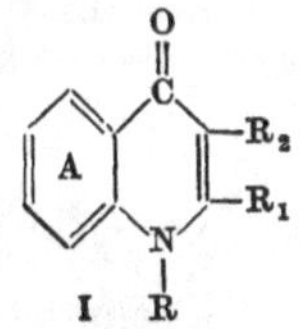

I

Knoll Akt.-Ges., Chemische Fabriken, Ludwigshafen/Rh. (Erfinder: Ferdinand Dengel, Mannheim), **Herstellung von basisch substituierten Abkömmlingen des 1-Benzyl-1.2.3.4-tetrahydroisochinolins** der allg. Formel I (R = H, Meth- oder Äthoxygruppen, wobei jedoch an jedem aromat. Ring mindestens ein Alkoxyrest vorhanden ist; X = H oder niedermol. Alkylrest, R_1 u. R_2 = H oder niedermol Alkylreste oder, ggf. durch niedermol. Alkoxygruppen substituierte Aralkylreste u. Y eine gerade oder verzweigte niedermol. Alkylenkette) nach D. A. S. 1 108 223 dad. gek., daß man eine Verb. der allg. Formel II oder eine entsprechende 3.4-Dihydro-Verb. mit einem Halogenalkylamin der allg. Formel Hal—Y—$N(R_1R_2)$ umsetzt u. das erhaltene quatern. NH_4-Salz katalyt. hydriert. — 150 (g) Papaverinbase in 300 CH_3OH werden mit 60 β-Diäthylaminoäthylchlorid versetzt; die Lsg. 36 Std. unter Rückfluß erhitzt, filtriert, das Filtrat zur Trockne eingedampft, der Rückstand mit wenig Isopropanol aufgekocht, die Lsg. filtriert u. das Filtrat zur Trockne eingedampft. Das quart. Salz (F. 170—172°) wird in CH_3OH in Ggw. von RANEY-Ni bei 120° u. 110 atü H_2 hydriert, das nach Abdampfen des Lsgm. verbleibende Öl mit HCl-Gas bis zur sauren Rk. versetzt, oder aus 3.4-Dihydropapaverinbase, u. β-Diäthylaminoäthylchlorid u. anschließender Red. → *1-[3'.4'-Dimethoxybenzyl]-2-[diäthylaminoäthyl]-6.7-dimethoxy-1.2.3.4-tetrahydroisochinolin, Dihydrochlorid,* F. 203—205°. — Analog wird hergestellt: *1-[3'.4'-Dimethoxybenzyl]-2-[β-(N-methyl-3''.4''-dimethoxyphenäthylaminoäthyl]-6.7-dimethoxy-1.2.3.4-tetrahydroisochinolin, Dihydrochlorid,* F. 224 bis 225,5°. *Blutdrucksenkende* Mittel u. in Verbindung mit 8-[Di-n-butylaminomethyl]-theophyllin in der Urologie als *spasmolyt.* Komponente. (**D. A. S. 1 112 516** Kl. 12p

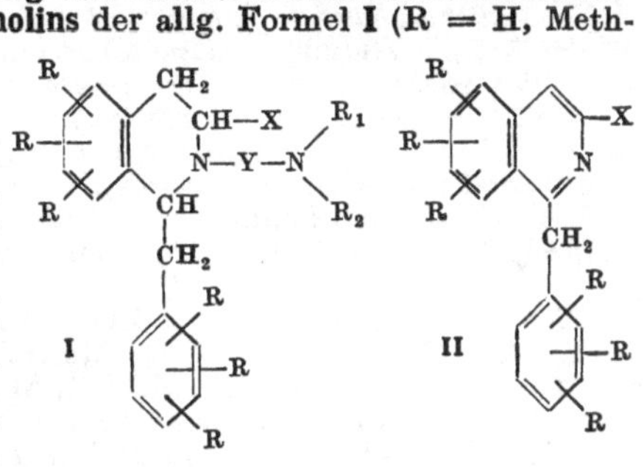

I II

vom 27/1. 1956, ausg. 10/8. 1961. Oe. Prior. 29/1. 1955. **Zusatz zu D.A.S. 1108 223; C. 1962. 3560.)** W. HEYER. 4807

Parke, Davis & Co., Detroit, Mich., V.St.A. (Erfinder: Ralph Edward Bowman, Little Chalfont, Buckinghamshire, und David John Tivey, Hounslow, Middlesex, England), **Herstellung von 6-Chlor-9-aminoalkylaminoacridin-10-oxidverbindungen** der allg. Formel I, in welcher R ein 2wertiger Alkyl- oder Hydroxyalkylrest

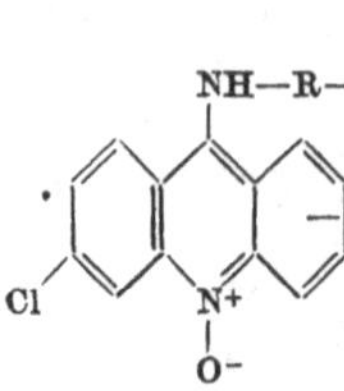
I

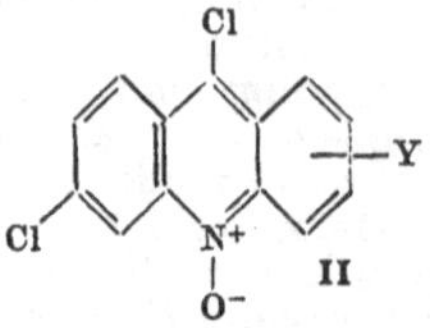
II

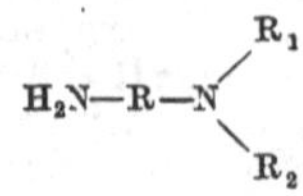
III

mit 2—5 C-Atomen einschließlich ist, R_1 u. R_2 gleich oder verschieden sind u. H oder geradkettige oder verzweigte Alkyl- oder Hydroxyalkylreste mit 2—8 C-Atomen einschließlich bedeuten, die zusammen mit dem sie tragenden N-Atom einen gesätt. heterocycl. Ring, wie einen Piperidin-, Morpholin-, Cyclohexylimino-, Piperazin- oder Pyrrolidinring, bilden können, Y ein H oder einen Methoxy-, Chlor-, Methyl-, Nitrorest in 2- oder 3-Stellung bedeutet, dad. gek., daß man 6.9-Dichloracridin-10-oxid-Verbb. der allg. Formel II mit einem Aminoalkylamin oder dessen Salz, das als freie Base die Formel III besitzt, in Ggw. eines wasserfreien organ. Lsgm., bes. Phenol, bei einer Temp. $> 75^0$, bes. 95—140°, umsetzt. — Aus 6.9-Dichlor-2-methoxyacridin-10-oxid u. 5-Diäthylamino-2-aminopentan → *6-Chlor-9-[4-diäthylamino-1-methylbutylamino]-2-methoxyacridin-10-oxiddihydrochlorid*, F. 221—223° (Zers.); aus 3.6.9-Trichloracridin-10-oxid u. 5-Diäthylamino-2-aminopentan → *3.6-Dichlor-9-[4-diäthylamino-1-methylbutylamino]-acridin-10-oxiddihydrochlorid*, F. 216—218° (Zers.); analog werden hergestellt: *6-Chlor-2-methoxy-9-[3-diäthylaminopropylamino]-acridin-10-oxiddihydrochlorid*, F. 244—246° (Zers.); *3-Chlor-9-[4-diäthylamino-1-methylbutylamino]-acridin-10-oxiddihydrochlorid*, F. 192° (Zers.); *3.6-Dichlor-9-[5-piperidinopentylamino]-acridin-10-oxiddihydrochlorid*, F. 221—222°; *6-Chlor-9-[3-diäthylamino-2-hydroxypropylamino]-2-methoxyacridin-10-oxiddihydrochlorid*, F. 167°; *6-Chlor-2-methoxy-9-[5-piperidinopentylamino]-acridin-10-oxiddihydrochlorid*, F. 245° (Zers.); *6-Chlor-9-[3-octylaminopropylamino]-2-methoxyacridin-10-oxiddihydrochlorid*, F. 227—228°; *2-{2-[6-Chlor-2-methoxyacridinyl-(9)-amino]-äthylamino}-äthanol-10-oxiddihydrochlorid*, F. 207° (Zers.); *2-{3-[6-Chlor-2-methoxyacridinyl-(9)-amino]-propylamino}-äthanol-10-oxiddihydrochlorid*, F. 215—217° (Zers.); *2.2'-{3-[3.6-Dichloracridinyl-(9)-amino]-propylimino}-diäthanol-10-oxid, Dihydrochlorid*, F. 224—226°; *6-Chlor-9-[4-diäthylamino-1-methylbutylamino]-2-phenylacridin-10-oxiddihydrochlorid* (freie Base, F. 176°, Zers.); *2-{N-[4-(6-Chlor-3-nitroacridinyl-(9)-amino)-4-methyl]-butyläthylamino}-äthanol-10-oxiddihydrochlorid*, F. 237—240° (Zers.); *3-Chlor-9-[5-pyrrolidinopentylamino]-acridin-10-oxiddihydrochlorid*, F. 220—221°; *6-Chlor-9-[3-cyclohexyliminopropylamino]-2-methoxyacridin-10-oxiddihydrochlorid*, F. 213—215° (Zers.); *3.6-Dichlor-9-[3-piperazinopropylamino]-acridin-10-oxiddihydrochlorid*, F. 241 bis 244°; *3.6-Dichlor-9-[piperidinopropylamino]-acridin-10-oxiddihydrochlorid*, F. 245° (Zers.) u. *6-Chlor-9-[3-isopropylaminopropylamino]-2-methoxyacridin-10-oxiddihydrochlorid*, F. 225° (Zers.). — *Arzneimittel* mit antibakteriellen u. antiparasit. Eigenschaften. (**D.A.S. 1 109 689** Kl. 12p vom 12/2. 1957, ausg. 29/6. 1961. E. Prior. 15/2. 1956.) W. HEYER. 4807

Wellcome Foundation Ltd., England (Erfinder: George Herbert Hitchings und Elvira A. Falco), **Herstellung von Pyrazolo-[3.4:d]-pyrimidinen** der allg. Formel I (R_1 u. R_2 = H, OH, SH, Alkylmercapto-, Amino-, Alkylaminorest) durch

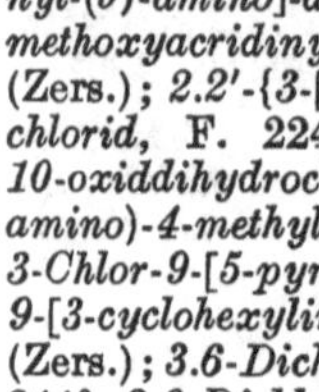
I

Rk. von Pyrazol-3.4-dicarbonsäureamid (II) mit NaOCl zu *4.6-Dihydroxy-1H-pyrazolo-[3.4:d]-pyrimidin* (III) u. ggf. Umwandlung einer oder beider OH-Gruppen. — II, F. 327° (Zers.), aus Pyrazol-3.4-dicarbonsäure, $SOCl_2$ u. nachher NH_3. — III, schmilzt nicht bis 320°, durch Zugabe von 500 mg II zu 16,6 ml kalter 0,4n NaOCl-Lsg. u. Ansäuern mit HCl auf pH 3. — 1H-Pyrazolo-[3.4:d]-pyrimidine: *4-Mercapto-6-hydroxy-*, aus III durch Erhitzen mit P_2S_5 in Pyridin. — *4.6-Dimercapto-*, aus vorst. Verbindung. — *4-Amino-6-hydroxy-*, aus der 4-Mercapto-Verb. u. gesätt. alkohol. NH_3-Lsg. bei 143°. — *4-Dimethylamino-6-hydroxy-*, analog mit Dimethylamin bei 130°. — *4-Amino-6-mercapto-*, aus der Dimercaptoverbindung. — *4-Amino-*, aus vorst. Verb., NH_4OH u. RANEY-Ni durch 3std. Kochen. — *4-Hydroxy-*, aus vorst. Verb. durch 1std. Kochen mit 0,2n H_2SO_4, dann mit $NaNO_2$-Lösung. — *4-Hydroxy-6-methylmercapto-*, aus der Mercapto-Verb. mit CH_3J in alkal. Lösung. — *6-Amino-4-hydroxy-*, aus vorst. Verbindung. — *Heilmittel*. (**F. P. 1 173 164** vom 10/8. 1956, ausg. 20/2. 1959. **Belg. P. 550 190** vom 8/8. 1956, ausg. 4/12. 1959. Beide E. Prior. 10/8. 1955.) H.-J. NITZSCHKE. 4807

Farbenfabriken Bayer Akt.-Ges., Leverkusen (Erfinder: Heinz Herlinger, Köln, Siegfried Petersen, Leverkusen, Ernst Tietze, Tübingen, Friedrich Hoffmeister und Wolfgang Wirth, Wuppertal), **Herstellung von 3-Aminobenzo-1.2.3-triazinonen-(4)**. Aromat. o-Aminocarbonsäurehydrazide (I), deren endständiges Hydrazid-N-Atom durch aliphat., cycloaliphat. oder aromat. KW-Stoffreste disubstituiert ist, oder einem, ggf. weitere Heteroatome enthaltenden Ring angehört, wird mit HNO_2 behandelt oder mit Verbb., die HNO_2 abgeben. Die I erhält man durch Umsetzung von Isatosäureanhydriden mit den genannten N-Amino-Verbb. oder aus den Aminocarbonsäureestern durch Hydrazinolyse oder durch Acylierung von Hydrazinen mit Verbb. vom Typus der o-Nitrocarbonsäurechloride u. anschließende Reduktion. Beispiele sind folgende Benzo-1.2.3-triazinone-(4): *3-Morpholino-*, $C_{11}H_{12}N_4O_2$, F. 199—200°, Gas-Entw.; *3-Thiomorpholino-*, $C_{11}H_{12}N_4OS$, F. 180—181°; *3-Piperidino-*, $C_{12}H_{14}N_4O$, F. 146—148°; *3-Dimethylamino-*, $C_9H_{10}N_4O$, F. 116°; *3-Hexamethylenimino-*, F. 118—119°, $C_{13}H_{16}N_4O$; *3-Dimethylamino-6-nitro-*, $C_9H_9N_5O_3$, F. 168°; *5-Brom-3-dimethylamino-*, $C_9H_9BrN_4O$; F. 160°; *3-Morpholino-6-nitro-*, F. 189°; *3-Morpholino-7-methyl* $C_{12}H_{14}N_4O_2$, F. 149—150°; *3-Morpholino-6-brom-*, $C_{11}H_{11}Br\cdot N_4O_2$, F. 214—215°. Als neue Zwischenprodd. wurden folgende Morpholine dargestellt: *4-[2'-Aminobenzamido]-*, $C_{11}H_{15}N_3O_2$, F. 207—208°; *4-[2'-Aminobenzamidol]-thio-*, $C_{11}H_{15}N_3OS$, F. 203—204°; *4-[2'-Amino-5-nitrobenzamido]-*, F. 300°; *4-[2'-Amino-4'-methylbenzamido]-*, F. 256—257°; *4-[2'-Amino-5'-brombenzamido]-*, $C_{11}H_{14}BrN_3O_2$, F. 224—225°; ferner *4-[2'-Aminobenzamido]-piperidin*, $C_{12}H_{17}N_3O$, F. 167—169°; *5-Nitro-2-aminobenzoesäure-asymm.-dimethylhydrazid*, $C_9H_{12}N_4O_3$, F. 255—256°; *5-Brom-2-aminobenzoesäure-asymm.-dimethylhydrazid*, $C_{12}H_{12}BrN_3O$, F. 168—170°. Verw.: als Zwischenprodd. *zur Herst. von Pharmazeutica*. (**D. A. S. 1 121 055** Kl. 12p vom 14/5. 1960, ausg. 4/1. 1962.) A. KALIX. 4807

C. F. Boehringer & Söhne G.m.b.H., Mannheim (Erfinder: Erich Haack, Heidelberg, und Fritz Kaiser, Mannheim), **Herstellung von Digitoxin-Gitaloxin-Mischkristallisaten** mit mindestens 30% Gitaloxin, dad. gek., daß man nach dem Verf. der D. A. S. 1 042 838; C. **1959.** 7226 hergestellte Extrakte aus Digitalis purpurea-Blättern nach dem Prinzip der multiplikativen Verteilung in ihre mehr hydrophoben u. mehr hydrophilen Komponenten auftrennt, bis der Rest-Geh. an Gitoxin in der hydrophoben Phase nicht mehr als 3% (bezogen auf deren Trockenrückstand) beträgt, worauf die hydrophobe Phase zur Trockne gebracht u. der Rückstand durch Umkristallisieren bzw. Umfällung sowie durch Anwendung von Adsorptions-Meth. gereinigt wird. (**D. A. S. 1 120 633** Kl. 30h vom 20/8. 1960, ausg. 28/12. 1961.) K. KOEBKE. 4807

Magyar Állam (Erfinder: Stefan Gyöngy, Alexander Makleit, Zoltán Mészáros und Ladislaus Slávik), Budapest, Ungarn, **Herstellung von Folcodin** (Morpholinyläthylmorphin), dad. gek., daß man Morphin mit Morpholinylchloridhydrochlorid u. alkohol. Na-Äthylat-Lsgg. einige Std. am Rückflußkühler kocht. Nach erfolgtem Abkühlen filtriert man vom NaCl ab u. fällt anschließend mittels alkohol. Weinsteinsäure-Lsg. das Salz des Folcodins. Daraus erhält man mittels konz. NaOH die freie Base. Aus Bzl., F. 96—97°. (**Ung. P. 144 637** vom 5/4. 1956, ausg. 15/11. 1958.) G. KÖNIG. 4807

F. Hoffmann-La Roche & Co. Akt.-Ges., Basel, Schweiz, **Stabilisierung von Vitamin A.** Das Vitamin (oder ein Deriv. davon) wird in Ester von Benzoesäuren (I) umgewandelt, die durch (ggf. alkylierte oder acylierte) NH_2-Gruppen substituiert sind. Die Rkk. werden mit I-Halogeniden ausgeführt, wobei auch nitrierte I verwendet werden können, die entstehenden Nitro-I-ester werden dann zu Amino-Derivv. red., ebenso können die NH_2-Gruppen nachträglich nach bekannten Verff. alkyliert oder acyliert werden. Wenn das Vitamin als Ester mit einer niedrigmol. Carbonsäure vorliegt, wird die Umesterung mit einem Ester einer I mit einem niedrigmol. Alkohol ausgeführt. In diesem Falle werden Alkalihydroxide u. Alkoholate als Katalysatoren verwendet. — Beispiele für I: Halogenide von p-Nitro-, m-Nitro-, 3.5-Dinitro- u. p-Dimethylamino-I. (**Port. P. 37 423** vom 22/7. 1960, Auszug veröff. 29/3. 1961. Schwz. Prior. 24/7., 15/9., 23/9. u. 27/11. 1959.) A. KALIX. 4809

F. Hoffmann-La Roche & Co. Akt.-Ges., Basel (Erfinder: Otto Isler, Marc Montavon, Rudolf Rüegg, Basel, und Paul Zeller, Neuallschwil), Schweiz, **4.8.12-Trimethyltridecatetraen-(2.4.6.11)-al-(1) bzw. 4.8.12-Trimethyltridecatetraen-(2.4.7.11)-al-(1)** (= Pseudo-C_{16}-Aldehyde) erhält man durch Rk. von 2.6.10-Trimethylundecatrien-(2.4.9)-al-(1) bzw. 2.6.10-Trimethylundecatrien-(2.5.9)-al-(1) mit abs. A. in Orthoameisensäuretriäthylester in Ggw. von 37%ig. H_3PO_4, Kondens.

des entstandenen 2.6.10-Trimethylundecatrien-(2.4.9)-al- bzw. 2.6.10-Trimethylundecatrien-(2.4.9)-al-diäthylacetal (= Pseudo-C_{14}-Acetale) mit einem Vinyläther bei 0—50° in Ggw. eines sauren Kondens.-Mittels ($ZnCl_2$ u. Eisessig) u. Behandeln des entstandenen 4.8.12-Trimethyltridecatrien-(4.6.11)-al-3-ätherdiäthylacetals bzw. 4.8.12-Trimethyltridecatrien-(4.7.11)-al-3-ätherdiäthylacetals (= Pseudo-C_{16}-Ätheracetale) mit anorgan. oder organ. Säuren oder sauer reagierenden Salzen (H_2SO_4, H_3PO_4, $ZnCl_2$, $NaHSO_4$, p-Toluolsulfon-, Oxal-, Essigsäure), bes. in Ggw. von mit W. mischbaren Lsgm. (Dioxan, Tetrahydrofuran, Äthylenglykoldimethyläther), bes. mit verd. Essigsäure u. Na-Acetat, bei 95—100° unter Hydrolyse u. Abspaltung von Alkohol aus der 2.3-Stellung. Die Ausgangsstoffe erhält man z. B. aus Pseudojonon (= 4.8-Dimethylnonatrien-(1.3.7)-ylmethylketon) durch Rk. mit Chloressigester in Ggw. von Na-Methylat bei —5°, Verseifen des entstandenen Glycidesters mit NaOH in PAe. oder Na_2CO_3 in A. zur Glycidsäure, wobei gleichzeitig beim Ansäuern Decarboxylierung erfolgt, die durch Dest. in Ggw. von Pyridin vervollständigt wird. — *Zwischenprodd.* zur Herst. von *Carotinoiden*, z. B. durch Acetalisieren, dann Kondens. mit einem Propenyläther, Hydrolyse, Rk. der entstandenen Pseudo-C_{19}-Aldehyde mit Acetylen-di-Mg-halogenid, nachfolgende Wasserabspaltung u. Teilhydrierung zu *Lycopin*. (**Schwz. P. 332 803** vom 2/2. 1955, ausg. 15/11. 1958.) G. KRAUSS. 4809

University of Pennsylvania, Philadelphia, Pa., übert. von: Martin Forbes, Silver Spring, Md., Paul György, Villanova, und Friedrich Zilliken, Philadelphia, Pa., V.St.A., **Gewinnung eines Vitamin E ähnlichen biologischen Faktors** aus Hefe, bes. Brauereihefe, dad. gek., daß man die Hefe mit 90—95%ig. A. unter Rückfluß 6—8 Std. extrahiert, den alkohol. Extrakt nach Filtration über Nacht bei ca. 5° stehenläßt, den Nd. entfernt, das Filtrat im Vakuum zur Trockne eindampft, den Rückstand in Methanol aufnimmt, die CH_3OH-Lsg. über Nacht bei —40° stehen läßt, filtriert, das Filtrat im Vakuum unter N_2 zur Trockene eindampft, den Rückstand in 0,05 mol. Phosphatpuffer vom pH 7,4 aufnimmt, die Suspension ca. 48 Std. mit Ae. extrahiert, die Ae.-Lsg. über Na_2SO_4 trocknet, filtriert, im Vakuum unter N_2 zur Trockene eindampft u. den Rückstand in PAe. aufnimmt. Man reinigt die Lsg. über „Florisil" (= Mg-Silicat, welches mit Methanol gewaschen u. bei 110° getrocknet wurde), dampft die Lsg. unter N_2 ein u. läßt sie bei 5° stehen. Der Nd., $C_{18}H_{12}O_5$, hat den F. 118°; Molgew. 280; im UV-Licht Blaufluorescenz, die nach Zusatz von 3 n HCl verschwindet. *Antioxydationsmittel*, bes. für *Nahrungsmittel* u. *Fette*; *verhindert* die *Hämolyse* der *roten Blutkörperchen*. — IR-Diagramme. (**A. P. 2 865 809** vom 11/8. 1955, ausg. 23/12. 1958.) W. HEYER. 4809

Upjohn Co., Kalamazoo., Mich., V.St.A., **19-Nor-$\Delta^{1.3.5,10}$-pregnatrien-20-on** erhält man z.B. durch Pyrolyse von 11β.21-Dihydroxy-$\Delta^{1.4.17,20}$-cis-pregnatrien-3-on bei 400° → *19-Nor-$\Delta^{1.3.5,10.17,20}$-pregnatetraen-3.11β.21-triol*, F. 197—199°; $[\alpha]_D^{24}$ 110°; daraus durch Verätherung der 3-ständigen Hydroxygruppe mit Dimethylsulfat in Ggw. von NaOH→ *3-Methoxy-19-nor-$\Delta^{1.3.5,10.17,20}$-pregnatetraen-11β.21-diol*, F. 143—144°; $[\alpha]_D^{24}$ 122°, welches sich in üblicher Weise in seine Acetate überführen läßt. — 3-Methoxy-11β.21-diacetoxy-19-nor-$\Delta^{1.3.5,10.17,20}$-pregnatetraen wird sodann mit OsO_4 in Pyridin u. in Ggw. von N-Methylmorpholinoxidperoxid u. tert. Butylalkohol hydroxyliert → *3-Methoxy-11β.21-diacetoxy-17α-hydroxy-19-nor-$\Delta^{1.3.5,10}$-pregnatrien-20-on* (I), F. 94—101°; $[\alpha]_D^{24}$ 104°. — Analog: *3.11β.21-Triacetoxy-17α-hydroxy-19-nor-$\Delta^{1.3.5,10}$-pregnatrien-20-on*, F. 191—193°. — I läßt sich mit wss.-methanol. $NaHCO_3$ verseifen → *3-Methoxy-11β-acetoxy-17α.21-dihydroxy-19-nor-$\Delta^{1.3.5,10}$-pregnatrien-20-on*, F. 210—215°. Analog: *3.21-Diacetoxy-11β.17α-dihydroxy-19-nor-$\Delta^{1.3.5,10}$-pregnatrien-20-on*, F. 167—168°; *3.11β.17α.21-Tetrahydroxy-19-nor-$\Delta^{1.3.5,10}$-pregnatrien-20-on*, F. 256—258°. — Zwischenprodd. zur *Herst. von Heilmitteln*. (**E. P. 863 313** vom 19/7. 1957, ausg. 22/3. 1961. A. Prior. 21/8. 1956.) U. SIEVERS. 4809

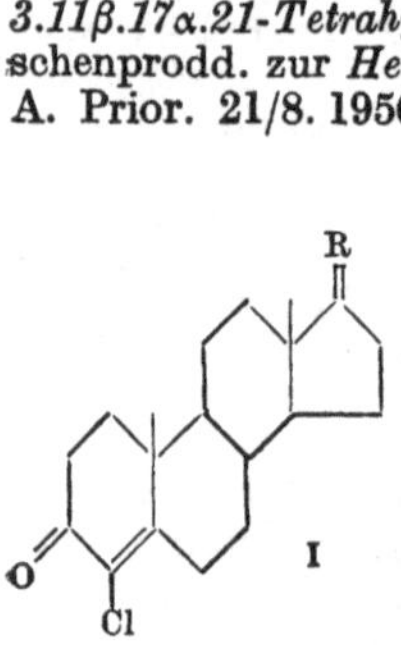

I

Farmaceutici Italia Soc. An., Mailand, Italien, **Herstellung von Ketosteroiden.** 4-Chlor-Δ^4-3-ketosteroide der allg. Formel I erhält man durch Einw. von Sulfurylchlorid auf die entsprechenden Δ^4-3-Ketosteroide in einem bas. organ. Lsgm., z. B. Pyridin, oder Dimethylanilin. Hierbei ist R ein O-Atom oder einer der folgenden Reste: H╲╱OCO-Alkyl, H╲╱$COCH_3$, H╲╱$CH(CH_3)$—$(CH_2)_3$—$CH\langle^{CH_3}_{CH_3}$ oder H╲╱COCH—OCO-Alkyl. Als Ausgangsprodd. werden z. B. folgende Verbb. benutzt: Testosteronacetat u. -propionat, Progesteron, Δ^4-Androsten-3.17-dion, Δ^4-Cholesteron u. Desoxycorticosteronacetat. (**Port. P. 38 000** vom 24/1. 1960, Auszug veröff. 29/3. 1961.) A. KALIX. 4809

British Drug Houses Ltd. (Erfinder: David Neville Kirk und Vladimir Petrow), **Herstellung von 3β-Hydroxy- und 3β-Acyloxy-6-methyl-25D-Δ^5-spirosten.** Man löst 3 g 3β-Hydroxy-25D-Δ^5-spirosten in 85 (ml) $CHCl_3$, gibt bei 0° 45 Ae. mit Geh. von 2 g Monoperphthalsäure zu, läßt über Nacht stehen, gibt Ae. zu, wäscht mit K_2CO_3-Lsg. u. W., trocknet u. dest. den Ae. ab. *5.6α-Epoxy-5α.25D-spirostan-3-ol*, F. 208—209°, das in Bzl.-Ae.-Lsg. mit Mg u. CH_3J nach GRIGNARD in *6β-Methyl-5α.25D-spirostan-3β.5-diol*, F. 217—218°, $[\alpha]_D^{25}$ —84° übergeführt wird. Durch Erhitzen mit Essigsäureanhydrid in Pyridin (I) auf 100° erhält man *3β-Acetoxy-6β-methyl-5α.25D-spirostan-5-ol*, F. 233—237°, $[\alpha]_D^{23}$ —91°, das mit $SOCl_2$ in I bei 0° *3β-Acetoxy-6-methyl-25D-Δ^5-spirosten*, F. 218—222°, $[\alpha]_D^{22}$ —129°, gibt. Durch Hydrolyse erhält man *3β-Hydroxyl-6-methyl-25D-Δ^5-spirosten*, F. 181—182°, $[\alpha]_D^{20}$ —126°. Analog: *3β-Capryl-oxy-6-methyl-25D-Δ^5-spirosten*, F. 77—79°, $[\alpha]_D^{23}$ —96°. — Zwischenprodukte. (**Aust. P. 227 613** vom 30/9. 1958, ausg. 28/4. 1960. E. Prior. 9/10. 1957.) C. LÜTTGEN. 4809

Frederick L. Crane, West Lafayette, Ind., Robert L. Lester, Lexington, Ky., und David E. Green, Madison, Wis., V.St.A., **Gewinnung des Coenzyms Q,** dad. gek., daß man Stoffe, wie Rinderherzgewebe, einschließlich der Herzmitochondrien, Acetobacter vinelandi, Torula- u. Backhefe, mit Alkalihydroxid in Ggw. von Pyrogallol verseift, das verseifte Gemisch mit einem organ. Lsgm. extrahiert u. das Coenzym Q aus dem Extrakt abtrennt. Als Lsgm. dient bes. Heptan oder Isooctan (I), in dessen Lsg. das Coenzym bes. chromatographiert u. mit einer Lsg. von Ae. in I eluiert wird. Vorteilhaft extrahiert man den Rohstoff mit A. u. gewinnt das Coenzym durch Chromatographie. — Beispiele, Kurven, Tabellen. (**D.A.S. 1 103 868** Kl. 6a vom 1/7. 1959, ausg. 6/4. 1961. A. Prior. 7/7. u. 3/9. 1958.) G. VOGEL. 4809

Gyógyszeripari Kutató Intézet (Erfinder: Johann Kollonitsch, Oskar Fuchs und Julius Vita), Budapest, Ungarn, **Herstellung von Carbinolen** erfolgt durch Red. von Carbonsäureestern mittels komplexen Metallhydriden der allg. Formel $Me_xH_x[B(OR)_3]_x$ (I) mit nachfolgender Zerlegung der Komplex-Verb. u. Abscheidung der Carbinole. In I bedeuten Me ein Metall, X die Wertigkeit des Metalles u. R eine Alkyl-, Aralkyl- oder Aryl-Gruppe. — 1,5 g D-threo-β-p-Nitrophenylserinmethylester setzt man einer Lsg. von 3,5 g Na-Trimethoxyborhydrid in 40 ml. abs. Tetrahydrofuran hinzu u. läßt bei 0° die Red. vorsichgehen. Man gibt anschließend 10 ml W. zu, säuert mit 2 n Salzsäure an, dampft im Vakuum zur Trockne ein, säuert den Rückstand mit 15 ml 5%ig. Salzsäure an u. dampft nochmals unter Vakuum ein. Man nimmt in 20 ml W. auf, mischt mit Knochenkohle u. stellt mit NaOH auf pH 8, schüttelt die wss. Lsg. mit 0,55 g Benzaldehyd 15 Min. lang u. nutscht das ausgeschiedene krist. *D-threo-1-[p-Nitrophenyl]-2-benzalamino-1.3-dihydroxypropan* ab, wäscht es mit W. u. trocknet die Kristalle. Durch salzsaure Hydrolyse erhält man *D-threo-1-[p-Nitrophenyl]-2-amino-1.3-dihydroxypropan.* Als Red.-Mittel eignen sich auch Trimethoxy- u. Al-Trimethoxyborhydride. (**Ung. P. 144 523** vom 4/9. 1956, ausg. 15/11. 1958.) G. KÖNIG. 4811

Magyar Állam (Erfinder: Johann Kollonitsch, Vladimir Senkariuk, Julius Vita, Tiberius Somogyi und Árpád Lázár), Budapest, Ungarn, **Herstellung von threo-β-p-Nitrophenylserin (I),** dad. gek., daß man p-Nitrobenzaldehyd u. Glycin mit $Ca(OH)_2$ oder CaO u. mit einem Alkalihydroxid bei —5 bis +15° zur Rk. bringt, das erhaltene Kondens.-Prod. hydrolysiert u. daraus I abscheidet. — CaO in W. verteilt, wird mit A. versetzt u. pulverförmige NaOH zugesetzt. Man kühlt auf —5° u. fügt Glycin u. p-Nitrobenzaldehyd hinzu. Nach 2std. Stehen bei 0° setzt man konz. wss. HCl zu u. erhält nach längerem Stehen ein Gemisch von p-Nitrobenzaldehyd u. *threo-β-p-Nitrophenylserinhydrochlorid.* Versetzt man das Gemisch mit W. u. stellt das Filtrat mit Na-Acetat auf pH 5, so erhält man das I. (**Ung. P. 144 661** vom 14/11. 1955, ausg. 15/3. 1959.) G. KÖNIG. 4811

Soc. des Usines Chimiques Rhône-Poulenc, Frankreich, **Herstellung von Spriamycinderivaten,** u. zwar *Dihydro-*, F. 128—132° u. *Tetrahydrospiramycin I*, F. 132—135°, *Tetrahydrospiramycin II*, F. 125—128°, $[\alpha]_D^{27}$ —63°, u. *III*, F. 135—140°, $[\alpha]_D^{27}$ —71°, dad. gek., daß man Spiramycin I, II bzw. III in A. in Ggw. von Al_2O_3-Pd-Katalysatoren hydriert. (**F. P. 72 003** vom 1/12. 1955, ausg. 21/3. 1960. **Zusatz zu F. P. 1 179 928; C. 1961. 18427.**) S. BÖTTCHER. 4811

Takeda Pharmaceutical Industries Ltd., Osaka (Erfinder: Koiti Nakazawa, Amagasaki, Motoo Shibata, Toyonaka, Eiji Higashide, Toshihiko Kanzaki, Nishinomiya, Hiroichi Yamomoto, Kobe, Akira Miyake, Nishinomiya, Satoshi Horii, Kyoto, Takeshi Yamaguchi, Toyoshige Araki, Toyonaka, Kanji Tsuchiya, Neyagawa, Yuushi Oka und Akihiro Imai, Osaka), Japan, **Herstellung der Antibiotica Zygomycin A, B, C und D** auf üblichem biolog. Wege unter Verw. von Streptomyces pulveraceus nor. spec. (ATCC 13875 u. 13877) u. Gewinnung durch bekannte Verff. sowie ggf. Überführung in ihre Salze. Morpholog. u. physiolog. Eigg. u. Merkmale der Mikroorganismen. Beispiele für Züchtung, Fermentation, Gewinnung u. Trennung der Komponenten. Während A u. B bas. sind, ist C sauer u. D neutral. A u. B werden mittels Kationenaustauschharzen adsorbiert u. durch Elution getrennt. C wird aus dem Mycel, z. B. mit Methanol extrahiert u. D kann im Gegensatz zu A, B u. C in wss. Medium in den Essigsäureester durch Äthyl- oder Butylacetatextraktion des Kulturfiltrats übergeführt werden. — *Zygomycin A*, $C_{23}H_{45}O_{14}N_5$, $[\alpha]_D^{21}$ +83° (c = 2 in H_2O); *Penta-N-Benzoat*, $C_{23}H_{40}O_{14}N_5(C_6H_5CO)_5 \cdot 3H_2O$, F. 206° (Zers.), $[\alpha]_D$ +36°; *p-[p'-Hydroxyphenyl]-azobenzolsulfonat*, wird bei 190° dunkel, F. > 300°. — *Zygomycin B*, $[\alpha]_D^{23}$ +2° (c = 1 in H_2O); *Sulfat*, kein scharfer F., $[\alpha]_D^{23}$ —94° (c = 1 in HO_2). Bemerkenswert ist, daß Zygomycin D, bes. gegen Hefen wirksam ist. Gegenüberstellung von A u. Hydroxymycin. Charakterist. IR-Spektren (Kurven) u. antibakterielle Spektren (Tabellen). (**D. A. S. 1 108 856** Kl. 30h vom 22/7. 1960, ausg. 15/6. 1961. Jap. Prior. 24/7. 1959.) H. SCHINDLER. 4811

William Peterson und Campbell Berry, St. Paul, Minn., V.St.A., **Gewinnung von Antigenen aus der Milch von Huftieren** erfolgt dad., daß man Antigene erzeugende Wirkstoffe in steigenden Dosen in die Euter der Tiere injiziert u. aus der gewonnenen Milch die Globuline als Träger der Antigene isoliert. (**Ung. P. 144 626** vom 7/4. 1956, ausg. 15/11. 1958. A. Prior. 7/4. 1955.) G. KÖNIG. 4813

Evans Medical Supplies Ltd. (Erfinder: William Anderson und Gordon Francis Hargreaves), **Arzneimittel zur Behandlung von Magenerkrankungen**, enthaltend Tang oder Irisch Moos oder natürlich vorkommende Polysaccharide (I) von Meeresalgen oder I, die sulfatiert wurden u. die Antipepsin-Wrkg. zeigen, sowie ein Antacidum, z. B. Fucoidin u. $NaHCO_3$. (**Aust. P. 229 841** vom 14/1. 1958, ausg. 8/9. 1960. E. Prior. 21/1. 1957.) C. LÜTTGEN. 4815

Alfred Ballen Kupferberg, Somerville, und Heron Orlando Singher, Warrenville, N.J., V.St.A., **Arzneimittel zur Bekämpfung von Pilzkrankheiten**, bes. gegen *Candida albicans*, enthaltend neben einem nicht reizenden quatern. Ammoniumsalz eine Verb. der allg. Formel I, in der R u. R_1 (die gleich oder ungleich sein können) H oder einen Arylrest oder einen aliphat. Rest mit bis zu 8 C-Atomen oder gemeinsam mit dem C-Atom des Oxazolidinring einen Ring bilden, oder ein *3-Thiotrichlormethylhydantoin* der allg. Formel II, in der R u. R_1 (die gleich oder ungleich sein können) H oder einen aliphat. Rest mit bis zu 8 C-Atomen u. R_2 H, NO_2 oder einen Acylrest mit bis zu 6 C-Atomen bedeuten, z. B. *N-Thiotrichlormethyloxazolidindion*. (**E. P. 845 193** vom 20/7. 1956, ausg. 17/8. 1960. A. Prior. 22/8. 1955.) K. KOEBKE. 4815

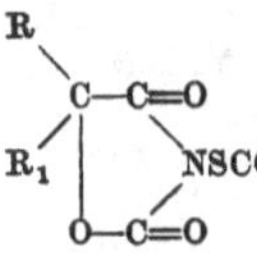

I

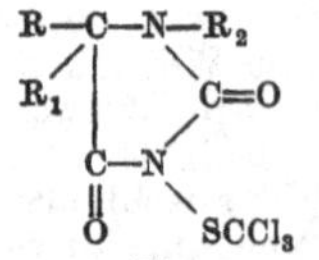

II

British Drug Houses Ltd., London, England, **Pharmazeutische Präparate mit progestationaler Wirkung**, bestehend aus einem fl. oder festen Träger mit einem Geh. an 21-Äthyl-17β-hydroxy-6α-methyl- oder 6.21-Dimethyl-17β-hydroxy-17α-Δ^4-pregnen-20-in-3-on (I), z. B. 5(mg) I, 81,4 Lactose, 0,972 Mg-Stearat u. bis zu 97,2 Maisstärke. Zur Herst. von I geht man von 6β-Methyl-17α-Δ^{20}-pregnin-3β.5α.17β-triol aus, schützt die 17β-Hydroxygruppe durch Veräthern, alkyliert u. regeneriert die Hydroxygruppe nach an sich bekannten Methoden. (**Ind. P. 62 900** vom 21/1. 1958, ausg. 3/6. 1960. E. Prior. 25/1. 1957.) C. LÜTTGEN. 4815

Norden Laboratories, Inc., Lincoln, Nebr., übert. von: George B. Garner, Columbia, Mo., V.St.A., **Herstellung von das Wachstum regulierenden Mitteln für Wiederkäuer.** Frische Rumen-Fll., Silage-Extraktions-Fll., bes. von Mais- u. Sargo-Silage, u. andere Extraktions-Fll., die aus mit Rumen-Mikroorganismen fermentierten Futtermitteln gewonnen wurden, werden zentrifugiert, um die festen Bestandteile zu entfernen, dekantiert u. mit Aktivkohle behandelt, um den das Wachstum regulierenden Wirkstoff zu adsorbieren. Die Aktivkohle wird mit 80% ig. A. extrahiert u. der Wirkstoff durch Abdest. des A. gewonnen. Er dient zur Beseitigung von Verdauungsstörungen bei Wiederkäuern, die durch *Pseudomonas aeruginosa*, *Aerobacter aerogenes* u. ähnliche schädliche Mikroorganismen im Rumen hervorgerufen werden. (**A. P. 2 931 726** vom 16/6. 1955, ausg. 5/4. 1960.) H. KARST. 4815

Hooker Electrochemical Co., übert. von: Charles F. Baranauckas und William E. Ashton, Niagara Falls, N.Y., V.St.A., **Herstellung von 1.1.1.2.3-Pentachlor-4.4.4-trifluorbuten-(2)**, Kp. 176—181°, durch Rk. von 2.3-Dichlor-1.1.1.4.4.4.-hexafluorbuten-(2) mit $AlCl_3$ bei 60—95° bis höchstens 106° in Ggw. eines Lsgm. (Hepachlorbutadien, Perfluorcyclohexan, Cyclohexan). *Zwischenprod., bes. zur Herst. von bes. gegen Würmer (Ascaridae) der Haustiere wirksamer α.β-Dichlor-γ.γ.γ-trifluorcrotonsäure u. deren Äthylester* (**A. P. 2 830 098** vom 17/6. 1955, ausg. 8/4. 1958.) W. GRÄGER. 4815

Pierre Castel, Georges Gras, Montpellier, und Pierre Courtial, Toulouse, Frankreich, **Röntgenkontrastmittel** für Milz u. Leber, dad. gek., daß es Na-Sn-Tartrat enthält. (**D. A. S. 1 110 822** Kl. 30h vom 12/9. 1960, ausg. 13/7. 1961.) K. KOEBKE. 4825

Schering Akt.-Ges., Berlin, **Herstellung von kernjodierten α.β-Bis-[amino-phenyl]-propionsäuren** erfolgt durch Rk. der entsprechenden Säuren bzw. mit JCl in Ggw. von $HCON(CH_3)_2$ (I) als Lsgm. bei 0—70°. Man red. z. B. 100 (g) α-[4-Nitro-phenyl]-3-nitrozimtsäure in 800 cm³ CH_3OH u. in Ggw. von 10 RANEY-Ni bei 130° bis zur Aufnahme von 7 Mol H_2 u. erhält 70 (86%) α-[4-Aminophenyl]-β-[3-aminophenyl]-propionsäure (F. 190—191°) (II). Man gibt dann 97,5 JCl unter Kühlen zu 500 cm³ I, erwärmt auf 55° u. setzt innerhalb 10 Min. bei 50—60° eine Lsg. von 26,5 II in 200 cm³ I zu, worauf man 3 Std. weiter rührt, trägt die erhaltene Lsg. innerhalb 30 Min. in 800 cm³ einer 6%ig. H_2SO_4-Lsg. in 10 Litern W. ein, isoliert den Nd., löst ihn nach Waschen mit W. in kalter 1nNaOH-Lsg. u. erhält nach Entfernen von Nebenprodd. mit Ae. 51 (61%) *Na-Salz* der *α-[3.5-Dijod-4-aminophenyl]-β-[4.2 (oder 6)-dijodid-3-aminophenyl]-propionsäure* (III) als Trihydrat, F. 112—113° bzw. 258—260° (Zers.; *freie Säure*, F. 175 bis 180°. — Durch Rk. von II mit 2 nKJ–J_2-Lsg. erhält man das entsprechende *Trijod-Deriv.*, F. 120°. — α.β-Bis-[3-nitrophenyl]-acrylsäure + H_2 → 88% α.β-Bis-[3-amino-phenyl]-propionsäure → 54% *α.β-Bis-[4.2(oder 6)-dijod-3-aminophenyl]-propionsäure*, F. 165—168° (Zers.). — *3.5-Dijod-4-aminophenyl*-Verb., F. 195—197° (Zers.); *Trijod-Verb.*, $C_{15}H_{13}J_3N_2O_2$, F. 160—163° (Zers.). — *3-Acetamidophenyl*-Deriv. von III, F. 185—186°. — *Röntgenkontrastmittel.* (**E. P. 867 538** vom 11/2. 1958, ausg. 10/5. 1961. D. Prior. 29/3. 1957.) O. MÜLLER-MEININGEN. 4825

Schering Akt.-Ges. (Erfinder: Paul Diedrich), **Röntgenkontrastmittel, besonderes für die Urologie.** 62 (g) *Bis-[3.5-acetylamino]-2.4.6-trijodhippursäure* (I) u. 18,9 *Methylglucamin* werden in W. gelöst u. auf 100 ml aufgefüllt. Im ml sind 369 mg J enthalten. Zur Unters. werden 20 ml i.v. gespritzt. — Ein anderer Ansatz enthält in 20 ml neben W. 16,8 (g) Methylglucaminsalz von I, 0,008 *Äthylendiamintetra-essigsäure* u. 0,064 *Na-Citrat.* (**Aust. P. 224 076** vom 21/2. 1958, ausg. 15/10. 1959. D. Prior. 6/3. 1957.) H. MÖLLERING. 4825

Mallinckrodt Chemical Works, St. Louis (Erfinder: Floyd Prentice Hallet, Kirkwood), Mo., V.St.A., **Röntgenkontrastmittel,** bestehend aus der wss. Lsg. nicht giftiger Salze von niederen 3-Alkanamido-5-alkanamidopolyjodbenzoesäuren, dad. gek., daß sie Na-3.5-diacetamido-2.4.6-trijodbenzoat u. Na-3.5-dipropionamido-2.4.6-trijodbenzoat in einem zwischen 0,55 u. 8,1, bes. zwischen 0,94 u. 1,6 liegenden Gewichtsverhältnis u. in solcher Konz. enthalten, daß auf 100 cm³ der Lsg. nicht wesentlich weniger als 40 g Jod kommen. (**D. A. S. 1 116 348** Kl. 30h vom 16/3. 1960, ausg. 2/11. 1961. A. Prior. 8/4. 1959.) K. KOEBKE. 4825

VEB Fahlberg-List, Chemische und Pharmazeutische Fabriken (Erfinder: Helmut Dorn, Berlin, und Hermann Pflanz), Magdeburg, **Herstellung von Diaryloxydicarbonsäuren** der allg. Zus. HOOC—CH(OR)—$(CH_2)_n$—CH(OR)—COOH (R = durch 2—4 Halogenatome u. ggf. noch durch Alkyl substituierte Phenylreste; n = 0—6), erfolgt durch Rk. einer entsprechenden α.α'-Dihalogendicarbonsäure oder ihres Dialkylesters mit einem halogen- u. ggf. monoalkylsubstituierten Phenols in Ggw. eines interten Lsgm. u. eines halogenwasserstoffbindenden Stoffes. — Man erhitzt z. B. ein Gemisch aus 96 (g) 2.4.6-Trijodphenol (I), 33.2-meso-α.α'-Dibromadipinsäure-dimethylester (II), 40 K_2CO_3 u. 500 cm³ Methyläthylketon (III) 29 Std. unter Rückfluß zum Sieden, trennt nach Abkühlen auf 40° das ausgeschiedene Prod. ab, wäscht es mit III, 700 cm³ W., kocht es nach dem Trocknen mit Essigester u. A. u. erhält 91 *meso-α.α'-Bis-[2.4.6-trijodphenoxy]-adipinsäuredimethylester*, F. 204—205°. Aus der III-Mutterlauge erhält man 8,5 der entsprechenden *rac. Verb.*, F. 170—171° (Essigester). 44,6 der meso-Verb. kocht man 20 Std. lang mit 35 NaOH u. 550 cm³ W., krist. das beim Erkalten der Lsg. ausgeschiedene *Na-Salz* der *α.α'-Bis-[2.4.6-trijodphenoxy]-adipinsäure* aus 125 cm³ W. um, löst es in 200 cm³ sd. W., säuert die Lsg. mit HCl an, wäscht die ausgefallene Rohsäure mit W., löst sie in 400 cm³ 8,5 Diäthanolamin enthaltendem W. von 80—90°, säuert die heiße Lsg. mit HCl an u. erhält 39 (90%) der *freien meso-Säure*, F. 288—290° (Zers.). Durch Rk. der Säure mit den organ. oder anorgan. Basen erhält man die entsprechenden Salze, z. B. das *Methylglucamin-* oder *Diäthanol-aminsalz* in Form ihrer z. B. 30—35%ig. viscosen wss. Lösungen. Weitere Beispiele: Tetrabrom-p-kresol + II → *meso-α.α'-Bis-[4-methyl-2.3.5.6-tetrabromphenoxy]-adipin-säuredimethylester*, F. 217—218° (Bzl.); *rac. Verb.*, F. 177° (Bzl. u. Essigester); *freie meso-Säure*, F. 283—285°. — I + α.α'-Dibromkorksäurediäthylester → *α.α-Bis-[2.4.6-trijodphenoxy]-korksäurediäthylester*, F. 158°. Aus den III-Mutterlaugen erhält man ein bei 86—123° schmelzendes Isomerengemisch, aus dem man durch fraktionierte Umkristallisation aus Essigester den bei 102—103° schm. leichter lösl. Ester gewinnt. Aus dem höherschm. Esteranteil erhält man über das Na-Salz die *freie Säure*, F. 251—252° (A.). — Die Säuren u. ihre Salze dienen als *Röntgenkontrastmittel.* (**Schwz. P. 351 955** vom 10/11. 1956, ausg. 30/3. 1961.) O. MÜLLER-MEININGEN. 4825

American Home Products Corp., New York, N.Y., übert. von: William F. Bruce, Havertown, und Julius Diamond, Philadelphia, Pa., V.St.A., **Herstellung von Mischsalzen der 3.4.5.6-Tetrajodphthalsäure (I).** Man versetzt eine Lsg. des Monoalkali- oder des NH_4-Salzes der I mit einer konz. wss. Alkanolamin-Lsg., z. B. Monoäthanolamin, Diäthanolamin, N-Alkylmonoäthanolamin, N.N-dialkylmonoäthanolamin, Triäthanolamin oder Monopropanolamin, filtriert die Lsg. u. fällt das Mischsalz mit z. B. Aceton. — *K-monoäthanolamin-3.4.5.6-tetrajodphthalat*, F. 350° (Zers.); das pH der wss. Lsg. dieser Verb. liegt bei 6,5. — *Röntgenkontrastmittel.* (**A. P. 2 830 079** vom 2/2. 1953, ausg. 8/4. 1958.) W. HEYER. 4825

Sterling Drug, Inc. (Erfinder: James Oliver Hoppe und Horace Paul Maietta), **Röntgenkontrastmittel,** gek. durch den Geh. von Polyäthylenglykol (I) als Verdickungsmittel u. einem unschädlichen Netzmittel. — Beispiel: 70 (g) $BaSO_4$, 10 I 6000, 0,25 I-Monooleat u. dest. W. bis zu 100 cm³. (**Aust. P. 229 151** vom 22/9. 1958, ausg. 28/7. 1960.) C. LÜTTGEN. 4825

Paul Niehans, Burier-sur-Le Tour de Peilz, Schweiz, **Gewinnung von zu diagnostischen und therapeutischen Zwecken, besonders gegen Strahlungsschäden, verwendbaren aktivierten Organpräparaten** durch Bestrahlen eines serolog. voruntersuchten u. gesund befundenen Spendertieres mit Röntgenstrahlen oder Strahlen von radioakt. Substanzen, dad. gek., daß man das entsprechende Organ, welches man therapeut. verwenden will, vor der direkten Einw. der Strahlen schützt, bes. das Knochenmark von Jungtieren, dieses dann asept. entnimmt u. ggf. durch eine Gefriertrocknung konserviert. (**D. A. S. 1 092 163** Kl. 30h vom 8/7. 1957, ausg. 3/11. 1960. Schwz. Prior. 17/7. 1956.) W. HEYER. 4829

Paul Niehans, Burier-sur-Le Tour de Peilz, Schweiz, **Gewinnung von diagnostisch und therapeutisch anwendbaren Wirkstoffen,** die sich bei serolog. voruntersuchten u. gesund befundenen Schafen oder Ziegen durch eine, keine tox. Erkrankung hervorrufende, operative Schädigung eines inneren Organs bilden, dad. gek., daß man die durch den operativen Eingriff wie Keilschnitt oder Skarifikation, sich im Organismus bildenden Abwehrstoffe mit der Milch, dem Rückenmark, Blutserum oder der Ascites-Fl. asept. entnimmt u. diese Prodd. ggf. in bekannter Weise konserviert. (**D. A. S. 1 092 609** Kl. 30h vom 8/7. 1957, ausg. 10/11. 1960. **E. P. 853 288** vom 5/7. 1957, ausg. 2/11. 1960. Beide Schwz. Prior. 17/7. 1956.) W. HEYER. 4829

William Earl Petersen, St. Paul, und Berry Campbell, Minneapolis, Minn., V.St.A., **Gewinnung von Antikörper enthaltender Milch und Milchpräparaten** durch Immunisierung von trächtigen Kühen, Schafen u. Ziegen mit Antigenen dadurch, daß man den Tieren vor dem Werfen eine Lsg. oder Suspension der Antigene durch den Strichkanal in das Euter bringt. Diese Behandlung wird in regelmäßigen Abständen von 2—14 Tagen in steigenden Dosen 1—8mal wiederholt. Danach wird die Antikörper enthaltende Milch zu Wirkstoffkonzentraten verarbeitet. Als Antigene sind z. B. genannt: Bakterien, wie Salmonella, Staphylococcus, Pneumococcus, Streptococcus, ferner Viren, wie Influenza u. Pocken, oder Pilze, Proteine, Pollen. (**Oe. P. 212 977** vom 7/4. 1956, ausg. 10/1. 1961. A. Prior. 7/4. 1955.) M. F. MÜLLER. 4829

Eli Lilly & Co., übert. von: Leroy G. Sinn, Indianapolis, Ind., V.St.A., **Gewinnung des Intrinsic Faktors** für die Behandlung der perniziösen Anämie. Das Rohmaterial erhält man aus Teilen des Pförtners von Schweinemägen, die mit z. B. Pancreatin hydrolysiert wurden, das Hydrolysat wird dann dialysiert u. ein inakt. Nd. durch Zentrifugieren entfernt. Darauf wird das gereinigte Hydrolysat über einen Kationenaustauscher in der Säureform bei pH ca. 5 u. bei ca. 3° geleitet. Das Adsorbat wird schließlich mittels fraktionierter Elution mit Na-Acetat-Lsg. in steigender Konz. herausgelöst, gegen dest. W. dialysiert u. gefriergetrocknet. — Beispiel. (**A. P. 2 937 120** vom 16/9. 1957, ausg. 17/5. 1960.) H. SCHINDLER. 4829

Biorex Laboratories Ltd., London, England (Erfinder: **Siegfried Gottfried** und **Lily Baxendale**), *Grundlage für Arzneipasten.* (**E. P. 843 134** vom 20/8. 1957, ausg. 4/8. 1960. — C. **1961.** 7670 [D. A. S. 1 096 549].)

Imperial Chemical Industries Ltd., London, England (Erfinder: **William Glynne Moss Jones** und **Edwin Harry Paterson Young**), *Arzneimittel.* (**E. P. 843 118** vom 13/2. 1957, ausg. 4/8. 1960. — C. **1961.** 16200 [Belg. P. 564 782].)

Abbott Laboratories, North Chicago, Ill., V.St.A., *Muskelrelaxans.* (**E. P. 861 782** vom 20/12. 1957, ausg. 22/2. 1961. A. Prior. 24/12. 1956. — C. **1961.** 13649 [Belg. P. 563 436].)

Abbott Laboratories, North Chicago, Ill., V.St.A., *Sedativum.* (**E. P. 861 783** vom 20/12. 1957, ausg. 22/2. 1961. A. Prior. 24/12. 1956. — C. **1961.** 12930 [A. P. 2 916 417].)

National Drug Co., Philadelphia, Pa., V.St.A., *Analgeticum.* (**E. P. 862 431** vom 22/7. 1957, ausg. 8/3. 1961. A. Prior. 23/7. 1956. — C. **1960.** 8609 [A. P. 2 889 249].)

American Home Products Corp., New York ,N.Y., übert. von: **William F. Bruce**, Havertown, Pa., V.St.A., *Herstellung von Chloralderivaten.* (**Can. P. 554 101** vom 9/4. 1955, ausg. 11/3. 1958. A. Prior. 16/6. 1954. — C. **1958.** 1927 [A. P. 2 784 237].)

Farbenfabriken Bayer Akt.-Ges., Leverkusen (Erfinder: **Werner Meiser, Stefan Breitner, Wolfgang Wirth** und **Horst Kreiskott**, Wuppertal), *Herstellung von Dicarbamaten aliphatischer 1.3-Diole.* (**Oe. P. 209 906** vom 27/11. 1958, ausg. 11/7. 1960. D. Prior. 24/12. 1957. — C. **1959.** 10 664 [D. A. S. 1054449].)

E. I. du Pont de Nemours & Co., übert. von: **Walter A. Gregory**, Wilmington, Del., V.St.A., *Ester von 4-Sulfophenyl-2-acylamidopropandiolen-(1.3).* (**Can. P. 554 164** vom 29/6. 1954, ausg. 11/3. 1958. A. Prior. 6/10. 1953. — C. **1959.** 3905 [A. P. 2 815 359].)

J. R. Geigy Akt.-Ges. (Erfinder: **Rolf Denss** und **Franz Häfliger**), Basel, Schweiz, *Herstellung von N-acylierten Hydroxybenzylaminophenolen.* (**D. A. S. 1 122 076** Kl. 12q vom 7/7. 1956, ausg. 18/1. 1962. Schwz. Prior. 8/7. 1955. — C. **1959.** 1550 [Oe. P. 193 867].)

Knoll Akt.-Ges., Chemische Fabriken, Ludwigshafen/Rh., *Herstellung von Salicylamidderivaten.* (**Oe. P. 210 405** vom 12/9. 1958, ausg. 10/8. 1960. D. Prior. 12/9. 1957. — C. **1961.** 12929 [D. A. S. 1 098 001].)

Ward, Blenkinsop & Co. Ltd., London, übert. von: **Mary Hannon**, Liverpool, **Haydn G. Dickenson**, Gorstage, Cheshire, und **Peter P. Hopf**, Orpington, Kent, England, *Fungicide Mittel.* (**Can. P. 554 341** vom 6/3. 1953, ausg. 11/3. 1958. E. Prior. 10/3. 1952. — C. **1956.** 5914 [E. P. 736 399].)

Ward, Blenkinsop & Co. Ltd., übert. von: **Alan A. Goldberg**, London, und **Lawrie W. F. Salame**, Wells, Somerset, England, *Herstellung von Sulfonamiden.* (**Can. P. 554 342** vom 1/11. 1955, ausg. 11/3. 1958. E. Prior. 13/2. 1948. — C. **1955.** 3968 [E. P. 648 467].)

C. F. Boehringer & Soehne G. m. b. H., Mannheim, *Herstellung von Biguanidderivaten.* (**Oe. P. 212 330** vom 20/7. 1959, ausg. 12/12. 1960. D. Prior. 6/8. 1958. — C. **1961.** 17667 [A. P. 2 951 843].)

Wellcome Foundation Ltd. (Erfinder: **Frederick Charles Copp**), London, England, *Herstellung von quaternären Ammoniumsalzen.* (**D. A. S. 1 117 600** Kl. 12q vom 21/3. 1957, ausg. 23/11. 1961. E. Prior. 29/3. 1956 u. 24/1. 1957. — C. **1961.** 1651 [Jap. A. S. 7081/1958].)

Wellcome Foundation Ltd., London, England (Erfinder: **Donald Wallace Adamson** und **John Erlyn Warner Billinghurst**), *Herstellung von diquaternären Verbindungen.* (**E. P. 788 914** vom 25/2. 1954, ausg. 8/1. 1958. — C. **1959.** 10006 [Holl. P. 85 166].)

Wellcome Foundation Ltd., London, England (Erfinder: **Geoffrey George Coker, John Erlyn Warner Billinghurst** und **Denys Arthur Brandon Phillips**), *Herstellung von diquaternären Verbindungen.* (**E. P. 800 695** vom 18/8. 1955, ausg. 3/9. 1958. — C. **1960.** 10322 [Jap. A. S. 3872/1958].)

Farmaceutici Italia Soc. An. (Erfinder: **Luigi Panizzi**), Mailand, Italien, *Kaffeesäureester der Chinasäure beziehungsweise des Chinasäurelactons.* (**D. A. S. 1 095 821** Kl. 12o vom 20/5. 1955, ausg. 29/12. 1960. It. Prior. 28/5. 1954. — C. **1960.** 5251 [Schwz. P. 338 825].)

Wellcome Foundation Ltd. (Erfinder: **Walter Mark Duffin**), London, England, *Herstellung von Naphthalinderivaten.* (**D. A. S. 1 117 601** Kl. 12q vom 11/6. 1956, ausg. 23/11. 1961. E. Prior. 22/6. 1955 u. 19/4. 1956. — C. **1959.** 6892 [E. P. 790 202].)

Norwich Pharmacal Co., Norwich, N.Y., V.St.A., *Komplexverbindung von 5-Nitrofurfurol.* (**Oe. P. 210 413** vom 24/8. 1959, ausg. 10/8. 1960. A. Prior. 30/9. 1958. — C. **1961.** 3084 [A. P. 2 908 698].)

Imperial Chemical Industries Ltd., London, England, *Herstellung von Ferrocenderivaten.* (**Oe. P. 210 435** vom 12/8. 1958, ausg. 10/8. 1960. E. Prior. 12/8. 1957. — C. **1961.** 3410 [E. P. 819 108].)

Imperial Chemical Industries Ltd., London, England, *Herstellung von tert.-Alkylferrocenen.* (**Oe. P. 209 907** vom 12/8. 1958, ausg. 11/7. 1960. E. Prior. 12/8. 1957. — C. **1961.** 4451 [E. P. 828 965].)

Ciba Akt.-Ges., Basel, Schweiz (Erfinder: **Lincoln Harvey Werner**, Summit, N.J., V.St.A.), *Herstellung von basisch substituierten Thianaphthenol-[3.2:b]-indolen.* (**D. A. S. 1 118 202** Kl. 12 p vom 21/11. 1956, ausg. 30/11. 1961. A. Prior. 2/12. 1955, 28/3. u. 18/9. 1956. — C. **1960.** 8957 [Oe. P. 199 642].)

American Cyanamid Co., V.St.A. (Erfinder: **Richard William Young, Kathryn Helen Wood** und **James Robert Vaughan jun.**), *4-substituierte 5-Acylimino-Δ^2-1.3.4-thiadiazolin-2-sulfonamide.* (**F. P. 1 231 615** vom 3/3. 1956, ausg. 30/9. 1960. A. Prior. 4/3. 1955. — C. **1957.** 11102 [A. P. 2 783 241].)

Norwich Pharmacal Co., V.St.A. (Erfinder: **Gabriel Gever, Kenyon J. Hayes** und **Frank F. Ebetino**), *N-[5-Nitrofurfuryliden-(2)]-3-amino-2-iminooxazolidine.* (**F. P. 1 231 017** vom 22/7. 1954, ausg. 26/9. 1960. A. Prior. 10/8. 1953. — C. **1957.** 11102 [A. P. 2 759 932].)

Farbenfabriken Bayer Akt.-Ges., Deutschland (Erfinder: **Siegfried Petersen** und **Gerhard Domagk**), *4-Amino-1.2.4-triazolderivate.* (**F. P. 1 231 624** vom 25/10. 1956, ausg. 30/9. 1960. D. Prior. 25/10. 1955. — C. **1957.** 8010 [D. A. S. 1 003 217].)

Aktibolaget Bofors (Erfinder: **Bo Thuresson af Ekenstam, Borje Per Harald Egnér** und **Bror Gosta Pettersson**), *Herstellung von heterocyclischen Monocarbonsäureamiden.* (**Aust. P. 225 734** vom 21/2. 1957, ausg. 25/5. 1961. — C. **1961.** 9129 [Oe. P. 197 373].)

J. R. Geigy Soc. An., Schweiz, *2-Imino-1.3-di-[N-heterocyclen].* (**F. P. 1 224 812** vom 27/12. 1957, ausg. 25/6. 1960. Schwz. Prior. 28/12. 1956, 8/2. u. 25/11. 1957. — C. **1961.** 18790 [D. A. S. 1 069 634].)

Adolf Christian Josef Opfermann, Bergisch Gladbach, *Pyridin-3-aldehydacetale.* (**D. A. S. 1 119 272** Kl. 12p vom 3/8. 1955, ausg. 14/12. 1961. — C. **1959.** 14194 [D. P. [DDR] 14 972].)

Adolf Christian Josef Opfermann, Bergisch Gladbach, *Pyridin-3-aldehydacetale.* (**D. A. S. 1 119 273** Kl. 12p vom 3/8. 1955, ausg. 14/12. 1961. — C. **1959.** 14194 [D. P. [DDR] 14 972].)

Deutsche Gold- und Silber-Scheideanstalt vormals Roessler, Frankfurt/M. (Erfinder: **Wilhelm Alfons Schuler**, Bad Homburg, und **Hans Klebe**, Gelnhausen), *Herstellung von basisch substituierten Thiophenylpyridylaminen.* (**Schwz. P. 356 135** vom 1/11. 1956, ausg. 29/9. 1961. D. Prior. 16/11. 1955 u. 11/8. 1956. — C. **1959.** 6570 [D. A. S. 1012019].)

Ciba Ltd., Basel, Schweiz, übert. von: **Jean Druey**, Riehen, und **Paul Schmidt**, Therwil, Schweiz, *Herstellung von Pyridazinen.* (**Can. P. 554 136** vom 5/5. 1955, ausg. 11/3. 1958. Schwz. Prior. 11/5. 1954. — C. **1957.** 6226 [D. B. P. 958 562].)

Smith, Kline & French Laboratories, V.St.A. (Erfinder: **Paul Norman Craig**), *Phenoselenazine.* (**F. P. 1 248 418** vom 27/1. 1958, ausg. 9/3. 1961. A. Prior. 13/2. 1957. — C. **1961.** 18795 [Aust. P. 221 782].)

Soc. des Usines Chimiques Rhône-Poulenc, Paris (Erfinder: **Robert Michel Jacob**, Ablon, und **Jacques George Robert**, Gentilly), Frankreich, *Herstellung von Phenthiazinen.* (**Schwz. P. 356 452** vom 9/11. 1956, ausg. 13/10. 1961. F. Prior. 15/11. 1955, 24/5. u. 24/7. 1956. — C. **1960.** 3962 [D. A. S. 1 056 611].)

Egyesült Gyógyszer és Tapszergyár, Budapest, Ungarn, *Herstellung von Phenthiazinen.* (**Schwz. P. 356 130** vom 26/2. 1957, ausg. 29/9. 1961. — C. **1960.** 16854 [Oe. P. 201 594].)

Wellcome Foundation Ltd., London, England, übert. von: **George H. Hitchings**, Tuckahoe, und **Gertrude B. Elion**, Bronxville, N.Y., V.St.A., *Herstellung von 1-Methylthiohypoxanthin.* (**Can. P. 554 344** vom 16/7. 1955, ausg. 11/3. 1958. — C. **1960.** 5907 [E. P. 798 166].)

Merck & Co., Inc., Rahway, N.J. (Erfinder: **Frederick C. Novello**, Lansdale, Pa.), V.St.A., *Herstellung von 1.2.4-Benzothiadiazindioxiden.* (**D. A. S. 1 119 282** Kl. 12p vom 13/4. 1957, ausg. 14/12. 1961. A. Prior. 2/5. 1956. — C. **1960.** 15494 [A. P. 2 809 194].)

Laboratoires Dausse Soc. An., übert. von: **Pierre Chabrier, Charles H. Genot**, Paris, und **Pierre R. L. Giudicelli**, Fontenay, Frankreich, *Herstellung von Morphinderivaten.* (**Can. P. 554 246** vom 9/5. 1953, ausg. 11/3. 1958. — C. **1956.** 5365 [E. P. 717 900].)

F. Hoffmann-La Roche & Cie. Soc. An., Schweiz, *Vitamin A-Ester.* (**F. P. 1 231 639** vom 15/1. 1957, ausg. 30/9. 1960. Schwz. Prior. 16/1. 1956. — C. **1959.** 16734 [D. A. S. 1 023 461].)

Sterling Drug, Inc., New York, übert. von: **Raymond O. Clinton**, North Greenbush, N.Y., V.St.A., *3.11.17α-Oxydierte D-Homosteroide.* (**Can. P. 553 987** vom 2/1. 1954, ausg. 4/3. 1958. A. Prior. 27/1. 1953. — C. **1958.** 9351 [E. P. 753 724].)

Upjohn Co., übert. von: **Frank H. Lincoln jun.**, und **George B. Spero**, Kalamazoo, Mich., V.St.A., *17.20-Oxido-3.11α.20-triacyloxypregnan.* (**Can. P. 554 004** vom 2/1. 1953, ausg. 4/3. 1958. A. Prior. 18/1. 1952. — C. **1955.** 2731 [A. P. 2 671 084].)

Merck & Co., Inc., Rahway, übert. von: **Evelyn H. Wilson**, East Orange, und **Max Tishler**, Westfield, N.J., V.St.A., *Δ^1-3.11.20-Triketo-17α-hydroxy-21-acetoxyallopregnen.* (**Can. P. 554 254** vom 3/4. 1952, ausg. 11/3. 1958. A. Prior. 18/5. 1951. — C. **1958.** 9912 [A. P. 2 773 075].)

Vitamins Ltd., England, *Verbesserung von Tocopherolen.* (**F. P. 1 231 656** vom 14/10. 1957, ausg. 30/9. 1960. E. Prior. 15/10. 1956. — C. **1961.** 2719 [E. P. 827 391].)

Dr. Karl Thomae G. m. b. H., Biberach a. d. R., *Gewinnung eines Wirkstoffes aus Ovarien oder Placenta.* (**Oe. P. 216 140** vom 17/10. 1958, ausg. 10/7. 1961. D. Prior. 21/10. 1957. — C. **1959.** 16734 [D. A. S. 1 061 035].)

Farmaceutici Italia Soc. An. (Erfinder: **Carlo G. Alberti, Luigi Bernardi, Giovanni Larini** und **Alberto Vercellone**), Mailand, Italien, *Herstellung von erythro-1-Phenyl-2-amino-3-alkoxypropanolen-(1).* (**D. A. S. 1 122 546** Kl. 12q vom 15/10. 1955, ausg. 25/1. 1962. It. Prior. 22/10. 1954. — C. **1959.** 1942 [Oe. P. 193 368].)

American Cyanamid Co., New York, N.Y., V.St.A., *Gewinnung von neutralem reinem Tetracyclin.* (**E. P. 801 544** vom 16/11. 1955, ausg. 17/9. 1958. A. Prior. 6/12. 1954. — C. **1959.** 16736 [D. A. S. 1 005 080].)

American Cyanamid Co., New York, N.Y., V.St.A., *Herstellung von Tetracyclinpräparaten.* (**E. P. 845 454** vom 7/6. 1957, ausg. 24/8. 1960. A. Prior. 27/6. 1956. — C. **1959.** 14823 [D. A. S. 1 053 734].)

Merck & Co., Inc., V.St.A. (Erfinder: **Louis Chaiet** und **Thomas J. Cochrane jun.**), *Gewinnung von Bacitracin.* (**F. P. 1 215 518** vom 16/10. 1956, ausg. 19/4. 1960. A. Prior. 18/10. 1955. — C. **1961.** 12189 [A. P. 2 915 432].)

Japan Antibiotics Research Association und **Nippon Kayaku Kabushiki Kaisha**, Tokyo, Japan (Erfinder: **Yusuke Sumiki, Hamao Umezawa, Hiroshi Yonehara, Kunio Yamanaka, Tomohisa Takita, Eiichiro Akito, Keihei Veno** und **Kosaku Tahara**), *Antibioticum Variotin.* (**E. P. 866 425** vom 7/4. 1959, ausg. 26/4. 1961. — C. **1961.** 9134 [D. A. S. 1 089 123].)

Ciba Soc. An., Schweiz, *Herstellung von Angolamycin.* (**F. P. 1 216 219** vom 7/6. 1956, ausg. 22/4. 1960· Schwz. Prior. 10/6. 1955. — C. **1958.** 5167 [D. A. S. 1 012 032].)

Chas. Pfizer & Co., Inc., Brooklyn, N.Y., V.St.A., *Herstellung der Antibiotica E 73, Cycloheximid und Fungicidin.* (**E. P. 866 600** vom 6/3. 1958, ausg. 26/4. 1961. A. Prior. 5/4. 1957. — C. **1960.** 5911 [D. A. S. 1 052 065].)

Carter Products, Inc., New York, N.Y., V.St.A., *Antibioticum-Präparat.* (**Belg. P. 568 831** vom 23/6. 1958, ausg. 2/12. 1960. A. Prior. 24/6. 1957. — C. **1961.** 8043 [E. P. 821 500].)

Penicillin-Gesellschaft, Dauelsberg & Co. (Erfinder: **Wilhelm Greuer**), Göttingen, *Verlängerung der Haltbarkeit von Blutkonserven.* (**D. P. [DDR] 22 166** Kl. 30h vom 14/8. 1959, ausg. 12/10. 1961 [Ausschließungspatent]. — C. **1960.** 6256 [D. A. S. 1 068 862].)

Med. Fabrik Chemisch-Pharmazeutischer Präparate J. Carl Pfluger, übert. von: **Martin Kludas**, Berlin, *Züchten von Lactobacillus bifidus.* (**A. P. 2 962 424** vom 17/10. 1958, ausg. 29/11. 1960. D. Prior. 24/10. 1957. — C. **1959.** 6896 [D. A. S. 1 038 240].)

Norwich Pharmacal Co., Norwich, N.Y., V.St.A., *Tierarzneimittel.* (**E. P. 843 605** vom 24/10. 1956, ausg. 4/8. 1960. A. Prior. 14/11. 1955. — C. **1958.** 7553 [Oe. P. 194 183].)

Norwich Pharmacal Co. (Erfinder: **John C. Howard**), Norwich, N.Y., V.St.A., *1-[p-Chlorphenyl]-3-[5'-nitrofuryl-(2')]-propen-(2)-on-(1).* (**D. A. S. 1 107 240** Kl. 12q vom 25/7. 1959, ausg. 25/5. 1961. A. Prior. 24/9. 1958. — C. **1960.** 14795 [A. P. 2 906 752].)

Norwich Pharmacal Co., Norwich, N.Y., V.St.A., *1-[5-Nitrofurfurylidenamino]-imidazolidinthion-(2).* (**Oe. P. 210 410** vom 8/5. 1959, ausg. 10/8. 1960. A. Prior. 19/6. 1958. — C. **1961.** 8043 [D. A. S. 1 092 021].)

Parke, Davis & Co., Detroit (Erfinder: **Myron Wolf Fisher**, Birmingham), Mich., V.St.A., *Herstellung von 1-[m-Trifluormethylphenyl]-4.6-diamino-1.2-dihydro-2.2-dimethyl-1.3.5-triazin.* (**D. A. S. 1 118 790** Kl. 12p vom 14/4. 1958, ausg. 7/12. 1961. A. Prior. 24/4. 1957 u. 25/2. 1958. — C. **1961.** 16940 [E. P. 836 958].)

DIWAG, Chemische Fabriken Akt.-Ges. (Erfinder: **Gerhard Renwanz**), Berlin, *Lichtschutzmittel.* (**Schwz. P. 357 153** vom 2/1. 1957, ausg. 15/11. 1961. D. Prior. 9/1. 1956. — C. **1957.** 12847 [D. A. S. 1 077 028].)

International Minerals & Chemical Corp. (Erfinder: **Harold J. Byrne**), *Mund- und Zahnpflegemittel.* (**Aust. P. 225 736** vom 12/8. 1957, ausg. 14/1. 1960. A. Prior. 12/9. 1956. — C. **1961.** 14762 [Belg. P. 560 090].)

Cilag-Chemie Akt.-Ges. (Erfinder: **Ernst Habicht**), Schaffhausen, Schweiz, *Röntgenkontrastmittel.* (**Oe. P. 216 139** vom 17/12. 1959, ausg. 10/7. 1961. Schwz. Prior. 9/1. 1959. — C. **1961.** 14762 [D. A. S. 1 097 084].)

Schering Akt.-Ges., Berlin, *Röntgenkontrastmittel.* (**Oe. P. 217 635** vom 18/7. 1960, ausg. 10/10. 1961. D. Prior. 16/9., 30/9. u. 6/10. 1959. — C. **1961.** 9135 [D. A. SS. 1 094 931 u. 1 097 085]; C. **1961.** 15492 [D. A. S. 1 099 696] u. C. **1961.** 12936 [D. A. S. 1 102 345].)

Biochemie G. m. b. H., Kundl, Österreich, *Herstellung von therapeutisch wirksamen Bakterienpräparaten.* (**E. P. 867 232** vom 4/11. 1957, ausg. 3/5. 1961. Oe. Prior. 2/11. 1956. — C. **1960.** 5584 [D. A. S. 1 042 178].)

Wisconsin Alumni Research Foundation, Madison, Wis., V.St.A., *Fungicide Mittel.* (**E. P. 845 029** vom 5/7. 1957, ausg. 17/8. 1960. A. Prior. 10/7. 1956. — C. **1960.** 6596 [D. A. S. 1 058 305].)

Norwich Pharmacal Co., Norwich, N.Y., V.St.A., *Herstellung von 5-Nitrofurfuryl-(2)-jodid.* (**Oe. P. 210 411** vom 22/6. 1959, ausg. 10/8. 1960. A. Prior. 30/6. 1958. — C. **1960.** 8961 [D. A. S. 1 074 051].)

Monsanto Canada Ltd., Canada, *Arylsulfonylderivate bicyclischer Guanidine.* (**F. P. 1 232 925** vom 29/10. 1957, ausg. 12/10. 1960. E. Prior. 29/4. 1957. — C. **1961.** 16578 [A. P. 2 865 913].)

G. Analyse. Laboratorium

Eine einfache Laboratoriumsmühle. Bill M. Williams. (Chemist-Analyst **50.** 21. März 1961. Midland, Mich., Dow. Chem. Co., Britton Res. Labor.) (Engl.)

Ein Sn-Trichter wird auf ein kleines Vorratsgefäß gesetzt. Von oben wird in den Trichter eine an einem Rührmotor befestigte Dreikantfeile gesenkt, so daß sie durch das Trichter-Ausflußrohr, das sie ausfüllt, hindurchgeht. Die Substanz wird in den Trichter gefüllt u. passiert diesen, während es zermahlen wird. Der App. eignet sich auch gut zum Zerkleinern niedrig schmelzender Materialien. W. BETCKE. 5012□

Ein Apparat zur Aufbewahrung und Entnahme stark reduzierender Titriermittel Jan Dolezal und Jaroslav Zyka. (Chemist-Analyst **50.** 20. März 1961. Prague Charles Univ., Dep. of Analyt. Chem.) (Engl.)

Die Reagens-Lsg. wird mit Hilfe eines inerten Gases durch ein Syst. von 3 Vorratsgefäßen gepumpt, wobei sie einen Kreislauf vollführt u. die Red.-Packung passiert, u. dann in die mit dem geschlossenen Syst. verbundene Bürette übergeführt. W. BETCKE. 5014□

Ein pneumatisches Venturi-Pyrometer. A. M. Godridge, R. Jackson und G. G. Thurlow. (J. sci. Instruments **35.** 81—88. März 1958. Leatherhead, Surrey, Brit. Coal. Utilization Res. Assoc.) (Engl.)

Ein pneumat. Pyrometer zur Best. hoher Gas- u. Flammen-Temp. durch Messung des Druckabfalls eines heißen Gases beim Abkühlen wird beschrieben, das sehr schnell anspricht u. bei höheren Temp. als bisher erhältliche Instrumente anwendbar ist. Es werden experimentelle Vgl. mit einem Saug-Pyrometer bei Temp. bis zu 1600° angestellt. Die Theorie der pneumat. Pyrometer wird kurz besprochen. — Anwendungsbeispiele. W. BETCKE. 5016□

Photoelektrisches, optisches Pyrometer. J. Middlehurst und T. P. Jones. (J. sci. Instruments **38.** 202—04. Mai 1961. Sydney, C.S.I.R.O., Div. of Phys.) (Engl.)

Es wird ein opt. Pyrometer beschrieben, bei dem die Helligkeitsgleichheit photoelektr. bestimmt wird. Bei 1063° wird eine Empfindlichkeit von $\pm$ 0,02 Grad mit einer Reproduzierbarkeit von $\pm$ 0,1 Grad erreicht. P. SCHARNER. 5016□

Bestimmung der Wandtemperatur einer Stoßwelle mit Hilfe dünner thermoresistenter Metallschichten. Pierre Thureau und Marie de Casteljau. (C.R. hebd. Séances Acad. Sci. **254.** 996—98. 5/2. 1962. Caen, Fac. des Sci., Labor. de Phys. exp.) (Franz.)

Eine ca. 2 mμ dicke Ni-Schicht auf Glimmer, deren Temp.-Koeff. des Widerstandes bekannt ist, wird mit konst. Strom belastet, so daß einer Widerstandsänderung dR/R eine Spannungsänderung dV/V entspricht. Diese wird verstärkt u. oscillograph. ermittelt. Der Durchgang einer Stoßwelle der Temp. T_1 (Anfangs-Temp. der Schicht: $T_0 < T_1$) führt zu einem positiven Temp.-Impuls, dessen Messung die Best. von dR/R = f(R) u. damit von dR/R = f(T_0) erlaubt. Hieraus ergibt sich durch Extrapolation T_1. Prakt. konnten T_1-Werte von ca. 1870° mit einer Genauigkeit von $\pm$ 5° ermittelt werden. A. BLASCHETTE. 5016□

Stellungsnahme zu W. R. Doty. Austauschbare Vakuumanschlußstücke für Saugflaschen. L. Bretherick. (J. chem. Educat. **37.** 602. Nov. 1960. Dagenham, Essex, May & Baker Ltd., Res. Labor.) (Engl.) — Vgl. C. **1961.** 18798.

Vf. betont, daß er bereits 10 Jahre zuvor (Chem. and Ind. **1949.** 268) auf die Vorteile der Anschlußstücke hingewiesen hatte. P. SCHARNER. 5024□

Befestigung elektrischer Kontakte an transparente, auf Glas aufgetragene Halbleiterschichten. Milan Buchta. (Chem. Listy **55.** 542—46. Mai 1961. Praha, Čs. akad. věd, Ústav jader. výskumu.) (Tschech.)

Vf. erörtert verschiedene Erfahrungen mit der Herst. der zur elektr. Beheizung von Glasgefäßen dienenden Halbleiterüberzügen aus SnO u. Sb_2O_3. Die elektr. Kontakte werden an eine vorher in den Oxidüberzug eingebrannte Silberschicht angelötet, was sich bes. bei kugelförmigen u. kon. Gefäßen als vorteilhaft erwiesen hat.
M. RYBA/Prag. 5028

Ein hochbelasteter Rührverschluß zum universellen Einsatz im Laboratorium und Technikum. B. Vollmert. (Glas-Instrumenten-Techn. **5.** 65—69. März 1961. Ludwigshafen.) (Dt.)

Es wird ein vakuumdichter Rührer aus Edelstahl mit eingebauter Kühlvorr. beschrieben. Eine obere konusförmige Erweiterung des Achslagers geht in einen Ölbehälter über. Eine stabile Lagerung gewährleistet betriebssicheres Rühren über längere Zeit auch bei hochviscosen Flüssigkeiten. Der Rührer ist unter dem Namen „Juvo-Rührer" im Handel. W. BETCKE. 5036□

Rotationsviscosimeter und ihre Anwendung bei nicht-newtonschen Messungen. H. G. Muller. (Nature [London] **193.** 430. 3/2. 1962. Cambridge, Spillers Ltd., Technol. Res. Stat.) (Engl.)

Diskussionsbeiträge zum Thema des Anwendungsbereichs u. der Meßgenauigkeit von Rotationsviscosimetern verschiedener Typen. W. BETCKE. 5040□

Eine Übersicht über die Cartesianischen Spindelmethoden. Arne Løvlie. (Kem. Maanedsbl. nord. Handelsbl. kem. Ind. **42.** 17—26. 1961. Carlsbergfondets biolog. Inst.) (Norw.)

Übersicht über die Entw. der *Cartesianischen* Spindel-Meth. der letzten 10 Jahre. Das *Cartesianische* Spindelprinzip wird auf 2 verschiedene Meth. angewendet: Zur Verfolgung von Rkk., die mit Gas-Entw. oder Gasaufnahme verbunden sind, u. zur Gew.-Best. durch direkte Wägung. Verschiedene Spindeltypen werden eingehend besprochen. Mit den *Cartesianischen* Spindeln können Veränderungen des Gas-Vol. bis zu 10^{-5} μl/Std. bei einer Ablesegenauigkeit von 10^{-7} μl gemessen werden. Zur Best. der red. Gew. bei der Wäge-Meth. ist die abs. Genauigkeit mit 10^{-8} mg angegeben.
F. MIKSCH. 5042□

Ein automatischer Apparat für pK$_a$- und Molekulargewichtsbestimmungen mit Mikroproben organischer Säuren. Arthur M. Wilson und Morton E. Munk. (Analytic. Chem. **34.** 443—44. März 1962. Detroit, Mich., Wayne State Univ., Dep. of Chem.) (Engl.)

Es wird ein automat. potentiometr. pH-Titrator beschrieben, der sich bei wesentlicher Verringerung der Unkosten aus käuflichen Teilen zusammensetzen läßt. Die Messungen können mit 50 μMolen Säure in 5 ml Lsgm. ausgeführt werden. Der mittlere Fehler beträgt bei pK$_a$-Best. im Bereich 4—10 ca. $\pm$0,05 Einheiten, bei Molgew.-Best. $\pm$6%. Best. wurden mit Anilinhydrochlorid, Benzoesäure u. o-Nitrophenol ausgeführt.
W. BETCKE. 5044□

Ein einfacher thermistor-kontrollierter Tieftemperaturthermostat. Myron J. Rand. (Analytic. Chem. **34.** 444—45. März 1962. Allentown, Pa., Bell Telephone Labor., Inc.) (Engl.)

Ein Thermostat für den Temp.-Bereich von + 10° bis —70° mit einer Temp.-Konstanz von $\pm$0,1° wird beschrieben. Der App. ist vom Gasstromtyp; zur Probeaufnahme dient ein massiver Cu-Block, der in einem Isolierkasten untergebracht ist u. um den herum ein von dem Kühlgas durchströmtes Rohr spiralförmig liegt. Das Gas wird beim Passieren einer in einer entsprechenden Kältemischung befindlichen Cu-Spirale abgekühlt u. der Gasstrom durch ein Solenoidventil reguliert. W. BETCKE. 5046□

Elektrochemische Methoden der Ultramikroanalyse. I. P. Alimarin und M. N. Petrikova. (Recueil Trav. chim. Pays-Bas **79.** 491—94. Juni 1960.) (Engl.)

Übersicht über die Probleme der Ultramikroanalyse u. deren Grenzen. Unter bes. Berücksichtigung eigener Arbeiten (vgl. hierzu C. **1959.** 3590 u. C. **1956.** 11022). — 11 Literaturangaben. E. KLEVER. 5050□

Methoden der graphischen Auswertung chemischer Analysen in der UdSSR. Fr. Hercog. (Vodní Hospodářství **1960.** 245—50. Juni. Praha, Vodní zdroje n.p.) (Tschech.)

Übersicht. J. SCHNEIDER. 5050□

Eine Apparatur mit kleinen Abmessungen zur Bestimmung des Curie-Punktes ferromagnetischer Körper mit kleinen Volumina. L. N. Tultschinski. (Заводская Лаборатория [Betriebs-Lab.] **26.** 232—33. 1960. Leningrad, Stalin-Metallfabrik.) (Russ.)

Beschreibung der Konstruktion u. Arbeitsweise einer kleinen App. zur Best. des CURIE-Punktes ferromagnet. Körper mit kleinen ($\geqq$0,08 ml) Volumina.
S. BARYSCHNIKOW. 5052

Anwendung der magnetischen Kernresonanz für analytische Zwecke. N. M. Pomeranzew. (Заводская Лаборатория [Betriebs-Lab.] **26.** 950—56. 1960.) (Russ.)
Übersicht. — 29 Literaturangaben. E. KLEVER. 5052☐

Die Benutzung der Coulometrie in Hüttenlaboratorien mit besonderer Berücksichtigung der Automatisation der analytischen Bestimmungen. Miroslav Šícha. (Hutnické Listy **13.** 533—38. Juni 1958. Ostrava, Vítkovické železárny K. Gottwalda.) (Tschech.)
Zusammenfassung der Vor- u. Nachteile coulometr. Meth. im Hütten-Labor. mit Konstruktionsbeschreibung der App. bes. in Hinsicht auf die Automatisierung der Titration. — 24 Literaturhinweise. J. TŮMOVÁ. 5054☐

Genauigkeit der Bestimmung der Zusammensetzung von Gemischen bei verschiedenen Methoden zur Interpretation von Chromatogrammen. N. M. Turkeltaub, W. T. Schemjatenkowa, N. A. Palamartschuk und L. A. Netschajewa. (Заводская Лаборатория [Betriebs-Lab.] **26.** 1075—80. 1960.) (Russ.)
Es werden 9 Verff. zur Best. der minimalen Fehlergrenze bei der Best. der Zus. eines Gemisches miteinander verglichen. Es wird festgestellt, daß ein minimaler Fehler bei der Meth. der Normierung unter Einführung von Eich-Koeff. erzielt wird.
S. BARYSCHNIKOW. 5062

Ein kontinuierlich aufzeichnendes Differential-Refraktometer von großer Genauigkeit. F. A. Vandenheuvel und J. C. Sipos. (Analytic. Chem. **33.** 286—91. Febr. 1961. Halifax, N. Scot., Canada, Fisheries Res. Board of Canada, Technol. Stat.) (Engl.)
Es wird ein Differentialrefraktometer beschrieben, mit dem sich Brechungsindex-Differenzen von 10^{-4} Δn bei strömenden Fll. mit 0,5% Genauigkeit messen u. aufzeichnen lassen. Der Meßzelleninhalt beträgt 50 µl. Die Konstruktion ist ausführlich erläutert. Vorr. zur Kontrolle der mechan., opt., therm. u. elektr. Einrichtungen werden beschrieben u. diskutiert. Der App. eignet sich zur kontinuierlichen Analyse chromatograph. Eluate. W. BETCKE. 5063☐

Asphärisches Beugungsgitter mit einer Symmetrieebene. 2. Mitt. Zulässige Aberrationswerte, Anwendungsgebiet und Effektivität asphärischer Gitter. Ju. P. Schtschepetkin. (Оптика и Спектроскопия [Optik u. Spektroskopie] **4.** 513 bis 520. April 1958. Leningrad, Opt. Wawilow-Inst.) (Russ.) — 1. vgl. Оптика и Спектроскопия [Optik u. Spektroskopie] **4.** [1958.] 383.
Berechnungen zeigen, daß bei einer durch die Beugung am Spalt vorgegebenen zulässigen Aberration die Apertur asphär. Gitter mit einer Symmetrieebene vor allem bei großen Einfalls- u. Beugungswinkeln wesentlich größer sein kann als die Apertur sphär. Gitter. Dadurch u. durch den geringeren vertikalen Astigmatismus ist die Lichtstärke asphär. Gitter besser. Durch entsprechende Formgebung der Gitterfurchen kann ihre Effektivität noch gesteigert werden. Die Verw. asphär. Gitter ist vor allem in der ABNEY- u. der EAGLE-Anordnung sowie bei streifendem Einfallswinkel vorteilhaft.
R. GERBATSCH. 5063☐

Einfluß der Dicke der Probestäbe auf die erhaltenen Analysenwerte unter Verwendung von Spektrometern mit direkter Registrierung. E. Donati und G. Viola. (Metallurgia ital. **53.** 251—52. Mai 1961. Dalmine S. p. A., Labor. centrale.) (Ital.)
Es wird der Einfl. der Dicke (1—18 u. 1—20 mm) von Probestäben auf die Analysenergebnisse unter Verw. eines Vakuum- (A) u. eines gewöhnlichen Quantometers (B) unter bestimmten Entladungsbedingungen untersucht, wobei in der nach B ausgeführten Probe ein starker Einfl. der Dicke festgestellt wurde, während dieser nach A prakt. null war.
G. PLATZER. 5063☐

Plastikschaum bei der Preßplatten-Methode für die Spektrophotometrie. W. H. Shumaker. (Chemist-Analyst **50.** 22. März 1961. Maywood, Ill., Amer. Can. Co.) (Engl.)
Ein Verf. zur Herst. von KBr-Platten für die Verw. in Spektrophotometern, bei dem die Salz/Proben-Mischung zwischen Löschpapier gepreßt wird (WEINSTEIN, C. **1962.** 585) wird dadurch verbessert, daß an Stelle von Löschpapier Polystyrol- oder Polyurethanschaum verwendet wird. Dadurch fällt das Nachpressen fort. W. BETCKE. 5063☐

Über Arbeitserfahrungen an der photoelektrischen Apparatur DFSs-10. N. W. Bujanow, Ss. L. Subkowski, T. W. Kowalenko, W. F. Korotkow und W. R. Lindstrom. (Заводская Лаборатория [Betriebs-Lab.] **26.** 1155—58. 1960. Zentr. Forschungsinst. für Eisenmetallurgie.) (Russ.)
Vff. berichten über Erfahrungen mit dem direktregistrierenden Spektrometer DFSs-10. Vorverss. ergaben eine sehr gute Anzeigestabilität, wenn auf Temp.-Konstanz, nicht zu hohe Luftfeuchtigkeit u. Beseitigung elektr. Störfaktoren (nichtabgeschirmte Funkenerzeuger, starke niederfrequente Felder durch Umspannstationen u. a.) geachtet wird

Mäßige Erschütterungen sind nicht kritisch. Die prakt. Anwendung zur Betriebsanalyse (in 2,5 Min. wird eine Probe auf 6 Elemente analysiert) von niedrig- u. hochlegierten Stählen sowie Gußeisen zeigt die guten analyt. Eigg. des Gerätes. R. GERBATSCH. 5063□

Colorimetrische Analyse radioaktiver Lösungen. G. P. Kitt und J. H. Moss. (Nuclear Power 4. 90. Febr. 1959. Harvell, A.E.R.E.) (Engl.)

Die Installierung eines HILDGER-SPEKKER-Absorptiometers in einer Kammer mit 2 in.-Bleiwänden u. seine Herrichtung zur Analyse radioaktiver Spalt-Prodd. wird beschrieben. W. BETCKE. 5065□

Heterometrische Titration. Jaroslav Zýka. (Chemie [Praha] **10.** 539—42. 1958. Praha, Karl. Univ., Kat. analyt. chem.) (Tschech.)

Zusammenfassung der von BOBTELSKY u. Mitarbeitern (C. **1962.** 8550) angegebenen Titrations-Meth. (Titration mit einem Fällungsmittel unter colorimetr. Kontrolle — nephelometr. oder turbidimetr. Titration). — 44 Literaturangaben. J. TŮMOVÁ. 5066□

Wo liegt das Minimum der Pufferung in potentiometrischen Titrationen? F. L. Hahn. (Analytica chim. Acta [Amsterdam] **26.** 258—64. März 1962. México D. F., México.) (Dt.) — Vgl. C. **1962.** 3200.

Vf. zeigt, daß bei potentiometr. Titrationen das Maximum der Potentialänderung (dE/dv), das gleichbedeutend mit dem Minimum der Pufferung (dv/dE) ist, bei allen symm. Titrationen im Äquivalenzpunkt auftritt. Symm. sind die Titrationen von starken Säuren oder Basen u. „gleichwertige“ Fällungen, die beide der Form $A + B \rightleftharpoons AB$ entsprechen (es entsteht nur ein Rk.-Prod.), sowie die Titrationen schwacher Säuren oder Basen u. die gleichwertigen Redox-Best., bei denen zwei Rk.-Prodd. auftreten. Für unsymm. Titrationen läßt sich die Differenz zwischen Minimum- u. Äquivalenz-Vol. berechnen. Für verschiedene Werte des „Grades der Unsymmetrie“ werden Zahlenwerte zur Berechnung mitgeteilt. GERHARD SCHULZE. 5066□

Gehaltsbestimmungen von aluminiumorganischen Verbindungen über eine registrierende Leitfähigkeitstitration. E. Bonitz und W. Huber. (Z. analyt. Chem. **186.** 206—12. 1962. Ludwigshafen, Badische Anilin- u. Soda-Fabrik, Ammoniak-Labor.) (Dt.)

Eine schon früher beschriebene Meth. (C. **1956. 954**) zur Geh.-Best. von Al-organ. Verbb. über eine Titration mit Isochinolin unter Leitfähigkeitsindikation wurde apparativ weiterentwickelt. Es wird eine App. zusammengestellt, die die automat. Aufzeichnung von konduktometr. Titrationskurven auch in Lsgg. von sehr niedriger Leitfähigkeit aufzunehmen gestattet. Mit einer Motorbürette, die durch einen Synchronmotor angetrieben wird, wird das Titrationsmittel (Isochinolin in Cyclohexan) zu der in Cyclohexan gelösten Probe gegeben. Die Leitfähigkeit wird mit einem Teraohmmeter laufend gemessen u. mit einem Kompensationsschreiber registriert. Durch die elektr.Kupplung der Motorbürette mit dem Papiervorschub entspricht ein Teilstrich des Registrierpapiers exakt einem bestimmten Vol. Titrierflüssigkeit. Die Empfindlichkeit des Schreibers kann über eine Spannungsteilerschaltung an einem 10 k Ω-Potentiometer variiert werden. Zur Nullpunktskompensation kann eine mit Batterie u. Potentiometer erzeugte, variable Gegenspannung angelegt werden. J. PETERS. 5066□

Die neuesten Redox-Maßanalyse-Reagentien. 5. Mitt. Titration mit Verbindungen des dreiwertigen Kupfers. Antonín Berka. (Chemie [Praha] **10.** 543—46. 1958. Praha, Karl.-Univ., Katedra anal. chem.) (Tschech.) — 4. vgl. Chemie [Praha] **10.** [1958.] 187; 3. vgl. C. **1960.** 4615.

Herst.-Verf. der Cu^{3+}-Maß-Lsgg., Faktor-Best., Vor- u. Nachteile der Meth. sowie Übersicht der bereits ausgearbeiteten Bestimmungsmethoden. — 16 Literaturhinweise. J. TŮMOVÁ. 5070□

Chlorpromazinhydrochlorid als analytisches Reagens. 1. Mitt. Tüpfelnachweise anorganischer Ionen. Lee Kum-Tatt. (Analytica chim. Acta [Amsterdam]. **26.** 285—89. März 1962. Singapore, Malaya, Gov. Dep. of Chem.) (Engl.)

Chlorpromazinhydrochlorid (**I**) läßt sich zu einem roten Prod. mit einem Absorptionsmaximum bei 530 nm oxydieren. Das Oxydations-Prod. ist ein freies Radikal, das in saurem Medium stabil ist. **I** eignet sich außerdem als Komplexbildner. Vf. berichtet über die Verw. von wss. I-Lsgg. zum Tüpfel-Nachw. von Au(III), Ce(IV), Fe(III), Cr(VI), Mn(VII), BrO_3^-, JO_3^-, Br^-, J^-, NO_2^-, Pt(IV) u. Pd(II). Die oxydierenden Substanzen lassen sich durch Zusammengeben von 1 Tropfen Probe-Lsg., 1 Tropfen 1 n HCl u. 1 Tropfen I-Lsg. (25 mg I/ml) auf der Tüpfelplatte durch das Auftreten der roten Farbe nachweisen. Die Nachw.-Grenzen betragen für Au^{3+} 0,05 (μg), Ce^{4+} 0,02, Fe^{3+} 8,0, $Cr_2O_7^{2-}$ 0,05 MnO_4^- 0,05, BrO_3^- 0,2, JO_3^- 0,2 u. NO_2^- 0,004. In Ggw. von Pd erscheint auf der Tüpfelplatte eine orangerote Färbung, mit $PtCl_6^{2-}$ ändert sich die Farbe von Rot über Violett nach Blau. Pd u. Pt können in Ggw. der Oxydationsmittel nachgewiesen werden, da die gefärbten Edelmetallkomplexe im Gegensatz zu dem roten Oxydations-prod. mit Chlf. extrahierbar sind. Die Chlf.-Schicht hat in Ggw. von Pt eine blaue, in Ggw. von Pd eine gelbe Farbe. Die Nachw.-Grenze beträgt für beide Metalle 5 μg. Die Störung des Au- u. Ce-Nachw. durch größere Mengen Fe(III) läßt sich durch Zusatz von 1 Tropfen 20%ig. H_3PO_4 verhindern. Pt kann in Ggw. größerer Mengen Pd durch Zusatz von 1 Tropfen 1%ig. alkohol. Dimethylglyoxim-Lsg., wodurch ein innerer Pd-Komplex entsteht, erkannt werden. Kleine Mengen Br^- u. J^- können nachgewiesen werden, indem sie in der Probe-Lsg. mit 1 ml 60%ig. Chromsäure-Lsg. oxydiert u. mit Hilfe eines N_2-Stromes als Br_2 bzw. J_2 in ein Gefäß mit der sauren I-Lsg. übergetrieben werden. Die rote Farbe tritt nach 5—10 Min. auf. Die Nachw.-Grenze beträgt 0,5 μg für beide Ionen. Folgende Ionen geben unter den angegebenen Bedingungen keine Rotfärbung mit dem Reagens: Ag^+, Na^+, K^+, Ca^{2+}, Ba^{2+}, Sr^{2+}, Co^{2+}, Ni^{2+}, Cd^{2+}, Zn^{2+}, Cu^{2+}, Hg^{2+}, As^{3+}, Mn^{2+}, Pb^{2+}, Cr^{3+}, Al^{3+}, UO_2^{2+} u. ClO_3^-. Starke Red.-Mittel, wie $SnCl_2$, $TiCl_3$, Hydrochinon u. Ascorbinsäure stören. GERHARD SCHULZE. 5072□

Thermoelektrischer Feuchtigkeitsmesser. W. N. Jerschow. (Заводская Лаборатория [Betriebs-Lab.] **27.** 212—13. 1961. Leningrad, Polytechn. Kalinin-Inst.) (Russ.)

Beschreibung der Konstruktion u. Arbeitsweise einer thermoelektr. App. zur Best. der Feuchtigkeit in dispersen u. Fasermaterialien. Die Best. der Feuchtigkeit kann in ca. 1 Min. mit einer Fehlergrenze von 0,05% durchgeführt werden.

S. BARYSCHNIKOW. 5074

Beitrag zur Wasserbestimmung in metallurgischen Schlacken. Karl-Heinz Obst und Hanns Malissa. (Arch. Eisenhüttenwes. **30.** 601—03. Okt. 1959. Düsseldorf, MPI für Eisenforsch.) (Dt.)

Zur Best. des aus metallurg. Schlacken bei hoher Temp. frei werdenden W. wird das Material in einem Quarzverbrennungsrohr auf 1450° erhitzt, das W. im O_2-Strom abgetrieben u. durch gepulvertes, mit Sand vermischtes CaC_2 geleitet, das entwickelte C_2H_2 zu CO_2 verbrannt u. dieses in NaOH-Lsg. geleitet u. auf Grund der Leitfähigkeitsänderung bestimmt. Mit Hilfe dieses Verf. lassen sich wasserfreie von hydroxylhaltigen Apatiten unterscheiden. Einige Hydroxylapatite u. Schlackenproben wurden analysiert.

W. BETCKE. 5074□

a) Elemente und Verbindungen

Schwefelwasserstoffällung der Elemente aus 0,2—0,5 normaler Salzsäure. James I. Hoffman. (Chemist-Analyst **50.** 30. März 1961. Washington, D.C., Nat. of Stand.) (Engl.)

Hinweise auf die Möglichkeiten von Sulfidtrennungen in der H_2S-Gruppe.

W. BETCKE. 5106□

Bestimmung von Sauerstoff in Zink, Cadmium und Magnesium durch Kohlenstoffreduktion in einem inerten Gasstrom. Ben D. Holt und Harvey T. Goodspeed. (Analytic. Chem. **34.** 374—78. März 1962. Argonne, Ill., Argonne Nat. Labor.) (Engl.)

Das Metall wird in einem Ar-Strom bei einem Druck von 100 Torr verdampft u. so vom Oxid abgetrennt. Dazu gibt man die Probe in einen induktiv geheizten Graphittiegel u. läßt den Metalldampf auf einem gekühlten Ta-Zylinder kondensieren, der anschließend entfernt wird. Das im Tiegel zurückbleibende Oxid wird mit Hilfe der Schmelz-Meth. in inerter Gasatmosphäre red. u. O manometr. als CO_2 bestimmt. Modellanalysen ergaben im Falle des Zn eine Standardabweichung von $\pm 2\%$. Bei Cd u. Mg konnten nur $94 \pm 4\%$ bzw. $84 \pm 9\%$ der Oxidmenge wiedergefunden werden; es müssen daher Korrekturfaktoren benutzt werden. Die niedrigste noch zu bestimmende O-Menge in Proben von 1 g beträgt für Zn 10, für Cd 20 u. für Mg 50 ppm. Zur manometr. Auswertung liegt der optimale Bereich bei 200—300 μg O. Für eine Analyse werden 1—1½ Std. benötigt. J. PETERS. G 239□

Aktivierungsanalyse für Sauerstoff und andere Elemente mit Hilfe von Helium-3-induzierten Kernreaktionen. Samuel S. Markowitz und John D. Mahony. (Analytic. Chem. **34.** 329—35. März 1962. Berkeley, Calif., Univ. of California, Lawrence Rad. Labor. and Dep. of Chem.) (Engl.)

Die Durchführung einfacher, schneller Aktivierungsanalysen für O in Be-, Th- u. Mylarproben wird beschrieben. Die Meth. gestattet Analysen bei einer Grenz-Konz. von 1:10^{12} mit mg-Mengen. Das Verf. eignet sich auch zur Best. einer Reihe weiterer Elemente. Die Kern-Rkk. beim Beschuß von ^{3}He-Ionen bis zu 8 MeV, die Halbwertszeiten der Rk.-Prodd. u. der Energieumsatz sind für die Elemente ^{6}Li, ^{7}Li, ^{9}Be, ^{10}Be, ^{10}B, ^{11}B, ^{12}C, ^{13}C, ^{14}N, ^{15}N, ^{16}O, ^{17}O, ^{18}O, ^{19}F, ^{20}Ne, ^{21}Ne, ^{22}Ne, ^{23}Na, ^{24}Mg, ^{25}Mg, ^{26}Mg, ^{61}Al, ^{27}Al, ^{28}Si, ^{29}Si, ^{30}Si, ^{31}P, ^{32}S, ^{33}S, ^{34}S, ^{36}S, ^{35}Cl, ^{37}Cl, ^{36}Ar, ^{38}Ar, ^{40}Ar, ^{39}K, ^{40}K, ^{41}K, ^{40}Ca, ^{42}Ca, ^{43}Ca, ^{44}Ca, ^{46}Ca, ^{48}Ca tabellar. aufgeführt. Es können mehrere Elemente durch eine Aktivierung bestimmt werden. Die abs. Anregungsfunktion für die Bldg. von ^{18}F bei der Rk. zwischen ^{16}O u. ^{3}He wurde für Energien bis zu 31 MeV berechnet. Ein kurzer Beschuß einer 0,001-inch-Th-Folie mit 0,01 μa ^{3}He erzeugt eine zur Best. einer ^{16}O-Verunreinigung hinreichende ^{18}F-Aktivität. Meth. zur Eliminierung oder Verminderung von Störungen werden diskutiert. W. Betcke. G 239 □

Kompensation von Temperaturänderungen in der Zelle eines Indicators für gelösten Sauerstoff mit Registriergerät und einer Quecksilbertropfelektrode mit weiter Capillare. A. Littlewood. (Analyst **86.** 359—60. Mai 1961. Stevenage, Herts., Warren Spring Labor., Dep. of Sci. and Ind. Res.) (Engl.)

Bei der Best. von in W. gelöstem O_2 mit einer Hg-Tropfelektrode u. Zn-Anode, deren Zellstrom der O_2-Konz. proportional ist u. registriert wird, können Temp.-Schwankungen mit einem Thermistor in der Meßzelle kompensiert werden. Die notwendige Schaltung u. die Dimensionierung der Schaltelemente ist angegeben.

Herbert Müller. G 239 □

Eine neue Methode zur Ultramikrobestimmung von Stickstoff. Keiichiro Hozumi und Wolfgang J. Kirsten. (Analytic. Chem. **34.** 434—35. März 1962. Uppsala, Univ. of Uppsala, Inst. of Med. Chem.) (Engl.)

Die Meth. beruht auf einer trockenen Verbrennung der Substanz in einem zugeschmolzenen Rohr u. der Ermittlung des N_2-Vol. durch Wägen der Hg-Menge, die denselben Raum einnimmt. In ein Quarzrohr, das an einem Ende zu einer Capillare ausgezogen ist, wägt man ca. 50 μg der Unters.-Substanz ein, bringt ca. 50 mg Cu-Gaze u. ca. 20 mg festes NaOH in das Rohr, trocknet das NaOH unter einem O_2-Strom (3 bis 5 ml/min) bei 500° u. schmilzt das Rohr an beiden Enden ab, wobei das weitere Ende zu einer feinen Spitze ausgezogen wird. Durch 1 std. Erhitzen auf 700° wird die Probe verbrannt. Dabei werden alle Verbrennungs-Prodd. bis auf N_2 von den Reagentien absorbiert. Nach dem Abkühlen bricht man unter Hg die feine Spitze ab u. markiert die Stelle an der Capillare, bis zu der sie mit Hg gefüllt ist. Nach dem Ausschütten des Hg schneidet man die Capillare ab, bestimmt das Leer-Gew., füllt sie bis zur Marke mit Hg u. ermittelt aus der Gew.-Differenz das ursprüngliche N_2-Volumen. Aus Modellanalysen mit organ. u. anorgan. Substanzen ergibt sich ein Fehler von $< \pm 0{,}4\%$.

J. Peters. G 243 □

Anorganische Dünnschicht-Chromatographie. 5. Mitt. **Dünnschicht-Chromatographie von Anionen: Phosphate.** H. Seiler. (Helv. chim. Acta **44.** 1753—55. 16/10. 1961. Basel, Univ., Inst. für anorg. Chem.) (Dt.) — 4. vgl. C. **1962.** 11305.

An Kieselgel–Stärke-Schichten werden $H_2P_2O_7^{2-}$, $H_2PO_4^-$, $H_2PO_3^-$, $H_2PO_2^-$ (als Na-Salze) getrennt. Die R_F-Werte nehmen in vorst. Reihenfolge zu. Das günstigste Laufmittel besteht aus Methanol–konz. Ammoniak–10%ig. Trichloressigsäure–W. (50:15:5:30) u. erfordert 50—60 Min. Laufzeit. Die Anfärbung erfolgt durch Besprühen mit 1%ig. NH_4-Molybdat-Lsg. u. 1%ig. $SnCl_2$-Lsg. in 10%ig. HCl.

F. M. Friedrich-Anderseck. G 264 □

Die spektrophotometrische Bestimmung von Antimon mit Brillantgrün. R. E. Stanton und Alison J. McDonald. (Analyst **87.** 299—301. April 1962. London, Imp. Coll. of Sci. and Technol., Dep. of Geol.) (Engl.)

Vff. entwickeln eine photometr. Best.-Meth. für Sb mit Brillantgrün (**I**; Colour Index No. 42040). Das Absorptionsspektrum des Sb–**I**-Komplexes weist bei 640 nm ein Maximum auf. Bei dieser Wellenlänge ist das Beersche Gesetz von 0,4—4,0 μg Sb/ml in der Toluolphase erfüllt; Lsgg., die bis zu 20 μg Sb/ml enthalten, können durch Verdünnen mit dem Lsgm. in den optimalen Konz.-Bereich gebracht werden. Die Probe-Lsg. muß ca. 6m an HCl sein, damit die vollständige Oxydation des Sb(III) durch $NaNO_2$ gewährleistet ist. Die Acidität der wss. Phase muß zum Schluß zwischen 1,0 u. 1,8m liegen, damit der Komplex quant. extrahiert wird. Die salzsaure Probe-Lsg. wird zur Best. mit 0,5 ml einer 5%ig. $NaNO_2$-Lsg., 25 ml einer 10%ig. Na-Hexametaphosphat-Lsg. u. 5 ml 0,05%ig. wss. **I**-Lsg. versetzt u. der Komplex durch 30 Min. langes Schütteln mit 5 ml Toluol extrahiert. Die wss. Schicht gießt man ab, gibt die Toluolphase zur Entfernung des W. durch ein Papierfilter, bestimmt die Extinktion der Toluol-Lsg. bei 640 nm gegen Toluol als Kompensations-Lsg. u. entnimmt die Sb-Konz. einer Eichkurve. Der störende Einfl. von Cu, Au, Mg, Ca, Zn, Cd, Hg, Al, Bi, Cr(III), Cr(VI), Mo(VI), W(VI), Tl, Ti, Zr, Sn, Pb, V, As, Mn, Fe(III) u. Ni wurde untersucht. Die hauptsächlichen Störungen sind durch Au u. Tl bedingt. In Abwesenheit von Hexametaphosphat machen sich Fe, Sn u. As störend bemerkbar. Die Meth. wurde auf die Analyse von Boden- u. Gesteinsproben angewendet u. mit der Rhodamin-B-Meth. verglichen. Gerhard Schulze. G 266 □

Bestimmung der Löslichkeit von Berylliumoxid in flüssigen Kupfer-Beryllium-Legierungen. F. Sch. Muratow, A. W. Nowosselowa und Tschshou-Ssin.

(Доклады Академии Наук СССР [Ber. Akad. Wiss. UdSSR] **129.** 1057—59. 11/12. 1959. Moskau, Lomonossow-Univ.) (Russ.)

Zur quant. Best. von BeO in Cu–Be-Leg. (**I**) wird **I** in Br_2-haltigem Methanol, das unlösl. BeO in Mischsäure (konz. H_2SO_4 u. HNO_3) gelöst u. unter Verw. von Berillon II colorimetriert. Nach ½-, 1- 1½- u. 2std. Erhitzen bis 1254° betrug im Syst. BeO–CuBe (2%) der BeO-Geh. 0,010, 0,036, 0,039 u. 0.039%. S. BARYSCHNIKOW. G 281

Volumetrische Bestimmung von Magnesium in Aluminiumlegierungen mit Äthylendiamintetraessigsäure. R. C. Jackson, W. Stross und L. H. Wadsworth. (Metallurgia [Manchester] **58.** 305—08. Dez. 1958. London, Assoc. of Light Alloy Refiners.) (Engl.)

Die Leg.-Probe (10—50 mg Mg) wird in 25 ml 40%ig. NaOH, zuletzt unter Erwärmen, gelöst [bei geringem Fe-Geh. $<$0,25% unter Zusatz von 5 ml 0,05%ig. Fe(III)-Lsg.]. Die Lsg. wird auf 100 ml verd. u. mit einigen Filtrierpapierschnitzeln aufgekocht. Bei einem Si-Geh. von $>$4% wird die Probe in 100 ml 25%ig. NaOH ohne Erwärmen zersetzt u. nach der Rk. mit 200 ml W. (70°) verdünnt. Der Nd. wird abfiltriert u. einige Min. lang in mit H_2SO_4 angesäuertem W. gekocht. Das Filtrat dieser Aufschlämmung wird mit verd. NaOH so weit neutralisiert, daß sich ein Nd. bildet, ohne daß zugesetztes Methylrot umschlägt. Zur vollständigen Fällung von Fe, Mn u. den Metallen der 3. Gruppe wird die Lsg. aufgekocht, mit ZnO-Paste bis zur Bldg. eines beständigen weißen Nd. u. dann mit $KMnO_4$-Lsg. bis zur bleibenden Rosafärbung versetzt. Nach der Red. des überschüssigen $KMnO_4$ mit einigen Tropfen A. wird die Lsg. filtriert, dann werden 2—3 g NH_4Cl, 5 ml konz. NH_3 u. 2 g KCN dazugegeben. Titriert wird in Ggw. von Eriochromschwarz T als Indicator gegen 0,1m EDTA-Lsg. bis zum Umschlag nach Blau. Ca stört u. kann durch Zusatz von 10 ml 10%ig. $(NH_4)_2C_2O_4$-Lsg. zu der heißen, NH_4Cl-haltigen Lsg. u. 1std. Digerieren in der Wärme entfernt werden. W. BETCKE. G 282□

Bestimmung von Aluminium in Seltenerdmetallen. Ju. A. Tschernichow und B. M. Dobkina. (Заводская Лаборатория [Betriebs-Lab.] **25.** 131—32. 1959. Forsch.-Inst. für Seltene Metalle.) (Russ.)

0,1 g Nd–Mg-Leg. (ca. 50% Seltenerdmetalle) bzw. Chloridschmelze (ca. 40% Seltenerdmetalle) werden in 3 ml HCl bzw. in etwas W., das mit 0,5 ml HCl versetzt wurde, gelöst. Die Lsg. wird fast zur Trockene eingedampft u. das feuchte Salzgemisch in 10—12 ml W. das mit 3 Tropfen Essigsäure versetzt wurde, gelöst. Die mit 0,1 g $NH_2OH \cdot HCl$ u. einigen ml Acetat-Puffer-Lsg. versetzte Lsg. (pH ca. 4,5) wird mit 3—4 ml Chlf. u. 0,5 ml einer 3%ig. Na-Diäthyldithiocarbaminat-Lsg. (**I**) ausgeschüttelt. Nach Abtrennung der Chlf.-Schicht wird die Extraktion mit 0,2 ml **I** wiederholt. Die mit 3 ml Chlf. gewaschene wss. Schicht wird mit 2 ml einer 2 m CH_3COONa-Lsg. (pH ca. 5) u. 2 ml einer 0,5%ig. Oxychinolin-Lsg. in Chlf. (**II**) ausgeschüttelt. Das in die Chlf.-Schicht übergegangene Al wird abgetrennt. Die Extraktion mit **II** wird nochmals wiederholt. Die Best. von Al in der Chlf.-Schicht erfolgt spektrophotometr. bzw. colorimetrisch. Die Fehlergrenze der Meth. beträgt $\pm$0,01%. S. BARYSCHNIKOW. G 294

Radiochemische Abtrennung von Indium durch Amalgam-Austausch. R. R. Ruch, J. R. De Voe und W. W. Meinke. (Talanta [London] **9.** 33—38. Jan. 1962. Ann Arbor, Mich., Univ. of Michigan, Dep. of Chem.) (Engl.)

Die Abtrennung des In von kontaminierenden Elementen beruht auf dem Isotopenaustausch zwischen einer akt. In-Lsg. u. In-Amalgam u. dem Rücktausch in eine konz. In- oder Co(II)-Lösung. In der erhaltenen Lsg. kann der In-Geh. durch Messung der Zählrate bestimmt werden. — Arbeitsvorschrift: Zu 2 ml 0,1m HBr-Lsg., die die verunreinigenden Ionen mit 10^5—10^6 cpm enthält, werden 0,4—50 μg akt. In u. nach dem Vermischen 0,5 ml Hg zur Reinigung gegeben, dann wird die Flasche verschlossen u. 1 Min. lang geschüttelt. Das Hg wird entfernt, die Lsg. mit N_2 gespült u. nach Zugabe von 75 μl (ca. 1,0 g) In-Amalgam mit 0,2% In 4 Min. lang geschüttelt. Anschließend wird die wss. Lsg. abdekantiert, das Amalgam in eine andere Flasche gefüllt u. 2 mal mit je 2 ml dest. W. gewaschen. Dann gibt man das Amalgam in eine Flasche mit 2 ml In-Eluat-Lsg. (10 mg In in 1 ml 0,4n HNO_3), verd. mit 0,5 ml Hg u. schüttelt 5 Min. lang. 100 μl werden zur Best. der Zählrate entnommen. Die Zeit für die Abtrennung beträgt 11 Minuten. Bei Verw. von Co(II)-Lsg. zum Rücktausch werden ein 2%ig. In-Amalgam u. 2 ml der Co(II)-Lsg. (100 mg Co als Chlorid in 1 ml 0,4n HCl) zum Eluieren verwendet. Die In-Ausbeuten betragen ca. 95%. Die kontaminierenden Elemente, wie ^{131}J, ^{137}Cs, ^{90}Sr–^{90}Y, ^{144}Ce–^{144}Pr, ^{95}Zr–^{95}Nb, ^{182}Ta, ^{65}Zn, ^{51}Cr, ^{60}Co, ^{75}Se u. ^{192}Ir werden bis auf $<$0,01% entfernt. Von ^{115m}Cd, ^{124}Sb, ^{106}Ru–^{106}Rh, ^{203}Hg u. ^{110}Ag bleiben $\leqq$1% zurück, von ^{204}Tl u. ^{113}Sn ca. 30%. R. KRÄMER. G 296□

Eine neue turbidimetrische Methode zur Bestimmung von Thallium (I). G. S. Deshmukh, S. V. Tatwawadi und M. S. Vaikuntam. (Current Sci. **28.** 402—03. Okt. 1959. Banaras, India, Banaras Hindu Univ., Chem. Labor.) (Engl.)

Zur Best. von 10—100 ppm Tl vermischt man die Lsg. mit überschüssiger SeO_3^{2-}-Lsg. u. HCl, bis die Acidität 4—6n beträgt, fügt 5 ml 1%ig. Gelatine-Lsg. als Schutz-Koll. hinzu, füllt auf 10 ml auf u. mißt die Extinktion der roten Se-Lsg. im HILGER-SPEKKER-Absorptionsgerät mit einem der Grünfilter für 490—550 mμ. Das BEERsche Gesetz ist erfüllt. Der maximale Fehler beträgt 2%. Die Meth. kann auch zur Best. von Se verwendet werden, wobei ein Überschuß an Tl(I)-Lsg. erforderlich ist.

H. PLUSKAL. G 297□

Photometrische Bestimmung von Scandium mit α-(2.4-Dihydroxyphenylazo)-pyridin. A. I. Busev und Chang Fan. (Talanta [London] 9. 101—06. Febr. 1962. Moscow, Lomonosov-State Univ., Dep. of Chem.) (Engl.)

Vff. beschreiben eine neue Meth. zur photometr. Best. geringer Mengen Sc mit α-(2.4-Dihydroxyphenylazo)-pyridin (I). Sc reagiert mit I bis zu einer Sc-Konz. von ca. 10^{-4} Mol/Liter unter Bldg. einer roten, lösl. Verb., deren Absorptionsmaximum bei 515 nm zur photometr. Best. herangezogen wird. Ein zweites Absorptionsmaximum bei 420 nm wird durch dasjenige der reinen Reagens-Lsg. bei 410 nm verdeckt. Nach der „molar ratio"-Meth. ergab sich die Zus. der Verb. zu 1:1. Der optimale Konz.-Bereich für Sc u. I sowie der Einfl. von Fremdionen wurde untersucht. Der optimale pH-Bereich der Sc-Best. liegt zwischen 6,0 u. 7,3. Die Eichkurve zeigt, daß das BEERsche Gesetz für 0,05—2,0 μg Sc/ml erfüllt wird. Das Best.-Verf. wird durch Ggw. von Zn, Co, Ni, Cd, Cu, Tl, In, Ga, Zr, Th, U u. Fe gestört, während Be, Mo, Ca u. Mg keine Beeinflussung zeigen.

K. OHLS. G 299□

Bestimmung von Wolfram in Molybdän durch die chemische Spektralmethode. N. I. Tarassewitsch, A. D. Chlysstowa und Je. A. Pak. (Заводская Лаборатория [Betriebs-Lab.] 25. 955—56. 1959. Moskau, Univ.) (Russ.)

Vff. beschreiben ein chem.-spektralanalyt. Verf. zur Best. kleiner Mengen (Größenordnung 10^{-3}%) W in Mo. Da die Empfindlichkeit der direkten spektralanalyt. Best. nur 0,02—0,05% beträgt wird W durch Mitfällung mit Ammoniummolybdatophosphat angereichert. Andere Mitfällungsmittel [SiO_2, SnO_2, $Zr_3(PO_4)_4$] erwiesen sich als weniger geeignet. Radiochem. Verfolgung der Fällung unter Verw. von ^{185}W zeigen, daß ca. 90% des vorhandenen W auf diese Weise vom Mo abgetrennt werden. Eine auf dem gleichen Vorgang beruhende Meth. zur Gewinnung von spektralreinen, W-freien Mo-Verbb. (zur Herst. der Eichproben) wird mitgeteilt. Nach Überführen des metall. Mo in MoO_3 durch Erhitzen auf 500—600° u. Auflösen in Ammoniak (1:2) erfolgt die Fällung aus stark salzsaurem Medium mit wenig 2%ig. $(NH_4)_2HPO_4$-Lösung. Der abfiltrierte Nd. wird bei 600° geglüht, gemahlen u. mit Kohle im Verhältnis 1:1 vermischt. Die so vorbereiteten Eichsubstanzen bzw. Proben werden dann einer Wechselstrombogenaufnahme (6 A, Elektrodenabstand 2,5 mm, Belichtung 1 Min.) unterworfen. Für W-Konz. von 0,005 bis 0,1% wird das Linienpaar W 2946,98 - Mo 2951,81, für 0,001—0,1% das Paar W 4008,75 - Mo 4009,36 verwendet. Durch die Fällung wird eine 16—18fache Anreicherung erzielt. Der Fehler der W-Best. wird mit ca. 20% angegeben. H.-J. OSTMANN. G 337□

Die komplexometrische Bestimmung von Plutoniumlösungen aus Betriebsanlagen zur Herstellung von Kernreaktor-Brennstoffen. 1. Mitt. **Salpetersaure Lösungen von bestrahltem Uran.** D. G. Boase, J. K. Foreman und J. L. Drummond. (Talanta [London] 9. 53—63: Jan. 1962. Calderbridge, Cumberland, U. K. Atomic Energy Authority, Prod. Group, Windscale Works.) (Engl.)

Vff. beschreiben eine genaue u. reproduzierbare Meth. zur Pu-Best. in HNO_3-sauren Lsgg. der Prodd. einer U-Bestrahlung. In einer speziell für diesen Zweck entwickelten App. wird Pu^{4+} aus diesen Lsgg. mit einer Hyamine 1622-Lsg. in Bzl. extrahiert. Die Benzolextrakte werden in einer ebenfalls bes. hierzu konstruierten Titrationszelle eingedampft u. die Rückstände mit Aceton aufgenommen. Nach Zusatz einer EDTA-Lsg. im gemessenen Überschuß wird dieser Überschuß mit einer $ZnCl_2$-Lsg. zurücktitriert. Als Indicator diente Dithizon; der Endpunkt wurde photometr. festgestellt. Die Extraktion ist hochselektiv für Pu. In einem 2stufigen Cyclus beträgt der Dekontaminierungsfaktor für U 10^2 u. für die anderen Zerfalls-Prodd. 10^5. Unter gut kontrollierbaren Bedingungen beträgt die Standardabweichung 0,4% für 100 μg Pu. W. HEIN. G 343□

Spektrophotometrische Untersuchungen über Technetium und Rhenium. M. Al-Kayssi, R. J. Magee und C. L. Wilson. (Talanta [London] 9. 125—32. Febr. 1962. Belfast, Queen's Univ., Dep. of Chem.) (Engl.)

Vff. untersuchen die Rkk. von Tc u. Re mit $K_4[Fe(CN)_6]$, 5-Sulfosalicylsäure (I) u. α-Picolinsäure (II). Bei Ggw. von Bi-Amalgam oder $SnCl_2$ bilden Tc u. Re mit $K_4[Fe(CN)_6]$ farbige Verbb., die mit Amylalkohol extrahierbar sind u. deren Absorptionsmaxima weit auseinanderliegen (für den Tc-Komplex bei 680 nm u. für den Re-Komplex bei 420 nm, wenn Bi-Amalgam verwendet wird). Der mol. Extinktions-Koeff. beträgt für den Tc-Komplex ca. 1,08 · 10^4 Liter/Mol · cm, für den Re-Komplex ca. 0,4 · 10^4 Liter/Mol · cm Es wird ein Verf. beschrieben, nach dem beide Elemente nebeneinander photometr. bestimmt werden können. Bis zu 2 μg Tc sind nach dieser Meth. noch erfaßbar; die Grenze des qual. Nachw. liegt für Tc bei 0,15 μg. Nach Red. mit $SnCl_2$ bildet Re mit $K_4[Fe(CN)_6]$ einen Komplex, dessen Absorptionsmaximum bei 470 nm liegt u. der Re u. $[Fe(CN)_6]^{4-}$ im Molverhältnis 3 : 1 enthält. Die nach Red. gebildeten Tc- u. Re-Komplexe haben anion. Charakter; sie werden durch Anionenaustauscher adsorbiert. Metallionen, die mit $[Fe(CN)_6]^{4-}$ farbige oder schwerlösl. Verbb. geben, stören das Best.-Verfahren. Nach der Abtrennung von Tc als TcO_4^- mit Hilfe eines Ionenaustausch-Verf. stört nur noch MoO_4^{2-}, das unter entsprechenden Bedingungen einen rotbraunen Komplex bzw. einen koll. Nd. bildet. ReO_4^- stört durch rot- bis braungelbe Farbrk. nicht die blaue Farbe des Tc-Komplexes. Mit I reagiert TcO_4^- nach Red. mit $SnCl_2$ in saurem Medium zu einem orangerotgefärbten Komplex, der mehrere Tage lang beständig ist. Photometr. werden bei einer Wellenlänge von 460 nm noch einige μg Tc bei Ggw. von 3 mg Mn, 0,2 mg Re u. 0,3 mg Mo bestimmt. Fe^{3+} stört nicht. Die Farbe erreicht in 0,3m Säure-Lsg. die maximale Intensität. Mit II bildet TcO_4^- nach Red. mit $SnCl_2$ oder Ascorbinsäure einen rotgelb gefärbten Komplex, der ebenfalls zu einer empfindlichen photometr. Best. von Tc (bei 470—480 nm) benutzt werden kann. Nur Mo stört diese Best.-Methode.

K. Ohls. G 352□

Spektrophotometrische Bestimmung von Eisen mit 2-Hydroxymethyl-6-(2′-hydroxymethyl-5′-hydroxy-4′-pyron-6′)-pyranyl-[3.2-b]-pyran-4.8-dion. R. F. Wilson und R. C. Daniels. (Z. analyt. Chem. **187.** 100—04. 1962. Houston, Tex., Texas Houston Univ., Div. of Nat. and Phys. Sci.) (Engl.)

Vff. untersuchen die Verwendbarkeit von 2-Hydroxymethyl-6-(2′-hydroxymethyl-5′-hydroxy-4′-pyron-6′)-pyranyl-[3.2-b]-pyran-4.8-dion (I) zur photometr. Fe-Bestimmung. I, F. 157°, wird durch 30std. Erhitzen unter Rückfluß von 0,1 Mol 5-Hydroxy-2-(hydroxymethyl)-1.4-pyron, 0,05 Mol Diäthylmalonat u. 20 ml Trifluoressigsäure, Zusatz von 40 ml A., mehrstd. Stehen im Kühlschrank, zweimaliges Umkristallisieren aus A., Sublimieren unter vermindertem Druck u. 30 Min. langes Trocknen bei 105° hergestellt. Für Messungen des orangeroten Fe–I-Komplexes eignet sich die Wellenlänge 408 nm, bei der die Absorption von I vernachlässigbar ist. Das Beersche Gesetz ist erfüllt, der optimale Konz.-Bereich liegt zwischen 45 u. 250 μMol Fe (relativer Analysenfehler $<1\%$). Geringe Mengen NH_4-Acetat/Essigsäure-Puffer-Lsg. genügen zur Erreichung konst. Meßwerte. Zur Probe-Lsg. gibt man 5 ml Puffer-Lsg. (1m an NH_4-Acetat, 0,35m an CH_3COOH) u. 2 ml 15 mm I-Lsg., füllt mit W. auf 25 ml auf u. bestimmt die Extinktion bei 408 nm gegen eine Blindlösung. Die Unters. des Störeinfl. ergab folgende Toleranzgrenzen (Fe-Konz. 176,28 μMol): Cu(II) 412 (μMol), Mg(II) 1654, Co(II) 1204, Al(III) 178, Ru(III) 2, Pt(IV) 11, Rh(III) 27, Os(VIII) 13, U(VI) 21, Cl^- 3918, SO_4^{2-} 852, PO_4^{3-} 20, Oxalat 74 u. NO_3^- 274. Aus der Eichkurve wurde der mittlere molare Extinktions-Koeff. zu $(3{,}745 \pm 0{,}001) \cdot 10^3$ bestimmt; die Standardabweichung beträgt 0,008.

Gerhard Schulze. G 354□

Methoden zur Wasserstoffbestimmung in Abhängigkeit von der chemischen Zusammensetzung und der Struktur des Stahls. Ju. A. Kljatschko und T. A. Ismanowa. (Заводская Лаборатория [Betriebs-Lab.] **25.** 396—98. 1959. Zentr. Forsch.-Inst. für Eisenmetallurgie.) (Russ.)

Die Best.-Meth. für H_2 durch Vakuum-Erwärmung ist für C-Stähle mit $\leqq 0{,}5\%$ C u. für Cr-legierte Stähle mit $\leqq 0{,}05\%$ C anwendbar. Stähle mit höherem C-Geh. u. Ti- bzw. Mn-legierte Stähle sollen nach der Meth. der Vakuum-Schmelze analysiert werden. Nb-, Ni- u. Al-legierte Stähle mit beliebigem C-Geh. können nach der 1. Meth. analysiert werden.

S. Baryschnikow. G 354

Beitrag zur Untersuchung über den Einfluß des Gefüges von Proben auf die spektrographische Analyse von Stählen. E. Donati und G. Viola. (Metallurgia ital. **53.** 253—57. Mai 1961. Dalmine S.p.A. Labor. centrale.) (Ital.)

Es wurde der Einfl. des mikrograph. Gefüges von Stahlproben auf die mit dem Quantovac (A) u. mit dem PC Quantometer (B) erhaltenen Ergebnisse untersucht u. für den C-Geh. nach A ein beachtlicher u. für den Mn-Geh. nach B ein kaum bemerkenswerter Einfl. des Gefüges auf die analyt. Daten festgestellt. Als Proben wurden C-Stahl oder Stähle mit einem niedrigen Leg.-Geh. u. mit unterschiedlicher therm. Behandlung (Anlassen, Normalisieren, Tempern u. Vergüten) benutzt.

G. Platzer. G 354□

Über die Anwendung der Chromatographie durch Ionenaustausch zur Entfernung von Nickelspuren im Eisen. Gerard Blanc, Simone Besnard und Jean Talbot. (C. R. hebd. Séances Acad. Sci. **253.** 1457—59. 2/10. 1961. Vitry, C.N.R.S., Labor. de Vitry.) (Franz.)

Durch Verw. eines Kationenaustauschers vor der Elektrolyse zur Darst. von hochreinem Fe, gelang es Vff., den Geh. der wesentlichsten metall. Verunreinigung, Ni, von $500 \cdot 10^{-6}$ auf $4 \cdot 10^{-6}$ im Fe herabzudrücken. Die an HCl 11n, 18 mg/ml Fe enthaltende Vers.-Lsg. wird mit einer Geschw. von 1 ml/Min./cm² auf eine Austauscherkolonne gegeben, die mit dem Harz Dowex 1 (200—400 mesh) beschickt ist. Mit 12n HCl wird nachgewaschen. Bei diesen hohen HCl-Konzz. wird Ni eluiert u. der Fe-Komplex bleibt am Harz fixiert. Das Fe wird anschließend mit 0,1n HCl eluiert. Bei Benutzung der so gewonnenen reinen Eisenchlorid-Lsg. als Elutionsmittel bei einem zweiten Vers., kann die Fe-Konz. der Lsg. verdoppelt werden. H. FRIES. G 354□

Spektrographische Lösungsverfahren für die Bestimmung einiger seltener Elemente in Legierungen auf Eisen- und Nickel-Grundlage. J. P. McKaveney und G. L. Vassilaros. (Analytic. Chem. **34.** 384—88. März 1962. Pittsburgh, Pa., Crucible Steel Co. of America, Res. Labor.) (Engl.)

Die direkte funkenspektrograph. Analyse von Lsgg. mit Hilfe der Technik der rotierenden Elektrodenplatten wird zur Best. von Be, Nb, Ag, Y, Mg u. Zr in Fe- u. Ni-Legg. angewendet. Geeignete Verff. für das Lösen der verschiedenen Legg. sind angegeben. Der Lsgm.-Effekt u. der Einfl. chem. Wechselwrkg. zwischen Metallion u. Lsgm. werden empir. untersucht. Die Ergebnisse sind tabellar. zusammengefaßt. W. BETCKE. G 354□

Spektrophotometrische Bestimmung von Nickel mit 1.2.3-Cyclohexantriontrioxim. W. Joe Frierson und Nina Marable. (Analytic. Chem. **34.** 210—12. Febr. 1962. Decatur, Ga., Agnes Scott Coll., Dep. of Chem.) (Engl.)

Vff. beschreiben eine Meth. zur photometr. Ni-Best. mit 1.2.3-Cyclohexantriontrioxim (I). Zu Lsgg., die zwischen 1,0 u. 25 ppm Ni enthalten, gibt man 3 ml einer 1%ig. Gelatine-Lsg. u. 0,75 ml Reagens-Lsg. (0,2910 g I in 100 ml 95%ig. A.), verd. mit W. auf 10 ml u. bestimmt die Extinktion bei 560 nm. Der stabile rote Komplex von Ni mit I besitzt Absorptionsmaxima bei 560 u. 430 mμ. Der pH-Wert für die Komplex-Bldg. muß zwischen 3 u. 6 liegen. Die Zus. des Komplexes ergab sich nach der JOB- u. der Molar-Ratio-Meth. zu 1 : 2. Der optimale Konz.-Bereich liegt zwischen 6 u. 22,5 ppm Ni. Cu u. Fe stören die Best. u. müssen abgetrennt werden. Co stört bei Konzz. über 2,5 ppm. Bei einem Co-Geh. von weniger als 2,5 ppm muß der pH-Wert der Lsg. zwischen 5 u. 6 liegen. F. SARFERT. G 356□

Fast Sulfonschwarz F als Indicator für die EDTA-Titration von Kupfer. R. Belcher, R. A. Close und T. S. West. (Chem. and Ind. **1957.** 1647. 21/12. Birmingham, Univ., Chem. Dep.) (Engl.)

Der Diazofarbstoff Fast Sulfonschwarz F (I) ist als EDTA-Indicator für Cu(II) in seiner Farbrk. spezif., besitzt einen scharfen Endpunkt u. wird durch Spurenmetalle nicht wesentlich gestört. Nur Ni bildet noch einen gefärbten, jedoch für die Titration ungeeigneten Komplex. Zu je 10 ml der verd. Probe-Lsg. werden 1 ml konz. NH_3 u. 2 Tropfen Indicator-Lsg. (0,5%ig. in W.) zugegeben u. mit 0,02m EDTA-Lsg. bis zum blaßblauen bis hellgrünen Endpunkt titriert. I bildet mit Cu(II)-Ionen eine hochrote Farbe, die Ggw. von NH_3 ist zur Farb-Bldg. notwendig; von anderen Puffersubstanzen gibt nur noch Pyridin eine rote Farbe, reagiert aber zu träge. Störungen werden durch andere Metallionen verursacht, die bei dem pH der Cu-Titration mit EDTA lösl. Komplexe bilden. Die meisten dieser Metalle (Cd, Ca, Ba, Pb, Ni u. Zn) können selbst durch Pufferung auf den genauen pH u. Zugabe einer bekannten Menge Cu (ca. 50% so viel wie das betreffende Kation) u. Indicator in der üblichen Weise bestimmt werden. Bei ungenügender Cu-Zugabe kann der Endpunkt unbestimmt u. vorzeitig erscheinen; Mg gibt, vermutlich wegen des erforderlichen pH (10—11,5) unbefriedigende Resultate. P. SCHARNER. G 358□

Die Bestimmung der Zusammensetzung von MnO_2-Mn_2O_3-Mn_3O_4-H_4BaMn-Mn_8O_{20}-Mischungen. Eve Klivényi. (Acta Univ. Szegediensis, Acta mineralog.-petrogr. **11.** 3—10. 1958. Min. Inst. Szeged.) (Engl.)

Mitt. einer gegenüber dem Verf. von GRASSELLY u. KLIVENYI (Acta Univ. Szegediensis, Acta mineralog.-petrogr. **10.** [1957.] 33) verbesserten thermochem. Meth., die es erlaubt, Psilomelan neben MnO_2, Mn_2O_3 u. Mn_3O_4 zu bestimmen. H. MOENKE. 5292□

b) Organische Verbindungen

Mikrobestimmung von Kohlenstoff und Wasserstoff mit Hilfe der nichtdispersiven Infrarot- und Wärmeleitfähigkeitsanalyse. J. A. Kuck, J. W. Berry, A. J. Andreatch und P. A. Lentz. (Analytic. Chem. **34.** 403—07. März 1962. Stamford, Conn., Amer. Cyanamid Co., Microanalyt. and Instrum. Groups.) (Engl.)

Vff. entwickeln eine neue Meth. zur Schnellbest. von C u. H in 2-mg-Proben. Das übliche Verbrennungsrohr wird beibehalten; aber statt die entstehenden Verbrennungsgase zur Auswaage zu bringen, werden sie in einem konst. Vol. gesammelt u. zur Analyse auf einen vergleichbaren Normaldruck gebracht. C wird dann als CO_2 mit einem IR-Gasanalysator u. H mit einer Wärmeleitfähigkeitszelle bestimmt. Das gasförmige H_2, das dem chem. gebundenen H äquivalent ist, wird durch Überleiten der wasserdampfhaltigen Verbrennungsgase über CaH_2 erhalten. Die Meth. ist auf Proben von 0,5—4,0 mg anwendbar; auch bei der Spurenanalyse von C u. H leistet sie gute Dienste. Heteroatome wie B, N, P u. S stören nicht. Die Genauigkeit ist zumindest genauso gut wie die der klass. gravimetr. Meth. von PREGL. J. PETERS. 5352□

Beschreibung eines Verfahrens im Halbmikromaßstab zur quantitativen Kohlenstoff- und Wasserstoffbestimmung in organischen Verbindungen. Christa Meyer und Gerhard Vetter. (Chem. Techn. **13.** 104—09. Febr. 1961. Dresden, TH, Inst. für org. Chem., Anal. Abt.) (Dt.)

Es wird ein auf der PREGLschen Anordnung basierendes Halbmikro-Verf. (10 bis 12 mg Substanz) zur C—H-Best. beschrieben, bei dem Co(II, IV)-Oxid als Verbrennungskatalysator benutzt wird. Die Stickoxide werden außerhalb des Verbrennungsrohres an MnO_2 absorbiert. Die Strömungs-Geschw. der Verbrennungsgase wird mit einem Strömungsmesser gemessen u. kontrolliert. Eine C—H-Best. beansprucht 30 Minuten. W. BETCKE. 5352□

Die Verbrennung organischer Substanzen durch Zündung in Sauerstoff: die Bestimmung von Kohlenstoff und Wasserstoff. G. Ingram. (Analyst **86.** 411—14. Juni 1961. Maidenhead, Courtaulds Ltd., Res. Labor.) (Engl.)

Es wird eine App. beschrieben, in der die Substanz im O_2-Strom elektr. gezündet wird. Das Verf. wird mit folgenden Verbb. überprüft: *Anthracen, Naphthalin, Bzl., 2-Hydroxyoctan, Benzoesäure, Bernsteinsäure, Saccharose, Phenacetin, p-Nitroanilin, p-Chlorbenzoesäure, Sulfonal* u. *Triphenylphosphin.* U. UHLICH. 5352□

Neue qualitative Reaktion auf Äthylalkohol und ihre Anwendung bei einigen Analysen. L. T. Ikramow und E. Issrailow. (Аптечное Дело [Apothekenwesen] **10.** Nr. 6. 46—48. Nov./Dez. 1961. Taschkent, pharmaz. Inst.) (Russ.; Auszug: Engl.)

Zu 1 ml $\geqq$ 31,25 μg A. enthaltender Lsg. werden 0,2 ml 5%ig. NaOH-Lsg., 10 bis 12 Tropfen BOUCHARD-Reagens (Entstehung einer schwachgelben Färbung) u. 1 Tropfen Anilin zugefügt; das Gemisch wird bis zum Sieden erwärmt. In Ggw. von A. entsteht ein wahrnehmbarer Geruch von C_6H_5NC. Die Ggw. von Aceton u. Chlf. stört, die von stark riechenden Stoffen, wie Campher, Phenole usw. maskiert dagegen den vorst. A.-Nachw. nicht. S. BARYSCHNIKOW. G 560

Quantitative Bestimmung von Verunreinigungen in technischem Epichlorhydrin mit dem Infrarotabsorptionsspektrum. W. I. Kolbassow, Ss. B. Bardenstein und R. W. Dshagatzpanjan. (Заводская Лаборатория [Betriebs-Lab.] **26.** 1120—22. 1960.) (Russ.)

Von *Epichlorhydrin* (I) [Kp. 117,9°; $D._4^{20}$ 1,184; n_D^{25} 1,4358]; *1.2.3-Trichlorpropan* (II) [Kp. 153—156°; $D._4^{20}$ 1,4; n_D^{20} 1,4839]; *β-Dichlorhydrin* (III) [Kp. 182°; $D._4^{20}$ 1,3613; n_D^{20} 1,4879] u. *α-Monochlorhydrin* (IV) [Kp. 240,0°; $D._4^{20}$ 1,3219; n_D^{20} 1,4794] wurden die IR-Spektren aufgenommen. Zur quant. IR-Analyse der Beimischungen an II, III u. IV im techn. I wählten Vff. folgende Banden: II 660; III 675; IV 1041 cm^{-1}. Die Unters. von Vgl.-Lsgg. von **II, III** u. **IV** in I ergab, daß im gefragten Konz.-Bereich das LAMBERT-BEERsche-Gesetz mit guter Näherung erfüllt wird. Ferner wurden durch Vgl.-Lsgg. die Koeff. des Gleichungs-Syst. zur 3-Komponentenanalyse nach der Meth. der kleinsten Quadrate ermittelt. Die Analyse 4 verschiedener Proben von techn. I nach dem entwickelten Verf. ergab folgende Zus.: I 92,22—87,59; II 5,59—4,24; III 6,7—2,78; IV 1,26—0,0%. Die Best. von I erfolgte durch Differenz-Bldg. nach Ermittlung der Konzz. von **II—IV**. Der quadrat., relative Fehler der Best. von **II—IV** wird zu 7—8% u. von I zu 0,3% angegeben. Die Dauer einer Analyse betrug 20—30 Minuten. U.-L. RAU. G 570□

Gleichzeitiger Nachweis von Paraldehyd und Acetaldehyd mit Hilfe einer Guajacol-Reaktion. Elsa Hjelt und Anna-Liisa Mukula. (Suomen Kemistilehti B **31.** 138—39. 1958. Helsinki, Univ., Inst. for Forensic Med., Chem. Dep.) (Engl.)

Zum gleichzeitigen Nachw. von Acetaldehyd (I) u. Paraldehyd (II) wird in einem Teil der Probe-Lsg. I durch Oxydation mit alkal. $KMnO_4$-Lsg. in der Hitze zerstört, danach der II-Teil in beiden Teilen in konz. H_2SO_4 depolymerisiert u. I durch Farbrk. mit wss. Guajacol-Lsg. nachgewiesen. Die Farbtiefe zwischen Schwachrosa u. Dunkelpurpurrot ermöglicht eine Abschätzung des I-Geh., der bei Ggw. von I neben II im ersten Teil geringer ist. W. BETCKE. G 660□

Eine quantitative colorimetrische Tryptophanbestimmung. Joseph Fischl. (J. biol. Chemistry **235**. 999—1001. April 1960. Zrifrin, Israel, „Assaf Harofe" Governm. Hosp., Chem. Labor.) (Engl.)

Eine neue Best. von *Tryptophan* (5—250 μg in 3,5 ml Endlsg.) beruht auf der Farbstoff-Bldg. bei Behandlung mit Thioglykolsäure (I) in Eisessig-konz. H_2SO_4 u. K-Persulfat (oder H_2O_2) als Oxydans. Die Oxydations-Geschw. (Verhinderung einer Weiteroxydation des Farbstoffs) wird durch I geregelt. Die Meth. gibt reproduzierbare Werte, die gut mit nach bekannten Meth. erhaltenen übereinstimmen. Die Färbung ist 25—30 Min. beständig. K. Maier. G 950□

Flüssig-Gaschromatographie von Aminosäurederivaten. Donald E. Johnson, Sara Jo Scott und Alton Meister. (Analytic. Chem. **33**. 669—73. Mai 1961. Boston, Mass., Tufts Univ., School of Med., Dep. of Biochem.) (Engl.)

Vff. beschreiben ein Verf. zur Trennung von Aminosäure-Derivv. mit der Fl.-Gas-Chromatographie, bei dem ein Zweisäulengerät mit einem ^{90}Sr-Ionisationsdetektor verwendet wird. Als Trägergas diente Ar. Die U-förmig gebogenen Trennsäulen (8 ft. lang; 0,5 cm innerer Ø) wurden mit 1% Polyäthylenglykol (Carbowax 1540) als Trennfl. auf Chromosorb W (60—80 mesh) als Trägermaterial gefüllt u. 48 Std. lang bei 148° mit einer Trägergas-Durchfluß-Geschw. von 150 ml/Min. gealtert. Zur Darst. von N-Acetylaminosäure-n-amylestern (I) wurden die ^{12}C- bzw. ^{14}C-Aminosäuren (1—10 mg) in 20 ml eines Alkohols (n-Butanol, Isobutanol, n-Amylalkohol oder Isoamylalkohol) gelöst u. diese Lsg. mit wasserfreiem HBr gesätt. (Dauer: 2—4 Min.). Im Ölbad dest. bei 165° in 30 Min. etwa die Hälfte des Alkohols ab, der Rest wird im Vakuum bei 60° entfernt. Der ölige oder krist. Rückstand der Aminosäureesterhydrobromide wird mit 8 ml Essigsäureanhydrid (mindestens 97%ig.) versetzt u. für 5 Min. bei 26° stehengelassen. Der nach erneutem Eindampfen im Vakuum bei 60° verbleibende Sirup wird in n-Amylalkohol oder Bzl. aufgenommen. Diese Lsgg., deren Darst. insgesamt ca. 1 Std. dauert, werden direkt zur Chromatographie verwendet. Die Säulen-Temp. betrug zu Beginn 125° u. wurde nach 23 Min. plötzlich auf 148° erhöht; Trägergas-Geschw. am Säulenausgang: 60 ml/Min.; Detektor-Temp.: 225°. Unter diesen Bedingungen ergaben sich folgende Retentionszeiten (Min.) für I von *α-Alanin* (14), *Valin* (16), *α-Aminobuttersäure* (17), *Alloisoleucin* (18), *Isoleucin* (19), *Norvalin* (20), *Leucin* (22), *β-Aminoisobuttersäure* (23), *Norleucin* (23), *Glycin* (24), *Pipecolinsäure* (26), *β-Alanin* (26), *β-Aminobuttersäure* (28), *Prolin* (29), *γ-Aminobuttersäure* (32), *Ornithin* (33), *Allothreonin* (34), *Threonin* (35), *Serin* (39), *α-Aminoadipinsäure* (40), *Cystein* (44), *S-Methylcystein* (47), *Methioninsulfonsäure* (49), *Methioninsulfoxid* (51), *Methionin* (51), *Äthionin* (55), *Phenylalanin* (60), *Hydroxyprolin* (69), *Allohydroxyprolin* (75), *Asparaginsäure* (84), *Glutaminsäure* (102) u. *Tyrosin* (132). Die zur Trennung benötigte Gesamtzeit beträgt also ca. 2 Std., u. es können noch ca. 10^{-10} Mol I erfaßt werden. W. Hein. G 950□

Eine Methode zur Stabilisierung der Färbung von Aminosäuren und Peptiden mit Chlor und o-Tolidin auf Chromatogrammen und Pherogrammen. Jean Barrollier. (Naturwissenschaften **48**. 554. 2. Aug.-H. 1961. Berlin, Schering AG., Hauptlabor.) (Dt.)

Die Färbung der nach der Meth. von Reindel u. Hoppe (C. **1950/54**. 573 S) durch Chlorieren u. anschließendes Baden in KJ-haltiger Lsg. von o-Tolidin in verd. *Essigsäure* (I) angefärbten Papierchromatogramme von Aminosäuren oder Peptiden läßt sich durch Baden der Streifen in 0,1%ig. Ammoniummolybdat-Lsg. in n I stabilisieren. Die ursprünglich unbeständige, blaue Färbung der Flecke geht hierbei in Violett über; eine weitere Behandlung mit Herbopanlack ist empfehlenswert. E. Moisar. G 950□

Tüpfelreaktion für Benzylamin und p-Nitrobenzaldehyd. Fritz Feigl und Vinzenz Anger. (Analytica chim. Acta [Amsterdam] **24**. 494—95. Mai 1961. Rio de Janeiro, Minist. da Agric., Labor. da Producão Mineral; Wien, Res. Labor. Lobachem.) (Engl.)

Die aus p-Nitrobenzaldehyd (I) u. Benzylamin (II) darstellbare Schiffsche Base geht durch Alkali in der Wärme unter Protonenwanderung in das intensiv rotbraun gefärbte p-chinoide Salz der Nitronsäure $KOON{=}C_6H_4{=}CH{-}N{=}CH{-}C_6H_5$ (III) über. Durch saure Hydrolyse ist III über die beiden isomeren Schiffschen Basen sowohl in I u. II zurück als auch in *Benzaldehyd* u. *p-Nitrobenzylamin* spaltbar. Die Bedingungen zur wechselseitigen Best. von I u. II durch Tüpfel-Rk. werden angegeben.
U. Uhlich. G 1120□

Fehler bei der Infrarotabsorptions-Analyse infolge von Reaktionen zwischen Lösungsmittel und gelöstem Stoff. 2. Mitt. W. R. Ward. (J. appl. Chem. **10**. 277—81. Juli 1960. Hull, Hedon, Salt End, Distillers Co. Ltd., Chem. Div.) (Engl.) — 1. vgl. C. **1961**. 11063.

Die $E_{1cm}^{1\%}$-Werte ändern sich mit der Konz. der in Cyclohexan gelösten *Picoline*. Die Abweichungen vom BEERschen Gesetz beruhen nicht nur auf dem Einfl. der Spaltbreite, sondern haben ihre Ursache auch in einer Wechselwrkg. der gelösten Moleküle.
H. VÖLZ. G 3231□

d) Medizinische und toxikologische Analyse

Die Bestimmung von Tritium in Wasser und Urin. Flüssigkeits-Scintillationszählung und Strömungsgeschwindigkeitsmessung. Frank E. Butler. (Analytic. Chem. **33**. 409—14. März 1961. Aiken, S.C., E. I. du Pont de Nemours & Co., Inc., Savannah River Plant.) (Engl.)

Es werden zwei Meth. zur Best. des T-Geh. von W. u. Urin beschrieben: die Fl.-Scintillationszählung mit Hilfe einer verbesserten Scintillationsmischung (2.5-Diphenyloxazol u. p-Bis-[2-(5-phenyloxazolyl)]-benzol in einer Lsg. von Naphthalin bzw. Dioxan), bei der die untere Erfassungsgrenze 0,005 μc T beträgt, 0,05 μc/Liter W. lassen sich mit einem Relativfehler von 10% bestimmen. Die zweite Meth. zur Messung der Strömungs-Geschw. mit dem Vibrationselektrometer liefert bei geringerer Raumbeanspruchung ähnliche Ergebnisse. W. BETCKE. 5732□

Bestimmung und Ausscheidung von (dem Brenzcatechin ähnlichen) polyhydroxyphenolischen Säuren im Harn. S. L. Tompsett. (J. Pharmacy Pharmacol. **10**. 157—61. März 1958. Edinburgh, Northern Gen. Hosp., Biochem. Labor.) (Engl.)

Zur Best. der Gesamt-*brenzcatechinartigen Phenole* u. *Phenolsäuren* im Harn mit der MITCHELL-Rk. werden 10 ml Harn einer 1std. Hydrolyse nach Zusatz von 10 Vol.-% 10n HCl im sd. Wasserbad unterworfen. Dann wird 3mal mit je 40 ml Ae. ausgeschüttelt. Nach Vertreiben des Lsgm. bei Zimmer-Temp. wird der Rückstand in 0,5 ml W. aufgenommen u. die Lsg. mit 0,5 ml Reagens ($FeSO_4 \cdot 7\,H_2O$ u. 0,5 g NaK-Tartrat mit W. auf 100 ml aufgefüllt) versetzt. Man fügt 10 ml 10%ig. NH_4-Acetat-Lsg. u. 1 ml 2n-Ammoniak hinzu u. mißt nach 20 Min. bei 560 mμ. *Pyrogallol* wird aus der Differenz der Gesamt-Best. u. des nach seiner Entfernung durch doppeltes Abdampfen mit A. im Vakuum auf dem Wasserbad für den Rückstand erhaltenen Werts bestimmt. *Gallussäure*, *3.4-Dihydroxybenzoesäure* (I) u. *Kaffeesäure* lassen sich papierchromatograph. absteigend mit n-Butanol/Essigsäure/W. (40 : 10 : 50) trennen u. quant. bestimmen. Nach Gaben von Tannin tritt I bevorzugt im Harn auf. PH. FRESENIUS. 5732□

Beobachtungen über die Verwendung von Anionenaustauschern bei der Bestimmung von Aminobenzoesäuren, Aminophenolen und einigen verwandten Verbindungen in biologischem Material. S. L. Tompsett. (Analytica chim. Acta [Amsterdam] **24**. 438—43. Mai 1961. Edinburgh, Northern Gen. Hospital, Biochem. Labor.) (Engl.)

Durch Chromatographie an Dowex 1X10 kann *Urin* vor der colorimetr. Best. von *o-* u. *p-Aminobenzoesäure*, *p-Aminohippursäure*, *o-* u. *p-Aminophenol*, *3-Hydroxyanthranilsäure*, *Nicotinsäure*, *Sulfanilsäure* u. *Sulfanilsäureamid* gereinigt werden. Die Recovery-Werte der genannten Verbb. liegen im 0,5—2,0-mg-Bereich oberhalb 76%.
U. UHLICH. 5732□

Colorimetrie von 5-Hydroxyindolen im Harn. Francisco J. Solduga Camarero. (Medicamenta [Madrid] **23** (**12**). Nr. 191. 19—22. 1/1. 1960. Barcelona, Univ., Cát. de Bioquím.) (Span.)

Eine Modifikation der Nitrosonaphthol-Rk. nach UDENFRIEND u. Mitarbeiter (C. **1956**. 9782) wurde zur Best. des Gesamt-Geh. von 5-Hydroxyindolen im Harn verwandt. Die üblichen klin. Best.-Meth. liefern keine übereinstimmenden Ergebnisse u. werden durch die Ggw. anderer Substanzen gestört. Serotonin (I) verhält sich nicht nach dem BEERschen Gesetz. Die Empfindlichkeitsgrenze der verwandten Meth. liegt bei 1 μg I. K. ZINGRAF. 5732□

„Tofranil" (Imipramin) in der toxikologischen Analyse. S. Denton. (Analyst **87**. 234—36. März 1962. Newcastle-upon-Tyne, North. Forensic Sci. Labor.) (Engl.)

Imipramin [*N-(Dimethylaminopropyl)-imidodibenzylhydrochlorid*; I] ist ein unter dem Namen *Tofranil* im Handel befindliches Schlafmittel. Es wird über drei Todesfälle durch Einnehmen einer Überdosis I berichtet, die trotz dessen geringer Toxidität aufgetreten sind. Es werden Hinweise zur papierchromatograph. u. UV-spektrophotometr. Best. von I gegeben. Von einigen experimentell überprüften Extraktions-Verff. erwies sich die Extraktion von I mit Ae. aus alkal. Lsg. nach DUBOTS u. PASCAL (C. **1955**. 1553) als am wirksamsten. W. BETCKE. 5764□

Klaus Doerffel, Beurteilung von Analysenverfahren und -ergebnissen. Berlin, Göttingen, Heidelberg: Springer-Verl. 1962. (IV + 98 S. m. 25 Abb.) 8⁰. DM 14,80.

P. P. Korosstelew, Vorbereitung von Lösungen für chemisch-analytische Arbeiten. Moskau: Verl. der Akad. der Wiss. der UdSSR. 1962. (311 S. m. Abb.) 1 Rbl. 48 Kop. [Russ.]

Rudolf Přibil, Komplexone in der chemischen Analyse. Berlin: Deutscher Verl. der Wissenschaften. 1961. (XXII + 474 S.) 8°. DM 56,—.
Ja. P. Stradyn, Polarographie organischer Nitroverbindungen. Riga: Verl. der Akad. der Wiss. der Lett. SSR. 1961. (165 S. m. Abb.) 80 Kop. [Russ.]

László Erdey. *A kémiai analizis súlyszerinti módszerei*. I. *A súlyszerinti analizis elmte és müveletei*. II. *A fémes elemek meghatározasa*. III. *A nem-fémes elemek meghatározása*. Budapest: Akadémiai Kiadó. 1960. (Bd. I 346 S., 85,— Ft., Bd. II 739 S., 180,— Ft. Bd. III 383 S., 90,— Ft.).
Das Werk „Die gravimetr. Verff. der chem. Analyse" umfaßt 3 Bände: I. Die Theorie des gravimetr. Verf. u. Arbeitsweisen; II. Best. der Metalle; III. Best. der Nichtmetalle. — Unter Berücksichtigung bisher erzielter Ergebnisse in der physikal. Chemie, der Kolloidchemie, der präparativen anorgan. u. organ. Chemie erfolgte die Bearbeitung der für die Praxis wichtig u. grundlegend erscheinenden Meth. der gravimetr. Analyse, der durch die Entw. der Kernchemie als mikropräparativer Chemie u. Trennungswissenschaft erhöhte Bedeutung zukommt. Die krit. Auswahl der einzelnen Verff. geschah an Hand von über 4000 Verss., die teils vom Vf. (Professor an der Universität Budapest), teils von 27 Wissenschaftlern seines Fachgebietes ausgeführt wurden. Die letzteren Verss. waren Vgl.-Verss., bei denen voneinander abweichende Meth. u. Vorr. zur Anwendung kamen, u. die vom prakt. Chemiker leicht wiederholt werden können. Die meisten Fällungen wurden mit Hilfe der im Institut des Vf. entwickelten Derivativ-Thermogravimetrie-Verff. u. Derivatographie-Verff. untersucht, um die thermogravimetr. Unterss.-Ergebnisse von CL. DUVAL nachzuprüfen u. die das Fällen beeinflussenden Umstände zu ergründen. — Zahlreiche Literaturhinweise. H. OLBRICH

H. Angewandte Chemie

I. Allgemeine chemische Technologie

Empirische Gleichungen. J. R. Álvarez González. (Quím. e Ind. [Bilbao] **6.** 48–55. März/April 1959.) (Span.)
In der chem. Verf.-Technik können mit empir. Gleichungen mit 2 Variablen u. daraus abgeleiteten Nomogrammen zahlreiche Daten in zweckmäßiger Weise ermittelt werden, wie an Beispielen gezeigt wird. R. K. MÜLLER. 5800 □

Bau- und Reparaturplanung mit Hilfe der dynamischen Programmierung. Douglass J. Wilde. (Génie chim. **87.** 1–14. Jan. 1962.) (Franz.)
Vf. behandelt die Lösung langfristiger Planungsprobleme mit Hilfe des dynam. Programmierungsverfahrens. Er legt bes. die in der chem. Industrie bestehenden Anwendungsmöglichkeiten dar. An einem Beispiel wird das Verf. erläutert.
W. RENKER. 5800 □

Anpassungsfähige Methode zum Aufsuchen optimaler Bedingungen bei kontinuierlichen Prozessen. G. E. P. Box und Jarayajan Chanmugam. (Ind. Engng. Chem., Fundamentals **1.** 2–16. Febr. 1962. Madison, Wis., Univ. of Wisconsin; Princeton, N.J., Princeton Univ.) (Engl.)
Oft hängen die optimalen Arbeitsbedingungen eines chem. Prozesses von einer unkontrollierbaren u. unmeßbaren Variablen ab, die sich mit der Zeit in unbekannter Weise ändert. Unter diesen Umständen ist man auf eine Meth. zum Aufsuchen optimaler Bedingungen angewiesen, bei der die Rk.-Bedingungen kontinuierlich verändert werden. Ausgehend von dem einfachen Konzept eines Entw.-Verf. teilen Vff. eine analoge Meth. mit u. diskutieren den Einfl. der dynam. Größen des Prozesses für ein Syst. von Folgereaktionen. Schließlich wird ein Reaktor beschrieben, bei dem sich die Anpassung an die optimalen Bedingungen von selbst vollzieht u. der auf den entwickelten Grundlagen beruht. G. M. NEUMANN. 5800 □

Behandlung von Schlämmen. Richard LeBaron Bowen jun. (Chem. Engng. **68.** Nr. 16. 129–32. 7/8. 1961. Coated Textile Mills, Inc.) (Engl.)
Die Geschw. von Schlämmen in Rohren werden dann krit., wenn die Mengen größer werden u. ein Absetzen von Material vermieden werden soll. Vf. gibt einige prakt. Gleichungen an zum Entwurf geeigneter Rohrleitungen. F. ROSENDAHL. 5800 □

Ermittlung der Umfangsgeschwindigkeit am Radius des Hydrozyklons aus der Geschwindigkeit der Einlauftrübe. G. Tarján. (Acta techn. Acad. Sci. hung. **33.** 119–33. 1961. Miskolc, Techn. Univ., Dep. for Min. Dressing.) (Engl.)
Zur Ermittlung der mittleren tangentialen Geschw. wurde die für Gaszyklone ausgearbeitete Meth. von STAIRMAND (Engineering **21.** [1949.] 409) verwendet. Die Differenz zwischen den Geschw.-Momenten der Ein- u. Auslauftrübe wird den an der Wand des Hydrozyklons auftretenden Reibungsmomenten gleichgesetzt. G. GATTOW. 5802 □

Werkstoffe zum Bau für chemische Fabriken: Gußeisen. H. H. Collins. (Chem. Process Engng. atomic Wld. **42.** 225–31. Mai 1961.) (Engl.)
Übersicht über Zus., Gefüge, mechan. Eigg., Korrosions-Eigg., Verh. gegen Alkali u. Verw. von Gußeisen in der chem. Industrie. W. WESLY. 5804 □

Titan und Zirkonium in der chemischen Industrie. Miniato Socci. (Chim. e Ind. [Milano] **41.** 640–47. Juli 1959. Novara, Ist. di Ric. Guido Donegani.) (Ital.)

Übersicht über die Bedeutung von Ti, dessen Verw.-Möglichkeiten in der chem. Industrie u. im Flugzeugbau (gegenüber nichtrostenden Stählen u. bes. stark korrodierenden Materialien), dessen zur Zeit noch sehr hohe Gestehungskosten u. Eigg. u. abschließend Anwendung von Zr in der chem. u. Kernindustrie. G. PLATZER. 5804□

Das Glas in der chemischen Industrie. S. de Lajarte. (Chim. e Ind. [Milano] **41.** 629–35. Juli 1959. Paris, Centro Studi della Saint-Gobain.) (Ital.)
Übersicht über Struktur, Zus., chem. u. physikal. Eigg. von Glas, dessen verschiedene Verw. (Korrosionsschutz) in Form von Fasern (Glaswolle als Isoliermittel) u. von Geweben von Sinterglas (Filterplatten) u. Beschaffenheit der benutzten Glasarten. G. PLATZER. 5804□

Überblick über verfahrenstechnisch verwendbare keramische Werkstoffe unter Hervorhebung des neuen Werkstoffs „KT"-Siliciumcarbid. M. F. Kiachif. (Chem. Engng. **68.** Nr. 11. 116–19. 29/5. 1961. Carborundum Co.) (Engl.)
Übersicht über Zus., Eigg., Darst. u. Anwendungsgebiete der neuen hochhitzebeständigen metallkeram. Werkstoffe mit besonderen Hinweis auf das neue „KT"-SiC. A. SANDER. 5804□

Der Widerstandsofen in der Industrie. H. G. Goyns. (South African mechan. Engr. **10.** 261–83. Mai 1961. Johannesburg, Drury Wichman Ltd. u. Efco Pty. Ltd.) (Engl.)
Übersicht über die Entw. des Widerstandsofens in den letzten 15 Jahren u. die Wahl seiner Ausrüstung. — Diskussion. W. WESLY. 5812□

Bestimmung des Gleichgewichtes der chemischen Reaktion in der Verbrennungskammer. Robert L. Peters. (Chem. Engng. **68.** Nr. 16. 133–36. 7/8. 1961.) (Engl.)
Zur schnellen Erfassung der Verbrennungs-Rkk. bei hohen Temp. wurde ein Nomogramm entwickelt, mit dem gewünschte Konst. in kurzer Zeit errechnet werden können. F. ROSENDAHL. 5812□

Entwerfen eines Fließbett-Absorbers. E. D. Ermenc. (Chem. Engng. **68.** Nr. 11. 87–94. 29/5. 1961. E. D. Ermenc Food Machinery and Chem. Corp.) (Engl.)
Vf. beschreibt Aufbau, Arbeitsweise, techn.-wirtschaftliche Leistung u. Vorteile eines kontinuierlichen Silica-Absorbers zum Trocknen feuchter Gase im Vgl. zu absatzweise arbeitenden Systemen. A. SANDER. 5848□

Herstellung von Natriumhydrogensulfit in Schaumkolonnen. Pál Káldi. (Veszprémi Vegyipari Egyetem Közleményei [Mitt. Univ. Chem. Ind., Veszprém] **4.** 91–99. 1961. Veszprém, Lehrstuhl für chem. Technol.) (Ung.)
Zur Herst. von $NaHSO_3$ aus Na_2CO_3 u. SO_2 wurde die Absorption in einer Überschwemmungskolonne ausgeführt u. die Absorptions-Geschw. in Abhängigkeit der Tellerzahl u. Gas-Geschw. untersucht. Größere Tellerzahl erhöht den Widerstand in der Kolonne, steigert aber auch den Wirkungsgrad. Werden die Löcher auf den Tellern vergrößert, kann die Gas-Geschw. erhöht werden. Aus der abfließenden konz. Lsg. wird das Prod. kristallisiert. J. PLANK. 5848

Versuchsergebnisse der Gasreinigung bei der Ölfirnisherstellung. Ss. G. Bogosslowski. (Маслобойно-Жировая Промышленность [Öl- u. Fett-Ind.] **26.** Nr. 8. 34. Aug. 1960. Moskau, Öl- u. Chemikalienfabrik.) (Russ.)
Beschreibung der Konstruktion u. Arbeitsweise einer App. zur Gasreinigung bei der Ölfirnisherstellung. S. BARYSCHNIKOW. 5850

Die Entstaubung in der Naturstein-Industrie. Günter Osterrieder. (Silikattechnik **12.** 231–33. Mai 1961. Halle, VEB Projekt. Steine u. Erden.) (Dt.)
Die beim Vers.-Einsatz einer Wasserbedüsung zur Herabsetzung der Staub-Entw. in einem Schotter- u. Splittwerk erzielten Ergebnisse zeigen, daß Absaugung u. Wasserbedüsung gemeinsam eine Entstaubung von 72% bewirken. Die Absaugung allein entstaubt nur um 60%. W. WESLY. 5850□

Über die Messung von Staubgehalten und Abscheidegraden. Werner Solbach (Wasser, Luft Betr. **5.** 509–18. Dez. 1961. Lübeck.) (Dt.)
Übersicht über die Verff. zur Best. von Staub-Geh. u. Abscheidungsgraden (Gasmengenmessung, gravimetr. Best. von Staub in strömenden Gasen, Staubmessung in Atemluft, Ermittlung des Abscheidungsgrades), die dazu dienenden Geräte u. ihre Anwendung. — 24 Schrifttumshinweise. W. WESLY. 5850□

Wertbestimmung eines Aerosol-Photometers zur Bestimmung von Zahl und Größe der Staubteilchen. Andrew D. Hosey, Herbert H. Jones und Howard E. Ayer. (Amer. ind. Hyg. Assoc. J. **21.** 491–501. Dez. 1960. Cincinnati, Ohio, U.S. Publ. Health Serv., Occupat. Health Res. and Training Facility.) (Engl.)

Krit. Beurteilung eines Aerosol-Photometers, in dem die gesammelten Aerosole durch ein Lichtbündel geführt u. die einzelnen Teilchen das Licht zerstreuen, eine Photozelle erregen, deren Impulse verstärkt werden. — 14 Schrifttumshinweise.
W. WESLY. 5850 □

Untersuchungen am elektrostatischen Staubgehaltsmeßgerät. Der Einfluß der Temperatur und des Gasdurchsatzes. Wolfgang König und Hans Rock. (Staub **21.** 355—57. 1/8. 1961. Stuttgart, TH, Inst. für Verfahrenstechn. u. Dampfkesselwesen.) (Dt.)

Beschreibung der Arbeitsweise des Staubfühlers Konitest von FEIFEL u. PROCHAZKA (C. **1956.** 13215) u. von Verss. zur Best. der Abhängigkeit des Differenzdruckes von der Durchflußmenge u. des Ableitstroms vom Durchfluß u. von der Temp. für 4 verschiedene Kombinationen von Erregerstaub. W. WESLY. 5850 □

Verflüssigte Gase: Lagerung unter Tiefkühlung oder Druck? N. R. Hower. (Chem. Engng. **68.** Nr. 11. 77—80. 29/5. 1961. Chicago, Ill., Bridge and Iron Co.) (Engl.)

Überblick über die für die Wahl des Lagerungs-Syst. verflüssigter Gase ausschlaggebenden Gesichtspunkte. A. SANDER. 5856 □

Das Höhenverhältnis zwischen den individuellen Übertragungseinheiten in den beiden Phasen eines Zweistoffgemisches beim Rektifizieren. A. Paris und A. Delzenne. (Génie chim. **86.** 83—100. Okt. 1961. Paris/La Madeleine, Etabl. Kuhlmann, Labor. recherches.) (Franz.)

Vers.-Bericht über Trennverss. bin. Gemische mit Hilfe von Rieselkolonnen in An- u. Abwesenheit von Füllkörpern. App., Arbeitsweise u. mathemat. Auswertung der Messungen sowie der Einfl. von Schwankungen der Durchflußmengen auf die Höhen der Übertragungseinheiten in RASCHIG-Kolonnen werden ausführlich behandelt. — 30 Literaturhinweise. A. SANDER. 5864 □

Gasviscosimeter zum Laboratoriumsgebrauch. E. Caffo. (Riv. Combustibili **15.** 635—46. Juli-Aug. 1961.) (Ital.)

Es wird ein neuer Typ eines Viscosimeters für Gase beschrieben, der die Best. der der Luft entsprechenden Viscosität η_r ermöglicht, wenn das spezif. Gew. des zu untersuchenden Gases bekannt ist. Der App. besteht aus 2 verschiedenartigen, hintereinander geschalteten Strömungsmessern (StM); der eine mißt den Druckabfall Δp, dessen Wert vorwiegend von spezif. Gew. des Gases beeinflußt ist u. der andere den bes. stark von η des Gases abhängigen Δp. Wenn die Δp in beiden StM u. auch das spezif. Gew. des Gases bekannt sind, so kann η_r des Gases im Vgl. mit Luft berechnet werden (Abb.).
G. PLATZER. 5886 □

Eine Vorrichtung für die γ-Bestrahlung großer Volumen im Swimming-Pool-Reaktor. K. Haag und R. Häberli. (Neue Techn. [Zürich] **3.** 367—70. Juni 1961. Würmlingen.) (Dt.)

Beschreibung einer großvolumigen γ-Bestrahlungsanlage in einem Schwimmreaktor u. der Ausführung einer Bestrahlung. W. WESLY. 5894 □

Untersuchung einer Reihe von physikalischen Eigenschaften einer Teilchenschicht von künstlichem Graphit. S. R. Gorbiss und W. A. Kalenderjan. (Атомная Энергия [Atomenergie] **11.** 450—54. Nov. 1961.) (Russ.)

An 2 Proben von künstlichem Graphit mit Teilchengrößen von $>$3,5 bis $<$0,3 mm wurden in Abhängigkeit von der Teilchengröße bzw. der Porosität eine Reihe von Eigg. bestimmt: das spezif. u. das Schütt-Gew. (das letztere in Abhängigkeit von der Geschw.), der äußere Reibungswinkel u. die natürliche Neigung der Schicht, die Wärme- u. Temp.-Leitfähigkeit. M. WIEDEMANN. 5894 □

Versuche über die Katalyse der Ozonzersetzung. F. Mahieux. (Génie chim. **87.** 15—17. Jan. 1962.) (Franz.)

Zeolithe u. Silicagel sowie Aktivkohle katalysieren sehr stark die Zers. von O_3, dagegen sind unter den Unterss.-Bedingungen gewisse Reinmetalle, Glas u. gewisse Kunststoffe ganz unwirksam. G. BAUER. 5904

Einfluß bestimmter Wirbelbettfaktoren auf die elektrische Aufladung des Wirbelbetts. S. Koncar-Djurdjevic, L. Capo und D. Vukovic. (Génie chim. **86.** 110—15. Okt. 1961.) (Franz.)

Unterss. der Durchfluß-Geschw. der Luft, der DK u. Zus. der aufgewirbelten Feststoffteilchen sowie der an der Elektrode abgelagerten Ndd. ergaben ein unterschiedliches elektr. Verh., woraus Vff. auf die Möglichkeit einer neuen Stofftrennungs-Meth. schließen.
A. SANDER. 5904 □

Dow Chemical Co., Midland, Mich., übert. von: Raymond A. Smith, Holmes H. McClure, Lake Jackson, und George C. Bond, Freeport, Tex., V.St.A., **Abtrennen von Ammoniak und Blausäure aus einem Gasgemisch.** Das Gas wird mit einer wss. sauren Lsg. gewaschen, die aus W., CH_3COOH u. Ammonacetat besteht. Die

Temp. in der Kolonne liegt bei 50—100°, so daß HCN über Kopf entweicht, während das von der sauren Lsg. absorbierte NH_3 durch Dest. abgetrieben u. aufgefangen wird. (**A. P. 2 899 274** vom 31/12. 1956, ausg. 11/8. 1959.) H. NEBELSIEK. 5849

Imperial Chemical Industries Ltd., London (Erfinder: Ivor Ashton Davies, Norton-on-Tees), England, **Gefrierschutzmittel für Kühlanlagen** auf Basis mehrwertiger Alkohole mit Zusätzen von Korrosionsschutzmitteln, wie lösl. Nitrit u. Alkalisalzen von Carbonsäuren, bestehend aus (a) einem oder mehreren Glykolen oder Glycerin u. auf deren Gew. berechnet (b) geringen Mengen eines Alkalimetallsalzes, bes. eines Na-Salzes einer Carbonsäure mit einer aromat. oder cycl. aliphat. Gruppe mit Ausnahme derjenigen, bei der die Carboxylgruppe von dem Rest durch die —CH=CH—-Gruppe getrennt ist, sowie (c) eines Alkalimetallnitrits, bes. $NaNO_2$, u. (d) eines Puffermittels, das durch ein Alkalimetallborat oder -phosphat, bes. $Na_2B_4O_7$, gebildet wird. Geringe Mengen Ca- u./oder Mg-Verbb. können vorhanden sein. Von den unter (b) genannten Verbb. sind z. B. aufgezählt: Salze der Benzoe-, Phthal-, 1- u. 2-Napthoesäure; 4-Methyl-, 4-Methoxy- u. Hexahydrobenzoesäure; trans-4-Methylcyclohexancarbonsäure; Phenylessigsäure; Cyclohexylessigsäure, 2-Cyclohexylpropionsäure; 2-Naphthoxy- u. 4-Methylphenoxyessigsäure; Cyclohexylglykolsäure u. Dekahydro-2-naphthoxyessigsäure. — Mengenbeispiele u. Tabellen über Korrosionsvergleichsversuche. (**D. A. S. 1 108 985** Kl. 46c vom 4/3. 1959, ausg. 15/6. 1961. E. Prior. 14/3. u. 10/4. 1958 u. 30/1. 1959.) H. SCHINDLER. 5859

Chemical Construction Corp., New York, N.Y., übert. von: Felix A. Schaufelberger, Stamford, Conn., V.St.A., **Konzentrieren verdünnter Salzlösungen**, bes. von Lsgg. der *Sulfate* von *Mg, Zn, Fe, Co, Ni, Mn* sowie deren Gemischen, durch Ausschütteln mit einem flüchtigen, mit W. mischbaren organ. Lösungsmittel. (**Can. P. 553 310** vom 24/7. 1954, ausg. 18/2. 1958. A. Prior. 14/4. 1954.) L. GROSSNER. 5865

United Kingdom Atomic Energy Authority, London (Erfinder: John Desmond Thornton, London, England, und Henry Reginald Clive Pratt, Melbourne, Australien), **Kernreaktor** mit Brennstoffkanälen, die Brennelemente enthalten, deren Spaltungswärme durch ein durch jeden Brennstoffkanal strömendes Kühlmittel abgeführt wird, das aus einer Suspension von Fl.-Teilchen in einem Gas oder Dampf besteht. An den Einlaßenden der Brennstoffkanäle sind Vorr. angebracht, die die Fl.-Teilchen erzeugen u. in den Gas- oder Dampfstrom einbringen. (**D. A. S. 1 113 041** Kl. 21g vom 12/5. 1958, ausg. 24/8. 1961. E. Prior. 13/5. 1957.) H. KESSEL. 5895

English Electric Co. Ltd., London (Erfinder: John Herbert Coupland, Whetstone), England, **Kernreaktor** mit einem Moderator, in dem Brennstoffkanäle gitterartig mit ungleichförmiger Verteilung der Brennstoffdichte über den akt. Bereich des Moderators angeordnet sind. Die Gitterweite ist mindestens in einer Richtung im mittleren Teil des akt. Bereichs merklich kleiner als in den äußeren Teilen. (**D. A. S. 1 115 844** Kl. 21g vom 20/2. 1958, ausg. 26/10. 1961. **Belg. P. 564 996** vom 20/2. 1958, ausg. 15/7. 1960. Beide E. Prior. 20/2. 1957.) H. KESSEL. 5895

Babcock & Wilcox Co., New York, N.Y. (Erfinder: Donald Carroll Schluderberg, Lynchburg, Pa.), V.St.A., **Kernreaktor.** Ein Druckbehälter umgibt die einzelnen Teile der Anlage u. ggf. ihre Verbindungsleitungen (bes. alle Teile des prim. Kreislaufs) als Druckmantel etwa in der Form der eingeschlossenen Teile. (**D. A. S. 1 097 048** Kl. 21g vom 15/9. 1959, ausg. 12/1. 1961. **F. P. 1 235 104** vom 11/9. 1959, ausg. 26/10. 1960. Beide A. Prior. 15/9. 1958.) H. KESSEL. 5895

United Kingdom Atomic Energy Authority (Erfinder: Robert Spence), London, England, **Homogener Kernreaktor.** Der Reaktorbehälter ist mit einer porösen oder perforierten inneren Auskleidung ausgestattet, der eine Fl. zugeleitet wird, die in die Spaltstoff-Fl. eintritt, die Korrosion der Gefäßwandung verhütet oder behindert u. im äußeren Umlaufkreis wieder herausgezogen wird. (**D. A. S. 1 097 051** Kl. 21g vom 11/5. 1957, ausg. 12/1. 1961. **Schwz. P. 352 418** vom 14/5. 1957, ausg. 14/4. 1961. **F. P. 1 175 046** vom 13/5. 1957, ausg. 19/3. 1959. **Belg. P. 557 448** vom 11/5. 1957, ausg. 11/3. 1960. Alle E. Prior. 15/5. 1956. **E. P. 813 723** vom 15/5. 1956, ausg. 21/5. 1959.) H. KESSEL. 5895

General Electric Co. Ltd., London (Erfinder: Geoffrey Herbert Haines und Peter John Grant, Erith), England, **Gasgekühlter Kernreaktor.** Eine einen Werkstoff mit großem Neutroneneinfangquerschnitt enthaltende Abschirmung ist oberhalb des Kerns im Abstand von der Innenwand des Behälters so angeordnet, daß ein Raum entsteht, durch den der Behälter vor dem Auftreten sowohl des aus den Kanälen austretenden Kühlgases wie auch der Neutronen geschützt ist. (**D. A. S. 1 102 920** Kl. 21g vom 26/9. 1957, ausg. 23/3. 1961. **F. P. 1 183 425** vom 26/9. 1957, ausg. 7/7. 1959. **Belg. P. 561 184** vom 27/9. 1957, ausg. 20/5. 1960. Alle E. Prior. 27/9. 1956.) H. KESSEL. 5895

Commissariat à l'Énergie Atomique (Erfinder: Pierre Jean Ricard), Paris, Frankreich, **Siedewasser-Kernreaktor** mit innerhalb eines Druckgefäßes unmittelbar nebeneinander senkrecht angeordneten Zellen, die an ihren oberen Enden durch Kamine mit Wasserabscheidern verlängert sind, von denen das abgeschiedene W. nach außen in einen die Zellenanordnung umgebenden Reflektorraum abfließt. Ein Stauorgan in Form eines um die Kamine herum angeordneten, mit über seine Wandung verteilten Durchflußöffnungen versehenen Staumantels hält das W. in dem Raum über den Zellen zurück u. regelt den Abfluß in den Reflektorraum. (**D. A. S. 1 119 422** Kl. 21g vom 3/8. 1959, ausg. 14/12. 1961. F. Prior. 14/8. 1958. **F. P. 1 207 124** vom 14/8. 1958, ausg. 15/2. 1960.) H. KESSEL. 5895

United States Atomic Energy Commission, Washington, D.C. (Erfinder: Samuel Untermyer, Atherton, Calif.), V.St.A., **Verfahren zum Betrieb einer Gruppe von n mit D_2O moderierten, mit natürlichem U beschickten heterogenen Kernreaktoren.** Zur besseren Ausnutzung des ^{235}U-Geh. des natürlichen U wird der 1. u. der n-te Reaktor mit gleichen Gew.-Mengen von natürlichem U u. von einem an ^{235}U soweit verarmten U beschickt, daß der ^{235}U-Geh. das $(1-a)^{(n-1)}$-fache des normalen ^{235}U-Geh. beträgt, worin a der Bruchteil des in jedem Reaktor erzielten Abbrandes ist. Der 2. u. der (n-1)-te Reaktor wird mit gleichen Gew.-Mengen von einem U, das den $(1-a)$-fachen ^{235}U-Geh. des natürlichen U aufweist, u. von einem U, das den $(1-a)^{(n-2)}$-fachen ^{235}U-Geh. des natürlichen U aufweist, beschickt, usw. für jeden der n-Reaktoren, die bis auf einen ^{235}U-Abbrand a betrieben werden. Der Brennstoff wird zur Entfernung von Pu u. von Spalt-Prodd. aufgearbeitet. Das am stärksten an ^{235}U verarmte U wird entfernt. Die Reaktoren werden dann erneut mit dem aufgearbeiteten Brennstoff u. einer frischen Ladung an natürlichem U beschickt u. der Kreislauf in der angegebenen Art fortgesetzt. (**D. A. S. 1 106 884** Kl. 21g vom 20/9. 1957, ausg. 18/5. 1961. **F. P. 1 183 732** vom 9/9. 1957, ausg. 13/7. 1959. **Belg. P. 560 742** vom 11/9. 1957, ausg. 6/5. 1960. **E. P. 834 701** vom 20/8. 1957, ausg. 11/5. 1960. Alle A. Prior. 21/9. 1956. **A. P. 2 856 337** vom 21/9. 1956, ausg. 14/10. 1958.) H. KESSEL. 5895

Commissariat à l'Énergie Atomique, Paris (Erfinder: Claude Robert, Neuilly-sur-Seine, und Jean Tillequin, Paris), Frankreich, **Kernreaktor zum Schiffsantrieb.** Der Reaktorkern ist gegen den Behälter über eine 1. Gruppe von radialen Schwingen abgestützt, deren obere Enden am Reaktorkern gelenkig befestigt u. deren untere Enden bei einigen der Schwingen am Behälter angelenkt, bei anderen mit dem Behälter elast. so verbunden sind, daß sie bei Bewegungen des Kerns gegen den Behälter Rückstellkräfte liefern. Der Behälter ist seinerseits gegen den Schiffskörper über eine 2. Gruppe radialer Schwingen abgestützt, deren obere Enden am Behälter gelenkig befestigt u. deren untere Enden bei einigen der Schwingen am Schiffskörper angelenkt, bei anderen mit dem Schiffskörper elast. so verbunden sind, daß sie bei Bewegungen des Behälters gegen den Schiffskörper Rückstellkräfte liefern. Die 2. Gruppe von Schwingen liegt in der Verlängerung der Schwingen der 1. Gruppe. (**D. A. S. 1 100 192** Kl. 21g vom 10/8. 1959, ausg. 23/2. 1961. F. Prior. 27/8. 1958.) H. KESSEL. 5895

André Huet, Paris, Frankreich, **Anordnung der Brennstoffstäbe eines Kernreaktors,** bei der diese in eine sd. Fl. tauchen u. je ein Bündel von einzeln für sich umhüllten Einzelstäben im Innern eines Mantelrohres angeordnet ist, das mit Öffnungen für den Durchtritt der Fl. versehen ist. Das Mantelrohr ist um eine Achse drehbar. Zur intensiven Besprühung der Oberfläche der Brennstoffstäbe wird der Fl. eine Bewegung relativ zu den Brennstoffstäben erteilt. (**D. A. S. 1 120 033** Kl. 21g vom 26/5. 1959, ausg. 21/12. 1961. F. Prior. 27/5. 1958. **F. P. 1 200 880** vom 27/5. 1958, ausg. 24/12. 1959.) H. KESSEL. 5895

United Kingdom Atomic Energy Authority, London (Erfinder: Jack Jones Griffiths, Warrington), England, **Kernreaktor-Druckbehälter** mit einer Kühlmittelabflußleitung in seinem oberen Bereich, einer Druckkammer, die sich nach unten aus einer Bodenöffnung heraus erstreckt, ein offenes Ende im Druckbehälter u. eine Kühlmitteleinlaßleitung aufweist, die außerhalb zu einer Kammer führt, u. mit einem Gittersockel für den Reaktorkern im Druckbehälter. Sowohl dieser als auch der Gittersockel ruhen auf der Druckkammer. (**D. A. S. 1 101 635** Kl. 21g vom 12/6. 1958, ausg. 9/3. 1961. **F. P. 1 199 141** vom 16/6. 1958, ausg. 11/12. 1959. Beide E. Prior. 17/6. 1957. **E. P. 844 401** vom 17/6. 1957, ausg. 10/8. 1960.) H. KESSEL. 5895

United Kingdom Atomic Energy Authority, London (Erfinder: Stanley Hackney, Warrington), England, **Moderatoraufbau für Kernreaktoren.** Blöcke von abwechselnd größerem u. kleinerem Durchmesser sind so angeordnet, daß entlang jeder Linie, die innerhalb einer Schicht durch die ineinandergreifenden Ecken der größeren Blöcke in der Schicht gebildet wird, die Richtung des kleinsten WIGNER-Wachstums zwischen den Blöcken so abwechselt, daß sie zunächst in der genannten Linie u. dann quer zu ihr verläuft, u. zwar in den kleineren Blöcken senkrecht zur Schichtebene. (**D. A. S. 1 104 629** Kl. 21g vom 30/6. 1958, ausg. 13/4. 1961. **F. P. 1 197 491** vom 30/6. 1958, ausg. 1/12. 1959. Beide E. Prior. 1/7. 1957.) H. KESSEL. 5895

English Electric Co. Ltd., London (Erfinder: Douglas Frank Seymour und John Walton, Whetstone), England, **Moderatoraufbau für Kernreaktoren** ist mit radialem Abstand von Gestängeteilen umgeben, die an ihren aneinanderstoßenden Enden gelenkig mit einem sich nach außen erstreckenden Verbindungsteil verbunden sind, das seinerseits an einer außerhalb des Gestängeringes gelegenen Stelle gelenkig mit einem sich radial nach innen erstreckenden Stützglied verbunden ist, das innerhalb des Gestängeringes am Moderatoraufbau anliegt u. diesen abstützt. Die Gestänge u. Verbindungsteile sind in Umfangsrichtung relativ zum Moderatoraufbau frei beweglich, so daß sich die Zugspannungen in den Gestängeteilen prakt. ausgleichen. (**D. A. S. 1 117 788** Kl. 21g vom 22/1. 1958, ausg. 23/11. 1961. E. Prior. 4/2. 1957.) H. KESSEL. 5895

Commissariat à l'Énergie Atomique, Paris (Erfinder: Georges Lemesle, Roland Roche, Paris, und Pierre Rougé, Gif-sur-Yvette), Frankreich, **Moderatoraufbau für Kernreaktoren.** Zwischen dem Stapel der Graphitblöcke u. dem ihn umgebenden Druckgefäß ist mit Spiel ein auf dem gleichen Boden wie der Blockstapel stehender starrer Käfig angeordnet. Einerseits an diesen, andererseits an die zusammenzudrückenden Blöcke stützen sich federnde Organe ab. (**D. A. S. 1 118 372** Kl. 21g vom 7/11. 1958, ausg. 30/11. 1961. **Schwz. P. 352 059** vom 30/10. 1958, ausg. 30/3. 1961. Beide F. Prior. 8/11. 1957.) H. KESSEL. 5895

Commissariat à l'Énergie Atomique, Paris (Erfinder: Georges Lemesle, Roland Roche, Paris, und Pierre Rougé, Gif-sur-Yvette), Frankreich, **Moderatoraufbau für Kernreaktoren.** Zwischen den Unterenden der Kühlkanäle der Moderatorsäulen u. den Kühlleitungsmündungen des Tragsockels liegen starre rohrförmige Tragzylinder, die die Kühlkanäle fortsetzen. Die Moderatorsäulen haben unten u. die Tragzylinder oben sphär. Auflageflächen, deren gemeinsame Mittelpunkte auf den Tragzylinderachsen liegen u. die kugelgelenkartig aufeinander gestützt sind u. gegen das Kühlmittel abdichten. (**D. A. S. 1 122 641** Kl. 21g vom 7/11. 1958, ausg. 25/1. 1962. **Schwz. P. 350 725** vom 30/10. 1958, ausg. 31/1. 1. 1961. **E. P. 853 083** vom 4/11. 1958, ausg. 2/11. 1960. Alle F. Prior. 9/11. 1957. **F. P. 1 192 270** vom 9/11. 1957, ausg. 26/10. 1959.) H. KESSEL. 5895

United Kingdom Atomic Energy Authority (Erfinder: Sidney Fawcett), London, England, **Regelung von Kernreaktoren** mit positivem Temp.-Koeff. der Wrkg. des Moderators auf die Reaktivität beruht auf der Teilung des den Reaktor durchströmenden Kühlmittels in einem Brennelement- u. einen Moderatoranteil u. einer einstellbaren Vorr. zur selbsttätigen Änderung der relativen Größe dieser Anteile. (**D. A. S. 1 105 531** Kl. 21g vom 26/6. 1959, ausg. 27/4. 1961. **Oe. P. 211 926** vom 26/6. 1959, ausg. 10/11. 1960. **F. P. 1 231 292** vom 25/6. 1959, ausg. 28/9. 1960. Alle E. Prior. 27/6. 1958 u. 9/6. 1959.) H. KESSEL. 5895

Atomic Energy of Canada Ltd., Ottawa, Ontario, Canada, übert. von: Aubrey K. Brewer, Samuel L. Madorsky und T. Ivan Taylor, Washington, D.C., V.St.A., **Anreicherung von Uranisotopen** durch Mol.-Dest. von U-Polyalkoxiden. Pentaäthoxy- u. Penta-n-propoxy-U werden bei 10^{-7} bis 10^{-3} Torr u. 85—200° dest., wobei sich die ^{238}*U-Verbb.* im Rückstand anreichern. — Zeichnungen. (**Can. P. 553571** vom 20/3. 1946, ausg. 25/2. 1958.) L. GROSSNER. 5895

United States Atomic Energy Commission, Washington, D.C., übert. von: Loranus P. Hatch, Brookhaven, Francis T. Miles, Blue Point, Thomas V. Sheehan, Hampton Bays, Richard H. Wiswall, Mt. Sinai, und Raymond J. Heus, Smithtown Branch, N.Y., V.St.A., **Kontinuerliche Abtrennung von Th-Bestrahlungsprodukten.** ^{233}*U* wird erhalten durch Neutronenbestrahlung von fein verteiltem ThF_4, Mischen des Bestrahlungs-Prod. mit einem F-haltigen Gas u. Verbrennen dieses Gemisches mit einem H_2-haltigen Gas, worauf die geschmolzenen Fluoridpartikel u. die flüchtigen Prodd. getrennt gesammelt werden. — Zeichnung. (**Can. P. 553 573** vom 13/4. 1956, ausg. 25/2. 1958. A. Prior. 27/5. 1955.) L. GROSSNER. 5895

Egyesült Izzólámpa és Villamossági R. T. (Erfinder: Stephan Gresz, Georg Kádár und Georg Telegdy), Budapest, Ungarn, **Oxidkathoden** erhält man durch Auftragen einer Kathodenmasse, die mindestens 2 Erdalkalicarbonate enthält u. frei von SiO_2 u. ThO_2 ist, auf einen Kathodenkern u. anschließendes Ausglühen der Masse in einem nicht oxydierenden Gasstrom bei 1600°, wobei sich ein glasartiger Überzug bildet. Die Masse kann noch Zr_2O_3 als Zuschlagstoff enthalten. (**Ung. P. 144 034** vom 26/4. 1956, ausg. 15/1. 1958.) G. KÖNIG. 5905

Dow Chemical Co., übert. von: **Ronald H. Cooper**, Midland, Mich., V.St.A., *Silicon-Phenolharze.* (**Can. P. 553 510** vom 29/1. 1955, ausg. 25/2. 1958. A. Prior. 8/3. 1954. — C. **1959.** 7911 [F. P. 1 120 338].)

Shawinigan Chemical Ltd., Montreal (Erfinder: **Leo M. Germain**, Shawinigan Falls), Quebec, Canada, *Herstellung von Huminsäuregranulat.* (**Can. P. 552 805** vom 4/10. 1956, ausg. 4/2. 1958. A. Prior. 15/10. 1955. — C. **1959.** 2924 [A. P. 2 815 329].)

Rohm & Haas Co. (Erfinder: **Edward Francis Riener**), *Ionenaustauschende Harze.* (**Aust. P. 224 298** vom 22/10. 1957, ausg. 29/10. 1959. A. Prior. 2/11. 1956. — C. **1960.** 4308 [D. A. S. 1 068 019].)

Rohm & Haas Co., Philadelphia, Pa., V.St.A., *Herstellung von Aminoaustauschharzen aus Chlorhydrinestern der Acrylsäuregruppe.* (**E. PP. 867 396, 867 397** u. **867 398** vom 27/11. 1957, ausg. 10/5. 1961. Alle A. Prior. 28/11. 1956. — C. **1960.** 249 [D. A. S. 1 058 262].)

Farbenfabriken Bayer Akt.-Ges., Leverkusen, *Herstellung von Anionenaustauschharzen.* (**E. P. 867 449** vom 2/12. 1958, ausg. 10/5. 1961. D. Prior. 2/12. 1957. — C. **1960.** 17234 [D. A. S. 1 054 715].)

Union Carbide Corp., V.St.A. (Erfinder: **Robert Mitchell Milton**), *Kristalline, synthetische Zeolithe.* (**F. P. 1 212 146** vom 27/8. 1958, ausg. 22/3. 1960. A. Prior. 4/9. 1957. — C. **1961.** 13682 [D. A. S. 1 102 118].)

Union Carbide Corp., V.St.A. (Erfinder: **Donald Wesley Breck** und **Nancy Anne Acara**), *Kristalline, synthetische Zeolithe.* (**F. P. 1 212 192** vom 9/9. 1958, ausg. 22/3. 1960. A. Prior. 19/9. 1957. — C. **1961.** 13682 [D. A. S. 1 100 008].)

Union Carbide Corp., V.St.A. (Erfinder: **Donald Wesley Breck** und **Nancy Anne Acara**), *Kristalline, synthetische Zeolithe.* (**F. P. 1 213 609** vom 12/9. 1958, ausg. 1/4. 1960. A. Prior. 20/9. 1957. — C. **1961.** 11083 [D. A. S. 1 098 928].)

Union Carbide Corp., V.St.A. (Erfinder: **Donald Wesley Breck** und **Nancy Anne Acara**), *Herstellung kristalliner, synthetischer Zeolithe.* (**F. P. 1 211 594** vom 25/8. 1958, ausg. 17/3. 1960. A. Prior. 26/8. 1957. — C. **1961.** 11083 [D. A. S. 1 099 511].)

Pechiney Comp. de Produits Chimiques et Électrométallurgiques, Frankreich (Erfinder: **Jean Claude Hutter, Lucien Pingard** und **Séraphin Lacroix**), *Wiedergewinnung von gasförmiger Fluorwasserstoffsäure.* (**F. P. 1 209 223** vom 3/7. 1958, ausg. 29/2. 1960. — C. **1961.** 8065 [D. A. S. 1 091 994].)

Chemical Construction Corp., New York, N.Y., übert. von: **Felix A. Schaufelberger**, Stamford, Conn., V.St.A., *Konzentrieren von Lösungen ohne Verdampfung.* (**Can. P. 553 311** vom 11/8. 1954, ausg. 18/2. 1958. A. Prior. 5/2. 1954. — C. **1958.** 12792 [A. P. 2 780 530].)

Atomic Energy of Canada Ltd., Ottawa (Erfinder: **Donald E. Mc Kenzie**, Deep River), Ontario, Canada, *Behandlung von Plutonium–Aluminium-Legierungen.* (**Can. P. 552 481** vom 12/4. 1956, ausg. 28/1. 1958. — C. **1960.** 251 [F. P. 1 169 497].)

English Electric Co. Ltd. (Erfinder: **Dermot Frederick Hughes**), *Brennstoffelement.* (**Aust. P. 224 246** vom 4/9. 1957, ausg. 29/10. 1959. E. Prior. 5/9. 1956. — C. **1959.** 6914 [D. A. S. 1 042 774].)

Kurt Peters, *Herstellung komplexer Verbindungen.* (**Aust. P. 224 277** vom 29/5. 1957, ausg. 29/10. 1959. Oe. Prior. 2/6. 1956. — C. **1961.** 5566 [D. A. S. 1 079 599].)

W. N. Ushow, Reinigung von Industriegasen mit Elektrofiltern. Moskau: Gosschimisdat. 1962. (299 S. m. Abb.; 2 Bl. Zeichng.) 99 Kop. [Russ.]

II. Betriebsschutz. Feuerschutz

Bekämpfung von Strahlungsgefahren in Kernkraftwerken. A. J. Kavale. (Air Condit., Heating Ventilating **58.** Nr. 12. 62—70. Dez. 1961. New York, N.Y., Ebasco Serv., Inc.) (Engl.)

Beschreibung der Maßnahmen (Belüftung, Filter usw.) zur Bekämpfung von Strahlungsgefahren in den Bereichen (Turbinenbau, Maschinenhaus, Eingang für Personal u. Besucher, Bau mit radioakt. Müll, Reaktorgebäude) von Kernkraftwerken. W. Wesly. 5932□

Schutz gegen Verseuchen und Korrosion von in Isotopenlaboratorien benützten Metallgeräten mittels Kunststoffbelag. Aladár Imre. (Magyar fizik. Folyóirat [Ung. physik. Z.] **9.** 477—80. Dez. 1961. Budapest, Forsch.-Inst. NE-Metalle.) (Ung.)

Vf. gibt Vorschriften zur Herst. von PVC bzw. Telkoten-Schichten, welche die Geräte schützen u. leicht abgezogen werden können. J. Plank. 5932

Zum Verhalten metastabiler Aerosole. Othmar Preining. (Staub **21.** 500—04. 15/11. 1961. Wien, Univ., 1. Physikal. Inst.) (Dt.)

Das Zusammenwirken von tox. Spurengasen u. Aerosolen bei der Luftverschmutzung u. ein Modell zur Deutung werden beschrieben. Das Aerosolspektrometer eignet sich zur Unters. metastabiler Anlagerungen von Gasen an Teilchen. Beispiele zeigen, daß die meisten natürlichen u. anthropogenen Aerosole teilweise aus metastabilen Teilchen bestehen. Teilchen von ca. 3μ sind am unstabilsten. An 2 künstlichen Aerosolen wird der Einfl. von Begleitstoff u. Teilchengröße auf ihre Wrkg. auf eine Oberfläche gezeigt. W. Wesly. 5948□

Über die Messung atmosphärischer Verunreinigungen mit Hilfe von Filtrierpapieren. Etel Kemény. (Staub **21.** 504—06. 15/11. 1961. Pretoria, Council for Sci. and Ind. Res., Nat. Physic. Res. Labor.) (Dt.)

Unterss. an Filterpapiergeräten zeigen, daß ein Verschmutzungsgrad nur gefunden werden kann, wenn zwischen Extinktion u. Ansaug-Vol. der Berechnung die Gleichung $E^{5/3} = aV$ zugrunde liegt. W. Wesly. 5948□

Spektrographische Spurenanalyse von Feststoffpartikeln in der Luft. M. M. Braverman, Frederick A. Masciello und Vera Marsh. (J. Air Pollut. Control Assoc. **11.** 408—09. 427. Sept. 1961.) (Engl.)

Bei der entwickelten neuen Meth. genügen kleine, kurzzeitig genommene Proben, in der Regel Fleckenproben auf Filterpapier. Experimentelle Besonderheiten, App., Vorbereitung der Chemikalien sowie die Probenahme u. die Veraschung des Filterpapiers werden beschrieben. Die Werte werden graph. dargestellt u. im Vgl. mit Kalibrationskurven ausgewertet. Die Genauigkeit in der Best. der einzelnen Komponenten beträgt im allg. 10—20%. B. FRANZ. 5948□

Ss. N. Ardaschnikow, Ss. M. Goldin, A. W. Nikolajew u. a., Der Schutz gegen radioaktive Strahlen. Lehrbuch für Hochschulen. Moskau: Metallurgisdat. 1961. (421 S.) 1 Rbl. 07 Kop. [Russ.]

III. Elektrotechnik

Phosphatschichten zur Isolation von Elektroblechen. Blum. (Blech **8.** 447—55. Juni 1961.) (Dt.)

Übersicht über die Isolation von Elektroblech durch Zn- u. Erdalkaliphosphatschichten, deren Aufbringung, Rkk. mit dem Grundwerkstoff u. Eigenschaften. — 14 Schrifttumshinweise. W. WESLY. 5956□

Ein neuer thermoionischer Generator. D. Gabor. (J. Instn. electr. Engr. **7.** 287—88. Mai 1961. London, Imp. Col. of Sci. and Technol.) (Engl.)

Vf. beschreibt einen thermoion. Generator, in dem die Kompensation der Elektronen-Raumladung durch positive Ionen auf eine einfache u. sehr wirksame Weise erfolgt. Die Anlage besteht aus der den Elektronenstrom liefernden Kathode, die über eine keram. Scheidewand erhitzt wird, u. einer wabenförmigen Collector-Elektrode, die durch ein Kühlsyst. auf niedriger Temp. gehalten wird. Die Collector-Zellen werden oben durch feinmaschige Metall-Gaze abgeschlossen, die den Hauptentladungs-Raum von einem Hilfsentladungsraum, der die Ionen liefert, trennt. Der zweite Entladungsraum enthält eine Hilfsanode, deren Potential ungefähr 10 V über dem der Collector-Elektrode liegt. Hierdurch gelingt es, in einer Ar-Atmosphäre von einigen Torr eine Glimmentladung aufrechtzuerhalten. Durch die Maschen der Metallgaze tritt ein Strom von Elektronen, deren Energie ausreicht, eine Ionisierung herbeizuführen. Ein Teil der Ionen tritt durch die Gaze in den Hauptentladungsraum ein. Zur Erzielung einer optimalen Kompensation der Raumladung genügt es, $^1/_3$-1% des Hauptentladungsstromes in den Hilfsentladungsraum zu leiten. Die Klemmenspannung beträgt bei optimaler Belastung ungefähr 1,4 V, wovon nach der beschriebenen Meth. weniger als 0,1 V für die Ionen-Bldg. abgezweigt wird. Die Temp. der Kathode liegt bei 1500 bis 1800°, die der Collector-Anode bei 100—300°. Kombiniert man zwei der beschriebenen Generatoren in einer Anlage, dann ist es möglich, Wärme direkt in Wechselstrom umzuformen. Bei Verw. der zur Zeit günstigsten Materialien liegt der Wrkg.-Grad einer solchen Anlage bei 30% für die Erzeugung von Gleichstrom u. bei 21% für Wechselstrom. E. WINKLER. 5970□

Bericht über die für die Fabrikation von MADT-Tansistoren angewandte Technik des dendritischen Wachstums. C. G. Thornton und R. C. Musa. (Electronics **33.** 98 bis 101. 11/11. 1960. Lansdale, Pa., Philco Corp., Semiconductor Res. and Dev.; Chem. and Metallurgy Dep.) (Engl.)

MADT ist die Abkürzung für „Germanium Micro Alloy Diffused-Base Transistors". Beschreibung des Verfahrens. C. GOTTFRIED. 5976

Stromdichteverteilung und Spannungsabfall nach der Anodenhöhe in einem vertikalen Chlorbad mit Diaphragma. A. T. Kolotuchin und Je. W. Mulin. (Химическая Промышленность [Chem. Ind.] **1960.** 395—99. Juli/Aug.) (Russ.)

In einer 2 m hohen Elektrolysezelle für die NaCl-Elektrolyse ist die 6—7-teilige Kathode (Fe-Gitterplatten) von 1,2—1,4 m Höhe durch ein filtrierendes Diaphragma von der Anode (1—2 Graphitstäbe, 1,5 m hoch) getrennt. Die Sole-Konz. beträgt 310 g pro Liter. Die Stromdichte hängt annähernd linear von der Anodenhöhe ab. Ihre Verteilung wird, wenn im Anodenraum ein Umlaufkanal vorliegt, durch den Widerstand der Anode bestimmt; wenn dies nicht der Fall ist, überwiegt der Einfl. der Gasfüllung des Anodenraumes; bei Stromzuführung am Oberteil der Anode nimmt die Stromdichte von oben nach unten etwas zu. Für den Spannungsabfall an der Anode werden Gleichungen abgeleitet; die danach vorgenommenen Berechnungen zeigen, daß während des Betriebs die Ungleichmäßigkeit der Stromdichteverteilung zunimmt; dasselbe gilt für die Verteilung der Lauge-Konz. in der Kathodenhöhe. R. K. MÜLLER. 5992□

Über den Funktionsmechanismus von Silberdrahtelektroden in gemischten Chloridschmelzen bei erhöhter Temperatur. R. Winand. (Silicates ind. **26.** 331—40. Juli/Aug. 1961. Brüssel, Univ. L. B., Labor. Mét. et Électrochim.) (Franz.)

Nach einer Erörterung der Begriffe Elektroden 1. u. 2. Grades u. der entsprechenden Lsgg. oder Salzschmelze-Mischungen wird die Theorie nach Temkin zur Berechnung der EMK, welche bei Anwendung von Reinsilberdraht als Bezugs- oder Vgl.-Elektrode auftritt, herangezogen. Die Ag-Drahtelektrode bei Chloridschmelzen ist im Temp.-Gebiet von 450—950° eine Elektrode 1. Grades, d. h. ihr Potential zum Elektrolyten wird bestimmt durch die Aktivität der Ag^+-Ionen im Bad. Ist dieses nicht von vornherein Ag^+-haltig, stellt sich ein Beharrungszustand bis zur Bldg. eines Diffusionsfilmes von AgCl auf dem Ag-Draht ein. In Salzschmelzen sehr niedriger Temp. (ca. 150° durch Zusatz von Nitraten) erscheint ein Ag-Draht gegenüber Cl-Elektrolyten als Elektrode 2. Grades. — Es wird die Möglichkeit der Leg.-Bldg. Ag–Na als Ursache der Aktivität erörtert. — 16 Literaturangaben. R. Kaiser. 5992□

Plessey Co. Ltd. (Erfinder: Frederick Claud Cowlard und Leighton George Penhale), **Herstellung von Halbleitermaterial.** Durch therm. Zers. einer gasförmigen Verb. des Si wie Silan u. einer B-Verb., wie Boran, u. einer P-Verb. wie Phosphin, letztere beiden als Zusatzstoffe, wird ein kompakter krist. Körper erhalten. (**Aust. P. 228129** vom 7/11. 1957, ausg. 2/6. 1960.) K. Demmler. 5953

Metropolitan-Vickers Electrical Co. Ltd., London, übert. von: George Richard Antell, Sale, und Tudor Wyndham Roberts, Rhymney, England, **Reinigung von Halbleitermaterial,** z. B. *As*. Das verunreinigte As wird oxydiert u. mittels eines H_2-Stromes in einen Rk.-Behälter getragen, in dem bei entsprechender Temp. das As-Oxid u. die Oxide der Verunreinigungen red. u. das As in einem Kondensator abgeschieden wird, während die flüchtigen Verunreinigungen, z. B. S, mit dem Red.-Gasen abgeleitet werden. Das gereinigte As eignet sich zur Herst. von Halbleitermaterial, z. B. Legg. des As mit *Al*, *Ga* u. *In*. Abbildungen. (**A. P. 2975048** vom 25/11. 1958, ausg. 14/3. 1961. E. Prior. 27/11. 1957.) M. Neckermann. 5953

Sprague Electric Co., übert. von: Thomas I. Prokopowicz, North Adams, Daniel R. Norton und Fielding Brown, Williamstown, Mass., V.St.A., **Keramische Formkörper mit hoher Dielektrizitätskonstante,** bes. für elektr. Kondensatoren. Zur Herst. wird $BaTiO_3$, Kerngröße 1—2 μ mit TiO_2, im stöchiometr. Überschuß von 2—9 Mol-% gemischt, unter Druck verformt u. in Ggw. von Luft 4 Std. bei 1275—1320° gesintert, wobei nicht mehr als 2% Poren verbleiben. Nachbehandlung durch Erhitzen der gesinterten Formlinge während 1—3 Std. auf 1150—1200°. (**A. P. 2966420** vom 3/5. 1957, ausg. 27/12. 1960.) G. Frikell. 5957

Comp. Géneral d'Électricité, Paris, Frankreich, *Separator für Akkumulatoren.* (**Belg. P. 547 679** vom 9/5. 1956, ausg. 6/11. 1959. F. Prior. 10/5. 1955. — **C. 1961.** 14788 [F. P. 1 126 034].)

Egyesült Izzólámpalés Villamossági R. T. (Erfinder: **Franz Kardos**), *Fluorescierender Stoff.* (**Ung. P. 144 699** vom 4/7. 1956, ausg. 15/3. 1959. — **C. 1961.** 4843 [D. A. S. 1 086 834].)

General Electric Co., übert. von: **Warner W. Schultz**, Schenectady, N.Y., V.St.A., *Herstellung eines Leuchtschirms.* (**Can. P. 553 827** vom 17/12. 1952, ausg. 4/3. 1958. A. Prior. 15/3. 1952. — **C. 1960.** 1726 [A. P. 2 740 050].)

IV. Wasser. Abwasser

Angaben zur Kenntnis des Lichtklimas des Balaton. Über die Ursache der Wassertrüben und deren Auswirkungen. Béla Entz und E. Margit Fillinger. (Ann. Inst. biol. (Tihany) hung. Acad. Sci. **28.** 49—89. 1961.) (Ung.)

Die starke opt. Labilität des Balatonwassers ist Folge des schwebenden Sestons (größtenteils Abioseston), welches die Lichtdurchlässigkeit des Seewassers weitgehend beeinflußt. Die Verminderung der Durchsichtigkeit wird durch den vom Wind verursachten Wellenschlag u. Tiefe des W. beeinflußt. Die Sedimentierung der aufgewirbelten Schlammteilchen erfolgt durch unmittelbares Sonnenlicht rascher, die Schlammteilchen werden flockig u. fallen aus. J. Plank. 6010

Verdorbenes Grundwasser. W. Semmler. (Schlägel u. Eisen **1960.** 534—41. Aug. Essen) (Dt.)

Die Veränderung von Brunnenwasser durch Einw. von z. B. Halden u. chem. Anlagen wird untersucht u. an Beispielen erläutert. H. Korfmann. 6010□

Erfahrungen bei der Aufbereitung von Saalewasser. Heinz Junghanns. (Chem. Techn. **14.** 11—16. Jan. 1962. Leuna, VEB Leuna-Werke „Walter Ulbricht".) (Dt.)

Da das aufzubereitende Saalewasser einen starken Schwebestoff-Geh. hat, der mit einer einfachen Rechenanlage nicht zurückgehalten werden kann, mußte zur Leistungssteigerung der vorhandenen Reisert- u. Wabag-Filter noch ein Kiesfilter mit einer Körnung von 3—4 mm vorgeschaltet werden. Während der Zuckerrübenkampagne trat starke Bldg. des Abwasser-Pilzes *Phaerotilus natans* auf, wodurch die Filter zum Erliegen kamen. Durch Aufreißen des Filters u. Abspülen mit Spülwasser konnte Abhilfe geschaffen werden. Bei lang anhaltender höherer Wasser-Temp. (Sommer 59) trat starker Bewuchs mit Moostierchen (*Bryozoa*) ein. Der Bewuchs konnte nur durch mechan. Behandlung, nicht durch Chlorung entfernt werden. F. ROSENDAHL. 6016 □

Kalküberzug gegen Korrosion von Wasserleitungen. R. F. McCauley. (Water Sewage Works **107.** 276—81. Juli 1960. East Lansing, Mich., State Univ., Dep. of Civil Engng.) (Engl.) — Vgl. C. **1962.** 3221.

In frisch mit Sandstrahl gereinigten Eisenrohren wurden mit übersätt. $CaCO_3$-Lsgg. (ca. 12—14 mg/Liter Ca-Überschuß) unter Zusatz von Polyphosphat (0,4—0,6 mg pro Liter) u. NaOH (pH = 9) bei Strömungs-Geschw. von 4—6 feet/s in etwa 2 Std. harte, durchscheinende Überzüge erzeugt, die auch nach 6 Monaten Betrieb mit kalkgesätt. W. keine Korrosion zeigten. Auf korrodierten Oberflächen bildeten sich keine dichten Überzüge, ebenso bei zu niedrigen Strömungs-Geschw. — 11 Literaturangaben. H. KORFMANN. 6030 □

Übersicht über die Literatur von 1960 über Abwasser und Kontrolle der Abwasserverunreinigung. H. Heukelekian, R. M. Manganelli, T. A. Alspaugh, E. J. Berg, H. F. Clark, C. H. Connell, W. E. Dobbins, G. P. Edwards, M. B. Ettinger, D. G. Foulke, T. de S. Furman, P. E. Gaffney, I. Gellman, H. G. Harding, J. D. Helwig, R. D. Hoak, R. S. Ingols, W. M. Ingram, P. W. Kabler, M. Katz, F. W. Kittrell, N. J. Lardieri, H. G. Luley, P. H. McGauhey, R. Porges, A. J. Steffen, C. Straub, C. M. Tarzwell, G. H. Teletzke, W. W. Towne, H. A. Trebler, E. C. Tsivoglou, E. Weisberg und R. L. Woodward. (J. Water Pollut. Control Federat. **33.** 445—76. Mai. 549—84. Juni u. 681—710. Juli 1961.) (Engl.)

In den 3 Artikeln wird die 1960 erschienene Literatur über analyt. Meth., Schlamm, industriellen Abfall u. Flußverunreinigung zusammengefaßt. *1. Artikel*: a) Analyt. Verff.: Best. von Anionen, gelöstem O_2, Metallen, N-haltigen Substanzen. b) Häusliche Abwässer: Physikal. u. chem. Meth., biolog. Filtration, Belebtschlamm, Desinfektion, Schlammvergärung, -entfernung u. -verwendung, Detergentien, Absetzbecken — ca. 220 Literaturstellen. *2. Artikel*: Angaben über Abwässer folgender Industrien: Nahrungsmittel (Zucker, Milch, Fleisch), Fermentationsprozesse, chem. u. pharmazeut. Werke, Kohle u. Kokereien, Petroleum, Galvanisierung, Papierherst. (Sulfite), Textilien, Atomspaltung, Bergwerke — ca. 280 Literaturstellen. *3. Artikel*: Angaben über Abwässer folgender Industrien: biolog. Verff. (Metallgifte, tox. Material, hervorgerufen durch Algen), radioakt. Abfälle; auf dem Gebiet der Mikrobiologie werden zahlreiche Fälle von Seuchen aus verschiedenen Ländern mit Angabe der Keim-Konzz. beschrieben. Angaben über O_2-Verbrauch u. Selbstreinigung der Flüsse, Standardwerte für Verunreinigung der Flüsse, Einw. von Abwasser auf die Wasserversorgung. — 220 Literaturstellen. H. DORSCH. 6036

Chemische Koagulation und Druckflotation zur Entfernung von Flugzeug-Abfallölen aus Wasser. Edward J. Mahood. (Wastes Engng. **31.** 434—37. Aug. 1960.) (Engl.)

Die Abwässer des United Air-Lines Flugplatzes in San Francisco wurden von freiem Öl sowie von sehr stabilen Öl-Lsgm.-W.-Emulsionen befreit. Zur Anwendung kam die Druckflotation in Verbindung mit chem. Koagulation mit Hilfe von Alaun oder mit Salzsäuregas aktiviertem Silicat. Einzelheiten der Anlage werden beschrieben. E. OKRUCH. 6042 □

pH-Messung in stark verschmutzten Wässern. Wolfgang Hirsch. (Chem. Techn. **14.** 36—40. Jan. 1962. Meinsberg, Forsch.-Inst. Meinsberg.) (Dt.)

Es werden allg. Probleme über die pH-Messung in Abwässern unter Berücksichtigung spezieller Meth. behandelt. Angaben über Verschmutzung der Meßelektroden u. Verff. der selbsttätigen Elektrodenreinigung. F. ROSENDAHL. 6046 □

Abwasserbeseitigung bei der Uranerzaufbereitung nach dem Durango-Aufbereitungsschema. K. E. Tame, E. G. Valdez und J. B. Rosenbaum. (U.S. Dep. Interior, Bur. Mines, Rep. Invest. **1961.** Nr. 5874. 1—12. Salt Lake City, Utah; Salt Lake City Metallurgy Res. Center, Bureau of Mines.) (Engl.)

Das Abwasser der U-Erz-Aufbereitungsanlage in Durango (Colo.) enthält ^{226}*Ra*. Es wurden Verss. zur Auslaugung u. Lsgm.-Extraktion nach dem in Durango angewandten Verf. durchgeführt, u. zwar wurde die extrahierte Phase zum Auslaugen u.

Waschen in 3 verschiedenen Verss. wiederverwendet. Auslaugung unter Rühren führte zu Extrakten unterschiedlicher Trübung u. Radioaktivität. Auslaugung durch Perkolation gab konst. Werte, sofern nach dem Durango-Verf. gearbeitet wurde. Die Lsgg. waren wesentlich klarer. Die Radioaktivität schwankte etwas, stieg jedoch bei längerer Wiederverw. der extrahierten Phase (Raffinat) nicht an. Der Anstieg anderer Verunreinigungen im Extrakt störte den Betrieb der Perkolationskolonne nicht merklich. Eine zu langsame Phasentrennung u. das Hineinbringen von W. in die Lsgm.-Extraktion wurde schließlich durch Erhitzung in der letzten Stufe auf 40° vermieden. Die in Durango erzielte Konz. an akt. Material in der Extraktionsanlage wurde im Vers. erreicht. Die U- u. V-Ausbeute aus der sauren Auslaugung betrug im Mittel 99,7 bzw. 95,6%. Die Kreislaufführung des extrahierten Raffinats soll die Notwendigkeit der Verdunstung großer Abwassermengen auf großen Flächen begrenzen, den W.- u. Säurebedarf senken, sowie die Gefahr einer Oberflächen- u. Grundwasserverschmutzung vermindern. Hans Thiele. 6050 □

Magnetische Abwassermessung. William A. Hasfurther. (Wastes Engng. **31.** 442—44. Aug. 1960. Glen Burnie, Md., Anne Arundel Country Sanitary Commission.) (Engl.)

Es wird ein elektromagnet. Strömungsmesser beschrieben, der nach dem Faradayschen elektromagnet. Prinzip arbeitet. Auf der Außenseite eines isolierenden Rohres sitzt ein Elektromagnet, an der Innenseite desselben sind 2 Elektroden eingeschweißt, die direkt mit einem Kompensationsschreiber verbunden sind. Fließt durch das Rohr ein Medium, so ist die durch Induktion erzeugte Spannung ein Maß für die Durchfluß-Geschw. bzw. die durchfließende Menge. Der Meßwert wird nicht beeinflußt von Dichte, Viscosität oder Strömungsturbulenz des Mediums. E. Okruch. 6050 □

Eine neue Methode zur Berechnung von K und L in Abwässern. Remo Navone. (Water Sewage Works **107.** 285—86. Juli 1960. Los Angeles, Calif., Branch Public Health Labor.) (Engl.)

Für die Best. des BSB wird ein neues Berechnungs-Verf. vorgeschlagen. In Näherung wird eine monomol. Rk. angenommen. $y_t = L(1 - e^{-Kt})$ (I) $dy_t/dt = KL - Ky_t$ (II). dy_t/dt = Oxydations-Geschw., L = max. O_2-Aufnahme, K = Geschw.-Konst., $L - y_t = O_2$-Bedarf zur vollständigen Oxydation zur Zeit t, y_t = aufgenommenes O_2 zur Zeit t. Nach II ergibt das Diagramm $dy_t/dt = f(y_t)$ eine Gerade. Der Ordinatenabschnitt ist gleich K·L, der Abszissenabschnitt gleich L, der Anstieg gleich K. y_t wurde in Abständen von 1 Tag bestimmt u. daraus dy_t/dt. H. Korfmann. 6068 □

Zur chemischen Bestimmung der gelösten organischen Substanz in Abwasser unter besonderer Berücksichtigung der Peroxydisulfatmethode bei der Analyse von Schwelwasser. Eberhard Leibnitz, Ulrich Behrens, Hannelore Koll und Herbert Richter. (Chem. Techn. **14.** 33—36 Jan. 1962. Leipzig, DAW, Inst. Verf.-Techn. org. Chem. u. Lauchhammer, VEB Großkokerei Lauchhammer.) (Dt.)

Zur Best. der im Abwasser gelösten organ. Substanz eignen sich als Oxydations-Meth. die Anwendung von Bichromat mit Silbersulfat als Beschleuniger u. die Peroxydisulfatmethode. Beide Meth. geben übereinstimmende Werte u. gaben die Wrkg. von Abwasseranlagen gut wieder, während mit Permanganat nur ungenaue Werte erreicht wurden. F. Rosendahl. 6068 □

Farbenfabriken Bayer Akt.-Ges., Deutschland (Erfinder: **Horst Weber** und **Ernst Podschus**), *Verwendung von Silber-Zeolithen zum Entsalzen von Meerwasser.* (**F. P. 1 214 531** vom 20/1. 1959, ausg. 8/4. 1960. D. Prior. 23/1. 1958. — **C. 1961.** 9162 [D. A. S. 1 094 239].)

Denis Lashford Griffin, Penarth, Wales, England, *Reinigung von Kloakenwasser und industriellen Abwässern.* (**Belg. P. 549 972** vom 31/7. 1956, ausg. 4/12. 1959. E. Prior. 4/8. 1955. — **C. 1959.** 15157 [Aust. P. 211 528].)

Elektrokemisk A/S, Oslo, Norwegen, *Reinigung von Kloakenwasser.* (**Belg. P. 545 185** vom 13/2. 1956, ausg. 9/10. 1959. Schwed. Prior. 14/2. 1955. Norw. Prior. 15/11. 1955. — **C. 1961.** 5214 [Schwz. P. 344 379].)

V. Anorganische Industrie

Entwicklung und gegenwärtiger Stand der Boraxindustrie. W. A. Gale. (Advances Chem. Ser. Nr. **32.** 13—19. 1961. Whittier, Calif., American Potash and Chem. Corp.) (Engl.)

Vf. gibt einen Überblick über die Verbreitung u. die Natur der verschiedenen Vork. von Bormineralien, über die Arten des Abbaus u. der Aufbereitung sowie über den Stand der Boraxindustrien auf der Erde mit bes. Berücksichtigung der Verhältnisse in den USA, einschließlich eines histor. Rückblicks. W. D. Krüger/Berlin. H 258 □

Lithiumhydroxid. Hélio Flávio Bernini Ferrari. (Rev. brasil. Quím. **46.** 123—25. Aug. 1958.) (Port.)
Allg. Ausführungen zur Herst. von Lithiumhydroxid. — 7 Literaturangaben. M. Winiker. H 273□

Über die Aufarbeitung von Meerwasser in einem kalten Klima. Je. I. Achumow. (Журнал Прикладной Химии [J. angew. Chem.] **29.** 569—77. April 1956.) (Russ.)
Es wird der Salz-Geh. des Seewassers sowie die Konz. der einzelnen Komponenten erörtert u. die Möglichkeiten der Salzgewinnung im kalten Klima zahlenmäßig belegt. Der durchschnittliche Salz-Geh. wird auf 3,3% geschätzt; durch Ausfrieren kann ein Konzentrat von 8 oder 12% gewonnen werden, welches bei 100° eingeengt u. durch Abkühlen auf —10° von der Mutterlauge befreit wird. J. Tůmová. H 274□

Columbia-Southern Chemical Corp., Pittsburgh, Pa., V.St.A. (Erfinder: Malcolm Korach), **Herstellung von Wasserstoffperoxid nach dem Anthrachinonverfahren.** Als Lsgm. wird ein Gemisch aus einem Keton mit 7—15 C-Atomen u. wenigstens einem kernhalogenierten aromat. KW-Stoff verwendet, wobei der Ketonanteil wenigstens 20 Gew.-% des Lsgm.-Gemisches beträgt. — Beispiel: 75 (Vol.-%) Diisobutylketon, 25 o-Dichlorbenzol. (**E. P. 865 113** vom 12/6. 1957, ausg. 12/4. 1961.) K. Demmler. H 241

Shell Internationale Research Mij. N. V., Den Haag, Holland, **Stabilisieren von Wasserstoffperoxidlösungen** durch Zusatz von 1—1000 mg/Liter einer wasserlösl. carbocycl. Verb. mit wenigstens 2 benachbarten $N(RCOOM)_2$-Gruppen, wobei R ein 1 oder 2 C-Atome enthaltender Alkylenrest u. M ein Kation, bes. ein Metallion, bedeuten. — Beispiele: 1.2-Diaminocyclohexan-N.N'-tetraessigsäure, 2.3-Diaminodecahydronaphthalin-N.N'-tetraessigsäure. (**E. P. 866 764** vom 30/11. 1959, ausg. 3/5. 1961. A. Prior. 1/12. 1958.) K. Demmler. H 241

Pan American Petroleum Corp., übert. von: Theodore Q. Eliot, Tulsa, Okla., V.St.A., **Gewinnung von Schwefel aus Schwefelwasserstoff** in Ggw. eines Gemisches von gasförmigen KW-Stoffen (>15 Mol%). H_2S wird in Ggw. von freiem O_2 zu ca. $^1/_3$ zu SO_2 umgewandelt u. dieses mit dem restlichen H_2S zu S (in bekannter Weise) umgesetzt. Das bei der Rk. gebildete W. ($2 H_2S + 3 O_2 \rightleftharpoons 2 SO_2 + H_2O$) reagiert in der Oxydationsstufe mit den KW-Stoffen bei 1300—2500° F., wobei Reformierung unter CO- u. H_2-Bldg. erfolgt. Diese Komponenten werden abgetrennt. — Verfahrensschema. (**A. P. 2 889 207** vom 12/11. 1954, ausg. 2/6. 1959.) E. Miessgang H 253

Pan American Petroleum Corp., übert. von: Frank G. Pearce, Tulsa, Okla., V.St.A., **Gewinnung von Schwefel aus H_2S-haltigen Gasen,** die bis zu 25 Vol.-% H_2S enthalten, bes. sauren Naturgasen, durch zweistufige Verbrennung mit einem 60—70% der theoret. erforderlichen Menge O_2 enthaltenden Gas in Ggw. von Katalysatoren. Ein auf 300—500° F erwärmtes Gemisch der Gase wird durch ein festes Bett eines geeigneten Katalysators geführt, dessen Temp. am Eintritt der Gase > 300° F, am Austritt < 1200° F ist, danach wird erneut O_2-haltiges Gas beigemischt, auf Temp. oberhalb des Taupunktes der S-Dämpfe bis 625° F abgekühlt u. durch ein zweites Katalysatorbett geleitet. — Zeichnungen. (**Can. P. 553 058** vom 26/6. 1952, ausg. 11/2. 1958. A. Prior. 11/10. 1951.) L. Grossner. H 253

Pyror Ltd., Hamilton, Bermuda (Erfinder: Sigurd Arthur Aannerud und Eric Einar Haag), **Sulfatisieren des Rückstandes bei der Behandlung von Schwefelkies mit verdünnter Schwefelsäure.** Der aus Sulfiden von Fe, Cu, Co u. Zn bestehende Rückstand wird mit W. in eine Suspension übergeführt, dann eine kleine Menge $FeSO_4$ zugesetzt u. O_2 unter 5—10 atü eingeleitet, wobei die Temp. auf < 112° gehalten wird. — 2 Abbildungen. (**Norw. P. 91 446** vom 27/8. 1956, ausg. 14/4. 1958). K. H. Kähler. H 253

Francisco Salsas-Serra, Seine, Frankreich, **Herstellung von Schwefelsäure.** Inhaltlich ident. mit It. P. 496 702; C. **1959.** 17365 (**F. P. 1 032 862** vom 19/2. 1951, ausg. 6/7. 1953.) H.-J. Nitzschke. H 253

Francisco Salsas-Serra, Frankreich, **Herstellung von Schwefelsäure** entsprechend dem Hauptpatent mit der Ergänzung, daß der Geh. N an N_2O_3 in % in der Rk.-Mischung sich zwischen $N = 5{,}3 + 1{,}5(D - 61)$ u. $N = 5 + 1{,}2(D - 61)$ bewegen soll (D = °Bé), wobei in letzterem Fall ca. 60% des Gesamtnitrose-Geh. in Nitrosylschwefelsäure (I)-Semihydrat, der Rest in reine I umgewandelt werden u. der Gesamt-Geh. an H_2SO_4 bei 74—76% liegt. — Diagramm. (**F. P. 64 286** vom 6/5. 1953, ausg. 9/11. 1955. **Zusatz zu F. P. 1 032 862; s. vorst. Referat.**) Eberhard Riedel. H 253

Magyar Állam (Erfinder: Josef Bognár), Budapest, Ungarn, **Gewinnung von reinem Natriumthiosulfat (I)** aus den bei der Herst. von Schwefelfarben anfallenden Mutterlaugen, indem man die Mutterlauge so weit eindampft, daß sie gegenüber NaCl übersättigt u. gegenüber I ungesätt. bleibt. Man filtriert das bei der Eindampf-Temp. auskrist. NaCl ab, verd. das Filtrat soweit mit W., daß bei 20—30° die Lsg. an NaCl ungesätt. bleibt u. I bei dieser Temp. krist. abgeschieden wird. Es erweist sich als vorteilhaft, nach dem Eindampfen der Mischung 0,04—0,05% akt. C zuzugeben. (**Ung. P. 144 017** vom 25/1. 1956, ausg. 1/7. 1958.) G. König. H 253

United States Borax & Chemical Corp., Los Angeles, Calif., V.St.A., **Herstellung von Trichlorborazol.** Zu D. A. S. 1 091 549 ist nachzutragen, daß die Rk. von BCl_3 zu Borazol anstatt in einer aus NH_4Cl ggf. noch Inertmaterial enthaltenden Wirbelschicht in einer aus NH_4Br, NH_4F, $(NH_4)_2SO_4$ oder $(NH_4)_3PO_4$ u. Inertstoffen bestehenden Wirbelschicht durchgeführt wird. (**D. A. S. 1 118 174** Kl. 12 i vom 6/7. 1960, ausg. 30/11. 1961. A. Prior. 9/11. 1959. **Zusatz zu D. A. S. 1 091 549; C. 1961. 7354.**) K. Wolk. H 258

Monsanto Chemical Co., St. Louis, Mo. (Erfinder: Forrest Vaughan Williams, Robert Arthur Ruehrwein, Dayton, Ohio, und Therald Moeller, Urbana, Ill.), V.St.A., **Herstellung von kristallinem Borphosphid,** dad. gek., daß man ein B-Halogenid, -Hydrid oder -Alkyl mit einem P-Halogenid oder -Hydrid oberhalb 590° umsetzt. Zum selben Ergebnis führt die Umsetzung einer gasförmigen B-Verb., bes. BCl_3, mit P u. H_2 bei über 590°. (**D. A. SS. 1 116 200** u. **1 116 201** Kl. 12 i vom 28/2. 1959, ausg. 2/11. 1961. Beide A. Prior. 3/3. 1958.) A. Gradl. H 258

VEB Farbenfabrik Wolfen, Wolfen, Kr. Bitterfeld (Erfinder: Friedrich Wolf, Hermann Beyer, Leipzig, und Hans Kazmirzcak, Zscherndorf), **Herstellung feinteiliger Kieselsäure** durch Fällen einer Wasserglas-Lsg. mit einem NH_3, Bisulfit u. NaCl enthaltenden Lsg.-Gemisch, Abtrennen u. Trocknen des Nd. bei 100 bis 200°. (**D. P. [DDR] 21 325** Kl. 12i vom 12/1. 1959, ausg. 23/5. 1961 [Wirtschaftspatent].) W. Wittholz. H 261

Montecatini Soc. Gen. per l'Industria Mineraria e Chimica, Mailand, Italien, **Abtrennung von Natriumchlorid aus Kainit.** Beim Verf. nach It. P. 506 468 kann man die Lsg. von $MgCl_2$ auch ersetzen durch Lsgg. die enthalten: a) 250,76 (g/Liter) Cl, 91 Mg, 60 SO_4, 14,7 K u. 8,04 Na; b) 213,9 Cl, 61,35 Mg, 66,85 SO_4, 32,8 K u. 21,5 Na oder c) 210,2 Cl, 75,5 Mg, 92 SO_4, 26,3 K u. 20 Na. (**It. P. 532 730** vom 31/3. 1955. **Zusatz zu It. P. 506 468; C. 1961. 2749.**) K. Koebke. H 274

E. I. du Pont de Nemours & Co., übert. von: Albert L. Flenner, Wilmington, Del., V.St.A., **Alkenylmercurimercaptide** der allg. Formel R'HgSR, worin R' einen niederen Alkenylrest u. R einen hydroxylierten einwertigen aliphat. oder cycloaliphat. Rest. mit 2—18 C-Atomen bedeuten, erhält man durch Rk. von Alkenyl-Hg-salzen mit den entsprechenden Mercaptanen. — Zu einer Lsg. von 24,47 g Vinyl-Hg-hydroxid in 200 cm³ CH_3OH gibt man 10,8 g Thioglycerin u. schüttelt 10 Min., worauf man nach Verdampfen des Lsgm. 33,4 g Vinylmercuri-2.3-dihydroxypropylmercaptid erhält. — Die Prodd. weisen fungicide Eigg. auf u. können mit polymerisierbaren Olefinen mischpolymerisiert werden. (**A. P. 2 967 191** vom 20/4. 1959, ausg. 3/1. 1961.) J. Mühleisen. H 290

Aktieselskabet Norsk Aluminium Co., Oslo, Norwegen, **Verhinderung von Staubverlusten an Fluoriden bei der Aluminiumelektrolyse.** Die Fluoride werden in eine *Al-Hülse* oder dgl. gebracht u. in das Schmelzbad eingetaucht, wobei die Al-Hülle schmilzt. (**Norw. P. 91 847** vom 9/7. 1956, ausg. 9/6. 1958.) K. H. Kähler. H 294

Union Carbide Corp., New York, N.Y. (Erfinder: Donald Joseph Foster und Erich Tobler, Charleston, W.Va.), V.St.A., **Herstellung von Trivinylaluminium (I),** dad. gek., daß metall. Al mit Divinyl-Hg (II), bes. in Ggw. eines aromat. oder aliphat. KW-Stoffs als Lsgm., umgesetzt wird. — 0,06 Mol **II** in 200 cm³ Pentan werden mit 0,04 g-Atom Al-Folie bei 20° innerhalb 75 Min. umgesetzt, worauf das abgeschiedene Hg abgetrennt u. bei —20° Pentan bei Unterdruck entfernt wird. Man erhält **I** als schwach gelbes, viscoses Öl, das sich bei 0—10° zu einer gelbbraunen, schwammartigen Masse zersetzt. — *Zwischenprod.* u. *Zusatz zu Treibstoffen* für *Düsenmaschinen* u. *Raketentreibstoffen.* (**D. A. S. 1 118 201** Kl. 12o vom 9/8. 1960, ausg. 30/11. 1961. A. Prior. 10/8. 1959.) J. Mühleisen. H 294

Sherritt Gordon Mines Ltd., Toronto, Canada, **Herstellung von für die Gewinnung von reinem Blei geeignetem Bleicarbonat.** Man dispergiert bei Temp. <100°, z. B. 20°, $PbSO_4$, $PbCl_2$, $Pb(CH_3COO)_2$ oder $Pb(NO_3)_2$ in einer wss. Lsg. eines Alkylen- oder Alkanolamins, z. B. Äthylendiamin, Diäthylentriamin, Triäthylentetramin, Tetraäthylenpentamin, Propylendiamin, Monoäthanolamin, Diäthanolamin, Triäthanolamin u. fällt aus der filtrierten Lsg. mit CO_2 $PbCO_3$ aus. (**E. P. 867 819** vom 23/11. 1959, ausg. 10/5. 1961. Can. Prior. 8/5. 1959.) K. Demmler. H 328

Ethyl Corp., New York, N.Y. (Erfinder: Tom Walker McKay, Baton Rouge, La.), V.St.A., **Trennung von Mischungen aus Organoblei- und Organoaluminiumverbindungen,** die mit Alkalihydrid Komplexe bilden, dad. gek., daß die Mischung mit einem Alkalihydrid, bes. NaH oder KH, behandelt u. die zum Komplex umgewandelte Organo-Al-Verb. entweder direkt oder nach Olefinierung physikal. abgetrennt wird. Die zu trennenden Stoffe entsprechen den allg. Formeln R_3Al u. R_4Pb, worin R Alkyl-, Cycloalkyl-, Aryl- u. Aralkylreste bedeuten. — Beim Vermischen von 83 (Teilen) $(C_2H_5)_4Pb$ u. 21 $(C_2H_5)_3Al$ mit 2½ NaH löst sich letzteres unter Bldg. von 2 Phasen, einer unteren, die 76 $(C_2H_5)_4Pb$ enthält, u. einer oberen 24 $NaAl(C_2H_5)_3H$ enthaltenden Phase, die durch Abgießen getrennt werden. (**D. A. S. 1 120 448** Kl. 12o vom 29/6. 1960, ausg. 28/12. 1961. A. Prior. 16/7. 1959.) J. Mühleisen. H 328

Forsvarets Forskningsinstitutt, Oslo, Norwegen (Erfinder: L. A. Conradi und H. Storegraven), **Aufschluß von Niob oder Tantal enthaltenden Erzen.** 100 (Gew. Teile) Erz werden mit 700 H_2SO_4 (97—98%ig) bei 260° in Ggw. von 3,5 wasserfreiem Anhydrit aufgeschlossen, wobei für 100 Nb_2O_5 mindestens 15, bes. 25—30 säurelösl. Ca u. für 100 Ta_2O_5 mindestens 9, bes. 15—18 Ca zugegen sein müssen. (**Norw. P. 91 967** vom 22/10. 1954, ausg. 30/6. 1958.) K. H. Kähler. H 332

Eldorado Mining & Refining Ltd., Port Hope (Erfinder: Arvid Thunaes, Ernest A. Brown, Harold W. Smith und Roger Simard, Ottawa), Ontario, Canada, **Aufarbeitung von Uran.** Schwefelsaure U(VI)-Lsgg., die Oxydationsmittel u. Verunreinigungen (**A**), wie Arsenat, Phosphat oder Mischungen davon, enthalten, werden ggf. durch Einleiten von SO_2 unter Red. eines Teils der Oxydationsmittel auf pH 1—1,8 gebracht u. mit einem Red.-Mittel, bes. Al, zur Red. der restl. Oxydationsmittel u. des U(VI) zu U(IV) umgesetzt. Das U(IV) wird durch die **A** ausgefällt u. aus der Lsg. abgetrennt. (**Can. P. 552 647** vom 22/11. 1949, ausg. 4/2. 1958.)
Eberhard Riedel. H 339

Friedrich Uhde G. m. b. H. (Erfinder: **Hans Hesky**), *Gewinnung von an schwerem Wasser angereichertem Wasser.* (**Aust. P. 225 603** vom 14/8. 1957, ausg. 24/12. 1959. D. Prior. 17/8. 1956. — C. **1960.** 13488 [F. P. 1 180 973].)

Columbia-Southern Chemical Corp., Pittsburgh, Pa., V.St.A., *Herstellung von Wasserstoffperoxid.* (**E. P. 864 676** vom 12/12. 1957, ausg. 6/4. 1961. A. Prior. 14/12. 1956. — C. **1961.** 973 [D. A. S. 1 085 141].)

Laporte Chemicals Ltd., England, *Reinigen von Wasserstoffperoxidlösung.* (**F. P. 1 193 669** vom 19/9. 1957, ausg. 4/11. 1959. E. Prior. 19/9. 1956 u. 6/2. 1957. — C. **1961.** 18460 [Aust. P. 221 815].)

Koppers Co., Inc., übert. von: **Joseph Van Ackeren,** Pittsburgh, Pa., V.St.A., *Gewinnung von NH_3 aus Koksofengas.* (**Can. P. 553 901** vom 8/2. 1954, ausg. 4/3. 1958. A. Prior. 24/2. 1953. — C. **1956.** 10318 [E. P. 739 145].)

E. I. du Pont de Nemours & Co., übert. von: **Jesse C. Yacoe,** Wilmington, Del., V.St.A., *Herstellung von HF.* (**Can. P. 553 532** vom 30/10. 1956, ausg. 25/2. 1958. A. Prior. 28/11. 1955. — C. **1959.** 6597 [D. A. S. 1 037 431].)

E. I. du Pont de Nemours & Co., Wilmington, Del., übert. von: **Charles E. Aho,** Louisville, Ky., **William S. Murray** und **John W. Sloan,** Wilmington, Del., V.St.A., *Reinigung von HCl-Gas durch Ionenaustauscher.* (**Can. P. 553 528** vom 5/9. 1956, ausg. 25/2. 1958. A. Prior. 24/10. 1955. — C. **1959.** 7592 [A. P. 2 829 028].)

Dow Chemical Co., Midland, übert. von: **Jacob Eichhorn,** Saginow, Mich., V.St.A., *Entfernung von Schwermetallionen aus nichtwässerigen SO_2-Lösungen.* (**Can. P. 553 794** vom 11/2. 1955, ausg. 4/3. 1958. A. Prior. 1/3. 1954. — C. **1958.** 11337 [E. P. 766 764].)

E. I. du Pont de Nemours & Co., Wilmington, Del., übert. von: **Stephen E. Stephanou,** Lewiston, N.Y., V.St.A., *Herstellung von Monopersulfaten.* (**Can. P. 553 524** vom 7/12. 1955, ausg. 25/2. 1958. A. Prior. 20/12. 1954. — C. **1959.** 919 [A. P. 2 802 722].)

E. I. du Pont de Nemours & Co., Wilmington, Del., übert. von: **Wilbie S. Hinegardner,** Niagara Falls, und **Stephen E. Stephanou,** Lewiston, N.Y., V.St.A., *Herstellung von Peroxymonoschwefelsäure.* (**Can. P. 553 525** vom 22/12. 1955, ausg. 25/2. 1958. A. Prior. 28/12. 1954. — C. **1959.** 5598 [E. P. 797 701].)

Diamond Alkali Co., Cleveland, übert. von: **William T. Gooding jun.,** Painesville, und **Robert C. Danison,** Olmsted Falls, Ohio, V.St.A., *Herstellung löslicher wasserfreier Alkalimetallsilicate.* (**Can. P. 553 785** vom 6/10. 1955, ausg. 4/3. 1958. A. Prior. 29/10. 1954. — C. **1958.** 11929 [D. A. S. 1 020 319].)

Western Electric Co., Inc., New York, N.Y., übert. von: **James M. Whelan,** Newark, N.J., V.St.A., *Reinigung von $SiCl_4$.* (**Can. P. 552 853** vom 14/6. 1956, ausg. 4/2. 1958. A. Prior. 31/8. 1955. — C. **1960.** 5611 [F. P. 1 153 964].)

E. I. du Pont de Nemours & Co., Wilmington, Del., übert. von: **Carl L. Muettertiea,** Chadds Ford, Pa., V.St.A., *Herstellung von PF_5.* (**Can. P. 553 531** vom 18/10. 1956, ausg. 25/2. 1958. A. Prior. 19/10. 1955. — C. **1959.** 2583 [A. P. 2 810 629].)

National Research Council, Ottawa, Ontario, Canada, übert. von: **Stanislas J. Teichner,** Villeurbanne, Rhône, Frankreich, *Herstellung aktiver Oxide hoher spezifischer Oberfläche.* (**Can. P. 553 053** vom 15/11. 1956, ausg. 11/2. 1958. A. Prior. 13/12. 1955. — C. **1960.** 9685 [A. P. 2 888 323].)

International Minerals & Chemical Corp., Chicago, Ill., übert. von: **William B. Dancy,** Carlsbad, N. Mex., V.St.A., *Reinigung von MgO.* (**Can. P. 553 026** vom 14/3. 1956, ausg. 11/2. 1958. A. Prior. 5/5. 1955. — C. **1958.** 11344 [A. P. 2 804 373].)

Diamond Alkali Co., Cleveland, übert. von: **Tom S. Perrin,** Painesville, Ohio, V.St.A., *Herstellung von Chromsäureanhydrid.* (**Can. P. 552 982** vom 11/2. 1954, ausg. 11/2. 1958. A. Prior. 20/3. 1953. — C. **1956.** 9278 [E. P. 739 760].)

Diamond Alkali Co., Cleveland, übert. von: **Tom S. Perrin**, Painesville, Ohio, V.St.A., *Herstellung von CrO_3-Verbindungen*. (**Can. P. 552 983** vom 7/10. 1955, ausg. 11/2. 1958. A. Prior. 12/10. 1954. — C. **1959**. 4598 [E. P. 793 973].)

Atomic Energy of Canada Ltd., Ottawa (Erfinder: **Donald E. McKenzie**, Deep River), Ontario, Canada, *Abtrennung von Plutonium aus Uranspaltmaterial*. (**Can. P. 552 480** vom 12/4. 1955, ausg. 28/1. 1958. — C. **1959**. 6598 [E. P. 791 100].)

VI. Silicatchemie. Baustoffe

Die Scherbenbildung beim keramischen Gießverfahren. P. H. Dal und W. Deen. (VI. int. keram. Kongr., Wiesbaden **1958**. 219—42. Maastricht, Labor. der N. V. Sphinx-Céramique.) (Dt.)

Es werden eine Filtrationstheorie der Scherben-Bldg., die auf mehreren Hypothesen beruht, u. Formeln zur Berechnung aufgestellt, die durch Vers.-Ergebnisse ihre Bestätigung als Grenzgesetze fanden. Die Unters.-Meth. werden angegeben. Es zeigte sich, daß die Luftverteilung beim Perkolations-Vers. verschieden von der beim Aufstiegs-Vers. ist. Die KOZENY-CARMAM-Beziehung wurde entsprechend abgeändert. Weil der kapillare Unterdruck des Gipses als treibende Kraft des Prozesses von der Oberflächenspannung der intermizellaren Fl. abhängt, können alle Erscheinungen in Ton–Wasser-Suspensionen einheitlich erklärt werden. — 36 Literaturhinweise. Diskussion. H. VÖLZ. 6206□

Mineralogische Untersuchung von Tonen. P. S. Keeling. (VI. int. keram. Kongr., Wiesbaden **1958**. 195—204. Stoke-on-Trent, Brit. Ceram. Res. Assoc.) (Engl.)

Der Mineralaufbau von 600 Tonen aus verschiedenen Formationen wurde untersucht, sowie der Zusammenhang zwischen Glühverlust bzw. Feuchtigkeitsadsorption u. Mineral-Zus. ermittelt. Eine Standard-Meth. zur Best. der Feuchtigkeitsadsorption wird ausgearbeitet. — Diskussion. H. VÖLZ. 6208□

Die Minerale der Ziegeltone. C. W. Correns. (VI. int. keram. Kongr., Wiesbaden **1958**. 183—94. Göttingen, Univ., Min.-Petrogr. u. Sedimentpetrogr. Inst.) (Dt.)

Es kommen vor allem Glimmer- u. Chloritminerale vor, deren Genese u. Struktur besprochen werden. Als Beispiele der Variabilität der Mineral-Zus. werden Korngrößenverteilungen mit eingezeichnetem Mineralbestand verschiedener Tone, eines Lößes u. von Keuperton gezeigt. — 20 Literaturhinweise. Diskussion. H. VÖLZ. 6208□

Zusammenhang zwischen der Oxydationsbeständigkeit und dem elektrischen Widerstand der an der Stahloberfläche aufgebrannten Emails (ceramic coatings) bei höherer Temperatur. Chihiro Kawashima und Yorihiro Murata. (J. chem. Soc. Japan, ind. Chem. Sect. [Kogyo Kagaku Zasshi] **63**. 1125—28. Juli 1960. Tôkyô-Meguro, Tôkyô-Kôgyô-Daigaku.) (Jap.; Auszug: Engl.)

An der Stahloberfläche werden Emails mit verschiedenen Al_2O_3-Geh. aufgebrannt u. die Gew.-Zunahme durch Oxydation des Stahls sowie der elektr. Widerstand der Emailschicht bei höherer Temp. ($< 900^0$) gemessen. Die Emailschicht mit kleinerer elektr. Leitfähigkeit zeigt im allg. größere Oxydationsbeständigkeit u. zwischen dem Quadrat der Gew.-Zunahme in einer bestimmten Zeitdauer u. dem reziproken Wert des spezif. elektr. Widerstand wird experimentell eine Proportionalität beobachtet. E. MAEKAWA. 6212□

Über Glasurspannungen. J. Robredo Olave. (VI. int. keram. Kongr., Wiesbaden **1958**. 269—76. Madrid, Consejo Sup. de Invest. Cientif. Dep. de Silicatos.) (Franz.)

Mit dem Auftreten von Spannungen in der Glasur erscheinen gleichzeitig entgegengesetzt wirkende Spannungen im Scherben. Das Problem wird eingehend u. mathemat. behandelt. H. VÖLZ. 6212□

Transparenz und Erweichungsverhalten von Porzellanmasse bei niedrigen Temperaturen. M. Inzigneri und G. Peco. (VI. int. keram. Kongr., Wiesbaden **1958**. 277—88. Milan, Soc. Céram. Richard-Ginori, Centre d'Études.) (Franz.)

Es werden die verschiedenen Faktoren untersucht, die die Transparenz von Vitreous-China beeinflussen, u. Hinweise für Rohstoff-Zus. u. Brandverlauf gegeben. — 18 Literaturhinweise. Diskussion. H. VÖLZ. 6214□

Der Einfluß einiger Faktoren auf die Viscosität und das plastische Verhalten von Tonen. T. E. Currie und R. W. Grimshaw. (VI. int. keram. Kongr., Wiesbaden **1958**. 207—17. Leeds, The Leeds Fireday Co. Ltd., Res.) (Engl.)

Es wurde der Einfl. reiner Tonminerale verschiedener Korngrößen u. -formen auf die Viscosität (V) u. Plastizität (P) von Tonen untersucht. Zwischen V u. Konz. eines Schlichers besteht bei völlig dispergierten Suspensionen eine Beziehung, die der Gleichung für Suspensionen aus Körpern mit Kugelgestalt ähnelt. Bei höheren Konzz. (pastöser Zustand) werden die plast. Eigg. der Tone von einer größeren Anzahl von Faktoren beeinflußt. H. VÖLZ. 6216□

Größenschwankungen von Schamotte-Massen beim Erhitzen. A. A. Baudran. (VI. int. keram. Kongr., Wiesbaden **1958**. 321—27. Paris, Soc. Franç. de Céram., Centre National d'Études et Recherches Céram.) (Franz.)

Es wurden die Dimensionsänderungen keram. Erzeugnisse nach dem Erhitzen untersucht, die entstehen, ohne daß der Prüfkörper belastet wird. Die Unterss. wurden an reinen Stoffen u. bei verschiedenen Temp. durchgeführt, bis keine Änderungen mehr auftraten (bis 1600°). — Diskussion. H. VÖLZ. 6218□

Isolierende keramische Überzüge für die Flugzeug- und Raketentechnik. Ernst Meckelburg. (Blech **8.** 461—62. Juni 1961.) (Dt.) — Vgl. C. **1961. 4144.**

Als wärmeisolierende keram. Überzüge für Überschallflugzeuge u. Raketen werden heute hauptsächlich Al_2O_3 u. ZrO_2, als solche, oder an Phosphat gebunden, verwendet. Die Aufbringung, Eigg. u. Beurteilung der Überzüge werden beschrieben.
W. WESLY. 6220□

Feinstruktur gesinterter Beryllerde. E. Ryshkewitch. (Trans. Brit. ceram. Soc. **59.** 303—14. Aug. 1960. Haskell, N.J., USA, Nat. Beryllia Corp.) (Engl.)

An Hand von Abb. werden die Strukturen verschieden reiner BeO-Kristalle nach unterschiedlichen Wärme- u. Druckbehandlungen beschrieben. Bes. hervorzuheben ist die Bldg. von Bromellitkristallen bei einem bestimmten Verunreinigungsgrad auf der Oberfläche von gesinterten BeO, die Zwillingsblättchen- u. Whisker-Bldg. von sublimiertem BeO beim Kontakt von BeO mit Wasserdampf u. anschließendem plötzlichen Abkühlen. R. KAISER. 6220□

Die Legierung Ni-Hard, ihre Verwendung in Zementwerken. R. F. Poirot. (Rev. du Nickel **27.** 113—22. Sept./Okt. 1961.) (Franz.)

Die Leg. ist ein Stahl mit 2,7—3,6% C, 0,4—1% Si, 0,3—0,5% Mn, 3,5—4,8% Ni u. 1,5—2,5% Cr mit martensit. Gefüge der in 2 Typen geliefert wird, von denen sich der Typ I höheren C-Geh. durch größere Härte, aber auch größere Brüchigkeit auszeichnet. Der Typ II mit niedrigerem C-Geh. hat eine erheblich höhere Bruchfestigkeit, ist aber immer noch sehr hart. Beschreibung der Anwendungsgebiete bes. bei der pneumat. Förderung von Zement. F. ENSSLIN. 6222□

Die Entwicklung der großen Federrollenmühlen für Zementwerke. W. A. Kaminsky. (Zement-Kalk-Gips **14** (**50**). 489—97. Nov. 1961. Mülheim/Ruhr.) (Dt.)
H. SCHUMANN. 6222□

Zementchemische Arbeiten aus dem Institut für Gesteinshüttenkunde. H. E. Schwiete. (Zement-Kalk-Gips **14** (**50**). 400—09. Sept. 1961. Aachen.) (Dt.)

Ergebnisse über Mischkristall-Bldg. der Klinkerphasen, das technolog. Verh. von Ofenausmauerungen, sowie die Rkk. von Klinkerphasen, Puzzolanen u. Hochofenschlacken mit W. bzw. Kalk-Lsg. werden ausführlich behandelt, ferner wird auf Unterss. über die Thermochemie von Tonmineralen u. die Verflüssigung von Zementrohschlämmen, Fragen der Aggressivbeständigkeit von Zementen, des Erstarrungs-Verh. u. der Plastizität von Zementmörteln eingegangen. H. SCHUMANN. 6222□

Magnesiazement stabilisierende Magnesiumhydrosilicate. J. Rosa. (Stavivo **39.** 409—12. Dez. 1961. Brno) (Tschech.)

Bei Zugabe von Mg-Hydrosilicaten zu Magnesiazement krist. MgO als prim. Phase aus oder bildet bei Überschuß Mischkristalle mit $3\,CaO \cdot SiO_2$ u. $4\,CaO \cdot Al_2O_3 \cdot Fe_2O_3$ bzw. eine feste Lsg. im Glasanteil des Klinkers. Um die Bedingungen der MgO-Bindung festzustellen, wurde das Syst. MgO–SiO_2–H_2O unter Verw. von Silicagel, Tobermorit, Metakaolin, Flugasche, Kieselgur, Schlacke u. Mullit untersucht. J. SCHNEIDER. 6222□

Über die Struktur von puzzolanischen Materialien. Giorgio Corradini und Giovanni Schippa. (Ricerca sci. **30.** 1198—1206. Aug. 1960. Roma, Univ., Ist. di chim. Appl. e ind.) (Ital.)

Vff. untersuchen röntgenspektrometr. u. mit Hilfe der IR-Absorptionsspektren Puzzolane von Segni (**I**), Bacoli (**II**) u. Sacrofano (**III**) sowie einen Zettlitzer *Kaolin* (**IV**), deren chem. Zus. u. deren Kalkabsorptionsvermögen tabellar. angegeben sind. Es wurde gefunden, daß **I** u. **II** eine krist. u. eine schlecht krist. Phase enthalten, in der Bindungen zwischen SiO_2 u. den anderen Oxiden wie in tonigen Stoffen bestehen. Im **III** u. in dem 4 Std. lang auf 800° erhitzten **IV** konnte nur eine schlecht krist. Phase festgestellt werden, die in **III** u. **IV** aus einem SiO_2-Gel u. in **IV** außerdem noch aus einem Al_2O_3-Gel besteht. Diese Ergebnisse stehen in Übereinstimmung mit dem beobachteten Absorptionsvermögen der Proben gegenüber $Ca(OH)_2$, das bei **III** u. **IV** wesentlich höher ist als bei **I** u. **II**. Bei **III** u. **IV** kann das $Ca(OH)_2$ direkt mit dem SiO_2 bzw. Al_2O_3 unter Bldg. von Calciumsilicat- u. Aluminathydraten reagieren; bei **I** u. **II** muß das $Ca(OH)_2$ zuerst mit den Glasphasen reagieren, wobei die Bindung zwischen dem SiO_2 u. den anderen Oxiden zerbrochen werden, u. kann erst dann auf die gebildeten Verbb. einwirken.
C. GOTTFRIED. 6222

Hydratation und Umwandlung von Hochofenschlacke durch Kontakt mit Calciumhydroxidlösungen. Riccardo Sersale und Paolo Giordano Orsini. (Ricerca sci. **30.** 1230—37. Aug. 1960. Napoli, Univ., Ist. di chim. ind.) (Ital.)

Vff. untersuchten elektronenmkr. die Einw. von $Ca(OH)_2$-Lsgg. (Konz. des CaO 6—21 mg/Liter) auf Hochofenschlacke bei einer Einw.-Dauer von 24 Std., 5 u. 60 Tagen. Der unter diesen Bedingungen verlaufende Hydrationsprozeß führt zu Verbb., die denjenigen ähnlich sind, die sich bei der Hydration von Portlandzementklinker bilden. C. GOTTFRIED. 6222

Die Probeentnahme von Kalkstein- und Kalkarten und industrielle Probeentnahmeeinrichtungen. V. Jasaň. (Stavivo **39.** 415—17. Dez. 1961. Košice.) (Tschech.)

Es wurden die Grundlinien der Probeentnahme von Kalkstein u. Kalk angegeben u. die Probeentnahmeeinrichtungen beschrieben. J. SCHNEIDER. 6226□

Wärmetechnische Wirkung der Luftfeuchtigkeit beim Kalkbrennen. Géza Balázsovics. (Épitőanyag [Baumaterial] **13.** 473—76. Dez. 1961.) (Ung.)

In den Kalkbrennöfen steht der gebrannte Kalk mehrere Std. in der Kühlzone von der Außenluft durchstrichen. Der Feuchtigkeits-Geh. der Kühlluft wird vom CaO gebunden u. diese exotherme Rk. liefert ca. 10 kcal/kg Kalk. Diese Wärmemenge ist nicht vorteilhaft. Die partielle Hydration vermindert die Güte des Kalkes, erhöht die Zerbröckelung u. ist Ursache der Staubbildung. Der beim Löschen gebildete Kalkgries ist wahrscheinlich auch eine Folge davon. J. PLANK. 6226

Eine Prüfmethode zur Bestimmung der Fließeigenschaften plastischer Tone durch Strangpressung. V. J. Owen und W. E. Worrall. (Trans. Brit. ceram. Soc. **59.** 285—302. Aug. 1960. Leeds, Univ., Ceram. Div.) (Engl.)

Mit einer einfachen Strangpressen-Vorr. wurden die Fließeigg. von 4 Arten von Tonen unter bestimmten Anfangsdrücken geprüft. Die während der Fließperiode auftretenden Veränderungen des angewandten Druckes u. die Veränderungen der Ausflußmenge aus dem einheitlich verwendeten Mundstück wurden bei den Ergebnissen berücksichtigt. Mit Erhöhung der Scherzahl strebte das Ton-W.-Syst. einem konst. Viscositätswert zu, indem Tonaggregate sich in Einzelpartikel aufteilen. Hierbei begünstigten plattige oder nadelförmige Kristallite die Viscosität. R. KAISER. 6248□

Eine Bemerkung zur Bestimmung von Borsäureanhydrid nach der modifizierten Wherry-Methode. H. Bennett und W. G. Hawley. (Trans. Brit. ceram. Soc. **59.** 315—22. Aug. 1960. Stoke on Trent, Brit. Ceram. Res. Ass.) (Engl.)

Abweichungen bei der Best. von B_2O_3 in Fritten u. Glasuren nach dem WHERRY-Verf. beruhen darauf, daß bei Neutralisierung der sauren Aufschluß-Lsg. mit reinem $CaCO_3$ je nach Verdünnung u. Kochdauer eine Titrations-Lsg. mit wechselndem pH von 5,3—7 entsteht. Es wurde vorgeschlagen, die Neutralisierung mit HCl genau bis zum pH 5,3 (Umschlag Methylrot) vorzunehmen, dann Mannit zuzufügen u. mit n/10 NaOH bis pH 7 (Umschlag Phenolphthalein) weiterzutitrieren. R. KAISER. 6248□

Die zerstörungsfreie Prüfung der Druckfestigkeit an Normenprismen. P. Catharin. (Zement-Kalk-Gips **14** (**50**). 370—84. Sept. 1961. Wien, Forsch.-Inst. des Vereins der österreich. Zementfabr.) (Dt.)

Die zerstörungsfreie Messung des Elastizitätsmoduls (E) u. des Gleitmoduls (G) an Mörtel- u. Betonkörpern erfolgt in vorliegender Arbeit nach der Resonanzfrequenz-Meth. mit Hilfe eines EG-Meters nach KOTTAS mit einer Meßeinrichtung für $4 \times 4 \times 16$ cm Normenprismen. Mit Hilfe der aufgestellten Formeln kann bei Kenntnis der Zementgüte die Druckfestigkeit (D) aus der E- u. G-Modulmessung mit prakt. genügender Genauigkeit errechnet werden. Das Verhältnis EG/D hängt von der Erhärtungs-Geschw. ab. — 50 Literaturangaben. H. SCHUMANN. 6252□

Grundsätzliche Fragen zur Anwendung der Röntgen-Phasenanalyse in der Zementchemie. H.-G. Smolczyk. (Zement-Kalk-Gips **14** (**50**). 391—99. Sept. 1961. Rheinhausen, Forsch.-Inst. für Hochofenschlacke.) (Dt.)

Für die quant. Röntgenanalyse werden hohe Anforderungen an die Präparationstechnik gestellt. Hiervon hängt die Reproduzierbarkeit der Röntgendiagramme ab. Für Silicate mit Korngrößen $< 5\mu$ werden diese Bedingungen bei nasser Vermahlung in Bzl. eingehalten. Für die Hydrate $Ca(OH)_2$ u. Ettringit ist sogar der Grad der Textur weitgehend reproduzierbar. Proben mit 20% $Ca(OH)_2$ hatten eine Reproduzierbarkeit von $\pm 0{,}7$%. Grundlage für die quant. Analysen sind die Verff. „Internal Standard“ u. „External Standard“, die auf der bekannten theoret. Formel $I_i = I_i^0 \cdot x_i \cdot \mu_i/\mu_G$ basieren (I_i = Intensität einer Interferenz der Phase i, I_i^0 = Intensität dieser Phase bei 100% der Phase i, x_i = Gew.-Anteil der Phase i, μ_i = Massenschwächungs-Koeff. der Phase i, μ_G = Massenschwächungs-Koeff. der gesamten Mischung). Die Vor- u. Nachteile der beiden Verff. werden verglichen u. die Punkte besprochen, die zur Auswahl u. vorteilhaften Anwendung der zweckmäßigsten Meth. beachtet werden müssen. — 26 Literaturangaben. H. SCHUMANN. 6252□

Spektrochemische Gesamtanalyse silicatischer Roh- und Werkstoffe. H. Richter. (VI. int. keram. Kongr., Wiesbaden **1958.** 305—18. Höganäs, Höganäs-Konzern, Zentral-Labor., Analyt. u. physikal. Abt.) (Dt.)

Es wird eine photometr. Meth. beschrieben u. deren Vorteile gegenüber den klass. Verff. herausgestellt. Kieselsäure wird als gelber Silicomolybdatkomplex bestimmt, Al_2O_3 mit Eriochromcyanin, TiO_2 nach der H_2O_2-Meth., Eisenoxid nach der Sulfosalicyl- u. o-Phenanthrolin-Meth., MnO_2 durch Photometrieren der Permangansäure. Mg läßt sich mit Thiazolgelb bestimmen (nach Ausschütteln der 3wertigen Metalle u. des Ti mit Acetylaceton), in der gleichen Lsg. wird Ca flammenphotometr. bestimmt. Die Alkalioxide können in der Aufschluß-Lsg. direkt flammenphotometr. ermittelt werden. Unters.-Ergebnisse von Ton, Schamotte, Quarzsand, feuer- u. säurefesten Steinen, Glas u. Schmelzkorund werden mitgeteilt. — 15 Literaturhinweise. Diskussion.

H. VÖLZ. 6260□

Spektrographische Bestimmung geringer Verunreinigungen in gesinterter Tonerde. I. A. Voinovitch und J. Vilnat. (VI. int. keram. Kongr., Wiesbaden **1958.** 289—303. Paris, Soc. Franç. de Céram., Labor. de Chim. Physique.) (Franz.)

Verunreinigungen in techn. Al_2O_3 können bei der Produktion störend wirken, aber auch einen katalyt. Einfl. auf die Kristallisation, z. B. während des Sintervorgangs, ausüben. Es wurden 19 Elemente untersucht u. genaue Arbeitsbedingungen festgelegt. — 11 Literaturhinweise. Diskussion. H. VÖLZ. 6260□

English Clays Lovering Pochin & Co. Ltd., St. Austell, Cornwall, England (Erfinder: William Windle und Ralph Jabez Tonkin), **Gewinnung von Feldspat aus mit anderen Mineralien vermischtem Gestein.** Das aus Quarz, Fe enthaltendem Glimmer, Feldspat, Flußspat, Topas u. Fluorapatit bestehende Gestein eines Bruches in Cornwall wird fein zerkleinert u. danach durch Schaumflotation zuerst vom Glimmer, danach von anderen F-Mineralien u. von Turmalin befreit. Das verbleibende Gemisch aus Quarz u. Feldspat wird zur Gewinnung eines für die Glas- u. keram. Industrie geeigneten Prod. einer nochmaligen Flotation unterworfen, wobei Quarz abgetrennt wird. (**E. P. 844 374** vom 18/10. 1956, ausg. 10/8. 1960.) G. FRIKELL. 6171

Westinghouse Electric Corp., East Pittsburgh, übert. von: Walter J. Hushley, Pittsburgh, Pa., V.St.A., **Glas zur Einbettung von ZnS-Phosphoren** enthält 55—80 (%) B_2O_3, 10—25 SiO_2, 2—10 Al_2O_3 u./oder MgO, jedoch nicht mehr als 6 MgO, 5—15 Na_2O u./oder NaF u. 0—20 GeO_2, wobei MgO durch bis zu 3 BeO u./oder CaO u. NaF bis zu $^2/_3$ des Alkali-Geh. durch K_2O ersetzt werden kann. — Zeichnung. (**Can. P. 553 119** vom 18/11. 1952, ausg. 11/2. 1958.) L. GROSSNER. 6201

Központi Fizikai Intézet (Erfinder: Andreas Viszolyi und Otto Heimann), Budapest, Ungarn, **Irisierende Schichten** in Innenflächen von Hohlkörpern erzeugt man durch Hydrolyse von $SnCl_4$ in Ggw. von W.- oder Alkoholdämpfen u. Einbrennen der Hydrolyse-Prodd. in das Glas bei $>400^0$ u. höchstens 0,8 mm Hg. (**Ung. P. 144 062** vom 24/4. 1956, ausg. 1/8. 1958.) G. KÖNIG. 6203

Carborundum Co., Niagara Falls, N.Y., V.St.A., **Feuerfeste Formkörper,** bei denen kub. krist. SiC als Bindemittel dient, werden hergestellt durch Erhitzen eines Gemisches von Si-Pulver u. einem feuerfesten Füllstoff, wie hexagonal krist. SiC, Al_2O_3 oder anderen Oxiden, in Ggw. von CO auf 1200—1400⁰. — Zum Beispiel werden gemischt: 45 + 13,5 + 31,5 (Gew.-Teile) SiC in Korngrößen entsprechend 14—36- bzw. 40—70- bzw. 80-U.S.-Maschensieb mit 10 Si-Metallpulver, 4 trockner Zellstoffablauge u. 5 Bentonitgel (aus 1 [Teil] Bentonit mit 4 Wasser. Nach dem Verformen unter Druck wird der Formkörper in einer CO-Atmosphäre bei stündlicher Temp.-Zunahme von 200⁰ bis auf 1300⁰ erhitzt u. diese Temp. 15 Min. gehalten. Nach dem Abkühlen besteht der Formkörper aus hexagonalem SiC, mit kub. SiC gebunden. Er zeigt hohe Erosions- u. Rißfestigkeit unter Einfl. plötzlicher starker Temp.-Schwankungen. (**E. P. 842 619** vom 8/10. 1956, ausg. 27/7. 1960.) G. FRIKELL. 6219

Canadian Refractories Ltd., Montreal, Quebec, Canada, übert. von: Donald O. McCreight, Library, und Raymond E. Birch, Pittsburgh, Pa., V.St.A., **Herstellung von feuerfestem Material aus synthetischem Spinell.** Man mischt Mg- u. Al-Hydroxid unter Zusatz von W. in der der Zus. $MgO \cdot Al_2O_3$ entsprechenden Menge, trocknet, formt die Masse mit W., brennt, zerkleinert die mindestens 90% Mg-Aluminat enthaltende gebrannte Masse, formt erneut mit W. u. Bindemittel u. brennt. (**Can. P. 553 758** vom 7/4. 1955, ausg. 4/3. 1958. A. Prior. 18/5. 1954.)

L. GROSSNER. 6219

Canadian Refractories Ltd., Montreal, Quebec, Canada, übert. von: Ben Davies, Pittsburgh, Pa., V.St.A., **Plastische Cr-haltige Auskleidungsmasse** enthält mindestens 50 (%) Cr-Erz, 3—10 fl. Na-Silicat, 1—5 Bentonit ($<$200 mesh), 0,05—1 Äthylendiamintetraessigsäure (I) u. $\leq$34 inertes feuerfestes Material oder Cr-Erz. Das Verhältnis I : Bentonit beträgt 0,019 : 1—0,3 : 1. (**Can. P. 553 759** vom 24/9. 1956, ausg. 4/3. 1958. A. Prior. 17/10. 1955.) L. GROSSNER. 6219

E. J. Lavino & Co., übert. von: Harry M. Mikami, Norristown, Pa., V.St.A., **Synthetisches feuerfestes Chromerz** mit bes. hoher Schlag-, Temp.-, Wechsel- u. Abrieb-Festigkeit. Zur Herst. wird ein Gemisch eines natürlichen Cr-Erzes, das nicht mehr als ca. 5 (Gew.-%) SiO_2 enthält, mit 1,5—15 fein gepulvertem SiO_2 bei 2600—3000°F gebrannt. Das Prod. enthält einen als Chromit vorliegenden Spinell in einer hochkieselsäurehaltigen Matrix. — Zum Beispiel werden 90 (Gew.-%) eines Erzes aus 45,73 Cr_2O_3; 24,86 FeO; 16,46 Al_2O_3; 1,51 SiO_2; 0,20 CaO u. 10,46 MgO mit 10 SiO_2 bei 2920°F 7 Std. gebrannt, gemahlen, mit K-Wasserglas zu einer plast. Masse verrührt, geformt u. zur Herst. von Formkörpern nochmals auf 2500°F erhitzt. (**A. P. 2 965 505** vom 6/5. 1958, ausg. 20/2. 1960.) G. FRIKELL. 6219

Harbison-Walker Refractories Co., übert. von: Albert L. Renkey, Pittsburgh, Pa., V.St.A., **Feuerfester Isolierstoff,** der bei D $<$65 lbs./c.ft. bis 2700°F beständig ist. Die Herst. erfolgt durch Vergießen eines wss. Breies, dessen Feststoffe aus 15—40 (Gew.-%) Tonerdeschmelzzement, 40—75 Rohkyanit u. 10—25 expandiertem Perlit bestehen. Die Korngröße des Perlits soll zwischen einem 6- u. einem 100-Maschensieb nach TYLER liegen, das Kyanit soll ein 20-Maschensieb vollständig u. ein 100-Maschensieb zu mindestens 30% passieren, während der Zement auf dem 100-Maschensieb keinen Rückstand hinterlassen soll. (**A. P. 2 963 377** vom 18/7. 1958, ausg. 6/12. 1960.) G. FRIKELL. 6219

Minneapolis-Honeywell Regulator Co., übert. von: Maynard P. Bauleke, Minneapolis, Minn., V.St.A., **Verbesserte Steatitmasse,** die sich wegen des gleichen therm. Ausdehnungsfaktors zum Verbinden mit Metallen, wie rostfreiem Stahl, Ti u. a., eignet. Zur Herst. wird ein Gemisch aus Steatit, der 45—55 (%) SiO_2, nicht mehr als 5 Al_2O_3 u. als Rest MgO enthält mit 12—18 seines Gew. MnO_2 u. 6—10 eines Flußmittels, wie BaO, $BaCO_3$, $Ca_3(PO_4)_2$, mit einem Druck von 10000 psi. verformt u. ca. 2 Std. bei 1280—1360° gebrannt. (**A. P. 2 961 326** vom 28/4. 1958, ausg. 22/11. 1960.) G. FRICKELL. 6221

Union Carbide Corp., New York, N.Y., V.St.A., **Verbinden von Kohlekörpern.** Zum Verbinden von z. B. Kohleelektroden ohne Anwendung eines Kittes, werden die Kohleteile mittels eines Flammenbogens auf Temp. erhitzt, die zwischen dem Tripelpunkt u. dem krit. Punkt liegen, z. B. auf ca. 1000 at u. 4000°K bis 11500 at u. 7000°K. Die Kohle schmilzt unter diesen Bedingungen u. ergibt nach dem Abkühlen eine feste Verb. beider Teile. (**E. P. 857 154** vom 11/9. 1957, ausg. 29/12. 1960. A. Prior. 13/9. 1956.) G. FRIKELL. 6221

Kimberly-Clark Corp., Neenah, übert. von: Archibald R. Gmeiner, Waupaca, und Clarence R. Hackbert, Appleton, Wis., V.St.A., **Poröse, keramische Zement-Zuschlagstoffe.** Zur Verbesserung der Pelletisierung u. zur Wassereinsparung wird den gepulverten Ausgangsstoffen aus Schieferton u. C-haltigen Stoffen, wie Koks oder Anthracit, eine Lsg., bestehend aus konz. Sulfitablauge (25—65% Feststoffe) u. 10—30% Alkalinitrat (bezogen auf das Gew. der Feststoffe in der Lauge), in solcher Menge zugesetzt, daß das Gesamttrocken-Gew. der Lsg. 0,1—1% vom Trockengew. des Tons ausmacht. Die Pellets dienen nach der Sinterung als *Zuschlagstoff für Leichtbeton.* (**A. P. 2 955 947** vom 17/3. 1958, ausg. 11/10. 1960.) G. FRIKELL. 6225

Wayne M. Bundy, Robert F. Conley und Richard K. Leininger, Bloomington, Ind., V.St.A., **Herstellung von Gips** durch Schütteln einer Suspension von Anhydrit in wss. 0,5—1 m Alkalisulfat, bes. Na_2SO_4, $<$30°, wobei die Suspension einen Feststoff-Geh. von 10—70% aufweist u. 70% der Teilchen $<$14 μ sind, Filtrieren u. Waschen des Nd. mit gesätt. wss. $CaSO_4$-Lösung. (**Can. P. 553 235** vom 17/10. 1956, ausg. 18/2. 1958. A. Prior. 27/6. 1956.) L. GROSSNER. 6227

Imperial Chemical Industries Ltd., London, England (Erfinder: Arthur Glover Tallentire), **Filtration von Gips-Schlicker.** Die Filtriereigg. von wss. Aufschlämmungen von Gips, wie sie als Nebenprodd., z. B. bei der Herst. von H_3PO_4 anfallen, werden verbessert durch Zusatz von 0,001—0,3 g/100 cm³ eines Polyelektrolyten, wie vollständige Hydrolysate von Polyacrylnitrilen u. ihre Alkali- u. NH_4-Salze u. die gleichen Salze von Polysulfonsäuren u. einem Netzmittel, z. B. einer 30%ig. Lsg. von Octylphenoläthylenoxidkondensat. Es gelingt so die Herst. eines nur 10% W. enthaltenden Filtrats aus einer Aufschlämmung mit 50% Wasser. (**E. P. 856 247** vom 17/1. 1958, ausg. 14/12. 1960.) G. FRIKELL. 6227

Corn Products Co., übert. von: Charles J. Gogek, Belmont, Mass., V.St.A., **Feuerfeste Isoliersteine,** die hart, gegen W. beständig u. zur Auskleidung von Öfen geeignet sind, werden hergestellt aus einem Schlicker, der auf 600—1000 (Gew.-Teile) W. ca. 100 Steinwolle u. 0,5—6 eines Binders enthält, der aus Zucker u. 1—15% $(NH_4)_2 \cdot SO_4$, neben geringen Zusätzen anderer Isolierstoffe u. Fe-Oxid, besteht. Die Masse wird gefiltert, verformt u. bei 300—500° F gebacken. Zum Beispiel werden 600—1000 (Gew.-Teile) W., 90 Steinwolle, 3 Asbestpulver, 3 Bentonit, 2,82 Dextrosehydrat, 0,18 $(NH_4)_2 \cdot SO_4$ u. 1 Fe-Oxid vermischt u. erhitzt. (**A. P. 2 965 504** vom 1/4. 1958, ausg. 20/12. 1960.) G. FRIKELL. 6229

Norton Co., übert. von: Herbert F. G. Ueltz, Worcester, Mass., V.St.A., **Hydraulisch abbindendes, feuerfestes Bindemittel,** das bis ca. 1760° beständig ist, bestehend aus einem Gemisch von 50 (Gew.-%) blasig geschmolzenem Al_2O_3, 25 dichtem Al_2O_3 in zwei verschiedenen Korngrößen, wie sie einem 14- bzw. 48-Maschen-Sieb entsprechen, u. 25 Ca-Aluminat mit einem Geh. von ca. 18 CaO u. 80 Al_2O_3. (**A. P. 2 965 506** vom 21/4. 1958, ausg. 20/12. 1960.) G. FRIKELL. 6229

Corning Glass Works, übert. von: **William H. Armistead,** Corning, N.Y., V.St.A., *Glaszusammensetzung.* (**Can. P. 553 776** vom 20/10. 1955, ausg. 4/3. 1958. — C. **1957.** 10036 [D. A. S. 1 003 925].)

Soc. An. des Manufactures des Glaces et Produits Chimiques de Saint-Gobain, Chauny & Cirey, Paris, Frankreich (Erfinder: **Ennio Ducci,** Pisa, Italien), *Vielzelliges Glas.* (**Can. P. 552 814** vom 5/12. 1947, ausg. 4/2. 1958. F. Prior. 7/12. 1946. — C. **1951.** II. 1950 [D. B. P. 802 649].)

Corning Glass Works, übert. von: **William H. Armistead,** Corning, N.Y., V.St.A., *γ-Strahlen absorbierendes Glas.* (**Can. P. 552 977** vom 14/10. 1954, ausg. 11/2. 1958. A. Prior. 1/3. 1954. — C. **1957.** 3106 [D. B. P. 951 391].)

Union Carbide & Carbon Corp., New York, N.Y., übert. von: **Louis A. Conant,** Indianapolis, Ind., V.St.A., *Metallkeramische Produkte.* (**Can. P. 553 427** vom 13/4. 1955, ausg. 18/2. 1958. A. Prior. 19/5. 1954. — C. **1959.** 4940 [A. P. 2 783 530].)

Whiffen & Sons Ltd., London, übert. von: **John Gilmour Hawkins,** Leicester, England, *Herstellung starrer poröser thermoplastischer Massen.* (**A. P. 2 901 446** vom 11/2. 1957, ausg. 25/8. 1959. E. Prior. 8/3. 1956. — C. **1960.** 7299 [Oe. P. 204 785].)

Montecatini Soc. Gen. per l'Industria Mineraria e Chimica, Mailand, Italien, *Wasserfeste Platten.* (**E. P. 819 706** vom 18/7. 1957, ausg. 9/9. 1959. It. Prior. 19/7. 1956. — C. **1960.** 6288 [Oe. P. 203 730].)

Carborundum Co., übert. von: **John C. McMullen,** Niagara Falls, N.Y., V.St.A., *Anorganisches Fasermaterial.* (**Can. P. 552 602** vom 13/1. 1955, ausg. 4/2. 1958. — C. **1961.** 6283 [D. A. S. 1 075 295].)

T. M. Barbarina, M. P. Ssuchow und **N. A. Scheludjakow,** Glasfaserige Baumaterialien. Moskau: Gosstroiisdat. 1961. (168 S. m. Abb.; 1 Bl. Zeichng.) 45 Kop. [Russ.]

I. W. Krawtschenko, Tonerdehaltiger Zement. Moskau: Gosstroiisdat. 1961. (175 S. m. Abb.) 54 Kop. [Russ.]

VII. Agrikulturchemie. Schädlingsbekämpfung

Umwandlungen freier Aminosäuren während der Zersetzung organischer Dünger (Kompost und Stallmist). W. Grzesiuk. (Postępy Nauk Rolniczych **8** (13). Nr. 4. 29—35. Juli/Aug. 1961. Olsztyn, WSR, Kat. Chem. roln.) (Pol.)

Kompost u. Stallmist enthalten während der Zers. bzw. Gärung freie *Aminosäuren* (I). Der I-Geh. ist im Lupinenkompost u. im Strohmist mit Zusatz mineral. Düngemittel (N, P, K) am höchsten, Torfkompost enthält am wenigsten freie I. In allen untersuchten Düngern wurden 15 I gefunden, darunter Glutaminsäure, Alanin, Threonin, Asparaginsäure, Leucin, Valin u. Aminobuttersäure. Lupinenkompost enthält vor allem I mit hohem R_F, Stallmist enthält hauptsächlich Glutaminsäure. Während der I-Geh. im Lupinenkompost u. Stallmist innerhalb von 2 Monaten auf 0 abnimmt, steigt er im Strohmist an. — 18 Literaturangaben. F. URBAN. 6294□

Über die Humuseigenschaften von organischen Düngern. 1. Mitt. **Die tatsächlichen Humuseigenschaften.** Sven L. Jansson. (Kungl. Lantbrukshögskolans Ann. **26.** 51—75. 1960.) (Engl.)

Vf. stellte in umfassenden Unterss. fest, daß die „tatsächlichen Humus-Eigg." (hierunter ist die Übereinstimmung mit den Eigg. der organ. Substanz fruchtbarer Kulturböden zu verstehen) von frischem Kuhdung, gut verrottetem Stallmist u. Abwasserschlamm gering sind. — 45 Literaturangaben. M. WINIKER. 6294□

Über die Humuseigenschaften von organischen Düngern. 2. Mitt. **Die potentiellen Humuseigenschaften.** Sven L. Jansson. (Kungl. Lantbrukshögskolans Ann. **26.** 135—72. 1960.) (Engl.) — 1. vgl. vorst. Referat.

In weiteren Unterss. zeigte sich, daß auch die „potentiellen Humus-Eigg." (hierunter ist die Fähigkeit zu verstehen, durch entsprechende Behandlung die Eigg. der organ. Substanz fruchtbarer Kulturböden zu erwerben) von frischem Kuhdung, gut verrottetem Stallmist u. Abwasserschlamm gering sind. — 33 Literaturangaben.

M. WINIKER. 6294□

Kontrollierte Erzeugung einer Verbindung vom Humustyp. Pol Hugé. (Bull. Inst. agronom. Stat. Rech. Gembloux **28.** 177—79. 1960.) (Franz.)

Durch Methangärung einer Cellulosesuspension (100 g Filtrierpapier/Liter W.) bei 30° (anaerobe Phase) entstand eine milchige Fl., die sich bei Luftzutritt fortschreitend bräunte. Die braune Verb. war fällbar durch Säuren, wurde durch Basen in Lsg. gebracht, besaß die Eig., mit Ton stabile Aggregate zu bilden u. wurde nach der Meth. von CHAMINADE [1946] als Humussäure bestimmt. EBERHARD MÜLLER. 6294□

Die Verwendung ionisierender Strahlung in der Landwirtschaft. A. M. Kuzin. (Proc. int. Conf. peaceful Uses Atomic Energy **12.** 149—56. Aug. 1955.) (Engl.)

Es wird der Einfl. der Bestrahlung von Samen, des Einweichens von Samen in Lsgg. von natürlichen u. künstlichen Radioelementen, der Behandlung des Bodens mit radioakt. Substanzen als Mikrokunstdünger u. der kontinuierlichen Bestrahlung mit ^{60}Co-Strahlung auf die Ernte verschiedener Nahrungsmittelpflanzen (Reis, Gurken, Radieschen, Bohnen usw.) beschrieben. — 37 Literaturzitate. W. KARCHER. 6304□

Über den Einfluß der Winderosion auf die Veränderung einiger physikalischer und chemischer Eigenschaften der Böden. T. F. Jakubow. (Почвоведение [Bodenkunde] **1960.** Nr. 12. 71—75. Dez. Dokutschajew-Bodeninst. der Akad. der Wiss. der UdSSR.) (Russ.; Auszug: Engl.)

Übersicht an Hand der Literatur. — 30 Literaturangaben. O. LEBTAG. 6304□

Der Kupfergehalt von Böden im westlichen Indien. V. Neelakantan und B. V. Mehta. (Soil Sci. **91.** 251—56. April 1961. Anand, Gujarat State, Inst. of Agric.) (Engl.)

Der Geh. an pflanzenverfügbarem *Cu* schwankte von 0,03—1,93 ppm, der an Gesamt-Cu von 11,0—175,5 ppm. Das pflanzenverfügbare Cu nimmt mit dem Gesamt-Geh. an Cu zu u. mit steigendem pH-Wert ab. Mit sinkender Korngröße der Bodenteilchen nimmt der Geh. an Gesamt-Cu u. pflanzenverfügbarem Cu zu. Der Geh. der Böden an organ. Substanz u. an $CaCO_3$ beeinflußt die Menge an pflanzenverfügbarem Cu nicht. W. HILLER. 6304□

Einige Untersuchungen an salzgeschädigten Böden im Gebiet von Canning, West-Bengalen. Somir Banerjee. (Plant and Soil [The Hague] **10.** 207—19. März 1959. Calcutta, India, State Agric. Res. Inst.) (Engl.)

Sechs Bodenprofile (Schluff- u. tonige Lehme), die für die Böden im südlichen Gangesdelta repräsentativ sind, wurden mechan. u. chem. untersucht. Der pH-Wert der Böden schwankte zwischen 4,9 u. 8,6, der Geh. an lösl. Salzen (im wss. Extrakt 1 : 5) zwischen 0,081 u. 1,58%. Der C-Geh. nahm mit ansteigendem pH-Wert ab. Das C/N-Verhältnis betrug zwischen 3,6 u. 10,3, d. h. die Aminfixierung war weitgehend abgeschlossen. Der Geh. an wasserlösl. u. austauschbaren Kationen war im allg. sehr hoch. Das austauschbare Na betrug 3,3—84,9% der gesamten Kationenaustauschkapazität. Als Maßnahmen zur Verbesserung dieser Salzböden werden Gründüngung, Anwendung von Kalk u. Gips, verbunden mit Bewässerung u. Beregnung, empfohlen.

WILFRIED WERNER. 6304□

Eine Untersuchung der Böden des Bao-Bolon. P. Bonfils und J. Faure. (Agronom. tropicale **16.** 127—47. März/April 1961.) (Franz.)

Vff. vermitteln einen Überblick über die Eigg. u. die landwirtschaftlichen Nutzungsmöglichkeiten der Böden des Bao-Bolon (zeitweilig überschwemmte Bodensenke im Gebiet des Nioro-du-Rip im Sénégal). M. WINIKER. 6304□

Hydratgleichgewicht in Bodenprofilen. Cooper H. Wayman. (Soil Sci. **92.** 322—30. Nov. 1961. Denver, Colo., U.S. Geological Survey.) (Engl.)

Es wird ein App. beschrieben, mit dem der Dissoziationsdruck über Gips ($CaSO_2 \cdot 2\,H_2O$, **I**) u. Gibbsit [$Al(OH)_3$, **II**] bei verschiedenen Temp. gemessen wird. **I** u. **II** bilden in dem Temp.-Bereich von 35—65° in Bodenprofilen stabile Phasen. Der Dissoziationsdruck steigt bei **I** von 35,0 auf 155,0 mm Hg, bei **II** von 0,002 auf 0,060 mm Hg, wenn die Temp. von 35 auf 65° steigt. W. HILLER. 6304□

Zur Charakteristik der braunen Waldböden des nordwestlichen Kaukasus. B. D. Saitzew. (Почвоведение [Bodenkunde] **1960.** Nr. 12. 76—82. Dez.) (Russ.; Auszug: Engl.)

Die Unters. der chem. u. physikal. Eigg. von 3 Profilen der braunen Waldböden am oberen Laba (Nordkaukasus) ergab folgende Tatsachen, die zugunsten einer eluvialen Boden-Bldg. sprechen: SiO_2-Anreicherung in den oberen Bodenhorizonten unter gleichzeitiger Auswaschung der Basen, bes. Mg, Al u. Fe; saure Rk. u. Ggw. von Austausch-H in den oberen Horizonten; Tendenz zur Anreicherung von koll. Fe im mittleren Profil;

erhöhter Geh. an Gesamt- u. Austausch-Ca in den humushaltigen Horizonten im Vgl. zu den tieferen Horizonten. Von den Podsolböden unterscheiden sich die untersuchten Böden durch folgendes: Fehlen ausgesprochen morpholog. Merkmale der Podsolierung; Ggw. einer relativ mächtigen humushaltigen Schicht; körnige Struktur der humushaltigen Horizonte. Die Unters. der Mikroaggregat-Zus., die Dispergierung der humushaltigen Horizonte mit Hilfe von H_2O_2 u. Oxalat u. die Auswaschung mit HCl zeigen, daß als wichtigstes strukturbildendes Element dieser Horizonte der Humus anzusehen ist.
O. LEBTAG. 6304 □

Verhältnis des Kohlenstoffs zum Gesamtstickstoff in den Böden von Kasachstan. A. M. Durassow. (Почвоведение [Bodenkunde] **1961.** Nr. 7. 29—34. Juli. Kasach. Univ.) (Russ.; Auszug: Engl.)

In den untersuchten Böden der Kasachstan-Ebene vermindert sich das Verhältnis C : Gesamt-N in der Richtung von Norden nach Süden, in Gebirgsböden sinkt es mit der Verminderung ihrer Höhenlage. Eine Ausnahme bilden die dunklen kastanienfarbigen Böden, deren Verhältnis C : N größer ist als das der humusarmen Tschernosemböden. Das größte Verhältnis C : N weisen humusreiche nichtversalzte bzw. solodierte Tschernosemböden der Ebene bzw. graue Gebirgswaldböden bzw. podsolierte Gebirgs-Tschernosemböden auf; das niedrigste Verhältnis entfällt auf die Braunerden. Takyrböden sind sehr arm an N, daher ist ihr Verhältnis C : N groß. In der Gruppe der Wiesenböden vermindert sich das Verhältnis C : N in der Reihe: Wiesen–Moor-, Wiesen–Tschernosem-, Wiesen–kastanienfarbige Böden, Wiesen–Grauerde. In der Gruppe der versalzten Böden zeichnen sich Solod- bzw. graue solodierte Böden durch größeres Verhältnis C : N aus, während es bei den Wiesen–kastanienfarbigen Böden u. Wiesen–Grauerden niedrig ist. Die in Kultur stehenden Böden zeigen ein größeres Verhältnis C : N als brachliegende. Im Vgl. zu den gleichen Bodentypen westlicher Gebiete der Sowjetunion zeigen die Böden Kasachstans ein niedrigeres Verhältnis C : N, was sich durch das trockene Klima des Gebietes erklärt. M. GORDIENKO. 6304 □

Die Spurenelemente in einigen Böden und bodenbildenden Gesteinen von Kasachstan. W. W. Dobrowolski. (Почвоведение [Bodenkunde] **1960.** Nr. 2. 15—23. Febr. Allunions-Inst. für mineral. Rohstoffe.) (Russ.; Auszug: Engl.)

Viele Spurenelemente in bodenbildenden Gesteinen des Quartärs der Steppenzone von Kasachstan sind an die Fraktion unter 0,0001 mm gebunden. Diese besteht hauptsächlich aus Hydroglimmer. Quarzteilchen, deren Geh. 60—70% erreicht, sind an Spurenelementen sehr arm. Im Horizont B des humusarmen Tschernosems zeigt sich eine Tendenz zur Akkumulation von Ti, Mn, Co, Ni, V, Zr, Sc. Verglichen mit dem Muttergestein läßt sich in ihrem Profil eine Tendenz zur Verminderung von Ga, Pb, Cu, Zn erkennen. Auch in solonetzartigen Böden findet, im Vgl. zum Muttergestein, eine Verminderung vieler Spurenelemente statt. In podsolierten Böden unter Kiefernbeständen werden im Humushorizont Zn, Mn, im illuvialen Horizont Cu, Pb, Co, Ga, Y, Mo akkumuliert. Auch in der Wüstenzone findet eine Akkumulation der Spurenelemente hauptsächlich in den feindispersen Teilchen statt. In der Grauerde befinden sich die meisten Spurenelemente im Humushorizont; Zr u. Yb sammeln sich jedoch im Carbonat-, Mo im Gipshorizont. In versalzten Böden zeigt sich eine Tendenz zur Ansammlung von Mo im Humushorizont, z. T. auch von Ni u. V. M. GORDIENKO. 6304 □

Ermittlung der Migration einiger Verbindungen im Boden mit Hilfe der lysimetrischen chromatographischen Säulen. I. Ss. Kauritschew und Je. M. Nosdrunowa. (Почвоведение [Bodenkunde] **1960.** Nr. 12. 30—35. Dez. Timirjasew-Akad. für Landwirtsch.) (Russ.; Auszug: Engl.)

Durch Einbringen einer Adsorptionskolonne in den Boden kann die Bewegung von Fe^{2+} u. Fe^{3+} im Boden verfolgt werden. Von den angewandten Adsorbentien erwies sich Al_2O_3 als am wirksamsten; von ihm werden 88% der Fe-Ionen zurückgehalten. Die Unters. der Bewegung der Fe-Verbb. in den jungfräulichen Podsol- u. Rasen-Podsolböden der Taiga-Zone zeigt, daß in der mittleren Taiga-Zone die Auswaschung des Fe weit verbreitet ist. In der südlichen Taiga beobachtet man diesen Prozeß nur in sehr feuchten Waldgebieten. O. LEBTAG. 6304 □

Über die Verlagerung der Kolloide und Schlammteilchen in Böden. N. I. Gorbunow. (Почвоведение [Bodenkunde] **1961.** Nr. 7. 13—28. Juli. Dokutschajew-Inst. für Bodenkunde der Akad. der Wiss. der UdSSR.) (Russ.; Auszug: Engl.)

Die Verlagerung der Koll. u. Schlammteilchen im Boden vollzieht sich in Form von mineral., organ. u. organ.-mineral. Verbindungen. Gleichzeitig mit der Verlagerung der beiden Fraktionen geht im Boden die Zers. der prim. u. sek. Mineralien vor sich. Dieser Prozeß beginnt mit der Auflösung, welcher der Ersatz von Ionen des Kristallgitters gegen die der Lsg., sodann die Bldg. von amorphen u. krist. Oxiden folgt. Das

Tempo der Zers. u. Umwandlung der Mineralien hängt von ihrer kristall. u. chem. Natur, von der Dispersität, von klimat. u. biochem. Verwitterungs- u. Bodenbildungsverhältnissen ab. Die Verlagerung von hochdispersen zersetzten u. unzersetzten Mineralien kann am besten auf Grund von Best. von nichtsilicat. Sesquioxiden u. amorpher Kieselerde neben den Unterss. der mechan., chem. u. mineralog. Zus. des Bodens u. seiner hochdispersen Fraktionen beurteilt werden. M. GORDIENKO. 6304☐

Der biologische Kreislauf des Stickstoffs und der Aschenelemente in Moorwäldern. N. I. Pjawtschenko. (Почвоведение [Bodenkunde] **1960.** Nr. 6. 21—32. Juni. Krasnojarsk, Inst. für Forsten u. Holz der Akad. der Wiss. der UdSSR.) (Russ.; Auszug: Engl.)

Die Art des biolog. Kreislaufs des N u. der Aschenelemente im Wald auf Moorboden wird durch ständige Vergrößerung der Moordecke u. der Torf-Bldg. bedingt. Im Vgl. zum jährlichen Holzzuwachs im 100—200jährigen Tannenbestand ist der jährliche Zuwachs der Moos-Gras-Decke viel größer u. enthält etwa die 3fache Menge von N u. Aschenelementen, die 4fache von Ca u. K u. die 6fache von Mg. Im 120jährigen Kiefernbestand mit Sträuchern u. Sphagnum-Bodendecke beträgt der jährliche Zuwachs nur $^1/_{16}$ vom Zuwachs der letzteren. Im Kreislauf der Nährstoffe im Tannenbestand erhält Moorboden ca. 84% N u. 78—90% Aschenelemente zurück, wobei am wenigsten P zurückerstattet wird. Im Kiefernwald kehrt in den Boden mehr N u. SiO_2 zurück als von der Vegetation aufgenommen wird, was sich durch Fixierung aus der Atmosphäre bzw. durch Wurzelausscheidungen in den Boden erklären läßt. K u. Mg werden im Kiefernwald bis zur Hälfte, die übrigen Elemente bis auf 73—95% zurückgebracht. M. GORDIENKO. 6304☐

Atmung des Bodens und Zusammensetzung der Bodenluft bei trockengelegten Torf-Moorböden. B. N. Makarow. (Почвоведение [Bodenkunde] **1960.** Nr. 2. 56—62. Febr. Dokutschajew-Inst. für Bodenkunde der Akad. der Wiss. der UdSSR.) (Russ.)

Unterss. auf trockengelegten Torfmoorböden zeigten, daß die Intensität der Bodenatmung u. der CO_2-Geh. in der Bodenluft von den Veränderungen der Temp., Feuchtigkeit, des Grundwasserstandes u. des Wachstums der ober- u. unterird. Pflanzenteile abhängig sind. Maximale Atmungsintensität des untersuchten Bodens u. maximaler CO_2-Geh. in seiner Luft wurden während der Periode höherer Temp. u. niedriger Feuchtigkeitsmengen in ihm festgestellt. Unter dem Gräserbestand sind die Intensität der Bodenatmung u. der CO_2-Geh. in der Bodenluft bedeutend höher als auf der Brache. Im erstgenannten Boden erreicht der CO_2-Geh. in tieferen Schichten 4—11 Vol.-%. Der Gasaustausch in oberen Schichten trockengelegter Torfmoorböden übertrifft denjenigen in tieferen Schichten um das 1,5—2,5fache. M. GORDIENKO. 6304☐

Ist die Vitamingehaltserhöhung der Pflanzen durch Düngung möglich? H. Döring. (Dtsch. Landwirtsch. **12.** 69—71. Febr. 1961. Großbeeren, Inst. für Gartenbau der DAL.) (Dt.)

Vf. demonstriert an einigen Beispielen, daß eine Steigerung des Vitamin-Geh. von Kulturpflanzen durch geeignete Düngungsmaßnahmen möglich ist. M. WINIKER. 6304☐

Die Phytinbilanz verschiedener Getreidefrüchte in Abhängigkeit von der Phosphordüngung. J. Schormüller und H. Hoffmann. (Nahrung **5.** 155—63. 1961. Berlin-Charlottenburg, TU, Inst. für Lebensmittelchem. u. Lebensmitteltechnol.) (Dt.)

Bei Proben von Weizen, Gerste u. Hafer unterschiedlicher *Phosphat*-Düngung wurde der Geh. an *Gesamt-P*, *Phytin-P*, *Asche* u. *Kieselsäure* bestimmt. Es zeigte sich, daß der Geh. an Gesamt-P u. Phytin mit steigenden P-Gaben deutlich zunimmt. Die Phytinzunahme bleibt jedoch im Rahmen eines ernährungsphysiolog. nicht ins Gew. fallenden Ausmaßes. Bei Hafer war das Ansteigen des Geh. an Gesamt-P vom Säuregrad des Bodens abhängig, nicht aber der Geh. an Phytin-P. Der Protein-Geh. der Cerealien scheint durch erhöhte P-Gaben gemindert zu werden. M. WINIKER. 6304☐

Der Einfluß einer N–P–K-Düngung auf die Stärke der Schädigung durch Oxydantien bei Mangold und Spinat. R. F. Brewer, F. B. Guillemet und R. K. Creveling. (Soil Sci. **92.** 298—301. Nov. 1961. Riverside, Calif., Univ. of California, Citrus Exp. Stat.) (Engl.)

Als Oxydantien wurden *Ozon* (**I**) u. *ozonisiertes Hexen* (**II**) verwendet. Die Stärke der Schädigung durch Oxydantien nahm bei Mangold mit steigender N-Düngung zu. Düngung mit N + P u. N + K verursachte geringes Wachstum, die Triebe waren jedoch gegen Schädigungen durch I u. II resistent. P + K-Düngung bei normalen N-Gaben ergab schwerere Schadbilder. Bei Spinat stieg die Schädigung mit steigenden N-Gaben u. fiel mit steigenden P-Gaben. K hatte dieselbe Wrkg. wie P nur bei höheren N-Gaben. K + P zusammen gegeben senkten in allen Fällen die Schädigungen beträchtlicher als eine Düngung nur mit K bzw. nur mit P. W. HILLER. 6304☐

Die Beeinflussung des Mineralstoffgehalts von auf sandigem Lehmboden von Kalamazoo gewachsenem Mais durch Verabfolgung von Handelsdünger. E. R. Dowdy, L.-S. Robertson und W. B. Sundquist. (Michigan State Coll. Agric. appl. Sci., agric. Exp. Stat., techn. Bull. **40.** 861—69. Mai 1958.) (Engl.)

Von Maisfeldern, die mit 57 verschiedenen Kombinationen von N, P, K u. Mg gedüngt worden waren, erbrachten die Flächen höchsten Ertrages Mais höchsten N- u. niedrigsten Mg-Gehaltes. Die verschiedenen Wechselbeziehungen zwischen N-, P-, K- u. Mg-Geh. des Getreides, der Blätter, des Saatgutes u. dem Ertrag werden erörtert. J. KEINERT. 6304

Abhängigkeit der Wirksamkeit der Düngung von der Niederschlagsmenge auf mächtiger Schwarzerde in Gebieten mit unzureichender Feuchtigkeit. Ss. M. Gurewitsch. (Почвоведение [Bodenkunde] **1961.** Nr. 7. 85—90. Juli. Inst. für Düngemittel u. Insektofungicide.) (Russ.; Auszug: Engl.)

Zwischen den Niederschlagsmengen u. den Erträgen der angebauten Kulturen bzw. der Dünger-Wrkg. in verschiedenen Jahren bestehen keine Zusammenhänge, da neben den Niederschlägen eine Reihe anderer Faktoren mitwirkt; doch werden Ertrag u. Wirksamkeit der Düngung von den Niederschlagsmengen stark beeinflußt. In Jahren mit größeren Niederschlagsmengen ist die Wrkg. der Phosphate auf Zuckerrüben stärker, ihr Ertrag höher als in Jahren mit spärlichen Niederschlägen im Mai bis August. N-Dünger mit PK bleibt in trockenen Jahren fast unwirksam, in feuchten dagegen erhöht er den Zuckerrübenertrag um 24 dz/ha. Ähnliche Ergebnisse erzielt man mit K-Düngern u. Stallmist. Bei Gerste hängt die Ertragssteigerung durch N- bzw. P- bzw. NP-Düngung von den Niederschlagsmengen im Mai ab. Bei Feuchtigkeitsmangel in dieser Wachstumsperiode vermindert sich die Wrkg. des Düngers, bes. des N-Düngers. Winterweizenerträge auf Schwarzbrache werden von den Niederschlägen nur wenig beeinflußt, da die Brache mit W. ausreichend versorgt ist. P ist auf der Schwarzbrache in trockenen Jahren unwirksam, in feuchten erhöht er den Kornertrag um 2 dz/ha. In ungünstigen (trockenen bzw. zu feuchten) Jahren bewirkt K hohe Mehrerträge, in normalen Jahren nur unbedeutende. M. GORDIENKO. 6304 □

Untersuchungen über die Stickstoffernährung der Pflanze. 2. Mitt. Wirkung der Stickstoffkopfdüngung auf mit unterschiedlichen Stickstoffmengen angezogene Reispflanzen. Masao Oshina. (Bull. nat. Inst. agric. Sci. [Tokyo], Ser. B Nr. **11.** 199—232. März 1961.) (Jap.; Auszug: Engl.) — 1. vgl. C. **1961.** 9846.

Mehrjährige Gefäß-Verss. zu Reis erbrachten, daß die Wrkg. einer späten *N*-Kopfdüngung (zum Beginn des Rispenschiebens) im allg. um so besser war, je niedriger die N-Grunddüngung u. je günstiger die Witterungsbedingungen waren. In diesen Fällen bewirkte die N-Kopfdüngung eine Erhöhung von Wuchshöhe, Rispenzahl, Zahl der Körner pro Rispe u. 1000-Korngewicht. Der Geh. von Stroh u. Korn an Gesamt-N wurde durch die späte N-Zufuhr gesteigert, wobei im Stroh eine vorübergehende Anreicherung von wasserlösl. N zu verzeichnen war. Der Kohlenhydrat-Geh. des Strohes wurde in einem Jahr positiv, im anderen Jahr nicht beeinflußt. Es bestand aber eine positive Korrelation zwischen der Wrkg. der N-Kopfdüngung u. dem Kohlenhydrat-Geh. von Blatt u. Stengel bei Beginn der Rispenbildung. WILFRIED WERNER. 6304 □

Orientierender Versuch über den Einfluß der geteilten Stickstoffdüngung auf Ertrag und Qualität von Futterrüben. Juraj Truksa. (Pol'nohospodárstvo **5.** 242—54. 1958. Piest'any, Výsk. úst. rastl. výr. Slov. akad. vied.) (Slowak.)

Ausgehend von der Überlegung, daß bei späterer Düngung mit aufnahmefähigem N das Verhältnis Saccharide : N für die Eiweiß-Bldg. günstiger als für die Bldg. von lösl. N-Verbb. sein wird, wurden Gefäß- u. Feld-Verss. angestellt, die im wesentlichen zu folgendem Ergebnis führten: Die zeitliche Verteilung der N-Gaben (letzte Gabe zur Zeit der größten Assimilation) erhöht die Ausbeuten an Eiweißstoffen u. auch den Anteil an Gesamt-N deutlich. E. ROTTER. 6304 □

Oxalsäure in Spinat (Spinacia oleracea L.). Ein Beitrag zur Qualitätsbeeinflussung. K. Ehrendorfer. (Bodenkultur [Wien], Ausg. A **12.** 100—11. Juni 1961. Wien, Hochschule für Bodenkultur, Inst. für Pflanzenbau u. Pflanzenzüchtung.) (Dt.)

Verss. zum Problem der möglichen Beeinflussung des *Oxalsäure* (**I**)-Geh. in Spinatblättern durch mineral. Düngung u. pflanzenbauliche Maßnahmen ergaben: Durch *P*-Düngung kann der **I**-Geh. gesenkt werden, da mit zunehmendem P-Geh. der Pflanzen der **I**-Geh. abnimmt. *N*- u. *K*-Düngung beeinflussen den **I**-Geh. insofern, als eine hohe N-Düngung zusammen mit einer geringen K-Düngung den geringsten **I**-Geh. bewirkt. M. WINIKER. 6304 □

Untersuchungen über den Einfluß von Gips auf die Eigenschaften von Mergelboden. Ladislav Červenka. (Pol'nohospodárstvo **4.** 494—507. 1957. Bratislava, Výsk. úst. vodohospodársky.) (Slowak.)

Durch Zugabe von 2% Abfallgips u. gleichzeitige Durchwaschung mit W. kann salzhaltiger Mergelboden bzgl. seines Na-Geh. u. seiner Struktur wesentlich verbessert werden, wie in Labor.-Verss. festgestellt wurde. E. Rotter. 6304□

Die Wirkung von Sägemehlzugaben zum Boden auf die Verfügbarkeit des Stickstoffs. W. M. McKenzie. (Austral. J. agric. Res. **9**. 664—79. Sept. 1958. Merbein, Victoria, C.S.I.R.O., Commonwealth Res. Stat.) (Engl.)

Vf. untersucht in Inkubations-Verss. die Veränderungen im N-Haushalt von Boden-Sägemehl-Mischungen unter dem Einfl. von Art u. Menge des Sägemehlzusatzes, von Bodentextur u. Kalkung sowie von der N-Form, Bodenfeuchtigkeit u. pH-Wert. Es werden die Zeitkurven der N-Festlegung u. -Freisetzung unter diesen Bedingungen ermittelt. Die Holzart hatte den größten Einfl. auf die N-Bindung, wogegen die anderen Faktoren wenig oder keine Wrkg. zeigten. Das Maximum der N-Bindung wurde nach 5—11 Wochen erreicht. Es wird angenommen, daß unter Feldbedingungen diese Periode wesentlich länger sein wird, so daß eine mineral. N-Düngung dort erst nach 6—11 Monaten erfolgen sollte, um N-Verluste infolge Festlegung durch zugesetztes Sägemehl zu vermeiden. $CaCO_3$-Zusatz erhöhte die vorübergehende N-Festlegung. Die Freisetzung des fixierten N erfolgte außerordentlich langsam. Wilfried Werner. 6304□

Verwendung von Spurenelementen als Dünger bei der Anzucht von Tabakpflanzen. T. L. Zurzumija. (Табак [Tabak] **21**. Nr. 4. 45—46. 1960. Abchas. Tabakversuchsstation des Allunions-Inst. für Tabak u. Machorka.) (Russ.)

Verss. zur Anzucht von Tabaksetzlingen unter Zugabe von Mn (*$MnSO_4$*; 8,1 g/m^2), Cu (*$CuSO_4$*; 2,46 g), Zn (*$ZnSO_4$*; 3,3 g), B (*Borax*; 2,46 g) ergaben weder eine frühere Entw. der Pflanzen noch eine Änderung im Verhältnis der Grün- u. Trockenmasse Demgegenüber bewirkte Mo-Zusatz (*NH_4-Molybdat*; 0,712 g/m^2) eine dunkelgrüne Färbung der Pflanzen u. eine Steigerung des Ertrages um 13—27%, womit sich die Zugabe von Mo zu Tabaksetzlingen empfiehlt. A. v. Wilpert. 6304□

Die Wirkung von Kobalt auf Ertrag und Qualität von Grünhafer. F. Asmus. (Dtsch. Landwirtsch. **12**. 72—74. Febr. 1961. Berlin, DAL.) (Dt.)

Vf. untersuchte in Wasserkultur-Verss. den Einfl. von *Co* auf Ertrag u. Qualität von Grünhafer. Ertragssteigerungen wurden nicht erzielt, wohl aber Verbesserungen der Qualität (Erhöhung des Eiweiß-Geh.). Die mögliche Bedeutung dieses Vers.-Ergebnisses für die Belange der Praxis wird diskutiert. M. Winiker. 6304□

Zur Frage der Bedeutung von keimhemmenden Stoffen im Boden. G. Frimmel. (Bodenkultur [Wien], Ausg. A **12**. 116—22. Juni 1961. Linz, Landw.-chem. Bundesversuchsanst.) (Dt.)

Vf. stellt die allg. Bedeutung von Wirkstoffen im Boden für das Pflanzenwachstum heraus u. demonstriert am Beispiel der Wrkg. wasserlösl. Hemmstoffe aus Kümmelsamen auf die Keimung von Kressesamen, daß diese Wrkg. vom Boden paralysiert werden kann. Das Ausmaß dieser Fähigkeit ist abhängig von der jeweiligen Bodenart. M. Winiker. 6304□

Die Bildung von Nitrat aus Ammoniumstickstoff in Böden. 3. Mitt. Einfluß von Temperatur und anfänglicher Population nitrifizierender Organismen auf die Maximalgeschwindigkeit und die Verzögerungsperiode. B. R. Sabey, L. R. Frederick und W. V. Bartholomew. (Proc. Soil Sci. Soc. America **23**. 462—65. Nov./Dez. 1959.) (Engl.) — 2. vgl. C. **1958**. 5788.

16 verschiedene Böden wurden bei verschiedenen Temp. (0, 5, 8, 10, 15, 20 u. 25°) u. mit verschiedener Beimpfung mit einer Kultur nitrifizierender Organismen (0, $^1/_2$, 1, 2, 3, 4, 5 u. 10 ml) in 25 g-Proben (lufttrocken) ohne oder mit (bis zu 800 ppm) NH_4–N 0—32 Wochen bei 0—14 Tagen Vorbebrütung (zur Vermehrung der Ausgangspopulation) bebrütet, um den Einfl. dieser Faktoren auf die Nitrifikation zu untersuchen. Die Zeit–Nitrifikations-Kurve zeigte allg. eine „Verzögerungsphase" u. eine Phase maximaler (linearer) Nitrifikation, die bei Substraterschöpfung von einer abnehmenden Phase abgelöst wurde. Jede Phase muß für sich gemessen u. beschrieben werden, bevor Nitrifikationsunterschiede von Böden ganz verstanden u. beschrieben werden können. In den bei Feldkapazität bebrüteten Böden stieg die maximale Nitrifikations-Geschw. von unmeßbar geringen Werten bis zu solch hohen wie 900 ppm pro Woche in einigen Böden, u. die Verzögerungsperioden nahmen von 32 Wochen bis auf weniger als 1 Tag ab, wenn die Temp. von 0—25° variiert wurde. Vermehrung der Ausgangspopulation von Nitrifikanten verringerte die Verzögerungsperioden, beeinflußte jedoch oberhalb von 10° die maximale Nitrifikations-Geschw. nicht wesentlich. Der Einfl. von Temp. u. nitrifizierender Population auf die Verzögerungsperioden u. Maximal-Geschw. war bei den Böden sehr verschieden, was auf andere, die Nitrifikation beeinflussende Bodenfaktoren hinweist. G. Jagnow. 6306□

Das Wachstum einiger Bodenmikroorganismen nach Mangangaben. L. E. Casida jun. und Thomas Santoro. (Soil Sci. **92.** 287—97. Nov. 1961. Pennsylvania State Univ., Pennsylvania Agric. Exp. Stat.) (Engl.)

Die untersuchten 18 Bakterienarten zeigten bei Zusatz von 0,05% $MnSO_4$ stimuliertes Wachstum. Ähnliche Stimulationszonen wurden aus NaCl- u. Wasserextrakten saurer Böden erhalten, die auf den Mn-Geh. der Böden zurückzuführen sind. Fe^{3+}-Ionen stimulieren in hohen Konzz. das Wachstum der untersuchten Bakterien nur im geringen Grade. W. HILLER. 6306□

Die Bodenfauna in Waldböden und ihre Bedeutung für die Vegetation. Karl-Herman Forsslund. (Kungl. Skogs- och Lantbruksakad. Tidskr. **100.** 233—56. 1961. Stockholm, Statens skogsforskninginst.) (Schwed.)

Vortrag. — Diskussion. M. WINIKER. 6306□

Ein Überblick über die Bakterien(arten) einiger Waldböden, Grasböden und Torfe von Neu-Seeland. J. D. Stout. (New Zealand J. agric. Res. **4.** 1—30. Febr./April 1961. Wellington, Dep. of Sci. and Ind. Res., Soil Bur.) (Engl.) M. WINIKER. 6306□

Simazin als Herbicid zur Unkrautbekämpfung in Maissaaten. I. A. Makodseba und A. W. Fissjunow. (Вестник Сельскохозяйственной Науки [Nachr. Landwirtsch.-Wiss.] **5.** Nr. 7. 134—37. Juli 1960.) (Russ.)

Bei Vgl.-Verss. hat sich das neue Herbicid *Simazin* (I) besser als 2.4-D bewährt. I wird als trockenes Pulver mit Erde gemischt u. ausgestreut, bevor sich die Maiskeimlinge zeigen. Bei genügender Feuchtigkeit gehen die Unkrautpflanzen am 5.—12. Tag ein. Am günstigsten werden 1—2 kg I/ha verwendet, durch die bei ungenügender Feuchtigkeit in der 1. Wachstumsperiode 27—32%, in der 2. 66—72% u. zuletzt 45—59% der Unkräuter eingehen. Bei genügend Feuchtigkeit werden schon mit 0,5—1 kg I/ha die Unkräuter total vernichtet. Gaben bis zu 8 kg/ha sind zwar für Mais unschädlich, können jedoch die Nachfrucht, bes. die Getreidearten, stark schädigen. A. PRINZ. 6312□

Einige Aspekte der Insekticidanwendung. R. J. Courshee. (Annu. Rev. Entomol. **5.** 327—52. 1960. Silsoe, Bedfordshire, Wrest Park, Nat. Inst. of Agric. Engng.) (Engl.)

Übersicht. Behandelt werden: Verwendbarkeit von Pesticiden gegen Insekten, Vgl. der Anwendungs-Meth., selektive Anwendungs-Meth., experimentelle Methoden. — 44 Literaturangaben. P. GREGORZEWSKI. 6312□

Das neue Insekticid Sevin. Je. N. Koslowa, A. I. Kulikow und I. P. Kurlina. (Вестник Сельскохозяйственной Науки [Nachr. Landwirtsch.-Wiss.] **5.** Nr. 7. 131—134. Juli 1960.) (Russ.)

Bei der Baumwolleule Chloridea obsoleta F. wurden durch Bestäubung mit 3 kg/ha *Sevin* (I) sämtliche Raupen vernichtet. Bei der Bekämpfung der Malvenmotte Pectinophora malvella Hb. zeigte I bessere Resultate als DDT. Am wenigsten geschädigt wurden die Fruchtknoten, wenn von I bei 3maliger Bestäubung 3 (kg/ha), bei 4maliger Bestäubung 2 verwendet wurden. Dabei konnte eine stimulierende Wrkg. beobachtet werden. Gegen den Apfelwickler Carpocapsa pomonella L. wurde die 0,7%-Suspension von I gegen die 2. Generation gespritzt. Die Fallobstmenge hat sich 5mal verkleinert; 79,9% der Äpfel waren gesund. A. PRINZ. 6312□

Vergleich der Stabilität von Dyrene, 1-Fluor-2.4-dinitrobenzol, Dichlone und Captan in einem Schlamm-Lehmboden. H. P. Burchfield. (Contr. Boyce Thompson Inst. **20.** 205—15. Juli/Sept. 1959.) (Engl.)

Die Stabilität der Fungicide *Captan* (I), *Dichlone* (*2.4-Dichlor-1.4-naphthochinon*), *1-Fluor-2.4-dinitrobenzol* u. *Dyrene* (*2.4-Dichlor-6-*[*o-chloranilino*]*-symm.-triazin* [II]) nahm in einem Schlamm–Lehm-Boden in der angegebenen Folge ab. Die Hälfte von II verschwand in feuchtem Boden innerhalb eines halben Tages, die Hälfte von I innerhalb 3—4 Tagen. In lufttrockenem Boden verlief der Abbau viel langsamer. Stabilität im Boden u. Hydrolysen-Geschw. in wss. Puffer, pH 7, gingen nicht parallel. K. MAIER. 6312□

Insektenabschreck- und -anlockmittel. 4. Mitt. **Das Ansprechen ausgewachsener Stubenfliegen auf einige verstäubte Insekticide.** Yasunosuke Ikeda. (Botyu-Kagaku [Sci. Insect Control] **23.** 99—102. Aug. 1958.) (Engl.) — 3. vgl. Botyu-Kagaku [Sci. Insect Control] **23.** [1958.] 33; vgl. auch C. **1961.** 632.

Abstoßend auf die Stubenfliege wirken *Chlordan* in großen Dosen u. *o-Dichlorbenzol*. *DDT* u. *Dieldrin* u. (in geringerem Maße) *γ-BHC* wirken anlockend. W. WESLY. 6312□

Insektenabschreck- und -anlockmittel. 5. Mitt. **Über die Abschreckwirkung einiger Insekticide und die Art ihrer Wirkung auf ausgewachsene Stubenfliegen.** Yasunosuke Ikeda. (Botyu-Kagaku [Sci. Insect Control] **23.** 102—07. Aug. 1958.) (Engl.). — 4. vgl. vorst. Referat.

An Stubenfliegen mit flüchtigen Insektenvertilgungsmitteln ausgeführte olfaktometr. Unterss. zeigen, daß *chlorierte KW-Stoffe* (*Chlordan*) nicht abweisend, natürliche Pflanzen-Prodd. wie *Pyrethrin* (I) u. *Allethrin* (II) abweisend wirken. Es wird angenommen, daß **I** u. **II** nicht in der Dampfphase, sondern durch Berührung u./oder Geschmack wirksam sind. W. WESLY. 6312 □

Insektenabschreck- und -anlockmittel. 6. Mitt. **Eine Methode zur Ermittlung der Wirksamkeit von Fliegenabschreckmitteln im Freien.** Yasunosuke Ikeda. (Botyu-Kagaku [Sci. Insect Control] **23.** 161—64. Nov. 1958.) (Jap.; Auszug: Engl.) — 5. vgl. vorst. Referat.

Die Wirksamkeit von Fliegenbekämpfungsmitteln wird in einer Falle in Ggw. eines geeigneten Köders erprobt. Von den untersuchten Mitteln ist bes. *MGK Repellent 11* [*2.3.4.5-Bis-*(Δ^2*-butylen*)*-tetrahydrofurfurol*] recht wirksam. W. WESLY. 6312 □

Ein Vergleich der Wirksamkeit verschiedener Extraktionsmittel für organische Substanz von zwei Horizonten eines Podsol-Profils. M. Schnitzer, J. R. Wright und J. G. Desjardins. (Canad. J. Soil Sci. **38.** 49—53. Febr. 1958. Ottawa, Ontario, Canad. Dep. of Agric.) (Engl.)

Vff. versuchten die organ. Substanz des A_0- bzw. des B_{21}-Horizontes eines Podsolbodens mit folgenden Lsgm. zu extrahieren: 0,1m $Na_4P_2O_7 \cdot 10\,H_2O$-Lsgg. (pH 7,0 u. 9,8), 0,1m $Na_3PO_4 \cdot 12\,H_2O$-Lsg., 1%ig. $(NaPO_3)_6$-Lsg., 0,1m $Na_2B_4O_7 \cdot 10\,H_2O$-Lsg., 0,5m NaF-Lsgg. (pH 7,0 u. 8,2), 0,5m NaCl-Lsg., 0,5m NaJ-Lsg., 0,5m Na_2CO_3-Lsg., 0,5m NaOH-Lsg., 0,5%ig. HCl, 0,5%ig. HF u. 0,2m Na_2-EDTA-Lösung. Die extrahierten Mengen an organ. Substanz variierten mit dem Horizont u. dem benutzten Lösungsmittel. B. SCHEIFELE. 6324

Monsanto Chemical Co., St. Louis, Mo., übert. von: Milton Kosmin, Dayton, Ohio, V.St.A., **Mittel zur Regulierung des Pflanzenwachstums,** bes. zur Verbesserung von Tabakblättern u. der Zahl der Samenkapseln an Baumwollpflanzen, bestehend aus einer wss. Lsg. von 2-(Natriumsulfo)-äthyl-1-naphthalinacetat (I) oder 2-(Natriumsulfo)-äthyl-(2-naphthyloxy)-acetat (**II**). — I erhält man durch Erhitzen eines Gemisches von 0,6 (Mol) 1-Naphthalinessigsäure u. 0,5 Na-Isäthionat unter Zusatz von 7 W. auf ca. 250° u. **II** durch Erhitzen von 0,55 (2-Naphthoxy)-essigsäure u. 0,5 Na-Isäthionat unter Zusatz von 7 W. auf 250—255°. — Man besprüht die Pflanzen mit ca. 100 ppm wss. Lösungen. (**A. P. 2 913 324** vom 16/5. 1955, ausg. 17/11. 1959.) H. NEBELSIEK. 6297

N. V. Philips' Gloeilampenfabrieken, Eindhoven (Erfinder: Harmannus Koopman, Weesp), Holland, **Herstellen von Chlorbenzonitrilen** durch Rk. von Gemischen aus Chlortoluolen, bes. 2.6-Dichlor- oder 2.3.6-Trichlortoluol, NH_3, O_2 u. einem inerten Gas bei erhöhter Temp. in der Dampfphase an einem V_2O_3-haltigen Katalysator. Die Verw. eines bedeutenden NH_3-Überschusses erhöht die Ausbeute an Di- bzw. Trichlorbenzonitril. — *2.6-Dichlorbenzonitril* wirkt *herbicid* u. *insekticid, 2.3.6-Trichlorbenzonitril* beeinflußt das *Pflanzenwachstum.* (**D. A. S. 1 116 209** Kl. 12o vom 26/4. 1960, ausg. 2/11. 1961. Holl. Prior. 28/4. 1959.) L. STADELMANN. 6313

Dow Chemical Co., Midland, übert. von: Clarence L. Moyle, Clare, Mich., und Clifford L. Meints, Indianola, Iowa, V.St.A., **N-(2-[Pentachloranilino]-äthyl)-carbamoylsäuren** der allg. Formel $C_6Cl_5-NH-CH_2-CH_2-NH-CO-R-COOH$ (R = KW-Stoff-Rest mit 1—4 C-Atomen) erhält man durch Rk. von N-Pentachlorphenyläthylendiamin mit einer aliphat. Dicarbonsäure oder deren Anhydrid in Ggw. eines Lsgm. (Xylol, Bzl., Dioxan) bei 30—100° oder in Abwesenheit eines Lsgm. bei 100—200°. — Aus 0,1 Mol N-Pentachlorphenyläthylendiamin (erhältlich aus Äthylendiamin u. Hexachlorbenzol bei 117°; F. 91—93°) u. 0,1 Mol Maleinsäureanhydrid in 50 cm³ Bzl. bei 40—45°, dann bei 50—55° → *N-(2-[Pentachloranilino]-äthyl)-maleinamidsäure,* F. 179°, gereinigt über das *Na-Salz.* — Bernsteinsäureanhydrid → *N-(2-[Pentachloranilino]-äthyl)-succinamidsäure,* aus wss. 330%ig. Essigsäure, F. 136,7—138°. — Glutaconsäure → *N-(2-[Pentachloranilino]-äthyl)-glutaconamidsäure; -adipinamidsäure; -β-hydromuconamidsäure.* — Als Säuren sind noch verwendbar: Fumar-, Malon-, Glutar-, Itacon-, Mucon- u. Citraconsäure. Die Verbb. sind in wss. Alkali löslich. — *Insekticide* u. *Bakterioide; Zusatzmittel* für *Hochdruckschmiermittel.* (**A. P. 2 859 242** vom 4/10. 1957, ausg. 4/11. 1958.) G. KRAUS. 6313

Farbenfabriken Bayer Akt.-Ges., Leverkusen-Bayerwerk (Erfinder: Walter Lorenz, Wuppertal-Elberfeld), **Herstellung von Thiophosphorsäurederivaten.** *O.O-Dialkyl-S-[benzotriazolylmethyl]-thiol-* u. *-dithiophosphate* werden durch Rk. von Benzotriazolylmethylchlorid mit O.O-Dialkylthiol- u. -dithiophosphorsäuren gewonnen. (**Can. P. 552 660** vom 28/3. 1955, ausg. 4/2. 1958.) EBERHARD RIEDEL. 6313

Monsanto Chemical Co., übert. von: Michael N. Dvornikoff, St. Louis, und Evan J. Young, Valley Park, Mo., V.St.A., **O-Methyl-O-äthyl-O-[p-nitrophenyl]-thiophosphat** erhält man durch Umsetzung mol. Mengen Methyläthylthiophosphorylchlorid u. eines Alkalimetall-p-nitrophenolats in alkohol. Medium. (**Can. P. 553 916** vom 6/10. 1950, ausg. 4/3. 1958. A. Prior. 14/11. 1949.) L. GROSSNER. 6313

Imperial Chemical Industries Ltd. (Erfinder: Alan Calderbank Ranajit Ghosh und Alan Taylor), **Schädlingsbekämpfungsmittel**, enthaltend eine Phosphor-Verb. der allg. Formel $A{=}P(OR)(OR_1)-B-L-NR_2R_3$ (I), in der A u. B, die gleich oder verschieden sein können, für O oder S stehen, R u. R_1 gleiche oder verschiedene Alkylreste bedeuten, L einen gerad- oder verzweigtkettigen, aliphat. KW-Stoff-Rest, in dem die C-Atome einer verzweigten Kette durch O-Atome unterbrochen sind, R_2 einen Alkyl- oder Aralkylrest u. R_3 einen Aryl- oder Aralkylrest bedeuten, wobei die Aryl- oder Aralkylreste wahlweise Kernsubstituenten, wie Halogenatome, niedere Alkyl- oder niedere Alkoxyreste tragen können. — Man fügt z. B. 6,4 (Teile) Diäthylphosphit zu 1 Na in 92 Bzl. u. rührt bei 60°, bis das Na gelöst ist. Anschließend fügt man 9,25 N-Äthyl-N-β-thiocyanoäthyl-p-toluidin langsam bei 30° zu u. rührt weitere 3 Std. bei 35—40°. Nach dem Auswaschen, Trocknen u. Abdampfen des Bzl. erhält man aus dem restlichen Öl durch Dest. *O.O'-Diäthyl-S-2-(N-äthyl-p-toluidino)-äthylthiolphosphat*, $Kp._{0,0004}$ 135—140°; auf analoge Weise erhält man: *O.O'-Diäthyl-S-2-(N-methyl-p-chloranilino)-äthylthiolphosphat*, $Kp._{0,001}$ 152—153°; *O.O'-Diäthyl-S-1-(N-äthylanilino)-3-methoxyprop-2-yldithiophosphat*, $Kp._{0,0004}$ 148—155°; weitere 20 Beispiele. — I ist, gelöst in W. (1:10000), bes. wirksam gegen die Rote Spinnmilbe. (**Aust. P. 226 958** vom 12/9. 1957, ausg. 4/5. 1961. E. Prior. 17/9. 1956.) H. NEBELSIEK. 6313

Monsanto Chemical Co., St. Louis, Mo., übert. von: **Ross M. Hedrick**, Dayton, Ohio, und **Quirino A. Trementozzi**, Springfield, Mass., V.St.A., *Bodenverbesserndes Düngemittel.* (**Can. P. 553 918** vom 4/9. 1953, ausg. 4/3. 1958. A. Prior. 18/10. 1952. — C. **1956.** 13240 [A. P. 2 703 276].)

N. V. W. A. Scholten's Chemische Fabrieken, Groningen (Erfinder: **Fredrik André Möller**, Haren, und **Jan Lolkema**, Hoogezand), Holland, *Stabilisierung der Bodenoberfläche.* (**Holl. P. 98 116** vom 17/6. 1953, ausg. 15/5. 1961. — C. **1957.** 13465 [D. B. P. 968 690].)

N. V. Philips' Gloeilampenfabrieken, Holland, *Pflanzenwachstumfördernde Stoffe.* (**F. P. 1 211 703** vom 30/9. 1958, ausg. 17/3. 1960. Holl. Prior. 2/10. 1957. — C. **1961.** 6653 [Holl. P. 94 726].)

Boots Pure Drug Co. Ltd., übert. von: **Herbert A. Stevenson, Nigel G. Clark, John E. Cranham** und **Dennis J. Higgons**, Nottingham, England, *Fluorierte Benzylphenylsulfide.* (**Can. P. 553 493** vom 18/2. 1954, ausg. 25/2. 1958. E. Prior. 2/3. 1953. — C. **1960.** 3356 [D. A. S. 1 038 826].)

Rohm & Haas Co., Philadelphia, Pa., V.St.A., *2.4-Dinitro-6-alkylphenole.* (**Holl. P. 98 484** vom 6/9. 1956, ausg. 17/7. 1961. A. Prior. 16/9. 1955. — C. **1959.** 4287 [A. P. 2 810 767].)

Établissements Sergent-Laboratoires Prolac (Erfinder: **Jean Ploquin**), Surgeres, Frankreich, *Mittel zur Verhütung von Pilz-, insbesondere Schimmelbildung.* (**Schwz. P. 355 322** vom 3/2. 1958, ausg. 15/8. 1961. **A. P. 2 968 590** vom 19/6. 1956, ausg. 17/1. 1961. — C. **1960.** 14902 [D. A. S. 1 077 476].)

VEB Farbenfabrik Wolfen, Wolfen (Erfinder: **Hans Maier-Bode**, Wolfen, und **Gottfried Kötz**, Dessau), *Schädlingsbekämpfungsmittel.* (**Schwz. P. 355 648** vom 27/6. 1957, ausg. 31/8. 1961. — C. **1961.** 635 [D. A. S. 1 077 661].)

Ciba Ltd., Basel, Schweiz, *Neue organische Phosphorverbindungen.* (**Holl. P. 98 492** vom 2/11. 1956, ausg. 17/7. 1961. Schwz. Prior. 3/11. 1955 u. 4/10. 1956. — C. **1959.** 8296 [Oe. P. 195 938].)

Fahlberg-List G. m. b. H., Wolfenbüttel, *Pflanzenschutzmittel.* (**Holl. P. 98 103** vom 14/9. 1955, ausg. 15/5. 1961. D. Prior. 24/11. 1954. — C. **1958.** 6079 [E. P. 773 123].)

Advances in Pest Control Research. Vol. IV. Herausgeg. von **R. L. Metcalf.** New York and London: Interscience Publishers Inc., 1961. (VI + 347 S.) $ 12,50.
In dem vorliegenden 4. Band der Reihe „Advances in Pest Control Research" werden behandelt: Einige grundlegende Aspekte der angewandten Insektenpathologie (IRVIN M. HALL); synthet. pyrethrumartige Verbb. (W. F. BARTEL); die selektive Toxizität von Insekticiden (R. D. O'BRIEN); die Potenzierung der Toxizität von organ. Phosphor-Verbb. (KENNETH P. DUBOIS); die chem. Bekämpfung von Schadinsekten bei Haustieren (WILLIAM M. ROGOFF); Rückstands-Best. durch Ermittlung der Cholinesterasehemmung (J. C. GAGE); Grundlagen der Bekämpfung von Wasserpflanzen (T. F. HALL); ein Überblick über die verfügbaren Angaben über Malathion (D. SPILLER). Gesondertes Literaturverzeichnis für jeden Beitrag; gemeinsames Sachregister für den ganzen Band. M. WINIKER

VIII. Metallurgie. Korrosion

Geochemie bei der Mineralgewinnung. J. H. Rattigan. (Australas. Inst. Mining Metallurgy, Proc. Nr. **195.** 11—23. Sept. 1960.) (Engl.)

An Hand von chem. Analysen von Bodenproben oder des Nebengesteins auf nutzbare Metalle oder ihre Begleitelemente können wertvolle Aufschlüsse lagerstättenkundlicher Art gewonnen werden. F. ENSSLIN. 6354 □

Ein kurzer Abriß der Geochemie und Prospektierung in Nordwest-Queensland. J. F. Ivanac und D. F. Branagan. (Australas. Inst. Mining Metallurgy, Proc. Nr. **195.** 25—35. 1 Tafel. Sept. 1960.) (Engl.)

Zur Prospektierung wurden Proben nach der Dithizon-Meth. auf *Cu, Pb, Zn* u. *U* untersucht. Bei der Unters. der Bohrkerne von den Gebieten Ut Corella, Yanasinga, Lawlars u. Greenmount, die eingehend beschrieben werden, ergaben sich Anomalien beim Cu in der Nähe von Intrusivgesteinen. Es treten auch Anomalien im Pb- u. Zn-Geh. auf. Aus diesen Anomalien kann auf geeignete Zonen geschlossen werden, aber nicht unbedingt auf das Vork. von Erzen. F. Ensslin. 6354□

Die Eldorado-Anlage zur Lösungsmittelextraktion in Port Radium, Nordwest-Territorium. R. Tremblay und P. Bramwell. (Trans. Canad. Inst. Mining Metallurgy Mining Soc. Nova Scotia **62.** 44—53. 1959.) (Engl.) — C. **1960.** 14840. F. Ensslin. 6360□

Bergbau ohne Schienen bei Gaspé Copper. John A. Hall. (Trans. Canad. Inst. Mining Metallurgy Mining Soc. Nova Scotia **62.** 222—32. 1959. Murdochville, Quebec, Canada, Gaspé Copper Mines, Ltd.) (Engl.) — C. **1960.** 5296. F. Ensslin. 6360□

Schmelzeinrichtungen bei Gaspé Copper. R. L. Johnston. (Trans. Canad. Inst. Mining Metallurgy Mining Soc. Nova Scotia **62.** 239—46. 1959.) (Engl.) — C. **1960.** 5296. F. Ensslin. 6360□

Anreicherungsmethoden bei Gaspé Copper Mines Ltd. R. L. Coleman und W. H. Muloin. (Trans. Canad. Inst. Mining Metallurgy Mining Soc. Nova Scotia **62.** 232—39. 1959. Murdochville, Quebec, Canada, Gaspé Copper Mines, Ltd.) (Engl.) — C. **1960.** 5296. F. Ensslin. 6360□

Die Niederfrequenz-Induktionsöfen als System zur Gewinnung sehr homogener und hochreiner Metalle. Luis Maria Ojeda Segur. (Inst. Hierro Acero **14.** 275—80. Jan./März 1961.) (Span.)

Ausführliche Behandlung der techn.-wirtschaftlichen Vorteile des Niederfrequenzofens bei der Herst. hochwertiger Metalle u. Legg. gegenüber anderen Systemen. A. Sander. 6370□

Vakuumschmelzen. Einfluß einer Vakuumvorbehandlung von Tiegeln auf den Sauerstoffgehalt von Eisen-Einsätzen. T. J. Bosworth. (Trans. metallurg. Soc. AIME **212.** 489—93. 1958, herausgegeben 1959. Schenectady, N.Y., General Electric Res. Labor.) (Engl.)

Der Einfl. einer H_2-Vorbehandlung von Al_2O_3-, *MgO*- u. ZrO_2-Tiegeln auf die verringerten O-Geh. in Eisenchargen wird untersucht. Die H_2-Behandlung von handelsüblich hochreinen MgO-Tiegeln ergibt eine 70%ig. Red. des O-Geh. in den Fe-Schmelzen. Dieselbe Behandlung von handelsüblich sehr reinen ZrO_2-Tiegeln ergab eine entsprechende 25%ig. Reduktion. Eine mittlere Abnahme der Knoopschen Härte von 47% wurde bei in H_2-vorbehandelten Tiegeln erschmolzenen Fe-Chargen festgestellt. Auf Grund der Unters.-Ergebnisse u. des Diagramms der freien Energie wird angenommen, daß die größere Quelle von reduzierbarem O für die Fe-Charge eher die Suboxide u. die Verunreinigungsoxide als das hochwertigere Oxid des Tiegels ist. Eine geeignete Verbehandlung der Tiegel zur Verringerung u. Entfernung dieser Oxide ergibt niedrige O-Geh. in dem in diesen Tiegeln erschmolzenen Eisen. H. Hochstein. 6370□

Gewinnungsmöglichkeiten von seltenen Metallen aus Bauxiten beim Bayer-Verfahren. Elemér Papp. (Kohászati Lapok [Ung. Z. Hüttenwes.] **95.** 15—19. Jan. 1962. Budapest, Forsch.-Inst. NE-Metalle.) (Ung.)

Vf. untersuchte das Verh. einiger Spurenelemente des Bauxits (*Ga, Zr, Be, Ce, Th, Mo*) im Kreislauf der Al_2O_3-Erzeugung nach dem Bayer-Verfahren. Durch Vgl. der Anreicherungs- u. Gewinnungsmöglichkeiten, weiterhin der Weltmarktpreise konnte festgestellt werden, daß die Extraktion des Ga unbedingt rentabel ist, aber die Abtrennung von ZrO_2, BeO u. Ce-Oxid unwirtschaftlich ist. Die Extraktion von ThO_2 scheint im Laufe der Verarbeitung des Rotschlammes evtl. möglich, aber die des Mo aus der Dicklauge kann höchstens als Nebenprod. in Frage kommen. L. Zombory. 6380

Grundlegende und praktische hydrodynamische Forschungen über Mehrfüllsysteme der üblichen Sandgußformen. Michel Jeancolas, Georges Cohen De Lara und Hubert Hanf. (Inst. Hierro Acero **14.** 610—33. April/Juni. 1961.) (Span.)

An Plexiglasmodellen untersuchten Vff. zunächst die hydromechan. Vorgänge beim Einfüllen von Fll. in Gießformen, bes. bzgl. Unterteilung der Zulaufkanäle, Einfl. ihrer Durchmesser, Störung des Zuflusses durch mitgerissene Luft usw. Die für Fll. gefundenen mechan. Gesetze gelten nach Vff. für geschmolzene Metalle u. Legg., solange sie vollkommen fl. sind, auch während des Füllens von Sandgußformen. Wirksam sind hierbei bestimmte Grundparameter, wie z. B. Neigung der Füllkanäle, Abstand des Abstichkanals von der Verteilerrinne, Verteilung der abfließenden Schmelzströme zwischen Gußkanal u. Gußtrichteröffnung, Neigungswinkel der Schmelzströme nach Verlassen der Füllöffnung sowie die Abhängigkeit des Schmelzeumlaufs von den Koeff. der Teilverluste an Gußmasse. — 23 Diagramme, 16 Literaturangaben. A. Sander. 6382□

Formereiverfahren mit Kohlendioxyd. Ernesto Platone Piu. (Inst. Hierro Acero **14.** 634—40. April/Juni 1961. Caracas, Venezuela, Inst. Técn. Industr.) (Span.)
Verbesserung in der Herst. von Sandformen mit Hilfe von *Na-Silicat* u. CO_2, wobei ohne das bisherige Nachtrocknen *Sandmörtel* bis zum Gew. von 4 t mit Schnittfestigkeiten bis 14 kg/cm² erhalten wurden. Grundlagen, techn. Ausführung u. Vorteile der Meth. werden ausführlich an Tabellen u. Diagrammen besprochen. A. SANDER. 6382 □

Wasserstoffsprödigkeit. T. van der Klis. (Galvanotechnik **52.** 237—46. 15/5. 1961.) (Dt.) — Vgl. C. **1961.** 2768. F. VIER. 6388 □

Beitrag zur Untersuchung der Oxydation von Magnetit in Luft bei erhöhten Temperaturen. J. Pai'dassi und J. Lopez. (Mém. sci. Rev. Métallurgie **58.** 677—98. Sept. 1961. Conception, Chile, Univ.) (Franz.)
Bei der Unters. der Oberflächenoxydation von Magnetit durch Luft bei 250—1400° wird festgestellt, daß bei der unteren Temp.-Grenze des Bereiches die Oberflächenschicht des Hämatits im Schnitt aus einem Netz von entsprechend den (1 1 1)-Kristallflächen der Magnetitgrundmasse orientierten Nadeln besteht. Bei höheren Temp. (500—900°) tritt eine zusammenhängende Schicht auf, die gleichzeitig neben der Nadelschicht existiert. Bei Temp. über 1000° verschwinden die Nadeln; die Hämatitschicht besitzt eine irreguläre Dicke. Bei 1400° wird nur noch eine Oberflächenschicht aus Hämatit festgestellt. Das isotherm. Wachsen der Hämatitschichtdicke gehorcht bis 500° einem asymptot. Gesetz u. bei höheren Temp. einem parabol. Gesetz. Während der Oxydation bei 300—800° erscheinen mkr. in dem zu Beginn der Unters. homogenen Restmagnetit entsprechend den kristallograph. (1 1 1)-Flächen orientierte Hämatitlamellen. Diese Hämatitausscheidung ist das Zers.-Ergebnis von an O übersättigtem Magnetit bei der Vers.-Temperatur. Sie verläuft um so schneller, je reiner der Ausgangsmagnetit u. je reicher er an O ist. Die Morphologie des im Restmagnetit erscheinenden Hämatits läßt sich ändern. Im Bereich von 600—1200° kann der Oxydationsprozeß des Magnetits durch die Aktivierungswärme von 41000 cal/Mol u. der bei 600—1300° direkt geführte Oxydationsprozeß durch eine solche von 52000 cal/Mol gek. werden. Die Bldg. von Poren wird nachgewiesen in den Magnetitlamellen, die bei der Oxydation des FeO bis in den Kern hinein bei einer Atmosphäre aus Wasserdampf entstanden sind. Diese Poren sind zahlreicher u. voluminöser, wenn die Magnetitproben noch bei 300 bis 400° geglüht wurden. Sie sind ganz um die Korngrenze herum angeordnet. — 18 Literaturangaben. Diskussion. H. HOCHSTEIN. 6390 □

Wirtschaftliche Verwertung von Schlamm aus der Gichtgasreinigung. K. Niemiec. (Hutnické Listy **15.** 96—101. Febr. 1960. Třinec, Třinecké železárny Vel. říjnové soc. revoluce.) (Tschech.)
Verwertungs-Verss. des feinen Hochofenschlamms der Gichtgasreinigung wurden durch Gravitationsaufbereitung, Flotation u. magnet. Separation durchgeführt. Die besten Ergebnisse zeigte die magnet. Separation; bei Benutzung des sowjet. magnet. Bandseparators *128-SE* (Bandbreite 1000 mm; Band-Geschw. 60—100 cm/s; 4 Magnet-Syst. mit 1000—730 Oe; Leistung 10—30 t/h Erz oder 10 t Trockenschlamm) konnte ein Konzentrat mit 62% *Fe*, 5% SiO_2, Ausbringen 50—60% erhalten werden (Zus. des Schlamms: 20—30% Fe, 15% SiO_2). Bei der Separation wird Fe_3O_4 u. γ-Fe_2O_3 festgehalten, während ein Abfall mit noch 20% Fe (als α-Fe_2O_3) abgeht. — Das Konzentrat wird mit gemahlenen CaO getrocknet; die 5—30 mm großen Stücke (80%), eignen sich für die Agglomerisation. J. TŮMOVA. 6390 □

Die Erstarrung von Grauguß. H. D. Merchant und J. F. Wallace. (Mod. Castings **39.** Nr. 6. 63—72. Juni 1961. Cleveland, Ohio, Case Inst. of Technol.) (Engl.)
Fortschrittsbericht. — 24 Literaturangaben. H. HOCHSTEIN. 6402 □

Affinierung der Schmelze mittels Sauerstoff und Kalkpulver. E. Trentini, P. Vayssiere, J. Francais und M. Allard. (Inst. Hierro Acero **14.** 263—74. Jan./März 1961.) (Span.)
Beschreibung von 3 Reinigungs-Verff. an Gußstahlschmelzen nach App., Arbeitsweise u. Ergebnis, ausgeführt im THOMAS-Konverter nach dem vielseitig verwendbaren OLP-Verf. mit Hilfe von eingedüstem O_2 in Ggw. von Kalk; ferner im SIEMENS-MARTIN-Ofen, ebenfalls durch Einblasen von reinem O_2 in die Fe-Schmelze, wobei eine genügende Ca-Konz. die Bldg. roter Rauchgase fast völlig unterdrückte; endlich durch stufenweise Kalkzugabe zur Fe-Schmelze im O_2-Strom, wobei bes. Si u. P sowie auch ein Teil des S-Geh. entfernt wurden u. der C-Geh. des Stahls größtenteils erhalten blieb.
A. SANDER. 6408 □

Schnellaufkohlen von Stahl im Siemens-Martin-Ofen. K.-E. Seltz. (Сталь [Stahl] **21.** 799—803. Sept. 1961.) (Russ.)

Eine neuentwickelte Vorr. zur Schnellaufkohlung von Stahlschmelzen im SIEMENS-MARTIN-Ofen durch Einblasen von feinzerkleinerten C-haltigen Mitteln mit Druckluft bewirkt eine wesentliche Beschleunigung des Aufkohlungsvorgangs im Vgl. zur Verw. von C-Blöcken. Die Vorr. kann auch für die Einführung anderer Zusätze in die Schmelze dienen. Das Einblas-Verf. kann für die Vordesoxydation eines beruhigten Stahls u. zur Aufkohlung von Gußeisen dienen. Als Zusatzmittel wird z. B. zerkleinertes *Ferrosilicium* verwendet. H. HOCHSTEIN. 6408□

Erstarrungs- und Kristallisationsprobleme beim Stahlguß. Bernhard Matuschka. (Inst. Hierro Acero **14.** 253—62. Jan./März 1961. Schoeller-Bleckmann, Stahlwerke-A.G.) (Span.)

Überblick über die beim Schmelzen u. Gießen von Stahl während des Erstarrens auftretenden Gefügeänderungen mit besonderem Hinblick auf die Lunker-Bldg. u. den Einfl. von Strukturfehlern an den Korngrenzen auf die Festigkeits-Eigg. des Gußstahls. A. SANDER. 6408□

Der Einfluß des Gießens von Stahl im Vakuum auf die Eigenschaften von großen Schmiedestücken. P. W. Skljujew, Ss. P. Samotajew und L. I. Kwater. (Сталь [Stahl] **21.** 642—45. Juli 1961. Uraler Schwermaschinenbau.) (Russ.)

Durch das Vakuumgießen von einem im sauer zugestellten Ofen hergestellten Stahl *34 ChN 3 M* wird der H-Geh. des Stahls um 40% im Vgl. zu dem eines im üblichen Gieß-Verf. hergestellten Stahls verringert. Hierdurch wird in schweren Schmiedestücken aus Stahl die Flocken-Bldg. vollständig vermieden u. die Menge der nichtmetall. Einschlüsse verringert. Eine 6 std. Haltezeit pro 100 mm Querschnitt an Stelle von 12 Std. bei gleichbleibender Temp. ist für Schmiedestücke aus bas. Vakuumstahl zur Vermeidung der Flocken-Bldg. nicht ausreichend. Die Entgasung des Stahls durch Abgießen im Vakuum erhöht die Block- u. zwischendendrit. Seigerung des Stahls merklich u. erniedrigt in starkem Maße den Geh. an nichtmetall. Einschlüssen im Stahl. H. HOCHSTEIN. 6408□

Das Einblasen von reinem Sauerstoff unterhalb der Flamme von durch kalte Brennstoffe beheizten Siemens-Martin-Öfen. In zwei französischen Siemens-Martin-Werken erzielte industrielle Ergebnisse. L. Septier, M. Faure und P. Étienne. (Rev. Métallurgie **58.** 705—21. Sept. 1961. Irsid, Aciérie Martin u. Denain, Usinor.) (Franz.)

Bei einer an 700 SIEMENS-MARTIN-Ofenchargen durchgeführten Unters. über die Einfl. der Einführung von techn. reinem O_2 unterhalb u. vor der Ofenflamme auf die Verbesserung des Wärmeaustausches zwischen der Flamme u. der Charge wird festgestellt, daß sich die Erhitzungsbedingungen allmählich mit steigendem O_2-Verbrauch bis zu einer O_2-Anreicherung von 25% im Verbrennungsgasgemisch verbessern. Die Verbesserung des Wärmeaustausches, der Wärmebilanz u. der Ofenleistung wird durch Zahlenangaben belegt. — 33 Literaturangaben. H. HOCHSTEIN. 6408□

Gleichgewichte zwischen Kohlenstoff, Sauerstoff und den Metallen Chrom sowie Mangan in Abhängigkeit von der Temperatur beim Frischen mit Sauerstoff im basischen Lichtbogenofen. 2. Mitt. **Mangan.** Kurt Tesche. (Arch. Eisenhüttenwes. **32.** 503—06. Aug. 1961. Krefeld, Deutsche Edelstahlwerke, Metallurg. Abt.) (Dt.) — 1. vgl. C. **1962.** 9132.

Der Gleichgewichtszustand zwischen Stahl- u. Schlackenphase beim Frischen Mn-haltiger Stähle mit O_2 wird durch Aufstellung von Rk.-Gleichungen untersucht, u. es werden Angaben über die Oxydation des Mn in Abhängigkeit vom C-Geh. gemacht. Das Verschlackungsverhältnis von Mn wird ermittelt, bes. wird dabei die Zus. der Schlackenphase u. ihr Einfl. auf die Mn-Oxydation behandelt. Der Zusammenhang zwischen dem C-Geh. des Stahlbades u. dem FeO-Geh. der Schlacke wird experimentell geprüft. Aus dieser Prüfung ergibt sich, daß die Vers.-Punkte um eine Kurve streuen, die der Beziehung $[C]\cdot(FeO) = 5{,}5$ folgt. Die z. T. sehr großen Streuungen erklären sich durch die unterschiedlichen Mn-Geh. bei gleichen C-Gehalten. Aus der ermittelten Beziehung folgt, daß die (FeO)-Geh. weit über denjenigen liegen, die theoret. zu erwarten sind. H. HOCHSTEIN. 6408□

Einfluß der Verkürzung der reinen Kochzeit im basischen SM-Ofen auf die Güte des Stahles. Antonín Bichler. (Hutnické Listy **15.** 101—09. Febr. 1960. Třinecké železárny Vel. říjnové soc. revolucej; Ostrava, Vys. škola báňská.) (Tschech.)

Die Verkürzung des erzfreien Kochens auf 25 Min. beeinflußt nach Mitteilungen von Mitarbeitern des Zentral-Labor. des Hüttenkombinats Anschan, China, die Makrostruktur u. Biegungsfähigkeit des Stahls nicht, während Zugfestigkeit, Dehnung, Einschnürung u. Kerbschlagfestigkeit mäßig erhöht werden. Auch der Geh. an oxid. Einschlüssen u. Gasen steigt nicht an; die durchschnittliche Überhitzung beträgt 109°. — Betriebsprüfungen an schweren Schienen zeigen keine schädliche Beeinflussung des Werkstoffs durch die Verkürzung der Kochzeit. J. TŮMOVÁ. 6408□

Bemerkungen über das Verhalten eines bei verschiedenen Temperaturen mit geschmolzenem Lithium in Berührung gebrachten Kohlenstoffstahls. P. Spinedi und U. Bernabai. (Metallurgia ital. **53.** 505—08. Sept. 1961. Rom, Univ., Ist. di Metallurgia.) (Ital.)

Bei den zwischen 700 u. 1000° ausgeführten Verss. von unterschiedlicher Zeitdauer beobachteten Vff. eine krit. Temp., gek. durch stark gesteigertes Eindringen u. interkristallin. Angreifen des geschmolzenen Li. Zwischen 750 u. 900° trat ein erhebliches Kornwachstum der Ferritkristalle auf nach selektiver Lsg. des perlit. C durch geschmolzenes Li. Nach Vff. stellt Li ein sehr wirksames Entkohlungsmittel dar, das sich vermutlich bes. gut zur experimentellen Aufklärung bestimmter Rekristallisationsvorgänge sowie zur Aufklärung u. Best. von Schäden an den Korngrenzen oder von Kornzerfall eignen dürfte. A. SANDER. 6408□

Einfluß von Aluminium auf die mechanischen Eigenschaften von unlegiertem Stahlguß. Přemysl Fremunt. (Hutnické Listy **15.** 447—50. Juni 1960. Brno, Šmeralovy závody.) (Tschech.)

Überprüfung des bei der Desoxydation von Baustahl (10 Schmelzen mit ca. 0,30% C) eingeführten Al auf die mechan. Eigenschaften. Es wurde ermittelt, daß ein Geh. von 0,300% säurelösl. Al die Streckgrenze u. Zugfestigkeit nicht beeinflußt; ein Überschreiten dieses Geh. setzt die Dehnung, Kerbschlagzähigkeit u. die tatsächliche Spannung beim Zerreißen herab. Der Geh. an säurelösl. Al sollte 0,1% nicht überschreiten. Ein höherer Al-Geh. führt zum Muschelbruch. J. TŮMOVÁ. 6408□

Selen in Guß und Baustahl. Ja. Je. Goldstein und O. D. Shishakina. (Сталь [Stahl] **21.** 836—44. Sept. 1961.) (Russ.)

Geringe Zusätze von Se zu einem unlegierten Stahlguß verbessern dessen mechan. Eigg. bei gleichzeitiger Verbesserung der Bearbeitbarkeit u. der Sauberkeit der Schnittfläche. Bei der Einführung bis zu 0,15—0,30% Se in normalen Stahlguß oder in niedriglegierten Stahl wird ein Werkstoff erhalten, der bzgl. seiner Bearbeitbarkeit u. mechan. Eigg. dem Temperguß vergleichbar ist. Mit einer Erhöhung der Kristallisations-Geschw. des Stahls werden die Sulfoselenideinschlüsse verfeinert. Der zulässige Se-Geh. in perlit. Baustählen hängt von ihrer Ausgangs-Zus. u. den zu fordernden mechan. Eigg. ab. Durch 0,1% Se werden im Mn- oder Cr-Stahl (1,1% Cr) die mechan. Festigkeitswerte bei merklicher Erniedrigung der plast. Eigg. u. der Kerbschlagzähigkeit erhöht. In einem Cu-haltigen Stahl wirkt sich Se bes. stark nachteilig aus. Durch die Bindung von S in Form von Sulfoseleniden erhöhen geringe Se-Zusätze bis 0,06% die Neigung der Baustähle zur Bldg. von steinartigen Brüchen bei einer Überhitzung, während hohe Se-Zusätze diese Neigung stark erniedrigen. Se erniedrigt ferner die Durchhärtbarkeit des Stahls u. fördert die Ferritisierung. H. HOCHSTEIN. 6408□

Wachsen von austenitischem Korn des Stahles mit mittlerem Kohlenstoffgehalt beim Erhitzen auf höhere Temperaturen. Zdeněk Volf und Miroslav Foltýn. (Hutnické Listy **15.** 127—29. Febr. 1960. Ostrava, Výzk. zkuš. ústav Nové huti K. Gottwalda.) (Tschech.)

Verfolgung der Vergrößerung des austenit. Kornes des Baustahls mit 0,35 (%) *C*, 0,37 *Mn*, 0,30 *Si*, 0,025 *P* u. 0,021 *S* bei Temp. zwischen 1200—1350°. — Das größte Wachstum wird in der ersten Std. des isotherm. Erwärmens beobachtet, u. steigt mit der Temp. (Kornanzahl auf 100 mm^2 bei 50facher Vergrößerung bei 1200° ca. 92, bei 1350° $<$10). Die ersten Überhitzungserscheinungen wurden oberhalb 1250° beobachtet (nach 3½ Std. bei 1275° u. nach 20 Min. bei 1350°). J. TŮMOVÁ. 6408□

Einfluß der Desoxydationsart auf die Natur der nichtmetallischen Einschlüsse und auf die mechanischen Eigenschaften des Stahles. Miroslav Mandl, Jiří Skála und František Pobořil. (Hutnické Listy **15.** 109—19. Febr. 1960. Praha, Výzk. ústav hutnictví železa.) (Tschech.)

Die Verss. wurden durch Desoxydierung von elektr. erschmolzenem C-Stahl (0,23% C) in 20 kg Ingots mit abgestuften Mengen *Al*, *CaSi* sowie festen u. fl. *FeMn-SiAl*-Legg. durchgeführt; gleichzeitig wurde durch S-Zusatz der Einfl. eines erhöhten S-Geh. geprüft. Es wurde ermittelt, daß der Al-Zusatz von 0,4 kg/t in die Pfanne eine krit. Menge vorstellt, da bei größerer Zugabe oxysulfid. Einschlüsse entstehen, welche eine Netz-Bldg. an den Korngrenzen zur Folge haben. Bei den FeMnSiAl-Legg. wird der Geh. an Einschlüssen durch die Mn:Si- u. Si:Al-Verhältnisse bestimmt, die niedrig gehalten werden sollen. Die Gleichgewichts-Konst. $K_{Mn,Si}$ in Abhängigkeit vom Al_2O_3-Geh. zeigt ein Absinken mit steigendem Al_2O_3. Die besten mechan. Eigg. zeigen Stähle nach der Desoxydation mit CaSi u. Al im Verhältnis 1:1 kg/t. J. TŮMOVÁ. 6410□

Über einen neuen Zersetzungsmechanismus beim legierten Austenit. Josef Čadek und Kamil Tykal. (Hutnické Listy **15.** 450—55. Juni 1960. Praha, Výzk. ústav hutnictví železa.) (Tschech.)

Unters. des isothermen Zerfalls von legiertem Austenit an W-Stählen mit 0,5—0,6(%) *C*, 12,5 *Cr* u. 3,0 bzw. 5,3 W nach Glühzeiten bis 5000 Std. bei 650°. Bei beiden Stählen beginnt die Ausscheidung mit dem Carbid $M_{23}C_6$ (die ersten Anteile wurden nach 3 bzw. 10 Std. ermittelt); bei dem Stahl mit 5,3 W erscheint nach 20 Std. auch ein Carbid des Typs M_6C. Der isotherme Zerfall des Austenits beginnt demnach bei 650° mit einer nichtstationären Umwandlung, verbunden mit einem Absinken des C-Geh. im Austenit durch Diffusion in Richtung der Ausscheidung. Infolgedessen kommt die eutektoide Umwandlung zum Stillstand u. der Rest des Austenits zerfällt unter Bldg. von Ferrit u. Ausscheiden in diesem Ferrit. J. Tůmova. 6410□

Ferrochrom aus westlichem, metallurgisch verarbeitbarem Chromit. Willard L. Hunter und Gary A. Kingston. (U.S. Dep. Interior, Bur. Mines, Rep. Invest **1961.** Nr. 5897. 1—9. Albany, Bur. of Mines.) (Engl.)

Durchgeführt werden Schmelz-Verss. mit Chromiterzen u. -konzentraten aus Grants Pass in einem verdeckten Lichtbogenofen zur Festlegung der Schmelzbedingungen bei der Herst. von hochgekohltem Ferrochrom. Diese Verss. wurden ohne Schwierigkeiten durchgeführt. Holz wurde zu einem größeren Anteil als Red.-Mittel verwendet. Der Ofeneinsatz erfolgte in die Schmelzzone mit geringer oder keiner Brücken-Bldg. des geschmolzenen Einsatzes. Der Staubverlust war klein, obwohl der größere Anteil des eingesetzten Chromits als Konzentrat erfolgte. Das erzeugte Ferrochrom war dicht u. ließ sich leicht von der Schlacke scheiden. Der Cr-Geh. betrug in der ersten Periode 58,5% u. in der zweiten 60,0%. Der Si-Geh., der zwischen 3,24 u. 5,16% schwankte, konnte durch Einstellung der Schlackenbasizität geregelt werden. Genormtes Ferrochrom enthält 65—70% Cr. Die Cr-Rückgewinnung in der Leg. betrug 93,3%. Für die Ferrochromerzeugung werden 3960 kWh je t Ferrochrom benötigt.
H. Hochstein. 6418□

Neue Ansicht über Bleischlacken. Antonín Mayer. (Hutnické Listy **15.** 125—27. Febr. 1960.) (Tschech.)

Vf. weist auf die Analogie der Berechnung bei der Agglomeration von Fe-Erzen hin u. schlägt ein neues Berechnungs-Verf. vor, welches das Verhältnis SiO_2/Al_2O_3 berücksichtigt (Diagramm). — Berechnungsbeispiel. J. Tůmová. 6430□

Untersuchung der Rekristallisationserscheinungen von mit Silicium legiertem Reinstaluminium. Lajos Tóth. (Kohászati Lapok [Ung. Z. Hüttenwes.] **95.** 1—8. Jan. 1962. Budapest, Forsch.-Inst. NE-Metalle.) (Ung.)

An auf 30, 50, 70 u. 90% umgeformten Probekörpern wurden die Änderungen der Rekristallisationsparameter von 99,99%ig. Al nach einer bei 273, 295 u. 316°, mit 6 Sek. bis 24 Std. Warmhaltung ermittelten Glühung durch die Best. der Festigkeitswerte u. durch metallurg. Unterss. als Funktion des 0—2,15% Si-Geh. bestimmt. Die Messungen zeigen, daß die Anfangs-Temp. der Rekristallisation durch das in fester Lsg. anwesende Si erhöht, durch das eine selbstständige Phase bildende herabgesetzt wird. Die in der heterogenen Leg. beobachtete Verminderung der Rekristallisations-Temp. kann auf die keimbildende Wrkg. der harten Si-Einschlüsse zurückgeführt werden. In den homogenen Legg. wird das Abbremsen des Rekristallisationsverlaufes, durch die verminderte Keim-Bldg.-Fähigkeit hervorgerufen. L. Zombory. 6446

Korngrenzengleiten und -wanderung von sehr reinem Aluminium bei Raumtemperatur. F. B. Cuff jun. und N. J. Grant. (Trans. metallurg. Soc. AIME **212.** 355—56. 1958, herausgeg. 1959. Cambridge, Mass., Massachusetts Inst. of Technol.) (Engl.)

Auf Grund theoret. Überlegungen u. elektronenmkr. Unterss. an sehr reinem Al wird nachgewiesen, daß beim Erreichen eines krit. Wertes beim Gleiten der Korngrenze diese mit der Wanderung beginnt. Die Überlagerung dieser beiden Vorgänge wird schemat. dargestellt. Es ist unmöglich, daß Korngrenzengleiten u. -wandern gleichzeitig auftreten. Wenn die Korngrenze einen bestimmten Wanderbetrag ausgeführt hat, so hört dieser Verformungsmechanismus auf. Das feine Netzwerk, das auf der Oberfläche von chem. poliertem Al erzeugt worden ist, erweist sich als ein außerordentlich empfindliches Mittel für die Beobachtung kleiner Dehnungen, die sonst unentdeckt bleiben würden. H. Hochstein. 6446□

Metallstruktur und Glänzung der Oberfläche bei Reinaluminium und seinen Legierungen. Hans Ginsberg und Heinrich Neunzig. (Z. Metallkunde **52.** 626—31. Okt. 1961. Bonn, Vereinigte Aluminium-Werke A. G.) (Dt.)

Die Glänzbarkeit von Al u. seinen Legg. ist stark vom Gußgefüge abhängig. Ein gleichmäßiges globulares Gefüge, das auch bei einer 8—10std. Homogenisierungsglühung nicht grobkörnig rekristallisiert, erwies sich als bes. günstig. Wichtig für die Strukturfreiheit der Oberfläche ist außerdem die Einhaltung geeigneter Warmknettemperaturen. Langzeitglühungen bei 350—450° sind zu vermeiden, um die Wiederausscheidung von Gefügebestandteilen, die durch Homogenisieren gelöst sind, zu verhindern. Es gelingt, mit Mg enthaltenden Legg. auf Basis Al 99,9 H Glänzeffekte zu erzielen, die denen bei Reflectal nahezu gleichwertig sind. F. VIER. 6446□

Über die Ausheilung von thermisch erzeugten Leerstellen in Aluminium. Klaus Detert und Ingrid Ständer. (Z. Metallkunde **52.** 677—81. Okt. 1961. Berlin, TU.) (Dt.)

Die Ausheilung therm. erzeugter Leerstellen in Al-Drähten wurde durch elektr. Widerstandsmessung verfolgt. Die Längenänderung der Drähte wurde an der Veränderung der Durchbiegung des fest eingespannten Drahtes beobachtet. Die gefundenen Ergebnisse sind in guter Übereinstimmung mit den bereits bekannten, jedoch erfolgt die Ausheilung der Einzel- u. Doppelleerstellen rascher als bisher angenommen wurde. F. VIER. 6446□

Röntgenographische Untersuchungen über das Auftreten von Stapelfehlern in verschiedenen Aluminiumlegierungen. Hugo Josef Seemann und Fritz Stavenow. (Z. Metallkunde **52.** 667—70. Okt. 1961. Saarbrücken, Univ. des Saarlandes.) (Dt.)

Röntgenograph. konnten in reinem Al nach Kaltverformung keine Verformungsstapelfehler nachgewiesen werden; in Al schon mit geringen Zusätzen von *Mg, Zn* oder Mg u. Zn traten Verformungsstapelfehler auf. In den bin. Syst. nimmt die Stapelfehlerdichte mit wachsenden Geh. an Mg oder Zn zu. Im Syst. Al–Zn tritt ein ausgesprochenes Maximum der Stapelfehlerwahrscheinlichkeit auf. In kaltverformten *Al–Cu*-Legg. wurden keine Stapelfehler beobachtet. F. VIER. 6446□

Gitteraufweitungen in Reinstaluminium nach plastischer Verformung. Hans Christian und Eckard Macherauch. (Z. Metallkunde **52.** 660—67. Okt. 1961. Stuttgart, MPI für Metallforschung.) (Dt.)

Nach einem Überblick über die Möglichkeiten, bei verformten Metallen Vol.- u. Dichteänderungen gegenüber dem unverformten Zustand nachzuweisen, wird ein röntgenograph. Verf. beschrieben, das Aussagen über Gitteraufweitungen beliebig verspannter Proben gestattet. An regellos abgewalztem Reinst-Al vorgenommene Messungen zeigen, daß sich oberhalb eines Walzgrades von ca. 12% Gitteraufweitungen nachweisen lassen, die mit wachsender Verformung zunehmen. — 42 Literaturangaben. F. VIER. 6446□

Orientierung primär rekristallisierter Körner in gedehnten Einkristallen aus Reinstaluminium. Frank Haeßner. (Z. Metallkunde **52.** 651—59. Okt. 1961. Stuttgart, MPI für Metallforschung.) (Dt.)

Eine quant. Analyse der Orientierungsverteilung von bei der Rekristallisation gedehnter, drahtförmiger Einkristalle aus Reinst-Al neu gebildeten Körnern ergab, daß spontan entstandene u. von allen Seiten von verformter Matrix umgebene Körner eine regellose Orientierungsverteilung hatten. Dieser regellosen Verteilung war in der Hauptsache eine Orientierungskomponente überlagert, die von durch eine $\pm 28^0$- (seltener $\pm 40^0$-) Rotation um die $(1\bar{1}1)$-Richtung der Matrix aus dieser entstandenen Körnern gebildet wird. Eine schwächere Orientierungskomponente entsteht durch $\pm 28^0$-Rotation um einen der restlichen 3 Oktaederpole der Matrix aus dieser. Die Orientierung der durch erzwungene Keim-Bldg. entstandenen u. von einer Seite von der Matrix begrenzten Körner kann durch $\pm 28^0$-, $\pm 37^0$- oder $\pm 40^0$-Rotation beschrieben werden. Eine mathemat. Behandlung für die Orientierungsanalyse statist. verteilter 1 0 0- u. 1 1 1-Pole kub. Kristalle wird gegeben. F. VIER. 6446□

Auswirkung von Fiederkristallen im Gußgefüge auf Zipfelverhalten und Eloxalstruktur von Blechen aus Reinaluminium. Hans Zeiger. (Z. Metallkunde **52.** 632—35. Okt. 1961. Ulm, Wieland-Werke A.G.) (Dt.)

An 2 mm dicken aus Gußplatten oder aus vorgepreßten Barren hergestellten Blechen aus Al 99,5 wurde der Einfl. von Fiederkristallen im Gußgefüge auf das Zipfel-Verh. beim Tiefziehen u. die Oberflächenstruktur nach anod. Behandlung untersucht. Bei den Blechen aus Gußplatten hergestellt, wird durch Fiederkristalle die Eloxalstruktur verstärkt, die Zipfel-Bldg. wird unregelmäßiger u. stärker. Bei Blechen aus Preßbarren bewirken Fiederkristalle vor allem verstärkte u. unregelmäßige Zipfelbildung. Die Eloxalstruktur wird durch das Vorpressen auch dann unterdrückt, wenn Fiederkristalle im Guß vorhanden waren. F. VIER. 6446□

Der Einfluß der Barrentextur auf die Zipfelbildung von Aluminium. J. C. Blade. (Z. Metallkunde **52.** 636—44. Okt. 1961. Banbury/Oxon, Engl. (Dt.)

Unterss. über den richtungsabhängig erstarrten Barren zeigen, daß die ursprüngliche Barrentextur einen ausgeprägten Einfl. auf die Zipfel-Bldg. von Rein- u. Reinst-Al-Blechen hat. Im harten wie im rekristallisierten Blech war der ausgeprägteste Faktor der Winkel zwischen der [1 0 0]-Faserachse u. der Querrichtung. Wenn die Faserachse entweder parallel oder in einer Ebene senkrecht zur Querrichtung lag, wurde ein starker 90°-Faktor der Zipfel-Bldg. beobachtet. Die Ergbenisse der Unters. können dazu dienen, Änderungen im Zipfel-Verh. als Folge einer Walzrichtungsänderung bei Stranggußbarren mit unterschiedlichen Erstarrungsfronten vorherzusagen. F. VIER. 6446 □

Untersuchung über Blechbarren aus Aluminium (-Legierungen). 3. Mitt. Beziehung zwischen Gefüge und Gußbedingungen bei kontinuierlichem Betrieb. Tojiro Kobayashi und Hisao Otsuji. (Light Metals [Tokyo] **11.** Nr. 3. (48). 3—9. Mai 1961. (Jap.; Auszug: Engl.) — 2. vgl. C. **1962.** 9138.

Die Höhe des geschmolzenen Metalls in der Form ist zur Erzielung einwandfreier Barren von Wichtigkeit. Eine Verminderung der Höhe vermindert die Seigerungen an der Barrenoberfläche u. bewirkt ein gleichmäßigeres Gefüge. Die Gießgeschw. wirkt sich viel weniger als die Höhe des geschmolzenen Metalls aus. W. WESLY. 6446 □

Titanmetall. Titanlegierungen und Titan als Zusatzelement. D. Iturrioz. (Metalurgia y Electr. **22.** Nr. 253. 73—79. Okt. Nr. 254. 69—76. Nov. Nr. 255. 77—86. Dez. 1958. **23.** Nr. 256. 130—42. Jan. 1959.) (Span.)

Übersicht. Eigg. des Ti; Ähnlichkeiten mit Al; Ti-Mineralien u. ihr Vork.; Ti-Gewinnung; Umschmelzen von *Schwamm-Ti*; *Fe–Ti*-Legg. u. andere Ti-Legg.; Einfl. von Ti auf Gefüge u. Eigg. von *Gußeisen* u. *Stählen*; Ausscheidungshärtung, Warmbehandlungen. K. R. MÜLLER. 6448 □

Die Herstellung von Beryllium-Magnesium-Legierungen mit pulvermetallurgischen Methoden. J. W. S. Jones und J. Williams. (Powder Metallurgy Nr. **8.** 37—41. 1961. Harwell, Berks., Atomic Energy Res. Establ.) (Engl.)

Be-Legg. mit *Mg*-Geh. bis zu 20 Gew.-% werden auf zwei Arten pulvermetallurg. hergestellt. Die Infiltration von Mg in porösgesinterte Be-Körper eignet sich für Legg. mit geringen Mg-Gehalten. Dabei ist durch Ar-Atmosphäre u. durch Flußmittel dafür Sorge zu tragen, daß Mg nicht oxydiert. Die Infiltrations-Temp. liegt bei ca. 750°. Höher Mg-haltige Legg. werden zweckmäßig durch Normalsintern von gepreßten Mischungen von Be- u. Mg-Pulvern hergestellt, wobei $MgBe_{13}$ als niedrig schm. fl. Phase zum Dichtsintern bes. wirksam ist. H. FAHLENBRACH. 6474 □

Eine Methode zur Bestimmung der Größenverteilung von Mikroporen bei Pulverteilchen. D. Yarnton und G. R. Simpson. (Powder Metallurgy Nr. **8.** 42—47. 1961. Yorks, Totherham, Coll. of Technol., Cannah's Quay, Flints, Flintshire Techn. Coll.) (Engl.)

Auf der Basis von Ergebnissen von KOPELMAN („Physics of Powder Metallurgy" New York 1951, S. 303) über die scheinbare Dichteänderung von *W*-Pulvern je nach Wägung in Fl. verschiedener Molvol. wird gezeigt, daß bei geeigneter mathemat. Analyse eine solche Meth. ausgenutzt werden kann, um bei Metallpulvern Aussagen über die Größe u. Größenverteilung von Mikroporen ($<$ 100 Å) zu erhalten. Dabei werden auch die Fehlerquellen u. die Realität der der mathemat. Analyse zugrunde gelegten Annahmen diskutiert. H. FAHLENBRACH. 6474 □

Herstellung der Kugelform von unregelmäßig geformten Metallpulvern. M. J. Wahll, J. R. Van Orsdel und R. B. Fischer. (Powder Metallurgy Nr. **8.** 48—64. 1961. Columbus, Ohio, Battelle Mem. Inst., Powder Metallurgy Div.) (Engl.)

Zur Herst. von kugelförmigen Pulvern aus unregelmäßig geformten Metallpulvern wird das Pulver durch vertikale Öfen bei Temp. oberhalb des F. der Pulver fallen gelassen. Dazu werden Öfen gebaut, die Temp. zwischen 1650 u. 3000° einzustellen gestatten u. die je nach Material unter Ar, He oder H_2-Atmosphäre arbeiten. Mit der gebauten Einrichtung werden Verss. gefahren an: *90/10-Bronze, Al, 302 B-Stahl* (nichtrostend), *Elektrolyt-Cu, Ti, Mo* u. *WC*. In allen Fällen war die Kugelform der Endpulver ausgezeichnet. Auch die Dichte der Pulver war sehr hoch. Durch die Wahl der Ausgangspulver kann man auch die Gleichmäßigkeit der Korngröße der Endpulver steuern. H. FAHLENBRACH. 6474 □

Die Infiltrierungsgeschwindigkeit von Metallen. K. A. Semlak und F. N. Rhines. (Trans. metallurg. Soc. AIME **212.** 325—31. 1958, herausgeg. 1959. Pittsburgh, Pa., Carnegie Inst. of Technol.) (Engl.)

Die Geschw. des kapillaren Anstiegs fl. Metalle in porenhaltigen Metallgegenständen von unterschiedlicher Zus. wurde untersucht u. dabei gefunden, daß in allen Fällen, in denen Benetzung auftritt u. in denen der poröse Gegenstand aus genügend feinem Pulver hergestellt war, die Geschw. des kapillaren Steigens durch eine mathemat. Gleichung ausgedrückt werden kann, die aus gut bekannten Grundsätzen der Kapillarität u. des zähfl. Fließens abgeleitet ist. Diese Geschw. -Gleichung, ein parabol. Verhältnis von Zeit u. Höhe des Steigens, erlaubt eine Erklärung der Einfl. verschiedener experimenteller Veränderlicher, wie Pulverkorngröße, Vorsinterungsgrad des Pulverkörpers, Atmosphäre u. Temp., auf die Infiltrierungsgeschwindigkeit. Die Ergebnisse vermitteln einen quant. Beurteilung der Geschw. der ersten Stufe der Fl.-Phase-Sinterung. H. HOCHSTEIN. 6474□

Einige Beobachtungen über das Schwindungsverhalten von Kupfer-Preßlingen und losen Pulver-Aggregaten. F. V. Lenel, H. H. Hausner, E. Hayashi und G. S. Ansell. (Powder Metallurgy Nr. **8.** 25—36. 1961. Troy, N.Y., USA, Reusselaer Polytechnic Inst., Dep. of Material Engng.) (Engl.)

An normalen Cu-Pulverpreßlingen u. an losen Cu-Pulveraggregaten (Elektrolytpulver unregelmäßiger Gestalt u. Flockenpulver) wird die relative Schwindung in radialer u. achsialer Richtung nach dem Sintern gemessen. Bei den Sinterlingen u. den grünen Proben werden die Strukturen metallograph. untersucht. Nach den Ergebnissen sind die zur Erklärung der unterschiedlichen Schwindungen in achsialer u. radialer Richtung aufgestellten Theorien nicht korrekt. Die Poren der Preßlinge u. Sinterlinge aus dem Elektrolytpulver sind nicht unbedingt scheiben- u. linsenförmig, so daß die unterschiedliche Schwindmasse nicht mit der Porenform in Zusammenhang gebracht werden kann. Beim Elektrolyt- u. beim Flockenpulver ist das Schwindmaßverhältnis (radial/achsial) nahezu gleich, obgleich beim Flockenpulver die Poren in radialer Richtung viel größer als in achsialer Richtung sind. Zur Erklärung der Schwindungsprobleme sollten andere als Oberflächenspannungskräfte verantwortlich sein. H. FAHLENBRACH. 6474□

Eine elektronenmikroskopische und Röntgenstrahl-Untersuchung des Mahlvorganges von Mischungen aus Wolframcarbid und Kobalt. J. Hinnüber, O. Rüdiger und W. Kinna. (Powder Metallurgy Nr. **8.** 1—24. 1961. Essen, Friedr. Krupp, Widia-Fabrik Versuchsanst.) (Engl.)

Wenn Mischungen aus *Co* u. *WC* gemahlen werden, treten zwischen den beiden Komponenten Wechselwrkg. auf, die untersucht werden. Beim Mahlen von Co-Pulvern nehmen die Zahl der Stapelfehler u. der Anteil an hexagonaler Phase zu. Bei den Gemischen aus 80% WC u. 20% Co wird eine mit der Mahlintensität zunehmende Agglomeration der feinen Pulverteilchen beobachtet. Nach dem Mahlen zeigen die größeren WC-Pulverteilchen eine glattere Oberfläche, die aber aufgerauht ist, wenn man den Co-Anteil im HCl löst. Mit zunehmender Mahlintensität wird diese Oberflächenrauhigkeit stärker. Aus diesen Ergebnissen wird geschlossen, daß die Co-Pulverteilchen sich während des Mahlvorganges an den Oberflächenrauhigkeiten des WC-Pulverkorns absetzen. Die bei verschiedenen Mahlbedingungen unterschiedliche Co-Verteilung zieht auch ein unterschiedliches Sinter-Verh. nach sich. Dieses Sinter-Verh. wird dilatometr. untersucht. Nach intensiver Mahlung der WC–Co-Gemische ist am gesinterten Hartmetall kein Einfl. der Teilchengröße des eingesetzten Co-Pulvers mehr festzustellen.

H. FAHLENBRACH. 6476□

Vergangenheit und Zukunft von Siliciumcarbid. G. M. Butler. (J. electrochem. Soc. **104.** 640—44. Okt. 1957. Niagara Falls, N.Y., Carborundum Comp., Res. and Dev. Div.) (Engl.)

Überblick über Eigg., Synth. u. bisherige u. zukünftige Anwendungsmöglichkeiten von *SiC*. G. KRIEN. 6476□

Härte von Einkristallen aus sehr reinem α-Titan. J. L. Gissy, J. B. Schroder und G. H. Schippereit. (Trans. metallurg. Soc. AIME **212.** 360—61. 1958, herausgeg. 1959. Columbus, Ohio, Battelle Mem. Inst.) (Engl.)

An sehr reinen α-Ti-Einkristallen durchgeführte Härtemessungen zeigen, daß ein bedeutender Härteunterschied zwischen der Grundfläche u. den prismat. Flächen besteht. Die auf den prismat. Flächen gemessene Härte hängt von der Orientierung des Härteeindrückers in bezug auf die Kristallachse ab. Die höchste Härte wird ermittelt, wenn die lange Achse des Eindrückers senkrecht zur Kristallachse gewesen ist.

H. HOCHSTEIN. 6480□

Der Einfluß von Sauerstoff auf die Übergangstemperatur bei der Bestimmung der Schlagfestigkeit von nach dem Jodidverfahren hergestelltem Titan. E. H. Rennhack. (Trans. metallurg. Soc. AIME **212.** 487—89. 1958, herausgeg. 1959. Palmerton, Pa., New Jersey Zinc Co.) (Engl.)

Die Ergebnisse von bei —196—200° ausgeführten Kerbschlagzähigkeits-Unterss. von nach dem Jodid-Verf. hergestelltem Ti zeigen, daß der Übergang vom duktilen zum spröden Verh. bei einem O-Geh. von 0,17% auffallend ist. Dabei liegt die Übergangs-Temp. bei 35°. H. HOCHSTEIN. 6480□

Zugfestigkeitseigenschaften von Ti–20U- und Ti–30U-Legierungen. H. A. Robinson, O. J. Huber und P. D. Frost. (Trans. metallurg. Soc. AIME **212.** 485—86. 1958, herausgeg. 1959. Columbus, Ohio, Battelle Mem. Inst.) (Engl.)

Ti-Legg. mit 20 u. 30% U besitzen bei ausreichender Formbarkeit in Abhängigkeit von der Wärmebehandlung Zugfestigkeitswerte von 100000—180000 lbs./sq.in. Sie erleiden eine Abnahme der Verformbarkeit, wenn eine Lösungsbehandlung bei 1600° F, also bei beiden Legg. oberhalb der β-Umwandlung, der Alterungsbehandlung vorausgeht. Die beiden Ti-Legg. mit 20 u. 30% U zeigen eine relativ breitere Streuung zwischen der Streckgrenze u. der Zerreißfestigkeit als dies in handelsüblichen wärmebehandelbaren α–β-Ti-Legg. der Fall ist. H. HOCHSTEIN. 6480□

Der Einfluß von Wasserstoff auf einige mechanische Eigenschaften einer durch Warmbehandlung auf hohe Festigkeit gebrachte Titanlegierung. H. A. Robinson, P. D. Frost und W. M. Parris. (Trans. metallurg. Soc. AIME **212.** 464—69. 1958, herausgeg. 1959. Columbus, Ohio, Battelle Mem. Inst.; Henderson, Titanium Metals Corp. of America.) (Engl.)

Die Einfl. des H-Geh. u. der Verformungs-Geschw. auf die stat. Zugfestigkeits-Eigg. u. auf die Kerbschlagzähigkeit einer Ti-Leg. mit 3,36 (%) *Mn*, 1,18 *Cr*, 0,91 *Fe*, 1,08 *Mo*, 0,98 *V*, 0,02 *C*, 0,09 *O*, 0,008 *N*, 0,006 *H*, die durch Wärmebehandlung auf verschieden hohe Festigkeitswerte gebracht worden war, wurden untersucht. Der Versprödungsgrad erwies sich dabei als dem vorhandenen H-Geh. u. der durch Wärmebehandlung erzielten Festigkeit proportional. Es wird gefordert, die H-Geh. in dieser Ti-Leg. auf niedrigere Werte zu bringen, als dies nach den derzeitigen Vorschriften gefordert wird. Die schon früher erörterte Hypothese für den Mechanismus der H-Versprödung wird durch die Unters.-Ergebnisse gestärkt. H. HOCHSTEIN. 6480□

Kaltverfestigung sehr reiner Metalle. F. R. Larson und E. B. Kula. (Metallurgia [Manchester] **64.** 159—64. Okt. 1961.) (Engl.)

Der Einfl. des Kristallgitters, der Korngröße u. der Temp. auf die maximale Spannung vor Beginn der Einschnürung werden festgestellt u. die gefundenen Zusammenhänge in Näherungsformeln dargestellt. — 43 Literaturangaben. K. STEIN. 6480□

Theoretische Analyse der Festigkeitsgrenzzustände von Gußeisen. Jaromír Ponec. (Hutnické Listy **15.** 461—67. Juni 1960. Praha, Vys. škola dopravní.) (Tschech.)

Zusammenfassung u. mathemat. Begründung der Beziehung einzelner mechan. Eigg. (Elastizitätsmodul, Sprödigkeit, dynam. u. cycl. Zugfestigkeit u. Kerbschlagzähigkeit) von Grauguß in Abhängigkeit von der Strukturbeschaffenheit, bes. des Einfl. von Form u. Dichte des Graphits. J. TŮMOVÁ. 6480□

Untersuchung der Ermüdungsstörungen in Stählen mit verschiedenem Kohlenstoffgehalt. Mirko Klesnil. (Hutnické Listy **15.** 120—24. Febr. 1960. Metal Treatment Drop Forging **27.** [1960.] 503. Brno, Labor. pro studium vlastností kovů Českoslov. akad. věd.) (Tschech.) — Vgl. C. **1961.** 5950.

Prüfungen an C-Stählen mit steigendem C-Geh. (0,1; 0,4 u. 0,8% C) nach verschiedener Warmbehandlung mit Best. der Verfestigung u. Strukturänderungen während der Ermüdungsbelastung. Die Verfestigung erscheint im elast.-plast. Gebiet ausgeprägt, während im phänomenolog.-plast. Gebiet (fast die gesamte WÖHLER-Kurve) eine Verfestigung nicht beobachtet werden konnte. Röntgenograph. konnten nach Ermüdung nur unbedeutende Strukturänderungen ermittelt werden; mkr. wurden Gleitlinien im Deformationsrelief festgestellt. J. TŮMOVÁ. 6480□

Die Spannungsempfindlichkeit des Kriechens. D. McLean und K. F. Hale. (Iron Steel Inst., spec. Rep. **1961.** 19—33. Diskussion: 75—92. Teddington, Nat. Physic. Labor.) (Engl.)

Eine beträchtliche Anzahl von Werten bestätigt, daß unter Hochtemp.-Kriech-Bedingungen sich die Dehngeschw. als eine Kraftfunktion der Spannung verändert, wobei die Aktivierungsenergie von der Spannung unabhängig ist. *Fe*-Proben, die bei Spannungen von 0,5—5,6 tons/in.² bei 550 oder 700° einen Kriechvorgang unterworfen waren, wurden die einzelnen Beträge zur Spannungsempfindlichkeit von der Versetzungsdichte sowie die mittlere Versetzungs-Geschw. bestimmt; die letztere besitzt den größeren Einfluß. Die Anfangsergebnisse stehen in Übereinstimmung mit einer neuzeitlichen Theorie von der Fließspannung u. bestätigt, daß die Kriechfestigkeit durch Änderungen der Struktur ausgehärteter Legg. erhöht werden kann. — 19 Literaturangaben. H. HOCHSTEIN. 6480□

Während des Kriechens entwickelte Korngrenzenzacken. Arthur W. Mullendore und Nicholas J. Grant. (Iron Steel Inst., spec. Rep. **1961.** 44—55. Diskussion: 75—92. Cambridge, Mass., Massachusetts Inst. of Technol.) (Engl.)

Während des Kriechens einer Anzahl von Metallen u. Legg. tritt eine Korngrenzenaufrauhung im Zusammenhang mit einem Korngrenzengleiten auf. Die Korngrenzen entwickeln ein ziemlich regelmäßiges sägezahnähnliches Aussehen, wobei die „Wellenlänge“ dieser Aufrauhung eine Funktion der Spannung, Temp. u. der Leg.-Zus. ist. Beobachtungen dieser Erscheinung während des Kriechens von *Al–Mg*-Mischkristall-

Legg. u. das Verhältnis dieser Erscheinung zum Korngrenzengleiten, der der Korngrenze benachbarten Substruktur u. der Hohlstellen-Bldg. wurden beschrieben. Ein Mechanismus für die Bldg. dieser Aufrauhungen wird mitgeteilt. H. HOCHSTEIN. 6480□

Die Sprödbruch-Einleitung in warmgewalztem und mechanisch gealtertem Stahl. F. de Kazinczy. (Jernkontorets Ann. **145.** 643—79. 1961.) (Schwed.)

Die niedrigste Spannung bei der in polykristallinen Metallen beim Fehlen von Kerben im Sprödbruch eingeleitet werden kann, wird für einen Flußstahl mit verschiedenen Korngrößen ein warmgewalzter Zustand u. nach einer Reckalterung (10% Streckung u. 30 Min. bei 250°) bestimmt. In der Annahme, daß der schwierigste Schritt bei der Einleitung des Sprödbruches im untersuchten Stahl in der Fortpflanzung eines Mikrorisses über die Korngrenze hinaus liegt, werden die in diesem Vorgang auftretenden Energiebedingungen erörtert. Die in den geradlinigen Spannung/Korndurchmesser-Kurven festgestellte Steigung wird auf die Energieverluste an der Rißoberfläche während der Rißfortpflanzung durch das Korn, in welchem er durch Keim-Bldg. entstand, zurückgeführt. Die Unterbrechung war von einer plast. Verformung, die mehr im Vol. als längs der Rißoberfläche verteilt war, begleitet, die dann eintrat, wenn ein Mikroriß die Korngrenze trifft. Demnach ist eine bestimmte Verformung Voraussetzung für die Bruchfortpflanzung über die Korngrenze hinaus. Es wird gezeigt, daß dabei ein Paar von Gleitlinien gebildet wird, die sich durch die benachbarten Körner mit einem Minimum an Verzerrung ausdehnen. Diese Gleitlinien wirken keimbildend für neue Risse. Die Versprödung durch mechan. Alterung wird in bezug auf ihren Einfl. auf die Korngröße, Verformungs-Geschw. u. die Kerben erörtert. Das Verhältnis zwischen der Übergangs-Temp. einer CHARPY-Kerbschlagprüfung u. einer zerkerbten oder glatten Zugprobe wird berechnet. — 48 Literaturangaben. H. HOCHSTEIN. 6480□

Eine praktische Methode zur Flächenberechnung, die es ermöglicht, Niederschläge genau bestimmter Dicke auf komplizierten Formen elektrolytisch abzuscheiden. R. R. Cheffers. (Electroplating Metal Finishing **13.** 418—20. Nov. 1960. Marconi Instruments.)

Es wird ein Diagramm entwickelt, mit dessen Hilfe durch Messungen von Strom u. Spannung die genaue Oberfläche von Werkstücken komplizierter Formgebung bestimmt werden kann. F. VIER. 6480□

Bewertung der mikroskopischen Prüfmethoden von Einschlüssen. József Verö. (Kohászati Lapok [Ung. Z. Hüttenwes.] **95.** 9—13. Jan. 1962. Budapest, Eisenforsch.-Inst.) (Ung.)

Keine der zur Best. der Einschlüsse in Stählen dienenden mkr. Prüfmeth., die zur Zeit verwendet werden, sind reproduzierbar u. deshalb zur Stahlqualifizierung ungeeignet. Vf. gibt die Grundprinzipien einer neuen, verläßlichen Meth. an. L. ZOMBORY. 6482

Vergleich optischer und elektronischer Mikrobilder von Strukturtypen von Kupferlegierungen. Claude Beauvais. (Métaux **37.** 25—33. Jan. 1961.) (Franz.) — Vgl. C. **1962.** 8772.

Mkr. u. elektronenopt. Mikroschliffe verschiedener Messinge vor u. nach Wärmebehandlung, von *Cu-Zn* (60/40), *Cuproaluminium* (90/10), *Cuproberyllium* (2% Be), *Cupronickel* + *Al* (11% Ni, 2% Al), *Cuprochrom* (0,4% Cr) u. *Cu* mit etwas *O* als Cu_2O, werden vorgelegt u. verglichen. F. VIER. 6482□

Untersuchung der Walztexturen von kaltverformten Teilen durch Prüfung von Dünnschliffen mit dem Elektronenmikroskop bei Aluminium und Messing 70/30. P. Lelong und J. Hérenguel. (Mém. sci. Rev. Métallurgie **58.** 587—96. Aug. 1961. Soc. des Tréfileries et Laminoirs du Havre.) (Franz.)

Einige Verff. zur Herst. von Dünnschliffen von *Al-*, *Cu-*, *Mg-* u. *Zr*-Legg. werden beschrieben u. krit. erörtert. Beim Abwalzen von Al bildet sich die ungeordnete netzartige Textur in 3 Stufen aus. Ein Vgl. mit α-Messing 70/3, ebenfalls mit flächenzentriertem kub. Gitter, ergibt zwar eine völlig verschiedene ungeordnete netzartige Textur, die aber prakt. ein ganz ähnliches Ergebnis wie bei Al hat. — 34 Literaturangaben. F. VIER. 6482□

Stoßinduzierte martensitische Umwandlung. R. E. Cech und D. Turnbull. (Trans. metallurg. Soc. AIME **212.** 395—97. 1958, herausgeg. 1959. Schenectady, N.Y., Gen. Electric Co., Res. Labor.) (Engl.)

Kleine Teilchen mit einem Durchmesser von 10—20 μ einer *Fe*-Leg. mit 28,6% *Ni* wurden auf 186° unterhalb der M_s-Temp. unterkühlt, ohne daß dabei eine martensit. Umwandlung auftrat. Die Teilchen besitzen eine ausgeprägte mechan. Stoßempfindlichkeit, wenn sie in einem unterkühlten Zustand gehalten werden. Die Neigung der Induzierung der martensit. Umwandlung durch einen Stoß besitzt offenbar bei Temp. von —140 bis —160° einen Höhepunkt. Eine langsame Abkühlung der Teilchen in mechan. Berührung miteinander ergibt eine ausgedehnte Martensitbildung. Dies ist wahrscheinlich

der gleiche Effekt wie der katalyt. Effekt, der in Vielkristallen beobachtet wurde, wo die Martensit-Bldg. in einem Korn die Umwandlung in anderen Körnern induziert.
H. HOCHSTEIN. 6490□

Bildung von körnigem Perlit durch Kaltverformung. A. H. Holtzman, J. C. Danko und R. D. Stout. (Trans. metallurg. Soc. AIME **212.** 475—76. 1958, herausgeg. 1959. Gibbstown, du Pont Explosives Dep.; Pittsburgh, Westinghouse Electric Co. u. Bethlehem, Lehigh Univ.) (Engl.)

Ein Stahl *AISJ 1080* wurde normalisiert, bei 1040° wieder austenitisiert u. 4 Std. bei 700° isotherm. umgewandelt. Probenwürfel aus dem so behandelten Stahl wurden um 20, 40 u. 50% unter Druck verformt u. nach der Verformung auf 600, 650 u. 700° erhitzt. Der Einfl. dieser Behandlung auf die Bldg. von körnigem Zementit u. auf die Verteilung der Körner wurde metallograph. ermittelt. Hierbei zeigte sich, daß zur Erzielung einer 95%ig. Körnigkeit nach einer 50%ig. Druckverformung bei 700° eine Zeit von 7 Std., bei 650° von 26 Std. u. bei 600° von 130 Std. erforderlich war. Sowohl die Carbidzertrümmerung als auch die Bldg. von Stufenzeilen nehmen mit dem Verformungsgrad schnell zu. H. HOCHSTEIN. 6490□

Der Einfluß des Brammenerwärmens auf die elektromagnetischen Eigenschaften von Transformatorenblech. A. I. Beljakow und F. D. Iwanow. (Сталь [Stahl] **21.** 634—37. Juli 1961. Nowosibirsk, Hüttenwerk.) (Russ.)

Die Art der Erwärmung von Brammen aus Transformatorenstahl vor dem Warmwalzen zeigt einen Einfl. auf die elektromagnet. Eigg. der fertigen Bleche insofern, als hierbei mit zunehmender Behandlungsdauer u. steigender Temp. der Wattverlust verringert u. die magnet. Induktion verbessert wird. Bei Verlängerung der Erwärmungsdauer von 100 auf 120 Min. u. Erhöhung der Erwärmungs-Temp. von 1160 auf 1260° werden die elektromagnet. Eigg. des Fertigbleches, bes. eines solchen von 0,35 mm Dicke, stark verbessert. H. HOCHSTEIN. 6490□

Neue Methoden der intensiven Erwärmung. Oldřich Modráček. (Hutnické Listy **15.** 441—44. Juni 1960. Praha, Výzk. ústav hutnictví železa.) (Tschech.)

Zusammenfassung der Vor- u. Nachteile verschiedener Erwärmungs-Syst. für die Werkstofferwärmung bei der Bearbeitung von *Stahl*. J. TŮMOVÁ. 6492□

Gas-Metallichtbogen-Schweißen von Aluminium mit Elektroden von großem Durchmesser. James A. Liptak. (Welding J. **40.** 917—27. Sept. 1961. Spokane, Wash., Kaiser Aluminum and Chem. Corp., Dep. of Metallurg. Res.) (Engl.)

Durch Verw. von Elektroden mit $^5/_{32}$, $^3/_{16}$ u. $^7/_{32}''$ Ø lassen sich Al-Bleche $<1\frac{1}{2}''$ durch 2-Lagenschweißung u. Bleche von $1\frac{1}{2}$—3″ durch Mehrlagenschweißung befestigen. Die Schweißgeschw. ist höher als bei der herkömmlichen Gas–Metallichtbogen-Schweißung. Die Arbeitsbedingungen werden im einzelnen beschrieben. W. WESLY. 6506□

Untersuchung über Ermüdungsfestigkeit gegen Zug-Wechselbeanspruchung an Schweißverbindungen mit bestimmten Abschmelzmetallen. Zosimo Garcia Martin, Francisco Cacho Falco und Jorge Barrenechea Aberasturi. (Inst. Hierro Acero **14.** 699—712. April/Juni 1961. I.H.A.) (Span.)

Nach einer allg. Übersicht über Festigkeit von Schweißverbindungen behandeln Vff. an zahlreichen Abb. die Ausführung der AMSLER-Prüfung an mit sauren, Rutil-, bas. sowie Widerstandselektroden erhaltenen Auftragsschweißnähten. — 11 Literaturangaben. A. SANDER. 6506□

Über das Natriumhydridbeizen. Gyula Tóth. (Kohászati Lapok [Ung. Z. Hüttenwes.] **95.** 46—47. Jan. 1962.) (Ung.)

Vorteile des NaH-Beizverf., Ausführung, Sicherheitsvorschriften u. Rentabilität.
L. ZOMBORY. 6512

Chemisches Polieren von Aluminium und seinen Legierungen. Charles C. Cohn. (Electroplating Metal Finishing **13.** 421—23. Nov. 1960. Philadelphia, Pa., Colonial Alloys Co.) (Engl.)

Es wird ein 3achsiges Diagramm erörtert aus dem zu ersehen ist, wie Mischungen von H_3PO_4, HNO_3 u. *W.* auf Al-Oberflächen wirken. F. VIER. 6514□

Elektrolytische Abscheidung von Kupfer–Zink-Legierungen aus dem Pyrophosphatbad. Vasanta Sree und T. L. Rama Char. (Electroplating Metal Finishing **12.** 326—30. Sept. 1959. Bangalore, Indian Inst. of Sci.)

Die günstigsten Bedingungen für das elektrolyt. Abscheiden von Messing aus Pyrophosphatbädern wurden ermittelt. Sie liegen bei Verw. einer Anode aus 70% Cu u. von Kathoden aus Pt, Cu oder Stahl, bei einem pH 9,7 u. einer Temp. von 60°. Das molare Verhältnis von P_2O_7 zu Metall soll 1 : 2,2 sein bei 124,4 g/Liter P_2O_7. Die Badspannung soll 0,9—1,6 V betragen. Durch Badbewegung wird die Kathodenwirksamkeit gesteigert. F. VIER. 6520

Galvanisches Abscheiden von Nickel–Eisen-Legierungen aus dem Pyrophosphatbad. Vasanta Sree und T. L. Rama Char. (Metal Finishing **59**. Nr. 8. 49—55. Aug. 1961. Bangalore, Indien, Indian Inst. of Sci.) (Engl.)

Verss. ergaben, daß sich eine Ni–Fe-Leg. aus einem Pyrophosphat elektrolyt. abscheiden läßt. Der Ni-Geh. des Nd. stieg mit wachsendem Ni-Geh. bzw. fallendem Fe-Geh. des Bades, mit abnehmender Stromdichte, steigender Temp. u. in gewissem Ausmaß mit abnehmendem pH-Wert an. Das Kathodenpotential der Leg.-Abscheidung stieg an mit steigender Stromdichte, abnehmender Temp. u. Badbewegung, abnehmender Konz. an Ni u. Fe im Bade u. steigendem pH-Wert. Die abgeschiedene Leg. hat eine feinkörnige Struktur. In Chloridionen enthaltenden Pyrophosphatbädern korrodieren die Ni-Anoden, dagegen waren Fe-Anoden passiv. — 33 Literaturangaben. F. VIER. 6520□

Elektrolytisches Abscheiden von Nickel–Zink-Legierungen aus dem Pyrophosphatbad. T. L. Rama Char und S. K. Panikkar. (Electroplating Metal Finishing **13**. 405—12. Nov. 1960.) (Engl.)

Verss. ergaben, daß sich Ni–Zn-Legg. mit Geh. von 21—84% Ni aus Bädern einwandfrei abscheiden lassen, die 17,6 (g/Liter) Ni, 19,6 Zn, 260,6 Pyrophosphat enthielten u. bei 60° mit einer Kathodenstromdichte von 0,25—15 A/dm² u. einer kathod. Leistung von 9—49% betrieben wurden. Ni- u. Zn-Anoden können verwendet werden. Bei niedrigen Stromdichten traten plötzliche Wechsel in der Zus. u. dem Kathodenpotential auf, wie sich aus Röntgen-Unterss. ergab, infolge Abscheidung von Legg. verschiedener Phasen. Bei höheren Stromdichten war die Zus. des Nd. prakt. konstant. F. VIER. 6520□

Untersuchung von Phosphatüberzügen mittels Röntgenstrahlen und Elektronenbeugung. J. J. Trillat und J. Saison. (Rev. Métallurgie **58**. 496—502. Juli 1961. Bellevue, C.N.R.S., Labor. des Rayons X.) (Franz.)

Untersucht wurden aus Zn-haltigen Phosphatierungs-Lsgg. auf Fe abgeschiedene Phosphatschichten. *Hopeit* u. *Phosphophyllit* wurden in wechselnden Verhältnissen festgestellt, γ-Fe_2O_3 oder Fe_3O_4 u. Gemische von *prim.* u. *tert. Ferrophosphaten* beobachtet. Die Haftfestigkeit der Überzüge hing von der Eindringtiefe der Phosphatschichten in die Korngrenzen des Metalls ab. Sehr saure Bäder ergaben eine größere Haftfestigkeit der abgeschiedenen Schichten. — 21 Literaturangaben. F. VIER. 6532□

Korrosion von Metallen durch schwache Säuren unter Wärmeübergangsbedingungen. D. Groves, C. M. Eisenbrown und L. R. Scharfstein. (Corrosion [Houston] **17**. 173t—176 t. April 1961.) (Engl.)

Auf Grund von 6 in Essig-, Ameisen- u. Phosphorsäure (10%ig., 50%ig. u. konz.) geprüften Legg., deren Temp. oberhalb derjenigen der Lsg. gehalten wurde, wird festgestellt, daß die *Carpenter No 20—Cb* u. *Hastelloy B* unabhängig von der Metall-Temp. die beste Korrosionsbeständigkeit besitzen. *Monel*-Metall war bzgl. des Korrosions-Verh. in Abhängigkeit von der Metall-Temp. die empfindlichste Leg. auch im Vgl. mit *rostfreien Stählen 304 L* bzw. *316* u. *Inconel. Ameisensäure* hat eine große Neigung zur Erhöhung der Korrosions-Geschw. mit der Zunahme der Metall-Temp., während *Essigsäure* die geringste Neigung dabei zeigt. Unkorrekte Korrosions-Geschw. würden erhalten werden, wenn eine Angabe einer einfachen Eintauchprobe zur Extrapolation der Werte für höhere Metall-Temp. verwendet würde. H. HOCHSTEIN. 6538□

Korrosion des nichtrostenden Stahles vom Typ 310 bei erhöhter Temperatur durch Vanadinverbindungen. Hugh L. Logan. (Corrosion [Houston] **17**. 185t—187t. April 1961. Nat. Bur. of Standards.) (Engl.)

Der Vorgang des Korrosionsangriffes des nichtrostenden austenit. Stahles *310* durch *V-Verbb.* wird untersucht. Dieser als „katastrophale Korrosion" bezeichnete Angriff durch ein Gemisch aus 67% V_2O_5 u. 33% $NaVO_3$ tritt bei Temp. von 1900—2000°F auf, wenn der Stahl zuvor oxydiert ist u. Luft u. Wasserdampf vorhanden sind. In manchen Fällen greift eine entstandene, nichtidentifizierte Phase an der Stahl/Schlacke-Grenzschicht den Stahl durch Korngrenzendurchsetzung u. Stahlkörneradsorption an. Eine chem. Analyse der „Schlacke" zeigte, daß die Cr/Fe- u. Mn/Fe-Verhältnisse dieselben in der Schlacke wie im Stahl waren. Das Ni/Fe-Verhältnis jedoch war in der Schlacke höher als im Stahl. Dies wird so gedeutet, daß Ni durch die Schlacke vor dem allg. Korrosionsangriff selektiv absorbiert wird. H. HOCHSTEIN. 6538□

Aluminium, alitierter Stahl und verzinkter Stahl in rauhen Küstenumgebungen. Thomas A. Lowe. (Corrosion [Houston] **17**. 177t—180t. April 1961.) (Engl.)

Nach einer 3jährigen Aussetzung von Proben aus Al, mit Al versehenem Stahl u. aus verzinktem Stahl einer rauhen Seeatmosphäre in der Umgebung von Kahuku-Point auf Hawai wurde festgestellt, daß die Al-Proben die beste Haltbarkeit bewiesen. Gegenüber dem verzinkten Stahl wies der mit Al versehene Stahl eine bessere Korrosionsbeständigkeit auf. Das Verhältnis zwischen der Dicke der Al-Überzüge u. der Haltbarkeit der mit Al überzogenen Stähle ergab, daß mit zunehmender Dicke des Al-Überzuges auch die Haltbarkeit verbessert wurde. H. Hochstein. 6538□

Untersuchung der Flußstahl-Korrosionsgeschwindigkeit in San Diego Harbor. M. H. Peterson und L. J. Waldron. (Corrosion [Houston] **17.** 188t—190t. April 1961. Washington, D.C., U.S. Naval Res. Labor.) (Engl.)

Die Grundkorrosions-Geschw. bei San Diego wurde durch Aussetzen einer ausgedehnten Reihe von Flußstahlplatten für 6, 12 u. 18 Monate bestimmt. Die durch den Gewichtsverlust sowie durch den Grad des Lochfraßes (Messung der Grübchentiefe) bestimmte Korrosions-Geschw. wurde für ungeschützte Platten sowie für drei in verschiedener Höhe mit einem kathod. Schutz versehenen Platten ermittelt. Die Grundkorrosions-Geschw. für die ungeschützten Platten über eine Aussetzzeit von 1 Jahr betrug 25,8 mdd u. die größte Grubentiefe war 60 Tausendstel inch. Die vollgeschützten Platten erlitten prakt. keine Korrosion, während nur zum Teil geschützte Platten eine Korrosions-Geschw. von 8,3 mdd aufwiesen. Jedoch betrug die größte Grübchentiefe auf den teilweise geschützten Platten nur 9 Mil. — Diskussion. H. Hochstein. 6538□

Erdbodenkorrosion von Stahl. I. Th. Rosenqvist. (Acta polytechn. scand., Civil Engng. Building Construct. Ser. **1961.** Nr. 12. 1—93.) (Engl.)

Bericht über die achtjährigen Arbeiten des Norweg. Geotechn. Inst. über die Korrosion von Stahl im Erdreich. Die Wichtigkeit der kathod. Rkk. bei der Best. der Korrosions-Geschw. wird bes. betont. Vom Norweg. Geotechn. Inst. wurde ein Meßgerät entwickelt, welches in verschiedenen Böden die Best. der tatsächlichen Korrosions-Geschw. gestattet. Ein bes. Kapitel wird der anaeroben Korrosion durch Mikroben u. den sulfatreduzierenden Bakterien gewidmet (71 Literaturangaben). Zum Schutz erdverlegter Stahlkonstruktionen wird bes. auf den kathod. Schutz eingegangen. — 144 Literaturangaben. H.-J. Taschow. 6538□

Zusammensetzung der auf Metallen im Dampfkondensat gebildeten Korrosionsprodukte. R. D. Eberhardt, E. W. Arneson und C. E. Imhoff. (Corrosion [Houston] **17.** 171t—172t. April 1961. Milwaukee, Wisc., Allis-Chalmers Mfg. Co.) (Engl.)

Die im Dampfkondensat auf unlegierten *Stahl, Gußeisen, Admiralitäts-Leg.* (Kondensatormessing), Muntz-Metall, *Al 3 S* u. *Zn* gebildeten Korrosions-Prodd. werden untersucht. Der pH-Wert des Kondensates reichte dabei von 5,1—9,6 u. die Prüftemp. lagen im Bereich von 100—212°. Die auf dem unlegierten Stahl u. Gußeisen am häufigsten gebildeten Korrosions-Prodd. sind *Magnetit* (Fe_3O_4) über den gesamten pH-Bereich sowie drei Formen eines bas. *Ferrioxids* ($Fe_2O_3 \cdot H_2O$), häufiger bei einem pH-Wert über 7. *Cuprit* (Cu_2O) ist das stabilste Cu-Korrosions-Prod. von Admiralitäts-Leg. u. vom Muntz-Metall bei pH-Werten von 6,0 oder weniger. Bei einem pH-Wert über 7 tritt die Bldg. von Cuprit weniger häufig auf. Die Korrosion vom Muntz-Metall tritt in Form einer Entzinkung auf. Metall. Zn korrodiert unter Bldg. von *ZnO* über den gesamten pH-Bereich von 5,1—9,6. Es wurde im Dampfkondensat bei 100° mit einem pH-Wert von 6,0 gefunden, daß *Hydrozinkit* ($2\,ZnCO_3 \cdot 3\,Zn\,(OH_2)$) das hauptsächlichste Korrosions-Prod. von Zn sowohl von metall. Zn, von der Admiralitäts-Leg. als auch vom Muntz-Metall ist. H. Hochstein. 6538□

Das Verhalten von nichtrostenden Stählen und anderen technischen Legierungen in heißen Ammoniak-Atmosphären. J. J. Moran, J. R. Mihalisin und E. N. Skinner. (Corrosion [Houston] **17.** 191t—195t. April 1961. Intern. Nickel Comp., Inc.) (Engl.)

18 nichtrostende Stähle u. Legg. wurden in einer heißen NH_3-Atmosphäre langzeitig geprüft u. die Prüfungsergebnisse miteinander verglichen. An 11 austenit. nichtrostenden Stählen sowie an der Leg. *37 Ni/20 Cr, 60 Ni/15 Cr, 80 Ni/20 Cr, Inconel, Monel* u. an 99,49%ig reinem *Ni* wurde gefunden, daß in mehreren NH_3-haltigen Atmosphären mit einem weit unterschiedlichem Nitrid-Potential die Ni-Legg. in dem Fe–Ni–Cr-Syst. wesentlich beständiger gegenüber dem NH_3-Angriff waren als die an Fe u. Cr reicheren Legierungen. H. Hochstein. 6538□

Korrosionsbeständigkeit verschiedener Metalle gegen Haushaltswaschmittel. E. Wagner. (Seifen-Öle-Fette-Wachse **86.** 25—30. 20/1. 1960. Wäschereiforschung Krefeld e. V.) (Dt.)

Die Korrosion von Blechen aus verzinktem *Stahl*, vernickeltem u. verchromtem Cu, *Messing* u. von *Al/Mg/Si-*, *Al/Mn*-Legg. durch sodafreies, sodahaltiges Maschinenwaschmittel u. selbsttätiges synthet. Waschmittel wurde bei pH-Werten von 9 u. bei Konzz. von 5 g/Liter in der Bayer-Laterne geprüft. Der Korrosionsangriff der Waschmittel nimmt in der genannten Reihenfolge zu. *Zn* zeigt den stärksten, *Ni* u. *NiCr* den geringsten Angriff. Die Oberflächenbeschaffenheit des Überzuges ist für den Angriff prakt. unbedeutend. Werden Cu u. Zn von der gleichen Waschflotte umspült, so wird Zn schneller, Cu langsamer von sodahaltigem u. synthet. Waschmittel angegriffen. Bei Verw. eines sodafreien Maschinenwaschmittels wird die Korrosion von Zn erniedrigt, von Cu erhöht. 12 Literaturangaben. D. WOLKE. 6538□

Einfluß der Wasserbewegung auf die Korrosion von Eisenwerkstoffen. G. Butler. (Corrosion Technol. [London] **8.** 5—7. Jan. 1961.) (Engl.)

Zwischen Metall u. strömenden W. bildet sich eine Grenzschicht (Diffusionsschicht), deren Einfl. auf die Korrosions-Geschw. von *Fe* untersucht wird. Die Korrosions-Geschw. wird durch den Transport von reaktionsfähigen Stoffen in dieser Grenzschicht zur Oberfläche des Metalls hin u. der Korrosions-Prodd. von der Oberfläche weg bestimmt. Bei Zunahme der Strömung, die auch durch Temp.-Schwankungen als Konvektionsströme auftreten kann, wird die Grenzschicht kleiner. Oberhalb einer Grenz-Geschw. tritt eine turbulente Strömung auf. Die Metalloberfläche ist dann unmittelbar im Kontakt mit der Flüssigkeit. D. WOLKE. 6538□

Eine Untersuchung über die Ursache der interkristallinen Korrosion an Zink-Aluminium-Legierungen. C. W. Roberts. (Metallurgia [Manchester] **64.** 57—66. Aug. 1961. Imp. Smelting Corp. Ltd.) (Engl.)

Unters. über Ursachen u. Rk.-Ablauf der interkrist. Korrosion an sehr reinen *Zn–Al*-Gußlegg. mit 0,10—20% *Al* in Ggw. von Feuchtigkeit u. durch Leg.-Zusätze. Chem. u. elektrochem. konnte die Annahme gestützt werden, daß der Korngrenzenangriff durch eine Anreicherung des *Al* an den Korngrenzen ausgelöst wird. Durch Zulegieren von *Cu, Ni* u. *Ca*, bes. aber *Mg*, wird die Anfälligkeit herabgesetzt; durch *Pb, Sn, Cd, Bi, Th* u. *In* verstärkt. *Ag, Ga* u. *Fe* zeigen keinen Einfluß. Das Verh. dieser Elemente kann durch ihre Löslichkeit in Zn–Al-Legg. erklärt werden, wobei sich Vf. bes. mit der Schutz-Wrkg. des Mg beschäftigt. 12 Literaturangaben. K. STEIN. 6538□

Die Wirkung von Aluminium-, Stickstoff-, Mangan- und Kupfer-Verunreinigungen auf die Korrosionsgeschwindigkeit von Zircaloy-3 in heißem Wasser und Wasserdampf. M. D. Carver, R. F. Link und H. Kato. (U.S. Dep. Interior, Bur. Mines, Rep. Invest. 1961. Nr. 5865. 1—15. Albany, Oreg., Bur. of Mines, Albany Res. Cent., Corvallis, Oreg., Oregon State Coll.) (Engl.)

Vff. untersuchten an Walzblechen aus *Zircaloy-3* mit 0,25 (%) *Sn*, 0,25 *Fe*, Rest *Zr* mit wechselnden Mengen von Verunreinigungen aus 75—300‰ *Al*, 80—250‰ *N*, 20—50‰ *Cu* u. 35—575‰ Mn die zeitliche Gewichtszunahme in W. dicht unterhalb der krit. Temp. u. Wasserdampf oberhalb der krit. Temperatur. Wachsende Mengen von Al, N u. Mn vergrößern die Korrosionsgeschwindigkeit. Dabei ist bei N u. Al die Wrkg. größer als bei Mn. Wechselnde Cu-Geh. sind ohne Einfluß. H.-J. TASCHOW. 6538□

Korrosionsfestigkeit von Titan, Zirkonium und Tantal bei Verwendung zu Ausrüstungsteilen chemischer Anlagen. Clifford A. Hampel. (Corrosion [Houston] **17.** 9—10. 12. 14. 16—17. Okt. 1961. Skokie, Ill.) (Engl.)

Die zur Verw. von Ti, Zr u. Ta als korrosionsfeste Ausrüstungsteile chem. Anlagen günstigen Eigg. dieser Metalle u. die Beziehung zwischen H_2-Absorption u. Festigkeit gegen zahlreiche, korrosive Lsgg. u. Schmelzen bei verschiedenen Temp. werden wiedergegeben. Die Herst. dieser Metalle wird erörtert. Mehrere, aus Ti, Zr oder Ta bestehende Anlageteile werden beschrieben. — 13 Schrifttumshinweise. W. WESLY. 6538□

Die Korrosionsbeständigkeit von Spritzmetallüberzügen. T. K. Ross und E. L. Smith. (Brit. chem. Engng. **6.** 172—75. März 1961. Manchester, Coll. of Sci. and Technol.) (Engl.)

Vff. untersuchten die Korrosion von sehr reinen *Al-, Zn-, Mg*-Spritzüberzügen (5 Mils) auf *Flußstahl* durch eine 0,001 n *NaCl*-Lsg. bei pH-Werten von 2,9, 5,6 u. 10,5. Aus den Messungen ergab sich, daß Mg sehr schnell angegriffen wird. Beim Zn ist auf die Bldg. einer gleichmäßigen Schutzschicht zu schließen. Alle 3 Metalle bewirken einen kathod. Schutz des Stahles. D. WOLKE. 6538□

Kavitations-Erosion von Baustoffen und Schutzfilmen. J. Z. Lichtman, D. H. Kallas, C. K. Chatten und E. P. Cochran jun. (Corrosion [Houston] **17.** 497t—505t. Okt. 1961. Brooklyn, N.Y., Naval Shipyard, Mat. Labor., Dev. Branch.) (Engl.)

Beschreibung eines Gerätes (Abb.), gek. durch eine Drehscheibe, zur Best. der Kavitations-Erosions-Festigkeit (KEF) von metall. u. Kunstbaustoffen u. von anorgan. u. organ. Schutzfilmen. Im allg. zeigen metall. Baustoffe mit hoher Härte, Kunststoffe mit hoher spezif. Dehnung, metall. Schutzfilme hoher Härte u. elastomere Schutzfilme hoher Zugfestigkeit eine erhöhte KEF. Der Verlauf der Kavitations-Erosion wird durch Zeitlupenaufnahmen verfolgt. — 16 Schrifttumshinweise. W. WESLY. 6538□

Beiträge zum Mechanismus der anaeroben mikrobiologischen Korrosion. 1. Mitt. **Die Deutung der Einwirkung von sulfatreduzierenden Bakterien auf Grund von**

Polarisationskurven. József Horváth. (Magyar Kémiai Folyóirat [Ung. Z. Chem.] **68.** 5—9. Jan. 1962. Szeged, Univ., Lehrst. allg. u. physikal. Chemie.) (Ung.)

Die sehr starke Korrosion von *Fe* in anaeroben sulfathaltigen Böden wird durch anod. u. kathod. Depolarisations-Wrkg. von Bakterien verursacht. Zur Auswertung dieser anaeroben mikrobiol. Korrosion wurden Verss. mit Weichstahlelektroden in fl. STARKEY-Nährböden ausgeführt. Nach Impfung mit sulfatreduzierenden Bakterien wird das Potential der Elektroden sehr schnell negativer, ebenso das Redoxpotential des Nährbodens. Anod. u. kathod. Polarisationskurven wurden mit Hilfe von Gleichstrom aufgenommen. Die kathod. Depolarisation ist dann am stärksten, wenn die Vermehrung der Bakterien am stärksten ist. Die anod. Depolarisation wird durch die Fe(II)-Ion-verzehrende Wrkg. der durch die Bakterien produzierten Sulfidionen verursacht. Veränderungen im elektrochem. Verh. von Korrosionselementen werden durch Polarisationsdiagramme erläutert. I. NARAY-SZABÓ. 6538

Beiträge zum Mechanismus der anaeroben mikrobiologischen Korrosion. 2. Mitt. **Zusammenhänge zwischen dem pH des Mediums, der Niederschlagszone der festen Korrosionsprodukte und der Korrosionsgeschwindigkeit im Fall von Eisen und Stahl.** József Horváth. (Magyar Kémiai Folyóirat [Ung. Z. Chem.] **68.** 54—59. Febr. 1962.) (Ung.) — 1 vgl. vorst. Referat.

Es wurde festgestellt, daß die Änderung der Korrosions-Geschw. in Abhängigkeit vom pH-Wert teils auf mit der Tätigkeit der sulfatreduzierenden Bakterien zusammenhängenden bakteriolog., teils auf elektrochem. Ursachen zurückgeführt werden kann. Die anaerobe mikrobiolog. Korrosion ist bei pH 7 am stärksten; darunter wird ihre Abnahme in erster Linie der Abnahme der Bakterientätigkeit, über pH 7 der korrosionshemmenden Wrkg. der auf der Metalloberfläche gebildeten festen Korrosions-Prodd. zugeschrieben. Die Zusammenhänge zwischen pH-Wert, den Korrosionspotentialen u. der Korrosionsströme wurden mittels schemat. Polarisationsdiagramme gedeutet. I. NARAY-SZABÓ. 6538

Beiträge zum Mechanismus der anaeroben mikrobiologischen Korrosion. 3. Mitt. **Untersuchung der Zusammenhänge zwischen den Redoxpotentialen, dem pH und der Zusammensetzung der Korrosionsprodukte auf Grund von Pourbaix-Diagrammen.** József Horváth und Mihály Novák. (Magyar Kémiai Folyóirat [Ung. Z. Chem.] **68.** 60—65. Febr. 1962.) (Ung.) — 2. vgl. vorst. Referat.

Es wurde ein Potential-pH-Gleichgewichts-Diagramm konstruiert zur Unters. der anaeroben mikrobiolog. Korrosion im Fall des tern. Syst. *Fe–S–H_2O*. Die Zusammenhänge zwischen pH u. den Redoxpotentialen wurden im Zysammenhang mit der Vermehrung der sulfatreduzierenden Bakterien besprochen. Durch Vgl. der Stabilitätsbereiche von FeS, $Fe(OH)_2$ bzw. Fe_2O_3 wurde die Zus. der während der anaeroben mikrobiolog. Korrosion gebildeten Korrosions-Prodd., weiterhin der Einfl. des Abscheidungsortes als Funktion des pH-Wertes u. der Einfl. auf die Korrosions-Geschw. gedeutet. I. NARAY-SZABÓ. 6538

Über die Rolle der Mikroorganismen bei der Eisenkorrosion in Wasser. W. W. Kusnetzow und L. W. Wershbitzkaja. (Микробиология [Mikrobiologie] **30.** 511—14. Mai/Juni 1961. Perm, Gorki-Univ., Naturwiss. Inst.) (Russ.; Auszug: Engl.)

Das W. der mittleren Kama zeichnet sich im Vgl. zu anderen großen Süßwasserstauseen der UdSSR durch eine hohe Mineralisation aus. Die allg. Mineralisation des Kamawassers erreicht 460—470 (mg/Liter). Im Sommer sinkt sie auf 180—220. In den oberen Schichten überwiegen die *Chloride* (Cl^- 90—198), in den unteren die *Sulfate* (SO_4^{2-} 42—94). Der O_2-Geh. beträgt im Sommer 70—80% Sättigung u. im Winter von 20—55%, außerdem bestehen große Unterschiede nach der Wassertiefe. Das Kamawasser ist aggresiv u. stellt ein geeignetes Medium zur Entw. einer elektro-chem. Korrosion dar. Folgende Eisenbakterien wurden im Kamawasser gefunden: *Leptothrix* (2 Arten), *Crenothrix* u. *Spirophyllum ferrugineum.* Sie sind an der Bldg. von Konkretionen beteiligt. Eisenbakterien u. sulfatreduzierende Schwefelbakterien aktivieren den elektrochem. Prozeß als biolog. Depolarisatoren. K. SATTLER. 6538 □

Korrosionsvorgänge in der Kaliindustrie. Lamberto-Antonio Rubio Felipe. (Inst. Hierro Acero **14.** 293—301. Jan./März 1961.) (Span.)

An Hand eines Fließschemas werden Werkstoffkorrosionsprobleme bei der Verarbeitung des *Sylvinits* auf techn. Kalisalze erläutert. Vf. untersuchte hierbei den Einfl. der bes. aggresiven *Cu-* u. *Fe(II)*-Ionen in der Sylvinit-Lsg. sowie die inhibierende Wrkg. der Mutterlaugen, wobei sich Cu als die Hauptursache der anomalen Fe-Korrosion erwies. Abschließend berichtet Vf. über die hierbei auftretenden Korrosions-Prodd. u. teilt Erfahrungen über kathod. Korrosionsschutz mit. A. SANDER 6538 □

Wertbestimmung von organischen Korrosionsinhibitoren für besondere Anwendungen in Erdölraffinerien. R. B. Thompson, R. F. Stedman, Charles Wankat und R. C. Henry. (Corrosion [Houston] **15.** Nr. 6. 55—60. Juni 1959. Des Plaines, Ill., Universal Oil Products Co.) (Engl.)

Zur Wert-Best. von organ. Korrosionsinhibitoren dient ein (Abb.) Rückflußkühler, in dem öl- u. wasserlösl. Korrosionsinhibitoren für Stahl in saurer, für Messing in alkal. Lsgg. mit geringen O-Konzz. an Vers.-Plättchen erprobt werden. Durch Ermittlung des Gew.-Verlustes der Probeplättchen werden die Wirksamkeit von 13 Inhibitoren für Stahl in Säure u. die Korrosions-Geschw. von Messing bei pH = 8,3 (in NH_4OH u. H_2S) bestimmt (Zahlentafeln). W. WESLY. 6540 □

Proben zur Korrosionsprüfung von Seewasser. David Roller, Willard R. Scott jun., Herman S. Preiser und Frank E. Cook. (Corrosion [Houston] **17.** 485t bis 491t. Okt. 1961. Anaheim, Calif., Magna Products, Inc., Bala-Cynwyd, Pa., Chem. Engng. Labor.; Washington, D.C., Bur. of Ships.) (Engl.)

Beschreibung der Prüf-Vorr. zur Messung der Korrosion an der Außenwand u. an Schotten von Schiffen u. von Rohrleitungen unter Verw. des Verf. der Best. des elektr. Widerstandes u. ihrer Anwendung. — Diskussion. W. WESLY. 6540 □

Lesher & Associates, Inc., Pittsburgh, Pa., V.St.A., **Überziehen von Erzpartikeln mit kohlenstoffhaltigem Material** für Verhüttungszwecke. Feinverteilte Erzpartikel werden mit verteiltem kohlenstoffhaltigem Material vermischt u. auf 315—343° erhitzt. Die Temp. wird dann bis zum Erweichungspunkt der Kohleteilchen, z. B. 454°, gesteigert, wodurch diese mit einer Kohleschicht überzogen werden, ohne daß eine Verkokung der Kohle eintritt. Die überzogenen Teilchen verbleiben dabei in freifließendem Zustand. (**Norw. P. 92 275** vom 13/4. 1954, ausg. 11/8. 1958.) K. H. KÄHLER. 6381

E. I. du Pont de Nemours & Co., übert. von: Charles H. Winter jun., Wilmington, Del., und John N. Tully, New Providence, N.J., V.St.A., **Reinigung von hitzebeständigen Metallen.** Hochschmelzende Metalle, die durch Red. ihrer Halide mit einem reduzierenden Metall gewonnen wurden, bes. *Ti*, werden von anhaftendem Salz befreit, indem das unreine Prod. durch ein um 5° aufwärts geneigtes Rohr unter stufenweiser Temp.-Erhöhung auf 1000—1700° u. Überleiten eines inerten Gasstromes geführt wird. (**Can. P. 552 533** vom 5/11. 1956, ausg. 25/2. 1958.) L. GROSSNER. 6381

Otavi Minen- und Eisenbahn-Gesellschaft, Frankfurt/M. (Erfinder: Friedrich Schmeling, Bad Homburg v. d. Höhe), **Herstellung hochfeuerfesten Tonerde-Schmelzzementes gleichzeitig mit als Stahlveredler dienenden Metallen.** Den zum aluminotherm. Abbrand bestimmten Gemischen aus Al u. Schwermetalloxiden wird so viel Ca oder Ca-Verb. zugesetzt, daß die Schlacke maximal 80 (%) Al_2O u. minimal 15 CaO enthält. Vor dem Feinvermahlen wird der Schlacke dann anders zusammengesetzte hydraul. Schlacke beigegeben, so daß ein Prod. mit 65—75 (%) Al_2O u. 25—35 CaO entsteht, das einen hochfeuerfesten Zement darstellt. — Z. B. werden gemischt: 1500 (kg) Vanadinsäure mit geringem Na_2O-Geh., 750 Al-Späne, 20 Al-Gries, 30 CaF_2, 570 CaO u. 150 Fe-Abfälle. (**D. A. S. 1 117 024** Kl. 80b vom 15/12. 1958, ausg. 9/11. 1961.) G. FRIKELL. 6383

Coasts Metals, Inc. (Erfinder: Arthur T. Cape), Little Ferry, N.J., V.St.A., **Nickel-Eisen-Legierungen,** bes. für Schweißzwecke. Sie bestehen aus 51—85 (%) *Ni*, 0—10 *Cr*, 0—10 *Mn*, 1—5 *B*, 0,25—5 *Si*, 0—3 *P* u. eine hinreichende Menge an *Fe*, um den F. zwischen 1700 u. 1850° F zu halten. Die Menge an Fe liegt zwischen 6 u. 40. (**E. P. 844 835** vom 16/1. 1959, ausg. 17/8. 1960.) W. HAUSWALD. 6435

A/S Ardal og Sunndal Verk, Oslo, Norwegen, **Herstellung von Kohleelektroden für die Aluminiumelektrolyse.** Dem Elektrodenmaterial werden 0,2—1%, bes. 0,2—0,5%, H_3BO_3 oder ein Salz dieser Säure zugesetzt zwecks Verhinderung des zu schnellen Abbrennens. (**Norw. P. 92 060** vom 7/8. 1956, ausg. 14/7. 1958.) K. H. KÄHLER. 6443

Karl Schmidt, Metallschmelzwerk G. m. b. H., Deutschland, **Aluminiumlegierung hoher Festigkeit** besteht aus 6—12 (%) *Si*, 8—14 *Zn*, 0—1,2 *Mg*, 0—2 *Cu*, 0—0,3 *Cr*, Rest *Al*. Als Verunreinigungen können noch bis 1 *Fe*, 0,3 *Ni*, 0,3 *Pb*, 0,15 *Ti* u. 0,1 *Sn* enthalten sein. Die Legg. werden bes. als Guß-Legg. verwendet. (**F. P. 1 202 601** vom 16/9. 1958, ausg. 12/1. 1960. Oe. Prior. 7/10. 1957 u. 22/1. 1958.) G. APEL. 6447

Metropolitan-Vickers Electrical Co. Ltd., London, England, **Zirkoniumlegierungen** aus 0,5—1,5 (%) *Cu*, 0,25—1,5 *Cr* oder *Mo*, Rest *Zr* einschließlich der unvermeidbaren Verunreinigung. Im Bereich oberhalb 400° besitzen sie einen hohen Korrosionswiderstand gegen CO_2. Zur Verbesserung der mechan. Eigg. bei hohen Temp. wird die Leg. eine Zeitlang auf 850—950° erhitzt, hierauf schroff abgekühlt u. anschließend eine Zeitlang auf eine Temp. unterhalb 850° erhitzt. (**Belg. P. 568 934** vom 26/6. 1958, ausg. 2/12. 1960. E. Prior. 26/7. 1957.) W. HAUSWALD. 6449

Commonwealth Engineering Co. of Ohio, übert. von: Leo J. Novak, Dayton, Ohio, V.St.A., **Herstellung von Metallteilchen** durch Überziehen von festen Teilchen mit Metall durch therm. Zers. von gasförmigen Metall-Verbb., wobei die festen Teilchen in einem Lsgm. lösl. sind, das das Metall nicht angreift. Zum Beispiel wird auf *NaCl*-Kristalle *Ni* durch therm. Zers. von $Ni(CO)_4$ in NH_3 enthaltender Ar-Atmosphäre niedergeschlagen. Danach wird mit W. bei 212°F NaCl aufgelöst, die Ni-Teilchen unregelmäßiger Form werden in warmer Luft getrocknet. (**A. P. 2 930 767** vom 26/8. 1957, ausg. 29/3. 1960.) F. VIER. 6493

Angus E. Cameron, Oak Ridge, Tenn., V.St.A., **Herstellung von dünnen Filmen** durch Abscheiden eines Rk.-Prod. aus einem Metalldampf u. einem gasförmigen Nichtmetall, wie O_2, *S*, *Se* u. *Te* auf einer Unterlage. Dabei soll ein Vakuum von 10^{-3} bis 10^{-6} mm Hg aufrechterhalten werden, u. die Temp. auf der Oberfläche des Grundkörpers soll über dem Kondens.-Punkt des Nichtmetalls bei dem verwendeten Druck liegen. Die Behandlung soll so lange fortgesetzt werden, bis der Überzug die gewünschte Dicke erreicht hat. Die Unterlage kann durch ein geeignetes Lsgm., das den Film nicht angreift, abgelöst werden. Zum Beispiel können so Ag_2S-*Film* für *Infrarotfilter* hergestellt werden. (**A. P. 2 932 592** vom 22/6. 1953, ausg. 12/4. 1960.) F. VIER. 6493

Deutsche Gold- und Silber-Scheideanstalt vormals Roessler, Frankfurt/M., **Hart- oder Schweißlot,** besteht aus einer Leg. von 53—64 (%) *Cu*, 0,05—0,5 *Ti* u./oder *Zr*, Rest *Zn*. Bis zu 6 Cu können durch *Ag* ersetzt sein. (**Belg. P. 568 497** vom 10/6. 1958, ausg. 21/10. 1960. D. Prior. 13/6. 1957.) W. HAUSWALD. 6505

Electro-Soudure Autogène Belge (E.S.A.B.) Soc. An., Brüssel, Belgien, **Umhüllte Schweißelektrode für das Lichtbogenschweißen.** Der Stahlkern ist von 2 konzentr. Schichten umhüllt, deren Stärke insgesamt 30—50% der Stärke des Stahlkernes beträgt. Die Umhüllung enthält mindestens 3 (%) Kohlenhydrate, wie *Cellulose*, *Dextrin*, weiterhin TiO_2, *Si*, *Silicate*, sowie *Erdalkalicarbonate*, *Eisenoxide* u. *Manganoxide*. Die innere Umhüllung, deren Stärke 20—40 der Gesamtstärke ausmacht, enthält bis 15 TiO_2 u. die äußere Umhüllung der Kohlenhydrate u. mindestens 50 TiO_2. Eine Zus. der gesamten Umhüllung ist folgende: 58 *Rutil*, 6,5 *Magnesit*, 18 *Kaliumfeldspat*, 11,5 *Ferromangan*, 4 *Cellulose* u. 2 *Dextrin*. (**Belg. P. 568 542** vom 12/6. 1958, ausg. 4/11. 1960. Schwed. Prior. 14/4. 1958.) W. HAUSWALD. 6507

Heinz Lippold, Markneukirchen/Sa., **Mit Al-Draht umsponnene Musiksaite.** Um das Abfärben geschliffener Al-Saiten zu beseitigen, werden diese mit alkal. Lsg., z. B. mit n/10 wss. äthylakohol. *NaOH* oder *KOH*, bei ca. 20° behandelt. Zur Entfernung des Alkalis wird mit 95%ig. A. u. zur Entfernung des A. u. letzter Spuren W. mit frisch dest. Aceton gewaschen. (**D. P. [DDR] 19 345** Kl. 51c vom 24/6. 1958, ausg. 8/7. 1960 [Wirtschaftspatent].) W. WITTHOLZ. 6513

Harry Günter, Finow-Ost, **Chemisches Glänzen von Aluminium** durch Eintauchen in ein Bad aus 92 (Gew.-%) H_3PO_4, $4HNO_3$, 2 $Cu(NO_3)_2$ u. 0,5—2 alkohol., verseiftes *Siliconöl*. (**D. P. [DDR] 22 406** Kl. 48d vom 16/7. 1958, ausg. 22/12. 1961 [Wirtschaftspatent].) O. KAYSER. 6513

Dow Chemical Co., übert. von: Douglas S. Chisholm, Midland, Mich., V.St.A., **Überziehen von Eisen und seinen Legierungen mit Magnesium** durch Tauchen in schmelzfl. Mg. Die Schmelze ist mit einem Flußmittel aus Alkalihalogenid oder einem Halogenid der alkal. Erden oder Mischungen davon, z. B. *KCl* mit geringen Zusätzen von $MgCl_2$, $CaCl_2$, $BaCl_2$, $SrCl_2$, *NaCl* oder ihren Gemischen u. 1—3% *LiF*, CaF_2 oder BaF_2 abgedeckt, gleichzeitig wird durch das Flußmittel $TiCl_4$-*Gas* in die Schmelze eingeleitet, so daß der zu überziehende Gegenstand in der Schmelze mit dem $TiCl_4$ in Kontakt kommt. Es entsteht ein festhaftender Mg-Überzug, der die Oberfläche des Gegenstandes kathod. schützt. (**A. P. 2 935 421** vom 13/12. 1957, ausg. 3/5. 1960.) F. VIER. 6517

Commonwealth Engineering Co. of Ohio, übert. von: Howard J. Homer und John R. Whitacre, Dayton, Ohio, V.St.A., **Vernickeln von Eisenteilchen.** Die Fe-Teilchen mit Durchmessern von 5—15 μ werden in einem H_2-, N_2- oder CO_2-Strom bei 350 bis 450°F der Einw. von gasförmigem $Ni(CO)_4$ unterworfen. Es entsteht ein dünner gleichmäßiger Ni-Überzug, der die physikal. Eigg. der Teilchen nicht verändert. An Stelle von $Ni(CO)_4$ kann auch $Cr(CO)_6$ oder *Cu-Acetylacetonat* verwendet werden. — Vorrichtung. (**A. P. 2 933 415** vom 23/12. 1954, ausg. 19/4. 1960.) F. VIER. 6521

Chrysler Corp., Highland Park, übert. von: Alvin R. Balden, Huntington Woods, Mich., V.St.A., **Verzinnen von Aluminium** durch Tauchen der Gegenstände in eine wss. Lsg., die ein *Alkali-Stannat* u. ein *Alkalipolyphosphat* enthält, letzteres in solcher Menge, daß es frei werdenden H an der Grenzschicht Al/Sn bindet, so daß keine Blasen-Bldg. an der Zwischenschicht vor sich gehen kann, z. B. die Lsg. 6 oz Na_2SnO_3

u. 1 oz *Tripolyphosphat* auf 1 gal. Wasser. Es bildet sich ein direkter Sn-Überzug aus, der bes. für Motorenkolben geeignet ist. (**A. P. 2 947 639** vom 19/5. 1958, ausg. 2/8. 1960.) F. VIER. 6525

Turco Products, Inc., Los Angeles, übert. von: George H. Pimbley, Inglewood, Calif., V.St.A., **Herstellung von Schutzüberzügen auf Aluminium** durch Behandeln der Gegenstände mit einer wss. sauren Lsg., die enthält: 0,5—8,0 (g/Liter) Zn-, Cd- oder Hg-Kationen, Halogen-Anionen in geringerer Menge als den Kationen entspricht u. Anionen, die 6wertiges Cr enthalten, wobei der Cr-Geh. der Lsg. zwischen 0,5 u. 9 liegen soll. Der pH-Wert der Lsg. soll 1,3—2,7 betragen. Das Bad kann z. B. durch Auflösen von 4,32 *ZnO*, 5,36 CrO_3, 5,48 Na_2SiF_6 u. 8,50 HNO_3 (1,42 spezif. Gew.) hergestellt werden. (**A. P. 2 948 643** vom 22/1. 1958, ausg. 9/8. 1960.) F. VIER. 6529

Amercoat Corp., übert. von: Lester Morris und Flora Lombardo, Los Angeles, Calif., V.St.A., **Herstellung von Schutzüberzügen auf Metalloberflächen** durch Aufbringen von gepulvertem *Zn, Mg, Al, Mn* oder *Ti*, dem 10—40%, bezogen auf das Metallpulver, eines Oxydationsmittels, wie *Pb-, Ca-, Mg-* oder *Zn-Dioxid*, zugesetzt ist, mit einem Bindemittel, z. B. einer wss. Lsg. von Na_2SiO_3. Nach Auftrocknen dieses Überzuges wird die wss. Lsg. eines mehrwertigen Metalls aufgebracht, dessen Oxydations-Red.-Potential in saurer Lsg. gleich oder größer als das des Metallpulvers ist, z. B. $AlCl_3$. Dieser Lsg. kann ein Alkohol z. B. Isopropylalkohol zugesetzt sein. Es bildet sich nach längerem Einwirken ein dichter, wasserfester, korrosionsbeständiger Überzug aus. (**A. P. 2 944 919** vom 17/5. 1957, ausg. 12/7. 1960.) F. VIER. 6529

Schultheis & Söhne, Wesseling, Bez. Köln (Erfinder: Paul Weitkamp, Berzdorf bei Brühl), **Verhütung der Rostfleckenbildung und Verbesserung der Haftung von Grund- und Deckemails,** die naß vermahlen werden, auf *Gußeisen*. Die Gußeisenoberfläche wird nach dem Sandstrahlen in eine 5%ig. Lsg. von H_3PO_4 u./oder deren lösl. Salzen getaucht. (**D. P. [DDR] 22 467** Kl. 48c vom 22/5. 1958, ausg. 4/1. 1962 [Ausschließungspatent].) O. KAYSER. 6529

Monsanto Chemical Co., St. Louis, Mo., übert. von: James O. Harris, St. Albans, W.Va., V.St.A., **Herstellung von 6-Alkoxy-substituierten 1.2.3.4-Tetrahydroalkylchinolinen.** Durch Red. des entsprechenden 6-Alkoxy-substituierten 2.2.4-Trialkyl-1.2-dihydrochinolins bei 20—200° u. einem H_2-Druck von 300—700 lbs./sq.in. in Ggw. von Pt, Pd oder Ni als Katalysator. — Aus 6-Äthoxy-2.2.4-trimethyl-1.2-dihydrochinolin (Kp.$_2$ 123—125°) in CH_3OH → *6-Äthoxy-2.2.4-trimethyl-1.2.3.4-tetrahydrochinolin*, Kp.$_2$ 122°, hieraus durch Rk. mit CH_3J unter Rückfluß → *6-Äthoxy-1.2.2.4-tetramethyl-1.2.3.4-tetrahydrochinolin*, Kp.$_2$ 144—153°. Analog die entsprechenden *6-Methoxy-, 6-Isopropoxy-, 6-n-Butoxy-, 6-Benzoxy-, 6-Naphthoxy-* oder *6-Dodecyloxy*-Verbindungen. — *Antirostmittel.* (**A. P. 2 846 435** vom 27/7. 1953, ausg. 5/8. 1958.) W. HEYER. 6539

Erie Mining Co., Hibbing, Minn., V.St.A., *Wärmebehandlung von Erz- oder Mineralkügelchen.* (**Finn. P. 29 798** vom 29/6. 1950, ausg. 31/12. 1958. — **C. 1953.** 3792 [D. B. P. 825 006].)

Western Electric Co., Inc. (Erfinder: **William Gardner Pfann**), *Neuverteilung der Bestandteile eines schmelzbaren Materials.* (**Aust. P. 225 218** vom 12/5. 1958, ausg. 3/12. 1959. A. Prior. 25/6. 1957. — **C. 1961.** 8821 [Oe. P. 205 550].)

Atomic Energy of Canada Ltd., Ottawa, Ontario, Canada, übert. von: **Gerhard Derge**, Aspinwall, Pa., und **Gilbert P. Monet**, Oak Ridge, Tenn., V.St.A., *Herstellung von Metall.* (**Can. P. 552 314** vom 2/5. 1946, ausg. 28/1. 1958. A. Prior. 28/5. 1945. — **1959.** 16473 [E. P. 797 509].)

Pyror Ltd., Hamilton, Bermuda, *Anreicherung von Eisen.* (**Norw. P. 91 326** vom 2/1. 1956, ausg. 31/3. 1958. — **C. 1959.** 5948 [D. A. S. 1 029 842].)

Institut de Recherches de la Sidérurgie, St. Germain-en-Laye, übert. von: **Pierre Leroy**, St. Germain-en-Laye, und **Roger Simon**, Paris, Frankreich, *Kontinuierliches Vorfrischen von geschmolzenem Roheisen während des Ausfließens.* (**A. P. 2 975 047** vom 20/10. 1958, ausg. 14/3. 1961. F. Prior. 7/11. 1956. — **C. 1959.** 12994 [F. P. 1 160 489].)

United States Steel Corp., Pittsburgh, Pa., übert. von: **Earl W. Pierce**, Chicago, Ill., V.St.A., *Herstellung von kohlenstoffarmem Stahl.* (**Can. P. 551 392** vom 5/6. 1953, ausg. 7/1. 1958. A. Prior. 14/4. 1953. — **C. 1956.** 5126 [F. P. 1 070 541].)

Oesterreichisch-Alpine Montangesellschaft, Wien, Österreich, *Stahlherstellung.* (**Ung. P. 144 006** vom 20/3. 1956, ausg. 1/7. 1958. — **C. 1959.** 6948 [A. P. 2 803 534].)

Hoesch Werke Akt.-Ges., Dortmund, *Herstellung von Stahl.* (**Finn. P. 29 799** vom 4/7. 1955, ausg. 31/12. 1958. — **C. 1960.** 13190 [Schwz. P. 335 195].)

Röchling'sche Eisen- und Stahlwerke G. m. b. H., Völklingen/Saar, *Werkstoff zur Herstellung von Gegenständen und Konstruktionselementen von denen eine hohe Dauerschwingungsfestigkeit verlangt wird.*, (**Oe. P. 213 938** vom 27/11. 1956, ausg. 10/3. 1961. D. Prior. 1/12. 1955. — **C. 1960.** 3685 [F. P. 1 161 687].)

Röchling'sche Eisen- und Stahlwerke G. m. b. H. (Erfinder: **Christian Alexander Müller** und **Erwin Plöckinger**), Völklingen/Saar, *Alterungsbeständiger und schweißsicherer beruhigter Stahl.* (**Schwz. P. 355 169** vom 8/1. 1957, ausg. 15/8. 1961. D. Prior. 8/2. 1956. — **C. 1960.** 985 [F. P. 1 168 384].)

Administration Séquestre des Röchling'sche Eisen- und Stahlwerke G. m. b. H. (Erfinder: **Erwin Plöckinger** und **Helmut Klein**), Völklingen/Saar, *Herstellung eines alterungsbeständigen Stahles mit Tiefzieheigenschaften.* (**Schwz. P. 354 799** vom 28/11. 1956, ausg. 31/7. 1961. D. Prior. 9/12. 1955. — C. **1960.** 5967 [F. P. 1 161 917].)

Röchling'sche Eisen- und Stahlwerke G. m. b. H., Völklingen/Saar, *Herstellung von legierten oder unlegierten Stählen mit niedrigem Gehalt an nichtmetallischen oxidischen Einschlüssen.* (**Oe. P. 214 468** vom 27/10. 1956, ausg. 10/4. 1961. D. Prior. 28/10. 1955. — C. **1960.** 3685 [F. P. 1 162 730].)

United States Steel Corp., Pittsburgh, Pa., übert. von: **Dennis J. Carney**, Chicago, Ill., V.St.A., *Nickelarmer, korrosionsbeständiger, austenitischer Stahl.* (**Can. P. 552 101** vom 8/11. 1954, ausg. 21/1. 1958. A. Prior. 19/11. 1953. — C. **1958.** 13898 [A. P. 2 778 731].)

General Electric Co., Schenectady, N.Y., V.St.A., *Herstellung einer Legierung.* (**Holl. P. 99 109** vom 4/6. 1957, ausg. 15/9. 1961. A. Prior. 4/6. 1956. — C. **1960.** 642 [E. P. 800 989].)

Ladish Co., V. St.A. (Erfinder: **Clyde A. Furgason**), *Warmfester Stahl mit hohem Streckgrenzenverhältnis.* (**F. P. 1 249 063** vom 23/2. 1960, ausg. 14/3. 1961. A. Prior. 20/3. 1959. — C. **1961.** 6306 [A. P. 2 919 188])

Röchling'sche Eisen- und Stahlwerke G. m. b. H. (Erfinder: **Helmut Klein** und **Erwin Plöckinger**), Völklingen/Saar, *Preßschweißbarer Feinkornstahl und seine Verwendung.* (**Schwz. P. 354 473** vom 25/1. 1957, ausg. 15/7. 1961. D. Prior. 25/1. 1956. — C. **1959.** 8715 [D. A. S. 1 032 295].)

Administration Séquestre des Röchling'sche Eisen- und Stahlwerke G. m. b. H. (Erfinder: **Erwin Plöckinger** und **Helmut Klein**), Völklingen/Saar, *Stahl mit niedriger Koerzitivkraft.* (**Schwz. P. 353 388** vom 29/10. 1956, ausg. 31/5. 1961. D. Prior. 2/11. 1955. — C. **1961.** 6671 [D. A. S. 1 076 161 u. Belg P. 552 335].)

Aktiebolaget Bofors, Bofors, Schweden, *Hitze- und korrosionsbeständiger austenitischer legierter Stahlguß.* (**Belg. P. 569 229** vom 8/7. 1958, ausg. 7/4. 1961. — C. **1961.** 12638 [F. P. 1 201 110 u. E. P. 841 809].)

Research Institute for Iron, Steel and other Metals of the Tohoku University, übert. von: **Tohei Ototani**, Tokyo, Japan, *Stahl mit Kugelgraphit.* (**A. P. 2 974 035** vom 10/6. 1958, ausg. 7/3. 1961. Jap. Prior. 12/10. 1957. — C. **1961.** 9191 [F. P. 1 204 735].)

Institut Dr. Ing. Reinhard Straumann Akt.-Ges., Basel, übert. von: **Reinhard Straumann**, Waldenburg, Schweiz, *Herstellung von Lagerteilen für Spitzenlagerungen in Apparaten und Instrumenten.* (**A. P. 2 973 291** vom 22/1. 1957, ausg. 28/2. 1961. Schwz. Prior. 28/1. 1956. — C. **1960.** 13190 [Oe. P. 200 805].)

Titan Co. A/S, Fredrikstad, Norwegen, *Entschwefelung von metallischem Eisenpulver.* (**Oe. P. 213 937** vom 16/9. 1958, ausg. 10/3. 1961. Norw. Prior. 22/11. 1957. — C. **1961.** 6672 [F. P. 1 203 247].)

Vereinigte Deutsche Metallwerke Akt.-Ges., Frankfurt/M., *Erzeugung ausgeprägter Würfeltextur in hochwertigen magnetisierbaren Bändern und Blechen aus Si- und/oder Al-haltigen Eisenlegierungen.* (**Oe. P. 214 467** vom 13/11. 1957, ausg. 10/4. 1961. — C. **1961.** 6673 [E. P. 816 999].)

Aluminum Co. of America, Pittsburgh, übert. von: **Mike A. Miller**, New Kensington, Pa., V.St.A., *Lötprozeß.* (**Can. P. 553 717** vom 23/3. 1953, ausg. 4/3. 1958. A. Prior. 30/8. 1952. — C. **1957.** 6276 [E. P. 744 862].)

Aluminum Co. of America, Pittsburgh, übert. von: **Mike A. Miller**, New Kensington, Pa., V.St.A., *Tauchlöten.* (**Can. P. 553 718** vom 18/11. 1954, ausg. 4/3. 1958. A. Prior. 23/4. 1954. — C. **1958.** 10498 [F. P. 1 128 582].)

Union Carbide & Carbon Corp., New York (Erfinder: **Clarence Evert Jackson** und **Arthur Edward Shrubsall**, Niagara Falls), N.Y., V.St.A., *Granulierte Schweißmasse für die Lichtbogenschweißung.* (**D. A. S. 1 116 515** Kl. 49h vom 15/12. 1955, ausg. 2/11. 1961. A. Prior. 17/12. 1954. — C. **1959.** 7628 [Aust. P. 201 795].)

Union Carbide Corp., New York (Erfinder: **Arthur Edward Shrubsall**, Niagara Falls), N.Y., V.St.A., *Schweißmittel zur Verwendung bei der Herstellung einer harten Metallauflage.* (**D. A. S. 1 105 255** Kl. 49h vom 20/3. 1957, ausg. 20/4. 1961. A. Prior. 27/3. 1956. — C. **1961.** 8826 [A. P. 2 807 562].)

Magnesium Elektron Ltd. (Erfinder: **William F. Higgins**), Clifton Junction, Manchester, England, *Reinigung von Gußstücken von Magnesiumlegierungen.* (**Can. P. 552 734** vom 19/6. 1952, ausg. 4/2. 1958. E. Prior. 4/7. 1951. — C. **1956.** 1443 [E. P. 721 445].)

Indiana Steel & Wire Co., Inc., übert. von: **Richard H. Burns**, Muncie, Ind., V.St.A., *Galvanoplastik.* (**Can. P. 553 591** vom 23/12. 1952, ausg. 25/2. 1958. — C. **1956.** 3992 [E. P. 725 297].)

DEHYDAG Deutsche Hydrierwerke G. m. b. H., Deutschland, *Galvanisches Kupferbad.* (**F. P. 1 248 421** vom 10/4. 1958, ausg. 9/3. 1961. D. Prior. 16/4. 1957. — C. **1960.** 16253 [Oe. P. 202 414].)

Parker Rust Proof Co., Detroit, Mich., übert. von: **Roy A. Halversen**, Dearbon, Mich., V.St.A., *Aufbringen eines Überzuges auf Aluminiumoberflächen.* (**A. P. 2 967 791** vom 19/8. 1957, ausg. 10/1. 1961. — C. **1961.** 5244 [Oe. P. 202 830].)

N. V. Philips' Gloeilampenfabrieken, Eindhoven, Holland (Erfinder: **Robert Basler**, Herborn), *Chemische Herstellung von isolierenden Oxidschichten auf Aluminium, insbesondere auf Elektroden elektrolytischer Kondensatoren.* (**Schwz. P. 354 310** vom 16/5. 1957, ausg. 30/6. 1961. D. Prior. 18/5. 1956. — C. **1960.** 16588 [F. P. 1 175 275].)

Gerhard Collardin G. m. b. H., Köln, *Phosphatieren von Metallen.* (**F. P. 1 249 138** vom 24/2. 1960, ausg. 15/3. 1961. D. Prior. 27/2. 1959. — C. **1961.** 15920 [D. A. S. 1 095 081].)

Alfred Teves Maschinen- und Armaturenfabrik K. G., Frankfurt/M., *Anodische Herstellung graphithaltiger Phosphatschichten.* (**Schwz. P. 354 645** vom 18/1. 1957, ausg. 15/7. 1961. D. Prior. 3/3. 1956. — C. **1959.** 6952 [D. A. S. 1 031 080].)

Chemische Werke Hüls Akt.-Ges., Marl, Kr. Recklinghausen, *Korrosionsinhibitor für wässerige Lösungen, besonders von Gefrierschutzmitteln.* (**Belg. P. 569 242** vom 8/7. 1958, ausg. 7/4. 1961. D. Prior. 10/7. 1957. — C. **1959.** 6291 [D. A. S. 1 045 173].)

Ladislav Cerveny, Prag, Tschechoslowakei, *Dampfphasen-Korrosionsschutz von Metallgegenständen.* (**A. P. 2 978 293** vom 29/11. 1956, ausg. 4/4. 1961. Tschech. Prior. 15/12. 1955. — C. **1959.** 7629 [Oe. P. 195 712].)

M. F. Alexejenko, Struktur und Eigenschaften wärmebeständiger Konstruktions- und nichtrostender Stähle. Moskau: Oborongis. 1962. (216 S. m. Abb.) 1 Rbl. 8 Kop. [Russ.]

Ss. I. Kusmin, Schmelzen und Gießen feuerfester Legierungen und Stähle im Vakuum. Moskau: Maschgis. 1962. (127 S. m. Abb.) 42 Kop. [Russ.]

A. A. Wagin, Hüttenwesen. Moskau: Metallurgisdat. 1962. (136 S. m. Abb.) 28 Kop. [Russ.]

N. F. Wjasnikow, Thermische Behandlung der Stähle. Moskau: Metallurgisdat. 1961. (349 S. m. Abb.) 82 Kop. [Russ.]

Ss. G. Woinow und **A. G. Schalimow,** Kugellagerstahl. Moskau: Metallurgisdat. 1962. (480 S. m. Abb.; 1 Bl. Skizzen.) 1 Rbl. 70 Kop. [Russ.]

—, Die Stähle mit geringem Nickelgehalt. Nachschlagewerk. Moskau: Metallurgisdat. 1961. (200 S.) 62 Kop. [Russ.]

IX. Organische Industrie

Untersuchungen zur Kinetik von Hydrierreaktionen. Die hydrierende Spaltung von C—C-Bindungen. Gerhard Günther. (Chem. Techn. **13.** 718—20. Dez. 1961. Zeitz.) (Dt.) — Vgl. C. **1961.** 3148.

Bei einem Druck von 300 at (H_2-Partialdruck von 240 at), einer Temp. von 340°, einem Durchsatz von 0,375 Liter Öl/Liter Beschleuniger/h u. einem Gas-Öl-Verhältnis von 2700 Liter/Liter setzt die Spaltung der C—C-Bindung knapp über 300° ein; bei 360° sind keine ungespaltenen Mol. mehr vorhanden. Das Gas-Öl-Verhältnis ist fast ohne Einfl. auf die C—C-Spaltung, ebenso verhält es sich mit dem Partialdruck von H_2, nur bei einem solchen von 40 at finden Neben-Rkk. statt, die zu einer Verschlechterung des Beschleunigers führen, was durch dessen Belegung mit einer Schicht von Kondens.-Prodd. erklärt wird. Da die Spaltung von der Verweilzeit abhängig ist, handelt es sich anscheinend um eine Rk. 1. Ordnung. Unter Berücksichtigung dieser Annahme wird aus der Temp.-Abhängigkeit des Spaltvorganges eine Aktivierungsenergie von 64 kcal/Mol errechnet. — 10 Literaturhinweise. F. Rosendahl. 6584□

Untersuchungen zur Kinetik von Hydrierreaktionen. Die Hydrierung von Kresol. Gerhard Günther. (Chem. Techn. **13.** 720—23. Dez. 1961. Zeitz.) (Dt.) — Vgl. vorst. Referat.

Bei ähnlichen Parameterverhältnissen wurde festgestellt, daß das Gas/Öl-Verhältnis ohne Einfl. auf die Hydrierung (HY) von verd. Kresol (**I**) ist. Die HY von verd. oder konz. **I** ist scheinbar eine Rk. 1. Ordnung. Oberhalb 150 at ist die HY von verd. **I** nicht, die von konz. **I** erheblich vom herrschenden H_2-Partialdruck abhängig. Aus der Temp.-Abhängigkeit der Rk. ergibt sich eine Aktivierungsenergie von 19,4 kcal/Mol für die HY von **I** in 3%ig. Lsg. u. von 56,2 kcal/Mol bei konz. **I**. — 6 Literaturhinweise. F. Rosendahl. 6584□

Thermische Pyrolyse des Methans im Regeneratorofen. W. B. Berkowitsch und Ss. A. Gordon. (Газовая Промышленность [Gas-Ind.] **7.** Nr. 2. 33—36. 1962.) (Russ.)

In Verss. mit Sumpfgas mit 98,22% CH_4, 0,29% CH_4-Homologen, 0,1% O_2 u. 1,39% N_2 wird festgestellt, daß die Pyrolyse von CH_4 zu C_2H_2 u. H_2 am intensivsten verläuft, wenn die Verweilzeit des Gases in der 1500°-Zone 0,007—0,01 Sek., der Restdruck 0,2—0,4 ata beträgt. Zusatz von Propan oder Butan ist ohne positiven Einfl. auf die Ausbeute an C_2H_2, erhöht jedoch die Rußbildung. Die Verw. von Luft als Verdünnungsmittel erschwert die Vakuumpyrolyse. In Ggw. von Wasserdampf ist der CH_4-Verbrauch bei der Vakuumpyrolyse um 20—30% geringer. O. Lebtag. H 530□

Eine Industrie der Zukunft: Die organischen Derivate von Bor. Henri Tatu. (Off. Matières plast. **8.** 723—33. Okt. 1961.) (Franz.)

Übersicht über Herst., Eigg. u. Anwendungsmöglichkeiten von *Diboran, höheren Boranen, substituierten Boranen, organ. Derivv. der Borsäure,* der *Boranamine* u. des *Borazols.* Gerhard Günther. H 980□

Herstellung von Phthalsäureanhydrid im Wirbelbett. J. J. Graham, P. F. Way und Sherwin Chase. (Chem. Engng. Progr. **58.** Nr. 1. 96—100. Jan. 1962. Badeer Mfg. Co., Sherwin-Williams Co.) (Engl.)

Eine Großanlage zur Herst. von Phthalsäureanhydrid mit einer Erzeugungsmöglichkeit von 20000 jato wird beschrieben. Die verschiedenen zu beachtenden Parameter (Zeit, Temp. usw.) u. die an das Naphthalin zu stellenden Reinheitsforderungen werden besprochen. Als Beschleuniger kommt V_2O_5 zur Anwendung. Durch die im Wirbelbett vorhandenen feinen Beschleunigerteilchen wird eine Explosion oder eine Überoxydation vermieden. Vgl. zwischen Arbeiten im Festbett u. Wirbelbett zeigen, daß durch eine bessere Temp.-Kontrolle (1—2°) im letzteren Falle eine Ausbeute von >95% bei nur geringen Neben-Rkk. erzielt werden kann. F. Rosendahl. H 1220□

Esso Research and Engineering Co., Elizabeth, übert. von: John C. Hunt, Linden, Stanley E. Jaros, Watchung, und Joseph F. Nelson, Clark Township, N.J., V.St.A., **Reinigung von Isobutylen,** das bes. CH_3SH u. hochsd. Beistoffe enthält, durch Absorption in 65%ig. H_2SO_4 bei 70—100°, Abtreiben aus der Lsg. durch Erhitzen auf 250° u. fraktionierte Dest., wobei die noch wenig CH_3SH sowie die die höhersd. Anteile enthaltenden Fraktionen in die Absorptions-Lsg. zurückgeführt werden. (**Can. P. 552 266** vom 29/7. 1953, ausg. 28/1. 1958. A. Prior. 19/11. 1952.)
EBERHARD RIEDEL. H 520

Phillips Petroleum Co., Bartlesville, Okla., übert. von: Paul C. Husen, Borger, Tex., V.St.A., **Reinigung von Diolefinen,** bes. von *Butadien,* das acetylen. Verunreinigungen enthält, durch partielle Hydrierung bei 100—500° F an einem Katalysator, der durch Red. eines Gemisches von überwiegend Fe- u. wenig Cr- u. K-Oxid bei 600—1300° F mit H_2 hergestellt wird. — Verf.-Schema. (**Can. P. 552 785** vom 6/7. 1954, ausg. 4/2. 1958. A. Prior. 31/7. 1953.) EBERHARD RIEDEL. H 520

Shell Development Co., New York, N.Y., übert. von: Lloyd R. Donkle, Long Beach, Calif., V.St.A., **Herstellung von Butadien** durch Dehydrierung von Butylen, das mit einem Dampfstrom bei 600° über einen Cr-Oxid/K_2CO_3-Katalysator geleitet wird. Die Tiefe des Katalysatorbettes soll bes. 12—32 in. betragen. (**Can. P. 552 809** vom 15/7. 1954, ausg. 4/2. 1958. A. Prior. 29/6. 1954.)
EBERHARD RIEDEL. H 520

E. I. du Pont de Nemours & Co., übert. von: Charles H. Kramis, Houston, Tex., V.St.A., **Kontinuierliche Herstellung von Alkalimethylat** erfolgt aus CH_3OH u. Alkalihydroxid in einer Dest.-Kolonne mit mindestens 10 Platten, wobei die Temp. am Kopfe der Kolonne bei dem Kp. eines CH_3OH/W.-Gemisches (ca. 70—80°) u. die Boden-Temp. beim Kp. einer CH_3OH/Alkalimethylat-Mischung (ca. 80—100°) liegen soll. Die wss. Alkalihydroxid-Lsg. fließt dem dampfförmigen wasserfreien CH_3OH entgegen. (**A. P. 2 877 274** vom 21/1. 1958, ausg. 10/3. 1959.) G. KÖNIG. H 560

Atlantic Refining Co., Philadelphia, übert. von: Robert M. Lincoln, Media, Pa., V.St.A., **Hochverzweigter Hexadecylalkohol,** $Kp._{10}$ 153—155°, wird durch Selbst-Kondens. von α-Neopentylacrolein hergestellt. (**Can. P. 552 580** vom 1/8. 1952, ausg. 4/2. 1958. A. Prior. 3/12. 1951.) EBERHARD RIEDEL. H 560

Shell Development Co., New York, N.Y., übert. von: Donald S. LaFrance, Concord, und John W. Mecorney, Richmond Annex, Calif., V.St.A., **Herstellung ungesättigter Carbinole,** bes. *β.γ-ungesätt. Carbinole,* durch Rk. von Olefinen mit mindestens 3 C-Atomen mit O_2 in Ggw. eines Cu-Oxid-Katalysators bei 200—600° u. 375 bis 1000 lbs./in.^{2} in Ggw. von Halogenen, Halogenwasserstoff oder Halogen-KW-Stoffen. — *Allylalkohol,* aus Propylen u. O_2 (1:1 bis 10:1). (**Can. P. 552 812** vom 18/10. 1955, ausg. 4/2. 1958. A. Prior. 29/11. 1954.) EBERHARD RIEDEL. H 560

Callery Chemical Co., Pittsburgh, übert. von: Lawrence J. Edwards, Zelienople, Pa., V.St.A., **Trimethylborat** wird bei folgenden Rkk.: $NaB(OCH_3)_4 + ClB(OCH_3)_2 \rightarrow NaCl + 2\,B(OCH_3)_3$, $3\,NaB(OCH_3)_4 + BCl_3 \rightarrow 3\,NaCl + 4\,B(OCH_3)_3$, $NaOCH_3 + ClB(OCH_3)_2 \rightarrow B(OCH_3)_3$, $3\,NaOCH_3 + BCl_3 \rightarrow 3\,NaCl + B(OCH_3)_3$, in einem fl. inerten Medium, wie Tetrahydrofuran oder niedrigmol. Polyäthylenglykoläther erhalten. Die Rk. geht rasch vor sich, NaCl scheidet sich ab u. wird abfiltriert. Es wird durch Dest. reines *Trimethylborat* erhalten. (**A. P. 2 884 439** vom 31/10. 1955, ausg. 28/4. 1959.) G. KÖNIG. H 590

Olin Mathieson Chemical Corp., Va., übert. von: George N. Tyson jun., Claremont, Calif., V.St.A., **Borsäureester** werden bei der Einw. von CO_2 auf ein wasserenthaltendes Salz der Borsäure u. aus einem niedrigmol. gesätt. Alkohol bei normalem oder erhöhtem Druck u. vorzugsweise bei 65—195° erhalten. Man kann in der fl. oder Dampfphase arbeiten. — $Na_2B_4O_7 \cdot 10\,H_2O$, CH_3OH u. $CO_2 \xrightarrow{65^0} B(CH_3O)_3$ neben Na_2CO_3. Als Salze von B können auch Erze, wie Colemanit, Ulexit, Kernit, Probertit, verwendet werden. (**A. P. 2 884 440** vom 10/4. 1956, ausg. 28/4. 1959.) G. KÖNIG. H 590

Union Carbide Corp., New York, übert. von: Donald L. Bailey, Snyder, und Francis M. O'Connor, Kenmore, N.Y., V.St.A., **Alkylorthosilicate.** Zu F. P. 1 149 446; C. **1959.** 3645 ist nachzutragen: Es kann auch Glykoläther mit SiO_2 umgesetzt u. vorteilhaft KW-Stoffe als Lsgm. angewendet werden. (**A. P. 2 881 198** vom 17/5. 1955, ausg. 7/4. 1959.) G. KÖNIG. H 590

General Aniline & Film Corp., New York, N.Y., übert. von: Harry D. Anspon, Easton, Pa., V.St.A., **Dehydrohalogenierung von Dihalogenpropionsäureverbindungen.** Ester, Amide oder Nitrile der Säure mit mindestens einem α-ständigen Halogenatom werden in wss. Lsg. mit einer Polycarbonsäure umgesetzt, die mindestens 2 durch

Alkali–Erdalkali- oder NH_4-Salz-Bldg. neutralisierte Carboxylgruppen enthält. — Zum Beispiel wird α.β-Dichlorpropionsäuremethylester zu einer sd. wss. Lsg. von Na-Oxalat oder zu 2/3 durch Na neutralisierter Citronensäure gegeben u. der gebildete *α-Chloracrylsäuremethylester* kontinuierlich abdestilliert. (**Can. P. 553 551** vom 20/9. 1951, ausg. 25/2. 1958. A. Prior. 11/10. 1950.) L. GROSSNER. H 810

Eötvös Loránd Tudományegyetem Kémiai Technológiai Tanszéke (Erfinder: Árpád Gerecs und Ludwig Décsei), Budapest, Ungarn, **Herstellung von Glykoldimethacrylat** erfolgt bei der Rk. von Methacrylat u. Glykol in der Wärme bei 100—120° u. in Ggw. eines alkal. Katalysators (Na_2CO_3), wobei während der Rk. entstehendes CH_3OH laufend entfernt wird. Zur Entfernung von CH_3OH können noch Schlepper wie Bzl. oder Toluol, zugesetzt werden. (**Ung. P. 144 594** vom 4/3. 1957, ausg. 15/11. 1958.) G. KÖNIG. H 810

Farbenfabriken Bayer Akt.-Ges., übert. von: Peter Kurtz und Otto Bayer, Leverkusen-Bayerwerk, **Herstellung von γ-Chlor-β-methylcrotononitril** aus γ-Chlor-β-methylallylcyanid durch Erhitzen auf $\leq$ 100° in Ggw. katalyt. Mengen Alkali- oder Erdalkalimetallhydroxide oder -oxide u. schwacher organ. Säuren, wie Phenole, Thiophenole, Phthalimide, Benzolsulfonamide u. -imide, aliphat. Sulfinsäuren, Mercaptane u. Phenylacetylen, wobei die bas. Verb. überschüssig ist. (**Can. P. 553 547** vom 21/1. 1953, ausg. 25/2. 1958. D. Prior. 31/1. 1952.) L. GROSSNER. H 810

Council of Scientific & Industrial Research, Indien (Erfinder: Ullal Govindraj Nayak, Kamala Kinkar Chakravarti und Sasanka Chandra Bhattacharyya), **Herstellung eines Monoesters von Azelainsäure** durch partielle Oxydation des Methyl- oder Äthylesters der Dihydroxystearinsäure in einem organ. wasserlösl. Lsgm., wie CH_3OH oder A., mit Na-Metaperjodat in den *Aldehydester* $OHC-(CH_2)_7-COOC_2H_5$, der in Aceton mit wss. $KMnO_4$-Lsg. in Ggw. von CH_3COOH weiteroxydiert wird; $HOOC-(CH_2)_7-COOC_2H_5$, Kp.$_{0,3}$ 138—142°. Dieser bildet mit $SOCl_2$ das *Säurechlorid* $Cl\cdot CO-(CH_2)_7-COOC_2H_5$, welches mit einem tert. Amin, z. B. $(C_2H_5)_3N$, in die dimere Verb. übergeht u. durch Verseifen mit alkohol. KOH u. Ansäuern die *Zibetondicarbonsäure*, $HOOC-(CH_2)_7-CO-(CH_2)_7-COOH$, F. 114° liefert. (**F. P. 1 195 103** vom 25/4. 1958, ausg. 16/11. 1959.) M. F. MÜLLER. H 820

Farbenfabriken Bayer Akt.-Ges., Leverkusen, **Äthylidenmalonsäuredinitril**, Kp.$_1$ 65—68°, mischbar mit Bzl. in jedem Verhältnis, wird durch Rk. von 1,5—10 Mol CH_3CHO mit 1 Mol Malonsäuredinitril bei pH 1—7, bes. 3—5, bei —50 bis + 50°, bes. 0° in Ggw. von 0,01—1% eines bas. Katalysators (K_2CO_3, Na-Phosphat, CH_3COONa, $(C_2H_5)_3N$, Piperidin u. deren Salze, wie Acetate) u. von höchstens 10% W. oder eines Alkoholes oder in Abwesenheit dieser beiden Verbb. u. ggf. in Ggw. eines Lsgm. (Essig-, Propion-, Buttersäure) in 73%ig. Ausbeute erhalten. Es läßt sich mit Styrol, Divinylbenzol, o-Methylstyrol, p-Chlorstyrol, Acrylonitril, α-Methylacrylonitril, Crotonsäurenitril, Butadien, Isopren, Dimethylbutadien, 2-Cyan- oder 2-Chlorbutadien-(1.3), bes. bei pH 2—6 *mischpolymerisieren.* — Vgl. D. A. S. 1 022 797; C. **1958.** 12834. (**E. P. 812 240** vom 30/5. 1957, ausg. 22/4. 1959. D. Prior. 12/6. 1956.) G. KRAUSS. H 820

National Distillers & Chemical Corp., New York, N.Y., übert. von: Harry Greenberg und Hyman R. Lubowitz, Cincinnati, Ohio, V.St.A., **Fumarsäurediester.** Wasserhaltige Fumarsäure oder deren Salze, die z. B. aus Kohlenhydraten in Ggw. von Pilzen, wie Rhizopus nigricans, oryzae oder arrhizus u. Mucorales, erhalten wurden, werden in Ggw. von überschüssigen Alkoholen mit 2—12 C-Atomen u. einem Schleppmittel (aliphat. u. aromat. KW-Stoffe, Bzl., Toluol, Xylol, Perchloräthylen), das mit W. u. dem Alkohol ein azeotropes Gemisch bildet, entwässert u. nach Zusatz eines sauren Veresterungskatalysators, dessen Menge auch zur Zers. des Salzes ausreichen muß (H_2SO_4, H_3PO_4, p-Toluolsulfonsäure), in üblicher Weise verestert. — Fumarsäuredibutylester, Kp.$_{10}$ 138°; n_D^{22} 1,4446; Ausbeute 96%. Ferner sind Ester herstellbar mit A., Propanol, Octanol u. 2-Äthylhexanol. — Zwischenprodukte. (**A. P. 2 894 982** vom 24/4. 1956, ausg. 14/7. 1959.) G. KRAUSS H 820

Mathieson Chemical Corp., Baltimore, Md., übert. von: Jonas Kamlet, Easton, Conn., V.St.A., **Herstellung von Phosgen** durch Überleiten eines wasserfreien $NOCl/Cl_2/CO$-Gemisches über Aktivkohle u. einen FRIEDEL-CRAFTS-Katalysator bei 100—250° u. Ausfrieren aus dem Rk.-Produkt. (**Can. P. 553 599** vom 11/6. 1954, ausg. 25/2. 1958. A. Prior. 17/6. 1953.) L. GROSSNER. H 880

Badische Anilin- & Soda-Fabrik Akt.-Ges., Ludwigshafen/Rh., **Herstellung einer biuretarmen Harnstoffschmelze.** NH_3 wird bei 175—200° u. 150—400 at mit CO_2 umgesetzt u. die entstandene Schmelze, die nach einem Beispiel 0,35 (%) Biuret (I) enthält, unter Aufrechterhaltung eines Druckes von $>$ 100 at auf nicht $<$ 130°, z. B.

auf 160°, abgekühlt. Nach 10—20 Min. wird entspannt, wobei ein Prod. mit erniedrigtem I-Geh., im oben erwähnten Fall 0,13%, resultiert. (**Holl. P. 98 210** vom 6/9. 1956, ausg. 15/6. 1961. D. Prior. 8/9. 1955.) F. BÖHM. H 880

Union Carbide & Carbon Corp., New York, N.Y., übert. von: John R. Anderson, Pittsburgh, Pa., und Charles H. Young, Charleston, W.Va., V.St.A., **Abtrennung von Alkylencarbonaten aus Gemischen mit aromatischen Kohlenwasserstoffen** durch Auswaschen der Aromaten mit einem nichtaromat. KW-Stoff, bes. Hexan u. PAe., u. Regenerierung des Extraktionsmittels durch Destillation. (**Can. P. 553 108** vom 4/5. 1956, ausg. 11/2. 1958. A. Prior. 9/5. 1955.) L. GROSSNER. H 880

Dow Chemical Co., übert. von: Stanley W. Dylewski, Midland, Mich., V.St.A., **Entfernung von Wasser aus Äthylendiamin** durch Dest. unter $\geqq$ 55 lbs.sq. in. Druck. Wasserhaltiges $H_2NCH_2CH_2NH_2$ wird im Mittelteil der Kolonne unter Druck eingespeist, W. am Kopf u. das trockene Prod. im Sumpf der Kolonne abgezogen. — Diagramme. (**Can. P. 553 793** vom 29/11. 1954, ausg. 4/3. 1958. A. Prior. 15/2. 1954.) L. GROSSNER. H 910

Armour & Co., V.St.A. (Erfinder: Ralph Harrison Potts), **Kontinuierliche Herstellung von primären aliphatischen Aminen** mit 8—22 C-Atomen aus entsprechenden Carbonsäuren. In einer 1. Rk.-Zone wird aus der Säure in fl. Phase mit der 2—5fach mol. Menge NH_3 bei 160—180° u. 4,9—6,3 at während 85—100 Min. quant. das Amid gebildet, das in einer 2. Rk.-Zone mit der 1—4fach mol. Menge NH_3 bei 290—320° u. 5,6—7 at während 80—90 Min. zu mindestens 70% in das Nitril übergeführt wird; aus beiden Zonen werden NH_3 u. das W. durch Evakuieren entfernt. Das gebildete Prod. (Nitril u. unverändertes Amid) wird in einer 3. Zone in der Dampfphase in Ggw. eines Dehydratationskatalysators (akt. Al_2O_3) u. der 5—25fach mol. Menge NH_3 bei 330 bis 350° während 2—20 Sek. vollständig in das Nitril übergeführt, das in einer 4. Zone mit der 5—10fach mol. Menge H_2 u. der 2,5—5fach mol. Menge NH_3 in Ggw. eines Hydrierungskatalysators (Co-Molybdat; Cu-Cr-Oxid) bei 200—340° u. 0,35—1,05 at während 2—20 Sek. das *Amin* bildet, das kondensiert wird. — Schema der Anlage. — Vgl. A. P. 2 808 426; C. **1959.** 4971. (**F. P. 1 173 201** vom 9/1. 1957, ausg. 23/2. 1959. A. Prior. 26/1. 1956.) H.-J. NITZSCHKE. H 910

National Distillers Products Corp., V.St.A. (Erfinder: Erwin Garrison Pritchett, Irving Lester Mador und Louis Joseph Rekers), **Herstellung ungesättigter Diamine,** dad. gek., daß ein konjugiertes aliphat. Dien in wss.-alkohol., saurem Medium mit freien NH_2-Radikalen, die während der Rk. aus $NH_2OH \cdot HCl$ u. $TiCl_4$ oder $SnCl_4$ gebildet werden, umgesetzt wird. — 25 (cm^3) W. u. 25 tert.-Butanol werden mit 1 Mol Butadien versetzt, NH_2OH (35 g in 135 W.) u. 270 20%ig. wss. $TiCl_4$-Lsg. während 1½ Std. bei 0° zugesetzt; es wird nochmals Butadien eingeleitet, Butanol zugesetzt, die wss. Phase mit Ae. extrahiert, alkalisiert, Ae. abgedampft, in Eisessig gelöst u. hydriert. Es wird *Octandiamin-(1.8)*; *Dihydrochlorid*, F. 265—278°. *N.N'-Dibenzoyl-Deriv.*, F. 163—166°, erhalten. (**F. P. 72 035** vom 22/5. 1957, ausg. 21/3. 1960. A. Prior. 23/5. 1956. **Zusatz zu F. P. 1 155 491; C. 1960. 2006.**) S. BÖTTCHER. H 910

Gyógyszeripari Kutató Intézet (Erfinder: Johann Kollonitsch, Valerie Gábor und Andreas Hajos), Budapest, Ungarn, **Herstellung von N-Alkylmercaptocarbonylaminosäuren oder deren Derivaten** der allg. Formel R—S—C(=O)—NH—CH(R_1)—COOZ (**I**), dad. gek., daß Aminosäuren oder deren Ester mit Alkylmercaptocarbonylhalogeniden oder deren substituierten Derivv., ggf. in Ggw. säurebindender Mittel zur Rk. gebracht werden. — In **I** bedeuten: R Alkyl- oder substituierte Alkylgruppen, R_1 einwertiger organ. Rest oder H; T = einwertiger KW-Stoffrest, z. B. eine Alkylgruppe oder ein H-Atom. — 1,5 g Glycin, in 30 ml W. gelöst, wird mit 4,2 g $NaHCO_3$ versetzt. Unter Kühlung mit Eiswasser werden 2,9 ml Benzylmercaptocarbonylchlorid u. 20 ml Dioxan zugetropft, 2 Std. lang bei Raum-Temp. gerührt, mit 5n Salzsäure angesäuert u. ausgeschiedenes *N-Benzylmercaptocarbonylglycin* abfiltriert, aus Tetrahydrofuran-Lsg. mit PAe. als reines Prod. gefällt, F. 152°. Es werden ferner hergestellt: *N-Benzylmercaptocarbonylalanin,* aus A. F. 177—178°; *K-Benzylmercaptocarbonyl-β-phenylalanin,* F. ca. 112°; *N-Methylmercaptocarbonylglycin,* aus Essigester/PAe., F. 118—119°; *-Glycinäthylester,* F. 55—56°; *-DL-threo-β-Phenylserin,* aus Essigester, F. 128—131°; *N-Äthylmercaptocarbonylglycin,* aus Essigester, F. 80—82°; *-DL-Alanin,* aus Essigester, F. 159—160°; *N-Benzylmercaptocarbonylglycin,* F. 153,5°; *-L-Alanin,* aus Essigester, F. 127—129°; *-DL-Serin,* aus Ae.-PAe., F. 146—147°, *N-Butylmercaptocarbonyl-DL-alanin,* F. 158°; *-DL-Serin,* aus Ae.-PAe., F. 56—58°; *-DL-Glutaminsäure,* aus Ae.-PAe., F. 100°. Ein Teil der Verbb. zeigt bakteriostat. Wrkg., ein Teil dient als Zwischenprod. für die synthet. Herst. von Peptiden. (**Ung. P. 144 520** vom 10/3. 1956, ausg. 15/11. 1958.) G. KÖNIG. H 950

Parke, Davis & Co., Detroit, Mich., übert. von: Esmond E. Snell, Austin, Tex., Eugene L. Wittle und James A. Moore, Detroit, Mich., V.St.A., **Herstellung organischer Schwefelverbindungen,** *N-[β-Alanyl]-2-aminoäthylmercaptan* (I) wird durch Rk. von N-Carbobenzoxyalanylchlorid mit Bis-[2-aminoäthyl]-disulfid u. Red. des gebildeten *Bis-[N-(N-Carbobenzoxy-β-alanyl)-2-aminoäthyl]-disulfids* mit Phosphoniumjodid gewonnen. (**Can. P. 552 778** vom 21/9. 1953, ausg. 4/2. 1958.)
EBERHARD RIEDEL. H 950

UCLAF, Frankreich (Erfinder: Gaston Amiard, René Heymes und Léon Velluz), **Herstellung von Peptiden,** dad. gek., daß das Monoamid einer 2 basigen N-Tritylaminosäure bei -10 bis 0^0 in Ggw. von Dicyclohexylcarbodiimid mit einem Aminosäureester oder Peptid kondensiert, der Tritylpeptidester verseift u. das N-Tritylpeptid detrityliert wird. — L-Asparaginhydrat wird in Ae. in Ggw. von $(C_2H_5)_3N$ mit Tritylchlorid zu *Trityl-N-trityl-L-asparaginat* umgesetzt, F. 218—222°, $[\alpha]_D^{20}$ -64^0 (c = 2; Chlf.); dieses kann zu *N-Trityl-L-asparagin* (I), F. 194—196°, $[\alpha]_D^{20}$ -7^0 (c = 2; CH_3OH) hydrolysiert werden. I wird auch durch Hydrolyse von *Benzyl-N-trityl-L-asparaginat,* F. 166—167°, $[\alpha]_D^{20}$ -5^0 (c = 2%; Chlf.), das aus Dibenzyl-N-trityl-L-aminosuccinat hergestellt wurde, erhalten. — I-*Diäthylaminsalz,* F. 152—155°, $[\alpha]_D^{20}$ -27^0 (c = 1; Chlf.); aus diesem mit Benzylglycinathydrochlorid *Benzyl-N-trityl-L-asparaginylglycinat,* F. 160°, $[\alpha]_D^{20}$ -71^0 (c = 1; Chlf.); Umwandlung in *Diäthylamin-N-trityl-L-asparaginylglycinat,* F. 174—176°, $[\alpha]_D^{20}$ -48^0 (c = 1; A.), das mit CH_3COOH behandelt wird unter Bldg. von *L-Asparaginylglycin,* $[\alpha]_D^{20}$ $+55^0$ (c = 1; W.). *Benzhydrylamin-N-trityl-L-asparaginyl-L-leucinat,* F. 120°, $[\alpha]_D^{20}$ -18^0 (c = 2; Chlf.), aus L-Leucinbenzylester; *L-Asparaginyl-L-leucin,* $[\alpha]_D^{20}$ -10^0 (1%; W.). — *N-Trityl-L-asparaginyl-S-trityl-L-cysteinyl-L-propyl-L-leucylglycinmethylester,* $[\alpha]_D^{20}$ -77^0 (c = 1; Chlf.), aus S-Trityl-L-cysteinyl-L-prolyl-L-leucylglycinmethylester; daraus *L-Asparaginyl-S-trityl-L-cysteinyl-L-prolyl-L-leucylglycinmethylesterhydrochlorid,* $[\alpha]_D^{20}$ -23^0 (c = 1; Chlf.). — *Diäthylamin-N-trityl-L-glutaminat,* F. 112—114°, $[\alpha]_D^{20}$ $+12^0$ (c = 2; Chlf.), aus N-Trityl-L-glutaminsäure-γ-monomethylester; daraus *N-Trityl-L-glutaminylglycin,* F. 130°, $[\alpha]_D^{20}$ $+25^0$ (c = 1; A); *L-Glutaminylglycin,* $[\alpha]_D^{20}$ $+81^0$ (c = 1; W.). — *L-Glutaminyl-L-leucin,* $[\alpha]_D^{20}$ $+4{,}5^0$ (c = 2; 1nHCl). — *L-Asparaginbenzylesterhydrochlorid,* F. 125°, $[\alpha]_D^{25}$ 0^0 (c = 2; W.); *N-Trityl-L-glutaminyl-L-asparaginbenzylester,* F. 170°, $[\alpha]_D^{25}$ $-5{,}5^0$ (c = 1; A.); *L-Glutaminyl-L-asparagin,* $[\alpha]_D^{25}$ $+24^0$ (1%; W.). — *N-Trityl-L-glutaminyl-L-asparaginyl-S-trityl-L-cysteinyl-L-prolyl-L-leucylglycinmethylester,* $[\alpha]_D^{20}$ -35^0 (c = 1; Chlf.). — *N-Trityl-L-isoglutaminylglycinbenzylester,* F. 160°, $[\alpha]_D^{20}$ $+27^0$ (c = 1; Chlf.), aus N-Trityl-L-isoglutamin; *N-Trityl-L-isoglutaminylglycin,* F. 175°, $[\alpha]_D^{20}$ $+55^0$ (c = 1; A.); *L-Isoglutaminylglycin,* $[\alpha]_D^{20}$ 17^0 (c = 1; W.); *L-Isoglutaminyl-L-leucin,* F. 180°; $[\alpha]_D^{20}$ $+2^0$ (c = 2; 50%ig. A.). (**F. P. 71 873** vom 22/7. 1957, ausg. 1/2. 1960. **Zusatz zu F. P. 1 112 766; C. 1958. 9346.**) S. BÖTTCHER. H 950

Callery Chemical Co., übert. von: William H. Schechter, Roy M. Adams und George F. Huff, Pittsburgh, Pa., V.St.A., **Stabiles Dimethylaminborin,** $(CH_3)_2\cdot NH\cdot BH_3$, F. 36° (Ae.), wird durch Umkristallisieren der instabilen Verb. aus sd. PAe. erhalten. (**Can. P. 553 498** vom 25/11. 1955, ausg. 25/2. 1958.) L. GROSSNER. H 980

Studiengesellschaft Kohle m. b. H. (Erfinder: Roland Köster), Mülheim/Ruhr, **Herstellung von Alkylboronsäureestern und Alkylboronsäuren.** Zu D. A. S. 1 061 781; C. **1960.** 1722 ist zu ergänzen: Aus Tri-n-hexylbor u. Borsäuretriäthylester *Monohexylboronsäurediäthylester,* F. -48^0, $Kp._{19}$ 89—90°, n_D^{20} 1,4084 u. *Di-n-hexylborinsäuremonoäthylester,* $Kp._{0,07-0,08}$ 62—64°, F. -58 bis -45^0. — Aus Borsäureglykolester u. Tri-n-propylbor *Mono-n-propylboronsäureglykolester,* Kp. 127°; n_D^{25} 1,4054; $D._4^{25}$ 0,9225. — Aus Tri-n-decylbor u. Borsäuretrimethylester (I) *Mono-n-decylboronsäuredimethylester,* $Kp._{20}$ 125—130°; n_D^{25} 1,4246; $D._4^{25}$ 0,8398. — Aus Tri-n-hexadecylbor u. I *Mono-n-hexadecylboronsäuredimethylester,* $Kp._{0,1}$ 105—106°; $D._4^{25}$ 0,8349; n_D^{25} 1,4378. — Aus Tricyclohexylbor u. I *Monocyclohexylboronsäuredimethylester,* $Kp._{16}$ 70—71°; $D._4^{25}$ 0,0183; n_D^{25} 1,4359. (**D. P. [DDR] 21 095** Kl. 12o vom 7/10. 1958, ausg. 10/4. 1961 [Ausschließungspatent]. D. Prior. [Bundesrepublik Deutschland] 23/10. 1957.)
L. GROSSNER. H 980

A. Boake Roberts & Co. Ltd., London, England (Erfinder: Derick Fysh), **Antimonhaltige Verbindungen** werden durch Rk. von $SbCl_3$ mit einem Epoxid, das durch Epoxydieren eines Esters einer ungesätt. Fettsäure erhalten wurde, in einem Lsgm. gewonnen. Als Epoxy-Verbb. werden solche aus Pflanzenölen, z. B. Sojabohnenöl, ungesätt. Polyesterharzen, z. B. von Maleinsäureanhydrid u. Phthalsäure mit Propylenglykol, verwendet. Die Prodd. werden verwendet *für Farben, Textilvergütung u. synthet. Harze.* Sie sind schwer brennbar. — 100 Teile epoxydiertes Sojabohnenöl wird in 380 Chlf. gelöst u. tropfenweise eine Lsg. von 18,5 $SbCl_3$ in 150 Chlf. zugegeben u. erwärmt.

Nach dem Abdestillieren wird ein gummiartiges Gel erhalten. (**E. P. 854 961** vom 8/5. 1958, ausg. 23/11. 1960.) A. DANDL. H 980

E. I. du Pont de Nemours & Co., übert. von: John J. Drysdale, Wilmington, Del., V.St.A., **Fluoralkylaromatische Verbindungen** der allg. Formel XR_fAr, worin X gleich H, Cl oder F, R_f ein Perfluoralkylrest u. Ar ein einwertiger aromat. Rest ist, werden durch Rk. eines Acylhalogenids der allg. Formel $XR_fC(:O)Y$, worin Y Cl, Br oder J ist, mit einer aromat. Verb., die mindestens 1 H-Atom am Kern hat, u. einem Ni-Carbonyl bei 100—200° erhalten. — 46 (Teile) Perfluorbutyrylchlorid, 34 Ni-Carbonyl u. 176 Bzl. werden 6 Std. lang auf 150° erhitzt. Nach Abkühlen u. Filtrieren wird bei der fraktionierten Dest. 18—20 *n-Perfluorpropylbenzol*, Kp. 128°; n_D^{25} 1,3765 erhalten. Analog werden folgende Verbb. erhalten, wobei (I) n-Perfluorpropyl bedeutet. I-*Toluol*, $Kp._{101}$ 87—89°; n_D^{25} 1,3905; I-*trifluormethylbenzol*, Kp. 138°; n_D^{20} 1,3595; I-*Brombenzol*, Kp. 174°, I-*Anisol*, $Kp._{40}$ 96°; *Bis*-I-*benzol*, Kp. 145°; I-*Naphthalin*, $Kp._{12}$ 104°; *Bis*-I-*naphthalin* u. *Bis*-I-*dihydronaphthalin*, $Kp._{12}$ 116—122°; I-*Durol* u. *ω-Hydroperfluordecylbenzol*, Kp. 193°; F. 43°. — Zwischenprodukte. (**A. P. 2 957 031** vom 16/6. 1958, ausg. 18/10. 1960.) J. MÜHLEISEN. H 1010

American Oil Co., übert. von: Robert J. Lee, La Marque, Tex., V.St.A., **Trennen von Kohlenwasserstoffgemischen mit gleichem Siedebereich mittels einer Membran.** Das Gemisch wird in die eine Zone eingebracht, die durch eine durchlässige Membran abgeschlossen ist. Die KW-Stoffe des Gemisches, wie die eines solchen aus Toluol u. n-Heptan oder aus Methylcyclohexan u. Isooctan, weisen eine verschiedene Löslichkeit in der plast. Membran auf. Die Durchlässigkeit der Membran für den KW-Stoff wird durch Zugabe von $CH_3COC_2H_5$, A. oder $ClCH_2CH_2Cl$ erhöht u. dadurch der KW-Stoff rascher durch die Membran befördert. — Zeichnung. (**A. P. 2 947 687** vom 29/10. 1954, ausg. 2/8. 1960.) E. KAHLES. H 1010

Diamond Alkali Co., V.St.A. (Erfinder: Clifford A. Neros und George A. Miller), **Stabilisierung halogenierter aromatischer Verbindungen,** z. B. *α-Chlor-p-xylol*, durch Zusatz eines aliphat. Polyalkohols, wie Sorbit. (**F. P. 1 225 462** vom 25/5. 1959, ausg. 1/7. 1960. A. Prior. 26/5. 1958.) S. BÖTTCHER. H 1010

E. I. du Pont de Nemours & Co., Wilmington, Del., übert. von: Josef Pikl, Glassboro, N.J., V.St.A., **Herstellung von Polychlorthiophenolen** mit 3—5 Cl-Atomen, z. B. *Pentachlorthiophenol*, durch Rk. eines Alkalihydrosulfids, bes. NaSH, mit einem 4—6 Cl-Atome enthaltenden Polychlorbenzol, bes. Penta- u. Hexachlorbenzol, im Molverhältnis 2:1 bis 3:1 bei 100—170° in CH_3OH. (**Can. P. 553 518** vom 26/3. 1955, ausg. 25/2. 1958.) L. GROSSNER. H 1060

General Electric Co., Schenectady, N.Y., übert. von: Robert W. Martin, Lenox, Mass., V.St.A., **Reinigung von Hydroxyarylverbindungen** der Formel R—OH (R = Aryl-, Alkaryl-, Arylalkylaryl-, Hydroxyalkylaryl-, Polyhydroxyalkylaryl- u. Hydroxyarylrest), bes. *Saligenin*, *Methylolphenole* oder *4.4'-Dihydroxydiphenylmethan* durch Rk. mit Chlorsilanen $R_3'SiCl$ (R' = Alkylrest), bes. Trimethylchlorsilan im Verhältnis 1:1,1 bis 1:3,3 bei $< 55°$ in Ggw. von tert. Aminen, Abtrennung des gebildeten tert.-Ammoniumhydrochlorids u. Hydrolyse des Rk.-Produktes. (**Can. P. 552 292** vom 28/2. 1953, ausg. 28/1. 1958.) EBERHARD RIEDEL. H 1060

Shell Research Ltd., London, England (Erfinder: Johannes Thomas Hackmann und Pieter Ten Haken), **2.6-Dichlorbenzonitril** wird durch Erhitzen von 2.6-Dinitrobenzonitril oder 2-Chlor-6-nitrobenzonitril mit Cl_2 oder $SOCl_2$ auf 180 bis 300°, bes. 195—205° erhalten. Theoret. Ausbeute. (**E. P 861 899** vom 23/7. 1959, ausg. 1/3. 1961.) L. STADELMANN. H 1210

Heyden Newport Chemical Corp., Del., übert. von: Theodore A. Girard, Wayne Township, Passaic County, N.J., V.St.A., **2.3.6-Trichlorbenzoesäure** wird durch Hydrolyse von 2.3.6-Trichlorbenzylchlorid mit wss. NaOH u. nachfolgende Rk. mit 60—85%ig. HNO_3 erhalten. (**A. P. 2 975 211** vom 21/3. 1955, ausg. 14/3. 1961.) L. STADELMANN. H 1210

Shell Internationale Research Mij. N.V., Den Haag (Erfinder: Adrianus de Keizer, Amsterdam), Holland, **Abtrennen von Isophthalsäure- oder Terephthalsäuredimethylester** aus noch W., CH_3OH, Monoester u. Säuren enthaltenden Veresterungsgemischen durch fraktionierte Dest. in einer Dest.-Kolonne, aus der am Kopf CH_3OH u. am Boden der Rohester abgezogen wird, dad. gek., daß die Dest. bei einer über dem F. der Ester liegenden Temp. u. einem Druck bei dem das W. fl. bleibt, durchgeführt wird. (**D. A. S. 1 117 101** Kl. 12o vom 19/10. 1959, ausg. 16/11. 1961. Holl. Prior. 20/10. 1958.) L. STADELMANN. H 1220

Chemische Werke Witten G. m. b. H., Witten (Erfinder: Ewald Katzschmann, Dortmund), **Herstellung von reinen Benzoldicarbonsäuremonoalkylmono-**

glykolestern durch Rk. von Benzoldicarbonsäuremonoalkylestern mit Äthylenoxid unter Druck bei 50—110° in Ggw. von Katalysatoren, dad. gek., daß als Katalysatoren die Alkalisalze niedriger Fettsäuren verwendet werden. — Beispiele: Herst. von *Terephthalsäuremonomethylmonoglykolester, Terephthalsäuremono-n-butylmonoglykolester, Isophthalsäuremonomethylmonoglykolester*. (**D. A. S. 1 117 560** Kl. 12o vom 12/8. 1957, ausg. 23/11. 1961.) L. STADELMANN. H 1220

E. I. du Pont de Nemours & Co., Wilmington, Del., übert. von: Gene V. Mock, Haddonfield, N.J., V.St.A., **Herstellung von Nitrosaminen** durch Rk. sek. Amine, bes. $(CH_3)_2NH$ u. N-Äthylanilin, mit einem NO/NO_2-Gemisch in der Dampfphase bei Temp. zwischen dem Kp. des Amins u. 300°. (**Can. P. 553 523** vom 24/9. 1955, ausg. 25/2. 1958.) L. GROSSNER. H 1310

Kali-Chemie Akt.-Ges. (Erfinder: Herbert Jenkner), Hannover, **Herstellung von Siliciumacetyliden**, z. B. *Trimethyläthinylsilan, Dimethylvinyläthinylsilan* u. *Dimethylphenyläthinylsilan*, $Kp._{0,6}$ 55—57°, dad. gek., daß ein Alkaliacetylid in Ggw. organ. B- oder Al- Verbb. in Dibutyläther, Diäthylenglykoldimethyläther oder -diäthyläther mit einem entsprechenden Si-Chlorid (Trimethylchlor-, Dimethylvinylchlor- bzw. Dimethylphenylchlorsilan) umgesetzt wird. (**F. P. 1 238 548** vom 24/9. 1959, ausg. 2/12. 1960. D. Prior. 27/9. 1958. **D. A. S. 1 115 735** Kl. 12o vom 27/9. 1958, ausg. 26/10. 1961.) S. BÖTTCHER. H 1380

Farbenfabriken Bayer Akt.-Ges., Leverkusen (Erfinder: Hans Holtschmidt, Köln, und Hugo Wilms, Leverkusen), **Herstellung von Aminoaryl-(thio)-phosphorsäurederivaten.** Aryl-(thio)-phosphorsäureester oder -amide, die eine aromat. gebundene NO_2-Gruppe enthalten u. die allg Formel I besitzen, werden katalyt. reduziert. Hierbei ist R ein O- oder S-Atom, x eine O-Aryl-, O-Aralkyl-, O-Arylcycloalkyl-, $N(Aryl)_2$-, NH-Aryl-, N-Aralkyl- oder N-Arylcycloalkylgruppe, Y u. Z können die gleiche Bedeutung wie X haben oder auch O-Alkyl-, O-Cycloalkyl-, $N(Alkyl)_2$-, NH-Alkyl, NH-Cycloalkyl- oder N-$(Cycloalkyl)_2$-Gruppen sein; X, Y u. Z können einander gleich oder verschieden sein u. Substituenten enthalten, z. B. Halogenatome, Alkoxy- oder Carbonsäureestergruppen, außerdem muß mindestens eine aromat. gebundene NO_2-Gruppe vorhanden sein. Die Red. wird mit katalyt. erregtem H_2 bei 30—90° u. unter normalem oder leicht erhöhtem Druck mit 10—25%ig. Lsgg. der I bes. in solchen Lsgm. durchgeführt, die mit dem entsprechenden W. mischbar sind. Dabei sind auch solche I verwendbar, die mehrere Phosphorsäurereste im Mol. enthalten. In diesem Falle sind Y u./oder Z Reste von 2- oder mehrwertigen Alkoholen, 2- oder mehrwertigen Aminen, linearen oder verzweigten Polyestern, Polyäthern, Polyamiden oder Polyesteramiden, die über O- u./oder N-Atome zwei oder mehrere Aryl-(thio)-phosphorsäurereste verbinden. Beispiele: *Phosphorsäure-tris-[p-aminophenylester]*, Kristallnadeln, F. 155°; *Thiophosphorsäure-tris-[p-aminophenylester]*, $C_{18}H_{18}\cdot O_3N_3PS$, F. 156°; *Thiophosphorsäurediäthyl-[p-aminophenyl]-ester*; *Phosphorsäure-bis-[p-aminophenylester]-dimethylamid*, F. 101—103° (Zers.); *Phosphorsäure-bis-[p-aminophenylester]-methylphenylamid*, F. 110—111°; *Phosphorsäuremonoctyl-bis-[p-aminophenyl]-ester*, dunkles, nichtkristallisierendes Öl. Verw. als *Zwischenprodd. zur Herst. von Farb- u. Kunststoffen*. (**D. A. S. 1 122 075** Kl. 12q vom 1/2. 1958, ausg. 18/1. 1962.) A. KALIX. H 1380

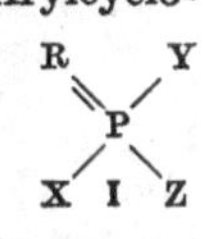

Neville Chemical Co., Pittsburgh, Pa. (Erfinder: Edward John Schwoegler, Munster, und Richard Ernst Putscher, Hammond, Ind.), V.St.A., **Inden (I)** läßt sich aus I-haltigen KW-Stoffgemischen durch azeotrope Dest. mit Furfurol abtrennen, wobei die I-freien Anteile als azeotrope Gemische entfernt werden u. I nach Abtrennung von überschüssigem Furfurol im Rückstand durch Extraktion mit niedrig sd. KW-Stoffen (Hexan) oder durch fraktionierte Dest. in ca. 90—95%ig. Reinheit u 75—95%ig Ausbeute, bezogen auf den ursprünglichen I-Geh. im eingesetzten Erdöl gewonnen wird; D_4^{25} 0,9900; n_D^{25} 1,5698. (**D. A. S. 1 064 507** Kl. 12o vom 1/7. 1957, ausg. 3/9. 1959. **Belg. P. 559 543** vom 25/7. 1957, ausg. 8/4. 1960. **E. P. 809 992** vom 10/5. 1957, ausg. 4/3. 1959. Alle A. Prior. 27/7. 1956. **A. P. 2 874 097** vom 27/7. 1956, ausg. 17/2. 1959.) R. HAUSS. H 2650

Farbwerke Hoechst Akt.-Ges., vormals Meister Lucius & Brüning, Frankfurt/M. (Erfinder: Hans Muxfeld, Braunschweig, und Klaus Striegler, Urbana, Ill., V.St.A.), **3-Formylmethyl-4-methyl-8-alkoxytetralone-(1)** der allg. Formel I (R = Alkyl, R_1 = H, Cl) werden aus der entsprechenden Tetralon-3-carbonsäure hergestellt, indem deren Chlorid über das Diazoketon in die 3-Carboxymethyl-Verb. übergeführt u. deren Benzyl- oder Cyclohexylester mit Orthoameisensäureester zu dem Enoläther II kondensiert wird. II wird mit $LiAlH_4$ zum Alkohol red., der mit $K_2Cr_2O_7$ oxydiert wird. — [4-Methyl-5-chlor-8-methoxytetralon-(1) = **III**, alle Verbb.

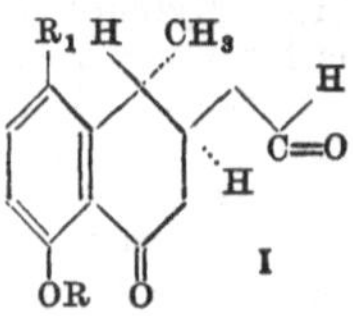
I
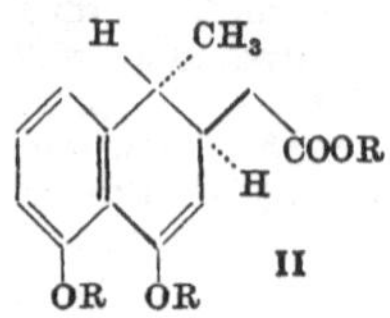
II

trans-Form] 3-Carboxy-III u. 39 g PCl_5 → 3-Chlorformyl-III, F. 96°, hieraus mit CH_2N_2 → 3-Diazoacetyl-III (83%), F. 143—144°; zu 70 ml Benzylalkohol bei 170—180° 36 g der vorst. Verb., nach Ende der N_2-Entw. wird der Benzylalkohol abdest. u. der Rückstand in CH_3OH mit verd. NaOH verseift → 3-Carboxymethyl-III (35%), F. 131—132° (aus Bzl./PAe.). 6,2 g der vorst. Verb. in 50 ml Ae. mit 5 ml Orthoameisensäureester u. einer Spur p-Toluolsulfonsäure werden nach 24 Std. mit $NaOC_2H_5$ neutralisiert, mit W. verd. u. mit Ae. extrahiert. Die Ae.-Lsg. wird mit 3,5 ml 2,6 m $LiAlH_4$ red. → 5 g 3-β-Hydroxyäthyl-III, $Kp._{0,1}$ 165 bis 167°. Zu 2,9 g der vorst. Verb. in 25 ml Eisessig werden bei 80—90° 860 mg $K_2Cr_2O_7$ in 50 ml Eisessig gegeben, 45 Min. lang auf 90° gehalten, 40 ml Eisessig abdest., mit W. verd., mit Chlf. extrahiert → *3-Formylmethyl*-III (37%), F. 112—114° (Ae.). — Die Rk. läßt sich auch in der cis-Reihe durchführen. — *Zwischenprodd.* für Pharmaceutica, bes. Tetracycline. (**D. A. S. 1 091 115** Kl. 12o vom 7/4. 1959, ausg. 20/10. 1960.)

A. Debo. H 2700

Ohio State University Research Foundation, übert. von: Melvin S. Nerman, Columbus, Ohio, V.St.A., und Sambasiva Swaminathan, Mylapore, Indien, **Isomerisierung von 8α-Methyl-1-äthinyl-1β-hydroxy-6-oxo-1.2.3.4.6.7.8.8α-oktahydronaphthalin (I).** Nach A. P. 2 714 615; C. **1959.** 2232 erhaltenes I wird durch Kochen mit HCOOH in ihr α-Epimeres oder ihr 1-Acetylisomeres übergeführt. — 4,5 g I in 20 ml 92%ig. HCOOH 1 Std. lang gekocht → *8α-Methyl-1-äthinyl-1α-hydroxy-6-oxo-1.2.3.4.6.7.8.8α-oktahydronaphthalin*, $C_{13}H_{16}O_2$, F. 145—146° (Ae./A.), UV: λ_{max} 240 mμ, log E 4,16 (in A.) — 2,8 g I in 16 ml 92%ig. HCOOH werden nach 2 std. Kochen in W. gegossen, mit Ae. extrahiert u. nach Waschen in Bzl. aufgenommen. Die Benzol-Lsg. wird über desaktiviertes Al_2O_3 (nach Fisher) chromatographiert u. mit Ae. eluiert → *1-Acetyl-6-oxo-8α-methyl-3.4-6.7.8.8α-hexahydronaphthalin* (II), $C_{13}H_{16}O_2$, F. 92—93° (Ae.), UV: λ_{max} 234 mμ, log E 4,29 (in A.); *2.4-Dinitrophenylhydrazon*, $C_{19}H_{20}N_4O_5$, F. 195—198° (A.), rot. — *Zwischen-Prodd.* für Steroid-Synth., Cortison, Insekticide u. Wachstumsregler. — Die Herst. von II ident. in A. P. 2 862 033. (**A. PP. 2 848 497** vom 8/3. 1954, ausg. 19/8. 1958 u. **2 862 033** vom 18/1. 1952, ausg. 25/11. 1958.)

A. Debo. H 2700

General Aniline & Film Corp., New York, übert. von: Paul E. Hoch, Niagara Falls, N.Y., V.St.A., **Herstellung von α-[Acenaphthenyl-(5)]-β-cyan-β-aryl-äthylenen** aus Acenaphthen-5-aldehyd (I) u. Arylacetonitrilen in Ggw. bas. Katalysatoren. — Zu äquimol. Mengen von I u. Benzylcyanid in A. werden 2 ml 2%ig $NaOC_2H_5$ gegeben u. ½ Std. lang auf 60° erwärmt → *α-[Acenaphthenyl-(1)]-β-cyan-β-phenyl-äthylen*, orangefarbene Kristalle. — Analog werden folgende *α-[5-Acenaphthenyl-(5)]-β-cyan-äthylen* (II)-*Derivv.* hergestellt: *β-[Naphthyl-(1)]*-II, orangefarben; *β-Anisidyl*-II; *β-[4-Acetylaminophenyl]*-II, orangefarben; *β-[2-Methoxynaphthyl-(1)]*-II, orangefarben; *β-[4-Cyan-phenyl]*-II, orangerot. — Die Verbb. zeigen lebhafte Fluorescenz im UV u. Tageslicht, noch 0,5% in Acetylcellulose sind brauchbar. (**A. P. 2 820 811** vom 13/12. 1955, ausg. 21/1. 1958.)

A. Debo. H 2750

Farbwerke Hoechst Akt.-Ges., vormals Meister Lucius & Brüning, Frankfurt/M. (Erfinder: Hans Muxfeld, Braunschweig), **Hydrierte Anthracenderivate** der allg. Formel I (X = H, Cl; R = Alkyl) werden hergestellt aus der entsprechenden Hydroanthracenon-3-carbonsäure, deren Chlorid mit CH_2N_2 in das Diazoketon übergeführt wird, aus dem durch Erhitzen mit Benzylalkohol oder Cyclohexanol der Benzyl- oder Cyclohexylester gebildet wird, der schließlich verseift wird, ggf. werden die Alkoxygruppen durch Säurespaltung in OH-Gruppen übergeführt. — In eine Suspension von 6,7(g)(?) 3-Carboxy-5-chlor-9-methyl-8.10-dimethoxy-1.2.3.4-tetrahydroanthracenon-(1) in 600 ml Chlf. werden bei 0° 10 g PCl_5 gegeben →

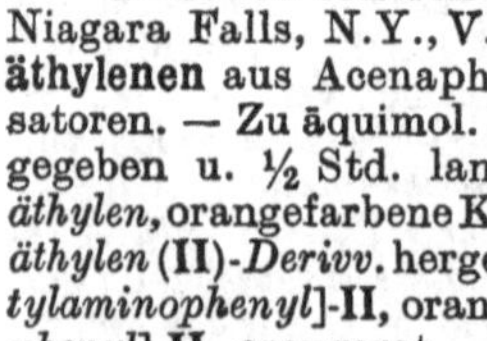
I

16,7 des Säurechlorids, F. 163—165°, hieraus mit CH_2N_2 in Ae. → 79% 3-Diazoacetyl-5-chlor-9-methyl-8.10-dimethoxy-1.2.3.4-tetrahydroanthracenon-(1), F. 155—157° (Zers.). 14,2 der vorst. Verb. werden in 50 ml Benzylalkohol bei 170—180° bis zum Ende der N_2-Entw. erhitzt, der Benzylalkohol durch Wasserdampf-Dest. entfernt, der Rückstand in Bzl. an saurem Kieselgel chromatographiert, die gelbe Zone mit Bzl. eluiert → 11,97 I-Benzylester (X = Cl, R = CH_3) als gelbes Öl. Dieser wird in Ae. gelöst u. mit 10%ig. KOH in Ggw. von $Na_2S_2O_4$ verseift → 48% *3-Carboxymethylen-5-chlor-9-methyl-8.10-dimethoxy-1.2.3.4-tetrahydroanthracenon-(1)*, F. 188—189° (aus Chlf./PAe.). — 87 mg der vorst. Verb. in 5 ml Eisessig u. 20 ml konz. HCl, Reinigung durch Chromatographie an SiO_2 → 47 mg *3-Carboxymethylen-5-chlor-9-methyl-8.10-dihydroxy-1.2.3.4-tetrahydroanthracenon-(1)*, F. 191—193°. — *Zwischenprodd.* für Pharmazeutica, bes. Tetracycline. — (**D. A. S. 1 088 950** Kl. 12o vom 29/11. 1958, ausg. 15/9. 1960.) A. DEBO. H 2800

Monsanto Chemical Co., St. Louis, Mo., übert. von: William E. Weesner, Dayton, Ohio, V.St.A., **Polyhydrophenanthrenonderivate** werden durch Pyrolyse der Alkalisalze der entsprechenden 1-[β-Carboxyäthyl]-Verbb. im Vakuum, ggf. in Ggw. von Alkalisalzen organ. Monocarbonsäuren erhalten. — 10 (Teile) Na-Salz des α-Isomeren von dl-anti-trans-1.8a-Dimethyl-1-[β-Carboxyäthyl]-6.7-dihydroxy-Δ^{10}-dodekahydrophenanthrenon-(2)-acetonacetal (I) werden bei 0,3—0,4 Torr auf 250—313° erhitzt, innerhalb 50 Min. dest. 4,6 *dl-anti-trans-1.8a-Dimethyl-6.7-dihydroxy-$\Delta^{10a,1}$-dodekahydrophenanthrenon-(2)-acetonacetal* (II) über, das aus Ae./PAe. umkrist. wird. — Analog: *dl-anti-trans-1.8a-Dimethyl-$\Delta^{6,10a,1}$-dekahydrophenanthrenon-(2)* (III), Öl. — 4,9 (Teile) Na-Salz des α-Isomeren von I mit 50 Na-Phenylacetat 2 Std. bei 0,15—0,3 Torr u. 280—300° → 3,8 II. — 10 Na-Salz des α-Isomeren von dl-anti-trans-1.8a-Dimethyl-1-[β-carboxyäthyl]-$\Delta^{6,10}$-dekahydrophenanthrenon-(2) mit 50 K-Acetat u. 50 Na-Acetat 45 Min. lang bei 2 Torr u. 260—310° → 4 III. — 7,5 Na-Salz des β-Isomeren von I mit 38 Na-Acetat u. 38 K-Acetat bei 0,1 Torr u. 252—282° → 2,9 II, analog mit Na-Benzoat → 53,7 % II. — 10,1 Na-Salz des α-Isomeren von I u. 100 Na-Phenylacetat bei 0,1—0,2 Torr u. 248—285° in 115 Min. → 97% II. — *Zwischenprodd.* für Steroidsynthesen. — (**A. P. 2 846 447** vom 3/9. 1954, ausg. 5/8. 1958.) A. DEBO. H 2850

Monsanto Chemical Co., St. Louis, Mo., übert. von: William K. Johnson, Dayton, Ohio, und Tad Le Marre Patton, Houston, Tex., V.St.A., **Hexahalogenbicycloheptendiole,** deren Ester u. Acetale werden aus Hexahalogencyclopentadien u. Vinylencarbonat über den cycl. Kohlensäureester hergestellt. — Hexachlorcyclopentadien u. Vinylencarbonat in o-Dichlorbenzol durch 4std. Kochen → 1.4.5.6.7.7-Hexachlorbicyclo-[2.2.1]-Δ^5-hepten-2.3-diol-cyclocarbonat. (I) (94,5%), F. 232—233° (aus Hexan). I in verd. A. mit HCl durch 16½ std. Kochen → *1.4.5.6.7.7-Hexachlorbicyclo-[2.2.1]-Δ^5-hepten-2.3-diol* (II), $C_7H_4Cl_6O_2$, F. 240° (Hexan). — II-*Diacetat*, $C_{11}H_8Cl_4O_6$ (98%), F. 111° (Hexan). — 16,7 (g) II u. 11,9 Phenylisocyanat in 100 ml Ae. durch 20std. Kochen → 10 II-*Di-carbanilsäureester*, $C_{21}H_{14}Cl_6N_2O_4$, F. 174—176° (CCl_4). — Analog II-*Monocarbanilsäureester*, $C_{14}H_9Cl_6 \cdot NO_3$, F. 168—169° (CCl_4). — II u. Dimethylcarbamoylchlorid → II-*Bis-dimethylcarbaminsäureester*. — Zu 2 wasserfreier HCl in 50 ml Aceton werden 6,9 II gegeben. Nach 4std. Kochen wird in 250 ml W. gegossen neutralisiert u. mit Ae. extrahiert → 5 g II-*Acetonacetal*, $C_{10}H_8O_2Cl_6$, F. 77—78° (80%ig. A.). — 6,7 II, 6 Hexachlorcyclohexadien-(2.5)-on-(1) u. 1 p-Toluolsulfonsäuremonohydrat in 100 ml Toluol durch 4std. Kochen → II-*Hexachlorcyclohexadien-(2.5)-on-(1)-acetal*. — Weitere mögl. Verbb. sind angegeben. — *Zwischenprodd., Herbicide, Fungicide, Bactericide, Nematocide* u. *Weichmacher*. (**A. P. 2 841 485** vom 20/5. 1955, ausg. 1/7. 1958.) A. DEBO. H 2950

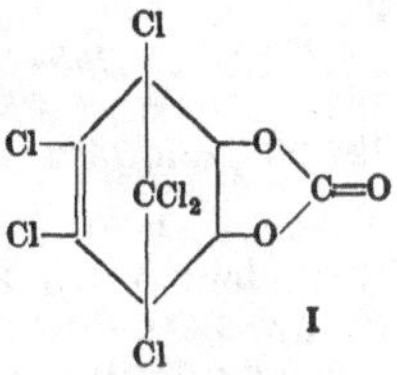

I

Shell Development Co., New York, N.Y., übert. von: Samuel B. Soloway, Denver, Colo., V.St.A., **Polyhalogenierte bicyclische Säuren** der allg. Formeln I u. II (X = Halogen; Y = H oder Halogen; R = H oder Alkyl; R' = ggf. halogenierte Alkylen- oder Alkylenylgruppe), deren Salze u. Ester werden nach DIELS-ALDER aus Polyhalogencyclopentadien u. Sauren oder deren Derivv. mit einer Äthylen- oder Acetylengruppe erhalten. Herst. ggf. auch aus Halogencyclopentadienen u. α.β-ungesätt. Aldehyden u. anschließende Rk. mit Malonsäure. Zu 273 (g) Hexachlorcyclopentadien (III) in 150 ml CH_3COOH bei 120° 87 Acrylsäure, 7½ std. Kochen u. Verdünnen mit W. → 1.4.5.6.7.7-Hexachlorbicyclo-[2.2.1]-Δ^5-hepten-2-(IV)-Carbonsäure (93%), F. 181—182,5° (Ae./Hexan), Na-, K-, NH_4-, Zn-Salz; $C_2H_5NH_3$-*Salz*, F. 143 bis 144°; H_2NNH_2-*Salz*, F. 173—176° (CH_3OH/Chlf.); IV-*Carbonsäuremethylester*, F. 57—60° (CH_3OH). — Analog mit Δ^{10}-Undecenylsäure → IV-*Pelargonsäure*, $C_{16}H_{20}Cl_6O_2$, $Kp._{0,0008}$ 186—188°. — *1.4.5.6-Tetrachlorbicyclo-[2.2.1]-Δ^5-hepten-2-(VI)-Carbonsäure* (43%), F. 157 bis 158° (Ae.). — III u. Propiolsäureäthylester → *1.4.5.6.7.7-Hexachlorbicyclo-[2.2.1]-Δ^{25}-heptadien-2-carbonsäure (V)-Äthylester*, F. 41—44°; $Kp._{0,5}$ 117—126°; hieraus mit H_2SO_4 → V, $C_8H_2Cl_6O_2$, F. 205—210° (Zers.; Essigester/Hexan). — III u. Vinylessig-

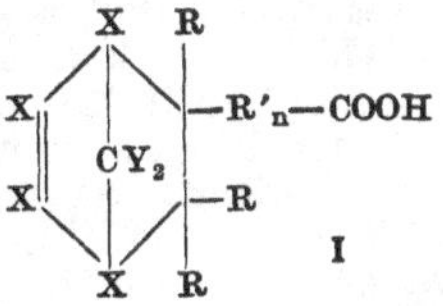

I

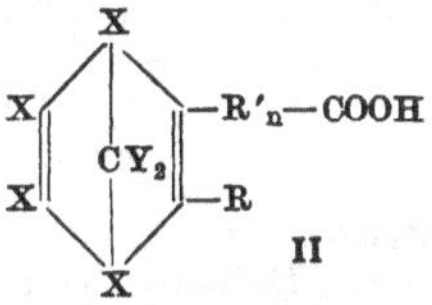

II

säure 24 Std. 145° → IV-*Essigsäure*, $C_9H_8Cl_6O_2$, F. 121,5—123° (Hexan). Vorst. Verb. auch durch Verseifung des aus **III** u. Allylcyanid bei 117° erhaltenen **IV**-Acetonitrils, $Kp._{0,8}$ 120—122°. — **III** u. Crotonsäure 150° → *1.4.5.6.7.7-Hexachlor-3-methylbicyclo-[2.2.1]-Δ^5-hepten-2-carbonsäure*, F. 171—172° (aus Essigester). — **III** u. Acrolein durch 44std. Kochen → **IV**-*Aldehyd*, F. 145—148°, sublimiert bei 175°/1 Torr; hieraus mit Malonsäure in Pyridin 18 Std. lang bei 60° → **IV**-*Acrylsäure*, F. 120,5—121,5° (verd. CH_3OH). — Aus vorst. Verb. mit H_2/PtO_2 in CH_3COOH → **IV**-*Propionsäure* (94,5%), F. 84—84,5° (Hexan/Pentan). — 1.2.3.4-Tetrachlor-$\Delta^{1.3}$-cyclopentadien (**VII**) u. Acrolein → **VI**-*Aldehyd*, $Kp._{0,5}$ 90—91°; n_D^{24} 1,5436; hieraus mit Malonsäure → **VI**-*Acrylsäure* (86%), F. 120—122°. — Aus **IV**-Acrylsäure mit Cl_2 in CCl_4 → **IV**-*α.β-Dichlorpropionsäure*, F. 192—194°. — **VII** u. Acrylsäure in Ae./Bzl. → *1.4.5.6-Tetrachlorbicyclo-[2.2.1]-Δ^5-hepten-endo-2-carbonsäure*, F. 138—140° (CH_3NO_2). — Weitere mögliche Verbb. sind angegeben. — Verw.: *als Herbicide, Entblätterungsmittel*, zur *Modifizierung* und zum *Flammfestmachen* von *Alkydharzen*; die *Ester* als *Weichmacher* für *PVC*, die *Salze* als *Wachstumsregler*, zur *Modifizierung* von *Harzen*, für *Überzüge* u. ähnliche. (**A. P. 2839553** vom 14/3. 1955, ausg. 17/6. 1958.) A. DEBO. H 2950

Mead Johnson & Co., Evansville, Ind., V.St.A., **Herstellung von 1.3-disubstituierten Pyrrolidinen,** dad. gek., daß ein Itaconsäureester, z. B. Itaconsäuredimethylester (**I**), mit einem organ. prim. Amin, wie CH_3NH_2, $C_2H_5NH_2$, n-Propylamin, Isopropylamin, Allylamin, Butylamin, Anilin oder Benzylamin, umgesetzt u. das unter Ringschluß entstehende 1-substituierte 3-Carbalkoxypyrrolidinon-(5) mit AlH_4 zum entsprechenden Alkohol red. wird. Durch Rk. des Carbinols mit $SOCl_2$ entsteht das Chlorid. — Aus **I** u. $C_2H_5NH_2$ in CH_3OH bei ca. 5° → 1-Äthyl-3-carbomethoxy-pyrrolidinon-(5) u. daraus durch Red. mit $LiAlH_4$ in Ae. → *1-Äthylpyrrolidyl-(3)-methylalkohol*, $Kp._{20}$ 110—111°, *-Chlorid*, $Kp._{38}$ 86—88°. Analog werden die folgenden *Pyrrolidyl-(3)-methylalkohole* hergestellt: *1-Methyl-*, $Kp._{15}$ 94—96,5°, *-Chlorid*, $Kp._{35}$ 75—76°; *1-Propyl-*, $Kp._{24}$ 122—126°, *-Chlorid*, $Kp._{19}$ 89—90°. *1-Isopropyl-*, $Kp._{24}$ 122—122,5°, *-Chlorid*, $Kp._{24}$ 90—91°; *1-Allyl-*, $Kp._{21}$ 122—124°, *-Chlorid*, $Kp._{14}$ 90—91°; *1-Butyl-*, $Kp._{19}$ 130—131°; *-Chlorid*, $Kp._{20}$ 108—110°; *1-Benzyl-*, $Kp._{12}$ 166—168°, *-Chlorid*, $Kp._{19}$ 165—167° u. *1-Phenyl-*, F. 54—55°; $Kp._{0,05}$ 130—135°. — *Zwischenprodukte*. (**E. P. 799 030** vom 14/9. 1956, ausg. 30/7. 1958. A. Prior. 14/10. 1955.) W. HEYER. H 3081

Joh. A. Benckiser G. m. b. H., Chemische Fabrik, Ludwigshafen/Rh. (Erfinder: Arno Debo, Heidelberg), **Herstellung von Alkylenimidophosphorsäuredialkylestern** durch Rk. von Phosphorsäuredialkylesterhalogenid mit einer wss. alkal. Lsg. oder Suspension eines Alkylenimins. — Aus 21,3 (g) Pyrrolidin, 86 Na_2CO_3 in 150 W. u. 51,8 Diäthylchlorphosphat unter Rühren → *Phosphorsäurediäthylesterpyrrolidid* $(C_2H_5O)_2-(P{=}O)-N(CH_2)_4$, $Kp._{0,6}$ 82°, n_D^{20} 1,4451; analog *Phosphorsäuredi-n-butylesterpyrrolidid*, $Kp._{0,3}$ 106°, n_D^{20} 1,4471; *Phosphorsäurediäthylesterpiperidid*, $Kp._{0,3}$ 80°, n_D^{20} 1,4480 u. *Phosphorsäurediäthylesterhexamethylenimid*, $Kp._{0,3}$ 87°, n_D^{20} 1,4550. — Vgl. D. A. S. 1082266; C. **1961.** 4519. (**E. P. 858 453** vom 26/3. 1959, ausg. 11/1. 1961. D. Prior. 5/4. u. 25/7. 1958. **Zusatz zu E. P. 830 918; C. 1960. 16598.**)
W. HEYER. H 3081

Rohm & Haas Co., Philadelphia, Pa., übert. von: Claude J. Schmidle, Moorestown, und Richard C. Mansfield, Haddonfield, N.J., V.St.A., **Herstellung von 4-Arylpyridinen,** dad. gek., daß 4-Aryltetrahydropyridine der allg. Formel **I**

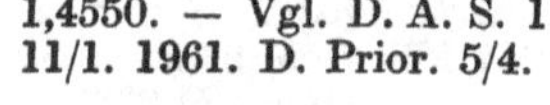

I

(R = H, Alkyl, Aralkyl oder Aryl; R' = H oder niedrigmol. Alkyl) in fl. Zustand in Ggw. von Pd auf Al_2O_3 bei 170—220°, bzw. in Ggw. von Nitrobenzol als H-Acceptor bei 125—170° dehydriert werden. — 88 (Teile) 4-Phenyl-1.2.3.6-tetrahydropyridin werden mit 5 5%ig. Pd auf Al_2O_3 u. 435 Nitrobenzol versetzt u. 6 Std. lang unter Einleiten von N_2 auf 135° erhitzt. Es wird abgekühlt mit HCl im Überschuß versetzt, mit Toluol extrahiert, die wss. Schicht mit NaOH im Überschuß versetzt, das Amin mit Toluol extrahiert u. destilliert. → *4-Phenylpyridin*, $Kp._{1,0}$ 99—101°. Auch erhältlich aus 1-Methyl-4-phenyl-1.2.3.6-tetrahydropyridin. — 1-Methyl-4-[p-tolyl]-1.2.3.6-tetrahydropyridin → *4-[p-Tolyl]-pyridin*, F. 90—91°; *-Pikrat*, F. 199—201°; — 1-Methyl-4-[p-isopropylphenyl]-tetrahydropyridin → *4-[p-Isopropylphenyl]-pyridin*, F. 70—72°; *Pikrat*, F. 184—186°. — Zwischenprodukte. (**A. P. 2 847 414** vom 13/4. 1956, ausg. 12/8. 1958.) W. HEYER. H 3231

Sandoz Akt.-Ges., Basel (Erfinder: Ernst Jucker, Binningen, Erwin Rissi, Basel, Rudolf Süess, Rheinfelden, Arnold Vogel, Basel, und Eberhard Wolff, Riehen), Schweiz, **Herstellung von Hydrazinderivaten** der allg. Formel **I,**

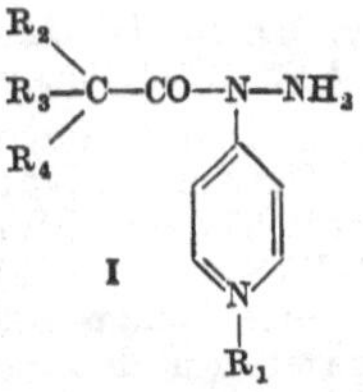

worin R_1 = niedermol. Alkyl; R_2 = H; COOH oder eine funktionell abgewandelte Carboxylgruppe u. R_3 u. R_4 = H, Alkyl, Aryl oder Aralkyl ist, dad. gek., daß [1-Alkylpiperidyl-(4)]-hydrazine mit aliphat. Oxoverbb. umgesetzt, die entstandenen Hydrazone durch Behandeln mit reaktionsfähigen Derivv. organ. Carbonsäuren der allg. Formel (R_2, R_3, R_4)—C—X, worin X für die Carboxylgruppe oder eine funktionell abgewandelte Carboxylgruppe steht, acyliert u. aus den acylierten Hydrazonen die Alkylidengruppe abgespalten wird. — Aus 100 g [1-Methylpiperidyl-(4)]-hydrazin u. 300 cm^3 Aceton wird durch ½ std. Kochen u. Eindampfen der Lsg. im Vakuum → ω-[1-Methylpiperidyl-(4)]-ω'-isopropylidenhydrazin, daraus durch direkte Acetylierung des Rohprod. in Chlf. → *ω-[1-Methylpiperidyl-(4)]-ω-acetyl-ω'-isopropylidenhydrazin*, $Kp._{0,4}$ 115—117°; aus diesem, in 90%ig. A. gelöst, wird nach dem Einleiten von HCl u. Behandeln des Hydrochlorids mit NaCl gesätt. 20%ig. NaOH *ω-[1-Methylpiperidyl-(4)]-ω-acetylhydrazin*, F. 74—76° erhalten. — Analog werden folgende *Hydrazine* hergestellt: *ω-[1-Methylpiperidyl-(4)]-ω-diäthylacetyl-*, F. 121—124°; *ω-[1-Methylpiperidyl-(4)]-ω-trimethylacetyl-*, F. 120—122°; *ω-[1-Methylpiperidyl-(4)]-ω-propionyl-*, F. 94—96°; *ω-[1-Methylpiperidyl-(4)]-ω-n-butyryl-*, F. 66°; *ω-[1-Isopropylpiperidyl-(4)]-ω-acetyl-*, F. 86 bis 87°; *ω-[1-Äthylpiperidyl-(4)]-ω-acetyl-*, F. 113—114°; *ω-[1-Methylpiperidyl-(4)]-ω-n-caproyl-*, F. 84—85°; *ω-[1-Methylpiperidyl-(4)]-ω-carbophenoxy-*, F. 79—80°; *ω-[1-Methylpiperidyl-(4)]-ω-benzoyl-*, F. 146—148° u. *ω-[1-Methylpiperidyl-(4)]-ω-benzylsalicoyl-*, Kp. 270°. — *Zwischenprodukte.* (**Schwz. P. 354 441** vom 12/6. 1957, ausg. 15/7. 1961. **A. P. 2 955 113** vom 23/6. 1959, ausg. 4/10. 1960. Schwz. Prior. 12/6. 1957.)
W. HEYER. H 3231

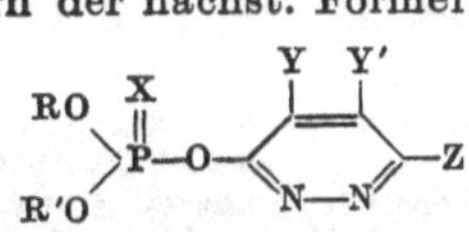

American Cyanamid Co., New York, N.Y., übert. von: Shirley DuBreuil, Stamford, Conn., V.St.A., **Herstellung von Phosphorsäureestern** der nachst. Formel (R u. R' = Alkylreste; X = S oder O; Z = Br, Cl oder OH; Y u. Y' = H, Halogen, Phenyl- oder Alkylreste oder bilden gemeinsam einen annellierten Benzolring) durch Rk. entsprechender Phosphor- bzw. Thiophosphorsäuredialkylesterchloride mit einem Alkalisalz eines entsprechenden Hydroxypyridazin-Deriv. in inertem Lsgm. in Ggw. säurebindender Mittel, bes. von Alkali- oder Erdalkalicarbonaten. — *O.O-Diäthyl-O-[6-hydroxy-4-methylpyridazinyl-(3)]-thiophosphat.* (**Can. P. 551 513** vom 14/11. 1955, ausg. 14/1. 1958. A. Prior. 21/5. 1955.)
EBERHARD RIEDEL. H 3272

Wellcome Foundation Ltd., England, **Herstellung von Pyrimidinderivaten** nach F. P. 1160686. — 2-Mercapto-4-hydroxypyrido-[2.3:d]-pyrimidine: *6-Phenyl-7-benzyl-*, F. 235—236°. — *6-Methyl-7-phenyl-*, F. 240—242°. — *6-Methyl-7-n-butyl-*, F. 224—228°. — *6.7-Cyclotetramethylen-*, F. 252—255°. — *5.7-Dimethyl-6-äthyl-*. — 2.4-Diaminopyrido-[2.3:d]-pyrimidine: *6-Äthyl-7-[p-chlorphenyl]-*, F. 258—259°. — *6-Propyl-7-phenyl-*, F. 245—247°. — *6-Methyl-7-n-butyl-*, F. 280 bis 283°. — *6-Isopropyl-7-isobutyl-*, F. 269—270°. — *6-n-Butyl-7-phenyl-*, F. 292—293°. — *6-n-Propyl-7-n-butyl-*, F. 195—197°. — *7-[p-Bromphenyl]-*, F. 320°. — *7-[p-Tolyl]-*, F. 323—325°. (**F. P. 71 922** vom 23/9. 1954, ausg. 14/3. 1960. **Zusatz zu F. P. 1 160 686; C. 1960. 10066.**)
S. BÖTTCHER. H 3272

Monsanto Chemical Co. (Erfinder: William Lewis Robinson), **Kontinuierliche Herstellung von Di- und Trichlorcyanursäure (I).** Eine wss. Lsg. von Di- oder Trialkalicyanurat wird kontinuierlich in eine Rk.-Kammer, in der eine Temp. von 25° bis gerade über dem Gefrierpunkt oder Lsg. eingehalten wird u. in die gleichzeitig Cl_2 in stöchiometr. Verhältnis bis zu 20%ig. mol. Überschuß eintritt, eingeleitet, wobei der pH-Wert $< 4{,}5$ gehalten wird u. I kontinuierlich aus der Rk.-Kammer entfernt wird. (**Aust. P. 227 103** vom 10/9. 1957, ausg. 24/3. 1960.) C. LÜTTGEN. H 3313

Fuji Rikagaku Kenkyusho, Inc., Japan (Erfinder: Rihtzirow Yamasaki), **Herstellung von Melamin,** dad. gek., daß ein Gemisch von Harnstoff, H_3BO_3, Ortho-, Meta- oder Pyrophosphorsäure der deren NH_4-Salze u. P_2O_5 auf 150—250° erhitzt u. das Rk.-Prod. mit W. behandelt wird. (**F. P. 1 219 072** vom 21/3. 1959, ausg. 16/5. 1960. Jap. Prior. 25/3. 1958.) S. BÖTTCHER. H 3313

Baxter Laboratories, Inc., übert. von: Marion C. Woods, Niles, und Barbara R. Steigman, Chicago, Ill., V.St.A., **Lagerfähiges, beständiges Hämatoporphyrin** (*1.3.5.8-Tetramethyl-2.4-bis-[α-hydroxyäthyl]-porphyrin-6.7-dipropionsäure*, I), $C_{34}H_{38}N_4O_6$, I-Hydrochlorid wird in einer Alkalihydroxid-Lsg. (NaOH, KOH, Arginin) so gelöst, daß das pH 6,5—11 beträgt. Die Lsg. wird durch ein Bakterienfilter filtriert u. W. anschließend im Vakuum oder durch Gefriertrocknen entfernt. I zeigt bei pH 6,5—7 nach 13 Wochen u. bei pH 8,5 nach wenigstens 30 Wochen noch die gleiche Fluorescenz-

Wrkg. im UV-Licht. — Verw. zur Markierung von lebenden menschlichen Geweben. (**A. P. 2 858 320** vom 2/4. 1956, ausg. 28/10. 1958.) G. KRAUSS. H 3550

Sun Oil Co., Philadelphia, übert. von: Herbert L. Johnson, Media, und William A. Henderson, Aldan, Pa., V.St.A., **Fraktionieren von Polyolefinen** mit verschiedenen Molgew. durch Zusatz der 5- bis 50fachen Menge eines monocycl. aromat. KW-Stoffes u. Erhitzen auf 90—145° bis zur beginnenden Gelbldg., worauf die $^1/_4$- bis 2fache Menge eines fl., gesätt., aliphat. KW-Stoffes mit mindestens 6 C-Atomen zugegeben u. das Gemisch bei der Temp. gehalten wird. Die Fraktion mit dem niedrigeren Molgew. scheidet sich ab u. wird abgetrennt. Als Lsgm.-Paare sind Toluol oder Xylol u. n-Heptan genannt. Beispiel mit Polypropylen. (**A. P. 2 946 779** vom 24/10. 1958, ausg. 26/7. 1960.) H. SCHINDLER. H 4010

Olin Mathieson Chemical Corp., New York, N.Y., V.St.A. (Erfinder: George Washington Schaeffer und William Vernon Hough), **Monoisopropylaminoboranpolymere** werden aus monomerem Monoisopropylaminoboran der Formel C_3H_7NBH durch 5—75 Min. langes Erhitzen auf 250—350° hergestellt. — Aus 0,0383 g Monoisopropylaminoboran wird durch ½ std. Erhitzen auf 300° unter Abspaltung von H/$(C_3H_7NBH)_x$ erhalten. (**E. P. 854 947** vom 17/5. 1957, ausg. 23/11. 1960.) A. DANDL. H 4010

Magyar Állam (Erfinder: Johann Richter und Peter Richter), Budapest, Ungarn, **Fraktionierte Fällung von Serumeiweiß** erfolgt durch Fällung des Eiweißes aus dem wss. Medium mittels quart. Ammonium-Verbb., bes. Cetylpyridiniumbromid u./oder -chlorid, bei pH 7—10 u. 40—45°. Während der Fällung soll die Konz. des Fällungsmittels gesteigert werden. Die fraktionierte Fällung kann auch mit Hilfe von Anion-u. Kationaustauscher durchgeführt werden. Mit schwachem konz. Fällungsmittel wird zuerst *Albumin* u. bei erhöhter Konz. desselben *β-Globulin* ausgefällt. (**Ung. P. 144 632** vom 16/7. 1955, ausg. 15/11. 1958.) G. KÖNIG. H 4070

J. R. Geigy Soc. An., Schweiz, *Stabilisieren oxydationsempfindlicher Stoffe.* (**F. P. 1 227 514** vom 20/4. 1959, ausg. 22/8. 1960. Schwz. Prior. 21/4. 1958. — C. **1962.** 651 [D. A. S. 1 102 738].)

Abbott Laboratories, North Chicago (Erfinder: **George Michael Illich jun.**, Lake Forest, und **Ralph Myer Robinson**, Chicago), Ill., V.St.A., *Kontinuierliches Verfahren zur Herstellung alicyclischer Amine.* (**D. A. S. 1 106 319** Kl. 12o vom 8/1. 1958, ausg. 10/5. 1961. **E. P. 836 951** vom 29/1. 1958, ausg. 9/6. 1960. **A. P. 2 822 392** vom 20/9. 1954, ausg. 4/2. 1958. — C. **1961.** 17003 [F. P. 1 198 516].)

Distillers Co. Ltd., England (Erfinder: **David James Hadley** und **Edward James Gasson**), *Aliphatische Bromide.* (**F. P. 1 230 573** vom 1/4. 1959, ausg. 16/9. 1960. E. Prior. 9/4. 1958. — C. **1961.** 15923 [E. P. 841 745].)

Heinrich Koppers G. m. b. H., Essen, *Herstellung von Gasen.* (**Belg. P. 562 109** vom 4/11. 1957, ausg. 3/6. 1960. D. Prior. 10/11. 1956. — C. **1962.** 4339 [D. A. S. 1 093 787].)

Polymer Corp. Ltd., Sarnia, Canada, *Behandlung von Kohlenwasserstoffen.* (**Belg. P. 556 910** vom 23/4. 1957, ausg. 26/2. 1960. A. Prior. 23/4. 1956. — C. **1960.** 13521 [F. P. 1 174 327].)

Heinrich Koppers G. m. b. H., Essen, *Cracken von Kohlenwasserstoffen.* (**Belg. P. 558 753** vom 27/6. 1957, ausg. 8/4. 1960. D. Prior. 13/8. 1956. — C. **1961.** 12995 [F. P. 1 179 474].)

E. I. du Pont de Nemours & Co., V.St.A. (Erfinder: **Harry Bugbird Copelin** und **Frederick Richard Pence**), *Chlorierte Äthylene.* (**F. P. 1 226 990** vom 10/6. 1959, ausg. 18/8. 1960. A. Prior. 15/8. 1958. — C. **1962.** 650 [D. A. S. 1 104 943].)

Farbwerke Hoechst Akt.-Ges., vormals Meister Lucius & Brüning, Frankfurt/M., *Trennen von Fluoräthylenen.* (**E. P. 869 568** vom 5/12. 1957, ausg. 31/5. 1961. D. Prior. 5/12. 1956. — C. **1960.** 7680 [D. A. S. 1 068 247].)

Solvay & Cie., Brüssel, Belgien, *Reinigung von Vinylchlorid.* (**Oe. P. 209 323** vom 22/1. 1959, ausg. 23/5. 1960. Belg. Prior. 22/1. 1958. — C. **1961.** 7027 [D. A. S. 1 079 621].)

Knapsack-Griesheim Akt.-Ges., Deutschland, *trans-1.2-Dihalogenäthylene.* (**F. P. 1 221 412** vom 26/3. 1959, ausg. 1/6. 1960. D. Prior. 22/4. 1958. — C. **1961.** 18499 [D. A. S. 1 094 734].)

Canadian Industries Ltd., Canada, *Stabilisierung von Trichloräthylen.* (**F. P. 1 233 249** vom 30/7. 1959, ausg. 12/10. 1960. E. Prior. 15/8. 1958. — C. **1961.** 15196 [D. A. S. 1 098 506].)

Badische Anilin- & Soda-Fabrik Akt.-Ges., Ludwigshafen/Rh., übert. von: **Hugo Kroeper**, Heidelberg, und **Rolf Platz**, Mannheim, *Isobuten durch Cracken von Oligomeren des Isobutens (Di-, Tri- und Tetraisobutene).* (**A. P. 2 945 906** vom 8/10. 1956, ausg. 19/7. 1960. D. Prior. 15/10. 1955. — C. **1959.** 11060 [D. A. S. 1 046 027].)

Eastman Kodak Co., V.St.A. (Erfinder: **Hugh John Hagemeyer jun.**, **Howard Nolan Wright jun.** und **Gonzalous Augustus Bobo jun.**), *Reinigung von Octanolen und/oder Decanolen.* (**F. P. 1 229 067** vom 16/4. 1959, ausg. 2/9. 1960. A. Prior. 18/4. 1958. — C. **1962.** 650 [D. A. S. 1 105 861].)

Olin Mathieson Chemical Corp., V.St.A. (Erfinder: **William J. Denton**), *Allylalkohol aus Propylenoxid.* (**F. P. 1 232 736** vom 7/8. 1959, ausg. 11/10. 1960. A. Prior. 2/4. 1959. — C. **1961.** 18134 [D. A. S. 1 099 524].)

United States Borax & Chemical Corp., V.St.A. (Erfinder: **Don Lester Hunter**), *Metaborsäureester.* (**F. P. 1 223 641** vom 10/2. 1959, ausg. 17/6. 1960. A. Prior. 12/2. 1958 u. 21/1. 1959. — C. **1961.** 15926 [D. A. S. 1 096 343].)

United States Borax & Chemical Corp., Los Angeles, Calif., V.St.A., *Herstellung von Borat-Glykol-Kondensationsprodukten.* (**Oe. P. 210 434** vom 4/3. 1958, ausg. 10/8. 1960. A. Prior. 5/3. 1957. — C. **1961.** 8114 [D. A. S. 1 083 796].)

Minnesota Mining & Mfg. Co. (Erfinder: **George van Dyke Tiers**), St. Paul, Minn., V.St.A., *Herstellung chlorsubstituierter organischer Sulfonylfluoride.* (**D. A. S. 1 122 516** vom 28/6. 1957, ausg. 25/1. 1962. A. Prior. 29/6. 1956. — C. **1961.** 11892 [F. P. 1 176 792].)

Esso Research and Engineering Co., Elizabeth, N.J., V.St.A., *Verfahren zur Carbonylierung von Olefinen.* (**D. A. S. 1 116 645** Kl. 12o vom 6/6. 1953, ausg. 9/11. 1961. A. Prior. 7/6. 1952. — C. **1956.** 11846 [E. P. 747 493].)

Union Carbide & Carbon Corp., New York, N.Y., übert. von: **Jared W. Clark**, Charleston, und **Charles E. Rectenwald**, South Charleston, W.Va., V.St.A., *Herstellung von Perhaloacylfluoriden.* (**Can. P. 553 426** vom 8/4. 1954, ausg. 18/2. 1958. A. Prior. 15/7. 1953. — C. **1958.** 14447 [E. P. 765 700].)

Hercules Powder Co., übert. von: **Helmut M. Engelmann**, Wilmington, Del., V.St.A., *Herstellung von Pentaerythritchloridacylaten.* (**Can. P. 553 861** vom 20/12. 1954, ausg. 4/3. 1958. A. Prior. 19/3. 1954. — C. **1958.** 6394 [E. P. 765 528].)

Montecatini Soc. Gen. per l'Industria Mineraria e Chimica (Erfinder: **Robert Hügel** und **Adolfo Pasetti**), Mailand, Italien, *Aliphatische N-Chlor-N-alkylamide aus N-Alkylamiden und Chlor.* (**D. A. S. 1 067 801** Kl. 12o vom 12/5. 1958, ausg. 29/10. 1959. It. Prior. 17/5. 1957. — C. **1961.** 11516 [Oe. P. 205 480].)

Badische Anilin- & Soda-Fabrik Akt.-Ges., Ludwigshafen/Rh. (Erfinder: **Heinz Hohenschutz**, Mannheim), *Herstellung von Essigsäure und Methylacetat.* (**Oe. P. 212 298** vom 5/8. 1959, ausg. 12/12. 1960. D. Prior. 22/8. 1958. — C. **1960.** 16936 [D. A. S. 1 083 801].)

VEB Leuna-Werke „Walter Ulbricht", Leuna, *Herstellung von Propionitril.* (**Oe. P. 210 401** vom 14/1. 1959, ausg. 10/8. 1960. — C. **1960.** 16258 [D. A. S. 1 080 538].)

Imperial Chemical Industries Ltd., London, übert. von: **John W. C. Crawford**, Welwyn Garden City, Hertfordshire, England, und **John S. Secker**, Belmont, Belfast, Nordirland, *Reinigung von Acrylsäurederivaten.* (**Can. P. 553 580** vom 29/8. 1951, ausg. 25/2. 1958. E. Prior. 4/9. 1950. — C. **1954.** 5625 [D. B. P. 882 544].)

Badische Anilin- & Soda-Fabrik Akt.-Ges., Ludwigshafen/Rh. (Erfinder: **Herbert Friederich**, Worms, und **Manfred Minsinger**, Ludwigshafen/Rh.), *α-Chloracrylsäureester aus Dichlorpropionsäureestern durch Chlorwasserstoffabspaltung.* (**Schwz. P. 347 183** vom 28/6. 1956, ausg. 15/8. 1960. D. Prior. 9/7., 21/12. 1955 u. 8/5. 1956. — C. **1959.** 292 [D. A. SS. 1 030 332 u. 1 030 333] u. C. **1959.** 8330 [F. P. 1 154 634].)

Lonza Elektrizitätswerke und Chemische Fabriken Akt.-Ges., Basel, Schweiz (Erfinder: **François Moulin**), *Orthoameisensäureester.* (**Oe. P. 208 350** vom 13/4. 1959, ausg. 25/3. 1960. **F. P. 1 220 621** vom 17/4. 1959, ausg. 25/5. 1960. Beide Schwz. Prior. 18/4. 1958. — C. **1961.** 18502 [E. P. 853 405].)

Soc. d'Études Chimiques pour l'Industrie et l'Agriculture, Paris, Frankreich, *Herstellung von Lösungen der Sulfate aliphatischer Amine.* (**Oe. P. 210 400** vom 8/11. 1957, ausg. 25/7. 1960. F. Prior. 9/11. 1956. — C. **1959.** 12 695 [F. P. 1 160 502].)

Deutsche Gold- und Silber-Scheideanstalt vormals Roessler, Deutschland, *ω-Aminocarbonsäuren.* (**F. P. 1 230 248** vom 16/7. 1959, ausg. 14/9. 1960. D. Prior. 19/7. 1958. — C. **1960.** 14866 [D. A. S. 1 066 201].)

Stamicarbon N. V., Heerlen, Holland, *Gewinnung von Lactam aus Polyamid-Waschwasser.* (**Holl. P. 98 019** vom 26/10. 1957, ausg. 15/5. 1961. — C. **1961.** 10363 [D. A. S. 1 092 018].)

N. V. Centrale Suiker Mij., Amsterdam, Holland, *Glutaminsäure durch Hydrolyse von Pyrrolidoncarbonsäure.* (**E. P. 810 851** vom 13/8. 1956, ausg. 25/3. 1959. Holl. Prior. 20/8. 1955. — C. **1959.** 4967 [D. A. S. 1 032 263].)

UCLAF, Paris (Erfinder: **Gaston Amiard**, Noisy-le-Sec, **René Heymes**, Romainville, und **Léon Velluz**, Paris), Frankreich, *γ-L-Glutamylpeptide aus N-Trityl-L-glutaminsäure und Aminocarbonsäureestern.* (**Schwz. P. 357 074** vom 17/12. 1956, ausg. 15/11. 1961. F. Prior. 30/12. 1955. — C. **1959.** 14880 [F. P. 1 164 520].)

Imperial Chemical Industries Ltd., London, England, *Herstellung von Trialkylboranen.* (**Oe. P. 210 436** vom 29/8. 1958, ausg. 10/8. 1960. E. Prior. 30/8. 1957 u. 30/7. 1958. — C. **1960.** 17618 [D. A. S. 1 085 876].)

National Distillers & Chemical Corp., New York, N.Y. (Erfinder: **Virgil Leland Hansley** und **Stuart Schott**, Cincinnati, Ohio), V.St.A., *Dialkaliverbindungen dimerer konjugierter Diolefine.* (**Schwz. P. 357 064** vom 29/12. 1956, ausg. 15/11. 1961. A. Prior. 30/12. 1955. — C. **1959.** 4628 [A. P. 2 816 936].)

Imperial Chemical Industries Ltd., London, England, *Herstellung komplexer Lithiumaluminiumtetraalkylverbindungen.* (**Holl. P. 98 468** vom 31/5. 1956, ausg. 17/7. 1961. E. Prior. 6/6. 1955 u. 22/5. 1956. — C. **1959.** 4967 [E. P. 789 236].)

Metal & Thermit Corp., Carteret, N.J., V.St.A., *Herstellung von Grignard-Komplexen aus Vinylchloriden.* (**Holl. P. 98 730** vom 26/2. 1955, ausg. 15/8. 1961. A. Prior. 1/3. 1954. — C. **1958.** 5513 [E. P. 777 158].)

Goodrich-Gulf Chemicals, Inc., Cleveland, Ohio (Erfinder: **Herbert Byron Fernald**, Pittsburgh, Pa.), V.St.A., *Herstellung von Aluminiumkohlenwasserstoffen.* (**D. A. S. 1 114 192** Kl. 12o vom 22/7. 1957, ausg. 28/9. 1961. A. Prior. 26/9. 1956. — C. **1961.** 13358 [F. P. 1 179 056].)

Farbwerke Hoechst Akt.-Ges., vormals Meister Lucius & Brüning, Frankfurt/M., *Herstellung von Organozinnverbindungen.* (**Holl. P. 98 466** vom 18/5. 1956, ausg. 17/7. 1961. D. Prior. 20/5. 1955. — C. **1959.** 14255 [F. P. 1 155 482].)

Ethyl Corp., New York, N.Y., V.St.A., *Herstellung von Tetraalkylbleiverbindungen.* (**Holl. P. 98 814** vom 22/12. 1956, ausg. 15/8. 1961. A. Prior. 29/12. 1955. — C. **1959.** 13316 [A. P. 2 859 231].)

Th. Goldschmidt Akt.-Ges. (Erfinder: **Gerd Rossmy**), Essen, *Herstellung von Chlor- und Alkoxygruppen enthaltenden polymeren Zirkonverbindungen.* (**D. A. S. 1 112 835** Kl. 39c vom 2/9. 1957, ausg. 17/8. 1961. Zusatz zu D. A. S. 1 106 964; C. 1962. 5852. — C. **1961.** 11139 [E. P. 823 172].)

Shell Internationale Research Mij. N.V., Den Haag, Holland (Erfinder: **Gerrit Hendrik Reman** und **Frederik Johannes Zuiderweg**), *Abtrennen von aromatischen Kohlenwasserstoffen aus Gemischen.* (**E. P. 865 698** vom 6/2. 1959, ausg. 19/4. 1961. — C. **1961.** 14830 [D. A. S. 1 095 432].)

Diamond Alkali Co., V.St.A. (Erfinder: **George A. Miller** und **Clifford A. Neros**), *Stabilisierung halogenierter Kohlenwasserstoffe.* (**F. P. 1 232 678** vom 31/7. 1959, ausg. 11/10. 1960. A. Prior. 1/8. 1958. — C. **1961.** 18505 [A. P. 2 964 572].)

British Petroleum Co. Ltd., London, England, *Herstellung von Benzol.* (**Belg. P. 570 215** vom 8/8. 1958, ausg. 25/8. 1961. E. Prior. 8/8. 1957. — C. **1961.** 5254 [E. P. 824 661].)

Velsicol Chemical Corp., Chicago, Ill., V.St.A., *Hexachlortoluolderivate.* (**E. P. 845 036** vom 3/1. 1958, ausg. 17/8. 1960. A. Prior. 8/1. 1957. — C. **1961.** 15564 [A. P. 2 946 817].)

Union Carbide Corp., V.St.A., *Sulfone.* (**F. P. 1 224 641** vom 19/5. 1959, ausg. 24/6. 1960. — C. **1962.** 653 [D. A. S. 1 108 683].)

N.V. de Bataafsche Petroleum Mij., Holland, *Aromatische Dicarbonsäuren.* (**F. P. 1 228 453** vom 13/4. 1959, ausg. 31/8. 1960. Holl. Prior. 18/4. u. 7/8. 1958. — C. **1961.** 18873 [E. P. 855 751].)

Henkel & Cie. G. m. b. H. (Erfinder: **Bruno Blaser, Werner Stein, Hubert Schirp** und **Hartwig Schütt**), Düsseldorf, *Herstellung von Salzen von gegebenenfalls substituierten aromatischen Carbonsäuren.* (**Schwz. P. 355 445** vom 1/7. 1957, ausg. 31/8. 1961. D. Prior. 2/7. u. 4/7. 1956. — C. **1959.** 15192 [D. A. S. 1 051 841] u. C. **1959.** 12943 [D. A. S. 1 053 491].)

Distillers Co. Ltd., Edinburgh (Erfinder: **Kenneth Rowland Dobson**, Salt End, Hedon, Hull, Yorkshire, und **Hubert Charles Bailey**, Great Burgh, Epsom, Surrey), England, *Reinigen von aromatischen Dicarbonsäureestern.* (**D. A. S. 1 117 559** Kl. 12o vom 23/11. 1957, ausg. 23/11. 1961. E. Prior. 27/12. 1956. — C. **1960.** 5646 [E. P. 813 867].)

Imperial Chemical Industries Ltd., London (Erfinder: **William Alexander O'Neill**, Harrogate, Yorkshire), England, *Herstellen von Benzolcarbonsäuren.* (**D. A. S. 1 123 313** Kl. 12o vom 27/11. 1957, ausg. 8/2. 1962. E. Prior. 29/11. 1956 u. 28/10. 1957. — C. **1962.** 1412 [Belg. P. 562 765].)

Chemische Fabrik von Heyden Akt.-Ges., München, *Abscheiden von Phthalsäureanhydrid aus einem Trägergas.* (**Belg. PP. 569 725** u. **569 726** vom 25/7. 1958, ausg. 16/6. 1961. D. Prior. 26/8. 1957. — C. **1961.** 1015 [F. P. 1 207 847].)

N. V. de Bataafsche Petroleum Mij., s'Gravenhage, Holland, *Reinigen von Estern der Terephthal- und Isophthalsäure* (**Belg. P. 569 818** vom 28/7. 1958, ausg. 30/6. 1961. Holl. Prior. 30/7. 1957. — C. **1960.** 9035 [Holl. P. 92 780].)

Mid-Century Corp., Chicago, Ill., V.St.A., *Herstellung von Dimethylterephthalat.* (**Holl. P. 98 778** vom 25/5. 1956, ausg. 15/8. 1961. A. Prior. 24/6. 1955. — C. **1961.** 10367 [Schwz. P. 345 639].)

Chemische Werke Witten G. m. b. H., Witten/Ruhr, *Herstellung von Terephthalsäuremono-β-hydroxyäthylestern.* (**Holl. P. 99 120** vom 30/8. 1957, ausg. 15/9. 1961. D. Prior. 21/11. 1956. — C. **1961.** 13003 [A. P. 2 937 197].)

Stamicarbon N. V., Heerlen (Erfinder: **Sjoerd Kaarsemaker**, Sittard, und **Jan Andries Meys**, Geleen), Holland, *Katalytische Hydrierung von Benzol.* (**D. A. S. 1 075 602** Kl. 12o vom 15/9. 1958, ausg. 18/2. 1960. **A. P. 2 927 140** vom 8/9. 1958, ausg. 1/3. 1960. **E. P. 835 394** vom 15/9. 1958, ausg. 18/5. 1960. Alle Holl. Prior. 16/9. 1957. — C. **1962.** 305 [Holl. P. 97 039].)

Studiengesellschaft Kohle m. b. H., Mülheim/Ruhr, *Herstellung von Cyclodecatrienen-(1.5.9).* (**Oe. P. 210 402** vom 9/4. 1958, ausg. 10/8. 1960. D. Prior. 17/4. 1957. Zusatz zu Oe. P. 202 993; C. 1960. 16938. — C. **1960.** 15576 [D. A. S. 1 056 123].)

F. Hoffmann-La Roche & Co. Akt.-Ges., Basel (Erfinder: **Otto Isler**, Basel, **Herbert Lindlar**, Reinach, **Marc Montavon**, Basel, **Rudolf Rüegg**, Bottmingen, **Gabriel Saucy**, Riehen, und **Ulrich Schwieter**, Basel), Schweiz, *Herstellung von Polyenaldehyden der Vitamin-A-Reihe.* (**D. A. S. 1 090 658** Kl. 12o vom 29/9. 1958, ausg. 13/10. 1960. Schwz. Prior. 18/10. 1957 u. E. Prior. 28/8. 1958. — C. **1962.** 305 [Oe. P. 206 884].)

Soc. des Usines Chimiques Rhône-Poulenc (Erfinder: **Marc Julia**), Paris, Frankreich, *Herstellung von trans-Cyclopropancarbonsäuren.* (**D. A. S. 1 095 274** Kl. 12o vom 5/5. 1959, ausg. 22/12. 1960. **E. P. 856 400** vom 26/5. 1959, ausg. 14/12. 1960. Beide F. Prior. 28/7. 1958. — C. **1961.** 18874 [F. P. 1 203 902].)

Soc. d'Exploitation des Laboratoires Jacques Logeais, Issyles-Moulineaux, Seine (Erfinder: **Jacques Georges Albert Eugène Maillard, Robert Marcel Morin** und **Madeleine Marie Monique Benard**, Paris), Frankreich, *Herstellung von cycloaliphatischen Hydroxycarbonsäuren bzw. deren Salzen.* (**D. A. S. 1 094 254** Kl. 12o vom 14/2. 1959, ausg. 8/12. 1960. F. Prior. 19/2. 1958. — C. **1961.** 14833 [F. P. 1 191 712].)

Ciba Akt.-Ges. (Erfinder: **Paul Müller** und **Robert Trefzer**), Basel, Schweiz, *Herstellung von N-Cycloalkylsulfaminsäure und deren Salzen.* (**D. A. S. 1 080 103** Kl. 12o vom 14/8. 1958, ausg. 21/4. 1960. Schwz. Prior. 23/8. 1957 u. 8/7. 1958. — C. **1961.** 13720 [Oe. P. 204 541].)

Rütgerswerke Akt.-Ges., Deutschland, *Diphensäure.* (**F. P. 1 231 970** vom 23/7. 1959, ausg. 4/10. 1960. D. Prior. 29/7. 1958 u. 9/5. 1959. — C. **1961.** 15202 [E. P. 853 369].)

DEHYDAG Deutsche Hydrierwerke G. m. b. H. (Erfinder: **Rudolf Heise**), Düsseldorf, *Kristallisiertes 1.2.3.4-Tetrahydronaphthalin.* (**D. A. S. 1 073 486** Kl. 12o vom 20/2. 1958, ausg. 21/1. 1960. — C. **1961.** 17755 [E. P. 854 355].)

DEHYDAG Deutsche Hydrierwerke G. m. b. H., Deutschland, *1.2.3.4-Tetrahydronaphthalin-1-hydroperoxid.* (**F. P. 1 220 326** vom 18/2. 1959, ausg. 24/5. 1960. D. Prior. 20/2. 1958. — C. **1961.** 17755 [E. P. 854 355].)

Laboratoires Français de Chimiothérapie, Paris (Erfinder: **Robert Joly**, Montmorency, und **Julien Warnant**, Neuilly-sur-Seine), Frankreich, *Herstellung der l-3β-Acetoxy-2α-methoxy-7-oxo-1.2.3.4.4aα.7.8.8aα-oktahydronaphthalin-1β-carbonsäure.* (**D. A. S. 1 075 111** Kl. 12o vom 24/4. 1958, ausg. 11/2. 1960. F. Prior. 14/6. 1957. — C. **1961.** 12648 [F. P. 1 188 490].)

UCLAF, Paris, Frankreich, übert. von: **Bruno Vaterlaus**, Basel, Schweiz, und **André Furlenmeier**, La Courneuve, Frankreich, *Herstellung von Dibenzocycloheptadienderivaten.* (**A. P. 2 944 078** vom 24/6. 1958, ausg. 5/7. 1960. F. Prior. 7/8. 1957. — C. **1961.** 15566 [F. P. 1 195 222].)

Consortium für Elektrochemische Industrie G. m. b. H., München, *Isolieren von Epichlorhydrin.* (**E. P. 869 097** vom 8/9. 1958, ausg. 31/5. 1961. D. Prior. 6/9. 1957. — C. **1959.** 13640 [D. A. S. 1 051 834].)

Columbia-Southern Chemical Corp. (Erfinder: **Malcolm Korach** und **Walker Henry Rideout**), V.St.A., *Herstellung von Butadienmonoxid.* (**F. P. 1 209 974** vom 3/6. 1958, ausg. 4/3. 1960. A. Prior. 4/6. 1957. — C. **1961.** 17755 [E. P. 852 097].)

B. F. Goodrich Co., New York, N.Y. (Erfinder: **Paul D. Bartlett**, Weston, Mass., und **Bryce E. Tate**, Kew Gardens, N.Y.), V.St.A., *Herstellung von β-Thiopropiolacton und von γ-Thiobutyrolacton.* (**D. A. S. 1 122 074** Kl. 12q vom 18/9. 1956, ausg. 18/1. 1962. A. Prior. 20/9. 1955. — C. **1959.** 15509 [F. P. 1 158 590].)

Laboratoires Français de Chimiothérapie, Paris, übert. von: **Robert Bucourt**, Villiers-le-Bel, **Jacques Valls**, Paris, und **Robert Joly**, Montmorency, Frankreich, *Herstellung von Tryptaminverbindungen.* (**A. P. 2 920 080** vom 24/11. 1958, ausg. 5/1. 1960. F. Prior. 29/11. 1957. — C. **1961.** 14102 [F. P. 1 195 252].)

Laboratoires Français de Chimiothérapie, Paris, Frankreich, *Tryptamin-Derivate.* (**E. P. 833 866** vom 24/7. 1958, ausg. 4/5. 1960. F. Prior. 2/8. 1957. — C. **1961.** 3486 [D. A. S. 1 085 526].)

Laboratoires Français de Chimiothérapie, Paris, Frankreich, *Reinigung von Tryptaminen.* (**Holl. P. 98 060** vom 24/6. 1958, ausg. 15/5. 1961. F. Prior. 2/8. 1957. — C. **1961.** 3486 [D. A. S. 1 085 526].)

Farbenfabriken Bayer Akt.-Ges., Deutschland (Erfinder: **Siegfried Petersen, Ernst Tietze** und **Wolfgang Wirth**), *Kondensationsprodukte aus Lactim-O-alkyläther und Acylhydrazinen.* (**F. P. 1 231 625** vom 22/11. 1956, ausg. 30/9. 1960. D. Prior. 26/11. 1955. — C. **1958.** 12535 [D. A. S. 1 025 881].)

Sandoz Ltd., Basel, Schweiz, *Neue Hydrazin-Derivate.* (**E. P. 838 760** vom 27/5. 1958, ausg. 22/6. 1960. Schwz. Prior. 12/6. 1957 u. 31/3. 1958. — C. **1961.** 15204 [Oe. P. 204 555].)

Farbwerke Hoechst Akt.-Ges., vormals Meister Lucius & Brüning, Frankfurt/M. (Erfinder: **Hans Oberrauch**, Burgkirchen), *Herstellung von Polymethyleniminen.* (**D. A. S. 1 117 583** Kl. 12p vom 29/10. 1953, ausg. 23/11. 1961. — C. **1958.** 6101 [E. P. 763 666].)

Aries Associates, Inc., N. Y., V.St.A., *Herstellung von Pyridincarbonsäurealkylestern.* (**Oe. P. 210 419** vom 15/3. 1957, ausg. 10/8. 1960. A. Prior. 15/3. 1956. — C. **1960.** 5977 [F. P. 1 170 299].)

Mid-Century Corp., Chicago, Ill. (Erfinder: **Alfred Saffer**, Bayside, N.Y., und **Robert Samuel Barker**, Plainfield, N.J.), V.St.A., *Pyridin-3-carbonsäure.* (**Schwz. P. 354 778** vom 21/3. 1956, ausg. 31/7. 1961. A. Prior. 22/3. 1955. — C. **1962.** 2547 [Holl. P. 96 937].)

Sandoz Soc. An., Schweiz, *Herstellung von ω-[1-Alkylpiperidyl-(4)]-ω-acylhydrazinen.* (**F. P. 1 210 738** vom 10/6. 1958, ausg. 10/3. 1960. Schwz. Prior. 12/6. 1957 u. 31/3. 1958. — C. **1961.** 15204 [Oe. P. 204 555].)

Institut Français du Pétrole, des Carburants et Lubrifiants, Paris (Erfinder: **Ferdinand Coussemant**, Paris, und **Michel Hellin**, Rueil-Malmaison), Frankreich, *Herstellung von 4.4-Dimethyl-1.3-dioxan.* (**D. A. S. 1 111 644** Kl. 12q vom 7/3. 1958, ausg. 27/7. 1961. F. Prior. 22/3. 1957. — C. **1960.** 14521 [E. P. 825 034].)

Armour & Co., Chicago (Erfinder: **Ross Robert Herr**, Kalamazoo, Mich., **Takashi Enkoji** und **Thomas Joseph Bardos**, Chicago), Ill., V.St.A., *Herstellung von Uracilderivaten.* (**D. A. S. 1 117 127** Kl. 12p vom 16/3. 1956, ausg. 16/11. 1961. A. Prior. 23/3. 1955. — C. **1961.** 15568 [F. P. 1 188 439].)

Chemische Werke Albert, Wiesbaden-Biebrich (Erfinder: **Rolf Zimmermann, Berthold Brähler**, Wiesbaden und **Hermann Hotze**, Mainz), *Herstellung von 2-Thiono-4-hydroxyhexahydropyrimidinderivaten* (**Oe. P. 208 868** vom 16/3. 1959, ausg. 10/5. 1960. D. Prior. 10/5. 1958. — C. **1960.** 8015 [D. A. S. 1 065 849].)

Badische Anilin- & Soda-Fabrik Akt.-Ges., Ludwigshafen/Rh., *Herstellung von Cyanursäure und Alkalicyanuraten.* (**E. P. 865 294** vom 24/9. 1959, ausg. 12/4. 1961. D. Prior. 28/10. 1958. — C. **1960.** 16596 [D. A. S. 1 085 163].)

Food Machinery & Chemical Corp., New York, N.Y. (Erfinder: **Richard Williamson Cummins**, Rahway, und **Richard Howard Westfall**, Westfield, N.J.), V.St.A., *Herstellung von Cyanursäure.* (**D. A. S. 1 119 281** Kl. 12p vom 7/10. 1957, ausg. 14/12. 1961. A. Prior. 8/10. 1956. — C. **1961.** 15568 [Aust. P. 219 684].)

Soc. d'Électro-Chimie, d'Électro-Métallurgie et des Aciéres Électriques d'Ugine, Frankreich (Erfinder: **Robert Lichtenberger, Francis Weiss** und **Raymond Rusch**), *Cyanurchlorid.* (**F. P. 1 231 189** vom 9/4. 1959, ausg. 27/9. 1960. — C. **1961.** 15931 [D. A. S. 1 104 517].)

Consolidated Mining & Smelting Co. of Canada Ltd., Montreal, Quebec, übert. von: **Joseph N. Robinson, Frederick J. L. Miller, John F. Villiers-Fisher**, Trail, und **Basil McDonnell**, Rossland, British Columbia, Canada, *Herstellung von Melamin.* (**Can. P. 553 507** vom 28/12. 1955, ausg. 25/2. 1958. — C. **1959.** 2289 [A. P. 2 824 104].)

Purex Corp. Ltd., South Gate (Erfinder: **Walter K. Lorenz**, La Habra), Calif., V.St.A., *Reinigung von rohem N.N'.N''-Trichlormelamin.* (**D. A. S. 1 117 132** Kl. 12p vom 10/12. 1956, ausg. 16/11. 1961. — C. **1959.** 13944 [A. P. 2 828 308].)

American Cyanamid Co., V.St.A. (Erfinder: **Stephen Joseph Groszos**, und **Stanley Frank Stafiej**), *Borazole.* (**F. P. 1 233 539** vom 17/1. 1959, ausg. 12/10. 1960. A. Prior. 21/2. 1958. — C. **1961.** 15568 [A. P. 2 954 401].)

X. Färberei. Organische Farbstoffe

Lösungswärmen von Farbstoffen in Wasser und Probleme der Färbung. Ss. M. Lipatow und I. M. Mowschowitsch. (Коллоидный Журнал [Kolloid-J.] **21.** 522 bis 525. Sept./Okt. 1959. Moskau, Textil-Inst.) (Russ.; Auszug: Engl.)

Das chem. Potential μ ist zur Beurteilung der färber. Eigg. von Farbstoffen wenig geeignet, da es für eine Reihe von Farbstoffen nur geringe Unterschiede zeigt. Charakteristischer ist hierfür die Lsg.-Wärme (LW) der Farbstoffe, bei der die Unterschiede für die einzelnen Farbstoffe größer sind, u. die die Veränderung der Hydratisierung u. Aggregierung, die mit steigender Temp. abnimmt, besser zum Ausdruck bringt. Die LW von *Kongorot* (I) in verschiedenen Lsgm. ist von 20—60° von der Temp. unabhängig u. nimmt dann stark ab. Am geringsten ist sie in 20% ig. alkohol. Lsg., in der die Adsorption am stärksten ist. In Pyridin-Lsg. ist die LW von **I** höher als in H_2O. Die LW von *Direktreinblau* nimmt im Temp.-Gebiet von 20—90° stetig ab; sie ist 1,5—2 mal höher als bei **I**. J. v. Schroeder. 7002 □

Das Verhalten der Wolle in der Mischung Polyester/Wolle 55/45 bei den Veredlungsprozessen. Maria Breuers. (Z. ges. Textilind. **64.** 45—48. Jan. 1962. Tuchfabrik Rheinland GmbH, Betriebslabor.) (Dt.)

Übersicht über Wollveränderungen bei der Polyester/Wollfärbung, u. zwar a) bei der Carrierfärbung, b) bei der HT-Färbung. — 8 Literaturhinweise.

G. REISNER. 7002□

Spektrophotometrische Methode zur Feststellung von Färberezepturen nach Muster. K. Dimov und Chr. Bojadgiev. (Textil-Prax. **16.** 1132—36. Nov. 1961.) (Dt.)

Ausgehend vom BEERschen Gesetz wird ein Verf. ausgearbeitet, das zur Festlegung von Rezepturen beim Färben mit substantiven Farbstoffen nach vorliegendem Muster geeignet ist. Das Verf. kommt bei Dreifarbstoffkombinationen hinsichtlich Genauigkeit etwa dem Verf. von PARISCHEWA gleich. Die Abweichungen in der Farbstoffkonz. sind so gering, daß die Differenzen im Farbton visuell nicht wahrnehmbar sind. Mit der vorgeschlagenen Meth. läßt sich beim Färben mit substantiven Farbstoffen die Rezeptur verhältnismäßig schnell (es genügen die Extinktionswerte bei 3 verschiedenen Wellenlängen) festlegen. Die Vers.-Ergebnisse bestätigen die Gültigkeit des vom BEERschen Gesetz abgeleiteten Analogon über das reflektierte Licht von gefärbtem Textilmaterial.

L. JENTGEN. 7020□

Das Färben mit Küpenfarbstoffen bei höheren Temperaturen. Friedrich Berndt. (Z. ges. Textilind. **64.** 37—44. Jan. 1962.) (Dt.)

Die Vorteile des Färbens mit Küpenfarbstoffen bei höheren Temp. in bezug auf Egalität u. Durchfärbung, sowie die Grenzen der Anwendbarkeit, werden besprochen. Können höhere Temp. nicht angewendet werden, ist es zweckmäßig, das Ausgleichvermögen der Farbstoffe durch geeignete Hilfsmittel bzw. Kombinationen zu erhöhen. Das *Pigmentier-*, *Halbpigmentier-* u. *Pigmentier-Bleich-Verf.* unter Anwendung höherer Temp. wird beschrieben. — 10 Literaturhinweise, 13 Abb., 2 Tabellen.

G. REISNER. 7020□

Über das Färben und Drucken von Textilien aus Polyesterfasern. H. Grunewald. (Z. ges. Textilind. **64.** 200—02. März 1962.) (Dt.)

Die Unterschiede beim Färben u. Drucken von Polyesterfasern gegenüber bisher bekannten Naturfasern werden besprochen. Die Lsg. der entstehenden Probleme im färber. Verh. wird geschildert. G. REISNER. 7020□

Organische Farbstoffe für Polyvinylchlorid. A. P. Pissarenko, R. A. Liberowa und R. D. Gordonowa. (Легкая Промышленность [Leicht-Ind.] **15.** Nr. 7. 25—29. Juli 1955.) (Russ.)

Ca. 100 Farbstoffe werden auf ihre Eignung zum Färben von Polyvinylchlorid (I) in bezug auf Deckung, Licht- u. Reibechtheit, Migration u. Beständigkeit gegen Hitze u. atmosphär. Einfl. untersucht. Nur 19 sind geeignet. Azofarblacke sind wegen ihrer Löslichkeit in W. nicht reibecht. Bas. Farbstofflacke wandern in I, Azopigmente ebenfalls. Phthalocyaninpigmente sind in jeder Beziehung geeignet. Unter den Anthrachinonpigmenten ist nur eins (Anthrachinonblau) brauchbarer. Auch einige nichtsowjet. Farbstoffe erweisen sich als geeignet. Zusätze anorgan. Pigmente können in geringer Menge (1—3%) die Resultate verbessern. J. v. SCHROEDER. 7020

Untersuchung des Egalisiervermögens von Küpenfarbstoffen. Dragan Czeslaw, Parol Jerzy und Tiborné Szentpály. (Kolorisztikai Értesítő [Kolorist. Rdsch.] **3.** 279—86. Okt. 1961. Warschau, Forsch.-Inst. organ. Chemie, Budapest, Textilind. Forsch.-Inst.) (Ung.)

Das Egalisiervermögen wird nach der modifizierten Meth. von EGLI u. PERRIG (C. **1954.** 7748.) untersucht: Die Küpenfarbstoff (I)-Lsg. wird in einem Rohr an der Faser chromatographiert. Schnell ziehende I wandern dabei langsamer als langsamer ziehende I. Schnell wandernde I egalisieren gut. I können in 2 Klassen eingeteilt werden: *Cibanondunkelblau BO*, *Cibanonolive 2 B*, *Cibanonbrillantgrün 2 B*, *Cibanonmarineblau RA*, *Indanthrenkhaki GG* u. *Indanthrenblau BC* egalisieren schlecht, *Cibanonrot FFB*, *Indanthrenbordeaux B*, *Indanthrengelb 3 RT*, *Indanthrenolive R*, *Cibanongelb 5 GK* u. *Cibanongoldgelb GK* gut. Erhöhung der Temp. beeinflußt sowohl das Ziehvermögen, als auch die Migration; Erhöhung der NaOH-Konz. der Flotte wirkt günstig, Salzzusatz dagegen ungünstig. Die Egalisiereffekte können durch Egalisiermittel (Peregal O, Peregal ON) vergrößert, durch anionakt. Hilfsmittel (Nekalin S, Nekal BX) vermindert werden. P. TOLNAY. 7068□

Methin- (Polymethin-) Farbstoffe. Ferenc Péter. (Kolorisztikai Értesítő [Kolorist. Rdsch.] **3.** 256—66. Okt. 1961. Budapest, Textilind. Forsch.-Inst.) (Ung.)

Übersicht über Methin- (Polymethin-) Farbstoffe, die Struktur der Cyanin-, Oxamin-, Merocyanin- u. Azamethinfarbstoffe u. ihre Verw. als bas. u. Dispersionsfarbstoffe in der Textilindustrie zum Färben von Acetatfasern bzw. als Sensibilisatoren in der Photoindustrie. P. TOLNAY. 7072

Eine chromatographische Untersuchung einiger Reaktivfarbstoffe. S. R. Sivarajan und N. G. Parikh. (Current Sci. **28.** 323—24. Aug. 1959. Ahmedabad, ATIRA). (Engl.)

Die *Procion*-Farbstoffe der I.C.I. besitzen 2 bewegliche Cl-Atome mit relativ hohem Rk.-Vermögen, die im alkal. Gebiet mit Cellulose reagieren können. Von 0,2% ig. wss. Lsgg. dieser Farbstoffe werden im pH-Bereich 6,9—12,7 Zirkularpapierchromatogramme aufgenommen. Nach Markierung der Zonen werden die Chromatogramme verseift u. die inakt. hydrolysierten Farbstoffe, die für Cellulose nicht substantiv sind, ausgewaschen. Die R_F-Werte für *Prociongelb RS, Brillantgelb 6 GS* u. *Rot GS* zeigen zwischen pH 10—11 ein scharf ausgeprägtes Minimum, während *Procionbrillantrot 2 BS, Brillantblau 3 GS* u. *Blau RS* mehrere unscharfe Minima bei verschiedenen pH-Werten aufweisen. Aus diesen Ergebnissen wird geschlossen, daß die Rk.-Geschw. zwischen den Farbstoffen u. Cellulose von mehreren Faktoren abhängt u. nicht immer schnell ist, da sich Zonen chem. gebundenen Farbstoffes mit großen R_f-Werten sowohl bei hohen als auch bei niedrigen pH-Werten ausbilden. W. Hein. 7086□

Farbwerke Hoechst Akt.-Ges., vormals Meister Lucius & Brüning, (Erfinder: Albert Gumboldt, Frankfurt/M., und Wilhelm Happe, Schwalbach), **Färben von Gemischen aus Proteinfasern und Fasern aus Polyacrylonitril oder Acrylonitril enthaltenden Mischpolymerisaten** mit bas. Farbstoffen unter Reservierung des Proteinfaseranteils. Dem Färbebad werden Lsgg., Quellungen oder Dispersionen von hochpolymeren, quart. N-Atome enthaltenden Vinylverbb. zugesetzt oder die Ware damit vorbehandelt. — Zum Beispiel wird bei 1std. Behandeln bei 98° mit einer Flotte, die

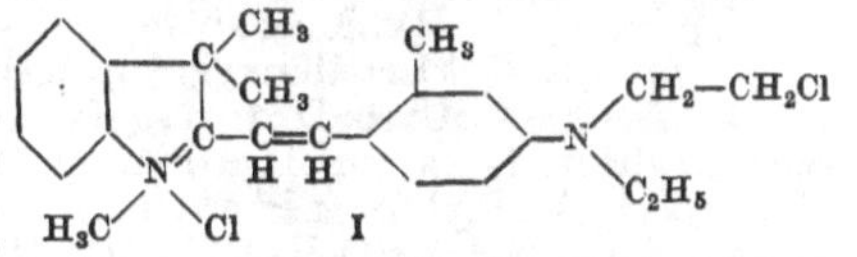

I

in 400 (cm³) 0,1 g (= 1% bezogen auf Warengew.) des Farbstoffs der Formel I, 12 30% ig. CH_3COOH u. 4 5% ig. wss. Lsg. von Polyacrylsäure-β-trimethylammonioäthylestermethylsulfat enthält, Polyacrylonitrilgewebe intensiv, Wolle nur schwach rot gefärbt. (**D. A. S. 1 108 177** Kl. 8m vom 28/1. 1959, ausg. 8/6. 1961.) F. Böhm. 7021

Farbwerke Hoechst Akt.-Ges., vormals Meister Lucius & Brüning, Frankfurt/M. (Erfinder: Herbert Kracker, Roland Bamberger, Reinhard Mohr und Joachim Ribka, Offenbach/M.), **Erzeugung von wasserunlöslichen Azofarbstoffen auf pflanzlichen Fasern und auf Fasern aus regenerierter Cellulose.** Auf diesen Fasern werden Fe-, Co-, Cr-, Ni-, Cu- oder Mn-Komplexverbb. von von wasserlösl. machenden Gruppen freien Azofarbstoffen der Formel I mit von wasserlösl. machenden Gruppen freien Diazo- oder Tetrazoverbb. aus prim. aromat. Mono- oder Diaminen (Ar = Benzol- oder Naphthalinrest, der in o-Stellung zur Azogruppe eine zur Metallkomplexbldg. befähigte Gruppe enthält; R = Alkyl, Aryl, Cycloalkyl oder Aralkyl) gekuppelt. — Zum Beispiel wird auf Baumwollware eine Paste aufgedruckt, die neben üblichen Bestandteilen die Co-Komplex-Verb. des *Azofarbstoffes 1-Amino-2-hydroxy-5-chlorbenzol* → *2.4-Dihydroxybenzophenon* u. das *Antidiazotat aus 1-Amino-2-methoxy-5-chlorbenzol* enthält u. die Färbung durch saures Dämpfen entwickelt. (**D. A. SS. 1 107 186** Kl. 8m vom 15/6. 1957, ausg. 25/5. 1961 u. **1 111 593** [Zusatz-Anmeldung] Kl. 8m vom 17/7. 1957, ausg. 27/7. 1961.) F. Böhm. 7023

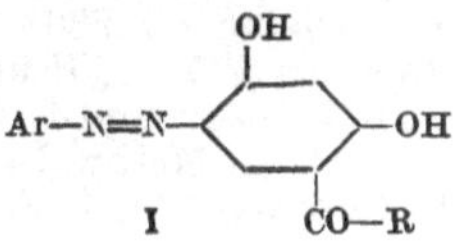

I

Sandoz Akt.-Ges. (Erfinder: Robert Christian Keller), Basel, Schweiz, **Herstellung von Egalisier- und Abziehmitteln.** Diamine der allg. Formel R—N(R')—$(CH_2)_3$—NH_2 (**I**) werden mit Verbb. (**II**) umgesetzt, durch die mindestens ein an ein N-Atom gebundenes H-Atom durch den Rest R''$(OCH_2CH_2)_n$— ersetzt wird. R ist ein aliphat. Rest mit 8—22 C-Atomen, in dem mindestens 8 C-Atome direkt miteinander verbunden sind; R' ein H-Atom oder ein aliphat. Rest mit 1—22 C-Atomen; R'' ein H-Atom oder ein Alkylrest; n eine ganze Zahl. Beispiele für **I**: N-Aminopropyloleyl-, -stearyl-, -dodecyl-, -hexadecyl-, -arachinyl- u. -behenylamin, N.N-Dioleyl-, N.N'-Didodecyl u. N.N-Dioctadecylpropylendiamin, N-Methyl-N-stearyl-, N-Dodecyl-n-hexadecyl- u. Monooctadecadienylpropyldiamin; Beispiele für **II**: Äthylenoxid, Polyäthylenglykoläther, bzw. Monoalkoxypolyäthylenglykoläther, die reaktionsfähige Halogenatome oder H_2SO_4-Estergruppen im Mol. enthalten. Als **I** können auch techn. Gemische auf der Grundlage von Talg, Cocos- u. Sojaöl mit 80% ig. Reinheit verwendet werden. Die Rkk. wird in Ggw. eines alkal. Katalysators, bes. NaOH, bei 140—160° durchgeführt, wobei z. B. bei Verw. von Äthylenoxid 8—200 Mol auf 1 Mol **I** verwendet werden. Die Rk.-Prodd. sind wasserlösl., öl- bis wachsartig u. haben bräunliche Färbung. Sie werden dem Färbebad vor Beginn oder während des Färbens zugesetzt u. sind verträglich mit Farbstoffen u. den üblichen sauren oder bas. Hilfsstoffen. (**Schwz. P. 353 013** vom 5/2. 1957, ausg. 15/5. 1961.) A. Kalix. 7027

Badische Anilin- & Soda-Fabrik Akt.-Ges. (Erfinder: Wilhelm Rümens, Norbert Götz, Rolf Zeidler und Ernst Wilhelm), Ludwigshafen/Rh., **Verbesserung der Reibechtheit von Färbungen und Drucken mit Küpen-, Diazotierungs- und Pigmentfarbstoffen auf Textilgut aus Cellulose oder ihren Mischungen mit synthetischen Fasern.** Die Färbungen bzw. Drucke werden mit Dispersionen von Mischpolymerisaten aus 1—25 (%) eines N-Methylolamids einer Acrylsäure u. 99—75 einer oder mehrerer anderer polymerisierbarer Verbb. behandelt u. dann einer Wärmebehandlung bei mindestens 120°, z. B. 140°, unterworfen. Ein Mischpolymerisat der bezeichneten Art wird z. B. aus 5 (Teilen) N-Methylolmethacrylamid u. 95 Acrylsäurebutylester hergestellt. (**D. A. S. 1 108 178** Kl. 8 m vom 30/1. 1960, ausg. 8/6. 1961.)

F. Böhm. 7029

Farbenfabriken Bayer Akt.-Ges., Leverkusen (Erfinder: Karl-Heinz Menzel, Leverkusen, Rolf Pütter, Düsseldorf, Gerhard Wolfrum, Opladen), **Herstellung von Pyrazolo-[1.5:b]-chinazolonderivaten.** β-Oxocarbonsäureester vom Typus R_4—OOC—CHR_2—COR_1 werden in neutralem, saurem oder bas. Medium mit einem aromat. o-Aminocarbonsäurehydrazid vom Typus R_3HN—Ar—NH—NH_2 umgesetzt, wobei Pyrazolo-[1.5:b]-chinazolonderivv. (I) der allg. Formel II entstehen. — Diskussion des Rk.-Mechanismus. — Hierbei ist R_1 ein H-Atom, ein (ggf. durch Carbalkoxygruppen substituierter) Alkylrest, ein Aryl-, Carboxy- oder Carbalkoxyrest, R_2 ist ein H-Atom, ein Alkyl-, Cycloalkyl-, Aralkyl- oder Arylrest, R_3 ist ein H-Atom, ein Alkyl-, Cycloalkyl- oder Arylrest, R_4 ein Alkyl-, Cycloalkyl-, Aralkyl- oder Phenylrest u. Ar ein 1- oder mehrkerniges, ggf. durch Halogenatome, NO_2-, NH_2-, SO_3H-, COOH-, Alkyl-, Aryl-, Alkoxy-, Phenoxy-, Amino-, Alkylamino-, Acylamino- oder Sulfamylgruppen substituiertes Ringsystem. Die Rkk. werden mit äquimol. Mengen der Komponenten, ggf. in Lsgm. wie W., CH_3OH, A., $HCON(CH_3)_2$ oder CH_3CN ohne Wärmezufuhr ausgeführt, da sie exotherm verlaufen; es können dabei auch Derivv. mit mehren I-Gruppen gewonnen werden. Beispiele: 2-Methyl-I, $C_{11}H_9N_3O$, F. 365—370° (Zers.); 2-Methyl-8-chlor- I, $C_{11}H_8ClN_3O$, F. 360—370° (Zers.); 2-Methyl-6-amino-I, $C_{11}H_{10}N_4O$, F. 360—364° (Zers.); 2-Methyl-I-sulfonamid-(7), $C_{11}H_{10}N_4O_3S$, F. > 385°, 2-Phenyl-I, $C_{16}H_{11}N_3O$, F. 337—338°; 2-Methyl-6.7-benzo-I, $C_{15}H_{11}N_3O$, Zers. bei 335—340° unter Dunkelfärbung; 2-Carbomethoxymethyl-I, $C_{13}H_{11}N_3O_3$, F. 255° (Zers.); 2.4-Dimethyl-I, F. 243—244°, $C_{12}H_{11}N_3O$, F. 243—244°; 2-Methyl-7-acetylamino-I, $C_{13}H_{12}N_4O_2$, F. >380°; 2.3-Dimethyl-I, $C_{12}H_{11}N_3O$, F. 325° (Zers.); Rotfärbung ab 280°; 2-Methyl-6-nitro-I, $C_{11}H_8N_4O_3$, Zers. bei 310°, 2-Carbäthoxy-I, Zers. bei 275—280° unter Braunfärbung; 2-Methyl-6-carboxy-I, $C_{12}H_9N_3O_3$, F. >360°; 2-Methyl-4-phenyl-I, $C_{17}H_{13}N_3O$, F. 243—245°; 2-Methyl-5-carboxy-I, F. >350°, gelbe Kristalle, 2-Methyl-I-sulfonsäure-(7), F. >360°; Bis-[2-methyl-I] $C_{22}H_{16}N_6O_2$, F. >360°; 2-Methyl-6-chlor-I, F. 355—360° (Zers.). — Verw. als *Kupplungskomponenten zur Herst. von Azofarbstoffen.* (**D. A. S. 1 120 455** Kl. 12 p vom 5/9. 1959, ausg. 28/12. 1961.)

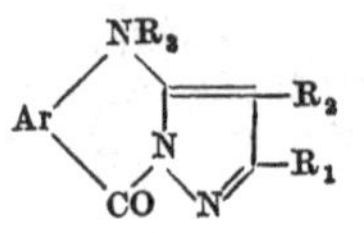

II

A. Kalix. 7049

Eastman Kodak Co., Rochester, N.Y., übert. von: James M. Straley, Kingsport, Tenn., und John Sagal jun., Rochester, N.Y., V.St.A., **Benzthiazolylazopyrazolone** der allg. Formel I [Ar = ankondensierter, ggf. substituierter Benzolring; R = H, ein ggf. durch ein Cl-Atom oder einen CH_3-, CH_3O-, C_2H_5O- oder NO_2-Rest substituierter Phenylrest oder eine Benzthiazolyl-(2)-Gruppe; R_1 = CH_3-, NH_2-, OH-, CF_3-, CO_2H-, CO_2CH_3- oder $CO_2C_2H_5$-Gruppe] oder deren Metallkomplex-Verbb. mit Cr, Co, Cu, Fe, Mn, Ni oder Va, werden hergestellt durch Diazotierung eines entsprechend substituierten 2-Aminobenzthiazols u. Kuppeln mit einer entsprechend substituierten Pyrazolon-(5)-verb. u. ggf. Rk. der erhaltenen Verb. I mit den Salzen der vorst. Metalle ggf. auf der Textilfaser. — 5,7 (Teile) 2-Amino-6-methansulfonylbenzthiazol in 60 W. werden mit 61 konz. H_2SO_4 versetzt, die Lsg. auf —10° gekühlt u. mit einer Lsg. von 2,1 $NaNO_2$ in 24 konz. H_2SO_4 unter Aufrechterhaltung einer Temp. von < 5° versetzt u. 2 Std. lang bei ca. 0° gerührt. Die Diazoniumsalzlsg. wird unter Rühren zu einer Lsg. von 4 3-Carbäthoxypyrazolon-(5) in 75 Propionsäure/Essigsäure (1:5) bei 0° gegeben. Nach 1std. Rühren bei 5° wird mit CH_3COONH_4 kongosauer gemacht u. in 1000 W. gegossen, worauf der Nd. abfiltriert, neutralgewaschen u. im Vakuum bei ca. 50° getrocknet wird → 6—8 Teile *4-[6'-Methansulfonylbenzthiazolyl-(2')]-azo-3-carbäthoxypyrazolon-(5).* — Analog werden folgende Benzthiazolylazopyrazolone hergestellt: [benzthiazolyl-(2') = **II**; pyrazolon-(5) = **III**]: *4-[6'-Methoxy-*II*]-azo-1-benzthiazolyl-(2'')-3-amino-*III. — *4-[6'-Methansulfonyl-*II*]-azo-1-phenyl-3-methyl-*III (**IV**). — *4-[6'-Methoxy-*

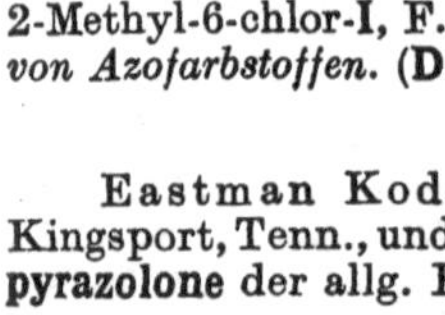

I

II]-*azo-1-phenyl-3-methyl*-III. — *4-[6'-Äthoxy*-II]-*azo-1-phenyl-3-amino*-III. — *4-Benzthiazolyl-(2')-azo-1-phenyl-3-amino*-III. — *4-[6'-Methoxy*-II]-*azo-3-phenyl*-III. — *4-[4'.7'-Dimethoxy*-II]-*azo-1-phenyl-3-amino*-III. — *4-[4'-Methoxy*-II]-*azo-1-phenyl-3-methyl*-III. — Die *Ni-Komplexverb. von* IV wird hergestellt durch Rk. von 10,4 IV mit 6,8 $(CH_3COO)_2 \cdot Ni \cdot 4\,H_2O$ u. 2,8 Na_2CO_3 in 387 Äthylenglykolmonomethyläther durch 8std. Kochen unter Rühren, Eingießen des abgekühlten Gemisches in 4000 W., Abfiltrieren, Waschen u. Trocknen des entstandenen Nd. → 12.2 hellbrauner *Farbstoff* mit 6,03% Ni. — Färbebeispiele auf Textilfasern. — Farbtabelle von *Fe-*, *Co-* u. *Ni-(SCN)₂-Komplexen* folgender Benzthiazolylazopyrazolone (benzthiazolyl-(2)-azo-Verb. = **V**): *6-Methansulfonyl*-**V** *von 1-Phenyl-3-methyl*-III, *3-Methyl*-III, *3-Trifluormethyl*-III u. *1-Phenyl-3-amino*-III. — *6-Cyan*-**V** von *1-Phenyl-3-methyl*-III. — *6-Nitro*-**V** *von 1-Phenyl-3-amino*-III u. *1-Phenyl-3-methyl*-III. — *4.7-Dimethoxy*-**V** *von 1-Phenyl-3-amino*-III, *1-Phenyl-3-methyl*-III u. *3-Trifluormethyl*-III. — *6-[β-Hydroxyäthyl]*-**V** *von 3-Carboxy*-III. — *6-Methoxy*-**V** *von 1-Phenyl-3-methyl*-III, *3-Trifluormethyl*-III, *3-Carboxy*-III, *1-[p-Nitrophenyl]-3.methyl*-III, *1-Phenyl-3-amino*-III, *1-Phenyl-3-hydroxy*-III, *1-Benzthiazolyl-(2')-3-amino*-III, *3-Phenyl*-III, *1-[2'.4'.6'-Trichlorphenyl]-3-phenyl*-III u. *1-[o-Tolyl]-3-methyl*-III. — *6-Äthoxy*-**V** *von 3-Trifluormethyl*-III, *3-Phenyl*-III, *1-Phenyl-3-amino*-III u. *1-[2'.4'.6'-Trichlorphenyl]-3-methyl*-III. — *6-Methylmercapto*-**V** *von 1-Phenyl-3-amino*-III. — *4-Methoxy*-**V** *von 1-Phenyl-3-amino*-III, *3-Methyl*-III u. *1-Phenyl-3-methyl*-III. — *6-Thiocyanato*-**V** *von 3-Methyl*-III. — *6-n-Butansulfonyl*-**V** *von 3-Phenyl*-III. — **V** *und 5.6-Dimethoxy*-**V** u. *4.6-Dimethyl*-**V** *von 1-Phenyl-3-methyl*-III. — *6-Dimethylamino*-**V** *von 3-Trifluormethyl*-III. — *6-Chlor*-**V** *von 1-Phenyl-3-amino*-III. — Die als Ausgangsstoffe verwendeten substituierten 2-Aminobenzthiazole werden wie folgt hergestellt (2-aminobenzthiazol = **VI**): Eine Lsg. von 200 Br_2 in 300 CH_3COOH wird innerhalb 1 Std. zu einem Gemisch von 171 p-Methansulfonylanilin zu 202 NaSCN in 1750 CH_3COOH gegeben, wobei die Temp. auf $< 35°$ gehalten wird. Nach 18std. Rühren wird der Nd. abfiltriert, mit CH_3COOH gewaschen u. mit NaOH oder Na_2CO_3 auf pH ca. 6 gestellt Nach Abkühlen wird der Nd. abfiltriert, mit W. gewaschen u. bei 120° getrocknet → 145—160 Teile *6-Methansulfonyl*-**VI**, F. 226—228°. — Analog werden hergestellt: *6-Trifluormethansulfonyl*-**VI**, F. 206—208°. — *6-Trifluormethyl*-**VI**, F. 115,5—116,5°. — *2-Acetylamino-6-thiocyanatobenzthiazol* (**VII**) wird analog durch Einleiten von Cl_2 in eine Lsg. von Anilin u. CH_3COOH, später erneutes Zugeben von NH_4SCN u. CH_3COONa u. weiteres Einleiten von Cl_2 hergestellt. Das entstehende Zwischenprod. (F. 187—188°) wird acetyliert → **VII**, F. 247—249°. — **VII** gibt bei Rk. mit Na_2S u. C_2H_5J → *2-Acetylamino-6-äthylmercaptobenzthiazol* (**VIII**), F. 168—169°. — *6-Äthylmercapto*-**VI**, F. 137—139°. — Durch Oxydation von **VIII** mit H_2O_2 → *6-Äthansulfonyl*-**VI**, F. 173—175°. — *6-Isopropansulfonyl*-**VI**, F. 207—209°. — *6-n-Propansulfonyl*-**VI**. — *2-Acetylamino-6-isobutylmercaptobenzthiazol*, F.167—168°. — *6-Isobutansulfonyl*-**VI**, 206—207°. — *6-n-Butansulfonyl*-**VI**. — Die vorst. beschriebenen Azoverbindungen sind als Textilfarbstoffe verwendbar. (**A. P. 2 832 761** vom 20/8. 1954, ausg. 29/4. 1958.) F. HIRSCH. 7053

Adolf Gebhardt, Wie färbe ich Polyacrylnitril- und Polyesterfaser? München: Eder. 1962. (XXVII + 271 S. m. Abb.) 8°. DM 22,—.

XIa. Farben. Anstriche. Lacke. Naturharze

Das Dispergieren von Pigmenten. 1. Mitt. N. A. Brunt. (Verfkroniek **34**. 474—79. Dez. 1961. Centr. Labor., T.N.O.) (Holl.)

Im Gegensatz zu der Auffassung, daß beim Mahlen eines trockenen Pigmentes mit einem Bindemittel die Befeuchtung der Pigmentkörner mit dem Bindemittel der entscheidende Vorgang ist, wird gezeigt, daß das Brechen der Körner den Mahlvorgang darstellt. Es wird angenommen, daß zwischen den Körnern starke Kräfte tätig sind, die zu einer Sinterung der Körner führen. Bei der trockenen Vermahlung von Pigmenten spielen sich 2 Vorgänge ab: Brechen der Körner u. Wiederaneinanderhaften. Der Mahlvorgang kommt zum Stillstand, wenn beide Rkk. im Gleichgew. stehen. Das Mahlen ist somit kein kolloidchem., sondern ein mechan. Vorgang. W. WESLY. 7092 □

Calcinierung von Hydrolysaten von Titandioxid des Rutiltyps. James E. Latty. (J. appl. Chem. **8**. 96—103. Febr. 1958. Luton, Beds., Laporte Titanium, Ltd.) (Engl.)

Bei der Hydrolyse von Lsgg. von Ti-Erzen, z. B. $Ti(SO_4)_2$ entstehen Teilchen von 0,1—0,8 μ∅, die bei 600—700° wachsen u. W. u. flüchtige Verunreinigungen abgeben. Bei Temp. von 600—700° sintern die Kristallite zu Pigmentteilchen u. wandeln sich in beträchtlichem Maße vom *Anatas*- zum *Rutiltyp* um. In Ggw. von Alkali wird das Wachstum der Kristallite beschleunigt; die in Abwesenheit von Alkali abgerundeten Kristallite werden in seiner Ggw. eckig. W. WESLY. 7092 □

Eindickung von Suspensionen dispergierter Pigmente durch vorübergehende Aggregation mit Polyacrylamid. T. A. Malinowskaja. (Химическая Промышленность [Chem. Ind.] **1961.** 113—15. Febr.) (Russ.)
In Verss. mit Suspensionen von Pigmentgelb wird durch Zusatz einer Lsg. von unvollständig hydrolysiertem Polyacrylamid (I) allein keine Aggregation der Pigmentteilchen erzielt, wohl aber, wenn nach Zusatz einer zur Aggregation unzureichenden Menge $Al(NO_3)_3$-Lsg. die I-Lsg. zugegeben wird. In Verss. mit 50—100 ml Suspension werden als optimale Mengen der Flockungsmittel auf 100 ml Suspension 20 ml $Al(NO_3)_3$-Lsg. (1,7 g/Liter Al^{3+}) u. 20 ml I-Lsg. (0,25 g/Liter) ermittelt. Um die auf diese Weise eingedickte Suspension wieder auf ihre ursprüngliche Teilchengröße zu bringen, wird sie 1 Std. auf der Vibromühle mit 45 Gew.-% Dispergator NF dispergiert. Auch durch 3std. Behandlung in einem Zweipropellermischer (200 U/min) wird die ursprüngliche Dispersität fast wiederhergestellt. R. K. MÜLLER. 7092 □

Entwicklung und Anwendungen wässeriger Dispersionen von Kunstharzen auf dem Farben- und Lackgebiet. Florus. (Chim. Peintures **25.** 5—15. Jan. 1962. Ludwigshafen/Rh., Badische Anilin u. Soda-Fabrik.) (Franz.)
Übersicht über Eigg. u. Anwendungsmöglichkeiten. J. LEHMBERG. 7096 □

Die Anwendung von Nitroparaffinen und deren Derivaten in der Anstrichmittelindustrie. M. Cooke. (Verfkroniek **35.** 18—22. Jan. 1962. Commercial Solvente Corp.) (Holl.)
Übersicht über Eigg. u. Verw. von 2-Nitropropan- u. anderen Nitroparaffinen u. ihren Derivv. in der Anstrichmittelindustrie. W. WESLY. 7096 □

Kunststoff in der Oberflächentechnik. W. Vater. (Blech **8.** 455—58. Juni 1961.) (Dt.)
Beschreibung der Eigg. u. Verw. der in der Oberflächentechnik angewandten Kunststoffe, bes. der Säkaphene u. der an sie zu stellenden Anforderungen. W. WESLY. 7106 □

Anstrich spritzverzinkter Schichten. K. A. van Oeteren. (Ind.-Lackier-Betr. **30.** 55—56. Febr. 1962.) (Dt.)
Angabe von geeigneten Anstrichmitteln u. Arbeitshinweise. J. LEHMBERG. 7106 □

Untersuchungen über moderne Zinkstaubanstriche. Robert Weiner. (Blech **8.** 437—39. Juni 1961.) (Dt.)
Übersicht über die Voraussetzungen für elektrochem. Korrosionsschutz, seine Aufhebung durch Deckschicht-Bldg., für Zn-Staub-Anstriche u. Anstriche mit Metallkombinationen. W. WESLY. 7106 □

Oberflächenschutz durch das Moellerit-Pulver-Kaltspritz-Verfahren. Heinz Untereiser. (Blech **8.** 458—60. Juni 1961.) (Dt.)
Grundzüge, Ausführung u. Anwendung des Moellerit-Pulver-Kaltspritz-Verf., bei dem Moellerit-Schutzüberzüge auf die Werkstoffe (Stahl, Metalle, Lsgg., Holz, Kunststoff, Beton) aufgebracht werden. Auf die sandgestrahlte Oberfläche wird ein kalthärtendes Kunstharz aufgespritzt u. der noch fl. Film mittels einer Pistole bei 6 at Druck mit Pb oder Zn gefüllt, wodurch der kathod. Schutz erzielt wird. Der Film ist bei spanloser Verformung haltbar, beständig gegen Temp.-Wechsel u. bietet Schutz gegen Kavitationen. W. WESLY. 7106 □

Die Bedeutung der Schichtdicke bei Korrosionsschutzanstrichen. K. A. van Oeteren. (Blech **8.** 440—45. Juni 1961.) (Dt.)
Beschreibung des Einfl. der Schichtdicke auf die für den Korrosionsschutz wichtigen Eigg. (Haftung, Härte, Elastizität, Beständigkeit, Korrosionsschutz-Wrkg.), des Einfl. von Anstrichtechnik, Anstrichmitteln u. Verarbeitung auf die Schichtdicke u. der für den Korrosionsschutz erforderlichen Schichtdicke. W. WESLY. 7106 □

Hydrierung des Kolophoniums. W. I. Shilnikow. (Маслобойно-Жировая Промышленность [Öl- u. Fett-Ind.] **27.** Nr. 4. 26—27. April 1961. Woronesh, Kombinat für Fette.) (Russ.)
Zerkleinertes Kolophonium (I) wird im Autoklaven auf 230—240° erwärmt. Nach Zugabe von 1,2—1,5% Ni (als Ni-Formiat) wird unter Rühren H_2 eingeführt. Zur Herst. eines hydrierten I mit JZ. 9—10 sind 41—47 Std. erforderlich. Die im Laufe der Hydrierung stattfindende Decarboxylierung der Harzsäuren war verhältnismäßig gering (Erniedrigung der SZ. von 170 auf 155). S. BARYSCHNIKOW. 7140

Lackeignungsuntersuchungen für den elektrostatischen Lackierprozeß. H. Zieger, B. Quentin, G. Vogelsang und H. Zinke. (Plaste u. Kautschuk **8.** 387—91. Juli 1961. Coswig, VEB Lack- u. Druckfarbenfabrik). (Dt.)
Für die Prüfung eines Lackes auf elektrostat. Versprühbarkeit werden 2 Messungen durchgeführt, u. zwar 1. Deutung des Sprühbildes eines Lacktropfens durch elektrostat.

Zerstäubung auf der Fallstrahldüse u. 2. Messung des spezif. elektr. Widerstandes des Lackes in einem Meßbecher. Unterss. der elektrostat. Versprühung von Lsgm. u. Bindemittel-Lsgg. werden durchgeführt. B. SCHEIFELE. 7158□

John Gerard McNicholl, Dublin, Irland, **Herstellung von Eisenverbindungen,** die bes. für *Farben* Verw. finden. Man vermischt $FeSO_4$-Pulver mit $CaCO_3$, Na_2CO_3, K_2CO_3oder $MgCO_3$ u. einer kleineren Menge Fe_2O_3, läßt das Gemisch zwecks Aufnahme von atmosphär. Feuchtigkeit 4—7 Tage stehen u. dann dicht gepackt in einem Behälter bei 25° ca. 3 Wochen lagern. Man wäscht das Prod. mit W., dem 0,5% Na_2SiO_3 zugesetzt sind, trocknet einige Tage an der Luft u. zum Schluß 2 Std. bei 105°. Man erhält ein leicht gelbstichiges Ferrioxydhydrat, das beim Calcinieren in rotes, wasserfreies Fe_2O_3 übergeht. (**A. P. 2 959 470** vom 20/6. 1956, ausg. 8/11. 1960. E. Prior. 23/6. 1955.) H. NEBELSIEK. 7093

Sherwin-Williams Co., übert. von: Oliver J. Grummitt und James A. Stearns, Cleveland, Ohio, V.St.A., **Verkürzte Trockenzeiten von Anstrichmassen,** die durch Rk. mit O_2 trocknen, werden erreicht durch Zusatz von 0,01—5% eines Peresters der allg. Formel $R[-C(O)-O-O-R']_n$ (R = ggf. halogenierter KW-Stoffrest; R' = tert. aliphat. Rest; n = 1 oder 2), bes. *Di-[tert.-butyl]-perphthalat.* (**Can. P. 553 405** vom 21/4. 1955, ausg. 18/2. 1958.) L. GROSSNER. 7107

American Can Co., New York, N.Y., übert. von: John E. Masters, Lombard, Ill., V.St.A., **Überzugsmasse** enthält 65—85 (Gew.-%) 1-Allyloxy-2.4.6-tris-[hydroxymethyl]-benzol (I), 15—35 Polyvinylbutyral mit 8—15 Polyvinylalkohol, 1—5 Laurylaminmetaphosphat, 1—15 Monodibutylaminpyrophosphat-polyvinylbutyral u. 300—500 ppm (bezogen auf I) Fe-Butylphthalat. (**Can. P. 552 944** vom 5/7. 1954, ausg. 11/2. 1958. A. Prior. 27/8. 1953.) L. GROSSNER. 7107

Imperial Chemical Industries Ltd., London (Erfinder: Alida Helena Hosking, Hedgerley, und Ronald Lambourne, Slough, Buckinghamshire), England, **Mischpolymerisate von Myrcen** erhält man durch Polymerisation eines trocknenden oder halbtrocknenden Öles, z. B. Sojabohnenöl, Leinöl oder Langöl-Pentaerythrit-Glykol-Alkydharz-Lsg. mit Myrcen in Ggw. eines freie Radikale bildenden Katalysators. Die „myrcenierten" Öle sind bes. für die *Herst. von lufttrocknenden Überzugsmassen* geeignet. (**D. A. S. 1 123 115** Kl. 39c vom 10/9. 1959, ausg. 1/2. 1962. E. Prior. 12/9. 1958.) L. STADELMANN. 7107

Titangesellschaft m. b. H. (Erfinder: **Edgar Klein, Hans Muck, Heinz Rechmann** und **Friedrich Vial**), Leverkusen, *Verbesserung der photochemischen Stabilität von Rutil-Pigmenten.* (**Oe. P. 210 038** vom 20/3. 1959, ausg. 11/7. 1960. D. Prior. 22/3. 1958. — C. **1961.** 7044 [D. A. S. 1 065 549].)

General Electric Co., Schenectady, N.Y., übert. von: **John F. Ross**, Shaker Heights, und **Harold W. Sloyer**, Willoughby, Ohio, V.St.A., *Fluorphosphat-Leuchtstoff.* (**Can. P. 553 830** vom 16/6. 1954, ausg. 4/3. 1958. A. Prior. 6/7. 1953. — C. **1958.** 12832 [D. A. S. 1 023 842].)

General Aniline & Film Corp., New York, N.Y., übert. von: **Robert E. Brouillard**, Westfield, und **Leon Katz**, Springfield, N.J., V.St.A., *Phthalocyaninpigmente.* (**Can. P. 553 825** vom 3/12. 1956, ausg. 4/3. 1958. A. Prior. 7/12. 1955. — C. **1959.** 17495 [E. P. 804 031].)

Simoniz Co., V.St.A. (Erfinder: **Gerard Walter Meister**), *Wässerige Emulsion als Poliermittel.* (**F. P. 1 201 795** vom 22/8. 1958, ausg. 6/1. 1960. A. Prior. 10/12. 1957. — C. **1962.** 1427 [E. P. 838 679].)

E. I. du Pont de Nemours & Co., Wilmington, Del., übert. von: **Thomas R. Matthews jun.**, Parlin, N.J., **Donald B. Killian** und **Albert D. Reidinger**, Wilmington, Del., V.St.A., *Lack mit kastanienbraunem Pigment.* (**Can. PP. 552 995** vom 11/4. 1951 u. **552 996** vom 13/2. 1957, beide ausg. 11/2. 1958. Beide A. Prior. 3/5. 1950. — C. **1955.** 1385 [E. P. 693 598].)

E. I. du Pont de Nemours & Co., V.St.A. (Erfinder: **Henry Wlaver Godshalk**), *Flüssiges Überzugsmittel.* (**F. P. 1 212 876** vom 30/9. 1958, ausg. 28/3. 1960. A. Prior. 1/10. 1957. — C. **1962.** 1426 [E. P. 846 197].)

Shawinigan Resins Corp., Springfield, Mass., V.St.A., *Harnstoffmodifizierte Polyvinylacetale.* (**E. P. 808 662** vom 29/2. 1956, ausg. 11/2. 1959. A. Prior. 15/3. 1955. — C. **1959.** 13951 [Aust. P. 206 454].)

E. I. du Pont de Nemours & Co., Wilmington, Del., übert. von: **Beachley A. Morehead**, Springfield, Pa., V.St.A., *Farbfester Überzug mit heiß-flüchtiger gelber Farbe.* (**Can. P. 552 993** vom 10/12. 1952, ausg. 11/2. 1950. A. Prior. 14/12. 1951. — C. **1959.** 3658 [A. P. 2 719 090].)

E. I. du Pont de Nemours & Co., Wilmington, Del. (Erfinder: **Laverne William Crissey**, Flint, Mich., und **John Herbert Lowell**, Brookline, Pa.), V.St.A., *Überzugspräparat.* (**Jap. A. S. 3 376/1960** vom 2/2. 1957, ausg. 9/4. 1960. A. Prior. 2/2. 1956. — C. **1961.** 6692 [A. P. 2 934 510].)

E. I. du Pont de Nemours & Co., Wilmington, Del., übert. von: **Laverne W. Crissey** und **John H. Lowell**, Havertown, Pa., V.St.A., *Überzugsmassen aus Polymethylmethacrylat.* (**Can. P. 553 520** vom 6/5. 1955, ausg. 25/2. 1958. A. Prior. 4/6. 1954. — C. **1961.** 7765 [A. P. 2 934 509].)

Ciba Akt.-Ges., Basel (Erfinder: **Paul Zuppinger**, Arlesheim, und **Gustav Widmer**, Basel), Schweiz, *Bei Raumtemperatur vollständig durchhärtende Masse.* (**Schwz. P. 337 659** vom 27/7. 1955, ausg. 30/5. 1959. — C. **1959.** 11741 [Oe. P. 196 035].)

E. I. du Pont de Nemours & Co., Wilmington, Del., V.St.A., *Herstellung von Polyäthylenfilmen.* (**E. P. 810 723** vom 4/5. 1956, ausg. 25/3. 1959. A. Prior. 6/5. 1955. — C. **1960.** 7007 [F. P. 1 153 464].)

Farbenfabriken Bayer Akt.-Ges., Leverkusen, *Herstellung von flächenförmigen Gebilden.* (**Belg. P. 545 565** vom 25/2. 1956, ausg. 9/10. 1959. D. Prior. 3/3. 1955. — C. **1959.** 2627 [F. P. 1 146 219].)

Nopco Chemical Co., Harrison, N.J., übert. von: **Francis J. Leonard**, Woodside, N.Y., **Arthur De Castro**, Irvington, und **Thomas F. Groll jun.**, Elizabeth, N.J., V.St.A., *Flüssiges Antischaummittel.* (**Can. P. 553 379** vom 7/4. 1955, ausg. 18/2. 1958. A. Prior. 20/9. 1954. — C. **1959.** 13014 [A. P. 2 843 551].)

XIb. Plaste (Kunstharze. Plastische Massen)

Zusammenfassende Übersicht über die heutige „Plasturgie". Pierre Dubois. (Mém. Soc. Ing. Civils France 1961. Nr. **9.** 43—53. Sept. Conservatoire Nat. des Arts et Métiers.) (Franz.)

Die allg. Ausführungen über die verformende Verarbeitung u. Anwendung der Kunststoffe berühren u. a. Zusammenhang zwischen Struktur u. Eigg., Eigg. u. Verw., Formgebung u. Einsatz. M. HAGEDORN. 7170☐

Dielektrische Eigenschaften im Zusammenhang mit Struktur und molekularer Beweglichkeit hochpolymerer Körper. W. Holzmüller. (Plaste u. Kautschuk **8.** 342—47. Juli 1961. Leipzig, Phys. Inst. der Karl-Marx-Univ., Abt. Techn. Physik.) (Dt.) — Vgl. C. **1962.** 7912.

Vf. bestimmte den Verlustwinkel u. die DK an polaren u. unpolaren Hochpolymeren. Theoret. Betrachtungen, Meß-Meth. (Brücken-Meth., Messung an Schwingkreisen, Unters. im Höchstfrequenzgebiet, kalor. Meth.) u. Meßergebnisse werden mitgeteilt. — 13 Literaturangaben. B. SCHEIFELE. 7170☐

Einfluß der Kristallisation von Polymeren auf ihren dielektrischen Verlust. G. P. Mikhailov und B. I. Sazhin. (Rubber Chem. Technol. **33.** 741—47. Juli/Sept. 1960. Leningrad, M. I. Kalinin Polytechn. Inst.) (Engl.)

Der Einfl. der Kristallisation von Polymeren (Naturkautschuk, Hochdruckpolyäthylen, Polyäthylenterephthalat u. Polytrifluorchloräthylen) auf die dielektr. Relaxationsverluste (tg δ u. DK ε') wurde untersucht um über die Änderung des Charakters der therm. Mol.-Bewegungen infolge der Kristallisation Aufschluß zu erhalten. Im Bereich dielektr. Verluste mit Relaxationscharakter nehmen ε' u. tg δ mit der Kristallisation ab. Bei Mittelfrequenz-Relaxationsverlusten nimmt tg δ manchmal um die Hälfte bis $^1/_4$ u. ε' um 20—30% ab. Dieser Befund hängt einerseits hauptsächlich mit der Umwandlung polarer Teile der Makro-Moll. in Kristallite zusammen u. andererseits mit einer Zunahme der Breite des Relaxationsspektrums für die polaren Gruppen, die in der amorphen Phase bleiben. Die Relaxationszeit für die dielektr. Verluste bei mittleren Frequenzen (Wärmebewegung von Makromol.-Segmenten) in der amorphen Phase nimmt bei Kristallisation zu, während sie bei Hochfrequenz-Relaxationsverlusten (Wärmebewegung einzelner Gruppen oder Bindungen) sich nicht ändert oder abnimmt. R. SCHÄFF. 7170☐

Herstellen geblasener Hohlkörper aus Polyäthylen. H. Domininghaus. (Kunststoff-Rdsch. **7.** 421—26. Sept. 1960. Frankfurt/M.-Hoechst, Farbwerke Hoechst AG.) (Dt.)

Das Herstellen geblasener Hohlkörper aus Polyäthylen kann entweder nach dem Extrusions-Blas-Verf. oder nach dem Spritzblas-Verf. erfolgen. Für das Extrusionsblasen beschreibt Vf. 5 verschiedene Verf., gibt technolog. Hinweise u. schildert die Anforderungen der Verff. an den Rohstoff. I. KALZENDORF. 7172☐

Die Bewitterungsbeständigkeit von „Hypalon", einem chlorsulfoniertem Polyäthylen, beeinflussende Faktoren. P. A. Peffer und R. R. Radcliff. (Rubber Wld. **143.** Nr. 6. 102—09. Okt. 1960. Wilmington, Del., E. I. du Pont de Nemours & Co.) (Engl.)

Die Unterss. führten zu dem Ergebnis, daß die geeignete Auswahl der Pigmente, Füllstoffe, des Vulkanisations-Syst. u. Polymertyps zu Prodd. mit maximaler Bewitterungsbeständigkeit führt. R. SCHÄFF. 7172☐

Einfluß von Verunreinigungen auf die Haftfestigkeit von Polyäthylen. J. J. Bikerman. (J. appl. Chem. **11.** 81—85. März 1961. Cambridge, Mass., Inst. of Technol., Dep. of Civ. and Sanit. Engng.) (Engl.)

Die Abschälfestigkeit einer auf eine Glasplatte mit haftfestem Polyäthylen (I) geklebten Al-Folie wird durch Zusätze von Ölsäure (II) zu I vermindert. Die mittlere Stärke τ des auf dem Al nach dem Abschälen verbleibenden I-Films beträgt einige (μ), ca. 20 für ein Gemisch von 99,6 (Teilen) **I** u. 0,4 **II** u. 0,5 für 97 **I** u. 3 **II**. In stark verunreinigten **I** erfolgt Bruch in einer schwachen Grenzschicht; τ hängt von Ort u. Ausdehnung dieser Schicht ab. W. WESLY. 7172☐

Der mechanochemische Abbau von Polystyrol durch Schwingmahlung. H. Grohn und K. Bischof. (Rubber Chem. Technol. **34.** 474—81. April/Juni 1961. Leuna-Merseburg, TH für Chemie, Inst. für Chem. u. Technol. der Hochpolymeren.) (Engl.)

Die Einw. von Schwingmahlung auf Polystyrol BW (therm. Polymerisat) der VEB CHEM. WERKE BUNA (osmot. Molgew. 160000—180000) in einer Vibratom-Kugelschwingmühle wurde untersucht. Als Radikalfänger wurde NO (O_2-Auschluß) verwendet. Durch analyt. Meth. wird die Bldg. von Makroradikalen bewiesen. Neben Nitrierung am Bzl.-Ring (Radikale vom Typ I) wurde — proportional zur Mahldauer — Radikalsättigung durch NO (Radikale vom Typ II) festgestellt. R. SCHÄFF. 7172 □

Saffloröladdukte als Weichmacher. H. M. Teeter, J. C. Cowan, L. E. Gast, W. J. Yurgen und R. A. Clark. (J. Amer. Oil Chemists' Soc. **38.** 117—20. März 1961. Peoria, Ill., North. Reg. Res. Labor.; Columbus, Ohio, Battelle Memorial Inst.) (Engl.)

Vff. prüften die Verwendbarkeit verschiedener Ester (R) u. Epoxide (E) der Addukte von Linol- mit Maleinsäure (R u. E: 2-Äthylhexyl, n-Butyl, Trimethyl) u. mit Acrylsäure (R u. E: 2-Äthylhexyl, Dimethyl; E: n-Dibutyl) u. der Addukte von Pflanzenölen (Ö) mit n-Dibutylmaleat (Ö: Safflor-, Sojabohnen-, Leinöl) u. n-Butylacrylat (Ö: Saffloröl) und deren Epoxide als Weichmacher für Polyvinylchlorid (I), Polyvinylchlorid-„Plastisol" (II), Polyvinylidenchlorid (III) u. Acrylnitrilgummi (IV). Ergebnisse; I: Acrylsäureaddukte mit Linolsäure sind sehr gute Weichmacher, Pflanzenöladdukte nicht geeignet, da nicht mischbar. II: Trimethylester des Maleinsäureaddukts u. der Dimethylester des Acrylsäureaddukts mit Linolsäure erwirken besseres Viscositäts-Verh. als Vergleichssubstanzen. III: Dimethylesteracrylataddukt mit Linolsäure wegen zu geringer Hitzebeständigkeit ungeeignet. IV: Die Linolsäureaddukte zeigen nur teilweise, die Pflanzenöladdukte durchweg gute Mischbarkeit. N. TRZEBOWSKI. 7172 □

Beziehung zwischen Struktur und Eigenschaften bei Polyurethanen. Einfluß der Verzweigung. E. F. Cluff, E. K. Gladding und J. B. Rogan. (Rubber Chem. Technol. **34.** 639—47. April/Juni 1961. Wilmington, Del., E. I. du Pont de Nemours & Co., Elastomer Chem. Dep.) (Engl.) — Vgl. C. **1961.** 10966.

Der Einfl. der Kettenverzweigung (kurzkettige aromat. sowie langkettige Verzweigungen) auf die physikal. Eigg. des Polymerisats wurde technolog. untersucht. Kurze Arylurethanverzweigungen reduzieren die Kristallisationsneigung von linearen Polyurethanen u. ändern deren Viscositäts-Verh., während Vulkanisat-Eigg., wie Rückfederung u. Modul, nicht beeinflußt werden. Polyurethane mit Langkettenverzweigungen zeigen verbessertes dynam. Verh. mit sinkendem Anteil der Langkettenverzweigung im Vulkanisatnetzwerk. R. SCHÄFF. 7180 □

Das Wärmespritzen (Flammspritzen) von Thioplasten. J. Oltuszewski und H. Schwarz. (Plaste u. Kautschuk **8.** 384—86. Juli 1961. Gdansk, Inst. für Schiffahrt; Halle/Saale, Zentral-Inst. für Schweißtechnik.) (Dt.)

Es gelang, ein dem Thiokol A entsprechendes Polymer in Pulver- u. Latexform im Wärmespritz-Verf. zu verarbeiten. Diese Thioplastschichten dienen als Schutz für Baustahl, Holz u. Beton. B. SCHEIFELE. 7184 □

Die technische Herstellung von Siliconen. R. A. Gregory. (Advancement of Sci. **18.** 25—32. Mai 1961. Midland Silicones, Ltd.) (Engl.)

Übersicht über Rohstoffe, Verff. u. Anlagen zur Herst. von Siliconen.
W. WESLY. 7188 □

Neue Harze für verstärkte Kunststoffe. J. L. Betts, P. O. Classon und C. A. C. Haley. (Teknillisen Kemian Aikakauslehti **17.** 806—15. 31/12. 1960. Abingdon, England, Esso. Res., Ltd.) (Engl.)

Übersicht über Arten, Herst., Eigg. u. Anwendung der (glasfaser)verstärkten Kunststoffe. W. WESLY. 7204 □

Eine vergleichende Methode zur Bestimmung der Konsistenz von Kunststoffen. Stanisław Porejko. (Tworzywa, Guma, Lakiery **5.** 317—25. Nov./Dez. 1960. Warszawa, Politechn., Zakł., Technol. sztuczn. Tworzyw organ.) (Pol.)

Es wird eine theoret. Einführung zur Begriffs-Bldg. „Konsistenz" viscoelast. Körper gegeben. Für die Best. der Konsistenz der Plaste wird eine Meth. beschrieben, die das kurz dauernde Fließen unter Belastung u. die Rückkehr nach Aufhebung der Belastung feststellt. Als Meß-App. wird der Plastometer der Firma L' HOMME ET ARGY verwendet. Der Penetrator ist an der Spitze mit einer Stahlkugel mit 8 mm Ø versehen. Als Proben dienen 2,5 mm dicke Scheiben mit 30 mm Ø. Vgl.-Messungen wurden an Hostalen GD-2, Polystyrol GH u. Alkathene 7 durchgeführt. Die gefundene Reihenfolge der Konsistenz dieser Stoffe entspricht nicht der gefühlsmäßig festgestellten Elastizität. — 30 Literaturangaben. F. URBAN. 7210 □

Untersuchung der Schlagbiegefestigkeit in einem weiten Temperatur- und Frequenzbereich im Hinblick auf Fließ- und Zerreißvorgänge bei Plasten. F. Bigl. (Plaste

u. Kautschuk 8. 338—42. Juli 1961. Leipzig, Karl-Marx-Univ., Physikal. Inst., Abt. Techn. Physik.) (Dt.)

Bericht über Bestimmung der Schlagbiegearbeit bei —60 bis +100° von PVC (Decelit H) u. Piacryl für 3 Schlag-Geschw. u. Aufnahme von Bruchdiagrammen mit kapazitiven Indikatoren zur Klärung materialbedingter Streuungen der Schlagbiegearbeitswerte. Vf. teilt Erfahrungen bei der Durchführung der Experimente mit. B. SCHEIFELE. 7210□

Apparat zur thermomechanischen Untersuchung von Polymeren durch einachsige Dehnung. A. W. Ssidorowitsch und Je. W. Kuwschinski. (Заводская Лаборатория [Betriebs-Lab.] **26.** 100—02. 1960. Inst. für hochmolekulare Verbb. der Akad. der Wiss. der UdSSR.) (Russ.)

Beschreibung der Konstruktion u. Arbeitsweise einer App. zur thermomechan. Unters. dünner u. gleichmäßig erwärmter Proben von Polymeren unter gleichmäßiger Spannung u. einachsiger Dehnung. S. BARYSCHNIKOW. 7210

Apparat zur Bestimmung der Wärmefestigkeit von Polyäthylen- und Gummiisolierungen von Leitern. W. L. Karpow, Ju. M. Malinski, L. W. Mitrofanowa, E. E. Finkel und A. Ss. Fridman. (Заводская Лаборатория [Betriebs-Lab.] **26.** 102—03. 1960.) (Russ.)

Beschreibung der Konstruktion u. Arbeitsweise einer einfachen App. zur Best. der Wärmefestigkeit (Deformation bei verschiedenen Belastungen u. Temp. $\leqq 230^0$) von Polyäthylen- u. Gummiisolierungen von Leitern. Die relative Fehlergrenze der Best. beträgt ±5%. WALTER SCHULTZE. 7210

Bestimmung der Schallgeschwindigkeit in Hochpolymeren in Abhängigkeit vom hydrostatischen Druck. F. Plümer. (Plaste u. Kautschuk 8. 347—50. Juli 1961. Leipzig, Karl-Marx-Univ., Physikal. Inst., Abt. Techn. Physik.) (Dt.) — Vgl. Kolloid-Z. **176.** 108. 1961.

Ermittelt wurde die Schall-Geschw. in Hochpolymeren (Hostalen, Polyamid AH, Polyäthylen, Polystyrol, PVC, Piacryl) in Abhängigkeit vom hydrostat. Druck durch Laufzeitmessungen von Ultraschallimpulsen. B. SCHEIFELE. 7210□

Fraktionierte Fällung von Polycarbonaten. Jan Brzeziński und Marek Wajnryb. (Tworzywa, Guma, Lakiery **5.** 326—34. Nov./Dez. 1960. Inst. Tworzyw sztucznych.) (Pol.)

Das Polycarbonat (1 g) wird in Chlf. zu einer Ausgangs-Konz. von ca. 0,5 Vol.-% gelöst u. die Lsg. bei 20° mit PAe. (Kp. 30—50°) fraktioniert gefällt. Es werden in 6—7 Std. 7—10 Fraktionen erhalten, deren mittleres Molgew. viscosimetr. in Chlf. bei 25° bestimmt wird. Die im Handel befindlichen Polycarbonate enthalten maximal 10% einer Fraktion mit dem Molgew. <10000. Als Folienware verwendete Proben enthalten sogar nur <4% dieser Fraktion. Dafür enthalten sie hauptsächlich (67%) Molgew. >60000 u. 33% einer Fraktion mit Molgew. >100000. Spritzgußware enthält hauptsächlich Fraktionen mit dem Molgew. 10000—40000 (64—75%). Das maximale Molgew. beträgt nur 100000. Polycarbonate aus poln. Vers.-Produktion enthalten zu viel niedrigmol. Bestandteile. F. URBAN. 7210□

Colorimetrische Methode zur Bestimmung der o-Kresolgruppe im handelsüblichen Trikresylphosphat. Majewska Felicja und Silin Lora. (Tworzywa, Guma, Lakiery **5.** 350—52. Nov./Dez. 1960. Inst. Tworzyw sztucznych.) (Pol.)

Man kocht o-Trikresylphosphat (2 g) mit 5%ig. KOH-Lsg. in Äthylenglykol 2 Std. unter Rückfluß. Nach Zusatz von 80%ig. H_2SO_4 werden die freigesetzten Kresole mit Ae. extrahiert. Der äther. Rückstand (ca. 0,15 g) wird mit 15 ml einer 5%ig. Oxalsäure-Lsg. in 80 ± 3%ig. H_2SO_4 auf 50° erwärmt. Die colorimetr. Best. der Färbung erfolgt nach 1 Stunde. Der relative Fehler der Best. beträgt ±0,5%. m- u. p-Kresol stören die Best. nicht. F. URBAN. 7210□

E. I. du Pont de Nemours & Co., Wilmington, Del. (Erfinder: John Linde Anderson, Snyder, N.Y.), V.St.A., **Herstellung von Polymeren,** dad. gek., daß a) solche an sich polymerisierbaren Verbb., die an ein doppeltgebundenes C-Atom unmittelbar oder über eine andere Gruppe einen ggf. substituierten Cyclobutanring (I), in dem mindestens 2 Valenzen der Ring-C-Atome durch H abgesätt. sind, tragen, der Polymerisation unterworfen werden oder daß b) Linearpolymere, die eine Vielzahl von funktionellen Gruppen, wie NH_2- oder OH-Gruppen, aufweisen, mit einer mit diesen funktionellen Gruppen reaktionsfähigen, einen ggf. substituierten I aufweisenden Verb., in deren Butenring mindestens 2 Valenzen der Ring-C-Atome durch H abgesätt. sind, z. B. einem solchen Säurechlorid, zur Rk. gebracht werden oder daß c) eine bifunktionelle Verb. mit einem mit diesem kondensationsfähigen bifunktionellen Stoff polykondensiert wird, wobei mindestens einer der Rk.-Teilnehmer einen **I** aufweist u. dieser **I** so eingebaut ist, daß dieser bei der Poly-Kondens. nicht als Glied in die lineare Kette eingeht, worauf das Linearpolymere ggf. durch Erhitzen auf $>100^0$ vernetzt wird. Die Rk. selbst soll bei $<150^0$, bes. bei normaler Temp., durchgeführt werden. Nach den Beispielen wird 2-Bromcyclobuten-1-carbonsäurechlorid (**II**) mit Poly-p-aminostyrol oder mit Äthylen-CO-polyamin, dessen NH_2-Gruppen Seitengruppen darstellen, oder ein solches Polyamin mit 3-Methyl-1-cyclobuten-1-carbonsäurechlorid oder mit 1-Methyl-1-cyclobuten-3-carbonsäurechlorid oder mit 1-Methyl-1-cyclobuten-2.3-dicarbonylchlorid zur Rk. gebracht. **II** erhält man durch Rk. von 2-Brom-1-cyclobuten-1-carbonsäure mit Thionylchlorid unter N_2 am Rückfluß. Die Endprodd. sind thermoplast. u. lassen sich leicht vernetzen, wodurch sie schwer schmelzbar u. unlösl. werden. Sie eignen sich als *Klebstoffe zur Herst. von Schichtkörpern*, als *Überzugsmassen* u. bes. zur Einverleibung in *Druckfarben* zur Erzielung hoher Druck-Geschw. (**D. A. S. 1 112 833** Kl. 39c vom 14/8. 1956, ausg. 17/8. 1961. A. Prior. 16/8. 1955. **A. P. 2 961 429** vom 16/8. 1955, ausg. 22/11. 1960.) H. SCHINDLER. 7173

Polyplastic, Paris (Erfinder: Yvan Landler, Sceaux, und Pierre Lebel, Asnieres), Frankreich, **Pfropfmischpolymerisate** von Monomeren, die nach dem Radikalmechanismus polymerisieren, erhält man durch Überleiten der Dämpfe des Monomeren über ozonisierte Polymere als Pfropfgrundlage in Abwesenheit von Polymerisationsinhibitoren, bes. von Luft, bei Temp. $<120^0$. Es können ozonisierte Fertigteile oder Halbzeuge wie auch Folien u. Fäden behandelt werden, letztere kontinuierlich in einer Ozonisierungskammer, der eine die Monomerendämpfe enthaltende Kammer nachgeschaltet ist. — Vorrichtung. (**D. A. S. 1 100 286** Kl. 39c vom 11/10. 1958, ausg. 23/2. 1961. F. Prior. 18/10. u. 31/10. 1957.) M. MAIERHAUSER. 7173

Farbwerke Hoechst Akt.-Ges., vormals Meister Lucius & Brüning, Frankfurt/M., **Polymerisation und Mischpolymerisation von Olefinen,** bes. Äthylen, Propylen u. Buten-(1), in Ggw. eines Katalysators (**I**), der aus dem isolierten u. gewaschenen Umsetzungs-Prod. (**II**) aus einer Ti-Verb. u. einer Al-organ. Verb. durch Aktivierung mit einem Al-(alkyl)-halogenid erhalten wurde, dad. gek., daß man einen solchen **I** einsetzt, bei dessen Herst. das isolierte, gewaschene u. in einem inerten Suspensionsmittel, bes. einem KW-Stoff, suspendierte **II** vor der Aktivierung mit trockenem, O_2-freiem HCl behandelt u. mit inertem Lsgm. ausgewaschen worden ist. Die HCl-Behandlung erfolgt bes. bei 0—20^0. Man erhält einen **I** von höherer Aktivität u. Selektivität, bes. infolge des Entfernens von $TiCl_4$-Resten. (**D. A. S. 1 123 109** Kl. 39c vom 7/1. 1959, ausg. 1/2. 1962.) M. MAIERHAUSER. 7173

Badische Anilin- & Soda-Fabrik Akt.-Ges., Ludwigshafen/Rh. (Erfinder: Adolf Hrubesch, Ludwigshafen/Rh., und Hans Craubner, Karlsruhe), **Polymerisation olefinisch ungesättigter Verbindungen** oder von deren Gemischen wird in Ggw. von 0,01—10% eines aliphat., cycloaliphat. oder heterocycl. N-substituierten N-Nitrosoacylamins oder -sulfamids oder deren Mischungen, ggf. in Ggw. von bas. reagierenden Stoffen, durchgeführt. Man polymerisiert im Block, in Lsg. oder in Emulsion. — Beispiele: Polymerisation von Styrol, Styrol/Methylmethacrylat, Styrol/Acrylnitril, in Ggw. von Nitrosomethylharnstoff, N-Nitroso-N-benzylsuccinamidsäure, N-Nitrosocaprolactam, N-Nitroso-N-benzylbenzamid, N-Nitroso-N-benzylpalmitoylamid. (**D. A. S. 1 123 108** Kl. 39c vom 9/10. 1959, ausg. 1/2. 1962.) L. STADELMANN. 7173

Polymer Corp. Ltd., Sarnia, Ontario, Canada (Erfinder: Robert James Orr), Als **Regler für die Emulsionspolymerisation und -mischpolymerisation von konjugierten Diolefinen** verwendet man 2wertige Alkohole, bes. 1.2-Dihydroxyalkohole oder deren Polymere, z. B. Äthylenglykol, Triäthylenglykol, Pinacol, Polyäthylenglykol. (**E. P. 846 502** vom 15/10. 1957, ausg. 31/8. 1960.)
L. STADELMANN. 7173

Phillips Petroleum Co., übert. von: Rufus V. Jones, Bartlesville, Okla., V.St.A., **Herstellung von feinverteilten festen 1-Olefinpolymeren,** bes. *Polyäthylen.* Man löst die Polymerisate (**I**) in Bzl., alkyliertem Bzl., Naphthenen, hydrierten Naphthalinen, Paraffin, CCl_4 oder $CHCl_2CHCl_2$, bes. Methylcyclohexan (**II**), kühlt, trennt das ausgefallene **I** ab, das sich in gequollenem Zustand befindet, u. zerkleinert es nach Mischen mit Alkoholen, Ketonen oder Äthern, in denen das **I** unlösl. ist. — Man stellt durch Erwärmen auf 212^0 F eine 1%ig. Lsg. von Polyäthylen (**III**) in **II** her, läßt auf Zimmer-Temp. abkühlen, trennt nach 4—6 Std. das ausgefallene **III** im Saugfilter ab u. zerkleinert es nach Zugabe von Methanol. (**A. P. 2 870 113** vom 6/4. 1955, ausg. 20/1. 1959.) C. LÜTTGEN. 7173

General Electric Co., übert. von: Frank M. Precopio und Alfred R. Gilbert, Schenectady, N.Y., V.St.A., **Härtbare Masse aus Polyäthylen** (I), einem Peroxyd, in dem jedes Peroxyd-O-Atom direkt mit einem tert. C-Atom verbunden ist, das wiederum mit Alkyl-, Aralkyl-, Cycloalkyl-, Alkylcycloalkyl- oder Arylresten verbunden ist, bes. tert.-Butyl-α-cumyl-, Di-tert.-amyl- u. Di-α-cumylperoxyd (II), u. einem Füllstoff, bes. Ruß, Ca-Silicat, Al_2O_3 u. SiO_2. — 70 (Teile) I, 30 Aerosil, 2,1 II werden auf dem Walzenstuhl gemischt, zu 50—60 mil dicken Stücken gepreßt unter gleichzeitiger Härtung durch 30 Min. langes Erhitzen auf 160°. Die Zugfestigkeit des Stückes betrug bei 145° 746 lbs./sq.in., die Dehnung 350%. (**A. P. 2 888 424** vom 18/5. 1955, ausg. 26/5. 1959.) C. LÜTTGEN. 7173

Farbenfabriken Bayer Akt.-Ges., Leverkusen (Erfinder: Ingofroh Dennstedt und Wilhelm Becker, Köln), **Herstellung von Copolymerisaten aus konjugierten Diolefinen und Acrylnitril,** die 45—60% Acrylnitril enthalten, durch Emulsionspolymerisation bei Temp. unter 10° in Ggw. von Reglern. Man führt die Polymerisation in Ggw. eines im Polymerisationsmedium dispergierten, vorgebildeten Copolymerisats aus konjugiertem Diolefin u. Acrylnitril durch, wobei man das gesamte Acrylnitril mit solchen Mengen an konjugiertem Diolefin vorlegt, das das Verhältnis von Diolefin zu Acrylnitril etwa bis zu 1:4 beträgt u. die restlichen Mengen an Diolefinen im Verlauf der Polymerisation zusetzt. Man erhält Polymerisate von gleichmäßigem Aufbau, die sich hervorragend spritzen, verarbeiten u. kalandrieren lassen; geringe Schrumpfung beim Kalandrieren. Die Vulkanisate quellen in KW-Stoffen sehr wenig, die Hartgummivulkanisate sind sehr beständig gegen korrodierende Materialien. (**D. A. S. 1 123 114** Kl. 39c vom 6/9. 1960, ausg. 1/2. 1962.) L. STADELMANN. 7173

Hercules Powder Co., Wilmington (Erfinder: Abraham Kutner, Newark), Del., V.St.A., **Herstellung von leichtkristallisierbaren Polymethylmeth- oder -methylhalogenacrylaten,** dad. gek., daß die Monomeren bei ca. —60 bis ca. +100° in inerter Atmosphäre mit einem GRIGNARD-Reagens (I)–Keton (II)-Katalysatorkomplex, der durch Mischen eines I der Formel RMgX, worin X = Halogen u. R = ein KW-Stoffrest mit 1—18 C-Atomen ist, mit einem II der Formel $(R^1)R^2{-}C{=}C(R^3){-}C(O)R_4$, worin R^1, R^2 u. R^3 = H oder ein KW-Stoffrest mit 1—8 C-Atomen u. R^4 ein solcher mit 1—18 C-Atomen ist, erzeugt wurde, zusammengebracht werden. Anschließend wird das Polymere in einem Quellmittel, bes. Methylisobutylketon (u. Hexan), eingeweicht. Als I werden Äthyl-, Phenyl- u. Isopropyl–MgCl sowie Methyl–MgJ u. als II Benzalacetophenon u. Dibenzalaceton bevorzugt. Der Katalysator bewirkt einerseits eine Orientierung zur Kette u. andererseits die Bldg. von Polymeren mit hohem Molgew. bei normalen Temperaturen. Tabellar. aufgeführte Mengenbeispiele u. Röntgenbeugungswerte. — *Fasern, Filme, Form-Prodd.* u. *Lacke.* (**D. A. S. 1 099 739** Kl. 39c vom 30/11. 1959, ausg. 16/2. 1961. **E. P. 873 021** vom 1/12. 1959, ausg. 19/7. 1961. Beide A. Prior. 5/12. 1958.) H. SCHINDLER. 7173

Monsanto Chemicals Ltd. (Erfinder: Francis John Whitby), **Herstellung von Polymerisaten mit niedrigem Molekulargewicht.** Man polymerisiert ein Vinylmonomeres zunächst in Ggw. von zur Bldg. eines Polymerisats mit niedrigem Molgew. genügendem Polymerisationsmodifikator u. fügt dann so viel Modifikator zu, daß das niedrige Molgew. im wesentlichen erhalten bleibt. — Z. B. wird Styrol in Ggw. von Thiuramdisulfid, eines Mercaptans oder eines Esters der Thioglykolsäure zu Polystyrol mit Molgew. 3000 polymerisiert. (**Aust. P. 228 103** vom 22/9. 1958, ausg. 2/6. 1960. E. Prior. 26/9. 1957.) K. DEMMLER. 7173

B. F. Goodrich Co., New York, N.Y., übert. von: Kenneth L. Sayre, Lorain, Ohio, V.St.A., **(Misch)-Polymerisieren von Vinylidencyanid (I)** in prakt. wasserfreiem Verdünnungsmedium (II), dad. gek., daß das II in polares organ. Verdünnungsmittel (III) enthält u. eine elektr. Leitfähigkeit hat, die bei einem Wert von mindestens $5 \cdot 10^7 \Omega^{-1}$ durch Zugabe eines im III lösl., stark ionisierbaren, anorgan. Elektrolyten (IV) gehalten wird u. daß das II während des Fortschreitens der Polymerisation bewegt wird. Als IV sind starke halogenhaltige anorgan. Säuren, z. B. Chlorsulfonsäure oder Perchlorsäure, als III ist neben aliphat., aromat. u. cycloaliphat. KW-Stoffen bes. Essigsäure genannt. Gearbeitet wird bes. bei 35—55° u. in Ggw. von in II u. III lösl. (Hydro-)Peroxyden oder Diaminbenzol als Polymerisationskatalysatoren. Als Mischmonomeres ist neben Olefinen u. α,β-ungesätt. Säuren bes. Vinylacetat aufgeführt. Ausbeuteverbesserung. — Mengenbeispiele, Tabellen. (**D. A. S. 1 084 478** Kl. 39c vom 2/12. 1957, ausg. 30/6. 1960. A. Prior. 20/12. 1956. **A. P. 2 975 158** vom 20/12. 1956, ausg. 14/3. 1961.) H. SCHINDLER. 7173

International Polaroid Corp., Jersey City, N.J. (Erfinder: Herman Francis Mark, Brooklyn, N.Y.), V.St.A., **Lineare 1.2-Vinylpolymerisate oder -mischpoly-**

merisate, in denen die Monomeren im wesentlichen in Kopf-an-Kopf-Stellung miteinander verbunden sind, entsprechend der allg. Formel I, in der n den zwischen 10 u. 10000 liegenden Polymerisationsgrad, jedes X = H, Halogen, einen CN–, Alkyl- oder Arylrest u. Z eine Gruppe bedeutet, die einen 5- oder 6gliedrigen Ring schließt, der jedoch auch geöffnet sein kann, um Substituenten an benachbarten C-Atomen, wie —OH, —COOH, —COOR oder —O—COR zu liefern, wobei R einen Alkyl- oder einen Arylrest bedeutet, erhält man, indem man mindestens 1 Divinylmonomeres, dessen Vinylgruppen durch die Gruppe Z getrennt sind, in Lsg. oder in Emulsion u. in Ggw. eines freie Radikale bildenden oder ion. Katalysators polymerisiert.

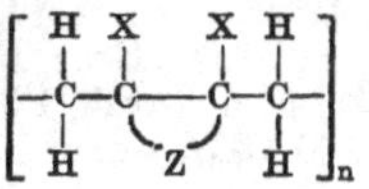
I

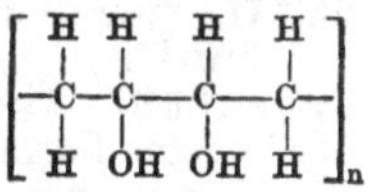
II

Durch Hydrolyse von 1.2-Polyvinylestern der so erhältlichen Art erhält man die entsprechenden Polyvinylalkohole der Struktur **II**. Ausgehend von halogenierten Vinylestern, z. B. von α.α'-Dichlorvinyloxalat, erhält man Polymerisate, aus denen durch Hydrolyse halogenierte Polyvinylalkohole entstehen. Durch Red. mit $LiAlH_4$ werden diese in Polyvinylhalogenide übergeführt. Die erhältlichen 1.2-Vinylpolymerisate zeigen Unterschiede gegenüber den üblichen Polymerisaten im Plastizitätsbereich, in der Löslichkeit, im IR-Spektrum u. bei der Depolymerisation. Durch Dehnen ausgerichtete Folien eines so hergestellten Polyvinylalkohols zeigen beim Anfärben mit Jod oder organ. Farbstoffen scharfen Dichroismus. — Beispiel: Divinyloxalat, gelöst in Methyläthylketon, wird mittels einer Lsg. von Bis-azoisobutyronitril bei 85° polymerisiert, abgekühlt u. mittels CH_3OH ausgefällt. Das weiße Pulver mit einer Dichte von 1,22, einer inneren Viscosität von 1,4 u. einem Molgew. von 220000 ist in W., Alkalien u. Säuren unlösl., lösl. in organ. Flüssigkeiten. Aus einer Lsg. in Methyläthylketon erhält man farblose, durchscheinende, biegsame u. zähe Folien, die bei 135° erweichen. Durch Behandeln des in Methyläthylketon gelösten Polymerisats mit NaOH in CH_3OH bei 65° erhält man eine gallertige, nach Zusatz von W. klare u. dünnfl. Lsg., aus der man nach Ausfällen mit CH_3OH 1.2-Polyvinylalkohol erhält. Folien daraus sind kristallin u. können durch Dehnen gereckt werden. (**D. A. S. 1 098 205** Kl. 39c vom 3/4. 1959, ausg. 26/1. 1961. A. Prior. 3/4. 1958.) M. MAIERHAUSER. 7173

E. I. du Pont de Nemours & Co., Wilmington (Erfinder: William Harold Calkins, Wilmington, Del., Edward Noonan Squire, Glen Mills, Pa., und Mandell Stanley Ziegler, Claymont, Del.), V.St.A., **Herstellung von beständigen, fließfähigen polymerisierbaren Gemischen aus monomeren und polymeren Monovinylverbindungen,** dad. gek., daß man eine polymerisierbare oder mehrere mischpolymerisierbare Monovinyl-Verbb. einer partiellen Polymerisation in Ggw. eines Kettenübertragungsmittels u. einer solch geringen Menge eines Polymerisationsaktivators bis zur Erzielung einer Viscosität der Rk.-Lsg. von 0,5—50 Poise bei 25° unterwirft, daß in der Masse nicht mehr als ca. 20 Teile/Million Aktivator verbleiben, u. darauf die Polymerisation durch Abkühlung abbricht, oder daß man ein Polymeres einer Monovinyl-Verb. von geringer innerer Viscosität von 0,25—1,0, bes. 0,3—0,55, im Monomeren so löst, daß die Lsg. eine Viscosität von 0,5—50 Poise bei 25° aufweist. Das Abbrechen der Polymerisation erfolgt durch Zusatz einer kalten Lsg. eines Stabilisierungsmittels in Monomeren u. soll dann vorgenommen werden, wenn die Viscosität der Rk.-Lsg. bei 25° 2—15 Poise beträgt. Als Ausgangsmonomere werden (Alk-)Acrylsäureester, bes. Methylmethacrylat, verwendet, die z. B. mit α.α'-Azodiisobutyronitril bei 80—103° polymerisiert werden. Als Inhibitor dient Hydrochinon u. als Kettenübertragungsmittel Thiophenol oder Alkyl- oder Arylmercaptane. Die End-Prodd. stellen Sirupe dar, die z. B. mit anorgan. Fasern, Metallpulvern usw. versetzt u. nach der Verarbeitung z. B. zur Herst. von Schichtstoffen oder Einbettmassen, endpolymerisiert werden, wobei keine großen Wärmemengen entwickelt werden. — Tabelle. (**D. A. S. 1 083 057** Kl. 39c vom 28/10. 1958, ausg. 9/6. 1960. **E. P. 870 191** vom 4/11. 1958, ausg. 14/6. 1961. Beide A. Prior. 5/11. 1957.) H. SCHINDLER. 7173

Chemische Werke Hüls Akt.-Ges. (Erfinder: Karl-Otto Hagel, Paul Kränzlein und Georg Schröder), Marl, **Herstellen stabilisierter Polyvinylchlorid- und vinylchloridhaltiger Mischpolymerisatpulver.** Einer wss. Polyvinylchlorid- oder Vinylchlorid–Mischpolymerisat-Dispersion mit einem pH-Wert von 4—6,5 werden 0,1 bis 1,0 Gew.-%, bezogen auf das Polymerisat, von Salzen der HNO_3 anorgan. oder organ. Basen zugesetzt, z. B. KNO_3, u. die Dispersion sprühgetrocknet. Die genannten Nitrate sind sehr gute Stabilisatoren, wenn der pH-Wert eingehalten wird. (**D. A. S. 1 122 247** Kl. 39b vom 19/7. 1958, ausg. 18/1. 1962.) F. MARKHOFF. 7173

National Lead Co., New York, übert. von: Leonard M. Kebrich, Brooklyn, N.Y., und John G. Hendricks, Chatham, N.J., V.St.A., **Stabilisierte Cl-haltige**

Harze. PVC-Harze werden gegen Licht u. Wärme stabilisiert durch 0,25—10% eines bas. Pb-Salzes von C_2—C_{12}-Dicarbonsäuren, bes. durch $C_7H_{14}(COO)_2Pb \cdot 2\ PbO$. (**Can. P. 553 375** vom 16/6. 1950, ausg. 18/2. 1958. A. Prior. 29/7. 1949.) L. GROSSNER. 7173

Phillips Petroleum Co., Bartlesville, Okla., V.St.A., **Polyisopren mit trans-1.4-Struktur** erhält man durch Polymerisieren in Ggw. eines aus TiJ_4 u. einem Al-Hydrid der Formel $MAlH_4$, worin M = Li, Na, K, Rb oder Cs, gebildeten Katalysators in einem inerten Lsgm. bei 0—150°. (**E. P. 852 277** vom 17/10. 1956, ausg. 26/10. 1960. A. Prior. 20/4. 1956.) L. STADELMANN. 7173

Union Carbide Corp., New York, N.Y. (Erfinder: John Robert Kilsheimer, South Charleston, W.Va.), V.St.A., **Herstellung härtbarer, Epoxydgruppen enthaltender plastischer Massen,** dad. gek., daß Verbb. der allg. Formel **I**, worin R_1 u. R_2 = H oder Alkylgruppen mit 1—4 C-Atomen bedeuten, ggf. in Ggw. von Verbb. mit wenigstens 1 ungesätt., polymerisierbaren Gruppe, polymerisiert werden. Als letztere sind bes. Vinylchlorid mit Acrylnitril, Vinylacetat oder Vinylidenchlorid genannt. Im übrigen kann auch R_2 = H u. R_1 = Alkyl mit 1—4 C-Atomen sein. Als Verbb. der Formel I werden entsprechend den 22 Mengenbeispielen bes. 3.4-Epoxy-2-hydroxy-buttersäure- u. -valeriansäureallylester eingesetzt. Die Verff. werden in der Masse, Lsg. oder in Emulsion in Ggw. von Acetyl- oder Laurylperoxyd bei ca. 50° durchgeführt. Aus den Prodd. gegossene Filme können bei ca. 177° nach Zusatz von Diäthylentriamin ausgehärtet werden u. sind dann bis zu 100% in Cyclohexanon unlöslich. (**D. A. S. 1 092 203** Kl. 39c vom 13/12. 1957, ausg. 3/11. 1960. **E. P. 856 643** vom 17/12. 1957, ausg. 21/12. 1960. Beide A. Prior. 19/12. 1956.) H. SCHINDLER. 7177

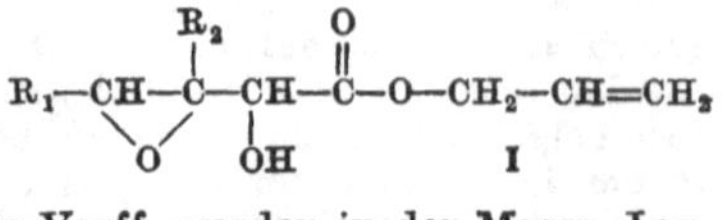

I

American Cyanamid Co., V.St.A. (Erfinder: Lennart Albert Lundberg), **Herstellung und Polymerisation ungesättigter halogenierter Cyanurate und Isocyanurate.** Man halogeniert Cyanur- oder Isocyanursäureester, enthaltend wenigstens 2 Allyl-u./oder Methallylgruppen; so daß in dem halogenierten Prod. noch 0,75—2,25 Doppelbindungen pro Einheit vorhanden sind, bei ≦55° u. polymerisiert das erhaltene Prod. allein oder mit anderen mischpolymerisierbaren Verbb. mit Perverbindungen. — Man leitet 74,8 (Gew.-Teile) Cl_2 bei bis 45° u. 80 Min. in 231 Triallylcyanurat u. erhält einen mäßig viscosen Sirup. 24,45 des Sirups werden nach Zusatz von 0,132 Benzoylperoxyd ausgegossen u. 16 Std. bei 80° gehalten: Sprödes transparentes *Polymeres.* — Über die Verarbeitung mit Polyestern vgl. A. P. 2 930 776; C. **1961.** 11918. (**F. P. 1 192 474** vom 27/12. 1957, ausg. 27/10. 1959. A. Prior. 31/12. 1956 u. 2/1. 1957.) M. PANKOW. 7181

Dow Corning Akt.-Ges., Basel, Schweiz (Erfinder: Dietmar Seyferth, Cambridge, Mass., V.St.A.), **Organopolysiloxane** werden *stabilisiert* mit bis zu 3 Gew.-% Bis-(triorganosilyl)-Ferrocenen, wobei die an das Si gebundenen Alkylreste <6 C-Atome enthalten. (**D. A. S. 1 116 396** Kl. 39b vom 22/2. 1957, ausg. 2/11. 1961. A. Prior. 12/3. 1956.) F. KOCH. 7189

Ciba Akt.-Ges., Basel (Erfinder: Armin Hiestand, Binningen, Arthur Maeder, Therwil, Otto Albrecht, Neue Welt, und Alberto Deflorin, Basel), Schweiz, **Herstellung von wasserlöslichen Chrom-Koordinationskomplexverbindungen carboxylgruppenhaltiger Polymerisate,** dad. gek., daß man solche (Misch)-Polymerisate mit Verbb. des 3wertigen Cr umsetzt. Hierbei verwendet man bes. solche carboxylgruppenhaltigen Mischpolymerisate (**I**), deren Alkali- u. Aminsalze hydrophil u. zugänglich sind, indem man im polymerisierten Zustand verseifbare Ester von mischpolymerisierbaren, äthylen. ungesätt. Carbonsäuren, bes. Ester niedrigmol. aliphat. Alkohole, zusammen mit N-substituierten Acrylsäureamiden der allg. Formel $CH_2{=}C(R){-}C(O){-}N(R_1)R_2$, worin R = H oder niederes Alkyl (C_{1-2}), R_1 = H oder einen organ. Substituenten u. R_2 ebenfalls einen organ. Substituenten bedeuten, ggf. zusammen mit anderen polymerisierbaren Verbb., in einem wasserlösl. Lsgm. geliert, polymerisiert, anschließend so viel Estergruppen verseift, bis das Polymerisatsalz hydrophil ist, u. sodann dieses Salz in die freie Säure überführt. Bevorzugt wird ein teilweise verseiftes I aus Äthylacrylat u. N-tert.-Butylacrylamid verwendet, wobei 2 Mol der Cr-Verb. auf ein Säureäquivalent des **I** kommen. Die Rk. wird in wss.-alkohol., bes. wss.-isopropanol. Medium durchgeführt. Als Cr-Salz wird nach den Beispielen $CrCl_2OH$ mit einer Basizität von 33% verwendet, das durch Zusatz von HCl zu einer wss. Lsg. von CrO_3 hergestellt wird. Das Verhältnis der Cr-Atome zu den Carboxylgruppen kann zwischen 1:1 bis 10:1, bes. 1:1 bis 4:1, variieren. Mehrere Beispiele für Herst., Verseifung u. Rk. mit $CrCl_2OH$ der verschiedensten Mischpolymerisate, die bes. zum *Behandeln von Glasfasergeweben* dienen, die mit Kunstharz-Präpp. zu *Schichtkörpern* verarbeitet werden können. — Tabellen. (**D. A. S. 1 097 681** Kl. 39c vom 24/9. 1959, ausg. 19/1. 1961. **E. P. 862 490** vom 7/9. 1959, ausg. 8/3. 1961. Beide Schwz. Prior. 25/9. 1958.) H. SCHINDLER. 7205

Ludwig Becker, **Baustoffe,** bes. geeignet für abreibfeste Bodenbeläge, sollen neben einem geeigneten Füllmaterial einen synthet. Kunststoff, z. B. Polyvinylacetat (I), enthalten. Sie können z. B. bestehen aus 75% Quarzsand oder -mehl, Talkum, Asbest, Holzmehl oder Baryten u. 25% I. (**Aust. P. 225 141** vom 10/9. 1956, ausg. 3/12. 1959.)

O. ROICK. 7205

Farbenfabriken Bayer Akt.-Ges., Leverkusen-Bayerwerk (Erfinder: **Eberhard Stein** und **Gustav Pieper,** Leverkusen, und **Hans Ferdinand Rickert,** Köln-Stammheim), *Herstellung von Titan- und Zirkondichlorid.* (**Can. P. 552 661** vom 20/9. 1955, ausg. 4/2. 1958. D. Prior. 21/9. 1954. — C. **1958.** 3175 [D. B. P. 963 870].)

Canadian Industries Ltd., Montreal, Canada, *Block- und Pfropfpolymerisation.* (**E. P. 821 000** vom 26/6. 1957, ausg. 30/9. 1959. Can. Prior. 14/8. 1956. — C. **1960.** 2706 [D. A. S. 1 054 713].)

British Celanese Ltd. (Erfinder: **Arthur Hodge** und **Dennis Grady**), *Wasserlösliche Salze von Mischpolymerisaten.* (**Aust. P. 224 500** vom 20/6. 1957, ausg. 5/11. 1959. E. Prior. 4/7. u. 23/10. 1956. — C. **1961.** 17405 [D. A. S. 1 098 201].)

VEB Leuna-Werke „Walter Ulbricht“, Leuna (Erfinder: **Gerhard Geiseler,** Leuna, *und* **Wolfgang Knothe,** Merseburg), *Katalytische Polymerisation von Olefinen.* (**Ung. P. 145 761** vom 19/4. 1958, ausg. 31/12. 1959. — C. **1960.** 6674 [Oe. P. 202 769].)

Phillips Petroleum Co. (Erfinder: **Robert Glenn Wallace**), *Gewinnung von Olefinpolymeren aus ihren Lösungen.* (**Aust. P. 224 275** vom 7/5. 1957, ausg. 29/10. 1959. A. Prior. 14/5. 1956. — C. **1960.** 7012 [F. P. 1 175 048].)

Farbwerke Hoechst Akt.-Ges., vormals Meister Lucius & Brüning, übert. von: **Hans- Helmut Frey** und **Richard Huth,** Frankfurt/M., *Stabilisieren von Perfluorchlorolefin-Polymerisaten.* (**A. P. 2 907 742** vom 12/3. 1956, ausg. 6/10. 1959. **E. P. 825 853** vom 13/4. 1956, ausg. 23/12. 1959. Beide D. Prior. 13/4. 1955. — C. **1957.** 13821 [D. A. S. 1 010 733].)

Karl Ziegler, Mülheim/Ruhr, *Polyäthylene.* (**Ung. P. 144 378** vom 27/12. 1955, ausg. 15/8. 1959 (1958? D. Ref.). — C. **1959.** 11315 [F. P. 1 135 821].)

Union Carbide Corp., New York, N.Y., V.St.A., *Polyäthylenpräparat mit kleinem Reibungskoeffizienten.* (**E. P. 824 480** vom 19/11. 1957, ausg. 2/12. 1959. A. Prior. 20/11. 1956. — C. **1961.** 7050 [F. P. 1 185 863].)

Dow Chemical Co., Midland, Mich., V.St.A., *Gegen Oxydation in der Wärme stabiles, ungiftiges Polyäthylenprodukt.* (**E. P. 793 430** vom 30/7. 1956, ausg. 16/4. 1958. **Belg. P. 550 337** vom 14/8. 1956, ausg. 4/12. 1959. Beide A. Prior. 22/9. 1955. — C. **1960.** 1690 [F. P. 1 155 679].)

Dow Chemical Co., Midland, Mich., V.St.A., *Wärmestabilisierung von polymeren Halogenäthylenen.* (**A. P. 2 906 727** vom 11/5. 1956, ausg. 29/9. 1959. **E. P. 808 255** vom 3/4. 1957, ausg. 28/1. 1959. A. Prior. 11/5. 1956. — C. **1961.** 12660 [F. P. 1 186 914].)

Farbwerke Hoechst Akt.-Ges., vormals Meister Lucius & Brüning, übert. von: **Gerhard Bier, Hans-Helmut Frey, Rudolf Schäff** und **Hermann Fritz,** Frankfurt/M., *Emulsionspolymerisation von Chlortrifluoräthylen.* (**Can. P. 553 813** vom 10/11. 1954, ausg. 4/3. 1958. D. Prior. 11/11. 1953. — C. **1957.** 9526 [F. P. 1 115 720].)

Farbwerke Hoechst Akt.-Ges., vormals Meister Lucius & Brüning, Frankfurt/M., *Herstellung von Folien aus Äthylenmischpolymerisaten.* (**Belg. P. 552 194** vom 29/10. 1956, ausg. 31/12. 1959. D. Prior. 29/10. 1955. — C. **1959.** 317 [D. A. S. 1 032 917].)

Distillers Co. Ltd., Edinburgh, Schottland, übert. von: **Max H. Dilke,** Coulsdon, **Donald Faulkner,** Epsom, Surrey, und **Sidney Merry,** Edgware, Middlesex, England, *Polyvinylidenchlorid mit Diester-Weichmachern.* (**Can. P. 553 786** vom 5/8. 1952, ausg. 4/3. 1958. E. Prior. 23/8. 1951. — C. **1955.** 8746 [F. P. 1 065 679].)

Celanese Corp. of America, New York, N.Y., übert. von: **Richard E. Davies** und **Gregory M. Moelter,** Summit, N.J., V.St.A., *Hitzestabilisierung von Polyvinylalkohol.* (**Can. P. 552 606** vom 22/7. 1954, ausg. 4/2. 1958. A. Prior. 28/8. 1953. — C. **1957.** 7506 [E. P. 756 516].)

Dow Chemical Co., übert. von: **William K. Schweitzer jun.,** Midland, Mich., V.St.A., *Präparat aus aromatischen Vinylpolymeren und Kunstkautschuk.* (**A. P. 2 878 232** vom 2/7. 1956, ausg. 17/3. 1959. **E. P. 815 201** vom 28/6. 1957, ausg. 17/6. 1959. A. Prior. 2/7. 1956. — C. **1961.** 3166 [Jap. A. S. 7644/1958].)

Goodyear Tire & Rubber Co., Akron, übert. von: **Ronald B. Spacht,** Kent, und **Coy E. Sturm,** Akron, Ohio, V.St.A., *Weichmacher für Vinylharze.* (**Can. P. 553 851** vom 7/7. 1954, ausg. 4/3. 1958. A. Prior. 31/3. 1954. — C. **1958.** 2580 [E. P. 772 197].)

Union Carbide Corp., übert. von: **Harry A. Fedderson,** Metuchen, N.J., V.St.A., *Harzmischungen aus Vinylchlorid–Octylacrylat-Polymeren und Acrylsäurenitril–Styrol-Mischpolymeren.* (**A. P. 2 889 308** vom 17/7. 1956, ausg. 2/6. 1959. — C. **1961.** 6326 [E. P. 817 587].)

Union Carbide & Carbon Corp., N.Y., übert. von: **Ernest H. Wood,** Westfield, N.J., und **James R. Wilkinson,** Milwaukee, Wis., V.St.A., *N.N'-Di-[β-naphthyl]-p-phenylendiamin zur Stabilisierung von Polystyrol.* (**Can. P. 552 449** vom 25/3. 1954, ausg. 28/1. 1958. A. Prior. 19/5. 1953. — C. **1957.** 6295 [A. P. 2 759 905].)

Distillers Co. Ltd., Edinburgh, Schottland, übert. von: **Henry M. Hutchinson,** Banstead, Surrey, und **Kenneth Stevens,** Wallington, Surrey, England, *Suspensionsstabilisatoren zur Perlpolymerisation von Styrolverbindungen.* (**Can. P. 553 509** vom 15/10. 1953, ausg. 25/2. 1958. E. Prior. 31/10. 1952. — C. **1956.** 9868 [E. P. 734 946].)

Farbwerke Hoechst Akt.-Ges., vormals Meister Lucius & Brüning, Frankfurt/M., *Halogenhaltige Polyolefine.* (**E. P. 842 416** vom 23/11. 1956, ausg. 27/7. 1960. D. Prior. 23/11. 1955. — C. **1959.** 6970 [Oe. P. 198 514].)

Farbwerke Hoechst Akt.-Ges., vormals Meister Lucius & Brüning, Frankfurt/M., *Hochmolekulare Polyolefine.* (**E. P. 841 982** vom 19/11. 1956, ausg. 20/7. 1960. D. Prior. 18/11. 1955. — C. **1960.** 2361 [F. P. 1 167 802].)

B. F. Goodrich Co., New York, N.Y., V.St.A., *Nachbehandlung von Vinylidencyanidmischpolymeren.* (**E. P. 840 331** vom 14/3. 1957, ausg. 6/7. 1960. A. Prior. 27/4. 1956. — C. **1960.** 343 [A. P. 2 842 525].)

Firestone Tire & Rubber Co., Akron, Ohio, V.St.A. (Erfinder: **Richard Winfield Kibler, Francis Anatole Bozzacco** und **Lawrence Edward Forman**), *Polymerisation von Diolefinen.* (**E. P. 841 691** vom 24/1. 1957, ausg. 20/7. 1960. — C. **1960.** 2030 [A. P. 2 849 432].)

Esso Research and Engineering Co., übert. von: **John Rehner jun.**, Westfield, und **William John Gilbert McCullough**, Plainfield, N.J., V.St.A., *Bestrahlen von Polymeren.* (**A. P. 2 936 271** vom 7/12. 1955, ausg. 10/5. 1960. — C. **1961.** 14480 [F. P. 1 165 597].)

Montecatini Soc. Gen. per l'Industria Mineraria e Chimica, Mailand, Italien, *Katalysatorkomplex zur Herstellung linearer hochmolekularer Poly-α-olefine.* (**E. P. 852 956** vom 17/6. 1957, ausg. 2/11. 1960. It. Prior. 20/6. 1956. — C. **1960.** 5661 [D. P. [DDR] 17 124].)

Farbwerke Hoechst Akt.-Ges., vormals Meister Lucius & Brüning, Frankfurt/M., *Herstellung von Polyolefinen.* (**E. P. 856 815** vom 11/4. 1957, ausg. 21/12. 1960. D. Prior. 12/4. 1956. — C. **1960.** 5333 [D. A. S. 1 022 382].)

Farbwerke Hoechst Akt.-Ges., vormals Meister Lucius & Brüning, Frankfurt/M., *Herstellung von Polyvinylalkoholen hoher Lösungsviscosität.* (**E. P. 857 147** vom 11/4. 1957, ausg. 29/12. 1960. D. Prior. 11/4. 1956. — C. **1960.** 666 [D. A. S. 1 038 756].)

Farbwerke Hoechst Akt.-Ges., vormals Meister Lucius & Brüning, Frankfurt/M., *(Sulfo-) Chlorieren von Niederdruckpolyäthylen.* (**E. P. 834 824** vom 30/7. 1956, ausg. 11/5. 1960. D. Prior. 28/7. 1955. — C. **1960.** 5660 [F. P. 1 167 042].)

Montecatini Soc. Gen. per l'Industria Mineraria e Chimica, Mailand, Italien, *Katalysatorkombination für Olefinpolymerisation.* (**E. P. 845 878** vom 27/9. 1956, ausg. 24/8. 1960. It. Prior. 28/9. 1955. — C. **1959.** 10739 [F. P. 1 157 667].)

Farbwerke Hoechst Akt.-Ges., vormals Meister Lucius & Brüning, Frankfurt/M., *Reinigen von Polyolefinen.* (**E. P. 831 123** vom 20/4. 1956, ausg. 23/3. 1960. D. Prior. 20/4. 1955. — C. **1959.** 8726 [F. P. 1 148 162].)

Badische Anilin- & Soda-Fabrik Akt.-Ges., Ludwigshafen/Rh., *Herstellung von Kondensationsprodukten durch Veräthern von Mischpolymerisaten.* (**E. P. 835 588** vom 28/2. 1957, ausg. 25/5. 1960. D. Prior. 1/3. 1956 u. 29/1. 1957. — C. **1961.** 676 [D. A. S. 1 060 596].)

Montecatini Soc. Gen. per l'Industria Mineraria e Chimica, Mailand, Italien, *Herstellung von hochmolekularen Mischpolymerisaten von α-Olefinen und Diolefinen.* (**E. P. 836 790** vom 12/3. 1956, ausg. 9/6. 1960. It. Prior. 18/3. 1955. — C. **1958.** 10791 [Oe. P. 194 131].)

Montecatine Soc. Gen. per l'Industria Mineraria e Chimica, Mailand, Italien, *Herstellung linearer hochpolymerer α-Olefine.* (**E. P. 836 814** vom 10/7. 1956, ausg. 9/6. 1960. It. Prior. 19/7. 1955. — C. **1960.** 13537 [D. P. [DDR] 18 044].)

Farbwerke Hoechst Akt.-Ges., vormals Meister Lucius & Brüning, Frankfurt/M., *Kontinuierliche Polymerisation von niederen Olefinen.* (**E. P. 841 263** vom 7/8. 1956, ausg. 13/7. 1960. D. Prior. 4/8. 1955. — C. **1961.** 7417 [D. A. S. 1 060 598].)

Rohm & Haas Co. (Erfinder: **Sidney Melamed**), Philadelphia, Pa., V.St.A., *Herstellung polymerer quaternärer Ammoniumverbindungen.* (**D. A. S. 1 118 457** Kl. 39c vom 20/3. 1956, ausg. 30/11. 1961. A. Prior. 21/3. 1955. — C. **1961.** 2807 [A. P. 2 893 573].)

Rohm & Haas Co. (Erfinder: **Peter La Roche de Benneville**), Philadelphia, Pa., V.St.A., *Herstellung von (Misch-) Polymeren.* (**D. A. S. 1 115 460** Kl. 39c vom 15/7. 1955, ausg. 19/10. 1961. A. Prior. 20/7. 1954. — C. **1960.** 11836 [E. P. 786 109].)

E. I. du Pont de Nemours & Co. (Erfinder: **Sidney Charles Overbaugh**), Wilmington, Del., V.St.A., *Polymerisation von Äthylen mittels eines Katalysators, der Tertiäralkylperester und Tertiäralkylhydroperoxyd enthält.* (**D. A. S. 1 113 307** Kl. 39c vom 7/10. 1957, ausg. 31/8. 1961. A. Prior. 9/10. 1956. — C. **1961.** 6697 [A. P. 2 909 513].)

Dow Chemical Co. (Erfinder: **Donald E. Ballast, Stanley M. Englund** und **Ralph M. Wiley**), Midland, Mich., V.St.A., *Kontinuierliche Suspensionspolymerisation.* (**D. A. S. 1 116 900** Kl. 39c vom 26/3. 1956, ausg. 9/11. 1961. A. Prior. 28/3. 1955. — C. **1960.** 15921 [E. PP. 802 061 u. 802 062].)

Phillips Petroleum Co. (Erfinder: **John Paul Hogan** und **Harry Newell Claudy**), Bartlesville, Okla., V.St.A., *Polymerisieren von Olefinen.* (**Schwz. P. 356 597** vom 22/9. 1956, ausg. 13/10. 1961. A. Prior. 22/9. 1955. — C. **1960.** 16272 [Aust. P. 217 629].)

Dow Chemical Co., Midland, übert. von: **William J. McMillan**, Midland, und **Keith R. Denslow**, Coleman, Mich., V.St.A., *Schäumungsverfahren und Herstellung von Körpern mit Zellstruktur.* (**A. P. 2 884 386** vom 24/9. 1956, ausg. 28/4. 1959. — C. **1961.** 6699 [F. P. 1 187 058 u. Jap. A. S. 9488/1958].)

Imperial Chemical Industries Ltd., London, England (Erfinder: **Roxburgh Richmond Aitken, Lawrence Michael Dadson** und **Herbert Gudgeon**), *Polyestermischungen.* (**E. P. 807 243** vom 7/9. 1956, ausg. 14/1. 1959. — C. **1960.** 4689 [Oe. P. 202 777].)

Inventa Akt.-Ges. für Forschung und Patentverwertung (Erfinder: **Charles Bolle**), *Rückgewinnung von Caprolactam aus Polymeren.* (**Aust. P. 224 461** vom 4/6. 1958, ausg. 5/11. 1959. Schwz. Prior. 16/7. 1957. — C. **1961.** 6328 [E. P. 827 703].)

Rütgerswerke Akt.-Ges., Frankfurt/M., übert. von: **Otto Süssenguth** und **Walter Scheib**, Letmathe/W., *Einstufenprozeß zur Herstellung von Harnstoff–Formaldehyd- und Melamin–Formaldehyd-Harzen.* (**Can. P. 553 629** vom 12/11. 1953, ausg. 25/2. 1958. D. Prior. 12/11. 1952. — C. **1957.** 2868 [F. P. 1 096 415].)

Dow Corning Corp., übert. von: **William M. McLean**, Midland, Mich., V.St.A., *Wärmebeständige Silicone.* (**Can. P. 553 511** vom 6/3. 1954, ausg. 25/2. 1958. A. Prior. 27/5. 1953. — C. **1957.** 9231 [F.P. 1 101 368].)

Dow Corning Corp., übert. von: **Donald E. Weyer**, Midland, Mich., V.St.A., *Siliconharzschaum.* (**Can. P. 553 512** vom 13/7. 1955, ausg. 25/2. 1958. A. Prior. 4/10. 1954. — C. **1959.** 7311 [F. P. 1 130 307].)

Hercules Powder Co., Wilmington, Del., übert. von: **Mortimer S. Thompson**, Lincroft, N.J., V.St.A., *Epoxydharz-stabilisierte Cellulosederivate.* (**Can. P. 553 350** vom 27/5. 1952, ausg. 18/2. 1958. A. Prior. 4/10. 1951. — C. **1956.** 12154 [A. P. 2 710 844].)

Swift & Co., Chicago, übert. von: **Harland H. Young**, Western Springs, und **Edward F. Christopher**, Chicago, Ill., V.St.A., *Harnstoffderivate von Proteinen.* (**Can. P. 552 830** vom 17/10. 1955, ausg. 4/2. 1958. A. Prior. 9/9. 1955. — C. **1961.** 11168 [A. P. 2 923 691].)

E. I. du Pont de Nemours & Co., übert. von: **Herbert Nagel** und **Lawrence Roy Hatt**, Wilmington, Del., V.St.A., *In der Wärme schrumpfende Folien aus Polyäthylenglykolterephthalat.* (**A. P. 2 876 067** vom 9/9. 1955, ausg. 3/3. 1959. — **C. 1960.** 17297 [E. P. 812 448].)

W. Ss. Fadejewa, Formierungsvermögen plastisch disperser Massen. Moskau: Gosstroiisdat. 1961. (128 S. m. Abb.) 49 Kop. [Russ.]

XII. Kautschuk

Elastomere: Terminologie und Nomenklatur. F. Baccini, G. Brundo, E. Cianetti, E. Dard und E. Fivoli. (Rass. chim. **13.** 38—43. Jan./Febr. 1961.) (Ital.) B. SCHEIFELE. 7220□

Technische Klassifikation von Naturkautschuk. K. F. Heinisch. (Gummi-Asbest-Kunststoffe **14.** 396—97. 414. Mai 1961. Rubber Res. Inst. of Ceylon.) (Dt.)

Die Entw. der techn. Klassifikation von Naturkautschuk, die Feststellung der Vulkanisationsklasse (Best. der Vulkanisations-Geschw.) u. deren prakt. Durchführung mit dem Ziel einer gleichmäßigen Produktion werden erörtert. R. SCHÄFF. 7222□

Die Temperaturverschiebung des Einfrierbereiches bei der Vernetzung von Naturkautschuk. H. D. Heinze, K. Schmieder, Gg. Schnell und K. A. Wolf. (Kautschuk u. Gummi **14.** Nr. 7. WT 208—WT 217. Juli 1961. Ludwigshafen/Rh., BASF, Anwendungstechn. Abt., Meß- u. Prüf-Labor.) (Dt.)

Die schon seit längerer Zeit bekannte — durch S-Vulkanisation an Naturkautschuk hervorgerufene — Temp.-Verschiebung des Übergangsbereiches vom eingefrorenen in den gummielast. Zustand wurde vom Vf. auf Grund von Vergleichsmessungen an durch S vulkanisiertem u. an durch Bestrahlung sowie durch Peroxide vernetztem Naturkautschuk kontrolliert. — 37 Literaturangaben. N. PETERS. 7222□

Dauer der Stabilität von Latex bei Gegenwart von Zink und seine Verarbeitungseigenschaften. J. L. M. Newham, K. O. Calvert und D. J. Simcox. (Rev. gén. Caoutchouc **38.** 801—03. Mai 1961. Birmingham, Dunlop Res. Centre.) (Franz.)

Die Stabilisationsdauer von Latex bei Anwesenheit von Zn-Salzen (auch ZST-Test genannt) läßt Angaben über die Eignung des Latex für eine Bearbeitbarkeit in bestimmter Richtung zu. Die Reproduzierbarkeit dieser Meth. wird allg. als günstig angesehen. Der Test beruht auf einem tatsächlichen chem. Gleichgewicht unter genau einzuhaltenden Vers.-Bedingungen. N. PETERS. 7222□

Feste Polysulfidpolymere. Günther Göbel. (Kautschuk u. Gummi **13.** WT 134 bis 138. Mai 1960. Mannheim.) (Dt.)

Die 3 festen Typen von Polysulfidpolymeren Thiokol-A, -FA u. -ST der THIOKOL CHEM. CORP. u. ihre Charakterisierung werden erörtert. Richtrezepturen werden angegeben. R. SCHÄFF. 7224□

Gießfähige Urethanelastomere. H. L. Heiss. (Rubber Age [New York] **88.** 89—97. Okt. 1960.) (Engl.)

Wegen ihrer guten Eigg. bei niedrigen Temp., günstiger elektr. Eigg. u. dem hervorragenden Verh. gegen Chemikalien u. Lsgm. werden Urethanelastomere gern verwendet. In zahlreichen Tabellen werden die physikal. Eigg. von geschmolzenen Hart- u. Weich-Urethanelastomeren miteinander verglichen. N. PETERS. 7224□

Elektrisch leitender, rußhaltiger Siliconkautschuk. Hisashi Manami und Shunichiro Nishizaki. (Kōgyō Kagaku Zasshi [J. chem. Soc. Japan, ind. Chem. Sect.] **62.** 884—87. Juni 1959. Amagasaki, Mitubishi-Denki.) (Jap.; Auszug: Engl.)

Vinylmethylsiloxan (I) wird mit verschiedenen Ruß-Präpp. geknetet u. mit Di-tert.-butylperoxid oder Dicumylperoxid vulkanisiert. Die Leitfähigkeit der Prodd. hängt stark von den Rußarten sowie vom Geh. an Vinylresten in I ab, wird jedoch durch Härtemittel sowie durch Meth. des mechan. Aufarbeitens nur wenig beeinflußt. Ein gutes Prod. zeigte einen Widerstand $<10\ \Omega\cdot cm^{-1}$, eine Zugfestigkeit von 30—50 kg/cm² u. eine Dehnung von 300%. E. MAEKAWA. 7224

Thermische Verschlechterung und Änderung des elektrischen Widerstands des elektrisch leitenden Siliconkautschuks. Hisashi Manami und Shun-ichiro Nishizaki. (Kōgyō Kagaku Zasshi [J. chem. Soc. Japan, ind. Chem. Sect.] **62.** 887—90. Juni 1959.) (Jap.; Auszug: Engl.) — Vgl. vorst. Referat.

Der in der vorst. Mitt. aus *Methylvinylsiloxan* (I) u. Ruß hergestellte Siliconkautschuk wird bei 250° schneller therm. verschlechtert als der ähnlich aus I u. Kieselsäurefüllstoffen hergestellte. Der elektr. Widerstand des rußhaltigen Siliconkautschuks zeigte einen positiven Temp.-Koeffizient. E. MAEKAWA. 7224

Organische Pigmente in der Gummiindustrie. Bruno Hirsekorn. (Gummi-Asbest-plast. Massen **13.** 692. 694. Sept. 1960. Ludwigshafen/Rh., Bad. Anilin- u. Soda-Fabrik A.G.) (Dt.)

Pastenförmige Farbstoffkonzentrate lassen sich sehr rasch dispergieren, während feste Farbstoffzubereitungen, bes. granulatförmige, leicht zu dosieren sind.
B. SCHEIFELE. 7226□

Die Rolle der Rußstruktur bei der Kautschukverstärkung. Einflüsse des niedrigen Strukturniveaus. C. W. Sweitzer. (Rubber Age [New York] **89**. 269—82. Mai 1961. New York, N.Y., Columbian Carbon Co.) (Engl.) — Vgl. C. **1959**. 972.

Ruße mit niedrigeren Strukturniveaus, wie MT- u. FT-Ruß, ergeben niedrigere Modulwerte. Nachdem Unterss. zeigten, daß solche Verstärkerruße zu verbesserten Reifen-Eigg. führen, wurden mehrere Meth. für die Herst. dieser Rußtypen entwickelt. Damit stehen den Kautschukverarbeitern Rußtypen für prakt. alle Reifeneinsatzprobleme zur Verfügung.
R. SCHÄFF. 7226□

Über die Verstärkung von Naturlatex- und Syntheselatexfilmen mit Kieselsolen. H. Esser und G. Sinn. (Kautschuk u. Gummi **13**. WT 126—WT 132. Mai 1960. Leverkusen, Farbenfabriken Bayer A.G., Anwendungstechn. Abt.) (Dt.)

Effekte bei der Verstärkung von Naturkautschuk-Latexfilmen mit Kieselsolen (I; echte koll. Lsgg. von Kieselsäure in W.) wurden untersucht (Einfl. auf die mechan. Werte, das Quell-Verh. in W. u. Bzn. u. die Alterungs-Eigg.). I übt eine deutliche Verstärkung aus. Verschiedene BET-Werte von I haben prakt. keine zusätzlichen Effekte. Aus einem Vgl. mit einer Kieselsäuredispersion wird gefolgert, daß der Verstärkungseffekt durch I mit der idealen Verteilung im Latex zusammenhängt. Bei Verss. mit I in Mischungen synthet. Latices wurde beobachtet, daß bei allen Vulkanisaten neben einer Erhöhung des Spannungswertes eine beträchtliche Steigerung der Zugfestigkeit u. des Weiterreißwiderstandes bei nur unwesentlichem Absinken der Bruchausdehnung erfolgt.
R. SCHÄFF. 7226□

Einfluß der Aminstruktur auf die Eigenschaften von vernetztem Polyurethan. A. J. Sampson und C. F. Blaich jun. (Rubber Age [New York] **89**. 263—68. Mai 1961. North Haven, Conn., Carwin Co.) (Engl.)

Bei Adiprene L-100 (handelsübliches fl. Vorpolymerisat aus Diisocyanat u. einem Polyalkylenätherglykol mit Isocyanat-Endgruppen) wurden folgende Amine im Vgl. zu Methylen-bis-[o-chloranilin] als Vernetzungsmittel geprüft, um den Einfl. der Struktur auf die Eigg. der Urethanelastomeren zu ermitteln: 4.4'-Methylen-bis-[anilin], Polymethylenpolyanilin (Anilin-CH_2O-Kondens.-Prod.), p-Phenylendiamin, Dianisidin, Tolidin (I), Benzidin (II) u. 3.3'-Dichlorbenzidin (III). Einige substituierte Amine des II-Typs (I u. III) erbringen bes. gute Eigg. der Elastomeren (sehr hoher Modul, Einreißfestigkeit, Zugfestigkeit u. Lsgm.-Beständigkeit). Aus Verarbeitungsgründen eignet sich bes. III.
R. SCHÄFF. 7226□

Vulkanisation von Siliconkautschuk durch energiereiche Strahlung. D. J. Fischer, R. G. Chaffee und E. L. Warrick. (Rubber Age [New York] **88**. 77—84. Okt. 1960.) (Engl.)

Energiereiche Strahlung hat die Bldg. freier Radikale zur Folge u. regt dadurch zur Entstehung neuer Verbb. über neue Netzstrukturen an. Auf diese Weise läßt sich auch der herkömmliche Vulkanisationsvorgang verbessern. Früher erfolgte die Vernetzung über S-Moleküle, während sie bei der Anwendung energiereicher Strahlung über C-Atome erfolgt. Der Wrkg.-Grad der Strahlungsvulkanisation wird durch Messung der technolog. Eigg., wie Zug-Dehnungsmessung, Ermittlung des E-Moduls u. a., bestimmt.
N. PETERS. 7228□

Das Verhalten von Elastomeren bei Hochtemperaturvulkanisation. Frank B. Smith. (Rubber Chem. Technol. **34**. 571—87. April/Juni 1961. Naugatuck, Conn., U. S. Rubber Co., Naugatuck Chem. Div.) (Engl.)

Die Hoch-Temp.-Vulkanisation von Kautschukmischungen (Temp.-Bereich 177 bis 260°) wird erörtert. Einige charakterist. Unterschiede zwischen Polymeren u. Vulkanisations-Syst. werden aufgezeigt. Aus den Unterss. an verhältnismäßig einfachen Reifenmischungen u. den Messungen weniger physikal. Grund-Eigg. werden bestimmte grundsätzliche Ergebnisse abgeleitet. Im untersuchten Bereich bis 260° ist die Steigerung der Vulkanisations-Temp. (bes. oberhalb 188°) für alle Polymere — aber abhängig vom Polymertyp — schädlich. Diese Nachteile können teilweise oder völlig durch Wahl des geeigneten Vulkanisations-Syst. für Polymere, wie Naturkautschuk u. Butylkautschuk, behoben werden.
R. SCHÄFF. 7228□

Änderungen der niederfrequenten elektrischen Eigenschaften von Naturkautschuk-Reingummi-Mischungen während des Vulkanisationsvorganges. Jacques Fayolle und René Chasset. (Rev. gén. Caoutchouc **38**. 787—98. Mai 1961. Inst. Franç. du Caoutchouc.) (Franz.)

Die Vf. haben während der Vulkanisation die dielektr. Absorption u. die Leitfähigkeit gemessen. Sie führen die hohen Anfangswerte auf Rkk. mit Ionencharakter zurück. Später werden beide Werte erheblich kleiner, u. zwar um so schneller, je größer die Vulkanisations-Geschw. ist. Der Typ des Beschleunigers beeinflußt erheblich den Wert dieser elektr. Größen u. es hat den Anschein, als ob Zn-Ionen, die in der Mischung vorhanden sind, mehr oder weniger zum Dissoziieren neigen. Es konnte gezeigt werden, daß hierbei interessante Aussagen über den Wirkungsmechanismus verschiedener Beschleunigertypen gemacht werden konnten. N. Peters. 7228□

Phenolharze als Vulkanisationsmittel. A. Giller. (Kautschuk u. Gummi **14.** Nr. 7. WT 201—WT 207. Juli 1961. Wiesbaden-Biebrich, Chem. Werke Albert, Kunstharz-Forsch.-Abt.) (Dt.)

Die Vulkanisation von Butylkautschuk durch Phenolharze kann unter Zusatz von halogenhaltigen Stoffen u. Zn-Verbb. beschleunigt werden. Es konnte gezeigt werden, daß die katalyt. Wrkg. dieser Substanzen erheblich verstärkt werden kann, wenn die Mischungen vor Zugabe des Harzes einer Wärmebehandlung ausgesetzt werden. Bei Verw. gut vulkanisierender Harze ist schon bei 3% Harzzusatz zum Elastomer ein guter Vulkanisationseffekt zu erzielen. Butadien/Styrol-Mischpolymerisate (Buna) lassen sich in der gleichen Weise wie Butylkautschuk durch Phenolharze vulkanisieren. — 16 Literaturangaben. N. Peters. 7228□

Gemischter Niederschlag von Lignin und synthetischem Gummi. Shôzô Wada. (Kôbunshi [High Polymers] **9.** 61—66. Jan. 1960. Tôkyô, Kokusaku-Parupu.) (Jap.)

Übersicht. — 35 Literaturangaben. E. Maekawa. 7230

Beitrag zur Analyse von Elastomeren in Vulkanisaten. Papierchromatographische Identifizierung von Elastomer-Pyrolysaten. H. Feuerberg, W. Kretschmer und H. Weigel. (Kautschuk u. Gummi **14.** Nr. 7. WT 218—WT 222. Juli 1961. Berlin-Dahlem, Bundesanstalt für Materialprüfung.) (Dt.)

Die Best. von Elastomeren u. Vulkanisaten kann durch Pyrolyse unter Anwendung sehr genauer Arbeitsvorschriften u. durch Anfertigung von Hg-Acetat-Addukten sowie anschließendes Chromatographieren ziemlich genau erfolgen. Die beschriebene Meth. gilt vorerst nur für die Analyse von Vulkanisaten, die nur ein Elastomeres enthalten; es sollen Wege gefunden werden, Elastomer-Gemische auf diesem Wege zu analysieren. — 11 Literaturangaben. N. Peters. 7248□

Phillips Petroleum Co., Bartlesville, Okla., V.St.A., **Kautschukartige Butadienpolymerisate** mit hohem Geh. an cis-1.4-Struktur erhält man durch Polymerisation in Ggw. eines aus Hg- oder Zn-Alkyl u. TiJ_4 gebildeten Katalysators in einem KW-Stoff als Lsgm. bei 0—150°. (**E. P. 852 313** vom 13/3. 1959, ausg. 26/10. 1960. A. Prior. 21/3. u. 25/4. 1958.) L. Stadelmann. 7225

Imperial Chemical Industries Ltd., London, England (Erfinder: Kenneth Barry Jarrett), **Verbesserte Kautschukmischungen,** bestehend aus 100 (Teilen) Natur- oder Synth.-Kautschuk u. 0,1—10 eines Vinylpyridin-Polymerisates oder -Copolymerisates, z. B. Polymerisate von 2-, 3- oder 4-Vinylpyridin oder 2-Methyl-5-vinylpyridin. (**E. P. 818 285** vom 14/1. 1957, ausg. 12/8. 1959.) W. Overbeck. 7227

Imperial Chemical Industries Ltd. (Erfinder: Vincent Kerrigan und Walter Reading Pryer), **N-tert.-Octyl-bis- (benzthiazyl-2-sulfen)-imide** der allg. Zus. I (R = tert. Octyl), *Vulkanisationsbeschleuniger,* erhält man durch Rk. eines Benzthiazyl-2-sulfenhalogenids mit einerm tert. Octylamin oder N-tert.-Octylbenzthiazyl-2-sulfenamids in inerten organ. Lsgm. bei 0—75°, vorteilhaft 20—40°. — So erhält man z. B. aus Benzthiazyl-2-sulfenchlorid u. tert. Octylamin *N-tert.-Octyl-bis-(benzthiazyl-2-sulfen)-imid,* Kristalle aus PAe., F. 105—107°. (**Aust. P. 225 255** vom 26/8. 1958, ausg. 3/12. 1959.) O. Roick. 7229

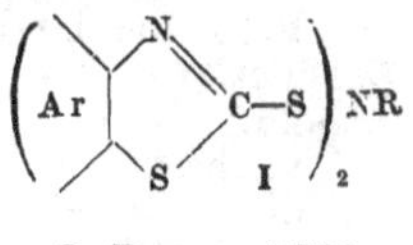

Magyar Állam (Erfinder: Zoltán Bruckner und Margarete Kovács), Budapest, Ungarn, **Regenerieren von Gummi** erfolgt unter Depolymerisation durch mechan. Einw. von Wärme, wobei man Weichmacher, bes. Steinkohlenteer, u. oberflächen akt. Stoffe (I) in Ggw. von W. einarbeitet. Als I kommen in saurem Medium säurebeständige Verbb., wie stark sulfonierte Fettsäure-Verbb., in alkal. Medium alkalibeständige Verbb., wie Amine oder Amid-Verbb. u. in neutralen Medium bes. Fettsäureester, in Betracht. (**Ung. P. 144 019** vom 29/4. 1955, ausg. 1/7. 1958.) G. König. 7233

Hercules Powder Co., Wilmington, Del., übert. von: **Robert M. Brooks,** Milltown, N.J., und **Vernon R. Grassie,** Kennett Square, Pa., V.St.A., *Herstellung von chloriertem Kautschuk.* (**Can. P. 553 863** vom 9/1. 1956, ausg. 4/3. 1958. A. Prior. 27/6. 1955. — C. **1959.** 17524 [E. P. 793 663].)

B. F. Goodrich Co., New York, N.Y., V.St.A., *Stabile, emulsionsfreie Latices.* (**E. P. 865 863** vom 2/9. 1957, ausg. 19/4. 1961. A. Prior. 28/9. 1956. — C. **1961.** 4913 [D. A. S. 1 055 241].)

Montecatini Soc. Gen. per l'Industria Mineraria e Chimica, Mailand, Italien, *Herstellung von linearen ungesättigten Mischpolymeren mit hohem Mol-Gewicht.* (**E. P. 858 067** vom 10/7. 1957, ausg. 4/1. 1961. It. Prior. 11/7. 1956. — C. **1960.** 2370 [Oe. P. 202 771].)

E. I. du Pont de Nemours & Co., übert. von: **Richard O. Braendle**, Wilmington, Del., V.St.A., *Kautschuk mit Methoxygruppen enthaltenden SiO_2-Füllstoffen.* (**Can. P. 553 515** vom 23/4. 1953, ausg. 25/2. 1958. A. Prior. 9/5. 1952. — C. **1957.** 13826 [A. P. 2 751 366].)

E. I. du Pont de Nemours & Co., Wilmington, übert. von: **Gelu Stoeff Stematoff**, Newark, Del., V.St.A., *2.3-Dichlorbutadien-(1.3)-Polymerisate.* (**A. P. 2 915 495** vom 23/4. 1956, ausg. 1/12. 1959. — C. **1960.** 4047 [D. A. S. 1 065 604].)

E. I. du Pont de Nemours & Co., Wilmington, Del., V.St.A., *Alterungsschutzmittel für Chloroprenpolymerisate.* (**E. P. 813 976** vom 15/10. 1957, ausg. 27/5. 1959. A. Prior. 14/11. 1956. — C. **1960.** 5638 [A. P. 2 868 764].)

General Electric Co., Schenectady, übert. von: **Frederick M. Lewis**, Ballston Lake, und **Elliott J. Lawton**, Schenectady, N.Y., V.St.A., *Vulkanisieren von Silicongummi durch Elektronen hoher Energie.* (**Can. P. 553 828** vom 27/5. 1953, ausg. 4/3. 1958. A. Prior. 3/6. 1952. — C. **1961.** 5273 [D. A. S. 1 050 993].)

Hercules Powder Co. (Erfinder: **William D. Willis**), Wilmington, Del., V.St.A., *Vulkanisieren von Butadien–Styrol-Mischpolymerisatkautschuk.* (**Jap. A. S. 3386/1960** vom 17/7. 1957, ausg. 9/4. 1960. A. Prior. 4/12. 1956. — C. **1960.** 8368 [E. P. 811 140].)

Dominion Rubber Co. Ltd., Montreal, Quebec, Canada, übert. von: **Norman K. Sundholm**, Naugatuck, Conn., V.St.A., *Herstellung von N-[Thiocarbamylmercapto]-benzothiazol-2-sulfenamiden.* (**Can. P. 553 791** vom 28/5. 1956, ausg. 4/3. 1958. A. Prior. 19/8. 1955. — C. **1959.** 9419 [A. P. 2 768 061].)

B. F. Goodrich Co., New York, N.Y., V.St.A. (Erfinder: **Edwin M. Maxey**), *Herstellung brennstofffester Kautschukwaren.* (**Jap. A. S. 3244/1960** vom 28/12. 1956, ausg. 7/4. 1960. A. Prior. 4/1. 1956. — C. **1961.** 16679 [F. P. 1 168 372].)

Dominion Rubber Co. Ltd., Montreal, Quebec, Canada, übert. von: **Charles F. Fisk**, Clifton, und **Albert W. Meyer**, Nutley, N.J., V.St.A., *Butadien–Acrylnitril-Mischpolymerisat mit Phenol–Formaldehyd-Harz und Weichmacher.* (**Can. P. 553 788** vom 23/8. 1951, ausg. 4/3. 1958. A. Prior. 7/10. 1950. — C. **1955.** 2093 [A. P. 2 659 706].)

Goodyear Tire & Rubber Co., Akron, übert. von: **Nelson C. Bletso**, Kent, Ohio, V.St.A., *Fasereinlagen für Kautschuk.* (**A. P. 2 975 095** vom 23/5. 1955, ausg. 14/3. 1961. — C. **1960.** 5022 [F. P. 1 140 485].)

—, Methoden zur Kontrolle der Produkte bei der Herstellung von synthetischem Kautschuk. Moskau: Gosschimisdat. 1960. (144 S. m. Abb.) 40 Kop. [Russ.]

—, *Kautschuk-Handbuch.* Zweiter Band. Herausgegeben von **Siegfried Boström.** Mit 361 Abbildungen. Stuttgart: Berliner Union 1960. (568 S.) Subskriptionspreis des Gesamtwerkes 360,— DM, Bd. II DM 140,—. Die Subskription erlischt bei Erscheinen des letzten Bandes. Gesamtwerk mindestens DM 450,—.

Der vorliegende 2. Band des „Kautschuk-Handbuchs" umfaßt folgende Kapitel: Polysulfid-Polymere (**Ferdinand Kirchhof**); Siliconkautschuk (**Julius Peter**); Polyurethan-Elastomere (**Cornelius Mühlhausen**); Polyvinylchlorid (**Heinrich Berger**); Regenerat (**Herbert Günther**); allg. Technologie des Naturkautschuks (**Siegfried Boström**); die Technologie der Butadien–Styrol-Polymerisate (**Siegfried Boström**); Butadien–Acrylnitril-Mischpolymerisate (**Werner Hofmann**); die Technologie des Butylkautschuks (**Siegfried Boström**); Füllstoffe (**Siegfried Boström**); Weichmacher u. sonstige Zusatzstoffe (**Siegfried Boström**); Färbemittel für Gummi (**Bruno Hirsekorn**); Hilfsmittel für die Fabrikation (**Siegfried Boström**); Textilien (**Ernst Pieper**); Mischaggregate, Kalander, Spritzmaschinen u. Lösungskneter (**Alfred Romanowski**); sonstige Maschinen (**Hans Eichstädt**).

M. WINIKER

XIII. Ätherische Öle. Parfümerie. Kosmetik

Probleme der Destillationstechnik von ätherischen Ölen. 1. Mitt. **Verwertung der Destillationswässer.** A. M. Burger. (Parfümerie u. Kosmet. **40.** 610—12. Nov. 1959. Angola.) (Dt.)

Vf. bespricht einige Möglichkeiten der Wiedergewinnung wertvoller äther. Öle aus den Dest.-Wässern, wie das „Kohibieren" (dest. des Destillationswassers), das jedoch als unwirtschaftlich angesehen wird. Besser ist die Dest. in Kolonnen-App. mit Glocken oder Böden. Bewährt hat sich auch die kontinuierliche fl.–fl. Gegenstromextraktion. Vf. hat nach diesen verschiedenen Meth. Destillationswasseröle hergestellt, so Geranium-Wasseröl mit einem Geh. an Gesamt-*Geraniol–Citronellol* von 79,3% u. Lemongras-Wasseröl mit einem *Citral*-Geh. von 85%. H. SPOHN. 7262□

Über die Dehydration von Terpinhydrat zu Terpineol. K. A. Bogdanow, L. A. Borowskaja und S. T. Jemeljanenko. (Маслобойно-Жировая Промышленность [Öl- u. Fett-Ind.] **27.** Nr. 7. 40—41. Juli 1961. Kaluga, Kombinat für synthet. Riechstoffe.) (Russ.)

Terpinhydrat (I) wird mit W. bis zur neutralen Rk. gewaschen u. die Terpentinreste durch Waschen mit Toluol entfernt. I (100 g mit 30% W.) wird mit 200 g 0,4 bis 0,5%ig. H_2SO_4 2 Std. unter Rückfluß erhitzt, die ölige Schicht abgetrennt, mit Na_2CO_3- bzw. NaOH-Lsg. gewaschen, über Na_2CO_3 bei 9—10 mm Hg u. 23—27° dest. u. wiederholt fraktioniert. Die Ausbeute an 99—100%ig. *Terpineol* beträgt 40 g (72%). Die Qualität als Parfümerie-Prod. erwies sich als einwandfrei. S. BARYSCHNIKOW. 7276

Herstellung von 2-Hexylcyclopentenon (Dihydrojasmon). I. W. Matschinskaja und A. Ss. Podberesina. (Маслобойно-Жировая Промышленность [Öl- u. Fett-Ind.] **27.** Nr. 12. 29—31. Dez. 1961. Moskau, Mendelejew-Chem.-Technol. Inst.) (Russ.)

Herst.-Verff. für *2-Hexylcyclopentenon* (**I**; Dihydrojasmon) aus Undecylsäure (**II**) bzw. aus Undecalacton (**III**) werden beschrieben. 25 g **II** u. 40 g Polyphosphorsäure (**IV**) werden $1^1/_2$ Std. auf 50—60° erwärmt. Das abgekühlte u. in kaltes W. gegossene Rk.-Prod. wird mehrmals mit Ae. extrahiert, die äther. Lsg. nachfolgend mit W., 10%ig. Na_2CO_3-Lsg. u. gesätt. NaCl-Lsg. gewaschen u. mit Na_2SO_4 getrocknet. Nach Dest. des Ae. wird das Keton bei 2 mm Hg destilliert. Die Ausbeute an **I** ($Kp._2$ 94—95°; n_D^{20} 1,471; $D._4^{20}$ 0,9164) beträgt 36% der theoretischen. Zur Herst. von **I** aus **III** werden 27,5 g **III** u. 44 g **IV** bei 1,5 mm Hg vorsichtig erwärmt. Das homogen u. dunkelrot gewordene Rk.-Prod. wird bei 1,5 mm destilliert. Die Ausbeute an **I** beträgt 32,4% der Theorie. S. BARYSCHNIKOW. 7276

Variationen über Jasmin. E. P. Meunier. (Parfümerie u. Kosmet. **40.** 608—09. Nov. 1959.) (Dt.)

Hinweise auf die besondere Bedeutung des Jasminöles für das französ. Parfüm. Vf. ist der Ansicht, daß der beste Jasmin in Grasse in Frankreich angebaut wird. Synthet. Jasminöl vermag das natürliche nicht auch nur teilweise zu ersetzen, bietet jedoch die Möglichkeit, bes. in Verbindung mit natürlichem Jasminöl, zu neuen interessanten Duftnoten. H. SPOHN. 7276□

Die Parfümierung der Hautcremes. K. J. Pfeiffer. (Parfümerie u. Kosmet. **40.** 616—18. Nov. 1959.) (Dt.)

Neben kommerziellen Gründen können auch ästhet. u. rein therapeut. Gründe die Parfümierung von Hautcremes notwendig erscheinen lassen. Für die Creme-Parfümierung sind eine Reihe von Bedingungen zu beachten, wie Verträglichkeit der Duftsubstanzen, Notwendigkeit der Überdeckung des Eigengeruches der Crememasse, Stabilität der Duftstoffe u. deren Verträglichkeit mit der Crememasse u. der Verpackung. H. SPOHN. 7276□

Die Bedeutung der fettwissenschaftlichen Forschung für Dermatologie und Kosmetik. G. Hopf. (Parfümerie u. Kosmet. **40.** 613—15. Nov. 1959. Hamburg-Langenhorn, Allg. Krankenhaus Heidberg, Hautklinik.) (Dt.)

Die Auswahl fetthaltiger Salben u. Salbengrundlagen vom Gesichtspunkt des Dermatologen u. Kosmetologen ergibt sich aus den Erfordernissen der Behandlung (Abdeckung, Aufsaugfähigkeit, Berücksichtigung der Hautdurchfettung, Eindringung) u. der Hauttherapie bzw. Hautpflege u. Kosmetik, was vom Vf. näher erläutert wird. H. SPOHN. 7284□

Feuchtigkeitsmessung durch Leistungsaufnahme von Radiofrequenzen. Patricia S. Miller und John J. Jones. (Proc. sci. Sect. Toilet Goods Assoc. **1959.** Nr. 31. 14—18. Mai.) (Engl.)

Vff. beschreiben einen Feuchtigkeitsmesser der nach dem Prinzip der Leistungsaufnahme von Funkfrequenzen arbeitet. Sie entwickeln die theoret. Grundlagen u. zeigen, daß die Meth. für die Betriebskontrolle, wo es auf die schnelle u. exakte Best. der freien Feuchtigkeit (z. B. in Rohstoffen für die kosmet. Industrie) ankommt, geeignet ist. K. DÖRFEL. 7284□

Natriumlactat in der Kosmetik. A. L. Barber. (Perfum. essent. Oil Rec. **52.** 715—20. Nov. 1961. Widnes, Bowmans Chemicals Ltd.) (Engl.)

Vf. berichtet über die feuchtigkeitshaltenden Eigg. von Na-Lactat (**I**) u. stellt sie den üblichen Prodd. in Cold-, Schutz-, Erweichungs-, Hand- u. Rasiercremes, Haarwasser u. dgl. entgegen. **I** hat keinen Einfl. auf die Stabilität der Emulsion u. ist mit den verarbeiteten Stoffen gut verträglich. In Verbindung mit Milchsäure wirkt es gleichzeitig als Puffer u. Feuchtigkeitshalter. Seifen-Lsgg. gegenüber verhält sich **I** wie andere Elektrolyte. Für Antischweiß- u. Haarlegemittel wird **I** nicht empfohlen. K. DÖRFEL. 7284□

Über den Mechanismus der Feuchtigkeitsregulierung in der Hornschicht der Haut. Otto K. Jacobi. (Proc. sci. Sect. Toilet Goods Assoc. **1959.** Nr. 31. 22—24. Mai. Wiesbaden, Kolmar Res. Center.) (Engl.)

Inhaltlich ident. mit der C. **1960.** 6685 referierten Arbeit. K. DÖRFEL. 7284□

Allantoin und die neueren Aluminiumallantoinate. S. B. Mecca. (Proc. sci. Sect. Toilet Goods Assoc. **1959.** Nr. 31. 1—6. Mai. Philadelphia, Pa., Schuylkill Chem. Co.) (Engl.) — Vgl. C. **1960.** 8708.

Übersicht über die Verw. von Allantoin u. seinen Al-Salzen (Al-Chlorhydroxyallantoinat u. Al-Dihydroxyallantoinat) in adstringierenden Cremes, Antischweißmitteln u. Desodorantien. — 24 Literaturangaben. K. DÖRFEL. 7284□

In vitro- und Anwendungsuntersuchungen zur Charakterisierung keimtötender Mittel. Harry L. Rubenkoenig und Paul A. Majors. (Proc. sci. Sect. Toilet Goods Assoc. **1959.** Nr. 31. 25—27. Mai. Miamiville, Ohio, Hill Top Res. Inst.) (Engl.)
Inhaltlich ident. mit der C. **1960.** 16961 referierten Arbeit. K. DÖRFEL. 7284□

Zum Lockerwerden der Kaltwelle. Gavern T. Walker. (Seifen-Öle-Fette-Wachse **87.** 828—29. 6/12. 1961.) (Dt.)
Vf. vergleicht chem. ähnlich verlaufende Rkk. beim „Curing"-Prozeß der Polysulfidgummi-Herst. mit dem Neutralisationsvorgang der Kaltwelle. In beiden Fällen vernetzen nur Sulfhydrylgruppen nebeneinanderliegender Polymerketten zu Disulfidbrücken. Isolierte Mercaptangruppen führen zu unerwünschter Lockerung. Reaktionsmöglichkeiten u. prakt. Auswirkungen beim Kaltwell-Verf. werden diskutiert. W. PETT. 7284□

Über die Bestimmungsmethoden für das ätherische Öl im Eugenolbasiliumkraut. L. I. Aleschina, N. L. Gurwitsch und W. Ss. Tischkowa. (Маслобойно-Жировая Промышленность [Öl- u. Fett-Ind.] **27.** Nr. 7. 34—36. Juli 1961. Krasnodar, Zentr. Chem. Labor. der Verw. für Lebensmittelind. des Volkswirtschaftsrates; Krasnoarmeisk, Staatsgut u. Fabrik für äther. Öle.) (Russ.)
Vff. kritisieren die gegenwärtig in der Industrie angewandte Best.-Meth. für äther. Öl (I) im Eugenolbasiliumkraut (Dest. des Rohprod. mit Wasserdampf mit oder ohne Extraktion des Destillats mit Ae. bzw. Best. von I nach der bromid-bromatometr. Best. des Eugenols des Öls). Die Wasserdampf-Dest. des Rohprod. mit nachfolgender nephelometr. Best. von I im Destillat (näheres über die Ausführung der Best. wird nicht angegeben) erscheint den Vff. als zweckmäßig. S. BARYSCHNIKOW. 7286

Bestimmung der flüchtigen Anteile von Aerosolen durch Gaschromatographie. J. W. Jenkins und J. M. Amburgey. (Proc. sci. Sect. Toilet Goods Assoc. **1959.** Nr. 31. 19—21. Mai. Jersey City, N.J., Colgate-Palmolive Co.) (Engl.)
Inhaltlich ident. mit der C. **1960.** 16615 referierten Arbeit. K. DÖRFEL. 7294□

Bestimmung des Kräuseleffektes von Locken, die mit Wasser, Haarspray und Wellmittel behandelt wurden. E. J. Stavrakas, M. M. Platt und W. J. Hamburger. (Proc. sci. Sect. Toilet Goods Assoc. **1959.** Nr. 31. 36—39. Mai. Dedham, Mass., Fabric Res. Labor., Inc.) (Engl.)
Zur Bewertung des Widerstandes gegen die Deformierung von Locken wird der Index K durch Lastdehnungsmessungen mit einem Spannungsprüfer ermittelt. Die mit Thioglykolsäure behandelten Haarstränge zeigten einen wesentlich höheren K-Index als die mit Spray u. W. behandelten. Die Messungen sollen fortgeführt werden. K. DÖRFEL. 7294□

Givaudan Corp., New York, N.Y., übert. von: Julian Dorsky, Rockaway, und William M. Easter jun., Hasbrouck Heights, N.J., V.St.A., **α-Methylhydrozimtaldehyddimethylacetal** (I) erhält man aus α-Methylhydrozimtaldehyd u. Methanol unter Rühren, wobei die Temp. bis 35° steigt. Man setzt p-Toluolsulfonsäure zu u. hält auf 40—60° 2 Stunden lang. Man kühlt anschließend, stellt auf pH 8 mit wss. NaOH, setzt wasserfreies Na_2CO_3 zu u. dest. überschüssiges Methanol ab. Man erhält I, $Kp._1$ 81 bis 83°, n_D^{20} 1,4895—1,4908, $D._{25}^{25}$ 0,9750. — *Rosengeruch*, Bestandteil von *Duftstoffen*. (**A. P. 2 976 327** vom 9/6. 1959, ausg. 21/3. 1961.) G. KÖNIG. 7277

Soc. **Monsavon-l'Oréal**, Paris, Frankreich, *Mittel zum Färben von Haaren.* (**Oe. P. 217 641** vom 9/6. 1959, ausg. 10/10. 1961. F. Prior. 20/1. 1959. — C. **1962.** 679 [F. P. 1 222 700].)

XIV. Zucker. Kohlenhydrate. Stärke

Die Standardisierung der Kapazitäten und der maschinellen Einrichtung der Zuckerfabriken auf der Basis der Normzahlen. P. Ja. Iwanow. (Zuckererzeugung 5. 100—02. April 1961.) (Dt.) M. REIHER. 7400□

Die Wildrübe als Stammpflanze der Runkelrübe. O. Heinisch. (Zuckererzeugung 5. 107—08. April 1961. Kleinwanzleben, Inst. für Pflanzenzüchtung der Dt. Akad. der Landwirtschaftswiss. zu Berlin.) (Dt.)
Es ist noch nicht völlig geklärt, welche Wildrübe als Stammpflanze anzusehen ist. Auf Grund gewisser Merkmale u. Parallelvariationen kommt die *Seerübe* oder das *See-*

mannsgold (Beta vulgaris subsp. maritima (L.) Thellg.) in Betracht, ferner andere Wildrüben, wie z. B. *Beta macrocarpa* oder deren Bastarde (z. B. Kreuzungen von *Beta maritima* u. *B. macrocarpa*). — 18 Literaturangaben. M. REIHER. 7406□

Ackerbauliche Maßnahmen bei eingefrorenen und nicht mehr erntbaren Zuckerrüben. W. Stracke. (Zuckererzeugung **5.** 109. April 1961. Jena, Friedrich-Schiller-Univ., Inst. für Acker- u. Pflanzenbau.) (Dt.)

Nicht mehr erntbare Zuckerrüben müssen rechtzeitig umgebrochen werden. Beim folgenden Anbau ist auf die Wahl geeigneter Pflanzen u. auf eine zweckmäßige Düngung zu achten. M. REIHER. 7406□

Die mechanischen Eigenschaften der Zuckerrübe. K. Vukov. (Zuckererzeugung **2.** 245—47. Okt., 267—69. Nov. 1958. **3.** 9—12. Jan., 43—45. Febr. 1959. Budapest, Forschungsinst. der Zuckerind.) (Dt.)

Vf. berichtet über folgende, für die Saftgewinnungsarbeit wichtige mechan. Eigg. der Zuckerrübe: Festigkeit u. Schneidwiderstand, elast. u. plast. Verh., Permeabilität des Rübenkörpers. Meth. zur Best. dieser Eigg. sind angegeben. — 27 Literaturhinweise. M. REIHER. 7406□

Erfahrungen zur Erhöhung der Leistung der Diffusionsbatterie. M. P. Prijmak. (Zuckererzeugung **5.** 121—22. April 1961. Korenowsk, Zuckerfabrik.) (Dt.)

Übersetzung aus Sachar. Prom. **3.** [1959.] 39—41. Die Leistung von Diffusionsanlagen kann durch Arbeiten mit 2 verkürzten Batterien zu je 8 Diffuseuren um 25—30% gesteigert werden. Durch Erhöhung der maximalen u. mittleren Temp. während des Diffusionsprozesses tritt keine negative Beeinflussung der nachfolgenden technolog. Prozesse ein. M. REIHER. 7412□

Automatisation der Schnitzelwasserrücknahme in die Robertsche Diffusion. Jaroslav Gebler und Václav Hrdlička. (Listy Cukrovarnické **77.** 188—92. Aug. 1961.) (Tschech.)

Die Automatisierung der Anlage zur Schnitzelwasserrücknahme in die Diffusionsbatterie bedeutet eine wesentliche Vervollkommnung der Technologie. Empfehlenswert ist es, in den Cyclus die Signalisation der Wasserzuleitung in den letzten Diffuseur der Batterie einzubauen u. evtl. eine selbsttätige Formalinzugabe vorzusehen, um notfalls die Verbreitung der bakteriellen Infektion u. ihre Verschleppung in die Diffusionsbatterie zu verhindern. M. REIHER. 7412□

Entgrießung von Kalkmilch mit Hydrocyclonen. W. Ewers. (Zuckererzeugung **5.** 118—21. April 1961. Haldensleben, VEB Zuckerfabrik.) (Dt.)

Das Problem der Entfernung des Grießes aus Kalkmilch läßt sich vorteilhaft durch Einbau von Hydrocyclonen lösen. An Hand von Zeichnungen wird über entsprechende Erfahrungen in der Zuckerfabrik Haldensleben berichtet. M. REIHER. 7412□

Verfahren der Epuration des Rübensaftes. Jozef Vašátko, Vladimír Tibenský und Miloslava Vašátková. (Listy Cukrovarnické **77.** 169—76. Aug. 1961. Bratislava, Slowak. Akad. der Wiss., Chem. Inst.) (Tschech.)

Wird die Saftreinigung des Rübensaftes nach dem Simultanprozeß [$Ca(OH)_2 + CO_2$] durchgeführt, so besteht die Gefahr, daß der Invertzucker nicht vollständig zersetzt wird. Es wird daher vorgeschlagen, ein Epurations-Verf. in einstufiger Saturation durch CO_2 durchzuführen, bei dem eine übersaturierte Schlammsuspension bzw. ein übersaturierter eingedickter Schlamm nach der progressiven Vorscheidung, bei erniedrigter Alkalität im Simultanprozeß [$Ca(OH)_2 + CO_2$] zum Diffusionssaft zurückgeführt wird. — 19 Literaturangaben. M. REIHER. 7412□

Untersuchungen über die chlorotische Streifenkrankheit. O. W. Sturgess. (Sugar y Azúcar **56.** Nr. 7. 29. Juli 1961. Queensland, Bur. Sugar Exp. Stations.) (Engl., Span. 49. 68.)

Durch Verss. wurde festgestellt, daß bei der Verbreitung der Streifenkrankheit des Zuckerrohres folgende Faktoren eine Rolle spielen: 1. Die Konz. der vom Wurzel-Syst. ausgeschiedenen Virusteilchen im Boden, 2. die „Virusresistenz" des Bodens, 3. die Wasserverhältnisse in der Umgebung gesunder Pflanzen, 4. Boden-Temp. (Optimum für Verbreitung liegt bei 25—30°). M. REIHER. 7440□

Die Zuckerbestimmung in Zuckerrüben. 5. Mitt. **Automatisierung im Arbeitsgang des Abnahmelaboratoriums.** Wm. H. Parker. (Int. Sugar J. **61.** 231—35. Aug. 1959. British Sugar Corp. Ltd.) (Engl.) — 3. vgl. C. **1959. 5320.**

Vom Arbeitsgang werden bes. die Wägung, die automat. gesteuerte Pb-Acetatzugabe u. die automat. Messung der Polarisation mit Übertragung des Zucker-Geh. auf eine Hollerithkarte beschrieben. W. WILLENBERG. 7472□

Takehiko Odagiri, Tokyo, Japan, **Herstellung wasserlöslicher Stärkeverbindungen.** Man läßt $ClCH_2COOH$ oder deren Salze u. Alkalilauge bei normaler Temp. in Ggw. von Alkoholen mit wenigstens 2 OH-Gruppen u. W. auf Stärke einwirken. — Zu 162 (g) Stärke, 116 $ClCH_2COONa$, 90 W. u. 90 Äthylenglykol gibt man 48 NaOH in 90 W., knetet bei 15°, läßt 4 Tage altern u. neutralisiert mit HCl. Das Präp. dient als *Schlichtemittel* für Fäden, zur *Sedimentverhinderung* bei Bohrungen, verbessert die Schaumkraft u. schmutzentfernende Wrkg. von oberflächenakt. Stoffen. (**Jap. A. S. 499/1960** vom 28/11. 1957, ausg. 26/1. 1960.) M. PANKOW. 7449

XVI. Nahrungs-, Genuß- und Futtermittel

Die phytotoxische und fungicide Wirkung von Natrium-o-Phenylphenolat bei der Bekämpfung von Grünschimmel-Verderb bei Orangen. J. K. Long und E. A. Roberts. (Austral. J. agric. Res. **9.** 609—28. Sept. 1958. Gosford, N.S.W., Citrus Wastage Res. Labor., Dep. of Agric.) (Engl.)

Die durch Grünschimmel (Penicillium digitatum) verursachten Verluste bei Orangen konnten durch Behandlung der Früchte mit *Na-o-Phenylphenolat* (I)-Lsgg. weitgehend vermieden werden. 0,019—0,078m I-Lsgg. hatten zunehmend fungicide Wrkg. u. erwiesen sich der üblichen Behandlung mit *Borsäure* deutlich überlegen. Mit der I-Behandlung waren jedoch Schädigungen der Fruchtschale verbunden, u. zwar proportional zur I-Konz. der Lösung. Es bestand eine enge Korrelation zwischen dem Geh. der Fruchtschale an o-Phenylphenol u. dem Ausmaß der phytotox. Erscheinungen durch I. Durch Verhinderung der I-Hydrolyse durch Pufferung des pH-Wertes sind daher die Schädigungen zu vermindern. Hierauf beruht die günstige Wrkg. eines Zusatzes von Hexamin zur I-Lösung. WILFRIED WERNER. 7688 □

Einfluß einer Polyäthylenauskleidung der Kisten auf die Qualität von Granny Smith- und Delicious-Äpfeln nach Lagerung unter Kühlung. C. D. Stevenson und J. R. Blake. (Queensland J. agric. Sci. **18.** 261—65. Juni 1961. Queensland, Dep. of Agric. and Stock.) (Engl.)

Vff. verpackten in Ölpapier bzw. Sulfitpapier eingeschlagene Granny Smith- u. Delicious-Äpfel wie üblich in Kisten sowie in Kisten mit einer Polyäthylenauskleidung (sackartig, oben zugebunden) u. lagerten die Kisten 7 bzw. 6 Monate bei ca. 1°. 3 Tage nach dem Auspacken erfolgte die Beurteilung. Das Aussehen der polyäthylenverpackten Früchte war wesentlich besser als das der Kontrollen. Vor allem wurde das Ausdörren weitgehend vermieden. Wie schon frühere Unterss. gezeigt hatten, bedingte die Polyäthylenverpackung eine Zunahme der Ausbildung von Oberflächenschorf. Insgesamt rechtfertigen die Vorteile eine allg. Verpackung von Queenslandäpfeln in Polyäthylenfolie nicht. HANS THIELE. 7688 □

Lebensmittelchemische Untersuchungen über die Kürbisart „Loche". Einfluß des Kochens auf ihre Bestandteile. Consuelo Sarabia Nuñez. (An. Fac. Farmac. Bioquím. **7.** 194—200. 1956.) (Span.)

Angaben über die Zus., den Vitamin-Geh. u. Nährwert der Kürbisvarietät „Loche" in frischem, gekochtem u. gebratenem Zustand. K. KAPPELLER. 7690 □

Der Aluminiumgehalt in Lebensmitteln. Dante Mondoñedo Barreda. (An. Fac. Farmac. Bioquím. **7.** 190—93. 1956.) (Span.)

Angaben über den Aluminium-Geh. von verschiedenen Getreidesorten, Hülsenfrüchten, Gemüse, Obst u. Kartoffeln. K. KAPPELLER. 7690 □

Quantitative und qualitative Änderungen von Pektinstoffen in aus Wildäpfeln zubereiteten Halbfabrikaten. Miloslav Kaláb. (Chem. Zvesti **12.** 487—95. Aug. 1958. Bratislava, Slov. akad. vied, chem. úst., odd. glycidov a biochem.) (Slowak.)

Aus Wildäpfeln mit 1,0—1,5% *Pektin* (I) werden Pulpe- u. Markproben hergestellt, mit SO_2 konserviert u. über die Dauer 1 Jahres analysiert. Das Verhältnis des scheinbaren zum tatsächlichen I-Geh. bleibt in den einzelnen Proben konstant. Der Geh. an Gesamt-I u. unlösl. I sinkt in der Pulpe schneller als im Mark. Bes. schnell sinkt die Viscosität des lösl. I in der Pulpe (um 83%) im Gegensatz zum Mark (26 u. 42%). Die analyt. Unters. zeigt stärkeren Abbau der Pulpe, während das Mark gute Lagerfähigkeit besitzt. E. ROTTER. 7702 □

Die Herstellung und Lagerung von Fondant. W. Packman. (Confect. Product. **26.** 231—32. 255. März 1960.) (Engl.)

Allg. Ausführungen. M. WINIKER. 7704 □

Untersuchungen über Bergamottesaft. 2. Mitt. Flavanone, Zucker und mineralische Bestandteile. Maria Calvarano. (Essenze Deriv. Agrumari **31.** 61—76. April/Juni 1961.) (Ital.). — 1. vgl. C. **1959.** 6983.

Im Labor. gewonnene Säfte von Bergamotten (Varietät Communis) enthielten 0,15—0,34% *Flavanone* (berechnet als *Hesperidin*), 82—130 (mg%) *K*, 0,78—1,74 *Na* u. 4,15—9,15 *P*. Papierchromatograph. konnten 3 Zucker nachgewiesen werden, von denen 2 als *Glucose* bzw. *Fructose* identifiziert wurden. M. WINIKER. 7706□

Über die Verminderung des Ascorbinsäuregehaltes in mit Bariumhydroxid behandelten Säften unreifer Citronen. Giovanni Cuzzocrea und Andrea Lino. (Atti Soc. Peloritana Sci. fisiche mat. natur. **4.** 255—61. 1957/58. Messina, Univ., Ist. di Chim. Biol.) (Ital.)

Vff. stellten fest, daß eine Alkalisierung (pH 7,2—7,3) der Säfte unreifer Citronen mit *Barytwasser* eine Verminderung des *Ascorbinsäure* (I)-Geh. nach sich zieht. Diese Verminderung ist unabhängig von der Alkalisierung bzw. der möglichen Fällung von I oder von 2.3-Diketogulonsäure als Ba-Salz. Es wird hingegen angenommen, daß die Verminderung des I-Geh. der Wrkg. von Ba^{2+}-Ionen auf *Ascorbylphosphat* zuzuschreiben ist. H. KOCKERT. 7706□

Die Gelierung konzentrierter Orangensäfte. Veränderung der Pektine bei industriellen Prozessen und bei der Lagerung. E. Primo Yúfera, J. Koen Mosse und J. Royo Iranzo. (Rev. Ci. apl. **15.** 126—30. März/April 1961.) (Span.)

Untersucht wurden die Veränderungen der Pektinstoffe bei Pasteurisierung u. Konzentrierung von Orangensäften. B. SCHEIFELE. 7706□

Hydroxymethylfurfurol-Bildung in Fruchtsäften und Süßmosten durch längere Lagerung. Reinhold Frömbgen. (Ind. Obst- u. Gemüseverwert. **46.** 122—24. 2/3. 1961. Koblenz.) (Dt.)

Es konnte festgestellt werden, daß sich *Hydroxymethylfurfurol* in Fruchtsäften u. Süßmosten bei langjähriger Lagerung bildet. M. WINIKER. 7706□

Die Feinzerkleinerung von Schokoladenmasse. G. Ruisinger, Rudolf Heiss und Hans von Sybel. (Gordian **61.** Nr. 1453. 18—26. Juni 1961.) (Dt.) — C. **1962.** 686. K. KAPPELLER. 7726□

Einfluß von Bestrahlung auf die chemische Zusammensetzung von Fleisch. Anonym. (Ann. Falsificat. Fraudes **52.** 251—57. Juni 1959.) (Franz.)

Es wurde der Einfl. von γ-Strahlen (Strahlungsquelle: ^{60}Co; Bestrahlungsdosis: 1—5 Megarad) auf die chem. Zus. verschiedener Fleischsorten (Rind, Schwein, Hammel) untersucht. — Offenbar ist *Tryptophan* die einzige Aminosäure, die partiell zerstört wird. Die Bldg. von flüchtigen S-Verbb. (H_2S) ist proportional zur Bestrahlungsdosis, liegt aber vergleichsweise sehr niedrig. — Die Aminosäuren-Zus. der verschiedenen Fleischsorten vor u. nach der Bestrahlung sowie die Menge an flüchtigen S-Verbb. in Abhängigkeit von der Bestrahlungsdosis werden tabellar. mitgeteilt. H. KOCKERT. 7750□

Die Wirkungen von Antibioticis und Bestrahlung auf die Pseudomonas-Achromobacter-Flora gekühlten Geflügels. Margaret J. Thornley, M. Ingram und Ella M. Barnes. (J. appl. Bacteriol. **23.** Nr. 3. 487—98. Dez. 1960. Cambridge, Low Temp. Res. Stat.) (Engl.)

Übersicht. Normale, Verderben bewirkende Flora gekühlten Geflügels (Identifizierung von Organismen, Verteilung von *Pseudomonas-Achromobacter* zu Beginn u. während der Lagerung), Wrkg. von Antibioticis u. Bestrahlung, kombinierte Wrkg. von Chlortetracyclin u. Bestrahlung. — 19 Literaturangaben. K. MAIER. 7750□

Güteuntersuchungen an in Kalkwasser konservierten Eiern. František Musil und Vítězslav Orel. (Pol'nohospodárstvo **3.** 15—25. 1956. Praha, Výzk. úst. pro mléko a vejce, pracov. Brno.) (Tschech.)

Konservierung von Eiern in Steingutgefäßen mit gesätt. $Ca(OH)_2$-Lsg. mit Bodensatz bei 8—12° zeigt folgende Ergebnisse: NaCl-Zusatz wie auch Einlegen in den Bodensatz bringen keinen Vorteil in Geschmack u. technolog. Verhalten. Bei 16—18° gelagerte Eier haben einen durchschnittlichen Eiweißindex von 0,0364, bei 8—12° von 0,0435. Befruchtete Eier unterscheiden sich von nichtbefruchteten technolog. nicht. Von größtem Einfl. ist das Alter: Bei vorheriger Lagerung bei 18° zeigen 7 Tage alte Eier 33% verd. Eiweiß, nach 14 Tagen 71%, nach 28 Tagen 91,6%. Eier, älter als 28 Tage, sind zur Konservierung ungeeignet. Verschmutzte Eier sind wesentlich kürzer haltbar. Eier von März bis April sind zur Konservierung am besten, von Mai wenig, von Juni u. solche mit Schimmel auf der Schale ungeeignet. E. ROTTER. 7754□

Die Sättigung und Konservierungsfähigkeit der Kalkwasserlösung während der Eierkonservierung. František Musil, Dagmar Němcová und Vítězslav Orel. (Pol'nohospodárstvo **3.** 81—99. 1956.) (Tschech.) — Vgl. vorst. Referat.

In reinem Kalkwasser sinkt die Konz. der Lsg. rascher als in solchem mit Bodensatz. Das Abfallen erfolgt bes. in den ersten 14 Tagen nach dem Einlegen der Eier. Es wird empfohlen, die Eier mit einer 10—15 cm hohen Schicht von klarem Kalkwasser zu bedecken u. bei maximal 12° zu lagern. E. ROTTER. 7754☐

Das Wachstum von Kuhweidegras mit vorherrschendem Roggengraseinschlag und die Eigenschaften von Neuseeland-Butterfett. F. H. Mc Dowall, W. A. Mc Gillivray und J. C. Hawke. (Nature [London] **191**. 303—04. 15/7. 1961. Palmerston North, New Zealand, Dairy Res. Inst. and Massey Agric. Coll.) (Engl.)

Die jahreszeitlich bedingten Änderungen der Eigg. des Butterfetts der Milch neuseeländ. Kühe mit der Weide- bzw. Stallernährung werden erörtert. Der Einfl. von Roggengras zweier verschiedener Reifegrade auf den Geh. des Butterfetts an Carotin, Vitamin A, Ölsäure, Linolsäure, Linolensäure u. auf die JZ. wurden ermittelt, ebenso zum Vgl. der Carotin-Geh. des Grases u. des Blutes der Kühe u. der Lipoid-Geh. des Grases. W. BETCKE. 7756☐

Der Futterwert von getrockneten Rückständen der Maisbrennerei, Sojaölmehl, erhitzten Sojabohnen und Sojaölmehl plus Stärke im Hinblick auf die Milchproduktion. J. K. Loosli, R. G. Warner und H. F. Hintz. (J. Dairy Sci. **44**. 1910—14. Okt. 1961. Ithaca, N.Y., Cornell Univ., Dep. of Animal Husbandry.) (Engl.)

Vff. ermittelten in Fütterungs-Verss. mit Reinzucht-Holsteinkühen den Futterwert von getrockneten *Maisbrennereirückständen* (**a**) u. verschiedenen Soja-Prodd. in Konzentratfuttergemischen für Milchkühe. Hierbei erwiesen sich **a** u. lösungsmittelextrahiertes *Sojaölmehl* (**b**) als nahezu gleichwertig, sofern diese Prodd. den Hauptproteinanteil im Konzentrat ausmachten. Wurde die gleiche Proteinmenge dem Konzentrat in Form von erhitzten *Sojabohnen* (**c**) mit vollem Fett-Geh. zugegeben, so wurde ein Anstieg der täglichen Milchproduktion um 2,5 lbs. beobachtet. Dagegen betrug der mittlere Fett-Geh. nur 3,49% gegenüber 3,63 mit **a** u. 3,66 mit **b**. Zugabe von gereinigter Maisstärke in einer energet. dem Fett-Geh. in **c** gleichwertigen Menge zu Konzentratfutter mit **b** war ohne signifikanten Einfl. auf Milchertrag u. Fettgehalt. HANS THIELE. 7756☐

Milchleistung und Qualität von Milch, Butter und Käse bei Carbamidverfütterung an Kühe. M. I. Kniga. (Вестник Сельскохозяйственной Науки [Nachr. Landwirtsch.-Wiss.] **6**. Nr. 10. 78—82. Okt. 1961. Charkow, Tierärztl. Inst.) (Russ.; Auszug: Dt.)

Eine Zugabe von 80—100 g *Harnstoff* pro Tagesration (3malige Fütterung mit zuckerreichem Konzentratfutter) steigert den Fett-Geh. der Milch um 0,10—0,33%. Die zur Gewinnung von Käse bestimmte Milch soll vorher pasteurisiert werden S. BARYSCHNIKOW. 7756

Einflüsse von Temperatur und Feuchtigkeit der Umgebung auf die Fettsäurezusammensetzung des Milchfetts. Curtis W. Richardson, Harold D. Johnson, Charles W. Gehrke und Donald F. Goerlitz. (J. Dairy Sci. **44**. 1937—40. Okt. 1961. Columbia, Miss., Univ. of Missouri, Dep. of Dairy Husbandry and Agric. Chem.) (Engl.)

Einfl. der Umweltsbedingungen auf die Zus. des Milchfetts wurden bisher nur an Hand der Fett-Kennzahlen ermittelt. Die Konstanthaltung der verschiedenen Faktoren war meist unzureichend. Vff. bemühten sich, den Einfl. von Futterqualität, Lactationsstadium, Jahreszeit u. a. auszuschalten u. variierten nur Temp. u. relative Feuchtigkeit. Die Kühe wurden zunächst 2 Wochen bei 18° u. 50% relativer Feuchtigkeit, dann 2 Wochen bei 29—35° u. 25—70% relativer Feuchtigkeit u. schließlich wieder unter den Ausgangsbedingungen gehalten. Die Körper-Temp. wurde rektal kontrolliert. Die Milchproben wurden nach dem Melken gefroren u. bei —5° gehalten. Die Aufbereitung umfaßte folgende Schritte: Extraktion der Lipoide, Verseifung, Entfernung des A., Extraktion der freien Säuren mit Ae., Überführung in die Ag-Salze, Trocknen u. Verestern mit Methyljodid u. gaschromatograph. Analyse (1 mm-Säule gepackt mit 20% Apiezon L auf Celite 545). Unter den gewählten Bedingungen wurde Buttersäure nicht erfaßt. Es wurde festgestellt, daß der %-Geh. an C_6—C_{12}-Säuren unter höherer Temp. u. relativer Feuchtigkeit signifikant abnahm. Der Geh. an *Myristinsäure* blieb unverändert, während der Geh. an *Palmitinsäure* (**I**) signifikant zunahm. Eine reziproke Beziehung ergab sich zwischen den Geh. an *Oleinsäure* (**II**) u. *Stearinsäure* (**III**). Während der Geh. an **II** unter erhöhter Temp. u. relativer Feuchtigkeit abnahm, nahm der Geh. an **III** in gleichem Maße zu. Das Lactationsstadium hatte auf diese Verhältnisse keinen grundsätzlichen Einfl., frischmelkende Kühe produzierten etwas mehr **I**, altmelkende etwas mehr **II**. Bei 29° u. 70% sowie 32° u. 25% u. 35° u. 25% relativer Feuchtigkeit zeigten sich kaum Unterschiede. Änderungen in der Fettsäure-Zus. traten auf, sobald die Körper-Temp. infolge der äußeren Bedingungen auf 39,5—40,5° anstieg. Weitere

Erhöhung der Außen-Temp. u. relativen Feuchtigkeit hat dann keinen nennenswerten Einfl. mehr. Die Ergebnisse werden mit denen früherer Autoren verglichen.

HANS THIELE. 7756 □

Die den Chloridgehalt sowie die Beziehungen zwischen Chlorid, Protein und fettfreier Trockenmasse in Guernseymilch beeinflussenden Faktoren. L. S. Castillo, G. W. Trimberger, B. L. Herrington, C. R. Henderson und K. L. Turk. (J. Dairy Sci. **44.** 1961—65. Okt. 1961. Ithaca, N.Y., Cornell Univ., Dep. of Anim. Husbandry and Dairy Ind.) (Engl.)

Vff. untersuchten 725 Milchproben von 133 Guernseykühen auf ihren Geh. an *Cl^-*, *Gesamtprotein* (**a**), *Milchfett* u. *fettfreier Trockenmasse* (**b**). Der Cl^--Geh. stieg mit fortschreitendem Alter deutlich an. Die gewogenen Mittel des Chlorid-Geh. lagen bei 0,079 ± 0,0004 für die 1. u. 2., 0,102 ± 0,0016 für die 3. u. 4. u. 0,116 ± 0,0020% für die 5. bis 11. Lactation. Vom 1.—10. Monat stiegen die Cl^--Werte innerhalb dieser Gruppen von 0,074 auf 0,085, 0,080 auf 0,128 u. 0,096 auf 0,136% an. **a**- u. **b**-Geh. stiegen mit fortschreitender Lactation ebenfalls an. Jahreszeitlich bedingte Schwankungen waren für **a** u. **b** deutlicher (Maximum: Oktober bis Dezember; Minimum: Mai bis August) als für den Cl^--Gehalt. Der **a**-Geh. war von relativ größerer Bedeutung als der Cl^--Geh. in bezug auf die mögliche Anwendung zur Verbesserung der Genauigkeit der lactometr. Best. der **b** nach der Gleichung $Y = 7{,}55 + 0{,}7867\,X_1 - 12{,}9001\,X_2$ (Y = **b**-Geh.; X_1 = **a**-Geh.; X_2 = Cl^--Geh. in %). HANS THIELE. 7756 □

Untersuchungen über die Beziehung zwischen dem Redoxpotential von Milch und ihrer Neigung zur Annahme eines Oxydationsgeschmacks. Gerda Nilsson. (Kungl. Lantbrukshögskolans Ann. **26.** 339—50. 1960.) (Engl.)

Vf. berichtet über Unterss. an Sammelmilch u. Milch von Einzelkühen, deren Ergebnisse gegen die von verschiedenen Autoren vertretene Ansicht, daß ein Zusammenhang zwischen dem Redoxpotential der Milch u. ihrer Neigung zur Annahme eines Oxydationsgeschmacks besteht. sprechen. Hingegen scheint ein Zusammenhang zwischen dem Geh. der Milch an *Xanthinoxydase* u. dem Auftreten eines Oxdyationsgeschmacks zu bestehen. — 25 Literaturangaben. M. WINIKER. 7756 □

Beitrag zur Kenntnis des Säuregehaltes von Milch. Alejandro C. Baudou. (Ind. lechera **41.** 187—88. 190. 192. 194. 196. 198. 200. 219. Mai 1959. La Plata, Univ. Nac., Inst. de Zootécnica Santa Catalina.) (Span.)

Frische ungemischte Milch hat pH 6,5—6,8, enthält 1,08—1,40‰ Milchsäure, SOXHLET-HENKEL-Zahl (SHZ) 5—6,03, DORNIC-Zahl (DZ) 11,2—14,8°. Zwischen Morgen- u. Abendmilch besteht kein wesentlicher Unterschied. Bei gemischter Milch ist pH 6,5—6,7; bei 77% der Proben schwankt der Säure-Geh. zwischen 0,8 u. 2,10‰, bei 81% ist die SHZ 5,1—7,0, bei 87% die DZ 12—16°. R. K. MÜLLER. 7756 □

Intensivierung der Vergärung von Rahm und die Konsistenz der sauren Sahne. W. Meschtscherjakow. (Молочная Промышленность [Milch-Ind.] **22.** Nr. 12. 20—22. Dez. 1961. Leningrad, Technolog. Inst. für Kälteind.) (Russ.) — Vgl. C. **1962.** 2940.

Die Vergärung von Rahm durch akt. Rassen der Milchsäurebakterien erfolgt zweckmäßig bei 25—26°. 4—5 Std. nach Einführung des Säureweckers (Bldg. des Koagulums) soll die Temp. des verarbeiteten Prod. auf 20—22° herabgesetzt werden. Diese therm. Verhältnisse gewährleisten eine intensive Säure-Bldg. u. eine erhöhte Aktivität der aromabildenden Stämme. Sie vermindern die Gefahr der Übersäuerung, der vorzeitigen Alterung u. der Synärese des Produktes. S. BARYSCHNIKOW. 7756

Bioghurt. Friedrich Wasserfall. (Milchwissenschaft **15.** 383—92. Aug. 1960. Kiel, Bundesforschungsanst. für Milchwirtschaft, Bakteriolog. Inst.) (Dt.)

Auf Grund der Ergebnisse umfassender bakteriolog. Unterss. vertritt Vf. die Auffassung, daß es sich beim *Bioghurt* um eine Art *Joghurt* handelt. — 95 Literaturangaben.

M. WINIKER. 7756 □

Joghurt oder Bioghurt? Andreas Lembke und Friedrich Wasserfall. (Milchwissenschaft **16.** 67—72. Febr. 1961. Kiel, Bundesforschungsanst. für Milchwirtschaft, Bakteriolog. Inst.) (Dt.)

Ergänzung der Arbeit von WASSERFALL (vgl. vorst. Ref.). M. WINIKER. 7756 □

Bioghurt ist eine Acidophilus–Taette-Sauermilch. Diskussionsbeitrag zu dem von F. Wasserfall bearbeiteten Thema „Bioghurt". Ingold Hans Mainzer. (Milchwissenschaft **16.** 72—74. Febr. 1961.) (Dt.)

Vf. übt Kritik an den Ausführungen von WASSERFALL (vgl. vorvorst. Ref.) u. vertritt die Auffassung, daß es sich beim *Bioghurt* um eine *Acidophilus-Taette-Sauermilch* handelt. M. WINIKER. 7756 □

Diskussionsbeitrag zu der Arbeit „Joghurt oder Bioghurt?" Brigitte Mehnert. (Milchwissenschaft **16.** 209. April 1961. München, Inst. für Tierhygiene.) (Dt.)

Kritik an den Ausführungen von LEMBKE u. WASSERFALL (vgl. vorvorst. Ref.). M. WINIKER. 7756 □

Antwort auf die Diskussionsbemerkung von B. Mehnert zu der Arbeit „Joghurt oder Bioghurt?" Andreas Lembke und Friedrich Wasserfall. (Milchwissenschaft **16.** 210. April 1961.) (Dt.) — Vgl. vorst. Referat. M. WINIKER. 7756 □

Erhitzung der Milch in Gegenwart von Phosphat zur Unterdrückung der Bakteriophagen-Proliferation in Säureweckerkulturen. R. E. Hargrove, F. E. McDonough und R. P. Tittsler. (J. Dairy Sci. **44.** 1799—1810. Okt. 1961. Washington, D.C., U.S.D.A. Eastern Utiliz. Res. and Dev. Div., Dairy Prod. Labor.) (Engl.)

Vff. untersuchten die Wrkg. verschiedener Phosphate auf die Bakteriophagen-Proliferation in Milchsäuerungskulturen infolge Bindung des für die Phagen notwendigen Ca^{2+}. Es zeigte sich, daß Art u. Konz. des Phosphats, pH u. Hitzebehandlung die Phagenhemmung bzw. den Geh. an freiem Ca^{2+} beträchtlich beeinflussen. Von den untersuchten Phosphaten hat *Orthophosphat* (I) die stärkste Hemmwirkung. Die meisten der untersuchten Phagen wurden durch 2% I gehemmt, während extrem resistente 3% erforderten. Maximale Bindung des Ca^{2+} (10—30 mg/Liter) wurde nur durch Erhitzen nach der Phosphatzugabe gewährleistet. Die Hemm-Wrkg. konnte durch Erhöhung des pH von 6,4 auf 7,0 gesteigert werden. Ein Optimum der Phagenhemmung u. an Wirtschaftlichkeit bei geringster Ausflockung der Milch bieten folgende Verff.: 1. Frische oder „rekonstituierte" Magermilch (9—14% Feststoffe) wird auf 54—55° erwärmt, sodann wird so viel konz. (50%) Phosphatpuffer (Na_2HPO_4 u. KH_2PO_4, 2:3), pH 6,5—6,6, zugegeben, daß eine Konz. an Phosphaten von 1,7% erzielt wird. Nach 30—45 Min. langem Erhitzen im Dampftopf werden der noch heißen Milch 0,3% $K_4P_2O_7$ (in 50%ig. Lsg.) zugesetzt u. gekühlt. 2. Magermilch (9—12% Feststoffe) wird wie oben erwärmt u. mit soviel konz. Phosphatpuffer (K_2HPO_4 u. $NaH_2PO_4 \cdot 2\,H_2O$, 1:1), pH 6,6, versetzt, daß eine Phosphat-Konz. von 3% erreicht wird. Erhitzung wie oben, kühlen. Die Beimpfung erfolgt wie üblich, Inkubation 18—20 Std. bei 22—25°. 13 stark mit Phagen kontaminierte Milchsäurebakterienstämme wurden durch 3—4 Passagen in dieser Milch von den Phagen befreit. Die Säuerung in dieser Milch ist meist stärker als oder ebenso stark wie in normaler Milch. HANS THIELE. 7760 □

Identifizierung von Säureweckerkulturen stimulierenden Substanzen in Milchkulturen von Pseudomonas fluorescens. J. A. Koburger und T. J. Claydon. (J. Dairy Sci. **44.** 1811—17. Okt. 1961. Manhattan, Kansas Agric. Exp. Stat., Dep. of Dairy Husbandry.) (Engl.)

Vff. kultivierten einen *Pseudomonas fluorescens*-Stamm 10 Tage bei 30° in Milch u. fraktionierten die Kulturen zur Identifizierung des Säureweckerkulturen stimulierenden Faktors durch Fällung mit Aceton–A.-Gemisch (3:1), sowie weitere Auftrennung durch Hydrolyse u. Dialyse oder aber durch Filtration durch SEITZ-Filter u. entsprechende weitere Auftrennung des Filtrats. Die Prüfung auf stimulierende Effekte an 4 Säureweckerkulturen (1 ml Fluorescenzkultur/100 ml Milch) ergab, daß das zellfreie Filtrat (a) die Säuerung nach 14 Std. (21°) um 36% verstärkte, die entsprechende Wrkg. des Nd. (b) bei 28% u. die der durch Abzentrifugieren des Nd. gewonnenen Lsg. (c) bei 11% lag. **a** u. **b** bewirkten außerdem früheres Koagulieren u. Proteolyse, **c** zeigte diese Wrkg. nicht. Dialyse verminderte den stimulierenden Effekt von **a** u. **b** teilweise u. entfernte offenbar das wirksame Prinzip aus **c**. Autoklavieren hatte starke bis völlige Inaktivierung zur Folge. Kulturen von *Ps. fluorescens* in synthet. Nähr-Lsg. zeigten weder Proteolyse noch Stimulierung. Es wird angenommen, daß u. a. enzymat. Wrkg. von Bedeutung sind. Eine an der Austauschersäule gewonnene akt. 17 Aminosäuren enthaltende Fraktion war ebenfalls akt., verlor diese Eig. aber nach Dialyse. Der Ablauf der Säule war inaktiv. Erste Verss. zur weiteren Reinigung des akt. Faktors waren ohne Erfolg. HANS THIELE. 7760 □

Zur Frage der Labgerinnung. Otto Kirchmeier. (Milchwissenschaft **15.** 331 bis 337. Juli 1960. Heiligenberg/Baden, Heiligenberg-Inst., Chem. Abt.) (Dt.)

Aus dialysierter Milch (I) wurden 80% des *Caseins* durch hochtouriges Zentrifugieren abgeschieden u. so eine caseinarme Milch (II) gewonnen. Ein Vgl. der Molken-N-Werte der I u. II ergab eine N-Differenz, mit deren Hilfe die spezif. Spalt-Prodd. des Labenzyms elektrophoret. identifiziert wurden. Diese spezif. Lab-Spaltprodd. sind peptidartig u. gehören zu den nicht koagulierbaren u. nicht dialysierbaren „Proteosen" der Milch. In Anbetracht der Tatsache, daß dieselben auch bei der Säurefällung des I in ähnlichen Mengen aufgefunden werden u. daß keine aminoendständige Aminosäure nachgewiesen werden kann, können sie nicht durch enzymat. Aufspaltung von Peptidbindungen entstanden sein. Es konnten Hinweise dafür erhalten werden, daß der Hauptangriff des Labenzyms am Ca-Gerüst des I erfolgt. Hierbei wird das neutrale phosphorsaure Ca-Salz des nativen I in Paracasein u. Proteosen zerlegt. Darüber hinaus werden phosphatfreie Ca-Salze gebildet. M. WINIKER. 7760☐

Über die Abspaltung von Milchsäure und Citronensäure aus Casein bei Labeinwirkung. Otto Kirchmeier. (Milchwissenschaft **15.** 559—61. Nov. 1960.) (Dt.) — Vgl. vorst. Referat.

Vf. konnte nachweisen, daß durch das Labenzym *Milchsäure* u. *Citronensäure* als Ca-Salze aus dem Casein abgespalten werden. M. WINIKER. 7760☐

Die Erhaltung von Staphylokokken-Enterotoxin in weißem Lake-Käse. Krejaković-Miljkpvić. (Arch. Lebensmittelhyg. **11.** 103—04. 20/5. 1960. Beil. zu: Dtsch. tierärztl. Wschr. Beograd, Veterinärmed. Fak., Inst. für Hygiene u. Technol. der animal. Prodd.) (Dt.)

Vf. untersuchte die Lebensdauer von Staphylokokken u. die Erhaltung des Enterotoxins in bei 20° aufbewahrtem weißem Lake-Käse. Es zeigte sich, daß die Zahl der Staphylokokken in den ersten Tagen nach der Herst. des Käses plötzlich zunimmt, dann zunächst langsam u. später sehr rasch abnimmt. Umgefähr nach 50 Tagen sterben die Staphylokokken ab. Das Enterotoxin bildet sich am 3. bzw. 4. Tag u. hält sich länger als die Staphylokokken. M. WINIKER. 7760☐

Käseherstellung mit und ohne Nitratzusatz zur Milch. Ole M. Ystgaard. (Milchwissenschaft **15.** 337—39. Juli 1960. Vollebeck, Agric. Coll. of Norway, Dairy Res. Inst., Sect. of Dairy Mfg.) (Engl.)

Am Beispiel der Herst. von *Gouda-Käse* demonstriert Vf., daß einem Nitrat (I)-Zusatz eine große Bedeutung für die Verhinderung von Fehlgärungen zukommt. Dies trifft bes. im Winter bei Silagefütterung zu. Jedoch ist auch während der Weidefütterung die Käse-Herst. mit I-Zusatz sicherer. M. WINIKER. 7760☐

Über die Wirkung von Nitrat bei der Unterdrückung der Buttersäuregärung in Käse. Th. E. Galesloot. (Nederl. Melk- en Zuiveltijdschr. **15.** 395—410. Okt./Dez. 1961. Ede, Nederlands Inst. voor Zuivelonderz.) (Holl.)

Vf. zeigt, daß Zusatz von 0,01% NO_3^- die Buttersäuregärung in Edamer Käse unterdrückt. Hierbei ist vor allem das durch die *Xanthinoxydase* u./oder die *Bakteriennitratase* aus NO_3^- entstehende NO_2^- wirksam. Die durchgeführten Verss. ließen jedoch erkennen, daß zu geringe NaCl-Konzz. oder aber zu frühe Verpackung in wasserdichte Folie diesem Effekt entgegenwirken. Das NO_3 verzögert die Entw. der Buttersäurebakterien u. damit auch die Buttersäuregärung. Nach dieser zeitlich begrenzten Hemmung verhindert dann das eindringende NaCl die weitere Entw. der Buttersäurebakterien, vermutlich durch Hemmung der Sporenkeimung. Da Edamer Käse erst nach der Herst. gesalzen wird, kann das NaCl erst allmählich wirksam werden. Mit Zunahme der Salz-Konz. während der Reifung u. Lagerung nimmt die Hemm-Wrkg. naturgemäß zu, nicht jedoch, wenn durch wasserdichte Folien die natürliche Abnahme des Wasser-Geh. u. damit der Anstieg der NaCl-Konz. unterbunden wird. HANS THIELE. 7760☐

Untersuchungen über das Verhalten von Nitrat im Käse. Max Erich Schulz, Hans Kay und Günter Mrowetz. (Milchwissenschaft **15.** 556—59. Nov. 1960. Kiel, Bundesforschungsanst. für Milchwirtschaft, Chem. Inst.) (Dt.)

Zusätze von 10 g KNO_3 (I) zu 100 kg Kesselmilch verschwanden in daraus hergestellten Tilsiter u. Holländer Käsen vollständig, wenn dieselben bei 15° reiften. Erfolgte die Reifung bei 7°, so waren in Tilsiter Käsen noch nach ca. 6 Wochen Restmengen von ca. 20 mg NO_3/kg Käse nachweisbar. Zusätze von 20 g I wurden bei einer Reifung bei 15° innerhalb von 6 Wochen in Holländer Käse völlig, in Tilsiter Käse bis zu Restmengen von ca. 20 mg NO_3/kg abgebaut. *Nitrit* wurde in konsumreifen Käsen, die aus I-haltiger Milch hergestellt worden waren, nicht festgestellt. M. WINIKER. 7760☐

Untersuchungen über Käse, der mit einem undurchlässigen Film umhüllt ist. 1. Mitt. **Fungistatische Wirkung durch Umhüllung von Cheddarkäse mit einem undurchlässigen Film (Ryphanfilm).** Y. Ozawa und H. Kembo. (Bull. nat. Inst. agric. Sci. [Chiba, Japan], Ser. G Nr. **14.** 145—52. März 1958.) (Jap.; Auszug: Engl.)

Durch Umhüllen von Cheddarkäse mit *Ryphan*-Film wird die Schimmel-Entw. beim Reifen verhütet. Der Käse wird in Ryphan gelegt u. dann einige Sek. mit Dampf oder sd. W. erhitzt, später drückt man die Luft von Hand durch eine in die Umhüllung gestochene Öffnung heraus u. verschließt dann die Öffnung wieder. Ein Zusatz von *Dehydracetsäure* verhindert die Schimmel-Entw. ebenfalls. W. WESLY. 7760☐

Untersuchungen über Käse, der mit einem undurchlässigen Film umhüllt ist. 2. Mitt. **Einwirkungen von verhältnismäßig hoher Temperatur (15—20°) auf das Reifen von Cheddarkäse, der mit Ryphan umhüllt ist.** H. Kembo, T. Morichi,

Y. Ozawa und M. Fukuyama. (Bull. nat. Inst. agric. Sci. [Chiba, Japan], Ser. G Nr. **14.** 153—61. März 1958.) (Jap.; Auszug: Engl.) — 1. vgl. vorst. Referat.

Mit einem *Ryphan*-Film umhüllter Cheddarkäse wird bei 15—20° gehärtet, wobei kein Schimmel an der Oberfläche entsteht. Der Käse reift in 3—4 Monaten, wobei die Eiweiß-Zers. beschleunigt wird. Andererseits zeigt der Käse einige Mängel: Fl.-Absonderung, offenen Bruch, Bldg. eines Gärungsgeruches, Ausdehnung von Film u. Käse durch Gasentwicklung. Die Fl.-Absonderung tritt >38—39% Feuchtigkeits-Geh. u. beim Reifen bei 15—20° auf. Der Gärungsgeruch nimmt mit der Reifungs-Temp. zu u. wird durch Zusatz von 3 (%) NaCl oder 0,02—0,05 Vitamin C in geringem Maße vermindert. Die Gas-Entw. wird durch Milchsäurebakterien verursacht. Das angesammelte Gas entfernt man durch Lochung des Films. W. WESLY. 7760□

Crown Zellerbach Corp., Nev., übert. von: Francis O. Whipple, Washougal, Wash., V.St.A., **Schutzpapier für Früchte,** bestehend aus einer Schicht, die ein beständiges Ammoniumsalz enthält, u. einer zweiten, Alkali enthaltenden Schicht, die in Berührung mit der ersten Schicht bei Anwesenheit von Feuchtigkeit Ammoniak in Freiheit setzt. — *Schutzmittel gegen Schimmel.* (**A. P. 2 883 322** vom 31/5. 1957, ausg. 21/4. 1959.) P. MAYER. 7689

R. J. Reynolds Tobacco Co., übert. von: Kenneth H. Hoover, Winston-Salem, N.C., V.St.A., **Zigarettenpapier.** Zur Verbesserung der Brenneigg. werden dem Zigarettenpapier Gemische der Na- u. K-Salze flüchtiger Monocarbonsäuren (Propionsäure, Valeriansäure usw.) in Mengen von 0,25—4%, bezogen auf das Trocken-Gew., zugesetzt. (**A. P. 2 886 042** vom 17/6. 1957, ausg. 12/5. 1959.) P. MAYER. 7735

Joh. A. Benckiser G. m. b. H., Chemische Fabrik, Ludwigshafen/Rh., *Verhinderung des Verfärbens von geschälten oder zerkleinerten Kartoffeln.* (**E. P. 869 536** vom 25/7. 1957, ausg. 31/5. 1961. D. Prior. 25/7. u. 15/11. 1956, 3/4. u. 17/5. 1957. — C. **1960.** 16293 [D. A. S. 1 082 792].)

Johannes Krüss, Bremerhaven, *Futtermittel.* (**Holl. P. 98 220** vom 11/12. 1956, ausg. 15/6. 1961. D. Prior. 14/12. 1955. — C. **1959.** 9082 [D. A. S. 1 040 892].)

M. L. Nepomnjaschtschaja, L. Ju. Medwinskaja und **L. A. Liberman,** Die Bakteriophagen von Milchsäure-Streptokokken und ihre Bekämpfung in der Milchindustrie. Kiew: Verl. der Akad. der Wiss. der UkrainSSR. 1961. (152 S. m. Abb.) 51 Kop. [Russ.]

—, 4e Symposium sur les substances étrangères dans les aliments. Influence des agents de conversation sur la qualité des aliments, propriétés organoleptiques, valeur nutritive et hygiénique, Paris, 14—19 juillet 1958. Paris: Commission internationale des industries agricoles; Bureau international permanent de chimie analytique. 1960. (XVIII + 402 S.) 8°.

XVII. Fette. Seifen. Wasch- u. Reinigungsmittel. Wachse. Bohnermassen usw.

Beziehungen zwischen den Veränderungen des Peroxidgehaltes und des Oxydationsgrades im Autoxydationsprozeß mancher Öle und Fettsäuren. C. Pietrzyk. (Roczniki Technol. Chem. Żywności **8.** 75—86. 1961. Szczecin, Politechn., Kat. Technol. Chem. organ.) (Pol.; Auszug: Dt.)

Das Verhältnis der O-Menge, die zur Bldg. von Peroxiden während der Autoxydation von Fetten verbraucht wird u. der Menge O, die in nichtperoxid. Form im Fett aufgefunden wird, ist für bestimmte Rk.-Bedingungen konst. u. charakterisiert die Beständigkeit der bei der Autoxydation gebildeten Peroxide. *Dodecylgallat* (I) erhöht dieses Verhältnis bei Tran, der bei 55° oxydiert wird. I hemmt nicht nur die Bldg. der Peroxide, sondern auch die Entstehung der sek. Rk.-Prodd. der Autoxydation. Bei höheren Temp. ist die hemmende Wrkg. von I weniger ausgeprägt. — 14 Literaturangaben.
F. URBAN. 7878□

Die Geschwindigkeit des Sauerstoffverbrauches bei der Bildung sekundärer Produkte im Autoxydationsprozeß mancher Fette und Fettsäuren. C. Pietrzyk. (Roczniki Technol. Chem. Żywności **8.** 119—34. 1961. Szczecin, Politechn., Kat. Technol. Chem. organ.) (Pol.; Auszug: Dt.)

Ölsäure, Linolen- u. Myristinsäure, Tran u. Lein- u. Ricinusöl wurden bei 48—100° der Autoxydation unterworfen. Im Anfangsstadium der Rk. besteht eine lineare Abhängigkeit zwischen der Geschw. der Bldg. sek. Rk.-Prodd. der Autoxydation u. dem Peroxidgehalt. Bei der Autoxydation von Talg bei 75° ist die Bldg. von Carbonyl-Verbb. dem Peroxid-Geh. proportional. Die Peroxidzahl ist kein Charakteristikum für den Oxydationsgrad eines Fettes, da die Umsetzung der Peroxide zu sek. Rk.-Prodd. von der Temp. u. der Schichtdicke der Fettprobe abhängig ist. — 12 Literaturangaben.
F. URBAN. 7878□

Veränderungen der Bestandteile des Baumwollsamens bei Befeuchtung. A. I. Gan. (Маслобойно-Жировая Промышленность [Öl- u. Fett-Ind.] **27.** Nr. 2. 7—8. Febr. 1961. Allunions Forsch.-Inst. für Fette, Mittelasiat. Zweigstelle.) (Russ.)

Die Befeuchtung von Baumwollsamen erniedrigt die Löslichkeit seiner Proteine u. erhöht deren Bindung an das Gossypol, während die Bindung an die Phosphatide erniedrigt wird. Der Zucker-Geh. des Samens wird herabgesetzt. Eine Erhöhung der Temp. (bes. $>100^0$) beschleunigt diese Veränderungen. Durch zweckmäßige Behandlung des verarbeiteten Samens (Befeuchtung auf 11—12% Wasser-Geh. mit nachfolgendem Stehenlassen während 40—50 Min. bei ca. 80^0) sollen die beschriebenen u. unerwünschten Veränderungen des Rohprod. möglichst verringert werden.
S. BARYSCHNIKOW. 7894

Raffination von Baumwollsaatöl in der Micelle. A. L. Markman und U. I. Trossko. (Маслобойно-Жировая Промышленность [Öl- u. Fett-Ind.] **27.** Nr. 12. 12—16. Dez. 1961. Inst. für Chemie der Pflanzenstoffe der Akad. der Wiss. der Usbek SSR.) (Russ.)

Die Raffination von Baumwollsaatöl in der Micelle (M) kann bei verschiedenen M-Konzz. erfolgreich durchgeführt werden. Bei normalen Baumwollsamen beträgt die M-Konz. 30—70%, bei defekten 12—30%. Ein zweckmäßig festgesetztes Verhältnis zwischen den Konzz. der M u. der angewandten Lauge gewährleistet weniger gefärbte Prodd. u. höhere Öl-Ausbeuten. Die optimale Konz. der Lauge (die Natur des angewandten Alkalis wird nicht angegeben) beträgt 88—200 mg/Liter. Durch vorheriges Eindampfen der M bis zur Konz. von 40—50% u. durch Ausscheidung des Gossypols mit Hilfe von Anthranilsäure wird der nachfolgende Raffinationsprozeß der M nicht verändert.
S. BARYSCHNIKOW. 7894

Reaktion von Phosphatiden mit Gossypol in Benzin- und Ölmedien. W. P. Rshechin und I. Ss. Preobrashenskaja. (Маслобойно-Жировая Промышленность [Öl- u. Fett-Ind.] **27.** Nr. 2. 9—12. Febr. 1961. Allunions Forsch.-Inst. für Fette.) (Russ.)

Vff. untersuchten die Rk. von *Phosphatiden* mit *Gossypol* in Bzn.- u. Ölmedien. Durch Erwärmung des Gemisches in Ggw. von W. entsteht eine Reihe von intensiv gefärbten Verbb. (substituierte Gossypolphosphatide u. N-haltige Gossypol-Derivv.), deren Absorptionsspektren (bei $\lambda = 460$ u. 650 mμ) sowie Löslichkeiten in PAe., Aceton u. wss. Alkali-Lsgg. bzw. das Quellvermögen in W. sehr unterschiedlich sind.
S. BARYSCHNIKOW. 7894

Stabilisierung der Phosphatide des Sonnenblumenöls und Gewinnung von Salatöl. A. I. Skipin, Ss. Ss. Jermolin und K. P. Schtscherbina. (Маслобойно-Жировая Промышленность [Öl- u. Fett-Ind.] **26.** Nr. 8. 28—30. Aug. 1960. Allunions Forsch.-Inst. für Fette; Labinsk, Ölfabrik.) (Russ.)

Zur Stabilisierung der Phosphatide (I) des Sonnenblumenöls soll dieses bei 25—70^0 u. 9 mm Hg bis zu einem W.-Geh. von 0,002—0,004% getrocknet werden. Das Salatöl wird durch heiße Filtration (doppeltes Filtriertuch) eines 0,7% I enthaltenden Öles u. analoges Trocknen hergestellt. S. BARYSCHNIKOW. 7894

Vergleichsuntersuchung der oberflächenaktiven Eigenschaften von Raps- und Soja-„Lecithin". A. Jakubowski und A. Białecka. (Przemysł Spożywczy **14.** 474—75. 1960. Inst. Przem. tłuszczowego.) (Pol.)

Im Konz.-Bereich 0,05—0,15% ist die Oberflächenspannung σ von W.-Öl-Emulsionen, hergestellt aus Phospholipoiden des Soja- u. Rapsöles, gleich groß. Bei Konzz. $<$ 0,01% ist σ des Rapsöl-Lecithins geringer. F. URBAN. 7894□

Desodorieren von Waltran vor der Hydrierung. W. K. Losheschnik. (Маслобойно-Жировая Промышленность [Öl- u. Fett-Ind.] **27.** Nr. 12. 36. Dez. 1961. Kuibyschew. Kombinat für Fette.) (Russ.)

Nach Hydratation wird der Waltran mit 4—5%ig. Lauge (Art des Alkalis nicht angegeben) neutralisiert, gewaschen, getrocknet, mit 0,2—1,0% Bleicherde versetzt, 2 Std. bei 200^0 u. 10—20 mm Hg desodoriert u. hydriert. S. BARYSCHNIKOW. 7898

Haltbarkeit von Margarine mit einer butterähnlichen Struktur. N. I. Kosin und W. I. Waribruss. (Маслобойно-Жировая Промышленность [Öl- u. Fett-Ind.] **27.** Nr. 4. 27—29. April 1961. Moskau, Plechanow-Inst. für Volkswirtschaft.) (Russ.) — Vgl. C. **1962.** 7005.

Die nach der von KOSIN u. Mitarbeitern (vgl. C. **1962.** 7005) ausgearbeiteten Meth. hergestellte Margarine „mit butterähnlicher Struktur" wurde zwecks Unters. ihrer Haltbarkeit (H) 75 Tage bei 26^0 bzw. 6 Monate bei 5—8^0 aufbewahrt. Es wurde festgestellt, daß die H des neuen Prodd. der H der nach der üblichen Meth. bereiteten Margarine überlegen ist. S. BARYSCHNIKOW. 7900

Oxydation von Paraffin in der Versuchsanlage mit Zugabe von Mangan–Kalium-Seifen. A. A. Pertschenko, G. A. Gorjatschewa und M. A. Martschenko. (Маслобойно-Жировая Промышленность [Öl- u. Fett-Ind.] **28.** Nr. 2. 34—37. Febr. 1962. Forsch.-Inst. für synthet. Fette u. Waschmittel.) (Russ.)

Es wird gezeigt, daß die Oxydation des Gemisches Paraffin-Unverseifbares (1 : 2) in Ggw. der Katalysatoren $KMnO_4$ bzw. Mn–K-Seife analog verläuft. Die Oxydationsdauer (34—35% Fettsäuren im Oxydat), die Qualitätsmerkmale der Fettsäuren u. des Unverseifbaren, die fraktionelle Zus. des Säuregemisches, die SZ., EZ., JZ. u. Carbonylzahl der Fraktionen, der Geh. des Oxydats an Unverseifbarem u. die Ausbeute an Säuregemisch waren für beide Katalysatoren prakt. identisch. S. BARYSCHNIKOW. 7908

Die oberflächenaktiven Eigenschaften und das Waschvermögen von Lösungen der Natriumsalze verzweigter gesättigter Fettsäuren. A. D. Petrow, G. I. Nikischin, Ju. N. Ogibin, F. W. Newolin und T. G. Tipissowa. (Маслобойно-Жировая Промышленность [Öl- u. Fett-Ind.] **26.** Nr. 8. 12—15. Aug. 1960. Inst. für organ. Chemie der Akad. der Wiss. der UdSSR; Allunions Forsch.-Inst. für Fette.) (Russ.)

Untersucht wurden die oberflächenakt. Eigg. (OE) u. das Waschvermögen (WV) von Lsgg. der Na-Salze der erstmalig synthetisierten gesätt. *Fettsäuren* C_{10}—C_{16} mit 2 u. 3 Verzweigungen. Es wird gezeigt, daß die OE u. das WV dieser Prodd. denen der Na-Salze von gesätt. Fettsäuren mit normalen C-Ketten unterlegen sind.
S. BARYSCHNIKOW. 7912

Über das Waschvermögen von Gemischen synthetischer Waschmittel. F. N. Newolin und T. G. Tipissewa. (Маслобойно-Жировая Промышленность [Öl- u. Fett-Ind.] **27.** Nr. 4. 33—35. April 1961. Allunions Forsch.-Inst. für Fette.) (Russ.)

Nach den Unterss. sollen zur Herst. eines Gemisches von synthet. Waschmitteln (I), das ein höheres Waschvermögen (WV) als seine Komponenten hat, I verschiedener Klassen (Alkylsulfate mit Alkylbenzolsulfonaten, Alkylbenzolsulfonate mit nichtionogenen I usw.) gemischt werden. Gemische von I, die derselben Klasse angehören, haben kein höheres u. in einzelnen Fällen sogar ein niedrigeres WV als ihre Komponenten. Es wird gezeigt, daß in wss. Lsgg. bin. I-Gemische die krit. Konz. der Micellen-Bldg. bzw. die Oberflächenspannung additive Größen sind. S. BARYSCHNIKOW. 7912

Bestimmung von dreifach gesättigten Glyceriden u. Fetten mit Mercaptoessigsäure. L. R. Eshelman, E. Y. Manzo, S. J. Marcus A. E. Decoteau und E. G. Hammond. (Analytic. Chem. **32.** 844—47. Juni 1960. Ames, Iowa, Iowa State Univ., Dep. of Dairy and Food Ind.) (Engl.)

In speziell gereinigten Glasgefäßen werden Fette u. Mercaptoessigsäure ($Kp._5$ 88 bis 90°) bei 50° über Nacht im WARBURG-Bad geschüttelt u. die entstandenen Mercaptoessigsäureglyceride in Form ihrer NH_4-Salze an N.N-Diäthylaminoäthylcellulose säulenchromatograph. getrennt. Die eingedampften PAe.-Eluate enthalten die gesätt. Triglyceride (I) sowie von der Art des Ausgangsmaterials abhängige geringe Mengen nicht umgesetzter ungesätt. Verbindungen. Der I-Geh. kann durch Best. des J_2-Verbrauchs des Eluatrückstandes korr. werden. Bestimmt wurde der Geh. an 3fach gesätt. Glyceriden von Sojabohnen-, Safron-, Lein-, Erdnuß-, Weizenkeim-, Loorbeer- u. Cocusnußöl, Schweineschmalz, Kakaobutter u. Butter. U. UHLICH. 7932□

Über die Bestimmung der individuellen Zusammensetzung synthetischer Fettsäuren der Fraktion C_{17}—C_{20} nach der Methode der Gas–Flüssigkeits-Chromatographie. P. M. Schtscherbakow, B. P. Kotelnikow und Ju. W. Ganin. (Маслобойно-Жировая Промышленность [Öl- u. Fett-Ind.] **27.** Nr. 12. 25—27. Dez. 1961. Forsch.-Inst. für synthet. Fette u. Waschmittel.) (Russ.)

Die Best. der individuellen Zus. synthet. Fettsäuren der Fraktion C_{17}—C_{20} kann nach der Meth. der Gas.–Fl.-Chromatographie (Ionisationsdetektor; übliche Kolonne mit Diatomit, dem 5% Silicon zugefügt wurden) bei 220° durchgeführt werden. Die gute Übereinstimmung (0,0 bis —3,0%) zwischen den SZ. eines Fettsäuregemisches, die nach der üblichen chem. Meth. bestimmt wurden mit den nach der vorst. Meth. erhaltenen Werten zeigt die Genauigkeit der vorgeschlagenen Best.-Methode.
S. BARYSCHNIKOW. 7936

Paolo Bortolini, Padua, Italien, **Wiedergewinnung von pflanzlichen und mineralischen Ölen aus verbrauchten Bleicherden.** Die bei der Ölraffination anfallenden verbrauchten Bleicherden werden mit warmem W. zu einem Brei angerührt, den man 1/4 bis 1 Std. auf 70—100° hält, in warmen Standgefäßen stehen läßt u. zentrifugiert. (**It. P. 524765** vom 29/9. 1954.) K. KOEBKE. 7875

Domenico Urbani de Gheltof, Casale Corte Cerro, Novara, Italien, **Reinigungsmittel für Silbersachen,** bestehend aus 100 (cm^3) W., 5 g Thioharnstoff, 2 H_2SO_4, 2 HNO_3, 1 H_3PO_4. Die zu reinigenden Gegenstände werden in die Lsg. eingetaucht. (**It. P. 524 981** vom 11/11. 1954.) K. KOEBKE. 7917

Procter & Gamble Co., V.St.A. (Erfinder: **William Clarence Krumrei** und **Joseph Blinka**), *Flüssige Reinigungsmittelkomposition.* (**F. P. 1 200 847** vom 14/4. 1958, ausg. 24/12. 1959. A. Prior. 16/4. 1957. — C. **1960.** 17316 [D. A. S. 1 081 172].)

Procter & Gamble Co., V.St.A. (Erfinder: **Edmund Frederick Gebhardt**), *Bleichmittelkomposition.* (**F. P. 1 183 500** vom 27/9. 1957, ausg. 8/7. 1959. A. Prior. 1/10. 1956. — C. **1960.** 11508 [D. A. S. 1 072 348].)

California Research Corp., V.St.A. (Erfinder: **Richard D. Stayner**), *Anionische Reinigungsmittelkomposition.* (**F. P. 1 172 959** vom 13/3. 1957, ausg. 18/2. 1959. A. Prior. 21/3. 1956. — C. **1961.** 5648 [D. A. S. 1 089 906].)

California Research Corp., V.St.A. (Erfinder: **Richard D. Stayner**), *Wenig schäumende anionische Reinigungsmittel.* (**F. P. 1 173 066** vom 19/3. 1957, ausg. 19/2. 1959. A. Prior. 21/3. 1956. — C. **1961.** 2828 [D. A. S. **1 085 998**].)

N. V. de Bataafsche Petroleum Mij., Holland, *Reinigungsmittelgemische mit oberflächenaktiven Mitteln.* (**F. P. 1 158 040** vom 14/9. 1956, ausg. 6/6. 1958. Holl. Prior. 16/9. 1955. — C. **1960.** 11150 [Belg. P. 551 039].)

Union Carbide Corp., V.St.A. (Erfinder: **Samuel Miller Livengood**), *Synthetische Reinigungsmittel.* (**F. P. 1 182 563** vom 10/9. 1957, ausg. 26/6. 1959. A. Prior. 11/9. 1956. — C. **1961.** 3852 [Belg. P. 560 711].)

Joh. A. Benckiser G. m. b. H., Chemische Fabrik (Erfinder: **Karl Schuster**), Ludwigshafen/Rh., *Waschmittel für Buntwäsche.* (**Schwz. P. 356 234** vom 12/11. 1956, ausg. 29/9. 1961. D. Prior. 12/11. 1955. — C. **1959.** 17557 [D. A. S. 1 055 733].)

Unilever N. V., Rotterdam, Holland, *Nichtkorrodierendes, Perverbindungen enthaltendes Waschmittel.* (**Schwz. P. 356 235** vom 14/11. 1957, ausg. 29/9. 1961. E. Prior. 14/11. 1956. — C. **1960.** 4709 [D. A. S. 1 062 866].)

Henkel & Cie. G. m. b. H., übert. von: **Wilhelm J. Kaiser,** Düsseldorf-Holthausen, *Herstellung von N-substituierten Aminobuttersäureestern.* (**Can. P. 554 209** vom 18/10. 1955, ausg. 11/3. 1958. D. Prior. 20/10. 1954. — C. **1960.** 15613 [D. A. S. 1 073 501].)

Colgate-Palmolive Co., V.St.A. (Erfinder: **William Ralph Hearn, Allister Neil MacLean** und **Frederick William Trusler**), *Reinigungsmittelgemisch.* (**F. P. 1 156 166** vom 28/8. 1956, ausg. 13/5. 1958. Can. Prior. 6/9. 1955. — C. **1961.** 7442 [E. P. 800 706].)

Procter & Gamble Co., Cincinnati (Erfinder: **Homer W. McCune,** Wyoming), Ohio, V.St.A., *Reinigungsmittelgemische.* (**F. P. 1 186 366** vom 4/10. 1957, ausg. 21/8. 1959. A. Prior. 5/10. 1956. **A. P. 2 892 796** vom 5/10. 1956, ausg. 30/6. 1959. — C. **1960.** 17653 [D. A. S. 1 079 773].)

Unilever N.V., Holland (Erfinder: **Hans R. Dallenbach** und **Irving Reich**), *Flüssige Reinigungsmittel.* (**F. P. 1 192 968** vom 31/10. 1957, ausg. 29/10. 1959. A. Prior. 2/11. 1956. — C. **1959.** 16820 [Oe. P. 201 207].)

Colgate-Palmolive Co., New York, N.Y. (Erfinder: **Harold Eugene Wixon,** Jersey City, N.J.), V.St.A., *Flüssiges Reinigungsmittel.* (**Schwz. P. 356 233** vom 9/8. 1956, ausg. 29/9. 1961. Can. Prior. 6/9. 1955. — C. **1960.** 1365 [D. A. S. 1 051 440].)

XVIIIa. Holz. Cellulose. Zellstoff. Papier. Papierdruck. Celluloid. Linoleum

Isolierung und Eigenschaften eines 4-O-Methylglucuronoxylans aus der inneren Rinde von Betula papyrifera. A. Jabbar Mian und T. E. Timell. (Tappi **43.** 775 bis 781. Sept. 1960. Montreal, Que., Pulp and Paper Res. Inst. of Canada u. McGill Univ., Dep. of Chem.) (Engl.)

Die extraktfreie innere Rinde (sekundäres Phloem) von Betula papyrifera enthält 4,5% Pektinsäure, 26,6% eines sauren Xylans (I), 28,4% Cellulose u. 5,3% andere nicht näher untersuchte Polysaccharide. Bei der partiellen Hydrolyse von I werden *D-Xylose, 4-O-Methyl-D-glucuronsäure* u. *2-O-[4-O-Methyl-α-D-glucopyranosyluronsäure]-D-xylopyranose* gebildet. Die Hydrolyse von vollständig methyliertem I ergibt ein Gemisch von *2-O-* u. *3-O-Methyl-D-xylose, 2.3-Di-O-methyl-D-xylose, 2.3.4-Tri-O-methyl-D-xylose* u. *2-O-[2.3.4-tri-O-methyl-α-D-glucopyranosyluronsäure]-3-O-methyl-D-xylopyranose* im Verhältnis 15 : 62 : 1 : 9. Hieraus u. aus der osmot. Molgew.-Best. wird für die Struktur von I auf eine mindestens 230 Glieder enthaltende Kette von 1→4 verbundenen *β-D*-Xylopyranoseeinheiten geschlossen, die an jeder 10. Einheit ein einzelnes Seitenglied von 1→2 verbundener 4-O-Methyl-α-D-glucuronsäure besitzt.

Versuche: Identifizierungen von: *Xylose*, F. 146—147°, $[\alpha]_D$ +18,2° (c = 4,0; W.) als *Dibenzylidendimethylacetal*, F. 209—210°; *4-O-Methyl-D-glucuronsäure* nach der Red. als *4-O-Methyl-D-glucosazon*, F. 157—159°; *2-O-(4-O-Methyl-α-D-glucopyranosyluronsäure)-D-xylopyranose*, $C_{12}H_{20}O_{11}$, $[\alpha]_D$ +101° (c = 1; W.) als *Methyl-2-O-[methyl-(2.3-di-O-acetyl-4-O-methyl-α-D-glucopyranosyl)-uronat]-3.4-di-O-acetyl-D-xylopyranosid*, F. 201—202°, $[\alpha]_D^{20}$ +101° (c = 1,0; Chlf.); *2-O-[2.3.4-Tri-O-methyl-α-D-glucopyranosyluronsäure]-3-O-methyl-D-xylopyranose* als *Methylestermethylglykosid*, $C_{16}H_{30}O_{10}$, F. 166—167°, $[\alpha]_D$ +91° (c = 2,0; W.); *2-O-* u. *3-O-Methyl-D-xylose*, $C_6H_{12}O_5$, $[\alpha]$ +27,5° (c = 2,4; W.) aus Drehwert u. elektrophoret. Verh. ergibt sich 2-O- : 3-O = 1 : 1; *2.3-Dimethyl-D-xylose*, $C_7H_{14}O_5$, F. 100—101°, $[\alpha]_D$ +14° → +25° (c = 2,0; W.) als *2.3-Di-O-methyl-N-phenyl-D-xylopyranosylamin*, F. 123—124°. *2.3.4-Tri-O-methyl-D-xylose*, F. 90—91°, $[\alpha]_D$ +18° (c = 1,0; W.). H. ROSSOW. 7952□

Chemische Zusammensetzung und physikalische Eigenschaften von Holzfasern. 1. Mitt. Herstellung von Holocellulosefasern aus der Loblolly-Kiefer. Bengt Leopold. (Tappi **44.** 230—32. März 1961. Chillicothe, Ohio, The Mead Corp.) (Engl.)

Um eine möglichst intakte Holocellulose-Faser aus der Loblolly-Kiefer zu erhalten, werden 3 Verff. untersucht: 1. Chlorit, 2. Chlor-Äthanolamin u. 3. Peressigsäure an Holzmehl, das vorher mit A./Bzl. (2 : 1) extrahiert wird. Als schonendste Meth. erwies sich 3., bei der nur ein kleiner Verlust an Mannan auftrat. Jedoch entsteht ein hoher Carbonyl-Geh., der bei der späteren Alkaliextraktion der Holocellulose stört, aber durch Red. mit $NaBH_4$ eliminiert werden kann. Mit Meth. 3 werden Hackschnitzel, getrennt nach Früh- u. Spätholz, untersucht. Die Holocellulose des Spätholzes enthält etwas mehr Mannan als die des Frühholzes u. einen höheren DP-Wert. W. WERGIN. 7954□

Chemische Zusammensetzung und physikalische Eigenschaften von Holzfasern. 2. Mitt. Alkaliextraktion von Holocellulosefasern aus der Loblolly-Kiefer. Bengt Leopold. (Tappi **44.** 232—35. 1961.) (Engl.) — 1. vgl. vorst. Referat.

Durch Peressigsäure hergestellte faserige Holocellulose aus Loblolly-Kiefer wird mit Alkali-Lsgg. steigender Konz. unter N_2 extrahiert. *Galactan* wird bereits durch niedrige Konzz. (bis 0,1 n KOH) restlos entfernt, *Glucomannan* (**I**; Glucose : Mannose 1 : 3,5) u. *Arabino-Glucurono-Xylan* (Arabinose : Glucuronsäure : Xylose 1 : 2,5 : 9) (**II**) nur in geringer Menge. Von 0,4—1,5 n KOH wird **II** fast völlig, **I** aus Frühholz stark, aus Spätholz wenig herausgelöst. Höhere Alkali-Konzz. (1.5 —6,0 n KOH mit Zusatz von 0,75 m H_3BO_3, oder 6,0 n NaOH) extrahieren alles **II**. Von **I** bleibt ein Rest von 17% im Frühholz u. von 44% (bezogen auf **I**) im Spätholz. Während dieser Behandlung sinkt der DP-Wert der Cellulose von ca. 4650 auf 1270 im Frühholz u. 1650 im Spätholz. W. WERGIN. 7954□

Chemische Zusammensetzung und physikalische Eigenschaften von Holzfasern. 3. Mitt. Zugfestigkeit von Einzelfasern aus alkaliextrahierter Holocellulose der Loblolly-Kiefer. Bengt Leopold und D. C. Mcintosh. (Tappi **44.** 235—40. März 1961.) (Engl.) — 2. vgl. vorst. Referat.

Eine leicht zu handhabende Meth. zur Prüfung der Zugfestigkeit von Einzelfasern wird entwickelt u. beschrieben. Mit dieser Meth. werden Holocellulosefasern der Loblolly-Kiefer auf Zugfestigkeit in Abhängigkeit von Extraktion mit steigenden Alkali-Konzz. (s. vorst. Ref.) untersucht. Frühholz u. Spätholz werden getrennt gemessen. Die Ergebnisse werden sowohl in g/Faser als auch in kg/mm² der Querschnittsfläche mitgeteilt. Mit steigender Alkali-Konz. nehmen Festigkeit u. Querschnittsfläche ab, wobei eine Beziehung zum Geh. an xylanhaltigen Hemicellulosen besteht. Die Entfernung der Glucomannane wirkt sich nicht auf Festigkeit u. DP-Wert aus. Spätholzfasern besitzen eine doppelt so große Festigkeit wie Frühholzfasern, wofür morpholog. Unterschiede verantwortlich gemacht werden. Der Einfl. der Hemicellulosen wird diskutiert. W. WERGIN. 7954□

Chlorbedarf von Zellstoffen. Gunther H. Baldauf und Bjorn O. Lehto. (Tappi **44.** 415—19. Juni 1961. Kalamazoo, Mich., Allied Paper Corp.) (Engl.)

Die Rk. von ungebleichtem Zellstoff mit Cl_2 erfolgt in 2 Stufen. In der 1., bei geringen Cl_2-Mengen, wird alles zugeführte Cl_2 verbraucht. In der 2., bei größeren Cl_2-Mengen wird nur ein Teil des zugeführten Cl_2 verbraucht. Die maximale Cl_2-Aufnahme, die auch durch erhöhte Cl_2-Zufuhr nicht gesteigert werden kann, heißt „Chlorbedarf" u. ist ein Maß für die Cl_2-Aufnahme eines Zellstoffs unter Betriebsbedingungen. Er kann in Beziehung zur ROE-Chlorzahl u. zur Permanganatzahl gesetzt werden. A. SEUFFERT. 7956□

Herstellung von Kraftzellstoff aus dem im Wachstum befindlichen Inneren von südlichen Kiefern mit Hilfe eines Verfahrens für kleine Mengen. J. P. van Buijtenen, Philip N. Joranson und D. J. MacLaurin. (Tappi **44.** 166—69. März 1961. Appleton, Wis., Inst. of Paper Chem.) (Engl.)

Zu Vgl.-Zwecken werden aus dem Holz lebender Bäume, ohne diese zu gefährden, mit einem Bohrapp. Proben entnommen. 20% jeder Probe wird für anylyt. Prüfungen, der Rest für Herst. von Zellstoff verwendet, an dem auch Unterss. vorgenommen werden. Es zeigt sich, daß die Ausbeute stark durch den Anteil an A.–Bzl.-Extrakt u. an Lignin beeinflußt wird, der Einfl. des Geh. an Sommerholz jedoch gering ist. Die Festigkeit steht in Beziehung zu Länge u. Form der Fasern, ist aber unabhängig von Lignin-Geh. u. Ausbeute. A. SEUFFERT. 7958□

Der Mechanismus des sauren Bisulfit-Zellstoffaufschlusses. 2. Mitt. **Verfahrensprobleme beim kontinuierlichen Arbeiten.** W. J. Nolan. (Tappi **44.** 753—62. Nov. 1961. Gainesville, Fa., Univ. of Florida, Pulp and Paper Lab.) (Engl.) — 1. vgl. C. **1962.** 8837.

Es wurde bisher angenommen, daß beim sauren Bisulfitaufschluß dem eigentlichen Kochprozeß eine Aufwärmperiode vorangehen müsse. Damit wäre ein angestrebter Aufschluß in kontinuierlicher Arbeitsweise (I) durch Kochen bei konst. hoher Temp. unmöglich. Diesem Ausschnitt aus dem I-Problem wird ohne Rücksicht auf optimale Kochbedingungen u. dgl. nachgegangen. Der Aufschluß gelingt prakt. ohne Vorperiode, wenn man Fichte mit NH_4HSO_3 (mit 1,0% gebundener SO_2 u. einem Anfangstotal-Geh. von 5,0—6,0% SO_2) bei 148° aufschließt u. Kochlauge u. Kocher vorheizt. Voraussetzung ist ferner die Verw. in der Faserrichtung aufgespaltener, nicht der üblichen, Hackspäne. Besprochen werden: die Aufschluß-Rk., die Auswirkungen der SO_2-Autoxydation-Red., Arbeitsdrucke bei I u. einige Material- u. Korrosionsfragen. Auch wird eine Meth. zur Berechnung der tatsächlichen SO_2-Konz. angegeben. M. HAGEDORN. 7962□

Carboxymethylcellulose, ein neuer in Ungarn hergestellter Hilfsstoff der Papierindustrie. Lidia Kóbor. (Papíripar Magyar Grafika [Papierind. ung. Graphik] **5.** 171—75. Okt. 1961.) (Ung.)

Carboxymethylcellulose (I) wird hauptsächlich als Zusatz zum Holländer verwendet, seine Wrkg. hängt vom Rohstoff u. der Zusatzmenge ab. Die günstige Wrkg. von I auf die Mahlung u. Festigkeit kann bes. bei langfaserigen Rohstoffen beobachtet werden. Die Anwendung bedeutet eine Ersparnis an Leim, vermindert die Faserverluste, u. die Füllstoffretention ist besser. Als Oberflächenbehandlungsmittel verwendet, werden porenfreie Papiere erhalten. J. PLANK. 7978

Die Verwendung von Polyvinylalkohol als Bindemittel für Farbanstriche. George P. Colgan und Joseph J. Latimer. (Tappi **44.** 818—22. Nov. 1961. Bound Brook, N.J., Air Reduction Chemical and Carbide Co.) (Engl.)

Besprechung der Verw. von Polyvinylalkohol (PVA) als Bindemittel für farbige Überzüge u. Papierbeschichtung. Es werden behandelt: die rheolog. Eigg. von PVA-Farbansätzen; die Viscosität-Festgeh.-Beziehungen; die Bindekraft, die ca. 3mal höher als bei Casein u. Sojaprotein und 4mal so hoch wie bei Stärke ist; die opt. Eigenschaften. Bei der prakt. Verw. von PVA stört die Wasserempfindlichkeit; bestes Gegenmittel ist die Wärmenachbehandlung des PVA-Anstrichs. Die Fett- u. Ölfestigkeit von PVA ist sehr hoch. M. HAGEDORN. 7982□

Die Verwendung von Sulfitzellstoff hoher Ausbeute für die Herstellung von Zeitungspapier. A. P. Krüger. (Бумажная Промышленность [Papier-Ind.] **36.** Nr. 1. 13—14. Jan. 1961.) (Russ.)

Vf. stellt fest, daß Hochausbeutezellstoff (65% an Stelle von 50%) durchaus für Zeitungspapier geeignet ist. Die Holzeinsparung beträgt ca. 30%. Die Technologie wird ausführlich beschrieben. R. WITTWER. 7984□

Bror Olaf Hager, **Holzkonservierungsmittel,** enthaltend einen oder mehrere Aminkomplex bildende Metallreste, gelöst in einer CO_2-haltigen NH_4OH-Lsg. unter Zusatz von As_2O_3, F_2, Trichlorphenol, Tetrachlorphenol u./oder Pentachlorphenol. — Beispiele: Ein Konzentrat mit 150 (g/Liter) Cu, 225 NH_3 u. 175 CO_2 wird zur Anwendung ca. 25mal verd.; ein Konzentrat mit 50 Cu, 50 Zn, 225 NH_3 u. 175 CO_2, ca. 12mal verd.; ein Konzentrat mit 120 Cu, 60 As_2O_3 (45 g As), 240 NH_3 u. 160 CO_2, ca. 20mal verd. u. ein Konzentrat mit 120 Cu, 210 NH_3 u. 210 CO_2, ca. 40—60mal verdünnt. (**Aust. P. 226 957** vom 6/9. 1957, ausg. 17/3. 1960.) H. NEBELSIEK. 7953

Canadian Chemicals & Cellulose Co. Ltd., Montreal, Quebec, übert. von: Mervin E. Martin und Joseph H. Shumka, Prince Rupert, British Columbia, Canada, **Bleichen von Cellulosematerialien** durch $^1/_4$std. Erhitzen einer 85%ig. Aufschlämmung in 1%ig. NaOH auf 170° u. anschließende 4std. Behandlung einer 4%ig. Aufschlämmung in $NaClO_2$/NaOCl bei 37,5—41° u. einem Anfangs-pH 8,92, wobei die Lsg. 0,458 (%) akt. Cl aus NaOCl u. 0,23 aus $NaClO_2$ enthält. (**Can. P. 553 499** vom 21/6. 1954, ausg. 25/2. 1958. A. Prior. 25/6. 1953.) L. GROSSNER. 7957

Yrjo P. Sivola, Helsinki, Finnland, **Herstellung von Cellulose.** Aus SO_2-haltigen $NaHSO_3$-Lsgg. wird durch Erhitzen SO_2-haltiger Wasserdampf (**A**) abgetrieben, die zurückbleibende $NaHSO_3$-Lsg. mit Alkalicarbonaten, -bicarbonaten oder -hydroxiden auf pH 3—8 gebracht u. mit cellulosehaltigem Material (**B**) umgesetzt. So vorbehandeltes **B** wird mit den durch Kondens. von **A** gewonnenen SO_2-reichen Kondensaten behandelt u. das entstehende Hydrolysat mit der 3—3,5fachen Menge Alkalihydroxid-, -sulfid-, -carbonat- oder -bicarbonat-Lsg. versetzt. — Verf.-Schema. (**Can. P. 552 161** vom 31/5. 1955, ausg. 28/1. 1958. Finn. Prior. 8/11. 1954.) EBERHARD RIEDEL. 7963

Charles W. Abbott und Clinton L. Mathis, Seattle, Wash., V.St.A., **Poröse, lockere Methylcellulose** wird durch Eintragen von Methylcellulose (**A**) in ein organ., leicht verdampfbares Quellmittel (**B**) für **A**, Zufügen eines gegenüber **B** um 15° höher sd. Nichtlsgm. für **A** in die Lsg. u. anschließende Trocknung erhalten. (**Can. P. 552 473** vom 13/5. 1952, ausg. 28/1. 1958.) EBERHARD RIEDEL. 7971

American Cyanamid Co., New York, N.Y., übert. von: Norman T. Woodberry, Sewell T. Moore und Yun Jen, Stamford, Conn., V.St.A., **Herstellung von Papier mit stark erhöhter Trockenfestigkeit** und nicht erhöhter Naßfestigkeit, dad. gek., daß ein normaler wss. Papierstoff mit ca. 0,1—0,5 % (auf Trockenfaser bezogen) eines wasserlösl. kation. Polymerisats, das aus wasserlösl. Polyacrylamid mit einem Molgew. > ca. 10000 nach der HOFMANN-Rk. erhalten wurde, gemischt wird, wobei die Rk. so lange dauert, bis ca. 0,1—15% der Amidgruppen zu Amingruppen umgesetzt sind, so daß die Fasern das Polymerisat adsorbieren u. beim Trocknen der gebildeten Papierbahn durch das Polymerisat gebunden werden. Herst. von Brief-, Buch- u. Zeitungspapier. — Mengenbeispiele, Tabelle. (**A. P. 2 890 978** vom 2/10. 1957, ausg. 16/6. 1959.) G. VOGEL. 7975

Rohm & Haas Co., Philadelphia, Pa., übert. von: Arthur D. Jordan jun., Moorestown, N.J., V.St.A., **Herstellung von Cellulosefaserschichten.** Cellulosefasern werden mit einer wss. Lsg. eines Al-Salzes behandelt, so daß das entstandene Gemisch mindestens 10 Gew.-% Al-Salz enthält. Die überschüssige Lsg. wird von den Fasern entfernt, die Fasern schnell mit W. gespült u. schnell wieder mit W. dispergiert zu einer Suspension mit 0,1—6% Faser-Gew. in der Suspension. Dann wird in die Suspension eine wss. Dispersion eines wasserunlösl. Additionspolymeren (Acrylsäureester, Polyvinyl-Verb.) in einer Menge von 1—150 Gew.-%, bezogen auf das Faser-Gew., zugegeben u. eine Schicht aus der Suspension geformt. (**A. P. 2 910 399** vom 9/4. 1956, ausg. 27/10. 1959.) P. MAYER. 7979

Isaac Richard Dunlap, Cranbury Township, N.J., V.St.A., **Herstellung von Faserschichten, wie Papier, mit hoher Naßreiß- und Spaltfestigkeit,** dad. gek., daß dem wss. Faserstoff (vorgebleichtem Sulfatzellstoff) ein elastomeres Polymerisat, z. B. aus 75 (Teilen) Acrylsäurenitril u. 25 Butadien (20 Harz auf 100 Trockenfaser), zugesetzt, dieses, z. B. mit einem Guanidincarbonat/CH_2O-Polymerisat, auf den Fasern ausgefällt u. die aus dem Stoff gebildete trockne Bahn mit einem Harpolymerisat, z. B. einem, ggf. mit einem Amin modifizierten, Harnstoff/CH_2O-Harz, imprägniert wird, das sich mit dem Elastomeren sonst nicht verträgt. — Herst. von Bucheinbänden, Schuhzwischensohlen, bes. aber Klebepapier, durch Beschichten mit einer Masse, z. B. aus 100 Rohgummi, 90 dehydrogeniertem Baumharz, 90 Al-Hydroxyd, 30 Mineralöl u. 2 Antioxydans. — Mengenbeispiele. (**E. P. 824 314** vom 25/5. 1956, ausg. 25/11. 1959. A. Prior. 25/5. 1955.) G. VOGEL. 7985

William Colley, Kearsley bei Bolton, Lancaster, England, **Herstellung von Papierstoff,** dad. gek., daß dem wss. Stoff beim Aufschlagen in alkal. Medium eine leicht verteilbare Dispersion eines natürlichen oder synthet. Gummis zugegeben, das Gemisch [mit $Al_2(SO_4)_3$] bis pH ca. 5,5 angesäuert, kurze Zeit weitergeschlagen u. durch weiteres Ansäuern bis pH ca. 4,5 der Gummilatex koaguliert wird. — Mengenbeispiele. *Herst. von naßfestem Verpackungspapier* für Schokolade u. photograph. Material. (**E. P. 802 820** vom 14/9. 1955, ausg. 15/10. 1958.) G. VOGEL. 7987

Columbian Carbon Co., New York, N.Y., V.St.A., **Herstellung von Dispersionen feinteiliger Feststoffe in einem flüssigen Medium.** Ein prim. hergestelltes Gemisch aus Fl. u. Feststoff wird der zerreißenden u. dispergierenden Wrkg. von senkrecht zur Strömungsrichtung des Gemisches rasch, mit wenigstens 3500 Fuß pro Min. rotierenden Flügelrädern ausgesetzt u. das Gemisch nach dem Leiten durch weitere mechan. Dispergierungszonen durch einen 0,01″ breiten Ringraum geführt. Bes. wird so aus Ruß u. Öl *Druckerschwärze* für Zeitungspapier hergestellt. — Abbildungen. (**E. P. 818 489** vom 28/10. 1957, ausg. 19/8. 1959. A. Prior. 16/1. 1957.) K. DEMMLER. 7989

K. D. Martynenko, Prozesse, Apparate und Ausrüstung der Hydrolysen- und holzchemischen Betriebe. Moskau-Leningrad: Gosslessbumisdat. 1961. (445 S. m. Abb.) 1 Rbl. 7 Kop. [Russ.]

N. I. Nikitin, Chemie von Holzstoff und Cellulose. Moskau-Leningrad: Verl. der Akad. der Wiss. der UdSSR. 1962. (711 S. m. Abb.) 4 Rbl. 77 Kop. [Russ.]

Giles B. Cooke, *Cork and the Cork Tree.* International Series of Monographs on Pure and Applied Biology. Botany Division, Vol. 4. Oxford, London, New York, Paris: Pergamon Press. 1961. (136 S.) 50 s. net. Kurzgefaßte Monographie über die wichtigsten Eigg. des Korks u. seine techn. u. wirtschaftliche Bedeutung sowie über den Anbau des Korkbaums, unter besonderer Berücksichtigung der Gegebenheiten in den USA. Der Stoff ist in die folgenden 15 Kapitel gegliedert: Einführung u. Geschichte; der Korkbaum; Struktur u. physikal. Eigg.; chem. Zus.; Herst. von Artikeln aus Naturkork; Korkschrot; Isolierplatten aus Kork; verschiedene Artikel aus Kork; Angaben über Produktion u. Handel; Korkbaumplantagen in den USA; das MCMANUS-Korkprojekt; Erfolge des MCMANUS-Korkprojekts; mögliche Korkbaumanbaugebiete in den USA; die Verbreitung von Korkbäumen; Zukunftsaussichten. Literatur-, Sach- u. Namenverzeichnis. M. WINIKER

XVIIIb. Textilfasern

Praktische Betrachtungen zu Mercerisierproblemen. R. Weber. (Z. ges. Textil-ind. **64.** 199—200. März 1962.) (Dt.)

Die wichtigsten Faktoren einer gründlichen u. ökonom. Mercerisierung sowie deren Prüfung werden in Abhängigkeit von Laugen-Konz., Spannung u. Temp. unter besonderer Berücksichtigung von erzielter Reißfestigkeit, Farbstoffaffinität u. Glanz untersucht. G. REISNER. 8032 □

Untersuchungen über die Adsorption wasserlöslicher organischer Verbindungen an Baumwolle. 1. Mitt. Die Adsorption von amino- beziehungsweise hydroxylsubstituierten aromatischen Verbindungen. D. Lamparsky und E. Rack. (Kolloid-Z. **160.** 7—16. Sept. 1958. Frankfurt/M., Battelle-Inst.) (Dt.)

Der Einfl. der Mol.-Struktur wasserlösl. NH_2- oder OH-substituierter aromat. Verbb. auf ihre Sorption an Baumwolle (Bw) wird untersucht. Unter den in m-Stellung substituierten Aromaten wird m-Phenylendiamin u. m-Aminophenol nicht von Bw aufgenommen, 3-Hydroxydiphenylamin dagegen von Bw adsorbiert u. 3-Hydroxyphenylharnstoff in geringer Menge entsprechend dem HENRYschen Gesetz von Bw gelöst. Unter den p-substituierten mehrkernigen aromat. Verbb. veranlaßt die NH_2-Gruppe durchweg eine stärkere Sorption als die OH-Gruppe in analoger Position. Eine SO_2-Gruppe zwischen 2 Benzolkernen bewirkt eine geringere Sorption an Bw als eine CH_2-Gruppe in gleicher Position, unabhängig von NH_2- oder OH-Gruppe in 4- u. 4'-Stellung. Die Substitution der beiden H-Atome des CH_2-Bindeglieds durch CH_3-Gruppen führt zu einer noch stärkeren Aufnahme durch Baumwolle. Der Einfl. des Abstands gleicher funktioneller Gruppen voneinander auf die Adsorption an Bw wird an Benzidin, 4.4'-Diaminodiphenylmethan, 4.4'-Diamino-symm.-diphenyläthan u. 4.4'-Diaminostilben (als 2.2'-Disulfosäure) untersucht. Die gegenüber 2.2'-Dihydroxydiphenyl beobachtete stärkere Adsorption von 2-Hydroxydiphenyl u. von 3.3'-Dihydroxydiphenyl an Bw sowie die Nichtaufnahme von Diphensäure durch Bw werden mit der verschiedenen Stärke der Nebenvalenzkräfte erklärt. M. HAGEDORN. 8044 □

Die Chemie von Produkten zur Mottenechtausrüstung vom Triphenylmethantyp. W. V. Farrar. (J. appl. Chem. **10.** 207—13. Mai 1960. Manchester, Imp. Chem. Ind. Ltd., Dyestuffs Div. Blackley.) (Engl.)

Die Darst. u. chem. Eigg. von Verbb. vom Typ des *Eulan N* (**I**) u. *Eulan CN* (*Lanoc CN*, **II**) werden beschrieben. Mehrere neue heterocycl. Derivv. dieser Verbb. werden dargestellt.

Versuche: 2.1.3H-Benzoxathiol-S.S-dioxide: *3-[2'-Hydroxy-3'.5'.6'-trichlorphenyl]-*, $C_{13}H_7Cl_3O_4S$, F. 233° (Zers.), durch 17std. Rühren von 32 g Na-Benzaldehyd-2-sulfonat (**III**) u. 30 g 2.4.5-Trichlorphenol (**IV**) in Oleum bei 20—25° u. 2std. Erhitzen auf 80°; aus CH_3COOH (Es) Prismen; 25 g (Ausbeute). — *3-[3'-Hydroxy-2'.4'.6'-trichlorphenyl]-*, $C_{13}H_7Cl_3O_4S$, F. 243—244°, durch 24std. Rühren von **III** u. 2.4.6-Trichlorphenol in 100%ig. H_2SO_4 bei 100—110°; aus Es Prismen. — Diphenylmethane: *α.α-Bis-[2.4.5-trichlorphenoxy]-*, $C_{25}H_{14}Cl_6O_2$, F. 228°, durch Zusammenschmelzen von 5 g Diphenyldichlormethan u. 10 g **IV** bei 250°; aus Aceton (Ac) Prismen; 6 g. — *α.α-Bis-[2.4-dichlorphenoxy]-*, $C_{25}H_{16}Cl_4O_2$, F. 176—177°, wie vorst. aus 2.4-Dichlorphenol (**V**), aus wss. Ac Nadeln. — *2.2'-Methylendioxy-3.5.6.3'.5'.6'-hexachlor-*, $C_{14}H_6Cl_6O_2$, F. 217° (Es), analog **VIII** (s. unten); 40—70%. — Triphenylmethane: *2.2'-Dihydroxy-3.5.3'.5'-tetrachlor-* (**VI**), $C_{19}H_{12}Cl_4O_2$, F. 178—180°, durch a) Erhitzen von 10 g **V** u. Benzylidendichlorid auf 250°; aus wss. A. Nadeln; ca. 1 g (neben *Benzoesäure-2.4-dichlorphenylester*, F. 92°, u. einer nichtidentifizierten *Verb. vom F. 243°*); b) durch 40std. Rühren von 60 g Benzaldehyd u. 190 g **V** in 91%ig. H_2SO_4 bei 70—75°; 76 g. *cycl.-Phenylphosphat*, $C_{25}H_{15}Cl_4O_4P$, F. 240—242°, durch 1½std. Rk. von 5 g **VI** in Bzl. mit 2,5 cm³ Phosphorsäurephenylesterdichlorid u. Pyridin (Py) bei 35—40°; aus Ac Nadeln; 3,5 g. *cycl.-Sulfit*, $C_{19}H_{10}Cl_4O_3S$, F. 178—179°, durch 10 Min. langes Kochen von **VI** in abs. Bzl. mit Py u. $SOCl_2$; aus PAe. Prismen. — *2-Sulfo-2'.2''-methylendioxy-4.3'.-5'.3''.5''-pentachlor-*, *Na-Salz*, durch 10std. Rk. von 120 g **II**, 25 g NaOH u. 25 cm³ CH_2Cl_2 in W. im Autoklaven bei 130°; umkrist. aus W.; 102—107 g. *Chlorid*, $C_{20}H_{10}Cl_6O_4S$, F. 198°, durch 1std. Rk. des Salzes mit überschüssigem $POCl_3$ (**VII**) bei 100°; aus Bzl./PAe. Plättchen. — *2-Sulfo-2'.2''-dihydroxy-α.4.3'.5'.3''.5''-hexachlor-*, *Sulton*, $C_{19}H_8Cl_6O_4S$, F. 190°, durch 1std. Rk. von 100 g **II** u. 150 cm³ **VII** bei 100°; aus Bzl. Prismen; 76 g. — *2-Sulfo-2'.2''-dihydroxy-α.3'.5'.3''.5''-pentachlor-*, *Sulton*, $C_{19}H_9Cl_5O_4S$, F. 180—181°, analog vorst. Verb. aus **I** u. Erhitzen des *Benzolats* ($C_{19}H_9Cl_5O_4S \cdot C_6H_6$, F. 106°; aus Bzl. Prismen) auf 100°. — *2-Sulfo-α.2'.2''-trihydroxy-4.3'.5'.3''.5''-pentachlor-*, *Na-Salz* (*Trihydrat*), $C_{19}H_{10}Cl_5NaO_6S \cdot 3\ H_2O$, durch 2std. Rk. von 70 g vorvorst. Sultons mit 30 g Na_2CO_3 in W. bei 100°; aus W. Mikrokristalle; 20 g, (wird mit wss. NaH·

SO_3-Lsg. zu **II** red.). *Sulton-(2 → α)-trihydrat,* $C_{19}H_9Cl_5O_5S \cdot 3\,H_2O$, F. ca. 255—265° (Zers.), durch Ansäuern der wss. Salz-Lsg.; aus *1.2.4-Trichlorbenzol* (Tb) Blättchen. — *2-Sulfo-α.2'.2''-trihydroxy-3'.5'.3''.5''-tetrachlor-, Na-Salz (Dihydrat),* $C_{19}H_{11}Cl_4NaO_6S \cdot 2\,H_2O$, analog vorst. Verb. aus vorvorst. Sulton; aus W. Blättchen (wird mit wss. $NaHSO_3$-Lsg. zu **I** red.). *Sulton-(2 → α)-tetrahydrat,* $C_{19}H_{10}Cl_4O_5S \cdot 4\,H_2O$, F. ca. 235—240° (Zers.; Tb), analog vorst. Sulton; aus Tb Blättchen. — *2.6'-Sulfonyl-2'.2''-dihydroxy-4.3'.5'.3''.5''-pentachlor-,* $C_{19}H_9Cl_5O_4S$, F. 231—233° (Zers.), durch 1std. Rk. von 20 g **II** u. 50 cm³ $ClSO_3H$ bei 100°; aus Bzl./PAe. Prismen; ca. 1 g. — *2-Sulfo-2'.2''-dimethoxy-4.3'.5'.3''.5''-pentachlor-, Na-Salz,* $C_{21}H_{14}Cl_5NaO_5S$, durch 2std. Rühren von 50 g **II**, 10 g NaOH u. 20 cm³ $(CH_3O)_2SO_2$ in W. bei 20—25°; 33 g. *Chlorid,* $C_{21}H_{14}Cl_6O_4S$, F. 130°, durch 1std. Erhitzen des Salzes mit überschüssigem **VII**; aus PAe. Nadeln. — *2-Sulfo-2'.2''-diacetoxy-4.3'.5'.3''.5''-pentachlor-, Na-Salz,* $C_{23}H_{14}Cl_5NaO_7S$, durch 1std. Kochen von 20 g **II** mit 40 cm³ CH_3COCl; aus Es Prismen; 12 g (gibt beim kurzen Kochen in 2n NaOH **II**). *Chlorid,* $C_{23}H_{14}Cl_6O_6S$, F. 177—178°, durch 1std. Rk. des Salzes mit **VII** bei 100°; aus Bzl./PAe. Prismen. — *2.2'-Methylendioxy-3.5.3'.5'-tetrachlor-* (**VIII**), $C_{20}H_{12}Cl_4O_2$, F. 169—170° (Ac), durch 16std. Kochen von 1 Mol **VI** u. 1,25 Mol CH_2J_2 in überschüssigem 5%ig. NaOH; 40—70%. — *2.2'-Äthylendioxy-3.5.3'.5'-tetrachlor-,* $C_{21}H_{14}Cl_4O_2$, F. 155° (wss. Ac), analog **VIII**; 9%. — *2-Hydroxy-3.5.6-trichlorbenzhydrylchlorid,* $C_{13}H_8Cl_4O$, F. 208—210°, analog **VI** nach a) aus **IV**; aus PAe. Nadeln; 0,2 g. — *2.4.5.4'-Tetrachlordiphenylcarbinol-2'-sulfonsäure, Na-Salz,* $C_{13}H_7Cl_4NaO_4S$, durch 24std. Rühren von 25 g Na-4-Chlorbenzaldehyd-2-sulfonat u. 40 g Tb bei 120°; 8 g (neben *Na-2.4.5-Trichlorbenzolsulfonat*). *Sulton,* $C_{13}H_6Cl_4O_3S$, F. 230°, durch 1std. Rk. des Salzes mit überschüssigem **VII** bei 100°; aus Bzl./PAe. Prismen. — *2.4.2'.4'-Tetrachlordiphenyläther,* $C_{12}H_6Cl_4O$, F. 70—72°, durch 20std. Rk. von 48 g **V**, 17 g KOH u. 38 g 2.5-Dichlornitrobenzol auf 100°, Red. von entstehendem *2.4.4'-Trichlor-2'-nitrodiphenyläther* (F. 85°; aus A. gelbliche Körnchen; 23 g) mit Fe-Feilspänen u. HCl in A., Diazotieren von 12 g des gebildeten *Aminhydrochlorids* in verd. HCl, Behandeln mit Cu_2Cl_2 in HCl bei 0—5° u. 1std. Rk. bei 100°; 4 g. Reagiert nicht mit Aldehyden. — *2.4.5.7-Tetrachlor-9-phenylxanthen,* $C_{19}H_{10}Cl_4O$, F. 158°, durch 2std. Rk. von 4,1 g **VI**, 0,8 g NaOH u. 2,5 g $JCH_2 \cdot SO_3Na$, in W. auf 215—220°; aus A. schwachrosafarbene Nadeln; 0,4 g. — Dinaphthyl-(1)-methane: *2.2'-Methylendioxy-,* $C_{22}H_{16}O_2$, F. 160° (A.), analog **VIII**; 40—70%. — *2.2'-Dihydroxy-:cycl.-Carbonat,* $C_{22}H_{14}O_5$, F. 234—235° (Ac), durch Behandeln von 5 g 2.2'-Dihydroxydinaphthyl-(1)-methan in Bzl./Py mit $COCl_2$; 0,6 g. G. REISNER. 8062□

Zur Kenntnis der chemischen Reaktionen beim Beizen von Kaninhaar. H. G. Fröhlich und E. Hille. (Z. ges. Textilind. **64.** 48—52. Jan. 1962. Mönchen-Gladbach, Forsch.-Inst. der Hutind.; Aachen, Dt. Wollforsch.-Inst.) (Dt.)

Bei Anwendung oxydativer oder reduktiver Beizen beim Beizen von Kanin- u. Hasenhaar wird zunächst die Disulfidbrücke gespalten u. Tryptophan abgebaut. Bei den mineralsauren Beizen wird außerdem ein starker Angriff auf Tyrosin beobachtet, während Arginin z. T. zu Ornithin abgebaut wird. Daneben tritt die vom Carbonisieren der Wolle her bekannte N—O-Acylwanderung auf u. je nach den Beizbedingungen eine mehr oder weniger starke Hydrolyse der Polypeptidketten ein. Bleibt die Beiz-Rk. nur auf die Haaroberfläche beschränkt, so werden noch weitere Aminosäuren angegriffen. G. REISNER. 8066□

Auswertung textiler Meßwertkollektive. A. Sippel und E. Heim. (Z. ges. Textilind. **64.** 6—14. Jan. 1962. Freiburg/Br., Dt. Rhodiaceta AG., Forsch.-Labor.) (Dt.)

An Hand zahlreicher Beispiele wird gezeigt, daß die unter Eingriff in das innere Gefüge der Prüfkörper erfolgende Materialprüfung auf Meßwertverteilungen führt, die weder durch GAUSSsche noch durch logarithm. Normalverteilung beschrieben werden können. Die Benutzung einer neuen Verteilungsfunktion, die aus der Kinetik des Zerstörungsvorganges hergeleitet wird, u. die es gestattet, erhaltene Meßwerte bei geeigneter Auftragungsweise ebenso einfach durch Geraden darzustellen u. statist. auszuwerten, wie dies beim Vorliegen einer Normalverteilung mittels des Wahrscheinlichkeitspapiers möglich ist, wird vorgeschlagen. Ein in der Mehrzahl der untersuchten Fälle auftretender Knickpunkt in den Geraden wird als Umwandlungspunkt des untersuchten Materials gedeutet. G. REISNER. 8096□

Die Bestimmung des Fettgehaltes in Textilien. 2. Mitt. M. Kehren. (Z. ges. Textilind. **64.** 14—17. Jan. 1962. Mönchen-Gladbach-Rheydt, Textilprüfanst.) (Dt.) — 1. vgl. C. **1959.** 7671.

An Hand neuer, tabellar. zusammengefaßter Unters.-Ergebnisse wird auf die Unsicherheit in den Analysenwerten bei der Fett-Best. in Textilien hingewiesen. Die Ursachen der Differenzen werden dargelegt u. die Forderung nach Aufstellung einer allg.-gültigen u. offiziellen Best.-Meth. erhoben. Das vom Techn. Ausschuß der internationalen Wollvereinigung in Venedig 1960 genehmigte u. vom Internationalen Wollsekretariat in London veröffentlichte „Prüfverf. zur Best. des in Ae. lösl. Anteils von Wollkammzug" wird bekanntgegeben u. auf dessen Bedeutung für eine allg. Fett-Best.-Norm hingewiesen. G. REISNER. 8108□

Literaturübersicht über die verschiedenen Versuchsbedingungen bei der Prüfung des Schrumpfverhaltens wollener Maschenware. M. Dominik und H.-J. Henning. (Z. ges. Textilind. **64.** 17—22. Jan. 1962. Aachen, TH, Dt. Wollforsch.-Inst.) (Dt.)

Vergleichender Überblick über die wichtigsten Prüfmeth., die Waschmaschinen oder ähnliche Vorr. benutzen, um den Effekt einer Antifilzausrüstung wollener Artikel festzustellen. Geräte u. Bedingungen für das Relaxieren u. die Waschprüfung werden tabellarisiert; Einzelheiten werden diskutiert. — 57 Literaturhinweise.
G. REISNER. 8108□

Food Machinery & Chemical Corp., San Jose, Calif., übert. von: Bernard K. Easton, Williamsville, N.Y., und William H. Kibbel jun., Oswego, Oreg., V.St.A., **Peroxid-Bleiche.** Die Bleichlauge enthält, bezogen auf das zu behandelnde Cellulosefasergut, 1 (%) Perhydrol, 0,1 NaOH, 1 Na-Tripolyphosphat u. 0,05 Na-Äthylendiamintetraacetat. (**Can. P. 553 336** vom 13/1. 1956, ausg. 18/2. 1958.)
L. GROSSNER. 8027

Quaker Chemical Products Corp., Conshohocken, übert. von: Bernard H. Kress, Lafayette Hill, Pa., V.St.A., **Acetale von Glutaraldehyd (I)** werden bei der Rk. von Derivv. von I, z. B. von 2-Äthoxy-2.3-dihydropyran, mit mehrwertigen Alkoholen, wie Glykolen, Glycerin, auch in Gemischen mit 1wertigen niedrigmol. aliphat. Alkoholen in saurem Medium erhalten. Als Derivv. kommen auch andere 2-Alkoxy-2.3-dihydropyrane, bes. solche, deren Alkylgruppen 1—4 C-Atome enthalten, in Betracht. — *Textilhilfsmittel.* (**A. P. 2 885 443** vom 9/4. 1956, ausg. 5/5. 1959.)
G. KÖNIG. 8029

Hickson & Welch Ltd., Castleford, England, **Herstellung von optischen Bleichmitteln** der Formel **I** (X = H oder nichtchromophorer u. nichtauxochromer Substituent; n = 1—5; R = H, KW-Stoffrest, Hydroxyalkyl- oder Polyoxyäthylengruppe). Verbb. entsprechender Konstit. mit der Gruppierung **II** werden z. B.

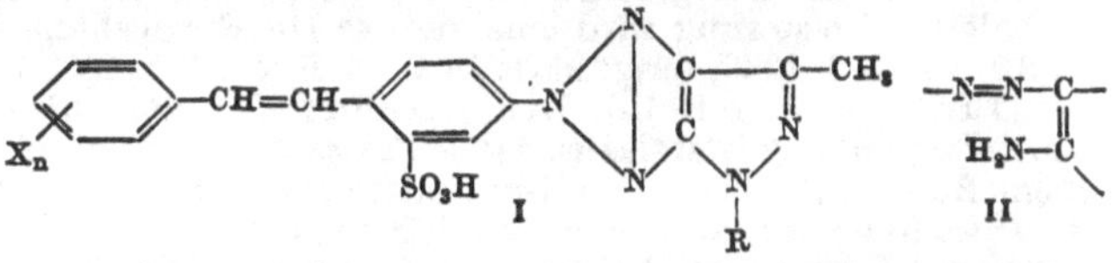

I II

mit NaOCl in wss.-alkohol. NaOH-Lsg. oxydiert. — *2-[4''-Styryl-3''-sulfophenyl]-1'-phenyl-3'-methylpyrazolo-[4'.5':4.5]-1.2.3-triazol,* λ_{max} = 344 mμ. — *2-[4''-(4'''-Methoxystyryl)-3''-sulfophenyl]-1'-phenyl-3'-methylpyrazolo-[4'.5':4.5]-1.2.3-triazol,* λ_{max} = 360 mμ. — *2-[4''-(4'''-Chlorstyryl)-3''-sulfophenyl]-1'-phenyl-3'-methylpyrazolo-[4'.5':4.5]-1.2.3-triazol,* λ_{max} = 346 mμ. — *2-[4''-Styryl-3''-sulfophenyl]-1'-[p-chlorphenyl]-3'-methylpyrazolo-[4'.5':4.5]-1.2.3-triazol,* λ_{max} = 344 mμ. — *2-[4''-Styryl-3''-sulfophenyl]-1'-[p-tolyl]-3'-methylpyrazolo-[4'.5':4.5]-1.2.3-triazol,* λ_{max} = 345 mμ. — *2-[4''-Styryl-3''-sulfophenyl]-1'-[p-sulfophenyl]-3'-methylpyrazolo-[4'.5':4.5]-1.2.3-triazol,* λ_{max} = 344 mμ. (**Holl. P. 97 720** vom 1/10. 1957, ausg. 17/4. 1961. E. Prior. 2/10. 1956.) F. BÖHM. 8033

Magyar Állam (Erfinder: Franz Qrosz), Budapest, Ungarn, **Optische Weißtöner** werden erhalten, indem Cyanurchlorid mittels dispergierender Stoffe in W. suspendiert u. mit 4.4'-diaminostilben-2.2'-disulfonsaurem Na (I) in bekannter Weise zur Rk. gebracht u. das Rk.-Prod. wahlweise in andere Verbb. übergeführt wird. — 0,1 (Mol) I werden in wss. Lsg. mit 0,2 in W. suspendiertem Cyanurchlorid bei 15—25° innerhalb von 20—30 Min. versetzt u. mit 35%ig. NaOH auf pH 3—4 eingestellt. *4.4'-Bis-[2.4-dichlor-1.3.5-triazinyl-(6)]-amino]-stilben-2.2'-disulfonsaures Na* wird in wss. Suspension erhalten. Wird Monoäthanolamin zugesetzt u. 1 Std. lang auf 50—55° gehalten, kann mittels NaCl aus einer schwach alkal. Lsg. der opt. Weißtöner in gelben Plättchen ausgesalzen werden. (**Ung. P. 144 254** vom 17/2. 1956, ausg. 1/9. 1958.)
G. KÖNIG. 8033

Heberlein Patent Corp., New York, N.Y., V.St.A., übert. von: Ernst Weiss, Wattwil, Schweiz, **Metallisieren von Textilien und anderen Geweben** durch Aufdampfen. Das Metall wird unter einem bestimmten Winkel auf das Gewebe aufgedampft, wodurch eine bes. opt. Wrkg. erzielt wird, da nur ein Teil der Fäden metallisiert wird. Zum Beispiel wird auf Gewebe *Ag* unter einem Winkel von 90° u. danach *Au* unter einem Winkel von 20—40° aufgedampft. (**A. P. 2 912 345** vom 10/8. 1955, ausg. 10/11. 1959. D. Prior. 14/8. 1954.) F. VIER. 8037

Industrial Rayon Corp., Cleveland, übert. von: Joseph L. Vodonik, Rocky River, Ohio, V.St.A., **Herstellung von metallischen Überzügen** auf wärmeempfindlichen Geweben (z. B. aus Wolle, Baumwolle, Celluloseestern) durch therm. Zers. von organ. Metallverbindungen. Die Gewebe werden, nachdem ihnen eine kleine Menge eines elektr. leitenden Stoffes untermischt ist, z. B. C oder Metallpulver, durch elektr. Strom, u. zwar durch Hochfrequenz, aufgeheizt, z. B. auf 460° F, u. der Einw. gasförmiger organ. Metall-Verbb. ausgesetzt, die sich bei der Temp. des Gewebes zersetzen, z. B. $Ni(CO)_4$. — Vorrichtung. (**A. P. 2 877 138** vom 18/5. 1956, ausg. 10/3. 1959.) F. VIER. 8037

Nederlandse Organisatie voor Toegepast-Natuurwetenschappelijk Onderzoek ten Behoeve van Nijverheid, Handel en Verkeer, Den Haag (Erfinder: Pierre Emile Verhoeckx, Rijswijk), Holland, **Fixierung von Knoten in Garnen,** bes. Verbindungsknoten zur Behebung von Fadenbrüchen beim Weben. Die betreffende Stelle wird mit einer wss. koll. Dispersion amorpher Kieselsäure befeuchtet. (**Holl. P. 97 793** vom 14/5. 1959, ausg. 17/4. 1961.) F. BÖHM. 8039

Esthimios Kondos und Demetrius Condos, **Gewinnung von Fasern zur Herstellung strapazierfähiger Textilien.** Die Zweige von Spanischem Ginster (Spartium Junceum) werden $1^1/_2$—2 Std. lang mit W. gekocht, die Rinde wird abgetrennt, gebündelt u. in W. bei normaler Temp. einem Fäulnisprozeß von 2—3 Wochen unterworfen. Durch die Einw. der Bakterien werden die Fasern freigelegt u. durch Waschen mit W. von den zersetzten vegetabil. Anteilen befreit. (**Aust. P. 229 277** vom 13/5. 1959, ausg. 4/8. 1960.) C. LÜTTGEN. 8049

Unilever N. V., Rotterdam, Holland (Erfinder: Alan William Holmes, Walton-on-Thames, England), **Formgebung von Kreatinfasern** auch in Zeugform durch therm. oder chem. Behandlung erfolgt nach der Behandlung der Fasern mit einem *Alkohol* (CH_3OH oder A.) unter Veresterungsbedingungen (HCl als Katalysator). — 3 (g) Haar werden in 150 CH_3OH u. 3 konz. HCl 15 Min. lang gekocht, gewaschen, auf einem Stiftbrett in Wellen gelegt u. in dieser Formung 30 Min. lang mit einer wss. 8,8%ig. Lsg. von *NH_4-Thioglykolat* bei pH 9,6 behandelt. Anschließend wird durch Einlegen in eine wss. 1%ig. Lsg. von *Na-Perborattetrahydrat* fixiert. — Durch die vorhergeschaltete Veresterung wird eine verbesserte Formgebung erzielt. (**D. A. S. 1 122 490** Kl. 8k vom 3/2. 1960, ausg. 25/1. 1962. E. Prior. 5/2. 1959.) H. MÖLLERING. 8067

Dunlop Rubber Co. Ltd., London (Erfinder: Peter Merriman, Birmingham), England, **Polsterelastisches Material aus Haaren oder Fasern in Wirrlage und einem Bindemittel.** Dem als Bindemittel verwendeten kautschukartigem Rk.-Prod. aus *Diiso-(thio)-cyanat* u. einer hiermit reaktionsfähigen Komponente mit mindestens 2 reaktiven Gruppen wird als weitere Komponente ein *Poly-(thio)-äther* (Molgew. 500 bis 10000) zugesetzt, der aus einer Reihe von mittels O oder S verbundenen C-Ketten besteht, z. B. *Polyoxyäthylen-* oder *-propylenketten* oder „Triomoleküle" wie *Triisopropanolamin.* — 10 (kg) entwässertes *Polypropylenglykol-(1.2)* werden mit 10 cm^3 *Butyldihydrogenphosphat* (zur Verhinderung vorzeitiger Verdickung) vermischt u. mit 5 *Toluylendiisocyanat* 2 Std. lang bei 100° umgesetzt. Mit dem Ansatz werden *Schweineborsten* durchgearbeitet, ohne daß Verfilzung eintritt, das Haar mit einer Packungsdichte von 0,03 g/cm^3 in Formen gebracht u. mit einigen Tropfen W. gefeuchtet. Der über Nacht vorverfestigte Formkörper wird aus der Form genommen u. im Heißluftofen 3 Std. lang bei 120° behandelt. Durch 3—4 Wochen Lagerzeit im Raum mit Spuren-Geh. an NH_4OH wird Nachreifung bewirkt. (**D. A. S. 1 122 491** Kl. 8k vom 2/5. 1958, ausg. 25/1. 1962. E. Prior. 18/5. 1957.) H. MÖLLERING. 8067

Svenska Rayon A/B, Valberg, Schweden (Erfinder: R. Wirén), **Herstellung von Fasern aus regenerierter Cellulose nach dem Viscoseverfahren.** Der Viscose wird ein *äthoxyliertes Imidazolin,* hergestellt aus Ölsäure u. Diäthylentriamin, zugesetzt. Verbesserung der Zugfestigkeit u. Elastizität. (**Schwed. P. 162 845** vom 27/11. 1956, ausg. 8/4. 1958.) K. H. KÄHLER. 8075

Armour & Co., V.St.A. (Erfinder: Leonard James Armstrong), **Verspinnen von Viscose** in Ggw. quart. Ammonium-Verbb., die der Viscose u./oder dem Koagulationsbad zugesetzt sein können, der Formel I (R = aliphat. C_{6-22}-KW-Stoff-Rest; R' = C_{2-3}-Alkylenrest; R'' = C_{1-3}-Alkyl; X = Halogen; x u. y = ganze Zahlen, jede wenistens 1; x + y = 2—50), wodurch ein Verkrusten der Spinndüsten vermieden wird. — Eine übliche Viscose-Lsg. wird in ein Bad aus H_2SO_4, Na_2SO_4, u. $ZnSO_4$, das ca. 0,05 Gew.-% der Verb. $[H(OCH_2CH_2)_y—N(CH_3)(R)(CH_2CH_2O)_x \cdot H]^+Cl^-$ enthält, die man aus Cocosnußölfettsäuren erhält (x + y = ca. 10), gesponnen. (**F. P. 1 188 550** vom 6/9. 1957, ausg. 23/9. 1959. A. Prior. 11/9. 1956.) M. PANKOW. 8075

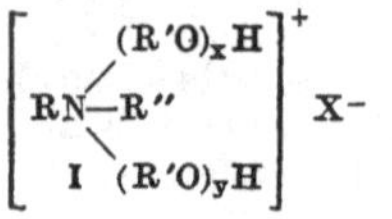

F. P. Research Ltd., Mowbray, England, übert. von: Claude Giddey, Carouge, Schweiz, **Herstellung künstlicher Fäden aus Proteinen** (I). Eine Reinigung von I u. eine Reifung seiner alkal. Lsgg. bis zur Erreichung der zur Verspinnung erforderlichen Viscosität ist nicht erforderlich, wenn der Spinnlsg. Polysaccharide (II) mit sauren Seitengruppen oder deren lösl. Salze, wie Carragenate (III) oder Alginate (IV), zugesetzt werden. Das Verhältnis I : II soll 1 : 1—200 : 1, bes. 2 : 1—20 : 1, betragen. Bei Verw. von II mit stark sauren Gruppen (III) soll der pH-Wert des Fällbades 1—3, bes. 1,3, betragen, bei solchen mit schwach sauren Gruppen (IV) 4,5—5,5. In letzterem Fall müssen außerdem fällend wirkende Salze, wie $CaCl_2$, zugegeben sein. (**A. P. 2 947 644** vom 4/3. 1958, ausg. 2/8. 1960. E. Prior. 14/3. 1957.) F. BÖHM. 8079

Marks & Spencer Ltd., London (Erfinder: John Bamber Speakman, Leeds), England, **Fixieren keratinhaltiger Gewebe.** Das in Form gelegte Textilgut wird mit Dämpfen von SO_2 oder H_2SO_3 oder deren Salzen, die SO_2 abgeben, behandelt u. unter Beibehaltung der Formgebung bis zur Entfernung von SO_2 gedämpft. — Das Gut kann auch nach der Formlegung mit flüchtigen Salzen von H_2SO_3 bestäubt u. dann mit Wasserdampf behandelt werden. Vgl. E. P. 775 486; C. **1958.** 2904. (**D. A. S. 1 108 656** Kl. 8k vom 21/5. 1955, ausg. 15/6. 1961. E. Prior. 21/5. 1954.) H. MÖLLERING. 8079

Chemstrand Corp., übert. von: Alfred B. Craig und Eugene L. Ringwald, Decatur, Ala., V.St.A., **Lösungsmittel für Acrylnitrilpolymerisate und -mischpolymerisate zur Herstellung spinnbarer Lösungen,** bestehend aus Äthylenoxalat (I). Das feinzerkleinerte Polymerisat wird in I verteilt u. auf 180° erhitzt bis eine klare Lsg. entstanden ist. (**A. P. 2 841 568** vom 13/10. 1955, ausg. 1/7. 1958.) C. LÜTTGEN. 8081

Dow Chemical Co., Midland, Mich., übert. von: Clyde W. Davis, Antioch, und Forrest A. Ehlers, Walnut Creek, Calif., V.St.A., **Herstellung von verspinnbaren Lösungen von Acrylnitrilpolymerisaten.** Monomeres Acrylnitril wird in Dimethylsulfoxid gelöst u. nach Zusatz eines Katalysators, z. B. Azobisisobutyronitril, durch Erhitzen auf ca. 50° polymerisiert. (**A. P. 2 858 290** vom 23/4. 1956, ausg. 28/10. 1958.) C. LÜTTGEN. 8081

L. O. F. Glass Fibers Co., übert. von: Dominick Labino, Toledo, Ohio, V.St.A., **Glasfasern** mit einer Dicke von $10—20 \cdot 10^{-6}$ in. werden hergestellt bei einer Zus. von 51,3—52,7 (%) SiO_2, 13,39—13,59 Al_2O_3, das ggf. durch Fe_2O_3 verunreinigt sein kann, 15,2—15,5 CaO, 4,5—4,6 MgO, 10,1—10,2 B_2O_3 u. 3,1—3,2 Sb-Oxid. Bes. genannt werden die Zus. 52,7 SiO_2, 13,6 Al_2O_3, 15,5 CaO, 4,6 MgO, 0,3 Na_2O, 10,2 B_2O_3 u. 3,1 Sb-Oxid sowie 51,3 SiO_2, 13,4 Al_2O_3, 15,2 CaO, 4,5 MgO, 0,3 Na_2O, 10,1 B_2O_3 u. 5,2 Sb-Oxid. (**Can. P. 551 326** vom 16/8. 1951, ausg. 7/1. 1958. A. Prior. 23/6. 1951.) EBERHARD RIEDEL. 8083

Carl-Heinz Fischer-Bobsien, Lexikon Textilveredelung und Grenzgebiete, 2., völlig neu bearb. u. erw. Aufl. Dülmen-Daldrup: Selbstverl. 1960. (2386 Sp., 135 Abb. u. 481 Tab.) 4°. DM 115,—.

XIX. Brennstoffe. Erdöl. Mineralöle

Eine petrographische Klassifizierung, die sich für Kohlen jeden Alters eignet. N. Schapiro und R. J. Gray. (Proc. Illinois Mining Inst. **1960.** 83—97. 21/10. U.S. Steel Corp., Appl. Res. Labor.) (Engl.)

Die petrograph. Klassifizierung von Kohlen ermöglicht die Definition bestimmter Typen in Abhängigkeit von ihrem Inkohlungsgrad, wie er auch durch Reflexionsmessungen ermittelt werden kann. Auf der Grundlage therm. Unterss. werden akt. u. inerte Gruppen unterschieden. Die Klassifizierung eignet sich für Kohlen aller Altersstufen u. kann zur Beurteilung ihres Verh. beim Abbau, bei der Aufbereitung, Mischung u. Verkokung herangezogen werden. H. SCHÖBERL. 8126□

Der Gehalt der Steinkohle an flüchtigen Bestandteilen und ihre Aromatenstruktur. Leszek Czuchajowski. (Arch. Górnictwa **5.** 241—69. 1960. Kraków, Akademii Górn.-Hutn., Kat. Chemii Górn.) (Pol.)

Mit Steinkohle bekannter chem. Zus. sowie mit verschiedenen organ. Modellsubstanzen werden nach der Meth. von KREVELEN (3 Min. lange Pyrolyse bei 850°) Unterss. ihres Geh. an flüchtigen Bestandteilen ausgeführt, sowie die IR-Absorptionsspektren der flüchtigen Komponenten bestimmt. — Durch Zusammenstellung der daraus berechneten Aromatenindices mit Werten, die nach der graph.-densimetr. Meth. u. anderen Meth. berechnet wurden, wird gezeigt, daß der Aromatenindex, mit verschiedenen Meth. berechnet, für Kohle des gleichen C-Geh. sehr verschiedene Werte aufweist. Bei der Pyrolyse von Modellsubstanzen wird festgestellt, daß sich dabei auch einfache aromat. sowie aliphat.-aromat. Verbb. verflüchtigen. — Die verschiedenen Meth. u. Unterss. mit Modellsubstanzen werden diskutiert. M. SZMYTÓWNA. 8126□

Untersuchungen über Struktur der Kohle und Bildung aromatischer Säuren durch oxydierenden Abbau. Rafael Usón Lacal. (Combustibles [Zaragoza] **18.** 163—67. Juli/Okt. 1958. Zaragoza, Inst. Nac. del Combustible.) (Span.)

Kohle wird durch 24std. Erhitzen im Luftstrom auf 230° voroxydiert. Bei der nachfolgenden Oxydation mit HNO_3 entstehen 6,5 (%) aliphat. Säuren (Bernstein-, Glutar-, Adipinsäure), 25,0 Benzolcarbonsäuren (bes. Tri- u. Tetracarbonsäuren), 8,0 Naphthalin- u. Anthracencarbonsäuren, 54,0 hochmol. Säuren u. 6,5 Pikrinsäure. Am leichtesten werden H-reiche cycl. Syst. angegriffen, bei höherer Temp. aromat. Verbb. mit Seiten ketten, am schwersten Paraffine. Voroxydation setzt die Ausbeute an aliphat. Dicarbonsäuren herab u. erhöht die Bldg. von Bzl.-Carbonsäuren. Bei Einw. von HNO_3 bei 160° werden die Huminsäuren nicht weiter abgebaut; durch Elektrodialyse oder lyophobe Lsgm. lassen sie sich nicht abtrennen, nur anreichern, am besten gelingt ihre Abtrennung mit konz. H_2SO_4 bei 130°, Verdünnen mit W., Extraktion mit Ae. u. Umkristallisieren aus konz. HNO_3. R. K. MÜLLER. 8126□

Die Einwirkung von Permanganat auf Kohle. A. Banerjee, B. K. Mazumdar und A. Lahiri. (Nature [London] **193.** 267—68. 20/1. 1962. Jealgora, Bihar, India, Centr. Fuel Res. Inst.) (Engl.) — Vorl. Mitt.

Die Einw. von $KMnO_4$ auf Kohle führt sowohl in saurer als auch in alkal. Lsg. in heftiger Rk. zu wasserlösl. Prodd., wobei der in einem Zwischenstadium verbleibende Rückstand unverändert bleibt. Carboxylgruppen entstehen bei der Rk. nicht oder kaum. Die behandelten Proben geben eine unveränderte Teerausbeute. Die Fähigkeit zum Zusammenbacken geht zurück. — Ähnliche Ergebnisse hat die Einw. von $KMnO_4$ auf Phenol-HCHO-Polymere. — Analysendaten für 0,5—24 Std. lange $KMnO_4$-Behandlung sind angegeben. W. BETCKE. 8126□

Änderung der Teilchengröße von Ruß (Carbon Black) durch Aktivierung mit Dampf. Izumi Higuchi und Reiko Suzuki. (J. chem. Soc. Japan, pure Chem. Sect. [Nippon Kagaku Zassi] **81.** 206—09. Febr. 1960. Sendai, Tôhoku-Daigaku.) (Jap.; Auszug: Engl. S. A 14)

Durch Adsorption von vergasten organ. Verbb., wie CH_3OH, Bzl. oder Isopropylalkohol, wird die Teilchengröße von 4 verschiedenen Rußen (Carbon Blacks) bestimmt. Die gefundenen Daten stimmen ungefähr mit den durch andere physikal. Meth. bestimmten überein. Duch Aktivierung mit Wasserdampf bei 800—950° nimmt die Teilchengröße dieser Ruße stark ab. Daraus wird geschlossen, daß die Aktivierung mit Wasserdampf bei gleichzeitiger teilweiser Verbrennung bei den Teilchen von außen nach innen fortschreitet. E. MAEKAWA. 8126□

Asche und Veraschung fester Brennstoffe. J. Hubáček. (Paliva **39.** 304—12. Sept. 1959. Běchovice-Praha, úst. pro výzk. a využ. tuhých a plynných paliv.) (Tschech.)

Zus. u. F. der Asche von Kohlen aus verschiedenen tschechoslowak. Gruben werden systemat. untersucht. Auf Grund des Auftretens von Eutektika können durch geeignete Mischung der zu verbrennenden Kohlen leichtschm. Schlacken erhalten werden. Auch die Koksfestigkeit wird durch die Zus. der Asche beeinflußt. R. K. MÜLLER. 8128□

Die Hauptrichtungen der Entwicklung der Aufbereitung und Kokerei. V. Slíva. (Paliva **39.** 249—54. Aug. 1959.) (Tschech.)

Rückblick auf die neuere Entw. der Aufbereitung u. Verschwelung bzw. Verkokung von Braun- u. Steinkohle u. Verbesserungsvorschläge. R. K. MÜLLER. 8134□

Moderne Kohlenaufbereitungspraxis in Großbritannien. A. Jowett. (Tidsskr. Kjemi, Bergves. Metallurgi **19.** 102—10. 20/8. 1959. Leeds, Univ.) (Engl.)

Die Verunreinigungen von Kohlen werden nach dem Grad ihrer Entfernbarkeit klassifiziert; daneben gibt es Teilchen, die teils aus Kohle, teils aus mineral. Stoffen bestehen. Die bei der Kohleaufbereitung beteiligten Faktoren werden erörtert u. die Entw. u. der Stand der Kohleaufbereitung in Großbritannien besprochen.

R. K. MÜLLER. 8134□

Beschleunigte Sedimentation von Kohleschlämm. František Špetl und Gustav Šebor. (Paliva **39.** 345—48. Nov. 1959. Praha, ČSAV, Hornický ústav.) (Tschech.)

Der Einfl. von Zusätzen auf die Sedimentation von Kohle wird untersucht. Die Sedimentations-Geschw., die bei reinem Kohleschlamm 3,1 (mm/Min.) beträgt, kann durch Zusatz von nur 0,0025 g Acrynax (Na-Salz der Polymethacrylsäure) je Liter als Mittel höchster Wrkg. auf 39,5 erhöht werden. Andere Zusätze ergeben Zwischenwerte.

R. K. MÜLLER. 8134□

Vorbereitung von Kokskohle durch Trocknen und Klassieren. J. Klán, H. Passer und R. Keller. (Paliva **39.** 313—17. Okt. 1959. Praha, ČSAV, Hornický ústav.) (Tschech.).

Die Trocknung von Kokskohle mit Rauchgasen im Gegenstrom für sich u. in Kombination mit der Klassierung wird an Hand von schemat. Abb. der Anlagen für einfache u. komplizierte Fälle erläutert. R. K. Müller. 8134□

Die Kokereien der holländischen „Staatsmijnen". Silvio Bobbio. (Gas [Roma] 7. 302—04.) (Ital.)

Über den Betrieb der beiden Kokereien Maurits u. Emma werden techn. Einzelheiten mitgeteilt, wobei bes. auf deren Verflechtung mit den benachbarten chem. Fabriken eingegangen wird. Unterss. über den von der Kohle während der Verkokung ausgeübten Druck, die in einem Ofen mit einer beweglichen Wand durchgeführt wurden, haben eine ausschließliche Abhängigkeit des Druckes von der Dichte der Ofenfüllung ergeben. Die Eignung von Pechkohlen als Bindemittel für die feinen Anteile von Magerkohlen u. Anthrazit wird untersucht. Zur Abtrennung der Feinkohle mit Korndurchmesser $<0,5$ mm in nassem Zustand sind feststehende Siebe mit gekrümmten Gittern entwickelt worden, deren auf die Siebfläche bezogene Kapazität bei geringem Verschleiß u. Energiebedarf wesentlich größer ist als bei den Schwingsieben. L. Wiesner. 8142□

Möglichkeiten der Anwendung von Schwerölen als Zusätze in Koksöfen. J. Holub. (Paliva 39. 287—92. Sept. 1959. Úst. pro výzk. a využ. tuhých. a plynných paliv.) (Tschech.)

In 2 Koksöfen halbtechn. Maßstabs wird der Einfl. von 2—8% Schweröl (I) oder 1,75—3,5% Rohölrückstand zur Kohle beim Verkoken untersucht. Bei I-Zusatz von >4% nimmt der H_2-Geh. des Gases zu, der CH_4-Geh. u. der C_2H_4-Geh. ab. R. K. Müller. 8142□

Schwefelexhalationen bei der Kokserzeugung. R. Riedl. (Paliva 39. 325—27. Okt. 1959.) (Tschech.)

In Kokereien u. Gaswerken kann S in Form von H_2S oder SO_2 in die Atmosphäre gelangen, u. zwar beim Löschen von Koks, einschließlich des Abbrennens, bis zu 55 g S, bei Beheizung des Ofens mit Sattdampf bis zu 974 g, mit Hochofengas höchstens Spuren, mit Generatorgas 870—1120 g. Da die S-Abgabe beim Kokslöschen nur ca. 5% der Gesamtabgabe beträgt, kommt es vor allem darauf an, das Kokereigas von H_2S zu befreien. R. K. Müller. 8142□

Verkokung binärer Kohlegemische. Vladimír Müller. (Paliva 39. 349—53. Nov. 1959. Úst. pro výzk. a využ. tuhých a plynných paliv.) (Tschech.)

An den Festigkeitswerten der aus bin. Gemischen aus einheim. Kohlen erhaltenen Kokse (Diagramme) wird gezeigt, daß durch solche Gemische in bestimmten Mengenverhältnissen ein Koks optimaler Festigkeit erhalten werden kann, auch wenn die Ausgangskohlen von gleicher Art sind. R. K. Müller. 8144□

Beitrag zum Kokslöschen mit Ammoniakwasser. R. Riedl. (Paliva 39. 387. Dez. 1959.) (Tschech.)

Beim Löschen von Koks mit NH_3-W. gehen von dessen Phenolen 50—60 (%) in den Dampf, 3—5 bleiben im W. u. 35—40 zersetzen sich u. ihre Zers.-Prodd. gehen in den Koks ein. R. K. Müller. 8144□

Versuchsergebnisse der Kohleuntertagevergasung im Nordböhmischen Braunkohlenrevier. Oldřich Glivický und Ladislav Košut. (Uhlí 1. 402—07. Dez. 1959.) (Tschech.)

Im nordböhm. Braunkohlengebiet sind Verss. zur Vergasung der Kohle unter Tage mit Luft unter Verw. einer Filtriermeth. durchgeführt worden. Das erhaltene Gas hat einen Heizwert von 750—850 kcal/Nm^3. R. K. Müller. 8148□

Anwendung von Braunkohle in der Gaserzeugung. J. Jílek, V. Slíva und J. Dauhelka. (Paliva 39. 223—25. Juli 1959.) (Tschech.)

Die Besonderheiten der Gewinnung von Leuchtgas durch Druckvergasung von Braunkohlen werden an einem Beispiel erläutert. R. K. Müller. 8156□

Chemische Untersuchung von Illinois Ölschiefern. W. J. Armon und O. W. Rees. (State Illinois, Divis. State geol. Surv., Circ. Nr. 307. 1—22. 1960. Urbana, Ill., Div. Ill. State Geol. Survey.) (Engl.)

Bericht über die Unters. der Rk.-Prodd. (Öl u. Gas) von 4 Ölschiefern aus Illinois u. einer Kalksteinprobe (Decorah), die bei trockener Dest. von 100 g- bzw. von 6—8 kg-Proben in Vers.-Retorten (Abb., Beschreibung) entstehen. In 10 Tabellen werden die Analysenergebnisse (Öl-, Gasausbeute u. Zus., S-, N-, Asche-Geh., Heizwerte) wiedergegeben. H.-P. Rettig. 8180□

Probleme der Entnahme von Gas aus wasserhaltigen Höhlungen, die zur Einlagerung von Gas verwendet wurden. G. H. F. Gardner, J. Downie und M. R. J. Wyllie. (J. Inst. Petroleum 48. 1—6. Jan. 1962. Pittsburgh, Gulf Res. and Dev. Comp.) (Engl.)

Wenn Gas in eine wasserhaltige Höhle eingepreßt wird, so verbleibt ein unveränderlicher Rest an W., der nicht verdrängt werden kann. Die Durchlässigkeit des Gesteins für das Gas während der Verdrängung hängt ab von der Wassersättigung. Eine solche Lagerung von Gas kann nur wirtschaftlich betrieben werden, wenn eine Sättigung des W. eingetreten ist, wobei die entsprechende Gasmenge bei der Entnahme als „Gaspolster" in der Höhlung verbleibt. Die durch die verschiedenen Formen der Höhlungen entsprechenden Probleme, bes. in bezug auf das Verhältnis Gaspolster/eingelagertes Gas werden erörtert. F. ROSENDAHL. 8186□

Diagenese von Metaboliten und Diskussion über die Bildung von Erdölkohlenwasserstoffen. I. A. Breger. (Geochim. cosmochim. Acta [London] **19.** 297—308. Aug. 1960. Washington, D. C., U. S. Geolog. Survey.) (Engl.)

Die meisten Proteine zerfallen bei der Diagenese unter Mitwirkung bakterieller u. enzymat. Prozesse in CO_2, W., NH_3, N_2 u. H_2S; Tryptophan kann *Indol* u. *Skatol*, Lysin *Cadaverin* u. Arginin *Putrescin* bilden; Hämoglobin gibt *Porphyrin*; Kohlenhydrate zerfallen in CO_2 u. W.; Lignin gibt *Kerogen*; α-Carotin gibt *Toluol, m-Xylol* u. *2.6-Dimethylnaphthalin*; Lipide lassen Fettsäuren zurück. Diese geben durch bakterielle Oxydation α.β-ungesätt. Säuren, β-Hydroxysäuren u. β-Ketosäuren. Letztere führen unter CO_2-Abspaltung zu Ketonen. Brenztraubensäure bildet dagegen unter Einw. bakterieller Decarboxylase *Essigsäure, Milchsäure* u. CO_2. Für die Bldg. von Erdöl-KW-Stoffen werden DIELS-ALDER-Rkk. angenommen, die in wss. Medium bei pH <7 ablaufen. Als Beispiel werden die Rkk. von Eläostearinsäure mit Crotonsäure u. von Cyclopentadien mit Maleinsäure angeführt. — 15 Literaturhinweise. O. HENNING. 8188□

Eine Hypothese über die Akkumulation von Sedimentkohlenwasserstoffen bei der Bildung von Rohöl. E. G. Baker. (Geochim. cosmochim. Acta [London] **19.** 309—17. Aug. 1960. Linden, N.J., Esso Res. and Engng. Comp.) (Engl.)

Junge Sedimente u. Rohöle enthalten einige KW-Stoff-Typen, die von im lebenden Organismus entstandenen Verbb. abgeleitet werden können. Da die meisten KW-Stoffe, die zur Rohöl-Bldg. später zusammenkommen, bereits sehr bald nach der Ablagerung in den Sedimenten enthalten sind, scheint kein geolog. Zeitfaktor für die KW-Stoff-Bldg. erforderlich zu sein. Das Formationswasser kann natürliche Solubilisatoren enthalten, die die Löslichkeit der KW-Stoffe steigern. Derartige Wässer können Sediment-KW-Stoffe selektiv lösen, wie der KW-Stoff-Zus. des Rohöls entspricht. Die Solubilisations-Wrkg. des Formationswassers ist abhängig von der Salzkonzentration. Demzufolge können die KW-Stoffe ausgeschieden werden beim Übergang des W. aus Schiefer in Sand oder bei der Diffusion der Micellen durch Sand. Die KW-Stoffe liegen die erste Zeit als kleine Öltröpfchen vor, fließen dann zusammen u. sammeln sich in den höheren Teilen des Reservoirgesteins, wo sie Bezirke höherer Ölsättigung bilden. Es werden die klass. Prinzipien u. die Prinzipien der Kapillarität angewendet. Die Hypothese ist in Übereinstimmung mit der Geologie der Erdöl-Vork. u. der chem. Zus. der Sediment- u. Rohöl-KW-Stoffe. — 19 Literaturhinweise. O. HENNING. 8188□

Erdölpigmente aus jungen Frischwasser-Sedimenten. G. W. Hodgson, B. Hitchon, R. M. Elofson, B. L. Baker und E. Peake. (Geochim. cosmochim. Acta [London] **19.** 272—88. Aug. 1960. Edmonton, Canada, Res. Council of Alberta.) (Engl.)

Phäophytin u. Chlorinpigmente (I) sind wegen der schnellen Zers. von Chlorophyll während der Ablagerung in jungen Meeressedimenten enthalten. Labormäßig wird die Umwandlung von Phäophytin in einen erdöltyp. Porphyrin–Metall-Komplex (II) über eine Chlorin–Metall-Zwischenstufe nachgewiesen. Die dunklen, organ., gelartigen Sedimente eines meist stehenden Gewässers enthalten neben den Chlorinpigmenten einen beträchtlichen Geh. Spuren-KW-Stoffe. Mit zunehmender Tiefe im Sediment nimmt die Umwandlung von I in II zu. Die Zers.-Geschw. in den Sedimenten wird zwischen 102 bis 145° bei pH 7,3 u. die Bldg.-Geschw. des Chlorin–Ni-Komplexes zwischen 130—160° u. bei pH 3,6—7,3 gemessen. Aus den Meßergebnissen wird abgeleitet, daß bei der Erdölentstehung die Bldg. der Pigmente sehr frühzeitig stattfindet. — 33 Literaturhinweise. O. HENNING. 8188□

Modernes Raffinieren von Petroleum. P. Tritsmans. (Meded. vlaamsche chem. Vereen. **22.** 97—109. Juli/Aug. 1960. Antwerpen.) (Fläm.)

Kurze Übersicht über den Stand der Raffinerietechnik auf den Gebieten der Dest., der Benzinreformierung, des Crackens, der Hydrierung u. der Anwendung von Additiven. GERHARD GÜNTHER. 8194□

Chemismus der Erdölraffination. Theorie und Praxis. R. B. Thompson. (Rev. brasil. Quím. **48.** 305—12. Okt. 1959. Universal Oil Prod. Co.) (Port.)

Übersicht über die wichtigsten bei der Erdölraffination auftretenden Rkk., ihren Mechanismus u. die Wrkg. von Zusatzstoffen. — 29 Literaturhinweise. R. K. MÜLLER. 8194□

Die Trennung der C_{18} bis C_{25}-Fraktion von Petroleum. Beveridge J. Mair, William J. Marculaitis und Frederick D. Rossini. (Analytic. Chem. **29.** 92 bis 100. Jan. 1957. Pittsburgh, Pa., Carnegie Inst. of Technol., Petroleum Res. Labor.) (Engl.)

Ein Schema der Zerlegung der Schwer- u. Schmierölfraktion C_{18}—C_{25} von Petroleum in aromat. KW-Stoffe, verzweigte u. Cycloparaffine u. n-Paraffine wird ausgearbeitet. Zunächst wird in einer 19 m langen Säule von 4,5 cm ⌀ durch Adsorption an Silicagel u. Eluieren mit 2.2.4-Trimethylpentan bzw. Bzl. die Trennung in Paraffine u. Aromaten vorgenommen. Der Fortschritt der Eluierung wird an der Änderung des Brechungsindex der Lsgg. erkannt. Ein Rückstand von nichtkohlenwasserstoffartigen Verbb. wird mit Propanol-(2) ausgewaschen. Die Trennung der aromat. Fraktion in mono-, di- u. trinucleare Verbb. gelingt durch Al_2O_3-Chromatographie. Die 1- u. 2kernigen Verbb. werden mit Isoocten, die 3kernigen mit Bzl. eluiert. Die Fraktionen unterscheiden sich durch ihren Brechungsindex. Beim Behandeln der Paraffinfraktion in Aceton-Lsg. mit Harnstoff fallen die n-Paraffine als Mol.-Verbb. aus u. lassen sich so von den verzweigten u. ringförmigen trennen. Durch Vakuum-Dest. u. Kristallisation aus Methyläthylketon werden schließlich ganz reine n-Paraffine C_{18}—C_{24} isoliert. W. BETCKE. 8194□

Untersuchungen über das thermische Cracken von leichten Erdölfraktionen (Benzinen). Giorgio Benussi. (Gas [Roma] **8.** 82—84. März 1958. Triest, Azienda Comunale Elettricità, Gas, Acqua e Tranvie, Serv. Gas.) (Ital.)

Die mitgeteilten Vers.-Ergebnisse beweisen die Möglichkeit der Erhöhung des Heizwertes eines Gases von 3000—3200 cal/Nm³ auf 4200—4250 cal/Nm³ durch therm. Cracken leichter Erdölfraktionen, wofür der günstigste Temp.-Bereich zwischen 700 u. 730° liegt. Über die Arbeitsweise werden Einzelheiten mitgeteilt. Für den relativ geringen Nutzeffekt des Vergasungsprozesses von ca. 58%, die beträchtliche Konz. der bei —80° kondensierbaren Gase u. den übermäßig starken Teeranfall werden die ungünstigen Betriebsverhältnisse, bes. hinsichtlich des Vergasers in der behelfsmäßigen Vers.-Anlage verantwortlich gemacht. L. WIESNER. 8196□

Angewandte Katalyse. Vladimir Haensel. (Rev. brasil. Quím. **48.** 380—94. Okt. 1959. Univ. Oil Prod. Co.) (Port.)

Zusammenfassender Vortrag über die Bedingungen u. Ergebnisse der bei der Aromatisierung von Erdöl-KW-Stoffen techn. angewandten Verfahren. R. K. MÜLLER. 8200□

Hydriercrackung von Balayim-Rohöl unter geringem Druck. M. A. Oraby. (J. Chem. U.A.R. **3.** 175—88. 1960. Cairo, Nat. Res. Centre.) (Engl.)

Bei der Hydriercrackung von Balayimrohöl werden 2 Beschleuniger vom Mo/Al-Typ u. einer vom Mo/Co-Typ eingesetzt. Temp. ca. 480°, Druck ca. 30 at. Der Ölanteil mit einem Kp. bis 320° wird bis zu 55% erhöht, S bis zu 90% entfernt. Obwohl das Rohöl zu $^2/_3$ aus Asphaltenen besteht u. trotz eines hohen Geh. an durch Si-Gel adsorbierbaren Harzen liegt die C-Abscheidung bei nur 7%. Wird das Rohöl mit einem geeigneten Lsgm. verdünnt, so wird die Qualität der Hydrierprodd. u. der Grad der Entschwefelung gesteigert. Die erhaltenen Prodd. haben eine niedrige JZ. — 12 Literaturhinweise.
F. ROSENDAHL. 8200□

Neue Methode der Extraktion von Mercaptanen aus Benzinen und höher siedenden Erdölfraktionen. Feliks Stanczykiewicz. (Wiadomości Naftowe **6.** 256—59. Nov. 1960.) (Pol.)

Es wird die Meth. „Merox" (katalyt. O_2-Oxydation der mit NaOH extrahierten Mercaptane) beschrieben. Die Meth. arbeitet bei gewöhnlicher Temp., verursacht keine Korrosion u. ist bei allen Erdöl-Prodd. anwendbar. F. URBAN. 8200□

Trennung, Untersuchung und Raffination von gemischtbasischen Rohölen der VAR. 2. Mitt. **Raffination und Untersuchung von Schmierstoffen aus ägyptischen Rudeis-Rohölen.** M. A. Borham und A. Mustafa. (J. Inst. Petroleum **48.** 18—23. Jan. 1962. Cairo, Petrol. Gen. Authorithy; Cairo, Univ., Fac. of Sci., Chem. Dep.) (Engl.) — I. vgl. C. **1962.** 9051.

Ägypt. Rudeis-Öle sind sehr gut zur Herst. von Schmierölen der verschiedensten Art geeignet, da sie neben einer hohen Viscosität einen niedrigen Stockpunkt haben. Voraussetzung ist die Anwendung geeigneter Meth. zur Entfernung der unerwünschten Anteile. Die Vakuumrückstände haben einen hohen Anteil an Asphaltenen u. Harzen, die große Mengen an Propan zur Entasphaltierung benötigen. Phenol u. Furfurol haben sich als gute auswählende Lsgm. für Öldestillate u. entasphaltierte Öle erwiesen. Wenn auch gegenüber Phenol größere Mengen an Furfurol eingesetzt werden müssen, so ist dennoch Furfurol als das besser auswählende Lsgm. zu betrachten, weil es billiger in der Beschaffung, beständiger u. ungiftig ist. Es können Schmieröle mit hoher Viscosität, geringem S-Geh. u. mit tiefem Stockpunkt erhalten werden. Sie lassen sich mit Ölen ähnlicher Art u. Additiven vermischen u. können bei hochtourigen Maschinen u. bei hohen Temp. angewendet werden. — 17 Zitate. F. ROSENDAHL. 8220□

Die Anwendung von Fluorkohlenwasserstoffölen und das Verhalten von Schmierstoffen bei Anwesenheit von NO_2. F. Vratny und J. M. Honig. (J. chem. Educat. **37.** 624. Dez. 1960. W. Lafayette, Ind., Purdue Univ.) (Engl.)

Beschreibung der Verwendbarkeit fluorierter KW-Stoffe des Typs $(CF_2CFCl)_x$, Molgew. 775—950 (*Fluorolube S, T 45, HO* u. *GR*-Fett; *KELF* W.M) als Schmiermittel für Hahnküken von Vakuum- u. Druck-App. in Ggw. von NO_2. O. HENNING. 8220□

Die Schmierung von zylindrischen Gleitlagern mit Öl–Kältemittel-Gemischen. Alfred Thelen und Hans-Jürgen Löffler. (Abh. dtsch. kältetechn. Ver. **1960.** 1—4. Karlsruhe, TH, Kältetechn. Inst.) (Dt.)

Drei durch Kennzahlen charakterisierte naphthenbas. Mineralöle u. zwei synthet. Öle werden zusammen mit Kältemittelgemischen bei der Schmierung von zylindr. Gleitlagern getestet. — 34 Literaturhinweise. K. TRIEMS. 8220□

Öl-Umlauf in porösen Sintermetallen. Bemerkung über die Geschwindigkeit der Absorption. J. Heuberger. (Metallurgia [Manchester] **61.** 204. Mai 1960. Stockholm Hagersten, A/B Glissa.) (Engl.)

Das Sintermetall hat ein Poren-Vol. von 33% u. eine Porengröße bis 0,2 mm. Die Geschw. des Aufstieges des Schmieröles im Lagermetall bei 6, 18 u. 75° wird gemessen u. die Ergebnisse werden diskutiert. K. STEIN. 8220□

Ein Verfahren zur Untersuchung der Reaktionen zwischen Hochdruckzusätzen und Metalloberflächen bei hohen Temperaturen. F. T. Barcroft. (Wear [Amsterdam] **3.** 440—53. Nov./Dez. 1960. Chester, Shell Res. Ltd., Thornton Res. Centre.) (Engl.)

Zur Unters. der Rkk. zwischen Hochdruckzusätzen (HZ) u. Metalloberflächen bei Temp. bis 600° dient ein dünner, in ein Hochdrucköl tauchender, elektr. erhitzter Draht, dessen Temp. eine bekannte Widerstands-Temp.-Kennlinie angibt. Aus der Änderung des Drahtwiderstandes mit der Zeit werden Geschw. u. Umfang der Rk. zwischen Metall u. HZ abgeleitet. Beispiele erläutern die Anwendungsmöglichkeiten des Verfahrens. W. WESLY. 8220□

Weitere Angaben über die Wirkung von Additiven auf die durch Wasser verursachten Pittings in Kugeln von Kugellagern. D. Scott. (J. Inst. Petroleum **48.** 24—25. Jan. 1962. East Kilbride, Glasgow, Nat. Engng. Labor.) (Engl.)

In Schmieröl enthaltenes W. bildet leicht Pittings auf den Kugeln von Kugellagern aus. Durch Zusatz von Additiven zum Öl kann dies verhindert werden. Beispiele. F. ROSENDAHL. 8220□

Schmiermittel aus gemischten Seifen. Mieczysław Śmietana. (Wiadomości Naftowe **6.** 273—75. Dez. 1960.) (Pol.)

Übersicht über die Anwendung von Metallseifenkombinationen. F. URBAN. 8222□

Untersuchung der rheologischen Eigenschaften geblasener Erdölbitumina. László Salánki. (Magyar Kémiai Folyóirat [Ung. Z. Chem.] **66.** 443—45. Nov. 1960. Budapest, Klement Gottwald Villamossági Gyár.) (Ung.)

Die rheolog. Eigg. von geblasenem Erdölbitumen im Temp.-Bereich von 60° bis zum Erweichungspunkt werden untersucht u. festgestellt, daß dieses quasiplast. bzw. quasiviscos ist. Der Grad des „komplexen Fließens" schwankt zwischen 0,6—0,3; die Stoffe sind dem Geltyp zuzuordnen. Durch Deformationsmessungen wird die Temp. festgestellt, bei der die elast. Rückfederung ausbleibt u. die für die Beurteilung der Bitumen im festen Temp.-Bereich maßgebend ist. G. HALMI. 8224□

Anwendung von Zersetzungsprodukten von Silberpermanganat für die Makroelementaranalyse von Brennstoffen. J. Kubant. (Paliva **39.** 353—55. Nov. 1959. Úst. pro výzk. a využ. tuhých a plynných paliv.) (Tschech.)

Aus der konz. Lsg. in dest. W. umkrist. $AgMnO_4$ wird 1 Std. auf 600° erhitzt, der Rückstand durch Sieben von Feingut (<0,3 mm) befreit u. unter 150 at Druck brikettiert. Es entsteht so ein guter Katalysator für die C—H-Elementaranalyse. R. K. MÜLLER. 8242□

Beitrag zur Bestimmung der Zündgrenzen von Kohlenwasserstoffen. Nicolas Sivolobov. (Publ. sci. techn. Ministère Air **1960.** Nr. 370. 1—64.) (Franz.)

Der für die Verss. benutzte App. besteht aus 2 Behältern, die den Brennstoff u. das Brennmittel enthalten u. die beide einen Brenner in einer verschlossenen Kammer versorgen. Es ist möglich, die Zufuhr zum Brenner so zu regeln, daß der Brenner durch den Überschuß an Brennstoff u. durch den Mangel (Überschuß an Brennmittel) an diesem gelöscht wird. Im 1. Fall wird die untere Zündgrenze, im 2. die obere bestimmt. Im

Gegensatz zur rein statist. Meth. kann durch die neue Meth. die Zündgrenze eines Stoffes sehr schnell ermittelt werden. Aus den Verss. ergeben sich neue Phänomene im Zusammenhang mit der begrenzten Verbrennung — 26 Literaturhinweise.

F. Rosendahl. 8250 □

Kontinuierlicher colorimetrischer Analysator zur Ermittlung niedriger Konzentrationen an Stickoxid in Kokereigas. R. Šourek und A. Rečka. (Paliva **39.** 258 bis 262. Aug. 1959.) (Tschech.)

Bei der beschriebenen App. wird das mit 10%ig. KOH von H_2S, NO_2 u. SO_2 befreite Gasgemisch einem Elektrolyseur mit 5%ig. H_2SO_4 zugeführt, in dem NO zu NO_2 oxydiert wird. Die Messung des NO-Geh. erfolgt colorimetr. auf Grund des Farbumschlages von Griesssschem Reagens: 1%ig. Lsg. von Sulfanilsäure + 0,4%ig. Lsg. von α-Naphthylamin in 20%ig. CH_3COOH, 1:1. Aus der Proportionalität der Extinktion mit dem NO-Geh. kann noch ein NO-Geh. von 0,5 mg/Nm^3 bestimmt werden.

R. K. Müller. 8250 □

Volumetrische Technik zur Bestimmung des n-Paraffingehaltes von olefinfreien Petroleumdestillaten unter Verwendung von Molekularsieben. Lewis P. Larson und Harry C. Becker. (Analytic. Chem. **32.** 1215—16. Aug. 1960. Beacon, N.Y., Texaco Res. Center.) (Engl.)

Zur Best. von n-Paraffinen neben Paraffinen mit verzweigten Ketten u. aromat. Verbb. wird synthet. Zeolith mit 5 Å Kanalweite u. $^1/_{16}$ Zoll Korngröße als Molekularsieb verwendet. Eine 5—10 ml-Probe wird mit $\leqq$ 1,0 ml n-Paraffin in einem 25 ml-Meßkolben mit 10,00 g Zeolith stehengelassen. Der Kolben wird mit einem Korken verschlossen, durch den eine 6 cm lange Capillare mit 0,5 mm innerem Durchmesser führt, damit Luft aus dem Zeolith entweichen kann. Nach 15—24std. Stehen wird vorsichtig geschüttelt u. aus einer 10 ml-Bürette Cyclohexan (I) bis zur Marke eingemessen. Gleichzeitig wird eine Blindprobe durchgeführt u. das adsorbierte Vol. n-Paraffin aus der Differenz der I-Vol. erhalten. Verwendetes I soll vorher mit Zeolith vorbehandelt sein.

H. Pluskal. 8252 □

Spektrophotometrische Bestimmung der Mercaptane im verflüssigten Gas aus Erdöl. C. B. Pimentel. (Rev. brasil. Quim. **48.** 203—06. Sept. 1959.) (Port.)

Mercaptane werden in verflüssigten KW-Stoffen auf Grund der Purpurfärbung bei der Rk. mit Na-Nitroprussiat (I) bestimmt. Etwa im Gas vorhandenes H_2S (Nachw. mit Pb-Acetat) wird mit saurer $CdCl_2$-Lsg. entfernt; Disulfide stören, weil sie mit KCN langsam Mercaptane bilden, sie werden dadurch berücksichtigt, daß die Rk. mit I mit u. ohne Zusatz von KCN durchgeführt wird. Die Aufnahme der Eichkurve mit C_2H_5SH wird eingehend beschrieben; die Durchlässigkeit (%) der I-Lsg. beim Absorptionsmaximum bei 530 mμ ist der Mercaptan-Konz. proportional. R. K. Müller. 8252 □

Photometrische Bestimmung von Zinn in Treibstoffen mit Hämatoxylin. George Norwitz. (Analyst **86.** 835—42. Dez. 1961. Philadelphia, Pa., Frankford Arsenal, Pitman-Dun Labor.) (Engl.)

Eine photometr. Meth. zum Nachw. von metall. Sn, speziell in Treibstoffen, unter Verw. von Hämatoxylin (I) wird beschrieben. Bei Zusatz von ca. 1 mg Fremdsubstanz zu 5 ml einer Blind-Lsg. stören die Ionen Al^{3+}, Sb^{3+}, Bi^{3+}, Cr^{3+}, Cu^{2+}, Fe^{3+}, Th^{4+}, Ti^{4+}, Zr^{4+}, Mo^{6+}, W^{6+}, VO_2^+ u. GeO_2 durch Bldg. violetter bzw. blau- oder rotvioletter Farblacke, die Ionen Ce^{4+}, Hg^{2+}, Se^{4+} u. UO_2^{2+} durch Ausbildung brauner bzw. orangeroter Färbungen u. Ag^+ durch Bldg. von AgCl u. metall. Ag. As^{3+}, Ba^{2+}, Be^{2+}, Cd^{2+}, Ca^{2+}, Co^{2+}, Pb^{2+}, Li^+, Mg^{2+}, Mn^{2+}, Ni^{2+}, K^+, Na^+, Sr^{2+}, Zn^{2+} u. BO_3^{3-} stören nicht. Von den untersuchten Anionen (Zusatz von ca. 0,1 g Fremdsalz zu 50 ml einer 0,060 mg Sn enthaltenden Lsg.) stören $Cr_2O_7^{2-}$, JO_3^-, J^- u. MnO_4^-, während Störungen durch NO_2^-, S^{2-}, SO_3^{2-}, $S_2O_3^{2-}$, F^-, $C_2O_4^{2-}$, SCN^-, CO_3^{2-} u. $S_2O_8^{2-}$ durch Erhitzen bis zur Entw. von Nebeln beseitigt werden können. CH_3COO^-, Br^-, ClO_3^-, NO_3^-, ClO_4^-, PO_3^{3-}, SO_4^{2-} u. Tartrat stören nicht. Die Farbe bleibt ca. 8 Std. lang konstant. Die Genauigkeit des Verf. beträgt 0,023% Standardabweichung. Das Beersche Gesetz wird erfüllt.

Versuche: Die Probe wird in einem Gemisch aus 10 ml HNO_3 (D. 1,42), 10 ml H_2SO_4 (D. 1,84) u. 1 ml 70%ig. $HClO_4$ gelöst, die Lsg. bis zur Entw. von Nebeln eingedampft, 12 Min. lang auf der höchsten Stufe einer Heizplatte erhitzt, abkühlen gelassen u. auf 250 ml mit W. verdünnt. Von dieser Lsg. werden 5 ml, die ca. 0,05 bis 0,08 mg Sn enthalten sollen, mit 15 ml W., 4,0 ml einer frischen I-Lsg. (hergestellt durch Lösen von 0,1 g I in 80 ml 95%ig. A., der mit 1 Tropfen HCl (D. 1,19) versetzt ist, u. Auffüllen auf 100 ml mit A.), 4 ml einer frischen Gelatine-Lsg. (hergestellt durch Lösen von 2 g Gelatine in 200 ml 50° warmem W.) u. 10 ml 50%ig. CH_3COONa-Lsg. vermischt u. 15 Min. lang in schwachsd. W. erwärmt. Dann wird auf 50 ml verd. u. bei 590 mμ gegen eine Blind-Lsg. photometriert. In Ggw. von SnO_2 wird vorgeschlagen, ca. 0,3 g der Probe in 5 ml HNO_3 zu lösen; die Lsg. wird zur Trockne eingedampft, der 3 Min. lang geglühte Rückstand mit 8 g $KHSO_4$ verschmolzen, 10 ml H_2SO_4 werden 25 Sek. lang nach der Entfernung der Flamme der Schmelze zugesetzt, auf 250 ml verd., 5 ml dieser Lsg. entnommen u. wie beschrieben weiter verarbeitet. Die Genauigkeit dieser Meth. beträgt ±0,2%. J. KRAETSCH. 8254□

Fluorescenzspektren von Leuchtölen. C. Mihul, C. Ruscior und V. Pop. (An. ştiinţ. Univ. „Al. I. Cuza" Iaşi, Secţ. I 2. 199—210. 1956. Iaşi, Univ. Al. I. Cuza, (Car. de fiz. gen.) (Rum.) — Vgl. C. **1950/54.** 2943 S; C. **1961.** 1781. 2844. 14887.

Proben von 2 paraffin. u. 2 asphalt. Leuchtölen zeigen Fluorescenzspektren (FS) im Bereich 3200—4600 (Å). Bei Lsg. in Ae. verschieben sich die FS nach kürzeren Wellen. Mit zunehmender Verdünnung verschwindet das FS bei <3200 (Å), das FS bei 3200—3700 bleibt bis zu Konzz. von 0,01—0,001% bestehen; das FS bei >3700 verschwindet schon bei 10—1%. Die FS in den 3 Bereichen werden durch Bzl., Naphthalin (**I**) u. Anthracen verursacht. Die Abnahme des FS bei 3200 wird auf die Strahlenabsorption bei kürzeren Wellen durch **I** zurückgeführt. **I** ist ein charakterist. Bestandteil der Leuchtöle. Sein FS kann zu deren Unterscheidung benutzt werden, am besten eignet sich das Gebiet 3215—3245. R. K. MÜLLER. 8256□

Beurteilung der Schmiereigenschaften von Fetten durch mechanische Methoden. Louis Mazet. (Chim. analytique [4] **42.** 287—99. Juni 1960. SKF-Co.) (Franz.)

Die Verw. der SKF-R·2·F-Maschine für Dauerprüfungen von etwa einem Monat zur Ermittlung der Schmier-Eigg. verschiedener Fette wird beschrieben u. nachgewiesen, daß die Maschine seit langer Zeit Ergebnisse zeigt, die mit den in der Praxis beobachteten Ergebnissen gut übereinstimmen. H. HOCHSTEIN. 8258□

Ein Kreislauf Oxydations-Test. J. H. T. Brook. (J. Inst. Petroleum **48.** 7—12. Jan. 1962. „Shell" Res. Ltd.) (Engl.)

Ein neuer Kreislauf-Oxydationstest, bei dem O_2 nach Entfernen der Oxydations-Prodd. dem zu oxydierenden Öl wieder zugeführt wird, u. der benutzte App. werden beschrieben. Erörtert wird der Einfl. der verschiedenen Form der Rk.-Flaschen, der Schüttelstärke, der Umlauf von O_2 u. die Entfernung der flüchtigen Oxydations-Prodd. auf die Oxydation von Schmierölen. Der neue Test zeigt die Höchstaufnahme von O_2 durch das Öl an. Er läßt sich schnell u. mit guter Genauigkeit durchführen. F. ROSENDAHL. 8258□

Trennung polycyclischer aromatischer Kohlenwasserstoffe in komplexen Gemischen. Chromatographische Bestimmung von Spuren in Petroleumwachsen. William Lijinsky. (Analytic. Chem. **32.** 684—87. Mai 1960. Chicago, Ill., Chicago Med. School, Div. of Oncology.) (Engl.)

Benz-[a]-anthracen (F. korr., λ_{max} in Isooctan; F. 157—158°; 288), *Anthracen* (F. 213—214°; 252), *Benzo-[a]-pyren* (**I**, F. 177—178°; 298), *Chrysen* (F. 255—256°; 269) u. *Dibenz-[a,h]-anthracen* (**II**, F. 267—268°; 298) können einzeln u. im Gemisch miteinander in Petroleumwachsen (**A**) im Bereich 0,1—1 ppm (gelbes mikrokristallines Wachs, F. 171°) u. 0,01 ppm (weißes Paraffinwachs, F. 131,5°) nachgewiesen u. bestimmt werden. Die recovery-Werte liegen zwischen 35 (I) u. 95% (II). Das Verf. umfaßt die Abtrennung von **A** durch Säulenchromatographie [MgO/Celite 545 (2:1); Lsgm. Bzl.] mit heizbaren Säulen, Fluorierung der aromat. KW-Stoffe aus verschiedenen Abschnitten nach Zerteilung der Säule u. Entw. verschiedener Papierchromatogramme. U. UHLICH. 8262□

Eine neue Modifikation der Bestimmung des Erweichungspunktes von Pech und ähnlichen Stoffen. J. Vykoukal. (Paliva **38.** 185—87. Juni 1958.) (Tschech.) — Vgl. C. **1959.** 1320. R. K. MÜLLER. 8264□

Minerals & Chemicals Philipp Corp., übert. von: Alfred J. Robinson, Scotch Plains, N.J., V.St.A., **Herstellung von Crack-Katalysatoren aus Kaolinton.** Der Ton wird mit 60—130 Gew.-% H_2SO_4, bezogen auf die flüchtigen Anteile des Tons, gemischt. Das Gemisch aus Säure u. Ton wird in ein Weißöl bei 220—400° F eingebracht u. 1—24 Std. lang in dem Öl belassen. Nach dem Abtrennen der festen Masse von den feinen Anteilen wird diese bei 900—1600° F calciniert. Von den feinen Teilchen wird ein wss. Brei angerührt u. dieser Brei bei 250—500° F in ein Weißöl eingebracht u. bei 900—1600° F calciniert. (**A. P. 2 960 478** vom 25/7. 1956, ausg. 15/11. 1960.) E. KAHLES. 8197

Esso Research and Engineering Co., Elizabeth, N.J., V.St.A., **Schmieröle, Heizöle und Treibstoffe** enthalten 0,005—5 (Gew.-%) eines Alkylpolyoxyalkylenmono- u./oder -diesters von H_3PO_4, in dem die Alkylreste 2—13, die Hydroxyalkylreste je 2—8 C-Atome enthalten u. die Anzahl der Hydroxyalkylenreste je Estergruppe 8—18 ist. — Beispiel: Zusatz von n-Butyl-(oxypropylen)$_{12}$-dihydrogenphosphat. Weiterer Zusatz von C_{12-24}-tert.-Alkyl-prim.-Alkylaminen u. Teilestern von C_{12-22}-Fettsäuren mit aliphat. Polyalkoholen (3—8 C-Atome, 3—6 OH-Gruppen). (**E. P. 829 337** vom 30/9. 1958, ausg. 2/3. 1960. A. Prior. 1/11. 1957.) E. Drews. 8221

Continental Oil Co., Ponca City, Okla., übert. von: Robert Lewis Carlyle, Lake Jackson, Tex., und Earl F. Morris, Ponca City, Okla., V.St.A., **Mineralschmieröle** mit geringem Emulgiervermögen u. hoher Dielektrizitäts-Konst. enthalten 2 bis 1,5 Gew.-% eines Gemisches von öllösl. Alkali- u. Erdalkalisulfonaten im Gew.-Verhältnis 7:3—9:3, wobei diese Sulfonate C_{20-30}-Alkarylsulfonate sind. — Diagramme. (**A. P. 2 943 052** vom 8/12. 1955, ausg. 28/6. 1960.) E. Drews. 8221

Esso Research and Engineering Co., Elizabeth, N.J., V.St.A. (Erfinder: Alan William Thomas Bateman und Kenneth Geoffrey Latham), **Gegen atomare Strahlung beständiges Schmiermittel,** bestehend aus einer W.-Schmieröl-Emulsion. Die wss. Phase enthält mindestens 2 anorgan. Salze gelöst, von denen das erste mindestens 1 Element (I) einer therm. Neutronen-, „cross-section“, von mindestens 102 barns, u. das zweite (II) mindestens 1 Element mit einem γ-Strahlenabsorptions-Koeff. von mindestens 3 enthält. — Beispiele für **I**: Cd, Sa, Hf, Hg, B, In, Te; für **II**: Ti, Mo, Hg, Pb, Bi, Pt. (**E. P. 839 061** vom 13/1. 1958, ausg. 29/6. 1960.) E. Drews. 8221

United States of America, Secretary of Navy, übert. von: Charles E. Saunders, Silver Spring, Md., V.St.A., **Schmiermittel** auf der Basis von Halogen-KW-Stoffen, z.B. „Fluorlubes“ (Fluorkohlenwasserstoffe), enthalten als Zusätze ca. 0,75% BN, das zuerst auf Rotglut erhitzt u. danach langsam abgekühlt wird. (**A. P. 2 960 466** vom 13/6. 1956, ausg. 15/11. 1960.) E. Drews. 8223

Hans Eggwath, Krefeld, **Herstellung von Gußasphalt** u. ähnlichen Bodenbelägen unter Zusatz mineral. Zuschlagstoffe, dad. gek., daß gesinterte Kraftwerksasche — vor dem Hinzufügen weiterer Mineralstoffe — in die heiße Bitumen- oder Teermasse eingefüllt u. darin ca. 1—2 Std. lang verrührt wird. (**D. A. S. 1 117 468** Kl. 80b vom 8/1. 1959, ausg. 16/11. 1961.) M. Böttcher. 8229

W. Ss. Alijew, N. M. Indjukow, Ss. A. Jefimowa u. a., Untersuchungen auf dem Gebiet des katalytischen Crackens von Erdöl mit Anwendung der Technik der siedenden Schicht. Baku: Verl. der Akad. der Wiss. der AserbaidshanSSR. 1962. (312 S. m. Abb.) 1 Rbl. 80 Kop. [Russ.]

A. A. Gurejew, Automobilbenzine. Moskau: Gosstoptechisdat. 1961. (160 S. m. Abb.) 67 Kop. [Russ.]

M. Ss. Litwinenko und I. M. Nossalewitsch, Chemische Verkokungsprodukte zur Herstellung von Polymermaterialien. Charkow: Metallurgisdat. 1962. (428 S. m. Zeichng.) 1 Rbl. 46 Kop. [Russ.]

XX. Schieß- und Sprengstoffe. Zündmittel

Wellenbilder auf Metalloberflächen nach der Einwirkung von Sprengstoffdetonationen. Bunichi Kiuchi. (J. ind. Explosives Soc., Japan **20.** 292—93. 30/10. 1959.) (Jap.; Auszug: Engl.)

Kurze Darst. der Vers.-Anordnung u. Wiedergabe einiger Wellenbilder auf Al-Platten nach der Explosion von quaderförmigen NH_4NO_3-Sprengladungen.

Wolfgang Wagner. 8294 □

Zündung des Zündkopfes. Kiyomi Kato. (J. ind. Explosives Soc., Japan **20.** 286—91. 30/10. 1959.) (Jap.; Auszug: Engl.)

Mit einer näher beschriebenen Anordnung wird der Zündvorgang beim Anlegen einer Gleichspannung an einem aus Heizdraht (Pt/Ir-Leg.) u. Zündgemisch bestehenden Elektrozünder untersucht. Dazu wird die Änderung des Heizdrahtwiderstandes mit der Spannung bei verschiedenen Zündströmen oscillograph. ermittelt. Die scheinbare Zündtemp. ist nicht konst., wird aber deutlich vom Durchmesser des Drahtes u. dem Zündstrom beeinflußt. Für *Pb-Dinitroresorcinat* ergeben sich je nach den verschiedenen Bedingungen scheinbare Zündtemp. zwischen 370 u. 640°, für *Pb-Trinitroresorcinat* zwischen 370 u. 800°. Wolfgang Wagner. 8308 □

Verfügbarkeit von Caesium für Ionenraketen. Robert Greenwood. (Mining Engng. **12.** 482—83. Mai 1960.) (Engl.)

Für Antriebsmittel für Ionenraketen werden Stoffe mit einem niedrigen Ionisationspotential, einem niedrigen F. u. einem hohen Atomgew. eingesetzt. Diese Bedingungen werden ziemlich ideal von Cs erfüllt. Übersicht über die heutige Produktion, die geochem. Verteilung u. die hauptsächlichsten Lagerstätten. Cs ist vorwiegend an Mineralien aus Pegmatiten gebunden. F. Ensslin. 8310 □

Ein Kapazitätsdensitometer zur Bestimmung der Momentandichte kryogener Flüssigkeiten. A. Harry Sharbaugh und Maxwell W. Lippitt jun. (ARS Journal **31.** 294—96. März 1961. Schenectady, N.Y., Gen. Electr. Co., Res. Labor.; Ballston Spa, N.Y., Gen. Electr. Co., Malta Test Stat.) (Engl.)

Nach der CLAUSIUS-MOSOTTI-Gleichung hängt die Dichte einer Fl. u. a. von der DK ab; d. h. irgendwelche Verschiebungen in der Dichte, entsprechend einer Druck- u./oder Temp.-Änderung drückt sich sofort durch eine andere DK der Fl. aus. Da die DK proportional der Kapazität eines Kondensators ist, läßt sich die Dichte einer Fl. mit Hilfe von Kapazitätsmessungen bestimmen. — Es wird eine App. beschrieben, die es erlaubt, nach Eichung mit fl. O_2 am Kp. die Momentandichte, bes. kryogener Fll., auf ca. 1% genau zu messen. Der Fehler für Relativmessungen ist $<$0,2%. Die App. wird zur Unters. fl. Raketentreibstoffe verwendet. H. PFÖRTNER. 8320□

Poudreries Réunies de Belgique Soc. An., Brüssel, Belgien, **Hohlladung** mit verbesserter Durchschlagskraft, dad. gek., daß die Sprengladung im Bereich des Hohlraums von einer komprimierbaren Umhüllung umgeben ist. Die Umhüllung hat bes. eine D. $<$5 u. einen Elastizitätsmodul von $<$200000 kg/cm² u. besteht bes. aus Polyäthylen oder Polyamiden. (**Belg. P. 569 518** vom 17/7. 1958, ausg. 19/5. 1961. Luxemburg. Prior. 18/7. 1957.) A. GRADL. 8305

S. Y. Ek und L. A. M. Lindnér, Sundbyberg, Schweden, **Verfahren zum Beseitigen von Metallazidbelägen bei Sprengkörpern,** enthaltend Pb-Azid. In die Sprengkapsel oder Zündröhre werden Folien oder Drahtspiralen aus Mg oder Zn eingeführt, die eine größere Affinität zu N_3H besitzen, so daß Rk.-Prodd. mit geringerer Explosionsgefahr entstehen. (**Schwed. P. 162 985** vom 11/2. 1955, ausg. 15/4. 1958.) K. H. KÄHLER 8305

Olin Mathieson Chemical Corp., New York, N.Y., V.St.A., **Wasserdichtes Verschließen elektrischer Zünder,** bei denen Zündergehäuse u. Zünderstopfen aus thermoplast. Material bestehen, dad. gek., daß zwischen Gehäuse u. Stopfen, bes. in einem Nut des Stopfens, ein metall. Ring eingelegt wird, der durch Induktionsstrom aufgeheizt wird. — Zeichnung. (**Belg. P. 569 577** vom 18/7. 1958, ausg. 19/5. 1961. A. Prior. 26/7. 1957.) A. GRADL. 8309

Montecatini Soc. Gen. per l'Industria Mineraria e Chimica (Erfinder: Fabrigio Lazari, Battista Formento und Pasquale Palumbo), Mailand, Italien, **Schlagwettersicherer, elektrischer Verzögerungszünder,** dad. gek., daß zwischen Verzögerungselement u. Primärsatz ein Filterstück, das den Durchtritt der Zündflamme, nicht aber den von Zündsatzresten gestattet, u. ein Distanzstück aus plast. oder elast. Material eingebaut ist. — Zeichnung. (**D. A. S. 1 116 587** Kl. 78e vom 2/9. 1960, ausg. 2/11. 1961. It. Prior. 3/9. 1959.) A. GRADL. 8309

Standard Oil Co., Chicago, Ill., übert. von: Jack Linsk, Highland, Ind., V.St.A., **Feststoff-Treibsatz,** bestehend aus 15—25% Bindemittel, 1—10% eines Katalysators [Preußisch Blau, $(NH_4)_2Cr_2O_7$, $Na_2Cr_2O_4$, $Na_2Cr_2O_7$ oder Mono-Na-barbiturat), Rest NH_4NO_3, wobei das Bindemittel aus 20—40% Celluloseacetat mit 51—57% CH_3COOH, 10—30% Dinitrotoluol, 25—40% Äthylenglykoldiglykolat u. 10—30% Dinitrophenoxyäthanol, allein oder im Gemisch mit bis zu 50% Bis-[dinitrophenoxy]-äthan besteht. (**A. P. 2 973 256** vom 8/11. 1955, ausg. 28/2. 1961.) A. GRADL. 8311

XXI. Leder. Gerbstoffe

Insektenschäden an Häuten und Fellen unter besonderer Berücksichtigung der Lebensweise der Speckkäfer. Chr. Knoche. (Leder **12.** 117—26. Mai 1961. Hamburg.) (Dt.)

Vf. beschreibt die Lebensweise verschiedener Insektenschädlinge auf der lebenden Haut (*Hypodermatidae, Calliphoridae, Melophagus ovinus L.* u. Zecken) u. der getrockneten Haut [*Dermestes*-Arten (Speckkäfer), *Piophila casei Linn., Tineola bisselliella Hum., Tinea pellionella Linn., Ephestia cautella Walker, Necrobia rufipes Deg.*]. Im Labor. genauer untersucht wurden beim Speckkäfer u. a. der Nahrungswert trockner u. gesalzener Felle verschiedener Tierarten u. der Einfl. von Temp. u. Luftfeuchtigkeit auf Larven-Entw. u. Eizahl. A. BEUTHER. 8334□

Gerbversuche an Kollagenfibrillen. W. Graßmann und P. Stadler. (Leder **12.** 290—94. Dez. 1961. München, Max-Planck-Inst. für Eiweiß- u. Lederforsch.) (Dt.)

Es werden Unterss. über den Gerbverlauf zwischen Cr-Alaun, Mimosa, Quebracho, Kastanie u. Tanigan extra O bzw. Supra LL einerseits u. Prokollagenfibrillen andererseits mitgeteilt. Hierbei wurde gefunden, daß die Cr-Gerbung (I) langsam (ca. 24 Std.), die Gerbung mit den pflanzlichen u. synthet. Gerbstoffen (II) dagegen innerhalb von 5—10 Min. verläuft. Der geschwindigkeitsbestimmende Vorgang bei I ist der Einbau von Carboxylatgruppen des Kollagens in die Komplexschale des Cr, im Falle von II dagegen das Eindringen der Gerbstoffe in die Haut, wobei jedoch die Ausbildung der vernetzenden H-Brücken prakt. augenblicklich erfolgt, sobald der Gerbstoff den Ort der Gerbung erreicht hat. — 13 Literaturhinweise. H. G. FRÖHLICH. 8336□

Die Gerbwirkung niedermolekularer Polyhydroxyphenole. H. Endres. (Leder **12.** 294—97. Dez. 1961. München, Max-Planck-Inst. für Eiweiß- u. Lederforsch.) (Dt.) — Vgl. C. **1961.** 13062.

Die Unterss. haben gezeigt, daß *Piceatannol* (I) u. *Dihydropiceatannol* (II) die einzigen unter den aus Fichtenbast isolierten Komponenten sind, die ein völlig einwandfreies Leder ergeben, während die monomol. Polyhydroxyphenole vom Typ der Flavanole u. Flavandiole keinerlei Gerbwrkg. zeigen. Die Ursache dieses unterschiedlichen Verh. liegt darin, daß I u. II vom Luftsauerstoff zu hochmol. chinoiden Verbb. oxydiert werden, die mit Kollagen kovalente Bindungen eingehen können. Schließt man bei der Gerbung den O_2 aus, so werden I u. II zwar von der Haut aufgenommen, doch trocknet diese dann nicht lederartig auf. — 12 Literaturhinweise. H. G. FRÖHLICH. 8336□

Zur Rationalisierung der pflanzlich-synthetischen Gerbung. E. Komarek und G. Mauthe. (Leder **12.** 285—89. Dez. 1961. Leverkusen, Farbenfabrik Bayer Akt.-Ges., Anwendungstechn. Abt.) (Dt.)

Das RFP-Verf. der FARBENFABRIK BAYER als ein Schnellgerbverf. zur Herst. von Sohlleder wird beschrieben. Das Arbeitsprinzip dieser Gerbmeth. ist einfach u. gliedert sich in folgende Vorgänge: Vorbereitung des Blößenmaterials (gutes Äschern u. Entfleischen), geeignete Vorgerbung zur Verbesserung der Temp.-Beständigkeit, Vorlauf mit einem spezif. wirkenden pulverförmigen synthet. Gerbstoff, Ausgerbung mit pulverförmigen pflanzlichen Gerbextrakten im Faß ohne Flotte (Gerbdauer je nach Stärke des Hautmaterials 18—36 Std.) u. betriebsübliche Fertigstellung. Dieses Gerbverf. wurde mit gutem Erfolg auch auf die Gerbung von Vachetten, Flanken u. Spalten übertragen. H. G. FRÖHLICH. 8336□

Die Natur der Amino-Formaldehyd-Harzgerbung. 2. Mitt. W. S. Short. (J. Soc. Leather Trades' Chemists **45.** 407—15. Nov. 1961. Leeds, Yorkshire, Dyeware & Chem. Co. Ltd.) (Engl.) — 1. vgl. C. **1959.** 10448.

Unterss. über die Vorgänge beim Gerben von Kollagen mit Dimethylolharnstoff (I) deuten daraufhin, daß die wasserlösl. niedermol. Harnstoff-CH_2O-Kondensate zunächst über H-Brücken von den Polypeptidgruppen des Kollagens gebunden werden, um dann unter sauren Rk.-Bedingungen zu einer wasserunlösl. Verb. zu werden, die auch weiterhin über H-Brücken an das Kollagen gebunden bleibt. Die zusätzliche Verharzung bzw. Kondens. von I im Kollagen ist für den eigentlichen Gerbvorgang nicht mehr von Bedeutung. H. G. FRÖHLICH. 8336□

Wasserlöslicher Extrakt aus Cocosnußschalen und seine Verwendung in der Lederverarbeitung. Angelita M. Tuason und Aurora T. Reyes. (Philippine J. Sci. **88.** 253—56. Juni 1959. Manila, Nat. Inst. of Sci. and Technol.) (Engl.)

Durch Überschütten von gemahlenen Cocosnußschalen u. -bast mit kochendem W. u. anschließendem Auslaugen durch 3wöchiges Stehenlassen erhält man einen Extrakt, der einen Gerbstoff-Geh. von 8—11% aufweist u. zur Herst. von Sohlleder geeignet ist, wie Gerbverss. gezeigt haben. H. G. FRÖHLICH. 8336□

Schweiß und Verderben von Lederschuhwerk. D. Pettit. (J. Soc. Leather Trades' Chemists **45.** 415—33. Nov. 1961. Kettering, Brit. Boot, Shoe & Allied Trades Res. Assoc.) (Engl.)

Ausführliche Unterss. über den zerstörenden Einfl. von Schweiß auf das Oberleder u. die Brandsohle beim Tragen von Schuhen. Die hierbei durch Auswertung von 3458 Tragverss. gewonnenen Ergebnisse deuten darauf hin, daß die lösl. Substanzen der Haut genau so entscheidend für die Lederschädigung sind wie die festen Bestandteile des Schweißes selbst. — 17 Literaturangaben. H. G. FRÖHLICH. 8340□

Die mikrochemische Bestimmung von Chrom im Leder. H. Vallant. (Leder **12.** 116—17. Mai 1961. Klagenfurt, Lederfabrik Dr. H. Neuner.) (Dt.)

Beschreibung einer mikrochem. Best. von Cr im Leder durch nasse Oxydation zunächst mit $HClO_4$ u. HNO_3, dann $KMnO_4$ u nachfolgender jodometr. Titration des Oxydationsgemisches. Die Mikrometh. liefert bei geringstem Aufwand an Zeit u. Material u. einer Fehlergrenze von $\pm 0,4\%$ übereinstimmende Werte mit der Makromethode. A. BEUTHER. 8368□

Yorkshire Dyeware & Chemical Co. Ltd., und William Stanley Short, Leeds, Yorkshire, England, **Gerben von Häuten.** Man taucht die Häute in ein Gerbbad, das ein wasserlösl. oder wassermischbares Harnstoff–Formaldehyd-Kondens.-Prod. u. ein damit verträgliches Salz (I) einer anorgan. Iso- oder Heteropolysäure enthält, die als freie Säure in koll. oder markromol. Form existiert. — Beispiel für I: Na-Hexametaphosphat, Ammoniummolybdat. (**E. P. 854 431** vom 11/2. 1958, ausg. 16/11. 1960.) E. DREWS. 8337

Ontario Research Foundation, Toronto, Ontario, übert. von: Harry Borden Marshall, Toronto, und Alan C. Shaw, Don Mills, Toronto, Ontario, Canada, **Herstellung von Gerbmitteln aus Sulfitablaugen** (I). Man konzentriert I auf einen Feststoff-Geh. von 25—65 (%), extrahiert mit einem wassermischbaren Alkohol (II), der mit I eine Zweiphasen-Bldg. bewirkt u. in solchen Mengen zugegeben wird, daß 15—65 Feststoffe aus I extrahiert werden, trennt die alkoholreiche Phase ab u. dest. II ab. — Beispiel für II: Isopropanol. — Diagramm. (**A. P. 2 952 507** vom 24/11. 1958, ausg. 13/9. 1960.) E. DREWS. 8337

William Amer Co., übert. von: Frank W. Panepinto, Philadelphia, Pa., V.St.A., **Lederherstellung.** Man behandelt bestimmte Flächen der Haut mit einem Enthaarungsmittel, entfernt von diesen Flächen die Haare u. gerbt die so teilenthaarten Häute. Man erhält Leder, die behaarte u. enthaarte Flächen in bestimmten Mustern enthalten. (**A. P. 2 973 068** vom 11/3. 1958, ausg. 17/5. 1960.) E. DREWS. 8341

United States of America, Secretary of Army, übert. von: Eugene C. Dogliotti, Sherborn, Mass., Joseph C. Barry, Woonsocket, R. I., und Charles W. Mann, Framingham, Mass., V.St.A., **Imprägnieren von Leder.** Man imprägniert von der Narbenseite aus mit einem fl. Gemisch (I) aus 50—80 (Gew.-%) eines fl. Alkylenpolysulfids, das ein Elastomer bilden kann u. 20—50 Tetrahydrofurylalkohol, Morpholin oder deren Gemische. Beim Einbringen solcher Mengen I in die Interfibrillensubstanz des Leders, daß eine Konservierung, aber keine Schädigung auftritt, erhält man geschmeidige u. gegen kaltes W. resistente Leder. — Zeichnung. (**A. P. 2 933 418** vom 4/2. 1959, ausg. 19/4. 1960.) E. DREWS. 8341

Soc. des Usines Chimiques Rhône-Poulenc, Paris, Frankreich, **Zurichten von Leder.** Man überzieht z. B. Schuh-, Bekleidungs- u. Handschuhleder mit einer wasserabstoßenden, abwaschbaren Schicht aus a) 4—30 (Gew.-%) Methylphenylpolysiloxan (Verhältnis der Summe Methyl- u. Phenylreste : Si = 1,3—1,6; Phenyl : Si = 0,4—0,7) mit 1—5% OH-Gruppen pro Si-Atom u. einer Viscosität <20 cSt/20° in Toluol, b) 1—20 eines organ. filmbildenden lufttrocknenden Harzes, c) 50—95 flüchtigen Lsgm. für a) u. b). — Beispiel für b): Polyvinylacetalharz, Acetylierungsgrad 95—100%, Erweichungspunkt 50—65°; für c): niedermol. Alkylester von Carbonsäuren, Isopropanol, niedermol. Ketone. (**E. P. 863 771** vom 1/5. 1959, ausg. 29/3. 1961. F. Prior. 12/5. 1958.) E. DREWS. 8341

XXIV. Photographie

Grenzen und Möglichkeiten des photographischen Prozesses. H. Frieser. (J. photogr. Sci. **9**. 379—83. Nov./Dez. 1961. München, TH, Inst. für wiss. Photographie.) (Engl.)

Vf. gibt einen kurzen Überblick, wo nach dem heutigen Stand der Technik die Grenzen der photograph. Verff. liegen. Die theoret. Grenze der Spektralempfindlichkeit dürfte bei 1050 mμ liegen, weil über diese Grenze hinaus photograph. Material gegen die Wärmestrahlung nicht mehr genügend geschützt werden kann. Die Empfindlichkeit u. die Wiedergabe kleiner Details können ebenfalls nicht unbegrenzt verbessert werden. Es bestehen sowohl prakt. als auch theoret. Grenzen, wie nachgewiesen werden kann. — 11 Literaturhinweise. W. GÜNTHER. 8590 □

Die Bestimmung der Belichtung, die bei Luftbildfilmen die höchste Auflösung ergibt. Marilyn Levy. (Photogr. Sci. Engng. **5**. 159—65. Mai/Juni 1961. Fort Monmouth, N.J., U. S. Army Signal Res. and Dev. Labor.) (Engl.)

Die Wiedergabe feinster Einzelheiten bei der Luftbildphotographie verlangt eine Belichtung, die zu einem optimalen Auflösungsvermögen führt. Zu diesem Zweck wird ein einfaches Verf. entwickelt, um aus der Schwärzungskurve von Luftbildaufnahmematerialien die richtige Belichtung zu bestimmen. Das geschieht in einem Gerät (Schemaskizze vgl. Original), in dem man gleichzeitig die Auflösung u. die Schwärzungskurve bestimmen kann. — Es wurde gefunden, daß zur Erzielung einer maximalen Auflösung die Belichtung am günstigsten ist, mit der man eine Dichte von 0,85 über dem Schleier erhält. Die Belichtungen, die auf diesem Kriterium basieren, werden ermittelt u. mit Erfolg für die Aufgaben der Luftbildphotographie angewandt. Für folgende Luftbildfilme werden unter verschiedenen Entw.-Bedingungen die Belichtungen angegeben, die zur maximalen Auflösung führen: Plus-X Aerecon, Tri-X Aerecon, Plus-X Pan. Neg., Ilford Aerial N. W. GÜNTHER. 8598 □

Der Kapillarkammerprozeß zur Ultrarapid-Negativentwicklung. Karl-Heinz Lohse und Marvin B. Skolnik. (Photogr. Sci. Engng. 5. 149—53. Mai/Juni 1961. Newport Beach, Calif., Aeronutrouic, a Div. of Ford Motor Co.) (Engl.)

Spezialforderungen führten zur Entw. eines Verf. u. einer App., mit deren Hilfe die Ultrarapid-Entw. von photograph. Filmen durchgeführt werden kann. Das Gerät für den Capillarkammerprozeß wird beschrieben. Die Entw. dauert 1½ Sek., das Fixieren ½, Waschen 1 u. Trocknen 2 Sekunden. Temp. des Entwicklers 130° F, der Trockenluft 250° F. Als Spezialfilme werden empfohlen: Ansco Hyscan, ILFORD BY u. die KODAK-Filme Typ 264 u. 265. Das Verf. erfordert nur geringe Lsgm.-Mengen für die Einzelbild-Entw. von Filmen im Kleinbildformat. Die erreichbare Dichte liegt bei 1,5—2,0 bei einem Schleier von 0,06. Das Auflösungsvermögen beträgt 35 Linien/mm. Weitere Anwendungsmöglichkeiten werden beschrieben. W. GÜNTHER. 8618□

Charakteristische Eigenschaften der physikalischen Entwicklung mit Entwicklerlösungen, die Thiosulfat–Silber-Komplexionen enthalten. R. M. Cole und R. B. Pontius. (Photogr. Sci. Engng. 5. 154—58. Mai/Juni 1961. Rochester, N.Y., Eastman Kodak Co.) (Engl.)

Vff. stellten Unterss. über die Kinetik der physikal. Entw. an. Physikal. Entwickler sind instabil, sie können stabilisiert werden durch Zugabe von Thiosulfatkomplexionen $Ag(S_2O_3)_2^{3-}$ in Konzz. von $4\cdot 10^{-13}$ Mol Silberion/Liter. Von folgenden Entwicklersubstanzen wurde die Abhängigkeit der Entw.-Geschw. vom pH, von der Silberionen-Konz., von der Konz. der Entw.-Substanz u. von der Puffersubstanz (Na- u. K-Phosphat, Na- u. K-Carbonat) untersucht: *4-Amino-N.N-diäthyl-3-methylanilinmonohydrochlorid* (CD-2), *4-Amino-3-methyl-N-äthyl-N-(β-methylsulfonamidoäthyl)-anilinsesquisulfatmonohydrat*(CD-3), *p-Phenylendiamin* u. zum Vgl. *Metol-Hydrochinon.* — Von den drei physikal. Entwicklern zeigt p-Phenylendiamin bei pH 12 die schwächste Entw.-Wirkung. Die Entw.-Geschw. eines physikal. Entwicklers hängt von zwei Faktoren ab, von der halogensilberlösenden Wrkg. u. von der Red.-Wirkung. Obwohl p-Phenylendiamin eine schwache Entw.-Substanz ist, besitzt sie eine gute halogensilberlösende Wrkg. u. erreicht in dieser Beziehung fast das Metol-Hydrochinon. CD-3 ist im Vgl. zu CD-2 schwächer in seiner Entw.-Wrkg., aber ein besseres Halogensilberlösungsmittel. Die lineare Abhängigkeit der Entw.-Geschw. vom Logarithmus der Ag-Ionen-Konz. u. vom pH ist mit dem Einfl. von Ag- u. H-Ionen auf das Oxydationspotential in Einklang zu bringen. — 22 Literaturhinweise. W. GÜNTHER. 8618□

Sinuswellenwiedergabetechnik beim photographischen Kopierprozeß. R. L. Lamberts. (J. opt. Soc. America 51. 982—87. Sept. 1961. Rochester, N.Y., Eastman Kodak Co.) (Engl.)

Vf. kann zeigen, daß bei der Herst. photograph. Kopien die Kontrastwiedergabefunktionen der einzelnen hierzu verwendeten Materialien schrittweise kombiniert werden können, um die Kontrastwiedergabe der Kopie zu berechnen. Die theoret. Überlegungen werden an zwei prakt. Beispielen nachgeprüft: 1. Herst. eines Duplikatpositivs von einem Originalnegativ, Kopieren des Duplikatpositivs auf Duplikatnegativfilm, davon Herst. einer Kopie auf Positivfilm. 2. Herst. einer Kopie auf Positivfilm direkt vom Negativfilm. Die Vers.-Ergebnisse sind mit den theoret. Voraussetzungen in guten Einklang zu bringen. Es wird ferner gezeigt, daß mit Hilfe der Kontrastübertragungsfunktion nach dem Stufen-Verf. auch Voraussagen über die Dichteverteilung an scharfen Kanten gemacht werden können. — 13 Literaturhinweise. W. GÜNTHER. 8624□

Die Photographie bei geringer Helligkeit mit Hilfe elektro-optischer Verstärker. A. Bouwers, A. Nawijn und R. G. F. P. Krebs. (J. photogr. Sci. 9. 375—78. Nov./Dez. 1961. Delft, Holland, „De Oude Delft“ N. V. Opt. Industrie.) (Engl.)

An ein Syst., das Aufnahmen bei geringen Helligkeiten gestattet, werden folgende Forderungen gestellt: eine Optik mit großer Öffnung u. großem Helligkeitsgewinn, höchstempfindliche Emulsionen mit gutem Auflösungsvermögen, große Kathodenempfindlichkeit der Bildröhre u. niedriger „Dunkelstrom“. Die Größe der Objektive u. die hohe Kathodenempfindlichkeit sind wichtig, um das Rauschen niedrig zu halten, das von den statist. Schwankungen einer begrenzten Anzahl wirksamer Elektronen während der Belichtung verursacht wird. Es wurden opt. Syst. bis zu einem Durchmesser von 20 Zoll mit einem Öffnungsverhältnis von 1 : 0,7 entworfen. Eine neue, große Verstärkerröhre mit großem Helligkeitsgewinn, gutem Anodenauflösungsvermögen u. geringem „Dunkelstrom“ wird beschrieben. Zwischen Anode u. Film werden Objektive mit zwei Linsen der relativen Öffnung f/0,75 verwendet. W. GÜNTHER. 8652□

Infrarotphotographie mit bleibender innerer Polarisation in Phosphorplatten. H. Kallmann, J. Rennert und M. Sidran. (Infrared Physics 1. 58—66. März 1961. New York, N.Y., New York Univ., Phys. Dep.; Bethpage, L.I., N.Y., Res. Dep., Grumman Aircraft Engng. Corp.) (Engl.)

Die Meth. der Anwendung des Effekts der bleibenden inneren Polarisation zur Photographie mit sichtbarem Licht wird hier zur Erzeugung sichtbarer Bilder auf (ZnCdS)-Phosphorplatten, mit IR-Licht bis zu 2,5 μ herauf als aufgenommene Strahlung, angewandt. Die in den Platten durch mittlere u. nahe IR-Strahlung hervorgerufenen Polarisationseffekte werden ebenfalls gemessen. Der photograph. Prozeß verläuft gegenwärtig beträchtlich langsamer als bei der Silberhalogenidphotographie mit sichtbarem Licht. H. Lindberg. 8652□

Die Wirkung der Entwicklerzusammensetzung auf die Struktur photographischer Bilder. J. H. Altman und R. W. Henn. (Photogr. Sci. Engng. **5.** 129—35. Mai/Juni 1961. Rochester, N.Y., Eastman Kodak Co.) (Engl.)

Vff. prüften die drei Kodak-Filme: Panatomic-X, Plus-X u. Tri-X auf die Abhängigkeit ihrer Körnigkeit u. Schärfe von der Entwicklerzusammensetzung. In einer Vers.-Serie wurde der Geh. an Silber-Lsgm. zwischen 10 u. 200 g Sulfit im Liter variiert, in einer anderen der Geh. an p-Methylaminophenolsulfat zwischen 2,50 u. 0,25 g Metol im Liter Entwicklerlösung. Es wurden folgende Beobachtungen gemacht: Bei hoher konst. Metol-Konz. leidet Schärfe, Körnigkeit u. Empfindlichkeit um so mehr, je höher der Sulfit-Geh. steigt. Nur die Körnigkeit verbessert sich wieder etwas, wenn ein Überschuß von ungefähr 1 Mol Sulfit/Liter angewandt wird. — Verwendet man eine geringe Menge Sulfit u. läßt diese konst. (10 g/Liter), so bringt eine Metolerniedrigung eine Verbesserung der Schärfe. Die Schärfe ist am besten bei einem Metol-Geh. von 0,25 g/Liter. Empfindlichkeit u. Körnigkeit wird unter diesen Bedingungen nicht wesentlich geändert (Tabellen vgl. Original). — Es wird ein Weg aufgezeigt, um die Wrkg. der gleichzeitigen Änderung von Körnigkeit u. Schärfe zu berechnen, um so die günstigste Entwicklerkombination vom Standpunkt der Informationsempfindlichkeit aus zu finden. Da im allg. durch Entwickleränderungen hervorgerufene Körnigkeitsvariationen größer als Schärfevariationen sind, scheinen Feinkornentwickler größere Vorteile zu bieten. Die Informationsempfindlichkeit wurde nach Zweig, Higgins u. MacAdam berechnet. — 9 Literaturhinweise. W. Günther. 8660□

Über die Annäherung der Sinuswellenkontrastwiedergabefunktionen photographischer Emulsionen. Dieter P. Paris. (J. opt. Soc. America **51.** 988—91. Sept. 1961. Fort Monmouth, N.J., U. S. Army Signal Res. and Dev. Labor.) (Engl.)

In früheren Jahren wurde verschiedentlich der Vers. unternommen, eine experimentell bestimmte Sinuswellenkontrastwiedergabefunktion mathemat. darzustellen. Vf. kann zeigen, wie man bei 4 Funktionstypen mit einem einzigen Parameter eine Kurvenanpaßtechnik auf Sinuswellenkontrastwiedergabekurven anwenden kann, auch für vorher nicht zu übersehende Grenzfälle. Die Bravais-Pearson-Korrelations-Koeff. zeigen, daß der von verschiedenen Autoren vorgeschlagene $1/(1 + N^2)$-Funktionstyp sich am besten für die Sinuswellenkontrastwiedergabekurven der getesteten Emulsionen eignet, wobei N die Raumfrequenz in Linien pro mm bedeutet. Vgl.-Tabelle für die Korrelations-Koeff. von verschiedenen Emulsionen verschiedener Herkunft vgl. Original. — 21 Literaturhinweise. W. Günther. 8660□

Eine Präzisionsmethode zur Bestimmung der Porenstruktur mit Hilfe der photographischen Photometrie. Julius Cohen und Aurelius Sandor. (J. opt. Soc. America **51.** 1023—28. Sept. 1961. New York, N.Y., General Telephone and Electronics Labor.) (Engl.)

Vff. beschreiben eine Vorr. zur genauen Best. der Porenstruktur von Metalloberflächen unter Anwendung photometr. Methoden. Es ist möglich, auf diese Weise die Porosität, die Homogenität, die mittlere Porengröße u. andere Größen zu bestimmen. Man erhält eine genaue photomikrograph. Abb. des zu untersuchenden Musters. Die Auswertung erfolgt mit Hilfe eines Integrationsreflektometers. Schemaskizze vgl. Original. Es können Flächen bis 0,006 square inch untersucht werden. Vorteile der neuen Meth. sind geringe Kosten, schnelle Durchführung, genaue Ergebnisse. — 14 Literaturhinweise. W. Günther. 8662□

Eine interferometrische Untersuchung über die Strömung dünner Flüssigkeitsschichten. D. M. Newitt, N. Dombrowski (Fellow) und D. E. Ward. (J. photogr. Sci. **9.** 353—62. Nov./Dez. 1961. London, Imp. Coll., Dep. of Chem. Engng.) (Engl.)

Zur Analyse der Hydrodynamik von Strömungsvorgängen bei Verw. von Spritzdüsen, um u. a. Tropfen-Bldg. u. Tropfenverteilung durch Messungen verfolgen zu können, wurden interferometr. Meth. ausgearbeitet. Es wird gezeigt, wie man Schichtdickenänderungen von Spritzflächen, z. B. in Abhängigkeit vom Strahldruck, auf photograph. Weg festhalten kann. — Beispiele für „Interferogramme" vgl. Original. — 20 Literaturhinweise. W. Günther. 8662□

Absolute Schwärzungskurven massenspektrographischer Photomaterialien für positive Ionen. W. Rudloff. (Z. Naturforsch. **16a.** 1263—64. Nov. 1961. Berlin, FU, 1. Phys. Inst.) (Dt.)

Für einige handelsübliche Emulsionen der Firmen ILFORD, EASTMAN KODAK u. AGFA (Wolfen) wurden die abs. Schwärzungskurven für positive Ionen konst. Energie mit einem Massenspektrometer ermittelt. Die unterschiedliche Massenabhängigkeit der Sättigungsschwärzung der einzelnen Emulsionen wird mit der verschieden starken Abschirmung der obersten Kornschicht durch die Gelatine erklärt. Ein funktioneller Zusammenhang der Energie- u. Massenabhängigkeit der Korntrefferausbeute wird angegeben. Sensibilisierung von Röntgenfilm mit ZnS(Ag) (AUER SF 312) erbrachte eine bes. starke Massenabhängigkeit der Empfindlichkeit, während die Form der Schwärzungskurven unabhängig von der Masse blieb. Daraus wird ein Verf. zur Messung der relativen Lichtausbeute des Leuchtstoffes abgeleitet: Das Verhältnis der einzelnen Ionenladungsdichten, die zu gleicher Schwärzung führten, ist ein direktes Maß für das Verhältnis der relativen Lichtausbeuten des untersuchten Leuchtstoffes für die betreffenden Ionenmassen. G. PANKOW. 8662□

Eastman Kodak Co. (Erfinder: John Warburton Gates jun., Paul Edward Miller und James Edward Koller), Rochester, N.Y., V.St.A., **Lichtempfindliche Halogensilberemulsion.** Zur Erhöhung der Deckkraft des Bildes werden dem dispergierenden Protein-Koll., bes. Gelatine, 10—50% eines carboxymethylierten Proteins, wie Gelatine, Casein, Sojaprotein oder Blutalbumin, zugesetzt. Das mit ca. 20% NaOH u. 30%ig. H_2O_2 bei ca. 50° versetzte Protein wird mit Bromessigsäure bei pH 9,5 behandelt. Das ausgefallene Koagulat wird mit dest. W. gewaschen, in W. zusammen mit Kohle dispergiert u. filtriert. (**D. A. S. 1 122 833** Kl. 57b vom 15/7. 1959, ausg. 25/1. 1962. A. Prior. 21/7. 1958.) E. FUCHS. 8601

Gevaert Photo-Producten N. V., Mortsel, Antwerpen (Erfinder: Jozef Frans Willems und Gerard Michiel Sevens, Wilrijk, Antwerpen), Belgien, **Lichtempfindliches photographisches Material.** Zur Verhinderung von Flecken, die bes. durch Metallstaub entstehen, setzt man der Emulsion, der Baryt- oder der Schutzschicht einen in W. lösl. Stoff der allg. Formel $R_1-C(OH)=C(OR_3)-R_2$ (I) zu, der auch in seiner tautomeren Form vorliegen kann. Hierin ist R_1 u. R_2 (gleich oder verschieden) H, Alkyl (1—3 C-Atome), ggf. substituiert, z. B. $-CH_2OH$, $-C_2H_5OH$, Aryl (ggf. substituiertes Phenyl), ein Heterocyclus (Furyl), —COOH, eine Aldehydgruppe, eine Carbalkoxygruppe (Carbäthoxy). R_1 u. R_2 können zusammen die zum Schließen eines ggf. substituierten Pyrazolringes erforderlichen Atome bilden. R_3 ist H, —COOH oder eine Acylgruppe (Acetyl, Propionyl). — Beispiele für I: *Oxyaceton, Dioxyaceton, Acetoxyacetylessigsäureäthylester, Dioxymaleinsäure, Furoin, ω-Oxyacetophenon, 1-Phenyl-3-methyl-4.5-dioxypyrazol, 3-Methyl-4.5-dioxypyrazol.* (**D. A. S. 1 124 353** Kl. 57b vom 5/2. 1960, ausg. 22/2. 1962. Belg. Prior. 2/12. 1959.) E. FUCHS. 8601

Perutz Photowerke G. m. b. H. (Erfinder: Günther Schulz), München, **Versteilerung der Gradation von Halogensilberemulsionen.** Man entwickelt die Emulsion mit Formaldehyd oder Paraformaldehyd enthaltenden Entwicklern in Ggw. von Polyestern aus Polyglykolen u. Dicarbonsäuren oder deren Derivv., Polyurethanen aus Polyglykolen u. Polyisocyanaten oder von Polyharnstoffen. Man verwendet z. B. den Polyester aus einem Polyglykol mit dem Molgew. 300 (I) u. Bernsteinsäureanhydrid oder ein Polyurethan aus I u. Hexamethylendiisocyanat. (**D. A. S. 1 122 834** Kl. 57b vom 1/7. 1960, ausg. 25/1. 1962.) E. FUCHS. 8601

International Polaroid Corp., Jersey, N.J. (Erfinder: Gerald Oster, Brooklyn, N.Y.), V.St.A., **Entwicklungsverfahren.** Die Entw. von belichtetem Halogensilber wird in Ggw. einer monomeren, polymerisierbaren Vinyl-Verb. (I) mit einer Entwicklersubstanz (II) ausgeführt, die während der Rk. freie Radikale bildet, die eine Polymerisation von I herbeiführen, bes. mit benzoiden II. Hierbei kann sich I in der lichtempfindlichen Schicht oder in der Entw.-Lsg. befinden, vorzugsweise verwendet wird Ca-Acrylat; Dosierung: 20% vom Gew. des Schichtbildners oder der Entw.-Lösung. Weitere Beispiele für I: Alkylacrylate, Na- u. Alkylmethacrylate, Acrylnitril, Styrol, Acrolein, Zimtaldehyd, -alkohol u. -säure, Divinylbenzol u. Glykoldiacrylate. Als II sind alle Verbb. verwendbar, die einen disubstituierten Arylkern besitzen, der in o- oder p-Stellung OH- u./oder NH_2-Gruppen enthält, wobei Kern u. NH_2-Gruppen durch Alkyl- oder Arylreste substituiert sein können. — Beispiele: p-Aminophenol·HCl, p-Toluhydrochinon, p-Methylaminophenolsulfat, Hydrochinondiessigsäure, 2.5-, 3.5- u. 2.6-Dimethyl-4-aminophenol, 4-Amino-1-naphthol·HCl u. p-Phenylendiamin. Das Verf.

erhöht die opt. Dichte der entwickelten Bilder u. kann auch bei der Farb-Entw. u. bei Ag-Diffusions-Verf. mit gleicher Wrkg. angewandt werden. (**D. A. S. 1 119 120** Kl. 57b vom 28/4. 1958, ausg. 7/12. 1961. A. Prior. 11/12. 1957.) A. Kalix. 8619

International Polaroid Corp., Jersey City, N.J. (Erfinder: Edwin Herbert Land, Cambridge, Mass.), V.St.A., **Bildempfangsmaterial für das Silbersalzdiffusionsübertragungsverfahren.** Es besitzt mehrere auf einem Träger befestigte Schichten mit Ag-Ausfällungsmitteln bzw. Keimen, deren Menge von der inneren Oberfläche der Trägerschicht zur äußeren Oberfläche der Empfangsschicht allmählich abnimmt. Die Keime können in einer inerten, unlösl., absorbierenden Masse, wie SiO_2, Bleicherde, Holzmehl, Bentonit, Glaspulver, Diatomeenerde oder Kieselgur, eingebettet sein. Als Silberausfällungsmittel dienen Metallsulfide oder -selenide koll. Metalle, Thiooxalate oder Thioacetamide. Diese Verw. mehrerer Schichten begünstigt die Ausfällung u. Zusammenballung des Ag. (**D. A. S. 1 113 630** Kl. 57b vom 9/12. 1960, ausg. 7/9. 1961. A. Prior. 9/12. 1959.) E. Fuchs. 8625

Imperial Chemical Industries Ltd., London, England (Erfinder: **John Farquharson Macpherson** und **John Wright Stinchcombe**), *Polyäthylenfilme.* (**E. P. 822 498** vom 1/6. 1956, ausg. 28/10. 1959. — C. **1960.** 17630 [Aust. P. 217 890].)

Canadian Kodak Co. Ltd., Toronto, Ontario, Canada, übert. von: **Henry C. Staehle**, Rochester, N.Y., V.St.A., *Oberflächenbehandlung photographischer Drucke.* (**Can. P. 551 535** vom 23/9. 1953, ausg. 14/1. 1958. A. Prior. 2/1. 1953. — C. **1959.** 12109 [A. P. 2 751 315].)

Canadian Kodak Co. Ltd., Toronto, Ontario, Canada, übert. von: **Henry C. Yutzy** und **Edward C. Yackel**, Rochester, N.Y., V.St.A., *Photographisches Kopierverfahren.* (**Can. P. 551 533** vom 30/1. 1953, ausg. 14/1. 1958. A. Prior. 3/5. 1952. — C. **1960.** 14577 [E. P. 745 445].)

Kalle & Co. Akt.-Ges. (Erfinder: **Helmut Hoegl, Oskar Süs** und **Wilhelm Neugebauer**), *Xerographisches Schichtmaterial.* (**Aust. P. 229 679** vom 5/9. 1958, ausg. 25/8. 1960. **Holl. P. 99 153** vom 4/9. 1958, ausg. 15/9. 1961. Beide D. Prior. 7/9. 1957 u. 25/7. 1958. — C. **1960.** 6383 [D. A. S. 1 068 115] u. C. **1962.** 7378 [D. A. S. 1 111 935].)

Kodak Soc. An., Brüssel, Belgien, *Farbenphotographisches Verfahren.* (**Belg. P. 532 579** vom 15/10. 1954, ausg. 14/2. 1958. A. Prior. 16/10. 1953. — C. **1959.** 1667 [F. P. 1 112 594].)

Agfa Akt.-Ges., Leverkusen, *Farbentwicklung.* (**E. P. 796 020** vom 8/7. 1955, ausg. 4/6. 1958. D. Prior. 8/7. 1954. — C. **1958.** 1476 [D. B. P. 955 026].)

Gevaert Photo-Producten N. V., Mortsel bei Antwerpen, Belgien, *Farbentwicklung.* (**Belg. P. 532 736** vom 22/10. 1954, ausg. 28/2. 1958. — C. **1959.** 6682 [F. P. 1 133 202].)

Dr. C. Schleussner Fotowerke G. m. b. H., Frankfurt/M. (Erfinder: **S. Hunig**), *Farbentwicklung.* (**Belg. P. 536 764** vom 24/3. 1955, ausg. 13/2. 1959. D. Prior. 13/7. 1954. — C. **1958.** 2324 [D. B. P. 963 297].)

Dr. C. Schleussner Fotowerke G. m. b. H., Frankfurt/M., *Farbentwicklung* (**E. P. 790 327** vom 6/7. 1955, ausg. 5/2. 1958. D. Prior. 13/7. 1954. — C. **1958.** 2324 [D. B. P. 963 297].)

International Polaroid Corp., Jersey City, N.J., V.St.A., *Entwicklerlösungen für das Silbersalz-Diffusionsverfahren.* (**E. P. 789 837** vom 4/11. 1955, ausg. 29/1. 1958. A. Prior. 23/11. 1954. — C. **1960.** 13582 [D. A. S. 1 068 118].)

Redaktionsschluss: 25. Mai 1962

Herausgeber: Prof. Dr. Heinrich Bertsch, Berlin, u. Prof. Dr. Dr. h. c. Wilhelm Klemm, Münster. Chefredakteure und verantwortlich für den Inhalt: Dr. Eugen Klever, Berlin W 30, Geisbergstraße 39, Fernsprecher: 249541 u. Dr. Willi Barz, Berlin N 4, Schiffbauerdamm 19, Fernsprecher: 425571.

Verlag: Akademie-Verlag GmbH, Berlin W 8, Leipziger Str. 3—4 (Fernsprecher: 220441, Telex-Nr. 011773, Postscheckkonto Berlin 35021), und Verlag Chemie, GmbH, Weinheim/Bergstr. (Fernsprecher: Weinheim 3635 [Sammelnummer]; Fernschreiber: 0465516 chemieverlwhn; Postscheckkonten: Frankfurt/M. 145314 u. Berlin [West] 7430). Bestellnummer: 1007/133. Das Chemische Zentralblatt erscheint wöchentlich. Preis des Jahrganges einschl. Autoren-, Patent-, Sach- u. Formelregister: DM 1200,—; einseitig bedruckte Ausgabe: DM 1350,—. Abgabe der Zeitschrift nur mit sämtlichen Registern. Abbestellungen nur bis spätestens 6 Wochen vor Ablauf des Kalenderjahres.

Satz u. Druck: VEB Leipziger Druckhaus, Leipzig, III/18/203. VIII. 62.
Veröffentlicht unter der Lizenznummer ZLN 5002 des Ministeriums für Kultur, Hauptverwaltung Verlagswesen.
Printedin Germany.

Kolibri 360 GmbH
Ferdinand-Jühlke-Straße 7
99095 Erfurt, Deutschland
produktsicherheit@kolibri360.de